建筑设计资料集

（第三版）

第1分册　建筑总论

中国建筑工业出版社

图书在版编目（CIP）数据

建筑设计资料集 第1分册 建筑总论 ／ 中国建筑工业出版社，中国建筑学会总主编 . –3 版 . –北京：中国建筑工业出版社，2017.7

ISBN 978-7-112-20939-2

Ⅰ . ①建… Ⅱ . ①中… ②中… Ⅲ . ①建 筑 设 计 - 资 料 Ⅳ.①TU206

中国版本图书馆CIP数据核字（2017）第140503号

审图号：GS（2017）2137号

责任编辑：陆新之 刘 丹 刘 静 徐 冉
封面设计：康 羽
版面制作：陈志波 周文辉 刘 岩 王智慧 张 雪
责任校对：姜小莲 关 健

建筑设计资料集（第三版）

第1分册 建筑总论

*

中国建筑工业出版社出版、发行（北京海淀三里河路9号）

各地新华书店、建筑书店经销

北京顺诚彩色印刷有限公司印刷

*

开本：880×1230 毫米 1/16 印张：38½ 插页：8 字数：1583 千字

2017 年 9 月第三版 2017 年 9 月第一次印刷

定价：**266.00**元

ISBN 978-7-112-20939-2

　　　（25964）

《建筑设计资料集》（第三版）
总编写分工

总 主 编 单 位：中国建筑工业出版社　中国建筑学会

第1分册　建筑总论

分 册 主 编 单 位：清华大学建筑学院　同济大学建筑与城市规划学院
重庆大学建筑城规学院　西安建筑科技大学建筑学院

第2分册　居住

分 册 主 编 单 位：清华大学建筑设计研究院有限公司
分册联合主编单位：重庆大学建筑城规学院

第3分册　办公·金融·司法·广电·邮政

分 册 主 编 单 位：华东建筑集团股份有限公司
分册联合主编单位：同济大学建筑与城市规划学院

第4分册　教科·文化·宗教·博览·观演

分 册 主 编 单 位：中国建筑设计院有限公司
分册联合主编单位：华南理工大学建筑学院

第5分册　休闲娱乐·餐饮·旅馆·商业

分 册 主 编 单 位：中国中建设计集团有限公司
分册联合主编单位：天津大学建筑学院

第6分册　体育·医疗·福利

分 册 主 编 单 位：中国中元国际工程有限公司
分册联合主编单位：哈尔滨工业大学建筑学院

第7分册　交通·物流·工业·市政

分 册 主 编 单 位：北京市建筑设计研究院有限公司
分册联合主编单位：西安建筑科技大学建筑学院

第8分册　建筑专题

分 册 主 编 单 位：东南大学建筑学院　天津大学建筑学院
哈尔滨工业大学建筑学院　华南理工大学建筑学院

《建筑设计资料集》（第三版）总编委会

顾问委员会（以姓氏笔画为序）

马国馨　王小东　王伯扬　王建国　刘加平　齐　康　关肇邺
李根华　李道增　吴良镛　吴硕贤　何镜堂　张钦楠　张锦秋
尚春明　郑时龄　孟建民　钟训正　常　青　崔　恺　彭一刚
程泰宁　傅熹年　戴复东　魏敦山

总编委会

主　任

宋春华

副主任（以姓氏笔画为序）

王珮云　沈元勤　周　畅

大纲编制委员会委员（以姓氏笔画为序）

丁　建　王建国　朱小地　朱文一　庄惟敏　刘克成　孙一民
吴长福　宋春华　沈元勤　张　桦　张　顾　周　畅　官　庆
赵万民　修　龙　梅洪元

总编委会委员（以姓氏笔画为序）

丁　建　王　澍　王珮云　牛盾生　卢　峰　朱小地　朱文一
庄惟敏　刘克成　孙一民　李岳岩　吴长福　邱文航　冷嘉伟
汪　恒　汪孝安　沈　迪　沈元勤　宋　昆　宋春华　张　顾
张洛先　陆新之　邵韦平　金　虹　周　畅　周文连　周燕珉
单　军　官　庆　赵万民　顾　均　倪　阳　梅洪元　章　明
韩冬青

总编委会办公室

主任：陆新之
成员：刘　静　徐　冉　刘　丹　曹　扬

第1分册编委会

分册主编单位

清华大学建筑学院　同济大学建筑与城市规划学院
重庆大学建筑城规学院　西安建筑科技大学建筑学院

分册参编单位（以首字笔画为序）

上海章奎生声学工程顾问有限公司
广州大学土木工程学院
广州大学工程抗震研究中心
中国传媒大学艺术学部
中国建筑西北设计研究院有限公司
中国建筑科学研究院
东南大学建筑学院
北京交通大学建筑与艺术学院
北京林业大学园林学院
北京清华同衡规划设计研究院有限公司

四川省建筑设计研究院
华东建筑集团股份有限公司华东建筑设计研究总院
西安交通大学人居环境与建筑工程学院
重庆大学土木工程学院
重庆大学材料科学与工程学院
重庆大学建筑设计研究院有限公司
重庆大学城市建设与环境工程学院
清华大学美术学院

分册编委会

主　　任：朱文一　吴长福　赵万民　刘克成
副主任：郑曙旸　单　军　章　明　周铁军　李岳岩
委　　员：（以姓氏笔画为序）

邓向明　卢向东　闫增峰　朱文一　朱育帆　朱颖心　刘克成　刘滨谊
孙彤宇　严永红　杜　异　李岳岩　李晓峰　吴长福　宋晔皓　张　月
张　昕　张建龙　张树平　张　滨　罗　涛　周　俭　周铁军　郑曙旸
单　军　赵万民　赵鹏飞　姜　涌　洪兴宇　党春红　徐磊青　章　明
淳　庆　覃　琳　颜宏亮　燕　翔

分册办公室

主　　任：程晓喜
成　　员：范　路　蒋杨倩　唐　真　郭　湧　李建红　祁润钊

前　言

一代人有一代人的责任和使命。编好第三版《建筑设计资料集》，传承前两版的优良传统，记录改革开放以来建筑行业的设计成果和技术进步，为时代为后人留下一部经典的工具书，是这一代人面对历史、面向未来的责任和使命。

《建筑设计资料集》是一部由中国人创造的行业工具书，其编写方式和体例由中国建筑师独创，并倾注了两代参与者的心血和智慧。《建筑设计资料集》（第一版）于1960年开始编写，1964年出版第1册，1966年出版第2册，1978年出版第3册。第二版于1987年启动编写，1998年10册全部出齐。前两版资料集为指导当时的建筑设计实践发挥了重要作用，因其高水准高质量被业界誉为"天书"。

随着我国城镇化的快速发展和建筑行业市场化变革的推进，建筑设计的技术水平有了长足的进步，工作领域和工作内容也大大拓展和延伸。建筑科技的迅速发展，建筑类型的不断增加，建筑材料的日益丰富，规范标准的制订修订，都使得老版资料集内容无法适应行业发展需要，亟需重新组织编写第三版。

《建筑设计资料集》是一项巨大的系统工程，也是国家层面的经典品牌。如何传承前两版的优良传统，并在前两版成功的基础上有更大的发展和创新，无疑是一项巨大的挑战。总主编单位中国建筑工业出版社和中国建筑学会联合国内建筑行业的两百余家单位，三千余名专家，自2010年开始编写，前后历时近8年，经过无数次的审核和修改，最终完成了这部备受瞩目的大型工具书的编写工作。

《建筑设计资料集》（第三版）具有以下三方面特点：

一、内容更广，规模更大，信息更全，是一部当代中国建筑设计领域的"百科全书"

新版资料集更加系统全面，从最初策划到最终成书，都是为了既做成建筑行业大型工具书，又做成一部我国当代建筑设计领域的"百科全书"。

新版资料集共分8册，分别是：《第1分册　建筑总论》；《第2分册　居住》；《第3分册　办公·金融·司法·广电·邮政》；《第4分册　教科·文化·宗教·博览·观演》；《第5分册　休闲娱乐·餐饮·旅馆·商业》；《第6分册　体育·医疗·福利》；《第7分册　交通·物流·工业·市政》；《第8分册　建筑专题》。全书共66个专题，内容涵盖各个建筑领域和建筑类型。全书正文3500多页，比第一版1613页、第二版2289页，篇幅上有着大幅度的提升。

新版资料集一半以上的章节是新增章节，包括：场地设计；建筑材料；老年人住宅；超高层城市办公综合体；特殊教育学校；宗教建筑；杂技、马戏剧场；休闲娱乐建筑；商业综合体；老年医院；福利建筑；殡葬建筑；综合客运交通枢纽；物流建筑；市政建筑；历史建筑保护设计；地域性建筑；绿色建筑；建筑改造设计；地下建筑；建筑智能化设计；城市设计；等等。

非新增章节也都重拟大纲和重新编写，内容更系统全面，更契合时代需求。

绝大多数章节由来自不同单位的多位专家共同研究编写，并邀请多名业界知名专家审稿，以此确保编写内容的深度和广度。

二、编写阵容权威，技术先进科学，实例典型新颖，以增值服务方式实现内容扩充和动态更新

总编委会和各主编单位为编好这部备受瞩目的大型工具书，进行了充分的行业组织及发动工作，调动了几乎一切可以调动的资源，组织了多家知名单位和多位知名专家进行编写和审稿，从组织上保障了内容的权威性和先进性。

新版资料集从大纲设定到内容编写，都力求反映新时代的新技术、新成果、新实例、新理念、新趋势。通过记录总结新时代建筑设计的技术进步和设计成果，更好地指引建筑设计实践，提升行业的设计水平。

新版资料集收集了一两千个优秀实例，无法在纸书上充分呈现，为使读者更好地了解相关实例信息，适应数字化阅读需求，新版资料集专门开发了增值服务功能。增值服务内容以实例和相关规范标准为主，可采用一书一码方式在电脑上查阅。读者如购买一册图书，可获得这一册图书相关增值服务内容的授权码，如整套购买，则可获得所有增值服务内容的授权。增值服务内容将进行动态扩充和更新，以弥补纸质出版物组织修订和制版印刷周期较长的缺陷。

三、文字精练，制图精美，检索方便，达到了大型工具书"资料全、方便查、查得到"的要求

第三版的编写和绘图工作告别了前两版用鸭嘴笔、尺规作图和铅字印刷的时代，进入到计算机绘图排版和数字印刷时代。为保证几千名编写专家的编写、绘图和版面质量，总编委会制定了统一的编写和绘图标准，由多名审稿专家和编辑多次审核稿件，再组织参编专家进行多次反复修改，确保了全套图书编写体例的统一和编写内容的水准。

新版资料集沿用前两版定版设计形式，以图表为主，辅以少量文字。全书所有图片都按照绘图标准进行了重新绘制，所有的文字内容和版面设计都经过反复修改和完善。文字表述多用短句，以条目化和要点式为主，版面设计和标题设置都要求检索方便，使读者翻开就能找到所需答案。

一代人书写一代人的资料集。《建筑设计资料集》（第三版）是我们这一代人交出的答卷，同时承载着我们这一代人多年来孜孜以求的探索和希望。希望我们这一代人创造的资料集，能够成为建筑行业的又一部经典著作，为我国城乡建设事业和建筑设计行业的发展，作出新的历史性贡献。

《建筑设计资料集》（第三版）总编委会

2017年5月23日

目　录

9 古建筑

10 规划设计

11 景观设计

12 室内设计

中国的法定计量单位

国际单位制的基本单位 表1

量的名称	单位名称	单位符号
长 度	米	m
质 量	千克(公斤)	kg
时 间	秒	s
电 流	安培	A
热力学温度	开尔文	K
物质的量	摩尔	mol
发光强度	坎德拉	cd

国际单位制中具有专门名称的导出单位 表2

量的名称	单位名称	单位符号	其他表示示例
频率	赫[兹]	Hz	s^{-1}
力；重力	牛[顿]	N	$kg \cdot m/s^2$
压力，压强；应力	帕[斯卡]	Pa	N/m^2
能量；功；热	焦[耳]	J	$N \cdot m$
功率；辐射通量	瓦[特]	W	J/s
电荷量	库[仑]	C	$A \cdot s$
电位；电压；电动势	伏[特]	V	W/A
电容	法[拉]	F	C/V
电阻	欧[姆]	Ω	V/A
电导	西[门子]	S	A/V
磁通量	韦[伯]	Wb	$V \cdot s$
磁通量密度，磁感应强度	特[斯拉]	T	Wb/m^2
电感	亨[利]	H	Wb/A
摄氏温度	摄氏度	℃	
光通量	流[明]	lm	$cd \cdot sr$
光照度	勒[克斯]	lx	lm/m^2
放射性活度	贝可[勒尔]	Bq	s^{-1}
吸收剂量	戈[瑞]	Gy	J/kg
剂量当量	希[沃特]	Sv	J/kg

国际单位制的辅助单位 表3

量的名称	单位名称	单位符号
平面角	弧角	rad
立体角	球面度	sr

国家选定的非国际单位制单位 表4

量的名称	单位名称	单位符号	换算关系和说明
时间	分 [小]时 天(日)	min h d	1min=60s 1h=60min=3600s 1d=24h=86400s
平面角	[角]秒 [角]分 度	(") (') (°)	1"=(π/64800)rad (π为圆周率) 1'=60"=(π/10800)rad 1°=60'=(π/180)rad
旋转速度	转每分	r/min	1r/min=(1/60)s^{-1}
长度	海里	n mile	1 n mile=1852m (只用于航程)
速度	节	kn	1kn=1 n mile/h =(1852/3600)m/s (只用于航行)
质量	吨 原子质量	t u	1t=10^3kg 1u=1.6605655×10^{-27}kg
体积	升	L,(l)	1L=1dm^3=$10^{-3}$$m^3$
能	电子伏	eV	1eV≈1.6021892×10^{-10}J
级差	分贝	dB	—
线密度	特[克斯]	tex	1tex=1g/km

用于构成十进制倍数和分数单位的词头 表5

所表示的因数	词头名称	词头符号
10^{18}	艾[可萨]	E
10^{15}	拍[它]	P
10^{12}	太[拉]	T
10^{9}	吉[咖]	G
10^{6}	兆	M
10^{3}	千	k
10^{2}	百	h
10^{1}	十	da
10^{-1}	分	d
10^{-2}	厘	c
10^{-3}	毫	m
10^{-6}	微	μ
10^{-9}	纳[诺]	n
10^{-12}	皮[可]	p
10^{-15}	飞[母托]	f
10^{-18}	阿[托]	a

注：[ ]内的字，是在不引起混淆的情况下，可以省略的字。

1 建筑综述

常用物理量的法定计量单位与符号

空间和时间 表6

量的名称	单位名称	单位符号
[平面]角	弧度 度 [角]分 [角]秒	rad (°) (′) (″)
立体角	球面度	sr
长度	米 千米（公里） 厘米 毫米 微米 海里	m km cm mm μm n mile 1 n mile=1852m
面积	平方米 平方千米 平方分米 平方厘米 平方毫米	m^2 km^2 dm^2 cm^2 mm^2
体积、容积	立方米 立方分米，升 立方厘米 立方毫米	m^3 dm^3,L cm^3 mm^3
时间	秒 分 [小]时 天(日)	s min h d

空间和时间 续表

量的名称	单位名称	单位符号
角速度	弧度每秒	rad/s
速度	米每秒 节	m/s kn 1 kn = 1 n mile/h = (1852/3600)m/s （只用于航行）
加速度	米每二次方秒	m/s^2

力学 表7

量的名称	单位名称	单位符号
质量	千克(公斤) 吨 兆克 克	kg t Mg g
密度	克每立方米 兆克每立方米 千克每立方分米 克每立方米	g/m^3 Mg/m^3 kg/dm^3 g/cm^3
动量	千克米每秒	$kg \cdot m/s$
动量矩、角动量	千克二次方米每秒	$kg \cdot m^2/s$
转动惯量力； 重力	千克二次方米 牛[顿] 兆牛[顿] 千牛[顿]	$kg \cdot m^2$ N MN kN

力学 续表

量的名称	单位名称	单位符号
力矩	牛[顿]米 兆牛[顿]米 千牛[顿]米	$N \cdot m$ $MN \cdot m$ $kN \cdot m$
压力,压强	帕[斯卡] 吉[咖]帕[斯卡] 兆帕[斯卡] 千帕[斯卡]	Pa GPa MPa kPa
正应力	帕[斯卡] 牛[顿]每平方毫米	Pa N/mm^2
[动力]黏度	帕[斯卡]秒	$Pa \cdot s$
运动黏度	二次方米每秒 二次方毫米每秒	m^2/s mm^2/s
表面张力	牛[顿]每米 毫牛[顿]每米	N/m mN/m
功,能[量]	焦[耳] 兆焦[耳] 千焦[耳] 电子伏 千电子伏 兆电子伏	J MJ kJ eV keV MeV
功率	瓦[特] 兆瓦[特] 千瓦[特] 毫瓦[特]	W MW kW mW

常用物理量的法定计量单位与符号

光及有关电磁辐射　表1

量的名称	单位名称	单位符号
波长	米	m
	微米	μm
	纳[诺]米	nm
	皮[可]米	pm
辐[射]能 辐[射]功率	焦[耳]	J
辐[射]能通量	瓦[特]	W
辐[射]强度	瓦[特]每球面度	W/sr
辐[射]亮度,辐射度	瓦[特]每球面度平方米	W/(sr·m²)
辐[射]出[射]度	瓦[特]每平方米	W/m²
辐[射]照度	瓦[特]每平方米	W/mv
发光强度	坎[德拉]	cd
光通量	流[明]	lm
光量	流[明]秒	lm·s
[光]亮度	坎[德拉]每平方米	cd/m²
发出射度	流[明]每平方米	lm/m²
[光]照度	勒[克斯]	lx
曝光量	勒[克斯]秒	lx·s
光视效能	流[明]每瓦[特]	lm/W

声学　表2

量的名称	单位名称	单位符号
周期	秒	s
	毫秒	ms
频率	赫[兹]	Hz
	千赫[兹]	kHz
波长	米	m
密度	千克每立方米	kg/m³
静压[力],声压	帕斯卡	Pa
质点速度	米每秒	m/s
体积速度	立方米每秒	m³/s
声速	米每秒	m/s
声[源]功率,声能通量	瓦[特]	W
声强[度]	瓦[特]每平方米	W/m²
声阻抗率	帕斯卡秒每米	Pa·s/m
声阻抗	帕斯卡秒每三次方米	Pa·s/m³
力阻抗	牛[顿]秒每米	N·s/m
声强级	分贝	dB
声压级	分贝	dB
声功率级	分贝	dB
混响时间	秒	s
隔声量,传声损失	分贝	dB
吸声量	平方米	m²

物理化学和分子物理学　表3

量的名称	单位名称	单位符号
物质的量	摩[尔]	mol
	千摩[尔]	kmol
	毫摩[尔]	mmol
摩尔质量	千克每摩[尔]	kg/mol
	克每摩[尔]	g/mol
摩尔体积	立方米每摩[尔]	m³/mol
	升每摩[尔]	L/mol
	立方分米每摩[尔]	dm³/mol
	立方厘米每摩[尔]	cm³/mol
摩尔内能	焦[耳]每摩[尔]	J/mol
	千焦[耳]每摩[尔]	kJ/mol
摩尔热容、摩尔熵	焦[耳]每摩[尔]开[尔文]	J/(mol·K)
扩散及热扩散系数	焦[耳]每摩[尔]开[尔文]	J/(mol·K)

核反应和电离辐射　表4

量的名称	常用法定计量单位名称	单位符号
反应能	焦[耳]	J
	电子伏	eV
截面	平方飞[母托]米	fm²
粒子注量	每平方米	m⁻²
能注量	焦[耳]每平方米	J/m²
质量衰减系数	平方米每千克	m²/kg
半厚度	米	m
总质量阻止本领	焦[耳]平方米每千克	J·m²/kg
	电子伏平方米每千克	eV·m²/kg
扩散系数、粒子数密度的扩散系数	平方米每秒	m²/s
慢化密度	每秒立方米	s⁻¹·m⁻³
吸收剂量	戈[瑞]	Gy
剂量当量	希[沃特]	Sv
比释功能	戈[瑞]	Gy
照射量	库[仑]每千克	C/kg

原子物理学和核物理学　表5

量的名称	单位名称	单位符号
质子[静止]质量	千克	kg
	克	g
	原子质量单位	u
		1u=1.66051×10⁻²⁷kg
元电荷	库[仑]	C
[放射性]活度	贝可[勒尔]	Bq
衰变常数	每秒	s⁻¹
半衰期	秒	s
	毫秒	ms
	微秒	μs

热学　表6

量的名称	单位名称	单位符号
热力学温度	开[尔文]	K
摄氏温度	摄氏度	℃
线[膨]胀系数	每开[尔文]	K⁻¹ 可以用℃代替K
热、热量	焦[耳]	J
	兆焦[耳]	MJ
	千焦[耳]	kJ
	毫焦[耳]	mJ
热流量	瓦[特]	W
	千瓦[特]	kW
热导率（导热系数）	瓦[特]每米开[尔文]	W/(m·K) 可以用℃代替K
传热系数	瓦[特]每平方米开[尔文]	W(m²·K) 可以用℃代替K
热容	焦[耳]每开[尔文]	J/K
	千焦[耳]每开[尔文]	kJ/K 可以用℃代替K
比热容	焦[耳]每千克开[尔文]	J/(kg·K)
	千焦[耳]每千克开[尔文]	kJ/(kg·K) 可以用℃代替K
熵	焦[耳]每开[尔文]	J/K
	千焦[耳]每开[尔文]	kJ/K
比熵	焦[耳]每千克开[尔文]	J/(kg·K)
	千焦[耳]每千克开[尔文]	kJ/(kg·K)
比内能	焦[耳]每千克	J/kg
	千焦[耳]每千克	kJ/kg

电学和磁学　表7

量的名称	单位名称	单位符号
电流	安[培]	A
	千安[培]	kA
	毫安[培]	mA
电荷[量]	库[仑]	C
	千库[仑]	kC
电荷[体]密度	库[仑]每立方米	C/m³
	库[仑]每立方毫米	C/mm³
	千库[仑]每立方米	kC/m³
电荷面密度	库[仑]每平方米	C/m²
	兆库[仑]每平方米	MC/m²
	库[仑]每平方厘米	C/cm²
	千库[仑]每平方米	kC/m²
电场强度	伏[特]每米	V/m
	兆伏[特]每米	MV/m
	千伏[特]每米	kV/m
	伏[特]每厘米	V/cm
	伏[特]每毫米	V/mm
电位、(电势) 电位差、(电热差) 电压、电动势	伏[特]	V
	兆伏[特]	MV
	千伏[特]	kV
电通[量],电位移通量	库[仑]	C
	兆库[仑]	MC
	千库[仑]	kC
电通[量]密度,电位移	库[仑]每平方米	C/m²
	库[仑]每平方厘米	C/cm²
	千库[仑]每平方米	kC/m²
电容	法[拉]	F
介电常数（电容率）	法[拉]每米	F/m
	微法[拉]每米	μF/m
电流密度	安[培]每平方米	A/m²
	安[培]每平方毫米	A/mm²
	安[培]每平方厘米	A/cm²
	千安[培]每平方米	kA/m²
电流线密度	安[培]每米	A/m
	千安[培]每米	kA/m
	安[培]每毫米	A/mm
	安[培]每厘米	A/cm
磁场强度	安[培]每米	A/m
	千安[培]每米	kA/m
	安[培]每毫米	A/mm
	安[培]每厘米	A/cm
[直流]电阻	欧[姆]	Ω
	千欧[姆]	kΩ
电阻率	千欧[姆]米	kΩ·m
	欧[姆]厘米	Ω·cm
	欧[姆]米	Ω·m
[直流]电导	西[门子]	S
	千西[门子]	kS
	毫西[门子]	mS
电导率	西[门子]每米	S/m
	千西[门子]每米	kS/m
磁阻	每亨[利]	H⁻¹
磁导	亨[利]	H
阻抗、复数阻抗、阻抗模、（阻抗）电抗(交流)电阻	欧[姆]	Ω
功率	毫瓦[特]	mW
	兆瓦[特]	MW
	千瓦[特]	kW
电能量	焦[耳]	J
	兆焦[耳]	MJ

度量衡

SI单位表示的值需由实验得出的与国际单位制并用的单位　　表1

量的名称	单位名称	单位符号	与SI单位的关系或定义
能	电子伏特	eV	$1eV \approx 1.602\,189\,2 \times 10^{-19}J$
质量	[统一的]原子质量单位	u	$1u \approx 1.660\,565\,5 \times 10^{-27}kg$

暂时与国际单位制并用的单位　　表2

单位名称	单位符号	用SI单位表示的值
海里	n mile	1 n mile=1 852m
节	kn	1 n mile/h=(1 852/3 600)m/s
埃	Å	$1Å=0.1nm=10^{-10}m$
公顷	ha	$1ha=1hm^2=10^4m^2$
靶恩	b	$1b=100fm^2=10^4m^2$
巴	bar	$1bar=0.1MPa=10^5Pa$
伽	Gal	$1Gal=1\ cm/s^2=10^{-2}m/s^2$
居里	Ci	$1Ci=3.7 \times 10^{10}Bq$
伦琴	R	$1R=2.58 \times 10^{-4}C/Kg$
拉德	rad	$1rad=1cGy=10^{-2}Gy$
雷姆	rem	$1rem=1cSv=10^{-2}Sv$

注：1. 拉德是吸收剂量的专用单位，当"拉德"这个词可能与弧度的符号发生混淆时，应用rd作为拉德的符号。

2. 还有一些单位，由于目前取消尚有困难，暂时予以保留，允许与国际单位制单位暂时并用。

圆周率　　表3

$\pi=3.141\,592\,653$	
$\pi^2=9.869\,604\,401$	
$1/\pi=0.318\,309\,886$	
$1/\pi^2=0.101\,321\,184$	
$\pi/4=0.785\,398\,163$	
$4/3\pi=4.188\,790\,205$	
$\sqrt{\pi}=1.722\,453\,851$	

物理常数　　表4

重力加速度	$980.665cm/s^2$
地球平均半径	6371km
一大气压力	$1.033kg/cm^2$
光速(在真空中)	$2.99776 \times 10^5km/s$
声速	$331+0.609t℃cm/s$
一恒星日	0.99726957太阳日
绝对温度	273.16 K

热量换算　　表5

大卡	B.T.U
0.252	1
1	3.9683

功率换算　　表6

千瓦	马力	英马力
1	1.3596	1.3410
0.7355	1	0.9863
0.7457	1.0139	1

温度换算　　表7

	摄氏（℃）	华氏（℉）	列氏（°R）
	$C=\frac{5}{4}R=\frac{5}{9}(F-32)$	$F=\frac{9}{5}C+32=\frac{9}{4}R+32$	$R=\frac{4}{5}C=\frac{4}{9}(F-32)$
冰点	0	32	0
沸点	100	212	80

长度换算　　表8

公里	市里	英里(哩)	海里(浬)	米	市尺	英尺(呎)	码	厘米	市寸	英寸(吋)
1	2	0.6214	0.5400	1	3	3.2808	1.0936	1	0.3000	0.3937
0.5000	1	0.3107	0.2700	0.3333	1	1.0936	0.3645	3.3333	1	1.3123
1.6093	3.2187	1	0.8689	0.3048	0.9144	1	0.3333	2.5400	0.7620	1
1.8520	3.7040	1.1508	1	0.9144	2.7432	3	1	—	—	—

面积换算　　表9

平方公里	公顷	市亩	英亩	平方哩	平方米	平方市尺	平方呎	平方码	平方厘米	平方市寸	平方吋
1	100.00	1500.00	247.12	0.3861	1	9.0000	10.7643	1.1960	1	0.0900	0.1550
0.0100	1	15.00	2.4712	0.0039	0.1111	1	1.1960	0.1329	11.1111	1	1.7222
0.0007	0.0667	1	0.1647	0.0003	0.0929	0.8361	1	0.1111	6.4516	0.5806	1
0.0040	0.4047	6.0716	1	0.0016	0.8361	7.5251	9.0000	1	—	—	—
2.5900	259.00	3885.0	640.00	1	—	—	—	—	—	—	—

体积、容积换算　　表10

立方米	立方市尺	立方呎	立方码	升	英加仑	美液加仑	美固加仑	立方厘米	立方市寸	立方吋
1	27.000	35.313	1.3079	1000	220.09	264.20	227.053	1	0.027	0.0610
0.0370	1	1.3079	0.0484	37.037	8.1515	9.7852	8.4094	37.0370	1	2.2604
0.0283	0.7645	1	0.0370	28.3153	6.2279	7.4806	6.4288	16.3854	0.4426	1
0.7645	20.642	27.000	1	764.5134	168.1533	202	173.5988	—	—	—
0.0010	0.0270	0.0353	0.0013	1	0.2201	0.2642	0.2270	—	—	—
0.0045	0.1227	0.1 607	0.0059	4.5435	1	1.2011	0.0322	—	—	—
0.0038	0.1022	0.1 337	0.0050	3.7854	0.8325	1	0.8594	—	—	—
0.0044	0.1188	0.1 555	0.0058	4.405	0.9690	1.164	1	—	—	—

重量换算　　表11

吨	市担	英吨	美吨	公斤	市斤	磅	克	市两	英两(啢)
1	20.000	0.9842	1.1023	1	2.0000	2.2046	1	0.0200	0.0353
0.0500	1	0.0492	0.0551	0.5000	1	1.1023	50.00	1	1.7650
1.0161	20.321	1	1.1200	0.4536	0.9072	1	28.35	0.5670	1
0.9072	18.144	0.8929	1	—	—	—	—	—	—

度量衡

单位长度的重量换算(W/L) 表1

克/厘米	唡/吋	公斤/米	磅/英呎	磅/码
1	0.0897	0.1000	0.0672	0.2016
11.1483	1	1.1148	0.7492	2.2475
10.0000	0.8966	1	0.6720	2.0159
14.8820	1.3348	1.4882	1	3
4.9605	0.4449	0.4961	0.3333	1

速率换算(L/T) 表2

米/秒	呎/秒	码/秒	公里/小时	哩/小时	浬/小时
1	3.2808	1.0936	3.6000	2.2370	1.944
0.3048	1	0.3333	1.0973	0.6819	0.5925
0.9144	3	1	3.2919	2.0457	1.7775
0.2778	0.9114	0.3038	1	0.6214	0.5400
0.4470	1.4667	0.4889	1.6093	1	0.8689
0.5144	1.6881	0.5627	1.8520	1.1508	1

应力换算（W/L²） 表3

公斤/平方厘米	磅/平方吋	磅/平方英呎	吨/平方米	英吨/平方呎
1	14.2234	198.72	10	0.9143
0.0703	1	144	0.7031	0.0643
0.0005	0.0069	1	0.0049	0.0004
0.1000	1.4222	204.8032	1	0.0914
1.0937	15.5546	2240	10.9366	1

单位体积、容积的重量换算(W/L³) 表4

公斤/米³	磅/立方呎	吨/立方米	英吨/立方呎	公斤/升	磅/英加仑
1	0.0624	0.001	0.00003	0.001	0.0100
16.0184	1	0.016	0.0005	0.016	0.1647
1000	62.5001	1	0.0300	1	10.0313
3333.3333	2083.3333	33.3333	1	33.3333	334.376
1000	62.5001	1	0.0300	1	10.0313
100.7800	6.2344	0.0997	0.0030	0.0997	1

吋、厘米换算 表5

吋	厘米	吋	厘米	吋	厘米	吋	厘米	吋	厘米
1/64=0.015625	0.039687	7/32=0.218750	0.555625	27/64=0.421875	1.071562	5/8=0.625000	1.587500	53/64=0.828125	2.103437
1/32=0.031250	0.079375	15/64=0.234375	0.595312	7/16=0.437500	1.111250	41/64=0.640625	1.627187	27/32=0.843750	2.143125
3/64=0.046875	0.119062	1/4=0.250000	0.635000	29/64=0.453125	1.150937	21/32=0.656250	1.666875	55/64=0.859375	2.182812
1/16=0.062500	0.158750	17/64=0.265625	0.674687	15/32=0.468750	1.190625	43/64=0.671875	1.706562	7/8=0.875000	2.222500
5/64=0.078125	0.198437	9/32=0.281250	0.714375	31/64=0.484375	1.230312	11/16=0.687500	1.746250	57/64=0.890625	2.262187
3/32=0.093750	0.238125	19/64=0.296875	0.754062	1/2=0.500000	1.270000	45/64=0.703125	1.785937	29/32=0.906250	2.301875
7/64=0.109375	0.277812	5/16=0.312500	0.793750	33/64=0.515625	1.309687	23/32=0.718750	1.825625	59/64=0.921875	2.341562
1/8=0.125000	0.317500	21/64=0.328125	0.833437	17/32=0.531250	1.349375	47/64=0.734375	1.865312	15/16=0.937500	2.381250
9/64=0.140625	0.357187	11/32=0.343750	0.873125	35/64=0.546875	1.389062	3/4=0.750000	1.905000	61/64=0.953125	2.420937
5/32=0.156250	0.396437	23/64=0.359375	0.912812	9/16=0.562500	1.428750	49/64=0.765625	1.944687	31/32=0.968750	2.460625
11/64=0.171875	0.436562	3/8=0.375000	0.952500	37/64=0.578125	1.468437	25/32=0.781250	1.984375	63/64=0.984375	2.500312
3/16=0.187500	0.476250	25/64=0.390625	0.992187	19/32=0.593750	1.508125	51/64=0.796875	2.024062	1=1.000000	2.540000
13/64=0.203125	0.515937	13/32=0.406250	1.031875	39/64=0.609375	1.547812	13/16=0.812500	2.063750		

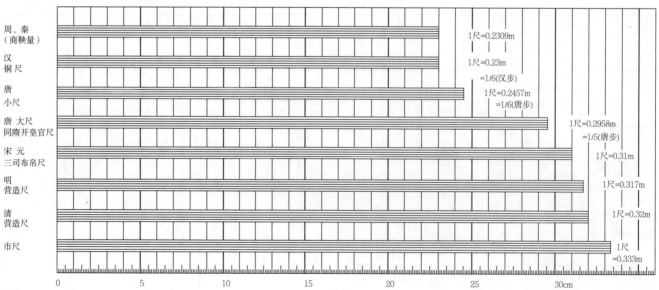

周、秦（商鞅量） 1尺=0.2309m

汉 铜尺 1尺=0.23m =1/6(汉步)

唐 小尺 1尺=0.2457m =1/6(唐步)

唐 大尺 同隋开皇官尺 1尺=0.2958m =1/5(唐步)

宋 元 三司布帛尺 1尺=0.31m

明 营造尺 1尺=0.317m

清 营造尺 1尺=0.32m

市尺 1尺=0.333m

1 历代尺的比较

几何形体计算

面积的计算 表1

图 形	面积（A）
三角形	三角形 $A = \dfrac{1}{2} \times$ 底 $\times$ 高
任意四边形	任意四边形 $A =$ 两个三角形面积之和
平行四边形	平行四边形 $A =$ 底 $\times$ 高
梯形	梯形 $A = \dfrac{1}{2} \times$ 平行边之和 $\times$ 高
等边多边形	等边多边形 $A = \dfrac{1}{2} \times$ 边长之和 $\times$ 内切圆半径
圆	圆 $A = \pi \times$ 半径$^2 = 0.78540$ 直径$^2 = 0.07958$ 周长^2
扇形	扇形 $A = \dfrac{\pi r^2 \theta}{360} = 0.0087266 r^2 \theta = \dfrac{1}{2}$ 弧长 $\times$ 半径
弓形（割圆）	弓形（割圆） $A = \dfrac{r^2}{2} \left(\dfrac{\pi \theta}{180} - \sin \theta \right)$
椭圆	椭圆 $A = 0.78540 \times$ 长轴 $\times$ 短轴
抛物线形	抛物线形 $A = \dfrac{2}{3} \times$ 底 $\times$ 高
圆的外切正方形	圆的外切正方形 $A = 1.273 \times$ 圆面积
圆的内接正方形	圆的内接正方形 $A = 0.6366 \times$ 圆面积

角与弧度的换算 表3

角(度)	弧度	弧度	角(度)
10	0.174533	1	57.2958
20	0.349066	2	114.5916
30	0.523599	3	171.8873
40	0.698132	4	229.1831
50	0.872665	5	286.4789
60	1.047198	6	343.7747
70	1.221731	7	401.0705
80	1.396264	8	458.3662
90	1.570797	9	515.6620

表面积及体积的计算 表2

1 建筑综述

图 形	表面积（S）及体积（V）
	**柱体** $S =$ 与母线垂直的截面周长 $\times$ 母线长度 　　PL $V =$ 底面积 $\times$ 高 　　Bh 　　$=$ 与母线垂直的截面积 $\times$ 母线长度 　　AL
	**斜截柱体** $S =$ 与母线垂直的截面周长 $\times$ 素线平均长度 　　$P\overline{L}$ V（棱柱）$=$ 底面积 $\times$ 平均高度 平均高度$=$ 底面至顶面重心距离 　　$B\overline{h}$ V（圆柱）$= \dfrac{1}{2} A (L_1 + L_2)$
	锥体 S（圆锥）$= \dfrac{1}{2} \times$ 底周长 $\times$ 素线平均长度 　　$\dfrac{1}{2} PL$ S（棱锥）$=$ 各斜面面积之和 　　ΣSi $V = \dfrac{1}{3} \times$ 底面积 $\times$ 高 　　$\dfrac{1}{3} Bh$
	锥台 S（圆锥台）$= \dfrac{1}{2} \times$ 上下底周长之和 $\times$ 素线平均长度 $\dfrac{1}{2}(p+P)\overline{L}$ S（棱锥台）$=$ 各斜面面积之和 　　ΣSi $V = \dfrac{1}{3}$ （上下底面积之和 $+$ 上下底面积乘积之平方根）$\times$ 高 　　$\dfrac{1}{3}\left(B+b+\sqrt{Bb} \right) h$
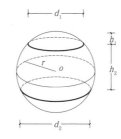	**球** $S = 4\pi \times$ 半径$^2 = \pi \times$ 直径^2 $V = \dfrac{4}{3} \pi \times$ 半径$^3 = \dfrac{\pi}{6} \times$ 直径$^3 = 0.524 \times$ 直径^3 **球缺** $S = 2\pi r h_1 = \dfrac{\pi}{4}(4h_1^2 + d_1^2)$ $V = \dfrac{\pi}{3} h_1^2 (3r - h_1) = \dfrac{\pi}{24} h_1 (3d_1^2 + 4h_1^2)$ **球带** $S = 2\pi r h$ $V = \dfrac{\pi}{24} h_2 (3d_1^2 + 3d_2^2 + 4h_2^2)$
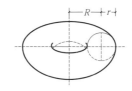	**圆环** $S = 4\pi^2 \times$ 大（环）半径 $\times$ 小（截面圆）半径 　　$4\pi^2 Rr$ $V = 2\pi^2 \times$ 大（环）半径 $\times$ 小（截面圆）半径^2 　　$2\pi^2 Rr^2$
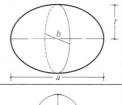	**椭圆球** $V = \dfrac{\pi}{3} rab$
	抛物线体 $V = \dfrac{\pi}{2} r^2 h$

人体基本尺寸

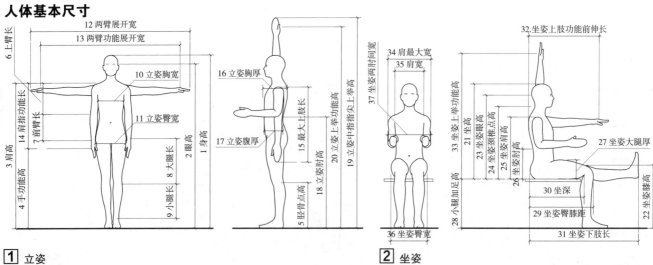

1 立姿   **2** 坐姿

人体尺度尺寸   表1

部位 年龄 百分位数		4~6			7~10			11~12			13~15			16~17			18~70			60~70		
		P5	P50	P95	P5	P50	P95	P5	P50	P95	P5	P50	P95	P5	P50	P95	P5	P50	P95	P5	P50	P95
1 身高	男	1000	1113	1237	1187	1320	1462	1350	1466	1620	1469	1638	1765	1602	1706	1809	1591	1693	1797	1572	1657	1780
	女	994	1109	1225	1170	1306	1466	1361	1487	1610	1474	1573	1669	1501	1590	1686	1482	1574	1673	1449	1540	1619
2 眼高	男	880	988	1104	1062	1194	1329	1223	1338	1486	1339	1506	1630	1470	1573	1672	1464	1564	1667	1440	1530	1645
	女	875	985	1097	1046	1180	1333	1238	1361	1479	1345	1444	1540	1374	1461	1558	1356	1450	1548	1324	1413	1520
3 肩高	男	754	851	954	916	1038	1165	1065	1169	1299	1173	1312	1427	1277	1371	1468	1270	1360	1457	1247	1334	1449
	女	746	844	950	904	1024	1166	1079	1187	1295	1169	1259	1349	1197	1276	1364	1182	1265	1353	1136	1239	1326
4 手功能高	男	392	444	504	479	544	616	548	613	689	606	688	757	663	723	782	657	721	786	651	706	787
	女	396	447	505	472	543	620	555	628	692	610	667	724	627	678	732	624	677	732	593	640	691
5 胫骨点高	男	221	259	302	279	325	378	329	371	425	366	414	462	385	426	471	392	435	479	391	435	486
	女	222	258	299	277	323	376	333	374	417	353	392	432	353	393	431	357	398	439	347	389	425
6 上臂长	男	171	199	226	209	240	274	243	271	307	267	303	336	289	318	347	282	314	347	269	309	344
	女	170	195	224	203	235	271	243	274	303	264	291	319	268	295	322	260	288	318	240	282	320
7 前臂长	男	123	145	173	152	180	206	177	202	231	195	224	256	209	235	260	200	228	256	197	227	254
	女	123	144	170	152	177	206	178	202	231	191	213	238	194	217	242	188	213	238	179	217	250
8 大腿长	男	263	308	357	325	379	434	383	430	484	420	479	534	451	498	545	424	473	521	411	464	509
	女	266	308	353	324	378	437	390	438	488	413	462	515	421	465	519	407	451	500	401	444	499
9 小腿长	男	188	224	264	238	282	332	284	325	379	318	365	412	330	373	420	332	376	419	338	376	425
	女	190	224	264	238	282	332	289	331	368	307	347	385	305	347	386	310	347	386	303	347	381
10 立姿胸宽	男	193	216	242	215	246	294	241	272	322	259	301	352	284	320	363	305	342	381	305	338	383
	女	189	210	236	208	236	277	234	266	311	254	286	328	265	298	330	277	315	357	266	319	360
11 立姿臀宽	男	191	212	242	214	247	301	244	278	329	268	311	361	297	326	368	313	340	372	317	341	371
	女	190	212	241	213	246	292	247	288	337	283	320	362	305	332	367	314	343	380	309	343	391
12 两臂展开宽	男	—	—	—	—	—	—	—	—	—	—	—	—	—	—	—	1579	1691	1803	1553	1662	1779
	女	—	—	—	—	—	—	—	—	—	—	—	—	—	—	—	1457	1559	1659	1503	1588	1686
13 两臂功能展开宽	男	—	—	—	—	—	—	—	—	—	—	—	—	—	—	—	1479	1587	1696	1451	1563	1679
	女	—	—	—	—	—	—	—	—	—	—	—	—	—	—	—	1354	1451	1546	1383	1455	1563
14 肩-指功能长	男	—	—	—	—	—	—	—	—	—	—	—	—	—	—	—	589	639	694	575	637	687
	女	—	—	—	—	—	—	—	—	—	—	—	—	—	—	—	544	590	638	532	585	653
15 最大上肢长	男	411	466	524	495	563	631	578	632	704	632	711	773	683	739	793	673	729	786	659	722	777
	女	405	459	516	488	550	626	575	635	693	624	672	722	629	679	729	625	673	725	609	668	720
16 立姿胸厚	男	131	147	167	141	162	198	154	178	225	167	197	240	183	208	246	199	230	265	210	237	259
	女	126	141	161	134	154	186	150	173	211	165	189	224	173	196	225	183	213	251	190	225	266
17 立姿腹厚	男	129	147	168	136	160	222	142	173	244	152	180	255	161	187	251	175	224	290	190	229	305
	女	125	143	168	130	154	203	141	169	223	151	181	233	160	186	230	165	217	285	155	249	320
18 立姿肘高	男	—	—	—	—	—	—	—	—	—	—	—	—	—	—	—	967	1046	1122	965	1029	1113
	女	—	—	—	—	—	—	—	—	—	—	—	—	—	—	—	911	974	1046	885	949	1067
19 立姿中指指尖上举高	男	—	—	—	—	—	—	—	—	—	—	—	—	—	—	—	1970	2120	2270	1927	2090	2319
	女	—	—	—	—	—	—	—	—	—	—	—	—	—	—	—	1840	1970	2100	1793	1940	2070
20 立姿上举功能高	男	—	—	—	—	—	—	—	—	—	—	—	—	—	—	—	1869	2003	2138	1849	1994	2232
	女	—	—	—	—	—	—	—	—	—	—	—	—	—	—	—	1741	1860	1976	1711	1856	2001
21 坐高	男	570	628	686	653	715	776	715	776	852	773	866	939	859	917	971	852	913	971	828	892	944
	女	567	625	682	645	708	780	726	794	866	791	849	899	813	863	913	798	856	910	776	830	881
22 坐姿膝高	男	281	323	365	343	393	449	403	446	501	443	493	536	465	505	545	457	497	540	449	491	540
	女	276	318	364	338	389	446	406	449	491	432	468	504	433	468	507	425	460	497	420	461	488
23 坐姿眼高	男	457	513	570	535	596	659	596	656	729	650	740	813	733	790	845	737	793	846	712	770	824
	女	451	509	567	525	589	661	607	672	740	668	722	775	692	740	787	686	740	791	677	718	806
24 坐姿颈椎点高	男	375	421	469	437	488	543	491	541	607	536	617	679	607	657	708	610	657	708	597	650	696
	女	372	416	466	427	480	545	495	553	617	547	599	650	577	617	664	565	614	661	559	596	691

人体基本尺寸

人体尺度尺寸 续表

部位	年龄 百分位数	4~6 P5	P50	P95	7~10 P5	P50	P95	11~12 P5	P50	P95	13~15 P5	P50	P95	16~17 P5	P50	P95	18~70 P5	P50	P95	60~70 P5	P50	P95
25 坐姿肩高	男	332	379	430	396	448	505	448	498	563	491	563	628	549	603	653	552	603	654	540	590	639
	女	332	376	426	388	440	502	451	509	563	498	552	599	524	567	610	518	567	614	506	549	603
26 坐姿肘高	男	130	162	199	152	188	227	170	206	253	191	235	285	217	260	306	217	267	310	208	256	307
	女	130	162	195	152	184	224	173	213	256	195	235	278	209	249	289	209	256	300	205	245	295
27 坐姿 大腿厚	男	72	87	108	83	108	134	97	119	152	105	130	163	116	137	170	112	134	166	107	128	153
	女	72	87	108	83	101	130	97	119	148	105	126	159	112	134	159	105	126	152	97	123	160
28 小腿 加足高	男	223	263	299	280	324	371	324	367	409	363	403	447	369	414	460	366	411	457	357	403	440
	女	220	262	302	277	320	368	331	371	404	346	382	417	346	379	414	342	375	406	344	373	396
29 坐姿 臀膝距	男	315	357	407	381	440	509	448	500	565	494	554	608	526	572	620	520	561	605	514	556	598
	女	316	359	409	382	439	508	456	511	567	498	543	590	509	548	592	497	540	581	483	536	576
30 坐深	男	249	294	340	311	364	423	367	416	471	403	461	511	427	475	521	426	470	515	420	467	520
	女	254	300	345	316	366	428	379	427	480	411	454	499	410	459	503	415	456	498	379	453	485
31 坐姿 下肢长	男	—	—	—	—	—	—	—	—	—	—	—	—	—	—	—	921	992	1063	912	985	1053
	女	—	—	—	—	—	—	—	—	—	—	—	—	—	—	—	851	912	975	867	925	964
32 坐姿上肢 功能前伸长	男	—	—	—	—	—	—	—	—	—	—	—	—	—	—	—	663	726	789	676	728	771
	女	—	—	—	—	—	—	—	—	—	—	—	—	—	—	—	618	672	729	621	682	726
33 坐姿上举 功能高	男	—	—	—	—	—	—	—	—	—	—	—	—	—	—	—	1141	1248	1350	1127	1228	1429
	女	—	—	—	—	—	—	—	—	—	—	—	—	—	—	—	1072	1172	1254	1023	1146	1249
34 肩最大宽	男	260	286	323	289	326	392	323	362	427	352	402	455	389	426	471	409	444	486	408	443	478
	女	257	282	316	283	319	374	320	358	414	349	385	433	369	397	436	375	407	449	331	409	449
35 肩宽	男	218	245	274	252	286	327	287	318	360	312	357	400	346	383	416	351	385	419	338	374	413
	女	218	245	273	250	283	324	287	322	359	314	343	376	322	351	382	314	347	378	299	340	374
36 坐姿臀宽	男	185	212	245	212	247	306	242	280	339	262	309	362	291	327	377	307	342	382	302	342	380
	女	184	209	245	209	244	299	242	288	343	279	320	366	299	330	370	309	344	388	308	348	403
37 坐姿两肘 间宽	男	—	—	—	—	—	—	—	—	—	—	—	—	—	—	—	360	445	548	366	453	582
	女	—	—	—	—	—	—	—	—	—	—	—	—	—	—	—	340	424	524	334	457	546
体重(kg)	男	15.0	18.9	25.9	20.3	27.9	46.4	27.6	38.0	60.3	34.7	50.5	76.3	45.1	56.7	80.4	51	65	86	51	63	85
	女	14.2	18.1	24.4	19.2	26.0	41.0	27.3	37.8	56.4	35.5	46.6	65.3	41.2	50.5	65.4	44	56	74	42	57	81

注：1. 以上人体各部尺寸中，未成年人人体尺寸数据来源于《中国未成年人人体尺寸》GB/T 26158-2010。成年人尺寸来源于2009年中国标准化研究院采集的中国成年人人体尺寸数据库，样本采集地点涉及北京、上海、天津和陕西等四个省市，样本总量为3106人，其中男子1514人，女子1592人，年龄跨度为18~70岁健康正常人群。

2. Px：百分位数的符号，一个百分位数将群体或样本的全部观测值分为两部分，有 x% 的观测值等于和小于它，有（100－x）% 的观测值大于它。如P5，表示有5%的观测值等于和小于它，有95%的观测值大于它。

《中国成年人人体尺寸》GB/T 10000-88是现行的国家标准，随着20多年来我国经济社会的巨大发展，人体尺度与国标已经有了明显差异。2009年中国标准化研究院采集的中国成年人人体尺寸数据与《中国成年人人体尺寸》GB 10000-88相比，成年男子的身高增加显著，成年女子身高的增加不明显。相比身高来讲，成年男子与成年女子的体重增加更明显，与体重相关人体围度厚度尺寸增大显著，如臀宽、腹厚等。2009年国标中的未成年人人体数据也显著提高，16、17岁组与高度有关的人体尺寸已经超越或接近成年人的数据。

头手足的尺寸

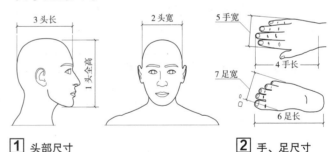

1 头部尺寸　　2 手、足尺寸

头手足尺寸 表1

部位	年龄 PK	4~6 P5	P50	P95	7~10 P5	P50	P95	11~12 P5	P50	P95	13~15 P5	P50	P95	16~17 P5	P50	P95	18~70 P5	P50	P95	60~70 P5	P50	P95
1 头全高	男	184	206	224	195	217	235	199	220	242	206	231	253	213	235	253	206	235	256	205	235	256
	女	184	202	222	195	213	231	202	220	238	206	227	246	206	227	246	202	227	246	191	227	322
2 头宽	男	142	152	162	147	158	168	150	161	172	154	165	177	157	169	181	150	163	177	145	157	167
	女	140	150	161	145	156	168	149	160	171	152	163	174	153	163	174	147	159	171	143	154	165
3 头长	男	164	174	187	168	181	195	173	185	199	177	191	206	182	195	209	184	197	211	185	196	210
	女	160	171	183	165	177	190	170	182	196	173	185	199	175	186	198	175	187	200	179	187	201
4 手长	男	110	123	139	129	144	162	145	160	181	160	180	196	170	185	199	172	185	198	172	186	200
	女	108	122	137	126	142	161	142	162	177	146	162	177	157	170	183	158	170	183	154	173	189
5 手宽	男	53	59	65	60	66	74	65	72	82	71	80	88	76	82	89	80	89	98	82	88	99
	女	51	57	63	58	64	72	64	71	78	68	74	79	68	74	80	72	80	87	70	79	90
6 足长	男	149	172	194	180	205	231	206	228	254	225	249	270	232	252	273	231	250	270	224	247	276
	女	146	169	191	173	201	228	204	225	245	213	231	250	213	231	248	213	231	248	209	231	244
7 足宽	男	52	67	79	63	77	90	69	83	97	73	88	104	75	91	104	89	96	105	67	93	105
	女	53	65	75	58	73	87	68	81	93	71	83	95	70	83	95	82	89	97	67	85	96

注：以上人体各部尺寸中，未成年人人体尺寸数据来源于GB/T 26158-2010。成年人尺寸来源于2009年中国标准化研究院采集的中国成年人人体尺寸数据库，样本采集地点涉及北京、上海、天津和陕西四个省市，样本总量为3106人，其中男子1514人，女子1592人，年龄跨度为18~70岁健康正常人群。

1
建筑综述

原则与方法

标准的人体测量尺寸是近乎裸体的、静态的，不能直接作为设计尺寸。将人体测量尺寸转换成设计尺寸，需要考虑以下程序：

1. 确定对该设计至关重要的人体部位尺寸；

2. 确定使用者范围；

3. 确定人体测量尺寸的使用原则；

4. 是否考虑动态设计；

5. 在相应人群的人体尺寸表上查到关键值；

6. 为满足人体活动的舒适性与安全性要求，设计尺寸在该人体尺寸的基础上须留一定余量。

余量应该考虑功能修正量和心理修正量两部分。功能修正量是为了保证实现产品的某项功能，而制定的修正量。产品功能尺寸设计时应考虑到由于穿鞋、着衣等引起的人体高度、围度、厚度的变化量，以及人体躯干保持直挺或自然放松等不同姿势而引起的变化量，所有这些修正量总称为功能修正量。心理修正量是为了消除空间压抑感、恐惧感或为了追求美观等心理需要而作的修正量。在建筑设计中，心理修正量和因活动需要而增加的空间余量，远远大于功能修正量。

人体尺寸百分位数的选用　　　　　　　　　　表1

产品类型	产品重要程度	百分位数的选择	满足度
I型产品	涉及人的健康、安全的产品	选用P99和PI作为尺寸上、下限值的依据	98%
	一般工业产品	选用P95和P5作为尺寸上、下限值的依据	90%
IIA型产品	涉及人的健康、安全的产品	选用P99和P95作为尺寸上限值的依据	99%或95%
	一般工业产品	选用P90作为尺寸上限值的依据	90%
IIB型产品	涉及人的健康、安全的产品	选用PI和P5作为尺寸下限值的依据	99%或95%
	一般工业产品	选用P10作为尺寸下限值的依据	90%
III型产品	一般工业产品	选用P50作为产品尺寸设计的依据	通用
成年男女通用产品	一般工业产品	选用男性的P99、P95或P90作为尺寸上限值的依据； 选用女性的PI、P5或P10作为尺寸下限值的依据	通用

注：1. 以上数据来自国家标准《在产品设计中应用人体百分位数的通则》GB/T 12985—1991。
　　2. I型产品尺寸设计：需要两个人体尺寸百分位数作为尺寸上限值和下限值的依据，称为I型产品尺寸设计，又称双限值设计。
　　3. II型产品尺寸设计：只需要一个人体尺寸百分位数作为尺寸上限值或下限值的依据，称为II型产品尺寸设计，又称单限值设计；II A型产品尺寸设计：只需要一个人体尺寸百分位数作为尺寸上限值的依据，称为II A型产品尺寸设计，又称大尺寸设计；II B型产品尺寸设计：只需要一个人体尺寸百分位数作为尺寸下限值的依据，称为II B型产品尺寸设计，又称小尺寸设计。
　　4. III型产品尺寸设计：只需要第50百分位数（P50）作为产品尺寸设计的依据，称为III型产品尺寸设计，又称平均尺寸设计。

人体尺寸应用方法　　表2

人体尺寸	应用举例	百分位数的选择	注意事项
身高	确定通道和门的最小高度。对于确定人头顶上的障碍物高度更为重要	主要功能是确定净空高，所以应选用高百分位数据，设计者应考虑尽可能适应100%的人	设计选用时应加上穿鞋修正量：男加25mm，女加45mm
立姿眼高	确定在剧院、礼堂、会议室等处的视线高度，用于布置广告和其他展品，用于确定屏风和开敞式大办公室内隔断的高度	百分位的选择取决于关键因素的变化。为满足可视性，应选用第5百分位数据；为满足隔绝性，应选用第95百分位数据	设计选用时应加上穿鞋修正量：男加25mm，女加45mm。结合脖子的弯曲和旋转以及视线角度，以确定不同状态、不同头部角度的视觉范围
肘高	确定站着使用的工作表面的舒适高度是低于人的肘部高度约75mm。另外，休息平面的高度大约应该低于肘部高度30~50mm	选用男性的第95百分位作为上限值、女性的第5百分位为下限值	确定上述高度时必须考虑活动的性质
坐高	确定座椅上方障碍物的允许高度。确定办公室、餐厅、酒吧里的隔断高度	涉及间距问题，应选用第95百分位数据	设计选用时考虑放松状态，减去姿势修正量：44mm。加上着衣修正量：10mm。还需考虑座椅的倾斜度、座椅垫的弹性、衣服的厚度及人起坐时的活动
坐姿眼高	确定诸如剧院礼堂教室和其他需要有良好视听条件室内空间设计对象的视线和最佳视区	假如有适当的可调节性，就能适应从第5百分位到第95百分位或者更大的范围	需考虑头部与眼睛的转动范围、坐垫弹性、座面高度和可调整座椅的高度范围
肩宽	确定环绕桌子的座椅间距和影剧院、礼堂中的排椅座位间距，公用和专用空间的通道间距	涉及间距问题，应选用第95百分位数据	选用时应加上着衣修正量：轻便衣服加10mm，适中衣服加25mm，厚重衣服加50mm。由于躯干和肩的活动，两肩之间所需要的空间会加大
两肘间宽	确定会议桌、餐桌、柜台和牌桌周围座椅的位置	涉及间距问题，应选用第95百分位数据	与肩宽尺寸结合使用
臀部宽度	对确定座椅内测尺寸和设计酒吧、柜台、办公座椅极为有用	涉及间距问题，应选用第95百分位数据	根据具体条件，与两肘宽度和肩宽数据结合使用
坐姿肘高	与其他一些数据和考虑因素联系在一起，用于确定椅子扶手、工作台、书桌、餐桌等设备的高度	不涉及间距问题也不涉及伸手够物的问题，宜选择第50百分位左右的数据	选用时坐垫的弹性、座椅表面的倾斜以及身体姿势都应予以注意
大腿厚度	确定带抽屉的柜台、书桌、会议桌等的容膝高度	涉及间距问题，应选用第95百分位数据	设计选用时应加上着衣修正量：35mm。同时须考虑膝腘高度和坐垫弹性
坐姿膝高	确定从地面到书桌、餐桌、柜台、会议桌桌底面距离，抽屉下方与地面间的最适宜高度及容膝高度	要保证适当的间距，故应选用第95百分位数据	设计选用时应加上穿鞋修正量：男加25mm，女加45mm。同时需考虑座椅高度和坐垫的弹性
小腿加足高	确定座椅面高度的关键尺寸，尤其对于确定座椅前缘的最大高度更为重要	座椅高应选用第5百分位的数据，若座椅太高，大腿受到压力会感到不舒服	设计选用时应加上穿鞋修正量：男加25mm，女加45mm。同时需考虑坐垫的弹性
坐深	用于座椅的设计中确定腿的位置，确定长凳和靠背椅等前面的垂直面以及确定椅座面的深度	应选用第5百分位数据，这样能适应最多使用者——臀腘部长度较长和较短的人	要考虑椅面的倾斜度
臀膝距	确定椅背到膝盖前方的障碍物之间的适当距离，例如：用于影剧院、礼堂和做礼拜的固定排椅设计中	涉及间距问题，应选用第95百分位数据	设计选用时应加上着衣修正量：20mm。同时需考虑椅面的倾斜度
坐姿上举手功能高	确定头顶上方的控制装置和开关等的位置，所以较多地被设备专业的设计人员所使用	选用第5百分位数据，以适应大多数人	设计选用时需考虑座椅的倾斜度、座椅垫的弹性、衣服的厚度
双臂功能上举高	确定书架、装饰柜、衣帽架等家具及开关、控制器、拉杆、把手的最大高度	涉及伸手够东西问题，应选用第5百分位数据	设计选用时应加上穿鞋修正量：男加25mm，女加45mm
两臂功能展开宽	确定办公家具、书柜、书桌等家具侧面位置，也用于设备设计人员确定控制开关等装置的位置	选用第5百分位数据，以适应大多数人	如果涉及的活动需要使用专门的手动装置、手套或其他某种特殊设备，这些都会延长使用者的一般手握距离
上肢功能前伸长	确定工作台上方搁板位置，也用于确定平开窗开至最远处手够得到的把手距离	选用第5百分位数据，以适应大多数人	要考虑操作或工作的特点
人体最大厚度	用于设计紧张空间里的间隙及人们排队所需空间	应该选用第95百分位的数据	衣服的厚薄、使用者的性别应予以考虑
人体最大宽度	用于设计通道宽度、走廊宽度、门和出入口宽度以及公共集会场所	应该选用第95百分位的数据	衣服的厚薄、人走动或做其他事情时的影响因素都应予以考虑

人体基本动作的尺度

人体活动所占的空间尺度是确定建筑内部各种空间尺度的主要依据。本图中人体活动所占的空间尺度系以2009年中国标准化研究院实测的成年男子数据的第50百分位为依准制定。具体情况可按实际需要适当增减。

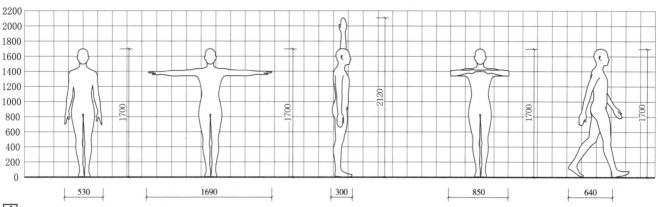

1 人体基本动作1

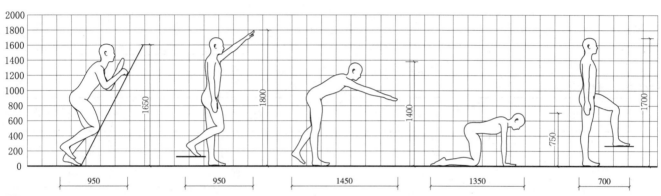

2 人体基本动作2

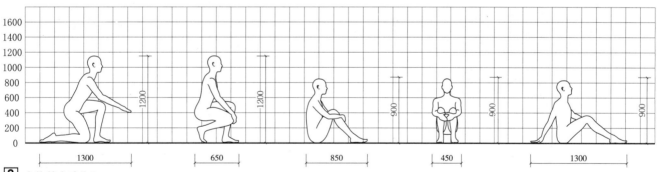

3 人体基本动作3

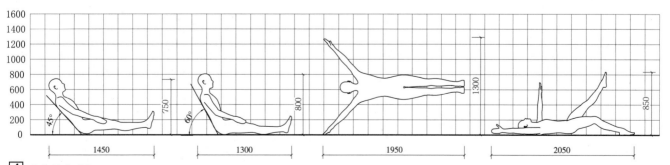

4 人体基本动作4

各姿手操作域

　　立姿各项尺寸主要用来确定书柜、大衣柜等家具的高度和深度。坐姿各项尺寸主要用来确定写字台、五斗柜、化妆柜等家具的高度和深度，其他各姿尺寸主要为确定床柜、矮柜等家具的高度和深度。除了立姿单手托举、推拉和取放的最大高度作为柜类家具设计最大高度参考尺寸外，其余各种尺寸均按使用柜类等家具较舒适的姿势确定的，还要参考我国家具设计的模数制、人体测量学中有关尺寸的使用原则、男女不同百分位尺寸差异等因素，最后确定柜类家具设计建议尺寸。

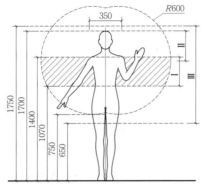

1 立姿手操作域

Ⅰ 舒适操作区
Ⅱ 精确操作区
Ⅲ 有效操作区
Ⅳ 扩展操作区

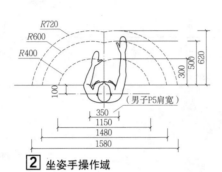

2 坐姿手操作域

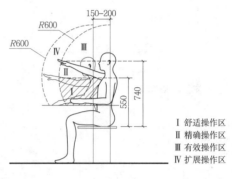

Ⅰ 舒适操作区
Ⅱ 精确操作区
Ⅲ 有效操作区
Ⅳ 扩展操作区

柜类家具使用空间水平尺寸　　　　表1

姿势	项目		百分位数			使用建议尺寸（mm）
			P5	P50	P95	
立姿	单手托举	男	435	479	524	510~660
		女	353	373	395	
	单手推拉	男	534	564	594	600~750
		女	417	442	468	
	单手取放柜前距离	男	224	290	357	360~510
		女	219	292	368	
	单手取放搁置深度	男	388	455	523	420
		女	365	424	485	
坐姿	看书	男	394	445	496	480~680
		女	427	461	497	
	写字	男	402	445	490	480~680
		女	405	444	485	
	打字	男	392	443	493	480~680
		女	411	442	475	
	单手推拉	男	487	530	574	570~770
		女	400	463	528	
	单手取放柜前距离	男	281	373	468	480~680
		女	254	341	431	
	单手取放搁置深度	男	372	421	471	420
		女	369	434	504	
弯姿	单手推拉	男	647	713	780	780~980
		女	665	713	764	
	单手取放柜前距离	男	414	583	756	750~950
		女	557	596	635	
	单手取放搁置深度	男	419	448	447	420
		女	366	417	469	
蹲姿	单手推拉	男	696	739	782	780~980
		女	610	689	769	
	单手取放柜前距离	男	541	583	625	660~860
		女	543	573	605	
	单手取放搁置深度	男	328	374	422	330
		女	264	334	405	
跪姿	单手推拉	男	816	858	901	900~1100
		女	782	839	899	
	单手取放柜前距离	男	621	738	858	900~1100
		女	636	680	726	
	单手取放	男	234	343	454	330
		女	300	362	426	

注：1. 表1中第5、50、95百分位值，均按国标《中国成年人人体尺寸》GB 10000-88中18~60岁（女18~55岁）的相应百分位身高计算而得。

　　2. 数据来源于杨公侠.国家自然科学基金项目——家具及室内活动空间与人体工程学研究.上海：同济大学建筑城规学院建筑系.1990：C-6-C-10。

柜类家具设计高度　　　　表2

项目		百分位数			柜类家具建议高度（mm）
		P5	P50	P95	
立姿单手托举最大高度	男	1843	1938	2034	1860
	女	1655	1796	1938	
立姿单手托举舒适高度	男	1506	1606	1708	1650
	女	1471	1575	1683	
立姿单手推拉最大高度	男	1821	1996	2174	1950
	女	1789	1898	2010	
立姿单手推拉舒适高度	男	1363	1502	1644	1500
	女	1356	1462	1572	
立姿单手取放最大高度	男	1777	1861	1947	1800
	女	1635	1756	1882	
立姿单手取放舒适高度	男	1283	1399	1518	1350
	女	1245	1358	1474	
阅读桌台面舒适高度	男	608	676	746	720
	女	606	647	690	
写字桌台面舒适高度	男	580	656	733	690
	女	586	634	684	
打字桌台面舒适高度	男	540	621	703	660
	女	555	594	634	
坐姿单手推拉舒适高度	男	208	314	421	360
	女	287	356	427	
坐姿单手取放舒适高度	男	841	944	1049	960
	女	800	921	1029	
弯姿单手推拉舒适高度	男	380	533	688	480
	女	352	470	591	
弯姿单手取放舒适高度	男	576	766	970	780
	女	536	679	827	
蹲姿单手推拉舒适高度	男	255	351	448	360
	女	263	315	368	
蹲姿单手取放舒适高度	男	315	531	752	660
	女	282	521	751	
单腿跪姿推拉舒适高度	男	345	507	671	600
	女	345	487	618	
单腿跪姿取放舒适高度	男	355	584	819	720
	女	358	576	802	

注：数据来源于杨公侠.国家自然科学基金项目——家具及室内活动空间与人体工程学研究.上海：同济大学建筑城规学院建筑系.1990：C-6-C-10。

立姿手操作域

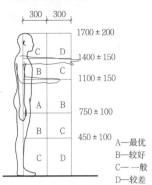

A—最优
B—较好
C——一般
D—较差

1 提物空间域

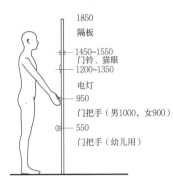

1850
隔板
1450~1550 门铃、猫眼
1200~1350
电灯
950
门把手（男1000，女900）
550
门把手（幼儿用）

2 门周边尺寸

跳起时能达到
2200 的围墙的高度
2050 步行时看不穿
1850 的围墙高度

扶栏的
1050~1200 标准高度
1000 窗台高度

600 不能直接横跨
的栅栏的高度

容易绊倒的
20~200 楼梯高差

3 收纳高度

4 围栏与栅栏的尺寸

单手不同功能高度的拉力　　　　　　　　　　表1

姿势	项目		百分位数			平均拉力（kg）	建筑设计高度（mm）	建议最大计算拉力（kg）
			P5	P50	P95			
立姿	最大高度	男	1824	1958	2095	6.08	1800	4.50
	最大高度	女	1709	1812	1918	4.4		
	最低高度	男	802	828	855	10.04	800	7.50
	最低高度	女	760	801	843	7.2		
	适宜高度	男	945	1124	1307	11.38	1100	8.50
	适宜高度	女	1010	1101	1196	8.7		
坐姿	适宜高度	男	642	741	843	19.12	650	10.50
	适宜高度	女	588	639	692	10.6		
弯姿	适宜高度	男	690	762	836	15	750	10.00
	适宜高度	女	618	712	809	10.3		
蹲姿	适宜高度	男	472	526	580	17.31	500	13.00
	适宜高度	女	479	486	492	13.3		
跪姿	适宜高度	男	492	575	659	17.04	600	10.50
	适宜高度	女	545	579	614	10.7		

注：数据来源于杨公侠.国家自然科学基金项目——家具及室内活动空间与人体工程学研究.上海：同济大学建筑城规学院建筑系.1990：E-2。

收纳高度　　　　　　　　　　表2

高度（mm）	使用建议
<600	较少使用物品的存储空间；轻质物品容易拿取；重质物品拿取较困难
600~800	重质物品容易拿取；轻质物品极易拿取
800~1100	存储的最佳区域
1100~1400	轻质物品较易或极易拿取，视觉可达性好，重质物品拿取较困难
1400~1700	多数男人以及女人能够拿取、存放轻质物品（至少在架子边缘处）
1700~2200	非常有限的存取使用空间，对于一些人已超出可用范围
>2200	超出每个人的可及范围

注：数据来源于Stephen Pheasant.Bodyspace.Second Edition.CRC PRESS.1996：131-132。

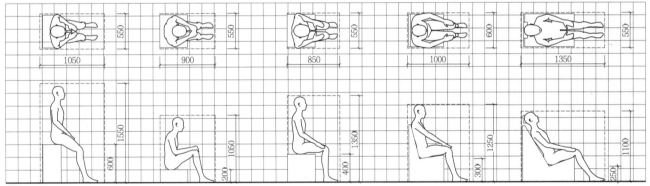

5 坐姿空间

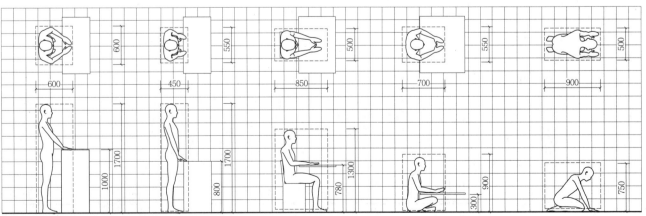

6 坐立姿作业空间

工作位设计

根据作业时人体的作业姿势，工作位分为三种类型：坐姿工作岗位、立姿工作岗位和坐立姿交替工作岗位。根据不同的工作性质则可将工作位分为精细作业、轻作业和重作业。从事精细作业，如精密装配作业、书写作业等的工作面应被设计得高一点。从事用力较大的重工作时如印刷厂的包装车间等，应把工作面设计得低一点，有利于使用手臂和腰部的力量。

成年男女用工作面高度　表1

类型		精细作业(mm)	轻的装配作业(mm)	用力作业(mm)
坐姿	男	750~800	600~650	400~550
	女	700~750	550~600	350~500
立姿	男	1000~1150	900~1050	800~900
	女	900~1050	800~950	700~850

注：数据来源于朱祖祥. 人类工效学.
杭州：浙江教育出版社. 1993：620。

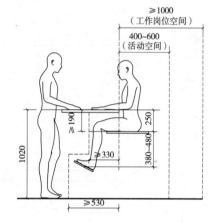
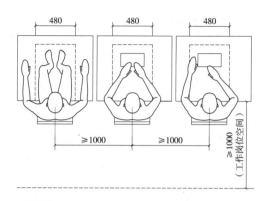

a 侧视图　　　　b 俯视图

1 坐姿工作位（如阅读、书写等工作）

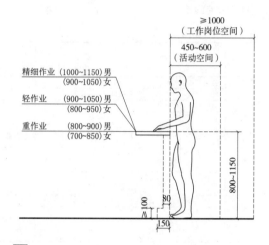

2 立姿—坐姿工作位　　**3 立姿工作位**

VDT作业

VDT（Visual Display Terminal）主要由主机、显示器及键盘等组成。一般将VDT、工作台、座椅以及工作环境作为一个整体系统来考虑。

VDT对于人健康的影响主要表现在以下几个方面：

1. 容易引起视觉疲劳；

2. 由于长时间以端坐姿势进行键盘操作造成某些肌肉群过度紧张，故常出现骨骼肌肉不适的症状，如颈、肩、背等的发僵、疼痛、麻木等；

3. VDT作业人员容易出现头痛、易疲劳、失眠、思维缓慢等神经衰弱的症候群。长期从事视屏作业的作业工作人员，应纠正不良的坐姿习惯，避免连续VDT操作。

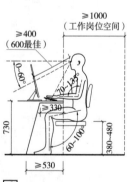
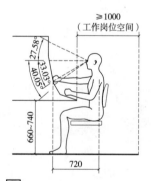
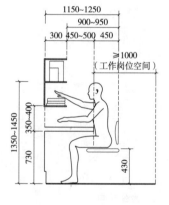

4 VDT　　**5 操作台**　　**6 坐姿工作台**

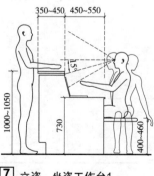
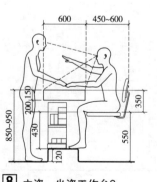
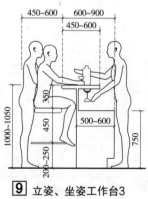

7 立姿、坐姿工作台1　　**8 立姿、坐姿工作台2**　　**9 立姿、坐姿工作台3**

厕浴空间

　　国人卫生观念以蹲式为主，但为与国际接轨，且坐式便器有利行动不便者、高龄者及病人等使用，未来将逐渐减少蹲式厕间的设置。

　　坐式厕间：厕间宽度应为1000mm以上；便器与厕间门扇之净距离应不小于700mm。

　　蹲式厕间：厕间宜为宽度1000mm以上，长度1200mm以上；蹲式便器设置，宜与门平行。

　　小便器区：小便器宜采用壁挂式，底面离地面150mm以上；小便器中心点间距应为800mm以上，距离侧墙400mm以上，隔板不宜低于1350mm。

　　洗面盆区：净深均应达450mm以上；洗面盆前之净空间应留设1250mm以上。

　　浴缸：出入浴盆的一边，台子平面宽度应限制在10cm以内，否则跨入跨出感到不便；或者宽至20cm以上，以坐姿进出浴盆。

起居空间

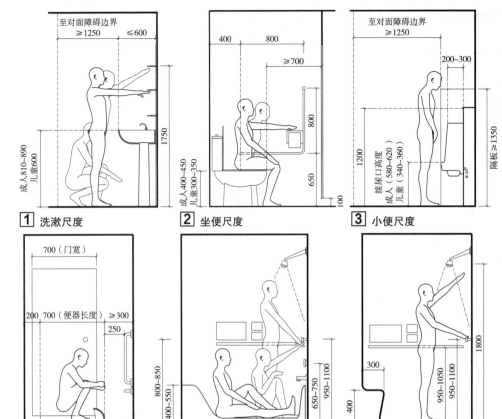

1 洗漱尺度　　2 坐便尺度　　3 小便尺度

4 蹲便尺度　　5 洗浴尺度　　6 淋浴尺度

日本东京与中国台北公厕小便时间比　　　表1

	性别	小便时间（s）	比例
东京	男	30~35	1
	女	90~93	3
台北	男	30~35	1
	女	70~73	2

注：数据来源于2012年第十届环境行为研究国际研讨会，吴明修教授主题报告。

集中使用与非集中使用厕所便器设置比　　表2

建筑使用类型	女便器	男便器	男小便器
同时段集中使用	5	1	2
非同时段零散使用	3	1	2

注：1. 数据来源于2012年第十届环境行为研究国际研讨会，吴明修教授主题报告。
　　2. 同时段集中使用建筑包括：车站、机场大厦、影剧院、学校等。
　　3. 非同时段零散使用：医院、办公、图书馆、博物馆、银行、商场等。

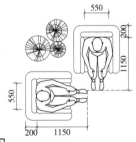

7 交往空间　　8 交往空间　　9 存储空间

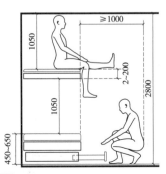

10 就寝空间　　11 就寝空间　　12 储存空间

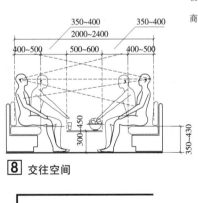
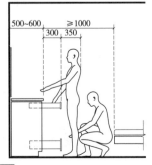
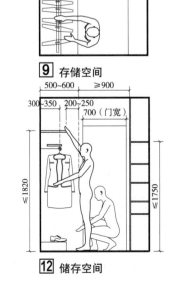

餐厨空间

就餐空间尺寸推荐　　　　　表1

宽度（mm）	A	B	C
最小	250	800	2400
推荐	300	850	2550

长度L	使用人数			
	2	4	6	8
最小	800	1200	1700	2300
推荐	800	1200	1800	2400
通道	600	—	—	—

注：数据来源于Grandjean. Ergonomics of the Home. Taylor & Francis. 1973。

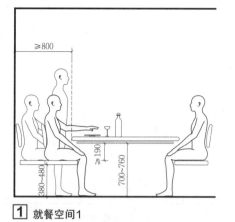
1 就餐空间1

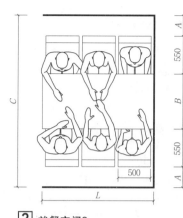
2 就餐空间2

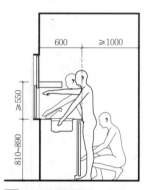
3 厨房空间1

4 厨房空间2

5 厨房空间3

受限作业空间

　　受限作业（维修）空间：主要是指维修之类作业所需的最小空间。工作有时需在狭小的空间里进行，例如建筑中的各种维修管道等。

　　受限空间设计应当从实际的作业及活动的需要和特点出发，考虑体位、姿势及肢体的各个方向活动范围，考虑使用工具的空间，数据以男子第95百分位数尺寸作为设计依据，并考虑着装的余量。在寒冷条件下作业时，应考虑穿厚工作服的余量，即比正常人体测量值大100~150mm，还应为操作员戴手套（或连指手套）的手留出间隙。

人体受限空间作业尺寸　　　　　　　　　　　　　　　　　　　　　　　　　　表2

最小值	站立	屈体	蹲姿	仰卧	蹲跪	爬姿	俯卧	双臂作业
H（mm）	1950	1600	1300	最大值650 最小值450	1500	950	650	≤500
B（mm）	750	850	800	2100	1300	1600	2450	≥250

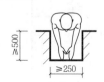
10 双臂作业出入口

6 站立

7 屈体

8 蹲姿

9 仰卧

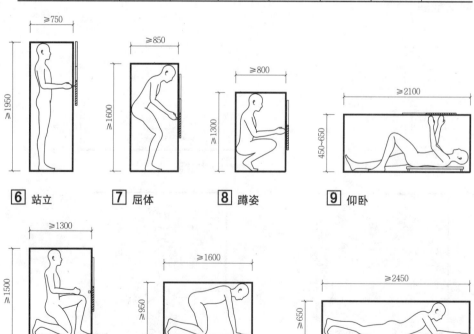
11 蹲跪

12 爬姿

13 俯卧

通行宽度

个体站立状态下所占用的空间，是进行通道设计的基本依据。不同季节条件下行人会穿着不同厚度的服装；不同场所与出行目的时行人携带行李情况也有差异。而着装、行李因素对行人空间占用情况有显著影响。

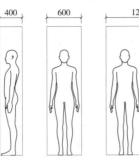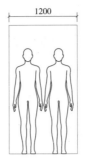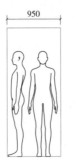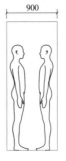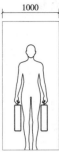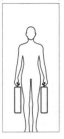

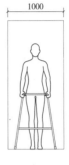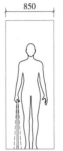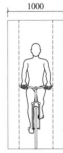

通行所需空间　表1

编号	情况	通道宽度
1	一人侧行	400
2	一人步行	600
3	两人并行	1200
4	一人步行一人靠墙	950
5	两人侧行	900
6	一人带一个行李箱	800
7	一人带两个行李箱	1000
8	一人拖行李箱	850
9	一人端托盘	850
10	一人打伞	1150
11	一人拄拐	950
12	一人使用助行架	1000
13	一人盲杖正面	850
14	一人骑车	1000

人流股数与宽度　表2

编号	情况	通道宽度
1	单股人流	600~800
2	双股人流	1200~1600
3	三股人流	1800~2400
4	两人通行的楼梯	1200~1600
5	三人通行的楼梯	1800~2400

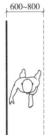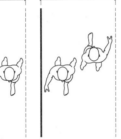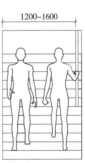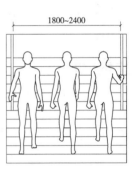

1 通行宽度

步行特性

行人在行走过程中所需的动态空间不仅受人体尺寸影响，还取决于行人微观行走特征，包括步幅、步频等。步行速度是行人交通规划、设计的关键指标。步幅影响着楼梯踏步尺寸、园路步汀等的设计。步速是影响其他步态参数的重要因素之一。步幅、步长和步速均正相关。

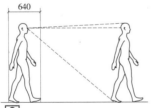

2 步行与步幅

步行基本参数统计　表3

统计量	步速(m/s)	步幅(m)	步频(步/s)
均值	1.22	0.64	1.91
标准差	0.26	0.08	0.26

注：数据来源于马云龙，熊辉，蒋晓蓓等. 行人特性对步行行为影响分析. 交通与运输，2009，01：98-101。

不同年龄段步行基本参数统计　表4

性别	统计量	步速（m/s）	步幅（m）	步频（步/s）
少年儿童	均值	1.06	0.51	2.10
	标准差	0.20	0.10	0.31
青年	均值	1.30	0.66	1.96
	标准差	0.26	0.08	0.26
中年	均值	1.19	0.64	1.86
	标准差	0.23	0.07	0.24
老年	均值	1.04	0.58	1.79
	标准差	0.24	0.07	0.27

注：数据来源于马云龙，熊辉，蒋晓蓓等. 行人特性对步行行为影响分析. 交通与运输，2009，01：98-101。

正常集散下客流人均占有空间要求（单位：㎡/人）　表5

考虑的因素	不发生人员堵塞	携带一般行李	人群构成影响
人均占有空间	>0.47	>0.55	大于0.56~0.65
保障安全的最小人均占有空间	0.55~0.60		

注：数据来源于吴娇蓉，叶建红，陈小鸿等.大型活动广场访客聚集行为控制指标研究.武汉理工大学学报（交通科学与工程版），2006，04：599-602。

室外静止状态下空间需求（单位：㎡/人）　表6

考虑的因素	行人站立	感觉舒适	携带行李
空间需求	0.21	0.74~0.95	0.40~0.55
适宜静态空间需求	0.80		

注：1. 数据来源于吴娇蓉，叶建红，陈小鸿等.大型活动广场访客聚集行为控制指标研究.武汉理工大学学报（交通科学与工程版），2006，04：599-602。
2. "行人站立空间"是按照人体椭圆面积计算得到；"感觉舒适空间"考虑到行人站立时的缓冲空间大小；"携带行李空间"考虑到行人携带轻物或大人带一小孩同行的最小面积。

室外行走状态下的空间需求（单位：㎡/人）　表7

考虑的因素	舒适行走	空间与速度的关系	穿越行人群
空间需求	2.20~2.26	>1.4	>1.67
适宜动态空间需求	2.25		

注：1. "舒适行走空间"考虑到行人运动的步幅区域、感应区域、视觉区域及避让与反应区面积；"空间速度关系"中，当行人空间值小于1.4㎡/人时，人群中所有的行人都不能按自己的期望速度行走；当行人空间值小于1.67㎡/人时，行人不太可能超越人群中的慢速行人（纵向穿越），且横向穿越时会受到很大干扰。
2. 数据来源于吴娇蓉，叶建红，陈小鸿等.大型活动广场访客聚集行为控制指标研究.武汉理工大学学报（交通科学与工程版），2006，04：599-602。

1 建筑综述

走道

走道中常会出现通行活动与其他坐、立、看活动同时发生的情况。2009年中国标准化研究院采集的中国成年人人体尺寸数据中显示成年男子与成年女子的体重增加更明显，与体重相关人体围度厚度尺寸增大显著，与现行的国家标准《中国成年人人体尺度》GB 10000-88，有了明显差异。

单股人流的通行尺寸建议值为600~800mm。而通常人们在行走过程中常常会携带行李物品等，所以推荐使用800mm为公共空间单股人流的通行尺寸上限。双人通道应该允许两人并肩而行，互不接触。

室外步道

对室外步道宽度的评估得知，行人所期望的最小步道宽度应至少容纳3人并行。而行人之间的间距并不因行人同向或对向交会而产生显著的差别。此处尺寸仅考虑了行人的外在环境状况，实际应用需结合心理感受。

行人服务水平

行人服务水平是评估行人活动空间的通行能力和舒适性的有效手段。与行人流量相关的其他考虑因素包括：横向穿越行人流的步行，与主要人流方向相反的步行，及在行人流中不与其他行人相冲突，或无需改变步行速度的情况下完成穿行和逆行的可能性。因为行人服务水平是根据行人可获得的站立面积来确定的，因此服务水平阈值可用于确定合适的设计特征参数，如站台尺寸、楼梯数及其宽度、走廊宽度等。

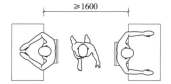

a 阅读或办公空间中的走道

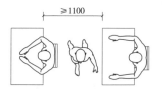

b 阅读或办公空间中的走道

c 餐厅中的服务通道

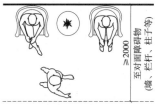

d 带休闲功能的走道

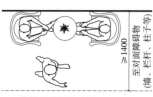

e 带休闲功能的走道

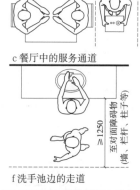

f 洗手池边的走道

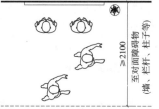

g 带展示功能的走道（双股人流）

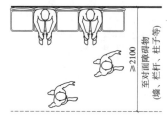

h 带等待功能的走道（双股人流）

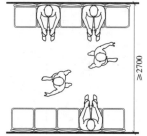

i 带等待功能的走道（双股人流）

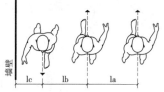

j 通行（三股人流）

1 通行

室外行人间距 表1

取值	$l_a = l_b$	l_c
最小值	550	300
平均值	810	600
30%值	670	500

室外最小步道宽度 表2

步道形态	步道宽度	
	2人并行	3人并行
无任何阻碍	1400	2100
一边侧壁或栏杆	1600	2200
一边侧壁，一边停放车量	1700	2400

注：1. l_a，同方向行人间距离；l_b，相对方向行人间距；l_c，行人与墙壁间距。
2. 数据来源于吴永隆、叶光毅、张耀珍. 有关步道设置之基础研究（一）——步道宽度之决定. 台湾: 建筑学报(台湾), 1995, 14。

步行通道的服务水平 表3

服务水平	行人占据空间（m²/人）	平均步行速度（m/min）	单位宽度的行人流量（人/m/min）	描述
A	≥3.3	79	0~23	行走速度可自由选择；与其他行人无任何冲突的可能性
B	2.3~3.3	76	23~33	行走速度可自由选择；能感知其他行人的存在
C	1.4~2.3	73	33~49	行走速度可自由选择；可以单方向绕行，逆向行走或横向穿越时存在较小的冲突
D	0.9~1.4	69	49~66	行走速度不能自由选择，绕行他人受限，逆向行走或横向穿越时发生冲突可能性大
E	0.5~0.9	46	66~82	行走速度和绕行可能性均受到限制，前进速度缓慢，逆向和横向穿行极其困难，行人流量达到通道设施的通行能力
F	<0.5	<46	可变	行走速度严重受限，与其他人经常不可避免地发生冲突，几乎不可能朝逆向行走或横向穿行，人流是间接的、不稳定的

注：来源于美国交通运输研究委员会. 公共交通通行能力和服务质量手册（第二版）. 杨晓光，滕靖等译. 北京: 中国建筑工业出版社. 2010。

排队与等待区域的服务水平 表4

服务水平	人均占据面积（m²/人）	人均间距（m）	描述
A	≥1.2	≥1.2	在队列中自由站立或随意穿越队伍，行为不会影响别人
B	0.9~1.2	1.1~1.2	可以在队列中站立，所进行的活动会因为避让他人而部分受到限制
C	0.7~0.9	0.9~1.1	可以在队列中站立，也可以活动，但会影响其他人；人流密度在个人的舒适范围之内
D	0.3~0.7	0.6~0.9	站立时与他人的接触不可避免。在队伍中行走受到很大限制，只能作为团队向前移动，在该级人流密度下长时间等候时不舒适
E	0.2~0.3	<0.6	站立时与他人的接触不可避免。不可能在队列中行走。大多数时间内排队将产生严重不舒适感觉
F	<0.2	不定	队列中的所有人实际上都与他人发生接触，在该级人流密度下行人是极其不舒适的。在队列中移动是不可能的，并且可能存在推挤并产生集体恐慌

注：1. 步行通道的服务水平：公交设施中步行通道的服务水平分级，分级以行人平均占据空间和行人平均流率作为主要分级标准。排队和等候区域的服务水平，是依据行人平均占据空间、个人舒适度和人群内部的机动程度确定的。
2. 来源于美国交通运输研究委员会. 公共交通通行能力和服务质量手册（第二版）. 杨晓光，滕靖等译. 北京: 中国建筑工业出版社. 2010。

感知

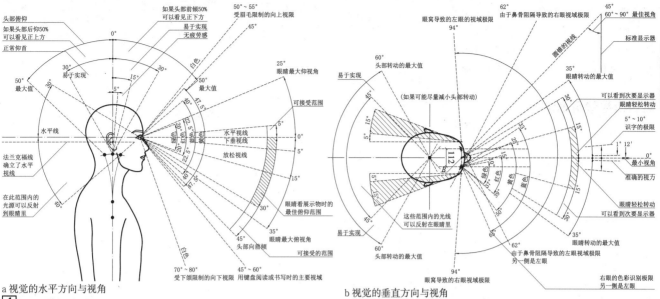

a 视觉的水平方向与视角

b 视觉的垂直方向与视角

1 视觉特征

注：1. 成人实际的阅读距离：13″/330mm；对于近距观看的最小值：16″/406mm；阅读距离的最小值：18″~24″/457~610mm；阅读标准显示器：28″/711mm视线范围内的显示器，任意距离，如果显示器是按距离设计的。

2. 使用和相关信息的图表说明：颜色的盲区随视线变化。随着头部转动，眼睛也倾斜转动。色彩分辨能力会随着色彩、区域、对比度和明暗度变化。不规则的色彩模式会导致黄色和蓝色的混乱。16~35岁时具有最好的色彩辨别力，超过66岁会变弱。

3. 资料来源：阿尔文·R·蒂利. 人体工程学图解：设计中的人体因素. 朱涛译. 北京：中国建筑工业出版社. 1998。

个人空间

日常交往中有四种人际距离，即亲密距离（0~450mm）、个人距离（450~1200mm）、社交距离（1200~3600mm）和公共距离（3600mm以上）。坐着的人要比站着的人保持更大的人际距离。人们站着的时候，用得最多的距离是亲密距离的远段和个人距离的近段。坐着的时候，人们倾向于使用个人距离的远段和社交距离的近段。

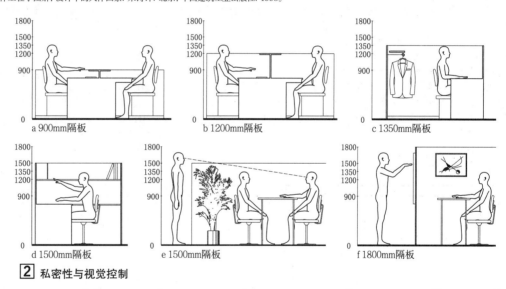

a 900mm隔板

b 1200mm隔板

c 1350mm隔板

d 1500mm隔板

e 1500mm隔板

f 1800mm隔板

2 私密性与视觉控制

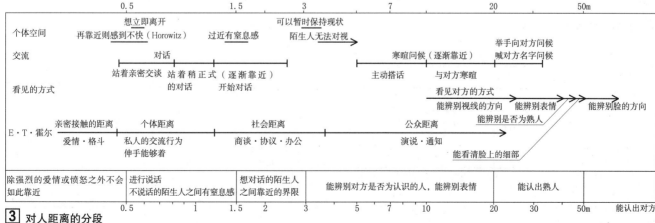

3 对人距离的分段

数据来源：长泽泰. 建筑空间设计学：日本建筑计划的实践. 郑颖，周博译. 大连：大连理工大学出版社. 2011。

模数［1］基本概念

一般说明

建筑物及其部件（或分部件）选定的尺寸单位，并作为尺寸协调中的增值单位，称为建筑模数。目前世界各国均采用100mm为基本模数值，其符号为M，即1M=100mm。

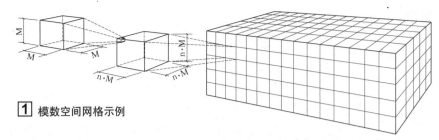

［1］模数空间网格示例

建筑模数常用术语

1. 模数：选定的尺寸单位，作为尺寸协调中的增值单位。

2. 基本模数：是模数协调中的基本尺寸单位，其数值为100mm，符号为M，即1M=100mm。

3. 扩大模数：基本模数的整数倍数。

4. 分模数：基本模数的分数值，一般为整数分数（M/10、M/5、M/2）。

5. 模数协调：应用模数实现尺寸协调及安装位置的方法和过程。其在部件尺寸标准化的基础上，协调部件和功能空间的尺寸关系，并实现建筑设计、制造、运输、施工等过程的协调配合。

6. 尺寸协调：房屋部件（含分部件）及其组合的房屋尺寸与模数网格的协调规则，供设计、制作和安装时采用，其目的是使部件实现现场装配和干法生产，不需现场裁剪、加工和补缺，使部件有通用性、不同的部件间有互换性。在模数网格中定位、安装的部件和分部件，允许其定位、安装面为非模数尺寸。

7. 部件：建筑功能的组成单元，由建筑材料或分部件构成。在一个及一个以上方向的协调尺寸符合模数的部件称为模数部件。

8. 分部件：作为一个独立单位的建筑制品，是部件的组成单元，在长、宽、高三个方向有规定尺寸。在一个及一个以上方向的协调尺寸符合模数的分部件称为模数分部件。

9. 基准面：部件或分部件按模数要求设立的参照面（系），包括为安装和建造的需要而设立的面。根据这一参照面（系），进行一个部件或分部件与另一个部件或分部件之间的尺寸和位置的协调。

10. 基准线：两个以上基准面的交线或其投影线。

11. 定位线：用来确定建筑部件的安装定位及其标志尺寸的线。

12. 模数网格：用于部件定位的，由正交或斜交的平行基准线（面）构成的平面或空间网格，基准线之间的距离应符合模数协调要求。

13. 网格中断区：模数网格平面之间的一个间隔，该间隔的尺寸可以是模数尺寸，也可以是非模数尺寸。

14. 模数空间：在一个及一个以上方向的协调尺寸符合模数的空间。

15. 公差：部件或分部件在制作、放线或安装时的允许偏差的数值。

16. 装配空间：定位时，部件或分部件实际制作面和安装基准面之间产生的自由空间。

17. 连接空间：安装时，为保证与相邻部件或分部件之间的连接所需要的最小空间，也称空隙。

18. 标志尺寸：符合模数数列的规定，用以标注建筑物定位线或基准面之间的垂直距离（如开间或柱距、进深或跨度、层高等），以及建筑部件、分部件、有关设备安装基准面之间的尺寸。

19. 制作尺寸：制作建筑部件、分部件所依据的设计尺寸，一般情况下，标志尺寸减去连接空间（空隙）为制作尺寸。

20. 实际尺寸：建筑部件、分部件等生产制作后的实际测得的尺寸，实际尺寸与制作尺寸之间的差数应符合公差的规定。

21. 技术尺寸：模数尺寸条件下，非模数尺寸或生产过程中出现误差时所需的技术处理尺寸。

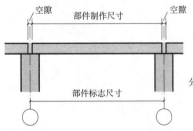

a 标志尺寸大于制作尺寸（预制钢筋混凝土梁或板）

b 有分隔部件联结时示例（预制钢筋混凝土梁柱）

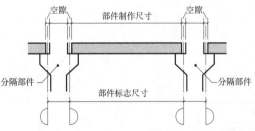

c 制作尺寸大于标志尺寸（木屋架）

［2］标志尺寸与制作尺寸关系举例

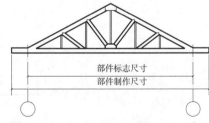

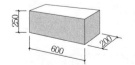

蒸压加气混凝土砌块的主规格尺寸为长度600mm、宽度200mm、高度250mm。其常用标志尺寸见表1。

a 蒸压加气混凝土砌块

蒸压加气混凝土砌块常用尺寸　　表1

	尺寸
长度	600
宽度	100、120、125、150、180、200、240、250、300
高度	200、240、250、300

注：本表依据《蒸压加气混凝土砌块》GB 11968-2006。

标准砖在长、宽、高三个方向的规定尺寸分别为240mm、115mm、53mm。砌体采用标准砖时，其横竖灰缝一般取10mm左右，从而使砌体的尺寸符合模数。

b 标准砖

注：一顺一丁240砖墙断面，灰缝尺寸分别取10mm和12mm，以使墙体尺寸符合模数。

砖墙厚度尺寸　　表2

砖墙厚（砖数）	尺寸
1/4	60
1/2	120
3/4	180
1	240
1½	370
2	490
2½	620
3	740
3½	870
4	990

［3］模数部件的尺寸关系举例

模数数列及优先尺寸

常用模数数列　表1

模数名称	基本模数	扩 大 模 数						分 模 数		
模数基数 基数数值	1M 100	3M 300	6M 600	12M 1200	15M 1500	30M 3000	60M 6000	M/10 10	M/5 20	M/2 50
	100	300	—	—	—	—	—	10	—	—
	200	600	600	—	—	—	—	20	20	—
	300	900	—	—	—	—	—	30	—	—
	400	1200	1200	1200	—	—	—	40	40	—
	500	1500	—	—	1500	—	—	50	—	50
	600	1800	1800	—	—	—	—	60	60	—
	700	2100	—	—	—	—	—	70	—	—
	800	2400	2400	2400	—	—	—	80	80	—
	900	2700	—	—	—	—	—	90	—	—
	1000	3000	3000	—	3000	3000	—	100	100	100
	1100	3300	—	—	—	—	—	110	—	—
	1200	3600	3600	3600	—	—	—	120	120	—
	1300	3900	—	—	—	—	—	130	—	—
	1400	4200	4200	—	—	—	—	140	140	—
	1500	4500	—	—	4500	—	—	150	—	150
	1600	4800	4800	4800	—	—	—	160	160	—
	1700	5100	—	—	—	—	—	170	—	—
	1800	5400	5400	—	—	—	—	180	180	—
	1900	5700	—	—	—	—	—	190	—	—
	2000	6000	6000	6000	6000	6000	6000	200	200	200
	2100	6300	—	—	—	—	—	—	—	—
	2200	6600	6600	—	—	—	—	220	—	—
	2400	7200	7200	7200	—	—	—	240	—	—
	2500	7500	—	—	7500	—	—	250	—	250
	2600	—	7800	—	—	—	—	260	—	—
	2800	—	8400	8400	—	—	—	280	—	—
	3000	—	9000	—	9000	9000	—	300	—	300
	3200	—	9600	9600	—	—	—	320	—	—
	3400	—	—	—	—	—	—	340	—	—
	3500	—	—	—	10500	—	—	—	—	350
	3600	—	—	10800	—	—	—	360	—	—
	—	—	—	—	—	—	—	380	—	—
	4000	—	—	12000	12000	12000	12000	400	—	400
应用 范围	主要用于建筑物层高、门窗洞口和部件截面	1.主要用于建筑物的开间或柱距、进深或跨度、层高、部件截面尺寸和门窗洞口等; 2.扩大模数30M数列按3000mm进级，其幅度可增至360M; 60M数列按6000mm进级，其幅度可增至360M						1.主要用于空隙、构造节点和部件、分部件截面等; 2.分模数M/2数列按50mm进级，其幅度可增至10M		

注：随着建筑物结构形式和建造方法的更新，模数协调应用强调基本模数1M，弱化3M、6M等扩大模数概念，从而方便使用。

住宅建筑优先尺寸（系列）　表2

名称	优先尺寸（系列）
外墙	100、150、200、250、300
内墙	50、100、150、200
层高	26M~33M，间隔1M
净高	21M~28M，间隔1M

注：1.住宅开间和进深的尺寸自由度大，因此未在此列出，其以3M、2M为优先参数。另外，装配式住宅常以1M进级。

2.外墙厚度考虑到高效保温隔热材料和普通材料的并存使用，其优先尺寸系列以1M的倍数及其与M/2的组合确定。内墙厚度主要考虑轻质装配式墙体，兼顾砌块，其优先尺寸系列以M/2进级。

3.本表依据《建筑模数协调标准》GB/T 50002-2013。

厨房平面优先选用净尺寸　表3

平面布局	开间	进深
单排布置	1500	2700、3300
L形布置	1700	2700、3000
U形布置	1800、2800	2700、3300
双排布置	1800	3000、3300
餐厨型布置	2200、2500、800	3600、4100

注：1.满足乘坐轮椅的特殊人群使用要求的厨房净宽不应小于2000mm，且轮椅回转直径不应小于1500mm。

2.本表依据《住宅厨房模数协调标准》JGJ/T 262-2012。

卫生间平面优先选用净尺寸　表4

洁具	宽度	长度
便器	900	1500
便器、洗面器	1300	1300、1500
便器、洗面器（分室）	1500	1800、2700
淋浴器、便器、洗面器、浴盆	1500	2100、2200、2400
便器、洗面器、淋浴器、洗衣机	1800	2200、2400
便器、洗面器、淋浴器、洗衣机（分室）	1500、1800	3000、3200、3400

注：本表依据《住宅卫生间模数协调标准》JGJ/T 263-2012。

1 适用于基本模数1M数列

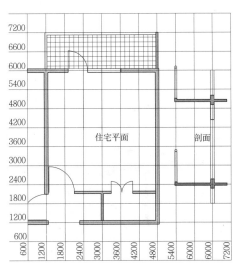

2 适用于扩大模数6M数列

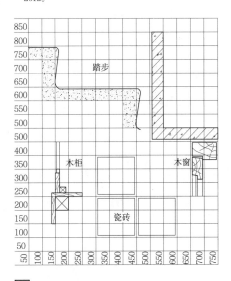

3 适用于分模数M/2数列

模数网格

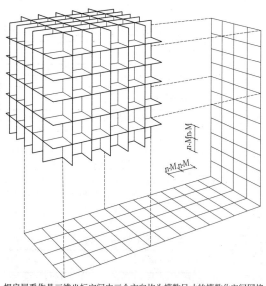

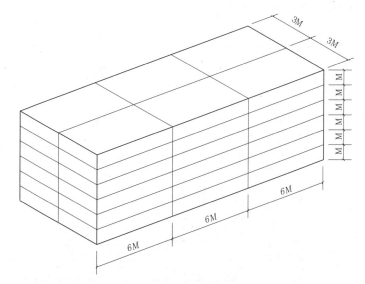

把房屋看作是三维坐标空间中三个方向均为模数尺寸的模数化空间网格，其在不同方向上可采用非等距的模数网格。

非等距模数数列在模数空间网格中的应用示例

1 模数空间网格

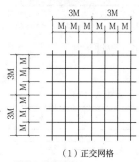

（1）正交网格　　（2）斜交网格　　（3）弧线网格

a 模数网格的类型

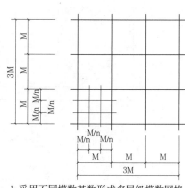

b 采用不同模数基数形成多层级模数网格

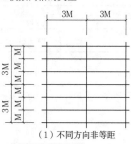

（1）不同方向非等距　　（2）同方向非等距

c 非等距的模数网格

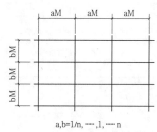

a,b=1/n,……,1,……n

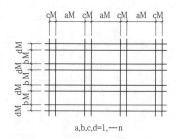

a,b,c,d=1,……n

d 单线模数网格和双线模数网格

模数网格由正交或斜交的网格基准线（面）构成，基准线（面）之间的距离应符合模数的要求，不同方向连续基准线（面）之间的距离可采用非等距的模数数列。模数网格可以采用单线，也可以采用双线。在设计中采用模数网格可减少构件类型，并可使建筑装修材料避免不必要的切割。

2 模数网格

当有分隔部件将模数网格加以间隔时，间隔的区域为网格中断区。当同一建筑采用多个、多种模数网格时，不同模数网格间可采用设置网格中断区的方式来过渡。网格中断区可以是模数空间，也可以是非模数空间。

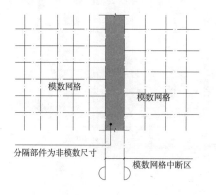

分隔部件为非模数尺寸

模数网格中断区

a 模数网格中断区为非模数空间

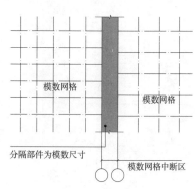

分隔部件为模数尺寸

模数网格中断区

b 模数网格中断区为模数空间

3 网格中断区

部件定位及模数协调

1.定义：部件定位指确定部件在模数网格中的位置和所占的领域。

2.依据：部件定位的依据是部件基准面（线）、安装基准面（线）。

3.方法：部件定位方法有中心线定位法、界面定位法，中心线与界面定位法也可混合使用。

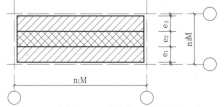

e_1、e_2、e_3—部件尺寸（可为模数尺寸或非模数尺寸）
n_1M、n_2M—模数占用空间

部件占用的模数空间尺寸应包括部件尺寸、部件公差以及技术尺寸所必需的空间。

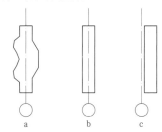

a 形状不规则部件采用中心线定位
b 板状部件的中心线定位
c 板状部件的界面定位

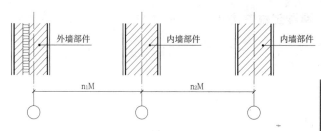

中心线定位法，指基准面（线）设于部件上（多为部件的物理中心线），且与模数网格线重叠的部件定位方法。外墙部件厚度与内墙部件不同时，可偏心定位，以保证内部空间尺寸符合模数。

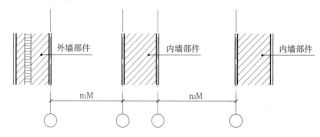

界面定位法，指基准面（线）设于部件边界，且与模数网格线重叠的部件定位方法。

1 部件定位

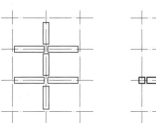

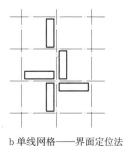

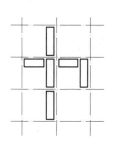

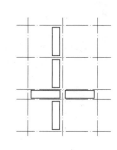

a 单线网格——中心线定位法

b 单线网格——界面定位法

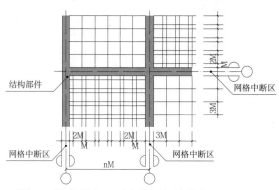

c 双线网格——界面定位法 d 单线、双线网格混合——界面定位法

模数网格协调重在实现建筑结构和内装部件的协调。当结构部件的尺寸不符合模数时，可通过网格中断区或技术协调空间的方法保证内装的模数空间。当内装部件不符合模数时，可通过网格中断区或技术尺寸的方法来弥补。非结构部件多采用界面定位法，能够保证界面间空间符合模数要求。

e 单线、双线网格混合——中心线与界面定位法

2 模数网格协调

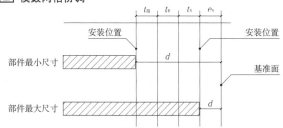

注：部件安装位置与基准面之间的距离（d），应大于或等于连接空间尺寸，小于或等于制作公差（t_m）、安装公差（t_e）、位形公差（t_s）和连接公差（e_s）之和，连接公差的最小尺寸可为0。

基本公差包括制作公差、安装公差、位形公差和连接公差。

3 公差与配合

部件和分部件的基本公差（单位：mm）　　　　表1

部件尺寸 级别	<50	≥50 <160	≥160 <500	≥500 <1600	≥1600 <5000	≥5000
1级	0.5	1	2	3	5	8
2级	1	2	3	5	8	12
3级	2	3	5	8	12	20
4级	3	5	8	12	20	30
5级	5	8	12	20	30	50

注：公差是由部件或分部件制作、定位、安装中不可避免的误差引起的。部件或分部件的加工或装配应符合基本公差的规定。

两种定位方法

为了使室内获得模数空间，以利使用模数尺寸的部件或建筑材料，可采用 [1] 两种定位方法。

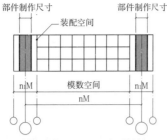

a 单轴线定位（适用于定位模数部件以获得模数空间）

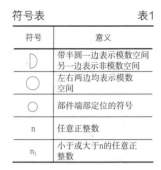

b 双轴线定位（适用于定位非模数部件以获得模数空间）

符号表　　　　　　表1

符号	意义
⊃	带半圆一边表示模数空间另一边表示非模数空间
○	左右两边均表示模数空间
○	部件端部定位的符号
n	任意正整数
n_1	小于或大于n的任意正整数

1 两种定位方法图示

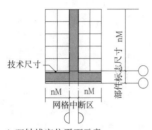

a 单轴线定位平面示意　　b 双轴线定位平面示意

模数网格可采用单轴线定位、双轴线定位或二者兼用，应根据建筑设计、施工及部件生产等条件综合确定。连续的模数网格可采用单轴线定位，当模数网格需要设立网格中断区时，可采用双轴线定位。

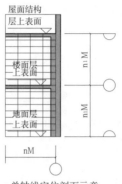 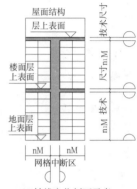

c 单轴线定位剖面示意　　d 双轴线定位剖面示意

2 单轴线定位和双轴线定位的选用

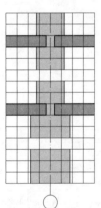 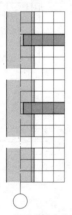 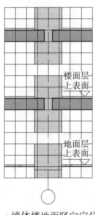

a 承重内墙定位示意　　b 承重外墙定位示意　　c 墙体楼地面竖向定位

按模数空间网格设置，定位轴线与模数网格线重叠。平面网格采用3M，竖向网格采用1M，当网格间断时，可在两个模数网格之间设立网格中断区，网格中断区可采用非模数尺寸。

砌体结构3300开间双轴线定位示意。可获得室内净空的模数空间，如内装部件和材料符合尺寸时，可避免切割，减少浪费。

4 砌体结构双轴线定位

3 砌体结构单轴线定位

通过模数网格的设置控制建筑主体结构部件和内装、外装部件的定位。当主体结构尺寸和装修网格不一致时，允许装修网格被分隔为几个空间。结构网格、模数网格、不同尺寸模数网格宜叠加设置。

图示方法适用于现浇或预制的纯框架结构体系、框剪结构体系和框筒结构体系。

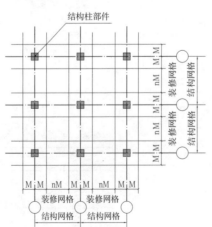
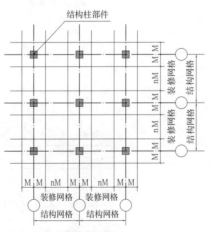

a 结构网格与装修网格的叠加　　b 建筑定位轴线和模数网格线的叠加

5 模数网格的设置

定位安装

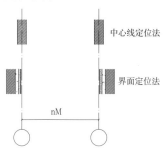

中心线定位法

界面定位法

nM

采用中心线定位法时，内装空间常为非模数，可调整墙体部件厚度，实现内装模数空间。

a 中心线定位法和界面定位法

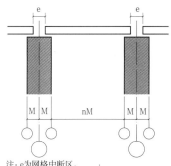

注：e为网格中断区。

主体结构部件和内装部件的定位安装要求同时满足基准面定位时，主体结构墙体部件的安装厚度宜符合模数尺寸，中心线定位和界面定位可叠加在同一模数网格。

b 中心线定位和界面定位的叠加

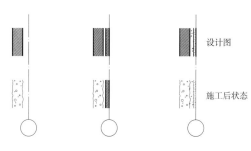

设计图

施工后状态

基准面控制　装修面控制（用板）　装修面控制（抹灰）

在主体结构部件采用基准面定位时，应预先考虑内装部件中基层和面层厚度，并用技术尺寸处理结构部件的厚度。
主体结构基准面应与装修基准面重合。

c 基准面、装修面的定位和控制

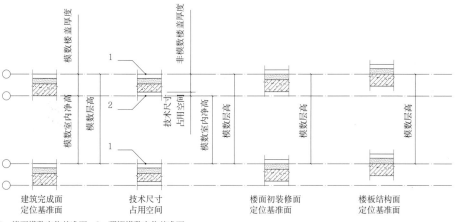

1—楼面模数定位基准面；2—顶棚模数定位基准面

d 模数层高、模数室内高度、模数楼盖厚度

建筑完成面定位基准面　　技术尺寸占用空间　　楼面初装修面定位基准面　　楼板结构面定位基准面

建筑沿高度方向的部件或分部件定位应根据不同条件确定基准面并符合以下规定：
1. 建筑层高和室内净高宜满足模数层高和模数室内净高的要求。
2. 楼层的基准面可定位在结构面上，也可定位在楼面装修完成面或顶棚表面上，应根据部件安装的工艺、顺序和功能要求确定基准面。
3. 模数楼盖厚度应包括楼面和顶棚两个对应的基准面之间。当楼板厚度的非模数因素不能占满模数空间时，余下的空间宜作为技术尺寸占用空间。

① 主体结构部件的定位

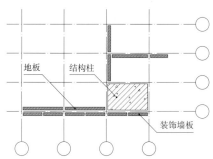

地板　结构柱

装饰墙板

多个部件汇集安装到一条线上，应采用界面定位法。

内装部件包括非承重的隔墙部件、吊顶部件、地板部件、厨房部件、卫浴部件、固定家具部件和装饰面材、块材、板材等。外装部件包括墙体外表皮部件、阳台栏杆、遮阳部件、雨篷等。
内装和外装部件应首先取得模数优化尺寸系列，并受模数网格原则的指导。
内装部件的定位安装，当内隔墙一侧或两侧需要模数空间时，应采用界面定位法；当在内隔墙两侧需要模数空间时，可采用双线模数网格界面定位法。
外装部件的定位安装，宜采用界面定位法。

② 内装部件和外装部件的定位

组合设计图

S　S

实际尺寸

$S'<S$

设计时设立安装基准面，并据其确定部件的标志尺寸、制作尺寸、制作公差和安装公差。
部件的实际尺寸宜小于制作尺寸。

a 制作尺寸和实际尺寸

制作面与基准面一致

制作面从基准面后退一个制作公差的尺寸

部件的一部分侵犯基准面，突出到基准面的外部

部件侵犯指定领域的部件基准面

部件安装原则上不得侵犯指定领域的部件基准面。在两个或两个以上部件安装时，下道工序的安装基准面应以上道工序的安装基准面或调整面为准。

c 部件领域的不侵犯性

③ 安装接口

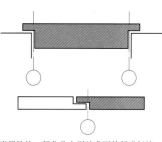

当部件的一部分凸出到基准面外部进行接口安装时，其基准面或调整面的位置应后退，并保持相当于制作公差的尺寸。

b 部件领域的凸出

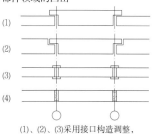

(1)

(2)

(3)

(4)

(1)、(2)、(3)采用接口构造调整，
(4)采用填充体调整。

后施工的部件应负责填补连接空间（也称空隙）。先施工的部件不得侵犯后施工部件的领域，施工完成面也不得越过基准面。

d 连接空间与严密安装

色彩的概念

色彩是人眼所看见的光色和物色现象的产物，以电磁波的方式引起的视觉体验。不同波长的可见光通过刺激视觉神经，将信息传导到大脑的视觉中枢，从而引起颜色感觉。色彩现象的产生是建立在光、物和视觉机制恒定性协作的基础之上，这个系统中的任何环节发生变化，都会影响到色彩的表现。

光与色彩的关系

电磁波的范围从高能量的宇宙线（短波）到低能量的无线电波（长波），其中可见光只是整个电磁波中380~780nm之间的很小一部分。所有色彩都是由可见光谱中不同波长电磁波的刺激所形成的。依赖人眼的色彩感知系统，可以分辨出可见光谱内不同波长所呈现的不同光色，波长由短至长依次为紫、蓝、青、绿、黄、橙、红。

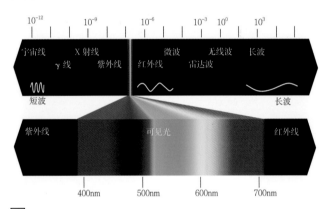

1 可见电磁波辐射能量图

色温与相关色温

色温：光源发射光的颜色与绝对黑体在某一温度下辐射光色相同时，黑体的温度称为该光源的色温。当绝对黑体温度不断上升时，辐射出的光色由黑色经暗红色、红色、橙色、黄色、白色直至蓝白色，在色度图上成为一条曲线，也称为黑体轨迹。所以色温并不表示光源的温度而是表示光源的颜色，以K（开尔文）为单位。

相关色温：有些光源的色度不一定与黑体加热时的色度完全相同，只能用与之最接近的黑体温度来表示。相关色温是指与具有相同亮度刺激的颜色最相似的黑体辐射体的温度。但是在通常情况下，光源的相关色温也简称为色温。

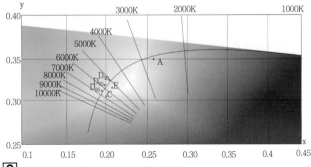

2 色温与相关色温(CIE1960色度图)

光源的显色性

光源的显色性是指与标准参考光源相比较，光源显示物体颜色的特性。把日光作为标准参照光源，将人工光源与之相比较，显示同色能力的强弱就是该人工光源的显色性。一般显色指数用Ra表示。目标光源与标准光源显色差别越大，Ra越小，则光源的显色性越差。

色彩的原色

原色以不同比例混合时，会产生其他颜色。在不同的色彩空间系统中，有不同的原色组合。

色彩的三原色分为光源色的三原色及物体色的三原色。光源色的三原色是红、绿、蓝等量混合，得到的是白色，也被称为加法混色。物体色的三原色是品红、青、黄等量混合，得到的是黑色，也被称为减法混色。

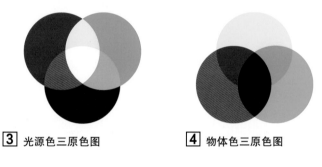

3 光源色三原色图　　　　**4** 物体色三原色图

色彩的三属性

用明度、色相和彩度的物理量来衡量色彩，即色彩的三属性，也称色彩三要素。色彩的三属性是以空间三个坐标方向来表示。

明度：色彩的深浅或明暗程度称为明度，是从暗到明，自下而上地布置的色彩空间轴，称为无彩色轴。顶端白色的明度最高，底端黑色的明度最低。

色相：红、橙、黄、绿、青、蓝、紫等色调称为色相。可见光谱的不同波长在视觉上表现为不同的颜色特征。一般按照光谱的顺序布置成环状，称为色相环。

彩度：色彩的纯度或鲜艳程度称为彩度（在物理学上亦称为纯度或饱和度），以色彩空间坐标的中心轴向外的距离表示色彩的彩度，中心轴向外是由灰到纯，最外边的彩度最高。

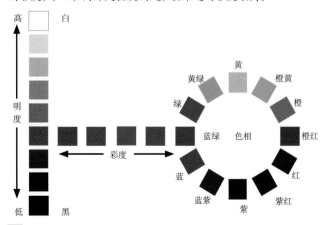

5 色彩的三属性图

色彩的分类

色彩大致可以分为两类，第一类是以色度学理论为基础的表色系统，例如美国的蒙赛尔色彩系统、CIE的诸个色彩空间、瑞典的NCS自然色彩系统、中国色彩体系等；第二类是以应用为目的的各种实物的色卡体系，例如德国的RAL工业标准色彩体系、美国的PANTONE色彩体系、日本的DIC色彩体系等。

蒙赛尔色彩系统

蒙赛尔(Munsell)色彩系统是目前国际上作为标定物体表面色采用最广泛的色彩系统。蒙赛尔色彩系统着重研究颜色的分类与标定、色彩的逻辑心理与视觉特征，既为传统艺术色彩学奠定了基础，也是数字色彩理论参照的重要内容。蒙赛尔色彩系统模型为一个类似双椎体的三维空间模型，它的中央轴代表无彩色，即中性色的明度等级，北极为白色明度最高，南极为黑色明度最低；从中央轴向水平方向延伸出来是不同级别彩度的变化，从中性灰到完全饱和；以围绕中心轴的环形水平剖面上不同方向的放射性代表不同的颜色。用色彩的三属性(明度、彩度、色相)来标定立体模型中每个部位的颜色。

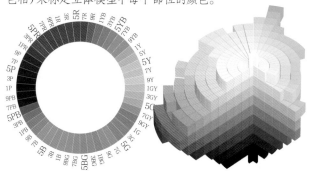

1 蒙赛尔色相环图　　**2** 蒙赛尔色立体图

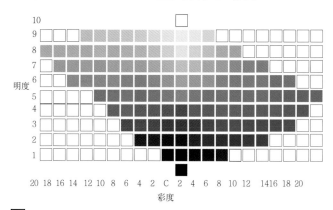

3 蒙赛尔体系色立体YR-B剖立面图

中国CNCS色彩体系

中国CNCS色彩体系是中国纺织信息中心联合国内外顶级色彩专家和时尚机构，在中国人视觉实验数据基础上，经过多年精心研发建立起来的中国应用色彩体系。作为国家标准，CNCS色彩体系科学严谨，简洁实用。色相细分达160个，明度跨度从15～90。CNCS色彩系统的7位数字编号，前3位是色相，中间2位是明度，后2位是彩度。

CIE 1931色彩空间

CIE 1931色彩空间由国际照明委员会(CIE)于1931年创立，以色度学(标准光源、物体反射和配色函数计算出Y、x、y刺激值)的方式来表示视觉系统感受到的颜色，为颜色的计算提供理论依据。它使用亮度Y参数和坐标x、y来描述颜色，其中x表示红色分量，y表示绿色分量。环绕在色彩空间边沿的颜色是光谱色，边界代表光谱色的最大饱和度，边界上的数字表示光谱色的波长。

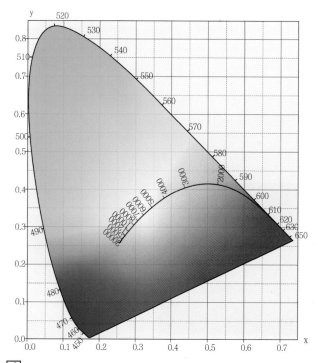

4 CIE 1931色度图

CIE LAB色彩空间

CIE 1976 L*a*b*色彩空间(CIE LAB 色彩空间)是以CIE 1976年推出的均匀色彩空间为理论基础来实现的色彩体系。色彩空间中L表示光亮度，从暗色0%开始向明色100%方向渐变；a和b表示色坐标，分为正负两极，分别是各自的补色。+a为红色与-a绿色相对；+b为黄色与-b蓝色相对。不像RGB和CMYK色彩空间，L*a*b*色彩空间接近人眼视觉，为颜色的转换和校正制定调整尺度或比例。

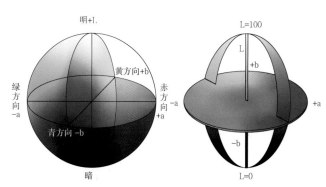

5 CIE LAB色彩空间图

瑞典NCS自然色色彩系统

自然色色彩系统(Natural Colour System. NCS)是目前世界上著名的色彩体系之一。被应用于建筑、建材、工业、教育等领域。NCS色彩空间犹如两个圆锥相扣，纵轴W-S表示非彩色，顶端是白色(W)，底端是黑色(S)，中部水平周长是纯色形成的色圆环。在NCS色彩系统水平断面上的色彩圆环表示颜色的色相关系，4个基准色——黄(Y)、红(R)、蓝(B)、绿(G)在色彩圆环上呈直角分布，每两个基准色之间被等分为100阶，取每10阶表示在NCS色谱中。NCS色彩三角是经过NCS色彩系统的纵轴(W-S)和色彩圆环上纯色而形成的垂直剖面，它表示颜色的黑度、白度及彩度等关系，白色(W)、黑色(S)和纯彩色(C)是三角形的3个顶点。任何颜色都可以定义在NCS色彩系统中，并且可以给出一个唯一对应的色彩编号。例如在图2中被标注的是NCS色彩系统中编号为S 2030-Y90R的颜色，其中色彩编号前的字母S表示NCS第2版(Second edition)，此外还代表标准色样(Standard)，2030表示黑度占20%，彩度占30%，Y90R表示该颜色的色相是90%红色和10%黄色。

 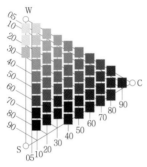

1 NCS自然色色彩空间图　　**2** S 2030-Y90R纵剖面图

德国RAL工业标准色彩系统

RAL色彩系统于1927年创立，是德国的工业色彩标准系统。该系统目前以1976年国际照明委员会(CIE)所制定的数字色彩空间为基础，按色相、明度和彩度进行系统排列。与全球通用的4原色系统不同，RAL色彩系统的色号由7位数字组成，设有常用1625种颜色，色相环各角度对应色相，例如红色处在0°(=360°)，黄色位于90°，绿色位于180°，蓝色位于270°，同一色相内不同的明度值分列在不同的层上。RAL色彩系统常作为建筑、工业、贸易和设计领域专业标准颜色系统。

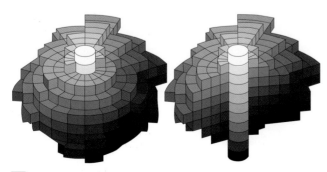

3 德国RAL工业标准色彩系统空间外观图

色卡及应用

由于各行业对色彩的要求不一，所以和色彩有关的产业大多都会开发自己的色彩系统，并制定工业规格的色卡。

色卡的种类丰富多样，根据要求不同，色卡可以分成：一般性色卡、光泽性色卡和细分性色卡三大类。

色卡的分类　　　　　　　　　　　　　　　　　表1

一般性色卡	主要应用于建筑设计、平面设计及室内设计等
光泽性色卡	主要应用于对色泽要求较高的工业产品设计
细分性色卡	主要针对进行实验室校验要求的使用者

在建筑色彩领域，辅助建筑师和施工人员常用的色卡有两大类：涂料类色卡和材料类色卡。

建筑类色卡的分类　　　　　　　　　　　　　　表2

涂料类色卡	1. 光泽色卡，主要适用于油漆材料； 2. 亚光色卡，基本反映了涂料的效果； 3. 真实漆色卡，具有材质感的色卡
材料类色卡	模仿各种建材所制作的色卡，如瓦、石材、面砖、木材、玻璃等样品小样制成的色卡，其效果一目了然

进行色彩调研和设计时，色卡是准确记录建筑及环境色彩基本特征的有效工具。使用色卡时，从标准样品中直接选取相应的色块与对象进行对比。使用者应在自然昼光下进行目视比较。使用色卡时应保持清洁，使其不受沾污和损坏。

在色彩信息采集时，调研者使用建筑色卡进行现场测色，这种方法便于实施、灵活性大，但是对调研者的专业素质要求较高，需要在调研前对调研人员进行培训。以往经验主张对每一个色彩信息的认定应由现场三位调研者共同确认，同时辅以数码相机实地拍摄照片进行备案。

色彩设计常用色卡　　　　　　　　　　　　　　表3

色卡名称	描述	图片
CBCC《中国建筑色卡》（GSB16-1517-2002）	该建筑色卡上的颜色标注系统采用的是中国色彩体系的颜色标号，其与蒙赛尔色彩系统一样也是用色彩的三属性（H V /C）进行编码，共1026色	
NCS色卡	来自瑞典NCS色彩系统的色彩设计工具，全部颜色按照色相及黑度、白度和彩度规律有序排列。NCS色卡描述的是色彩的视觉属性，与颜料配方及光学参数等无关	
PANTONE色卡（潘通色卡）	国际运用最为广泛的色卡。它涵盖了印刷、纺织、塑胶、绘图、数码科技等多个领域。可以避免电脑屏幕颜色及打印颜色与客户的实际要求不一致所引起的麻烦	
MUNSELL色卡（蒙赛尔色卡）	基于蒙赛尔色彩系统推出的蒙赛尔色卡是国际通用色卡，包括纺织、服装、摄影、印刷、包装等不同行业的专用色卡。每个颜色照40个固定的色相排列，并且可以自由抽取	
RAL色卡（劳尔色卡）	传统RAL色卡用4位数表示，有213种颜色。而设计师版则区别于全球通用的4原色体系，按色相、明度和彩度进行系统排列，用7位数表示，包含1625种颜色	

色彩的对比

差异是色彩对比的目的,通过对比,色彩的特点和个性才会更加突显。色彩对比分为同时对比和连续对比。同时对比又包括色相对比、明度对比、彩度对比等。在实际的色彩设计中,可以以其中一种对比类型为主,也可以三种对比类型综合使用,转化为其他对比形式,如色彩的冷暖对比、轻重对比、面积对比、形状对比、空间对比等。

色彩的同时对比与连续对比　　　　　　　　　　　　　表1

同时对比	在同一时间和同一视觉画面中看到两种颜色所产生的对比现象。是两种颜色所对应的属性,即色相、明度、彩度分别出现在相反倾向上加强刺激强度的现象。色相各异的颜色配置在一起,每一颜色的色调会向另一颜色的互补色方向变化,每一颜色都在其边缘诱导出其互补色,称为边缘对比异像。当两个互补色关系的颜色配置在一起时,彼此会增强饱和度,使对比变得更为强烈。当明度不同的颜色配置在一起时,亮的颜色会更亮,暗的颜色会更暗。当彩度不同的两个颜色配置在一起时,彩度高会更鲜艳,彩度低会更浑浊
连续对比	是在同一时间和同一视觉画面中先看到某种颜色,随后又看到第二种颜色时产生的对比现象。其显著的特征是对比的颜色具有颜色的不稳定性。在注视某种颜色后,再转移注视第二种颜色,第二种颜色中就会受第一种颜色的补色影响。对暖色光的环境适应后,再来到正常光线下,会觉得正常光线偏冷,这就是补色残像

色相对比

色相对比是因色相的差别而形成的视觉对比现象。色相环上间隔15°~30°的颜色为同类色对比,间隔45°~60°的颜色为邻近色对比,间隔90°~120°的颜色为对比色对比,间隔180°的颜色为补色对比。

色相对比表　　　　　　　　　　　　　　　　　　　　表2

	色相环	对比色	说明
同类色对比			在色相环上间隔15°~30°的颜色之间的对比所呈现的色彩效果。同类色对比是最弱的色相对比,色相之间差别的可辨别度很小,画面协调统一,具有单纯、柔和、优雅的视觉效果,但因色相间缺乏差异,易显得单调、无力、形象模糊。如果调整或拉大明度或纯度的对比关系,则效果会有改观
邻近色对比			在色相环上间隔45°~60°的颜色之间的对比所呈现的色彩效果。对比的颜色处于毗邻状态,色相之间的差别较小,属于色相的弱对比。邻近色对比的画面整体和谐又有一定的变化,显得丰富、活泼,具有丰富的情感表现力,在实际运用中是最容易搭配、最常用的色彩对比类型
对比色对比			在色相环上间隔90°~120°的颜色的对比所呈现的色彩效果。处在这两个位置上的对比相距较远,两色相之间缺乏共性,所以对比效果强烈、鲜明、刺激,视觉冲击力大,容易使人产生兴奋感。但处理不好显得刺眼,让人感觉俗艳,是色彩组合中难度较大的一种
补色对比			在色相环上间隔180°的颜色之间的对比所呈现的色彩效果。这两种颜色的距离最远,是色对比的极限。补色对比的效果最为强烈和富于刺激性,具有饱满、活跃、紧张的特性,而且补色对比的对立性促使双方色相更加鲜明。但补色对比容易产生不协调、不安定的效果

明度对比

明度对比是因明度的差别而形成的视觉对比现象。明度差在3个阶差以内的对比为弱对比(短调对比),可获得模糊、柔和的效果;明度差在3~5个阶差之间的对比为中对比(中调对比),可获得鲜明、清晰的效果;明度差在5个阶差以上的对比为强对比(长调对比),可获得强烈、刺激的效果。

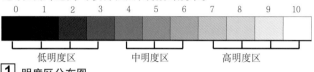

1 明度区分布图

明度的强、中、弱对比搭配表　　　　　　　　　　　　表3

	明度弱对比(短调)	明度中对比(中调)	明度强对比(长调)
高明度	高短调	高中调	高长调
中明度	中短调	中中调	中长调
低明度	低短调	低中调	低长调

明度对比搭配表　　　　　　　　　　　　　　　　　　表4

明度	长调	中调	短调
高	3 / 10 / 9	5 / 10 / 8	6 / 10 / 7
中	1 / 10 / 6	2 / 10 / 5	3 / 10 / 4
低	8 / 10 / 2	5 / 10 / 1	2 / 10 / 0

彩度对比

彩度对比是因彩度的差别而形成的视觉对比现象。彩度差在3个阶差级以内的对比为弱对比(短调对比),特点是视觉舒适、层次感差;彩度差在4~6个阶差级之间的对比为中对比(中调对比),特点是视觉柔和、形象含蓄;彩度差在8个阶差级以上的对比为强对比(长调对比),特点是可视度高、层次感强。

2 彩度区分布图

彩度的强、中、弱对比搭配表　　　　　　　　　　　　表5

	彩度弱对比(短调)	彩度中对比(中调)	彩度强对比(长调)
高彩度	高短调	高中调	高长调
中彩度	中短调	中中调	中长调
低彩度	低短调	低中调	低长调

彩度对比搭配表　　　　　　　　　　　　　　　　　　表6

彩度	长调	中调	短调
高	4 / 10 / 10	5 / 10 / 9	6 / 10 / 8
中	1 / 10 / 6	2 / 10 / 5	3 / 10 / 4
低	9 / 10 / 3	5 / 10 / 2	3 / 10 / 1

色彩的调和

2个或2个以上的色彩有秩序、协调地组织在一起，形成具有整体视觉效果的色彩搭配称为色彩调和。其目的是为了达到色彩的关联，追求色彩的多样统一。

同一调和

同一调和是指同一性很强的色彩组合，其宗旨是色相、明度和彩度中某种要素达到一致，从而达到整体调和作用。

1 同色相调和图

2 同明度调和图

3 同彩度调和图

混色调和

混色调和是使不同色相、明度和彩度颜色的面积或形态达到一致，并将它们进行相互渗透和无规律性组合，当人与色彩画面保持一定的距离时，各颜色单体之间的差别感就会缩小，各颜色单体面积越小，混色效果越显著。

4 色彩的混色调和图

过度调和

过度调和是在不同色相、明度和彩度的颜色之间，增加兼有上述色彩属性的中间色，形成一组连续的过渡颜色，其中间颜色使不同颜色之间的阶差缩小，整体视觉画面的色彩形成调和。

a 不同明度调和　　b 不同色相调和　　c 不同彩度调和

5 色彩的过度调和图

近似调和

近似调和是指2种或多种颜色在色相、明度和彩度方面进行调和，达到视觉效果相对和谐的状态。颜色在色彩三属性中的一种或多种在2~3个阶差以内，就可以达到调和效果，相距阶差越小调和程度越高。

a 色相调和　　　　b 明度调和　　　　c 彩度调和

6 色彩的近似调和图

配色经验

色彩的搭配经验　　　　　　　　　　　　　　　　　　　表1

柔和	没有高彩度对比和较大明度对比的颜色组合
平静	使用灰蓝或淡蓝的颜色搭配组合，会带来令人平和、恬静的感觉
高雅	彩度较低的颜色组合
动感	高彩度的色彩搭配中加以原色的、对比度较高的颜色组合
明快	明度和彩度较高的，并且为高明度基调的颜色组合
忧郁	明度和彩度较低的，并且为低明度基调的颜色组合

色彩与面积搭配设计

采用不同面积颜色进行对比，是色彩搭配运用中的基本手法。保持视觉均衡，应考虑不同颜色的明度和彩度的值差，调整不同颜色的面积比值。

小面积采用高彩度色彩，大面积采用低彩度色彩比较容易获得感觉的舒适和平衡。

为了在色彩组合中将面积因素定量化，根据颜色的光亮度确定了纯色的明度数比：

黄：橙：红：紫：蓝：绿 = 9：8：6：3：4：6

9　　8　　6　　3　　4　　6

7 色彩明度对比图

明度平衡比转为和谐的面积比时，明度与面积的比例关系成反比。在构图时希望取得和谐的视觉效果，面积的比例关系需考虑不同颜色的明度值。用三对互补色做比较：黄色明度值是其补色紫色明度值的3倍，黄色的面积应是紫色的1/3；橙色明度值是蓝色明度值的2倍，橙色面积则应是蓝色的1/2；红色明度值与绿色明度值相同，则2个颜色的面积也应相同。但该理论只限于色相呈现其最大彩度时，如果彩度改变，这个比例也需随之而变。

黄：紫=3：9=1：3=1/4：3/4

橙：蓝=4：8=1：2=1/3：2/3

红：绿=6：6=1：1=1/2：1/2

8 色彩与面积搭配图

如果把彩度因素加入等式中进行计算，即面积与色彩的明度、彩度的关系可用下列等式进行表述：

$$\frac{A色的明度 \times 彩度}{B色的明度 \times 彩度} = \frac{B面积}{A面积}$$

如互补色橙红(5YR)与蓝(B)的搭配：

$$\frac{5YR5/10的明度（5）\times 彩度（10）}{5B5/5的明度（5）\times 彩度（5）} = \frac{5B5/5的面积（2）}{5YR5/10的面积（1）}$$

即当红色和蓝绿色的明度均为5、红色的彩度是10、蓝绿色的彩度是5时，根据上述等式计算蓝绿的面积与红的面积比是2时能够获得协调的效果。

色彩的表现

物体呈现出的不同颜色，主要取决于该物体的物理性能和化学结构对入射光的选择性吸收与反射。因此，不同的物体表面材质在不同的环境下会呈现出不同的颜色。

物体与色彩

物体性质与色彩　　　　　　　　　　　　　　　　　　　表1

透明体	物体对光波透射得多，吸收和反射得少，该物体称为透明体。透明体的颜色主要由透射过的光谱成分决定
不透明体	物体对光波反射得多，吸收和透射得少，该物体称为不透明体，也称为反射物体。不透明体的颜色主要由反射的光谱成分决定
彩色物体	物体对不同波长得光谱具有不同的吸收率，由于选择性吸收了某些光谱，反射或透射光谱的成分决定了物体呈现的颜色。具有选择性吸收特性的物体称为彩色物体
消色物体	物体对各种波长的光谱做等量吸收，也叫非选择性吸收，因而反射或透射光的光谱组成比例不会改变。随着吸收比例的不同，物体在日光下将呈现白色、灰色和黑色等一系列消色

色彩表现形式　　　　　　　　　　　　　　　　　　　　表2

表面色	建筑材料、纸张、织品等物品表面的颜色属于表面色。其特点是色体位置明确，表面可接触，可从各个方向和角度观看。它可以用色相、明度、彩度和光泽度来表示
膜面色	蓝色天空等颜色属于膜面色。其特点是色体位置不明确，显得柔和厚重，具有薄膜和能够透入的感觉。它可以用色相、明度、彩度、透明度和光泽度来表示
透明膜面色	磨砂玻璃等颜色属于透明膜面色。其特点是色体位置明确，表面柔和，具有半透明性。它可以用色相、明度、彩度、透明度和光泽度来表示
容积色	容器中的液体物质等颜色属于容积色。它的特点是占有三维空间并具有一定的透明感。它可以用色相、明度、彩度和透明度来表示

光进入介质的时候同时发生透射和反射，不同介质对于不同光谱波段的透射与反射能力不同。

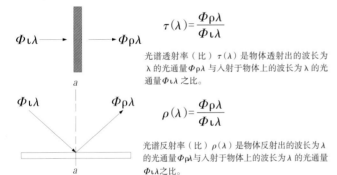

$$\tau(\lambda)=\frac{\Phi_{\rho\lambda}}{\Phi_{\iota\lambda}}$$

光谱透射率（比）$\tau(\lambda)$ 是物体透射出的波长为 λ 的光通量 $\Phi_{\rho\lambda}$ 与入射于物体上的波长为 λ 的光通量 $\Phi_{\iota\lambda}$ 之比。

$$\rho(\lambda)=\frac{\Phi_{\rho\lambda}}{\Phi_{\iota\lambda}}$$

光谱反射率（比）$\rho(\lambda)$ 是物体反射出的波长为 λ 的光通量 $\Phi_{\rho\lambda}$ 与入射于物体上的波长为 λ 的光通量 $\Phi_{\iota\lambda}$ 之比。

1 光谱透射率（比）与反射率（比）的计算方法图

色彩与物体形态

物体色彩呈现效果受光照的影响，由于物体受光角度及位置的不同，物体表面呈现出受光面、侧光面和背光面之分。主光源入射光束角小的物体受光面颜色呈现出明度高的特征，入射光束角大的物体受光面颜色呈现出明度低的特征。

物体不同角度的界面会受周围环境光和环境颜色的影响。物体界面的主光源入射光束角越大，物体颜色受主光源的影响就越小，环境光的影响就越大。环境颜色的面积越大、颜色的彩度越高、与物体距离越近，对物体产生的影响越大。

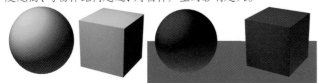

2 光源入射角与物体表色关系　　**3** 光源入射角及环境色反射与物体表色关系

色彩与质感

表面粗糙的材料给人以厚重、实在的感觉，而表面光滑的材料给人以轻盈、虚无的感觉。其实，物体表面结构粗糙，表面反射光呈漫反射，在任何方向上都有光的反射，一定程度上会减弱颜色的彩度。而同一颜色物体表面结构光滑，表面反射光呈单向的直接反射，因此相对于粗糙的物体表面，光滑的物体表面颜色鲜艳，具有更大的彩度。因此，两种材料质感给我们不同的色彩感受，实际上是材料表面结构的差异造成的。

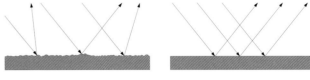

4 表面漫反射　　　　　　　　**5** 表面直接反射

物体对某一较窄波段的光谱反射率高，而对其他波段的反射率低或没有反射，则表明它有很高的光谱选择性，颜色的单纯性好，其彩度就高。如果物体既能反射某色光，也能反射其他的色光，则该颜色的彩度就低。

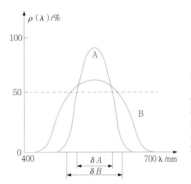

曲线反射峰的宽窄（谱线宽度 δ ）可以理解为颜色彩度的高低，曲线反射峰窄，表示对光谱有较高的选择性，该颜色的彩度就高，反之则彩度低。$\delta A<\delta B$，曲线A所代表的颜色彩度大于曲线B所代表的颜色彩度。

6 色彩饱和度与反射谱线宽度图

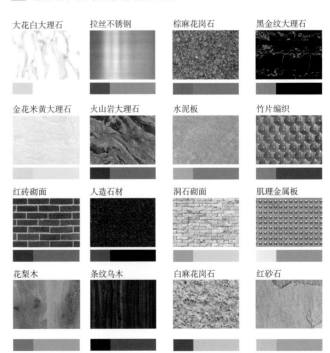

7 材料色彩的表现图

色彩生理与色彩心理

色彩可以对人的生理和心理产生作用。在生理方面，色彩会影响人的神经系统和生理效应。在心理方面，当人受到色彩的刺激，可以引起心理反应，从而影响人的情绪和视觉认知。

色彩与生理效应

人的感觉器官是相互联系、相互作用的整体，视觉器官能把色彩的物理刺激转化为其他感觉系统的生理反应。例如，色彩能够影响人的味觉系统与食欲；肌肉的机能和血液循环，能够在不同色光的照射下发生变化，从而影响人们的生理机能。因此，色彩疗法也常被医院用做病人的辅助治疗。

色彩与生理效应 表1

颜色	生理效应	色彩治疗
红色	对心脏、循环系统和肾上腺具有刺激作用；会使人的脉搏加快、血压升高、呼吸急促；会提升机体力量和耐力	缓解血脉失调和贫血
粉色	相对于红色，给人带来的刺激更柔和，能使人的肌肉得到放松	安定情绪，缓解抑郁
绿色	具有降低眼压、改善肌肉运动能力的作用。但长时间在绿色环境中，会影响胃液分泌、食欲减退	镇静神经，解除眼疲劳
橙色	对腹腔神经、免疫系统、肺和胰腺具有刺激作用；能帮助促进食物的消化和吸收	肺、肾病
黄色	对大脑和神经系统具有刺激作用；能促进肌肉神经活跃；可缓解如胃痛、过敏等疾病症状	提高脑部机能，缓解胃、胰腺和肝胆病
蓝色	对咽部和甲状腺具有刺激作用；可帮助降低血压，使人的脉搏减缓；使大脑得到放松。但如果人长时间处于蓝色的环境中会产生忧郁的情绪	缓解甲状腺和喉部疾病
靛青	靛青光线能够净化和杀菌；可抑制饥饿感	减少视力混乱

色彩的视觉生理现象

色彩在不同光源下产生复杂的变化，在视觉生理上的反应也是错综复杂的。

1. 视觉后像：光刺激作用于视觉器官时，细胞的兴奋并不随着刺激的终止而消失。当视觉停止注视一个较亮的物体后，脑海中适应的颜色和影像并不马上消失，这时可以感觉到一个光斑，其形状和大小与被注视的物体相似，这种主观的视觉后效应称为视觉后像。如果给以闪光刺激，则主观上光亮感觉的持续时间比实际的闪光时间要长。

2. 色彩适应性：在明视觉状态下，人在长时间观察某种鲜艳颜色的过程中，会感觉颜色的饱和度逐渐降低，这是色彩适应现象所致；当人适应某物体颜色刺激之后再去观察另一物体颜色时，该物体颜色会带有前一物体颜色的互补色成分，经过一段时间适应后才能获得该物体真实的颜色感觉。

3. 色彩常恒性：当照射物体表面的颜色光发生变化时，人们对该物体表面颜色的知觉仍然保持不变的知觉特性。某个场景的光在视网膜上的细胞所产生的信号并不直接等于人对这个场景的感受。当外界条件发生变化，人的大脑会对这些信号进行处理，并分析比较周围的信号，凭借记忆对物体颜色的认识保持相对不变，这种特性称为色彩的恒常性。

4. 色彩的醒目性：视觉对可见光谱波长在490~590nm之间的区域是最敏感，最迟钝的部分是在光谱的两端。明视觉是对波长555nm的光谱色最敏感，而暗视觉对波长507nm的光谱色最敏感。明度差别越大，明亮的颜色越醒目；彩度高的颜色比彩度低的色彩有更高的醒目性。

色彩的联想与象征

当人们看到某一种色彩时，会引起心理上的某些反应，并产生情绪感觉与联想。色彩的联想主要和我们的生活经验与生活环境相关，也因个人的年龄、性别、民族、宗教信仰、教育背景，以及所处的自然环境、气候环境和社会环境的差异而不同。但是，由于人们对自然环境的色彩具有基本一致的认知。因此，人们对自然环境色彩的认识和联想，基本可以得出相对稳定的情感判断，色彩的联想与象征没有严格精确的对应性，但却有普遍的认同性。

象征是用具体事物表现某些抽象意义，用以表达感情和寓意。色彩的象征是关于某种色彩的一种社会化联想，是从具体事物转向抽象的精神文化与观念世界的过程。色彩在不同时代背景和地域文化中存在着不同的象征意义。

1. 中国传统象征：在中国的传统文化里，五行中的金、木、水、火、土与五色中的青、红、黄、黑、白相对应。青色象征着东方、龙、春天、酸味、森林等；红色象征着南方、雀、夏天、苦味、太阳、阳气等；白色象征着西方、虎、秋天、辛辣、风等；黑色象征着北方、龟蛇、冬天、咸味、水等；黄色象征着中央、土地、甘味、皇帝等。

2. 世界共通象征：白色象征着纯洁与神圣；红色象征着活力、力量、激情；绿色象征着春天、生命、希望、和平、安全；蓝色象征着理智、尊严、高科技、真理；紫色象征优越、优雅、高层次，但也有孤傲、消极的象征。

3. 民族传统象征：有些色彩的象征性，是民族不同的传统习惯所赋予的意义。在中国，红色象征喜庆、吉祥、革命；白色象征死亡和哀伤。而在欧洲，黑色象征死亡、哀伤和神秘；白色象征纯洁和幸福；红色象征勇敢、决心、热情和活力。

色彩的具象联想与情感效果 表2

颜色	具象联想	情绪感觉
红色	火焰、血液、红旗、玫瑰、辣椒、太阳、西红柿	热情、温暖、兴奋、热烈、喜悦、吉庆、革命、焦灼、危险
橙色	橙子、果汁、枫叶、胡萝卜	爽朗、温和、丰收、成熟、欢喜、活力
黄色	月亮、柠檬、油菜花	轻快、明朗、光明、愉快、希望
绿色	春天、森林、草原、树叶	新鲜、和平、安全、年轻、朝气、自然
蓝色	海洋、天空、宇宙、湖水	沉静、冷静、孤独、空旷、深邃
紫色	葡萄、紫罗兰、紫薇	神秘、尊贵、高雅、严肃、不安
白色	云朵、牛奶、珍珠、雪花	纯洁、朴素、纯粹、清爽、冷酷、神圣
灰色	影子、水泥、水墨画、烟雾	平凡、中性、沉着、抑郁、细腻
黑色	黑夜、煤炭、乌鸦	黑暗、肃穆、压迫、忧郁、不安、严峻、阴森、悲哀、消亡
褐色	土地、树干、巧克力	沉稳、朴素、厚实

色彩的明度与彩度的抽象联想 表3

高明度	7~10为高明度区，给人的感觉是轻快、娇媚、柔软、明朗、纯洁、安静，但如果使用不当也有可能造成单调、病态、缺乏活力的感觉
中明度	4~6为中明度区，给人的感觉是柔和、徐缓、朴素、庄重成熟、平凡的感受，使用不当则可能产生呆板、乏味、无聊、浑浊的效果
低明度	0~3为低明度区，给人沉重、神秘、浑厚、强硬、有力、哀伤的感觉，同时由于低明度色一般会给人较大的视觉冲击力，色彩本身个性强烈
高彩度	具有积极、强烈、华丽、快乐的情绪感受，但运用不好也会造成刺激、生硬、低俗、杂乱等色彩弊病
中低彩度	具有温馨、和谐、消极、忧郁等情感感受，但使用不当也会令画面显得苍白无力、污浊灰暗

色彩的认知

不同的色彩并置时,由于人的视觉器官或视觉联想的作用,会给人带来不同的主观感受。因此,色彩的认知和色彩的主观感受在色彩应用方面十分重要。

色彩的温度感

色彩的温度感来源于人对大自然物理现象的认知结果,是色彩感觉和心理联想综合作用所形成的一种感受,通常分为冷色、暖色和中性色。色彩的温度感主要是由色相决定的。色彩的冷暖有时又是相对的,如紫色与橙色并列时紫色就倾向于冷色,紫色与青色并列时紫色就倾向于暖色。在建筑色彩设计中经常运用色彩的温度感进行色彩设计。

色彩的温度感　　　　　　　　　　　　　　　　　　表1

暖色	波长长的颜色(如红色、橙色、橙黄色等)与自然界中会产生炽热和温暖感觉的太阳和火等具有相近的色彩关系,被称为暖色
冷色	波长短的颜色(如青色、蓝色、蓝绿色等)与自然界中会产生寒冷和清凉感觉的海水和夜晚等具有相近的色彩关系,被称为冷色
中性色	相对于上述的冷、暖色,绿色、紫色、褐色、白色、灰色等可称为中性色。中性色与冷色相邻会呈现暖色的感觉,中性色与暖色相邻会呈现冷色的感觉

a 暖色　　　　b 冷色　　　　c 中性色

1 色彩的温度感示意图

色彩的空间感

色彩的空间感是视知觉中的色彩距离和大小与实际不一致的现象,以色相和明度影响最大。在建筑的色彩设计中,常利用不同的颜色来调整建筑的尺度和距离感,如白色和黄色前进凸出感较强,青色和紫色后退收缩感显著。但色彩的尺度感也是相对的,且与其背景色有关,如绿色在较暗处也有凸出的倾向。

色彩的空间感　　　　　　　　　　　　　　　　　　表2

前进色	波长长的光线会在眼睛的视网膜后方集成焦点,经过水晶体调整后,使波长长的暖色看起来觉得较近。另外高彩度、高明度的颜色与实际距离相比给人向前迫近的感觉
后退色	波长短的冷色看起来较远。低彩度、低明度的颜色与实际距离相比给人向后撤退的感觉
膨胀色	前进性的暖色,具有扩散性,看起来比实际大。明度较高的颜色,也可以将物体放大,有扩大空间面积的感觉
收缩色	退后性的冷色,具有收敛性,看起来比实际小。明度较低的颜色,也可以将物体缩小,有缩小空间面积的感觉

色彩的动静感

不同的色彩及色彩组合在视知觉中同样可以产生不同的动静感觉。

色彩的动静感　　　　　　　　　　　　　　　　　　表3

动感色	明度高或彩度高的颜色具有动感。高彩度颜色组织在一起,颜色间会形成相互对比、相互排斥的视觉现象,产生跃动和向外扩张的强烈动感
静感色	明度低或彩度低的颜色具有静感。低彩度颜色组织在一起,颜色间会形成相互协调、相互一致的视觉现象,产生安静和稳定的静态感受

色彩的重量感

色彩的重量感主要取决于色彩的明度,其次为彩度,色相的影响相对较弱。在建筑色彩设计中,为了达到安定、稳重的效果,宜采用重感色;而为了要达到灵活、轻快的效果,宜采用轻感色。通常室内设计的色彩处理多是自上而下,由轻到重。

色彩的重量感　　　　　　　　　　　　　　　　　　表4

轻感色	明度高的颜色有轻巧、上升的感觉倾向;相同明度的色彩之间,彩度高的色彩给人轻的感觉;在色相方面,冷色系给人轻的感觉
重感色	明度低的颜色有沉重、下降的感觉倾向;相同明度的色彩之间,彩度低的色彩感到重;在色相方面,暖色系给人重的感觉

色彩的疲劳感

色彩的彩度越高,对人的刺激越大,越容易使人疲劳。一般暖色系的色彩疲劳感较冷色系的色彩大,绿色则不显著。许多色相在一起,明度差或彩度差较大时易感觉疲劳。故在建筑设计时,色相数不宜过多,彩度也不宜过高。色彩的疲劳感能引起彩度减弱,明度升高,逐渐成灰色,形成褪色现象。

色彩的醒目性

色彩的醒目性是指易于引起人们注意的性质,具有醒目性的色彩,从较远处就能明显地识别出来。建筑色彩的醒目性主要受色相的影响,同时也取决于其与背景色之间的关系。

光色的醒目性:红>青>黄>绿>白。

物体色的醒目性:红色>黄色与橙色。

醒目性高的顺序排列　　　　　　　　　　　　　　　表5

顺序	1	2	3	4	5
底色	黑	黄	黑	紫	紫
图色	黄	黑	白	黄	白
图示					

醒目性高的顺序排列　　　　　　　　　　　　　　　表6

顺序	6	7	8	9	10
底色	蓝	绿	白	黄	黄
图色	白	白	黑	绿	蓝
图示					

醒目性低的顺序排列　　　　　　　　　　　　　　　表7

顺序	1	2	3	4	5
底色	黄	白	红	红	黑
图色	白	黄	绿	蓝	紫
图示					

醒目性低的顺序排列　　　　　　　　　　　　　　　表8

顺序	6	7	8	9	10
底色	紫	灰	红	绿	黑
图色	黑	绿	紫	红	蓝
图示					

城市与建筑色彩设计

色彩规划，应确定规划范围，遵循上位规划原则，对规划范围及周边的各单体建（构）筑物及环境设施进行调研，尊重历史发展所形成的整体色彩分布规律，按建筑和环境的不同功能区绘制色彩分布图和编制色彩图谱，进而制定色彩保护、过渡和开发区域的色彩控制范围。

建（构）筑物是视觉环境中的主体，其色彩决定了人们对环境的综合认知结果，具有决定性作用。建（构）筑物的色彩设计应根据其功能与其文化定位，以及与背景环境色彩等因素，充分研究建（构）筑物的主色调与背景色之间的关系，同时对其表皮材料和立体形态在不同自然光环境下的色彩形态和变量进行研究，进而确定主体色调，并进一步形成主体色、辅助色和点缀色之间搭配的技术指标。

色彩规划设计条件分析 表1

自然色彩因素分析	自然因素包括：气候、植被、岩石和土壤等。昼夜变化和气象变化使天空色彩和自然环境色彩在不同的光照下呈现出不同的色彩；季节变化使自然色彩，特别是植被的色彩随之发生变化，尤其是四季分明的北方。这些因素不是人为能够控制的，但其却以最大视觉面积影响着人们对环境色彩的认识
人文色彩因素分析	人文因素在城市色彩环境中表现在两个方面：一是历史形成的建筑及环境色彩，随着时间的推移建筑及环境色彩会发生变化，而这种变化正是记载时间和历史的重要因素；二是因风俗习惯及地域性大众审美规律使生活中的色彩融入城市环境当中，如牌匾广告、临时设施、环境装饰等，以及地域性大众审美规律决定建筑及环境的装饰色彩倾向。两部分的调研分析将明确传统色彩范围，有利于确定色彩规划的用色范围
规划规模与功能分析	规划规模决定了色彩规划设计的层级和从属关系，规模大通常采用按功能分区进行色彩规划设计，应建立每个独立分区相互之间的主次关系和从属关系，以此作为控制性原则进行色彩的总体规划。环境的功能分析对色彩规划的规划与分区起着决定性作用，对其色彩的认知将直接影响人们对环境功能和文化的解读
建筑色彩分析	城市是由不同类型的建筑组成，在城市的整体视觉环境中，建筑是影响最大、最广泛的视觉因素，建筑色彩是城市色彩规划和设计的主体内容，在城市色彩环境中起着决定性的作用。因此，对已有建筑色彩的调研和分析将决定城市色彩规划的主体色彩范围
城市环境色彩分析	城市环境包括广场、道路、公园等不同性质的公共空间，还包括在上述环境中的构筑物、景观设施和城市艺术品等，这些空间与城市建筑融为一体，形成具有和谐关系的城市视觉环境。虽然城市环境因素较为分散不会像建筑那样成为视觉的主体，但其是建筑的辅助和背景
公共设施分析	城市中的道路地面、桥梁、候车亭、信息亭、垃圾箱、护栏等都属于城市的公共基础设施，是色彩环境中的点睛之笔，也是色彩表现得最微妙的地方。同时，城市环境中的广告、牌匾、标识系统等往往最为醒目，是城市色彩的重要组成部分。城市基础公共设施色彩对城市的人文色彩环境的形成有重要的作用

建（构）筑物色彩搭配原则 表2

主色调	主色调又称基调色，是指视觉画面中面积最大、使用频率最高的色调，也是指视觉画面给人总体色彩特征的感受。色彩规划设计中的主色调，指的是能够决定城市、区域、建筑或环境的整体色彩特征，并对视觉感知影响最大的颜色。一般情况下，某种色相面积占到视觉画面的70%，就应将此颜色定为主色调。在城市角度（远视距），主要表现在建筑屋顶和建筑墙面上；在区域角度（中视距），主要表现在建筑墙面和城市地面上；在局部角度（近视距），主要表现在单体建筑墙面、局部地面和设施上。主色调在视觉画面传达的功能信息、生理感受和心理联想起着主导作用
主体色	在视觉画面中最为突出的颜色，对整体色调起主导性作用的颜色称为主体色。在建筑中，主体色一般指占有面积比例最大的建筑外墙面的颜色。在进行色彩设计中，可通过加强主体色与背景色在色相、明度、彩度的对比度，获得最佳的表现效果
辅助色	辅助色是指主体色的辅助或补充颜色，在视觉画面中所占面积较小或较分散，它的主要功能是起到色彩的协调和缓冲作用，它可以是一种颜色，也可以是几种颜色的组合。在建筑的色彩设计中，一般会在面积较小的局部外墙面、大门出入口、门窗、阳台等位置考虑运用辅助色
点缀色	点缀色是指在视觉画面中所占面积小且醒目性相对较高的颜色，其主要功能是起到点缀和强调的作用。在建筑的色彩设计中，常用于建筑物中需要加以突出的部分，如装饰物等
背景色	主体色以外的颜色为背景色，也可称为环境色，是加强视觉画面层次感和空间感的重要手段。明度和彩度高的主体色与明度和彩度低的背景色并置，主体色会产生前进感，背景色会产生后退感。在室外环境的色彩规划和色彩设计中，应充分考虑天空、植物和大地等颜色作为背景色

色彩规划设计层级 表3

范围与期限	明确色彩规划范围和规划期限
依据与原则	对规划范围及周边的保护与发展目标进行研究；遵循上位规划原则，包括：城市总体规划、分区规划或控制性详细规划以及有关建设发展规划；遵守国家有关标准和技术规范，符合国家有关规定
调研与分析	对自然色彩因素和人文色彩因素进行调研（表1）；对城市、建筑和环境的历史色彩因素进行调研，对色彩调研样本进行归纳，形成客观全面的色彩现状资料；对建设条件分析及综合技术经济论证；对地域文化、民俗习惯、大众审美规律等进行调研
目标与定位	应当综合考虑当地发展定位、自然环境、人文历史、大众审美、文化遗产、功能分区、公共安全及经济技术等因素，制定色彩规划的目标与定位，明确色彩规划背景，并妥善处理近期与长远、局部与整体、发展与保护的关系
规划纲要	提出统筹发展战略，确定自然色彩和历史文化遗产色彩保护等方面的目标和保护要求，提出色彩空间管制原则
分区与定级	根据城市空间布局、功能分区、土地使用性质等，以及城市建设和发展的需要，进一步划分色彩保护区、限制发展区、一般开放区和开放区的范围，绘制色彩分区分级规划总图
区域色彩主色调	调研与研究城市自然与人文色彩、各区域规模与功能、城市形态现状与发展、建筑与环境色彩等，衔接城市发展战略与上位规划，在此基础上，确定色彩规划与设计的主色调，明确各区域色彩范围
地标建筑和标志物的色彩	从相对宏观的角度，基于城市区域整体色彩进行地标建筑和标志物的专项色彩设计。确定地标建筑或对区域建筑具有显著影响的标志物的主题色和辅助色，为周边建筑和环境的色彩规划设计提供定性依据
区域色彩构成	以中视距的角度及范围，梳理建筑与环境的色彩关系，确定主体色、辅助色、点缀色、背景色的各自范围，以及它们之间的逻辑关系与比例
色彩控制指标	对不同级别的色彩分区，进一步提出主色调、主体色、辅助色和点缀色的适用范围（表2），并分别制定色彩范围，绘制色相、明度、彩度的物理量范围，形成色彩控制指标图谱
色彩控制原则	按主色调、主体色、辅助色和点缀色的适用范围（表2）作为严格控制到开放控制的顺序。当色彩面积过大，需遵循上级标准进行控制；建筑为严格控制内容，城市设施（但在保护区内应遵循标准）为放开控制内容，并进一步提出设计原则
实施规划	提出实施规划的措施和有关建议。确定发展时序，提出规划实施步骤、措施和政策建议

建筑色彩设计层级 表4

环境色彩条件	根据建筑所在区域环境的自然地貌，关注设计主体物色彩与自然环境的天空、山地、植被、水系、土壤等，及周边建筑物等环境色彩的关系。选择建筑色彩设计方向时，需考虑上述环境色彩作为建筑背景时的综合色彩效果
气候条件	气候直接影响人们视觉上的体验需求，人们往往会在色彩和质感上去寻求心理平衡的因素。例如，在气温较低的环境，人们通常喜欢温暖、厚重的颜色；而在气温较高的环境，人们则喜欢清新淡雅的颜色
色彩文化	了解当地文化背景和传统建筑色彩，根据当地的风俗习惯和审美偏好确定色彩范围。例如，建筑色彩多遵循当地历史建筑大面积使用色彩，也可从民俗和地域文化中，适当吸收典型色彩元素进行设计或局部装饰
建筑性质	结合建筑的使用性质，确定建筑的主色调和主体色
建筑表面材料与质感	建筑材料的化学成分和表面肌理质感，决定了太阳辐射的反射和吸收有着截然不同的结果，只有实物材料色标才具有真实性
主要视觉行为	根据空间流线，确定视觉角度、视域范围和视觉流线，进而分析确定色彩的重点位置、次要位置、层次关系、主次关系和面积比率，并确定各层级色彩的明度、色相和彩度，以及色彩的对比与调配
建筑群色彩规划及设计	考虑建筑群的整体体量，以及各单体建筑之间的空间关系、形态关系、朝向关系、表面材料关系等，确立建筑群整体质感，明确基调颜色的色彩搭配及定位，考虑建筑群内部各建筑之间的色彩关系，以及与外围周边建筑的色彩关系
单体建筑色彩设计	对单体建筑进行细化设计，明确该建筑在建筑组团中的定位，分析建筑立面及建筑主要构件之间的立体关系，明确色彩设计对象在不同光照影响下的特点，选配恰当的颜色
建筑色彩设计	依据区域色彩规划所确定的主体色、辅助色、点缀色、背景色的范围，分析影响色彩认知的造型、体量、面积、材料、质感，以及光照角度等各种因素，对单体建筑进行专项色彩设计
深化节点设计	依据主体建筑的色彩设计定位，对建筑和环境的重要节点和单体元素进行色彩设计
编制色彩图谱及色彩样板	根据色彩的视觉认知特性，利用色彩对人的生理及心理的影响，考虑色彩搭配和色彩调和等因素，选定主体色、辅助色和点缀色，查阅《建筑色标、色卡》，确定各部位的具体色号，选择适宜的明度、彩度和色相

自然色彩

影响人们对一个地区或城市色彩的认识,其主要因素包括自然环境因素和人文环境因素。其中,自然环境因素包括自然地貌、气候条件、生态物种等,这些因素之间内在的生态逻辑,使其构成完整的自然色彩体系。而作为地区或城市色彩主体的历史建筑和建筑群,其建筑材料与色彩多采用就地取材的建造方式,这使其色彩应与当地材料色彩、土壤色彩、植物色彩等构成和谐的色彩关系,并形成当地特有的色彩结构和形象特征。

索引	土壤类型	索引	土壤类型
1	漂灰土	17	沼泽土
2	暗棕壤	18	盐碱土
3	棕壤	19	紫色土
4	褐土	20	石灰土
5	黄棕壤	21	磷质石灰土
6	黄壤	22	塿土
7	红壤	23	绵土 黑垆土
8	砖红壤性红壤	24	潮土
9	砖红壤	25	灌淤土
10	黑土 白浆土	26	砂姜黑土
11	黑钙土	27	水稻土
12	灰色森林土	28	亚高山草甸土 高山草甸土
13	栗钙土	29	亚高山草原土 高山草原土
14	棕钙土	30	亚高山漠土 高山漠土
15	灰钙土 灰漠土	31	寒漠土
16	灰棕漠土 棕漠土	32	风沙土
17	草甸土		

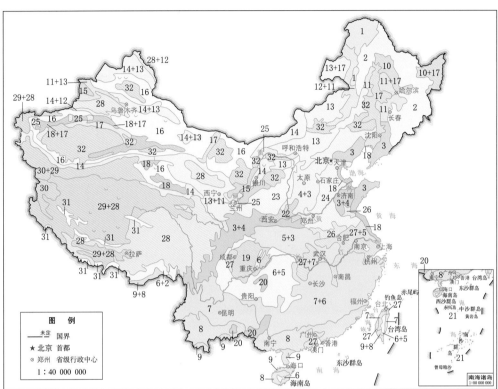

1 中国土壤类型分布图❶

索引	植被类型
I–A	南针叶林区
II–A	温带北部针阔叶混交林区
II–B	温带南部针阔叶混交林区
III–A	暖温带北部落叶栎林区
III–B	暖温带南部落叶栎林区
IV–A	北亚热带常绿、落叶阔叶混交林区
IV–B	中亚热带常绿阔叶林区
IV–C	南亚热带常绿阔叶林区
V–A	中亚热带常绿阔叶林区
V–B	南亚热带常绿阔叶林区
VI–A	高原山地寒温性针叶林区
VI–B	高原山地寒温性、温性针叶林、硬叶常绿阔叶林区
VII–A	北热带半常绿季雨林、湿润雨林
VII–B	中热带季雨林、湿润雨林
VII–C	南热带和赤道热带珊瑚岛植被区
VIII–A	北热带季节雨林、半常绿季雨林区
IX–A	东北西部森林草原区
IX–B	内蒙古高原、松辽平原典型草原区
IX–C	乌兰察布高原荒漠草原区
X–A	黄土高原中部典型草原区
X–B	黄土高原西部荒漠草原区
XI–A	川西、青南、藏东高寒灌丛、草甸区
XI–B	青、藏高寒草原区
XI–C	藏北高寒荒漠草原区
XI–D	藏南高原河谷、湖盆区温性草原区
XII–A	温带干旱半灌木、小乔木荒漠区
XIII–A	温暖带东部干旱半灌木、灌木荒漠区域
XIII–B	温暖带西部极端干旱半灌木、半灌木荒漠区域
XIV–A	昆仑山、帕米尔高原高寒荒漠区域
XIV–B	阿里高原山谷温性荒漠区域

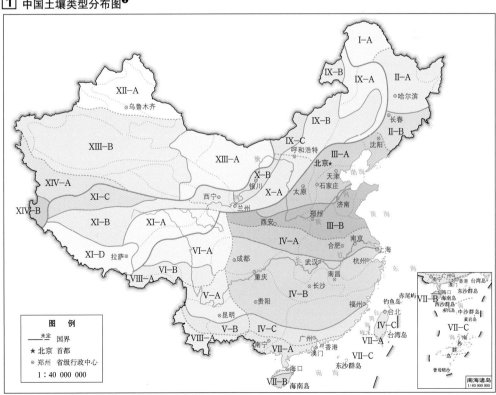

2 中国植被类型分布图❶

❶ 底图来源:中国地图出版社编制。

花岗岩色彩

花岗岩是一种岩浆在地表以下凝结形成的火成岩,主要成分为长石、云母和石英。其硬度较高、耐磨损、不易风化、色泽相对稳定,常用于城市道路、景观、建(构)筑和室内。国内产花岗岩石材色彩丰富,国产花岗岩常见颜色包括:红色、黑色、黄色、绿色、白色、灰色等。

花岗岩色彩及分布表　　　　　　　　　　　　　　　　　　表1

色系	产品名	产地
红色系	杜鹃红、高粱红、珍珠红、芦山红、中华红、三合红、荥经红、石棉红、泸定红、阳江红、汉源红、南江红、三峡红、咖啡红、映山红、大悟红、山西、吉林、西陵红、玫瑰红、天山红、双井红、托里红博乐红、乌苏红、天池红、芙蓉、少林红、太行红、雪枫红、贵妃红、夜玫瑰、和龙红、樱花红、诺尔红、岑溪红、桂林红、三宝红、崖州红、西丽红、连州红、龙红花、阳江红、惠东红、古山红、安溪红、漳浦红、福寿红、永定红、安吉红、云花红、龙泉红、东方红、一品红、红玉、芙蓉花、石岛红、将军红、平邑红	云南、贵州、四川、西藏、新疆、安徽、河南、山西、吉林、内蒙古、海南、广东、福建、浙江、山东、河北、辽宁
黑色系	云南黑、黑色花岗岩、黑雪花、黑冰花、黑珍珠、黑纹玉、岳西墨、少林黑、北岳黑、和龙黑、团山黑、双辽黑、伊通黑、丰镇黑、黑花岗、黑口根、芝麻黑、黑金刚、福鼎黑、莆田黑、漳浦黑、临海黑、墨玉、赣榆黑、乳山黑、莱芜黑、昌平黑、中国黑、易县黑、平山黑、墨玉、大连黑	云南、贵州、四川、陕西、安徽、河南、山西、吉林、内蒙古、广西、海南、福建、浙江、江苏、北京、河北、辽宁
蓝色系	墨彩蓝、燕山蓝、天山蓝	安徽、北京、新疆
紫色系	紫黛	云南、贵州
黄色系	虎斑、天堂玉、虎皮黄、散花黄、木纹黄、苏州金山石	安徽、海南、广东、江苏
锈色	虎皮锈、漳浦锈、锈石	福建、山东
青色系	虎皮青、穗青花玉、翠竹花玉、青草石、仕阳青、济南青、沂南青、万年青、北大青	山西、广东、福建、浙江、山东、河北
绿色系	罗甸绿、三峡绿、宜昌绿、瑰宝绿、墨绿、天全绿、攀西兰、米易绿、宝兴绿、黄山绿、少林绿、翡翠绿、孔雀绿、芙蓉绿、森林绿、灵寿绿、承德绿	云南、贵州、四川、安徽、河南、广东、浙江、山东、河北
白色系	白色花岗岩、广西白、黑白花、木纹白、白木纹、海仓白、洪塘白、虎皮白、文登白、珍珠花、五莲花	四川、广西、广东、福建、山东
灰色系	黑白花、高山花、冰花、太白青、灰木纹、田中石、奢石、安山岩、一品梅、大芦花	西藏、河南、山西、广东、福建、浙江、江苏、河北

板岩色彩

板岩具有板状结构,是一种泥质、粉质或中性凝灰岩,板岩的颜色随其所含的杂质不同而变化,国产板岩石材常见色彩包括:绿色、黑色、黄色、青色、灰色等。

板岩色彩及分布表　　　　　　　　　　　　　　　　　　表2

色系	产品名	产地
红色系	紫红色板岩	江西
绿色系	绿色板岩、翠绿色板岩、黄绿色板岩、草绿色板岩、灰绿色板岩、绿豆色板岩	陕西、江西、北京、湖北、湖南、湖北十堰、山东
白色系	乳白色板岩	河北
黑色系	黑色板岩、银黑色板岩、灰黑色板岩	四川、陕西、湖北鄂西、山西、湖南、湖北十堰
紫色系	紫色板岩	山西(五台、定襄)
黄色系	乳黄色板岩	四川、山东、云南
青色系	青色砂石	四川、云南
灰色系	银灰色板岩、浅灰色板岩、深灰色板岩	四川、云南、北京、陕西、湖北十堰、湖南、山西(五台、定襄)
锈色系	深锈色板岩、铁锈色板岩	北京、河北
褐黄色系	褐黄色板岩	四川
粉色系	粉色板岩	山西(左权、黎城及平顺)
混色系	混色板岩	四川

大理石色彩

大理石主要成分以碳酸钙为主,其他还有碳酸镁、氧化钙、氧化锰及二氧化硅等,容易风化和溶蚀,但其色彩斑斓、色调丰富、花纹变化多样,常作为城市道路、景观、建(构)筑和室内等重点部分的装饰材料,国产大理石常见颜色包括:红色、黑色、蓝色、黄色、绿色、白色、灰色等。

大理石色彩及分布表　　　　　　　　　　　　　　　　　　表3

色系	产品名	产地
红色系	灵璧红皖螺、南江红、涞水红、阜平红、东北红、梅花红、肉红、柳埠红、浅红、黑底红花、红白色、灰红、桔红、红色、紫红、南口红	安徽、四川南江、河北涞水、河北阜平、辽宁铁岭、河南偃师、山东、江西、福建、江苏、北京
黑色系	桂林黑、黑大理石、墨玉、金星王、墨豫黑、黑金花、黑木纹、黑白根	广西、湖南邵阳、山东苍山、河南安阳、安徽、山东、广西
蓝色系	蝴蝶蓝大理石、珍珠蓝大理石、巴兰珠大理石	山东、福建、河北承德
紫色系	灰紫色	江西上高
黄色系	松香黄、松香玉黄线玉、黄木纹、黄金天龙、安其米黄、黄褐色	河南、四川、湖北、安徽、江西
彩色系	云春花、秋花、水墨花、雪夜梅花	云南、浙江衢州
青色系	青花玉、泰山青、青灰色	四川宝兴、山东
绿色系	丹东绿、莱阳绿、海浪玉、碧波、大花绿、豆绿色、青地绿花	辽宁丹东、山东莱阳和栖霞、安徽怀宁和太平、台湾花莲
白色系	汉白玉、怀宁和贵池白大理石、曲阳和涞源白大理、蜀白玉、赣榆白大理石、苍山白大理石、平度和莱阳雪花白、宜兴奶油	北京房山、安徽怀宁、贵池、河北曲阳和涞源、四川宝兴、云南赣榆、山东平度和莱阳、江苏宜兴
灰色系	杭灰、云灰、雅典灰、灰木纹	浙江杭州、云南大理、湖北、贵州、广西

砂石色彩

砂石的硬度高、化学性质稳定,具有耐磨、防腐等特点,常作为优质的建筑材料和混凝土原料,被广泛应用于建筑及道路工程,国产砂石常见颜色包括:红色、绿色、白色、紫色、黄色、灰色、青色等。

砂石色彩及分布表　　　　　　　　　　　　　　　　　　表4

色系	产品名	产地
红色系	红色砂石	山东、四川、云南
绿色系	绿色砂石	山东、四川
白色系	白色砂石	山东、四川、云南
黑色系	黑色砂石	四川
紫色系	紫色砂石	山东、四川
黄色系	黄色砂石	山东、四川、云南
青色系	青色砂石	四川、云南
灰色系	灰色砂石	四川、云南
咖啡色系	咖啡色砂石	山东

土壤色彩

土壤的种类丰富、颜色多样。地域性建筑色彩与一个地区的土壤颜色关系紧密,对该地区建筑的色彩设计有着重要的影响。国内土壤色彩较为丰富,主要颜色包括黑色、棕色、黄色、红色、紫色、灰色等。

土壤色彩及分布表　　　　　　　　　　　　　　　　　　表5

色系	土壤类型	区域
黑色系	黑土、黑绵土	东北平原(吉林、黑龙江)
棕色系	棕黄壤	华北平原
黄色系	黄土、黄壤	皖南中南部、四川、贵州
红色系	红壤、砖红壤、黄红壤、棕红壤、爆红土	长江以南至南岭山地、云南南部、贵州、四川、广西、海南、广东、台湾南部
紫色系	紫色土壤	四川盆地、贵州、云南、湖南
灰色系	灰化土	黑龙江、青藏高原

色彩的文化影响因素

随着历史的演化，并受到宗教哲学、民族民俗、文化艺术等各方面因素的影响，逐步形成各地区独特的色彩审美系统。同时，各因素之间又相互作用，以独特的色彩构成规律影响着地区的色彩审美习惯，并成为地区文化的重要组成部分。

文化影响因素表　　　　　　　　　　　　　　　　　　表1

哲学	对比东西方的总体思维方式，西方文化偏好开放性思维，色彩选择更倾向于丰富鲜艳的颜色。而东方文化强调内敛、自省和感悟，因此色彩选择相对内向、素雅。具体到某一文化内部，哲学主流与色彩文化之间的关系往往是相呼应的。例如，儒家竭力用"礼"规范社会，色彩也成为礼制规范的一部分，将红、黄、青、白、黑定为正色。道家则坚持"道法自然"，主张顺应自然，因此在色彩观念上，他们认为"五色令人目盲"，原始的黑色成为道家最为推崇的色彩
宗教	基督教认为蓝色象征神圣，紫色象征高贵和威严，白色象征纯洁，绿色象征和平，金色象征永恒不变、坚定和真诚。佛教则崇尚黄、白、红、绿和蓝色，教义规定：经堂和塔为白色，佛寺为红色，白墙面上用黑色窗框，红色木门廊用棕色饰带，红墙面上则主要用白色及棕色饰带，屋顶部分及饰带上点缀鎏金装饰，或用鎏金屋顶。道教崇尚黑色和黄色。伊斯兰教崇尚白色、黑色和绿色
地域	色彩同样可以体现城市地域特色及其文化内涵。地域色彩的塑造需要考虑到自然环境因素和人文环境因素。例如，绚烂的城市色彩已成为意大利布鲁诺的代表，展现了意大利的热情与浪漫。水墨画般的环境色彩则是江南水乡特有的形象，展现了江南的温婉与细腻
民族	一个民族各方面的综合因素影响了该民族和地区在绘画、服饰、建筑和装饰等方面特有的色彩审美倾向，使每个颜色都具有一定的文化寓意和人文精神。例如，土家族、白族等崇尚白色；彝族、拉祜族、阿昌族等崇尚黑色；蒙古族崇尚白色、蓝色、红色和金色；哈尼族偏好红色和黑色

中国传统建筑色彩历史

我国是历史悠久的文明古国，色彩文化源远流长。早在2500年前就建立了五色体系，是世界历史上最早的色彩体系。随着传统文化的积淀，色彩在使用上也逐步被赋予了更为丰富的文化寓意和内涵。

中国传统建筑色彩历史表　　　　　　　　　　　　　表2

周代	西周时期规定了正色和间色。红色为天子专用，宫殿的柱、墙、台基和某些用具都要涂成红色。《礼记》中规定了不同等级的建筑中柱子的用色，"品官房舍门窗户牖不得用丹漆。六品至九品厅堂梁栋只用粉青饰之。公侯以下梁栋许画五彩杂花，柱用素油，门用黑饰，官员住屋，中梁贴金，二品以上官，正屋得立望兽，余不得擅用"
汉代	汉代沿袭了周朝以来用彩色来表示等级的制度。宫殿的屋顶铺以灰色的瓦；台基、台阶用白色石材；柱、枋以红色为主色调；墙壁以青紫为界。除此之外，人们还在建筑中用几种色彩相互对比或穿插，并对构成的图案予以明确定义：青与赤谓之文，赤与白谓之章，白与黑谓之黼，五彩谓之绣
南北朝	南北朝的宫殿、庙宇、府第则多用白墙、红柱，或在柱、枋、斗栱花上绘各种彩画，屋顶覆以灰瓦、黑瓦及少数琉璃瓦，并有意使背脊与瓦采用不同颜色，当时的琉璃瓦呈黄绿色，并采用了釉面技术
隋唐	在唐代以前，大型建筑色彩的基本色调是朱、白两色，对比强烈。到了唐代，朱、白两色还用在柱、墙之上，但柱、枋、栱上的彩画由朱、红两色转向了青绿色，而且大量使用了退晕的技法，使色彩的表现更为和谐。建筑材料方面，琉璃瓦的色彩也有所扩充，有青绿色、黄色，还有蓝色
宋、辽、金	宋朝在建筑色彩方面取得了很大的发展，屋顶部分不再使用橙黄色的琉璃瓦，而是大量采用青绿色；木架部分则采用了华丽的彩画装饰，并依照建筑等级的不同有所差异；宫殿、庙宇等大型建筑采用五彩花纹的"五彩遍装"，次要的建筑采用以青绿色为主的"碾玉装"和"青绿叠晕棱间装"，而一般的房屋则采用"朱土刷饰"。同一时期的辽、金，大量地吸收了宋代的文化，但建筑装饰色彩的选用比宋代更为华丽
元、明、清	元、明、清时期由于少数民族和汉族交替掌握政权，在建筑方面除了继承宋代的建筑传统外，还加入了一些少数民族的建筑元素。屋顶大量使用琉璃瓦，颜色十分丰富，以黄色最为尊贵，为帝王建筑（如孔庙）所专用，宫殿以下按等级分别用黄绿混合、绿色、绿灰混合，民居等级最低，只用灰色陶瓦。墙面用红色抹灰，还采用了各色琉璃砖，有白色、浅黄、深黄、深红、棕色、绿色、蓝色、黑色等，主要建筑的墙身可用红色，次要建筑的木结构可用绿色，民居、园林应用红、绿、棕、黑等色。建筑的门、柱、窗等部分采用朱红色；台基、栏杆、台阶等部分采用白色石材；梁、枋、斗栱的彩画以青绿色为主调

1 北京故宫建筑色彩标本

2 浙江乌镇民居建筑色彩标本

3 江苏苏州园林建筑色彩标本

4 西藏拉萨布达拉宫建筑色彩标本

5 山西碛口镇民居建筑色彩标本

中国建筑气候区划

一级区区划　　表1

	一月平均气温	七月		年日平均气温		年降水量（mm）
		平均气温	相对湿度	≥25℃天数	≤5℃天数	
Ⅰ区	≤-10℃	≤25℃	≥50%		≥145天	200~800
Ⅱ区	-10~0℃	18~28℃		<80天	90~145天	
Ⅲ区	0~10℃	25~30℃		40~110天	0~90天	
Ⅳ区	>10℃	25~29℃		100~200天		
Ⅴ区	0~13℃	18~25℃			0~90天	
Ⅵ区	-22~0℃	<18℃			90~285天	
Ⅶ区	-5~-20℃	≥18℃	<50%	<120天	110~180天	10~600

注：本表引自《建筑气候区划标准》GB 50178-93。

二级区区划　　表2

	一月平均气温	七月		冻土性质	最大风速（m/s）	年降水量（mm）
		平均气温	平均气温日较差			
Ⅰ A	≤-28℃			永冻土		
Ⅰ B	-28~-22℃			岛状冻土		
Ⅰ C	-22~-16℃			季节冻土		
Ⅰ D	-16~-10℃			季节冻土		
Ⅱ A		≥25℃	<10℃			
Ⅱ B		<25℃	≥10℃			
Ⅲ A		26~29℃			≥25	
Ⅲ B		≥28℃			<25	
Ⅲ C		<28℃			<25	
Ⅳ A					≥25	
Ⅳ B					<25	
Ⅴ A	≤5℃					
Ⅴ B	>5℃					
Ⅵ A	≤-10℃	≥10℃				
Ⅵ B	≤-10℃	<10℃				
Ⅵ C	>-10℃	≥10℃				
Ⅶ A	≤-10℃	≥25℃				<200
Ⅶ B	≤-10℃	<25℃				200~500
Ⅶ C	≤-10℃	<25℃				50~200
Ⅶ D	>-10℃	≥25℃				10~200

注：本表引自《建筑气候区划标准》GB 50178-93。

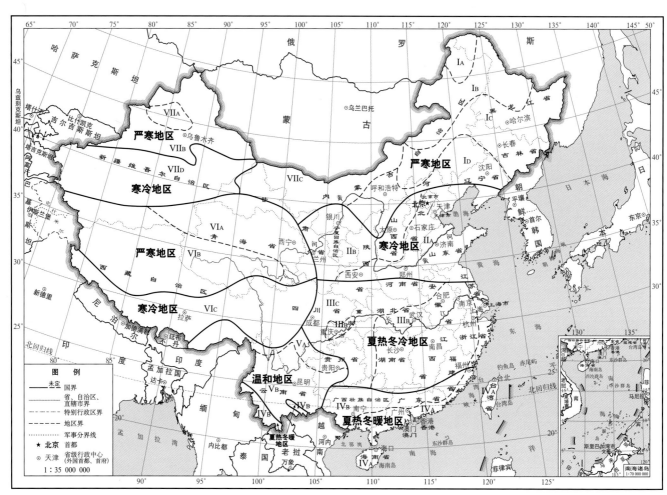

1 中国建筑气候区划图●

● 底图来源：中国地图出版社编制。

温度及湿度

主要城镇的温度及湿度 表1

城镇名称	温度（℃）							室外计算温度		相对湿度（%）		
	最冷月平均	最热月平均	最热月14时平均	极端最高	极端最低	年平均日较差	年较差	冬季采暖	夏季通风	最冷月平均	最热月平均	最热月14时平均
北京	-3.89	26.32	29.74	41.9	-18.3	10.98	30.21	-7.5	29.9	42.0	80.9	67.4
天津	-2.42	26.05	29.23	40.5	-17.8	10.20	28.47	-7	29.9	56.3	76.4	63.5
石家庄	-1.63	26.11	29.63	42.9	-19.3	9.84	27.74	-6	30.8	54.6	76.6	63.0
承德	-9.30	23.51	27.46	43.3	-24.9	13.01	32.81	-13.3	28.8	51.3	74.2	58.2
沧州	-2.42	26.06	29.74	—	—	10.21	28.48	—	—	56.2	74.4	61.5
太原	-4.46	23.69	28.38	37.4	-23.3	12.38	28.16	-9.9	27.8	47.4	70.9	55.4
大同	-11.99	23.08	27.02	37.2	-28.1	12.33	35.07	-16.3	26.5	72.9	58.3	47.5
运城	-0.67	26.76	29.61	41.4	-18.9	10.49	26.37	-4.4	31.3	57.9	67.0	53.3
呼和浩特	-12.23	22.22	25.99	38.5	-30.5	11.94	34.45	-16.8	26.6	58.8	64.2	50.4
海拉尔	-24.35	20.79	24.29	38.2	-42.9	11.57	45.13	-31.5	24.4	78.7	72.5	60.8
东乌珠穆沁旗	-20.72	20.93	25.60	39.7	-39.7	13.51	41.65	-26.3	26.1	72.6	59.8	44.0
锡林浩特	-19.95	22.80	27.02	39.2	-38	13.09	42.75	-25.1	26.1	80.2	63.0	46.0
二连浩特	-17.75	23.70	28.09	41.1	-37.1	13.92	41.46	-24.1	28	78.3	49.7	36.7
赤峰	-10.16	22.58	26.70	40.4	-28.8	13.34	32.74	-16.1	28	49.7	68.5	53.3
沈阳	-11.66	25.44	28.96	36.1	-32.9	10.93	37.10	-16.8	28.2	66.6	76.9	64.4
丹东	-6.88	23.59	26.50	35.3	-25.8	9.43	30.47	-12.7	26.8	50.1	83.7	72.7
锦州	-6.98	24.50	28.24	41.8	-24.8	9.89	31.48	-13	28	50.8	74.8	54.5
大连	-4.04	24.60	26.95	35.3	-18.8	5.99	28.64	-9.5	26.3	55.0	78.3	66.0
营口	-7.91	24.50	27.39	34.8	-28.4	8.45	32.41	-14.1	27.8	61.7	78.8	65.1
长春	-15.51	23.14	25.79	36.7	-33.7	9.42	38.64	-20.9	26.6	79.7	75.3	63.4
四平	-11.91	24.87	28.33	37.3	-32.3	10.27	36.78	-19.6	27.3	67.7	74.7	61.9
哈尔滨	-18.97	23.04	26.40	39.2	-37.7	10.76	42.01	-24.1	26.8	73.4	75.1	60.6
嫩江	-25.80	21.38	26.06	40	-43.9	12.83	47.18	-30.5	25.3	76.5	75.3	56.6
齐齐哈尔	-17.35	23.45	26.61	40.8	-36.7	11.15	40.81	-23.7	26.8	59.1	76.4	62.1
牡丹江	-17.61	22.39	26.74	38.4	-35.3	12.01	40.00	-22.3	26.8	69.0	78.9	62.3
上海	4.46	27.58	29.44	39.6	-7.7	6.25	23.12	1.2	30.8	76.0	82.0	73.1
南京	2.09	28.56	31.34	40	-13.1	7.81	26.47	-1.6	30.6	74.9	80.8	68.2
徐州	-0.15	27.51	30.88	40.6	-15.8	9.37	27.67	-3.4	30.5	71.4	77.9	63.1
东台	1.20	27.09	30.24	38.8	-11.1	8.22	25.89	-1.9	30.4	74.2	85.7	72.6
杭州	5.24	28.37	31.73	40.3	-8.6	7.16	23.13	0.1	32.4	73.8	79.5	64.2
衢州	5.19	28.57	32.20	40.9	-10	8.12	23.37	1.1	33	78.9	76.9	62.8
温州	8.47	28.21	31.16	39.6	-3.9	7.31	19.74	3.5	31.4	75.7	82.8	71.6
合肥	2.90	27.91	30.35	40.3	-13.5	7.57	25.00	-1.4	31.5	74.4	81.8	70.9
亳州	1.35	27.79	31.68	41.3	-17.5	9.97	26.44	-3.4	31.1	61.6	77.7	61.1
蚌埠	1.98	27.65	30.46	40.3	-13	8.79	25.67	-2.4	31.4	69.6	81.8	69.6
安庆	3.99	29.57	32.40	40.9	-9	6.74	25.58	-0.1	31.9	77.7	75.7	64.3
福州	11.40	29.03	32.64	41.7	-1.7	6.80	17.63	6.5	33.2	72.6	76.7	61.7
南平	9.37	28.74	33.62	41.8	-5.1	8.58	19.37	4.6	33.9	76.2	76.7	56.2
厦门	12.72	27.82	30.60	38.5	1.5	7.13	15.10	8.5	31.4	73.9	83.5	73.9
南昌	6.00	29.25	32.52	40.1	-9.7	6.76	23.24	0.8	32.8	76.0	77.5	63.0
景德镇	4.96	28.95	32.65	40.8	-9.6	9.09	23.99	1.2	33.1	83.4	76.1	60.7
吉安	6.23	29.61	33.14	40.9	-8	7.68	23.38	1.9	33.5	83.2	73.9	58.4
赣州	9.36	28.92	33.09	40	-3.8	7.53	19.56	3	33.2	76.3	76.5	57.5
济南	-0.49	27.02	29.64	42	-14.9	8.88	27.51	-5.2	30.9	52.4	78.4	68.9
潍坊	-3.57	25.82	29.90	40.7	-17.9	12.00	29.38	-6.7	30.1	66.2	79.8	64.4
菏泽	0.47	27.50	30.80	—	—	9.95	27.04	—	—	63.3	79.6	67.2
郑州	1.55	26.88	30.64	42.3	-17.9	9.98	25.33	-3.8	30.9	55.7	78.3	64.9
安阳	-0.62	26.55	29.98	41.8	-17.3	10.02	27.16	-4.7	30.9	52.5	77.0	10.6
信阳	2.65	26.69	29.92	40	-16.6	9.02	24.04	-2	30.7	68.7	83.4	69.6
武汉	4.60	29.32	32.31	39.6	-18.1	7.28	24.72	0.1	32	76.4	77.3	65.3
老河口	2.97	27.14	30.63	40.7	-17.2	9.62	24.16	-0.9	31.2	74.1	84.1	61.7
宜昌	4.72	27.04	30.54	40.4	-9.8	7.53	22.32	1.1	31.8	74.9	82.7	66.1
恩施	4.73	25.75	29.36	—	—	7.31	21.02	—	—	85.8	82.6	65.2
长沙	5.62	28.72	32.03	40.6	-10.3	7.13	23.10	0.9	32.2	82.4	80.7	67.3
常德	5.56	28.70	30.83	40.1	-13.2	6.77	23.15	0.7	31.9	80.5	77.7	67.4

温度及湿度

主要城镇的温度及湿度
续表

城镇名称	温度（℃）							室外计算温度		相对湿度（%）		
	最冷月平均	最热月平均	最热月14时平均	极端最高	极端最低	年平均日较差	年较差	冬季采暖	夏季通风	最冷月平均	最热月平均	最热月14时平均
广州	13.89	28.67	31.36	38.1	0	7.57	14.78	8.2	31.9	75.1	84.1	71.6
韶关	11.09	28.65	32.90	40.4	−4.3	8.40	17.56	5.1	32.9	73.8	79.3	60.9
河源	14.24	28.19	31.53	39	−0.7	8.05	13.96	7.1	32.2	67.9	82.9	67.9
汕头	14.45	28.23	29.92	38.6	0.3	5.92	13.78	9.6	31	72.3	84.4	75.9
南宁	13.66	28.04	30.82	39	−1.9	7.40	14.38	7.7	31.8	77.8	86.8	72.8
桂林	7.44	27.70	30.59	39.5	−3.6	6.61	20.26	3.3	31.8	74.6	79.1	64.1
梧州	11.07	28.14	31.94	39.7	−1.5	8.59	17.07	6.1	32.5	80.9	83.3	68.2
百色	14.31	28.26	32.07	42.2	0.1	9.21	13.95	9.1	32.6	78.2	82.0	66.5
钦州	14.78	28.31	31.11	37.5	1.2	6.85	13.53	8.1	31.2	74.2	85.0	72.8
海口	18.14	28.85	32.28	39.6	4.9	5.39	10.71	12.9	32.2	85.0	81.2	66.3
琼海	18.76	28.41	31.40	38.9	5.3	7.03	9.66	13.4	32.3	88.1	86.0	73.0
东方	19.94	29.35	31.08	36.5	5.8	5.88	9.41	14.1	31.5	77.6	78.4	72.9
成都	5.79	25.85	28.60	37.3	−5.9	6.93	20.06	2.8	28.6	79.0	84.3	73.5
万源	4.37	24.63	29.26	39.2	−9.4	8.73	20.25	0.9	29.8	70.1	79.7	61.0
马尔康	−0.80	16.41	22.82	34.6	−16.6	16.11	17.21	−3.9	22.5	46.9	76.8	50.9
甘孜	−3.93	14.19	18.95	30.5	−26.5	13.42	18.12	−9	18.6	49.8	72.0	53.4
重庆	8.11	28.03	30.79	41.9	−1.7	5.94	19.91	5.1	32.4	85.1	76.4	62.8
酉阳	5.10	25.90	29.26	37.5	−7	6.81	20.80	0.2	29.2	70.3	78.9	61.1
西昌	9.93	22.42	26.06	36.6	−3.8	10.98	12.48	5	26.3	50.8	75.0	60.9
贵阳	5.65	23.85	26.60	35.1	−7.3	6.31	18.20	−0.2	27	78.1	77.1	64.7
遵义	4.30	25.03	28.24	37.4	−7.1	6.72	20.74	0.4	28.9	81.8	78.8	63.5
毕节	2.10	21.53	25.70	36.2	−10.9	7.80	19.43	−1.6	25.7	87.3	84.8	67.9
兴仁	6.94	22.32	25.45	—	—	7.77	15.38	—	—	80.4	82.4	67.2
昆明	8.90	19.98	22.31	30.4	−7.8	8.60	11.08	3.9	23.1	64.9	81.6	71.8
丽江	6.86	18.05	21.13	32.3	−10.3	10.17	11.19	3.3	22.3	39.6	80.7	66.4
楚雄	8.76	20.93	23.67	33	−4.8	11.24	12.18	5.8	24.6	65.0	79.0	64.3
思茅	13.31	22.04	24.73	35.7	−2.5	10.14	8.73	9.9	25.8	74.0	86.6	72.2
拉萨	−1.47	15.87	19.20	29.9	−16.5	13.44	17.33	−4.9	19.8	28.2	64.4	49.7
昌都	−1.77	15.37	20.25	33.4	−20.7	15.51	17.14	−5.7	21.6	40.3	65.5	46.3
那曲	−2.53	15.71	19.18	—	—	12.23	18.24	—	—	25.7	63.0	48.4
西安	−0.46	27.01	30.42	41.8	−16	8.80	27.47	−3.2	30.7	66.4	67.3	53.2
榆林	−8.92	23.93	28.38	38.6	−30	14.05	32.85	−14.9	28	50.8	66.4	48.4
延安	−4.64	23.68	28.91	38.5	−23	12.98	28.32	−10.1	28.2	49.2	68.7	48.9
汉中	2.02	25.30	28.61	38.3	−10	7.54	23.28	0.1	28.7	84.4	80.9	67.7
兰州	−5.71	22.38	26.25	39.8	−19.7	11.50	28.09	−8.8	26.6	51.3	60.7	48.4
玉门	−8.46	21.38	26.06	36	−35.1	14.41	29.84	−15	26.4	48.6	49.4	36.0
酒泉	−10.09	22.46	27.01	36.6	−29.8	12.79	32.56	−14.3	26.4	61.9	54.2	39.8
天水	−1.78	23.46	26.79	38.2	−17.4	9.92	25.25	−5.5	27	60.0	66.3	54.3
敦煌	−7.34	23.72	29.11	41.7	−30.5	15.03	31.06	−12.6	29.9	52.2	49.0	32.5
西宁	−6.80	17.47	22.19	36.5	−24.9	14.02	24.27	−11.4	21.9	47.1	65.5	47.4
格尔木	−7.92	18.12	21.35	35.5	−26.9	12.94	26.04	−12.6	21.8	43.9	36.5	30.6
银川	−6.14	23.72	28.17	38.7	−27.7	12.13	29.86	−12.9	27.7	55.5	67.1	50.7
乌鲁木齐	−12.59	23.72	26.50	42.1	−32.8	9.72	36.30	−19.5	27.4	82.6	46.3	36.7
阿勒泰	−15.17	21.57	25.70	37.5	−41.7	10.60	36.73	−24.3	25.5	84.3	55.6	43.2
克拉玛依	−14.18	28.23	30.83	42.7	−34.3	8.99	42.40	−21.9	30.5	77.1	33.5	27.1
伊宁	−8.48	23.01	26.52	39.2	−36	12.70	31.49	−16.4	27.2	82.2	60.3	47.8
吐鲁番	−7.25	32.67	36.67	47.7	−25.2	12.35	39.91	−12.5	36.2	56.3	32.7	24.5
哈密	−11.39	25.78	29.88	43.2	−28.9	14.63	37.17	−16	31.6	73.9	46.5	32.7
库车	−7.13	24.63	27.73	40.8	−23.4	12.74	31.76	−11.2	29.3	64.0	43.8	34.2
喀什	−5.25	25.27	29.15	39.9	−23.6	11.52	30.52	−10.4	28.8	66.5	46.5	33.8
莎车	−4.72	25.73	28.33	39.6	−22.1	13.03	30.44	−9.8	28.7	63.6	49.4	40.7
和田	−4.69	25.22	27.69	41.1	−21	10.71	29.91	−8.6	28.8	51.3	44.9	38.1
台北	16.22	29.63	31.56	—	—	6.24	13.41	—	—	79.0	78.9	71.9
香港	16.25	28.75	30.39	—	—	3.64	12.50	—	—	75.0	79.9	72.1

注：本表引自中国气象局气象信息中心，清华大学建筑技术科学系.中国建筑热环境分析专用气象数据集.北京：中国建筑工业出版社，2005。

主要城镇的降水·冻土深度·天气现象

主要城镇的降水·冻土深度·天气现象　　　　　　　　　　　　　　　　　　　　　　　　表1

城镇名称	降水			最大冻土深度(cm)	天气现象			城镇名称	降水			最大冻土深度(cm)	天气现象		
	一日最大降雨量(mm)	平均年总降水量(mm)	最大积雪深度(cm)		年雪暴日数	年沙暴日数	年雾日数		一日最大降雨量(mm)	平均年总降水量(mm)	最大积雪深度(cm)		年雪暴日数	年沙暴日数	年雾日数
北京	244.2	644.3	24	85	35.7	3.6	22.9	永州	194.8	1419.6	14	0	65.3	—	12.5
天津	158.1	569.8	20	69	27.5	1.7	19	广州	284.9	1694.1	—	—	80.3	—	5.1
石家庄	200.2	550.1	19	54	30.8	2.4	22	韶关	208.8	1552.1	—	—	77.9	—	8.7
承德	151.4	544.6	27	126	43.5	0.4	4	河源	399.9	1948.3	—	—	83.2	—	4
沧州	274.3	617.8	21	52	29.4	1.2	19.1	汕头	297.4	1560.1	—	—	51.7	0.1	21.4
太原	183.5	459.4	16	77	35.7	3.3	12.3	南宁	198.6	1300.7	—	—	90.3	—	9.5
大同	67	380.5	22	186	41.4	4.5	3.3	桂林	255.9	1894.4	4	—	77.6	—	3.7
运城	149.4	563.9	18	43	21.2	1	6.4	梧州	334.5	1517	—	—	92.3	—	28.6
呼和浩特	210.1	417.4	30	143	36.8	8.4	3.4	百色	169.8	1104.6	—	—	76.8	—	9.1
海拉尔	63.4	351.3	39	242	29.7	13	9.1	钦州	313.2	2113.6	—	—	103.2	—	13.4
东乌珠穆沁旗	63.4	253.1	26	346	32.4	6	2.1	海口	283	1686.6	—	—	112.7	—	32.6
锡林浩特	89.5	287.2	24	289	31.4	7.6	2.4	琼海	356.4	2073.3	—	—	99.9	—	21.1
二连浩特	61.6	140.4	15	337	23.3	9.5	2.2	东方	362.7	965.2	—	—	90.3	—	3
赤峰	108	359.2	25	201	32	7.8	1.4	成都	201.3	947	5	—	34.6	—	62.1
沈阳	215.5	734.4	28	148	26.4	1.1	16.1	万源	163.2	1218.1	5	—	35.1	—	12.6
丹东	414.4	1028.4	31	88	26.9	0.1	49.7	马尔康	53.5	766	14	26	68.8	0.1	—
锦州	144.1	564.8	23	113	28.4	1.6	18.5	甘孜	38.1	658.8	18	95	80.1	—	0.6
大连	166.4	648.4	37	93	19	0.2	40.4	重庆	192.9	1138.6	3	—	36.5	—	43
营口	240.5	673.7	21	111	27.9	0.2	10.3	酉阳	194.6	1375.6	14	—	52.7	—	20
长春	130.4	593.9	22	169	35.9	1.9	14.2	西昌	135.7	1002.6	13	—	72.9	—	0.3
扶余	106.2	448.2	18	176	33.6	0.7	6.8	贵阳	133.9	1174.7	16	—	51.6	—	18.7
四平	154.1	656.8	19	148	33.5	0.9	9.9	遵义	141.3	1094.2	11	—	52.6	—	21.4
哈尔滨	104.8	523.3	41	205	31.7	2.4	15	毕节	115.8	952	18	—	61.3	—	17.2
嫩江	105.5	485.1	31	252	31.3	1.4	18	兴仁	207.6	1323.8	24	—	77	—	21.2
齐齐哈尔	83.2	423.5	24	225	28.1	1.6	9.4	昆明	153.3	1006.5	36	—	66.3	—	6.2
大庆	104.6	436.2	21	214	31.5	1.5	10.8	丽江	105.2	933.9	32	—	75.8	—	0.9
牡丹江	129.2	535.6	39	191	27.4	0.3	18.3	楚雄	115.9	816.4	22	—	60.5	—	26.3
上海	204.4	1123.7	14	8	29.4	0.1	43.1	思茅	149	1546.2	—	—	102.7	—	118.8
南京	179.3	1029.3	51	9	33.6	—	28.2	拉萨	11.6	444.6	12	26	72.6	6	—
徐州	225.5	858	25	24	27.6	0.7	22.9	昌都	75.3	480.6	11	81	55.6	7.9	—
东台	314.3	1060.7	26	14	35.6	—	41.3	那曲	33.3	410.1	20	281	83.6	7.3	6.2
杭州	189.3	1398.7	29	—	39.1	—	37.1	日喀则	44.3	413.7	8	67	76.9	8.6	0.1
舟山	212.5	1320.6	23	—	28.7	—	16.2	西安	92.3	580.2	22	45	16.7	1.6	41.1
衢州	148.1	1667.6	35	—	57.1	—	16.2	榆林	141.7	410.1	15	148	29.6	13.8	8.9
温州	252.5	1707.2	10	—	51.3	—	14.7	延安	139.9	542.5	17	79	30.5	3.1	11.7
合肥	238.4	988.6	45	11	29.6	—	15.6	汉中	117.8	905.4	10	—	31	—	31.5
亳州	264.5	814.4	20	18	29.3	1.4	18.1	兰州	96.8	327.8	10	103	23.2	3.9	1.2
蚌埠	54	903.2	35	15	30.4	0.2	19.9	玉门	32.1	63.3	16	>150	8	11.7	2.9
安庆	262.3	1402.9	31	10	43.3	—	13.5	酒泉	44.2	85.9	14	132	12.6	14.7	2.2
福州	167.6	1343.6	—	—	56.5	—	23.6	天水	88.1	537.5	15	61	16.2	1	2.1
南平	180.4	1658.1	11	—	65.8	—	51.3	敦煌	27.1	40.3	8	144	5.3	15.8	0.9
厦门	239.7	1164.2	—	—	46.3	—	19.9	西宁	62.2	368.1	18	134	31.4	8.1	0.7
南昌	289	1596.3	24	—	58	0.5	17.7	格尔木	32	0	6	88	2.8	15.4	—
景德镇	228.5	1763.2	28	—	58	—	29.4	银川	66.8	196.7	17	103	19.1	6.7	6.2
吉安	198.8	1496	27	—	65.8	—	16.4	乌鲁木齐	57.7	277.6	48	133	8.6	4	40.2
赣州	200.8	1466.5	13	—	67.4	—	10.4	阿勒泰	40.5	174.6	73	>146	21.4	1.1	15
济南	298.4	685.2	19	44	25.3	1.4	19.3	克拉玛依	26.7	103.1	25	197	30.6	1.8	6.9
潍坊	188.8	648.3	20	50	27.3	0.5	19.3	伊宁	41.6	235.7	89	62	26.1	2.3	20.8
菏泽	223.1	679	14	35	28.2	2	16.6	吐鲁番	15.8	36	17	83	9.7	6.3	0.5
郑州	189.4	641	23	27	22	7.2	15.6	哈密	25.5	32.8	17	127	6.8	13.4	1.7
安阳	180.5	600.4	23	35	27.6	1.5	17.7	库车	56.3	64	16	120	28.7	14.3	1.9
信阳	188.3	1119.3	44	8	27.7	0.6	24.5	喀什	32.7	60.2	46	66	19.5	10.2	2.1
武汉	317.4	1204.6	32	10	36.9	0.1	33.1	莎车	18.5	45.3	14	98	8.9	20	3.3
老河口	178.7	841.3	22	11	26	1.6	42.4	和田	26.6	32.6	14	67	3.1	32.9	2
宜昌	166.6	1159	22	—	44.1	0.1	23.3	且末	20.9	42.9	12	62	6.2	24.5	1.5
恩施	227.5	1461.2	19	—	49.3	—	53	台北	100.1	1869.7	—	—	27.9	—	30
长沙	192.5	1396	20	5	49.5	0.1	22.1	香港	382.6	2224.7	—	—	34	—	—
常德	176.8	1334.4	18	2	49.1	—	3.7								

注：本表引自中国气象局气象信息中心，清华大学建筑技术科学系. 中国建筑热环境分析专用气象数据集. 北京：中国建筑工业出版社，2005.

1 建筑综述

气象 [5] 风

主要城镇的风速、最多风向及其频率

主要城镇的风速、最多风向及其频率　　　　　　　　　　　　　　　　　　　　　　　　表1

城镇名称	风速（m/s）			最多风向及其频率（%）		城镇名称	风速（m/s）			最多风向及其频率（%）	
	夏季平均	冬季平均	30年一遇最大	七月	一月		夏季平均	冬季平均	30年一遇最大	七月	一月
北京	1.9	2.8	23.7	C24 N9	C19 N13 NNW13	常德	2.1	1.9	23.7	C19 NNE8 SW8	C28 NNE15
天津	2.6	3.1	25.3	SE11	C13 NNW13	永州	3.3	3.4	23.7	S36	NE25
石家庄	1.5	1.8	21.9	C35 SE10	C32 N10	广州	1.8	2.4	28.9	C28 SE14	C29 N27
承德	1.1	1.4	23.7	C51 S7	C55 NW11	韶关	1.5	1.8	23.7	C38 S22	C36 NW13
沧州	3.1	3.2	25.3	SSW11	SW10	河源	1.4	1.6	—	C35 S23	C34 N30
太原	2.1	2.6	23.7	C26 NNW13	C24 NNW14	汕头	2.5	2.9	33.5	C22 SW9 ESE9 SSW9	NNE22
大同	3.4	3.0	28.3	C26 N11	C19 N18	南宁	1.6	1.8	23.7	C20 E14	C26 ENE16
运城	3.4	2.6	—	SE18	C29 NE9	桂林	1.5	3.2	23.7	C37 NNE14	NNE52
呼和浩特	1.5	1.6	28.3	C42 SSW7	C49 NW10	梧州	1.5	1.7	20.0	C26 E16	C21 NE19
海拉尔	3.2	2.6	32.2	C13 E10	C22 S11	百色	1.1	1.1	25.3	C43 SE9	C46 SE10
东乌珠穆沁旗	3.2	3.0	33.7	C21 SE8	C29 SW14	钦州	2.4	2.9	—	S24	N40
锡林浩特	3.2	3.4	29.7	C19 SW8 SSW8	C22 SW20	海口	2.8	3.3	33.5	SSE21	NE31
二连浩特	3.9	3.9	32.2	C9 NW8	SW15	琼海	2.4	2.8	33.5	S20	NW16
赤峰	2.1	2.4	29.7	C24 SW15	C28 SW15	东方	5.0	4.6	—	S35	NE38
沈阳	2.9	3.1	23.3	S17	N13	成都	1.1	0.9	20.0	C42 N8 NNE8	C46 NNE12
丹东	2.5	3.8	28.3	C19 S15	NNW19	万源	1.5	2.1	23.7	C56 SSW9	C51 NNW18
锦州	3.8	3.9	29.7	SSW18	C17 N15	马尔康	1.2	1.1	—	C55 WNW9	C59 WNW12
大连	4.3	5.8	31.0	SE15	N25	甘孜	1.7	1.6	31.0	C45 W7 E7	C51 W7
营口	3.5	3.5	29.7	SW13	NNE15	重庆	1.4	1.2	21.9	C39 N7	C44 N11
长春	3.5	4.2	29.7	SW15	SW20	酉阳	0.8	1.1	12.9	C61 SE7	C46 N19
扶余	2.9	2.8		SSW14	SW17	西昌	1.2	1.7	25.3	C42 N8	C34 S9
四平	2.9	3.1	29.7	SSW17	C14 SSW14	贵阳	2.0	2.2	21.9	C30 S17	NE22
哈尔滨	3.5	3.8	26.8	S13	S13 SSW13	遵义	1.1	1.0	21.9	C50 S6 SE6	C46 E10
嫩江	3.9	2.6	29.7	C17 S8	C41 SSW8	毕节	1.1	0.9	—	C54 SE9	C53 NE6 SE6 ESE6
齐齐哈尔	3.2	2.8	26.8	N11	NW16	兴仁	1.7	2.1	—	C36 E9	C25 E14 ENE14
大庆	3.5	3.4	28.3	SSW10	NW12	昆明	1.8	2.5	20.0	C30 SW15	C32 SW23
牡丹江	2.1	2.3	26.8	C23 SW16	C29 SW15	丽江	2.2	3.9	21.9	C21 SE12	W26
上海	3.2	3.1	29.7	ESE15 SE15	NW14 WNW12	楚雄	1.3	1.8	—	C41 SSW13	C41 SW13
南京	2.6	2.6	23.7	C18 SE13	C25 NE10	思茅	0.9	1.0	—	C54 S10	C60 SW6
徐州	2.9	2.8	23.7	C15 ENE12	C20 ENE13	拉萨	1.8	2.2	23.7	C29 ESE14	C25 E15
东台	3.1	3.2	—	SE14	NW11	昌都	1.4	1.0	25.3	C37 NNW9	C54 NW6 NNW6
杭州	2.2	2.3	25.3	SSW18	C19 NNW16	那曲	2.4	3.3	31.3	C29 NE7	C31 W12
舟山	3.2	3.7	—	SE22	C19 NW17	西安	2.2	1.8	23.7	C24 NE16	C33 NE13
衢州	2.5	3.0	25.3	NE18	ENE26	榆林	2.5	1.8	28.3	C25 SSE16	C39 NNW14
温州	2.1	2.2	29.7	C32 E20	C23 NW19	延安	1.6	2.1	—	C31 SW18	C22 SW22
合肥	2.6	2.5	21.9	C16 S13	C21 ENE9	汉中	1.1	0.9	23.7	C47 E8	C58 ENE9
亳州	2.2	2.4	—	C15 ENE, ESE10	C20 ENE13	兰州	1.3	0.5	21.9	C45 E9	C69 NE4
蚌埠	2.3	2.6	23.7	C25 ENE12	C21 ENE10	玉门	3.5	4.7	—	E19	W32
安庆	2.8	3.5	23.7	NE20	NE33	酒泉	2.3	2.1	31.0	C19 E9	C17 SW13
福州	2.9	2.7	31.0	SE25	C18 NW12	天水	1.2	1.3	21.9	C40 E16	C42 E18
南平	0.9	1.1	—	C48 SE6	C48 NE12	敦煌	2.2	2.1	25.3	C27 ENE11	C29 WSW14
厦门	3.0	3.5	34.6	C14 SE13	NE19	西宁	1.9	1.7	23.7	C29 SE22	C44 SE22
南昌	2.7	3.8	25.3	C19 SW12	N29	格尔木	3.5	2.6	29.7	SW13	SW20
景德镇	2.0	2.0	21.9	C26 NE14	C25 NE14	银川	1.7	1.7	32.2	C31 S11	C33 N11
吉安	2.5	2.3	—	S22	N31	乌鲁木齐	3.1	1.7	31.0	NW15	C30 S11
赣州	2.0	2.1	21.9	C23 SSW19	N38	阿勒泰	3.1	1.4	32.2	C18 W16	C48 NE11
济南	2.8	3.2	25.3	C16 SSW14	C16 ENE15	克拉玛依	5.1	1.5	35.8	NW32	NW9
潍坊	3.2	3.5	25.3	SSE20	NW14	伊宁	2.5	1.7	33.5	E19	C30 E16
菏泽	2.4	2.8	—	C17 S11	C15 N13	吐鲁番	2.3	1.0	35.8	C23 E10	C46 N10
郑州	2.6	3.4	25.3	C15 NE11 S1	C15 NE14	哈密	3.1	2.3	32.2	NE15	NE18
安阳	2.3	2.4	23.7	C25 S14	C27 N14	库车	3.0	1.9	—	N16	N22
信阳	2.1	2.1	23.7	C27 SSW11	C33 N14	喀什	2.5	1.2	32.2	C16 W9 NW9	C41 NW12
武汉	2.6	2.7	21.9	C12 NNE9	NNE19	莎车	2.2	1.3	—	C16 NW12	C35 NW10
老河口	1.5	1.3	—	C37 SE12	C41 NE9	和田	2.3	1.6	23.7	C18 W10 SW10	C28 SW10
宜昌	1.7	1.6	20.0	C28 SE11	C33 SE17	台北	2.8	3.7	43.8	C15 E13	E29
恩施	0.5	0.4	17.9	C69 N4 S4	C76 N4	香港	5.3	6.5	—	E25	E42
长沙	2.6	2.8	23.7	C16 S14	NW31						

注：本表引自中国气象局气象信息中心，清华大学建筑技术科学系. 中国建筑热环境分析专用气象数据集. 北京：中国建筑工业出版社，2005。

主要城镇的风玫瑰图（一）

风级表 表1

风级	风名	相当风速（m/s）	地面上物体的象征	风级	风名	相当风速（m/s）	地面上物体的象征
0	无风	0～0.2	炊烟直上，树叶不动	7	疾风	13.9～17.1	大树动摇，迎风步行感到阻力
1	软风	0.3～1.5	风信不动，烟能表示风向	8	大风	17.2～20.7	可折断树枝，迎风步行感到阻力很大
2	轻风	1.6～3.3	脸感觉有微风，树叶微响，风信开始转动	9	烈风	20.8～24.4	屋瓦吹落，稍有破坏
3	微风	3.4～5.4	树叶及微枝摇动不息，旌旗飘展	10	狂风	24.5～28.4	株木连根拔起或摧毁建筑物，陆上少见
4	和风	5.5～7.9	地面尘土及纸片飞扬，树的小枝摇动	11	暴风	28.5～32.6	有严重破坏力，陆上很少见
5	清风	8.0～10.7	小树枝摇动，水面起波	12	飓风	32.6以上	摧毁力极大，陆上极少见
6	强风	10.8～13.8	大树枝摇动，电线呼啸作响，举伞困难				

玫瑰图上所表示的风的吹向，是自外吹向中心

—————— 全年系历年年风速的平均值

- - - - - - 夏季系6~8三个月风速平均值

———— 冬季系12~2三个月风速平均值

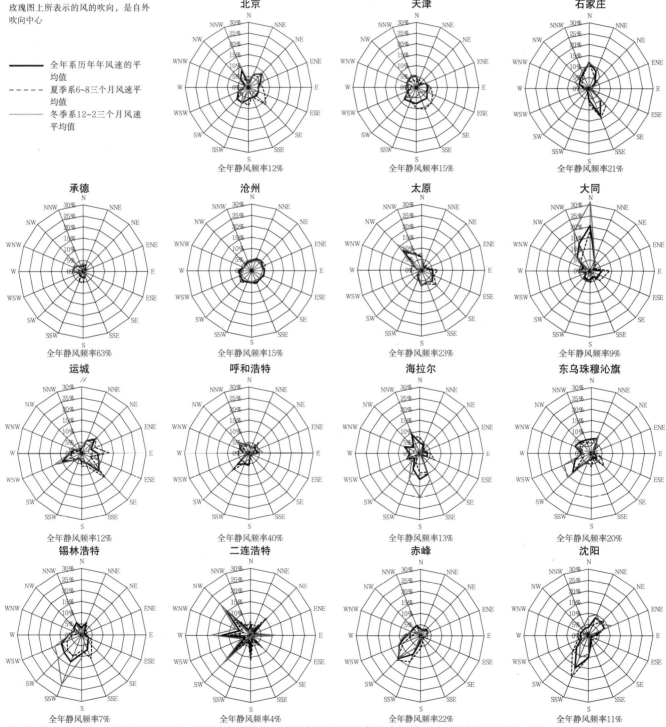

全年静风频率12%　　北京

全年静风频率15%　　天津

全年静风频率21%　　石家庄

全年静风频率63%　　承德

全年静风频率15%　　沧州

全年静风频率23%　　太原

全年静风频率9%　　大同

全年静风频率12%　　运城

全年静风频率40%　　呼和浩特

全年静风频率13%　　海拉尔

全年静风频率20%　　东乌珠穆沁旗

全年静风频率7%　　锡林浩特

全年静风频率4%　　二连浩特

全年静风频率22%　　赤峰

全年静风频率11%　　沈阳

注：P41~P46所有图引自中国气象局气象信息中心，清华大学建筑技术科学系. 中国建筑热环境分析专用气象数据集. 北京：中国建筑工业出版社，2005.

主要城镇的风玫瑰图（二）

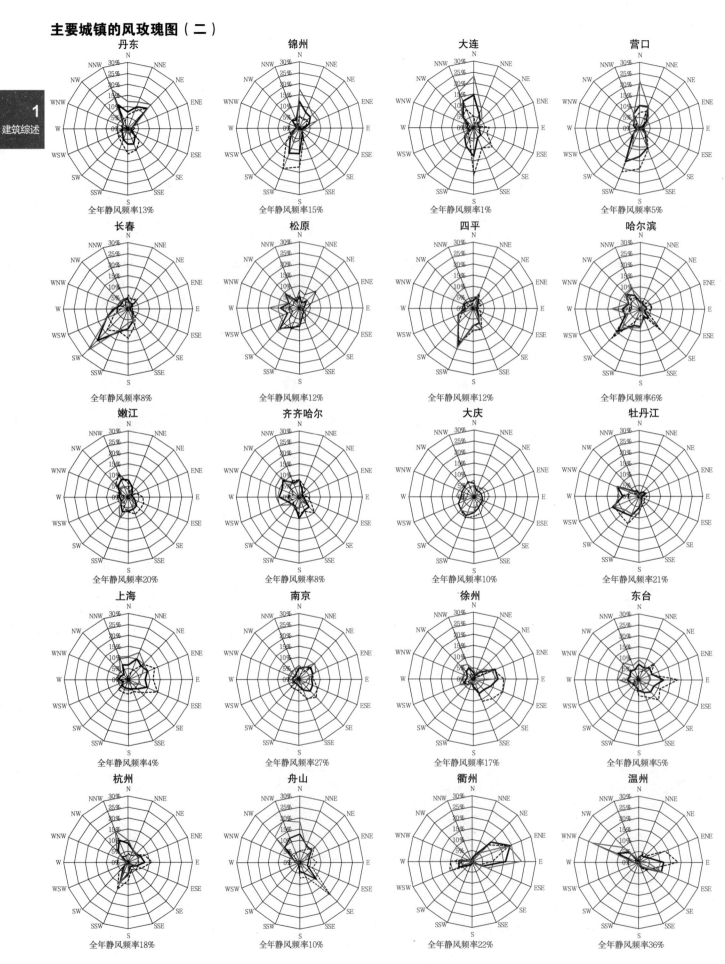

丹东
全年静风频率13%

锦州
全年静风频率15%

大连
全年静风频率1%

营口
全年静风频率5%

长春
全年静风频率8%

松原
全年静风频率12%

四平
全年静风频率12%

哈尔滨
全年静风频率6%

嫩江
全年静风频率20%

齐齐哈尔
全年静风频率8%

大庆
全年静风频率10%

牡丹江
全年静风频率21%

上海
全年静风频率4%

南京
全年静风频率27%

徐州
全年静风频率17%

东台
全年静风频率5%

杭州
全年静风频率18%

舟山
全年静风频率10%

衢州
全年静风频率22%

温州
全年静风频率36%

主要城镇的风玫瑰图（三）

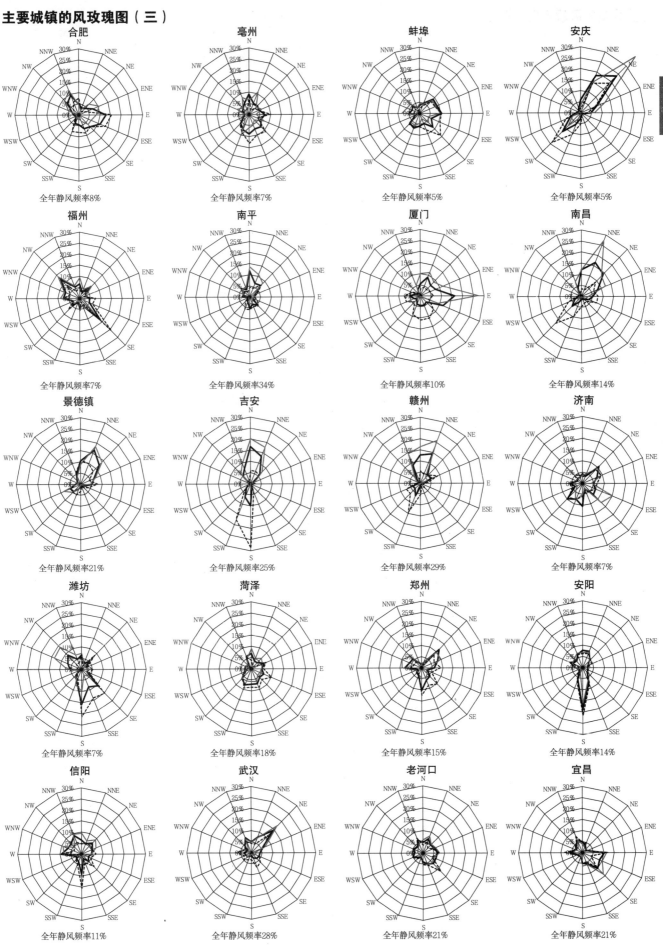

合肥
全年静风频率8%

亳州
全年静风频率7%

蚌埠
全年静风频率5%

安庆
全年静风频率5%

福州
全年静风频率7%

南平
全年静风频率34%

厦门
全年静风频率10%

南昌
全年静风频率14%

景德镇
全年静风频率21%

吉安
全年静风频率25%

赣州
全年静风频率29%

济南
全年静风频率7%

潍坊
全年静风频率7%

菏泽
全年静风频率18%

郑州
全年静风频率15%

安阳
全年静风频率14%

信阳
全年静风频率11%

武汉
全年静风频率28%

老河口
全年静风频率21%

宜昌
全年静风频率21%

主要城镇的风玫瑰图（四）

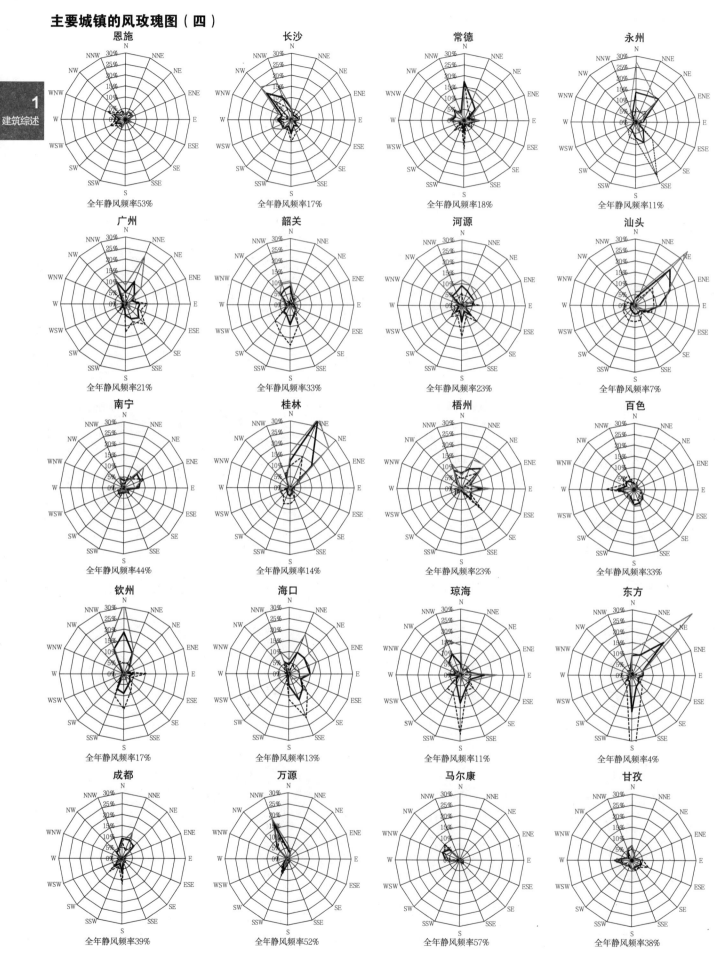

恩施　全年静风频率53%

长沙　全年静风频率17%

常德　全年静风频率18%

永州　全年静风频率11%

广州　全年静风频率21%

韶关　全年静风频率33%

河源　全年静风频率23%

汕头　全年静风频率7%

南宁　全年静风频率44%

桂林　全年静风频率14%

梧州　全年静风频率23%

百色　全年静风频率33%

钦州　全年静风频率17%

海口　全年静风频率13%

琼海　全年静风频率11%

东方　全年静风频率4%

成都　全年静风频率39%

万源　全年静风频率52%

马尔康　全年静风频率57%

甘孜　全年静风频率38%

主要城镇的风玫瑰图（五）

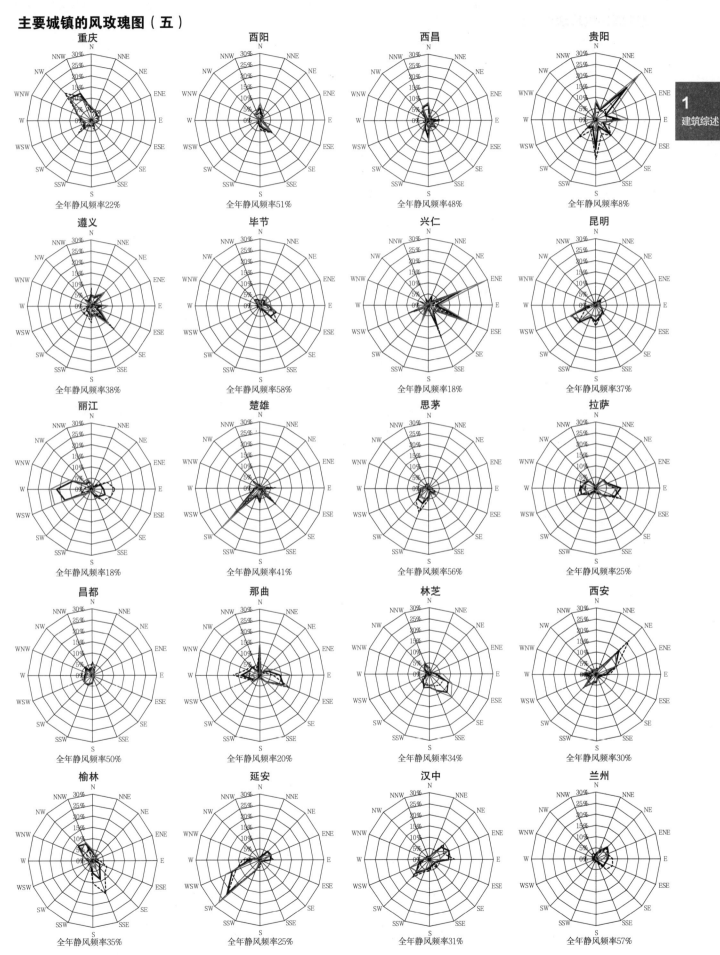

重庆
全年静风频率22%

酉阳
全年静风频率51%

西昌
全年静风频率48%

贵阳
全年静风频率8%

遵义
全年静风频率38%

毕节
全年静风频率58%

兴仁
全年静风频率18%

昆明
全年静风频率37%

丽江
全年静风频率18%

楚雄
全年静风频率41%

思茅
全年静风频率56%

拉萨
全年静风频率25%

昌都
全年静风频率50%

那曲
全年静风频率20%

林芝
全年静风频率34%

西安
全年静风频率30%

榆林
全年静风频率35%

延安
全年静风频率25%

汉中
全年静风频率31%

兰州
全年静风频率57%

1
建筑综述

主要城镇的风玫瑰图（六）

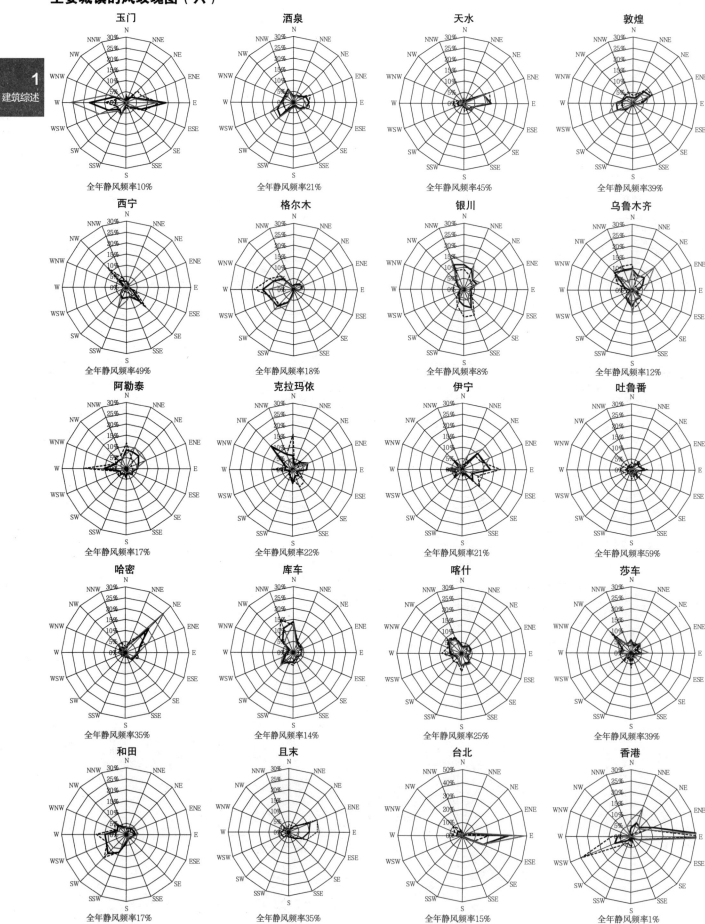

玉门　　全年静风频率10%

酒泉　　全年静风频率21%

天水　　全年静风频率45%

敦煌　　全年静风频率39%

西宁　　全年静风频率49%

格尔木　　全年静风频率18%

银川　　全年静风频率8%

乌鲁木齐　　全年静风频率12%

阿勒泰　　全年静风频率17%

克拉玛依　　全年静风频率22%

伊宁　　全年静风频率21%

吐鲁番　　全年静风频率59%

哈密　　全年静风频率35%

库车　　全年静风频率14%

喀什　　全年静风频率25%

莎车　　全年静风频率39%

和田　　全年静风频率17%

且末　　全年静风频率35%

台北　　全年静风频率15%

香港　　全年静风频率1%

设计要求

充分利用日光的有利因素,限制不利因素。满足室内光环境和卫生要求。

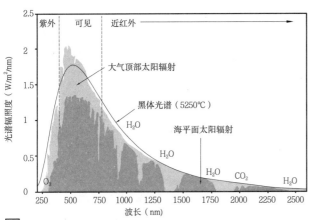

1 太阳辐射光谱辐照度

不同波长辐射的作用　　　　　　　　　　表1

波长范围	紫外辐射 （300~380nm） （占3%~4%）	可见光辐射 （380~780nm） （占44%~46%）	红外辐射 （780~2500nm） （占50%~53%）
对人体和建筑物的作用	维生素D合成,灼伤皮肤和眼睛、杀菌、消毒、褪色、老化	视觉、采光、色彩、立体感	加热、老化

常用名词符号　　　　　　　　　　　　表2

名词	符号	单位	说明
赤纬角	δ	度	地球赤道平面与太阳和地球中心的连线之间的夹角
太阳高度角	h	度	直射日光与水平面的夹角
太阳方位角	A	度	直射日光的水平投影与正南方向的夹角,偏东为负
时角	t	度	—
真太阳时	AT	时	太阳连续两次经过当地观测点的上中天(当地正午12时)的时间间隔为1真太阳日,1真太阳日分为24真太阳时,也称当地正午时间
平太阳时	MT	时	理论上假设的"太阳"以匀速在天球赤道上运行,两次经过观测点上中天的时间间隔为1平太阳日,1平太阳日分24平太阳时
时差	e	时	真太阳时与平太阳时的时间差
北京时间	—	时	东经120°的平太阳时,为中国标准时

计算内容和步骤　　　　　　　　　　　　表3

名词	方法	页次	图表号	说明
太阳位置计算	1.确定设计参数	［2］	表2	确定项目所在经纬度、季节和时间
	2.计算法	［2］ ［3］	表1 表1	根据基本计算公式,计算得到太阳高度角方位角
	3.查表法	［3］ ［4］	表2 表1、表2	查表得主要季节太阳位置
建筑遮挡分析	1.确定要求	［7］、［8］	—	根据日照标准及设计要求选择分析方法
	2.太阳位置图解法	［6］	1、3	选择投影方式绘制日影轨迹
	3.遮挡分析	［5］	3、5	根据日照原理绘制建筑日影图或建立数字模型,进行日照遮挡分析
建筑遮阳设计	1.遮阳条件	［9］	1	根据室温及辐照度确定是否采取遮阳措施
	2.遮阳形式选择	［9］	2	根据窗户朝向选择遮阳形式
	3.遮阳板设计	［9］	3、5	按公式计算遮阳板尺寸或建立数字模型,利用计算机辅助设计

注:表中页次指"日照"专题页眉中方括号中页码数。

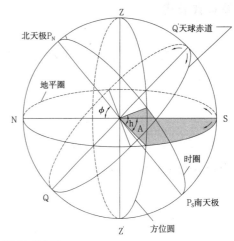

a 太阳在天球上的位置

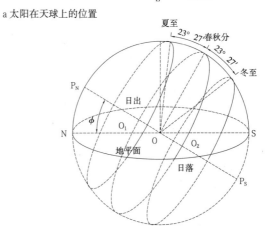

b 太阳在天球上的运行轨迹

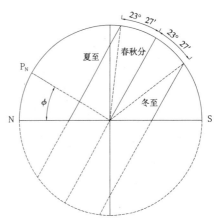

c 由图b自西向东观测

2 太阳运行轨迹

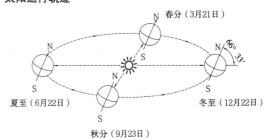

3 地球绕太阳运行图

太阳位置计算公式

计算公式　　　　　表1

式号	计算公式	注
1	$\sin h=\sin\phi\sin\delta+\cos\phi\cos\delta\cos t$	$-90°\leqslant h\leqslant 90°$
2	$\sin A=\cos\delta\sin t/\cos h$	$-180°\leqslant A\leqslant 180°$
3	$\cos A=(\sin h\sin\phi-\sin\delta)/\cos h\cos\phi$	
4	$t=(At-12)\times 15$	$-180°\leqslant t\leqslant 180°$
5	$\sin A_0=\cos\delta\sin t$	日出日落($h=0$)时方位角(A_0)
6	$\cos A_0=-\sin\delta/\cos\phi$	
7	$\cos t_0=-Tg\delta\, tg\phi$	负值为日出时角，正值为日没时角

太阳位置计算分析

太阳位置计算应采用真太阳时。换算公式为：

真太阳时=北京时间+时差-(120°-当地经度)/15°

例1：求北京市冬至日午后2时(真太阳时)的太阳位置。

解：查得：纬度$\phi=39°57'$　　　冬至日赤纬$\delta=-23°27'$

太阳时角$t=(14-12)\times 15°=30°$

$\sin h=\sin 39°57'\sin(-23°27')+\cos 39°57'\times$

$\cos(-23°27')\cos 30°$

太阳高度角$h=20°42'$

$\sin A=\cos(-23°27')\sin 30°/\cos 20°42'$

太阳方位角$A=29°22'$

例2：求重庆市大暑日午后1时(北京时间)的太阳位置。

解：查表得：纬度$\phi=29°36'$　　　经度$=106°33'$

大暑日赤纬$\delta=20°06'$　　　时差$e=-6分27秒$

真太阳时=13时-6分27秒-(120°-106°33')/15°

≈ 12时

正午12时太阳方位角$A=0°$(正南)

太阳高度角$h=90°-(29°36'-20°06')=80°30'$

国内主要城市经纬度　　　　　表2

城市名称		北纬	东经	城市名称		北纬	东经
直辖市	北京	39°57′	116°19′	黑龙江	哈尔滨	45°45′	126°38′
	上海	31°14′	121°28′		齐齐哈尔	47°20′	123°56′
	天津	39°08′	117°10′		牡丹江	44°35′	129°36′
	重庆	29°36′	106°33′		佳木斯	46°49′	130°17′
河北	石家庄	38°04′	114°30′		大庆	46°23′	125°19′
	保定	38°51′	115°30′		伊春	47°43′	128°54′
	廊坊	39°32′	116°40′		黑河	50°14′	127°31′
	秦皇岛	39°56′	119°36′		绥化	46°38′	126°58′
	张家口	40°47′	114°47′	江苏	南京	32°04′	118°47′
	唐山	39°36′	118°12′		无锡	31°35′	120°18′
	承德	40°58′	117°56′		徐州	34°16′	117°11′
	衡水	37°44′	115°41′		常州	31°46′	119°57′
山西	太原	37°52′	112°34′		苏州	31°19′	120°37′
	大同	40°06′	113°17′		南通	31°58′	120°53′
	阳泉	37°51′	113°33′		连云港	34°36′	119°10′
	长治	36°12′	113°07′		淮安	33°35′	119°03′
	晋城	35°29′	112°50′		盐城	33°20′	120°09′
	朔州	39°19′	112°25′		扬州	32°25′	119°25′
	晋中	37°41′	112°44′		镇江	32°12′	119°26′
	运城	35°01′	111°00′	浙江	杭州	30°15′	120°10′
辽宁	沈阳	41°46′	123°26′		宁波	29°54′	121°32′
	大连	38°54′	121°35′		温州	28°37′	121°16′
	锦州	41°08′	121°07′		嘉兴	30°45′	120°45′
	铁岭	42°13′	123°43′		湖州	30°52′	120°04′
	葫芦岛	40°42′	120°49′		绍兴	29°59′	120°34′
吉林	长春	43°53′	125°20′		金华	29°04′	119°38′
	四平	43°11′	124°20′		衢州	28°58′	118°51′
	辽源	42°53′	125°08′	安徽	合肥	31°53′	117°18′
	通化	41°41′	125°54′		芜湖	31°20′	118°21′
	白山	41°56′	126°25′		蚌埠	32°56′	117°22′

国内主要城市经纬度　　　　　续表

城市名称		北纬	东经	城市名称		北纬	东经
安徽	淮南	32°37′	116°59′	广东	广州	23°00′	113°13′
	马鞍山	31°42′	118°29′		深圳	22°33′	114°06′
	淮北	33°57′	116°47′		珠海	22°17′	113°35′
	铜陵	30°56′	117°48′		汕头	23°21′	116°40′
	安庆	30°32′	117°03′		佛山	23°01′	113°06′
	黄山	29°43′	118°19′		韶关	24°48′	113°35′
	阜阳	32°53′	115°48′		湛江	21°13′	110°24′
	宿州	33°38′	116°57′		肇庆	23°02′	112°27′
福建	厦门	24°27′	118°06′		东莞	23°01′	113°44′
	福州	26°05′	119°18′		清远	23°41′	113°03′
	泉州	24°52′	118°40′		惠州	23°06′	114°24′
	莆田	25°26′	119°00′	海南	海口	20°02′	110°20′
	三明	26°16′	117°37′		三亚	18°15′	109°30′
	漳州	24°30′	117°38′		西沙群岛	16°12′	111°47′
江西	南昌	28°40′	115°55′		南沙群岛	11°28′	116°44′
	上饶	28°27′	117°56′		中沙群岛	16°03′	114°28′
	九江	29°43′	115°58′	四川	成都	30°40′	104°04′
	萍乡	27°37′	113°50′		自贡	29°24′	104°49′
	宜春	27°49′	114°24′		攀枝花	26°35′	101°43′
	景德镇	29°18′	117°12′		泸州	28°52′	105°26′
	吉安	27°06′	114°59′		德阳	31°07′	104°23′
	抚州	27°57′	116°21′		绵阳	31°28′	104°40′
山东	济南	36°42′	117°00′		广元	32°26′	105°50′
	青岛	36°04′	120°19′		遂宁	30°32′	105°35′
	淄博	36°50′	118°00′		乐山	29°33′	103°45′
	枣庄	34°48′	117°19′		南充	30°50′	106°06′
	东营	37°26′	118°40′		宜宾	28°45′	104°38′
	烟台	37°32′	121°23′	贵州	贵阳	26°34′	106°42′
	潍坊	36°42′	119°05′		遵义	27°43′	106°55′
	济宁	35°24′	116°03′		铜仁	27°44′	109°11′
	泰安	36°12′	117°04′		安顺	26°15′	105°56′
	威海	37°30′	122°06′	云南	昆明	25°02′	102°43′
	日照	35°24′	119°31′		曲靖	25°29′	103°47′
	滨州	37°22′	117°57′		玉溪	24°21′	102°32′
	德州	37°25′	116°21′		保山	25°06′	99°09′
	临沂	35°06′	118°21′		昭通	27°20′	103°42′
河南	郑州	34°43′	118°39′		丽江	26°51′	100°13′
	开封	34°50′	114°20′		普洱	22°49′	100°57′
	平顶山	33°43′	113°17′		临沧	23°52′	100°04′
	洛阳	34°37′	112°26′	陕西	西安	34°15′	108°55′
	商丘	34°24′	115°39′		宝鸡	34°21′	107°08′
	安阳	35°07′	114°22′		咸阳	34°19′	108°42′
	新乡	35°18′	113°55′		渭南	34°30′	109°30′
	许昌	34°01′	113°49′		铜川	34°53′	34°53′
	鹤壁	35°44′	114°17′		延安	36°35′	36°35′
	焦作	35°14′	113°16′	甘肃	兰州	36°02′	103°49′
	濮阳	35°45′	115°01′		天水	34°37′	105°42′
	漯河	33°34′	114°00′		酒泉	39°43′	98°29′
	三门峡	34°46′	111°11′		白银	36°34′	104°11′
	南阳	32°59′	112°31′	青海	西宁	36°35′	101°45′
湖北	武汉	30°38′	114°17′		玉树	33°00′	97°00′
	黄石	30°15′	115°03′	内蒙古	呼和浩特	40°49′	111°41′
	十堰	32°37′	110°47′		包头	40°36′	110°02′
	荆州	30°20′	112°14′		鄂尔多斯	39°36′	109°46′
	宜昌	30°42′	111°17′		赤峰	42°15′	118°52′
	襄阳	32°00′	112°06′		呼伦贝尔	49°12′	119°45′
	鄂州	30°23′	114°53′		拉萨	29°43′	91°08′
	荆门	31°02′	112°11′	广西	南宁	22°48′	108°18′
	孝感	30°55′	113°54′		桂林	25°20′	110°18′
	黄冈	30°27′	114°52′		钦州	21°58′	108°39′
	咸宁	29°50′	114°19′	宁夏	银川	38°25′	106°16′
湖南	长沙	28°11′	113°00′	西藏	拉萨	29°43′	91°08′
	株洲	27°52′	113°10′				
	湘潭	27°49′	112°52′				
	衡阳	26°53′	112°34′	新疆	乌鲁木齐	43°47′	87°37′
	邵阳	27°14′	111°27′		克拉玛依	45°34′	84°53′
	岳阳	29°23′	113°05′		香港	22°18′	22°18′
	张家界	29°07′	110°28′		澳门	22°11′	22°11′
	益阳	28°33′	112°20′	台湾	台北	25°02′	121°31′
	常德	29°02′	111°41′		高雄	22°37′	120°15′
	娄底	27°42′	111°59′		基隆	25°09′	121°45′

1
建筑综述

赤纬与时差

二十四节气的赤纬与时差查表1。

也可按下式计算：

$$\delta=0.3723+23.2567\sin\theta+0.1149\sin2\theta$$
$$-0.1712\sin3\theta-0.7580\cos\theta+0.3656\cos2\theta$$
$$+0.0201\cos3\theta$$
$$\theta=2\pi(N-79.5516)/365.2422$$

注：单位为弧度；
式中：N——从元旦到计算日的总天数。

赤纬与时差（2001年）　　　　　　　　　　表1

节气	月/日	赤纬	时差	节气	月/日	赤纬	时差
冬至	12/22	-23°27'	+1分36秒	夏至	6/21	+23°27'	-1分39秒
小寒	1/5	-22°38'	-5分16秒	小暑	7/7	+22°36'	-4分49秒
大寒	1/20	-20°09'	-10分55秒	大暑	7/23	+20°06'	-6分27秒
立春	2/4	-16°16'	-13分54秒	立秋	8/7	+16°28'	-5分48秒
雨水	2/18	-11°41'	-13分57秒	处暑	8/23	+11°30'	-2分43秒
惊蛰	3/5	-6°07'	-11分35秒	白露	9/7	+6°07'	+1分52秒
春分	3/20	0°00'	-7分35秒	秋分	9/23	0°00'	+7分30秒
清明	4/5	+6°01'	-2分48秒	寒露	10/8	-5°49'	+12分21秒
谷雨	4/20	+11°28'	+1分02秒	霜降	10/23	-11°21'	+15分36秒
立夏	5/5	+16°12'	+3分19秒	立冬	11/7	-16°14'	+16分20秒
小满	5/21	+20°09'	+3分29秒	小雪	11/22	-20°06'	+13分58秒
芒种	6/5	+22°32'	+1分37秒	大雪	12/7	-22°35'	+8分43秒

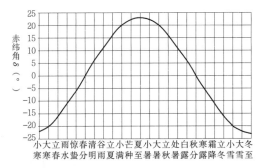

1 赤纬角与节气（2001年）

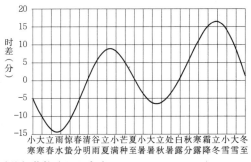

2 时差与节气（2001年）

国内部分城市太阳位置　　　　　　　　　　　　　　　　　　　表2

城市	季节	太阳位置	12时	11时 / 13时	10时 / 14时	9时 / 15时	8时 / 16时	7时 / 17时	6时 / 18时	5时 / 19时
北京 （北纬39°57'）	夏至	h	73°30'	69°12'	59°50'	48°50'	37°23'	25°57'	14°48'	4°13'
		A	0°	41°58'	65°55'	80°15'	90°46'	99°46'	108°24'	117°18'
	大暑	h	70°09'	66°21'	57°35'	46°52'	35°30'	24°01'	12°45'	1°58'
		A	0°	37°18'	61°08'	76°13'	87°19'	96°45'	105°40'	114°49'
	春分（秋分）	h	50°03'	47°46'	41°36'	32°49'	22°32'	11°27'	0°	—
		A	0°	22°39'	41°58'	57°18'	69°40'	80°14'	90°	—
	大寒	h	29°54'	28°18'	23°42'	16°43'	7°58'	—	—	—
		A	0°	16°01'	30°50'	43°53'	55°11'	—	—	—
	冬至	h	26°36'	25°14'	20°42'	13°59'	5°31'	—	—	—
		A	0°	15°12'	29°22'	41°57'	52°57'	—	—	—
上海 （北纬31°14'）	夏至	h	82°13'	74°36'	62°20'	49°33'	36°46'	24°10'	11°54'	—
		A	0°	63°20'	81°07'	90°21'	97°21'	103°46'	110°21'	—
	大暑	h	78°52'	72°31'	60°53'	48°15'	35°26'	22°42'	10°16'	—
		A	0°	54°01'	74°34'	85°39'	93°33'	100°29'	107°23'	—
	春分（秋分）	h	58°46'	55°41'	47°46'	37°12'	25°19'	12°47'	0°	—
		A	0°	27°20'	48°04'	62°36'	73°20'	82°05'	90°	—
	大寒	h	38°37'	36°38'	31°06'	22°54'	12°52'	1°40'	—	—
		A	0°	17°38'	33°15'	46°06'	56°31'	65°07'	—	—
	冬至	h	35°19'	33°28'	28°14'	20°23'	10°43'	—	—	—
		A	0°	16°32'	31°22'	43°48'	53°57'	—	—	—
广州 （北纬23°00'）	夏至	h	89°33'	76°13'	62°29'	48°49'	35°17'	21°58'	8°57'	—
		A	0°	94°50'	96°57'	99°52'	103°15'	107°09'	111°46'	—
	大暑	h	87°06'	75°45'	62°00'	48°12'	34°30'	20°59'	7°43'	—
		A	0°	81°06'	89°50'	94°54'	99°17'	103°43'	108°37'	—
	春分（秋分）	h	67°0'	62°46'	52°52'	40°37'	27°24'	13°47'	0°	—
		A	0°	34°26'	55°55'	68°39'	77°17'	84°01'	90°	—
	大寒	h	46°51'	44°26'	37°52'	28°27'	17°18'	5°07'	—	—
		A	0°	19°54'	36°29'	49°02'	58°23'	65°34'	—	—
	冬至	h	43°33'	41°19'	35°10'	26°13'	15°28'	3°37'	—	—
		A	0°	18°26'	34°08'	46°18'	55°31'	62°37'	—	—
哈尔滨 （北纬45°45'）	夏至	h	67°42'	64°36'	57°04'	47°32'	37°14'	26°47'	16°33'	6°51'
		A	0°	33°37'	57°34'	73°55'	86°20'	96°56'	106°50'	116°48'
	大暑	h	64°21'	61°32'	54°27'	45°12'	35°01'	24°34'	14°15'	4°21'
		A	0°	30°40'	53°52'	70°27'	83°14'	94°09'	104°19'	114°31'
	春分（秋分）	h	44°15'	42°23'	37°11'	29°34'	20°25'	10°24'	0°	—
		A	0°	20°31'	38°52'	54°23'	67°32'	79°08'	90°	—
	大寒	h	24°06'	22°42'	18°42'	12°30'	4°38'	—	—	—
		A	0°	15°16'	29°42'	42°50'	54°39'	—	—	—
	冬至	h	20°48'	19°28'	15°38'	9°39'	2°00'	—	—	—
		A	0°	14°35'	28°27'	41°09'	52°39'	—	—	—

各纬度冬至日、大寒日的太阳高度角、方位角

冬至日太阳高度角与方位角 　　　　　　　　　　　　　　　　　　　　　　　　　　　表1

纬度	太阳位置	12时	11时 13时	10时 14时	9时 15时	8时 16时	7时 17时	日出时间 方位角	日落时间 方位角
20°	h	46°33′	44°09′	37°37′	28°16′	17°09′	5°00′	6时36分	17时24分
	A	0°	19°20′	35°23′	47°26′	56°15′	62°49′	−64°57′	64°57′
22°	h	44°33′	42°16′	35°59′	26°54′	16°02′	4°05′	6时40分	17时20分
	A	0°	18°43′	34°32′	46°40′	55°45′	62°40′	−64°35′	64°35′
24°	h	42°33′	40°22′	34°20′	25°31′	14°54′	3°09′	6时45分	17时15分
	A	0°	18°09′	33°45′	45°57′	55°18′	62°34′	−64°10′	64°10′
26°	h	40°33′	38°28′	32°40′	24°07′	13°46′	2°14′	6时49分	17时11分
	A	0°	17°39′	33°01′	45°18′	54°53′	62°29′	−63°43′	63°43′
28°	h	38°33′	36°33′	30°59′	22°42′	12°36′	1°18′	6时53分	17时7分
	A	0°	17°12′	32°21′	44°41′	54°30′	62°25′	−63°13′	63°13′
30°	h	36°33′	34°39′	29°17′	21°16′	11°26′	0°23′	6时58分	17时2分
	A	0°	16°46′	31°44′	44°07′	54°09′	62°24′	−62°39′	62°39′
32°	h	34°33′	32°44′	27°34′	19°50′	10°16′	—	7时3分	16时57分
	A	0°	16°24′	31°10′	43°36′	53°51′	—	−62°01′	62°01′
34°	h	32°33′	30°48′	25°51′	18°23′	9°05′	—	7时8分	16时52分
	A	0°	16°03′	30°39′	43°07′	53°34′	—	−61°19′	61°19′
36°	h	30°33′	28°53′	24°08′	16°55′	7°53′	—	7时13分	16时47分
	A	0°	15°44′	30°10′	42°41′	53°20′	—	−60°32′	60°32′
38°	h	28°33′	26°57′	22°24′	15°26′	6°41′	—	7时19分	16时41分
	A	0°	15°27′	29°45′	42°18′	53°07′	—	−59°40′	59°40′
40°	h	26°33′	25°02′	20°40′	13°57′	5°29′	—	7时25分	16时35分
	A	0°	15°11′	29°21′	41°57′	52°57′	—	−58°42′	58°42′
42°	h	24°33′	23°06′	18°55′	12°28′	4°17′	—	7时32分	16时28分
	A	0°	14°58′	29°0′	41°38′	52°49′	—	−57°37′	57°37′
44°	h	22°33′	21°10′	17°10′	10°58′	3°04′	—	7时39分	16时21分
	A	0°	14°45′	28°41′	41°22′	52°43′	—	−56°25′	56°25′
46°	h	20°33′	19°14′	15°24′	9°28′	1°51′	—	7时47分	16时13分
	A	0°	14°34′	28°25′	41°07′	52°39′	—	−55°03′	55°03′
48°	h	18°33′	17°17′	13°39′	7°57′	0°39′	—	7时55分	16时5分
	A	0°	14°24′	28°10′	40°55′	52°37′	—	−53°30′	53°30′
50°	h	16°33′	15°21′	11°53′	6°26′	—	—	8时5分	16时55分
	A	0°	14°15′	27°57′	40°45′	—	—	−51°45′	51°45′

大寒日太阳高度角与方位角 　　　　　　　　　　　　　　　　　　　　　　　　　　　表2

纬度	太阳位置	12时	11时 13时	10时 14时	9时 15时	8时 16时	7时 17时	日出时间 方位角	日落时间 方位角
20°	h	49°51′	47°15′	40°15′	30°24′	18°52′	6°21′	6时31分	17时29分
	A	0°	20°58′	37°57′	50°19′	59°13′	65°50′	−68°30′	68°30′
22°	h	47°51′	45°23′	38°40′	29°06′	17°49′	5°31′	6时34分	17时26分
	A	0°	20°14′	36°57′	49°27′	58°39′	65°39′	−68°11′	68°11′
24°	h	45°51′	43°30′	37°04′	27°48′	16°47′	4°42′	6时38分	17时22分
	A	0°	19°34′	36°02′	48°38′	58°07′	65°29′	−67°51′	67°51′
26°	h	43°51′	41°36′	35°26′	26°28′	15°43′	3°52′	6时41分	17时17分
	A	0°	18°58′	35°11′	47°52′	57°38′	65°21′	−67°28′	67°28′
28°	h	41°51′	39°43′	33°47′	25°07′	14°38′	3°02′	6时45分	17时15分
	A	0°	18°25′	34°23′	47°09′	57°10′	65°14′	−67°02′	67°02′
30°	h	39°51′	37°49′	32°08′	23°45′	13°33′	2°11′	6时49分	17时11分
	A	0°	17°55′	33°40′	46°29′	56°45′	65°09′	−66°34′	66°34′
32°	h	37°51′	35°54′	30°28′	22°22′	12°27′	1°21′	6时53分	17时07分
	A	0°	17°27′	32°60′	45°52′	56°22′	65°06′	−66°02′	66°02′
34°	h	35°51′	34°00′	28°47′	20°55′	11°20′	0°30′	6时57分	17时03分
	A	0°	17°01′	32°23′	45°18′	56°01′	65°04′	−65°27′	65°27′
36°	h	33°51′	32°05′	27°05′	19°33′	10°13′	—	7时2分	16时58分
	A	0°	16°40′	31°49′	44°47′	55°42′	—	−64°48′	64°48′
38°	h	31°51′	30°10′	25°23′	18°07′	9°05′	—	7时7分	16时53分
	A	0°	16°19′	31°18′	44°18′	55°25′	—	−64°05′	64°05′
40°	h	29°51′	28°15′	23°40′	16°41′	7°56′	—	7时12分	16时48分
	A	0°	16°01′	30°50′	43°52′	55°10′	—	−63°17′	63°17′
42°	h	27°51′	26°19′	21°57′	15°14′	6°48′	—	7时17分	16时43分
	A	0°	15°44′	30°24′	43°28′	54°58′	—	−62°23′	62°23′
44°	h	25°51′	24°24′	20°13′	13°47′	5°39′	—	7时23分	16时37分
	A	0°	15°28′	30°01′	43°07′	54°47′	—	−61°23′	61°23′
46°	h	23°51′	22°28′	18°29′	12°19′	4°29′	—	7时29分	16时31分
	A	0°	15°15′	29°40′	42°48′	54°38′	—	−60°16′	60°16′
48°	h	21°51′	20°32′	16°44′	10°51′	3°20′	—	7时36分	16时24分
	A	0°	15°02′	29°21′	42°31′	54°32′	—	−59°01′	59°01′
50°	h	19°51′	18°36′	15°00′	9°22′	2°10′	—	7时44分	16时16分
	A	0°	14°51′	29°04′	42°17′	54°27′	—	−57°36′	57°36′

太阳轨迹图绘制

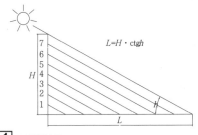

$L = H \cdot ctgh$

H—竿高
L—影长
h—太阳高度角

1 日影原理

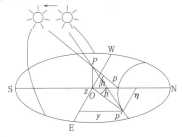

O_p 为 OP 竿在水平面上的日影，OP 竿端点 P 投影在 O_p 日影的端点 P 上，连接全天太阳移动时 P 点日影轨迹，即为一天的日影曲线。

2 日影轨迹

建筑日影图绘制方法（见③）

1. 以建筑高度H为长度单位，按比例绘制建筑平面图。

2. 根据当地纬度和时间求太阳方位角A和日影高度L。以北京冬至日8时为例：太阳方位角A为52°57′，日影长度L为10.4。

3. 分别从建筑物外轮廓各角（A、B、C、D）在52°57′方向作L长线段，分别为AA_0、BB_0、CC_0、DD_0，连接A、A_0、B、C_0、C即为8时日影图。

建筑遮挡日影图绘制方法（见④）

1. 以前栋建筑高度为1，作建筑平面图和立面图。

2. 绘制前栋建筑的建筑日影图（绘制方法见③，图例所在地区为北京）。

3. 作GI上B_0点的垂直线，交于立面图B_0，并延长至B_0'，B_0B_0'为日影在墙上的投影高度。投影高度如④右上图求得。

4. 连接B_0'、I'、I、B_0即为冬至日11时的建筑遮挡日影图。

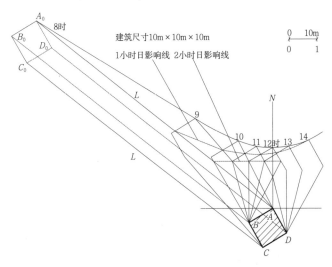

建筑尺寸10m×10m×10m

1小时日影响线　2小时日影响线

3 建筑日影图绘制方法

日影长度L和太阳高度角h的关系　　　　表1

太阳高度角	影长	太阳高度角	影长
10°	5.671	50°	0.839
15°	3.732	55°	0.700
20°	2.747	60°	0.577
25°	2.145	65°	0.466
30°	1.732	70°	0.364
35°	1.428	75°	0.268
40°	1.192	80°	0.176
45°	1.000	85°	0.087

注：$h=1$。

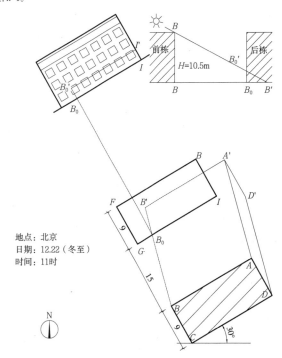

$H=10.5m$

地点：北京
日期：12.22（冬至）
时间：11时

4 建筑遮挡日影绘图方法

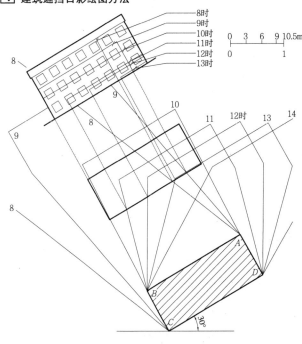

该图为北京市冬至日建筑遮挡日影图示例，由图可知各窗被遮挡的时间。

5 建筑遮挡日影图示例

日照 [6] 太阳位置图绘图

作图原理与方法

1. 作图原理

将太阳在天球上的运行轨迹以及天球上太阳高度角、方位角和时角的坐标投影到地平面上，综合绘制而成的日照图即为太阳位置图。

2. 作图方法:

见 1、2。(图中①、②、③、④……为作图顺序)

3. 地平面上的投影距离r计算公式

正投影	$r=R\cos h$	(1)
极投影	$r=R\cos h/(1+\sin h)$	(2)
等立体角投影	$r=R[\cos(h/2)-\sin(h/2)]$	(3)
等距离投影	$r=R(1-h/90°)$	(4)

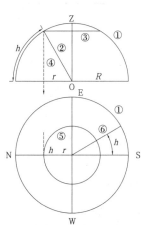

a 太阳高度圈和方位角

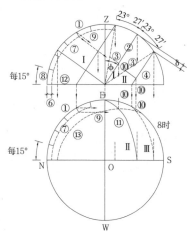

b 太阳轨迹和时间线

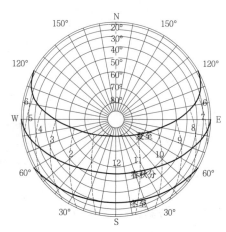

c 综合后组成的正投影太阳位置图

1 正投影法

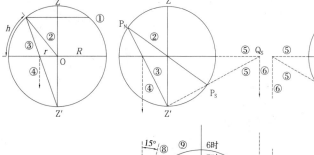

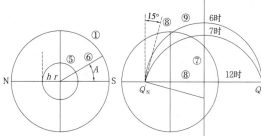

a 太阳高度圈和方位坐标　　b 时间线

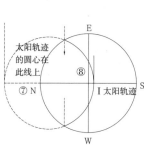

c 太阳轨迹

2 极投影法

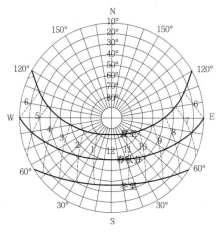

d 综合后组成的极投影太阳位置图

计算机应用

目前太阳位置和太阳路径图主要由计算机应用软件生成，国内现有的日照计算软件可以生成虚拟相机的任意方向的天空图，图中可以表现太阳轨迹、等高线、方位角及时间线，还可表现已有和规划的建筑物。

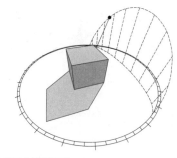

a 大寒日太阳轨迹图

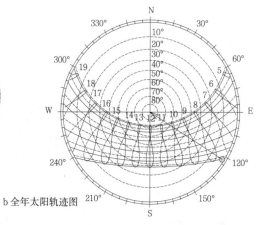

b 全年太阳轨迹图

3 计算机应用软件生成太阳轨迹图

1 建筑综述

日照标准要求

应以日照时间作为日照标准，日照间距系数只作为设计时的参考。建筑日照时间在满足国家标准的同时，还应满足当地的日照标准或规定。

国家标准

《城市居住区规划设计规范》GB 50180-93（2016年版）中规定住宅日照标准应符合表1中的规定。

住宅日照标准 表1

建筑气候区划	Ⅰ、Ⅱ、Ⅲ、Ⅶ气候区		Ⅳ气候区		Ⅴ、Ⅵ气候区
	大城市	中小城市	大城市	中小城市	
日照标准日	大寒日				冬至日
日照时数（h）	≥2	≥3			≥1
有效日照时间带（h）	8~16				9~15
日照时间计算起点	底层窗台面				

对于特定情况还应符合下列规定：

1. 老年人居住建筑不应低于冬至日日照2小时的标准。

2. 在原设计建筑外增加任何设施不应使相邻住宅原有日照标准降低。

3. 旧区改建的项目内新建住宅日照标准可酌情降低，但不应低于大寒日日照1小时的标准。

4. 组团绿地的设置应满足有不少于1/3的绿地面积在标准的建筑日影线范围之外的要求，并便于设置儿童游戏设施和适于成人游憩活动。

5. 托、幼建筑的生活用房应满足底层满窗冬至日不少于3h的日照标准，活动场地应有不少于1/2的活动面积在标准的建筑日照阴影线之外；中小学教学楼应满足冬至日不少于2h的日照标准。

《建筑日照计算参数标准》GB/T 50947-2014中为规范建筑日照的计算，增强日照标准的可操作性，保障城乡规划的实施，在数据要求、建模要求、计算参数与方法、计算结果与误差等方面进行了一些规定。根据此标准，日照计算时应重点注意以下几点。

1. 所有模型应采用统一的平面和高程基准。

2. 所有建筑的墙体应按外墙轮廓线建立模型。

3. 遮挡建筑的阳台、檐口、女儿墙、屋顶等造成遮挡的部分均应建模，被遮挡建筑的上述部分如需分析自身遮挡或对其他建筑造成遮挡，也应建模。

4. 构成遮挡的地形、建筑附属物应建模。

5. 日照基准年应选取公元2001年。

6. 日照计算宜考虑太阳光线与墙面水平夹角的影响，水平夹角的取值应按建筑朝向、建筑墙体和窗户形式等因素综合确定。

7. 采样点间距应根据计算方法和计算区域的大小合理确定，窗户宜取0.30~0.60m；建筑宜取0.60~1.00m；场地宜取1.00~5.00m。

8. 日照计算应采用真太阳时，时间段可累积计算，可计入的最小连续日照时间不应小于5.0分钟。

9. 日照时间的计算起点应符合《城市居住区规划设计规范》GB 50180-93的有关规定，并应符合：

（1）落地窗、凸窗和落地凸窗应以虚拟的窗台面位置为计算起点②；

（2）直角转角窗和弧形转角窗应以窗洞口所在的虚拟窗台面位置为计算起点③。

10. 宽度小于等于1.80m的窗户，应按实际宽度计算；宽度大于1.80m的窗户，可选取日照有利的1.80m宽度计算。

11. 日照计算应依据分析对象的特点选取合理的计算方法，并应采用直观、易懂的表达方式。

12. 日照计算的时间表达应为真太阳时，也可换算为北京时间，时间的输出结果应精确到分钟。

13. 日照计算软件的计算误差不应超过±3.0分钟。

阳光线与墙面的水平夹角参考数值 表2

窗宽（mm）／墙厚（mm）	200	240	300	370	490
600	19°	22°	27°	32°	40°
900	13°	15°	18°	23°	29°
1200	10°	12°	14°	18°	23°
1500	8°	10°	11°	14°	19°
1800	7°	8°	9°	12°	16°
2100	6°	7°	8°	10°	14°
2400	5°	6°	7°	9°	12°
2700	5°	6°	6°	8°	11°
3000	4°	5°	6°	8°	10°
3300	4°	5°	5°	7°	9°
3600	4°	4°	5°	6°	8°

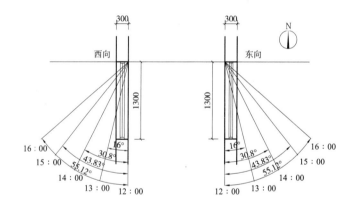

1 太阳光线与墙面的水平夹角示意（以北京大寒日为例）

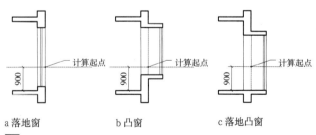

a 落地窗　　b 凸窗　　c 落地凸窗

2 落地窗和凸窗的计算起点

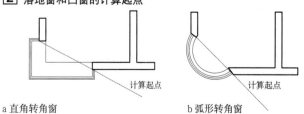

a 直角转角窗　　　　　b 弧形转角窗

3 直角转角窗和弧形转角窗的计算起点

日照 [8] 计算机应用

工作步骤

由于城市建筑密度的日益增加，日照遮挡情况较为复杂，依赖手工计算难以满足快速准确的要求，因此在建筑日照设计和研究中宜采用计算机和专业的建筑日照分析软件进行计算和分析工作。一般工作步骤如下：

1. 根据待分析的对象确定分析的范围；
2. 确定日照标准和计算参数；
3. 在计算机中建立数字模型；
4. 计算分析；
5. 输出计算结果，整理和分析。

基本分析功能

1. 日照等时线

日照等时线是最常用和直观的日照分析手段。通过计算多个采样点的日照，绘制相同日照时间的平面曲线，即等时线。根据等时线，可判断遮挡建筑物的阴影影响范围及时间，同时可得出整个测试平面的日照状况。

2. 窗日照分析

有些城市的日照标准是以窗户的分析报表作为评判依据。通过给出各个窗户的日照时间列表，根据日照标准，判断建筑各居室的日照状况。窗的日照计算报表直观明了，有助于提高规划管理的效率。

辅助分析功能

利用计算机不仅可以算出建筑日照的计算结果，还可用于建筑日照的辅助分析，对设计方案进行调整和优化，以满足建筑日照的要求。常用的辅助分析方法有天空图法和日照圆锥法。

1. 天空图法

天空图法是在透视模式下查看太阳轨迹与建筑物的相交情况，可以直观地看到测试点的日照情况。该方法只适用于我国北方地区冬季的日照计算。

2. 日照圆锥法

日照圆锥法是按日照时间间隔自动计算并绘制太阳在一定时间段内，对建筑群内或是建筑物轮廓上的一点进行日照，所形成的以该点为顶点的三维圆锥面运行轨迹，可清楚地反映出该点的日照遮挡情况。

3. 极限容积推算

在满足周边现有建筑日照标准的条件下，利用遗传算法等计算机模拟方法，对规划地块或新建建筑的最大不能突破的形体及容积率进行推算，用于辅助建筑设计和规划决策。

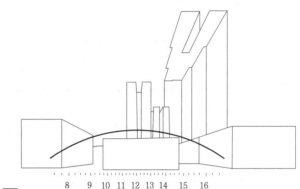

3 天空图法

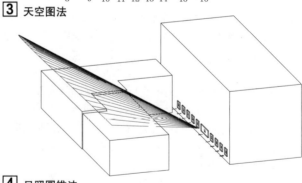

4 日照圆锥法

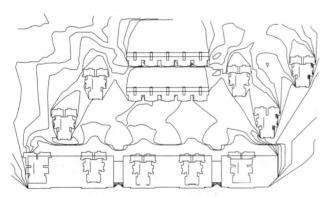

1 日照等时线图

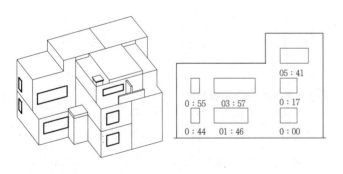

2 窗口日照分析图

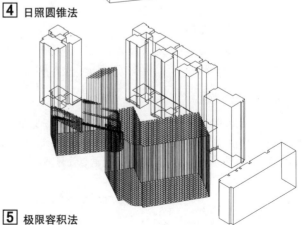

5 极限容积法

遮阳条件

过强的直射光进入室内会造成视觉和热环境的不舒适。当气温在29℃以上，同时进入室内的直射日光辐照度大于280W/m²时，应设置遮阳措施。由于太阳辐射随地点、时间和朝向各异，建筑中各窗口的遮阳形式和尺寸，需要根据具体地区的气候和窗口朝向而定。遮阳的设计常与建筑本身相结合，如利用建筑的屋顶、立面、挑檐、阳台、连廊和天井等，或采用遮阳板进行遮阳。

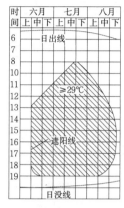

[1] 遮阳时区（武汉）

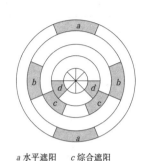

[2] 遮阳适用朝向

a 水平遮阳　c 综合遮阳
b 垂直遮阳　d 挡板遮阳

遮阳板设计步骤

1. 根据遮阳时区图，确定遮阳时间，遮阳时区图是根据当地10年中最热3年室外气温达29℃以上的时间绘制而成见[1]；

2. 根据窗户朝向选择遮阳形式[2]；

3. 计算遮阳板尺寸［见计算公式(1)、(2)、(3), [3]］

垂直遮阳板尺寸计算公式

$$N=M×ctgr \qquad (1)$$

水平遮阳板尺寸计算公式

$$L=H×ctgh×cosr \quad L'=H×ctgh×sinr \qquad (2)$$

挡板遮阳计算公式

$$H'=H-L/(ctgh×cosr) \qquad (3)$$

式中：N— 垂直遮阳板伸出长度(m)；H—窗台至遮阳板高度(m)；
L— 水平遮阳板挑出长度(m)；H'—挡板高度(m)；
L'—遮阳板两翼挑出长度(m)；r—墙面法线与太阳方位夹角。

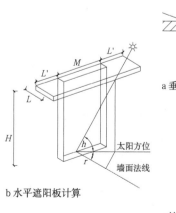

a 垂直遮阳板计算

b 水平遮阳板计算

c 挡板遮阳板计算

[3] 遮阳板计算

遮阳系数

遮阳设施的遮阳效果可用遮阳系数来表示，遮阳系数越小表明透进窗口的太阳辐射量越少，即遮阳效果越好。

几种常用遮阳的外遮阳系数　　　　表1

遮阳形式	窗口朝向	颜色	外遮阳系数
水平式遮阳	南	浅色	0.38
外廊加百叶垂帘	西	浅色	0.45
木百叶挡板	西	浅色	0.12
综合式遮阳	西南	浅色	0.26

遮阳与采光

遮阳设施一方面可遮挡直射日光，防止眩光，有助于视觉正常工作，但同时也会降低室内照度，阴天时尤为不利。遮阳设计应与采光相结合，充分考虑天然光的反射利用。

计算机应用

使用计算机软件可以分析各种遮阳设施的遮阳效果，也可根据建筑特点和遮阳要求对遮阳板进行辅助设计。只需根据当地的遮阳时区图设置各个节气的遮挡时段，选择遮阳板形式和遮挡对象，便可由软件自动计算出结果。

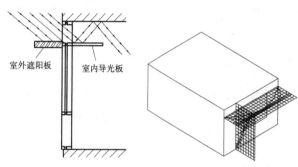

室外遮阳板　　室内导光板

[4] 遮阳与采光结合　　[5] 计算机遮阳计算

新型遮阳设施

1. 调光玻璃

通过电控、温控、光控、压控等各种方式实现玻璃的透明与不透明状态切换。根据室外太阳辐射和室温情况，动态调节玻璃的状态和遮阳系数，实现遮阳和节能的效果。

2. 中空百叶窗

将百叶放置在中空玻璃的空气间层，可手动或电动调节百叶的开闭和旋转，从而达到遮阳的目的，并节省了使用空间。

3. 光电一体化遮阳

将光伏电池组件集成到建筑的天窗、幕墙或遮阳板等构件上使用，实现太阳能光热和光电的综合利用，并达到遮阳的目的。

4. 智能遮阳控制系统

根据室内环境需求，通过太阳辐射、风速、温度等传感器收集的数据，对建筑物不同朝向和不同楼层的各类遮阳产品的状态进行统一调度和调整，并与照明和空调系统进行结合的智能控制系统。

图纸编排顺序

1. 一般工程的图纸编排顺序，首页应为图纸目录，之后为总图及说明、建筑图、结构图、给水排水图、采暖通风图、电气图、动力图等。以某专业为主体的工程，应突出该专业的图纸。

2. 各专业的图纸应按主次关系有系统地编排，总体在先，局部在后；布置图在先，构造图在后；同系列图纸按底层在先，上层在后。同系列的构配件按类型、编号的顺序编排。

图纸幅面及图框尺寸

图纸幅面及图框尺寸　　　　　　　　　　表1

尺寸代号 \ 幅面代号	A0	A1	A2	A3	A4
$b \times l$	841×1189	594×841	420×594	297×420	210×297
c			10		5
a			25		

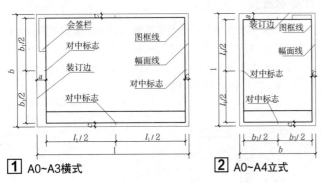

[1] A0~A3横式　　　　[2] A0~A4立式

[3] A0~A4立式　　　[4] 米制尺度

注：1. 有特殊需要的，可采用b×l为841mm×891mm或1189mm×1261mm的幅面。

2. 需要缩微复制的图纸，其一个边上应附有一段准确的米制尺度，4个边上应附有对中标志。

图纸长边加长尺寸　　　　　　　　　　表2

幅面代号	长边尺寸	长边加长后尺寸
A0	1189	1486 1635 1783 1932 2080 2230 2378
A1	841	1051 1261 1471 1682 1892 2102
A2	594	743 891 1041 1189 1338 1486 1635 1783 1932 2080
A3	420	630 841 1051 1261 1471 1682 1892

注：有特殊需要的图纸，可采用b×l为841mm×891mm与1189mm×1261mm的幅面。

比例　　　　　　　　　　　　　　　　表3

常用比例	1:1 1:2 1:5 1:10 1:20 1:50 1:100 1:150 1:200 1:500 1:1000 1:2000
可用比例	1:3 1:4 1:6 1:15 1:25 1:40 1:60 1:80 1:250 1:300 1:400 1:600 1:5000 1:3000 1:10000 1:20000 1:50000 1:100000 1:200000

注：优先采用常用比例，黑体字用于建筑制图。

图线

1. 图线宽度b，宜从1.4mm、1.0mm、0.7mm、0.5mm、0.35mm、0.25mm、0.18mm、0.13mm线宽系列中选取。

2. 线宽比：每个图样的线宽不宜超过3种，其线宽宜采用b、0.5b、0.2b。若选用两种线宽，宜为b、0.2b。

线型、线宽及使用范围　　　　　　　　　　表4

名称		线型	线宽	一般用途
实线	粗	———	b	主要可见轮廓线
	中粗	———	0.7b	可见轮廓线
	中	———	0.5b	可见轮廓线、尺寸线、变更云线
	细	———	0.25b	图例填充线、家具线
虚线	粗	- - - - -	b	见各有关专业制图标准
	中粗	- - - - -	0.7b	不可见轮廓线
	中	- - - - -	0.5b	不可见轮廓线、图例线
	细	- - - - -	0.25b	图例填充线、家具线
单点长画线	粗	—·—·—	b	见各有关专业制图标准
	中	—·—·—	0.5b	见各有关专业制图标准
	细	—·—·—	0.25b	中心线、对称线、轴线等
双点长画线	粗	—··—··—	b	见各有关专业制图标准
	中	—··—··—	0.5b	见各有关专业制图标准
	细	—··—··—	0.25b	假想轮廓线、成型前原始轮廓线
折断线	细	——／——	0.25b	断开界线
波浪线	细	～～～	0.25b	断开界线

尺寸的组成

图样上的尺寸，包括尺寸界线、尺寸线、尺寸起止符号和尺寸数字。

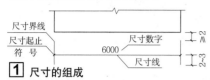

1 尺寸的组成

尺寸单位

标高及总平面以米为单位，其他必须以毫米为单位。

平面尺寸注法

1. 建筑平面图中各部位的定位尺寸，宜标注与其最邻近的轴线间的距离。尺寸宜标注在图样轮廓以外，不宜与图线、文字及符号等相交。

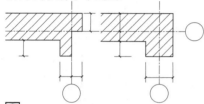

2 尺寸标注的原则

2. 互相平行的尺寸线的排列，宜从图样轮廓线向外，先小尺寸和分尺寸，后大尺寸和总尺寸。

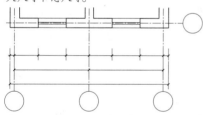

3 尺寸的排列

3. 尺寸线应与被注长度平行，两端不宜超出尺寸界线。

4. 尺寸界线一般应与尺寸线垂直，但特殊情况也可不垂直。图样轮廓线也可用作尺寸界线。

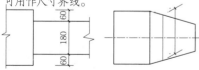

4 特殊情况的尺寸标注

5. 尺寸数字宜注写在尺寸线上方的中部，相邻的尺寸数字如注写位置不够，可错开或引出注写。

5 尺寸数字的注写位置

6. 尺寸数字的方向，应按下图形式注写。在30°斜线内如空间位置许可，宜按右下图形式注写。

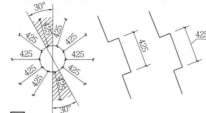

6 尺寸数字的注写方向

高度尺寸及标高注法

1. 楼地面、地下层地面、楼梯、阳台、平台、台阶等处的高度尺寸及标高，在建筑平面图及其详图，应标注完成面的标高及高度方向的尺寸。

2. 建筑剖面图中各部位的定位尺寸，宜标注其所在层次内的尺寸。

3. 标高画法

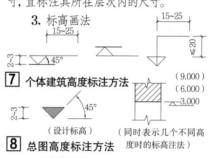

7 个体建筑高度标注方法

8 总图高度标注方法

4. 其他尺寸

（1）半径、直径。

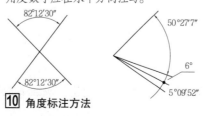

9 半径及直径标注方法

（2）角度尺寸线应为细实线绘制的圆弧线，圆弧的圆心为该角的顶点，起止符号应以箭头表示，也可用圆点代替，角度数字应在水平方向注写。

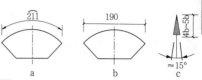

10 角度标注方法

（3）弧长尺寸线应为与该弧同心的圆弧线，尺寸起止符号应为箭头，尺寸的读数上方向应加"⌒"符号。弦长尺寸线应为与该弦平行的直线，尺寸起止符号应为斜短线。**11**c为箭头尺寸起止符号。

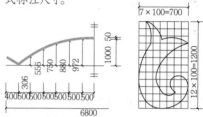

11 弧长、弦长、箭头标注方法

（4）不规则曲线可用坐标或网格形式标注尺寸。

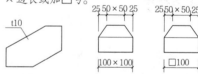

12 不规则曲线标注方法

（5）标注薄板厚度需加注厚度符号"t"，侧面标注正方形尺寸可注成边长×边长或加□号。

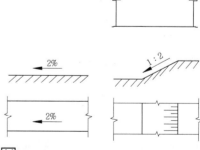

13 薄板与正方形标注方法

（6）坡度单面箭头符号指向坡下方，也可用直角三角形标注。

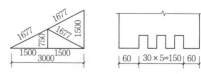

14 坡度标注方法

（7）单线图及等长尺寸可简化标注。

15 单线图及等长尺寸标注方法

剖切符号

用粗实线绘制,剖切位置线长6~10mm,方向线长4~6mm。

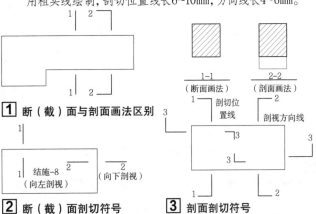

1 断(截)面与剖面画法区别

2 断(截)面剖切符号

3 剖面剖切符号

索引符号

用细实线绘制,直径8~10mm。

4 被索引详图在本张图纸

5 被索引详图在另张图纸

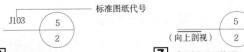

6 索引标准图

7 索引剖面详图

详图符号

圆用粗实线绘制,直径14mm,圆内横线用细实线绘制。

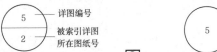

8 被索引部位详图在另张图纸

9 被索引部位详图在本张图纸

指北针

用细实线绘制,直径24mm,指北针尾部宽约3mm。

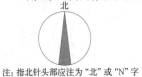

注:指北针头部应注为"北"或"N"字

10 用于一般工程

11 用于涉外项目

连接符号 零件符号 对称符号

用细实线绘制。

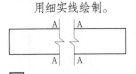 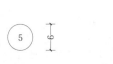

12 连接符号

13 零件编号

14 对称符号

多层构造引出线

用细实线绘制,引出线应垂直通过各层。

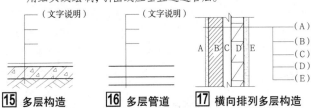

15 多层构造

16 多层管道

17 横向排列多层构造

定位轴线

1. 编写规定

(1)定位轴线编号的圆圈用细实线绘制,直径8~10mm。

(2)轴线编号宜编注在平面图的下方与左侧。

(3)编号顺序从左至右用阿拉伯数字编写,从下至上用大写拉丁字母编写,其中I、O、Z不得用作轴线编号。如字母数量不够,可用A_A、B_A……或A_1、B_1……。

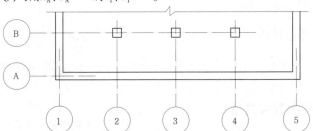

18 定位轴线的编号顺序

2. 分区轴线编号

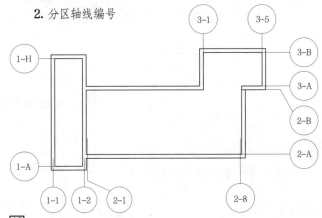

19 定位轴线的分区编号

3. 折线形平面轴线编号

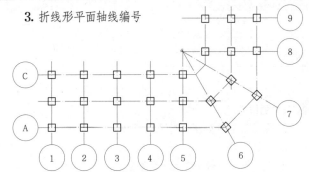

20 折线形平面定位轴线的编号

4. 附加轴线

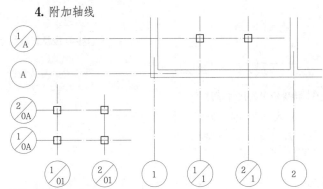

21 附加轴线的编号

基本画法

1. 建筑图应按正投影法绘制,顶棚平面如用直接正投影法不易表达清楚,可用镜像投影法绘制,但必须在图名后加注"镜像"二字。

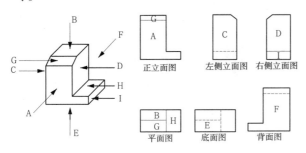

1 正投影法

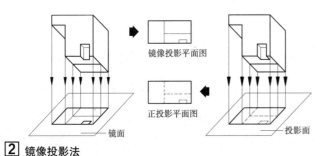

2 镜像投影法

2. 零件或局部构造,除用正投影法外,也可用轴测投影法绘制,以增加立体感。

3. 一张图上绘制几个图样时,宜按主次关系从左至右依次排列。绘各层平面时,宜按层次顺序从左至右或从下至上依次排列。

4. 平面较大的建筑物可分区绘制平面图,但应同时绘制组合示意图,标出该区所在位置。

5. 建筑平面图的长边宜与横式幅面图纸的长边一致。

6. 各专业的总平面图布图方向应一致,各专业的个体建筑平面图布图方向也应一致。

7. 圆形、曲线形、折线形等平面形状曲折的建筑物,可绘制展开立面图,但图名后应加"展开"二字。

8. 剖面图应根据图纸用途或设计深度,在平面图上选择能反映全貌、构造特征、有代表性的部位剖切。

9. 比例大于1:50的平、剖面图,应画出抹灰层、保温隔热层等与楼地面的面层线,并宜画出材料图例。

10. 比例等于1:50的平、剖面图,剖面图宜画出楼地面及屋面的面层线,平面及剖面图宜画出保温隔热层,抹灰层的面层线应根据需要而定。

11. 比例小于1:50的平、剖面图,可不画抹灰层,但剖面图宜画出楼地面和屋面的面层线。

12. 比例为1:100～1:200的平、剖面图,可画材料图例,但剖面图楼地面宜画出面层线。

13. 比例小于1:200的平、剖面图,可不画材料图例,剖面图的楼地面和屋面的面层线可不画出。

轴测图

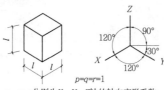

p、q、r分别为X、Y、Z轴的轴向变形系数

3 正等测投影法

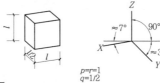

$p=r=1$
$q=1/2$

4 正二等轴测法

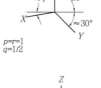

$p=q=r=1$

5 正斜面轴测法

$p=q=r=1$

6 水平斜轴测法

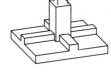

简化画法

7 对称简化画法（画对称符号）

8 对称简化画法（不画对称符号）

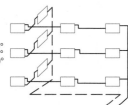

9 断开省略简化画法

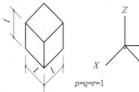

10 局部不同的简化画法

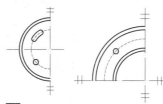

11 要素简化画法一

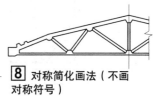

12 要素简化画法二

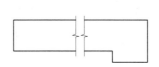

13 要素简化画法三

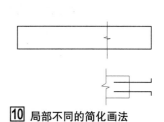

14 要素简化画法四

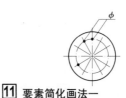

常用建筑材料

运输设施

1. 使用规定

（1）图例要正确、清楚，图例线间隔均匀、疏密适度。

（2）不同品种的同类材料使用同一图例时，应在图上附加必要的说明。

（3）一张图内的图样只用一种材料，如图形小而无法画出图例时，可不画图例，但应加必要文字的说明。

（4）使用本图例中未包括的材料而自编图例时，不得与本图例重复，并应在图上适当的位置对该图例进行说明。

2. 相同图例相接时画法

3. 涂黑图例相邻时的画法

4. 图例

材料	图例	材料	图例
自然土壤		木材	
夯实土壤			
砂、灰土		泡沫塑料材料	
砂砾石碎砖三合土		纤维材料	
石材		胶合板	
		石膏板	
毛石			
普通砖		金属	
耐火砖		网状材料	
		液体	
空心砖		橡胶	
饰面砖		玻璃	
焦渣、矿渣		塑料	
钢筋混凝土		防水材料	
混凝土		粉刷	
多孔材料		松散材料	

运输设施

设施	图例	设施	图例
铁路		壁行起重机	
起重机轨道			
手、电动葫芦			
梁式悬挂起重机		定柱式起重机	
多支点悬挂起重机		悬臂起重机	
梁式起重机		传送带	
桥式起重机		电梯（门和平衡锤的位置应按照实际情况绘制）	
龙门式起重机		杂物梯食梯	
壁柱式起重机		自动扶梯（箭头方向为运行方向）	
		自动人行道	
		自动人行坡道	

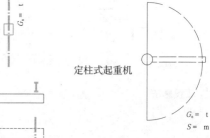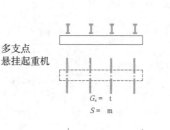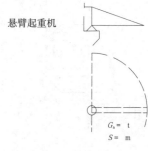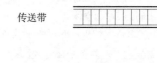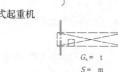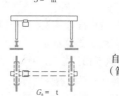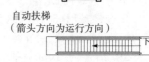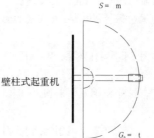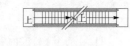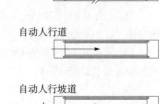

总平面

新建的建筑物❶	围墙及大门
新建地下建筑物或构筑物	挡土墙❸
原有的建筑物	挡土墙上设围墙
计划扩建的预留地或建筑物	台阶❹
拆除的建筑物	无障碍坡道
建筑物下的通道	露天桥式起重机（有外伸臂） $G_n = t$
散状材料露天堆场	露天电动葫芦（无外伸臂） $G_n = t$
其他材料露天堆场或露天作业场	门式起重机 $G_n = t$（有外伸臂） $G_n = t$（无外伸臂）
铺砌场地	架空索道❺
敞棚或敞廊	斜坡卷扬机道
高架式料仓	斜坡栈桥（皮带廊等）❻
漏斗式贮仓❷	地形测量坐标系 $X=$ $Y=$
冷却塔（池）	自设坐标系 $A=$ $B=$
水塔、贮罐	方格网交叉点标高 （施工高度）（设计标高） −0.50 ｜ 77.85 / 78.35 （原地面标高）
水池、坑槽	填方区、挖方区、未整平区及零点线❼
斜井或平硐	分水脊线
烟囱	分水谷线
	填挖边坡
	洪水淹没线❽

地表排水方向	管线 ── 代号 ──
截水沟或排洪沟 （沟底纵向坡度）（变坡点间距离）	地沟管线 ── 代号 ──
排水明沟 （变坡点标高）（沟底纵向坡度）（变坡点间距离）	管桥管线 ── 代号 ──
	架空电力、电信线❿ ──○── 代号 ──○──
有盖板的排水沟 （变坡点标高）（沟底纵向坡度）（变坡点间距离）（沟底纵向坡度）（变坡点间距离）	竹丛
雨水口	植草砖
原有雨水口	独立景石
双落式雨水口	自然水体
消火栓井	人工水体
急流槽❾	人工草坪
跌水❾	自然草坪
拦水（闸）坝	草坪
护坡	运行的发电站
透水路堤	规划的发电站
过水路面	规划的变电站、配电所
室内地坪标高 （绝对标高）▽ ±0.00	运行的变电站、配电所
室外地坪标高 （标高）	
盲道	
地下车库入口	
地面露天停车场	
露天机械停车场	

❶ 需要时，可在图形内右上角以点数或数字表示建筑物的层数。
❷ 左、右图为底卸式，中图为侧卸式。
❸ 被挡土在图例"突出"的一侧。
❹ 级数仅为示意。
❺ "I"为支架位置。
❻ 细实线表示支架中心线位置。
❼ "+"表示填方区，"−"表示挖方区，中间为未整平区，点划线为零点线。
❽ 阴影部分表示淹没区，在底图背面涂红。
❾ 箭头表示水流方向。
❿ "○"表示电杆。

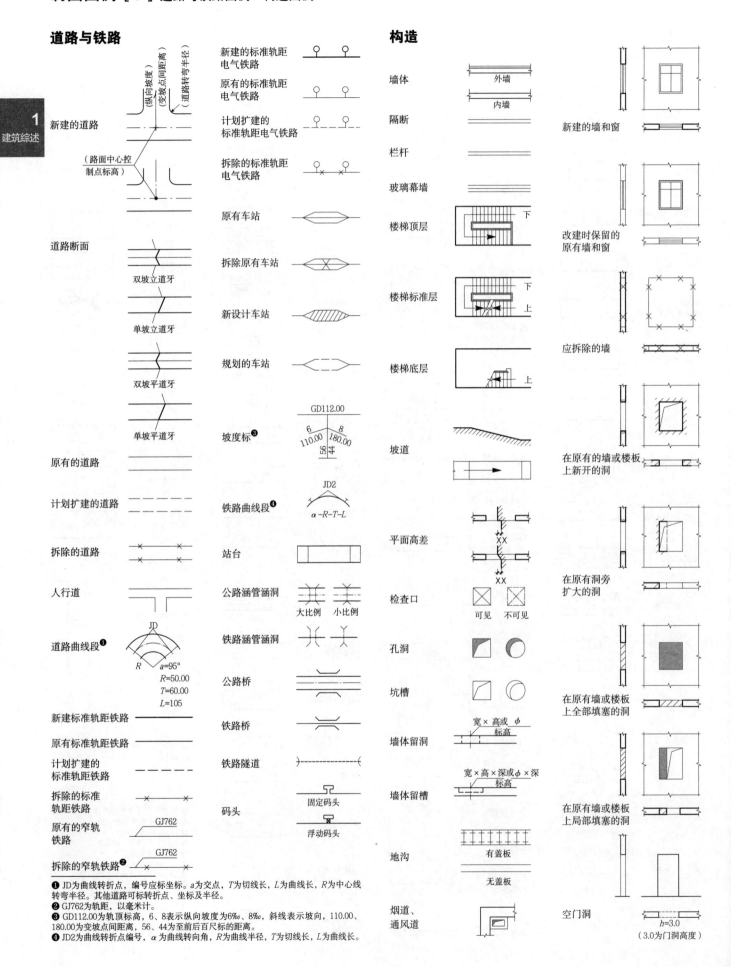

道路与铁路

新建的道路	
道路断面	
	双坡立道牙
	单坡立道牙
	双坡平道牙
	单坡平道牙
原有的道路	
计划扩建的道路	
拆除的道路	
人行道	
道路曲线段❶	JD $a=95°$ $R=50.00$ $T=60.00$ $L=105$
新建标准轨距铁路	
原有标准轨距铁路	
计划扩建的标准轨距铁路	
拆除的标准轨距铁路	
原有的窄轨铁路	GJ762
拆除的窄轨铁路❷	GJ762

新建的标准轨距电气铁路

原有的标准轨距电气铁路

计划扩建的标准轨距电气铁路

拆除的标准轨距电气铁路

原有车站

拆除原有车站

新设计车站

规划的车站

坡度标❸ GD112.00

铁路曲线段❹ JD2 $α - R - T - L$

站台

公路涵管涵洞 大比例 小比例

铁路涵管涵洞

公路桥

铁路桥

铁路隧道

码头 固定码头 浮动码头

❶ JD为曲线转折点,编号应标坐标。a为交点,T为切线长,L为曲线长,R为中心线转弯半径。其他道路可标转折点、坐标及半径。
❷ GJ762为轨距,以毫米计。
❸ GD112.00为轨顶设计标高,6、8表示纵向坡度为6‰、8‰,斜线表示坡向,110.00、180.00为变坡点间距离,56、44为前后百尺标的距离。
❹ JD2为曲线转折点编号,α为曲线转向角,R为曲线半径,T为切线长,L为曲线长。

构造

墙体	外墙 / 内墙
隔断	
栏杆	
玻璃幕墙	
楼梯顶层	下
楼梯标准层	下 上
楼梯底层	上
坡道	
平面高差	XX / XX
检查口	可见 不可见
孔洞	
坑槽	
墙体留洞	宽×高或 φ 标高
墙体留槽	宽×高×深或 φ×深 标高
地沟	有盖板 / 无盖板
烟道、通风道	

新建的墙和窗

改建时保留的原有墙和窗

应拆除的墙

在原有的墙或楼板上新开的洞

在原有洞旁扩大的洞

在原有墙或楼板上全部填塞的洞

在原有墙或楼板上局部填塞的洞

空门洞 $h=3.0$ (3.0为门洞高度)

门

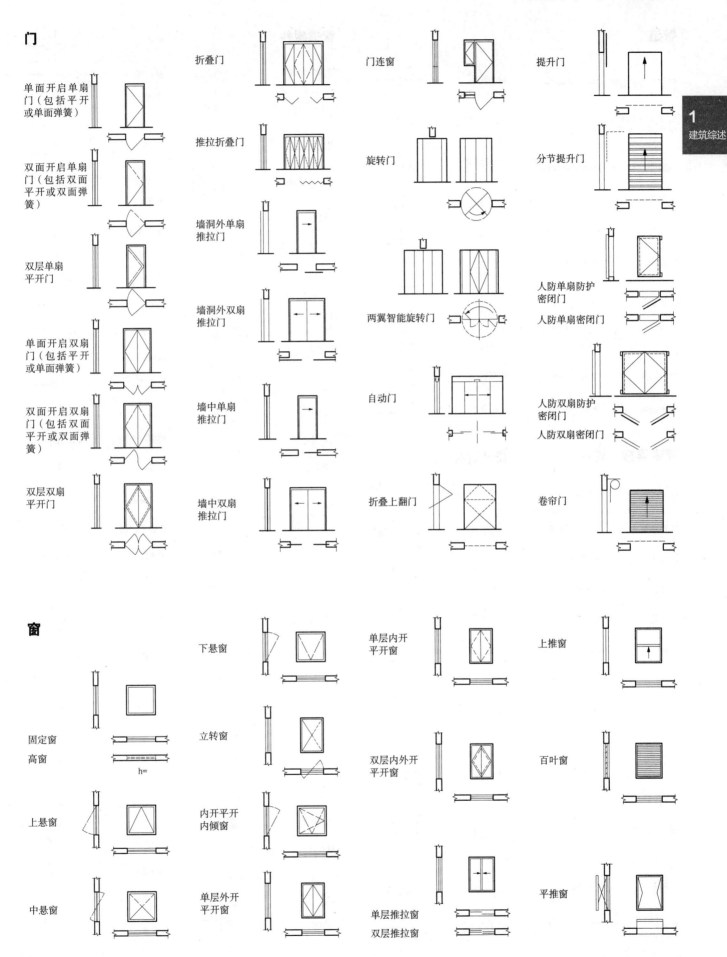

单面开启单扇门（包括平开或单面弹簧）

双面开启单扇门（包括双面平开或双面弹簧）

双层单扇平开门

单面开启双扇门（包括平开或单面弹簧）

双面开启双扇门（包括双面平开或双面弹簧）

双层双扇平开门

折叠门

推拉折叠门

墙洞外单扇推拉门

墙洞外双扇推拉门

墙中单扇推拉门

墙中双扇推拉门

门连窗

旋转门

两翼智能旋转门

自动门

折叠上翻门

提升门

分节提升门

人防单扇防护密闭门
人防单扇密闭门

人防双扇防护密闭门
人防双扇密闭门

卷帘门

窗

固定窗
高窗　h=

上悬窗

中悬窗

下悬窗

立转窗

内开平开内倾窗

单层外开平开窗

单层内开平开窗

双层内外开平开窗

单层推拉窗
双层推拉窗

上推窗

百叶窗

平推窗

63

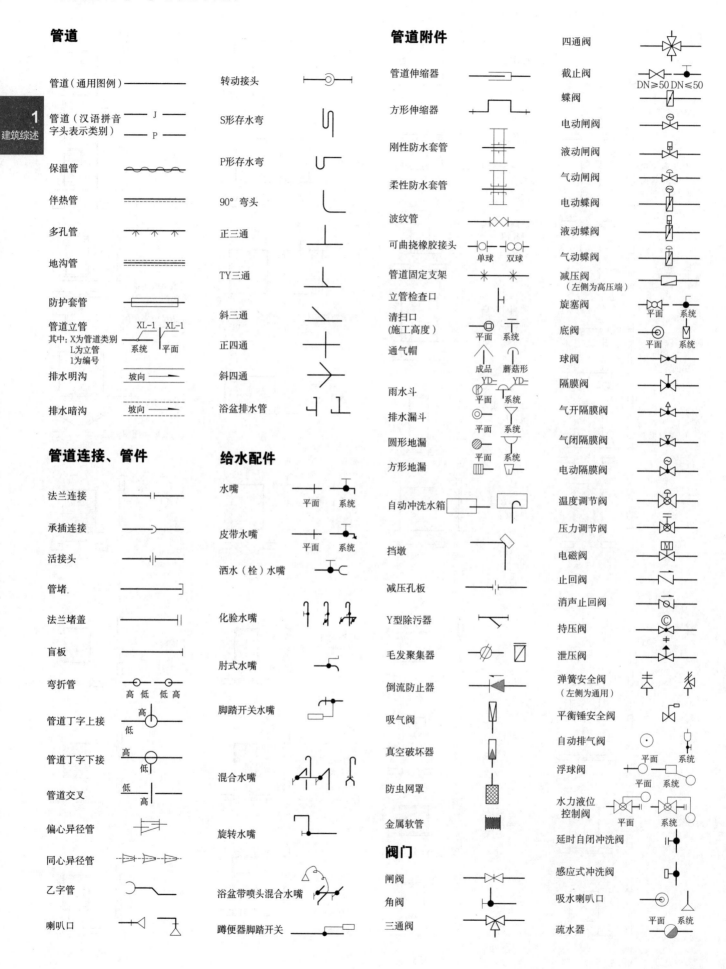

管道

管道（通用图例）	转动接头	管道附件
管道（汉语拼音字头表示类别） J P	S形存水弯	管道伸缩器
保温管	P形存水弯	方形伸缩器
伴热管	90° 弯头	刚性防水套管
多孔管	正三通	柔性防水套管
地沟管	TY三通	波纹管
防护套管	斜三通	可曲挠橡胶接头 单球 双球
管道立管 其中：X为管道类别 L为立管 1为编号 XL-1 XL-1 系统 平面	正四通	管道固定支架
排水明沟 坡向	斜四通	立管检查口
排水暗沟 坡向	浴盆排水管	清扫口（施工高度）平面 系统

管道连接、管件

法兰连接	给水配件
承插连接	水嘴 平面 系统
活接头	皮带水嘴 平面 系统
管堵	洒水（栓）水嘴
法兰堵盖	化验水嘴
盲板	肘式水嘴
弯折管 高 低 低 高	脚踏开关水嘴
管道丁字上接 高 低	混合水嘴
管道丁字下接 高 低	旋转水嘴
管道交叉 低 高	浴盆带喷头混合水嘴
偏心异径管	蹲便器脚踏开关
同心异径管	
乙字管	
喇叭口	

通气帽 成品 蘑菇形
雨水斗 YD- YD- 平面 系统
排水漏斗 平面 系统
圆形地漏 平面 系统
方形地漏 平面 系统
自动冲洗水箱
挡墩
减压孔板
Y型除污器
毛发聚集器
倒流防止器
吸气阀
真空破坏器
防虫网罩
金属软管

阀门

闸阀	
角阀	
三通阀	

四通阀	
截止阀 DN≥50 DN≤50	
蝶阀	
电动闸阀	
液动闸阀	
气动闸阀	
电动蝶阀	
液动蝶阀	
气动蝶阀	
减压阀（左侧为高压端）	
旋塞阀 平面 系统	
底阀 平面 系统	
球阀	
隔膜阀	
气开隔膜阀	
气闭隔膜阀	
电动隔膜阀	
温度调节阀	
压力调节阀	
电磁阀	
止回阀	
消声止回阀	
持压阀	
泄压阀	
弹簧安全阀（左侧为通用）	
平衡锤安全阀	
自动排气阀 平面 系统	
浮球阀 平面 系统	
水力液位控制阀 平面 系统	
延时自闭冲洗阀	
感应式冲洗阀	
吸水喇叭口 平面 系统	
疏水器	

1 建筑综述

消防设施

消火栓给水管 —— XH ——
自动喷水
灭火给水管 —— ZP ——
雨淋灭火给水管 —— YL ——
水幕灭火给水管 —— SM ——
水炮灭火给水管 —— SP ——
室外消火栓
室内消火栓
（单口） 平面 系统
室内消火栓
（双口） 平面 系统
水泵接合器
自动喷洒头
（开式） 平面 系统
自动喷洒头
（闭式/下喷） 平面 系统
自动喷洒头
（闭式/上喷） 平面 系统
自动喷洒头
（闭式/上下喷） 平面 系统
侧墙式自动
喷洒头 平面 系统
水喷雾喷头 平面 系统
直立型水幕喷头 平面 系统
下垂型水幕喷头 平面 系统
干式报警阀 平面 系统
湿式报警阀 平面 系统
预作用报警阀 平面 系统
雨淋阀 平面 系统
信号闸阀
信号蝶阀
消防炮 平面 系统
水流指示器 L
水力警铃
末端试水装置
手提式灭火器
推车式灭火器

卫生设备

立式洗脸盆
台式洗脸盆
挂式洗脸盆
浴盆
化验盆、洗涤盆
厨房洗涤盆
带沥水板
洗涤盆
盥洗槽
污水池
妇女净身盆
立式小便器
壁挂式小便器
蹲式大便器
坐式大便器
小便槽
淋浴喷头

给水排水构筑物

矩形化粪池 HC
隔油池 YC
沉淀池 CC
降温池 JC
中和池 ZC
雨水口（单算）
雨水口（双算）
阀门井及
检查井 J–XX J–XX
W–XX W–XX
Y–XX Y–XX
水封井
跌水井
水表井

给水排水设备

卧式水泵 平面 系统
立式水泵 平面 系统
潜水泵
定量泵
管道泵
卧式容积热
交换器
立式容积热交换器
板式热交换器

给水排水仪表

开水器
喷射器
除垢器
水锤消除器
搅拌器 M
紫外线消毒器 ZWX

给水排水仪表

温度计
压力表
自动记录压力表
压力控制器
水表
自动记录流量表
转子流量计 平面 系统
真空表
温度传感器 T
压力传感器 P
PH传感器 PH
酸传感器 H
碱传感器 Na
余氯传感器 Cl

1
建筑综述

电气

变电所（规划的）	○	自动交换设备	⊞	天线		保安巡查打卡器	
变电所（运行的）		架空交接箱		带矩形波导馈线的天线		电控锁	
电信站		落地交接箱		计算机	CPU	紧急脚挑开关	
人孔一般符号		壁龛交接箱		一分支器		紧急按钮开关	
手孔一般符号		家居配线箱	AHD	二分支器		门磁开关	
直通型人孔		总配线架（柜）	MDF	四分支器		指纹识别器	
局前人孔		光纤配线架（柜）	ODF	二分配器		眼纹识别器	
斜通型人孔		中间配线架	IDF	三分配器		人像识别器	
四通型人孔		数字配线架	DDF	四分配器		可视对讲户外机	
水下（海底）线路		集线器	HUB	放大器，中继器		可视对讲机	
架空线路		建筑群配线架（柜）	CD	混合网络		对讲系统主机	
电话线路	TP	建筑物配线架（柜）	BD	摄像机		可视对讲摄像机	
数据线路	TD	楼层配线架（柜）	FD	带云台的摄像机		对讲电话分机	
有线电视线路	TV	光纤连接盘	LIU	彩色摄像机		集中型火灾报警控制器	C
广播线路	BC	交换机	SW	红外摄像机	IR	区域型火灾报警控制器	Z
信号线路	WS	集合点	CP	网络（数字）摄像机	IP	防火卷帘门控制器	RS
消防电话线路	F	分线盒		监视器		防火门磁释放器	RD
数据总线	WF	分线箱		彩色监视器		输入/输出模块	I/O
视频线路	V	电话机		被动红外入侵探测器	IR	电源模块	P
综合布线系统线路	GCS	电信插座（基本符号）		微波入侵探测器	M	电信模块	T
线路电源接入点		内部对讲设备		被动红外/微波探测器	IR/M	楼层显示器	FI
光缆	WH	扬声器		读卡器		模块箱	M

电气

短路隔离器	SI	电缆桥架		插座箱	调光器	
感温火灾探测器		中性线		带保护极的电源插座	单极限时开关	
感烟火灾探测器		保护线		单相二、三极电源插座	风机盘管三速开关	
感光火灾探测器		保护接地线	PE	单相电源插座	1P	定时开关
可燃气体探测器		应急照明线	WLE	三相电源插座	3P	防止无意操作按钮
感光感温火灾探测器		控制线、测量线	WG	单相暗装电源插座	1C	钥匙开关
感光感烟火灾探测器		低压电力线路	WD(WP)	三相暗装电源插座	3C	应急疏散指示标识	E
手动火灾报警按钮		低压照明线路	WD(WL)	单相防爆电源插座	1EN	单向疏散指示灯
火灾电话插孔		向下配线		三相密闭电源插座	3EX	双向疏散指示灯
带电话插孔手动报警按钮		向上配线		带单极开关的电源插座	专用线路应急照明灯	
消火栓报警按钮		垂直通过配电		带隔离变压器的电源插座	自带电源应急照明灯	
火警电话		总等电位联结接线箱	MEB	带滑动保护板的电源插座	灯,一般符号	
火警电铃		局部等电位联结接线盒	LEB	单联单控开关	发光二极管灯	LED
火灾发声警报器		EPS电源箱	EPS	双联单控开关	荧光灯,一般符号	
火灾光警报器		UPS电源箱	UPS	三联单控开关	多管荧光灯	n
火灾声光警报器		电源自动切换箱	AT	n联单控开关	n	密闭荧光灯	EN
地下线路		电力配电箱	AP	带指示灯的单联单控开关	防爆荧光灯	EX
接地极		应急电力配电箱	APE	双控单极开关	投光灯	
接地线	E	照明配电箱	AL	多位单极开关	聚光灯	
接闪线(带、网)	LP	应急照明配电箱	ALE	中间开关	泛光灯	
套管线路	n	电度表箱	AW	防爆单联单控开关	EX	水下灯
电缆沟线路		过路接线盒	XD	单极拉线开关	混光灯	

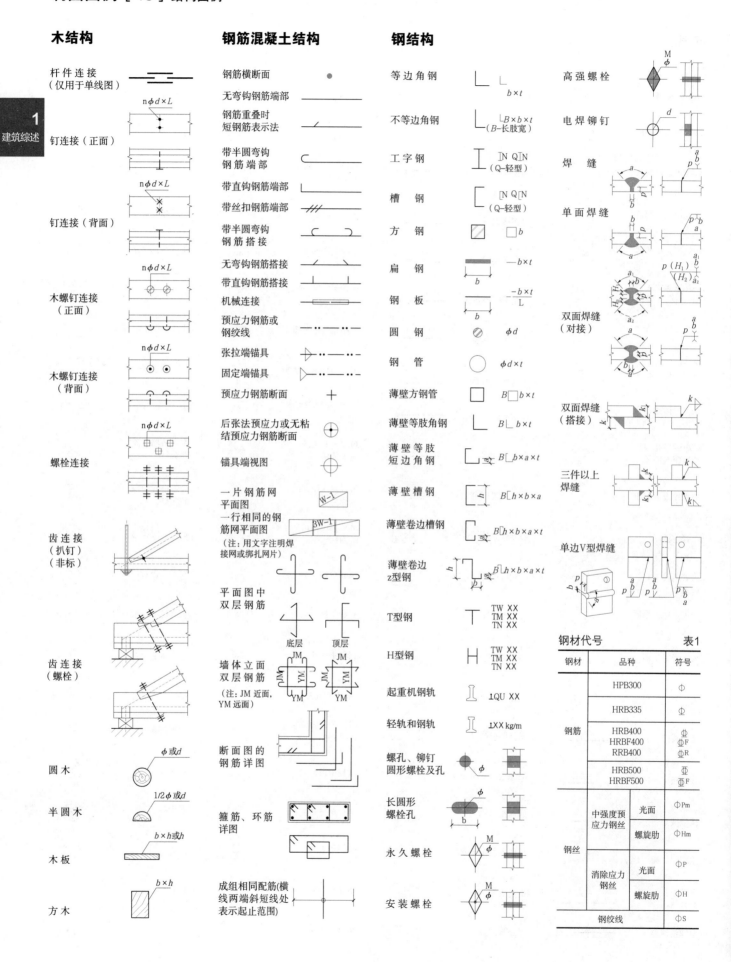

通风空调

通风空调设备（通用图例）		风管向上		余压阀	矩形补偿器
空气过滤器（粗、中、高效）		风管向下		三通调节阀	球形补偿器
加湿器				圆形散流器	弧形补偿器
电加热器		消声静压箱			波纹管补偿器
消声器		天圆地方		方形散流器	Y形过滤器
空调机组加热盘管	加热 冷却 双功能	送风口		供暖热水供水管 ——RG——	疏水器
立式明装风机盘管		回风口		供暖热水回水管 ——RH——	闸阀
立式暗装风机盘管				空调冷水供水管 ——LG——	截止阀
卧式明装风机盘管		风管检查孔		空调冷水回水管 ——LH——	球阀
卧式暗装风机盘管		圆弧形弯头		空调热水供水管 ——KRG——	蝶阀
窗式空调器		消声弯头		空调热水回水管 ——KRH——	电动调节阀
分体空调器	室外机 室内机	带导流片的矩形弯头		空调冷、热水供水管 ——LRG——	平衡阀
减振器	平面 剖面	刚管软接头		空调冷、热水回水管 ——LRH——	直通型（或反冲式）除污器
水泵（自三角底边流向顶点）		蝶阀		冷却水供水管 ——LQG——	柱塞阀
压缩机		对开多叶调节阀		冷却水回水管 ——LQH——	快开阀
离心式通风机				空调冷凝水管 —— n	定流量阀
轴流式通风机		插板阀		膨胀水管 —— Pz	定压差阀
散热器	15 15 平面 剖面	风管止回阀		补水管 ——BS——	三通阀
风管		防烟、防火阀（xxx表示防烟、防火阀名称代号）		向上弯头	旋塞阀
				向下弯头	安全阀
				法兰封头或管封	浮球阀
				上出三通	自动排气阀
				下出三通	调节止回关断阀
				活接头或法兰连接	角阀
				固定支架	膨胀阀
				导向支架	底阀
				活动支架	放气阀
				金属软管	排入大气或室外
				可屈挠橡胶软接头	压力表
				套管补偿器	温度计
					流量计 F.M
					能量计 E.M

DPV

1 建筑综述

概述

标识是指信息情报在视觉传达过程中的媒介和符号,具有易识别的表象性特征;其特征是形象化和符号化,易于识别和记忆。以图形、文字等视觉形象来获取信息,指导人的行为活动。标识具有识别和导向两大功能。建筑标识:标志处设施及环境场所的名称,如车站、公园、建筑物等名称标识。

标识设计的要点

1. 识别性:标识最基本的功能是识别性,在进行设计时首先要考虑其视觉元素,包括造型、图形、文字、色彩等使用是否能够体现其基本特征,其次要考虑其是否具有个性特征。两者具备才能具有识别性。

a 卫生间　　　b 饮水处　　　c 踏板放水　　　d 废物箱

1 识别性示意图

2. 统一性:标识系统在运用的过程中,必须尽量保持其所有的设计元素,统一协调。

a 直行标识　　b 鸣喇叭标识　　c 步行标识　　d 立交直行和左转弯行驶路线标识

2 统一性示意图

3. 系统性:标识以系统化、规范化、标准化的管理,在运作过程中确保信息传达的系统性和完整性。一个系统化的标识导向,会令我们对周围的环境有非常清醒的认知。

a 十字交叉路口标识　b T形交叉路口标识　c 环形交叉路口标识　d 向左急弯路标识

3 系统性示意图

4. 符号性:标识的图形化,即标识具有简洁性,可概括、抽象,成为各种图形记号。符号化图形是视觉交流中最常见的一种媒介形式,它具有涵盖面广、信息传达量大、认知性强等特点。

a 商场、商店　　b 公园　　　c 问讯　　　d 货币兑换

4 符号性示意图

5. 文化性:在城市环境中,标识反映了一个城市的文化艺术特征及文化的差异性。人们的空间流动和信息的传播速度日益加快,文化上的差异和民族禁忌会产生歧义甚至引发文化冲突,这在标识设计中需加以重视。

a 海滩　　　b 陵园　　　c 湖泊　　　d 棋牌

5 文化性示意图

6. 简洁性:标识能够简单准确地展示所要表达的信息,以获得易传播、易识别、易记忆的效果。一个标识不能承载过量的信息。

简洁性示意图　　　　　　　　　　　　　　　　　　表1

图形	几何形状	颜色	含义
	带有斜杠的圆形	红色	禁止
	圆形	蓝色	指令
	等边三角形	黄色	警告
	正方形、长方形	绿色	提示(安全环境疏散设置、安全设置)
	正方形、长方形	红色	消防安全
	正方形、长方形	白色或安全标志的颜色	辅助信息

7. 科学性:标识在传达过程中必须考虑它的视觉距离远近、范围尺寸、光照环境、心理因素等科学而具体的因素对其最终效果的影响。

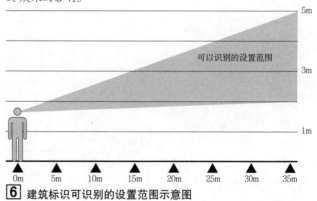

5m

可以识别的设置范围

3m

1m

0m　　5m　　10m　　15m　　20m　　25m　　30m　　35m

6 建筑标识可识别的设置范围示意图

1
建筑综述

引导标识

引导标识具有引导通往目的方向的功能。例如街道、场所、单位等的地理方位引导人们合理地、有秩序性地按照既定的目标及方向前行。除了名称外还有引导方向的文字或箭头，或者从所在地起直至目的地。

建筑中的常用导向标识系统的构成　　表1

名称	内容	示意图
位置标识	用以标明服务或服务设施的标识。在导向系统中，它位于终点，表明人们寻找的最终目标。 位置标识通常由图形符号、文字标识构成	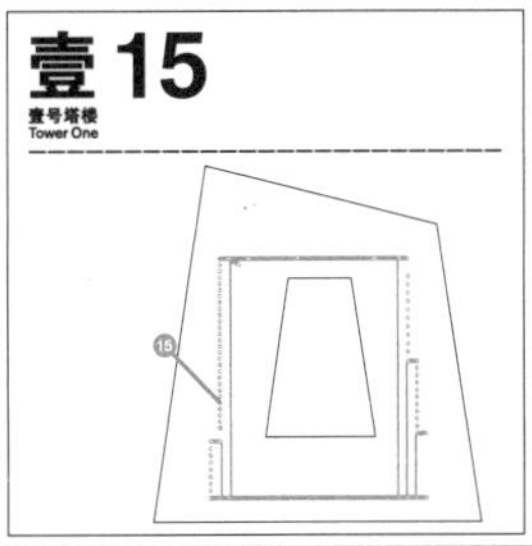壹 15 壹号塔楼 Tower One
导向标识	用以引导人们选择方向的标识。导向标识又可分为综合导向标识和单一导向标识。在导向系统中，通常的设置方式为，先设置综合导向标识，然后通过单一导向标识的具体指引，达到导向终点。 导向标识由一个或多个图形符号或文字标识与箭头结合构成	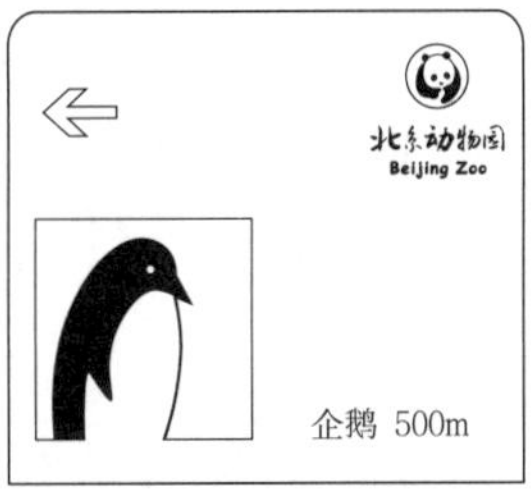北京动物园 Beijing Zoo 企鹅 500m
信息平面示意图	用以表示固定区域或场所内服务设施的位置分布信息平面示意图，通常不特意为某设施服务或设施导向，而是从导向角度出发，促使观察者能够了解自身所处的环境的整体情况及自己在环境中的位置，为进一步选择行进方向提供参考	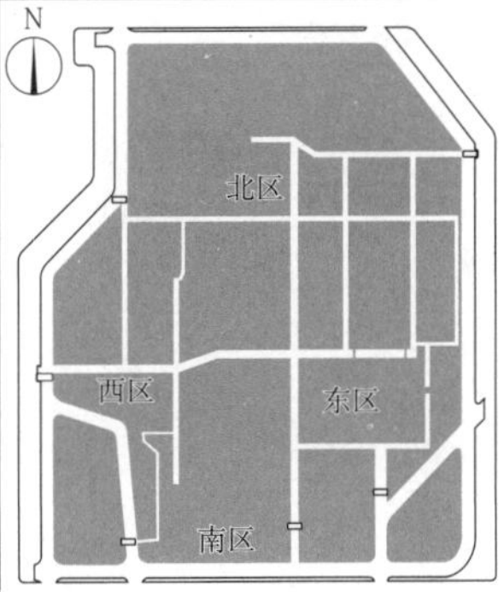N 北区 西区 东区 南区
街区导向图	主要用来向步行者提供该街区内及街区周边区域的重要公共信息，帮助观察者了解周围环境的整体情况和确定所在位置，从而为选择下一步行进方向提供参考。 街区导向图以图形符号、文字及颜色等表达方式提供主要自然地理信息、公共设施位置分布和导向信息	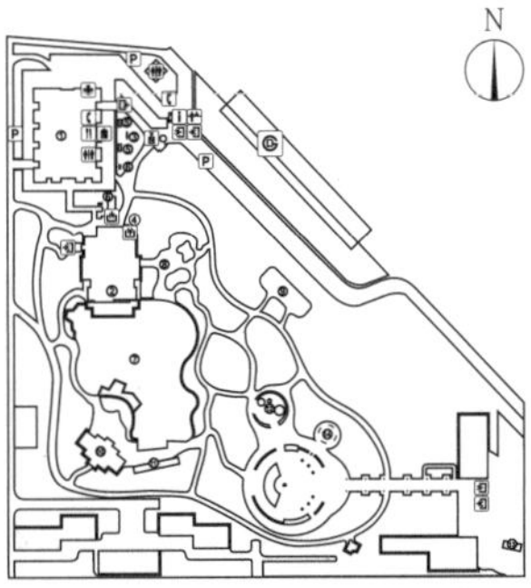N
便携印刷品	通过各类导向元素的恰当组合，导向用印刷品能有效地向人们提供功能、服务、地理位置的有关信息，是人们了解公共设施的有效途径；使公众方便地获得此类印刷品，也是公共设施完善自身服务的一种手段。 典型的导向用印刷品有：行车路线图、公共交通路线图、地铁路线图、旅游景点的游览线路图；宾馆饭店指南、旅游指南、就医指南；宾馆介绍、机场介绍、车站介绍；列车方向时刻表等	

导向系统的设置方式　　表2

分类	内容	示意图
附着式	标识背面直接固定在物体上	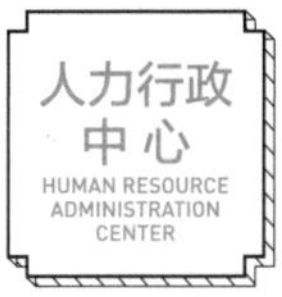人力行政中心 HUMAN RESOURCE ADMINISTRATION CENTER
悬挂式	悬挂在建筑顶部或墙壁连接固定处	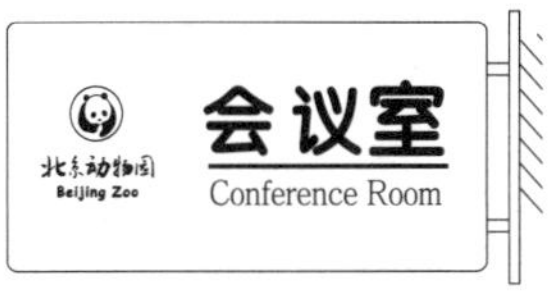北京动物园 Beijing Zoo 会议室 Conference Room
摆放式	可移动放置	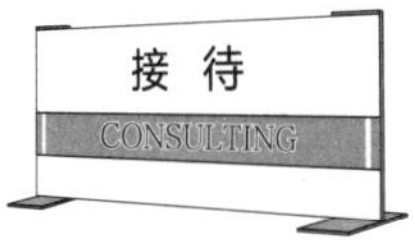接 待 CONSULTING
柱式	固定在一根或多根支撑杆顶部	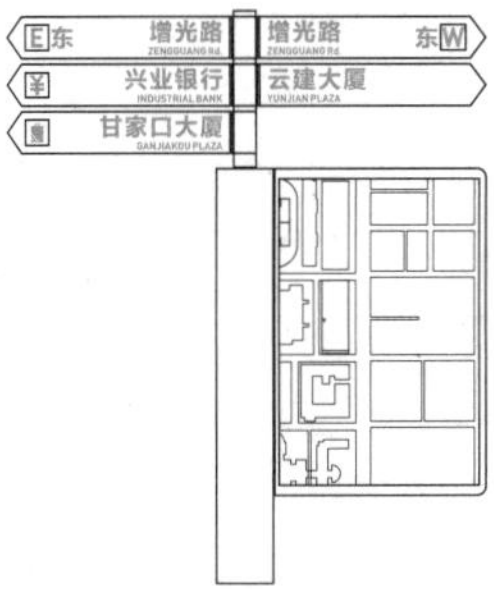E 东 增光路 增光路 东 W 兴业银行 云建大厦 甘家口大厦
台式	固定在一定高度的倾斜台面上	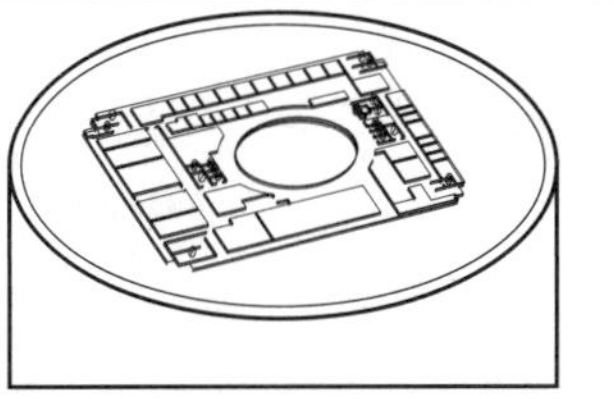
地面式	通过镶嵌、喷涂等方法将标识以平面方式固定在地面或地板上	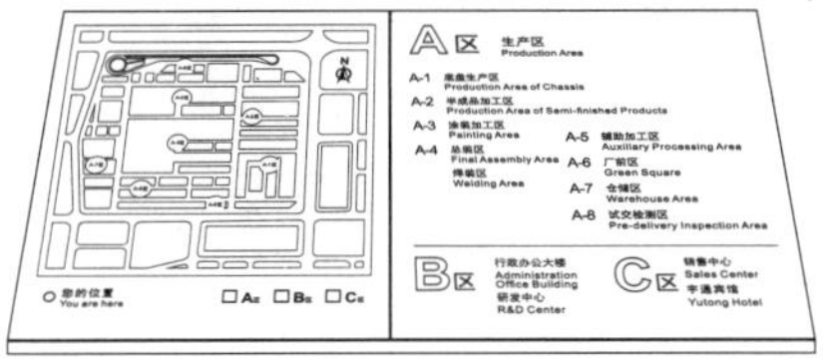A区 生产区 B区 C区

导向系统的室内外标识类型　　表3

导向系统室外标识类型	导向系统室内标识类型
主要标识	主要标识
次要（辅助）标识	主要指示标识
交通行进预告	电梯层的指示标识
车辆指示标识	（辅助）标识
信息标识	区域标识
	房间标识
	台桌标识
	其他功能标识

通用符号❶

方向
Direction

入口
Entrance

出口
Exit

出入口
Entrance And Exit

上楼楼梯
Stairs Up

下楼楼梯
Stairs Down

楼梯
Stairs

天桥
Overpass

地下通道
Underpass

上行自动扶梯
Escalator Up

下行自动扶梯
Escalator Down

自动扶梯
Escalator

电梯
Elevator

货梯
Freight Elevator

男
Men

女
Women

卫生间
Restrooms

邮政
Post

货币兑换
Currency
Exchange

自动柜员机
Automated Teller
Machine

结账；收银
Check-Out;
Cashing

票务服务
Tickets

自动售票
Ticket Vending
Machine

自动售货机
Vending Machine

行李寄存
Left Luggage

饮用水
Drinking Water

衣帽间
Cloakroom

自动饮水器
Drinking Fountain

公园
Park

动物园
Zoo

植物园
Botanical Garden

商场；购物中心
Shopping Area

超级市场
Supermarket

宾馆
Hotel

医院
Hospital

电影院
Cinema

剧院
Theater

博物馆
Museum

美术馆
Art Gallery

图书馆
Library

体育场
Stadium

体育馆
Gymnasinm

❶ 引自《标志用公共信息图形符号 第1部分：通用符号》：GB/T 10001.1-2012。

1
建筑综述

旅游休闲符号●

旅游服务
Travel Service

团体接待
Group Reception

无障碍客房
Accessible Room

订餐
Dining Reservation

客房送餐
Room Service

叫醒服务
Wake Up Call Service

清洁服务
Cleaning Service

洗衣
Laundry

熨衣
Ironing

淋浴
Shower

桑拿浴
Sauna

足浴
Foot Massage

温泉浴
Hot Spring Bath

按摩
Massage

商务中心
Business Center

摄影冲印
Photograph or Film Developing

电子游戏
Video Game

露营地
Picnic Area

歌厅
Music Hall

舞厅
Dance Hall

录像厅；电视房
Video-room

道观
Taoist Church

佛寺
Temple

教堂
Church

清真寺
Mosque

名胜古迹
Historic Sites

古塔
Ancient Pagoda

古桥
Old Bridge

纪念碑
Monument

度假村
Holiday Village

大型游乐场
Pleasure Ground

儿童乐园
Children's Playground

水上乐园
Aquatic Park

露天浴场
Bathing Beach

水族馆
Aquarium

海洋馆；海洋公园
Marine Park

自然保护区
Nature Reserve

瞭望
Panorama

垂钓
Angling

登山避难处
Mountain Refuge

冰川
Glacier

山峰
Mountain

● 引自《标志用公共信息图形符号 第2部分：旅游休闲符号》GB/T 10001.1-2012。

客运货运符号❶

飞机
Aircraft

直升机
Helicopter

轮船
Boat

车渡
Ferry

客渡
Passenger Ferry

车客渡；滚装船
Vehicle and
Passenger Ferry

高速船
Speedboat

火车
Train

地铁
Subway

轻轨列车
Light Rail Train

高速列车
High-Speed Train

城际列车
Intercity Train

公共汽车
Bus

无轨电车
Trolleybus

有轨电车
Streetcar

长途汽车
Long Distance Bus

旅游车
Sightseeing Bus

出租车
Taxi

出租车下客
Taxi Drop-off

公交车上客
Bus Pick-up

公交车下客
Bus Drop-off

轨道缆车
Cable Railway;
Ratchet Railway

大容量空中缆车
Cable Car
(Large Capacity)

小容量空中缆车
Cable Car
(Small Capacity)

汽车清洗
Car Cleaning

汽车修理
Garage

汽车租赁
Car Rental

自行车租赁
Bicycle Rental

民航售票
Airline Ticket

轮船售票
Boat Ticket

火车售票
Railway Ticket

汽车售票
Bus Ticket

检票
Check in

自动检票
Automatic
Check in

刷卡
Swiping Card

下车按钮
Get-off Button

出发
Departures

到达
Arrivals

自动步道
Moving Walkway

行李包裹
Baggage

行李提取
Baggage Claim

行李手推车
Baggage Cart

❶ 引自《标志用公共信息图形符号 第3部分：客运货运符号》GB/T 1000.1.1-2012。

运动健康符号❶

田径
Athletics

跑步
Runing

竞走
Race Walk

跨栏跑
Hurdles

铅球
Shot Put

铁饼
Discus Throw

标枪
Javelin Throw

链球
Hammer Throw

跳高
High Jump

撑竿跳高
Pole Vault

跳远
Long Jump

足球
Football

篮球
Basketball

排球
Volleyball

橄榄球
Rugby

手球
Handball

羽毛球
Badminton

网球；软式网球
Tennis;
Soft Tennis

壁球
Squash;
Racket Ball

乒乓球
Table Tennis

曲棍球
Hockey

棒球；垒球
Baseball; Softball

高尔夫球
Golf

保龄球
Bowling

掷球
Toss

台球
Billiards

藤球
Spike

毽球
Shuttlecock

门球
Gateball

飞镖
Dart

射击
Shooting

手枪射击
Pistol Shooting

飞碟射击
Trap Shooting

射箭
Archery

击剑
Fencing

铁人三项
Triathlon

现代五项
Modern Pentathlon

马术；骑马
Equestrian; Horse Riding

自行车
Cycling

摩托车
Motorcycle

卡丁车
Go-karting

汽车
Automobile

❶ 引自《标志用公共信息图形符号 第4部分：运动健康符号》GB/T 1000.1.1-2012。

购物符号 ^❶

鞋
Shoes

男鞋
Men's Shoes

女鞋
Women's Shoes

女内衣
Women's Underwear

婴儿用品
Baby Products

童装
Children and Infants Wear

童车
Baby Carriers

儿童玩具
Children's Toys

床上用品
Bed Clothes

文具
Stationery

音像用品
Audio and Video Products

摄影，摄像器材
Camera and Video Products

工艺礼品
Craft Products

照明用品
Lighting Products

餐具，炊具
Kitchen Wares

手表
Watches

眼镜
Glasses

五金工具
Hardware Tools

健身器材
Bodybuilding Products

体育用品
Sporting Goods

乐器
Musical Instruments

小家电
Small Electric Household Appliances

大家电
Large Electric Household Appliances

家具
Furniture

箱包
Bags and Cases

视听设备
Audio Visual

计算机
Computers

移动通信器材
Mobile Phones

服装修改
Clothing Alterations

宠物用品
Pet Supply

驱虫用品
Insect Repellant Products

洗涤用品
Clothes Washing Products

洗漱用品
Bath/shower and Oral Products

化妆品
Cosmetic Products

方便食品
Instant Food

休闲食品
Snacks

固体饮料
Powdered Drink Products

液体饮料
Liquid Drink Products

调味品
Condiments

礼品包装
Gift Wrapping

家居用品
Household Supply

卫生用品
Sanitation Supply

❶ 引自《标志用公共信息图形符号 第5部分：购物符号》GB/T 10001.1-2012。

1
建筑综述

医疗保健符号❶

急诊
Emergency

门诊
Out-Patient

病房
Ward

药房
Pharmacy

中药房
Chinese Pharmacy

内科
Internal Medicine
Department

通用内科
General Internal
Medicine Department

呼吸内科
Pulmonary Medicine
Department

心血管内科
Cardiology and
Vascular Department

消化内科
Digestive Internal
Medicine Department

神经内科
Neurological Medicine
Department

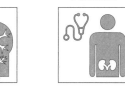
肾内科
Nephrology
Department

外科
Surgery
Department

普通外科
General Surgery
Department

胸外科
Thoracic Surgery
Department

心外科
Cardiovascular Surgery
Department

泌尿外科
Urology Surgery
Department

神经外科
Neurosurgery
Department

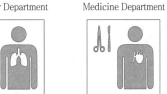
骨科
Orthopedics
Department

妇产科
Obstetrics and Gynecology
Department

儿科
Pediatrics
Department

眼科
Ophthalmology
Department

耳鼻喉科
E.N.T. Department

口腔科
Stomatology
Department

皮肤科
Dermatology
Department

中医科
Traditional Chinese Medicine
Treatment Department

传染科
Infectious Diseases
Department

预防保健科
Prevention and Health
Protection Department

康复医学科
Medical Rehabilitation
Department

理疗科
Physiotherapy
Department

手术室
Operating Room

放射科
Radiology
Department

超声诊断科
Ultrasound
Department

心电图
Electrocardiographic
Room

核磁共振室（MRI室）
Magnetic Resonance
Imaging Room

断层扫描（CT室）
Cardiogram Room

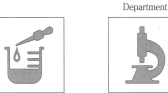
检验科
Clinical Laboratory
Department

病理科
Pathology Department

输液室
Drip Transfusion
Room

注射室
Injection Room

静脉采血室
Blood Test Room

病案室
Patient File Room

❶ 引自《标志用公共信息图形符号 第6部分：医疗保健符号》GB/T 10001.1-2012。

铁路客运符号❶

高速列车
High-Speed Train

乘务员室
Trainman Room

硬座
Hard Seat

软座
Soft Seat

硬卧
Hard Sleeper

软卧
Soft Sleeper

行李包裹
Baggage

开门
Open the Door

靠窗座椅
Window Seat

紧急呼救
Emergency Signal

列车办公席
Conductor Office

广播
Announcer

中转签证
Transfer

自动售票
Automatic Ticket

开水
Boiled Water

烟灰盒
Ash Tray

冲水按钮
Flush Button

盥洗室
Washroom

感应出水
Automatic
Sensor Faucet

洗手液
Hand Lotion

干手器
Hand Drier

擦手纸
Facial Tissue

卫生纸
Toliet Paper

坐便器垫圈纸
Casket of Close
Stool

空调
Air Condition

温度调节
Temperature
Control

风量调节
Fan Control

音量调节
Volume Control

电灯开关
Light Switch

电源插座
Electrical Outlet

耳机插座
Earphone Outlet

供氧
Oxygen Outlet

禁止跳下
No Jumping Down

当心烫伤
Caution,
Scald Burns

当心碰头
Caution,
Low clearance

医疗点
Clinic

请勿躺卧
Do Not Lie Down

请勿翻越护栏
No Crossing

请勿将杂物扔进容器
Do Not Throw Sundries
Into Container

请勿将烟头扔入容器
Do Not Throw Cigarette
Into Container

请勿向窗外扔东西
Do Not Throw
Rubbish Outside

请勿开窗
Do Not Open
the Window

❶引自《标志用公共信息图形符号 第10部分：铁路客运符号》GB/T 10001.1-2012。

定义

基本建设是指国民经济各部门中固定资产的再生产以及相关的其他工作。即把一定的物质资料，如建筑材料、机械设备等，通过购置、建造和安装活动，转化为固定资产，形成新的生产能力或使用效益的过程。

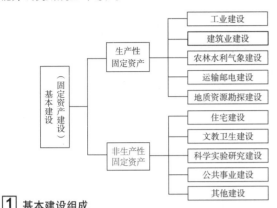

① 基本建设组成

基本建设特点

1. 建设周期长，物资消耗量大；
2. 涉及面广，配合协作，立体交叉，空间作业，综合平衡复杂；
3. 建设地点固定，不可移动；
4. 整个建设工程要求不间断、连续施工；
5. 建设项目有特定的目的和用途，只能单独设计，单独建设。

基本建设分类 表1

按项目性质划分	新建项目、扩建项目、改建项目、迁建项目、恢复项目、重建项目、技术改造项目、技术引进项目
按投资作用划分	生产性建设项目、非生产性建设项目
按建设过程划分	筹建项目、在建项目、投产项目、收尾项目、停缓建项目
按资金来源划分	国家预算拨款项目、银行贷款项目、企业联合投资项目、企业自筹项目、利用外资项目、外资项目
按产业领域划分	工业项目、交通运输项目、农林水利项目、社会事业项目
按功能效益划分	竞争性项目、基础设施项目、公益性项目
按项目规模划分	大型项目、中型项目、小型项目
按隶属关系划分	部直属项目、部直供项目、地方项目

国外常规建设程序

迄今为止，国外比较通行的仍是以业主、建筑师、承包商等三边关系为基础的常规建设程序。

国外工程项目建设程序大体分为项目决策和项目实施两个阶段。当项目建成竣工验收交付生产或使用后，项目即告结束，进入项目运营阶段。

国外常规的建设程序中，建筑师是设计的总负责人，与业主签订设计协议，并负责协调各专业的设计，还代表业主办理招、投标及施工合同管理等方面的有关工作。专业设计师由建筑师聘用，或由业主征得建筑师同意后直接聘用。

② 国外常规的三边关系 **③** 国外常规的建设程序

我国与国外的基本建设程序比较

目前我国的建设程序在项目前期策划及使用后评价方面还有待改进。项目的前期策划工作主要是产生项目的构思，确立目标，进行论证，为项目的批准提供依据。它对项目的整个生命期、实施和管理起着决定性作用。而使用后评价，以一种规范化、系统化的程式，收集环境评价信息，了解使用者对目标环境的评判；全面鉴定使用群体对设计环境的满意度；汇总信息，为以后同类设计提供参考，提高设计的综合效益和质量。

我国与美英两国的建设程序比较 表2

中国常规建设程序	美国常规建设程序	英国常规建设程序
1.提出项目建议书；2.编制可行性研究报告；3.进行项目评估；4.编制设计文件；5.建设准备工作；6.建设实施工作；7.项目竣工验收、投产经营和后评价	1.设计前期工作；2.场地分析；3.方案设计；4.设计发展；5.施工文件；6.招标或谈判；7.施工合同管理；8.工程后期工作（按建筑师服务范围）	1.立项或任务书；2.可行性研究；3.设计大纲或草图规划；4.方案设计；5.详细设计或施工图；6.生产信息；7.工量表；8.招标；9.合同：项目计划施工竣工验收及工程反馈

基本建设项目的分解

建设项目一般是指在一个总体设计或初步设计范围内，由一个或若干个互相有内在联系的单项工程所组成的，建设中经济上实行统一核算、行政上有独立的组织形式，实行统一管理的建设工程总体。

为了使建设项目概预算的编制项目清楚、费用明晰，将建设项目分解成若干单元，根据我国现行规定，建设项目一般分为若干单项工程、单位工程、分部工程、分项工程以及其他工程费用项目。

建设项目各单元特点比较 表3

单项工程	是建设项目的组成部分，具有单独的设计文件，建成后能够独立发挥生产能力或效益的工程
单位工程	是单项工程的组成部分，指不能独立发挥生产能力，但有独立设计，具有独立施工条件的工程
分部工程	是建筑工程的一种分类，由不同工人用不同工具和材料，把单位工程进一步分解为分部工程。一般按工程结构、材料结构来划分
分项工程	按不同的施工方法、构造及规格，把分部工程更细致地分解为分项工程

如**④**所示，表示了建设项目、单项工程、单位工程、分部工程和分项工程之间的内在联系与关系，形成了建设项目的层次划分。

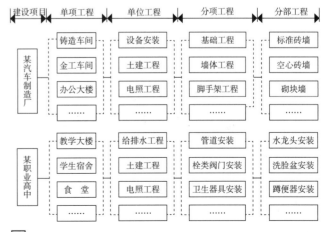

④ 基本建设项目划分示意图

1
建筑综述

定义

建设项目的基本建设程序是指建设项目从规划、设想、选择、评估、决策、设计、施工到竣工投产交付使用的整个建设过程中，各项工作必须遵循的先后顺序。

按照建设项目发展的内在联系和发展过程，建设程序分成若干阶段，将不同的工作内容有机地联系在一起。科学的基本建设程序应当坚持"先勘察、后设计、再施工"的原则，是建设项目科学决策和顺利进行的重要保证。

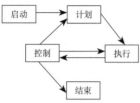

1 建设程序各阶段联系

建设程序

根据我国60多年来的建设经验，并结合国家经济体制改革和投资管理体制改革发展的需要，以及国家现行政策的规定，一般大中型建设项目的工程建设必须遵守程序**2**，有步骤地执行各个阶段的工作。一般包括两大阶段、六项工作，即为策划决策阶段以及建设实施阶段。

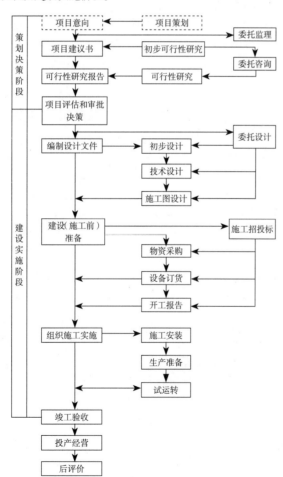

2 工程项目建设程序

投资决策前期

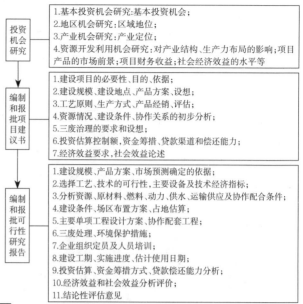

3 投资决策前期的阶段及内容

投资建设和生产时期工作程序

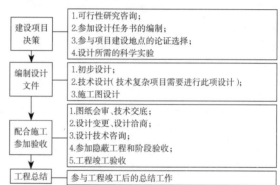

4 投资建设和生产时期工作程序及内容

编制和报批设计文件

应由有资格的设计单位根据批准的可行性研究报告的内容，按照国家规定的技术经济政策和有关的设计规范、建设标准、定额进行编制。一般工程项目的设计过程分为两个阶段，即初步设计和施工图设计；对于大型、复杂的项目，可根据需要在初步设计阶段后增加技术设计阶段（扩大初步设计阶段）。

编制设计文件内容 表1

初步设计内容	技术设计内容	施工图设计内容
1.设计依据和设计的指导思想； 2.建设规模； 3.工艺流程，主要设备选型和配置； 4.实行有偿审查原则； 5.主要建筑物、构筑物、公用辅助设施和生活区的建设； 6.总图运输； 7.外部协作配合条件； 8.综合利用、环境保护和抗震措施； 9.生产组织、劳动定员和各项技术经济指标； 10.总概算	1.解决初步设计中的重大技术问题：工艺流程、建筑结构、设备选型、数量确定； 2.编制修正总概要	1.全项目性文件：设计总说明，总平面布置及说明，各专业全项目的说明及室外管线图，工程总概要； 2.各建筑物、构筑物的设计文件：建筑、结构、水暖、电气、卫生、热机等专业图纸及说明，以及公用设施、工艺设计和设备安装，非标准设备制造详图、单项工程预算等； 3.各专业工程计算书、计算机辅助设计软件及资料等；各专业的工程计算书，计算机辅助设计软件及资料等应经校审、签字后，整理归档，一般不向建设单位提供

施工图审查

施工图审查是指建设主管部门认定的施工图审查机构按照有关法律、法规，对施工图涉及公共利益、公众安全和工程建设强制性标准的内容进行的审查。目的是确保建筑工程设计文件的质量符合国家的法律法规，符合国家强制性技术标准和规范，确保建设工程的质量安全。

施工图审查原则及内容　　　　　　　　　　　　　表1

施工图审查原则	审查的主要内容
1.专业审查； 2.设计审查是政府强制性行为； 3.审查机构是政府委托的中介机构； 4.实行有偿审查原则； 5.审查机构承担审查的相应失察责任，技术质量责任由原设计单位承担	1.建筑物的稳定性、安全性审查，包括地基基础和主体结构体系是否安全、可靠； 2.是否符合消防、节能、环保、抗震、卫生、人防等有关强制性标准、规范； 3.施工图是否达到规定的深度要求； 4.是否损害公众利益

建设准备工作、建设实施工作内容　　　　　　　　表2

建设准备工作	组织实施工作
1.征地、拆迁和场地平整； 2.完成施工用水、电、路等工程； 3.组织设备、材料订货； 4.准备必要的施工图纸； 5.组织施工招标投标，择优选定施工单位； 6.报批开工报告	1.施工准备主要包括劳动组织准备、技术准备、资金准备、物资准备和现场准备； 2.施工外部协调； 3.编制与审查施工组织设计； 4.工程分包； 5.申请施工许可证； 6.施工

竣工验收

工程项目竣工验收是工程建设过程的最后一环，是全面考核基本建设成果、检验设计和工程质量的重要步骤。竣工验收合格后应办理固定资产移交手续和编制工程决算，它也是建设项目转入生产和使用的标志。

1. 主要任务：全面考核工程实施情况，检验工程质量；检查生产试车、投产准备情况；安排收尾工程和其他未完事宜；审核竣工决算，确认固定资产的交付使用；总结工程建设的经验教训。

2. 工程项目竣工的验收主体，依据"谁投资、谁决策、谁验收"的原则确定。

3. 建设施工单位验收准备：整理技术资料、绘制竣工图纸、编制竣工决算。

4. 工程项目竣工验收分为主要单项工程竣工验收和工程整体竣工验收。

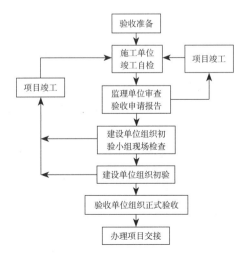

1 竣工验收程序

项目后评价

项目后评价是工程项目竣工投产、生产运营一段时间后，在对项目的立项决策、设计施工、竣工投产、生产运营等全过程，进行系统评价的一种技术活动，是固定资产管理的一项重要内容，也是固定资产投资管理的最后一个环节。

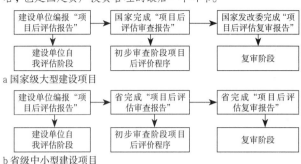

2 各阶段评价流程

建设工程造价

建设工程造价即工程项目总投资，是指建设项目或建设工程从筹建至竣工、投产、使用的整个建设过程，所投入各种费用的总和。具有单件性计价、多次性计价、按工程构成的分部组合计价的特点。

单件性计价：建设项目由于用途、规模、技术水平、建筑等级、建筑标准的差别，需单独设计、单独建设，只能单件计价。

多次性计价：建设过程周期长、规模大、造价高、物耗多，必须按照规定的建设程序分阶段进行建设，需要依据建设程序中各个规划设计和建设阶段多次性进行计价。

3 工程多次计价示意图

按工程构成的分部组合计价：决定了工程造价计价的过程是一个逐步组合。其计算过程和计算顺序是：分部分项工程单价——→单位工程造价——→单项工程造价——→建设项目总造价。

建设工程定额

建筑工程定额是指在正常施工条件、合理的施工工艺和施工组织的条件下，完成一定计量单位的合格建筑产品，所必须消耗的人工、材料、机械设备等资源及其资金的数量标准。

建设工程定额分类　　　　　　　　　　　　　　　表3

按生产因素分类	劳动定额、材料消耗定额、机械台班使用定额
按定额编制程序和用途分类	施工定额、预算定额、概算定额、概算指标、估算指标
按编制单位和执行范围分类	全国统一定额、地方定额、企业定额
按专业不同分类	建筑工程定额、安装工程定额、公路工程定额、铁路工程定额、井巷工程定额

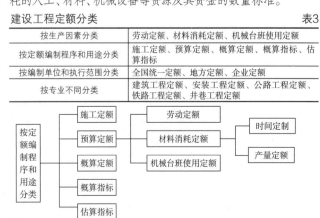

4 使用定额与基本定额之间的关系

建设项目费用组成

```
                    建设项目费用构成
   ┌──────┬──────┬──────┬──────┬──────┬──────┬──────┐
 建筑及   设备及   工程建   预备费  固定资产  建设期   铺底流
 安装工   工器具   设其他        投资方向  投资贷款  动资金
 程费    购置费   费用          调节税   利息
                        │
                    建设
                    投资
```

1 建设项目费用构成

建设项目总投资构成   表1

建设项目总资金	建设投资	设备及工器具购置费用	设备购置费	设备原价
				设备运杂费
			工具器具及生产家具购置费	
		建筑安装工程费用	直接工程费;间接费;利润;税金	
		工程建设其他费用	土地使用费	
			与项目建设有关的其他费用	
			与未来企业生产经营有关的其他费用	
		预备费	基本预备费;涨价(价差)预备费	
		建设期贷款利息		
		固定资产投资方向调节税(目前暂停征收)		
	流动资产投资	全部流动资金(含30%流动资金的铺底流动资金)		

一般建筑工程技术经济指标

建筑工程的技术经济指标是评价和衡量某项工程设计是否经济合理的重要标准之一。在新建或扩建类工程项目立项、编制可行性研究报告中,它是估算建设投资和审核概算的基础,及有关主管部门和建设单位掌握各项经济指标、确立经济概念、进行建设宏观决定的参考依据。

技术经济指标的内容与形式

技术经济指标从内容上分,包括:反映建设项目总体特征的技术经济指标;反映单项工程特性的技术经济指标;反映单位工程特性的技术经济指标。从形式上分,主要包括:单位造价类指标、单位三材消耗类指标、投资或费用构成比例类指标、相对造价比类指标。

工料分析

工料分析是单位工程施工图预算的组成部分之一,它是编制单位工程劳动力需要量计划、材料需要量计划和施工机械需要量计划的依据,也是施工企业内部经济核算、加强经营管理的主要措施。

工料分析的作用:施工图预算工料分析是建筑企业管理中必不可少的技术资料,主要作为企业内部使用。

1. 在施工管理中为单位工程的分部分项工程项目提供人工、材料的预算用量。

2. 生产计划部门根据它编制施工计划,安排生产,统计完成工作量。

3. 劳资部门依据它组织、调配劳动力,编制工资计划。

4. 材料部门要根据它编制材料供应计划,储备材料,安排加工订货。

5. 财务部门要依据它进行财务成本核算和经济分析。

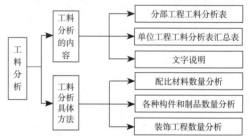

2 工料分析的内容及具体方法

建筑全生命周期的BIM应用

建筑信息模型(Building Information Modeling)是以建筑工程项目的各项相关信息数据作为模型的基础,进行数字化建筑模型的建立,并通过数字信息仿真模拟建筑物所具有的真实信息的一种技术手段。建筑工程项目全生命周期包含了从规划设计到施工,再到运营维护,直至拆除为止的全过程。BIM的应用可以实现建筑工程项目信息的集成管理、协调与共享,从而提升项目生产效率、提高建筑质量、缩短工期、降低建造成本、优化运营维护过程,从而给整个建筑工程项目的全生命周期带来最大化价值收益。

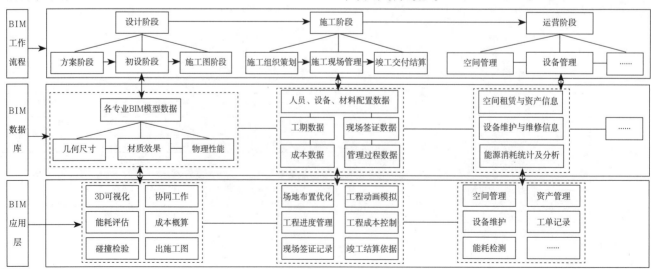

3 BIM应用流程

定义

场地设计是对建筑用地内的建筑布局、道路、竖向、绿化及工程管线等进行综合性的设计，又称为总图设计或总平面设计。

场地构成要素

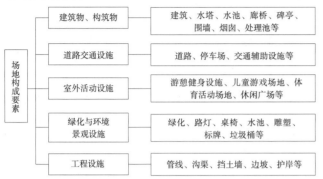

［1］场地构成要素

设计内容、设计程序

场地设计内容包括设计条件分析、总体布局、交通组织与道路设计、竖向布置与设计、管线综合、绿化环境景观布置与设计、技术经济分析等7个方面。

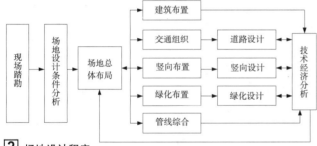

［2］场地设计程序

场地选址要点

1. 场址用地性质及容积率、建筑高度等指标应满足城市总体规划和控制性详细规划等要求。

2. 避开断层、地裂缝、岩溶、采空区等不良地质构造地段，山区和丘陵地区的滑坡、泥石流、崩塌等事故易发地段，以及较厚的Ⅲ级大孔土地区、自重湿陷性黄土地区、Ⅰ级膨胀土地区、流沙淤泥地区。

3. 满足防洪要求，如果城市无可靠防洪设施，场址应位于城市设计洪水位以上；地下水对基础无不良影响。

4. 对外交通联系便捷，接驳方便，工程量少；应充分利用场地已有的交通设施；水、电等基础设施满足场地正常使用要求。

5. 应考虑周围不良环境因素对场地的影响；如项目对气压、湿度、空气含尘量、防磁、防电磁波、防辐射等有特殊要求时，应充分考虑周围已有建筑对项目的影响。

6. 场地形态应满足项目主体建筑平面布局或生产工艺上的特殊需要。

7. 场址对周围环境影响小，并留有发展余地，同时便于分期建设，分期征用。

场地类型

场地按工程类别可分为建筑工程场地和土木工程场地。建筑工程是指供人们生产、生活或其他活动的房屋或场所；土木工程是指建造在地上或地下、陆上或水中的各类工程。

建筑工程场地分类 表1

分类方式	类型	特征
按使用性质划分	民用建筑场地	满足人们居住和进行各种公共活动的建设场所的总称。量大、面广、类型多；应合理有序组织各项活动空间；有较高造型要求；应营造良好的场地环境；建设周期相对较短
	工业建筑场地	进行工业生产的各类建设场所的总称。种类繁多，应满足生产工艺流程需要；场地占地大，交通运输复杂，运输方式因工业种类而异；建设周期长
	农业建筑场地	用于农业生产，为农业生物创造适宜生长环境的建设场所。功能、造型、交通组织相对简单
	构筑物及其他建筑场地	构筑物是不具备、不包含或不提供人类居住功能的人工建造物，包括工业构筑物、民用构筑物及水工构筑物
按地形条件划分	平坦场地	地形坡度小于10%，地势平坦开阔，道路及建筑布局比较自由，土方量较小。地势过于平坦（坡度小于1%）则不利于场地排水
	坡地场地	地形坡度大于10%，地形起伏高差较大，道路及建筑物布置受到较大限制，土方量大，支挡构筑物较多。坡度大于100%一般不适于作为建筑用地
按位置划分	市区场地	区位条件好，交通便捷，管线通达性好，受到的限制条件较多，要处理好与相邻场地的关系。一般为城市更新场地，应尽可能利用场地原有设施
	郊区场地	大多为新建场地，受周围建设环境因素等限制条件较少，应处理好与市区交通联系，工程管线的对外连接可能有一定的难度，同时应考虑城市发展对场地带来的影响
	郊外场地	场地完全脱离城市环境，以自然环境为主，应处理好与市区交通的联系。总体布局应因地制宜，与自然环境相融合，同时应考虑市政工程管线能否通达场地
按用地大小划分	小型场地	小于1hm²，功能关系相对简单，建筑师根据设计条件就可进行总平面设计
	中型场地	公建类1~10hm²，居住类1~20hm²；功能关系相对复杂。在场地设计之前，需要进行修建性详细规划
	大型场地	公建类大于10hm²，居住类大于20hm²；功能布局、交通组织复杂，需在修建性详细规划前提下进行场地设计
按建筑物数量划分	单体建筑场地	场地建筑数量单一，以一栋主体建筑为主，应处理好建筑与场地环境的关系；一般用地规模较小
	群体建筑场地	场地包含两栋或两栋以上独立的建筑，应同时处理好建筑与建筑之间、建筑与场地环境之间的关系，用地规模相对较大

民用建筑场地类型 表2

分类	类型	内容
居住类建筑场地	住宅建筑场地	别墅、普通住宅、公寓、老年人住宅等
	宿舍建筑场地	员工宿舍或公寓、学生宿舍或公寓等
公共类建筑场地	办公建筑场地	各级立法、司法、党委、政府办公楼，商务、企业、事业、团体、社区办公楼等
	司法建筑场地	法院、检察院、公安局、派出所、监狱、劳教所等
	旅馆建筑场地	旅馆、招待所、服务性公寓、度假村等
	商业建筑场地	百货商场、综合商厦、购物中心、超市、专业市场、菜市场、专业商店等
	居民服务建筑场地	餐饮店、银行、电信、邮政、洗染店、洗浴室、理发美容店、殡仪馆等生活服务设施
	文化观演建筑场地	剧院、电影院、图书馆、博物馆、纪念馆、文化馆、展览馆、音乐厅、游乐场、宗教寺院等
	教育建筑场地	托儿所、幼儿园、小学、中学、高等院校、职业学校、特殊教育学校等
	体育建筑场地	体育场、体育馆、游泳馆、健身房等
	医疗卫生建筑场地	综合医院、专科医院、康复中心、急救中心、疗养院、卫生防疫站等
	科研建筑场地	科研院所、勘察设计机构等
	交通建筑场地	汽车客运站、港口客运站、铁路旅客站、空港航站楼、地铁站等
	综合建筑场地	多功能综合大楼、商住综合体、办公综合体、交通综合体等
	广电建筑场地	电视台、广播电台、广播电视中心等
	市政建筑场地	变电站、热力站、锅炉房、水厂、污水处理厂、燃气站、垃圾转运站、消防站等
	其他建筑场地	园林建筑、城市小品建筑、纪念碑、纪念塔等

地形及地形图

1. 地形：指地表面起伏的状态（地貌）和位于地表面的所有固定性物体（地物）的总体。

2. 地形图：将地面上的地物和地貌按水平投影的方法，并按一定的比例尺缩绘到图纸上，这种图称为地形图。

3. 地形图比例尺：地形图上任意一根线段的长度与其所代表地面上相应的实际水平距离之比，称为地形图的比例尺。场地设计通常用的比例尺有1:500、1:1000、1:2000等。

4. 等高距：地形图上相邻两条等高线间的高差称为等高距。在同一幅地形图上，等高距是相同的。地形图上等高距的选择与比例尺、地面坡度有关。

5. 等高线间距：地形图上相邻两条等高线之间的水平距离称为等高线间距。地形图上等高线间距的疏密反映了地形坡度的缓与陡。

6. 大中型坡地场地一般应依据地形图对自然地形的高程、坡度、坡向、自然排水等进行分析，见 [2]。

坐标及高程系统

1. 坐标系统：一般采用任意直角坐标系，规定以南北方向为纵轴（X轴），以东西向为横轴（Y轴），并选择测区外西南角某点为原点（o），建立独立平面直角坐标系统。分幅地形图上以每隔10cm绘一个坐标网线交叉点表示坐标整数值。

2. 高程系统：我国目前广泛采用的是"1985年国家高程基准"的黄海高程系统，有些地方还沿用其他高程系统或采用独立高程系统。

1:500~1:10000地形图适用设计阶段　　　　表1

比例尺	1:500	1:1000	1:2000	1:5000	1:10000
适用设计阶段	建设用地现状图、详细规划、方案设计、初步设计、施工图设计图和竣工验收等		可行性研究、详细规划、方案设计和初步设计	可行性研究、总体规划、大型厂址选择、初步设计等	

地形坡度的分级标准及与建筑的关系　　　　表2

类别	坡度值	度数	建筑场地布置及设计基本特征
平坡地	0~3%	0°~1°43'	基本上是平地，道路及房屋可自由布置，但须注意排水
缓坡地	3%~10%	1°43'~5°43'	建筑区内车道可以纵横自由布置，不需要梯级，建筑群布置不受地形的约束
中坡地	10%~25%	5°43'~14°02'	建筑区内应设梯级，车道不宜垂直等高线布置，建筑群布置受到一定限制
陡坡地	25%~50%	14°02'~26°34'	建筑区内车道须与等高线成较小锐角布置，建筑群布置与设计受到较大的限制
急坡地	50%~100%	26°34'~45°	车道须曲折盘旋而上，梯级须与等高线成斜角布置，建筑设计需特殊处理
悬崖地	>100%	>45°	车道及梯道布置极困难，修建房屋工程费用大，一般不适于作建筑用地

注：本表摘自《建筑设计资料集》（第二版）6.北京：中国建筑工业出版社，1994。

准高程系统换算参数表　　　　表3

原高程系统 ＼ 转换后高程系统	1956黄海高程	1985国家高程基准	吴淞高程基准	珠江高程基准
1956黄海高程		+0.029m	-1.688m	+0.586m
1985国家高程基准	-0.029m		-1.717m	+0.557m
吴淞高程基准	+1.688m	+1.717m		+2.274m
珠江高程基准	-0.586m	-0.557m	-2.274m	

注：1.本表摘自《城乡建设用地竖向规划规范》CJJ 83-2016。
　　2.高程基准之间的差值为各地区精密水准网点之间的差值平均值。
　　3.转换后高程系统=原高程系统+换算参数。

地形图的基本等高距　　　　表4

地面倾角	比例尺			
	1:500	1:1000	1:2000	1:5000
0°~3°	0.5m	0.5m	1m	2m
3°~10°	0.5m	1m	2m	5m
10°~25°	1m	1m	2m	5m
>25°	1m	2m	2m	5m

注：本表根据《工程测量规范》GB 50026-2007编制。

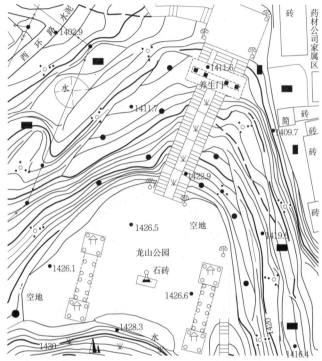

1 地形图示例

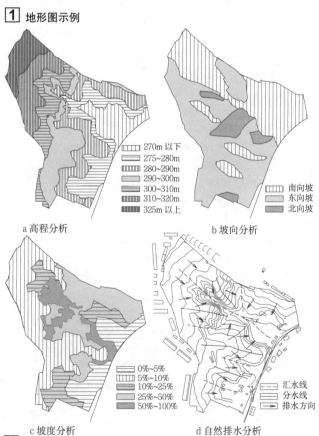

a 高程分析　　　　b 坡向分析

c 坡度分析　　　　d 自然排水分析

2 场地地形分析

地形图图式

地形图图式是测绘和使用地形图所依据的技术文件，是地形图上表示的各种自然和人工地物、地貌要素符号及注记的范式。1:500、1:1000、1:2000部分地形图图式见下表。

1. 地形图符号:采用一定颜色的点、线、面来表示地物、地貌以及测量控制点的几何图形。

2. 地形图注记:对地物、地貌以及测量控制点加以说明的文字或数字，包括名称注记(如城镇和道路等名称)、说明注记(如路面材料和植被种类等)及数字注记(如高程、房屋层数等)。

符号与注记——测量控制点、水系　　　　　　　　　　　　　　　　　　　　　　　　　　　　　表1

符号名称	符号式样			简要说明	符号名称	符号式样			简要说明
	1:500	1:1000	1:2000			1:500	1:1000	1:2000	
测量控制点					时令河	a.不固定水涯线(7~9)—有水月份			季节性有水的自然河流
三角点 a.土堆上的张湾岭、黄土岗—点名 156.718、203.623—高程 5.0—比高	3.0 / a 5.0	△ 张湾岭 156.718 / △ 黄土岗 203.623		利用三角测量方法和精密导线测量方法测定的国家等级三角点和精密导线点;设在土堆上的且土堆不依比例尺表示的用符号a表示	运河、沟渠 a.运河 b.沟渠 b1.渠首	a ____0.25 / b / b1 ____0.3			人工修建的供灌溉、引水、排水、航运的水道;灌溉渠系的源头,抬高水道并有抽水设备的渠首用符号b1表示
小三角点 a.土堆上的摩天岭、张庄—点名 294.91、156.71—高程 4.0—比高	3.0 / a 4.0	▽ 摩天岭 294.91 / ▽ 张庄 156.71		测量精度为5"或10"小三角点和同等精度的其他控制点;设在土堆上的且土堆不依比例尺表示的用符号a表示	沟堑 a.已加固的 b.未加固的 2.6—比高	a 2.6→ / b →			沟渠通过高地或山隙处经人工开挖形成两侧坡度很陡的地段,坡度大于70°的用陡坎符号表示;沟堑比高大于2m的应标注比高
导线点 a.土堆上的 I16、I23—等级、点号 84.46、94.40—高程 2.4—比高	2.0 / a 2.4	⊙ I 16 84.46 / ⊙ I 23 94.40		利用导线测量方法测定的控制点;一、二、三级导线点用此符号表示;设在土堆上的且土堆不依比例尺表示的用符号a表示	湖泊 龙湖—湖泊名称 (咸)—水质	龙湖(咸)			陆地上洼地积水形成的水域宽阔、水量变化缓慢的水体
埋石图根点 a.土堆上的 12、16—点号 275.46、175.64—高程 2.5—比高	2.0 / a 2.5	⊡ 12 275.46 / ⊡ 16 175.64		埋石的或天然岩石上凿有标志的、精度低于小三角点的图根点;设在土堆上的且土堆不依比例尺表示的用符号a表示	池塘				人工挖掘的积水水体或自然形成的面积较小的洼地积水水体
不埋石图根点 19—点号 84.47—高程	2.0	⊡ 19 84.47		不埋石的图根点根据用途需要表示	水库 a.毛湾水库—水库名称 b.溢洪道 54.7—溢洪道堰底面高程 c.泄洪洞口、出水口 d.拦水坝、堤坝 d1.拦水坝 d2.堤坝 水泥—建筑材料 75.2—坝顶高程 59—坝长(m)	毛湾水库 a / 54.7 3.0 d1 c 75.2/59 水泥 1.5 d2			因建造坝、闸、堤、堰等水利工程拦蓄河川径流而形成的水体及建筑物;a.水库岸线以常水位线表示,并需加注名称注记;b.溢洪道是水库的泄洪水道,用以排泄水库设计蓄水高度以上的洪水;c.泄洪洞口是水库坝体上修建的排水洞口;d.水库坝体是横截河流、用拦挡水体以提高水位的堤坝式构筑物,用拦水坝符号表示
水准点 II—等级 京石5—点名点号 32.805—高程	2.0	⊗ II京石5 32.805		利用水准测量方法测定的国家级的高程控制点	贮水池、水窖、地热池 a.高出地面的 b.低于地面的 净—净化池 c.有盖的	a / b 净 c ⊠ / ⊠			用于贮水的人工池或水窖
卫星定位等级点 B—等级 14—点号 495.263—高程	3.0	⊿ B14 495.263		利用卫星定位技术测定的国家级控制点,包括A~E级	堤 a.堤顶宽依比例尺 24.5—坝顶高程 b.堤顶宽不依比例尺 2.5—比高	a 24.5 4.0 2.0 / b1 2.5 2.0 / b2 2.0	0.5		人工修建的用于防洪、防潮的挡水构筑物;堤顶宽度在图上大于1mm的依比例尺表示,0.5~1mm用符号b1表示,小于0.5mm的用符号b2表示
独立天文点 照壁山—点名 24.54—高程	4.0	☆ 照壁山 24.54		利用天文观测的方法直接测定其地理坐标和方位角的控制点;测有大地坐标的天文点用三角点符号表示					
水系									
地面河流 a.岸线 b.高水位岸线 清江—河流名称	0.5 3.0 1.0 清 江 b a			地面上的终年有水的自然河流;岸线是水面与陆地的交界线,又称水涯线;高水位岸线系常年雨季的高水面与陆地的交界线					

注: 本表根据《国家基本比例尺地形图图式第一部分: 1:500 1:1000 1:2000 地形图图式》GB/T 20257.1—2007编制。

地形图图式

符号与注记——居民地及设施 表1

符号名称	符号式样			简要说明	符号名称	符号式样			简要说明
	1：500	1：1000	1：2000			1：500	1：1000	1：2000	
居民地及设施					彩门、牌坊、牌楼	a.依比例尺的 b.不依比例尺的	a ■─╥─■	b ╥	起装饰作用或具有纪念意义的单门或多门的框架式建筑物
单幢房屋 a.一般房屋 b.有地下室的房屋 c.突出房屋 d.简易房屋 混、钢——房屋结构 1、3、28——房屋层数 -2——地下房屋层数	混1 a	0.5 混3-2 b 2.0 1.0	3 1.0	在外形结构上自成一体的各种类型的独立房屋	钟楼、鼓楼、城楼、古关塞	a.依比例尺的 b.不依比例尺的	a ▲	b 2.4 ▲	钟楼、鼓楼是放置大钟（鼓）的古式楼宇；城楼是建在城门上供远望用的楼宇；古关塞是古时的关口要塞
	钢28 c	简 d	28 c		亭	a.依比例尺的 b.不依比例尺的	a ⇧ 2.0 1.0	b 2.4 ⇧	花园、公园或娱乐场所中，供游乐、休息或装饰性的，有顶无墙的建筑物
建筑中房屋		建		已建房基或基本成型但未建成的房屋	文物碑石	a.依比例尺的 b.不依比例尺的	a ⛏	b 2.6 1.2 ⛏	大型的、具有保护价值的各种碑石及其他类似物体
棚房 a.四面有墙的 b.一面有墙的 c.无墙的	1.0 a c	1.0 b 1.0 0.5	1.0	有顶棚，四周无墙或仅有简陋墙壁的建筑物	旗杆				有固定基座的高大旗杆
破坏房屋		破		受损坏无法正常使用的房屋或废墟	雕像、雕塑	a.依比例尺的 b.不依比例尺的	a ⛄	b ⛄	具有纪念意义或为美化环境而修建的艺术性塑像或造型
架空房 3、4——楼层 /1、/2——空层层数	砼4 砼3/1 2.5 0.5	砼4 4 3/2 4 2.5 0.5		两楼间架空的楼层及下面有支柱的架空房屋	庙宇		混 ▲		佛教、道教活动的寺、庙、庵、洞、宫、观以及孔庙、神庙等宗教建筑物
水塔 a.依比例尺的 b.不依比例尺的	a 🔋	b 3.6 2.0 🔋		提供供水水压的塔形建筑物 依比例尺表示的用实线表示轮廓，其内配置符号	清真寺		混 ☾		伊斯兰教举行宗教仪式及礼拜的场所，屋顶上一般设有月牙标志
水塔烟囱 a.依比例尺的 b.不依比例尺的	a 🏭	b 3.6 2.0 🏭		水塔和烟囱合为一体的建筑物 依比例尺表示的用实线表示轮廓，其内配置符号	教堂		混 ✝		基督教举行宗教仪式及礼拜的场所
电信局		砼5 ⟲		办理电信业务的场所	宝塔、经幢、纪念塔	a.依比例尺的 b.不依比例尺的	a 🗼	b 3.6 1.2 🗼	宗教或纪念性塔形建筑物
邮局		砼5 ⊞		办理邮政业务的场所	气象台（站）		3.6 3.0	1.0 ⊤	进行气象观察的场所
电视发射塔 23——塔高		◯ 23		架设广播电视天线的塔形建筑物	地震台		砼 ⊘		进行监测和处理地震信息的场所
移动通信塔、微波传送塔、无线电杆 a.在建筑物上 b.依比例尺的 c.不依比例尺的	砼5 通信 a	b c	发射或接收无线电、微波信号的天线杆、架、塔设备	天文台		砼 ⬡		进行天文观测的场所
					卫星地面站		砖		地面跟踪卫星轨道或接收卫星发回数据的测站设施
					科学实验站		砖 ⚛		进行各种科学试验的场所
古迹、遗址 a.古迹 b.遗址	混 🜨 a	秦阿房宫遗址 🜨 b		古代各种建筑物和残留地	土城墙 a.城门 b.豁口 c.损坏的		a b c		古代建筑在城市四周作防守用的土墙
纪念碑 a.依比例尺的 b.不依比例尺的	a ⛩	b ⛩		比较高大、有纪念意义的碑和其他类似物体					

注：本表根据《国家基本比例尺地形图图式第一部分：1：500 1：1000 1：2000 地形图图式》GB/T 20257.1-2007编制。

地形图图式

符号与注记——居民地及设施、交通

续表

符号名称		符号式样			简要说明	符号名称		符号式样			简要说明
		1：500	1：1000	1：2000				1：500	1：1000	1：2000	
						交通					
长城、砖石城墙	a.完整的 a1.城门 a2.城楼 a3.台阶 b. 损坏的 b1. 豁口				古时遗留下来的，用于防卫的绵亘数百米或数千千米的高大城垣	标准轨铁路	a.一般的 b.电气化的 b1.电杆 c.建筑中的				轨距为1.435m的铁路线路。1：500、1：1000地形图上按轨距以双线依比例尺表示，1：2000地形图上不依比例符号表示
围墙	a.依比例尺的 b.不依比例尺的	10.0　0.5			用土或砖、石砌成的起封闭阻隔作用的墙体	高速公路	a.临时停车点 b.隔离带 c.建筑中的	0.4 0.4 c　3.0　25.0			指具有中央分隔带、多车道、立体交叉、出入口受控制的专供汽车高速度行驶公路
栅栏、栏杆		10.0　　1.0			有支柱或基座的，用铁、木、砖、石、混凝土等材料制成的起封闭阻隔作用的障碍物	国道	a.一级公路 a1.隔离设施 a2.隔离带 b.二至四级公路 c.建筑中的 ①、②—技术等级代码（G305）、（G301）—国道代码及编号	0.3 a1　a2 a　　①（G305） 0.3 b　　②（G301）　0.3 3.0　20.0			指具有全国性的政治、经济、国防意义，并确定为国家级干线的公路
篱笆		10.0　　1.0 0.5			用竹、木等材料编织成的，较长时间保留的，起封闭阻隔作用的障碍物						
活树篱笆		6.0　　1.0 0.6			由灌木、荆棘等活树形成规整的起封闭阻隔作用的障碍物	省道	a.一级公路 a1.隔离设施 a2.隔离带 b.二至四级公路 c.建筑中的 ①、②—技术等级代码（S305）、（S301）—省道代码及编号	0.3 a1　　a2 a　①（S305） 0.3 b　②（S301）　0.3 15.0　2.0			指具有全省政治、经济意义，连接省内中心城市和主要经济区的公路，以及不属于国道的省际间的重要公路
地下建筑物出入口	a.地铁站出入口 a1.依比例尺的 a2.不依比例尺的 b. 建筑物出入口 b1.出入口标识 b2.开敞式的 b2.1有台阶的 b2.2无台阶的 b3.有雨棚的 b4.屋式的 b5.不依比例尺的	a　a1 a2 ① b b1 b2 b2.2 b2 b4 砖　b5 2.5 1.8			地下通道、地铁、防空洞、地下停车场等地下建筑物在地表的出入口。a.地铁站出入口按轮廓线依比例表示，其内配置符号；小于符号尺寸时用符号a2表示。地铁站出入口处应加注站名。b.其他建筑物出入口按轮廓线依比例尺表示，其内配置标识符号；小于符号尺寸时用符号b5表示。标识符号的尖端表示入口方向						
						县道、乡道及其他公路	a.有路肩的 b.无路肩的 ⑨—技术等级代码（X301）—县道代码及编号 c.建筑中的	a　⑨（X301） b　⑨（X301）　0.2 0.2 0.2 c　1.0　10.0　0.2 0.2			指连接县城和县内乡镇的，或国道、省道以外的县际、乡际间的，由县、乡财政投资、管理的公路
地下建筑物通风口	a.地下室的天窗 b.其他通风口	a b　2.6 ② 1.6			地下房屋、防空洞、地下停车场及地道等地面下建筑物的通风口						
柱廊	a.无墙壁的 b.一边有墙壁的	a　1.0 0.5　1.0 b			由支柱和顶盖组成，供人通行的走廊，如长廊、回廊等	地铁	a.地面下的 b.地面上的	a　8.0　b 1.0 2.0　2.0			城市中铺设在地下隧道中高速、大运量的轨道客运线路，个别地段由地下连接到地面的线路也视为地铁
台阶		0.6 1.0　1.0			砖、石、水泥砌成的阶梯式构筑物	磁浮铁轨、轻轨线路	a.轻轨站标识	0.6 8.0　2.0　2.0　8.0 a 3.0 ②			均为封闭运行的快速轨道交通
室外楼梯	a.上楼方向	砼8 a			附楼房外墙的非封闭楼梯	快速路		0.4 0.15 5.0　8.0			城市道路中设有中央分隔带，具有4条以上车道，全部或部分采用立体交叉与控制出入，供车辆以较高速度行驶的道路
假山石					在公共场所建造的一种山状装饰性设施						

注：本表根据《国家基本比例尺地形图图式第一部分：1：500 1：1000 1：2000 地形图图式》GB/T 20257.1-2007编制。

2 场地设计

地形图图式

符号与注记——交通、管线　　　　　　　　　　　　　　　　　　　　　　　　　　　　续表

符号名称		符号式样			简要说明	符号名称		符号式样			简要说明
		1:500	1:1000	1:2000				1:500	1:1000	1:2000	
高架路	a.高架快速路 b.高架路 c.引道	a　　　　　　　0.4　c　　　　　b			城市中架空的供汽车行驶的道路	管线					
						高压输电线	架空的 a.电杆 35—电压(kV) 地下的 b.电缆标	a　　　35 b			用以输送6.6kV以上且固定的高压输电线路
内部道路		1.0　　1.0			公园、工矿、机关、学校、居民小区等内部有铺装材料的道路	配电线	架空的 a.电杆 35—电压(kV) 地下的 b.电缆标	a b			用以输送6.6kV以下且固定的低压配电线路
阶梯路		1.0			用水泥和砖、石砌成阶梯式的人行路	电力线附属设施	a.电杆 b.电线架 c.电线塔 c1.依比例尺的 c2.不依比例尺的 d.电力检修井孔	a b c1 c2			电线架是指由两根立杆组成，支撑电线的支架;电线塔是由钢架结构组成，支撑电线的塔架
机耕路（大路）		8.0　　2.0　　　　　　　0.2			路面经过简易铺修，但没有路基，一般能通行拖拉机、大车等的道路，某些地区也可通行汽车						
						变电室（所）	a.室内的 b.露天的	a　　　b　3.2 1.6			改变电压和控制电能输送与分配的场所
乡村路	a.依比例尺的 b.不依比例尺的	a　4.0　　1.0　　　0.2 b　8.0　　2.0　　　0.3			不能通行大车、拖拉机的道路。路面不宽，有的地区用石块或石板铺成	变压器	a.电线杆上的变压器	a			露天的、安装在电线杆、架上的小型变压器
小路、栈道		4.0　　1.0　　　0.3			供单人单骑行走的道路	陆地通信线	地上的 a.电杆 地面下的 b.电缆标 电信检修井孔 c.电信人孔 d.电信手孔	a　　1.0 0.5　8.0 b　8.0　1.0　4.0 c 2.0 ⊗ d 2.0 ⊠			供通信的陆地电缆、光缆线路，如电话线、广播线等
长途汽车站（场）		3.0 ⊗ 0.8			乡镇以上的供长途旅客上、下车的场所						
加油站、加气站		油——加油站			机动车辆添加动力能源的场所	管道	a.架空的依比例尺的墩架 b.架空的不依比例尺的墩架 c.地面上的 d.地面下的及入地口 e.有管道的热、水—输送物名称	a　　热 b　　热 c　　水 1.0 d　　污 1.0 10.0 e　水 1.0 4.0			输送油、汽、气、水等液体和气态物质的管状设施
停车场		ⓟ 3.3			有人值守的，用来停放各种机动车辆的场所						
过街天桥、地下通道	a.天桥 b.地道	a　　　b			供行人跨（穿）越街道的桥梁或地下通道	管道检修井孔	a.给水检修井孔 b.排水(污水)检修井孔 c.排水暗井 d.煤气、天然气、液化气检修井孔 e.热力检修井孔 f.工业、石油检修井孔 g.不明用途的井孔	a 2.0 ⊖ b 2.0 ⊕ c 2.0 Ⓐ d 2.0 Ⓝ e 2.0 Ⓡ f 2.0 Ⓘ g 2.0 ◯			管道检修井孔按实际位置表示，不区分井盖形状，只按检修类别用相应符号表
铁路平交道口	a.有栏木的 b.无栏木的	a　　　b 0.6			铁路与其他道路平面相交的路口						
路堑	a.已加固的 b.未加固的	a b			人工开挖的低于地面的路段	管道其他附属设施	a.水龙头 b.消火栓 c.阀门 d.污水、雨水算子	a 3.6 1.0 1.6 b 2.0 3.6 c 1.6 3.0 d 0.5 1.0 2.0 2.0			a.室外饮水、供水的出水口的控制开关; b.消防用水接口; c.工业、热力、液化气、天然气、煤气、给水、排水等各种管道的控制开关; d.城市街道及内部道路旁污水雨水管道口起滤作用的过滤网。符号按实际情况沿道路边线表示
路堤	a.已加固的 b.未加固的	a　　　b			人工修筑的高于地面的路段						

注: 本表根据《国家基本比例尺地形图图式第一部分: 1:500 1:1000 1:2000 地形图图式》GB/T 20257.1-2007编制。

地形图图式

符号与注记——地貌、植被与土质 续表

2
场地设计

符号名称		符号式样			简要说明	符号名称		符号式样			简要说明
		1：500	1：1000	1：2000				1：500	1：1000	1：2000	
地貌						滑坡					斜坡表层由于地下水和地表水的影响，在重力作用下向下滑动的地段
等高线及其注记	a.首曲线 b.计曲线 c.间曲线 25——高程	a ———— 0.15 b —1.0— 25 —— 0.3 c ……6.0…… 0.15			等高线是地面上高程相等的各相邻点所连成的闭合曲线。等高线分为首曲线、计曲线、间曲线	斜坡	a.未加固的 b.已加固的	a 2.0 4.0 b			各种天然形成和人工修筑的坡度在70°以下的坡面地段
示坡线		0.8			指示斜坡降落的方向线，它与等高线垂直相交	梯田坎	2.5——比高	2.5 0.5 2.0			依山坡或谷地由人工修筑的阶梯式农田陡坎
高程点及其注记	1520.3、-15.3——高程	0.5 ● 1520.3 ● -15.3			根据高程基准面测定高程的地面点	植被与土质					
特殊高程点及其注记	113.5——最大洪水位高程 1986.6——发生年月	1.6 ◉ 洪113.5 1986.6			具有特殊需要和意义的高程点，如洪水位、大潮潮位等处的高程点	稻田	a.田埂	0.2 ↓ 10.0 a ↓ 2.5 10.0			种植水稻的耕地
土堆、贝壳堆、矿渣堆	a.依比例尺的 b.不依比例尺的 3.5——比高	a (3.5) b ⚬ 1.0 2.0			由泥土、贝壳、矿渣堆积而成的堆积物						
石堆		a ⟨⟩ b ▲			由石块堆积而成的堆积物	旱地		1.3 2.5 ⊥ ⊥ 10.0 ⊥ ⊥ 10.0			稻田以外的农作物耕种地，包括撂荒未满3年的轮歇地
岩溶漏斗、黄土漏斗		⟨:			在岩溶地区受水的溶蚀或岩层塌陷而在地面形成的漏斗状或碟形的封闭注地						
坑穴	a.依比例尺的 b.不依比例尺的 2.6、2.3——深度	a (2.6) b ⬡ 2.5 2.3			地表面突然凹下的部分，坑壁较陡，坑口有较明显的边缘	菜地		⅄ ⅄ 10.0 ⅄ ⅄ 10.0			以种植蔬菜为主的耕地
冲沟	3.4、4.5——比高	3.4 4.5			地面长期被雨水急流冲蚀而形成的大小沟壑，沟壁较陡，攀登困难						
地裂缝	a.依比例尺的 2.1——裂缝宽 5.3——裂缝深 b.不依比例尺的	a 2.1/5.3 裂 b 裂 0.5 0.15			由地壳运动引起的地裂或采掘矿物后的采空区塌陷造成的地表裂缝	水生作物地	a.非常年积水的 菱——品种名称	⅄ 10.0 菱 ⅄ 10.0 a 菱 3.0 1.0			比较固定的以种植水生作物为主的用地，如菱角、莲藕、茭白地等
陡崖、陡坎	a.土质的 b.石质的 18.6、22.5——比高	a 18.6 300 b 22.5 700			形态壁立、难于攀登的陡峭崖壁或各种天然形成的坎（坡度在70°以上），分为土质和石质两种	行树	a b.灌木行树	a ⚬ ⚬ ⚬ ⚬ b ⚬ ⚬			沿道路、沟渠和其他线状地物一侧或两侧成行种植的树木或灌木
人工陡坎	a.未加固的 b.已加固的	a 2.0 b 3.0			由人工修成的坡度在70°以上的陡峻地段	成林	松6——树种及平均树高	⚬ ⚬ 1.6 松6 ⚬ ⚬ 10.0			林木进入成熟期、树冠覆盖地面的程度在0.3以上、林龄在20年以上、林木的内部结构特征能影响周围环境的生物群落，包括各种针叶林、阔叶林
山洞、溶洞	a.依比例尺的 b.不依比例尺的	a ⌒ b ⌒ 2.4 1.6			山洞指山体中的洞穴；溶洞指受水溶蚀或岩层塌陷而形成的地下空洞						
平沙地		平沙地			平坦沙地或起伏不明显的沙地	幼林、苗圃	幼——幼林	⚬ ⚬ 1.0 幼 ⚬ ⚬ 10.0			林木处于生长发育阶段，通常树龄在20年以下，尚未达到成熟的林分；苗圃指固定的林木育苗地
石垄	a.依比例尺的 b.不依比例尺的	a ◇◇◇◇◇ b ◇◇◇◇◇			在山坡或河滩地用大小不同的石块，由人工堆积而成的狭长石围						

注：本表根据《国家基本比例尺地形图图式第一部分：1：500 1：1000 1：2000 地形图图式》GB/T 20257.1-2007编制。

地形图图式

符号与注记——植被与土质 续表

符号名称		符号式样 1:500	1:1000	1:2000	简要说明	符号名称		符号式样 1:500	1:1000	1:2000	简要说明
经济林	a.果园 b.桑园 c.茶园 d.其他经济林	a b c d			以种植果树为主，集约经营的多年生木本和草本作物，覆盖度大于50%或每亩株数大于合理株数70%的土地。经济林指以生产果品、食用油料、饮料、调料、工业原料和药材为主要目的的树木	高草地	芦苇——植物名称	2.5 1.0 芦苇 10.0			以生长芦苇、席草、芒草、芨芨草和其他高秆草本植物的草地
经济作物地		1.0 2.5 10.0			经济作物地指由人工栽培、种植比较固定的多年生生长植物	草地	a.天然草地 b.改良草地 c.人工牧草地 d.人工绿地	a 2.0 1.0 10.0 b 10.0 c 10.0 d 1.6 0.8 5.0 10.0			以生长草本植物为主的、覆盖度在50%以上的地区。a.以天然草本植物为主，未经改良的草地，包括草甸草地、草丛草地、疏林草地、灌木草地和沼泽草地；b.采用灌溉、排水、施肥、松耙、补植等措施进行改良的草地；c.人工种植的牧草地；d.城市中人工种植的绿地
灌木林	a.大面积的 b.狭长的	a 0.5 1.0 b			成片生长、无明显主干、枝杈丛生的木本植物地	半荒草地		0.6 1.6 10.0			草类生长比较稀疏，覆盖度在20%~50%的草地
竹林	a.大面积竹林 b.狭长竹丛	a b 4.0			以生长竹子为主的林地	荒草地		0.6 10.0 10.0			植物特别稀少，其覆盖度在5%~20%的土地，不包括盐碱地、沼泽地和裸土地
疏林					树木郁闭度在0.1~0.3的林地	花圃、花坛		1.5 1.5 10.0 10.0			用来美化庭院，种植花卉的土台、花园
迹地		2.0 10.0 1.0 0.6 10.0			林地采伐后或火烧后5年内未变化的土地	盐碱地					有盐碱聚积的地面
防火带		防火 防火			林区、草原中为防止火灾灾情蔓延而开辟的空道	沙砾地、戈壁滩					沙河砾石混合分布的沙砾地和地表几乎为砾石覆盖的地段
独立树	a.阔叶 b.针叶 c.果树	1.6 1.0 1.6 2.0 3.0 2.0 3.0 3.0 1.0 1.0 1.0 a b c			有良好方位意义的或著名的单棵树	沙泥地		3.0 3.0			沙和泥均匀分布的地段
						石块地					岩石受风化作用而形成的石块堆积地

注: 本表根据《国家基本比例尺地形图图式第一部分: 1:500 1:1000 1:2000 地形图图式》GB/T 20257.1-2007编制。

气候条件[1]

1. 气候区划

了解建筑场地所处的建筑气候区的气候特点以及对建筑和场地布局的基本要求（表1、表2）。

2. 风象

了解当地风玫瑰图（风向频率和风速）以及场地有无局部风效应①、②。

3. 日照

了解当地日照标准、日照间距系数、日照时数、日照百分率。

4. 气温

了解当地常年绝对最高和最低气温、历年最热和最冷月的月平均气温以及最大冻土深度等。

5. 降水

了解当地平均年总降水量、最大日降水量、暴雨强度、最大历时及积雪厚度等。

6. 湿度

了解当地最冷月、最热月以及最热月14时的平均相对湿度。

7. 防雷

了解当地雷电活动规律及防雷减灾相关要求。

建筑气候一级区区划指标　　表1

区名	主要指标	辅助指标	各区辖行政区范围
I	1月平均气温≤-10℃ 7月平均气温≤25℃ 7月平均相对湿度≥50%	年降水量200~800mm，年日平均气温≤5℃的日数≥145d	黑龙江、吉林全境；辽宁大部、内蒙古中、北部及陕西、山西、河北、北京北部的部分地区
II	1月平均气温-10~0℃ 7月平均气温18~28℃	年日平均气温≥25℃的日数<80d 年日平均气温≤5℃的日数145~90d	天津、山东、宁夏全境；北京、河北、山西、陕西大部；辽宁南部；甘肃中东部以及河南、安徽、江苏北部的部分地区
III	1月平均气温0~10℃ 7月平均气温25~30℃	年日平均气温≥25℃的日数40~110d 年日平均气温≤5℃的日数90~0d	上海、浙江、江西、湖北、湖南全境；江苏、安徽、四川大部；陕西、河南南部；贵州东部；福建、广东、广西北部和甘肃南部的部分地区
IV	1月平均气温>10℃ 7月平均气温25~29℃	年日平均气温≥25℃的日数100~200d	海南、台湾全境；福建南部；广东、广西大部以及云南西部和元江河谷地区
V	7月平均气温18~25℃ 1月平均气温0~13℃	年日平均气温≤5℃的日数0~90d	云南大部；贵州、四川西南部；西藏南部一小部分地区
VI	7月平均气温<18℃ 1月平均气温0~-22℃	年日平均气温≤5℃的日数90~285d	青海全境；西藏大部；四川西部；甘肃西南部；新疆南部部分地区
VII	7月平均气温≥18℃ 1月平均气温-5~-20℃ 7月平均相对湿度<50%	年降水量10~600mm，年日平均气温≥25℃的日数<120d 年日平均气温≤5℃的日数110~180d	新疆大部；甘肃北部；内蒙古西部

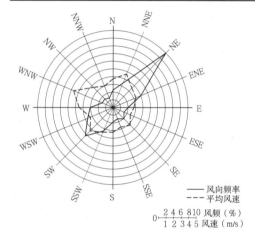

①　某城市累计风向频率、平均风速图

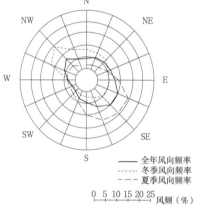

注：中心圈内的数值为全年的静风频率

②　上海市风玫瑰图

建筑气候特征及基本要求　　表2

区名	建筑气候特征	建筑基本要求
I	冬季漫长严寒，夏季短促凉爽；西部偏于干燥，东部偏于湿润；气温年较差很大；冰冻期长，冻土深，积雪厚；太阳辐射量大，日照丰富；冬半年多大风	1.建筑物必须充分满足冬季防寒、保温、防冻等要求，夏季可不考虑防热。 2.总体规划、单体设计和构造处理应使建筑物满足冬季日照和防御寒风的要求；建筑物应采取减少外露面积，加强冬季密闭性，合理利用太阳能等节能措施；结构上应考虑气温年较差大及大风的不利影响；屋面构造应考虑积雪及冻融危害；施工应考虑冬季漫长严寒的特点，采取相应的措施
II	冬季较长且寒冷干燥，平原地区夏季较炎热湿润，高原地区夏季较凉爽，降水量相对集中；气温年较差大；春、秋季短促，气温变化剧烈；春季雨雪稀少，多大风风沙天气，夏秋多冰雹和雷暴	1.建筑物应满足冬季防寒、保温、防冻等要求，夏季部分地区应兼顾防热。 2.总体规划、单体设计和构造处理应满足冬季日照并防御寒风的要求，主要房间宜避西晒；应注意防雨雪；建筑物应采取减少外露面积，加强冬季密闭性且兼顾夏季通风和利用太阳能等节能措施；结构上应考虑气温年较差大、多大风的不利影响；建筑物宜有防冰雹和防雷措施；施工应考虑冬寒冷期较长和夏季多暴雨的特点
III	大部分地区夏季闷热，冬季湿冷，气温日较差小；年降水量大；日照偏少；春末夏初为长江中下游地区的梅雨期，多阴雨天气，常有大雨和暴雨出现；沿海及长江中下游地区夏秋常受热带风暴和台风袭击，易有暴雨大风天气	1.建筑物必须满足夏季防热、通风降温要求，冬季应适当兼顾防寒。 2.总体规划、单体设计和构造处理应有利于良好的自然通风，建筑物应避西晒，并满足防雨、防潮、防洪、防雷击要求；夏季施工应有防高温和防雨的措施
IV	长夏无冬，温高湿重，气温年较差和日较差小；雨量丰沛，多热带风暴和台风暴雨天气；太阳高度角大，日照较小，太阳辐射强烈	1.该区建筑物必须充分满足夏季防热、通风、防雨要求，冬季可不考虑防寒、保温。 2.总体规划、单体设计和构造处理宜开敞通透，充分利用自然通风；建筑物应避西晒，宜设遮阳，应注意防暴雨、防洪、防潮、防雷击；夏季施工应有防高温和暴雨的措施
V	立体气候特征明显，大部分地区冬温夏凉，干湿季分明；常年有雷暴、多雾，气温的年较差小，日较差偏大，日照较少，太阳辐射强烈，部分地区冬季气温偏低	1.建筑物应满足湿季防雨和通风要求，可不考虑防热。 2.总体规划、单体设计和构造处理宜使湿季有较好自然通风，主要房间应有良好朝向；建筑物应注意防潮、防雷击；施工应有防雨的措施
VI	长冬无夏，气候寒冷干燥，南部气温较高，降水较多，比较湿润；气温年较差小而日较差大；气压偏低，空气稀薄，透明度高；日照丰富，太阳辐射强烈；冬季多西南大风；冻土深，积雪较厚，气候垂直变化明显	1.建筑物应充分满足防寒、保温、防冻的要求，夏天不需考虑防热。 2.总体规划、单体设计和构造处理应注意防寒风与风沙；建筑物应采取减少外露面积，加强密闭性，充分利用太阳能等节能措施；结构上应注意大风的不利作用，地基及地下管道应考虑冻土的影响；施工应注意冬季严寒的特点
VII	大部分地区冬季漫长严寒，南疆盆地冬季寒冷；大部分地区夏季干热，吐鲁番盆地酷热，山地较凉；气温年较差和日较差均大；大部分地区雨量稀少，气候干燥，风沙大；部分地区冻土深，山地积雪较厚；日照丰富，太阳辐射强烈	1.建筑物必须充分满足防寒、保温、防冻要求，夏季部分地区应兼顾防热。 2.总体规划、单体设计和构造处理应以防寒风与风沙，争取冬季日照为主；建筑物采取减少外露面积，加强密闭性，充分利用太阳能等节能措施；房屋外围护结构宜厚重；结构上应考虑气温年较差和日较差均大以及大风等的不利作用；施工应注意冬季低温、干燥多风沙及温差大的特点

[1]我国各主要城市风玫瑰图和日照标准见本册"建筑综述"专题。

地基承载力

了解建筑场地地基土的基本特性和地基承载力大小。一般建筑地基承载力应大于100kPa,当小于100kPa时,应注意地基的变形问题。

地震

了解建筑场地所处地区的抗震设防烈度,确定场地建筑工程的抗震设防类别及抗震设防标准(表1)。抗震设防烈度6度及以上地区的建筑,必须进行抗震设计。抗震设防烈度大于9度地区的建筑及行业与特殊要求的工业建筑,其抗震设计应按有关专门规定执行。

各抗震设防类别建筑的抗震设防标准● 表1

设防类别	抗震设防标准
甲类	应按本地区抗震设防烈度提高一度的要求加强其抗震措施;但抗震设防烈度为9度时应按比9度更高的要求采取抗震措施。同时,应按批准的地震安全性评价的结果且高于本地区抗震设防烈度的要求确定其地震作用
乙类	应按本地区抗震设防烈度提高一度的要求加强其抗震措施;但抗震设防烈度为9度时应按比9度更高的要求采取抗震措施;地基基础的抗震措施,应符合有关规定。同时,应按本地区抗震设防烈度确定其地震作用
丙类	应按本地区抗震设防烈度确定其抗震措施和地震作用,应达到在遭遇高于当地抗震设防烈度的预估罕遇地震影响时,不致倒塌或发生危及生命安全的严重破坏的抗震设防目标
丁类	允许比本地区抗震设防烈度的要求适当降低其抗震措施,但抗震设防烈度为6度时不应降低。一般情况下,仍应按本地区抗震设防烈度确定其地震作用

不良地质及特殊地质现象

了解场地内部及周边有无冲沟、滑坡、泥石流、崩塌、断层、岩溶、地裂缝、人工采空区、自重湿陷性黄土、膨胀土等不良地质或特殊地质现象,场地选址应尽量避开,否则应采取必要的处理措施(表2)。

不良地质现象 表2

类别	特征	处理方式
冲沟	是由间断流水在地表冲刷形成的沟槽。稳定的冲沟对建设用地影响不大,只要采取一些措施就可用来建筑或绿化。不稳定的发育冲沟会对场地及建筑产生破坏	工程处理
崩塌	陡坡或悬崖的岩土体在重力作用下,突然向下崩落并顺山坡猛烈地翻滚跳跃、撞击破碎,最后堆于坡脚的现象	工程处理
滑坡	斜坡上的岩层或土体受自然或人为因素影响,在重力作用下失去稳定,沿贯通的破坏面(带)整体或分散向下滑的现象	工程处理
泥石流	是指在山区或其他沟谷深壑,地形险峻的地区,因暴雨暴雪或其他自然灾害引发的山体滑坡并携带有大量泥沙以及石块的特殊洪流	避让
断层	是岩层受力达到一定强度而产生破裂,并沿破裂面有明显相对移动的构造现象	避让
地裂缝	地面裂缝的简称。是地表岩层、土体在自然因素或人为因素作用下,产生开裂,并在地面形成一定长度和宽度的裂缝的一种宏观地表破坏现象	避让
湿陷性黄土	属于特殊土。在上覆土层自重应力作用下,或者在自重应力和附加应力共同作用下,因浸水后土的结构破坏而发生显著附加变形的土	工程处理
膨胀土	是一种非饱和的、结构不稳定的黏性土,其黏粒成分主要由亲水性矿物组成,具有显著的吸水膨胀和失水收缩变形特性	工程处理
岩溶	又名喀斯特,是可溶性岩层以被水溶解为主的化学溶蚀作用,伴以流水、潜蚀等机械作用形成沟槽、裂隙、溶洞,以及洞顶塌落使地表产生陷穴等一系列现象和作用的总称	避让
人工采空区	地下矿藏经过开发后,形成人工采空区。采空区的地层结构受到破坏而引起的崩落、弯曲、下沉等现象称采空区陷落	避让

水文及水文地质

1. 了解场地所在地区江、河、湖泊、水库等地表水体流速、

水位变化情况和防洪标准(表3、表4~表10),对场地有无影响以及在设计中利用水体美化环境的可能性。

2. 了解场地地下水的存在形式、含水层厚度、矿化度、硬度、水文、地下水位及其变化引起地面沉降等情况。

城市防护区的防护等级和防洪标准● 表3

防护等级	重要性	常住人口(万人)	当量经济规模(万人)	防洪标准[重现期(年)]
I	特别重要	≥150	≥300	≥200
II	重要	<150, ≥50	<300, ≥100	200~100
III	比较重要	<50, ≥20	100, ≥40	100~50
IV	一般	<20	40	50~20

城市不同防护等级和洪灾类型的防洪标准● 表4

城市防护等级	防洪标准[重现期(年)]		
	河(江)洪、海潮	山洪	泥石流
一	≥200	100~50	>100
二	200~100	50~20	100~50
三	100~50	20~10	50~20
四	50~20	10~5	20

乡村防护区的防护等级和防洪标准● 表5

防护等级	人口(万人)	耕地面积(万亩)	防洪标准[重现期(年)]
I	≥150	≥300	100~50
II	<150, ≥50	<300, ≥100	50~30
III	<50, ≥20	100, ≥30	30~20
IV	<20	30	20~10

工矿企业的防护等级和防洪标准● 表6

防护等级	工矿企业规模	防洪标准[重现期(年)]
I	特大型	200~100
II	大型	100~50
III	中型	50~20
IV	小型	20~10

河港主要港区陆域的防护等级和防洪标准● 表7

防护等级	重要性和受淹损失程度	防洪标准[重现期(年)]	
		河网、平原河流	山区河流
I	直辖市、省会、首府和重要城市的主要港区陆域,受淹后损失巨大	100~50	50~20
II	比较重要城市的主要港区陆域,受淹后损失较大	50~20	20~10
III	一般城镇的主要港区陆域,受淹后损失较小	20~10	10~5

内河航道通航建筑物的防护等级和防洪标准● 表8

防护等级	通航建筑物级别	船舶吨级(t)	防洪标准[重现期(年)]
I	I	3000	100~50
II	II	2000	50~20
III	III、IV	1000、500	20~10
IV	IV~VII	300、100、50	10~5

文物古迹的防护等级和防洪标准● 表9

防护等级	文物保护的级别	防洪标准[重现期(年)]
I	世界级、国家级	≥100
II	省(自治区、直辖市)级	100~50
III	市、县级	50~20

旅游设施的防护等级和防洪标准● 表10

防护等级	景源级别	旅游价值、知名度和受淹损失程度	防洪标准
I	特级、一级	世界或国家保护价值,知名度高,受淹后损失巨大	100~50
II	二级	省级保护价值,知名度较高,受淹后损失较大	50~30
III	三级、四级	市县级保护价值,知名度较高,受淹后损失较小	30~10

● 摘自《防洪标准》GB 50201—2014。

城市规划条件

1. 道路红线：规划的城市道路(含居住区级道路)用地边界线。道路红线一般成对出现。

2. 城市绿线：是指城市各类绿地范围的控制线。

3. 城市紫线：是指国家历史文化名城内的历史文化街区和省、自治区、直辖市人民政府公布的历史文化街区的保护范围界线，以及历史文化街区外经县级以上人民政府公布保护的历史建筑的保护范围界线。

4. 城市蓝线：是指城市规划确定的江、河、湖、库、渠和湿地等城市地表水体保护和控制的地域界线。

5. 城市黄线：是指对城市发展全局有影响的、城市规划中确定的、必须控制的城市基础设施用地的控制界线。

6. 征地界线：是由城市规划部门和国土资源管理部门划定的供土地使用者所征用土地的边界线。征地界线内有时包含城市道路、城市公共绿地等一部分城市公共设施用地。

7. 用地红线：是指各类建筑工程项目用地的使用权属范围的边界线，又称用地界线。用地红线是由道路红线、城市绿线、紫线黄线、用地分界线等组成闭合线。

8. 建筑红线：又称建筑控制线，是有关法规或详细规划确定的建筑物、构筑物的基底位置不得超出的界线。

9. 场地高程：场地地面高程应按城市规划确定的控制标高设计。基地地面高程应与相邻基地标高协调，不妨碍相邻各方的排水。一般场地地面宜高出城市道路路面，以便于场地排水，否则应设场地排水措施。

10. 城市建设用地：城市建设用地按土地使用的主要性质进行划分和归类，分为大类、中类和小类三个层次，共计8大类，35中类，42小类，具体参见《城市用地分类与规划建设用地标准》GB 50137-2011(表1)。

11. 控制要素：包括规定性指标和指导性指标，包含用地、交通、高度、密度、容量、绿地等控制要素和规定(表2)。

城市建设用地分类（大类）和代码 　　　　　　　表1

类别代码	类别名称	类别代码	类别名称
R	居住用地	W	物流仓储用地
A	公共管理与公共服务设施用地	S	道路与交通设施用地
B	商业服务业设施用地	U	公用设施用地
M	工业用地	G	绿地与广场用地

城市规划控制要素表 　　　　　　　　　　　　表2

控制要素		控制内容
规定性要素	用地控制	划定地块用地边界、大小、确定用地性质、退界距离等
	交通控制	规定场地周边道路位置、宽度、断面形式、标高；场地道路出入口方位；配建停车泊位数量；人流集散面积等
	高度控制	规定场地允许建设的最高建筑高度或最高建筑层数
	密度控制	一般规定场地允许建设的最大建筑密度指标
	容积率控制	规定场地允许建设的最大容积率指标
	绿地率控制	民用建筑场地一般规定场地最小绿地率指标
指导性要素	人口容量控制	规定居住场地中的人口毛密度、净密度等指标
	配套设施	规定场地中应配建的公厕、变电室、便民店等市政公用设施、行政管理设施和商业服务设施等面积指标
	建筑形态控制	对场地的建筑形式、体量、风格、群体组合、空间尺度等提出指导建议
	建筑色彩控制	对场地建筑色彩提出指导建议
	其他环境要求	对场地绿化、小品、铺装等环境设施提出指导建议

2
场地设计

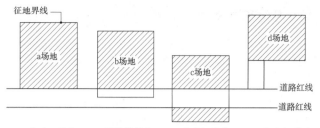

a 道路红线与征地界线重合　　b 道路红线与征地界线相交　　c 道路红线分割场地　　d 道路红线与征地界线分离

1 道路红线与征地界限的关系

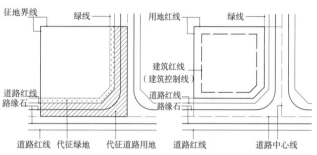

2 征地界限、道路红线　　**3** 用地红线、建筑红线

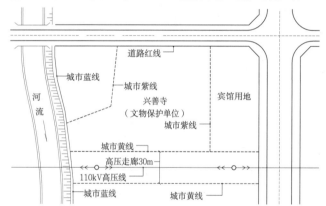

4 城市紫线、蓝线、黄线

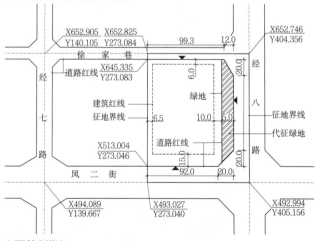

主要控制指标

地块编号	J3-02	用地性质	B14（旅馆用地）
用地面积（m²）	12777	最高容积率	3.5
最大建筑密度（%）	30	绿地率（%）	25
建筑限高（m）	50	配建车位（辆）	200

5 城市规划条件示例

场地总体布局内容

场地总体布局是在场地条件分析的基础上，针对场地建设与使用过程中需要解决的主要矛盾，进行综合安排及用地布局，确定场地各项内容的空间位置、相互关系及基本形态，并做出总平面布置。目的是有效利用土地，合理组织场地内各种活动，处理好场地构成要素及其与周围环境的关系，使建筑的内部功能与外部环境相互协调、有机联系，形成统一整体。

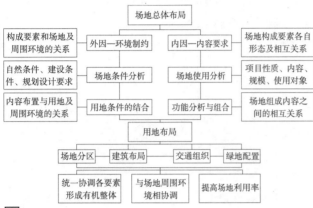

1 场地总体布局内容

场地分区

场地分区是用地布局时首先考虑的内容，其基本思路一是从场地组成内容的功能特性出发，进行功能分区和组织；二是从基地利用出发，进行用地划分和安排。功能分区与用地划分应结合考虑，同时还应考虑各分区之间的交通联系、空间位置关系等。

功能分区　　　　　　　　　　　　　　　　　　　　表1

考虑因素	要点
功能性质	将性质相同、功能相近、联系密切、对环境要求相似的内容进行归类组合，形成若干个功能区： 1.单体建筑场地，依场地的构成要素可分为建筑用地、交通集散地或室外活动场地、集中绿地等； 2.群体建筑场地，依据场地的功能性质进行分区，如学校场地分为教学区、行政办公区、学生生活区、体育运动区等
空间特性	将功能所需空间性质相同或相近的内容整合在一起，而将性质相异或相斥的部分妥善隔离： 1.按照使用者活动性质或状态划分动区与静区，动静之间可以用中性空间形成联系与过渡； 2.按照使用人数多少或活动的私密性要求划分公共性空间与私密性空间，私密性介于两者之间的为半公共（半私密）空间； 3.按照功能的主次划分主要空间、次要空间和辅助空间
场地条件	根据地形、地质和气象等自然条件的限制性因素考虑具体分区： 1.地块完整、地质条件好、地形平坦的地段宜作建筑用地，地质条件差、地形较为陡峭的地段可做绿化用地； 2.根据风向条件设置洁净区和污染区。包含锅炉房、厨房等的后勤供应区或污染区设在下风向

用地划分　　　　　　　　　　　　　　　　　　　　表2

划分方式	要点
集中方式	对于地块较小、内容单一、功能关系相对简单的场地，将用地划分成几大块，性质相同或类似的用地尽量集中在一起布置，如分为建筑、道路广场、绿地等
均衡方式	对于内容复杂的场地，将场地内容均衡地分布，例如综合医院场地划分为医疗区、技术供应服务区、行政管理区、教学区等，医疗区再次划分为门诊、医技、住院部等，各分区用地都有建筑、道路、绿化等

各分区之间的关系　　　　　　　　　　　　　　　　表3

相互关系	要点
联结关系	考虑各分区间交通、空间和视线等方面的关联，使各分区相互联系，组成一个有机整体。一般交通联系是最主要的，体现各分区之间的功能关系
位置关系	根据功能性质及对外联系要求，确定各分区在场地中内与外、前与后、中心与边缘等的相互位置，以及与场地出入口的关系

中小学校场地功能分区图

2 依据功能性质分区

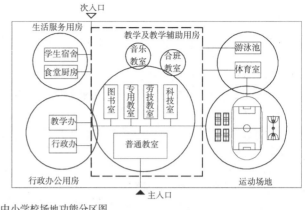

a 幼儿园场地功能分区图

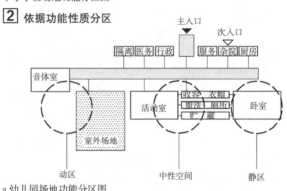

b 展览馆场地功能分区图

3 依据空间特性分区

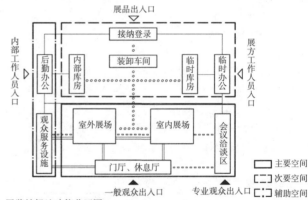

a 集中方式　　　　　　　　　　b 均衡方式

4 用地划分

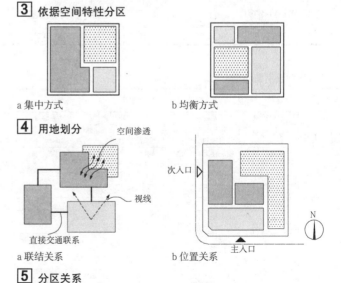

a 联结关系　　　　　　　　　　b 位置关系

5 分区关系

建筑布局结合地域因素

地域因素包括当地社会、经济、历史、文化、自然环境等因素，是建筑设计的大环境背景，也是影响建筑布局的宏观因素。

建筑布局结合地域因素   表1

影响因素	设计方法
历史文化	体现"设计结合文脉"：建筑布局可从城市空间肌理、历史文化背景、历史街区空间格局、传统建筑空间构成中提取设计元素
自然地理	体现"设计结合自然"： 1. 平原区、山地区或滨水区的自然地理条件不同，建筑布局形式或空间环境应与地理环境有机结合。 2. 从适应气候条件角度，北方建筑布局以相对集中、紧凑为宜，以利保温、御寒和防风；南方建筑形态适当分散，空间灵活通透，利于散热和通风

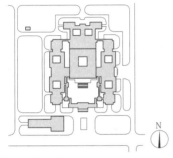

位于历史文化名城西安，与唐代建筑大雁塔、大兴善寺遥相呼应。采取传统建筑中轴对称的院落布局方式，与轴线分明、路网方正、空间规整的城市格局相契合，突出了古朴大气的唐风特征，体现了特定的建筑性质与城市历史文化环境。

a 陕西省历史博物馆

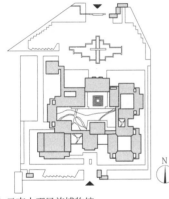

采用白族民居"三坊一照壁"、"四合五天井"的布局形式，组成三合院、四合院相套的平面布置。空间开合变化、各具特色的庭园穿插其间，形成视觉景观丰富、具有民族特色的建筑空间环境。

b 云南大理民族博物馆

1 建筑布局体现历史文化背景

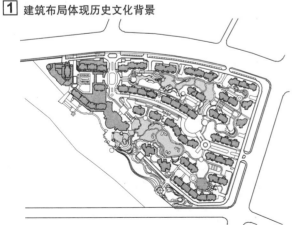

宁波春江花城居住区规划将基地西南侧的大洋江沿河绿带引入小区腹地，将"带状"化为"袋状"形成中心绿化——使"水"与"绿"两个自然环境要素得到最充分利用，奠定了舒展清新的总体格局。

2 建筑布局利用自然地理条件

建筑布局结合区位因素

区位因素是指建设项目在城市中的地理位置，如位于中心区或新开发区，自然风景区或历史文化区等，以及周边建筑、道路交通、景观环境等情况，是影响建筑布局的中观因素。

建筑布局结合区位因素   表2

影响因素	设计方法
区位环境	1. 在城市中心地段，建筑布局需考虑场地的高效利用、创造人性化的城市公共空间及具有特色的城市景观。 2. 在具有历史文脉的地段，建筑布局既要满足现代功能要求，也要体现传统建筑空间意象，形成与所在地段城市空间的协调与延续
周围环境	建筑布局应考虑相邻场地状况以及与城市环境的相互关系，在体量、形态、轴线关系等方面采用适宜的手法，与周围的建筑、道路、环境关系相协调，以达到整体环境的和谐有序

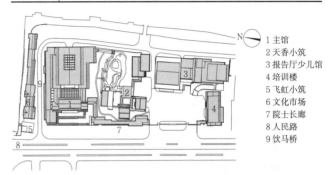

1 主馆
2 天香小筑
3 报告厅少儿馆
4 培训楼
5 飞虹小筑
6 文化市场
7 院士长廊
8 人民路
9 饮马桥

苏州图书馆位于苏州古城中部，内有市文物保护建筑"天香小筑"仿古宅院。设计遵循"尊重历史、尊重环境"的总体立意，采用化大为小、分散布局、围合庭园等手法，达到建筑与古城环境和谐共处的目的。

3 建筑布局与区位环境协调

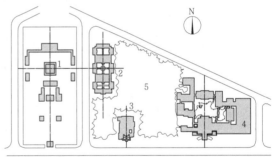

1 大雁塔 2 唐代艺术博物馆 3 唐歌舞餐厅 4 唐华宾馆 5 曲江春晓园

基地西侧为国家重点文保单位大雁塔，中部是唐慈恩寺大殿遗址。设计将唐代艺术博物馆、唐歌舞餐厅、唐华宾馆这3组建筑的纵轴线与慈恩寺纵轴线相平行，而博物馆的横轴又与大雁塔在同一条东西轴上，3组建筑之间设计了遗址公园。

a 西安"三唐工程"

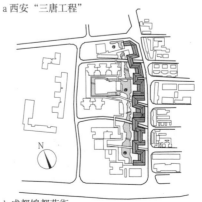

地段狭长，紧邻著名的"宽窄巷子"历史文化保护区，同时又是大型高层商业综合体的边界。建筑群体以"U"形院落为单元，凹凸退进呈线性布置于老区和新区之间，以此应对两侧的形态肌理关系，并获得丰富的空间变化。

b 成都锦都苑街

4 建筑布局与周围环境呼应

建筑布局结合用地因素

　　用地因素是指场地的形状大小、地形地貌、植被水体、建设现状等，是影响建筑布局的微观因素，也是建筑设计的直接影响因素。

建筑布局结合用地因素　　　　　　　　　　　　　　　　表1

影响因素	设计方法
用地大小和形状	1.用地大小紧张时，建筑布局应集中、紧凑；用地形状不规则时，建筑布置要因地制宜、灵活安排。 2.基地有斜边时，建筑走向可与其平行，或采用锯齿状排布
地形地貌及地质	1.高差较大的坡地，建筑长轴宜平行于等高线或与等高线斜交，避免采用垂直于等高线的形式，减少土方工程量，节省成本；山地建筑还可以采取台阶式、底层架空等布置方式。 2.对于地裂带、冲沟、软地基、地下水位较高等不良地质条件，建筑布局应首先考虑避开此类地带；如难以回避，应采取必要的技术措施，改良建筑基址条件
植被水体	1.巧妙组织基地内的树木、水体、岩石等地物要素，使建筑与自然环境要素相互交融，创造良好的场地环境。 2.临水用地，建筑可沿岸线而设，甚至部分伸入水面，扩大景观视野

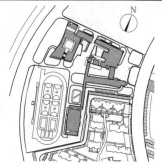

各幢建筑单体沿用地边界一侧布置，与用地形状紧密结合，最大程度留出完整空间布置室外活动场地。

a 福州市江南水都中学

4组建筑单体顺应用地轮廓，呈整体连贯线性排列，对外连续围合，对内设置园林景观半开放空间。

b 北京市联想研发基地

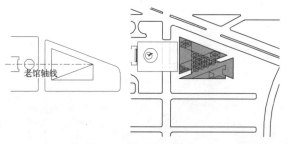

　　基地呈一斜角楔形，底边面对国家美术馆老馆。三角形构图的建筑平面形状与用地轮廓呈平行对应关系，形成建筑与角段环境最直接有力的呼应；等腰三角形与老馆处于同一轴线上，大门设在等腰三角形的底边，与老馆遥相呼应，新老建筑之间设一过渡性雕塑广场，加强了二者的对话。

c 华盛顿国家美术馆东馆

1 建筑形体与用地形状结合

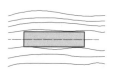

a 建筑长轴平行于等高线

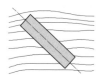

b 建筑长轴与等高线斜交

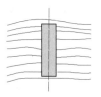

c 建筑长轴垂直于等高线

2 建筑布局与等高线的关系

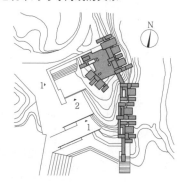

1 车库入口
2 大堂入口

　　南京"中国国际建筑艺术实践展"——客房中心用地位于一条山脊上，采用化整为零、小体量的处理手法，建筑走势顺应坡地高差层层跌落，与自然环境融和，获得更多视野和采光通风面。

3 建筑布局与地形结合

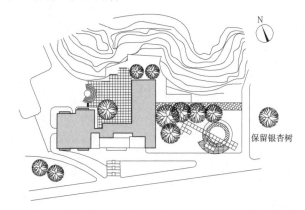

保留银杏树

　　四川泸州医学院教学楼——基地中的银杏树极具景观价值，也很适合医学院的环境氛围。建筑布置避开树丛，采用L形布局穿插其中，内庭院以一棵大银杏树为主景，其他保留树丛结合环境小品布置为集中绿地，将自然景观较好地组织到建筑环境中。

4 建筑布局与植被景观结合

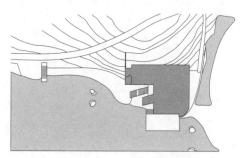

　　甲午海战纪念馆——建筑布局依岸线延伸，局部突出于海面，通过相互穿插、冲撞的体块及出挑的平台等象征手法，烘托环境氛围，阐明纪念主题。

5 建筑布局与水体岸线结合

建筑布局结合用地因素

建筑布局考虑的其他用地因素 表1

影响因素	设计方法
场地小气候	1.住宅区内部可通过开敞空间设置、建筑群体组合等提高自然通风效果； 2.山地地区，当风向与等高线成不同角度时，建筑布置应采取不同方式，以获得良好通风；山地建筑群可采取利用气流和组织气流的方法改善通风条件
建设现状	场地布局中新建部分应与保留利用的原有部分有机组合，融为一体

通过道路、绿地和水面等将夏季主导风引入。

a 开敞空间引风

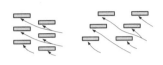

建筑错列布置，以增大建筑的迎风面。

b 建筑错列布置

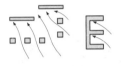

长短建筑结合布置，院落开口迎向夏季主导风向。

c 长短建筑结合

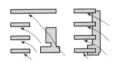

高低建筑结合布置，较低建筑布置在迎风面。

d 高低建筑结合

建筑疏密布置，风道断面变小使风速加大，可改善东西向建筑通风。

e 建筑疏密布置

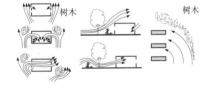

利用成片树丛阻挡或引导气流。

f 绿化植被引导气流

1 住宅群体组合提高自然通风效果

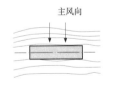

风向与等高线垂直时，建筑与等高线平行或斜交布置，则通风较好。

a 风向与等高线垂直

风向与等高线斜交时，建筑宜与等高线成斜交布置，使主导风向与建筑纵轴夹角大于60°。

b 风向与等高线斜交

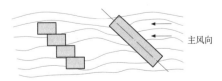

风向与等高线平行时，建筑布置成锯齿形或点状平面，或接近垂直等高线布置，有利于争取穿堂风。

c 风向与等高线平行

2 山地建筑布置考虑风向影响

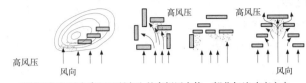

a 利用和组织风向高压区所产生的旁侧压力使一部分气流改变方向

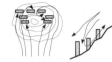 

b 利用涡风 　c 利用绕山风 　d 利用斜列式迎风 　e 利用点式建筑减少挡风面

f 利用地形"兜"风 　g 在迎风坡 　h 在逆风坡

3 山地建筑群的布置与通风效果

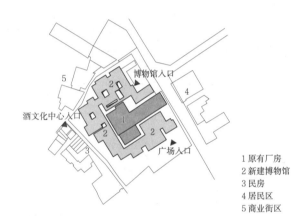

1 原有厂房
2 新建博物馆
3 民房
4 居民区
5 商业街区

位于历史文化街区内，基地内有古井、门楼、民国时期酿酒生产车间等文物古迹。建筑布局充分考虑街区尺度与肌理，以"衬托"的原则、"合抱"的姿态，将旧厂房遗址围合起来，对遗址展示区进行保护。

a 成都水井坊遗址博物馆

1 1920年代设计　2 1930年代设计　3 1990年代设计　4 大礼堂

新馆设计着眼于文脉的延续和总体的和谐，平面体量不仅考虑与原馆的协调与配合，而且完善了礼堂区的空间效果，构成整体环境与气氛。

b 清华大学图书馆

4 建筑布局与建设现状结合

2
场地设计

97

建筑朝向

　　建筑布局中,朝向选择需考虑日照、风向、道路走向、周围景观、用地形状等因素。

建筑朝向选择的基本要求　　　　　　　　　　　　　　　　表1

影响因素	设计方法
日照	1.南北向的建筑适用于我国广大地区,但北方寒冷地区主要用房应避免北向; 2.温带和亚热带地区,东西朝向在夏季会造成房间过热,因而不适宜; 3.北纬45°以北的亚寒带、寒带地区,以争取冬季日照为主,可以采用东西朝向; 4.总体来说,我国大部分地区正南及南偏东是较理想的方位,在南偏东或南偏西10°~15°范围内是较好朝向。
风向	1.夏季湿热地区,如长江中、下游及华南地区,建筑主体应朝向当地夏季主导风向布置,以获得"穿堂风"; 2.冬季寒冷地区,如淮河至秦岭以北地区,建筑朝向应避开冬季主导风向
道路走向	1.沿南北向道路的建筑,为保证南北朝向垂直于道路布置,可通过东西向的次要体部、裙房等连接主要体部的山墙端,形成沿街立面和组织出入口; 2.连续排列的多个住宅建筑与道路偏转一定角度,可形成有节奏感的沿街立面;考虑到街景和节地需要,还可将垂直于道路和平行于道路的住宅穿插布置
周围环境	周围环境若有优美景观,建筑朝向选择可以考虑朝向景观方向。例如位于公园、景区一旁的酒店,客房朝向不必拘泥于南向,而是考虑让尽可能多的房间能够欣赏到风景
用地形状	不规则地块的住宅组团布置,建筑采用转折的体形与用地形状相吻合,最大可能地利用基地,围合出多个院落空间

我国各地区主要房间适宜朝向　　　　　　　　　　　　　表2

东北地区	华北地区	华东地区	华南地区	西北地区	西南地区
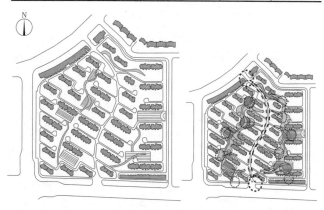					

━━ 绿化水系廊道 ☼ 绿化空间节点

冬冷夏热地区的居住小区　规划布局考虑场地风向特性,规避严寒对住区的影响,让夏季凉风在住区内通畅流通,通过绿化、水系与通风走廊结合,调节微气候。

1 建筑朝向考虑场地风向

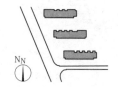

a 建筑与道路偏转一定角度　　b 建筑平行于道路和垂直于道路穿插布置

2 住宅布置与道路走向关系

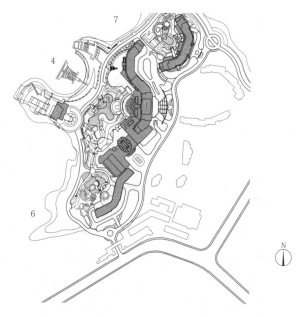

1 喜来登酒店　　　2 度假公寓　　　3 室外泳池及景观水系　　4 游艇码头
5 游艇俱乐部(临时建筑)　　6 千岛湖主湖区　　7 钱币岛方向

根据湖景分布在基地的方向特点,酒店以西侧作为长边的主要朝向,S形曲线的大部分直线段正对主湖区,转折的形体增加了建筑朝向湖景的面宽,使更多房间面对开阔的湖景。

a 浙江千岛湖绿城喜来登大酒店

整个用地山水资源丰富,在充分保持原有自然地形地貌基础上布置不同类型的住宅组团,建筑朝向灵活布置,多向转折的体形与地块形状吻合,围合出不同院落空间,并使绝大多数住宅单元都能望见山景和湖景,给予住户丰富的环境空间体验。

b 广州万科四季花城

3 建筑朝向的特殊考虑

建筑间距

建筑间距确定需考虑日照、通风、防火、防噪、防视线干扰、管线布置、抗震、卫生隔离、节地等要求。

建筑间距确定的基本要求 表1

影响因素	设计方法
日照间距	1.《城市居住区规划设计规范》GB 50180-93（2016年版）规定了住宅建筑日照标准，据此可确定不同气候区、不同城市的日照间距系数；并给出了不同方位的间距折减系数；根据日照间距系数 $=D/H$（D 为日照间距，H 为前幢建筑檐口到地面高度），即可计算求得日照间距值。 2.《老年人居住建筑标准》GB/T 50340-2016规定，老年人居住建筑的间距不应低于冬至日照 2h 的标准。 3.《托儿所、幼儿园建筑设计规范》JGJ 39-2016规定，托儿所、幼儿园的幼儿生活用房应布置在当地最好朝向，冬至日底层满窗日照不小于 3h。 4.《中小学校设计规范》GB 50099-2011规定，普通教室冬至日满窗日照不应小于 2h。 5.《综合医院建筑设计规范》GB 510399-2014规定，病房建筑的前后间距应满足日照和卫生间距要求，且不宜小于 12m。 6.山地建筑日照间距还受到地形坡向及坡度大小的影响
通风要求	1.在较高、较长的建筑后部布置建筑时，需要更大的通风间距。 2.建筑组群的自然通风与建筑的间距、排列组合方式及迎风方位（即风向对组群的入射角）等有关。建筑间距越大，通风效果越好；当间距一定时，风向入射角由 0°~60° 渐次增大，则后排建筑通风效果逐渐加强
防火间距	《建筑设计防火规范》GB 50016-2014规定了不同耐火等级（一级~四级）的民用建筑之间的防火间距。
防噪间距	学校等建筑布置应考虑避免声干扰。《中小学校建筑设计规范》GB 50099-2011规定，学校主要教学用房设置窗户的外墙与铁路路轨的距离不应小于300m，与高速路、地上轨道交通线或城市主干道的距离不应小于80m；当距离不足时，应采取有效的隔声措施。各类教室的外窗与相对的教学用房或室外运动场地边缘间的距离不应小于 25m
视线干扰	居住类建筑布置应考虑私密性要求，避免视线干扰。《全国民用建筑工程设计技术措施——规划·建筑》中规定，居住区住宅建筑应避免视线干扰，窗对窗、窗对阳台防视线干扰距离不宜小于 18m
管线布置	《城市居住区规划设计规范》GB 50180-93（2016年版）规定，小区路路面宽 6~9m，建筑控制线之间的宽度，需敷设供热管线的不宜小于14m，无供热管线的不宜小于 10m；组团路路面宽 3~5m，建筑控制线之间的宽度，需敷设供热管线的不宜小于10m，无供热管线的不宜小于 8m
抗震间距	《城市道路交通规划设计规范》GB 50220-95规定，地震设防的城市，为保证震后城市道路和对外公路的交通畅通，城市干路（红线宽度30m以上）两侧的高层建筑应由道路红线向后退 10~15m。退让距离还应考虑道路宽度及建筑高度，道路宽度越小，建筑越高，退让距离应越大
卫生隔离	1.场地应与易燃、易爆或有毒、有害等危险性、污染性建筑保持一定的安全卫生间距，通常还以绿化带相隔作为卫生防护。 2.《综合医院建筑设计规范》GB 510399-2014规定，太平间、病理解剖室应设于医院隐蔽处；需设焚烧炉时，应避免风向的影响，并应与主体建筑隔离
节地要求	1.住宅朝向采取适当偏斜的角度，有利于缩小间距系数；点式住宅可适当减小间距；前后两排房屋错列布置，可减少遮挡，适当压缩间距。 2.适当采用东西朝向的住宅，使其与南北朝向的房屋间距重叠，可节约用地。 3.高层塔式住宅与多层住宅混合布置，可显著提高土地利用率

房屋之间的抗震间距（单位：m） 表2

较高房屋高度 h	≤10	10~20	>20
最小房屋间距 d	12	$6+0.8h$	$14+h$

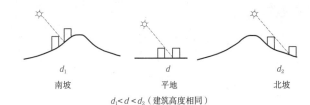

$d_1 < d < d_2$（建筑高度相同）

在南向阳坡上，建筑日照间距比平坦地要小，而且坡度越大，所需日照间距越小。
在南北向阴坡上，建筑日照间距比平坦地要大，而且坡度越大，所需日照间距越大。

2 地形坡向对日照间距的影响

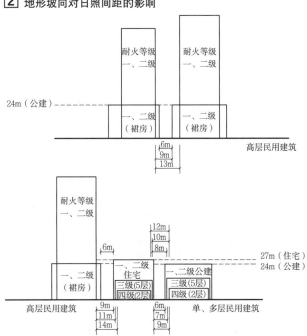

3 建筑防火间距

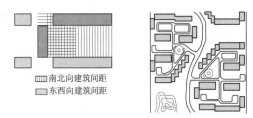

▥ 南北向建筑间距
▤ 东西向建筑间距

a 建筑间距用地的重叠

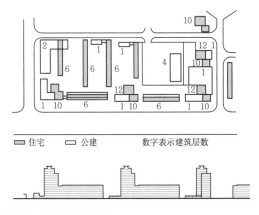

▭ 住宅 ▭ 公建 数字表示建筑层数

b 高层住宅与多层住宅混合布置

4 建筑节地

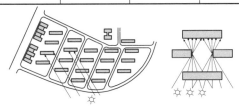

a 住宅错落布置，可利用山墙间隙提高日照水平

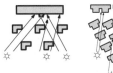

b 利用点式住宅以增加日照效果，可适当缩小间距

c 将建筑方位偏东（或偏西）布置，增加底层日照时间

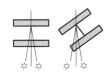

1 住宅群体布置中争取日照与节地的方法

2
场地设计

单体建筑布局

根据建筑自身的要求或设计意图,结合用地条件来确定建筑物在基地中的位置,通常的布置方式有两种。

单体建筑布局的两种方式 表1

布局方式	适用条件	设计要点
建筑居中布置	1.影剧院、体育馆等自身功能完整、独立性较强的建筑,一般布置在场地中心,便于多向出入口的流线组织; 2.建筑在场地中处于绝对重要地位,占有最大比重,因而占据场地中心位置,四周布置绿化、交通等内容; 3.设计构思要求建筑成为独立的一体,比如为了形成某种特定的场地构成秩序,而将建筑作为组织的核心	1.建筑物必须设计得有吸引力,成为由环境衬托的引人注目的焦点; 2.为争取最佳效果,主视野中应避免其他建筑物,以便突出该单体建筑的重要性
建筑边侧布置	1.用地紧张,布局的自由度较小,建筑布置在场地边侧或一角,留出用地安排其他功能空间; 2.建筑占地较小,而与之配套的室外场地占地较大,常将建筑安排在场地一侧; 3.设计构思需要借助室外空间烘托环境气氛,或为建筑创造前导空间,而将建筑远离场地入口布置在后部边侧位置	建筑选择较规整集中的形态,靠近场地边侧布置,使剩余用地相对集中,便于安排其他内容

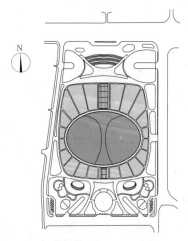

建筑布置在基地中心位置,四周环绕了景观水池、大面积绿化,以及通向周边城市道路的集散场地。场地布局融合了水景、绿色空间和个性化建筑三大主要元素,形成一个精美和谐的整体,同时建筑成为引人注目的视觉焦点。

a 国家大剧院

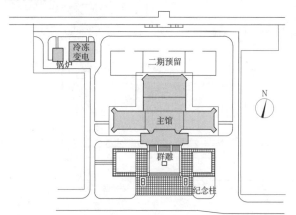

采用建筑居中的布局方式来体现设计构思,使建筑成为整个纪念性场地空间秩序的核心所在。

b 中国人民抗日战争纪念馆

1 建筑居中布置

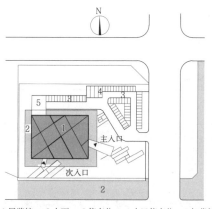

1 展览馆　2 水面　3 停车位　4 大巴停车位　5 卸货场

建筑后退城市道路布置于基地边侧,留出入口空间作为市民活动广场,还可兼作建筑功能的外延——室外展场。同时根据场地车行便捷性考虑,合理布置停车场。

a 江苏通州城市规划展览馆

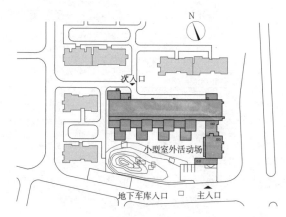

建筑主体呈L形布局,紧邻场地北侧布置,既为儿童活动预留了充足的户外活动场地,为活动室争取到足够的阳光,也利用了运动场地减小邻近小区入口带来的不利影响。

b 宁波亲亲家园幼儿园

建筑位于基地后侧,前区作为纪念广场,形成纪念性建筑所需要的空间秩序和氛围,又为人流集散提供了方便。

c 聂荣臻元帅纪念馆

2 建筑边侧布置

群体建筑布局

数栋单体组成的建筑群体，应协调好建筑与空间环境之间的虚实关系或图底关系，并采取适宜的群体组合方式，协调各单体之间在空间形态上的相互关系。

群体建筑布局方式 表1

布局方式	适用条件	设计要点
以空间为核心，建筑围合空间	1. 用地宽裕，功能允许分散，建筑可分成几部分沿周边布置。 2. 建筑具有一定规模，有可能围合中央空间，将场地的其他内容布置于其中。 3. 对于性质相近、功能相当的几栋建筑，可采用这种方式布局	1. 围合中央空间的建筑群在形态上相互协调。 2. 中央围合的庭院或广场空间的环境设计是重点，需处理好绿化景观、活动场地、道路交通等要素
建筑与空间相互穿插	1. 用地条件相对宽松，建筑布局有分散和变化的余地。 2. 符合建筑内部功能组织的要求，允许采用适当分散的形式，不会因此而造成内部联系的困难。 3. 需要在场地中弱化建筑形象，取得宜人的尺度或融于自然环境，可采取化整为零的分散式布局	1. 分散的形式可能带来各部分之间流线较长，需妥善处理交通联系。 2. 需避免过多的变化而削弱统一性

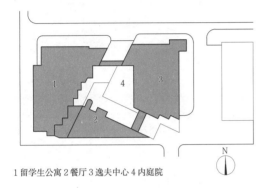

1 留学生公寓 2 餐厅 3 逸夫中心 4 内庭院

总体布局上将建筑按功能分为三部分围绕内庭院布置，各部分入口均开向内庭院，通过内庭院组织人流。

a 北京电影学院逸夫影视中心及留学生公寓

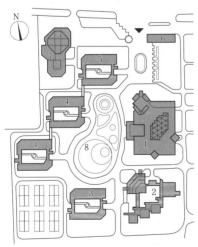

1 图书馆　2 讲堂群　3 教学楼　4 系馆　5 科研楼
6 行政办公　7 会堂、俱乐部　8 交往空间

几个相同造型的教学科研楼有节奏地排列，与图书馆、讲堂群围合成富有动态的空间。整个场地的视觉焦点集中到中心的交往空间上，四周的建筑则成为背景。

b 兰州大学文科教学中心区

1 **建筑围合空间**

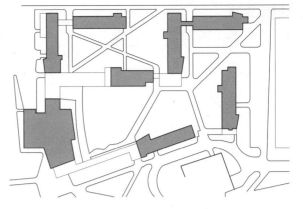

交叉延伸的园路将各幢建筑的出入口、建筑围合的庭院以及它们与外部道路之间都连通起来，人流出入与使用便捷，整体空间形态活泼。

a 哈佛大学研究生中心

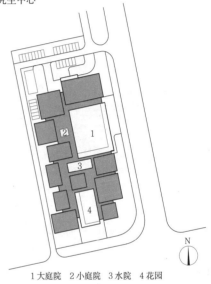

1 大庭院　2 小庭院　3 水院　4 花园

将不同功能分解为小尺度的个体，再利用庭院、广场、街巷等外部空间将其组织在一起。外部空间的路径回转连通，所有单体均通过走廊与3个主要的庭院发生联系，内部空间与外部空间穿插，获得丰富的感知体验。

b 上海青浦青少年活动中心

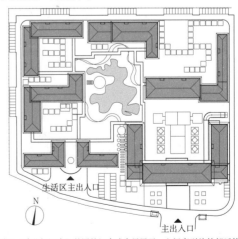

建筑群以"陕北好江南"的园林组合式布局展开，空间序列从外部延伸至庭院形成张弛有序的景观活动空间、集会空间、休憩场所等，建筑单体与丰富多变、步移景异的庭院景观穿插渗透。

c 延安八一敬老院

2 **建筑与空间相互穿插**

群体建筑布局

公共建筑的群体组合方式　　　　　　　　　　　　　　　表1

组合方式	适用条件	设计要点
对称式	古典建筑群体空间常用的处理手法，适宜于政府机关等行政建筑或纪念建筑群体的布置，以及体现传统特色的现代建筑形式	中轴线可以是主体建筑的中心线，也可以由道路、绿化或环境小品等形成，中轴线两侧对称布置次要建筑及各种环境设施
自由式	在功能和地形两方面的适应性上优于对称的形式。特别是在用地形状不规则或有起伏变化的地形条件下，更能发挥其优势，使建筑与环境融为一体	按照建筑物的功能特点及相互联系来考虑布局，可以与变化多样的地形环境取得有机联系
庭院式	平面布置要求形体适当展开又相互联系，可利用院落灵活组织，可以适应不规则的场地形状或起伏的地形，并获得建筑与自然环境的融合、步移景异的景观特色	由一座庭院可沿纵深、横向或对角方向发展为多个大小、比例不同的庭院组合
综合式	对于项目内容差异较大、建筑功能较复杂或地形变化不规则的场地，需同时采取多种方式综合处理	对于功能要求较复杂的部分，通常适于采用自由、灵活的非对称形式；功能制约不甚严格的部分，根据形式处理需要可采用对称式的布局

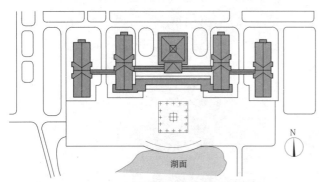

厦门大学嘉庚楼群继承陈嘉庚先生惯用的"一主四从"构图手法，采用对称式布局，突出了主体塔楼，整合了校区多组分散的现状，使嘉庚楼群成为校园中心，完善校园环境秩序。

1 对称式布局

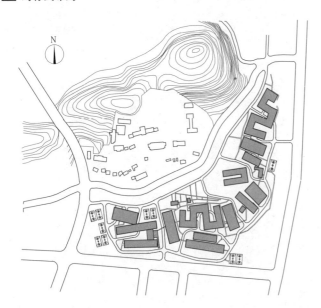

杭州中国美术学院象山校区（二期）场地布局顺应自然山水，在建筑与山体之间保留了原有的农地、河流与鱼塘。建筑群紧凑布置于基地一侧，顺应山体延伸方向，每栋建筑都自然"摆动"，神似中国书法艺术，体现出建筑对象山蜿蜒起伏的呼应。

2 自由式布局

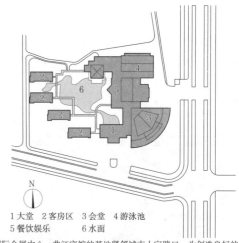

1 大堂　2 客房区　3 会堂　4 游泳池
5 餐饮娱乐　　6 水面

西安曲江国际会展中心、曲江宾馆的基地紧邻城市十字路口，为创造良好的内部小环境，采取以中心人工湖为主景的内向园林式布局，建筑群随功能的变化而呈现高低起伏、平面错落、虚实对比之势。

3 庭院式布局

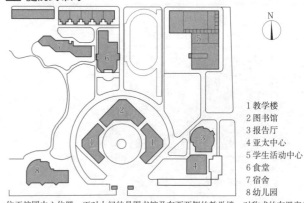

1 教学楼
2 图书馆
3 报告厅
4 亚太中心
5 学生活动中心
6 食堂
7 宿舍
8 幼儿园

位于校园中心位置、正对大门的是图书馆及东西两侧的教学楼，对称式的布置突出了主体建筑在校园中的地位，并形成入口景观。校园后部的生活区、活动区则以灵活的自由式布置。

a 北京中华女子学院

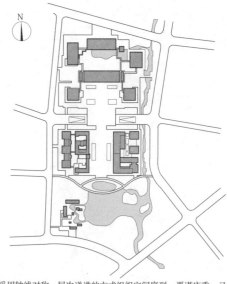

总体布局采用轴线对称、层次递进的方式组织空间序列，严谨庄重，又暗含了南阳"两衙文化"的历史文化背景。北部结合庭院式布局，形成内向景观；南部采用自由式布局，形成柔美景观。总体反映"南北并蓄"的地域场所特征。

b 南阳新闻中心

4 综合式布局

场地交通分类

按交通工具分：机动车交通、非机动车交通、步行交通。

按输送对象分：客运交通、货运交通。

按运输方式分：轨道交通、道路交通、水上交通、空中交通、管道交通、电梯传送带交通。

按运行组织形式分：公共交通、准公共交通、个体交通。

场地出入口一般规定

1. 场地宜分设主次出入口，主入口解决主要人流出入并与主体建筑联系方便，次入口作为后勤服务入口，与辅助用房联系。功能复杂的场地应分设多个出入口。

2. 大型文化娱乐、商业服务、体育、交通等人员密集建筑的场地，应有2个或2个以上不同方向通向城市道路的（包括以基地道路连接的）出口；主要出入口不得和快速道路直接连接，也不得直对城市主要干路的交叉口。

3. 居住小区一般至少有2个出入口与外围道路连通，较大规模的小区出入口可增至3~4个。

4. 场地出入口位置应尽量减小对城市主干路交通的干扰。当场地同时毗邻城市主干路和次干路（或支路）时，一般主入口设在主干路上，次入口设在次干路上，并优先选择次干路一侧作为机动车出入口。场地或建筑物的主要出入口，应避免直对城市主要干路的交叉口。

5. 场地出入口需解决好场地内外交通的转换及进出场地的各种交通流线集散问题[2]。

机动车出入口

场地机动车出入口的位置应符合下列规定　　　　　　表1

出入口位置	间距	出入口位置	间距
距大中城市主干路交叉口的距离	不小于70m	距大中城市次干路交叉口的距离	不小于50m
距公园、学校、儿童及残疾人使用的建筑物等场地出入口	不小于20m	距人行横道线、人行过街天桥、人行地道（包括引道、引桥）的最边缘线	不小于5m
距地铁出入口	不小于15m	距公共交通站台边缘	不小于15m

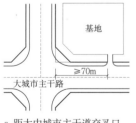

a 距大中城市主干道交叉口

b 距人行横道、过街天桥、人行地道

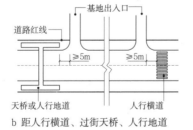

c 距地铁出入口，公交站台，公园、学校、儿童及残疾人使用建筑出入口

1 基地机动车出入口位置要求

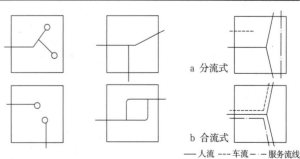

2 出入口集散场地的交通组织

交通流线组织

1. 流线组织应反映场地内人、车流动的基本模式，它是交通组织的主体，也是道路、广场和停车场等交通设施布置的依据。

2. 流线的安排应符合场地各组成部分的使用规律和活动特点，有合理的结构和明确的秩序。

3. 场地内交通流线应关系清晰、易于识别，并且便捷顺畅；同时处理好不同区域、不同类型流线之间的相互关系，避免差异较大的流线相互交叉干扰（表2、表3）。

场地流线的基本结构形式　　　　　　　　　　　　表2

划分依据	流线结构形式	特点	适用性
根据流线进出场地的不同方式	尽端式[3]	流线进入场地后需沿原路返回，各条流线起点、终点区分明确，独立性强，可避免相互交叉	适用于各部分交通流线性质差异较大的场地
	通过式[4]	流线从一端进入场地后可从另一端离开，各流线相互可逆，避免迂回折返，具有选择性	适应性好，但应处理各流线的出入口组织及环通路线的布置，以免交叉干扰

场地流线的组织方式　　　　　　　　　　　　　　表3

流线组织方式	特点	适用性
合流式	不同流线合并起来，由一套通道系统作为共同载体，整体交通体系简单，道路占用面积小	适用于用地规模较小，对外出入口受限制，各类流线交通量不大的场地
分流式	各流线相互分离，各有独立的通道系统，交通体系划分细致，可保证各流线的通畅性，提高交通效率	适合于流线构成较复杂，各类流线有较大流量或不同流线的要求差异较大的场地

a 分流式

b 合流式

—— 人流 --- 车流 — 服务流线

3 尽端式流线结构　　**4** 通过式流线结构　　**5** 不同流线组织方式

场地道路分级

　　场地道路一般可根据其功能划分为主路、次路、支路、引道、人行道(表1、⑤)。住区道路可分为居住区道路、小区路、组团路、宅间小路(表2、④)。

一般场地道路分级　　　　　　　　　　　　　　　　表1

道路分级	特征	路面宽度
主路	场地道路主骨架,连接场地主要出入口,交通量较大	不宜小于7 m
次路	配合主干道,连接场地次要出入口及各组成部分,交通量一般	7 m左右
支路	通向场地内次要组成部分,交通量较小	不小于3 m
引道	通向建筑物、构筑物入口,并与主路、次路、支路相连	不宜小于2.5 m
人行道	供行人通行	不宜小于1.5 m

住区道路分级　　　　　　　　　　　　　　　　　　表2

道路分级	红线或建筑控制线宽度	路面宽度
居住区道路	红线宽度不宜小于20m	13~15m
小区路	建筑控制线宽度采暖区不宜小于14m,非采暖区不宜小于10m	6~9m
组团路	建筑控制线宽度采暖区不宜小于10m,非采暖区不宜小于8m	3~5m
宅间小路	—	不宜小于2.5m

道路系统组织

　　道路形成场地的结构骨架,将场地各组成部分构成一个有机联系的整体。道路布局是交通流线组织在用地上的具体落实,在场地出入口和建筑物出入口位置确定的基础上,安排好场地内的各类道路,形成清晰完整的道路系统(表3)。

场地道路系统组织的基本形式　　　　　　　　　　表3

划分依据	道路系统形式	特点	适用性
根据场地交通流线的组织方式	人车分流	车行道路系统和步行道路系统二者相对独立,以保证机动车的通行要求和人行的安全、便捷	适用于人流、车流大的场地,如公共活动中心、私家车较多的居住区、山地和风景区等①、②
	人车混行	场地内人行、车行共用一套道路系统(可划分车行道和人行道),经济方便,布置灵活	适合于一般机关单位、高等院校等场地
	人车部分分流	综合前两种形式,以人车混行的道路系统为基础,只在场地内个别地段设置步行专用道	适应性更灵活。例如在规模较大的住宅区,可采取主路为人车混行、组团外围设停车空间、组团内部为步行道的方式③

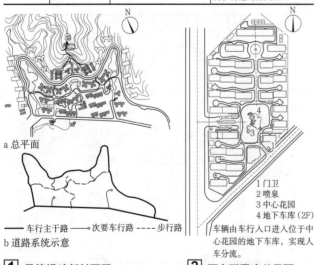

a 总平面

——车行主干路　——次要车行路　----步行路
b 道路系统示意

1 承德馒岭新村西区

2 门卫
3 中心花园
4 地下车库(2F)

车辆由车行入口进入位于中心花园的地下车库,实现人车分流。

2 西安群贤庄总平面

——车行路　■■■■步行路

3 深圳莲花小区人车部分分流示意

－·－小区级道路
■■■组团级道路
——宅前路
••••人行梯道

4 某小区道路系统

——城市道路　　——场地次路　　Ⓟ 地面停车场
——场地主路　　——场地支路

5 西安市工读学校道路系统

道路平面设计

1. 道路定线：以道路中线为设计线，确定道路的起点、转点、终点。在场地道路设计过程中，一般以大门、相交城市道路、桥梁、重要建筑物的出入口为设计定线的起终点，在道路转弯处设置转点，并综合考虑土地利用、文物保护、环境景观、征地拆迁等因素。

2. 线路转点处曲线设置：在转点处常常设置平曲线，道路平曲线通常包括圆曲线和缓和曲线。当道路的设计车速<20km/h，或道路平曲线的圆曲线半径较大时，可不设缓和曲线；当设计车速≥40km/h时，半径不同的同向圆曲线连接处应设置缓和曲线，缓和曲线应采用回旋线，且符合表1的规定。当圆曲线半径大于表1中不设缓和曲线的最小圆曲线半径时，直线与圆曲线可采用直线连接。

3. 道路弯道超高及加宽：当道路平曲线的半径较小时，应在道路弯道处设置超高，当地形条件受限制时，可采用设超高最小半径的一般值；当地形条件特别困难时，可采用设超高最小半径的极限值；圆曲线半径≤250m时，应在圆曲线内侧加设加宽。

4. 当场地较大，并且地形较为平缓时，道路布局可采用方格网式，在地形较为复杂的地区，则采取较为灵活的布局方式，减少土方工程量。

5. 场地中的道路相交时，一般采用平面交叉形式，设计时应注意考虑路缘石半径和视距三角形的要求。尽量避免布置交错路口交叉和5条路口以上的多路口交叉。

6. 道路平面、纵断面上的停车视距应大于或等于表4规定值，对于寒冷积雪地区应另行计算；当车行道上对向行驶的车辆有会车可能时，应采用会车视距，其值应为表4中停车视距的两倍；对货车比例较高的道路，应验算货车的停车视距。对设置平、纵曲线可能影响行车视距路段，应进行视距验算。

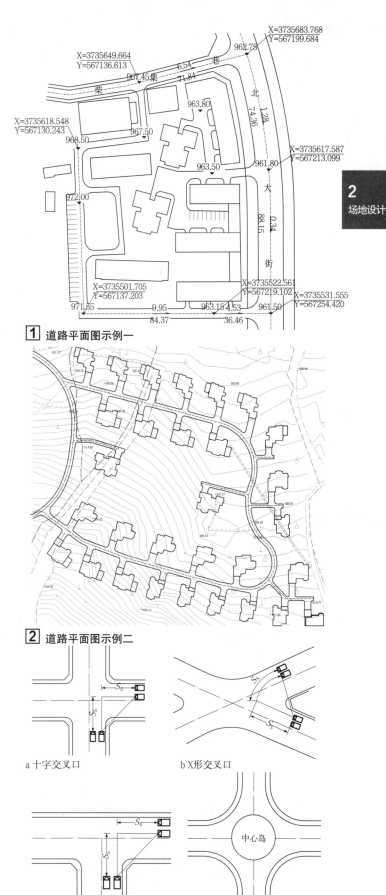

1 道路平面图示例一

2 道路平面图示例二

场地道路平面曲线的设计参数 表1

计算行车速度（km/h）	60	50	40	30	20
不设超高最小圆曲线半径（m）	600	400	300	150	70
设超高圆曲线半径一般值（m）	300	200	150	85	40
设超高圆曲线半径极限值（m）	150	100	70	40	20
平曲线最小长度一般值（m）	150	130	110	80	60
平曲线最小长度极限值（m）	100	85	70	50	40
圆曲线最小长度（m）	50	40	35	25	20
缓和曲线最小长度（m）	50	45	35	25	20
最大超高横坡度（%）	4	4	2	2	2
不设缓和曲线的最小圆曲线半径（m）	1000	700	500		

注：1. 一般值为正常情况下的采用值。
2. 极限值为条件受限时可采用的值。

圆曲线每条车道的加宽值 表2

计算行车速度（km/h）	60~50	50~40	40~30	30~20	20~15
小型汽车（m）	0.39	0.40	0.45	0.60	0.70
普通汽车（m）	0.90	1.00	1.30	1.80	2.40
铰接车（m）	1.25	1.50	1.90	2.80	3.50

路缘石转弯半径 表3

右转弯设计速度（km/h）	30	25	20	15
无非机动车道路缘石推荐半径（m）	25	20	15	10

注：有非机动车道时，推荐转变半径可减去非机动车道及机非分隔带的宽度。

交叉口视距三角形要求的停车视距 表4

设计速度（km/h）	60	50	45	40	35	30	25	20	15	10
安全停车视距（m）	70	60	45	40	35	30	25	20	15	10

a 十字交叉口

b X形交叉口

c T形交叉口

d 环线交叉口

3 场地道路交叉口形式及视距三角形

横断面设计

1. 场地道路横断面分幅：可分为单幅路、两幅路、三幅路和四幅路以及特殊形式的断面 1 。由机动车道、非机动车道、人行道、分车带、绿化带、设施带等组成，特殊断面还可包括应急车道、路肩和排水沟等。一条机动车道最小宽度应符合表1的规定，一条非机动车道最小宽度应符合表2的规定。断面的总宽应与道路的设计等级或交通量有关（表3）。

2. 路拱与横坡：路拱坡度宜采用1.0%~2.0%。快速路及降雨量大的地区宜采用1.5%~2.0%；严寒积雪地区、透水路面宜采用1.0%~1.5%。保护性路肩横坡度可比路面横坡度加大1.0%。单幅路应根据道路宽度采用单向或双向路拱横坡；多幅路应采用由路中线向两侧的双向路拱横坡；人行道宜采用单向横坡。

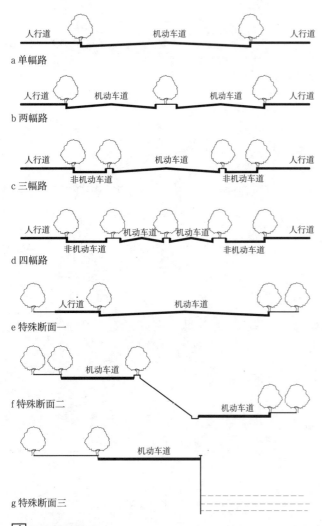

a 单幅路

b 两幅路

c 三幅路

d 四幅路

e 特殊断面一

f 特殊断面二

g 特殊断面三

1 道路横断面分幅形式示例

道路一条机动车车道最小宽度　　　　表1

车型及车道类型	设计速度（km/h）	
	> 60	≤ 60
大型车或混行车道（m）	3.75	3.50
小客车专用车道（m）	3.50	3.25

注：1.大型汽车包括普通汽车及铰接车。
2.小型汽车包括2以下的载货汽车、小型旅行车、吉普车、小客车及摩托车等。
3.交叉口进口车道宽度，小型汽车车道可采用3m；混入普通汽车和铰接车的车道与左、右转专用车道可采用3.5m，最小3.25m。

非机动车车道宽度（单位：m）　　　　表2

	自行车	三轮车	兽力车	板车
非机动车道宽度	1.0	2.0	2.5	1.5~2.0

其他场地道路宽度　　　　表3

道路类型	道路宽度
车行道宽度	1.场地主路和次路应设双车道，供小型车通行的宽度不应<6.0m，供大型车通行的宽度不应<7.0m； 2.场地支路可以是单车道，宽度为不应<3.5m（有大型车通行）或3.0m（无大型车通行）。
人行道宽度	1.在车行道路的单侧或双侧设置人行道时，其宽度不宜<1.5m；其他地段人行道宽度不宜<0.75m； 2.基地内人行道路通行轮椅的坡道宽度不应<1.5m。居住区公共活动中心无障碍通道宽度为2.5m
自行车道宽度	自行车道路路面宽度宜为1m，双向行驶的最小宽度宜为3.5m

纵断面设计

1. 最小纵坡度应≥0.5%，困难时可≥0.3%，遇特殊困难纵坡度<0.3%时，应设锯齿形街沟或采取其他排水措施。

2. 机动车车行道最大纵坡度推荐值与限制值见表4。

山地场地道路应控制平均纵坡度，任意连续300m长度范围内的平均纵坡度不宜>4.5%。

3. 纵坡的最小坡长应符合表5规定。当道路纵坡大于表4所列的推荐值时，纵坡最大坡长应符合表5的规定。

4. 道路连续上坡或下坡，应在不大于表5规定的纵坡长度之间设置纵坡缓和段。缓和段的纵坡应≤3%，其长度应符合本规范表5最小坡长的规定。

5. 在设有超高的平曲线上，超高横坡度与道路纵坡度的合成坡度应小于或等于表7的规定。

6. 道路纵坡变化处应设置竖曲线，竖曲线宜采用圆曲线，竖曲线最小半径与竖曲线最小长度应符合表8规定。

道路最大纵坡度　　　　表4

计算行车速度（km/h）	60	50	40	30	20
最大纵坡推荐值	5%	5.5%	6%	7%	8%
最大纵坡度限制值	7%		8%		9%

注：1.海拔3000~4000m的高原城市道路最大纵坡推荐值按表列数值减小1%。
2.积雪寒冷地区最大纵坡推荐值不得超过6%。

机动车道最小坡长和最大坡长　　　　表5

设计速度（km/h）	60			50			40			30	20
最小坡长（m）	150			130			110			85	60
纵坡	6%	6.5%	7%	6%	6.5%	7%	6.5%	7%	8%	8%	9%
最大坡长（m）	400	350	300	350	300	250	300	250	200	200	150

非机动车道最大坡长　　　　表6

车辆种类 　　纵坡	3.5%	3.0%	2.5%
自行车	150	200	300
三轮车	—	100	150

有平曲线时的道路最小合成坡度　　　　表7

设计速度（km/h）	60、50	40、30	20
合成坡度	6.5%	7.0%	8.0%

竖曲线最小半径与竖曲线最小长度坡度　　　　表8

设计速度（km/h）		60	50	40	30	20
凸形竖曲线（m）	一般值	1800	1350	600	400	150
	极限值	1200	900	400	250	100
凹形竖曲线（m）	一般值	1500	1050	700	400	150
	极限值	1000	700	450	250	100
竖曲线长度（m）	一般值	120	100	90	60	50
	极限值	50	40	35	25	20

2
场地设计

路基设计

1. 路基必须密实、均匀、稳定。路槽底面土基设计回弹模量值宜≥20MPa，特殊情况不得<15MPa，不能满足上述要求时应采取措施提高土基强度。应因地制宜，合理利用当地材料与工业废料。对特殊地质、水文条件的路基，应结合当地经验按有关规范设计。土质路基压实度应符合表1规定。对于特殊干旱或潮湿地区或专用非机动车道、人行道，可通过试验路基检验或综合论证，在保证路基强度和稳定性要求的前提下，适当降低压实度标准。

2. 采用边沟排水时，填土路肩边缘距原地面的高度不宜低于表2的规定。挖方路线与填土路段不能满足表2规定时，可采用加深边沟的办法，使路肩边缘距边沟底面的高度满足表3的规定。

3. 路堤边坡高度小于表3所列数值时，边坡坡度应按表3确定。对于浸水填土路堤，设计水位至常水位部分的边坡坡度视填料情况，可采用1:1.75~1:2；常水位以下部分可采用1:2~1:3。

4. 路堑的边坡坡度应根据当地自然条件，土、石种类及其结构、构造、边坡高度和施工方法等因素确定，当边坡高度不大于表4所列数值时，可按表中所列数值范围，结合当地经验选用。高填方路基应验算填方引起地基沉降及其产生的影响。

路面设计

1. 路面分为面层、基层和垫层。路面结构层所选材料应满足强度、稳定性和耐久性的要求，并符合下列规定：

(1)面层应满足结构强度、高温稳定性、低温抗裂性、抗疲劳、抗水损害及耐磨、平整、抗滑、低噪声等表面特性的要求。常用面层材料有：水泥混凝土、沥青混凝土、沥青碎石混合料等。

(2)基层应满足强度、扩散荷载的能力以及水稳定性和抗冻性的要求。常用基层材料有：级配碎石、砾石、片石、块石、工业废渣等。

(3)垫层应满足强度和水稳定性的要求。常用垫层材料有：砂、砾石、炉渣、石灰土等。

2. 路面面层类型一般分为刚性路面或柔性路面，选择应符合表5的规定。

3. 车行道路面结构可根据交通量及计算标准车等参数计算，采用的路面材料可根据当地材料供应情况确定。

4. 人行道路面结构要求通常低于车行道，在通常情况下，可采用标准图。

土质路基压实度　　　　　　　　　　　　　　　　表1

填挖类型	路床顶面以下深度（cm）	路基最小压实度（%）			
		快速路	主干路	次干路	支路
填方	0~80	96	95	94	92
	80~150	94	93	92	91
	>150	93	92	91	90
零填或挖方	0~30	96	95	94	92
	30~80	94	93	—	—

注：表中数值均为重型击实标准。

土质路基最小填土高度（单位：m）　　　　　　　表2

路基土组	砂类土	砂类土	砂类土
最小填土高度	0.3~0.5	0.3~0.5	0.3~0.5

注：平均稠度大时取小值，小时取大值。

路堤边坡坡度　　　　　　　　　　　　　　　　　表3

填料种类	边坡高度(m)			边坡坡度		
	总高度	上部高度	下部高度	总高度	上部高度	下部高度
细粒土	20	8	12	—	1:1.5	1:1.75
粗粒土	12	—	—	1:1.5	—	—
巨粒土	20	12	8	—	1:1.5	1:1.75
不易风化的石块	8	—	—	1:1.3	—	—
	20	—	—	1:1.5	—	—

路堑边坡坡度　　　　　　　　　　　　　　　　　表4

土、石种类		边坡高度（m）	边坡坡度
含石土	胶结与密实的	20	1:0.5~1:1
含土石	中等密实的	20	1:1~1:1.5
黄土		20	1:0.3~1:1.25
细粒土、粗料土		20	1:0.5~1:1.5
风化岩石		20	1:0.5~1:1.5
一般岩石		—	1:0.1~1:0.5
坚石		—	直立~1:0.1

路面面层类型及适用范围　　　　　　　　　　　　表5

面层类型	适用范围
沥青混凝土（柔性）	速度较高的道路
水泥混凝土（刚性）	多用于小区道路与多雨地区
贯入沥青碎石、上拌下贯沥青碎石、沥青表面处治和稀浆封层	支路、停车场
非砌块路面	支路、城市广场、停车场

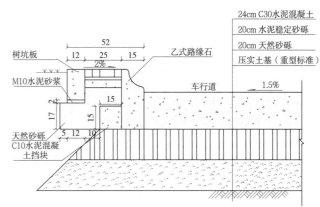

a 机动车道构造图

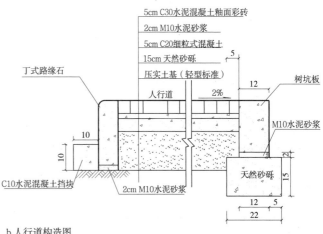

b 人行道构造图

1 道路面结构图示例（单位：cm）

分类

1. 按规模分: 特大型停车场(>1000辆)、大型停车场(301~1000辆)、中型停车场(51~300辆)、小型停车场(≤50辆)。

2. 按属性分: 公共停车场、场地配建停车场、专用停车场。

3. 按停车位置分: 路外停车场、路内停车场。

4. 按布局方式分: 集中式停车、分散式停车。

5. 按空间性质分: 室外停车场、室内停车场, 其中室内停车场又包括地下停车库和地上停车楼。

停车场出入口

1. 停车场出入口不应直接与城市快速路相连接, 且不宜直接与城市主干路相连接。

2. 停车场出入口与城市人行过街天桥、地道、桥梁或隧道等引道口的距离应大于50m; 距离道路交叉口应大于80m。

3. 当需要在停车场出入口办理车辆出入手续时, 出入口处应设置候车道, 且不应占用城市道路。机动车候车道宽度不应小于4m、长度不应小于10m, 非机动车应留有等候空间。

4. 停车场出入口应该具有良好的通视条件, 距离城市道路的规划红线不应小于7.5m, 并在距出入口边线内2m处作视点的120°范围内至边线外7.5m以上不应有遮挡视线障碍物。与城市道路连接的出入口地面坡度不宜大于5%。

5. 停车场出入口处的机动车道路转弯半径不宜小于6m, 且应满足基地通行车辆最小转弯半径的要求。

6. 相邻停车场出入口之间的最小距离不应小于15m, 且不应小于两出入口道路转弯半径之和。

7. 机动车库出入口应设置减速安全设施。

8. 停车场出入口和车道数量应符合表1的规定, 当车道数量大于等于5且停车当量大于3000辆时, 机动车出入口数量应经过交通模拟计算确定。

9. 对于停车当量小于25辆的小型车库, 出入口可设一个单车道, 并应采取进出车辆的避让措施。

机动车库出入口和车道数量 表1

规模 停车当量 出入口和车道数量	特大型	大型		中型		小型	
	>1000	501~1000	301~500	101~300	51~100	25~50	<25
机动车出入口数量	≥3	≥2		≥2	≥1	≥1	
非居住建筑出入口车道数量	≥5	≥4	≥3	≥2		≥2	≥1
居住建筑出入口车道数量	≥3	≥2	≥2	≥2		≥2	≥1

注: 本表摘自《车库建筑设计规范》JGJ 100-2015。

机动车最小转弯半径 (单位: m) 表2

车型	最小转弯半径r_1	车型	最小转弯半径r_1
微型车	4.5	中型车	7.2~9.0
小型车	6.0	大型车	9.0~10.6
轻型车	6.0~7.2		

注: 本表摘自《车库建筑设计规范》JGJ 100-2015。

环形车道最小内半径 (单位: m) 表3

车型	最小内半径r_0	车型	最小内半径r_0
微型车	3.0	中型车	5.0~6.5
小型车	4.0	大型车	6.5~8.0
轻型车	4.0~5.0		

停车场坡道最小净宽 (单位: m) 表4

坡道 形式	最小净宽		坡道 形式	最小净宽	
	微型、小 型车	轻型、中 型、大型车		微型、小 型车	轻型、中 型、大型车
直线单行	3.0	3.5	曲线单行	3.8	5.0
直线双行	5.5	7.0	曲线双行	7.0	10.0

注: 1. 此宽度不包括道牙及其他分隔带宽度。当曲线比较缓时, 可以按直线宽度进行设计。
2. 本表摘自《车库建筑设计规范》JGJ 100-2015。

停车场坡道的最大纵向坡度 表5

车型	直线坡道		曲线坡道	
	百分比	比值 (高:长)	百分比	比值 (高:长)
微型、小型车	15%	1:6.67	12%	1:8.3
轻型车	13.3%	1:7.50	10%	1:10
中型车	12%	1:8.3	10%	1:10
大型客车、大型货车	10%	1:10	8%	1:12.5

注: 本表摘自《车库建筑设计规范》JGJ 100-2015。

停车场出入口及坡道的最小净高 (单位: m) 表6

车型	最小净高	车型	最小净高
微型车、小型车	2.20	中型、大型客车	3.70
轻型车	2.95	中型、大型货车	4.20

注: 本表摘自《车库建筑设计规范》JGJ 100-2015。

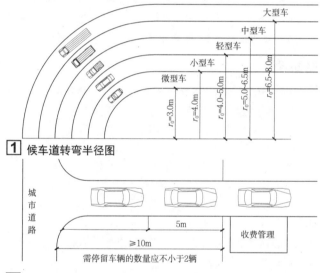

1 候车道转弯半径图

2 候车道图

注: a为视点至出入口两侧距离

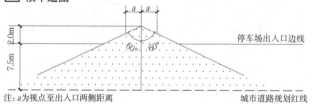

3 车库出入口通视要求图

4 机动车环形车道平面图

a — 机动车长度;
b — 机动车宽度;
r — 机动车环行内半径;
r_1 — 机动车最小转弯半径;
r_0 — 环形车道内半径;
R — 机动车环行外半径;
R_0 — 环形车道外半径;
W — 机动车环行车道宽;
x — 机动车环行时最外点至环道外边安全距离;
y — 机动车环行时最内点至环道内边安全距离。

机动车停放方式

1. 平行式

平行于通道，适宜停放不同类型、不同车身长度的车辆；但前后两车要求净距大，单位停车面积大。

2. 垂直式

垂直于通道，车辆出入便利，但占用停车道较宽，车辆出入需要通道宽度也大。

3. 斜列式

与通道斜交成一定角度停车排列形式，其斜度通常为30°、45°、60°，适用于场地的宽度形状受到限制时用。

停车规模

城市住宅及大中型公共建筑场地配建停车位可参照表1，如当地规划部门有规定时，按当地规划执行。

非机动车停车场一般规定

1. 当停车数小于等于500辆，至少应设置1个出入口，通道宽度不小于2.5m。

2. 当停车数500~1000辆，至少应设置2个出入口，通道宽度不小于2.5m的出入口。

3. 当出入口和坡度宽度超过4.5m，且中间不小于1.0m的推车斜坡时，该出入口可按两个计算。

4. 单台自行车按2.0m×0.6m计。停放方式可为单向排列、双向错位、高低错位及对向悬排。

5. 非机动车车道纵坡一般控制在3.0%以内，特殊情况不宜超过5.0%，并有纵坡长度限制。

城市住宅及大中型公共建筑场地停车位参考标准 表1

序号	建筑类别		计算单位	机动车停车位	非机动车停车位	备注
1	住宅	别墅	每户	1.3	—	
		高档商品住宅		1.0	0.5	
		中高档商品住宅		0.8	1.0	
		普通住宅		0.5	2.0	
		经济适用房		0.3	2.0	
2	办公	一类	每1000m²	7.0	30	省市级行政机关
		二类		5.0	20	其他机构
3	旅馆	一类	每套客房	0.6	0.75	一级
		二类		0.4	0.75	二、三级
		三类		0.3	0.75	三级以下
4	餐饮	建筑面积≤1000m²	每1000m²	7.5	5.0	
		建筑面积>1000m²		1.5	5.0	
5	商业	一类（建筑面积>10000m²）	每1000m²	6.5	7.5	
		二类（建筑面积<10000m²）		4.5	7.5	
6	购物中心（超市）		每1000m²	10	7.5	
7	医院	市级	每1000m²	6.5	15	
		区级		4.5	15	
8	图书馆、博物馆、展览馆		每1000m²	7.0	7.5	
9	电影院		每100座	3.5	3.5	
10	剧院			10	3.5	
11	体育场馆	大型场馆>15000座>4000座	每100座	4.2	45	
		小型场馆<15000座<4000座		2.0	45	
12	娱乐性体育设施		每100座	10	—	
13	学校	小学	每100学生	0.5		有校车停车位
		中学		0.5	80~100	有校车停车位
		幼儿园		0.7		

注：本表摘自《全国民用建筑工程设计技术措施：规划·建筑·景观》2009JSCS-1。

小型车的最小停车位、通（停）车道宽度（单位：m） 表2

停车方位		垂直通车道方向的最小停车位宽度 W_e		平行通车道方向的最小停车位 L_t	通（停）车道宽度 W_d
		W_{e1}	W_{e2}		
平行式	后退停车	2.40	2.10	6.00	3.80
斜列式	30° 前进（后退）停车	4.80	3.60	4.80	3.80
	45° 前进（后退）停车	5.50	4.60	3.40	3.80
	60° 前进停车	5.80	5.50	2.80	4.50
	60° 后退停车	5.80	5.00	2.80	4.20
垂直式	前进停车	5.30	5.10	2.40	9.00
	后退停车	5.30	5.10	2.40	5.00

注：1. W_{e1} 为停车位毗邻墙体或连续分隔物时，垂直于通（停）车道的停车位尺寸；W_{e2} 为停车位毗邻时，垂直于通（停）车道的停车位尺寸。

2. 本表摘自《车库建筑设计规范》JGJ 100—2015。

机动车之间以及机动车与墙、柱、护栏之间最小净距（单位：m）表3

项目		微型车小型车	轻型车	大、中型车
平行式停车时机动车间纵向净距		1.20	1.20	2.40
垂直式、斜列式停车时机动车间纵向净距		0.50	0.70	0.80
机动车间横向净距		0.60	0.80	1.00
机动车与柱间净距		0.30	0.30	0.40
机动车与墙、护栏及其他构筑物间净距	纵向	0.50	0.50	0.50
	横向	0.60	0.80	1.00

注：1. 纵向指机动车长度方向、横向指机动车宽度方向。

2. 净距指最近距离，当墙、柱外有突出物时，应从其凸出部分外缘算起。

3. 本表摘自《车库建筑设计规范》JGJ 100—2015。

自行车停车位的宽度和通道宽度（单位：m） 表4

停车方式		停车位宽度		车辆横向间距（m）	通道宽度	
		单排停车	双排停车		一侧使用	两侧使用
垂直排列		2.00	3.20	0.60	1.50	2.60
斜排式	60°	1.70	3.00	0.50	1.50	2.60
	45°	1.40	2.40	0.50	1.20	2.00
	30°	1.00	2.00	0.50	1.20	2.00

注：本表摘自《车库建筑设计规范》JGJ 100—2015。

自行车单位停车面积（单位：m²/辆） 表5

停车方式		单位停车面积			
		单排一侧	单排双侧	双排一侧	双排双侧
垂直排列		2.10	1.98	1.86	1.74
斜排式	60°	1.85	1.73	1.67	1.55
	45°	1.84	1.70	1.65	1.51
	30°	2.20	2.00	2.00	1.80

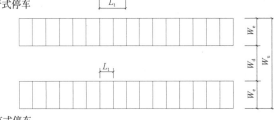

a 平行式停车

b 垂直式停车

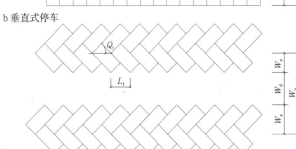

c 斜列式停车

W_u—停车带宽度；W_e—垂直于通车道停车位尺寸；W_d—通车道宽度；L_t—平行于通车道的停车位尺寸；Q_t—汽车倾斜角度。

1 停车方式图

定义

竖向设计(或称垂直设计、竖向布置)是为满足道路交通、地面排水、建筑布置和景观设计等方面的综合要求,对自然地形进行利用、改造,确定坡度、控制高程和平衡土石方等而进行的设计。

内容

①确定场地的竖向布置形式;②确定建筑物室内外地坪标高,构筑物关键部位标高,广场、活动场地等整平标高;③确定道路标高和坡度;④绿地地形设计;⑤组织地面排水系统;⑥安排场地的土方工程,计算土石方填、挖方量;⑦设置必要的工程构筑物与排水构筑物等;⑧解决场地防洪工程问题。

设计地面分类

根据场地用地性质、使用功能,结合自然地形,设计地面形式可分为平坡式(平坡式竖向布置见[1],平坡式设计要素见[2])、台阶式(台阶式竖向布置见[3],台阶式设计要素见[4])和混合式。

用地自然坡度小于5%时,宜规划为平坡式;

用地自然坡度大于8%时,宜规划为台阶式;

平坡和台阶相结合的设计地面形式为混合式。

平坡式

设计地面是将自然地形加以适当整平,使其满足使用要求和建筑布置的平整地面,适用于平坦场地。平坡式布置形式见[5]。

台阶式

设计地面是由几个高差较大的不同标高的设计地面连接而成,台阶之间设置挡墙或护坡,适用于坡地场地。台阶式布置形式见[6]。采用台阶式布置后,土石方工程可相应减少,但台阶间交通和管线敷设条件较差。

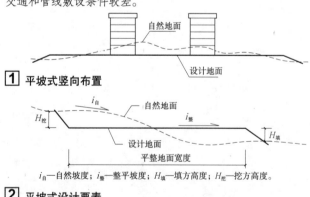

[1] 平坡式竖向布置

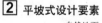

$i_自$—自然坡度;$i_整$—整平坡度;$H_填$—填方高度;$H_挖$—挖方高度。

[2] 平坡式设计要素

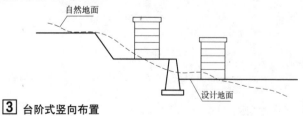

[3] 台阶式竖向布置

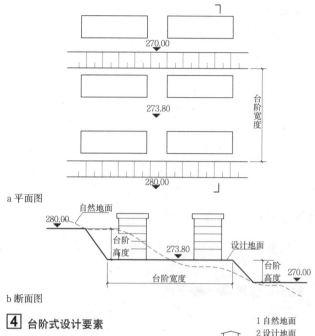

a 平面图

b 断面图

[4] 台阶式设计要素

1 自然地面
2 设计地面
3 道路中心
4 建筑物

a 单向斜面平坡

b 由场地中间向边缘倾斜的双向斜面平坡

c 由场地边缘向中间倾斜的双向斜面平坡

[5] 平坡式布置形式

1 自然地面
2 设计地面
3 道路中心
4 建筑物

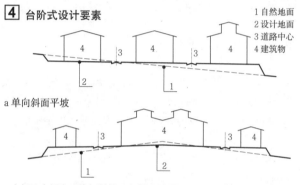

a 单向降低的台阶

b 由场地中间向边缘降低的台阶

c 由场地边缘向中间降低的台阶

[6] 台阶式布置形式

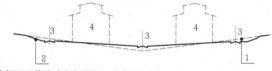

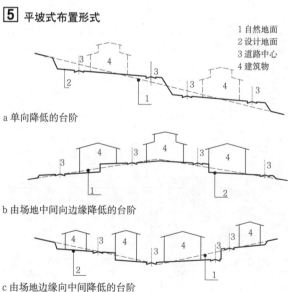

2 场地设计

平坡式设计地面形式

同一场地根据大小、地形、排水、景观等情况,可设计成单坡、双坡等多种组合形式①。设计地面与地形的排水方向应尽量一致,以节约土方量,便于场地排水。

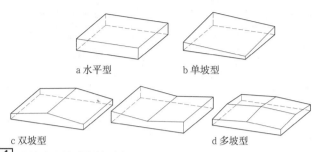

a 水平型　　　b 单坡型

c 双坡型　　　d 多坡型

① 平坡式设计地面的形式

设计地面坡度

城市主要建设用地适宜坡度　　　　　　　　　　表1

用地名称	最小坡度	最大坡度
工业用地	0.2%	10%
仓储用地	0.2%	10%
铁路用地	0	2%
港口用地	0.2%	5%
城市道路用地	0.2%	8%
居住用地	0.2%	25%
公共设施用地	0.2%	20%
其他	—	—

注:本表摘自《城市用地竖向规划规范》CJJ 83—2016。

台阶宽度

1. 台阶宽度是由生活、生产、交通运输的要求,建(构)筑物的布置,管线敷设及绿化景观需要和施工操作等因素综合确定。

2. 在一般情况下,台阶的宽度与所处的自然地面坡度有关,在缓坡地段台阶宽度较宽,在陡坡地段较窄。

3. 公共建筑场地可按功能分区确定台阶宽度③,居住类场地可按组团或基本生活单元来确定台阶宽度。

台阶高度

1. 台阶高度在一般情况下宜为1.5~3.0m,不宜小于1.0m。在地形坡度较大的地段、台阶宽度较大或受自然地形的限制,台阶高度可达10m以上。

2. 公共设施用地分台布置时,台阶高度宜与建筑层高成倍数关系,便于设置建筑两侧出入口。

3. 居住用地分台布置时,宜采用小台地形式。

台阶布置原则

1. 建设用地分台应考虑地形坡度、坡向和风向等因素的影响,以适应建筑布局的要求。

2. 台阶划分应满足使用性质相同的用地或功能联系密切的建(构)筑物,布置在同一台地或相邻台地的布置要求。

3. 台阶长边应平行于自然地形等高线布置。

4. 台阶高度、宽度、长度应结合场地地形,并满足使用及景观要求,与总平面布置相协调。

台阶与建、构筑物距离要求

1. 坡顶与建、构筑物距离

应满足建、构筑物及附属设施、运输线路、管线和绿化等所需用地;应满足施工和安装的需要;应满足防止基础侧压力对边坡的影响。

2. 坡脚与建、构筑物距离

除满足上述要求外,还应满足采光、通风、排水及开挖基槽对边坡或挡土墙的稳定性要求。一般情况下应>3m;困难条件下≥2.0m。

位于稳定土坡顶上的建构筑物,当其基础底面边长≤3m时,其基础底面外边缘线至坡顶的水面距离②,应按下列公式计算,且不得小于2.5m。

条形基础: $S \geq 3.5b - d/\mathrm{tg}\beta$

矩形基础: $S \geq 2.5b - d/\mathrm{tg}\beta$

式中:S-基础底面外边缘线至坡顶的水平距离(m);b-垂直于坡顶边缘线的基础底面边长(m);d-基础埋深;β-边坡坡角(°)。

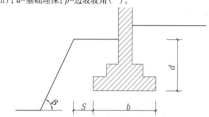

注:当边坡坡脚β>45°、坡高>8m时,应进行坡体稳定验算。

② 基础底外缘至坡顶水平距离示意图

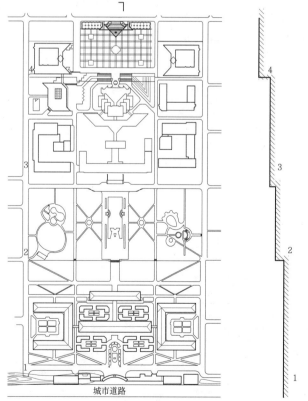

a 台阶式布置平面图　　　　b 台阶式布置剖面图

1 教学区　　　　2 腾飞雕塑群绿化水景广场
3 图书馆　　　　4 四大发明雕塑群纪念广场

③ 公共建筑场地按功能确定台阶宽度
示意——西安交通大学中轴线

2
场地设计

概述

在场地设计中，相连两台地之间，场地边坡一般采用自然放坡处理。当坡度较大时，为保持边坡土体或岩石的稳定，防止用地受到自然危害或人为活动造成的破坏，而设置的保护性工程，如护坡、挡土墙等，称为防护工程。

设计要点

1. 防护工程应与具有防护功能的专用绿地相结合，街区用地的防护应与其外围道路工程的防护相结合。

2. 台阶式用地的台阶之间应用护坡或挡土墙连接，相邻台地间高差大于1.5m时，应在挡土墙或坡比值大于0.5的护坡顶加设安全防护设施。土质护坡的坡比值应≤0.5；砌筑型护坡的坡比值宜为0.5~1.0。

3. 在建（构）筑物密集、用地紧张区域及有装卸作业要求的台阶，应采用挡土墙防护；人口密度大、工程地质条件差、降雨量多的地区，不宜采用土质护坡。挡土墙的高度宜为1.5~3.0m，超过6.0m时宜退台处理，退台宽度不应小于1.0m；在条件许可时，挡土墙宜以1.5m左右高度退台。

4. 公共活动区内挡土墙高于1.5m，生活生产区内挡土墙高于2m时，宜做艺术处理或以绿化遮蔽。

自然放坡

自然放坡时，为保证土体和岩石的稳定，斜坡面必须具有稳定的坡度，称为边坡坡度[1]。其数值根据地质勘察报告推荐值选用或参照表1~表3来确定。

当填料为黏性土时，填方边坡坡度与高度的关系见[2]。

护坡

护坡是防止用地土体边坡变迁而设置的斜坡式防护工程，一般用于用地宽松以及注重自然景观效果的环境中。

挖方土质边坡坡度允许值 表1

土的类别	密实度或状态	坡度允许值（高宽比）	
		坡高在5m以内	坡高5~10m
碎石土	密实	1:0.35~1:0.50	1:0.50~1:0.75
	中密	1:0.50~1:0.75	1:0.75~1:1.00
	稍密	1:0.75~1:1.00	1:1.00~1:1.25
粉土	S_r≤0.5	1:1.00~1:1.25	1:1.25~1:1.50
黏性土	坚硬	1:0.75~1:1.00	1:1.00~1:1.25
	硬塑	1:1.00~1:1.25	1:1.25~1:1.50

注：1.表中碎石土的填充物为坚硬或硬塑状态的黏性土。
2.对砂土或填充物为砂土的碎石土，其边坡坡度允许值均按自然休止角确定。
3.Sr为饱和度（%）。
4.本表摘自《工业企业总平面设计规范》GB 50187-2012。

岩石边坡坡度允许值 表2

边坡岩体类型	风化程度	坡度允许值（高宽比）		
		H<8m	8m≤H<15m	15m≤H<25m
Ⅰ类	微风化	1:0.00~1:0.10	1:0.10~1:0.15	1:0.15~1:0.25
	中等风化	1:0.10~1:0.15	1:0.15~1:0.25	1:0.25~1:0.35
Ⅱ类	微风化	1:0.10~1:0.15	1:0.15~1:0.25	1:0.25~1:0.35
	中等风化	1:0.15~1:0.25	1:0.25~1:0.35	1:0.35~1:0.50
Ⅲ类	微风化	1:0.25~1:0.35	1:0.35~1:0.50	—
	中等风化	1:0.35~1:0.50	1:0.50~1:0.75	—
Ⅳ类	微风化	1:0.50~1:0.75	1:0.75~1:1.00	—
	强风化	1:0.75~1:1.00	—	—

注：1.本表摘自《工业企业总平面设计规范》GB 50187-2012。
2.Ⅳ类强风化包括各类风化程度的极软岩。
3.表中H为边坡高度。

填方边坡坡度允许值 表3

填料类别	边坡最大高度（m）			边坡坡度（高宽比）		
	全部高度	上部高度	下部高度	全部坡度	上部坡度	下部坡度
黏性土	20	8	12	—	1:1.5	1:1.75
砾石土、粗砂、中砂	12	—	—	1:1.5	—	—
碎石土、卵石土	20	12	8	—	1:1.5	1:1.75
不易风化的石块	8	—	—	1:1.3	—	—
	20	—	—	1:1.5	—	—

注：1.用大于25cm的石块砌筑的路堤，且边坡采用干砌者，其边坡坡度应根据具体情况确定。
2.在地面横坡陡于1:1.5的山坡上填方时，应将原地面挖成台阶，台阶宽度≥1m。
3.本表摘自《工业企业总平面设计规范》GB 50187-2012。

护坡类型及加固措施 表4

序号	类型		做法	适用条件	材料及施工要求
1	植被处理		种草	边坡较缓和不高，坡度1:1.5	草籽适合土壤情况及气象条件
2			铺草皮	边坡较陡和较高	草皮新鲜，密实带有茂密矮草
3			植树	最好在1:1.5或更缓	树种选择应结合场地绿化设计统一考虑
4	生态护坡		三维植被网	植物难于生长的土质边坡和强风化软质岩石边坡，边坡坡率应缓于1:0.75	边坡每级高不大于8m
5			挖沟植草	易于人工开挖的软质岩石路堑边坡，边坡坡率应缓于1:0.75	
6			土工格室植草	人工开挖困难的岩石路堑边坡，边坡坡率应缓于1:0.75	
7	骨架植物护坡		浆砌片石骨架	边坡坡率缓于1:0.75的土质和风化岩石边坡，当坡面受雨水冲刷严重和潮湿时，边坡坡率应缓于1:1	骨架网格内应采用植物或其他辅助防护措施，降雨量较大且集中的地区，骨架宜做成截水沟型
8			水泥混凝土空心块	边坡坡率缓于1:0.75的土质边坡和全风化、强风化的岩石路堑边坡	用于多级边坡防护时，应设置浆砌片石或混凝土骨架，空心预制块内应填充种植土，并喷射植草
9	表面喷抹		抹面	用于易风化、但不易剥落的较完整的岩石边坡	石灰炉渣混合砂浆；石灰炉渣三合土
10			喷浆	用于易风化的较完整的岩石边坡	水泥浆、水泥石灰浆、水泥砂浆
11			勾缝	较坚硬的、不易风化的、裂缝多而细的岩石边坡	水泥砂浆、水泥石灰砂浆
12			灌浆	较坚硬、裂缝较大较深的岩石边坡	水泥砂浆，缝很宽时用混凝土
13	护墙		护墙	边坡较陡，易受风化作用而破坏、节理发达和不宜冲刷的较破碎的岩石边坡	坚硬、不易风化的块石砌筑
14			干砌片石护坡	边坡较缓	坚硬、耐冻、未风化的石块
15			浆砌片石护坡	一般边坡较缓、流速较大受冲刷的边坡	留伸缩缝、泄水孔

注：1.护坡类型还包括锚杆框架护坡，柔性防护网护坡等。
2.护坡类型应与周围环境相协调。
3.护坡形式的选择要综合考虑当地气候、水文地质、工程地质、边坡高度、环境条件、施工条件、材料来源以及工期等因素。

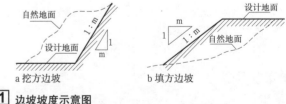

[1] 边坡坡度示意图
a 挖方边坡　　b 填方边坡

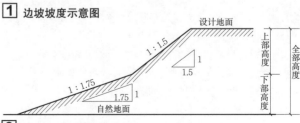

[2] 填方边坡与高度的关系

挡土墙

　　为防止用地土体边坡坍塌而砌筑的墙体，一般用于用地紧张的情况下。

　　挡土墙饰面应采用与周围环境协调的饰面材料，如清水混凝土、水泥砂浆、面砖、石材、面漆等。

挡土墙的分类　　　　　　　　　　　　　　　　　表1

分类原则	类型
材料	砖挡墙、毛石挡墙、混凝土挡墙
使用位置	路肩挡土墙，路堤式挡土墙，路堑式挡土墙
背倾斜方向	直立式、仰斜式、俯斜式
结构形式	重力式、薄壁式、锚固式、垛式、加筋土式

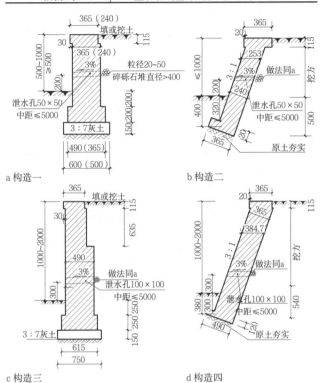

a 构造一　　　　　　　　b 构造二

c 构造三　　　　　　　　d 构造四

注：1. 小挡墙高度>1m时，应设置栏墙。不设置栏墙时，小挡墙顶应设置帽石。
　　2. 小挡墙一侧不承受车辆荷载，建构物距墙顶距离不应小于墙高。小挡墙后填土顶面的人群荷载≤1kN。小挡墙的基础处理措施，应在选用时结合地基承载力、水文情况等条件另行确定。
　　3. 砌体采用MU7.5砌块，M5混合砂浆或M7.5水泥砂浆砌。清水砖墙用1:1水泥砂浆勾缝。
　　4. 墙顶及突出部分可采用1:3水泥砂浆抹墙面厚20mm。
　　5. 挡土墙沉降缝宽20mm，填沥青麻筋或胶泥稻草，间距10000mm。

1 砌体人行道挡土墙常见构造

护坡或挡土墙与建筑物的距离要求

　　1. 居住区内的挡土墙与住宅建筑间的间距应满足住宅日照和通风要求。

　　2. 高度大于2m的挡土墙和护坡的上缘与建筑间水平距离不应小于3m，其下缘与建筑间的水平距离不应小于2m[2]。

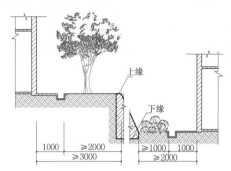

2 护坡挡土墙与建筑的距离要求示意图

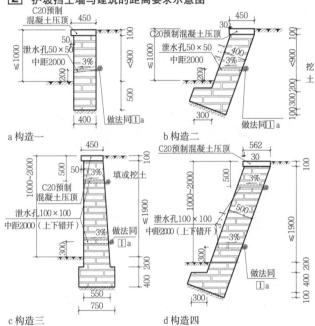

a 构造一　　　　　　　　b 构造二

c 构造三　　　　　　　　d 构造四

注：1. 挡土墙采用不低于MU30毛石，M2.5或M5水泥砂浆砌筑。用于外表面的石面要求平整。1:3水泥砂浆勾平缝，沉降缝间距15000mm。
　　2. 其他见[1]砌体人行道挡土墙常见构造的注1、2。

3 石砌人行道挡土墙常见构造

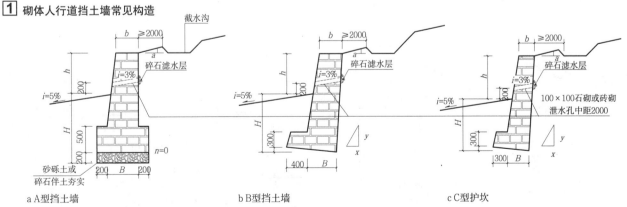

a A型挡土墙　　　　　　b B型挡土墙　　　　　　c C型护坎

　　B — 挡墙底宽；b — 挡墙顶宽；H — 埋深；h — 挡墙高度；x : y (n)—挡墙坡度。

4 毛石挡土墙、护坎常见构造

踏步

踏步是室外不同高程地面步行联系的主要设施，平面形状可为直线形、曲线形、折线形等①，也可对称布置或与建筑造型一致。

踏步高不宜超过15cm，踏步宽不宜小于30cm。连续踏步数最好不超过18级，18级以上时应在中间设休息平台。宽度不大而踏级数超过40级时，不宜设计成一条直线，应在中间利用休息平台做错位或方向转折，利于行走安全和消除心理上的紧张、单调感。

a 直线形　　b 自然曲线形　　c 折线形　　d 几何曲线形

1 踏步平面形式

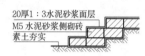

a 砖砌台阶

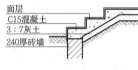 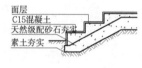

b 混凝土台阶

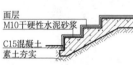 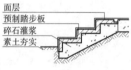

c 石砌台阶

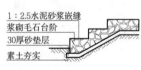 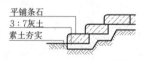

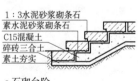 

d 架空台阶

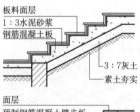 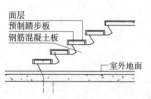

面层做法可选用现制水泥砂浆、水磨石、斧剁石和预制块石、条石、铺地砖等。

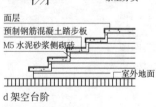

2 室外台阶常见构造

坡道

在两个台地之间，为使汽车通行需设置坡道，汽车坡道宽度要满足汽车通行要求。为了在台阶间方便手推车和自行车的上下推行，常在踏步的一侧或两侧布置小坡道，其坡度和宽度参见表1，不同坡度的坡道高度与长度规定参见表2。

坡道的材料与构造需考虑防滑的要求，当坡度大于15%时，应设置礓礤路面，以保证车行人行的安全。礓礤路面的最大纵坡为20%，不同纵坡坡长限制见表3。

不同位置坡道的坡度和宽度　　　　　　表1

坡道位置	最大坡度	最小宽度（m）
室外坡道	1：10	≥1.50
自行车推行坡道	1：5（1：4）	≥1.80
残疾人坡道	1：10（1：12）	

注：括号内数字为推荐数据。

不同坡度的坡道高度与长度　　　　　　表2

坡度	1：6	1：8	1：10	1：12	1：16	1：20
高度（m）	0.20	0.35	0.60	0.75	1.00	1.50
水平长度（m）	1.20	2.80	6.0	9.0	16.0	30.0

礓礤路面坡长限制　　　　　　　　　　表3

纵坡（%）	坡长限制（m）
10~14	120~150
14~17	100~120
17~20	80~100

注：坡长限制栏内低限数字为主要通行载重汽车者，高限数字为主要通行小汽车者。

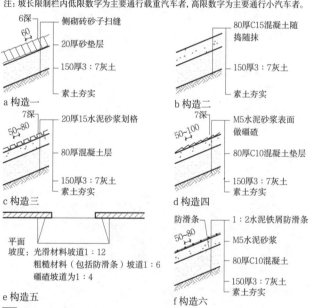

a 构造一　　　　　　　　b 构造二

c 构造三　　　　　　　　d 构造四

平面

坡度：光滑材料坡道1：12
粗糙材料（包括防滑条）坡道1：6
礓礤坡道为1：4

e 构造五　　　　　　　　f 构造六

3 坡道常见构造

a 车行道　　　　　　b 人车混行

c 人行道

4 现浇混凝土礓礤路面构造（单位：cm）

概述

场地设计标高包括道路、广场、停车场、室外活动场地、绿地及建筑室内外地坪标高。

设计要点

1. 场地设计标高应高于或等于城市设计防洪、防涝标高；沿海或受洪水泛滥威胁地区，场地设计标高应高于设计洪水位0.50～1.00m，否则必须采取相应防洪措施。

2. 场地设计标高应高于多年平均地下水位。

3. 场地设计标高宜高于场地周边道路设计标高，且应比周边道路的最低路段高程高出0.20m以上。

4. 场地设计标高与建筑物首层地面标高之间的高差宜大于0.15m。

5. 场地设计标高应保证建构筑物和工程管线有适宜的（防冰冻和防机械损伤）埋设深度。

6. 应进行场地内建筑物之间详细的竖向布置，首先要避免室外雨水流入建筑物内，然后引导室外雨水顺利渗入地下或排至道路进入排水系统。

7. 雨水口顶标高要低于地面或路面3cm，并使周围地面坡向雨水口。

8. 郊区型道路一般采用边沟排雨水时，竖向设计应加大坡度考虑。

9. 雨水排出口内顶高程宜高于受纳水体的多年平均水位，有条件时应高于设计防洪（潮）水位。

10. 在初步确定建、构筑物的室内外地坪及道路、广场、场地等标高后，需进行土方估算，必要时对标高作适当调整。

道路设计标高

1. 场地道路标高一般与场地地形标高一致，与相连道路协调过渡。

2. 如需道路下管道收集雨水时，道路中心线标高应低于地形0.20～0.30m。

3. 如需排至周围绿地就地下渗，可使路面略高于地形，同时在散水外设置低于建筑物地面的排水沟。

建筑物室内外设计标高

建筑室内外标高根据功能景观需要，室外散水标高一般一致，如建筑体量较大，及周围道路地形变化较大时，标高也可不同，设计成坡状或台阶式。建筑室外散水标高一般高于周围场地标高，使雨水向外排；若低于周围场地标高，建筑散水四周应设排水明沟。建筑室内外高差根据建筑功能及景观要求由单体设计确定，同时应保证室外地面雨水不流入室内。建筑物室内外地坪的最小高差见表1。

建筑物室内外地坪的最小高差（单位：m）　　　表1

建筑类型	最小高差
宿舍、住宅	0.15～0.75
办公楼	0.50～0.60
学校、医院	0.30～0.90
重载仓库	0.15～0.30

建筑结合地形的技术处理方法

坡地场地室内外高差较大，布置建筑单体时，并不需要把地形变成整平面，而是运用改变建筑物内部结构的方法，使建筑物适应地形的变化。

建筑物结合地形布置的方法　　　表2

布置方法	使用范围	特点
提高勒脚 ①a	缓坡、中坡	将建筑物四周勒脚高度调整到同一标高；垂直等高线布置（坡度<8%）；平行于等高线（坡度10%～15%）
筑台	缓坡、中坡	建筑物垂直等高线布置（坡度<10%）；平行于等高线（坡度12%～20%）
跌落 ①b	缓坡、中坡	垂直于等高线布置时，以建筑单元或开间为单位，顺坡势沿垂直方向跌落（坡度4%～8%）
错层 ①c	缓坡、中坡	建筑物垂直等高线布置（坡度12%～18%）；平行于等高线布置（坡度15%～25%）
掉层 ①e	中坡、陡坡	垂直等高线布置（20%～25%）；平行于等高线（45%～65%）
错叠 ①d	陡坡、急坡	建筑物垂直等高线布置（50%～80%）

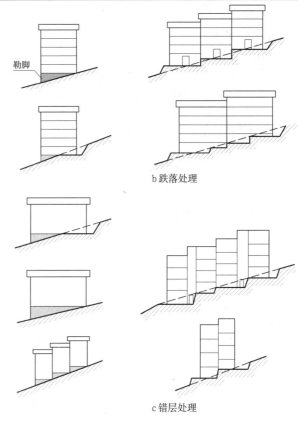

勒脚

b 跌落处理

c 错层处理

a 提高勒脚处理

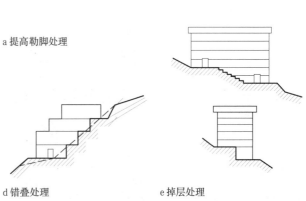

d 错叠处理　　　　　e 掉层处理

① 各种技术处理方法示意图

计算方法

主要两种方法：方格网计算法和横断面计算法。

1. 方格网计算法

一般取20～40m间距的方格网，每个方格四角分别填入自然标高、设计标高和施工高程，分别标出每个方格挖、填方量，最后汇总挖、填方量，计算公式见表3。方格网土方计算法规定左上方为填挖高度，右上方为设计标高，右下方为原地面标高①。

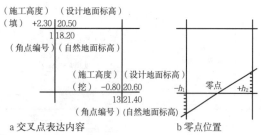

① **方格网表达内容**（单位：m）

a 交叉点表达内容　　　b 零点位置

2. 横断面计算法

适用于场地纵、横坡度变化有规律的地段。

取垂直地形等高线方向的横断面走向，间距平坦地区可取40～100m，复杂地区取10～30m，在各间距段自然地形坡度线与设计地坪同一位置断面线上，标出断挖、填方量。以场地总宽分段汇总，最后叠加计算出总量②。

$$V = \frac{A_n + A_{n+1}}{2} \times L$$

式中：V—相邻两断面间填（挖）方体积（m³）；
A_n，A_{n+1}—相邻两断面之填（挖）方断面面积（m²）；
L—相邻两断面之间的距离（m）。

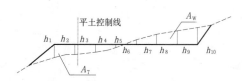

② **断面法土方工程量计算示意图**

设计要点

1. 合理安排场地内的土石方工程量，使场区内填挖方尽量平衡，并防止因开挖引起的滑坡及地下水外漏等现象发生。

2. 合理确定建筑室内外地坪标高，尽量减少建筑基础与排水工程投资。

余土工程量

包括建、构筑物的基础、地下管线基槽和道路基槽余土等。这些余土量及湿陷性黄土的缺土量也应参加土石方平衡。

1. 建、构筑物、设备基础余方量估算公式：$V_1 = K_1 \cdot A_1$

式中：V_1—基槽余方量（m³）；
A_1—建筑占地面积（m²）；
K_1—基础余方量参数，见表1。

2. 地下室土方工程量估算公式：$V_2 = K_2 \cdot n_1 \cdot V_1$

式中：V_2—地下室土方工程量（m³）；
K_2—地下室挖方时的参数（包括垫层、放坡、室内外高差），一般取1.5～2.5，地下室位于填方多的地段取下限值，填方量少或挖方的地段取上限值；
n_1—地下室面积与建筑物占地面积之比；
V_1—基槽余方量（m³）。

3. 道路路槽余方量估算公式：$V_3 = K_3 \cdot F \cdot h$

式中：V_3—道路路槽挖方量（m³）；
K_3—道路系数，见表2；
F—建筑场地总面积（m²）；
h—拟设计路面结构层厚度（m）。

4. 管线地沟的余方量估算公式：$V_4 = K_4 \cdot V_3$

式中：V_4—管线地沟余方量（m³）；
K_4—管线地沟系数，见表2；
V_3—道路路槽挖方量（m³）。

5. 换土工程量：场地因各种原因不适合做基础等土方，需要换土，其土方量可根据地勘或开挖实际处理。

建筑基础余方量参数　　表1

名称		基础余方量参数 K_1（m³/m²）	备注
车间	重型（有大型机床设备）	0.3～0.5	建筑场地为软弱地基时，基础余方量系数应乘以1.1～1.2倍
	轻型	0.2～0.3	
居住建筑		0.2～0.3	
公共建筑		0.2～0.3	
仓库		0.2～0.3	

道路和管线的余方量系数　　表2

地形 项目		平地	自然坡度 $i_自$		
			5%～10%	10%～15%	15%～20%
道路系数 K_3		0.08～0.12	0.15～0.20	0.20～0.25	>0.25
管线地沟系数 K_4	无地沟	0.15～0.12	0.12～0.10	0.10～0.05	≤0.05
	有地沟	0.40～0.30	0.30～0.20	0.20～0.08	≤0.08

方格网土方计算公式　　表3

项目	图示	计算公式
一点填方或挖方（三角形）		$V = \frac{1}{2} b \times c \frac{\sum h}{3} = \frac{bch_3}{6}$ 当$b=a=c$时，$V = \frac{a^2 h_3}{6}$
二点填方或挖方（梯形）		$V_- = \frac{b+c}{2} a \frac{\sum h}{4} = \frac{a}{8}(b+c)(h_1+h_3)$ $V_+ = \frac{d+e}{2} a \frac{\sum h}{4} = \frac{a}{8}(b+c)(h_2+h_4)$
三点填方或挖方（五角形）		$V = \left(a^2 - \frac{b \times c}{2}\right) \frac{\sum h}{5} = \left(a^2 - \frac{b \times c}{2}\right) \frac{h_1+h_2+h_3}{5}$
四点填方或挖方（正方形）		$V = \frac{a^2}{4} \sum h = \frac{a^2}{4}(h_1+h_2+h_3+h_4)$

注：1. a—方格网的边长（m）；b、c—零点到一角的边长（m）；h_1、h_2、h_3、h_4—方格网四角点的施工高程（m），用绝对值代入；$\sum h$—填方或挖方施工高程的总和（m），用绝对值代入；V—挖方或填方体积（m³）。

2. 本表公式是按各计算图形底面积乘以平均施工高程而得出的。

土方损益

场地平整土方量中的挖方数量为原土体积，当原土经挖掘后，空隙增大使体积增加，称为虚方。虚方与挖方之比称之为松散系数，分为最初松散系数和最后松散系数。前者应用于弃土外运，后者应用于在场地内土方调配，见表1。

土方平衡

土方工程量平衡包括的内容见表3。

关于土方工程就地平衡问题，不一定只限于一个建筑场地内的平衡，有时由于就地平衡反而造成浪费，如填土需分层辗压、夯实，费时费力，又要加深建筑物基础。若将挖方运出场地，支援农田基本建设，或作为修筑堤坝、道路等市政建设使用，虽然运距远些，但有利于农业发展，有利于市政建设，从全局看，是合理的。

场内土方工程量除考虑尽量减少外，还应使填挖方接近平衡。在填方或挖方工程量超过10万 m³时，填挖方之差不应超过5%；在10万 m³以下时，填挖方之差不应超过10%。

场地平整设计标高的调整

初定场地平整设计标高后，进行土方估算，并参照表4中所列的土方平衡相差幅度值的标准。超过表中数值时，除特殊情况外，应调整场地的设计标高。

调整方式：

1. 自然地形比较平坦，填挖方相差不大时，将全场区的设计标高适当提高或降低一数值；

2. 场地起伏较大，可在填或挖方较集中地段，结合功能分区等其他因素，局部进行调整。

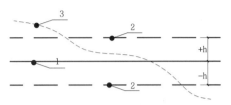

1 设计场地地面　2 调整后的设计地面　3 自然地形

1 场地设计标高调整

土石松散系数　　　　　　　　　　　　　　　　表1

土石等级	类别	土石名称	松散系数 最初	松散系数 最后
I 松土		砂、亚黏土、泥炭	1.08～1.17	1.01～1.03
		植物性土壤	1.20～1.30	1.03～1.04
		轻型的及黄土质砂黏土，潮湿的及松散的黄土，软的重、轻盐土，15mm以下中、小圆砾，密实的含草根的种植土，含直径小于30mm的树根的泥炭及种植土，夹有砂、卵石及碎石片的砂及种植土，混有碎、卵石及工程废料的杂填土等	1.14～1.28	1.02～1.05
II 普通土		轻腴的黏土，重砂黏土，粒径15～40mm的大圆砾，干燥黄土，含圆砾及卵石的天然含水量的黄土，含直径≥30mm的树根的泥炭及种植土等	1.24～1.30	1.04～1.07
III 硬土		除泥灰石、软石灰石以外的各种硬土	1.26～1.32	1.06～1.09
		泥灰石，软石灰石	1.33～1.37	1.11～1.15
IV 软石		泥岩，泥质砾岩，泥质页岩，泥质砂岩，云母片岩，煤，千枚岩等	1.30～1.45	1.10～1.20
V 次坚石		砂岩，白云岩，石灰岩，片岩，片麻岩，花岗岩，软玄武岩等	1.45～1.50	1.20～1.30
VI 坚石		硬玄武岩，大理岩，石英岩，闪长岩，细粒花岗岩，正长岩等	1.45～1.50	1.20～1.30

注：1. 本表摘自《钢铁企业总图运输设计规范》GB 50603-2010。
2. 第I至IV级土壤，挖方转化为虚方时，乘以最初松散系数；挖方转化为填方时，乘以最后松散系数。
3. 湿陷性黄土挖方转为填方，用机械夯实时，乘以压缩系数0.83～0.91。

场地黏性土的填方最小压实度　　　　　　　　表2

名称	填土地点		最小压实度	说明
场地及建筑物	建筑物地面下		0.90	大面积平整时，建筑物、构筑物、道路、铁路、管线地段，压实度统一采用0.90
	预留发展的场地		0.85	
	一般场地（不拟建建筑物）		0.80～0.90	
	管线基础下		0.90	
铁路	II、III级线路路基顶面下深度（cm）	0～30	0.95	填方深度>120cm的路基压实度，在降水量低于400mm地区，可减少0.05
		>30～120	0.90	
		>120（浸水部分）	0.90	
		>120（不浸水部分）	0.85	
道路	路基填方深度（cm）		高级路面　中级路面	干旱地区或潮湿地区的路基最小压实度，可减少0.02～0.03
		0～80	0.98　　　0.90	
		>80	0.95　　　0.85	
	零填方及挖方	0～30	0.98　　　0.90	

注：利用填土作建、构筑物地基时，其填土质量应符合现行的《建筑地基基础设计规范》GB 50007-2011的规定。

土石方工程量平衡表示例　　　　　　　　　　表3

序号	项目	土方量（m³） 填方	土方量（m³） 挖方	说明
1	场地平整			
2	室内地坪填土和地下建筑物、构筑物挖土、房屋及构筑物基础			
3	道路、管线地沟、排水沟			包括路堤填土、路堑和路槽挖土
4	土方损益			指土壤经过挖填后的损益数
5	合计			

注：表列项目随工程内容增减。

各种地形条件的正常土方工程数量　　　　　　表4

地形 项目名称	平地	自然坡度/i 5%～10%	10%～15%	15%～20%
单位用地的土方量（m³/hm²）	2000～4000	4000～6000	6000～8000	8000～10000
单位面积建筑占地的土方量（m³/hm²）	2～4	3～4	4～8	8～10

注：单位用地的土方量（m³/hm²）是指场地平整土方量与余土工程量之和。

场地填方及基底处理　　　　　　　　　　　　表5

序号	一般要求
1	碎块草皮和有机含量大于8%的土，仅用于无压实要求的填方
2	土质较好的耕土或表土，一般可作为填料，但当耕土或表土含水量过大，采用一般施工方法不易疏干，影响碾压密实时，不宜作为填料
3	碎石类土、砂土（一般不用细砂、粉砂）和爆破石渣，可用作表层以下填料
4	填方基地位于耕地或松土上时，应碾压密实或夯实后再行填土；填土基底位于水田或池塘上时，应根据具体情况，采用适当的基底处理措施（排水疏干、挖除淤泥、抛填片石或砂砾、矿渣等）
5	基底上的树墩及主根应拔除，坑穴应清除积水、淤泥和杂物等，并分层夯实
6	在建、构物地面下的填方，或厚度<0.5m的填方，应清除基底上的草皮和垃圾
7	在土质较好的平坦地上（地面坡度不陡于1:10）填方时，可不清除基底上的草皮，但应割除长草
8	在稳定山坡上填土，当山坡坡度为1:10~1:5时，应清除基底上草皮；当山坡坡度陡于1:5时，应将基底挖成台阶，其宽度≥1m
9	当地铁、道路路堤高度分别低于1m、1.5m时，路堤下的树墩均应拔除。拔除树根留下的洞穴，应用与地基相同的土回填，并须分层夯实。当路堤高度较大时，在铁路、道路路堤下的树墩，可分别高出地面不大于0.2m、0.1m

注：本表不包括用作建、构筑物基础地基的填土要求。

基本原则

竖向设计要有利于排雨水，保证场地不积水，满足使用要求。雨水排除时，应首先采取自然排水，尽可能使雨水下渗。有需要时，还需建立有组织排水系统，配置必要的排水构筑物。

排水方式

场地雨水排除方式主要有自然排水、明沟排水和暗管排水等。

各种排水方式适宜情况 表1

场地排雨水方式	适用情况
自然排水	1.降雨量较小的气候条件； 2.渗水性强的土壤地区； 3.雨水难以排入管网的局部小面积地段
明沟排水	1.整平面有适于明沟排水的地面坡度； 2.场地边缘地段，或多尘易堵、雨水夹带大量泥沙和石子的场地； 3.设计地面局部平坦，雨水口收水不利的地段； 4.埋设下水管道不经济的岩石地段； 5.未设置雨、污水管道系统的郊区或待开发区域； 6.雨水管道埋深、坡度不够的地段
暗管排水	1.场地面积较大、地形平坦； 2.采用雨水管道系统与城市管道系统相适应者； 3.建筑物和构筑物比较集中、交通线路复杂或地下工程管线密集的场地； 4.大部分建筑屋面采用内排水的； 5.场地地下水位较高的； 6.场地环境美化或建设项目对环境洁净要求较高

注：在对景观、安全和卫生要求较高的地段排水明沟应加盖板。

场地排水坡度

为方便排水，一般场地都要有一定的坡度，各种土壤适宜的坡度见表2；场地的地面排水坡度，不宜小于0.2%，坡度小于0.2%时，宜采用多坡向或特殊措施排水，各种场地排水的适宜坡度见表3，室外运动场地应有良好的排水条件，全场外侧应设有漏水盖板排水沟。各种软质地表适宜坡度见表4。如遇湿陷性黄土等特殊场地，排水坡度应符合相关规范规定。

道路排水坡度

机动车车行道纵坡应符合表5的规定，海拔3~4km的高原城市道路的最大纵坡不得大于6%；居住区道路纵坡应符合表6的规定。非机动车车行道规划纵坡宜<2.5%。当≥2.5%时，应按表7的规定限制坡长。机动车道与非机动车道混行道路，其纵坡应按非机动车车行道的纵坡取值。道路横坡应为1%~2%。

各种土壤适宜坡度 表2

土壤种类	排水坡度
黏土	大于0.3%，小于5%
砂土	不大于3%
轻度冲刷细沙	不大于1%
湿陷性黄土	建筑物周围6m范围内≥2%，6m以外≥0.5%
膨胀土	建筑物周围2.5m范围内，不宜小于2%

各种场地的适用坡度 表3

内容名称	适用坡度
密实性地面和广场	0.3%~3.0%
广场兼停车场	0.2%~0.5%
儿童游戏场	0.3%~2.5%
运动场	0.2%~0.5%
杂用场地	0.3%~2.9%
绿地	0.5%~1.0%
湿陷性黄土地面	0.5%~7.0%

注：本表摘自《城市居住区规划设计规范》GB 50180-93（2016年版）。

软质地表的适宜坡度 表4

地表类型	最小坡度(%)	最大坡度(%)	适宜坡度(%)
草地	1.0	33	1.5~10
运动草地	0.5	2	1
栽植地表	0.5	视土质而定	3~5

注：1.人力修剪机修剪的草坪坡度不宜大于25%。
2.本表参考自《公园设计规范》GB 51192-2016。

城市道路纵坡控制坡度 表5

道路类别	最小纵坡（%）	最大纵坡（%）	最小坡长（m）
快速路	0.3	4~6	290
主干路		6~7	170
次干路		6~8	110
支（街坊）路		7~8	60

注：本表参考自《城乡建设用地竖向规划规范》CJJ 83-2016。

居住区道路纵坡控制坡度 表6

道路类别	最小纵坡（%）	最大纵坡（%）	多雪严寒地区最大纵坡
机动车道	0.2	8.0 L≤200m	5.0 L≤600m
非机动车道		3.0 L≤50m	2.0 L≤100m
步行道		8.0	4.0

注：1.表中L为坡长。
2.本表参考自《城市居住区规划设计规范》GB 50180-93（2016年版）。

非机动车道纵坡与限制坡长（单位：m） 表7

限制坡长 \ 车种 坡度（%）	自行车	三轮车、板车
3.5	150	—
3.0	200	100
2.5	300	150

注：参考自《城乡建设用地竖向规划规范》CJJ 83-2016。

场地排水方案

场地总体排水方向一般与地形坡向保持一致，当与外围雨水管方向不一致时，应进行功能、景观、经济等方面综合比较确定总体排水方向，在确定了总体场地坡向后，局部场地根据各自的功能及景观需要确定排水方向。在确定了排水方向后，还要确定雨水口、管道、明沟、无铺装的浅沟等雨水排除设施等。

广场排水根据广场面积大小、坡度、标高、当地暴雨强度，以及相临道路坡向等，可以将广场设计为单坡、双坡和多坡等形式[1]。根据面积及排水方式适当划分排水区域，在积水点处布置排水设施。

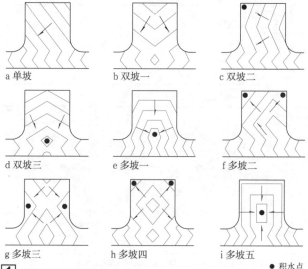

a 单坡　　b 双坡一　　c 双坡二

d 双坡三　　e 多坡一　　f 多坡二

g 多坡三　　h 多坡四　　i 多坡五

● 积水点

1 广场排水的基本形式

2 场地设计

常见的排水设施

地表雨水汇集在积水处，经排水设施流入地下管道内，进入地下排水系统或渗入大地。场地内常见的排水设施有雨水口、排水沟和截水沟。

雨水口

按进水方式分类，雨水口（也称雨水算子）有立算式、平算式、联合式或横向雨算等形式[1]。一个雨水口的汇水面积约2500~5000m²，多雨地区采用小值，少雨地区采用大值。雨水口通常布置在道路、停车场、广场和绿地的积水处。

雨水口的顶标高要低于地面或路面，并使周围路面坡向雨水口。

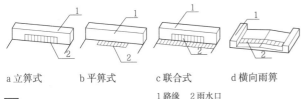

a 立算式　　b 平算式　　c 联合式　　d 横向雨算
1 路缘　2 雨水口

[1] 雨水口形式

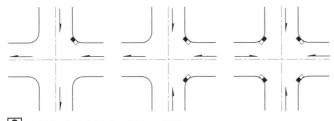

[2] 同等级道路交叉路口雨水口布置

当次要道路与主要道路相交时，交叉处应保持主要道路正常横坡，可使行车平稳又不易积水。

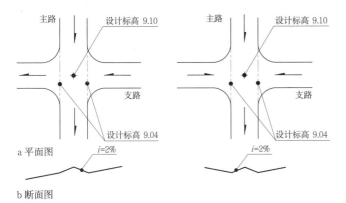

a 平面图

b 断面图

[3] 主次道路相交时横断面设计示意图

雨水口间距宜为25~50m。当道路纵坡大于0.02时，雨水口的间距可大于50m。坡段较短时可在最低点处集中收水，其雨水口的数量或面积可适当增加。当直线路段长度较长时，应根据纵坡坡度值，参照表1确定道路直线段雨水口分布间距。

雨水口间距　　　　　　　　　　　　　　　　　表1

道路纵坡	≤0.3%	0.3%~0.4%	0.4%~0.5%	0.5%~0.6%	0.6%~2%
雨水口间距（m）	20~30	30~40	40~50	50~60	60~70

截水沟

为了截引坡顶上方的地面径流，需设置截水沟，当径流面积不大，或坡面有坚固的护坡处理时，可不设截水沟，将雨水直接排入坡脚下的排水沟内。当场地位于河、湖等水域沿岸，要避免潮水上涨对场地的影响，提高场地标高或设防洪堤。

在坡顶设置截水沟时，沟中心与坡顶间需有5m以上的安全距离[4]，若土质量好、边坡不高、沟内有铺砌时，可小于5m。

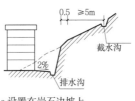

a 设置在岩石边坡上

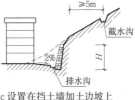

b 设置在有贴砌护坡的边坡上

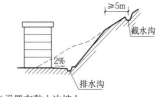

c 设置在挡土墙加土边坡上

d 设置在黏土边坡上

[4] 截水沟分布位置示意

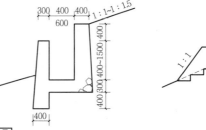

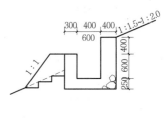

[5] 截水沟常用截面尺寸

排洪沟

当建设场地位于山脚处，受山体围合时，为保证场地内建筑不受洪水侵袭，需在场地外围坡脚下设置排洪沟泄洪。

1. 防洪沟设计应结合地形，因势利导，山洪宜泄不宜堵，分散排放，避免集中，流量增大。

2. 防洪沟根据不同的汇水面积及流量，分段计算截面，确定断面大小，节约投资。

3. 防洪沟布置尽可能利用原有沟渠河道，如改变原有排洪沟进行截弯取直或筑块引流时，必须十分慎重。

4. 防洪沟在拐弯处，其中心线半径不小于沟面宽度的5~10倍。

5. 防洪沟一般不用铺砌，靠边坡自然生长草皮，作为加固的措施，而在弯道、凹岸、跌水、陡槽、水流速度超过容许流速等沟段，以及途经房屋、公路和铁路侧边的沟段，适当用毛石干砌或浆砌加固。

6. 洪水量计算，在气象资料不全的情况下，一般以当地洪水痕迹调查为依据，同时对洪水流量进行设计核算；设计用洪水频率根据场地性质和所在的位置等因素而定。

排水沟概述

按材料分类,排水沟的形式有土沟、砖沟、石砌沟、混凝土沟;按断面形式分类,排水沟的形式有矩形沟、梯形沟、三角形沟和半圆形沟(表1)。

排水沟沟顶可铺设盖板,满足景观和安全要求。盖板可用石材、混凝土、钢筋混凝土以及不锈钢材料等。

排水沟设计内容

排水沟设计内容包括布置各条排水沟、确定每条排水沟起点和终点的沟顶标高和沟底标高、水沟长度和沟底纵坡度,以及配置各条水沟内的雨水口等 2 。

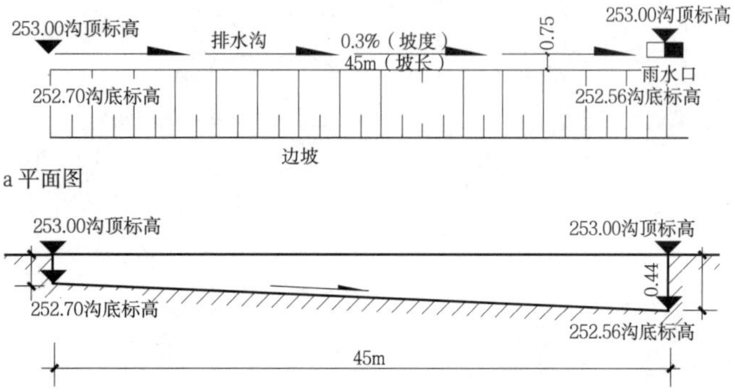

253.00沟顶标高　排水沟　0.3%(坡度)　0.75　253.00沟顶标高
45m(坡长)　雨水口
252.70沟底标高　252.56沟底标高
边坡

a 平面图

253.00沟顶标高　253.00沟顶标高
0.44
252.70沟底标高　252.56沟底标高
45m

b 剖面图

1 排水沟设计内容

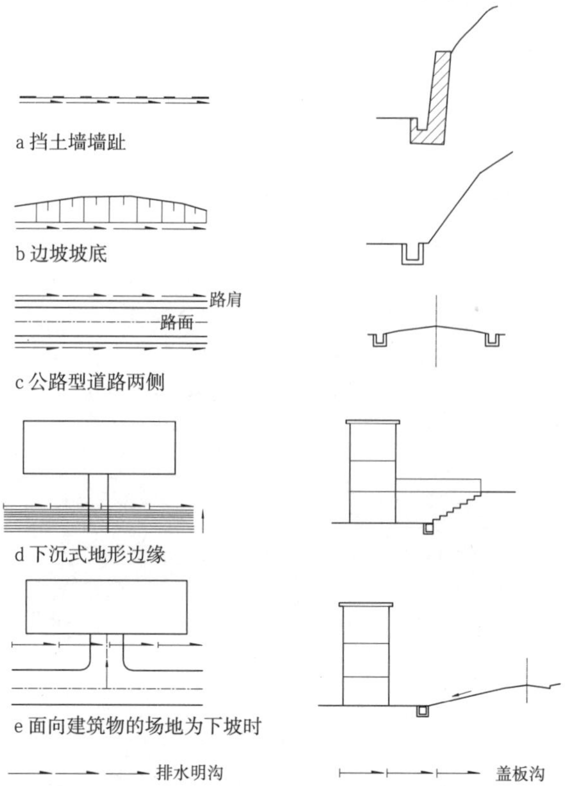

a 挡土墙墙趾

b 边坡坡底

路肩
路面

c 公路型道路两侧

d 下沉式地形边缘

e 面向建筑物的场地为下坡时

排水明沟　　盖板沟

2 排水沟分布位置示意

排水明沟常见构造　　　　　　　　　　　　　　　　　　　　　　　　　表1

构造形式	三角形沟	矩形沟	梯形沟	
构造剖面	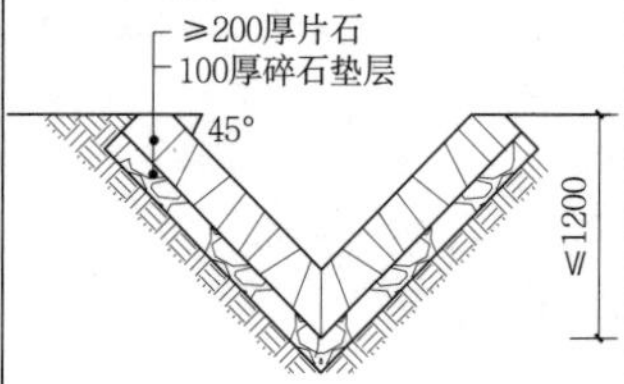 ≥200厚片石 100厚碎石垫层 45° ≤1200 **干砌片石沟**	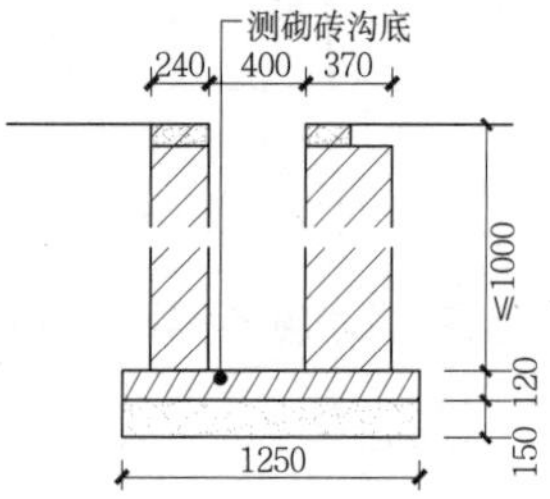 测砌砖沟底 240 400 370 ≤1000 150 120 1250 **砖砌沟 3:7灰土**	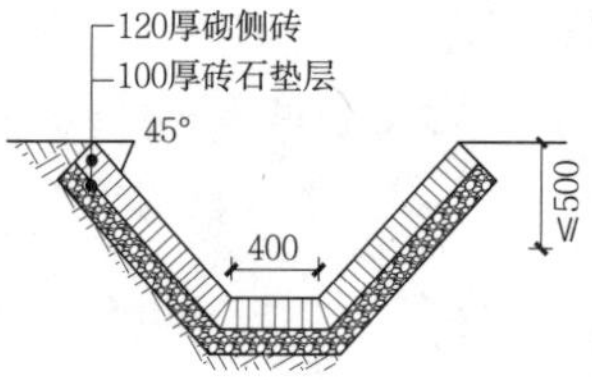 120厚砌侧砖 100厚碎石垫层 45° 400 ≤500 **砖砌沟**	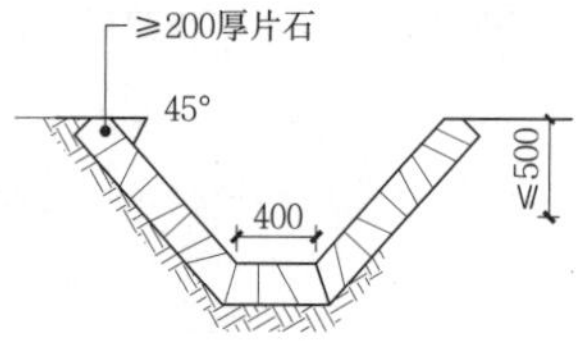 ≥200厚片石 45° 400 ≤500 **单层浆砌片石沟**
	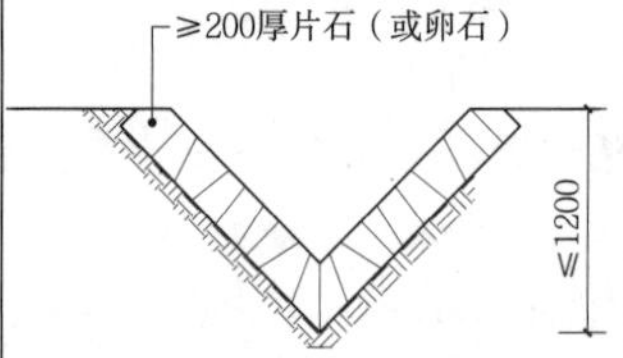 ≥200厚片石(或卵石) ≤1200 **浆砌片石沟一**	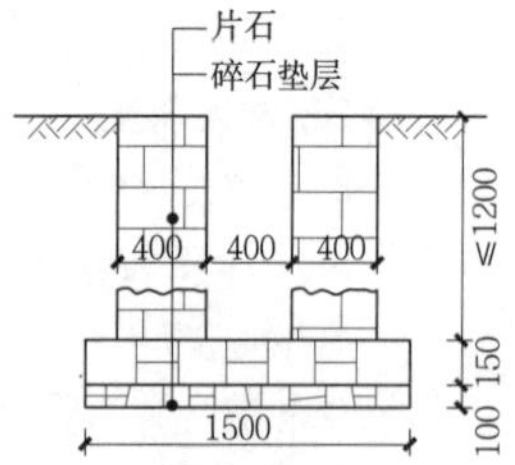 片石 碎石垫层 400 400 400 ≤1200 100 150 1500 **浆砌片石沟**	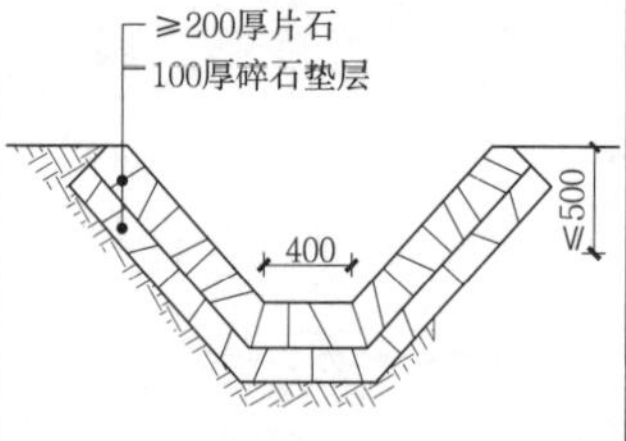 ≥200厚片石 100厚碎石垫层 400 ≤500 **单层浆砌片石沟**	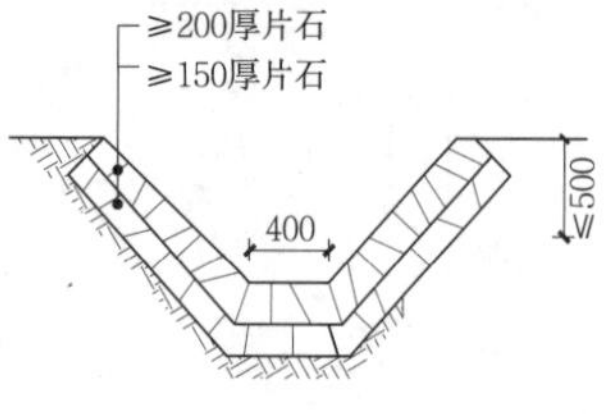 ≥200厚片石 ≥150厚片石 400 ≤500 **双层浆砌片石沟一**
	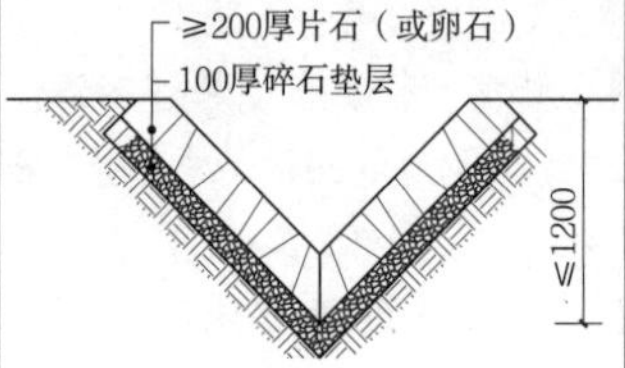 ≥200厚片石(或卵石) 100厚碎石垫层 ≤1200 **浆砌片石沟二**	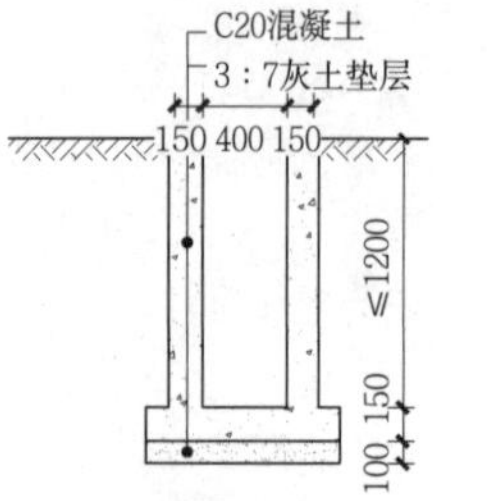 C20混凝土 3:7灰土垫层 150 400 150 ≤1200 100 150 **混凝土沟**	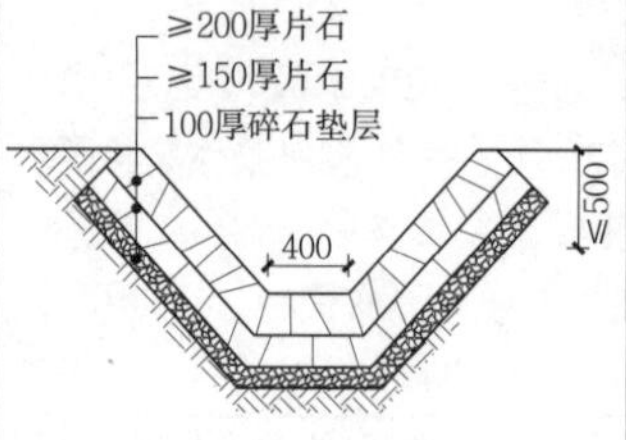 ≥200厚片石 ≥150厚片石 100厚碎石垫层 400 ≤500 **双层干砌片石沟**	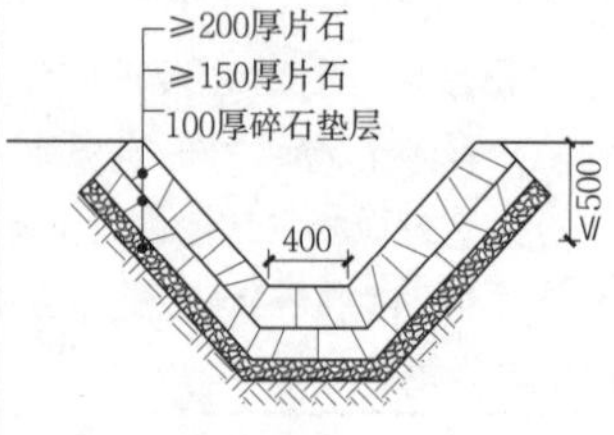 ≥200厚片石 ≥150厚片石 100厚碎石垫层 400 ≤500 **双层浆砌片石沟二**

排水沟设计内容

排水明沟深度、宽度、纵坡和边坡值　　　　　　　　　表1

明沟类型	沟深（h）最小值（m）	沟宽（b）最小值（m）	最小纵坡（%）	沟壁护坡 有铺砌	沟壁护坡 无铺砌
(梯形断面)	0.2	0.3	0.3	1：0.75～1：1	见表2
(矩形断面)	0.2	0.4	0.3	—	—
(三角形断面)	0.2	—	0.5	1：2～1：3	岩石地区 1：1

注：1. 铺砌明沟转弯处，其中心线的平面转弯半径不宜小于设计水面宽度的2.5倍。
　　2. 无铺砌明沟可采用不小于设计水面宽度的5倍。
　　3. 湿陷性黄土场地排水明沟纵坡不应小于0.5%。
　　4. 本表摘自《机械工厂总平面及运输设计规范》JBJ 9-81（试行）。

排水明沟边坡（m值）　　　　　　　　　　　　　　　表2

土壤类别		边坡 1：m
粉砂		1：3.0～1：3.5
细砂、中砂、粗砂	松散的	1：2.0～1：2.5
	密实的	1：1.5～1：2.0
亚砂土		1：1.5～1：2.0
亚黏土、黏土		1：1.25～1：1.5
砾石土、卵石土		1：1.25～1：1.5
半岩性土		1：0.5～1：1.0
风化岩石		1：0.25～1：0.5
未风化岩石		1：0.1～1：0.25

排水明沟水力计算：

$$流量：Q=\omega v（m^3/s）\qquad 水力半径：R=\frac{\omega}{x}（m）$$

$$流速：v=C\sqrt{R\times i}（m/s）\qquad 流速系数：C=\frac{1}{n}R^y$$

式中：ω—水流有效断面（m²）；x—湿周（m）；i—沟纵坡（%）；n—粗糙系数；
$y=2.5\sqrt{n}-0.13-0.75\sqrt{R}(\sqrt{n}-0.10)$。

n值　　　　　　　　　　　　　　　　　　　　　表3

管沟表面材料	n值
有抹面混凝土	0.012
无抹面混凝土	0.015
砂浆砌砖	0.015
条石	0.015
砂浆砌石	0.022
干砌石	0.032
土沟	0.025
土沟（有杂草）	0.030
砂砾面沟	0.027

湿陷性黄土地区的总平面设计

各类建筑与新建水渠之间的距离，在非自重湿陷性黄土场地不得小于12m；在自重湿陷性黄土场地不得小于湿陷性黄土层厚度的3倍，并不应小于25m。

建筑场地平整后的坡度，在建筑物周围6m内不宜小于0.02，当为不透水地面时，可适当减小；在建筑物周围6m外不宜小于0.005。当采用雨水明沟或路面排水时，其纵向坡度不应小于0.005。

在建筑物周围6m内应平整场地，当为填方时，应分层夯（或压）实，其压实系数不得小于0.95；当为挖方时，在自重湿陷性黄土场地，表面夯（或压）实后宜设置150~300mm厚的灰土面层，其压实系数不得小于0.95。

防护范围内的雨水明沟，不得漏水。在自重湿陷性黄土场地宜设混凝土雨水明沟，防护范围外的雨水明沟，宜做防水处理，沟底下均应设灰土（或土）垫层。

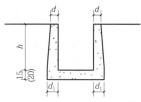
a 混凝土沟

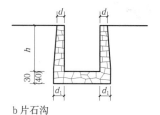
b 片石沟

沟底的厚度，括号内数字用于道路边沟。

［1］排水沟断面图

排水沟沟壁厚度（单位：cm）　　　　　　　　　　表4

沟深 h	场地排水沟 片石 d	场地排水沟 片石 d1	场地排水沟 混凝土 d	场地排水沟 混凝土 d1	道路边沟（汽—10、15、20级）片石 d	片石 d1	混凝土 d	混凝土 d1
40	30	30	15	15	40	40	20	20
50	30	30	15	15	40	40	20	20
60	30	30	15	15	40	40	20	20
70	30	30	15	15	40	40	20	25
80	30	30	18	18	40	40	25	30
90	30	30	21	21	40	40	30	35
100	30	35	24	24	40	45	35	40
110	30	35	27	27	40	50	40	45
120	30	35	30	30	45	55	45	50

注：混凝土采用C20，片石强度不低于30MPa。

各类雨水明沟允许流速（单位：m/s）　　　　　　表5

明沟构造 \ 不同水流深度（m）	0.4	1.0	2.0
亚黏土	0.80	1.00	1.20
黏土	1.00	1.20	1.40
粗砂	0.65	0.75	0.80
细砂砾	0.80	0.85	1.00
平铺草皮	0.60	0.80	0.90
叠铺草皮	1.50	1.80	2.00
单层铺石	2.50	3.00	3.50
双层铺石	3.10	3.70	4.30
砂浆砌砖	1.60	2.00	2.30
砂浆砌石	5.30	7.00	8.10
混凝土（C20）	7.00	8.00	9.00

土质雨水明沟边至建、构筑物距离（单位：m）　　表6

项目	最小距离	项目		最小距离
建筑物基础边缘	3.0	粉料堆场边缘	一般情况	5.0
围墙	1.5		困难条件下	3.0
地下管道外壁	1.0	挖方坡顶	一般情况	5.0
乔木中心（树冠直径不大于5m）	1.0		土质良好，护坡不高（或铺砌明沟）	2.0
灌木中心	0.5	挖方坡脚	边坡高度≥2m	2.0
人行道路面边缘	1.0		边坡高度<2m或边坡加固	—
架空管线支架基础边缘	1.0～1.5	填方坡脚	一般情况	2.0
			地质和排水条件良好或采取措施足以保证填土稳定时	1.0

注：1. 有铺砌的明沟边沿至建筑物基础边缘的距离不受限制。
　　2. 当树冠直径大于5m时，间距应适当加大。

湿陷性地基场地中排水沟与建筑物之间的防护距离（单位：m）表7

建筑类别	地基湿陷等级 I	II	III	IV
甲	—	—	8~9	11~12
乙	5	6~7	8~9	10~12
丙	4	5	6~7	8~9
丁	—	5	6	7

注：1. 陇西地区和陇东—陕北—晋西地区，当湿陷性黄土层的厚度大于12m时，压力管道与各类建筑的防护距离，应大于湿陷性黄土层的厚度。
　　2. 当湿陷性黄土层内有碎石土、砂土夹层时，防护距离可大于表中数值。
　　3. 采用基本防水措施的建筑，其防护距离不得小于一般地区的规定。

2 场地设计

实例

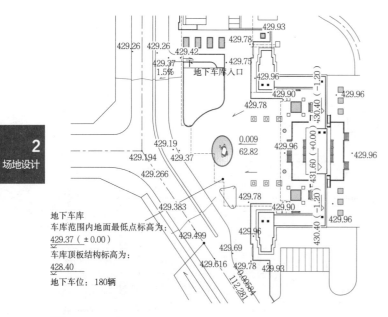

1 大唐芙蓉园西入口竖向设计图

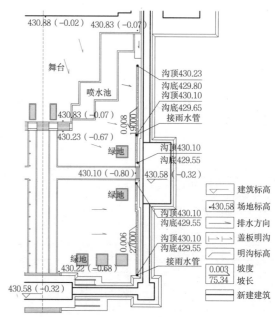

2 大唐芙蓉园紫云楼廊院竖向设计图

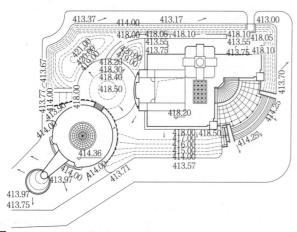

3 陕西省图书馆、美术馆竖向设计图

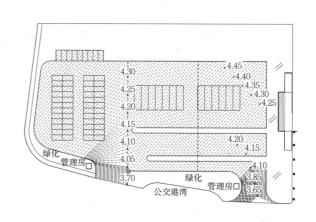

4 盘锦火车站停车场竖向设计图

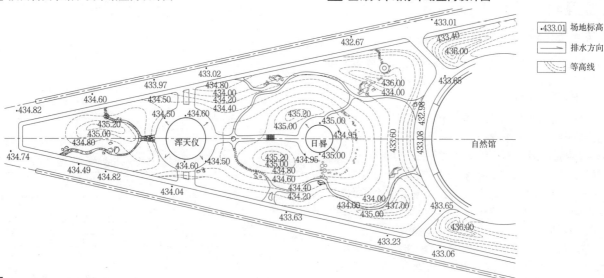

5 陕西省自然博物馆绿地地形设计图

概述

场地绿化设计是在场地总体布局确定以后，为提高场地生态效益，丰富场地景观环境，完善场地使用功能，对场地绿化及相关设施进行的设计。具体包括绿化布置、种植设计等内容。

场地绿化配置包括点状绿地、线状绿地和面状绿地等形态，具体布置包括规则式、自由式和混合式等基本形式。

布置原则

1. 以人为本，为使用者提供良好的生活工作环境。
2. 因地制宜，充分利用现有绿化植被进行加工改造。
3. 整体协调，绿化形式要与不同分区的环境相适应。
4. 经济安全，要统筹安排，不影响场地交通及消防。

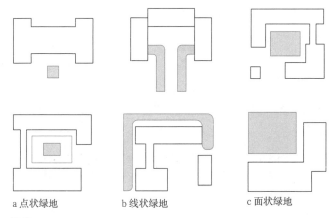

a 点状绿地　　b 线状绿地　　c 面状绿地

1 绿地的基本形态

a 规则式

b 自由式

c 混合式

2 绿化布置形式

指标要求

场地绿地指标通常以绿地率指标来反映（表1）。其中，住区类场地公共绿地指标的比例以及各级中心绿地的规模也是衡量场地绿地指标的主要内容（表2、表3）。

常见类型建筑场地绿地率指标　　　　　　　　　　表1

	住宅		公建					工业
	新区	旧区	商业	办公	文化	教育	医疗	
	30~45%	25~30%	20~30%	30~40%	25~35%	30~45%	30~45%	20%

住区用地平衡控制指标　　　　　　　　　　　　　表2

用地类型	居住区	小区	组团
1 住宅用地（R01）	50%~60%	55%~65%	70%~80%
2 公建用地（R02）	15%~25%	12%~22%	6%~12%
3 道路用地（R03）	10%~18%	9%~17%	7%~15%
4 公共绿地（R04）	7.5%~18%	5%~15%	3%~6%
居住区用地（R）	100%	100%	100%

注：本表摘自《城市居住区规划设计规范》GB 50180-93（2016版）。

住区各级中心绿地设置规定　　　　　　　　　　表3

中心绿地名称	设置内容	要求	最小规模（hm²）	最大服务半径（m）
居住区公园	花木草坪、花坛水面、凉亭雕塑、小卖茶座、老幼设施、停车场地和铺装地面等	园内布局应有明确的功能划分	1.00	800~1000
小游园	花木草坪、花坛水面、雕塑、儿童设施和铺装地面等	园内布局应有一定的功能划分	0.40	400~500
组团绿地	花木草坪、桌椅、简易儿童设施等	灵活布局	0.04	—

注：本表摘自《城市居住区规划设计规范》GB 50180-93（2016版）。

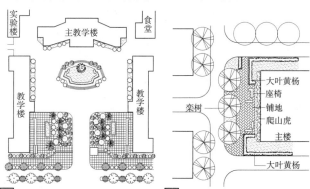

3 某学校入口绿化布置

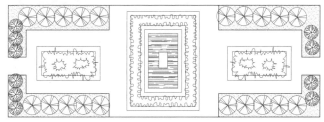

4 建筑物一侧绿化布置

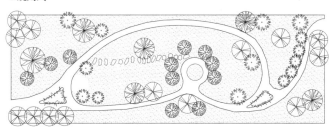

5 某建筑主入口绿化布置

1 月季　2 五叶地锦　3 草坪

6 场地道路绿化示意

1 棕榈树　2 法桐　3 人行铺装　4 座椅

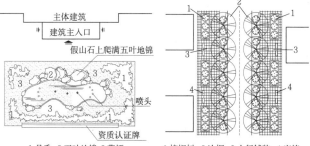

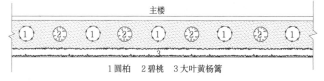

1 圆柏　2 碧桃　3 大叶黄杨篱

7 建筑基础绿化布置

种植设计要点

1. 与场地环境相协调，与场地的总体风格相一致。
2. 布局有主有次，注意对比与调和，讲究韵律和节奏感。
3. 注意四季不同景色搭配，三季或四季有花，四季常绿。
4. 有利于消除或减轻生产过程中产生的灰尘、废气、噪声对环境的污染，创造良好的生产和生活环境。
5. 因地制宜地选用植物树种，充分发挥绿化效益。
6. 不影响交通和地上、地下管线的运行和维修。

植物种类

植物依其外部形态分为乔木、灌木、藤本植物、草本植物、竹类和花卉六类。观赏树木又分为林木、花木、果木、叶木、荫木、蔓木六类。

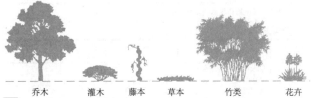

| | 乔木 | 灌木 | 藤本 | 草本 | 竹类 | 花卉 |

1 植物按外部形态分类

常用树木适宜生长地区　　　　　　表1

类别	树名	生长高度(m)	适宜生长地区
落叶乔木	毛白杨	20~30	华北、西北、华中、华东
	悬铃木	15~25	华北、西北、华中、华东、西南
	垂柳	12~18	东北南部、华北、西北、华中、华东、华南、西南
	丝棉木	6~8	东北南部、华北、西北、华中、华东、华南、西南
	银杏	20~30	东北南部、华北、华中、华东、华南、西南
	榆	15	东北、华北、华中、华东、西南
	刺槐	15~25	华北、西北、华中、华东、华南、西南
	国槐	15~25	华北、西北、华中、华东、华南、西南
	梧桐	10~15	华北南部、华中、华东、华南、西南
	泡桐	15~20	华中、华东、华南、西南
	合欢	10~15	华北、西北、华中、华东、华南、西南
	白桦	15~20	东北、华北
	旱柳	15~20	东北、华北、西北
	白蜡	10~15	东北、华北、华中、华东、西南
常绿乔木	马尾松	30	华中、华东、华南、西南
	广玉兰	15~25	华中、华东、华南
	桉	20	华南、西南
	樟	10~20	华中、华东、华南、西南
	女贞	6~12	华中、华东、华南、西南
	冬青	12	华中、华东、华南、西南
	白皮松	15~25	华北、西北、华中、华东、华南
	棕榈	5~10	华中、华东、华南、西南
	侧柏	15~20	东北南部、华北、西北、华中、华东、华南
	木麻黄	20~30	华南
落叶小乔木及灌木	玉兰	4~8	华北、华中、华东、华南、西南
	木槿	2~3	华北、华中、华东、华南、西南
	紫叶李	3~5	华北、华中、华东、华南、西南
	紫荆	2~3	华北、西北、华中、华东、华南、西南
	丁香	2~3	东北南部、华北、西北、华中、华东
常绿小乔木及灌木	夹竹桃	2~4	华中、华东、华南、西南
	黄杨	7	华北、华中、华东、华南、西南
	山茶	2~5	华中、华东、华南、西南
	十大功劳	1~1.5	华中、华东、华南、西南
	海桐	2~4	华中、华东、华南、西南
藤木	常春藤	3~20	华北、西北、华中、华东、华南、西南
	紫藤	15~20	华北、华中、华东、华南、西南

常用树种对气候及土壤的适应性　　　　　　表2

适应性	树种
耐旱	木麻黄、臭椿、洋槐、槐、榆、泡桐
耐湿	白杨、柳、小叶桉、大麻黄、梧桐、悬铃木、榆、落叶松、白蜡、桦、木棉、水杉
耐盐碱	椰子、油棕、木麻黄、臭椿、洋槐、槐、榆
抗风	椰子、棕榈、榕、白蜡、五角枫、银杏、榆、槐、垂柳、胡桃、樟、侧柏、女贞、梧桐、木槿、竹

植物组合的空间效果　　　　　　表3

植物分类	植物高度(cm)	空间效果
花卉、草坪	13~15	能覆盖地表，美化开敞空间，在平面上暗示空间
灌木、花卉	40~45	产生引导效果，界定空间范围
灌木、竹类、藤本类	90~100	产生屏障功能，改变暗示空间的边缘，限定交通流线
乔木、灌木、藤本类、竹类	135~140	分隔空间，形成连续整体的围合空间
乔木、藤本类	高于人水平视线	产生较强的视线引导作用，可形成较私密的交往空间
乔木、藤本类	高大树冠	形成顶面的封闭空间，具有遮蔽功能，并改变天际线的轮廓

注：本表摘自《居住区环境景观设计导则》(2006版)。

植物配置

植物配置组合表　　　　　　表4

组合名称	组合形态及效果	种植方式	示例
孤植	表现植物的个体美，可成为场地开阔空间的主景	多选用粗壮高大、体形优美，树冠较大的乔木，或将两株、三株同一树种的树木紧密地种在一起，形成一个单元	
对植	突出树木的整体美，要求树的体型大小相似，树种一致，起到烘托景观轴线上的主景作用	以乔木或灌木对称栽植在场地构图轴线两侧	
行植	沿道路两旁、边界四周、运动场边缘等种植，可作为绿化背景，起围护和隔离作用	按照一定的株行距离，沿直线、曲线、成行栽植乔木、灌木，形成行列或环状背景，常采用常绿与落叶、乔木与灌木相结合来种植	
丛植	以多种植物组合成的观赏主题，组成多层次绿化结构，主要考虑群体美，可作为主景和配景使用，也可用于分隔空间	通常有3~10株乔木组成或乔灌木混合组成，以达到遮阳或观赏的目的。基本形式有3株、4株或5株乃至6株以上的组合	
群植	以观赏树组成，郁闭度大，表现群体造型美，产生起伏变化的背景效果	由多数(20~30)株乔木或灌木混合栽植，对单株要求并不严格，规模不可过大，一般长度不超过60m，长宽比不大于3∶1，树种不宜过多	
树林	具有一定的密度和群落外貌，对周围环境有着明显的影响	种植面积大，数量及种类多，多出现在风景园林性质的场地中	
植篱	以带状形态种植，用于组成边界、围合空间、分割和遮蔽不良景观，以及形成绿色屏障	植物成行列式紧密种植，组成边界用篱笆、树墙或栅栏。有整形植篱与自然植篱两种	
花坛	富有装饰性，在构图中常做主景或配景	在具有一定几何轮廓的植床内，种植各种不同的色彩的观花或观叶的植物，从而形成鲜艳色彩或华丽图案	
花境	主要平视欣赏其植物的自然美以及植物自然组合的群落美，有单面观赏(2~4m)和双面观赏(4~6m)两种	平面轮廓与带状花坛相似，植床两边是平行的直线或有轨迹可寻的平行曲线，并且最少有一边用常绿木本或草本矮生植物镶边	
草坪	分观赏草坪、游憩草坪、运动草坪、交通安全草坪、护坡草坪等，通常成为绿地景观的前景	按草坪用途选择品种，一般坡度在1%~5%，适宜坡度为3%~5%，主要种植矮小草本植物	

种植间距

绿化植物栽植间距（单位：m）　　　　　　表1

名称	不宜小于（中—中）	不宜大于（中—中）
一行行道树	4.00	6.00
两行行道树（棋盘式栽植）	3.00	5.00
乔木群栽	2.00	—
乔木与灌木	0.50	—
灌木群栽（大灌木）	1.00	3.00
（中灌木）	0.75	0.80
（小灌木）	0.30	0.50

绿化带最小宽度（单位：m）　　　　　　表2

名称	最小宽度	名称	最小宽度
一行乔木	2.00	一行灌木带（大灌木）	2.50
两行乔木（并列栽植）	6.00	一行乔木与一行绿篱	2.50
两行乔木（棋盘栽植）	5.00	一行乔木与两行绿篱	3.00
一行灌木带（小灌木）	1.50		

绿篱树的行距与株距（单位：m）　　　　　　表3

栽植类型	绿篱高度	株行距		绿篱计算宽度
		株距	行距	
一行中灌木	1~2	0.40~0.60	—	1.00
两行中灌木	1~2	0.50~0.70	0.40~0.60	1.40~1.60
一行小灌木	<1	0.25~0.35	—	0.80
两行小灌木	<1	0.25~0.35	0.25~0.30	1.10

绿化植物与建筑物、构筑物的最小水平间距（单位：m）　　　　表4

名称	最小水平间距	
	至乔木中心	至灌木中心
有窗建筑物外墙	3.0	1.5
无窗建筑物外墙	2.0	1.5
挡土墙顶内和墙脚外	2.0	0.5
道路路面边缘	0.75	0.5
人行道路面边缘	0.75	0.5
围墙（2m高以下）	1.0	0.75
冷却塔外缘	40	不限
体育用场地	3.0	3.0
排水明沟边缘	1.0	0.3
铁路中心线	5.0	3.5
邮筒、路牌、车站标志	1.2	1.2
警亭	3.0	2.0
测量水准点	2.0	1.0

树木与架空电力线路导线的最小垂直距离　　　　表5

电压（kV）	1~10	35~110	154~220	330
最下垂直距离（m）	1.5	3.0	3.5	4.5

绿化植物与管线的最小间距（单位：m）　　　　表6

名称	至中心最小水平净距	
	乔木	灌木
给水管、闸井	1.5	1.5
污水管、雨水管、探井	1.0	1.5
电力电缆、电信电缆	1.0	1.0
电信管道	1.5	1.0
热力管	1.5	1.5
地上杆柱	2.0	2.0
消防龙头	1.5	1.2
煤气管、探井	1.2	1.5

绿化植物与管线的最小间距（单位：cm）　　　　表7

植物种类	生成所需	生长所需	植物种类	生成所需	生长所需
草本	10~15	30	浅根乔木	60	90~100
小灌木	30	45	深根乔木	90~100	150
大灌木	45	60			

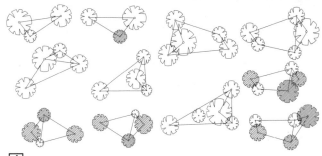

［1］种植设计3株、4株、5株配合示意

设计表达

　　场地绿化设计表达有象形图示法、文字标注法以及数字标注法等三种方法，见［1］~［3］。

图例	名称
	法桐
	夹竹桃
	香樟
	海桐
	棕榈
	黄杨绿篱

［2］象形图示法

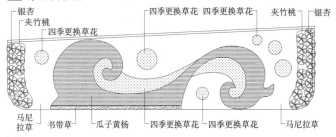

　　　　　　　　　　　　　　　　　　　　　　银杏　　四季更换草花　四季更换草花　　夹竹桃　银杏
　　夹竹桃　　四季更换草花

马尼拉草　书带草　瓜子黄杨　四季更换草花　四季更换草花　马尼拉草

［3］文字标注法

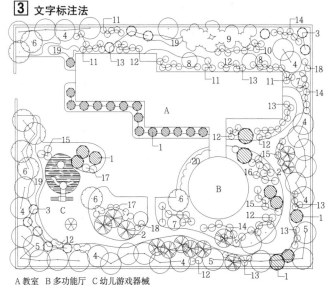

A 教室　B 多功能厅　C 幼儿游戏器械

1 云杉	2 华山松	3 圆柏	4 垂柳	5 栾树	6 合欢	7 碧桃
8 海州常山	9 暴马丁香	10 白丁香	11 太平花	12 珍珠梅	13 金银木	14 榆叶梅
15 紫薇	16 木槿	17 平枝荀子	18 连翘	19 丰花月季	20 品种月季	

［4］数字标注法

2　场地设计

管线综合的基本规定

1. 协调各工程管线布局；确定工程管线的布置方式；确定工程管线的顺序和位置，确定相邻工程管线的水平间距、交叉工程管线的垂直间距；确定地下工程管线控制高程和覆土深度等。

2. 工程管线综合规划应能够指导各工程管线的工程设计，并应满足工程管线的施工、运行和维护的要求。

3. 工程管线宜地下布置，当架空可能危及人身财产安全或对城市景观造成严重影响时，应采取直埋、保护管、管沟或综合管廊等方式布置。

4. 工程管线的平面位置和竖向位置均应采用城市统一的坐标系统和高程系统。

5. 工程管线综合规划：应按规划道路网布置；应结合用地规划优化布局；应充分利用现状管线；应避开地震断裂带、沉陷区以及滑坡危险地带等不良地质条件区。

6. 区域工程管线应避开城市建成区，且应与城市空间布局和交通廊道相协调，在城市用地规划中控制管线廊道。

7. 编制工程管线综合规划时，应减少管线在道路交叉口处交叉。当工程管线竖向位置发生矛盾时，宜按下述规定处理：压力管线宜避让重力流管线；易弯曲管线宜避让不易弯曲管线；分支管线宜避让主干管线；小管径管线宜避让大管径管线；临时管线宜避让永久管线。

管线技术术语　　　　　　　　　　　　　　　　表1

术语名称	解释
工程管线	为满足生活、生产需要，地下或架空布置的各种专业管道和缆线的总称，但不包括工业工艺性管道
管线廊道	城市规划中，为地下或架空工程管线而控制的用地
区域工程管线	城市间或城市组团间主要承担输送功能的工程管线
综合管廊	建于城市地下用于容纳两类以上城市工程管线的构筑物及附属设施
干线综合管廊	用于容纳城市主干工程管线，采用独立分舱方式建设的综合管廊
支线综合管廊	用于容纳城市配给工程管线，采用单舱或双舱方式建设的综合管廊
线缆管廊	采用浅埋沟道方式建设，设有可开启盖板但其内部空间不能满足人员正常通行要求，用于容纳电力电缆和通信线缆的管廊
通信线缆	用于传输信息数据电信号或光信号的各种导线的总称，包括通信光缆、电信电缆以及智能弱电系统的信号传输线缆
管线分支口	综合管廊内部管线和外部直埋管线相衔接的部位
舱室	由结构本体或防火墙分割的用于布置管线的封闭空间
集水坑	用来收集综合管廊内部渗漏水或管道排空水的构筑物
安全标识	为便于综合管廊内部管线分类管理、安全引导、警告警示等而设置的铭牌或颜色标识
再生水	污水经处理后，达到规定水质标准，满足一定使用要求的非饮用水
压力管线①	管道内的液体介质由外部施加压力使其流动的工程管线
重力自流管线②	管道内流动着的介质由重力作用沿预先设置方向流动的工程管线
可弯曲管线③	通过某些加工措施易弯曲的工程管线
不可弯曲管线④	通过某些加工措施不易弯曲的工程管线
水平净距	管线外壁（含保护层）之间或管线外壁与建（构）筑物外边缘之间的水平距离
垂直净距	管线外壁（含保护层）之间或管线外壁与建（构）筑物外边缘之间的垂直距离
敷土深度	管线顶部外壁到地表面的垂直距离
埋设深度	从地面到管底内壁的距离，即地面标高减去管底标高
冰冻线	指土壤冰冻层的深度
管线高度	从地面到地面管线和架空管线管底（外壁）的距离
场地管线综合的设计范围	用地红线范围内（含从市政管线接入点至用地红线）

注：①给水管线、煤气管线等；②污水管线、雨水管线等；③直埋电信电缆、电力电缆等；④污水管线、电力电缆等。

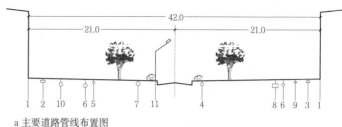

a 主要道路管线布置图

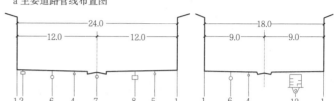

b 次要道路管线布置图　　　　　　c 带综合管沟的管线布置图

1 基础外缘 2 电力电缆 3 电信电缆 4 生活饮用水和消防给水管 5 生产给水管 6 排水管 7 雨水管 8 热力管沟压缩空气管 9 乙炔管氧气管 10 煤气管 11 照明电杆 12 可通行的综合地沟（设有生产给水管、热力管、压缩空气管、雨水管、电力电缆、电信电缆等）

1 场地管线布置的几种形式（单位：m）

管线分类

管线的种类很多，因场地的性质、规模而各异，按其性质和用途可分为表2所述几种。

管线分类　　　　　　　　　　　　　　　　表2

管线名称	内容	布置方式			输送方式	
		地下		架空	压力	重力
		深埋	浅埋			
给水管	包括工业给水、生活给水、商业给水、消防给水管，中水管线、雨水回用、绿化用水等管线	●	●		●	
排水管	包括污水管（有时工业与民用分开）、雨水管	●	●			●
电力电缆	包括高压线路、电车用电线路等		●	●		
电信电缆	包括电话、电报、广播、有线电视线路等		●	●		
燃气管	包括煤气、天然气、乙炔、氧气等管线	●	●		●	
热力管	包括蒸汽、热水、凝结水等管线		●	●		
液体燃料管道	包括石油、酒精等管道	●	●			
灰渣管道	包括排泥、排渣、排灰等管道	●	●			

注：深埋是指管道覆土深度大于1.5m。我国北方土壤冰冻线深，给水管、排水管和湿煤气管应深埋。

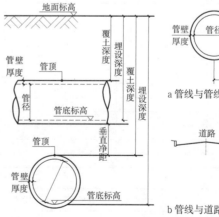

2 管线术语示意　　　　　　**3** 管线间距示意

a 管线与管线之间的间距

b 管线与道路和建筑物之间的间距

管线布置方式

一般分为地下布置（直埋、保护管、管沟）、地上布置（沿地面；沿建、构筑物布置；架空布置）、综合管廊、混合布置等。

管线布置方式　　　　　　　　　　　　　　表1

布置方式		图示	适用范围
地下布置方式	直接埋地（一）	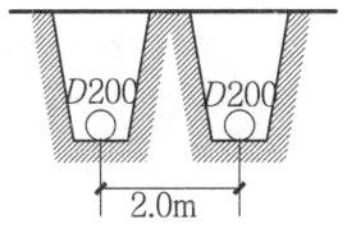 D200 D200 2.0m	一般自流、防冻及防止温度升高的管线
	直接埋地（二）	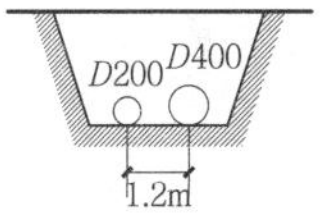 D200 D400 1.2m	
	直接埋地（三）	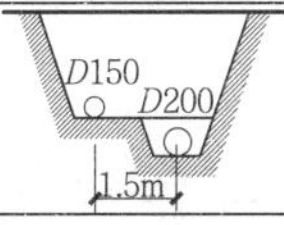 D150 D200 1.5m	
	管沟（可通行）	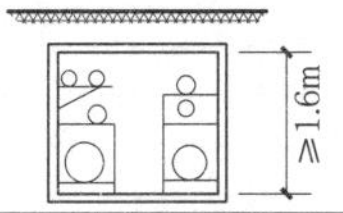 ≥1.6m	在管线密集的地段，经过技术经济比较，证明采用综合管沟经济合理时，但不宜用于地下水位高的地区（因防水设施投资较大）
	管沟（半通行）	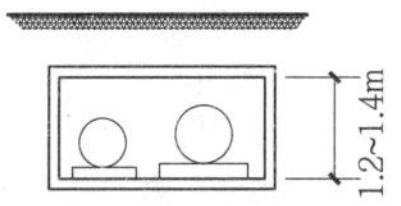 1.2~1.4m	
	管沟（不通行）	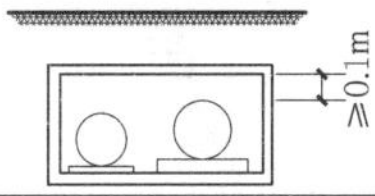 ≥0.1m	根据管线本身的需要
	管沟（盖板露出地面）	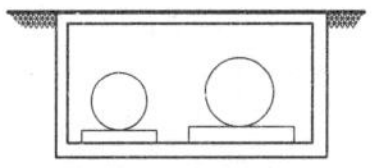	根据管线本身的需要
	管涵	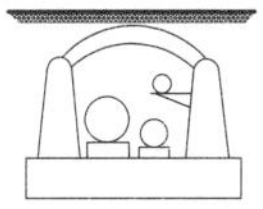	根据管线本身的需要
地上布置方式	路堤布置		沿地面布置管道通过填方地段时
	路堑布置	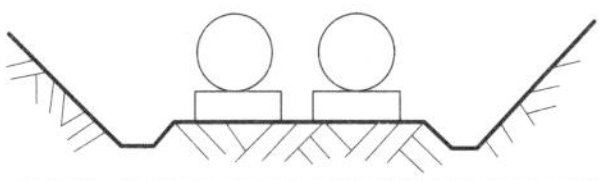	沿地面布置管道通过挖方地段时
	培土布置	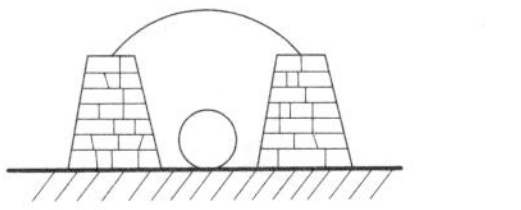	管线布置在岩石地段时
	管枕	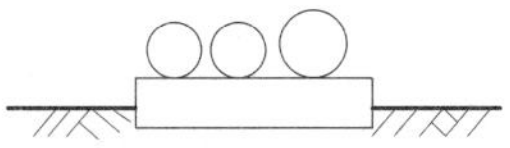	一般沿地面布置管道，在不影响交通以及不妨碍厂区今后扩建的地段
	沿斜坡布置	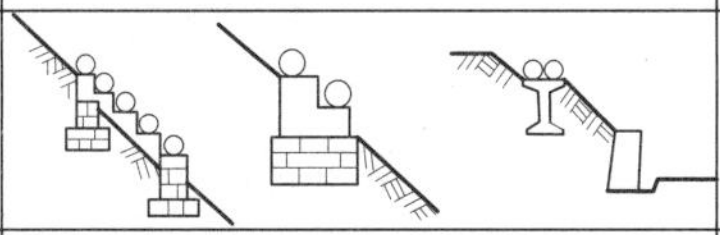	利用斜坡布置管道时
	墙架（一）	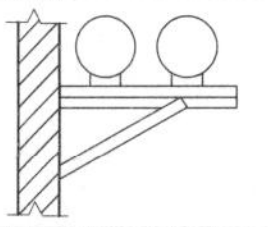	当管径较小、管道数量较少，且有可能沿建筑物的墙壁布置时

管线布置方式　　　　　　　　　　　　　　续表

布置方式		图示	适用范围
地上布置方式	墙架（二）	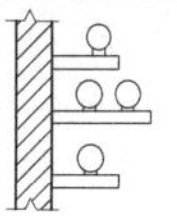	当管径较小、管道数量不多，且有可能沿建筑物的墙壁布置时
	沿挡土墙布置	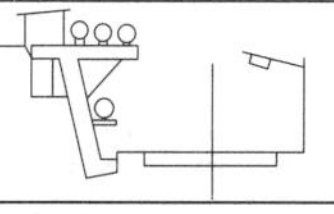	当管线与挡土墙有可能结合考虑的特定条件下
	与挡土墙、排洪沟结合布置	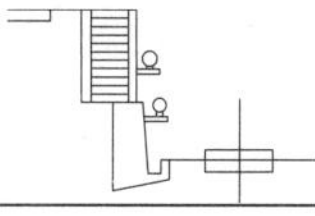	当管线受地段条件限制，而有可能与挡土墙或排洪沟结合考虑时
	沿桥布置		管线跨过河流，利用桥梁布置管线
架空布置方式	低管架	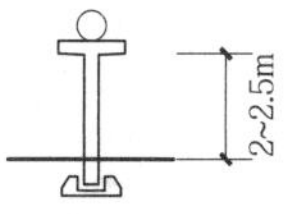 2~2.5m	当管道高度只考虑满足场内人行要求时
	中管架	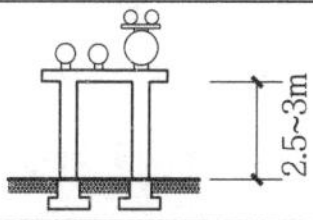 2.5~3m	仅满足跨越厂内人行道的净空要求，当与车行道交叉时，架管需局部抬高
	高管架	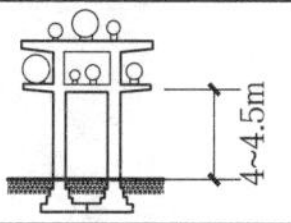 4~4.5m	管道高度满足厂内交通运输要求，管线集中、占地少，但管架高大，土建投资较高
	桥架	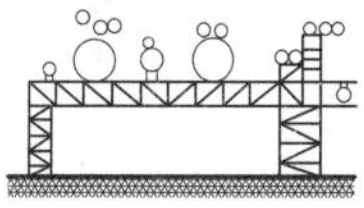	管线高度集中，且需要较大跨度时
	悬索管架	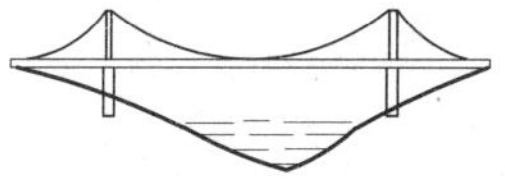	管径较小，需要大跨度时
	拱形管道	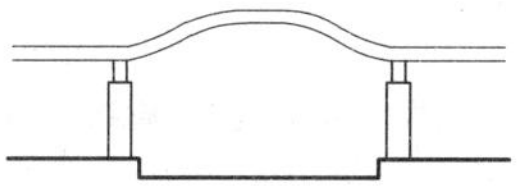	利用管道本身的强度跨越铁路、道路、河溪等
混合布置方式	管枕与管架混合布置（一）	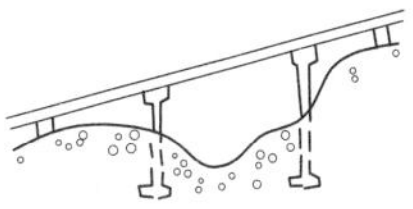	沿地面布置的管道跨过沟槽时，将局部管线布置在管架上
	管枕与管架混合布置（二）	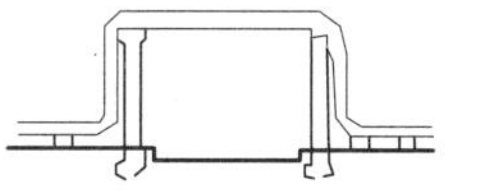	沿地面布置的管道跨过道路时
	多层混合布置（一）	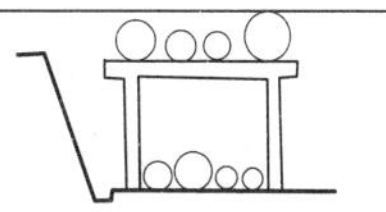	管道集中、并不影响交通时
	多层混合布置（二）		管线高度集中时
	多层混合布置（三）	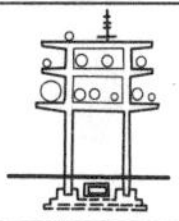	管线高度集中，多层布置，占地最少，但要合理安排施工顺序
	多层混合布置（四）		管线高度集中，地段条件困难，特定情况采用

2 场地设计

直埋、保护管及管沟布置的要点

1. 严寒或寒冷地区给水、排水、再生水、直埋电力及湿燃气等工程管线，应根据土壤冰冻深度确定管线覆土深度；非直埋电力、电信、热力及干燃气等工程管线以及严寒或寒冷地区以外地区的工程管线，应根据土壤性质和地面承受荷载的大小确定管线的覆土深度。工程管线的最小覆土深度，应符合表1的规定。当受条件限制不能满足要求时，可采取安全措施减少其最小覆土深度。

工程管线的最小覆土深度（单位：m）　　　　表1

管线名称		给水管线	排水管线	再生水管线	电力管线		电信管线		直埋热力管线	燃气管线	管沟
					直埋	保护管	地下布置①	钢保护管			
最小覆土深度	非机动车道②	0.60	0.60	0.60	0.70	0.50	0.60	0.50	0.70	0.60	—
	机动车道	0.70	0.70	0.70	1.00	0.50	0.90	0.60	1.00	0.90	0.50

注：1. ①指直埋及塑料、混凝土保护管。
　　2. ②非机动车道包含人行道。
　　3. 聚乙烯给水管线机动车道下的覆土深度不宜小于1.00m。

2. 工程管线应根据道路的规划横断面布置在人行道或非机动车道下面。位置受限制时，可布置在机动车道或绿化带下面。

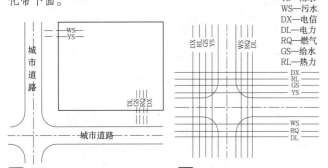

YS—雨水
WS—污水
DX—电信
DL—电力
RQ—燃气
GS—给水
RL—热力

1 管线与城市管线接入点的衔接　　**2** 管线沿道路布置时的排序

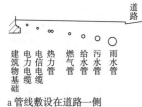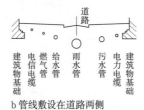

a 管线敷设在道路一侧　　b 管线敷设在道路两侧

3 管线的排序

3. 工程管线在庭院内由建筑线向外方向平行布置的顺序，应根据工程管线的性质和埋设深度确定，其布置次序宜为：电力、通信、污水、雨水、给水、燃气、热力、再生水。

4. 沿城市道路规划的工程管线应与道路中心线平行，其主干线应靠近分支管线多的一侧。工程管线不宜从道路一侧转到另一侧。道路红线宽度超过40m的城市干道宜两侧布置配水、配气、通信、电力和排水管线。

5. 各种工程管线不应在垂直方向上重叠。

6. 沿铁路、公路的工程管线应与铁路、公路线路平行。工程管线与铁路、公路交叉时，宜采用垂直交叉方式布置；受条件限制时，其交叉角宜大于60°。

7. 河底的工程管线应选择在稳定河段，管线高程应按不妨碍河道的整治和管线安全的原则确定，并应符合下列规定：在 I 级～V 级航道下面，其顶部高程应在远期规划航道底标高2.0m以下；在 VI级、VII级航道下面，其顶部高程应在远期规划航道底标高1.0m以下；在其他河道下面，其顶部高程应在河道底设计高程0.5m以下。

8. 工程管线之间及其与建（构）筑物之间的最小水平净距应符合"场地设计[47]管线综合/地下布置"表1的规定。当受道路宽度、断面以及现状工程管线位置等因素限制难以满足要求时，应根据实际情况采取安全措施后减少其最小水平净距。大于1.6MPa的燃气管线与其他管线的水平净距应按现行国家标准《城镇燃气设计规范》GB 50028执行。

9. 综合管廊与地下管线和地下构筑物的最小净距应符合表2的规定。

综合管廊与地下管线和地下构筑物的最小净距（单位：m）　　　表2

相邻情况	施工方法	
	明挖施工	顶管、盾构施工
综合管廊与地下构筑物水平净距	1.0	综合管廊外径
综合管廊与地下管线水平净距	1.0	综合管廊外径
综合管廊与地下管线垂直净距	0.5	1.0

10. 对于埋深大于建（构）筑物基础的工程管线，其与建（构）筑物之间的最小水平距离，应按下式计算，并折算成水平净距后与"场地设计[47]管线综合/地下布置"表1的数值比较，采用较大值。

$$L=(H-h)/tg\phi + a/2$$

式中：
L—管线中心至建（构）筑物基础边水平距离（m）；
H—管线敷设深度（m）；
h—建（构）筑物基础底砌置深度（m）；
a—沟槽开挖宽度（m）；
ϕ—土壤内摩擦角（°）。

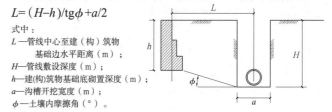

4 管线与建筑物间距计算简图

砂类土壤内摩擦角 ϕ 值（单位：°）　　　表3

名称	密实	中密	松散
砾沙、粗沙	37～33	35～30	35～30
中沙	33～30	30～27	28～25
细沙	33～27	30～25	28～22
粉沙及粉性亚砂土	33～27	25～22	22～18

黏土类及其他土壤内摩擦角 ϕ 值（单位：°）　　　表4

名称	硬	中	软
黏质砾土	40	32	20
砂质黏土	40	29	15
黏土	37	25	12
有机质土壤	40	33	—
黄土、黄土类土壤	—	30	25

11. 当工程管线交叉时，管线自地表面向下的排列顺序宜为：电信、电力、燃气、热力、给水、再生水、雨水、污水。给水、再生水和排水管线应按自上而下的顺序。

12. 工程管线交叉点高程应根据排水等重力流管线的高程确定。

13. 工程管线交叉时的最小垂直净距，应符合"场地设计[47]管线综合/地下布置"表2的规定。当受现状工程管线等因素限制难以满足要求时，应根据实际情况采取安全措施后减少其最小垂直净距。

管线间距

工程管线之间及其与建（构）筑物之间的最小水平净距（单位：m）　　　　表1

管线及建（构）筑物名称	建（构）筑物	给水 d≤200mm	给水 d>200mm	污水、雨水管线	再生水管线	燃气 低压	燃气 中压B	燃气 中压A	燃气 次高压B	燃气 次高压A	直埋热力管线	电力 直埋	电力 保护管	电信 直埋	电信 管道、通道	管沟	乔木	灌木	地上杆柱 电信照明<10kV	地上杆柱 高压铁塔≤35kV	地上杆柱 高压铁塔>35kV	道路侧石边缘	有轨电车钢轨	铁路钢轨（或坡脚）
建（构）筑物	—	1.0	3.0	2.5	1.0	0.7	1.0	1.5	5.0	13.5	3.0	0.6		1.0	1.5	0.5	—		—			0.5	—	—
给水管线 d≤200mm	1.0	—	—	1.0	0.5	0.5	0.5	0.5	1.0	1.5	1.5	0.5	0.5	1.0	1.0	1.5	1.5	1.0	1.5	3.0	3.0	1.5	2.0	5.0
给水管线 d>200mm	3.0	—	—	1.5	0.5	0.5	0.5	0.5	1.5	2.0	1.5	0.5	0.5	1.0	1.0	1.5	1.5	1.0	1.5	1.5	1.5	1.5	2.0	5.0
污水、雨水管线	2.5	1.0	1.5	—	0.5	1.0	1.2	1.2	1.5	2.0	1.5	0.5	0.5	1.0	1.0	1.5	1.5	1.0	0.5	3.0	3.0	1.5	2.0	5.0
再生水管线	1.0	0.5	0.5	0.5	—	0.5	1.0	1.0	1.0	1.5	1.0	0.5	0.5	1.0	1.0	1.5	1.0	1.0	0.5	3.0	3.0	1.5	2.0	5.0
燃气管线 低压 P<0.01MPa	0.7	0.5	0.5	1.0	0.5	DN≤300mm 0.4 DN>300mm 0.5			1.5	2.0	1.0	0.5	1.0	0.5	1.0	1.0	0.75	0.75	1.0	1.0	1.0	1.5	2.0	5.0
燃气管线 中压B 0.01≤P≤0.2	1.0	0.5	0.5	1.0	0.5				1.5	2.0	1.0	0.5	1.0	0.5	1.0	1.5	0.75	0.75	1.0	1.0	1.0	1.5	2.0	5.0
燃气管线 中压A 0.2≤P≤0.4	1.5			1.2					1.5	2.0	1.0	0.5	1.0	0.5	1.0	1.5			1.0	1.0	1.0	1.5	2.0	5.0
燃气管线 次高压B 0.4<P≤0.8	5.0	1.0	1.5	1.5	1.0	1.5	1.5	1.5			1.5	1.0	1.0	1.0	1.0	2.0	1.2	1.2		2.0	5.0	2.5	2.0	5.0
燃气管线 次高压A 0.8<P≤1.6	13.5	1.5	2.0	2.0	1.5	2.0	2.0	2.0			2.0	1.5	1.5	1.0	1.0	4.0	1.2	1.2		2.0	5.0	2.5	2.0	5.0
直埋热力管线	3.0	1.5	1.5	1.5	1.0	1.0	1.0	1.0	1.5	2.0	—	2.0	2.0	1.0	1.0	1.5	1.5	1.5	1.0	3.0 (>330kV 5.0)		1.5		5.0
电力管线 直埋	0.6	0.5	0.5	0.5	0.5	0.5	0.5	0.5	1.0	1.5	2.0	—	0.1	0.5	1.0	1.0	0.7	0.7	1.0	2.0 (<35kV 0.5 ≥35kV 2.0)		1.5	2.0	10.0（非电气化3.0）
电力管线 保护管	0.6	0.5	0.5	0.5	0.5	0.5	0.5	0.5	1.0	1.5	2.0	0.1	—	0.5	1.0	1.0	0.7	0.7	1.0	2.0		1.5	2.0	10.0（非电气化3.0）
电信管线 直埋	1.0	1.0	1.0	1.0	1.0	0.5	0.5	0.5	1.0	1.5	1.0	<35kV 0.5 / ≥35kV 2.0		—	—	1.0	1.5	1.0	0.5	0.5	2.5	1.5	2.0	2.0
电信管线 管道、通道	1.5	1.0	1.0	1.0	1.0	1.0	1.0	1.0	1.0	1.5	1.0			—	—	1.0	1.5	1.0	0.5	0.5	2.5	1.5	2.0	2.0
管沟	0.5	1.5	1.5	1.5	1.5	1.0	1.5	1.5	2.0	4.0	1.5	1.0	1.0	1.0	1.0	—	1.5	1.0	1.0	3.0	3.0	1.5	2.0	5.0
乔木	—	1.5	1.5	1.5	1.0	0.75	0.75		1.2	1.2	1.5	0.7	0.7	1.5	1.5	1.5	—	—				0.5		
灌木	—	1.0	1.0	1.0	1.0						1.5	0.7	0.7	1.0	1.0	1.0	—	—						
地上杆柱 电信照明及<10kV	—	0.5	0.5	0.5	0.5	1.0	1.0	1.0	1.0	1.0	1.0	1.0	1.0	0.5	0.5	1.0			—					
地上杆柱 高压塔基础边 ≤35kV	—	3.0	3.0	1.5	3.0	1.0	1.0	1.0	2.0	5.0	3.0 (>330kV 5.0)	2.0	2.0	0.5	0.5	3.0						0.5		
地上杆柱 高压塔基础边 >35kV	—								2.0	5.0	3.0 (>330kV 5.0)					3.0						0.5		
道路侧石边缘	—	1.5	1.5	1.5	1.5	1.5	1.5	1.5	1.5	2.5	1.5	1.5	1.5	1.5	1.5	1.5			0.5			—	0.5	—
有轨电车钢轨	—	2.0	2.0	2.0	2.0	2.0	2.0	2.0	2.0	2.0	2.0	2.0	2.0	2.0	2.0	2.0						0.5	—	
铁路钢轨（或坡脚）	—	5.0	5.0	5.0	5.0	5.0	5.0	5.0	5.0	5.0	5.0	10.0（非电气化3.0）		2.0	3.0	5.0								

注：1. 地上杆柱与建（构）筑物最小水平净距应符合"场地设计[49]管线综合/架空布置"表1的规定。
2. 管线建筑物距离，除次高压燃气管道为其至外墙面外均为其至建筑物基础，当次高压燃气管道采取有效的安全防护措施或增加管壁厚度时，管道距建筑物外墙面不应小于3.0m。
3. 地下燃气管线与铁塔基础边的水平净距，还应符合现行国家标准《城镇燃气设计规范》GB 50028-2006地下燃气管线和交流电力线接地体净距的规定。
4. 燃气管线采用聚乙烯管材时，燃气管线与热力管线的最小水平净距应按现行行业标准《聚乙烯燃气管道工程技术规程》CJJ 63-2008执行。
5. 直埋蒸汽管道与乔木最小水平间距为2.0m。

工程管线交叉时的最小垂直净距（单位：m）　　　　表2

管线名称		给水管线	污水、雨水管线	热力管线	燃气管线	电信管线 直埋	电信管线 保护管及通道	电力管线 直埋	电力管线 保护管	再生水管线
给水管线		0.15	—	—	—	—	—	—	—	—
污水、雨水管线		0.40	0.15	—	—	—	—	—	—	—
热力管线		0.15	0.15	0.15	—	—	—	—	—	—
燃气管线		0.15	0.15	0.15	0.15	—	—	—	—	—
电信管线	直埋	0.50	0.50	0.25	0.50	0.25	0.25	—	—	—
	保护管及通道	0.15	0.15	0.25	0.15	0.25	0.25	—	—	—
电力管线	直埋	0.50*	0.50*	0.50*	0.50*	0.50*	0.50*	0.50*	0.25	—
	保护管	0.25	0.25	0.25	0.15	0.25	0.25	0.25	0.25	—
再生水管线		0.5	0.4	0.15	0.15	0.15	0.15	0.50*	0.25	0.15
管沟		0.15	0.15	0.15	0.15	0.25	0.25	0.50*	0.25	0.25
涵洞（基底）		0.15	0.15	0.15	0.15	0.25	0.25	0.50*	0.25	0.15
电车（轨底）		1.0	1.0	1.0	1.0	1.0	1.0	1.0	1.0	1.0
铁路（轨底）		1.0	1.2	1.2	1.2	1.50	1.5	1.0	1.0	1.0

注：1. * 用隔板分隔时不得小于0.25m。
2. 燃气管线采用聚乙烯管材时，燃气管线与热力管线的最小垂直净距按现行行业标准《聚乙烯燃气管道工程技术规程》CJJ 63-2008执行。
3. 铁路为时速大于等于200km/h客运专线时，铁路(轨底)与其他管线最小垂直净距为1.50m。

2
场地设计

综合管廊的基本规定

1. 给水、雨水、污水、再生水、天然气、热力、电力、电信等工程管线可纳入综合管廊。

2. 综合管廊工程建设应以综合管廊工程规划为依据。

3. 综合管廊工程应结合新区建设、旧城改造、道路新(扩、改)建，在城市重要地段和管线密集区规划建设。

4. 城市新区主路下的管线宜纳入综合管廊，综合管廊应与主干路同步建设。城市老(旧)城区综合管廊建设宜结合地下空间开发、旧城改造、道路改造、地下主要管线改造等项目同步进行。

5. 综合管廊工程规划与建设应与地下空间、环境景观等相关城市基础设施衔接、协调。

6. 综合管廊应统一规划、设计、施工和维护，并应满足管线的使用和运营维护要求。

7. 综合管廊应同步建设消防、供电、照明、监控与报警、通风、排水、标识等设施。

8. 综合管廊工程规划、设计、施工和维护应与各类工程管线统筹协调。

9. 综合管廊工程设计应包含总体设计、结构设计、附属设施设计等，纳入综合管廊的管线应进行专项管线设计。

10. 含有下列管线的综合管廊舱室火灾危险性分类应符合表1的规定。

综合管廊舱室火灾危险性分类　　　　　　　　表1

舱室内容纳管线种类		舱室火灾危险性类别
天然气管道		甲
阻燃电力电缆		丙
电信线缆		丙
热力管道		丙
污水管道		丁
雨水管道、给水管道、再生水管道	塑料管等难燃管材	丁
	钢管、球墨铸铁管等不燃管材	戊

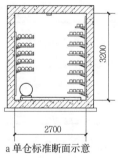

a 单仓标准断面示意　　b 双仓标准断面示意

1 综合管廊典型断面形式

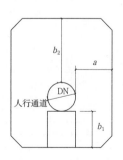

2 综合管廊管道的安装净距　　**3** 综合管沟内各管线的布置形式

a 将下水分离的综合管沟

综合管廊布置要点

1. 遇到下列情况之一时，工程管线宜采用综合管廊：交通流量大或地下管线密集的城市主干道路以及配合地铁、地下道路、城市地下综合体等工程建设地段；高强度集中开发区域、重要的公共空间；道路宽度难以满足直埋或架空多种管线的路段；道路与铁路或河流的交叉处或管线复杂的道路交叉口；不宜开挖路面的地段以及需要同时敷设两种以上工程管线及多回路电缆的道路。

2. 干线综合管廊宜设置在机动车道、道路绿化带下，支线综合管廊宜设置在绿化带、人行道或非机动车道下，缆线管廊宜设置在人道下。综合管廊覆土深度应根据道路施工、行车荷载、其他地下管线、绿化种植以及设计冰冻深度等因素综合确定。

3. 综合管沟内相互无干扰的工程管线可设置在管沟的同一个小室；相互有干扰的工程管线应分别设在管沟的不同小室。电信电缆管线与高压输电电缆管线必须分开设置；给水管线与排水管线可在综合管沟一侧布置、排水管线应布置在综合管沟的底部。

4. 天然气管道、采用蒸汽介质的热力管道应在独立舱室内敷设。热力管道不应与电力电缆同舱敷设。

5. 压力管道进出综合管廊时，应在综合管廊外部设置阀门。

6. 综合管廊标准断面内部净高应根据容纳管线的种类、规格、数量、安装要求等综合确定，不宜小于2.4m。综合管廊管道的安装净距[2]不宜小于表2的规定。

7. 综合管廊的每个舱室应设置人员出入口、逃生口、吊装口、进风口、排风口、管线分支口等。

8. 综合管廊附属设施包括：消防系统、通风系统、供电系统、照明系统、监控与报警系统、排水系统、标识系统等。

9. 综合管廊工程的结构设计使用年限应为100年。

综合管廊的管道安装净距　　　　　　　　表2

DN	综合管廊的管道安装净距					
	铸铁管、螺栓连接钢管			焊接钢管、塑料管		
	a	b₁	b₂	a	b₁	b₂
DN<400	400	400		500	500	
400≤DN<800	500	500	800	500	500	800
800≤DN<1000	500	500				
1000≤DN<1500	600	600		600	600	
≥DN1500	700	700		700	700	

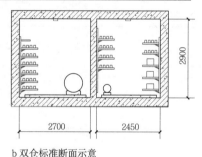

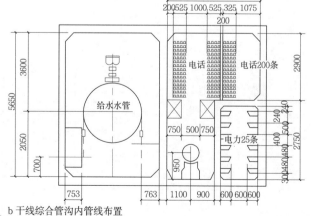

b 干线综合管沟内管线布置

地上、架空管线布置要点

1. 沿道路地上、架空布置的工程管线，其线位应根据规划道路的横断面确定，并不应影响道路交通、居民安全以及工程管线的正常运行。

2. 地上布置、架空的工程管线应与相关规划结合，节约用地并减小对城市景观的影响。

3. 地上布置、架空线线杆宜设置在人行道上距路缘石不大于1.0m的位置。有分隔带的道路，架空线线杆可布置在分隔带内，并应满足道路建筑限界要求。

4. 架空电力线与架空通信线宜分别架设在道路两侧。

5. 架空电力线及通信线同杆架设应符合下列规定：高压电力线可采用多回线间杆架设；中、低压配电线可同杆架设；高压与中、低压配电线同杆架设时，应进行绝缘配合的论证；中、低压电力线与通信线同杆架设应采取绝缘、屏蔽等安全措施。

6. 架空金属管线与架空输电线、电气化铁路的馈电线交叉时，应采取接地保护措施。

7. 工程管线跨越河流时，宜采用管道桥或利用交通桥梁进行架设，并应符合下列规定：利用交通桥梁跨越河流的燃气管道压力不应大于0.4MPa；工程管线利用桥梁跨越河流时，其规划设计应与桥梁设计相结合。

8. 架空管线之间及其与建(构)筑物之间的最小水平净距应符合表2的规定。

9. 架空管线之间及其与建(构)筑物之间的最小垂直净距应符合表1的规定。

10. 高压架空电力线路规划走廊宽度可按表3确定。

11. 燃气管布置应避免在人流停留较多或堆放易燃、易爆炸物品地段，同时也不宜设置在有人工作的建筑物内；可燃液体管道不宜靠近或穿越可燃燃料堆场和建、构筑物的墙、柱、屋顶或支架等。

12. 电力架空杆线与电信架空杆线宜分别架设在道路两侧，且与同类地下电缆位于同侧。

13. 架空热力管线不应与架空输电线、电气化铁路的馈电线交叉布置。当必须交叉时，应采取保护措施。

架空管线之间及其与建(构)筑物之间的最小垂直净距（单位：m）表1

名称		建(构)筑物	地面	公路	铁路（轨顶）		电车道（路面）	通信线	燃气管道 P≤1.6MPa	其他管道
					标准轨	电气轨				
电力线	3kV 以下	3.0	6.0	6.0	9.0	7.5	11.5	1.0	1.5	1.5
	3~10kV	3.0	6.5	7.0	9.0	7.5	11.5	2.0	3.0	2.0
	35kV	4.0	7.0	7.0	10.0	7.5	11.5	2.0	3.0	2.0
	66kV	5.0	7.0	7.0	10.0	7.5	11.5	2.0	4.0	3.0
	110kV	5.0	7.0	7.0	10.0	7.5	11.5	3.0	4.0	3.0
	220kV	6.0	7.5	8.0	11.0	8.5	12.5	4.0	5.0	4.0
	330kV	7.0	8.5	9.0	12.0	9.5	13.5	5.0	6.0	5.0
	500kV	9.0	14.0	14.0	16.0	14.0	16.0	8.5	7.5	6.5
	700kV	11.5	19.5	19.5	21.5	19.5	21.5	12.0	9.5	8.5
通信线		1.5	(4.5) 5.5	(3.0) 5.5	9.0	7.5	11.5	0.6	1.5	1.0
燃气管道 P≤1.6MPa		0.6	5.5	5.5	9.0	6.0	10.5	1.5	0.3	0.3
其他管道		0.6	4.5	4.5	9.0	6.0	10.5	1.0	0.3	0.25

注：1. 架空电力线及架空通信线与建(构)物及其他管线的最小垂直净距为最大计算弧垂情况下的净距。
2. 括号内为特指与道路平行，但不跨越道路时的高度。

架空管线之间及其与建(构)筑物之间的最小水平净距（单位：m）表2

名称		建(构)筑物（凸出部分）	通信线	电力线	燃气管道	其他管道
电力线	3kV 以下边导线	1.0	1.0	2.5	2.0	2.0
	3kV~10kV 边导线	1.5	2.0	2.5	2.0	2.0
	35kV~66kV 边导线	3.0	4.0	5.0	4.0	4.0
	110kV 边导线	4.0	4.0	5.0	4.0	4.0
	220kV 边导线	5.0	5.0	7.0	5.0	5.0
	330kV 边导线	6.0	6.0	9.0	6.0	6.0
	500kV 边导线	8.5	8.0	13.0	7.5	6.5
	750kV 边导线	11.0	10.0	16.0	9.5	9.5
通信线		2.0				

注：架空电力线与其他管线及建(构)筑物的最小水平净距为最大计算风偏情况下净距。

架空管线至铁路、道路的垂直净距（单位：m）表3

名称	垂直净距				
	管线	电力线路（kV）			通信电缆
		<3	3~10	35~110	
非电气化标准轨距铁路钢轨面	5.5	7.5	7.5	7.5	7.0
道路路面	5.0	6.0	7.0	7.0	5.5
人行道路面	2.2	6.0	6.5	7.0	4.5

注：1. 垂直净距系指管外壁、电线最大计算弧垂，与其垂直相交处的净空高度。
2. 在最大计算弧垂时，电力线路的导线与超限货物的垂直净距，不应小于下列数值：35kV架空电力线路2.5m；3~10kV架空电力线路4.5m；<3kV架空电力线路1m。

管线综合编制方法

管线综合一般分为示意综合、初步设计综合和施工设计综合三个阶段，工程实践中必须依据任务情况划分工作阶段。场地管线既要进行平面综合，也要进行竖向综合。

1. 管线示意综合：管线工程综合示意图（比例尺一般为1：500、1：1000、1：2000；大型工程项目也可采用1：5000）；道路标准横断面图（比例尺一般为1：50、1：100、1：200）。

2. 初步设计管线综合：初步设计综合平面图（比例尺一般为1：300、1：500、1：1000；大型工程项目也可采用1：2000）；管线交叉点标高图（比例尺一般为1：300、1：500、1：1000；大型工程项目也可采用1：2000）；道路标准横断面（修订）图（比例尺一般为1：50、1：100、1：200）。

3. 施工设计管线综合：施工设计综合平面图（比例尺一般为1：300、1：500、1：1000；大型工程项目也可采用1：2000）；管线交叉点标高图（比例尺一般为1：300、1：500、1：1000；大型工程项目也可采用1：2000）；道路标准横断面图（比例尺一般为1：50、1：100、1：200）。比例尺一般为：1：50、1：100、1：200。

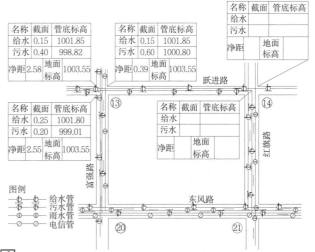

1 管线交叉点标高图示例

湿陷性黄土地区管线布置要点

湿陷性黄土被水浸湿后，在其上部建、构筑物重量或黄土自重的作用下，土结构迅速破坏而发生显著下沉，威胁建、构筑物和工程管线的安全。

1. 给排水管道及其接头处，应采取防渗漏措施，以免因渗漏导致建构筑物基础下沉，致使建筑物遭受破坏。

2. 管线布置时选用规定的防护距离以确保安全。

埋地管道、排水沟、雨水明沟和水池等与建筑物的防护距离（单位：m）表1

建筑类别	地基湿陷等级			
	I	II	III	IV
甲	—	—	8~9	11~12
乙	5	6~7	8~9	10~12
丙	4	5	6~7	8~9
丁	4	5	6	7

注：1. 陇西地区和陇东—陕北—晋西地区，当湿陷性黄土层的厚度大于12m时，压力管道与各类建筑之间的防护距离，不宜小于湿陷性黄土层的厚度。
2. 当湿陷性黄土层内有碎石土、沙土夹层时，防护距离可大于表中数值。
3. 采用基本防水措施的建筑，其防护间距不小于一般地区的规定。
4. 本表摘自《湿陷性黄土地区建筑规范》GB 50025-2004。

胀缩土地区管线布置要点

1. 建筑物四周不宜采用明沟排水。场地内的排洪沟、截洪沟及雨水明沟沟底应做防水处理。

2. 地下排水管线接口应有防止渗漏措施，管线距建筑物基础外缘净距应不小于3m。

3. 管道布置要注意适应不均匀胀缩与变形地区。

4. 场内的排水明沟应加大坡度，以避免局部积水而造成地基土壤的不均匀变形。

5. 管道布置应避开暗流地带，避免大填大挖。

地震区管线布置要点

抗震设防烈度为6度及高于6度地区的室外给水、排水和燃气、热力工程设施，必须进行抗震设计。

1. 当输水、输气等埋地管道不能避开活动断裂带时，应采取下列措施：
（1）管道宜尽量与断裂带正交；
（2）管道应在套筒内，周围填充砂料；
（3）管道及套筒应采用钢管；
（4）断裂带两侧的管道上（距断裂带有一定的距离）应设置紧急关断阀。

2. 设防烈度为7度、8度且地基土为可液化土地段或设防烈度为9度时，热力管道干线的附件应采用球墨铸铁或铸钢材料。

3. 厂站或埋地管道工程的场地遭遇发震断裂时，应对断裂影响作出评价。当不能满足设定条件时首先应考虑避开主断裂带，其避让距离不宜少于表2的规定。如管道无法避免时，应采取必要的抗震措施或控制震害的应急措施。

避开地震断裂的最小距离表 表2

建筑类别	站房	管道工程	
		输水、气、热	配管、排水管
8度	300	300	200
9度	500	500	300

注：1. 避让距离指至主断裂外缘的水平距离。
2. 厂站的避让距离应为主断裂带外缘至厂站内最近建（构）筑物的距离。
3. 本表摘自《室外给水排水和燃气热力工程抗震设计规范》GB 50032-2003。

冻土及严寒地区管道布置要点

1. 给水管宜布置在冰冻线以下0.3~0.6m，当管段过长，且有变坡点时，应在变坡点处设置排气阀或排水（泥）阀。

2. 保温管线宜浅埋，埋深应高于地下水位0.2m，否则需采取防水措施。

管线交叉处理

1. 管线综合布置，会遇到各种情况的管线的交叉，为了保证交叉口处结构稳定，互不影响使用和维修，路面不因交叉处管线失稳而下沉等，必须在管线交叉处采取适宜的处理措施。

2. 处理管线交叉，应了解已建管线的高程、断面尺寸、地下水位以及当初管线施工、开槽的大小、回填土等情况。

3. 排水管线在水、气、油等管线以下时的处理：排水管为圆管时见 1 a；排水管为方沟时见 1 b；排水管道与水、气、油管线标高发生冲突时，若管径大于600mm见 1 c，若管径小于等于600mm见 1 d；排水管线在水、气、油等管线以上时的处理：排水管道与水、气、油管线同时施工时见 2 ；水、气、油管线已建，且高差较大时见 3 。图中其他管线即上水、煤气、油管（铸铁或钢管）。

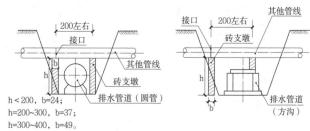

a 排水管为圆管（单位：cm）　　　b 排水管为方沟（单位：cm）

c 排水管道管径大于600mm　　　d 排水管道管径小于600mm

1 排水管道处于冲突管线下面时的处理

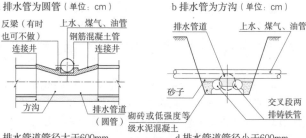

2 排水管道处于同时施工冲突管线之上时的处理

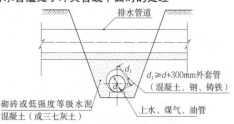

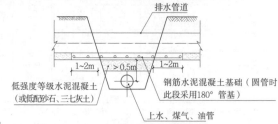

3 排水管道处于已建冲突管线以上时的处理

实例

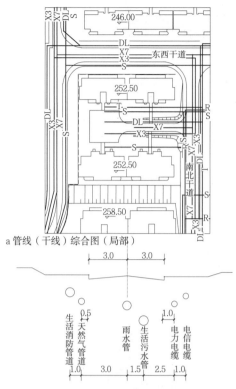

a 管线（干线）综合图（局部）

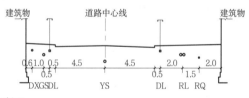

b 南北干道管线布置断面图

S—生活消防水管；R—天然气管道；
X7—雨水管；X3—生活污水管；
DL—电力电缆；T—电信电缆。

1 管线综合示意图及断面示意图（单位：m）

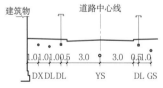

a I—I断面

b II—II断面

c III—III断面

GS—给水管；　DL—电力电缆；
WS—污水管；　DX—电信电缆；
YS—雨水管；　RQ—燃气管；
RL—热力管。

3 管线剖面示意图

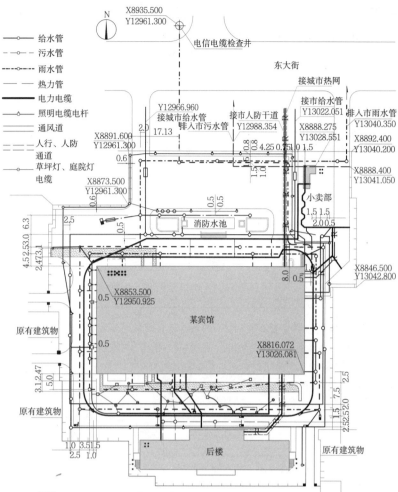

2 管线综合设计图（单位：m）

给水管
污水管
雨水管
热力管
电力电缆
照明电缆电杆
通风道
人行、人防通道
草坪灯、庭院灯电缆

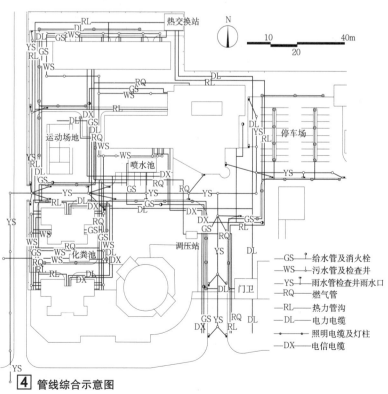

GS—⊢ 给水管及消火栓
WS—⊢ 污水管及检查井
YS—⊥ 雨水管检查井及雨水口
RQ— 燃气管
RL— 热力管沟
DL— 电力电缆
—— 照明电缆及灯柱
DX— 电信电缆

4 管线综合示意图

2
场地设计

133

建筑功能 [1] 基本概念

概述

建筑功能有狭义和广义两个层面的概念。狭义的建筑功能是指建筑中某个或某些空间的用途，广义的建筑功能是指建筑物的用途或建筑物的一部分对人或社会的作用。

建筑功能应结合实际的使用需求，并通过空间的功能设置和功能空间的组织，以充分满足未来可能发生的人的行为或事物的运行方式。

从功能出发进行建筑设计，是当代建筑创作的普遍方法之一。

对功能认识的发展和演化

表1

历史年代	对功能的认识
中国古代	三十辐共一毂，当其无，有车之用。埏埴以为器，当其无，有器之用。凿户牖以为室，当其无，有室之用。故有之以为利，无之以为用。——《老子·第十一章》
古罗马	"坚固、实用、美观"——《建筑十书》
19世纪末	"形式追随功能"——路易斯·沙利文
20世纪70年代	功能决定论：当代建筑创作重视潜在的功能配置，通过"功能"的分类、排序、编码、重组而产生新的空间组织形式——《图解思考》

建筑的功能图解主要反映各空间的功能设置及其之间的关系：将建筑各功能需求排列成形状、大小各异的图形，并通过图解的方式，用连线或箭头组织和表达其功能之间的关系。这一方法被广泛运用在建筑设计过程中。

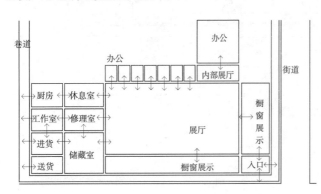

a 功能图解——按照功能的关联性

b 功能图解——反映空间的容量   c 功能图解——按照功能空间的时序

1 不同类型的功能图解

功能与空间的关系

功能与空间存在相互制约的关系。一般情况下，功能决定了空间的尺度、比例、形式与性质。空间在一定程度上又相应地制约了功能的变化。

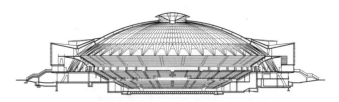

看台的高度、距离和角度都充分考虑到观众的视野。正圆形的布置适合小体育馆的观看模式，正上方的采光口充分照亮了中央的比赛场地，辅助功能在周边环绕，是典型的以功能为主导的建筑设计。

2 罗马体育馆

功能与形式的关系

一般来说，形式以功能为基础，但形式也有自身的规律。特定情况下，形式会摆脱功能束缚，趋向某种形式风格。

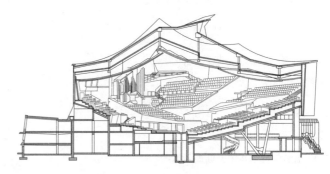

观众席设置在斜面上，演奏厅内部为一个反射平面的复杂组合。帐篷式的顶棚和悬挂着的反射体能够使声场均匀，使声学功能和建筑美学完美结合。

3 柏林爱乐音乐厅

功能与建筑创作的关系

功能的空间属性，空间组成与空间序列是建筑创作中概念形成的重要依据。

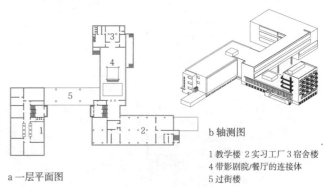

b 轴测图

1 教学楼 2 实习工厂 3 宿舍楼
4 带影剧院/餐厅的连接体
5 过街楼

a 一层平面图

包豪斯校舍的功能分区决定了建筑体量：三叶风车形体量完全由功能决定。空间布局的特点是根据使用功能，组合为既分又合的群体，既独立分区又方便联系。

4 包豪斯校舍

功能的分类

　　功能的分类是人类对建筑认知和需求的反映,同时也被应用于指导建造实践。不同视角,对建筑功能有不同的分类方式:如从物质、精神二元视角可将建筑功能分为物质功能和精神功能两大类;基于需求指定性的强弱,可分为基本功能、特定功能、衍生功能等;从建造实践角度,目前普遍采用的是满足从特定活动角度的划分方式,包括民用与工业建筑两大类。

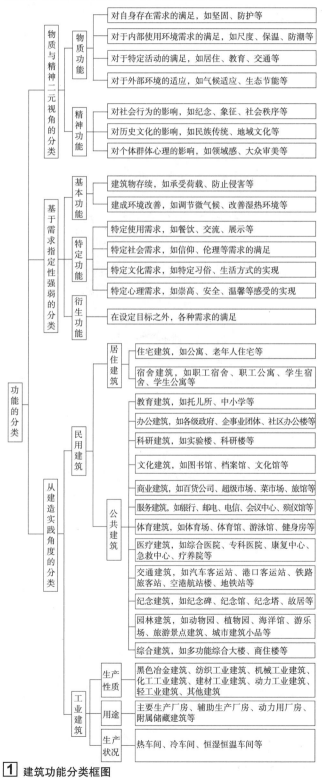

1 建筑功能分类框图

对自身存在需求的满足

1. 坚固

　　建筑为了满足自身存在及各种功能需求,需要能承受外力的作用,建筑所承受的外力称为荷载。按荷载作用的范围可分为分布荷载和集中荷载。按荷载作用时间可分为恒荷载和活荷载。按荷载所用的性质可分为静荷载和动荷载。

a 风雨的作用 分布荷载　　b 建筑中的设备 集中荷载　　c 结构自重 恒荷载

d 人的活动 活荷载　　e 物品的堆放 静荷载　　f 地表震动 动荷载

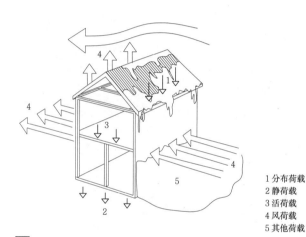

1 分布荷载
2 静荷载
3 活荷载
4 风荷载
5 其他荷载

2 建筑荷载与受力示意图

2. 防灾

　　建筑需要具有一定防范自然灾害的作用,为使用者提供一个安全的环境,建筑防护包括抗震、防火、防汛、防雷、防强风等。

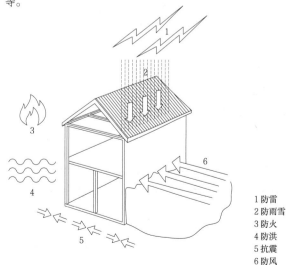

1 防雷
2 防雨雪
3 防火
4 防洪
5 抗震
6 防风

3 建筑防灾示意图

对内部使用环境需求的满足

1. 活动尺度

 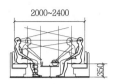

  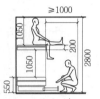

1 人体尺度示意图

2. 隔声

a 通过立面设计削减噪声传递　　b 通过建筑形态处理隔声

2 声音传播示意图

3. 防潮、保温、隔热

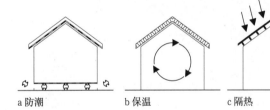

a 防潮　　　　　b 保温　　　　　c 隔热

3 防潮、保温、隔热示意图

4. 通风

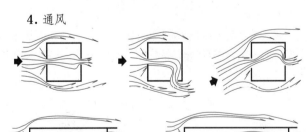

4 空气流动示意图

5. 采光

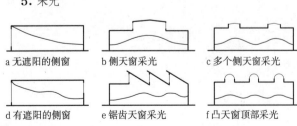

a 无遮阳的侧窗　　b 侧天窗采光　　c 多个侧天窗采光

d 有遮阳的侧窗　　e 锯齿天窗采光　　f 凸天窗顶部采光

5 不同类型的采光模式示意图

对特定活动的满足

1. 居住

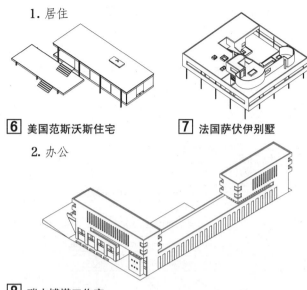

6 美国范斯沃斯住宅　　　　**7** 法国萨伏伊别墅

2. 办公

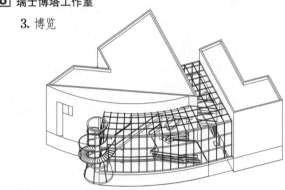

8 瑞士博塔工作室

3. 博览

9 德国历史博物馆

4. 工业：生产、动力、储存、运输

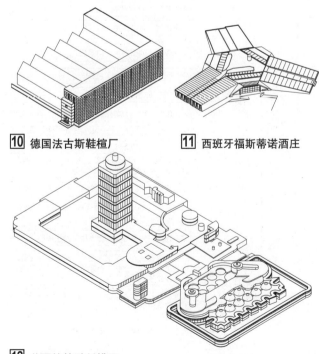

10 德国法古斯鞋楦厂　　　**11** 西班牙福斯蒂诺酒庄

12 美国约翰逊制蜡厂

对外部环境的适应

1. 适应自然环境

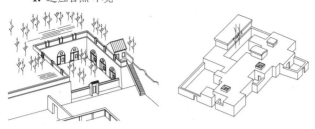

民居是人类在自然环境生存与生产的场所。窑洞的建造利用了黄土直立的特点。又因黄土冬暖夏凉，使窑洞成为黄土高原上普遍的居住形式。由于新疆当地早晚温差大的气候特点，阿以旺居民利用高墙与植物等手段在庭院内创造适宜的小气候环境。

1 陕西窑洞　　　　　　2 新疆阿以旺

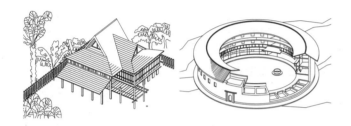

3 西双版纳干阑式民居　　4 福建土楼

2. 调节建成环境舒适性

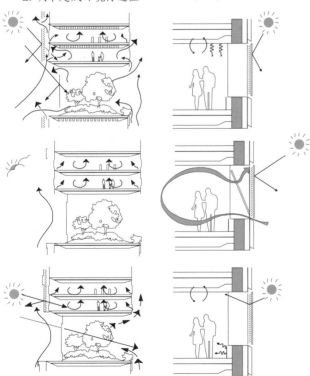

建筑物能够控制室内外环境之间的能量和物质交换，通过采用空间组织、表皮设计等手段，调节外部环境中太阳辐射强度、空气流动速度、内外环境间的湿热传递，满足使用者对建筑内部环境舒适度的需求。

5 被动式节能示意图

对社会行为的影响

1. 纪念性

纪念性一直是建筑学重要的主题之一，它寄托了人类重要的思绪与追求，是城市生活中重要意义的载体。作为孙中山的陵墓，南京中山陵在建筑风格上反映了20世纪初中国建筑界基于民族风格对纪念性的理解和探索。

6 南京中山陵

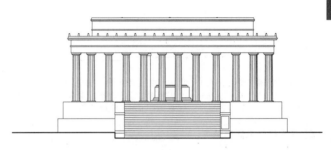

1913年，由建筑师亨利·培根设计的林肯纪念堂，是一座仿古希腊帕提农神庙式大理石构建的古典建筑。它与美国国会大厦和华盛顿纪念碑在一条轴线上，具有很强的纪念性。

7 美国林肯纪念堂

2. 象征

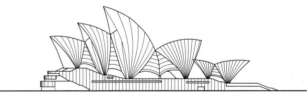

建筑常常通过象征性来满足人们在信仰、文化传承、个体以及群体的身份认同等方面不同的精神需求。悉尼歌剧院位于悉尼海港，它的屋顶像张满的风帆，又犹如洁白的贝壳荡漾在海面上。该建筑建成后成为悉尼的标志。

8 澳大利亚悉尼歌剧院

3. 秩序伦理

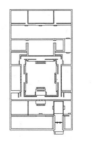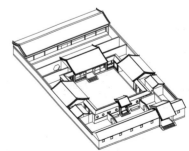

传统四合院空间格局体现了中国传统社会道德伦理对家庭生活空间的影响以及尊卑有序的社会关系。

9 传统民居四合院

建筑功能［5］分类

对历史文化的影响

1. 民族性

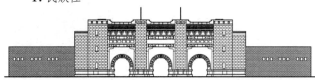

建筑师董大酉设计的江湾体育场是1929年上海大计划的成果之一，建筑主要墙体采用红砖砌筑，120个拱券式结构围合看台及回廊，在入口部分通过三孔券门牌楼式的传统建筑形式，加以中国传统斗栱符号的装饰，凸显中国民族风格。体现了民国时期公共建筑的风格和特点，也反映了建筑师对中国民族建筑的积极探索。

1 上海江湾体育场

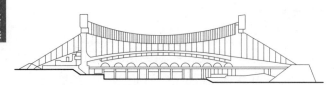

日本建筑师丹下健三设计的代代木体育馆造型独特、结构新颖，建筑师提取了日本传统民族建筑中的曲线形式，并运用大跨度的拉索结构，完美地满足了体育建筑的功能和空间要求，也体现了日本建筑师开始探索建筑的现代性和民族性两者的融合道路。

2 日本代代木体育馆

2. 地域性

甘地纪念馆于1963年由印度建筑师柯里亚完成。建筑用简朴的砖墙、瓦顶、石材地面和木门窗，巧妙地回应了建筑所在地的炎热气候。纪念馆像村落一样围绕着一个水院布局。开放的和围合的空间单元以一种类似曼陀罗(Mandala)式的结构方形给予环境以秩序，建筑有着舒展的横向线条、有机生长的格网式单元，灵活的平面布局以及穿插渗透的室内外空间。

3 印度甘地纪念馆

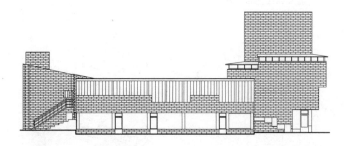

建筑师阿尔瓦·阿尔托在珊纳特赛罗市政厅建筑群中采用简单的几何形式，但在设计中使用了具有斯堪的纳维亚地域特点的材料：红砖、木材、黄铜等，并在空间形态和空间组织上回应了当地独特的地理环境和气候特点。建筑整体既具有现代主义的形式，又具有传统文化的特色。

4 芬兰珊纳特赛罗市政厅

对个体群体心理的影响

1. 领域感

丹麦斯科泽住宅群在设计中强调了空间上的领域感，并由此给人们提供了安全感和归属感。作为一般的心理需求，建筑可通过空间限定的方式，营造个人空间和公共空间、私密空间和交往空间，来满足人在不同情境下的心理需要。

5 丹麦斯科泽住宅群

2. 审美需求

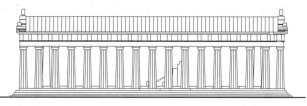

a 希腊帕提农神庙

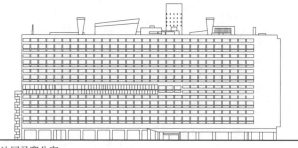

b 法国马赛公寓

c 西班牙毕尔巴鄂古根海姆美术馆

建筑的审美功能随着建筑自身的发展在不断发生改变。从古希腊罗马时期庄重的石头建筑——神庙，到文艺复兴时期体现古典精神与比例关系的圆厅别墅，再到现代主义时期追求理性美的建筑，发展到现在强调多义性的后现代主义建筑，建筑的美学功能反映了人们对所在生活世界的不断认识和探索。

6 建筑审美的变迁

包容性

一定的条件下，不同的功能可以被同一空间或同一建筑包容，同一空间形态能够适应不同的建筑功能。

a 矩形空间　b 教学　c 会议　d 观演　e 办公　f 展览　g 餐饮

矩形空间对不同使用功能的适合。

1 同一空间形态适应不同建筑功能

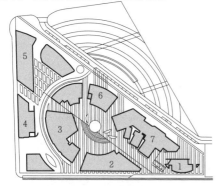

1 办公楼
2 电影院
3 IMAX/酒店
4 办公楼
5 索尼公司
6 办公楼
7 Esplanade 酒店

柏林索尼中心：商业、交通、娱乐等功能容于同一空间。

2 不同功能被同一空间或建筑包容

多样性

功能与空间形式二者之间不是一一对应的，特定的功能可以有不同的空间表现形式。

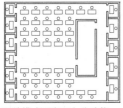

a 开放模式下实现办公功能

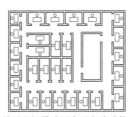

b 单元空间模式下实现办公功能

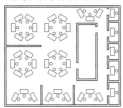

c 组团模式下实现办公功能

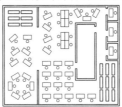

d 自由模式下实现办公功能

3 办公功能的不同表现形态

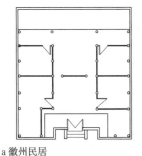

a 徽州民居

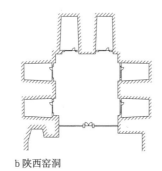

b 陕西窑洞

4 居住功能的不同表现形态

可变性

随着时代的变化，为配合人类生活方式的发展，建筑会有功能上的变化。

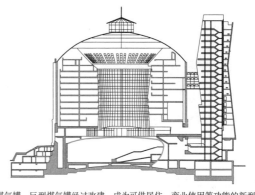

维也纳煤气罐：巨型煤气罐经过改建，成为可供居住、商业使用等功能的新型"煤气罐社区"。

5 由仓储功能转变为居住、商业等综合功能

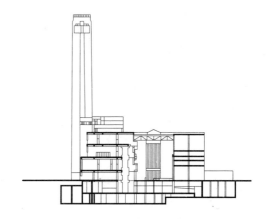

伦敦泰特现代美术馆：位于泰晤士河南岸，利用Battersea发电厂的厂房改造而成，由赫尔佐格与德梅隆事务所在2000年设计完成。

6 由生产功能转变为展示功能

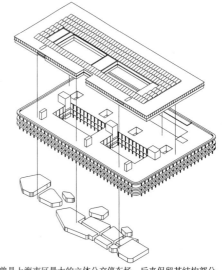

巴士一汽停车库曾是上海市区最大的立体公交停车场，后来保留其结构部分，改建成同济大学建筑设计研究院（集团）有限公司办公楼。

7 由停车功能转变为办公功能

建筑功能 ［7］ 功能布局

概述

1. 功能布局通过把组成建筑的各功能空间按不同的功能要求进行分类，并根据他们之间的关系程度加以组织，确保建筑功能正常运转。

2. 功能分区的基本原则：

(1) 满足具体的使用需要；

(2) 优化建筑功能的配比；

(3) 提高经济效益，如节约用地、提高空间使用率等；

(4) 确保建筑物的安全性，如安全疏散、污染控制等；

(5) 增强建筑或空间的适应性、趣味性，协调建筑物和人之间以及建筑与环境之间的相互关系。

住宅功能流线布局

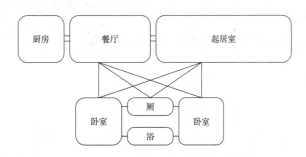

住宅是供家庭日常居住使用的建筑，因家庭结构、生活方式以及地方特点的不同，呈现不同的空间布局和功能形式。

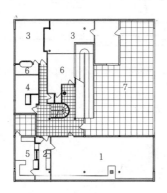

1 起居室
2 餐厅
3 卧室
4 客房
5 厨房
6 盥洗室
7 阳台

1 萨伏伊别墅二层平面图

学校功能流线布局

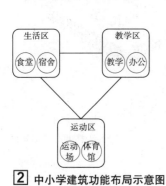

功能分区：
1 教学区：包括教学用房、办公等；
2 运动区：包括操场、球类田径、体育馆等；
3 生活区：包括宿舍、食堂、后勤服务等。

2 中小学建筑功能布局示意图

中小学校各类不同性质的用房应分区设置，做到功能分区合理，又要相互联系方便。

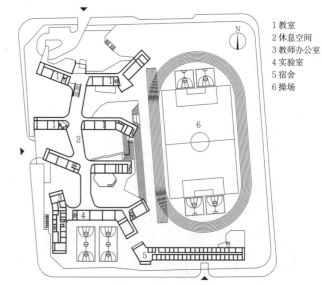

1 教室
2 休息空间
3 教师办公室
4 实验室
5 宿舍
6 操场

3 北京四中房山校区二层平面图

客运站功能流线布局

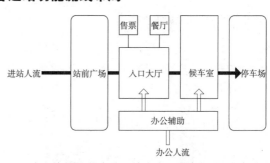

公路运输是最基本的运输方式，其特点是：汽车属于分散运输，每辆车的载客量有限，发车频率高，旅客在站内停留时间短。

公路汽车客运站应由站前广场、站房、停车场、保修车间及职工生活区组成。

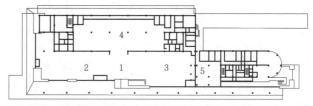

1 入口大厅　2 售票厅　3 餐厅　4 候车大厅　5 办公

a 一层平面图

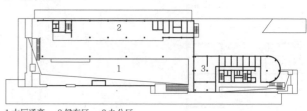

1 大厅通高　2 候车区　3 办公区

b 二层平面图

4 大庆公路客运枢纽站

剧场功能布局

剧场建筑根据使用性质及观演条件可分为歌舞、话剧、戏曲三类。剧场设计的功能应由观众厅部分、舞台部分、演出准备部分三部分组成。

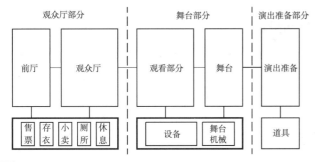

1 剧场功能布局框图

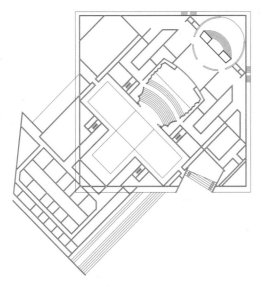

2 上海保利大剧院一层平面图

旅馆功能布局

旅馆是综合性的公共建筑物。旅馆向顾客提供住宿的同时也可以提供饮食、娱乐、健身、会议、购物等服务。旅馆的主要功能由住宿、大堂、休闲娱乐、后勤服务等功能组成。

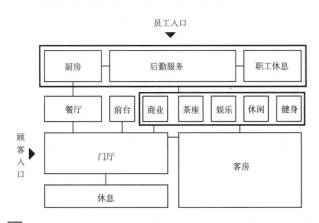

3 旅馆功能布局框图

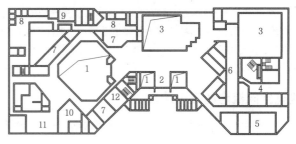

1 门厅上空　　2 贵宾室　　3 大宴会厅　　4 厨房
5 小宴会厅　　6 职工餐厅　　7 商店　　　8 办公
9 商务中心　　10 健身房　　11 休息厅　　12 美容

4 西安阿房宫酒店二层平面图

3
建筑功能、空间与形态

体育馆功能布局

体育建筑的类型较多，其中体育馆由运动场地、看台、辅助用房和设施等组成。体育馆主要使用人流由观众(包括贵宾)、运动员、工作人员组成。

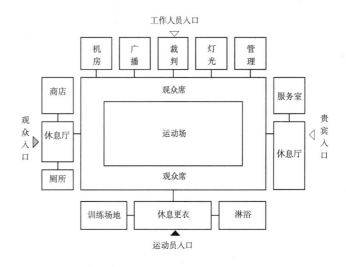

5 体育馆功能布局框图

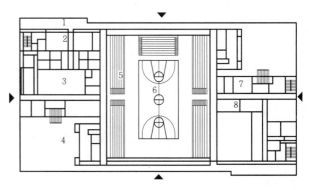

1 运动员大厅　　2 运动员休息区　　3 运动员检录区　　4 访客入口大厅
5 临时座席　　　6 体育场地　　　7 运动器材储存间　8 裁判员休息区

6 天津体育馆一层平面图

141

建筑空间 [1] 基本概念

概述

建筑空间是经过人为限定的、具有某种使用功能的场所，与人的活动紧密相关。建筑空间通过其形状、尺度、比例、组织关系等，实现建筑的物质功能和精神功能。空间是建筑设计的核心。

建筑空间概念的三个阶段

不同时代及地域的文化、哲学、思维方法与心理特征形成不同的空间概念，在建筑历史上，人们对建筑空间的认识大致可分为三个阶段（希格弗莱德·吉迪翁Sigfried Giedion）。

1. 第一阶段："有外无内"空间，包括古埃及、苏美尔和古希腊建筑。建筑空间主要体现为外部体量之间的关系，真正的内部空间尚未出现，建筑空间与雕塑尚未真正分离。

2. 第二阶段："有内无外"空间，以罗马万神庙为标志，室内空间开始被重视，空间通过在实体内挖空而形成。建筑空间在概念上对内部与外部空间进行了区分，但建筑的外部形式与内部空间尚未结合。这一阶段的空间概念一直持续到18世纪晚期。

3. 第三阶段："内外互动"空间，以1929年巴塞罗那国际博览会德国馆所创造的"流动空间"为标志。建筑内外空间的分隔被打破，室内外空间之间以及不同空间层次之间的互动性，使空间中的运动成为建筑空间设计的重点。

空间与场所

1970年代后，建筑空间概念进一步从"空间（Space）"向"场所（Place）"发展，强调人在空间中的生活。场所是由自然环境和人造环境共同构成的有意义的整体，"空间"通过"场所"获得意义。

1. "存在空间"：诺伯格-舒尔兹（Christian Norberg-Schulz）提出"存在空间"的概念，在物质空间中加入认知思维的概念，认为相同的空间因个人思维差异可产生不同的心理特征。

2. "事件发生器"：伯纳德·屈米（Bernard Tschumi）提出"没有事件就没有建筑"，主张把空间作为激发事件的发生器来设计，以引导生活方式、促进社会交流。

这一时期空间研究的贡献，更多地体现在城市空间上，反思城市空间与城市生活的关系，如简·雅各布斯的《美国大城市的死与生》、芦原义信的《外部空间设计》、克里斯托弗·亚历山大的《建筑模式语言》、凯文·林奇的《城市意象》等，并引发城市设计的兴起。

空间要素

建筑空间的基本物质要素是空间的尺度与比例，以此达成空间的目的。

空间目的

建筑空间营造的基本目的是满足使用功能；而更高层次的目的是追求空间的感知与意义。

空间类型

建筑空间从不同的角度可分为多种类型。从室内外关系方面可分为室内空间、室外空间、灰空间；从主次关系方面可分为主要空间、辅助空间、联系空间；从使用特点方面可分为公共空间、私密空间、半私密空间。

空间限定

对单个空间的构成而言，可分为7种基本限定手法：围合、设立、覆盖、架起、凹、凸、肌理变化。其中，围合、设立属于垂直方向的限定手法，覆盖、架起、凹、凸、肌理变化属于水平方向的限定手法。

空间组织

对多个空间的构成而言，可分为3种基本组织方法：序列空间、并列空间、主从空间。空间组织从不同角度，还可分为院落空间、流动空间组织以及水平空间、垂直空间组织。

建筑空间概念的三阶段示意　　　　　　　　　　　　表1

概念发展	第一阶段	第二阶段	第三阶段
空间特点	有外无内	有内无外	内外互动
代表建筑	埃及金字塔	罗马万神庙	巴塞罗那世博会德国馆
平面示意			
轴测示意			

1 埃及金字塔

2 罗马万神庙

3 巴塞罗那德国馆

4 乌得勒支住宅

概述

建筑空间尺度既是建筑操作的手段，又是建筑空间的具体表征，同时是被人可感知的重要空间特征。尺度并不仅仅与尺寸相关。

比例与均衡——维特鲁威

比例是在一切建筑中细部和整体服从一定的模量从而产生均衡的方法。与姿态漂亮的人体相似，建筑要有正确分配的"肢体"，要求在计量上从整体到细部具有正确性。比例与均衡具有自身规则，但要根据场地性质、用途与外观利用技巧对其进行加减。

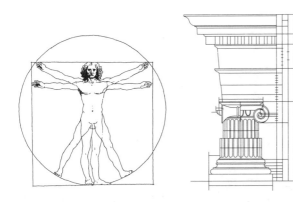

[1] 维特鲁威人（列奥纳多·达·芬奇） [2] 爱奥尼柱式比例

尺度/Modus——阿尔伯蒂

要为建筑物整体与每一个组成要素确定适当的位置、精确的数字、适当的尺度与优美的秩序。每一个部件应当是在其恰当的范围与位置上；它不应该比实际使用的要求更大，也不应该比保持尊严的需求更小，更不应该是怪异的和不相称的，而应该是正确而恰当的。

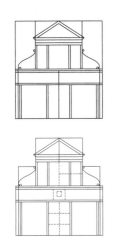 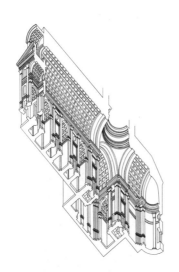

a 新圣玛利亚教堂立面几何分析　　b 圣安德烈教堂剖轴测图

[3] 阿尔伯蒂教堂图解

模度/Le Modulor——柯布西耶

"模度"是建立在人体身高及数学之上的量度工具，由红蓝两组数列组成，用于进行建筑空间及用品的设计。一个举起手臂的人给出了空间限定的点——脚、腹腔、头、举起手臂的手指尖——三段间隔产生一个斐波那契所提出的黄金分割数列。

a 模度人　　　　　　　　b 昌迪加尔法院

[4] 勒·柯布西耶与模度

材分°（fèn）制——《营造法式》

"凡构屋之制，皆以材为祖；材有八等，度屋之大小，因而用之"。材在宋代大木作之中地位极为重要，大木结构中"凡屋宇之高深、名物之短长、曲直举折之势、规矩绳墨之宜，皆以所用材之分°，以为制度焉"。材是一座殿堂的斗栱中用来做栱的标准断面的木材，按建筑物的大小和等第决定用材的等第。"各以其材之广，分为十五分°，以十分°为其厚。栔（qì）广六分°，厚四分°。材上加栔者，谓之足材"，并由此相应得到"大木作制度"中关于几乎所有构件的尺度。

《营造法式》八等材栔表　　　　　　　　　　　　　　表1

材等	一	二	三	四	五	六	七	八
广厚（寸）	9/6	8.25/5.5	7.5/5	7.2/4.8	6.6/4.4	6/4	5.25/3.5	4.5/3
一分°的尺度	六分°	五分、五厘	五分°	四分°八厘	四分°四厘	四分°	三分°五厘	三分°
等第用途	殿身九至十一间，副阶并挟屋减殿身一等，廊屋减挟屋一等	殿身五至七间	殿身三间、殿五间、堂七间	殿三间、厅堂五间	殿小三间、厅堂大三间	亭榭或小厅堂	小殿及亭榭	殿内藻井、小亭榭施铺作多则用之

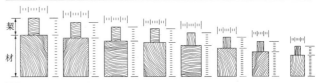

[5] 八等材栔比例尺（《营造法式》）

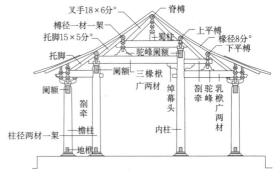

[6] 六架椽间缝内用梁柱侧样

概述

建筑空间营造的重要目的在于：通过对建筑空间形式的塑造，形成可被感知的图像化要素，并且帮助唤起人的心理感受与情绪体验，形成关于文化、价值、行为等的意义。

单纯

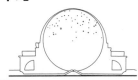

1 牛顿纪念堂

b 剖面图

a 内部空间　　c 平面图

2 罗马万神庙

复杂

a 平面图　　b 设计草图

3 毕尔巴鄂古根海姆美术馆

连续

a 平面图　　b 空间分析

4 巴塞罗那世博会德国馆

独立

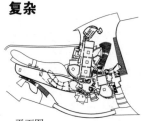

5 克诺索斯宫

  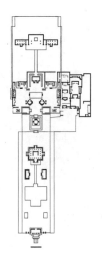

a 剖轴测图　　b 平面图

6 法尔尼斯别墅　　7 河北正定隆兴寺总平面图

恢宏

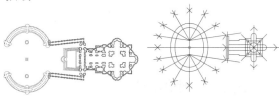

a 平面图　　b 空间几何关系

c 鸟瞰图

8 梵蒂冈圣彼得广场

逼仄

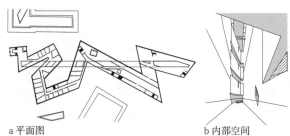

a 平面图　　b 内部空间

9 柏林犹太博物馆

神圣

a 亚眠主教堂内部空间　b 平面图　　c 科隆大教堂空间分析

10 哥特教堂

世俗

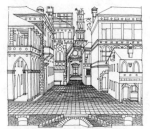 

11 塞利奥为剧院设计的　　12 锡耶纳城平面局部
"喜剧式"街景

空间的分类一

建筑空间按特性可分为室内空间、室外空间和灰空间。

室内空间

顶部有覆盖,四周有完整围合的空间。

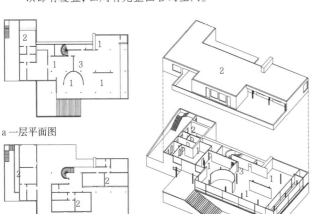

a 一层平面图

b 二层平面图　　　　c 轴测分析图

1 半封闭室内空间　　　2 封闭室内空间　　　3 开放空间

该住宅首层客厅和洽谈室与外部景观仅由满面玻璃分隔,而与室内其他空间由不闭合的片墙区分,形成半封闭室内空间;首层餐厅区域是垂直交通及水平交通的交会处,故作为住宅内开放空间存在;而二层卧室相对独立存在,形成封闭的室内空间。

① 德国图根哈特住宅(密斯·凡·德·罗)

室外空间

顶部无覆盖的空间。

a 地面层平面图

b 一层平面图　　　　c 轴测分析图

1 庭院　　　2 露台　　　3 广场　　　4 街道　　　5 其他

该住宅紧邻一条倾斜的街道,入口处由一面曲墙与一面直墙限定出面向街道的入口广场;由直墙引导到达的地面层,具有两个庭院;由曲墙引导到达的二、三层,拥有数个露台花园。

② 日本城户崎住宅(安藤忠雄)

灰空间

顶部有覆盖,四周无完整围合的空间。

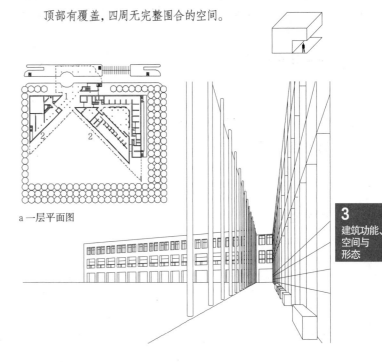

a 一层平面图

b 长廊透视图

1 与室内空间有联系的灰空间　　2 与室内空间无联系的灰空间

该市政大厦在面向市民广场一侧设置一条完整的通高长廊,作为室内外的过渡性空间。

③ 西班牙Logrono市政大厦(拉斐尔·莫尼欧)

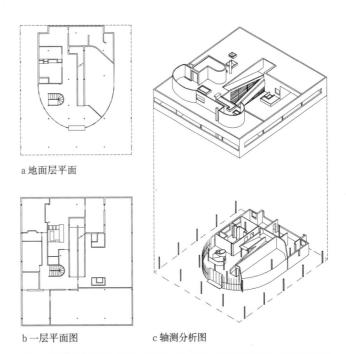

a 地面层平面

b 一层平面图　　　　c 轴测分析图

该住宅首层三个方向均向内退进,形成与建筑内部空间有关的灰空间,综合考虑汽车进入的最小转弯半径,首层平面呈现曲面形态。

④ 法国萨伏伊住宅(勒·柯布西耶)

3
建筑功能、空间与形态

145

建筑空间［5］空间的分类

空间的分类二

建筑空间按其作用不同可分为主要使用空间、辅助空间和联系空间。

主要使用空间

主要使用空间一般具有明确的空间形态，且空间可以封闭，以方便管理。某些特殊的功能，对空间的形态会有特定的要求，比如音乐厅、报告厅等。

辅助空间

辅助空间是指为主要使用空间提供服务的空间，如卫生间、库房、管理用房、设备用房、报告厅的音控室等。

联系空间

联系空间一般分为水平交通、垂直交通和枢纽空间三种基本空间形式。

水平交通即通常所说的走廊空间。应简洁明了、易识别，与各部分功能空间有密切联系，宜有较好的采光和通风。

垂直交通即楼梯、电梯及电动扶梯等功能空间。其位置与数量依功能需求和消防疏散要求而定，应靠近交通枢纽，布置均匀且有主次，与使用人流数量相适应。

枢纽空间通常指门厅、中庭、过厅等空间。其使用性质具有复合性，主要是用来组织其他功能的联系空间，其功能可以兼有休憩、交往、人流集散的作用。

设计中应首先抓住这三大部分的关系进行合理分区和组织，解决各种矛盾问题以求达到功能关系的合理与完善。在这三部分中，交通联系空间虽然通常在设计任务书中不会明确列出，但它却是设计中非常重要的部分，往往对设计起到关键作用，需要着重考虑。

居住建筑中，卧室、客厅、书房等是主要使用空间；卫生间、衣帽间、储藏间、车库等是辅助空间；走廊、门厅、楼梯等是交通联系空间。

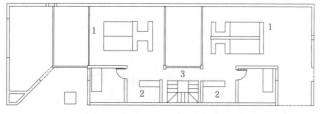

1 主要使用空间　　　2 辅助空间　　　3 交通联系空间

建筑沿着山坡布置，内部空间纵向贯通，并通过南北轴线与外部相连。设计中始终贯彻着一种思想，即住宅应回归到与自然相呼应的设计中去。内部空间也与这种构思相适应。一侧为餐厅、客厅、卧室等主要使用空间，另一侧为楼梯、卫生间、厨房等辅助空间，中间被一条走道分隔开。

1 瑞士卡代纳佐独家住宅（博塔）

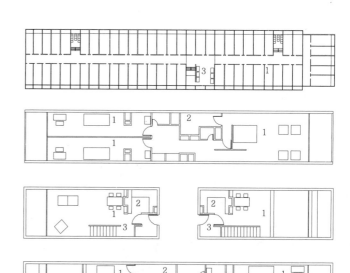

1 主要使用空间　　　2 辅助空间　　　3 交通联系空间

马赛公寓长165m，宽24m，高56m。可住337户1600人。这里有23种适合各种类型住户的单元，从单身汉到有8个孩子的家庭都可找到合适的住房。大部分住户采用"跃层式"的布局，有独用小楼梯上下连接；每3层只需设一条公共走道，节省了交通面积。

2 法国马赛公寓（勒·柯布西耶）

公共建筑中，以办公建筑为例，其中办公室、会议室等是主要使用空间；卫生间、茶水间、库房、值班室等是辅助空间；门厅、走廊、楼电梯等是交通联系空间。

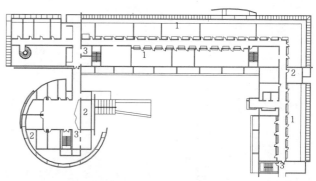

1 主要使用空间　　　2 辅助空间　　　3 交通联系空间

采用"L"形的交通联系空间连接各个主要使用空间与辅助空间。

3 美国Hypolux银行大楼（理查德·迈耶）

1 主要使用空间　　　2 辅助空间　　　3 交通联系空间

采用环形交通联系空间连接主要使用空间及辅助空间。

4 西班牙Don Benito 文化中心（拉斐尔·莫内欧）

空间的分类三

建筑空间按使用特点划分,可以分为公共空间、私密空间和半公共半私密空间。

公共空间是指可供公共使用的空间,私密空间主要是指供私人使用的空间,半私密空间是指在公共空间中为个人提供的独处空间。公共空间和私密空间的概念是相对的,总体而言,居住建筑比公共建筑更私密,但在居住建筑中也会有私密空间和公共空间之分,如卧室、卫生间等空间相对私密,客厅、餐厅等空间相对开放。而在公共建筑中也并不是所有空间都是公共空间,私密空间主要指供一些特定人员专门使用的空间,如办公室、储藏室、研究室等。通常建筑中的联系空间都是公共的,如门厅、过厅、走道、楼梯、电梯等。

公共空间

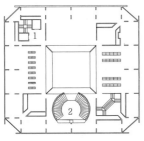

1 联系空间　2 门厅

建筑包含餐厅和图书馆两部分,功能空间围绕通高至屋顶的中厅布局,建筑4个角落分别布置4个封闭的方形空间,其中2个是垂直交通,1个是卫生间,入口处为2层通高的门厅,当中设有对称的2部弧形楼梯。

1 美国菲利普 艾克塞特学院图书馆（路易斯·康）

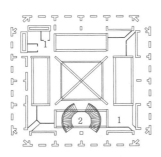

1 展厅

这个外观严谨对称的建筑内部是一个充满生机的空间,明亮的光弥漫其中,以相同格调重复出现的屋顶、薄壳构成的空间,被光庭可灵活移动的展板所打破,整个空间井然有序。

2 美国沃思堡金贝尔美术馆（路易斯·康）

1 研究室　　　2 创作室　　　3 图书室

这是一个把自然光引入展览室内的美术馆,设计思想基于"所有的艺术作品都要放在自然的环境中,并且一定要在能感受到自然变化的环境中进行鉴赏"这样强烈的观念而进行的。

3 美国休斯敦曼尼尔收藏馆（伦佐·皮阿诺）

私密空间

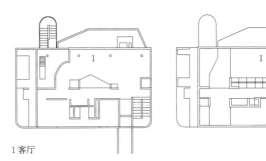

1 客厅

起居室的挑空,使整个视线能在楼层之间游走。在三楼部分,作为主要的卧室空间,透过卧房外的走廊平台,可俯视挑高2层的起居室。顺着楼梯而下,到达的是宽阔的起居室。

4 美国道格拉斯住宅（理查德·迈耶）

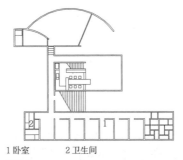

1 卧室　　　2 卫生间

小筱住宅体块分为3部分,中间的矩形体块有两层,上层为卧室及入口,下层为餐厅和客厅,另外一个矩形体块由并排的7个房间、门廊和浴室组成。半圆柱体块为加建的工作室,两个矩形体块间是一个跌落式庭院。

5 日本小筱住宅及扩建（安藤忠雄）

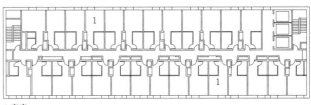

1 客房

这座12层的建筑包含316间客房、2家餐馆、屋顶和贵宾休息室、户外游泳池、游泳池酒吧、健身房、活动空间以及底层零售空间。

6 美国梦想商业区酒店（Handel Architects）

半私密空间

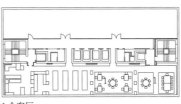

1 会客厅

在建筑基础部分设有酒店大堂、餐厅、会议室、游泳池和昼夜酒吧等运动与聚会场所。客房依山面海,可俯瞰圣家族大教堂。

7 西班牙巴塞罗那ME酒店（多米尼克·佩罗建筑事务所）

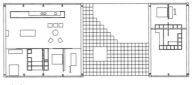

1 书房

罗杰斯将大部分私密性空间——卧室等均放在二楼。通过楼梯下到一楼,露台和踏步可以直接通向花园,使室外与室内相互流通。

8 英国罗杰斯住宅（理查德·罗杰斯）

概述

空间本身是无限的,是无形态的,由于有了实体的限定,才得以量度大小,进行构成,使其形态化。限定一个空间无非从两个方向来动手。一是水平方向,由于有重力,首先需要有个底面,上面再覆一个顶面,便能限定出空间来。另一是垂直空间,周圈围合起来也就限定了空间。

用垂直方向的构件限定空间的方法有"围合"和"设立"。用水平方向的构件限定空间的方法有"覆盖"、"架起"、"凹"、"凸"和"肌理变化"。

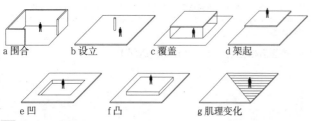

① 空间限定图示

围合

"围合"是空间限定最典型的形式,是用垂直方向构件限定出内外空间的主要途径。"围合"由于包围状态不同,产生的限定度各异。全包围状态限定度最强,比较封闭;局部包围状态由于开口不同,形成限定度不一的内部空间。

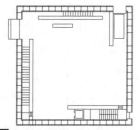

② 瑞士布雷根兹美术馆

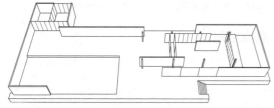

③ 西班牙巴塞罗那世博会德国馆

设立

"设立"是将物体置于空间中,指明空间中的某一场所,从而限定其周围空间的限定形式。

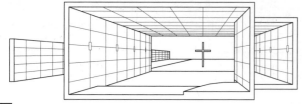

④ 日本北海道水之教堂

覆盖

"覆盖"是用水平方向构件在上方支起一个顶盖,使下部空间具有明显使用价值的空间限定形式。

⑤ 1998年里斯本世博会葡萄牙馆

架起

"架起"同样是把被限定的空间凸起于周围空间,不同的是在架起空间的下部包含有从属的副空间。

⑥ 日本姬路市立美术馆

凹

"凹进"与"凸起"形式相反,是将部分底面凹进于周围空间的一种具体限定形式。

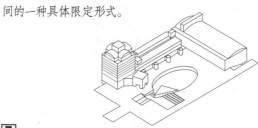

⑦ 日本筑波中心

凸

"凸"是将部分底面凸出于周围空间的一种具体限定形式。

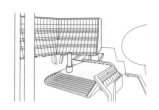

⑧ 英国牛津大学皇后学院

肌理变化

"肌理变化"是利用不同肌理的地面材料,抽象地限定出不同空间的形式。

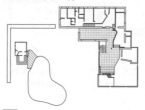
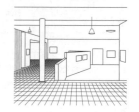

⑨ 芬兰马库镇玛利亚别墅

序列空间组织

各单元空间的先后次序明确，则形成序列空间。在这类空间中，比如纪念性空间，展览性空间，或车、船、航空旅客站等交通性空间，人们需要依次通过各部分空间，因此空间的组合关系要求形成序列。这类空间的组织通常是根据人在空间中的活动过程和时间的先后顺序，有目的地把各个空间组织为一组结构严谨、整体完整的序列。

1 序列空间组织图示

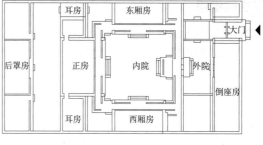

北京四合院，合院以中轴线贯穿，由北面的正房、南面的倒座房、东西厢房围合中间庭院而成。从大门入口—外宅—内宅—房间，形成了公共空间—半公共空间—半私密空间—私密空间的序列。这种渐进的序列使人产生安全稳定感和归属亲切感。

3 北京四合院

3 建筑功能、空间与形态

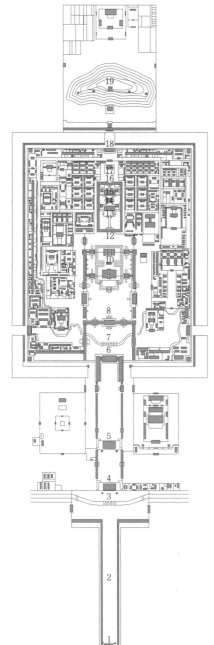

1 大清门
2 御街
3 外金水桥
4 天安门
5 端门
6 午门
7 内金水桥
8 太和门
9 太和殿
10 中和殿
11 保和殿
12 乾清门
13 乾清宫
14 交泰殿
15 坤宁宫
16 御花园
17 钦安殿
18 神武门
19 景山

北京故宫于明代永乐十八年（1420年）建成，是明、清两代的皇宫，是世界现存最大、最完整的木结构的古建筑群。建筑群沿轴线南北纵深发展，主轴两侧次轴上各建筑采用对称而灵活变通的手法形成统一而有主次的整体。故宫以三大殿为中心，有大小宫殿七十多座，房屋九千余间，整体强调中轴线的对称布局，通过层层递进的序列空间，映现出帝王至高无上的权威。

2 北京故宫

金贝尔美术馆于1972年建成。美术馆建筑物的外观严谨、对称。人们在9m多长的空间中行进，可以体味空间由光构成的序列，沿途穿插横向连通的空间，室内空间随着外部环境的变化产生节奏感。

4 美国金贝尔美术馆

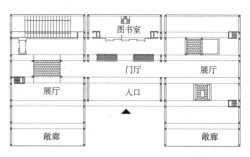

设计将两个分别为10m见方和15m见方的正方形在平面上进行了叠合。一道"L"形的独立混凝土墙，将教堂和水池与墙外入口步道隔离开来。靠近墙的尽端开有一处入口，在缓缓行进中，形成进入教堂前的一组前导空间。

5 日本北海道水之教堂

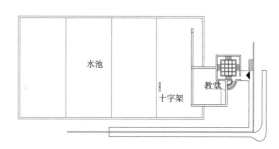

1 序厅 　　2 缅怀厅
3 主展厅 　4 影视厅
5 辅助用房 6 庭院

邓小平故居陈列馆由序厅、主展厅、影视厅、缅怀厅、辅助用房等空间组成，不同功能空间依照一定的空间序列结合自然绿地庭院进行组织。空间序列的组织给参观者以丰富、变化的空间感受。

6 四川省广安市邓小平故居陈列馆

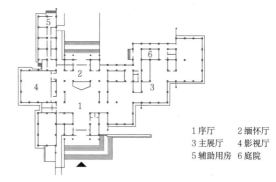

并列空间组织

　　并列空间的形态基本上是近似的，相互之间也不易寻求次序关系，因此最方便的组合方式是利用"骨骼"和基本形的关系。

　　骨骼的形式可以是线性、放射形或网格形，形成重复构成或者渐变构成。在此基础上将骨骼网、骨骼线与空间的物质结构构件重合起来，并将基本形态单元做积聚、切割、旋转、位移、分散等操作，可形成各种既变化丰富又合理的空间形态。

　　各空间的功能相同或近似，彼此没有直接的依存关系者，常采用并列式组织，如宿舍楼、教学楼、办公楼等多以走廊为交通联系，各宿舍、教室或办公室分布在走廊的两侧或一侧，形成功能相同或功能虽不同却无主次关系的空间。

3
建筑功能、
空间与
形态

a 线形　　　b 放射形　　　c 网格形　　　d 聚散形

1 并列空间组织图示

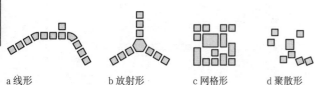

德国不来梅市高层公寓大楼（1958~1962年）的设计中，建筑师打破了传统公寓方盒子的老腔老调。每层平面仿自蝴蝶的原型，建筑的服务部分与客房部分分别化作蝶身与翅膀，不仅使内部空间布局新颖，也使建筑的造型变得独具特色且更为丰富，客房空间部分呈现出一种并列的关系。

2 德国不来梅市高层公寓大楼

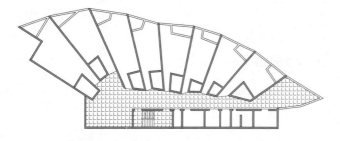

阿里萨卡医学院教学楼采用经典的三段式空间组织形式，即在中间走廊的两侧展开功能空间，通过体块组织，留出内院空间，形成一种虚有实的空间效果。把有限的门厅空间与室外空间、走廊空间结合起来，从门厅可看到内院，有强烈的引导作用，形成了一个变化丰富的并列空间。建筑中的走道、楼梯等空间连接主要教学空间，结合特殊的走廊采光方式，形成了独特的内部空间效果。

3 西班牙阿里萨卡医学院教学楼

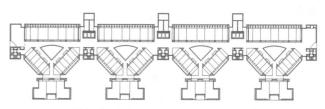

Banca del Gottardo是瑞士的一所小型私人银行，它的新办公楼部分被楼梯构成的交通核分为了4个体块。4个体块自成一个功能单元，彼此之间通过中间的走廊进行联系。

4 瑞士Banca del Gottardo银行

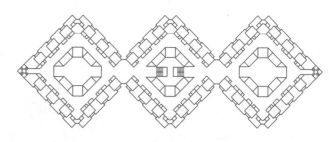

在这个宿舍楼项目中，并列空间的组织分成两个层次，从部分到整体。首先由客房单体围绕中庭空间并列布局形成1组单元，然后由3组并列单元构成建筑整体。

5 美国布瑞安·毛厄大学女生宿舍

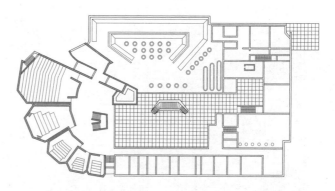

沃尔夫斯堡文化中心是一座容纳各种文化活动的多功能建筑，建筑师将不同的功能有分有合地结合在一起，围绕着中心庭院，市图书馆、观众厅、沿街商铺分别展开，从平面组织上形成了丰富的并列关系。而这3个功能空间的内部空间组织，也呈现出一种并列关系，形成了既规则又有趣的空间效果。

6 德国沃尔夫斯堡文化中心

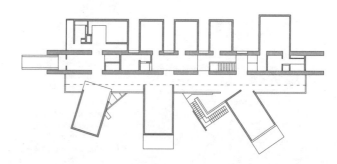

"飞机场住宅"是北京长城脚下的公社的一栋，由卧室、桑拿屋、会客室等主要功能空间构成。会客室如机场伸向不同方向的登机通道，两道嵌入山坡的石墙与长城相互呼应，宛若回归自然怀抱。两幅石墙后面，有一排向山敞开窗户的房间，花草树木触手可及。整个住宅通过其中的一条长走道空间连接两侧呈并列关系的卧室与起居空间。长形走廊让居住者感受周边的风景。

7 北京长城脚下的"飞机场住宅"

主从空间组织

由于空间大小或者功能的重要性等原因，会有主要与次要的不同区分。在空间组织中，常体现为大空间居中，小空间或附属空间围绕其展开。

以体量巨大的主体空间为中心，其他附属或辅助空间围绕其四周布置。这种空间组合形式的特点是：主体空间十分突出，主从关系异常分明。另外，辅助空间都直接地依附于主体空间，因而与主体空间的关系极为紧密。基于上述特点，一般电影院建筑、剧院建筑、体育馆建筑都适合于采取这种空间组合形式。此外，某些菜市场、商场、火车站、航空站等建筑也可以采用这种类型的空间。

辅助空间
主体空间

1 主从空间组织图示

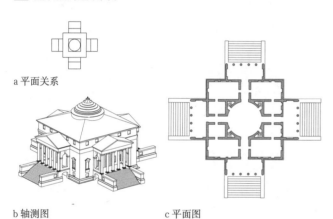

a 平面关系

b 轴测图　　　　c 平面图

意大利文艺复兴时期建造的圆厅别墅。高大的圆厅位于中央，四周各依附一个门廊，无论是平面布局或是形体组合，都极其严谨、主从分明，具有高度的完整统一性。

2 意大利圆厅别墅

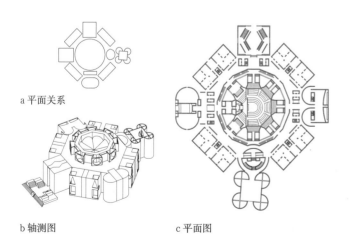

a 平面关系

b 轴测图　　　　c 平面图

达卡政府中心是将议会厅放在中央，以从上部引入光线的墙体围合的大空间作为中心，周围同心圆式布置具有各自中心的小空间。

3 孟加拉国达卡国民议会厅

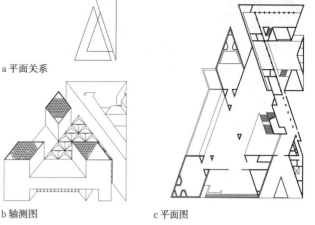

a 平面关系

b 轴测图　　　　c 平面图

华盛顿美国国家美术馆东馆，平面由两个三角形组成。它的主体是等腰三角形平面的艺术博物馆，另一侧直角三角形平面的艺术研究所则是辅助空间。

4 美国华盛顿国家美术馆东馆

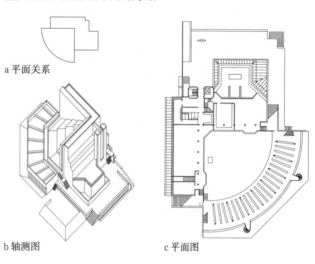

a 平面关系

b 轴测图　　　　c 平面图

剑桥大学历史系馆内部以一个300座的阅览室为核心进行空间组织。辅助空间集中在一个L形平面，最小的房间在顶部，建筑进深在下部变大，较大的房间设在下部各层。主体空间与辅助空间之间通过退台式玻璃顶加以连接。

5 英国剑桥大学历史系馆

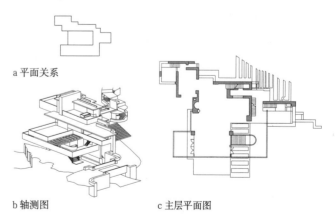

a 平面关系

b 轴测图　　　　c 主层平面图

流水别墅在水平和垂直两个维度上均呈现主从关系。在水平方向，以会客空间为主体进行空间组织；在垂直方向，以会客层为主体，叠加其他辅助空间。主体和辅助空间之间相互流通，形成了主次分明又变化丰富的空间效果。多个悬挑楼板通过数片垂直墙体锚固于瀑布和山石之上。

6 美国流水别墅

院落空间组织

院落指一系列四周有墙垣或房屋围绕的露天空间的组合。它们不仅能调节温湿度、提供流通的空气和采光，让建筑更舒适，而且能够强化室内外空间的渗透感，增强室内外的交流和联系。通过院落空间组织，可以弱化建筑的主次和序列，让建筑更匀质，使得人们选择路径的自由度增加，消解空间之间和功能组织之间的等级差异。

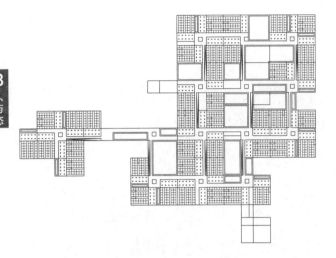

威尼斯医院需要1200个床位，为避免对威尼斯历史天际线的破坏，柯布西耶选择水平展开的土地使用方式，单元之间的数个院落把自然采光和通风引入建筑。此平面图为初稿（1964年）的三层平面图。

1 意大利威尼斯医院初稿方案

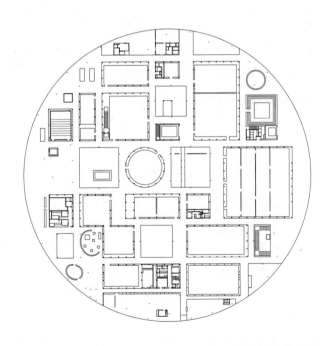

美术馆在设计的开始选择了直径112.5m的无正面、无侧面的圆形作为室内空间的边界，大小不同的立方体结合院落，错落布置其中。通过这种平面组织结构，消解了明确的功能分区和空间之间的等级差异。

2 日本金泽21世纪当代美术馆

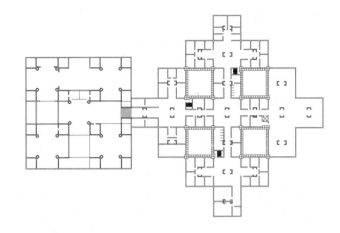

在马丁研究中心中，建筑体块以均等的梁柱来构造和间隔，内部空间单元与结构单元相对应。正方形网格构成对称的庭院布局，使空间构成匀质化。

3 美国马丁研究中心

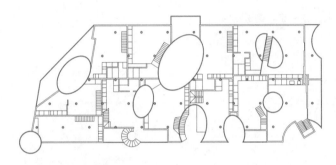

坂茂在东京羽根木的公园独立住宅中，为了保存已有的树木，在住宅中留出了树木所需的空间，错落有致的院落空间将建筑体量消解于自然环境之中。

4 日本东京羽根木公园住宅

3栋相互连通的南北向建筑围合成两组庭院，由胡同和院落构成了具有传统氛围的高密度建筑群。

5 北京用友软件研发中心

流动空间组织

　　流动空间是现代建筑的重要特点之一。流动空间打破了以往建筑空间的封闭状态，创造了一种流动的、贯通的、隔而不离的空间形式。主要表现为建筑内外空间的穿插渗透，避免孤立静止的体量组合，追求连续运动的空间效果。空间在水平和垂直方向都采用象征性的分隔，保持最大限度的交融和连续。空间的流动性不仅表现在室内空间，还表现为室内外空间的互动，使建筑更好地融入周边环境。

　　为了增强流动感，往往借助流畅的、极富动态的、有方向引导性的线型。

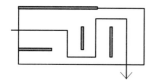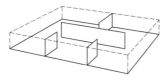

1 流动空间组织图示

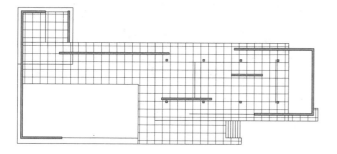

a 平面图

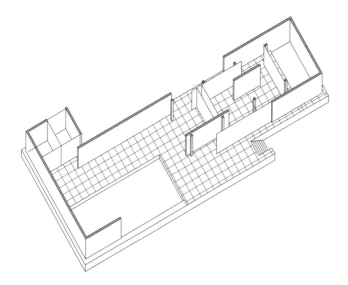

b 轴测图

巴塞罗那世博会德国馆长约50m、宽约25m，由一个主厅、两间附属用房、两片水池、几道围墙组成。除少量桌椅外，没有其他展品。承重结构与围护构件的分离突破了传统砖石承重结构必然造成的封闭的、孤立的室内空间形式，采取一种开放的、连绵不断的空间划分方式。

2 西班牙巴塞罗那世博会德国馆

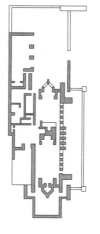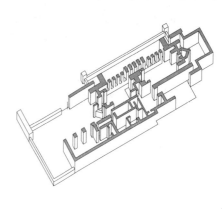

a 平面图　　　　　　　　b 轴测图

罗比住宅围绕着一个核心——两层的起居室的壁炉部分展开，同时隐蔽的悬臂式钢梁创造出长而连贯的空间，从窗户一直延伸到门廊和阳台上。由于建筑的每个部分互相之间的复杂关联性，墙壁看上去仿佛消失了一样，营造出别具一格的优雅和通透感，形成了一种流动、开敞、无限的水平空间。

3 美国芝加哥罗比住宅

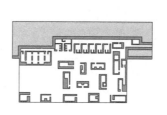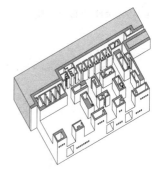

a 平面图　　　　　　　　b 轴测图

浴场位于瑞士瓦尔斯，建筑一半埋入地下，采用当地的石材，进行整体式的石块板构造。各个小空间的组合，把整个建筑连接成一个流动的空间，使建筑内部空间与外部空间保持最大限度的交融和连续。

4 瑞士瓦尔斯温泉浴场

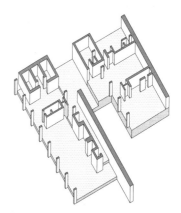

a 平面图　　　　　　　　b 轴测图

山语间别墅建于北京远郊怀柔山中一块废弃的梯田，在高差各为1m的三级现有梯田台地上，一个顺着地势倾斜的单坡屋顶限定出整体开放的生活空间。灵活分隔的空间相互连贯又适度遮挡，在不断行进中渐次展开。

5 北京山语间别墅

水平空间组织

若干个空间单元在水平方向进行组织，由于垂直构件的分隔而彼此孤立。通过垂直构件的减缺、错位、旋转等方法，使水平方向贯通，重新建立空间单元之间的联系以及室内外空间之间的互动，形成视线和流线在水平方向的连续。

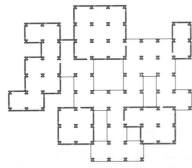

纪念馆依托一组标准柱网，把多个展厅按照一定模数自由分布在局部开敞、通风良好的院落周围，形成一组富于变化的水平空间，为游客提供了多条可供自由选择的漫游路径。在适应当地气候环境的同时，又为日后纪念馆的扩展提供了便利。

1 印度圣雄甘地纪念馆

康复中心的平面采用相同的正方形单元，通过不规则的自由组合，形成既相对独立又彼此联系的空间聚落。错落的体量之间形成的凹空间，成为建筑内部儿童活动的最重要场所，多样化的公共空间有助于儿童重新建立起对环境认知的能力。空间的相互分离或连接、通行或绕行，使孩子们得到了各种各样的生活空间。

2 日本北海道儿童精神康复中心

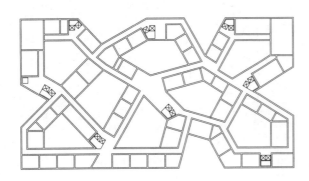

设计融入了北京道路网络和院落住宅的总体特点。通过基地内蜿蜒曲折并相互贯通的连廊系统，创造出富于变化的室内步行街道、广场空间以及各具特色的公共院落。

3 北京海淀区树村学校方案

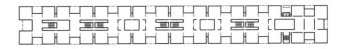

设计采用超长纪念性体量，将功能空间水平均匀地展开，8个单元组团以线性方式构成整体。由片墙组成的空间单元同时也是结构单元，片墙既分隔空间又起支撑作用，使中庭、组团及屋顶空间统一整合在片墙中。精心处理的扩大中间走廊，通过楼梯、中庭和屋顶光线，强化了线性空间的节奏和室内外空间的互动。

4 瑞士下莫尔比奥中学

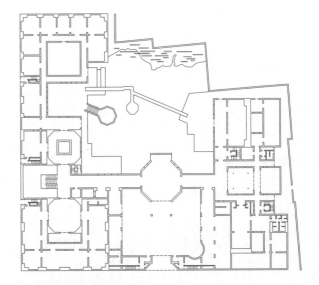

博物馆新馆建筑群借鉴苏州园林的空间布局特点，以外部庭院为核心组织空间。总体布局分为三部分，中央部分为入口、中央大厅和主庭园，西侧为主展厅，东侧为次展厅和行政办公区。各区域展厅采用"回"字形组团布局，围合出大小不一的院落，使博物馆视线和流线在室内外空间之间不断交替渗透。

5 江苏苏州博物馆

比希尔中心的平面由若干正方形的办公"岛"组成，彼此之间的缝隙为带有顶部采光的狭长通高中庭，"岛"与"岛"之间通过交通厅连接在一起。根据不同的功能需要，数个办公"岛"可以联合组成一个更大的办公区域，展现出极强的灵活性。

6 荷兰比希尔中心办公大楼

垂直空间组织

　　垂直叠加的空间单元，由于水平楼板的分隔而彼此孤立。通过水平楼板的中断、减缺、转折等方法，使垂直方向贯通，重新建立空间单元之间的联系，形成视线和流线在垂直方向的连续性。

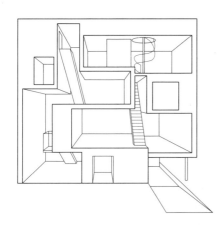

乌得勒支双户住宅打破了建筑的传统竖向分层和楼板构造，运用反弓字形的护板取代两户住宅之间的垂直隔墙，在有限的基地面宽条件下，拓展了每户住宅的水平面宽和垂直方向的空间变化。

①荷兰乌得勒支双户住宅

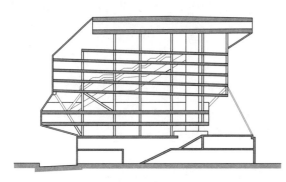

图书馆按照公共性的强弱把传统的图书馆功能重新梳理为两类，分别组成5组固定的空间和4组可变的空间，并在垂直方向错位叠加，形成公共空间在垂直方向的连续和变化，以适应多媒体时代公共性阅读交流的使用要求。

②美国西雅图市图书馆

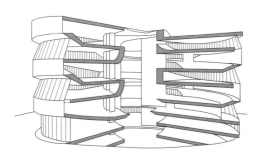

博物馆最出色的地方在于独特的DNA式双螺旋参观路线，入口大厅除了使用功能外，还容纳了通往首层的自动扶梯和3部通往顶部的电梯。两条相互交叉的坡道仅限在建筑周边出现，展区的平台为平层，因此坡道与展区设有带缓坡的人行桥。展区平台——三叶形的每一片"叶子"均围绕中庭的"叶根"布置。这种布置结构，创造了激动人心的空间效果，也提供了多种参观路线。

③德国梅赛德斯·奔驰博物馆

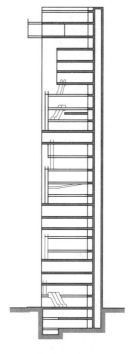

时尚博物馆被设想成一个竖向的表参道大街，通过连接一系列水平体量的电梯、扶梯、平台和楼梯组成的交通网络，时尚与人的动态关系得以实现，也促进了参观者的参与性。不同功能的体块就像飘浮在空中，体块间的开敞部分展示了一系列流线空间特征。

④日本东京表参道时尚博物馆竞赛方案

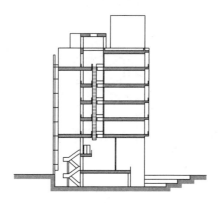

设计试图突破服务空间与被服务空间的静态关系，使交往空间成为空间的主干，而其他功能空间与其呈现一种动态的"即插式"关系。C楼的核心是居中贯穿东西的通廊系统，其中包含了一部贯穿二至七层所有工作楼面的直跑楼梯，以及一系列上下贯通的光井，充足的天光和连续的空间使它成为所有师生的交往场所。

⑤上海同济大学建筑与城市规划学院C楼

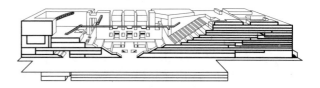

作为复合型大楼，京都火车站通过功能层叠立体化与超大尺度的厅空间的设计，营造了具有活力的城市公共空间。大厅空间本身是一个整体，没有分层的感觉。大厅地面向东西两翼不断升高，东侧是呈台地状，各台地通过自动扶梯联系；西侧是巨大的弧形宽台阶，形成连续上升的坡面。在各个层面高度上与各层的使用空间形成回路，弱化了高层建筑的感觉。

⑥日本京都火车站

形的基本要素

形态有二维形和三维形之分,形态构成也包含平面构成和立体构成两方面的内容,二者有一定的差异,但其构成的规律基本相同的。

形的基本要素分为概念要素和视觉要素。

1. 概念要素

将任何形分解得到点、线、面、体,这些抽象化的点、线、面、体称为概念要素,它们排除了实际材料的特性,如色彩、质地、大小等。点、线、面、体之间可以通过一定的方式相互转化,在一定的场合下,点可以看成是面、或者体,反之亦然。

1 点、线、面、体相互转换

2. 视觉要素

要使抽象的概念要素成为可见之物,必须给它赋予视觉要素,如形状、尺寸、色彩、质感、位置、方位、视觉惯性。

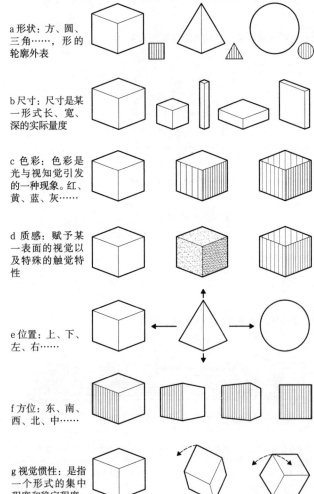

a形状:方、圆、三角……,形的轮廓外表

b尺寸:尺寸是某一形式长、宽、深的实际量度

c色彩:色彩是光与视知觉引发的一种现象。红、黄、蓝、灰……

d质感:赋予某一表面的视觉以及特殊的触觉特性

e位置:上、下、左、右……

f方位:东、南、西、北、中……

g视觉惯性:是指一个形式的集中程度和稳定程度

2 形的视觉要素

基本要素的意义

1. 点

形态构成意义上的点是有具体的形状、大小(面积、体积)、色彩、肌理的。当一个形比周围的形较小时,它就可以看成是一个点。点可用来标志一条线的两端、两条线的交点、体块上的角点、一个范围的中心。

a一条线的两端　　b两条线的交点　　c体块上的角点、一个范围的中心

3 点的示意

2. 线

任何形的长宽比较大时,就可以视为线,线与面、体的区别是由其相对的比例关系决定的。线可看成是点的轨迹,面的交界,体的转折。

a点的轨迹构成线　　b面的交界　　c体的转折

4 线的示意

3. 面

面可以是二维的,也可以是三维的(当一个体较薄时,就被看成是面)。面可视为线移动的轨迹或围合体的界面,面有直面和曲面两种。

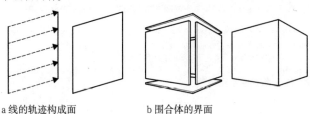

a线的轨迹构成面　　　　b围合体的界面

5 面的示意

4. 体

多数物体都是体块状,由于体的长宽高的比例不同,将体的形态对应于二维的点、线、面,可划分为块体、线体、面体。

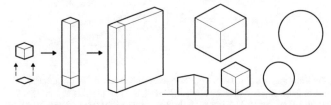

a 面的轨迹构成体,比例不同造成块体、线体、面体以及之间的相互转换　　b 直面体和曲面体的区别是前者有明确的交线、交点,后者没有

6 体的示意

基本要素的转换

　　点、线、面、体的相互关系是非常紧密的，没有绝对的点、线、面、体，只有根据环境确定的相对关系，并且，由于它们相互之间的转化，造就了丰富的形态关系。

二维的点、线、面及相互转换　　　　　　　　　　表1

点、线、面	线化	面化
⬭	⬭⬭⬭⬭⬭⬭	(圆点阵列)
▯	‖‖‖‖‖‖‖	‖‖‖‖
▢	▢▢▢▢	(方格阵列)

三维的点、线、面及相互转换　　　　　　　　　　表2

块材、线材、面材	线化	面化	体化
▱	(方块线列)	(方块面列)	(方块立体阵列)
▯	(立柱线列)	(立柱面列)	(立柱立体阵列)
▤	(面片线列)	(面片面列)	(面片立体阵列)

1. 面化的线　　　　　　　2. 体化的线

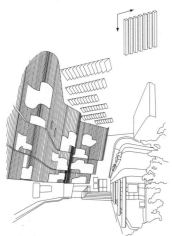

大量的线密集排列形成面。

1 纽约世界博览会芬兰馆

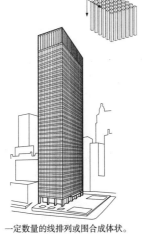

一定数量的线排列或围合成体状。

2 纽约西格拉姆大厦

3. 线化的点

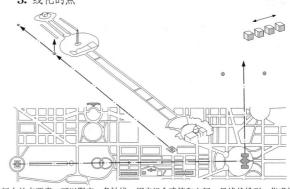

空间中的点要素，可以限定一条轴线，用来组合建筑和空间，呈线状排列。华盛顿特区林荫大道，布置了林肯纪念堂、华盛顿纪念碑和美国国会大厦，形成轴线。

3 华盛顿特区林荫大道

4. 体化的面

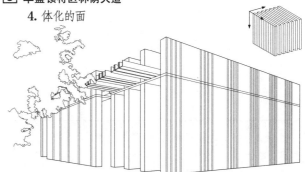

通过巧妙运用面的要素，创造出简洁而富于变化的形体效果。

4 2000年德国汉诺威世博会瑞士展览馆

5. 线化的面

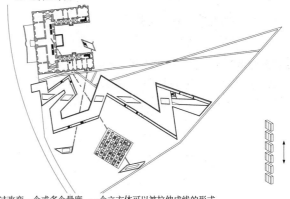

通过改变一个或多个量度，一个立方体可以被拉伸成线的形式。

5 柏林犹太博物馆

6. 面化的体

通过改变一个或多个量度，一个立方体可以被压缩成一个面的形式。

6 马赛公寓

基本形

基本形是由形的基本要素点、线、面、体构成，具有一定几何规律的形体。它们具有一定的秩序，是进行形态构成时直接使用的"材料"。体、面、线的基本形之间可以通过分解或组合来实现相互间的转换。

形与形的基本关系

任何基本形相遇时，都会呈现出一定的关系。

形与形的八种基本关系　　　　表1

分离	接触	覆叠	透叠
联合	减缺	差叠	重合

1. 分离：形体之间不接触，他们之间通过聚集的效应成为整体。

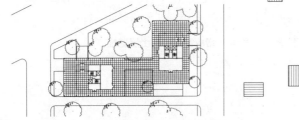

1　**两形分离实例：芝加哥湖滨公寓（密斯）**

2. 接触：两形体保持各自独有的视觉特性。关注接触的部位、角度，以及两者的主次关系。

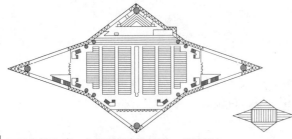

2　**两形接触实例：水晶教堂（菲利普·约翰逊）**

3. 覆叠：在形体交搭的部分，其中一方完全"吃掉"另一方。

3　**两形覆叠实例：罗马万神庙**

4. 透叠：两个形体交搭时，其错位部位的性质以一方为主，另一方为辅。

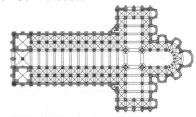

4　**两形透叠实例：拉丁十字教堂**

5. 联合：形体之间融合成新形，关注整体的轮廓形式以及新形式与原形之间的关系。

5　**两形联合实例：西班牙拉林市政厅**

6. 减缺：主体的形被另一形体消减。关注减缺的度以及被减缺后的形与原形的关系。

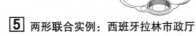

6　**两形减缺实例：美国国家美术馆东馆（贝聿铭）**

7. 差叠：形体交搭时，产生的新形分别保留了不同原形的部分特征。

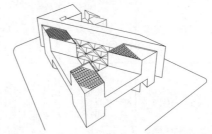

7　**两形差叠实例：雷达埃利别墅（马里奥·博塔）**

8. 重合：形体交搭时，一个形体完全涵盖另一形体的概念。

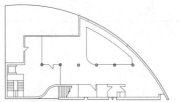
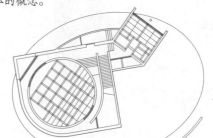

8　**两形重合实例：真言宗水御堂（安藤忠雄）**

概述

利用基本形以及形与形的基本关系，根据一定的造型方法组织形体、创造新形。造型的基本方法反映了形体之间的"结构"方式，是进行造型的工具。

造型的基本方法可归纳为三类：单元类、分割类、变形类。

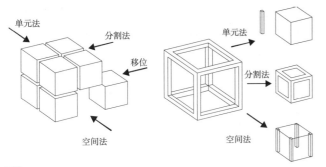

1 形态构成的基本方法比较

单元类

主要特征是以相同或相似的形或结构作为造型的基本单元，重复运用它们而形成新的形态。单元就是指构建新形的"细胞"，具有重复的性质。它可以是基本形中的方、圆、三角等，也可以是形的基本要素，如点、线、面、体等，还可以是组织形体的结构方式等。

1. 骨架法：形的基本单元按照"骨架"所限定的结构方式组织，形成新形，骨架法里所说的往往是规律性较强的结构。根据"骨架"的存在方式，可以将其分为可见骨架和不可见骨架。

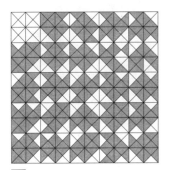

2 平面构成

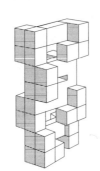

3 立体构成

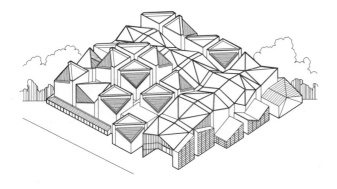

4 骨架法造型实例——西安大唐西市博物馆

2. 聚集法：形的基本单元之间没有明显的、确定的结构方式，基本单元之间通过聚集，以它们形式的相同或相似联系起来，形成新形。

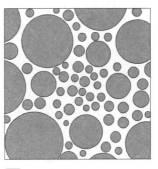

5 平面构成

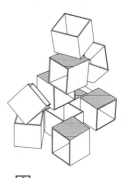

6 立体构成

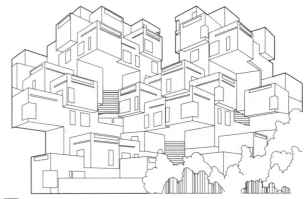

7 聚集法造型实例——蒙特利尔"人居67"住宅

3. 特异法：形的基本单元在整体结构下规律的重复，个别形体或者要素突破规律进行明显的改变，形成新的组合关系。

8 平面构成

9 立体构成

10 特异法造型实例——WOZOCO 老年公寓

分割类

通过对原形进行分割,分割产生的部分称为子形,子形通过消减和移位等方式重新组合后形成新形。这里指的原形可以是简单的形体也可以是复杂的形体。

1. 等形分割:分割后的子形相似,很容易协调相互关系。如何处理子形是造型的关键步骤。

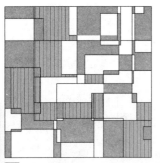

1 平面构成

2 立体构成

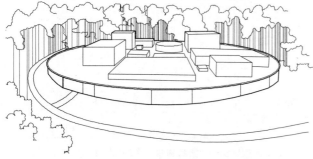

3 等形分割法造型实例——日本21世纪金泽美术馆

2. 等量分割:分割后的子形体量、面积大致相当,形状却不一样。由于分割产生的子形形状各异,所以不易协调。

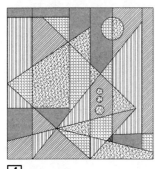

4 平面构成

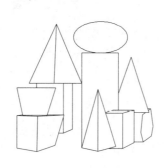

5 立体构成

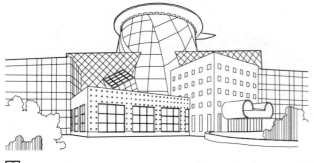

6 等量分割法造型实例——美国迪斯尼集团总部大楼

3. 比例—数列分割:按照一定的比例逻辑进行分割。 这种构成方法主要通过子形之间的相似性来形成统一的新形。

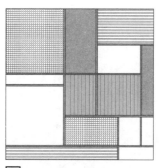

7 平面构成

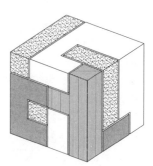

8 立体构成

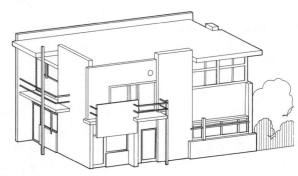

9 比例—数列分割法造型实例——荷兰施罗德住宅

4. 自由分割:自由分割产生的子形缺乏相似性,因此要注意子形与原形的关系以及子形之间的主次关系。

10 平面构成

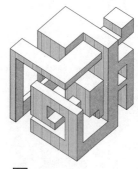

11 立体构成

12 自由分割法造型实例——美国麻省理工学院本科生公寓

3
建筑功能、空间与形态

变形类

这类构成方法将原形进行变形，使之产生要瓦解原形的倾向，变形的结果称为写形。这种构成方法显示了形态构成中有序和无序的相互依存的关系，即：写形中体现的无序状态是以原形的有序作为参照。相比较单元类方法和分割类方法来说，变形类方法过程较为复杂，变形产生的写形，其内部的每一个点的相对关系都发生了一定程度的变化。

1. 扭曲：破坏原形的力是以曲线方向进行的，如：弯、扭等。

1 平面构成

2 立体构成

3 扭曲法造型实例——西班牙毕尔巴鄂古根海姆博物馆

2. 膨胀：破坏原形的力是以一点为中心向外扩散的。

4 平面构成

5 立体构成

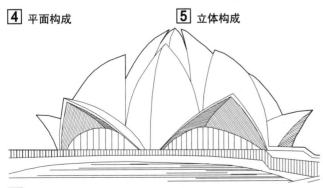

6 膨胀法造型实例——印度新德里大同教礼拜堂

3. 挤压、拉伸：破坏原形的力是以直线方式进行的。

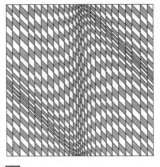

7 平面构成

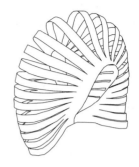

8 立体构成

9 挤压、拉伸法造型实例——捷克布拉格尼德兰大厦

4. 旋转：破坏原形的力是以曲线方式进行的。

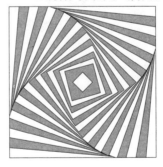

10 平面构成

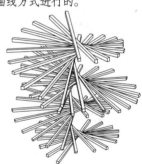

11 立体构成

12 旋转法造型实例——纽约古根海姆博物馆

建筑形态

建筑形态是一种人工创造的物质形态。建筑形态构成是在基本形态构成理论基础上探求建筑形态构成的特点和规律。建筑形态构成要素在视觉要素（形状、尺寸、色彩、质感、位置、方向、视觉惯性）作用下的组合特点和规律，考虑视觉——心理因素的影响，挖掘建筑形态构成的可能性。建筑形态构成的核心是空间构成与体量构成。建筑形态是建筑空间的外在表现。

图底关系

建筑形态要素在构成建筑物时，吸引视觉注意力的正要素"形"（图）与负要素的背景（底）同时被感知，产生建筑体量的同时也产生了建筑空间，它们构成一个不可分割的对立统一的整体。

1. 建筑体量与空间的共生：形态要素按一定关系构成建筑空间的同时，也构成外部表现的实体，两者是正负互逆的反转共生关系。

2. 内部空间与外部空间的共生：形态要素在构成内部空间的同时，不是决定周围的空间形式就是被周围的空间形式所决定。

3. 建筑群体构成中的共生：不仅应考虑建筑单体自身的形态，还应考虑其对周围空间的影响，在城市范围内应考虑它是现有建筑的延续部分，作为其他建筑的背景，它限定城市中的一个空间，还是城市某空间中的一个独立体等。

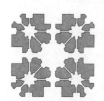  

若实体为正形，则空间为负形。

若空间为正形，则实体为负形。

若广场周围建筑为负形，则广场空间为正形，若广场空间为负形，则广场内的钟塔为正形。

1 建筑体量与建筑空间的图底关系

詹巴蒂斯塔·诺利（Giambattista Nolli）于1748年绘制的罗马地图，表示了建筑与广场及道路等未被建筑占据的空间之间的关系，图中占主导地位的部分是密集且连续的建筑实体，而剩下的开放空间则为虚体。

卢原义信在《外部空间设计》中，将诺利地图的黑白关系进行反转，表达了建筑实体是具有积极意义的图形，建筑实体所围合的外部空间同样具有积极的"图形"意义。建筑实体与外部空间的"图形"关系可以互换。

2 诺利地图"图底关系"

建筑空间与建筑形态

由空间构成要素构成的空间，其形状影响空间的特征以及人对空间的心理感受。同时，不同空间形状产生各具特点的建筑形态。

a 长方体空间有明显的方向性，水平长方体有舒展感，垂直长方体有上升感

b 三角锥形空间有强烈上升感

c 圆柱形空间有向心团聚感

d 正六面体空间各向均衡具有庄重严谨的静态

e 球形空间有内聚性有强烈封闭压堵感

f 环形空间具有明显的指向性和流动感

g 拱形剖面空间有沿轴线集聚的内向性

3 不同形状的空间

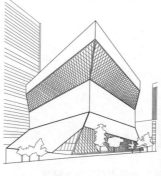 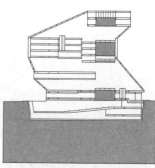

西雅图公共图书馆由9个功能区组成，"5+4"的体块组合方式形成了5个尺度不同的实体与它们之间的4个虚体。5个相对固定但错动的功能体块由于位置和面积的变化形成奇特的多角空间，并与其所夹的公共活动空间紧密咬合，二者相互补充形成了流动而又透明的空间。错动的5个体块在形成不同流动与透明性空间的同时，自然而然地形成了建筑的外部形态，再用一层设计精致的表皮把它罩起来，呈现出一个晶莹剔透的"城市起居室"。

4 西雅图公共图书馆

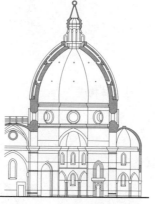 

佛罗伦萨圣母百花大教堂的八角形穹顶内径为43m。"顶"共有两层，内厚外薄。8条拱肋是"顶"的骨架，采用的是鱼骨结构和同心圆原理，以径向的"次肋"和切向的"主肋"撑起了穹顶。其空间与外部形态完美结合，形成统一整体。

5 圣母百花大教堂穹顶

建筑形态与结构

不同的结构形式不仅要适应不同的功能需求，而且也各自具有其独特的表现力，直接关系到空间的量、形、质等方面。建筑的形态与建筑结构有着密切的联系，建筑结构对建筑形态的塑造有着重要的影响作用。

建筑结构体系可分为五类：以墙和柱承重的梁板结构体系、框架结构体系、大跨度结构体系、悬挑结构体系、其他结构体系。不同的结构体系对建筑形态产生不同的影响，呈现出不同的形态特征，见表1。

结构体系与建筑形态　　　　　　　　　　　　　表1

结构体系	空间特点	结构类型	与建筑形态的关系
以墙和柱承重的梁板结构体系	墙既用来围护、分隔空间，又用来承担梁板所传递的荷重，空间受到结构的限制和约束	石梁板结构、木梁板结构、钢筋混凝土梁板结构	结构形式对建筑的空间与形态限制较大。建筑结构对建筑形态有一定的影响
框架结构体系	承重结构和围护结构分开，围护结构设置比较自由灵活	木结构框架结构、砖石框架结构、钢筋混凝土框架结构	建筑形态设计比较灵活，建筑结构对建筑形态影响较小 ①
大跨度结构体系	适应巨大空间的特殊功能需求，对结构的整体性要求较高	拱形结构、穹窿结构、桁架结构、壳体结构、悬索结构、网架结构	结构形式、建筑空间与形态结合紧密。建筑结构直接影响到建筑形态特征 ②
悬挑结构体系	利用极大的悬挑覆盖空间，适应特殊功能需求	单面出挑结构、双面出挑结构、伞状出挑结构	结构形式与建筑空间和形态结合紧密。建筑结构直接影响到建筑形态特征 ③
其他结构体系	利用不同的结构适应特殊建筑类型或者空间的需要	剪力墙结构、井筒结构、帐篷结构、充气结构等	不同的结构类型中建筑结构对建筑形态的影响程度不同

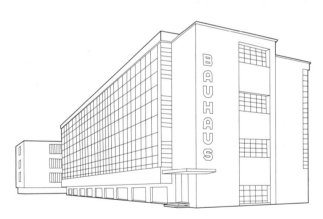

建筑主体采用钢筋混凝土框架结构，建筑形态结合内部功能，简洁纯净，体现出现代主义建筑风格特点。

① 德国包豪斯校舍

建筑平面为圆形，直径60m，主体穹顶采用钢筋混凝土密肋薄壳结构，底部由36个"Y"形的斜撑柱子支承，柱子暴露在外，充分显示出结构"力量"。建筑整体比例匀称，混凝土表面不加装饰，建筑形态强劲有力，表现出体育建筑的特征。

② 罗马奥林匹克小体育宫

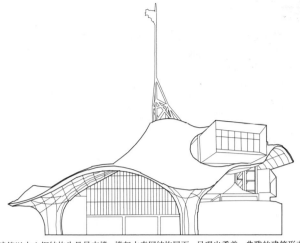

建筑以中心钢结构为悬吊支撑，撑起木索网结构屋面，呈现出柔美、典雅的建筑形态，同时创造出丰富的室内空间。

③ 法国梅斯新蓬皮杜艺术中心

建筑形态与地域气候

地域气候条件对建筑形态产生重要的影响，不同气候区域的建筑为了适应当地的气候条件，其空间布局、建筑形态、材料以及建造方式都有所不同，具有其典型的地域形态特征。

全球气候类型可划分为四类：寒冷气候区、干热气候区、温和气候区、湿热气候区，不同气候区建筑形态特征不同（表2）。

气候区与建筑形态　　　　　　　　　　　　　表2

气候区类型	气候特点	设计要点	建筑形态
寒冷气候区	冬季漫长严寒，常伴暴风雪	保温，考虑雪荷载	建筑形体简洁紧凑、较陡的坡屋顶、较大天井或院落 ④
干热气候区	夏季高温，太阳热辐射大；降雨量少，气候干燥，昼夜温差大	遮阳，较少太阳辐射	平屋顶、建筑间距小、开敞庭院、厚墙小窗 ⑤
温和气候区	夏热冬冷，气温月变化、年变化幅度交大	夏季隔热、通风；冬季保温	形态较为多变，不同地域的建筑形态差异较大 ⑥
湿热气候区	终年温度较高，潮湿闷热	遮阳、通风、防潮、避雨	建筑松散布局、底层架空、开敞空间、大屋面深出檐、可开启大窗 ⑦

较陡的坡屋顶，避免雪荷载产生不利影响

④ 寒冷气候区的挪威民居

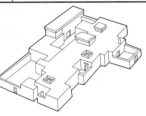

平屋顶、开敞庭院，厚墙开小窗，减少太阳辐射

⑤ 干热气候区的新疆阿以旺

拱形窑洞空间，利用黄土的保温特性，达到室内的冬暖夏凉

⑥ 温和气候区的陕北窑洞

"人"字形屋顶便于排水，建筑底层架空，避免室内过于潮湿

⑦ 湿热气候区的云南傣族竹屋

统一

建筑形态既要有变化又要有秩序,统一就包含了秩序和变化这两层意思:在统一中求变化,在变化中求统一。统一是一切形式美原则的基础。

1. 以简单的几何形状求统一:长方体、正方体、球体、棱体、圆柱体、圆锥体等形体,由于它们的形状简单、明确与肯定,自然取得统一。

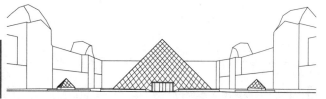

四棱锥构成建筑的主要形态,形成了玻璃金字塔的入口空间,与基地原有古典建筑和谐统一。

1 卢浮宫博物馆扩建

建筑主体采用立方体,表皮应用新材料,使建筑形态统一且不失变化。

2 2008北京奥运会游泳馆

2. 多样统一:也称有机统一,若干的组成部分既有区别,又有联系,把这些部分按照一定的规律,有机组合成为一个整体,自然取得统一。

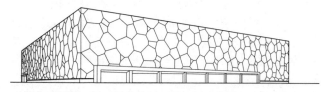

组成建筑整体的各部分巧妙地穿插交贯、相互制约,有条不紊地结合成为一个和谐统一的整体。

3 美国罗宾住宅

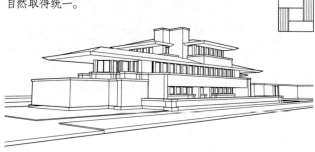

摒弃人工创造所独具的整齐一律、见棱见角等特征,取自由曲线的形式,表现出更加接近自然界的有机体。

4 西班牙古根海姆博物馆

主从

在一个有机统一的整体中,存在着主和从、重点和一般、核心和外围的差异。建筑构图为了达到统一,必须处理好主和从、重点和一般的关系。

1. 主从分明:就是指组成建筑体量的各要素不应平均对待、各自为政,而应当有从有主。

将附属建筑置于主体之外,通过体量上的对比而达到主从分明、有机统一。

5 沙特阿拉伯国家商业银行大厦

2. 重点突出:一个整体如果没有比较引人注目的焦点——重点或核心,会使人感到平淡与松散,从而失掉统一性。

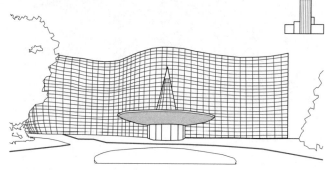

组成建筑整体的各部分巧妙地穿插交贯、相互制约,有条不紊地结合成为一个和谐统一的整体。

6 日本东京国立新美术馆

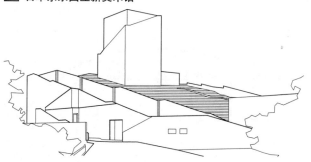

景观塔与底座大台阶的水平线条形成对比,成为整个建筑的视觉核心。

7 大阪飞鸟博物馆

均衡

　　建筑形态上的均衡是指感觉上形的重心与形的中心重合，建筑的前后左右各部分之间的关系给人以安定、平衡和完整的感觉。均衡分为静态均衡及动态均衡。

　　1. 静态均衡：静态均衡有对称均衡和不对称均衡两种基本形式。对称本身就是均衡的，由于中轴线两侧必须保持严格的制约关系，所以凡是对称的形式都能够获得统一性；不对称的均衡是以借鉴力学上的杠杆原理，利用大小、形状、虚实、明暗及色彩等方法来强调其均衡中心。

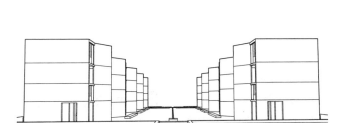

对称均衡的构图，形体组合严谨、完整、富有变化。

1 萨尔克生物研究所

以不对称均衡的格局形式组织建筑形体。

2 巴西议会大厦

　　2. 动态均衡：现代建筑理论强调时间和空间两种因素的相互作用和对人的感觉产生的影响，促使建筑师去探索新的均衡形式——动态均衡。

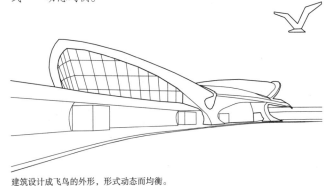

建筑设计成飞鸟的外形，形式动态而均衡。

3 纽约肯尼迪机场候机楼

稳定

　　同均衡相联系的是稳定。如果说均衡着重处理建筑构图中各要素之间左、右或前、后之间的轻重关系，那么稳定则着重考虑建筑整体构图的上、下之间轻重关系。

　　1. 正置：一般说来上面小，下面大，由底部向上逐层缩小的形态和下实上虚的处理易获得稳定感。

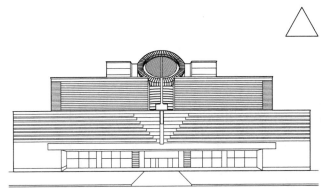

建筑采用下大上小的退台形式保持稳定。

4 旧金山现代艺术博物馆

　　2. 倒置：随着工程技术的进步，现代建筑师创造出许多上大下小、上重下轻、上实下虚的建筑形式。

采用出挑深远的建筑结构突破了传统稳定的观念。

5 流水别墅

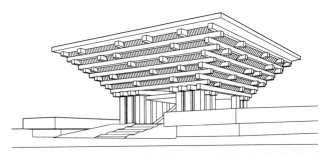

四根粗大的方柱，托起斗状的建筑主体，斗栱层层叠加，秩序井然，建筑堂皇端庄、宏伟壮观。

6 2010上海世博会中国馆

韵律节奏

韵律原指诗歌中的声韵和节律。节奏原指音乐中音响节拍轻重缓急的变化和重复,具有时间感。自然界中的许多事物或现象,由于有秩序地变化或有规律地重复出现而激起的美感被称为韵律美。建筑的形式要素有规律地重复或者有规则地排列,从而应用韵律美来产生节奏感。

1. 连续韵律:以一种或几种组合要素连续、重复地排列而形成,各要素之间保持恒定的距离和关系。

两排巨型钢筋混凝土柱墩及屋面拉索的规则排列具有连续韵律感。

1 美国华盛顿杜勒斯国际机场

倾斜的立方体块有秩序地排列组合,不规则中体现平衡和韵律感。

2 荷兰鹿特丹立方屋

2. 交错韵律:两种以上的组合要素按一定规律交织、穿插而形成。

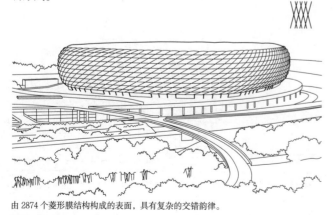

由2874个菱形膜结构构成的表面,具有复杂的交错韵律。

3 德国慕尼黑安联竞技场

3. 渐变韵律:重复出现的组合要素按照一定的秩序逐渐变化,如逐渐加长或缩短、变宽或变窄、变密或变疏、变浓或变淡等。

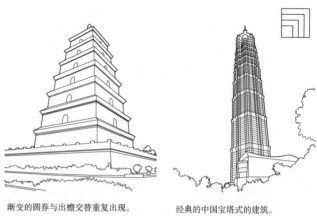

渐变的圆券与出檐交替重复出现。

4 西安大雁塔

经典的中国宝塔式的建筑。

5 上海金茂大厦

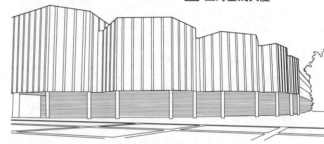

基本体块在大小上逐渐变化产生韵律感。

6 德国奥尔夫斯贝格文化中心

4. 起伏韵律:渐变韵律如果按照一定的规律时而增加、时而减少,有如波浪起伏或具有不规则的节奏感。

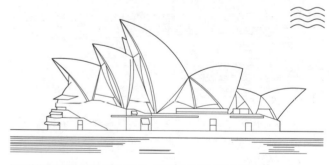

屋顶结构由10对尺寸变化的薄壳组成,奇异的造型具有起伏的韵律感。

7 澳大利亚悉尼歌剧院

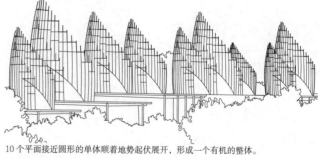

10个平面接近圆形的单体顺着地势起伏展开,形成一个有机的整体。

8 新喀里多尼亚努美亚吉巴欧文化中心

对比

一个有机统一的建筑体，必然存在着显著或细微的差异。对比是显著的差异，借由彼此作用互相衬托，表现不同特性。

1. 大小、形状的对比：建筑的体量大小或形状对比悬殊，构图上可以获得丰富多样的变化效果。

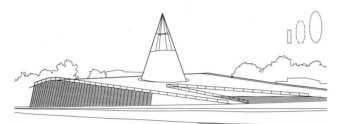

白色锥体穿透草坡屋顶，体量大小与形状的对比使构图富有变化。

1 荷兰代尔夫特理工大学图书馆

2. 虚与实的对比：利用洞、窗、廊与坚实的墙、柱之间的虚实对比，取得富有变化的建筑形象。

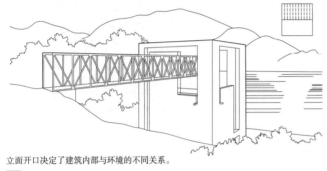

立面开口决定了建筑内部与环境的不同关系。

2 瑞士圣维塔莱河住宅

3. 方向的对比：建筑体量交错穿插，利用纵、横、竖3个方向形成构图的对比和变化。

秘书处大楼与较矮的长排会议厅形成对比。

3 美国联合国总部大楼

4. 色彩、材质的对比：质感的粗细、色彩和纹理的变化都有助于创造生动活泼的建筑形象。

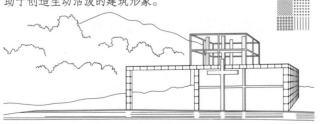

建筑利用混凝土、玻璃、钢架等材料来表现精确的美。

4 日本水之教堂

微差

微差是细微的差异，借由彼此之间的协调和连续性求得调和。对比和微差是相对的，只限于同一性质之间的差别。

1. 大小、形状的微差：同一形状的大小变化或相似形状间的变化，使构图和谐统一又富有变化。

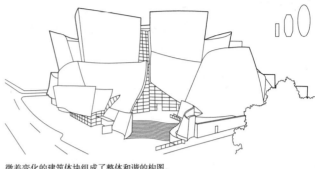

微差变化的建筑体块组成了整体和谐的构图。

5 美国迪斯尼音乐厅

2. 方向的微差：建筑体量在特定方向上的位移，形成构图的柔和变化。

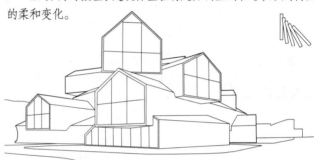

体块的位移使建筑整体充满了动感。

6 德国VitraHaus展馆

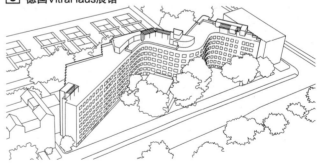

房间的位移布置使居住者获得不同的景观。

7 美国麻省理工学院贝克楼

3. 色彩、材质的微差：质感、纹理和色彩的细微变化使建筑的表达细腻与柔和。

瓦片墙使建筑的质感与色彩完全融入自然当中。

8 宁波历史博物馆

3
建筑功能、
空间与
形态

概述

比例是指要素本身、要素之间、要素与整体之间在度量上的一种制约关系,建筑的各种大小、高矮、长短、宽窄、厚薄、深浅等的比较关系。建筑的整体,建筑各部分之间以及各部分自身都存在有这种比较关系。

黄金分割

又称黄金比,比例约为0.618:1。黄金分割具有严格的比例性、艺术性、和谐性,蕴藏着丰富的美学价值,被公认为最具有审美意义的比例数字。

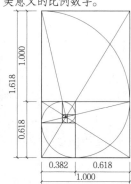

1 黄金分割比例

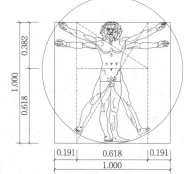

2 维特鲁威人:达·芬奇依据《建筑十书》绘制的人体比例

古典柱式比例

古希腊人根据男人和女人和少女的身体比例创造了多立克、爱奥尼和科林斯柱式。维特鲁威在其著作《建筑十书》中给柱式本身和柱式组合作了详细的规定,文艺复兴时更将柱式及其比例系统化、规范化,形成西方古典范式。

柱式比例　　　　　　　　　　　　　　　表1

名称	塔司干柱式	多立克柱式	爱奥尼柱式	科林斯柱式	混合柱式
下柱径与柱高比	1:7	1:8	1:9	1:10	1:10
	(希腊1:5.5~6)				
柱身凹槽	无	20个	24个	24个	24个
上柱径与下柱径之比	4:5	5:6	5:6	5:6	5:6
	(希腊3:4)				
檐壁与柱高之比	1:4	1:4	1:4	1:4	1:4
	(希腊1:3)				

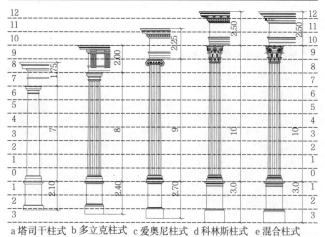

a塔司干柱式 b多立克柱式 c爱奥尼柱式 d科林斯柱式 e混合柱式

3 西方古典五柱式比例

西方古典建筑比例

西方古典建筑受到古希腊"万物皆数"哲学观念的深远影响,各个时期的建筑都有着严谨比例关系。帕提农神庙立面构图有着完美的黄金分割比例;罗马万神庙内部空间采用了完整的圆形构图;巴黎圣母主教堂和凯旋门的立面采用了正方形、圆形和正三角形的构图与比例关系。

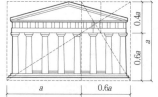

4 古希腊帕提农神庙

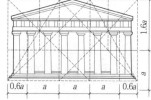

5 巴黎圣母主教堂

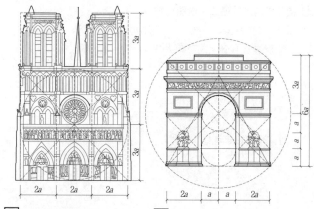

6 巴黎星型大道凯旋门

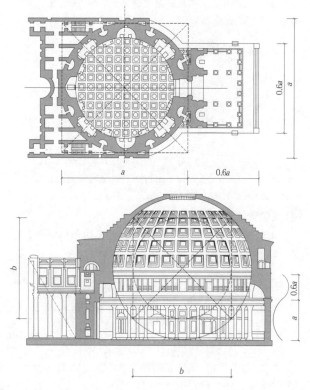

7 古罗马万神庙

中国古典柱式比例

中国古代建筑也有着明确的比例关系。唐宋时期建筑屋顶较平缓、出檐深远，如山西五台山佛光寺大殿；明清时期建筑屋顶高大、出檐较浅，如故宫太和殿以及建于北魏的嵩岳寺塔及辽代的应县木塔。

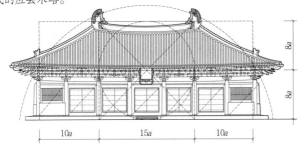

1 山西五台山佛光寺大殿（唐）

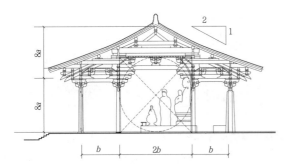

2 故宫太和殿（清）

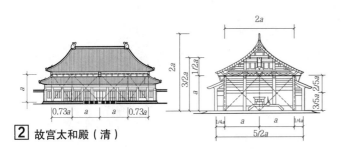

3 嵩岳寺塔（北魏）　　4 应县木塔（辽）

现代建筑的比例

现代建筑中更加注重建筑的功能性，但在很多建筑师的作品中空间与形态的比例关系依然占据着重要地位。美国建筑师理查德·迈耶在其作品中运用了正方形、黄金分割等构图元素进行了空间构图的控制；柯布西耶在其作品立面设计中充分体现了黄金分割构成的控制线的运用，创造了一种数与几何作用比例统一的建筑。

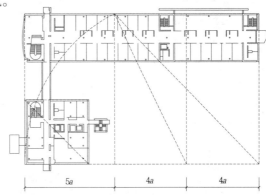

5 荷兰皇家造纸厂总部大楼

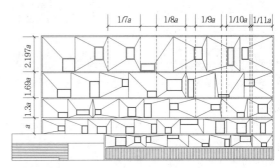

6 西班牙音乐厅

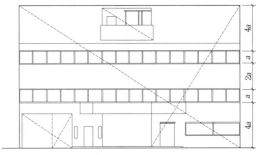

7 加尔修之家

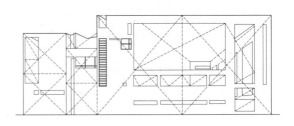

8 天津大学冯骥才艺术研究所

3
建筑功能、
空间与
形态

尺度

尺度主要是指建筑与人体之间的大小关系和建筑各部分之间的大小关系，而形成的一种心理感知。尺度不涉及具体尺寸和真实的尺寸和大小，而是给人感觉上的大小印象及相对的关系。

[1] 圣彼得大教堂

[2] 坦比哀多礼拜堂

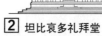

[3] 圣彼得大教堂与尺度人

[4] 坦比哀多礼拜堂与尺度人

模数

为保证建筑设计标准化和构建生产工业化，建筑物及各组成的尺寸是固定尺寸的倍数。建筑造型中模数的运用可加强建筑物各部分之间的内在关系，并形成建筑立面有规律的变化。

勒·柯布西耶与模数理论：柯布西耶从人体尺度出发，选定了垂手、脐、头顶、上伸手臂4个部位为控制点，与地面距离分别为86cm、113cm、183cm、226cm。这些数值之间存在着两种关系：一种是黄金比率关系；另一个是上伸手臂高恰为脐高的两倍，即226cm和113cm。利用这两个数值为基准，插入其他相应数值，形成两套级数，前者称为"红尺"，后者称为"蓝尺"。将红、蓝尺重合，作为横纵向坐标，其相交形成的许多大小不同的正方形和长方形称为模度。

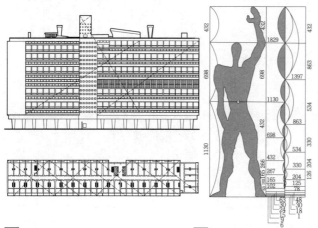

[5] 马赛公寓立面与平面　　[6] 勒·柯布西耶模度理论

视差

视差是由于观察者的位移，他在观察两个相对固定的点时角度发生了变化。也就是说，由于观察者位置的变化，一个物体与背景的相对关系发生了明显转变。

1. 建筑形象的透视变形

建筑形象的透视变形，缘于人们观赏建筑时的视差所致，即人的视点距建筑越近，感觉建筑体形越大，反之感觉越小；透视仰角越大，建筑沿垂直方向的变形越大，前后建筑的遮挡越严重。考虑这一因素，推敲比例尺度，绝不能单纯地从立面上研究其大小和形状，而应把透视变形和透视遮挡考虑进去，才能取得良好体形的透视效果。

[7] 北京民族文化宫的塔楼

北京民族文化宫的塔楼设计，在正投影立面上看，其比例偏高，建成后因透视变形而缩短的缘故，现场直观的楼顶比例是合适的。这是因为在建造过程中，考虑到透视变形的因素，做了校正视差的处理，即把最高的重檐塔身和屋顶坡度抬高到适当的比例，以弥补因视差失掉的高度，取得了良好的比例效果。

2. 视差矫正法

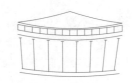

a 无视差矫正立面效果

d 由明暗而引起的效果；左边的柱子比右边的感觉粗壮，檐部也较有力

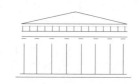

b 校正后视差正立面

c 视差矫正法

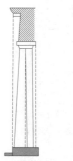

e 柱子有卷杀，避免中部显细的错觉

f 帕提农神庙的角柱有侧脚，檐部略向内倾，以校正视差。

[8] 视差校正法实例——雅典卫城的帕提农神庙

常用树种性能与用途

建筑常用树种分为针叶树和阔叶树两大类，针叶树多用于建筑结构部件，阔叶树常用于建筑装修面层。

常用树种的性能及其用途   表1

类别	树种	材色		密度	硬度	性能及用途
		边材	心材			
针叶树	红松	黄褐或黄白	红褐	轻	软至甚软	纹理直、结构细、质轻软、略有松脂气、含树脂、耐腐性好、易加工，用于建筑、乐器、家具、模具、工艺美术、船舶、车辆维修、纺织机械部件、桥梁木枕
	华山松	浅黄褐	浅红褐	轻	软	纹理直、结构略粗，用途同红松
	樟子松	黄白或浅黄褐	浅红褐	轻	软	纹理直、结构细、质轻软、略有松脂气、含树脂、耐腐性好、易加工、收缩小，用于建筑、家具、模具、船舶、车辆维修
	马尾松	浅黄褐	黄褐或红褐	轻至中等	软	纹理直或斜、结构略粗、质软易割、松脂气味显著、不耐腐，用于建筑、造纸、火柴、木枕、车辆维修
	杉木	浅黄褐或浅灰褐带红	浅灰红褐或灰红褐	轻	软	纹理直、结构细、质轻软、有香气、耐腐朽、收缩小，用于建筑、船舶、跳板、家具
	杉松冷杉（沙松、白松）臭冷杉	浅黄白	浅黄褐	轻	软	纹理直、结构细、质略轻，用途同铁杉，其中臭冷杉的利用价值逊于杉松冷杉
	红皮云杉	浅黄白	浅黄褐	轻	软	纹理直（或斜）、结构细密（亦有较粗者）、质轻软、有弹性、含树脂，用于建筑、乐器、跳板、木枕、车辆维修、家具
	紫果云杉	灰黄或黄褐、浅红褐或带紫		轻	软	
	细叶云杉	黄白至浅黄褐		轻	软至略软	
	鱼鳞云杉	浅黄褐或带红，或黄白		中等	略软	
	云南松	黄褐	黄褐或红褐	中等	略软	纹理斜而不均，用于建筑、木枕、家具、船舶、车辆维修
	铁杉	浅褐或黄褐带红		轻	略软	纹理直而略匀、生材有臭味、耐久，用于建筑、木枕、车辆维修、家具
	落叶松	黄白	浅棕红至黄褐	中等	略软至中等	纹理直而不均、质硬而脆、耐腐，用于建筑、纺织机械部件、木枕、船舶、车辆维修
	柏木	黄褐带红	浅菊黄微红	中等	略硬	纹理直、结构略细、质略硬、致密、有柏木气味、坚韧不易腐烂，用于装饰、工艺美术、雕刻制品、模具、家具
阔叶树	杨木	黄白或褐	浅红褐或灰褐	轻	甚软至软	纹理直、结构细密、质轻软、不耐腐、易加工，用于火柴、民用建筑
	泡桐	浅灰褐至浅灰红褐	灰褐至灰红褐（有奇臭气味）	甚轻	甚软	肌理美观、轻而韧、耐酸耐腐、导音性好，用于装饰、乐器、体育器具、家具
	椴木	黄白	浅红褐至红褐	轻	软	纹理直、结构细密，用于铅笔、火柴、工艺雕刻
	拟赤杨	淡黄	淡黄褐	轻	软	纹理直、质轻软、易加工，用于火柴、铅笔、包装
	桦木	黄白微红		中等	软	纹理直或呈斜行、质微密、易翘曲、割裂困难，用于家具、木枕、机台木、文教用具
	檫木	栗褐或褐	栗褐或暗褐	轻至中等	软至中等	纹理直、结构中至粗、不均匀、耐水耐腐，用于船舶维修、建筑、装饰、家具、文教用具
	樟木	黄褐至灰褐	红褐	略轻	略软	纹理倾斜或交错、质坚实、有樟脑香气、防虫蛀，用于高级装饰、家具、工艺雕刻
	楠木	黄褐略带浅绿		中等	略软	纹理倾斜或交错、质细腻、有香气，用途同樟木
	樱桃木	奶白	艳红至棕红	中等	中等	纹理直，用于高档家具、船用内装饰、乐器
	核桃木	浅黄褐或浅栗褐	红褐或栗褐	中等	中等至略硬	纹理直、耐弯、耐腐蚀，用于高级装饰、家具、体育器具
	水曲柳	黄褐	灰褐	中等	略硬	纹理直、结构略细、肌理美观，用于高级装饰、家具、体育器具
	枫香（枫木、枫树）	淡黄至浅黄褐	红褐至暗褐	中等	略硬	木材稍坚硬、有香气，用于家具、木枕、包装
	栗木（锥栗）	浅褐或浅灰	浅栗或浅红褐	中等至略重	硬	纹理细直、耐腐、易加工，用于纺织机械部件、家具、船舶、车辆维修
	黄檀	黄至浅黄褐		重	硬	结构细密、质硬重、耐冲击，用于高级装饰、家具、纺织木梭、体育器具
	榆木	浅黄至黄褐	黄褐至浅红褐	中等至略重	硬	纹理直、结构稍粗、质坚硬、光泽美，用于装饰、家具、木枕、机台木
	榉木	黄褐	暗褐至浅栗褐	略重	硬	质地均匀、抗冲击、易加工，用于装饰、家具、木枕、机台木
	白桉	乳白	黄褐	甚重	硬	纹理直或斜面交错、结构粗、耐腐、易加工，用于建筑、家具、枕木、火柴
	槭木（色木）	浅粉红褐		中等至略重	硬	纹理直、结构细、略重、质坚、有光泽、易加工，用于纺织木梭、乐器、体育器具、文教用具
	麻栎（橡木）	黄褐	红褐	重	甚硬	纹理细密、结构略粗，用于船舶维修、体育器具、装饰、家具、纺织机械部件、木枕
	柞木	浅黄褐	浅栗褐或栗褐			

4 建筑材料

概述

木材和竹材是可再生的生物物质材料,按使用功能可分为结构材料与装饰材料,按加工方式主要可分为板材、方材、薄切片,广泛应用于建筑装饰和建筑施工。

木材

1. 木地板

实木地板规格尺寸（单位：mm）　　　　　表1

	长度	宽度	厚度	榫舌宽度
实木地板	≥250	≥40	≥8	≥3.0

三层结构实木复合地板规格尺寸（单位：mm）　　表2

长度	宽度		
2100	180	189	205
2200	180	189	205

注：三层结构实木复合地板的厚度为14、15mm。

以胶合板为基材的实木复合地板规格尺寸（单位：mm）　表3

长度	宽度			
2200	—	189	225	—
1818	180	—	225	303

注：以胶合板为基材的实木复合地板的厚度为8、12、15mm。

浸渍纸压木质地板（强化木地板）规格尺寸（单位：mm）　表4

宽度	长度							
182	—	1200	—	—	—	—	—	—
185	1180	—	—	—	—	—	—	—
190	—	1200	—	—	—	—	—	—
191	—	—	1210	—	—	—	—	—
192	—	—	1208	—	—	1290	—	—
194	—	—	—	—	—	—	1380	—
195	—	—	—	1280	1285	—	—	—
200	—	1200	—	—	—	—	—	—
225	—	—	—	—	—	—	—	1820

注：浸渍纸压木质地板的厚度为6、7、8(8.1、8.2、8.3)、9mm。

软木地板规格尺寸（单位：mm）　　　　表5

分类	长度	宽度	厚度
软木地板	300、305、450、600、900、600、900	300、305、450、300、300、600、600	3.2、4.0、5.0、6.0、7.0
软木复合地板	900	300、295	10.5、13

2. 深加工板材

胶合板规格尺寸（单位：mm）　　　　表6

宽度	长度					常用厚度
915	915	1220	1830	2135	—	3、5、9、12、15、18、20、25、28
1220	—	1220	1830	2135	2440	

刨花板规格尺寸（单位：mm）　　　　表7

类别	厚度	幅面
刨花板	4、6、8、10、12、14、16、19、25、30	2400×1200
定向刨花板	6、8、10、12、14、16、19、25、30	2400×1200

细木工板规格尺寸（单位：mm）　　　　表8

宽度	长度					厚度
915	915	1220	1830	2135	—	12mm、15mm、18mm、20mm四种，15mm与18mm是较为常用的厚度
1220	—	1220	1830	2135	2440	

注：长度和宽度的偏差为0~5mm。

纤维板规格尺寸（单位：mm）　　　　表9

	厚度	长度×宽度
硬质纤维板	2.5、3.0、3.2、4.0、5.0	1200×610、1830×915、2135×915、2000×1000、1220×830、2440×1220
中密度纤维板	1.5~80	1830×915、2135×915、2440×1220

防腐木规格尺寸　　　　表10

分类	长度（m）	截面尺寸（mm）
芬兰规格体系	3.0、3.3、……6（每0.3m为一个进级）	15×95、28×70、28×120、45×70、45×120、58×145
北美规格体系	3.05、3.66、4.27、4.88、6.10	25×140、38×140、38×235、89×89、140×140、305×305
中国规格体系	2、3、4、6	21~45×95~145

竹材

1. 竹材概况

竹材的分类、性能及用途　　　　表11

分类	定义	性能	用途
竹编胶合板	将竹材劈篾、编席、涂胶、热压胶合而成的一种竹材人造板	质轻、柔韧性及抗冲击性好，表面平整度较差	屋顶及墙体材料、其中薄板可用于包装箱板、室内顶板、侧壁板等，厚板可用于建筑模板
竹材胶合板	将竹材经热处理后，软化、展平、刨削、干燥、涂胶、组坯、热压胶合而成的一种竹材人造板	强度高、刚性好、自重轻	墙体、顶棚和门板材料，建筑模板的基板
竹帘胶合板	以竹席为面层材料，以纵横交错组坯的竹帘为芯层材料，经干燥、浸胶、组坯、热压胶合而成的一种竹材人造板	强度高、韧性好、幅面宽、拼缝少、表面光滑、耐水、耐热、不变形	屋顶、墙体及隔断材料，建筑模板
竹材层压板	竹篾经干燥、浸胶、组坯、热压胶合而成的一种竹材人造板	纵向强度和刚度高，横向强度和刚度低	横梁、柱体、门板、楼梯扶手和承重墙体
竹材碎料板	竹材碎料经干燥、施胶、铺装成型、热压而成的一种竹材人造板	强度较高及吸湿膨胀性较低	预制房屋墙体、隔断和门板，屋顶材料及顶棚的制造
竹地板	把竹材加工成型，再用胶粘剂胶合、加工成的长条企口地板	色差小、有丰富的竹纹，而且色泽匀称；表面硬度高，不易变形	室内地面铺设、室内墙面铺设

2. 竹地板

竹地板规格尺寸（单位：mm）　　　　表12

	长度	宽度	厚度
竹地板	900、915、920、950	90、92、95、100	9、12、15、18

概述

石材可分为砌筑石材和饰面石材。砌筑石材主要作为砌体使用；饰面石材是主要用于建筑物的内外墙面、地面、柱面、台面等的石材。地面石材厚度通常大于20mm；墙面石材中干挂法适用厚度为20~50mm，湿贴法适用厚度不超过20mm，胶粘剂粘贴法适用于小规模薄板，常用厚度为8~12mm。饰面石材又分为天然石材和人造石材。

天然石材

天然石材分类及用途
表1

名称		成分结构特征和种类	分类	性能特点	主要用途	常见品种
天然石材	花岗石	岩浆岩和各种硅酸盐类变质岩石材	一般用途	硬度高、耐酸碱、抗风化能力强	室内外墙面、地面、柱面、广场、路面等装饰和一般性结构承载	芝麻白、中国红、蒙古黑、菊花青、四川红、虎皮黄、济南青、中国绿、黑珍珠、水晶白
			功能用途	硬度、强度高，耐酸碱，抗风化能力强	地基、路基、水库等高要求结构用途	
	石灰石	由方解石、白云石或两者混合化学沉积形成的石灰石类石材	低密度	密度不小于1.76g/cm³且不大于2.16g/cm³	室内墙面装饰	罗汉松木纹石、黑石灰石
			中密度	密度不小于2.16g/cm³且不大于2.56g/cm³	室内墙地面和室外墙面装饰	
			高密度	密度不小于2.56g/cm³	室内外墙地面装饰	
	大理石	包括方解石大理石、白云石大理石、石灰岩大理石、玛瑙条纹大理石等	方解石	方解石（碳酸钙）矿物为主，密度高，吸水率低，可抛出光泽	室内外墙地面装饰	莱阳绿、汉白玉、墨玉、雪花白、云灰、咖啡、晚霞红、红玉、桂林白、奶油、杭灰、鸭蛋青、黄金玉、米黄、红木纹
			白云石	白云石（碳酸钙镁）矿物为主，常温遇酸不反应，密度大，吸水率低，可抛出光泽，富丽堂皇的装饰效果	室内墙地面、室外墙面装饰	
			蛇纹石	蛇纹石（硅酸镁水合物）为主要成分，绿色或深绿色，伴有方解石、白云石或菱镁矿等组成的脉矿，硬度高、耐酸碱，抗风化，流行颜色	室内外墙面装饰	
			凝灰石（洞石）	多孔渗水分层结构，密度小，吸水率大，强度中等，具有特征纹理	室内外墙地面，室外使用时需补洞、加固、防水	
	砂岩	主要由二氧化硅（石英砂）以及多种矿物、岩石颗粒凝结而成的一种多孔隙结构沉积岩，包括蓝灰砂岩、褐灰砂岩、石英砂岩、砾岩等	砂岩	二氧化硅含量在50%~90%，多孔结构，强度随结构变化大，具有独特古朴装饰风格	室内外墙面装饰	古平青、紫檀砂岩、红砂岩、绿砂岩、木纹砂岩、浅灰砂岩、黑砂岩、林州白沙岩、白砂岩、黄砂岩、黄木纹砂岩
			石英砂岩	二氧化硅含量在90%~95%		
			石英岩	二氧化硅含量在95%以上		
	板石	微晶变质岩，包括饰面板和瓦板	瓦板	破坏荷载≥1800N	屋顶盖板	林州银晶石、霞云岭青板石、桃江灰
			饰面板	室内用板吸水率≤0.25，具有返璞归真的装饰效果	室内外墙地面	

天然石材表面各种加工工艺和通常用途
表2

工艺种类	工艺说明	特征和用途
抛光	在生产过程中使用抛光磨料或抛光粉得到的有光泽的、平滑的表面。这种工艺显出了石材的全部颜色和强烈的明暗差对比及特征	具有强烈的镜面效果，适用于室内外墙面和地面
细磨	在生产过程中使用磨料将石材表面打磨平滑，低光泽或无光泽	有柔和的视觉效果，适用于室内外墙面和地面，也用于窗台、黑板或专业游泳池的地面
喷砂	通过高压气流或高压水流将砂喷射到石材表面，形成不光滑的表面，无光泽	起防滑作用或装饰图案，可减轻色差影响，与镜面石材具有不同的外观效果，适用于室内外墙面和地面
水喷	高压水流喷射到石材表面，形成不光滑的表面，无光泽	能防滑，适用于室内外墙面和地面
仿古	用研磨刷将石材表面打磨成无光泽的不光滑表面	多用于大理石，防滑，适用于室内外墙面和地面
酸蚀	用酸对大理石和石灰石等表面腐蚀后形成的自然风化面	适用于大理石和石灰石的防滑、仿古等装饰效果
火烧	用火焰喷射表面，引起结晶爆裂而形成的粗糙表面	能提供良好的防滑保护，适用于花岗石墙面和地面
劈裂	沿着层里面或表面劈开而产生的自然表面	具有自然的装饰效果，适用于板石室内外墙面和地面。花岗石劈裂面适用于墙面，具有厚重的效果。花岗石劈裂面常称为蘑菇石
涂刷	采用刷、喷、涂、泡、淋等方法使石材防护剂均匀分布在石材表面	通过涂刷各类防护剂增强石材耐水性、耐油性、耐污性、抗碱性等性能，适用于室内外墙面和地面
结晶	通过机械作用使石材表面在与晶硬剂的物理和化学双重作用下，形成坚硬致密的晶硬层	增强石材表面硬度，并达到耐磨、防水、防油、抗污养护等功效，适用于室内外各种安装后的抛光面大理石、人造石等墙面和地面的养护
其他	如剁斧面、琢石面、粗锯和刀具切割面	特殊的装饰效果，适用于室内外墙面和地面

人造石材

人造石材的分类、性质和用途
表3

名称	成分特征	种类	主要用途
实体面材	以树脂为基体，天然矿石粉为填料	PMMA类	常用于柜台、标志牌、墙板、桌面、橱柜、卫生洁具等
		UPR类	
水磨石	以水泥、石碴和砂为主要原材料	磨面水磨石	室内外楼地面装饰，多使用在广场或需要防静电的房间
		抛光水磨石	
微晶石	由玻璃颗粒烧结和晶化而成	镜面板	无放射性污染，色彩柔和，不易褪色，适用于建筑楼地面、墙面等部位的装饰
		亚光面板	
人造合成石	以天然石材的碎石或粉末为骨料，用树脂或水泥为胶粘剂粘合	PC合成石板	楼地面、墙面装饰，台面，橱柜，卫生洁具等
		水泥基合成石板	
		PMC聚合物改性水泥基合成石板	
人造砂岩	不同色彩的天然石材碎粒料加胶粘剂固化	—	用于制成工艺品、装饰品、卫生洁具，或用作建筑装饰材料
石材蜂窝复合板	天然石材与铝蜂窝板、钢蜂窝板或玻纤蜂窝板粘结而成的板材	按蜂窝板芯种类分：铝蜂窝板、钢蜂窝板、玻纤蜂窝板	因其超薄与超轻的性能，适用于墙面与顶棚的装饰。铝蜂窝板的特殊性能使其在外墙、内墙的干挂用途上更加具备发挥空间

4
建筑材料

石膏

石膏是气硬性无机胶凝材料，其主要化学成分是硫酸钙。在建筑工程中石膏制品主要包括：石膏板、石膏砌块、粉刷石膏、石膏砂浆等。石膏制品只适用于干燥环境中。

1. 纸面石膏板

纸面石膏板种类与代号　　表1

纸面石膏板种类	板类代号	棱边形状代号	产品标记
普通纸面石膏板	P	矩形（代号J）	产品名称、板类代号、棱边形状代号、长度、宽度、厚度以及标准编号
耐水纸面石膏板	S	倒角形（代号D）	
耐火纸面石膏板	H	楔形（代号C）	
耐水耐火石膏板	SH	圆形（代号Y）	

2. 装饰石膏板

装饰石膏板种类与代号　　表2

装饰石膏板		产品代号	规格
普通板	平板	PP	500mm×500mm×9mm、600mm×600mm×11mm，其他形状和规格的板材，由供需双方商定
	孔板	K	
	浮雕板	D	
防潮板	平板	FP	
	孔板	FK	
	浮雕板	FD	

3. 石膏空心条板

石膏空心板规格尺寸（单位：mm）　　表3

常用规格尺寸		其他尺寸
长度	2400～3000	其他规格由供需双方商定
宽度	600	
厚度	60	

4. 石膏砌块

石膏砌块种类与尺寸（单位：mm）　　表4

石膏分类		公称尺寸		
按结构分类	按防潮性能分类	长度	高度	厚度
石膏空心砌块（K）	普通石膏砌块（P）	600	500	80
实心石膏砌块（S）	防潮石膏砌块（F）	666		100
				120
				150

5. 复合保温石膏板

以聚苯乙烯泡沫塑料与纸面石膏板用胶粘剂粘合而成，在建筑室内保温用。

复合保温石膏板分类与规格　　表5

分类				规格尺寸（mm）		
按纸面石膏板的品种		按保温材料的品种		长度	宽度	厚度
名称	代号	名称	代号			
普通型	P	模塑聚苯乙烯泡沫塑料类	E	1200、1500、1800、2100、2400、2700、3000、3600、3900	600、900、1200	供需双方商定
耐水型	S					
耐火型	H	挤塑聚苯乙烯泡沫塑料类	X			
耐水耐火型	SH					

6. 吸声用穿孔石膏板

吸声用穿孔石膏板是用于室内以吸声为目的而设置孔眼的石膏板。

吸声用穿孔石膏板规格尺寸与孔径、孔距（单位：mm）　　表6

规格尺寸		孔径	孔距
边长	厚度		
500×500 600×600	9 12	ϕ6	18 22 24
		ϕ8	22 24
		ϕ10	24

石灰

建筑工程中所用的石灰分成3个品种：建筑生石灰、建筑生石灰粉和建筑消石灰粉。石灰制品只适用于干燥环境中。

水玻璃

水玻璃俗称泡花碱，主要用于涂刷材料表面，加固土壤，配制速凝防水剂，配制耐酸砂浆和耐酸混凝土，配制耐热砂浆和耐热混凝土，以及防腐工程等。

镁质胶凝材料

镁质胶凝材料是以Mgo为主要成分的气硬性胶凝材料，俗称菱苦土，主要用于地面，制造刨花板、木屑板、人造大理石、镁纤复合材料制品等，不能用于潮湿环境。

水泥

按照水泥熟料主要成分，水泥分为硅酸盐类水泥、铝酸盐类水泥、硫铝酸盐类水泥和磷酸盐类水泥等。按照水泥的用途和性能又可分为通用硅酸盐水泥、特性水泥和专用水泥。水泥既能使用于干燥环境也能适用于潮湿环境，应根据不同的使用环境选择水泥。

1. 通用硅酸盐水泥

通用硅酸盐水泥主要包括6种，主要技术性能为强度等级、安定性与凝结时间。

通用硅酸盐水泥的品种、强度等级与应用特点　　表7

品种与代号	强度等级	应用特点
硅酸盐水泥（P·I、P·II）	42.5、42.5R、52.5、52.5R、62.5、62.5R	凝结硬化速度快，早期强度高；水化热大；抗冻性好；耐热性较差；耐腐蚀性较差
普通硅酸盐水泥（P·O）	42.5、42.5R、52.5、52.5R	早期强度较高，水化热较高；抗冻性好；耐热性较差；耐腐蚀性较差
矿渣硅酸盐水泥（P·S·A/P·S·B）	42.5、42.5R、52.5、52.5R	硬化慢，早期强度低，后期强度增长较快；水化热较低；抗冻性较差，易碳化；耐腐蚀性较好；耐热性较好；对温度、湿度变化较为敏感
火山灰质硅酸盐水泥（P·P）	42.5、42.5R、52.5、52.5R	抗渗性较好，耐热性不及矿渣水泥；其他同矿渣水泥
粉煤灰硅酸盐水泥（P·F）		干缩性较小，抗裂性较好，其他同矿渣水泥
复合硅酸盐水泥（P·C）	42.5、42.5R、52.5、52.5R	3d龄期强度高于矿渣水泥，其他同矿渣水泥

2. 专用水泥与特性水泥

专用水泥是指专门用途的水泥，特性水泥是指某种性能比较突出的水泥。

常见专用水泥与特性水泥种类和强度等级　　表8

水泥种类		强度等级	性能特点及应用
装饰水泥	白色水泥	32.5、42.5、52.5	彩色水泥有红色、黄色、蓝色、绿色、棕色和黑色等，其他颜色的彩色硅酸盐水泥的生产可由供需双方协商，常用于建筑装饰工程
	彩色水泥	27.5、32.5、42.5	
铝酸盐水泥		CA-50、CA-60、CA-70、CA-80	以3d抗压强度评定强度等级，用于紧急军事工程、抢修工程、临时性工程，配制耐热混凝土
快硬硫铝酸盐水泥		42.5、52.5、62.5、72.5	以3d抗压强度评定强度等级，主要用于紧急抢修工程、军事工程等
明矾石膨胀水泥		标号：425、525、625	用作补偿收缩混凝土、防渗混凝土或防渗抹面、现浇工程的后浇带混凝土和预制构件的接缝、机器底座和地脚螺钉的二次灌浆材料、补强工程和修补工程材料、高层建筑的地下层防水等
砌筑水泥		12.5、22.5	强度较低，不能用于结构混凝土，主要用于砌筑和抹面砂浆、垫层混凝土等

混凝土

由胶凝材料将砂、石骨料粘结成一个整体的材料，叫混凝土。

混凝土的分类方法很多。

按胶凝材料分：水泥混凝土、沥青混凝土等；

按表观密度分：重混凝土、普通混凝土、轻混凝土；

按强度等级分：普通混凝土、高强混凝土、超高强混凝土。

本资料集按用途分：结构混凝土、装饰混凝土、特种混凝土、混凝土制品。

混凝土分类　　　　　　　　　　　　　　　　　　表1

种类	用途	构造	功能
结构混凝土	指用于承重结构中的混凝土。有钢筋混凝土、预应力混凝土，根据不同的建筑结构要求，使用的环境条件，以及施工工艺等配制混凝土。通过正确设计、严格施工的混凝土其使用寿命可长达几十年甚至上百年，几乎无需维修保养	现浇	承重；强度等级C20至C115
装饰混凝土	是指用于装饰建筑内外表面的混凝土，起到美化的作用。通过色彩、色调、质感、款式、纹理、机理和不规则线条的创意设计，图案与颜色的有机组合，创造出各种天然大理石、花岗岩、砖、瓦、木地板等天然材料铺设效果，具有图形美观自然、色彩真实持久、质地坚固耐用等特点。包括清水混凝土、彩色混凝土、白色混凝土等	构造模式为基层、彩色面层、保护层（3个基本层面构造）	建筑装饰与美化环境；警戒与引导交通的作用；表明路面功能的变化；改善照明效果
特种混凝土	采用特殊施工方法或特种性能的混凝土称为特种混凝土。如：碾压混凝土、泵送混凝土、自流平自密实混凝土、水下不分散混凝土、膨胀混凝土、纤维混凝土、聚合物混凝土、沥青混凝土等	现浇	特种用途
混凝土制品	以混凝土为基本材料制成的产品，一般由工厂预制，然后运到施工现场铺设或安装。对于大型或重型的制品，由于运输不便，也可在现场预制。其制品有配筋和不配筋两种	预制	承重等

混凝土制品

混凝土制品分类　　　　　　　　　　　　　　　　表2

类别	品种
结构构件	预应力混凝土梁、混凝土管、钢筋混凝土桩、钢筋混凝土轨枕、钢筋混凝土电杆以及钢筋混凝土矿井支架等，广泛应用于建筑、交通、水利、农业、电力和采矿部门
板	蒸压加气混凝土板、预应力混凝土空心板、建筑隔墙用轻质条板等
砌块	装饰混凝土砌块、蒸压加气混凝土砌块、泡沫混凝土砌块、混凝土小型空心砌块、粉煤灰混凝土小型空心砌块等
砖	承重混凝土多孔砖、混凝土空心砖、非承重混凝土空心砖、装饰混凝土砖、混凝土路面砖、触感引道路面砖等
管	预应力钢筒混凝土管、预应力混凝土管、顶进施工法用混凝土管

建筑隔墙用轻质条板

建筑隔墙用轻质条板分类及代号　　　　　　　　　表3

分类方法	名称	代号
按断面构造分类	空心条板（沿板材长度方向留有若干贯通孔洞的预制条板）	K
	实心条板（用同类材料制作的无孔洞预制条板）	S
	复合夹芯条板（由两种及两种以上不同功能材料复合或由面板（浇注面层）与夹芯层材料复合制成的预制条板）	F
按构件类型分类	普通板	PB
	门窗框板	MCB
	异形板	YB

注：长宽比不小于2.5。

蒸压加气混凝土板

蒸压加气混凝土板常用规格（单位：mm）　　　　表4

	尺寸		强度等级	干密度级别
长度（L）	宽度（B）	厚度（D）		
1800~6000（300模数进位）	600	75、100、125、150、175、200、250、300	A2.5、A3.5、A5.0、A7.5	B04、B05、B06、B07
		120、180、240（墙板）		

蒸压加气混凝土板基本性能　　　　　　　　　　　表5

强度等级	A2.5	A3.5	A5.0	A7.5
干密度等级	B04	B05	B06	B07
干密度（kg/m³）	≤425	≤525	≤625	≤725
抗压强度平均值（MPa）	≥2.5	≥3.5	≥5.0	≥7.5
导热系数（干态）[W/(m.K)]	≤0.12	≤0.14	≤0.16	≤0.18

预应力混凝土空心板

预应力混凝土空心板尺寸　　　　　　　　　　　　表6

高（mm）	标志宽（mm）	标志长度
120、180、240、300、360	900、1200	不宜大于高度的40倍

砌块、蒸压加气混凝土砌块

砌块、蒸压加气混凝土砌块规格　　　　　　　　　表7

尺寸（mm）			强度等级	干密度级别
长度L	宽度B	高度H		
600	100、120、125、150、180、200、240、250、300	200、240、250、300	A1.0、A2.0、A2.5、A3.5、A5.0、A7.5、A10	B03、B04、B05、B06、B07、B08

注：如需要其他规格，可由供需双方协商解决。

粉煤灰混凝土小型空心砌块

粉煤灰混凝土小型空心砌块规格　　　　　　　　　表8

长度	空洞排列方式	常用尺寸	强度等级
600、700、800、900、1000、1200、1400	单排孔、双排孔、多排孔	390mm×190mm×190mm，其他规格尺寸可由供需双方商定	MU3.5、MU5.0、MU7.5、MU10.0、MU15.0、MU20.0

注：产品代号NHB。

混凝土小型空心砌块

混凝土小型空心砌块规格　　　　　　　　　　　　表9

使用功能	结构形态	空洞形态	空洞排列方式	常用尺寸	强度等级
承重砌块≥MU7.5，非承重砌块≤MU 5.0	普通砌块、装饰砌块、保温砌块、吸声砌块	有封底砌块、不封底砌块、无槽砌块、有槽砌块	方孔圆孔	单排孔、双排孔、多排孔	390mm×190mm×190mm，其他规格尺寸可由供需双方商定	MU3.5、MU5.0、MU7.5、MU10.0、MU15.0、MU20.0

注：产品代号NHB。

泡沫混凝土砌块

泡沫混凝土砌块规格　　　　　　　　　　　　　表10

尺寸（mm）			立方体抗压强度等级	干表观密度等级
长度	宽度	高度		
400、600	100、150、200、250	200、300	A0.5、A1.0、A1.5、A2.5、A3.5、A5.0、A7.5	B03、B04、B05、B06、B07、B08、B09、B10

注：产品代号FCB。

装饰混凝土砌块

按装饰效果分为：彩色砌块、劈裂砌块、凿毛砌块、条纹砌块、磨光砌块、鼓形砌块、模塑砌块、露骨料砌块、仿旧砌块。

装饰混凝土砌块基本规格　　　　　　　　　　　　表1

用途	长度L（mm）	宽度B（mm）		高度H（mm）	抗压强度等级	抗渗类型
		M_q	F_q			
砌体装饰砌块（M_q）、贴面装饰砌块（F_q）	390、290、190	290、240、190、140、90	30~90	190、90	MU10、MU15、MU20、MU25、MU30、MU35、MU40	普通型（P）防水型（F）

承重混凝土多孔砖

承重混凝土多孔砖规格　　　　　　　　　　　　表2

尺寸（mm）			强度等级
长度	宽度	高度	
360、290、240、190、140	240、190、115、90	115、90	MU15、MU20、MU25

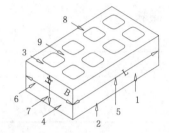

1 条面
2 坐浆面
3 铺浆面
4 顶面
5 长度（L）
6 宽度（B）
7 高度（H）
8 外壁
9 肋

1 承重混凝土多孔砖各部位名称

装饰混凝土砖

装饰混凝土砖规格　　　　　　　　　　　　表3

尺寸（mm）			抗渗类型	抗压强度
长度	宽度	高度		
360、290、240、190、140	240、190、115、90	115、90、53	普通型（P）防水型（F）	MU15、MU20、MU25、MU30

注：产品代号DCB。

透水混凝土路面砖、透水混凝土路面板

透水混凝土路面砖、透水混凝土路面板规格　　　　表4

尺寸要求	形状	劈裂抗拉强度等级	抗折强度等级	透水系数
路面砖：厚度不小于50mm，长与厚的比值小于4；路面板：长度不超过1000mm，长与厚的比值大于4	联锁型（S）普通型（N）	fts3.0 fts3.5 fts4.0 fts4.5	Rf3.0 Rf3.5 Rf4.0 Rf4.5	A级 B级

注：透水混凝土路面砖代号为PCB，透水混凝土路面板代号为PCF。

装饰混凝土、清水混凝土

装饰混凝土是在普通的新旧混凝土表层，通过色彩、色调、质感、款式、纹理、机理和不规则线条的创意设计，图案与颜色的有机组合，创造出各种天然大理石、花岗石、砖、瓦、木地板等天然石材铺设效果，具有图形美观自然、色彩真实持久、质地坚固耐用等特点。

清水混凝土是直接利用混凝土成型后的自然质感作为饰面效果的混凝土。

非承重混凝土空心砖

非承重混凝土空心砖规格　　　　　　　　　　　表5

尺寸（mm）			强度等级	表观密度等级
长度	宽度	高度		
360、290、240、190、140	240、190、115、90	115、90	MU5、MU7.5、MU10	1400、1200、1100、1000、900、800、700、600

注：产品代号NHB。

混凝土实心砖

混凝土实心砖规格　　　　　　　　　　　　表6

尺寸（mm）			抗压强度等级	表观密度等级
长度	宽度	高度		
240	115	53	MU15、MU20、MU25、MU30、MU35、MU40	A级（≥2100kg/m³）B级（1681~2099 kg/m³）C级（≤1680 kg/m³）

注：产品代号SCB。

触感引道路面砖

触感引道路面砖是为视力残疾人在城市道路及各类建筑物中方便行走所铺设的路面及地面工程的块或板。按其用途分为导向用砖（代号D）和停步用砖（代号T）。

触感引道路面砖规格　　　　　　　　　　　　表7

尺寸（mm）		抗压强度等级	抗折强度等级	质量等级
边长	厚度			
300、298、248	50、60	Cc35、Cc40、Cc50、Cc60	Cf4.0、Cf5.0、Cf6.0	优等品（A）、一等品（B）、合格品（C）

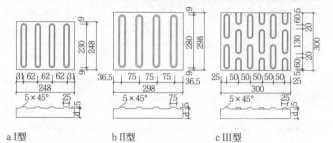

a I型　　　　b II型　　　　c III型

2 导向用砖

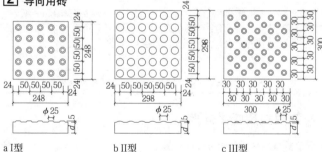

a I型　　　　b II型　　　　c III型

3 停步用砖

混凝土路面砖

混凝土路面砖规格　　　　　　　　　　　　表8

形状	抗压强度等级	抗折强度等级	质量等级
普通型路面砖（代号N）联锁型路面砖（代号S）	CC30、CC35、CC40、CC50、CC60	C13.5、C14.0、C15.0、C16.0	优等品（A）、一等品（B）、合格品（C）

4
建筑材料

混凝土瓦

混凝土瓦分类　　　　　　　　　　　　　　　　　　　　表1

类别	用途	色彩
屋面瓦	波形屋面瓦 平板屋面瓦	本色瓦（素瓦） 彩色瓦（彩瓦）
配件瓦	通风管瓦、四向脊顶瓦、三向脊顶瓦、通风瓦、斜脊封头瓦、单向脊瓦、平脊封头瓦、排水沟瓦、花脊瓦、脊瓦、檐口封瓦、檐口瓦、檐口顶瓦	

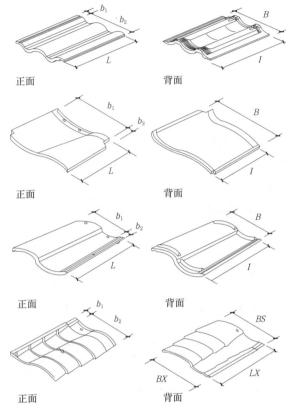

正面　　　　　背面

正面　　　　　背面

正面　　　　　背面

正面　　　　　背面

L（LZ、LX）长度；B（BS、BX）宽度；b_1 遮盖宽度；b_2 搭接宽度；I 吊挂长度

1 各种波形瓦结构形状

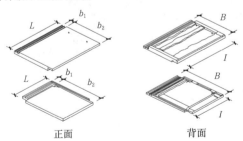

正面　　　　　背面

L 长度；B 宽度；b_1 遮盖宽度；b_2 搭接宽度；I 吊挂长度。

2 平板瓦结构形状

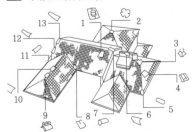

1 通风管瓦　　10 脊瓦
2 四向脊顶瓦　11 檐口封瓦
3 三向脊顶瓦　12 檐口瓦
4 通风瓦　　　13 檐口顶瓦
5 斜脊封头瓦
6 单向脊瓦
7 平脊封头瓦
8 排水沟瓦
9 花脊瓦

3 配件瓦结构形状及名称

纤维水泥波瓦与脊瓦

纤维水泥波瓦与脊瓦分类和代号　　　　　　　　　表2

按纤维成分	按波高尺寸	强度等级
无石棉型（NA） 温石棉型（A）	大波瓦（DW） 中波瓦（ZW） 小波瓦（XW）	Ⅰ级、Ⅱ级、Ⅲ级、Ⅳ级、Ⅴ级

注：Ⅳ级、Ⅴ级波瓦仅适用于使用5年以下的临时建筑。

波瓦规格尺寸（单位：mm）　　　　　　　　　　　表3

| 类别 | 长度
（l） | 宽度
（b） | 厚度
（e） | 波高
（h） | 波距
（p） | 边距 | |
						C_1	C_2
大波瓦	2800	994	7.5、 6.5	≥43	167	95	64
中波瓦	1800	745 1138	6.5、 6.0、 5.5	31~42	131	45	45
小波瓦	1800 ≤900	720	6.0、 5.5、 5.0、 4.2	16~30 16~20	64	58	27

注：根据合同要求也可生产其他规格的波瓦。

脊瓦规格尺寸　　　　　　　　　　　　　　　　　表4

| 长度（mm） | | 宽度b
（mm） | 厚度e（mm） | 角度$\theta°$ |
搭接长l_1	总长l			
70	850	460 360	6.0 5.0	125
60	700	280	4.2	

注：根据合同要求也可生产其他规格的脊瓦。

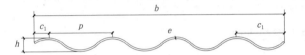

h 波高；b 宽度；c_1 边距；p 波距；e 厚度

4 大波瓦示意图

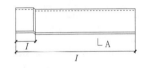
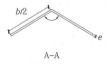

I 长度；b 宽度；e 厚度

5 脊瓦示意图

钢丝网石棉水泥小波瓦

钢丝网石棉水泥小波瓦尺寸　　　　　　　　　　　表5

| 长l
（mm） | 宽b
（mm） | 厚s
（mm） | 波距p
（mm） | 波高h
（mm） | 波数n
（个） | 边距（mm） | | 参考
重量
（kg） |
						C_1	C_2	
1800	720	6.0 7.0 8.5	63.5	16	11.5	58	27	27 20 24

常见瓦的性能比较

常见瓦的性能比较　　　　　　　　　　　　　　　表6

主要性能	烧结瓦	水泥瓦	石棉瓦
防水性	新瓦透水	新瓦透水	新瓦透水
隔热性	隔热	隔热	不隔热
强度	高，但脆性大	偏低	偏低
形态保持性	易破损	易破损	易变形
耐锈耐腐蚀性	不生锈	不生锈	易腐烂
是否节能利废	否	否	否
使用年限	20年左右	5~8年	3年左右

混凝土管及管片

在地下工程中混凝土管应用广泛，用于输送水、油、气等流体。在地铁、隧道等工程中采用混凝土管片，管片是盾构施工的主要装配构件。

预应力钢筒混凝土管

预应力钢筒混凝土管分类　　　　　　　　　　　　表1

分类方法	名称
按结构分类	内衬式预应力钢筒混凝土管（PCCPL）
	埋置式预应力钢筒混凝土管（PCCPE）
按接头密封类型分类	单胶圈预应力钢筒混凝土管（PCCPSL，PCCPSE）
	双胶圈预应力钢筒混凝土管（PCCPDL，P CCPDE）

预应力钢筒混凝土管规格尺寸（单位：mm）　　　表2

管子类型	公称内径D_0	管体长度L
内衬式预应力钢筒混凝土管（单胶圈）	400、500、600、700、800、900、1000、1200、1400	5078、6078
内衬式预应力钢筒混凝土管（双胶圈）	1000、1200、1400	5135、6135
埋置式钢筒混凝土管（单胶圈）	1400、1600、1800、2000、2200、2400、2600	5083、6083
	2800、3000、3200、3400、3600、3800、4000	5125、6125
埋置式钢筒混凝土管（双胶圈）	1400、1600、1800、2000、2200、2400、2600	5135、6135
	2800、3000、3200、3400、3600、3800、4000	5135、6135

注：经供需双方协商，可生产其他规格及尺寸的管子。

预应力混凝土管

预应力混凝土管分类　　　　　　　　　　　　表3

分类方法	名称
按成型工艺分类	一阶段管（如YYG、YYGS）
	三阶段管（如SYG、SYGL）
按接头密封形式分类	滚动密封胶圈柔性接头（如YYG、YYGS、SYG）
	滑动密封胶圈柔性接头（如SYGL）

预应力混凝土管规格尺寸（单位：mm）　　　　表4

管子类型	公称内径D_0	管体长度L
一阶段管（YYG）	400、500、600、700、800、900、1000、1200、1400、1600、1800、2000	5160
一阶段逊他布管（YYGS）	400、500、600、700、800、900、1000、1200、1400、1600、1800、2000	5160
三阶段管（SYG）	400、500、600、700、800、900、1000、1200、1400、1600	5160

注：经供需双方协商，可生产其他规格及尺寸的管子。

顶进施工法用钢筒混凝土管

顶进施工法用钢筒混凝土管分类　　　　　　　表5

分类方法	名称
按接头形式分类	单胶圈顶进施工法用钢筒混凝土管
	双胶圈顶进施工法用钢筒混凝土管

顶进施工法用钢筒混凝土管规格尺寸（单位：mm）　表6

管子类型	公称内径D_0	管体长度L
单胶圈接头	1000、1200、1400、1600、1800、2000、2200、2400、2600	3083、2583
	2800、3000、3200、3400、3600、3800、4000	3125、2625
双胶圈接头	1000、1200、1400、1600、1800、2000、2200、2400、2600、2800、3000、3200、3400、3600、3800、4000	3135、2635

高性能混凝土与超高性能混凝土

当前工程所用主要是普通混凝土，高性能混凝土与超高性能混凝土的应用将会越来越多。

高性能混凝土（简称HPC）是一种易于浇注、捣实、不离析，能长期保持高强、韧性与体积稳定性，在严酷环境下使用寿命长的混凝土。它以耐久性作为设计的主要指标，针对不同用途要求，对耐久性、工作性、适用性、强度、体积稳定性和经济性予以保证。

超高性能混凝土（简称UHPC）是在高性能混凝土基础上发展而来，堪称是耐久性最好的工程材料，适当配筋的UHPC力学性能接近钢结构，同时UHPC具有优良的耐磨、抗爆性能。因此，UHPC特别适合用于大跨径桥梁、抗爆结构（军事工程、银行金库等）和薄壁结构，以及用在高磨蚀、高腐蚀环境。

几种混凝土性能比较　　　　　　　　　　　　表7

主要性能	普通混凝土	高性能混凝土	超高性能混凝土
抗压强度（MPa）	20~40	40~96	170~227
水胶比	0.40~0.70	0.24~0.35	0.14~0.27
弹性模量（GPa）	14~41	31~55	55~62
泊松比	0.11~0.21	0.11~0.21	0.19~0.24

砂浆

砂浆是由胶凝材料、细骨料、掺合料、水以及外加剂配制而成的，主要用于砌筑、抹面、修补、装饰等工程的材料。常用的有水泥砂浆、混合砂浆（或叫水泥石灰砂浆）、石灰砂浆和黏土砂浆。

砂浆分类　　　　　　　　　　　　　　　　　表8

用途	胶凝材料	生产工艺
砌筑砂浆、抹面砂浆以及特殊用途砂浆	水泥砂浆、石灰砂浆、混合砂浆、聚合物砂浆等	预拌砂浆（湿拌砂浆和干混砂浆）、现场拌制砂浆

各种砂浆的用途　　　　　　　　　　　　　　表9

品种	作用	常用品种
砌筑砂浆	将砖、石、砌块等块状材料粘结成为砌体的砂浆称为砌筑砂浆，它在砌筑工程中起粘结砌体材料、衬垫、传递应力的作用，是砌体的重要组成部分	常用的砌筑砂浆有水泥砂浆、石灰砂浆、水泥石灰混合砂浆等。水泥砂浆适用于潮湿环境及水中的砌体工程；石灰砂浆仅用于强度要求低、干燥环境中的砌体工程；混合砂浆和易性好，配制成各种强度等级的砌筑砂浆，除对耐水性有较高要求的砌体外，可广泛用于各种砌体工程中
抹面及饰面砂浆	各层抹面的作用和要求不同，每层所选用的砂浆也不一样。同时，基底材料的特性和工程部位不同，对砂浆技术性能要求不同，这也是选择砂浆种类的主要依据	水泥砂浆宜用于潮湿或强度要求较高的部位；混合砂浆多用于室内底层或中层或面层抹灰；石灰砂浆、麻刀灰、纸筋灰多用于室内中层或面层抹灰。对混凝土基面多用水泥石灰混合砂浆。对于木板条基底及面层，多用纤维材料增加其抗拉强度，以防止开裂
特种砂浆	适用于保温隔热、吸声、防水、耐腐蚀、防辐射和粘结等特殊要求的砂浆	保温砂浆、防水砂浆、耐腐蚀砂浆（耐酸砂浆、硫磺耐酸砂浆、耐热砂浆、耐碱砂浆）、防辐射砂浆（重晶石砂浆、聚合物砂浆）
装饰砂浆	是指用作建筑物饰面的砂浆。它是在抹面的同时，经各种加工处理而获得特殊的饰面形式，以满足审美需要的一种表面装饰	装饰砂浆饰面可分为两类，即灰浆类饰面和石渣类饰面。灰浆类饰面是通过水泥砂浆的着色或水泥砂浆表面形态的艺术加工，获得一定色彩、线条、纹理质感的表面装饰。石渣类饰面是在水泥砂浆中掺入各种彩色石渣作骨料，配制成水泥石渣浆抹于墙体基层表面，然后用水洗、斧剁、水磨等手段除去表面水泥浆皮，呈现出石渣颜色及其质感的饰面。装饰砂浆所用胶凝材料与普通抹面砂浆基本相同，只是灰浆类饰面更多地采用白水泥和彩色水泥

4
建筑材料

型钢

1. 钢结构用热轧型钢

热轧型钢是用加热钢坯轧成的各种几何断面形状的钢材，主要包括工字钢、槽钢、角钢等。

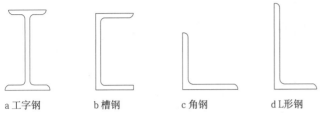

a 工字钢　　b 槽钢　　c 角钢　　d L形钢

1 热轧型钢截面图

常见热轧型钢规格型号　　　　　　　　　　　表1

型钢种类	长度（m）	规格型号	强度等级
工字钢	5~19	10、12、12.6、14、16、18、20、22、24、25、27、28、30、32、36、40、45、50、55、56、63，型号以截面高度毫米数除以10表示	符合碳素结构钢和低合金高强度结构钢的要求
槽钢	5~19	5、6.3、8、10、12.6、14、16、18、22、24、25、27、28、30、32、36、40，型号以截面高度毫米数除以10表示	
等边角钢	4~19	2、2.5、3、3.6、4、4.5、5、5.6、6、6.3、7、7.5、8、9、10、11、12.5、14、15、16、18、20、22、25，型号以边宽度毫米数除以10表示	
不等边角钢	4~19	2.5/1.6、3.2/2、4/2.5、4.5/2.8、5/3.2、5.6/3.6、6.3/4、7/4.5、7.5/5、8/5、9/5.6、10/6.3、10/8、11/7、12.5/8、14/9、16/10、18/11、20/12.5，型号以长边宽度/短边宽度毫米数除以10表示	
L形钢	5~19	L250×90×9×13、L250×90×10.5×15、L250×90×11.5×16、L300×100×10.5×15、L300×100×11.5×16、L350×120×10.5×16、L350×120×11.5×18、L400×120×11.5×23、L450×120×11.5×25、L500×120×12.5×33、L500×120×13.5×35，型号以L长边宽度×短边宽度×长边厚度×短边厚度毫米数表示	

2. 钢结构用冷弯型钢

冷弯型钢是用钢板或带钢在冷状态下弯曲成的各种断面形状的成品钢材，包括冷弯开口型钢及空心型钢，强度等级主要包括235、345、390三个等级。

a 角钢　b 槽钢　c 内卷边槽钢　d 外卷边槽钢　e Z形钢　f 卷边Z形钢

2 冷弯开口型钢截面图

冷弯开口型钢代号与尺寸　　　　　　　　　表2

开口型钢类型	代号	截面尺寸范围
等边角钢	JD	截面边长20~300mm；截面厚度1.2~16mm
不等边角钢	JB	截面长边30~300mm；截面短边20~260mm；截面厚度2.0~16mm
等边槽钢	CD	截面边长20~300mm；截面厚度1.2~16mm
不等边槽钢	CB	截面长度50~550mm；截面宽度32~300mm；截面高度20~250mm；截面厚度2.5~16mm
内卷边槽钢	CN	截面长度60~600mm；截面宽度30~150mm；截面卷边10~60mm；截面厚度2.5~16mm
外卷边槽钢	CW	截面长度30~600mm；截面宽度30~250mm；截面卷边16~150mm；截面厚度2.5~16mm
Z形钢	Z	截面长度80~400mm；截面半宽度40~150mm；截面厚度2.5~8.0mm
卷边Z形钢	ZJ	截面长度100~400mm；截面半宽度40~120mm；截面卷边20~40mm；截面厚度2.0~10mm

冷弯空心型钢包括冷弯空心圆管（代号Y）、冷弯空心方管（代号F）、冷弯空心矩形管（代号J）。

冷弯空心圆管尺寸（单位：mm）　　　　　　表3

直径	壁厚
21.3、26.8	1.2~3.0
33.5、42.3	1.5~4.0
48	1.5~5.0
60、75.5	2.0~5.0
88.5	3.0~6.0
114、140	4.0~6.0
165	4~8
219.1、273	5~10
325	5~12
355.6	6~12
406.4、457、508	8~12
610	8~16

冷弯空心方管尺寸（单位：mm）　　　　　　表4

边长	壁厚
20、25	1.2~2.0
30	1.5~3.0
40、50	1.5~4.0
60	2.0~5.0
70、80	2.5~5.0
90、100	3.0~6.0
110	4.0~6.0
120、130、140、150、160、170、180、190	4.0~8.0
200	4.0~10
220、250、280	5.0~12
300、350	6.0~12
400、450	8.0~14
500	8.0~16

冷弯空心矩形管尺寸（单位：mm）　　　　　表5

边长	壁厚
30×20	1.5~2.5
40×20、40×25、40×30、50×25	1.5~3.0
50×30、50×40	1.5~4.0
55×25、55×40	1.5~2.0
55×50	1.75~2.0
60×30、60×40	2.0~4.0
70×50、80×40、90×50	2.0~5.0
80×60、90×40	3.0~5.0
90×55、95×50	2.0~2.5
90×60、100×50	3.0~5.0
120×50	2.5~3.0
120×60、120×80	3.0~6.0
140×80	4.0~6.0
160×60、180×65	3.0~4.5
160×80、150×100、180×100、200×100、200×120、200×150、220×140、250×150	4.0~8.0
260×180、300×200、350×250	5.0~10
400×200、450×250、500×300	6.0~12
400×250	5.0~12
550×350	8.0~14
600×400	8.0~16

钢筋

钢筋是指钢筋混凝土用和预应力钢筋混凝土用钢材，包括光圆钢筋、带肋钢筋、扭转钢筋，交货状态为直条和盘圆两种。

钢筋分类　　　　　　　　　　　　　　　　表6

钢筋类别		牌号标识	直径范围（mm）
热轧光圆钢筋		HPB235、HPB300	8~50
热轧带肋钢筋	普通热轧钢筋	HRB335、HRB400、HRB500	
	细晶粒热轧钢筋	HRBF335、HRBF400、HRBF500	
冷轧带肋钢筋		CRB550、CRB650、CRB800、CRB970	

钢丝网和钢板网

钢丝网是以钢丝为原料,经过专业设备编织或者焊接加工成网状,包括普通编织型、压花编织型和点焊型。钢丝网网孔一般从6.4mm×6.4mm到50.8×50.8mm等规格。

钢板网是低碳钢薄板、不锈钢板等冲切开口,拉伸而成,也被称为拉网,强度大,结实耐用。钢板网按孔形可分为鱼鳞孔、六角孔、龟甲状钢、花式孔等。

钢管

钢管按生产方法可分为无缝钢管和有缝钢管,按用途分为装饰用管、流体输送管道用管、热工设备用管、机械工业用管等。

装饰用焊接不锈钢管表面状态　　　　　　　　　　表1

表面状态	表面未抛光状态	表面抛光状态	表面磨光状态	表面喷砂状态
代号	SNB	SB	SP	SA

不锈钢管的截面形状　　　　　　　　　　　　　　表2

截面形状	圆管	方管	矩形管
代号	R	S	Q

装饰用不锈钢焊接管的截面形状　　　　　　　　　表3

截面形状	圆管	方管	矩形管	其他管
代号	D	F	J	T

复合钢管种类与尺寸(单位:mm)　　　　　　　　表4

钢管种类	钢管规格尺寸
内衬不锈钢复合钢管	6~500
给水衬塑复合钢管	15~500
给水涂塑复合钢管	15~150
无缝钢管(通用系列)	10~1016

钢板

包括普通钢板、镀锌钢板、压型钢板等。普通钢板不耐锈蚀,压型钢板为冷压或冷轧成型的钢材,镀锌钢板表面电镀或热镀一层约5~12μm的金属锌,有防腐蚀作用。

普通钢板种类与规格(单位:mm)　　　　　　　表5

钢板种类	规格尺寸	
	厚度	宽度
薄钢板	0.2~4	500~1500
厚钢板	4~60	600~3000
特厚钢板	60~115	600~3000

压型钢板种类与尺寸　　　　　　　　　　　　　表6

分类(按基板分类)	基材强度(MPa)	常用宽度(mm)	基板厚度(mm)	
有机涂层钢板 镀锌钢板 镀铝钢板 镀铝锌钢板 镀锌铝钢板 镀锌合金化钢板	250 350	1000	墙面压型钢板	≥0.5
			屋面压型钢板	≥0.6
			楼盖压型钢板	≥0.8

镀锌钢板尺寸　　　　　　　　　　　　　　　　表7

项目		公称尺寸(mm)
公称厚度		0.30~0.50
公称宽度	钢板及钢带	500~2050
	纵切钢带	<600
公称长度	钢板	1000~8000

注:纵切钢带指由钢带(母带)静纵切后获得的窄钢带,宽度一般在600mm以下。

穿孔板

也称冲孔板,就是在不同材质的板材上打孔。材质包括低碳钢板、不锈钢板、铝板、铁板、铜板等。孔型有圆孔、方孔、棱形孔、三角形孔、五角星孔、长圆孔等,可作为装饰用板,也可做成各种器皿,耐腐蚀,耐高温、坚固耐用。

钢丝绳

钢丝绳是钢丝按照一定的规则捻制在一起的螺旋状钢丝束,由钢丝、绳芯及润滑脂组成。多层钢丝捻成股,再以绳芯为中心,由一定数量股捻绕成螺旋状而成。

按照捻制方法分类,有单股绳、双捻绳和三捻绳。

截面形状有圆股、三角股、椭圆股和扁股等异型股。

钢-塑复合材料

1. 塑料复合钢板

塑料复合钢板是在普通钢板的表面贴上一层塑料薄膜,或是喷上一层0.2~0.4mm厚的塑料层而制成的,后一种也称塑料涂层钢板。塑料复合钢板分为单面和双面复合两种,具有塑料耐腐蚀的特点,又具有普通钢板可进行弯折、钻孔等加工性能。

2. 钢塑复合管

钢塑复合管是以钢管为基管,内壁涂装聚乙烯涂料或环氧树脂涂料,制成的复合钢管,是传统镀锌管的升级型产品

钢塑复合管类型与尺寸　　　　　　　　　　　　表8

防腐形式	输送介质	塑层材料类型	长度(m)	公称通径(mm)
衬塑复合钢管 涂塑复合钢管 外覆塑复合钢管	冷水 热水	聚乙烯 耐热聚乙烯 交联聚乙烯 聚丙烯 硬聚氯乙烯 氯化聚氯乙烯 环氧树脂	3~12	15~500

3. 钢丝网骨架塑料复合管

钢丝网骨架塑料复合管是以钢丝缠绕网作为聚乙烯塑料管的骨架增强体,以高密度聚乙烯(HDPE)为基体,采用高性能树脂将钢丝骨架与内、外层高密度聚乙烯紧密地连接在一起的复合管材。

这种复合管克服了钢管和塑料管各自的缺点,而又保持了钢管和塑料管各自的优点。

钢丝网骨架塑料复合管代号与参数　　　　　　　表9

用途	代号	工作温度(℃)	公称外径(mm)
给水用	L	≤60	50~630
燃气用	Q	≤40	
特种流体用	T	≤60	

铜钢复合钢板

一种以碳钢为基板,单面或多面以铜为复层的双金属高效节能新型复合材料,经过特殊加工工艺复合而成,既具有铜的耐腐蚀性、耐磨性,又具有碳钢良好的可焊性、成型性、延伸性、导热性。

铝合金

1. 铝合金装饰板

又称为铝合金压型板，具有重量轻、强度高、刚度好、耐腐蚀、经久耐用等优良性能。板表面经阳极氧化或喷漆、喷塑处理后，可形成装饰要求的多种色彩。

铝合金装饰板类型与应用　　　　　　　　表1

类型	性能	使用范围
铝合金花纹板	花纹美观大方，不易磨损，防滑性好，抗蚀性强，易冲洗	建筑外墙面的装饰及楼梯踏步防滑等
铝质浅花纹板	花纹别致，刚度高，抗污垢、抗划伤、抗擦伤能力强，热反射高	外墙装饰
铝合金波纹板	质量轻，外形美观，耐腐蚀，安装容易，施工进度快	墙面和屋面的装饰
铝合金穿孔板	板材轻，耐高温，防火，防振，防潮，吸声与降噪	影剧院等公共建筑的装饰与降噪

2. 装饰用铝合金型材

装饰用铝合金型材常用牌号有：6005、6060、6061、6063A、6464、6463A。

装饰用铝合金型材分类与代号　　　　　　表2

分类依据	分类	代号
按表面处理方式分类	基材	JC
	氧化材	YH
	电泳材	DY
	粉末喷涂材	PT
按力学性能分类	侧重强度要求	LQ
	侧重塑性要求	LS
	非受力要求	LY
按耐盐雾腐蚀等级分类	Ⅰ类	FⅠ
	Ⅱ类	FⅡ
	Ⅲ类	FⅢ
	Ⅳ类	FⅣ
按使用环境分类	室内装饰用	SN
	室外装饰用	SW
按膜厚级别分类	A	HA
	B	HB
	C	HC

3. 铝箔

是用铝或铝合金加工成的薄片金属，具有优良的防潮、绝热性能，质地柔软，延展性好，具有银白色的光泽。

铝箔分类与厚度　　　　　　　　　　　　表3

铝箔类型			厚度（mm）
按软硬分类	按表面状态分类	按厚度	
硬质箔 半硬箔 软质箔	一面光铝箔 两面光铝箔	厚箔	0.1～0.2
		单零箔	0.01～0.1
		双零箔	0.005～0.009

4. 建筑结构用铝合金

建筑结构用铝合金主要用于门窗型材、幕墙龙骨、吊顶龙骨、广告栏、建筑隔断等。

结构用铝合金类型　　　　　　　　　　　表4

基材	表面处理方式
6005、6060、6061、6063、6063A、6463、6463A	阳极氧化铝材、电泳涂装铝材、粉末喷涂铝材、木纹转印铝材、氟碳喷涂铝材和刨光铝材等

铝塑板和铝塑管

铝塑板是上下层为高纯度铝合金板，中间为低密度聚乙烯芯板，其正面还粘贴一层保护膜的复合板材。

铝塑管是一种由中间纵焊铝管，内外层为聚乙烯塑料，层与层之间热熔胶铝塑管共挤复合而成的复合管材。

铝塑板类型　　　　　　　　　　　　　　表5

按用途	按产品功能	按表面装饰效果
建筑幕墙用铝塑板 外墙装饰与广告用铝塑板 室内用铝塑板	防火板 抗菌防霉铝塑板 抗静电铝塑板	涂层装饰铝塑板 氧化着色铝塑板 贴膜装饰复合板 彩色印花铝塑板 拉丝铝塑板 镜面铝塑板

铝塑管类型与用途　　　　　　　　　　　表6

铝塑管类型	颜色标识	适用范围
普通饮用水用铝塑复合管	白色，L标识	生活用水、冷凝水、氧气、压缩空气、其他化学液体管道
耐高温用铝塑复合管	红色，R标识	长期工作水温95℃的热水及采暖管道系统
燃气用铝塑复合管	黄色，Q标识	输送天然气、液化气、煤气管道系统

铸铁

铸铁分类与应用　　　　　　　　　　　　表7

分类方法	分类名称	应用说明
按断口颜色	灰铸铁	断口呈暗灰色，有一定的力学性能和良好的被切削性能
	白口铸铁	断口呈白亮色，硬而脆，不能进行切削加工，很少在工业上直接用来制作机械零件
	麻口铸铁	介于白口铸铁与灰铸铁之间的一种铸铁，其断口呈灰白相间的麻点状，性能不好，极少应用
按生产方式	普通灰铸铁	断口呈暗灰色，有一定的力学性能和良好的被切削性能
	孕育铸铁	又称变质铸铁，主要用于制造力学性能要求较高，而截面尺寸变化较大的大型铸件
	可锻铸铁	可锻铸铁是由一定成分的白口铸铁经石墨化退火而成，常用来制造承受冲击载荷的铸件
	球墨铸铁	简称球铁，是兼有钢和铸铁优点的优良材料，在工程上应用广泛
	特殊性能铸铁	这是一种有某些特性的铸铁，根据用途的不同，可分为耐磨铸铁、耐热铸铁、耐蚀铸铁等

铜合金

包括空心型材和实心型材，用于给水管道系统、门窗型材、建筑物外墙装饰、屋面材料，或作为门、扶梯、家具等的配饰。

铜合金板材与带材　　　　　　　　　　　表8

材料类型	材料功能	尺寸范围（mm）		
		厚度	宽度	长度
铜合金板材	导电导热用铜合金	0.2～60	≤1000	≤6000
铜合金带材	结构用铜合金 耐蚀铜合金 耐磨铜合金 艺术铜合金	0.50～3.0	≤1200	—

铜及铜合金线材　　　　　　　　　　　　表9

线材类型	直径（mm）
纯铜线	0.05～8.0
黄铜线	0.05～13.0
青铜线	0.1～12.0
白铜线	0.05～8.0

镁合金

镁合金是以镁为基材加入其他元素组成的合金。按照合金元素分类，镁合金有镁铝合金，其次是镁锰合金和镁锌锆合金。镁合金板材已在建筑装饰、家具上开始得到应用。

4
建筑材料

砖

砖分为普通烧结砖、烧结多孔砖和多孔砌块、烧结空心砖和空心砌块、烧结路面砖、烧结保温砖和保温砌块、非烧结垃圾尾矿砖。

普通烧结砖

普通烧结砖要求　　　　　　　　　　　　　　　　表1

按生产原料分类	规格尺寸（mm）	强度等级	质量等级
黏土砖（N） 页岩砖（Y） 煤矸石砖（M） 粉煤灰砖（F）	240×115×53； 配砖：175×115×53； 配砖、装饰砖的其他规格可由供需双方协商确定	MU30、MU25、 MU20、MU15、 MU10	优等品（A）、 一等品（B）、 合格品（C）

注：优等品适用于清水墙和装饰墙，一等品和合格品可用于混水墙。

烧结多孔砖和多孔砌块

烧结多孔砖和多孔砌块规格要求　　　　　　　　表2

按原料分类	尺寸（mm）		强度等级	密度等级	
	砖	砌块		砖	砌块
黏土砖和砌块（N） 页岩砖和砌块（Y） 煤矸石砖和砌块（M） 粉煤灰砖和砌块（F） 淤泥砖和砌块（U） 固体废弃物砖和砌块（G）	290、240、 190、180、 140、115、 90	490、440、 390、340、 290、240、 190、180、 140、115、90	MU30、 MU25、 MU20、 MU15、 MU10	1000、 1100、 1200、 1300	900、 1000、 1100、 1200

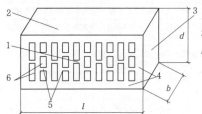

1 大面（坐浆面）　2 条面
3 顶面　4 外壁　5 肋　6 孔洞

l—长度　b—宽度　d—高度

1 烧结多孔砖各部位名称

1—手抓孔

2 烧结多孔砖孔洞排列示意图

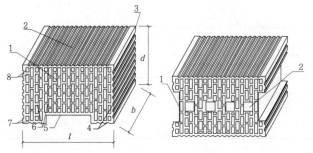

1 大面（坐浆面）　2 条面　3 顶面　4 粉刷沟槽　1 砂浆槽　2 手抓孔
5 砂浆槽　6 肋　7 外壁　8 孔洞

l—长度　b—宽度　d—高度

3 烧结多孔砌块各部位名称　　**4** 烧结多孔砌块孔洞排列示意图

烧结空心砖和空心砌块

孔洞率等于或大于40%，孔的尺寸大而数量少的砖，常用于非承重部位。

烧结空心砖和空心砌块规格要求　　　　　　　　表3

类别	尺寸（mm）	强度等级	密度等级	质量等级
黏土砖和砌（N） 页岩砖和砌块（Y） 煤矸石砖和砌块（M） 粉煤灰砖和砌块（F）	尺寸应符合： 390、290、 240、190、 180（175）、 140、115、90	MU10.0 MU7.5 MU5.0 MU3.5 MU2.5	800级 900级 1000级 1100级	优等品（A） 一等品（B） 合格品（C）

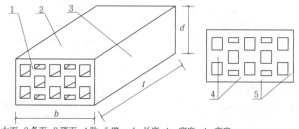

1 大面　2 条面　3 顶面　4 肋　5 壁　l—长度　b—宽度　d—高度

5 烧结空心砖和空心砌块示意图

烧结保温砖和保温砌块

以黏土、页岩或煤矸石、粉煤灰、淤泥等固体废弃物为主要原料制成的，或加入成孔材料制成的实心或多孔薄壁经焙烧而成的，用于建筑围护结构的保温隔热的砖或砌块。

烧结保温砖和保温砌块类别　　　　　　　　　　表4

类别	按烧结处理工艺和砌筑方法分
黏土保温砖和保温砌块（NB） 页岩保温砖和保温砌块（YB） 煤矸石保温砖和保温砌块（MB） 粉煤灰保温砖和保温砌块（FB） 淤泥保温砖和保温砌块（YNB） 其他固体废弃物保温砖和保温砌块（QGB）	A类：经精细工艺处理砌筑中采用薄灰缝，契合无灰缝的； B类：未经精细工艺处理的砌筑中采用普通灰缝的

烧结保温砖和保温砌块规格要求　　　　　　　　表5

尺寸（mm）		强度等级	密度等级	按传热系数K值分
A类	B类			
490、360(359)、 365)、300、 250(249、248)、 200、100	390、290、 240、190、 180(175)、 140、115、 90、53	MU15.0、 MU10.0、 MU7.5、 MU5.0、 MU3.5	700级、800 级、900级、 1000级	2.00、1.50、1.35、 1.00、0.90、0.80、 0.70、0.60、0.50、 0.40

烧结路面砖

以页岩、煤矸石、黏土及其他矿物为主要原料，经烧结制成的，用于铺设人行道和车行道、仓库、地面等的烧结砖。

烧结路面砖规格尺寸（单位：mm）　　　　　　　表6

项目	尺寸	按形状分类
长或宽	100、150、200、250、300	普通型路面砖（P）
厚	50、60、80、100、120	联锁型路面砖（L）

注：其他规格尺寸可根据用户要求确定。

烧结路面砖类别　　　　　　　　　　　　　　　　表7

强度类别		耐磨类别	
F类：用于重型车辆行驶的路面砖			
SX类：用于吸水饱和时并经受冰冻的路面砖		Ⅰ类：用于人行道和交通车道	
MX类：用于室外不产生冰冻条件的路面砖		Ⅱ类：用于居民区内步道和车道	
NX类：不用于室外，而允许用于吸水后免受冰冻的室内路面砖		Ⅲ类：用于个人家庭内的地面和庭院	

瓦

由黏土或其他无机非金属材料为原料经成型、烧结等工艺处理，用于建筑屋面覆盖及装饰用的制品。

烧结瓦的分类：根据吸水率的不同分为Ⅰ类瓦（≥6%）、Ⅱ类瓦（6%～10%）、Ⅲ类瓦（10%～18%）、青瓦（≤21%）。

瓦的类型 表1

	类型
瓦	烧结瓦、混凝土瓦、纤维水泥波瓦与脊瓦、钢丝网石棉水泥小波瓦、彩喷片状膜塑料（SMC）瓦、玻璃纤维增强水泥波瓦及其脊瓦、玻纤胎沥青瓦

瓦的主要规格 表2

产品类别	规格（mm）
平瓦	400×240、360×220，厚度10～20
脊瓦	总长≥300、宽≥180，高度10～20
三曲瓦、双筒瓦、鱼鳞瓦、牛舌瓦	300×200、150×150，高度8～12
板瓦、筒瓦、滴水瓦、沟头瓦	430×350、110×50，高度8～16
J形瓦、S形瓦	320×320、250×250，高度12～20

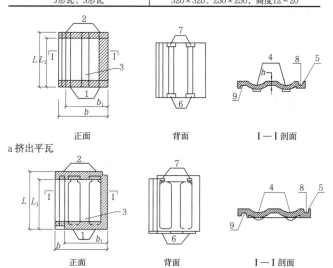

a 挤出平瓦

正面　背面　Ⅰ—Ⅰ剖面

b 压制平瓦

正面　背面　Ⅰ—Ⅰ剖面

1 平瓦类

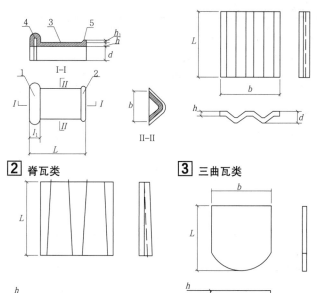

Ⅰ—Ⅰ

Ⅱ—Ⅱ

2 脊瓦类　**3 三曲瓦类**

4 双筒瓦类　**5 金鳞瓦类**

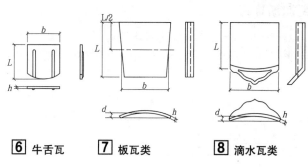

6 牛舌瓦　**7 板瓦类**　**8 滴水瓦类**

9 筒瓦类　**10 沟头瓦类**　**11 J形瓦类**

a 正面　b 背面

12 波形瓦类

1瓦头 2瓦尾 3瓦脊 4瓦槽 5边筋 6前爪 7后爪 8外槽 9内槽 10钉孔或钢丝孔 11挂钩
L（L_1）—（有效）长度 b（b_1）—（有效）宽度 h—厚度 d—曲度或弧度 c—谷深 D—峰宽 E—开度 l_1—内外槽搭接部分长度 h_1—边筋高度
平瓦正面图中的阴影部分为搭接部分

彩喷片状膜塑料（SMC）瓦

彩喷片状膜塑料（SMC）瓦规格尺寸（单位：mm） 表3

分类	尺寸
屋面瓦	长度300～1400 宽度400～450 搭接33.0
脊瓦	长度250～1000 宽度200～450

注：产品代号SMC。

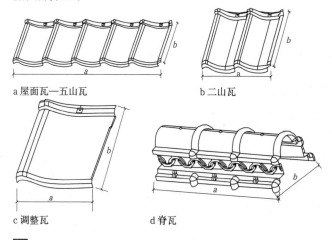

a 屋面瓦—五山瓦　b 二山瓦

c 调整瓦　d 脊瓦

13 彩喷片状模塑料（SMC）瓦

玻纤胎沥青瓦

以玻璃纤维毡为胎基，经浸涂石油沥青，一面加上表面保护材料，另一面撒以隔离材料所制成具有防水功能的屋面材料。

玻纤胎沥青瓦类型 表1

产品形式	按上表面保护材料分	单位面积质量（kg/m²）	厚度（mm）	胎基
平瓦（P）	矿物粒（片）料（M）	≥3.4	≥2.6	纵向加筋或不加筋的玻纤毡（G）
叠瓦（L）	金属箔（C）	≥2.2	≥2.0	

注：规格尺寸推荐：长度1000mm，宽度333mm。

玻璃纤维增强水泥波瓦及其脊瓦

玻璃纤维增强水泥波瓦及其脊瓦规格要求 表2

质量等级	类别
优等品（A）	中波瓦（ZB）
一等品（B）	半波瓦（BB）
合格品（C）	脊瓦

波瓦的规格尺寸（单位：mm） 表3

品种		长度 l	宽度 b	厚度 s	波距 p	波高 h	弧高 h₁	边距 c₁	c₂
中波瓦		1800、2400	745	7	131	33	—	45	45
半波瓦	Ⅰ级	2800	965	7	300	40	30	35	30
	Ⅱ级	>2800	1000	7	310	50	38.5	40	30

脊瓦的规格尺寸（单位：mm） 表4

长度		宽度 b	厚度 s	角度 θ°
总长 l	搭接长 l₁			
850	70	230×2	7	125

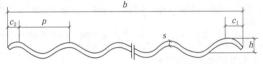

a 中波瓦

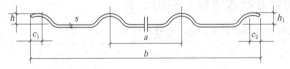

b 半波瓦

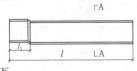 

c 脊瓦

1 玻璃纤维增强水泥波瓦及其脊瓦示意图

金属瓦

金属瓦按制作工艺分为石面金属瓦、漆面金属瓦、金属本色瓦。

石面金属瓦是以镀铝锌钢板为基材模压成各种瓦型，粘合天然玄武岩颗粒作为表面的石面金属瓦，又称为"彩石"金属瓦。

漆面金属瓦是以镀铝锌钢板、镀锌钢板、铝镁锰合金等金属基材表面做漆面喷涂处理后做成瓦型，用于屋面。

金属本色瓦是以金属板材"本色"制作：纯铜板、钛锌板等表面不做涂层处理直接加工用于屋面，多用于高档屋面。

建筑玻璃

建筑玻璃具有能调节光线、保温隔热、安全（防弹、防盗、防火、防辐射、防电磁波干扰）、艺术装饰等特性。

建筑玻璃分为：平板玻璃、安全玻璃、特种玻璃等。

平板玻璃

平板玻璃有窗用玻璃、磨光玻璃、磨砂玻璃、有色玻璃、彩绘玻璃、光栅玻璃、压花玻璃、装饰镜等。

平板玻璃按颜色属性分为：无色透明平板玻璃和本体着色平板玻璃。

窗用玻璃是未经研磨加工的平板玻璃。

磨光玻璃是经磨光抛光后的平板玻璃，分单面磨光和双面磨光两种；

磨砂玻璃是用机械喷砂、手工研磨或使用氢氟酸溶液等方法，将普通平板玻璃表面处理为均匀毛面而成。

有色玻璃也称彩色玻璃，有透明和不透明两种。

彩绘玻璃是采用屏幕彩绘技术将原画逼真地复制到玻璃上，起到装饰效果。

光栅玻璃也称镭射玻璃，是以玻璃为基材，经激光表面微刻处理形成的激光装饰材料。

压花玻璃也称花纹玻璃或辊花玻璃，是用无色或有色玻璃液，通过刻有花纹的辊筒连续压延而成的带有花纹图案的平板玻璃。

无色透明平板玻璃可见光透射比最小值 表5

公称厚度（mm）	2	3	4	5	6	8	10	12	15	19	22	25
可见光透射比最小值（%）	89	88	87	86	85	83	81	79	76	72	69	67

本体着色平板玻璃光学特性种类 表6

光学特性种类	偏差不超过（%）
可见光（380~780nm）透射比	2.0
太阳光（300~2500nm）直接透射比	3.0
太阳能（300~2500nm）总透射比	4.0

压花玻璃

压花玻璃的物理化学性能基本与普通透明平板玻璃相同，仅在光学上具有透光不透明的特点，可使光线柔和，并具有隐私的屏护作用和一定的装饰效果。

安全玻璃

安全玻璃有：钢化玻璃、夹层玻璃、夹丝玻璃、夹胶玻璃等

安全玻璃在建筑上的使用建议：（1）应充分考虑玻璃的种类、结构、厚度、尺寸，尤其是合理选择安全玻璃制品霰弹袋冲击试验的冲击历程和冲击高度级别等；（2）对关键场所的安全玻璃制品采取必要的其他防护；（3）关键场所使用安全玻璃制品应有容易识别的标识。

钢化玻璃

钢化玻璃是将平板玻璃处理后玻璃表面形成压力层，比普通玻璃抗弯强度提高5~6倍，抗冲击强度提高约3倍，韧性提高约5倍。钢化玻璃在碎裂时，不形成锐利棱角的碎块，因而不伤人。钢化玻璃不能裁切，需按要求加工，后再钢化。

夹层玻璃

夹层玻璃是将两片或多片平板玻璃间夹以透明塑料薄片，经热压粘合而成的平面或弯曲的复合玻璃制品。玻璃原片可采用磨光玻璃、浮法玻璃、有色玻璃、吸热玻璃、热反射玻璃、钢化玻璃等，夹层玻璃的特点是安全性好。

夹层玻璃分类　　　　　　　　　　　　　　　表1

按形状分	按霰弹袋冲击性能分
平面夹层玻璃 曲面夹层玻璃	Ⅰ类夹层玻璃（对霰弹袋冲击性能不做要求的夹层玻璃，不能作为安全玻璃使用。） Ⅱ-1类夹层玻璃（霰弹袋冲击高度可达1200mm） Ⅱ-2类夹层玻璃（霰弹袋冲击高度可达750mm） Ⅲ类夹层玻璃（霰弹袋冲击高度可达300mm）

夹丝玻璃

夹丝玻璃是将普通平板玻璃加热到红热软化状态后，再将预热处理的金属丝或金属网压入玻璃中而成。其表面可是压花或磨光的，有透明或彩色的。夹丝玻璃的特点是安全性好。

产品尺寸一般不小于600mm×400mm，不大于2000mm×1200mm。其特性是防火性优越，可遮挡火焰，高温燃烧时不炸裂，破碎时不会造成碎片伤人。

中空玻璃

两片或多片玻璃以有效支撑均匀隔开并周边粘结密封，使玻璃层间形成有干燥气体空间的制品，可采用浮法玻璃、夹层玻璃、钢化玻璃、幕墙用钢化玻璃和半钢化玻璃、着色玻璃、镀膜玻璃和压花玻璃，以及其他品种的玻璃制得。

常用中空玻璃形状和最大尺寸（单位：mm）　　表2

玻璃厚度	间隔厚度	长边最大尺寸	短边最大尺寸（正方形除外）	最大面积（m²）	正方形边长最大尺寸
3	6	2110	1270	2.4	1270
	9~12	2110	1270	2.4	1270
4	6	2420	1300	2.86	1300
	9~10	2440	1300	3.17	1300
	12~20	2440	1300	3.17	1300
5	6	3000	1750	4.00	1750
	9~10	3000	1750	4.80	2100
	12~20	3000	1815	5.10	2100
6	6	4550	1980	5.88	2000
	9~10	4550	2280	8.54	2440
	12~20	4550	2440	9.00	2440
10	6	4270	2000	8.54	2440
	9~10	5000	3000	15.00	3000
	12~20	5000	3180	15.90	3250
12	12~20	5000	3180	15.90	3250

真空玻璃

真空玻璃是两片平板玻璃四周密闭起来，将其间隙抽成真空并密封排气孔，两片玻璃之间的间隙为0.1~0.2mm。真空玻璃的两片一般至少有一片是低辐射玻璃，这样通过真空玻璃的传导、对流和辐射方式散失的热降到最低。

真空玻璃保温性能　　　　　　　　　　　　　表3

级别	K值[W/m²·K]
1	K≤1.0
2	1.0<K≤2.0
3	2.0<K≤2.8

真空玻璃根据保温性能分为1级、2级、3级。其保温性能见表，真空玻璃的隔声性能应≥30dB。

遮阳中空玻璃

在中空玻璃内安装遮阳装置的制品叫内置遮阳中空玻璃制品。

内置遮阳中空玻璃制品的标记中包括：内置遮阳帘的材料、内置遮阳帘的构造、内置遮阳装置的操作方法、内置遮阳帘的伸展和收回方向、中空玻璃的配制（外侧玻璃厚度+间隔层厚度+内侧玻璃厚度）、内置遮阳中空玻璃制品的规格（宽×高）以及标准号。

中空玻璃内安装遮阳装置的分类　　　　　　　表4

内置遮阳帘的材料	按内置遮阳帘的构造分	按内置遮阳帘装置的操作方法分	按内置遮阳帘的伸展和收回方向分
金属（JS） 纺织（FZ） 其他（QT）	百叶帘（BY） 折叠帘（ZD） 蜂巢帘（FC） 卷轴帘（JZ）	手动（SD） 电动（DD）	竖向（SX） 横向（HX） 水平（SP）

注：水平收展的内置遮阳中空玻璃制品适用于采光顶。

Low-E玻璃

Low-E玻璃又称低辐射玻璃，是在玻璃表面镀膜，其镀膜层具有对可见光高透过，对中远红外线高反射的特性，使其与普通玻璃及传统的建筑用镀膜玻璃相比，具有优异的隔热效果和良好的透光性。

Low-E玻璃的可见光透过率从理论上的0%~95%不等，可见光透过率代表室内的采光性。室外反射率从10%~30%左右，代表反光强度或者耀眼程度

防火玻璃

防火玻璃是一种在规定的耐火试验中能够保持其完整性，或既能保持完整性又有一定隔热性的特种玻璃。

防火玻璃分类　　　　　　　　　　　　　　　表5

按防火玻璃结构分	防火玻璃耐火性能分	防火玻璃耐火极限分
复合防火玻璃（FFB）	隔热型防火玻璃（A类）	0.50h、1.00h、1.50h、2.00h、3.00h
单片防火玻璃（DFB）	非隔热型防火玻璃（C类）	

建筑用U形玻璃

U形玻璃可以是有色或无色的，可以是夹丝（网）的或不夹丝（网）的，表面可以是光滑的或有花纹图案的。

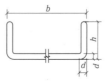

b—正面宽　h—翼高　d—厚度

1 U形玻璃

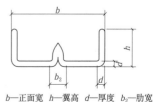

b—正面宽　h—翼高　d—厚度　b₂—肋宽

2 双U形玻璃

4　建筑材料

玻璃的光学热工参数

玻璃的光学热工参数　　　　表1

玻璃品种		可见光透射比 τ	太阳光总透射比 g_g	遮阳系数 SC	传热系数[W/(m²·K)]
透明玻璃	3mm	0.83	0.87	1.00	5.8
	6mm	0.77	0.82	0.93	5.7
	12mm	0.65	0.74	0.84	5.5
吸热玻璃	5mm绿色	0.77	0.64	0.76	5.7
	6mm蓝色	0.54	0.62	0.72	5.7
	5mm茶色	0.50	0.62	0.72	5.7
	5mm灰色	0.42	0.60	0.69	5.7
热反射玻璃	6mm高透光	0.56	0.56	0.64	5.7
	6mm中等透光	0.40	0.43	0.49	5.4
	6mm低透光	0.15	0.26	0.30	4.6
	6mm特低透光	0.11	0.25	0.29	4.6
单片Low-E	6mm高透光	0.61	0.51	0.58	3.6
	6mm中等透光	0.55	0.44	0.51	3.5
中空玻璃	6透明+12空气+6透明	0.71	0.75	0.86	2.8
	6绿色吸热+12空气+6透明	0.66	0.47	0.54	2.8
	6灰色吸热+12空气+6透明	0.38	0.45	0.51	2.8
	6中等透光热反射+12空气+6透明	0.28	0.29	0.34	2.4
	6低透光热反射+12空气+6透明	0.16	0.16	0.18	2.3
	6高透光Low-E+12空气+6透明	0.72	0.47	0.62	1.9
	6中透光Low-E+12空气+6透明	0.62	0.37	0.50	1.8
	6较低透光Low-E+12空气+6透明	0.48	0.28	0.38	1.8
	6低透光Low-E+12空气+6透明	0.35	0.20	0.30	1.88
	6高透光Low-E+12氩气+6透明	0.72	0.47	0.62	1.5
	6中透光Low-E+12氩气+6透明	0.62	0.37	0.50	1.4

几种玻璃的最大许用面积　　　　表2

玻璃种类	公称厚度（mm）	最大许用面积（m²）
钢化玻璃夹层	4	2.0
	5	3.0
	6	4.0
	8	6.0
	10	8.0
	12	9.0
夹层玻璃	6.38、6.7、7.52、	3.0
	8.38、8.76、9.52、	5.0
	10.38、10.76、11.52	7.0
	12.38、12.76、12.52	8.0
有框平板玻璃、真空玻璃	3	0.1
	4	0.3
	5	0.5
	6	0.9
	8	1.8
	10	2.7
	12	4.5

玻璃的最小装配尺寸要求　　　　表3

玻璃公称厚度（mm）	前部余隙和后部余隙（a）		嵌入深度（b）	边缘间隙（c）
	密封胶	胶条		
单层玻璃、夹层玻璃、真空玻璃	3~6	3.0	3.0	8.0	4.0
	8~10	5.0	3.5	10.0	5.0
	12~19		4.0	12.0	8.0
中空玻璃	4+A+4	5.0	3.5	15.0	5.0
	5+A+5				
	6+A+6				
	8+A+8	7.0	5.0	17.0	7.0
	10+A+10				
	12+A+12				

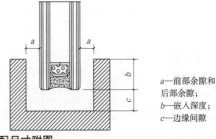

a—前部余隙和后部余隙；
b—嵌入深度；
c—边缘间隙

1 玻璃的最小装配尺寸附图

玻璃砖

玻璃砖是用透明或颜色玻璃制成的块状、空心的玻璃制品或块状表面施釉的制品，不承受建筑构件负荷。其品种主要有玻璃空心砖、玻璃饰面砖及玻璃锦砖（马赛克）等。

玻璃饰面砖

玻璃饰面砖又叫做"三明治瓷砖"，采用两块透明的聚合材料制成的抗压玻璃板做"面包"，中间的夹层可以随意搭配，放入其他材料。

玻璃马赛克

玻璃马赛克属于各种颜色方形、长方形或其他形状的小块玻璃质镶嵌材料。

玻璃马赛克一般为正方形，厚度为4~6mm。工厂内以背网将小块玻璃粘结为300mm×300mm的单元以便施工。

空心玻璃砖

空心玻璃砖规格尺寸（单位：mm）　　　　表4

长（a）	宽（b）	高（h）
115	115	50
115	115	80
140	140	95
145	145	50
145	145	95
190	190	80
190	190	95
240	115	80
240	240	80
300	90	100
300	145	95
300	190	100
300	300	100

4
建筑材料

建筑装饰用微晶玻璃

建筑装饰用微晶玻璃分类、等级　　　　　　　　表1

颜色基调	形状	表面加工程度	等级
白色、米色、灰色、蓝色、绿色、红色、黑色等	普型板（P）：正方形或长方形；异型板（Y）：其他形状的板材	镜面板（JM）亚光面板（YG）	优等品（A）合格品（B）

泡沫玻璃

泡沫玻璃是一种性能优越的绝热（保冷）、吸声、防潮、防火的轻质高强建筑材料和装饰材料，使用温度范围为-196~450℃，A级不燃与建筑物同寿命，导热系数为0.058[W/(m•k)]，透湿系数几乎为0。泡沫玻璃以其永久性、安全性、高可靠性，在低热绝缘、防潮工程、吸声等领域占据着越来越重要的地位。

泡沫玻璃分类　　　　　　　　　　　　　　　表2

分类	内容	
按用途分	隔热泡沫玻璃、吸声泡沫玻璃	
按所用原料分	普通泡沫玻璃、石英泡沫玻璃、熔岩泡沫玻璃	
按颜色分	白色、棕色、黄色、纯黑色等	
按外形分	平板（代号P）	管壳（代号G）
按密度分	≤150kg/m（代号150）	151~180 kg/m（代号180）

建筑陶瓷

建筑陶瓷按使用性质分类：陶瓷墙地砖、卫生陶瓷、建筑琉璃制品。

陶瓷砖

陶瓷砖分类　　　　　　　　　　　　　　　表3

成型方法	Ⅰ类 $E \leqslant 3\%$	Ⅱa类 $3\% < E \leqslant 6\%$	Ⅱb类 $6\% < E \leqslant 10\%$	Ⅲ类 $E > 10\%$
A（挤压）	AⅠ类	AⅡa₁类 AⅡa₂类	AⅡb₁类 AⅡb₂类	AⅢ类
B（干压）	BⅠa类 瓷质砖$E \leqslant 0.5\%$ BⅠb类 炻瓷砖$0.5\% < E \leqslant 3\%$	BⅡa类 细炻砖	BⅡb类 炻质砖	BⅢ类 陶质砖
C（其他）	CⅠ类	CⅡa类	CⅡb类	CⅢ类

注：E为质量吸水率。

a 可见面尺寸　　　b 不带有间隔凸缘的砖　c 带有间隔凸缘的砖
配合尺寸（C）=工作尺寸（W）+连接宽度（J）；
工作尺寸（W）=可见面（a）（b）和厚度（d）的尺寸

1 陶瓷砖的尺寸

陶瓷板

由黏土和其他无机非金属材料经成型、高温煅烧等生产工艺制成的用于室内外墙地面装饰的板状陶瓷制品。

构造工艺根据厚薄及使用部位常有粘贴、干挂等。

陶瓷板的厚度、大小各厂家有区别，一般薄板（6mm及以下）用于粘贴、框架式固定，厚板（10mm以上）用于干挂。

陶瓷板分类　　　　　　　　　　　　　　　表4

按吸水率分	按表面特征分
瓷质板（E≤0.5%）炻质板（0.5%＜E≤10%）陶质板（10%＜E）	有釉瓷板 无釉瓷板

干挂空心陶瓷板

分类：按照表面特性可分为无釉干挂空心陶瓷板和有釉干挂空心陶瓷板；按照吸水率（E）可分为瓷质干挂空心陶瓷板（E≤0.5%）和炻质类干挂空心板（0.5%≤E≤10%）。

尺寸：干挂空心陶瓷板的有效宽度不宜大于620mm，长度由供需双方商定，特殊形状或尺寸的干挂空心陶瓷板由供需双方商定。

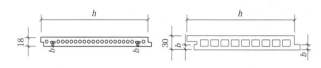

h—正面宽度　b—承载力部分壁厚

2 有效宽度、承载力壁厚示意图

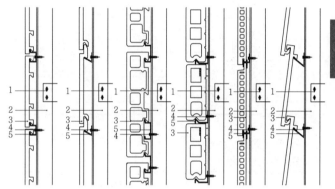

1 钢角码　2 竖龙骨　3 干挂陶瓷板　4 不锈钢螺栓　5 挂件

3 干挂空心陶瓷板示意图

陶瓷锦砖

用于装饰与保护建筑物地面及墙面的由多块小砖（表面积不大于55cm²）拼贴成联的陶瓷砖。

陶瓷锦砖品种、规格、分级　　　　　　　　表5

品种		按砖联分规格分	等级
表面性质	砖联		
有釉、无釉	单色、混色、拼花	正方形、长方形、其他形状、单块砖边、长不大于95mm，表面面积不大于55cm²	优等品、合格品

建筑琉璃制品

规格及尺寸由供需双方商定，规格以长度和宽度的外形尺寸表示。

建筑琉璃制品品种　　　　　　　　　　　　表6

品种	按形状分
瓦类、脊类、饰件类	板瓦、筒瓦、滴水瓦、勾头瓦、J形瓦、S形瓦和其他异形瓦

建筑陶瓷薄板

建筑陶瓷薄板是一种由高岭土黏土和其他无机非金属材料，经成型、并经1200℃高温煅烧等生产工艺制成的板状陶瓷制品，适用于室内地面、室内外墙面。产品规格厚度小于6mm，表面积大于1.62m²。其铺贴方式可以有湿铺法、干挂法。

塑料

塑料是人造高分子化合物，可制成各种形状的制品，主要包括塑料板、塑料壁纸、塑料管材和塑料门窗。

1. 塑料品种

常用塑料品种　　表1

塑料类型	简称	俗称
聚乙烯	PE	
聚丙烯	PP	百折胶，塑料
高密度聚乙烯	HDPE	硬性软胶
低密度聚乙烯	LDPE	
线性低密度聚乙烯	LLDPE	
聚氯乙烯	PVC	搪胶
通用聚苯乙烯	GPPS	硬胶
发泡性聚苯乙烯	EPS	发泡胶
耐冲击性聚苯乙烯	HIPS	耐冲击硬胶
苯乙烯-丙烯腈共聚物	AS，SAN	透明大力胶
丙烯腈-丁二烯-苯乙烯共聚合物	ABS	超不碎胶
聚甲基丙烯酸酯	PMMA	亚克力（有机玻璃）
乙烯-醋酸乙烯共聚合物	EVA	橡皮胶
聚对苯二甲酸乙酯	PET	聚酯
聚对苯二甲酸丁酯	PBT	
聚酰胺	PA	尼龙
聚碳酸树脂	PC	防弹胶
聚甲醛树脂	POM	赛钢，夺钢
聚2,6-二甲基-1,4-苯醚	PPO	聚苯醚
聚亚苯基硫醚	PPS	聚苯硫醚
聚氨基甲酸乙酯	PU	聚氨酯
聚苯乙烯	PS	

2. 塑料壁纸

塑料壁纸类型与规格　　表2

名称	质量等级	规格
窄幅小卷	优等品	幅宽530~600mm，长10~12m，每卷5~6m²
中幅中卷	一等品	幅宽760~900mm，长25~50m，每卷25~50m²
宽幅大卷	合格品	幅宽920~1200mm，长50m，每卷49~50m²

3. 塑料地板

4. 塑料装饰板

5. 塑料门窗

塑料门开启形式与代号　　表3

开启形式	平开	平开下悬	推拉	推拉下悬	折叠	地弹簧
代号	P	PX	T	TX	Z	DH

塑料窗开启形式与代号　　表4

开启式	平开	推拉	上下拉	开平悬	上悬	中悬	下悬	固定
代号	P	T	ST	PX	S	C	X	G

6. 塑料管材及管件

塑料管材及管件主要包括聚氯乙烯（PVC）管、聚乙烯（PE）管和聚丙烯（PP-R）管材及管件等，主要用于建筑给排水、输气管、电工与电信保护套管等。

建筑排水用塑料管材类型与规格　　表5

分类	公称外径（mm）	管材长度（m）
胶粘剂连接型管材	32、40、50、75、90、110、125、165、200、250、315	4
弹性密封圈连接型管材		6

建筑给水用塑料管材规格　　表6

公称外径（mm）	管材壁厚（mm）	管材公称压力（MPa）
20、25、32、40、50、63、75、90、110、125、140、160、180、200、225、250、280、315、355、400、450、500、560、630、710、800、900、1000	0.6、0.8、1.0、1.25、1.6	2.0~31.0

冷热水用塑料管材规格　　表7

公称外径（mm）	设计压力（MPa）
16、20、25、32、40、50、63、75、90、110、125、140、160	0.4、0.6、0.8、1.0

常用塑料地板类型和特点　　表8

类型	特点							
	弹性	耐凹陷性	耐刻划性	耐烟头性	耐玷污性	耐机械损伤性	脚感	装饰性
半硬质地砖	硬	好	差	好	好	好	硬	一般
贴膜印花地砖	软-硬	好	好	差	中	中	中	较好
软质单色卷材	软	中	中	中	中	中	中	一般
不发泡印花卷材	软-硬	中	好	差	中	中	中	较好
印花发泡卷材	软，有弹性	差	好	最差	中	较好	好	好

塑料装饰板名称、特点和用途　　表9

序号	名称	特点	用途
1	塑料贴面装饰板	耐磨、耐热、耐寒、耐溶剂、耐污染、色调丰富多彩，高光或亚光、质地牢固，表面硬度大，使用寿命长，装饰效果好	粘贴于木质基层表面，各种橱柜、家具、吊顶等部位饰面，各种人造木质板材表面，为中、高档饰面材料
2	聚氯乙烯装饰板（即PVC板）	表面光滑，色泽鲜艳，防水耐腐，化学稳定性好，介电性良好，强度较高，抗老化性能好，易熔接粘合，易于施工	用于卫生间、浴室、厨房吊顶、内墙饰面板、采光顶棚、采光屋面、高速公路隔声、室内隔断、广告牌、灯箱、橱窗等
3	波音装饰软片	色泽艳丽、色彩丰富、华丽照人、经久耐用不褪色，具有较好的弯曲性能，耐磨优越，耐污性好，具有良好的阻燃性能	适用于各种壁材、石膏板、人造板、金属板等基材上的粘贴装饰
4	聚乙烯塑料装饰板	表面光洁、高雅华丽、绝缘、隔声、防水、阻燃、耐腐蚀	适用于家庭、宾馆、会议室及商店等建筑物的墙面装饰
5	有机玻璃板	透光率较好，机械强度较高，耐热性、耐寒性和耐气候性好、耐腐蚀及绝缘性能良好，缺点是质地较脆	室内高级装饰材料，用于门窗、玻璃指示灯罩及装饰灯罩、隔板、隔断、吸顶灯具、采光罩、淋浴房、亚克力浴缸等
6	玻璃卡普隆板	重量轻，透光性好，属优良采光材料，安全性、耐候性、弯曲性能好，可热弯、冷弯，抗紫外线，安装方便，阻燃性好，不产生有毒气体	用于办公楼、商场、娱乐中心及大型公共设施的采光顶，车站、停车站、凉亭等雨篷，也可作为飞机场、工厂的安全采光材料，室内游泳池、农业养殖业的天幕、隔断、淋浴房、广告牌等
7	高压热固化木纤维板	抗冲击性极高，易清洁、防潮湿，稳定性和耐用性好，抗紫外线，阻燃，耐化学腐蚀性强，装饰效果好，加工安装容易	适用于计算机房内墙装饰，各种化学、物理及生物实验室、墙面板、台板等要求很高的场所

4
建筑材料

膜材料

膜材料是用于张拉膜结构的一种新型高分子材料，与支撑构件或拉索共同组成结构体系，一般由高强度的织物基材和聚合物涂层构成的复合材料，涂层对基材起保护作用，并形成膜材料的密封性能。

常用膜材料的类别与构成 表1

类别	代号	基材	涂层	面层	膜材保质期（年）
G	GT	玻璃纤维	聚四氯乙烯 PTFE	—	10~15
P	PCF	聚酯纤维	聚氯乙烯 PVC	聚偏氯乙烯 PVF	10~15
	PCD	聚酯纤维	聚氯乙烯 PVC	聚偏二氯乙烯 PVDF	10~12
	PCA	聚酯纤维	聚氯乙烯 PVC	聚丙烯 Acrylic	5~10

注：G类为不燃类膜材，P类为难燃类膜材。

常用膜材料厚度（单位：mm） 表2

类别	A级	B级	C级	D级	E级
G类	0.9~1.1	0.75~0.9	0.6~0.75	0.45~0.6	0.35~0.45
P类	1.15~1.25	0.95~1.15	0.8~0.95	0.65~0.8	0.5~0.65

橡胶

分为天然橡胶与合成橡胶。工程中广泛使用的主要是合成橡胶。建筑中橡胶制品包括橡胶地板、橡胶板和橡胶管。

1. 橡胶品种

常用橡胶品种 表3

品种	简称	应用
天然橡胶	NR	是制作胶带、胶管、胶鞋的原料，并适用于制作减振零件
丁苯橡胶	SBR	广泛用于轮胎业、输送带行业、防水卷材等
顺丁橡胶	BR	汽车轮胎和耐寒制品，还可以制造缓冲材料以及各种胶布、胶带和海绵胶等
氢化丁腈胶	HNBR	广泛用于环保冷媒、密封件、汽车发动机系统密封件
丁腈橡胶	NBR	目前用途最广、成本最低的橡胶密封件
三元乙丙橡胶	EPDM	高温水蒸气环境之密封件和卫浴设备密封件或零件，制动（刹车）系统中的橡胶零件，散热器（汽车水箱）中的密封件
氯丁橡胶	CR	适合用来制作各种直接接触大气、阳光、臭氧的零件，适用于各种耐燃、耐化学腐蚀的橡胶品，常用于防水卷材等

2. 橡胶地板

橡胶地板规格与应用范围 表4

地板类型		规格尺寸（mm）	应用范围
块状地板	浮雕面	500×500×3.5、600×600×3.5、1000×1000×3.5	高端场所或对耐磨性能要求极高的场所，地铁、飞机、汽车等交通工具，机场、车站、轮船等交通枢纽等
	光滑面	500×500×3.0、600×600×3.0、000×1000×3.0	
卷状地板	光滑面	12000×1000×2.0、12000×1000×3.0、12000×1200×2.0、12000×1200×3.0	

3. 橡胶板

橡胶板尺寸与应用范围 表5

宽度（m）	厚度（mm）	应用范围
0.1~2	0.5~50	主要用于防腐、耐磨、耐冲击，广泛用于工矿企业、交通运输部门及房屋地面等，用作门窗封条和铺设工作台及地板等

4. 橡胶管

橡胶管具有耐紫外线、耐臭氧、耐高低温（-80~300℃）、透明度高、回弹力强、耐压缩不变形、耐油、耐冲压、耐酸碱、耐磨、难燃、耐电压、导电等性能。

玻璃纤维增强塑料

俗称玻璃钢，是用玻璃纤维或其织物以增强合成树脂，用涂布、注塑、挤塑、层压等方法加工成形的制品，具有重量轻，比强度高，耐腐蚀，电绝缘性能好，传热慢，热绝缘性好，耐瞬时超高温性能好，以及容易着色，能透过电磁波等特性。

玻璃钢制品主要有波纹板、容器、门窗、桌椅、管道等。

1. 玻璃钢波纹板

玻璃钢波纹板广泛应用于建筑物、冷冻冷藏库、冷藏车厢、冷却塔、船艇、工厂、餐厅、制药厂、实验室、医院、卫生间、学校等场所的墙面、隔板、门、吊顶等。

玻璃钢波纹板分类及代号 表6

类型	成型方法		性能			截面形状	
	机制	手糊	普通型	透光型	阻燃型	正弦波	梯形波
代号	J	S	CB	TB	F1、F2	z	t

2. 玻璃钢门与玻璃钢窗

玻璃钢门开启形式与代号 表7

开启形式	平开	平开下悬	推拉	推拉下悬	折叠
代号	P	PX	T	TX	Z

玻璃钢窗开启形式与代号 表8

开启形式	平开	推拉	上下推拉	平开下悬	上悬	中悬	下悬	固定
代号	P	T	ST	PX	S	C	X	G

3. 玻璃钢容器

利用玻璃钢可以制作成各种盛装食品、饮料及其他液体的容器，以及贮罐和冷库等。

玻璃钢容器的分类 表9

类型	用途说明
J型	可用于贮存酒类、含醇类食品和脂肪类食品
C型	可用于贮存醋与酸性食品
S型	可贮存含氯的饮用水及生活用水
T型	可用于以上任意一种物质贮存

4. 玻璃钢夹砂管

玻璃钢夹砂管是以树脂为基体材料，玻璃纤维及其制品为增强材料，石英砂为填充材料而制成的新型复合材料。它以其优异的耐腐蚀性能、水力性特点、轻质高强、输送流量大、安装方便、工期短和综合投资低等优点，成为化工行业、排水工程以及管线工程的最佳选择。

玻璃钢夹砂管可在-20~100℃范围内长期使用而不变形。

玻璃钢夹砂管规格 表10

公称直径（mm）	外径（mm）	内径（mm）	
		最小	最大
200、250、300、400、500、600、700、800、900、1000、1200、1400、1600、1800、2000、2200、2400、2500	220~2554	196~2495	204~2520

建筑涂料

建筑涂料是指涂覆于建筑构件表面,并能与构件表面材料很好地粘结,形成完整保护膜的一种成膜物质。涂料在建筑构件表面干结成的薄膜称之为涂膜,也称之为涂层。狭义的建筑涂料,一般指用于建筑物内外墙体、顶棚、地面等处的涂料。

建筑涂料分类方法多样。依据不同的作用分为装饰性建筑涂料和功能性建筑涂料两大类;按照建筑物的使用部位,一般可分为外墙涂料、内墙涂料、顶棚涂料、地面涂料和屋面涂料等几类;按照涂膜的性能,可将建筑涂料中具有特殊功能的涂料分为防水涂料、防火涂料、防腐涂料、防霉涂料、防虫涂料、防锈涂料、防结露涂料等品种。

建筑涂料介绍　　　　　　　　　　　　　　表1

建筑涂料主要产品类型		主要成膜物质类型
墙面涂料	合成树脂乳液内墙涂料、合成树脂乳液外墙涂料、溶剂型外墙涂料、其他墙面涂料	丙烯酸酯类及其改性共聚乳液;醋酸乙烯及其改性共聚乳液;聚氨酯、氟碳等树脂;无机粘合剂等
防水涂料	溶剂型树脂防水涂料、聚合物乳液防水涂料、其他防水涂料	EVA、丙烯酸酯类乳液;聚氨酯、沥青、PVC胶泥或油膏、聚丁二烯等树脂
地坪涂料	水泥基等非木质面用涂料	聚氨酯、环氧等树脂
功能性涂料	防火涂料、防霉(藻)涂料、保温隔热涂料、其他功能涂料	聚氨酯、环氧、丙烯酸酯类、乙烯类、氟碳等树脂

装饰涂料

装饰涂料分类介绍及特点　　　　　　　　　　　　　　　　　　　　　　　　　　　　表2

分类	特点	小类	具体品种
地面涂料	地面涂料应具有耐碱性、防水性、耐磨性、耐冲击性和与地面基层(如木质地板、水泥砂浆基层)粘结性良好的特点,价格合理、施工方便	专用于木质地板的涂料(与其他木器装饰涂料差别不大)	
		地面防滑涂料	环氧聚酰胺防滑涂料、醇酸酯防滑涂料、醇酸防滑涂料、氯化橡胶防滑涂料
		地坪涂料	双组分地坪涂料、砂浆地坪涂料、自流平地坪涂料、无溶剂型涂料、水性自流平涂料、防静电地坪涂料
外墙涂料	建筑外墙涂料应具备的主要功能是装饰建筑外墙面和保护外墙面,即使建筑物美观又能适当延长其的服务年限。因此,它具备良好的装饰性、良好的耐候性、耐玷污性好等特性	乳胶型外墙涂料	纯丙乳胶漆
			乙-丙乳胶漆
			苯-丙乳胶漆
			氯-醋-丙乳胶漆
		合成树脂乳液厚质涂料	乙-丙乳液厚涂料
			氯-偏共聚乳液厚涂料
		水乳型合成树脂乳液涂料	
		水溶性外墙涂料	硅溶胶
		溶剂型外墙涂料	过氯乙烯、苯乙烯焦油、聚乙烯醇缩丁醛、氯化橡胶、丙烯酸酯、丙烯酸酯复合型、聚氨酯系外墙涂料
		其他外墙涂料	复层建筑涂料
			砂壁状涂料
内装饰涂料	内墙涂料具有以下几个特点: 1.无毒、无味,符合环保要求; 2.色彩淡雅柔和、明亮平滑、线条细腻,装饰性好; 3.耐碱性、耐水性、耐擦洗性好; 4.涂层干燥快、表面平整、遮盖性好、施工维修方便,刷痕小、无流挂现象	乳胶型内墙涂料(内墙乳胶涂料)	丙烯酸酯乳胶漆
			苯-丙乳胶漆
			醋-丙乳胶漆
		水溶性内墙涂料 聚乙烯醇类	聚乙烯醇水玻璃内墙涂料
			聚乙烯醇缩甲醛内墙涂料
			聚乙烯醇-灰钙粉建筑涂料
		其他内墙涂料	云彩内墙涂料、复层涂料、纤维质内墙涂料、绒面内墙涂料

地面防滑涂料

地面防滑涂料是指含有防滑粒料、成膜树脂等物质的,应用于人行天桥、体育场馆、离水平台等场所,起着提高涂膜防滑性能以防止人员滑倒的一类建筑涂料。其主要品种有环氧聚酰胺防滑涂料、聚氨酯防滑涂料、醇酸防滑涂料、氯化橡胶防滑涂料等。

地坪涂料

地坪涂料是一类用于水泥砂浆基层的建筑涂料,广泛用于工厂、学校、办公室以及大型公共场所。地坪涂料的类型主要有溶剂型、无溶剂型、水性涂料等。溶剂型地坪涂料发展较早,技术比较成熟,性能优良,目前仍处主导地位。地坪涂料的特点是涂膜硬度高,耐磨性和耐冲击性能优良,耐玷污。

4
建筑材料

外墙涂料

外墙涂料包括乳胶型外墙涂料、水溶性外墙涂料、溶剂型外墙涂料以及非溶剂型外墙涂料，还有一些新型装饰性涂料，包括仿花岗岩涂料、多彩花纹涂料、云彩涂料、仿丝绸涂料、丝网印花涂料和装饰性彩花纹地板涂料等。

乳胶型外墙涂料分类及特点　　　　表1

分类	品种	性能	选用要点
合成树脂乳液薄质涂料	乙-丙乳胶涂料	较好的耐候性，附着力好、耐洗刷性好	价格适宜、性能较好的外墙涂料，也可作内墙有光涂料
	氯-酸-丙乳胶涂料	具有一定的耐水性、耐碱性和抗黄变性，具有自洁性	中档的外墙涂料，已不常用
	纯丙乳胶涂料	耐水性好，遇碱不易水解，具有高的原始光泽，优良的保光、保色性及户外耐久性，良好的抗污性、耐碱及耐擦洗性	用于温度变化较大的室外。成本偏高，多用作高档外墙有光涂料
	苯丙乳胶涂料	性能接近纯丙乳胶涂料，比乙丙乳胶涂料好。有较高的耐候性和抗黄变性，色彩鲜艳，外观好。有良好的耐碱性、耐水性、耐擦洗性，附着力强	价格比纯丙乳胶涂料低，在外墙涂料中应用较广
合成树脂乳液厚质涂料	乙-丙乳液厚涂料	具有涂膜厚实、质感强、装饰性好、优良的冻融稳定性、对基层的附着力大、施工操作方便等优点	属于中档涂料
水乳型合成树脂乳液涂料	水乳型环氧树脂乳液外墙涂料	耐候性不是很好	较少用于外墙涂料
	水乳型过氯乙烯外墙涂料	—	目前使用不多

水溶性外墙涂料分类及选用要点　　　　表2

组成	主要特点	选用要点
主要是硅溶胶外墙涂料，它是以胶体二氧化硅为主要粘合剂，加入成膜助剂、增稠剂、表面活性剂、分散剂、消泡剂、体质颜料、着色颜料等多种材料，再经搅拌、研磨、调制而成的水溶性涂料	1. 以水为分散介质、无毒无味、不污染环境。 2. 施工性能好，宜于刷涂，也可以用喷涂、辊涂、弹涂，工具可以用水清洗。 3. 遮盖力强，涂刷面积大。 4. 涂膜细腻，颜色均匀明快，装饰效果好，涂膜致密，坚硬，耐磨性好，可用水砂纸打磨抛光。 5. 涂膜不产生静电，不易吸附灰尘，耐污染性好。 6. 涂膜是以胶体二氧化硅形成的无机高分子涂层，耐酸、耐碱、耐沸水、耐高温、耐久性好	最大的优点是具有一旦成膜就不会再溶解的特性，因而使用硅溶胶做基料生产出的涂料可保证有很好的耐水性。但硅溶胶成膜后脆性，从湿涂膜变成干涂膜体积变化大，涂膜易收缩开裂，并且涂膜干燥太快，影响流平性，因而，硅溶胶用作涂料基料时可以和有机基料混合使用，两者复合以后，在性能上能取长补短

溶剂型外墙涂料分类及特点　　　　表3

品种	组成	性能优点	性能不足之处
丙烯酸外墙涂料	以丙烯酸为主要成膜物质	涂装后表面光滑坚韧，并可耐水洗，具有优良的光泽保持性，不褪色、不粉化、耐候、耐化学腐蚀性强，能够预防混凝土性能的降低，还具有很强的附着性能，在一定程度上增强建筑物的防水功能	涂膜的耐热性不理想，受热后易发黏以及涂膜硬度偏低，使得耐沾污性降低
过氯乙烯涂料	以过氯乙烯树脂为主要成膜物质，并用少量其他树脂，加入一定量的增塑剂、稳定剂、颜料、填料、助剂等物质，经融合、混炼、塑化、切粒、溶解、过滤等工艺过程而制成的一种溶剂型挥发性涂料	良好的耐大气稳定性、化学稳定性、耐水性、耐霉性	—
聚乙烯醇缩丁醛外墙涂料	是以聚乙烯醇缩丁醛树脂或废塑料溶于醇类溶剂作为主要成膜物质，加入颜料、填料经搅拌、过滤而制配的涂料。为了提高性能，在施工现场常加入环氧树脂配合使用	耐水、耐油、耐候性能良好、柔软性好、耐磨性好、毒性较小	—
氯化橡胶外墙涂料	由氯化橡胶、溶剂、增塑剂、颜料、填料和助剂等配制而成	施工受季节影响小、耐碱、耐酸、防霉	—
聚氨酯涂料	是以聚氨酯或聚氨酯与其他树脂复合物为主要成膜物质，添加颜料、填料和助剂等组成的优质外墙涂料。其主要品种有聚氨酯-丙烯酸酯树脂复合型建筑涂料、聚氨酯高弹性外墙防水涂料等	—	—

其他外墙涂料分类及性能　　　　表4

品种	说明	性能	适用范围
彩色砂壁状外墙涂料	又称彩砂涂料或仿天然石装饰涂料	制成的涂层具有丰富的色彩及质感，并具有很强的保色性及耐候性，同时还具有不易褪色、装饰性能极佳、装饰功效高、施工周期短等特点。突出优点是不易积尘污染和变色	主要用于高级建筑的浮雕饰面及墙裙、台阶、主体等部位的涂装
复层外墙涂料	又称凹凸花纹涂料或浮感涂料，有时也称喷塑涂料	对墙体有良好的保护作用，并有良好的耐褪色性、耐久性、耐污染性、耐高低温性。其外观可以是凹凸花纹状、波纹状、橘皮状及环状等。其颜色可以是单色、双色或多色。其光泽可以是无光、半光、有光、珠光、金属光泽等。装饰效果豪华、庄重、立体感强	适用于水泥砂浆、混凝土、水泥石棉板等多种基层，可采用喷涂、辊涂方法进行施工
仿幕墙涂料	也称合成树脂仿铝板幕墙装饰系统、仿金属漆等。系通过一定的施工方法涂装出类似于铝塑板装饰效果的涂抹饰面。通常是在外墙抹灰上做出分隔缝，用配套腻子批刮、打磨、抛光，然后喷涂高性能罩面涂料而得到的类似于铝板装饰效果的涂膜饰面	涂膜可制成有金属光泽的饰面，也可以制成非金属光泽的亚光饰面，均具有特殊的装饰效果且富丽华贵	—

4
建筑材料

内装饰涂料

内墙乳胶漆品种及选用要点 表1

品种	组成	性能	选用要点
乙烯树脂类内墙乳胶漆	以聚乙酸乙烯共聚物、氯乙烯共聚树脂、聚乙烯醇缩醛树脂、苯乙烯树脂等为主要成膜材料，加入成膜助剂、分散剂、填充剂、着色剂，并以水为稀释剂加工而成的新型水性涂装材料	乙烯树脂类内墙乳胶漆配制过程中常以聚乙烯醇和纤维素类作增稠剂，对抗风蚀、耐候性能有一定影响	不宜用于室外
丙烯酸类内墙乳胶漆	是由各类丙烯酸系单体乳液聚合得到的纯聚丙烯酸酯乳胶调配而成	涂膜光泽柔和耐候性好，保光、保色性优异，遮盖力强，涂膜具有优异的附着力	易于清洗，施工方便，但价格较高
苯-丙乳胶漆	是以苯-丙共聚乳液为主要成膜物质，加入颜料和助剂等配制而成	良好的耐候性、耐水性和抗粉化性，可以制成有光乳胶漆	是目前质量较好的内外墙乳液涂料之一
VAE内墙乳胶漆	以VAE乳液为主要成膜物质，再加入填料、助剂、水等配制而成的一种乳液涂料	成膜性好，价格便宜且耐水性和耐候性均优于聚乙烯乙酯乳胶漆	适用于中低档建筑物的内墙装饰
用于墙面装饰的快干涂料	由硅溶胶-苯乙烯-丙烯酸酯共聚乳液（固体质量比为1：0.5～1：3）组成的基料，在常温下由固体状的固化剂、骨料、填料、颜料等组成	具有贮存稳定性好、使用方便（只需调和后即可涂装）、涂膜固化时间极快、涂装效率高等优点	—

内墙涂料品种及选用要点 表2

品种		组成	性能	选用要点
水溶性内墙涂料	聚乙烯醇水玻璃内墙涂料	是以聚乙烯醇和水玻璃为基料，加入一定量的颜料、填料和适量的助剂而成的水溶性内墙涂料。它是国内生产较早、使用最普遍的一种内墙涂料	原料丰富、价格低廉、工艺简单、无毒、无味、耐燃、色彩多样、装饰性较好，并与基层材料有一定的粘结力，涂层干燥快，表面光滑。但涂层的耐水性及耐洗刷性差，不能用湿布擦洗，且易产生脱粉现象	广泛应用于住宅、普通公用建筑等内墙、顶棚等，但不适合用于潮湿环境
	聚乙烯醇缩丁醛内墙涂料	是以聚乙烯醇与丁醛进行不完全缩合醛化反应生成的聚乙烯缩丁醛水溶液为基料，加入颜料、填料及助剂而成的水溶性内墙涂料	耐洗刷性略优于聚乙烯醇水玻璃内墙涂料，可达100次，其他性能与聚乙烯醇水玻璃内墙涂料基本相同	广泛应用于住宅、一般公用建筑的内墙和顶棚
	改性聚乙烯醇系内墙涂料	—	其耐擦洗性提高到500～1000次以上	除可用作内墙涂料，还可用于外墙装饰
其他内墙涂料	多彩涂料	多彩涂料为溶剂型、水乳型悬浮共混涂料，在分散相中有两种或两种以上的着色颗粒，它们在保护胶的作用下均匀分散悬浮在水介质中，呈稳定状态，通过一次喷涂即可形成每个粒子都独立的多彩花纹，涂装干燥后两相或多相高分子物质凝结胶着起来，形成坚硬、结实的多彩花纹涂膜。多彩涂料花纹色彩协调、美丽自然，一般由油相和水相两部分构成，油相由硝酸纤维素、助剂、颜料等所组成，水相由甲基纤维素和水组成	花纹色彩协调、美丽自然	—
	绒面内墙涂料	是由带色的直径40μm左右的小粒子和丙烯酸酯乳液、助剂组成	施工后在视觉和感觉上都具有绒面感，涂层手感柔软，色彩图案多，不含有毒溶剂，且耐碱、耐洗刷性好	—
	纤维质内墙涂料	是以纤维质材料为主要填料，添加胶粘剂、助剂等组成的一种纤维状质感的内墙涂料，属纤维型乳胶系抹涂涂装的特殊涂料品种	吸声和透气效果好，涂层防霉性好、涂层阻燃性好	施工时应注意，干料和液体必须按比例混合均匀

建筑装饰涂料按基层材质的选择 表3

选用涂料种类		混凝土基层	轻质混凝土基层	预制混凝土基层	加气混凝土基层	砂浆 1：1：4 1：1：6 基层	石棉水泥板基层	石灰浆基层	木基层	金属基层
水性涂料	聚乙烯醇涂料	○	○	○	○	○	○	●	—	—
无机涂料	石灰浆涂料	○	○	○	○	○	○	○	—	—
	碱金属硅酸盐系涂料	○	○	○	○	○	○	—	—	—
	硅溶胶无机涂料	○	○	○	○	○	○	—	—	—
水泥系	聚合物水泥涂料	●	●	●	●	●	○	—	—	—
乳液型涂料	聚乙酸乙烯涂料	○	○	○	○	○	○	○	○	—
	乙-丙涂料	○	○	○	○	○	○	○	○	○
	乙-顺涂料	○	○	○	○	○	○	○	○	○
	氯-偏涂料	○	○	○	○	○	○	○	○	○
	氯-醋-丙涂料	○	○	○	○	○	○	○	○	○
	苯-丙涂料	○	○	○	○	○	○	○	○	○
	丙烯酸涂料	○	○	○	○	○	○	○	○	○
	水乳型环氧树脂涂料	○	○	○	○	○	○	○	○	—
溶剂型涂料	油性漆	—	—	—	—	—	—	—	●	●
	过氯乙烯涂料	○	○	○	○	○	○	○	●	●
	苯乙烯涂料	○	○	○	○	○	○	○	●	●
	聚乙烯醇缩丁醛涂料	○	○	○	○	○	○	○	●	●
	氯化橡胶涂料	○	○	○	○	○	○	○	○	○
	丙烯酸酯涂料	○	○	○	○	○	○	○	○	○
	聚氨酯涂料	○	○	○	○	○	○	○	○	○
	环氧树脂涂料	○	○	○	○	○	○	○	●	●

注：●优先选用，○可以用，—不能使用。

建筑涂料

建筑物外部和内部涂料选择

表1

建筑物部位		屋面	墙面	地面	居民住宅内墙顶棚	工厂车间内墙顶棚	居民住宅地面	工厂车间地面
对表面涂层的使用要求		耐水性优良耐候性优良	耐水性优良耐候性优良耐玷污性好	耐水性优良耐磨性优良耐候性好	颜色品种多样透气性良好不宜结露	防毒性好耐水性好表面光洁	耐水性好耐磨性好颜色多样	耐水性优良耐磨性优良耐油性好耐腐蚀性好
选用涂料品种 水性涂料	聚乙烯醇涂料		△		★	○		
无机涂料	石灰浆涂料		△		○	△		
	碱金属硅酸盐涂料		○		△	△		
	硅溶胶无机涂料		★		○	○		
水泥系	聚合物水泥系涂料		○	○			★	○
乳液型涂料	聚醋酸乙烯涂料		△		○			
	乙-丙涂料		○		○			
	乙-顺涂料		○		○			
	氯-偏涂料		○		○		★	
	氯-醋丙涂料		★		○			
	苯-丙涂料	○	★		○			
	丙烯酸酯涂料	○	★		○			
	水乳型环氧树脂涂料		★		○			
溶剂型涂料	过氯乙烯涂料		○		○	○	○	○
	苯乙烯涂料		○		△	△		
	聚乙烯醇缩丁醛涂料		○		○	○		
	氯化橡胶涂料		★		○	○		
	丙烯酸酯涂料	○	★		○	★		
	聚氨酯涂料	★	★	★	○	★	○	★
	环氧树脂涂料			○			○	★

注：★优先选用，○可以用，△不能使用。

建筑节能涂料

由于建筑物能量损耗而消耗的能源数量巨大，近年来，建筑节能越来越受到人们重视。建筑涂料作为一种重要的建筑材料，推行节能功能涂料对节约资源、促进社会经济可持续发展有重要意义。目前解决建筑节能问题的建筑节能涂料有三种：阻隔性隔热涂料、反射隔热涂料、辐射隔热涂料。

建筑节能涂料分类及特点

表2

分类	组成	补充说明
阻隔性隔热涂料	通过对热传递的显著阻抗性来实现隔热的涂料。因此，采用低导热系数的组合物或在涂膜中引入导热系数极低的空气可获得良好的隔热效果，这就是阻隔性隔热涂料研制的基本依据。材料导热系数的大小是材料隔热性能的决定因素，导热系数越小，保温绝热性能就越好	阻隔性隔热涂料大致可分为复合聚合物隔热涂料和复合硅酸盐隔热涂料两类
反射隔热涂料	在铝基反光隔热涂料的基础上发展而来，通过选择合适的树脂、金属或金属氧化物颜、填料及生产工艺，制得高反射率涂层，反射太阳光来达到隔热目的	优点是：反射隔热保温涂料抑制太阳辐射热、红外辐射热和屏蔽热量传导，其热工性能优于其他绝热材料；反射隔热保温涂料可应用于在体积、重量上受到限制的场所（经认可），1mm厚的反射隔热保温涂料反射了所有热辐射的约90%~95%，相当于10mm厚的R值为20的聚苯乙烯泡沫塑料；反射隔热保温涂料具有防潮、防水气的卓越功能，可阻碍水气冷凝，可防止被绝热体表面的氧化（如钢管、锅炉等），同样重要的是，在接触到潮湿环境时其隔热性能不会下降。该类涂料与外墙保温体系配合使用，具有较高的节能经济效益
辐射隔热涂料	通过辐射的形式把建筑物吸收的日照光线和热量以一定的波长发射到空气中，从而达到良好的隔热降温效果的涂料	辐射隔热涂料不同于用玻璃棉、泡沫塑料等多孔性低阻隔性隔热涂料或反射隔热涂料，因为这些涂料只能减慢但不能阻挡热量的传递。白天太阳能通过屋顶和墙壁不断传入室内空间及结构，一旦热量传入，就算室外温度减退，热量还是不易向外传递。而辐射隔热涂料却能够以热发散的形式将吸收的热量辐射掉，从而促使室内以室外同样的速率降温

阻隔性隔热涂料分类

表3

分类	组成	性能对比
复合聚合物隔热涂料	一种双组分、通过涂膜方式施工的低成本、低导热系数、易施工的新型保温材料，它是利用废聚苯颗粒、珍珠岩作为保温成分，复合纤维作为增强筋，再用复合胶粉（硅质胶凝材料、钙质胶凝材料、聚合物胶粉）进行粘合，辅以改性剂、外加剂增强施工性能而生产出来的	复合隔热涂料的主要性能超出《复合硅酸盐绝热涂料标准》GB/T 17371-2008合格品指标要求，特别是干燥线收缩率仅为0.5%，与传统复合硅酸盐绝热涂料305的体积收缩比相比有了很大降低，而价格仅为复合硅酸盐绝热涂料的1/4。开发该产品既有利于保护环境、物尽其用，又可以使复合隔热涂料具有易涂抹、施工后无热桥、整体性好的优点，在民用建筑上得到了应用和发展，在国家大力提倡发展生态建筑、节能建筑的今天，由于其所用原料易得、性能优良、施工方便、价格低廉，市场前景较好。
复合硅酸盐隔热涂料	主要由海泡石、珍珠岩粉等无机隔热材料骨料、无机及有机胶粘剂及引气剂等助剂组成，经过机械打浆、发泡、搅拌等工艺制成膏状保温涂料	目前，成本较低的阻隔性隔热涂料在我国的发展已达到世界先进水平，但主要用作工业隔热料，如发动机、铸造模具、储油罐等的隔热涂料等。由于存在自身材料结构带来的缺陷，如干燥周期长，施工受到季节和气候影响大，抗冲击能力差，干燥收缩大，吸湿率大，对墙体的粘结强度偏低以及装饰性有待进一步改善等，故这类隔热涂料较少用于外墙涂装

防水材料

防水材料是保证房屋建筑能够防止雨水、地下水及其他水分渗透的重要组成部分。建筑物的围护结构要防止雨水、雪水和地下水的渗透；要防止空气中的湿气、蒸汽和其他有害气体与液体的侵蚀；分隔结构要防止给排水的渗漏。这些防渗透、渗漏和侵蚀的材料统称为防水材料，是建筑工程上不可缺少的建筑材料之一。防水材料按主要原料分为沥青类防水材料、橡胶塑料类防水材料、水泥类防水材料等。

各类防水材料性能特点　　　　表1

材料类别 性能指标	合成高分子卷材		高聚物改性沥青卷材	沥青卷材	合成高分子涂料	高聚物改性沥青涂料	沥青基涂料	防水混凝土	防水砂浆	粉末憎水材料
	不加筋	加筋								
拉伸强度	○	○	△	×	△	△	×	×	×	—
延伸性	○	△	△	×	○	△	×	×	×	—
匀质性（厚薄）	○	○	○	△	×	×	×	△	△	×
搭接性	○△	○△	△	△	○	○	○	—	△	○
基层粘结性	△	△	△	△	△	△	△	—	—	○
背衬效应	○	○	△	△	△	△	△	—	—	○
耐低温性	○	○	△	×	○	△	△	○	○	○
耐热性	○	○	△	×	○	△	△	○	○	○
耐穿刺性	△	×	△	×	×	×	△	○	○	—
耐老化	○	○	△	△	○	△	△	○	○	○
施工性	△	△	△	冷△热×	○	○	○	△	△	○
施工气候影响程度	△	△	△	×	×	×	×	△	△	△
基层含水率要求	△	△	△	×	△	△	△	△	△	△
质量保证率	○	○	△	△	△	×	△	△	△	△
复杂基层适应性	△	△	△	×	○	○	○	×	△	×
环境及人身污染	○	○	△	×	△	×	×	○	○	○
荷载增加程度	○	○	○	△	○	○	○	×	×	○
价格	高	高	中	低	高	高	中	低	低	中
贮运	○	○	○	△	△	×	△	×	△	△

注：○好，△一般，×差。

防水材料适用参考表　　　　表2

材料类别 性能指标	合成高分子卷材	高聚物改性沥青卷材	沥青卷材	合成高分子涂料	高聚物改性沥青涂料	细石混凝土防水	水泥砂浆防水	粉末憎水材料
特别重要建筑屋面	○	◎	×	◎	×	◎	×	◎
重要及高层建筑屋面	○	○	×	○	×	◎	×	◎
一般建筑屋面	△	○	△	△	※	○	※	○
有振动车间屋面	○	△	×	△	×	※	×	※
恒温恒湿屋面	○	△	×	△	×	△	×	△
蓄水种植屋面	△	△	×	◎	◎	△	×	△
大跨度结构建筑	○	△	△	○	※	○	△	×
动水压作用混凝土地下室	○	△	×	△	△	○	△	×
静水压作用混凝土地下室	△	○	※	○	△	○	△	×
静水压砖墙体地下室	○	△	×	△	×	△	○	×
卫生间	※	※	×	○	○	◎	◎	※
水池内防水	△	×	×	×	×	△	△	×
外墙面防水	×	×	×	○	×	△	○	×
水池外防水	△	△	△	○	○	◎	△	×

注：○优先采用，△可以采用，◎复合采用，※有条件采用，×不宜采用或不可采用。

防水涂料

防水涂料是指涂料形成的涂膜能够防止雨水或地下水渗漏的一种涂料。一般是由沥青、合成高分子聚合物、合成高分子聚合物与沥青、合成高分子聚合物与水泥或无机复合材料为主要成膜物质，掺入适量的颜料、助剂、溶剂等加工制成的溶剂型、水乳型或反应型的一类材料。

防水涂料在常温下呈无固定形状的黏稠状液体或可液化的固体粉末状态。防水涂料通过溶剂的挥发或水分的蒸发或反应固化后在基层面上形成连续、无缝的防水膜，且具有厚度和强度，可用于工业与民用建筑的屋面、地下室、厕浴、厨房以及外墙等部位。

防水涂料分类及特点　　　　表3

优点	缺点	分类
1.形状复杂、节点繁多的作业面操作简单、易行，防水效果可靠； 2.可形成无接缝的连续防水膜层； 3.使用时无需加热，便于操作； 4.工程一旦渗漏，易于对渗漏点做出判断及维修	1.成型受环境温度制约； 2.膜层的力学性能受成型环境温度和湿度影响； 3.受基面平整度的影响，膜层有薄厚不均的现象	合成高分子类、 沥青类、 高聚物改性沥青、 无机类、 聚合物水泥

合成高分子类防水涂料

合成高分子类防水涂料分类及适用范围 表1

组成	分类	性能优点	性能缺点	适用范围
以合成橡胶或合成树脂为主要成膜物质，加入其他辅助材料而配制成的单组分或多组分的防水涂膜材料	聚氨酯防水涂料	1. 聚氨酯防水涂料在成膜固化前为无定形的黏稠状液态物质，故在任何结构复杂的基层表面均可施工，对于结构端部的收头亦较容易处理，质量容易保证，且为冷施工作业，施工操作安全。2. 化学反应成膜，体积收缩小，易做成较厚的涂膜，涂膜防水层整体性强，无接缝，涂膜弹性和延伸性好，拉伸强度和撕裂强度均较高，对基层裂缝有较强的适应性，涂膜的耐磨性强，为各类涂料中耐磨性最好的一种，对金属、水泥、玻璃、橡塑等基面均具有优良的粘合性，兼具优异的保护性和良好的装饰性	原材料成本较高，为保证涂层的厚度及均匀性，对基层的平整度要求较高，成型温度影响膜层固化速度。双组分涂料需在施工现场准确称量配合，搅拌均匀。单组分涂料则受涂膜的固化速度受基面的潮湿程度、空气湿度及涂覆厚度的影响	适用于各种屋面防水工程（需覆盖保护层）、地下建筑防水工程、厨房、浴室、卫生间防水工程、水池、游泳池防漏、地下管道防水、防腐蚀等
	丙烯酸酯防水涂料	无毒、无味、无环境污染；潮湿基面可以施工，具有一定的透气性；刮涂2~3遍，膜厚可达2nm；施工简便，维修方便；可制成多种颜色，兼具防水、装饰效果；可做橡胶沥青类黑色防水层的保护层	施工中对基层平整度要求较高；气温低于5℃不宜施工；地下工程要进行长期浸水试验	适用于屋面、墙体的防水防潮工程，黑色防水屋面的保护层以及厕浴间防水
	有机硅防水涂料	以水为分散介质，无毒、无味、不燃，安全可靠，施工方便；涂膜具有良好的橡胶弹性及延伸性；对基面有一定的渗透性，渗透深度为0.3mm，是涂膜材料中耐高、低温，耐候性最优的产品	对基层平整度要求较高；膜层达到所要求的厚度需多道涂刷，尤其在通风不良的情况下，施工时间较长	适用于非封闭式屋面、厕卫间防水工程、地下室、游泳池、人防工程、贮水池等防水

沥青类防水涂料

沥青类防水涂料是以沥青为基料配制而成的溶剂型或水乳型防水涂料。将未经改性的石油沥青直接溶解于汽油等有机溶剂中而配制的涂料称之为溶剂型沥青涂料。将石油沥青分散于水中，形成稳定的水分散体构成的涂料，称为水乳型沥青类防水涂料，根据水分散体系中沥青颗粒的大小，又可分为乳胶体（沥青乳液）和悬浮体（冷沥青悬浮液），乳胶体的沥青颗粒比较小，粒径可小至0.1μm，悬浮体的沥青颗粒稍粗，粒径可粗至10μm或更大。我国过去常见的各种阴离子型乳化沥青、非离子型乳化沥青以及近几年出现的阳离子型乳化沥青，均属于沥青乳胶体，由于这类材料所形成的涂膜一般较薄，现在我国一般已不单独作屋面防水涂料使用，而是作为防水施工配套材料使用，或用来配制各种水乳型高分子聚合物改性沥青薄质防水涂料等。熔化的沥青可以在石灰、黏土、膨润土、石棉中与水借助机械分裂作用（分散作用）制得膏状沥青悬浮体，常见的有石灰乳化沥青防水涂料等品种，这类采用无机矿物乳化剂配制的乳化沥青属水性沥青基厚质防水涂料。

高聚物改性沥青类防水涂料

高聚物改性沥青类防水涂料分类及特点 表2

概念	优点	大类	组成	类型	特点	适用范围
一般是以沥青为基料，用合成高分子聚合物对其进行改性，配制而成的溶剂型或水乳型涂膜防水涂料。高聚物改性沥青防水涂料其主要成膜物质是沥青和橡胶（天然橡胶、合成橡胶、再生橡胶）以及树脂	1. 材料来源广，成本相对比较低；2. 防水性能优良，沥青的防水性能在各种防水材料中比较好，而且可以运用于各种复杂的基层，施工简单，柔韧性较好；3. 耐久性好，包括耐气候老化性和耐化学腐蚀诸方面，与纯橡胶、塑料相比，高聚物改性沥青涂料在长期的氧化紫外线和臭氧作用下老化很慢，在酸雨、含硫气体、海水、土壤盐分的作用下可长期保持稳定	氯丁橡胶改性沥青防水涂料	以氯丁橡胶和沥青为基料，经加工而成的一种防水涂料	溶剂型	由于甲苯等有机溶剂易燃、有毒、施工不很方便，故产量已越来越小	—
				水乳型	水乳型氯丁橡胶改性沥青防水涂料其产量日益提高，已成为防水涂料中的主要品种之一	—
		再生橡胶沥青改性涂料	是一种国内外应用比较普遍的防水涂料	溶剂型	高温不流淌、低温不脆裂、操作简便。贮存期较长，只要密封严密，便可长期贮存。其最大特点是可在负温下施工	—
				水乳型	优点是：1. 能在各种复杂表面形成无接缝防水膜，具有一定的柔韧性和耐久性；2. 无毒、常温下冷施工、不污染、操作方便；3. 可在稍湿基层表面施工；4. 原料来源广泛，价格低。缺点是：1. 一次涂刷成膜较薄，要经多次涂刷才能达到要求的厚度；2. 产品易受工厂生产条件、涂料成膜及贮存条件而波动；3. 气温低于5℃不宜施工；4. 必须与密封材料配合使用	—
		SBS改性沥青防水涂料	以沥青、橡胶、合成树脂、SBS（苯乙烯-丁二烯-苯乙烯）等为基料，多种合剂为辅料，经过专用设备加工而成的一种防水涂料	溶剂型	具有韧性强、弹性好，耐疲劳、抗老化、防水性能优异的特点，它高温不流淌，低温不脆裂，而且是冷施工，环境适应性广	适用于各种建筑结构的屋面、墙体、厕浴间、地下室、冷库、桥梁、铁路路基、水池、地下管道等的防水、防渗、防潮、隔气等工程
				水乳型		
		丁苯橡胶改性沥青防水涂料	以石油沥青为主要原料，以低苯乙烯丁苯橡胶胶乳为改性材料配制而成的建筑防水涂料	溶剂型	—	可广泛应用于厕浴间、地下室、隧道等的防水以及补漏
				水乳型		

4
建筑材料

防水卷材

建筑防水卷材是建筑防水材料的重要组成部分,是建筑防水的主导产品,广泛应用于建筑物地上、地下及特殊构筑物的防水,是一种应用范围广泛且使用面积很大的防水材料。

防水卷材的分类及选用范围见表1。

防水卷材分类及选用范围　　表1

大类	组成	特点	小类	适用范围
高聚物改性沥青防水卷材	主要是以合成高分子聚合物改性沥青为涂盖层,纤维毡、纤维织物或其他材料为胎体	具有优良的耐高、低温性能,一年四季均能使用;可形成高强度防水层,并耐穿刺、耐硌伤、耐疲劳;有优良的延伸性和较强的基层变形能力	SBS改性沥青防水涂料	1. 工业与民用建筑的屋面防水工程。包括:非上人屋面、上人屋面;保温屋面、非保温屋面等常规及特殊屋面工程; 2. 工业与民用建筑的地下工程的防水、防潮及游泳池、消防水池的防水; 3. 地铁、隧道、混凝土铺筑路面的桥面,污水处理厂、垃圾掩埋场等市政工程的防水; 4. 水渠、水池等水利设施的防水
			APP改性沥青防水涂料	
			自粘沥青橡胶沥青防水涂料	
			改性沥青聚乙烯胎防水沥青	
			改性沥青复合胎柔性防水	
			路桥用改性沥青防水卷材	
高聚物防水卷材	亦称为高分子防水片材,是以合成橡胶、合成树脂或两者共混体系为基料制成	1.耐老化性能好,使用寿命长; 2.弹性好,拉伸性能优异; 3.耐高、低温性能好,能在严寒或酷热环境中长期使用; 4.卷材幅面宽,可焊接性好; 5.良好的水蒸气扩散性,冷凝物易排释,留在基层的潮气易于排出; 6.冷施工,机械化程度高,操作方便; 7.耐穿透,耐化学腐蚀	三元乙丙防水卷材	地下铁道、地下室、混凝土管道、水库、发电站、核电站、冷却塔、水坝、隧道、涵洞、船坞沉箱、电梯坑、废水处理厂、游泳池、污水池、桥梁结构、谷物仓库、高速公路、机场跑道、混凝土路面、厨房、卫生间、喷泉蓄水池、饮用自来水厂以及混凝土建设设施的所有结构弊病的维修堵漏
			氯化聚乙烯防水卷材	
			三元丁橡胶防水卷材	
			氯磺化聚乙烯防水卷材	
			聚乙烯防水卷材	
			氯化聚乙烯-橡胶共混防水卷材	
			氯磺化聚乙烯橡胶共混防水卷材	
			乙丙橡胶-聚乙烯共混防水卷材(TPO)	

渗透结晶型防水材料

水泥基渗透结晶型防水材料是一种新型刚性防水材料,它的主要成分包括硅酸盐水泥(即国外通称的波特兰水泥)或普通硅酸盐水泥(简称普通水泥)、精细石英砂(或硅砂)等,以及活性化学物质(催化剂)和其他辅料。渗透结晶型防水材料外观呈粉状,经与水拌合可配制成涂刷在水泥混凝土表面的浆料,组成防水涂层,也可以将其以干粉撒覆并压入未安全凝固的水泥混凝土表面,或直接作防水剂掺入混凝土中以增强其抗渗性能。其主要应用于混凝土结构表面的防水施工,结构开裂、渗水点、孔洞的堵漏施工,地铁车站、地下连续墙、隧道、涵洞、水库大坝的防水和堵漏施工;工业与民用地下室、屋面、厕、浴间混凝土建筑设施的所有水泥基面的防水施工。

渗透结晶型防水材料分类及特点　　表2

品种	分类	特点	适用范围
C型	CI型	Ⅰ型和Ⅱ型的区别在于产品的抗渗压力、第二次抗渗压力、渗透压力比等性能指标有所不同	
	CII型		
A型		1. 具有双重的防水性能; 2. 具有极强的耐水压能力; 3. 具有独特的自我修复能力; 4. 具有防腐、耐老化、保护钢筋的作用; 5. 具有对混凝土结构的补强作用; 6. 具有长久型的防水作用; 7. 符合环保标准,无毒无公害; 8. 具有施工方法简单,省工省时的优点	地下铁道、地下室、混凝土管道、水库、发电站、核电站、冷却塔、水坝、隧道、涵洞、船坞沉箱、电梯坑、废水处理厂、游泳池、污水池、桥梁结构、谷物仓库、高速公路、机场跑道、油池、运动场、混凝土路面、厨房卫生间、喷泉蓄水池、饮用自来水厂以及混凝土建设设施的所有结构弊病的维修堵漏

防水板材

防水板材相比于防水卷材,从外观上看柔性相对较差,刚性相对较好,在材质上没有太大的区别,增加防水卷材的厚度,可做成防水板材。防水板材可用于建筑物地下室防水、车库防潮等。

新型防水材料

新型防水材料分类及特点　　表3

分类	组成	特点	适用范围
沥青瓦	以玻璃纤维毡为胎基材料,经浸渍和涂盖优质氧化沥青后,上表面覆彩色矿物粒料或片料,下表面覆细砂隔离材料和自粘沥青点并覆防水粘膜,经切割制成的瓦状屋面防水材料	1.具有屋面瓦及防水双重功能; 2.与水泥瓦、陶瓦等相比较荷重轻,可减轻结构荷载; 3.在沥青中可掺入60%以上的矿物填充材料,成本低; 4.铺设沥青瓦的屋面,可不另做防水层,降低屋面工程造价; 5.可制成多种形状和色彩,具美观效果且耐久、寿命长; 6.施工简便、更换方便	适用于防水要求较高的民用住宅、公用设施、别墅等建筑物的坡屋面,具有防水和装饰屋面瓦的双重功能
混凝土瓦	以水泥为基料,加入骨料,加入金属氧化物、化学增强剂并涂饰透明外层涂料制成的屋面瓦材	具有防水、抗风、隔热、抗冻融、耐火、抗生物作用、耐久等特点	根据椽子的长度,适用于17.5°~90°的屋面及墙体的表面覆盖
金属屋面板	以彩色涂层钢板、镀锌钢板、铝镁锰合金板等薄金属板经压型冷弯成V形、O形或其他形状的轻质高强屋面板材构成。金属屋面材料属环保、节能型材料。具有防水和装饰双重功能	具有自重轻、构造简单、材料单一、构件标准定型、装配化程度高、现场安装快、施工期短等优点	其产品主要有非保温压型钢板、防水露压型钢板和保温压型钢板三大类。非保温压型板主要用作工业厂房、仓库及各种公用建筑无保温要求的各种金属屋面、墙面。保温压型钢板适用于有保温要求的公共建筑、工业厂房屋面、墙面和建筑装修及组合式冷库等。要求较高的建筑还可选用其他金属板,如锌、铝合金

4 建筑材料

密封材料分类及特点

建筑防水用密封材料主要用于建筑物人为设置的伸缩缝、沉降缝、建筑结构节点、构件间的结合部、门窗框四周、玻璃镶嵌部等，能够起到气密性和水密性作用，主要用于建筑物面层以及地下工程、幕墙装饰工程及其他部位的嵌缝密封，起到防水、防尘、隔声、保温等功能。

各类密封材料分类及特点见表1。

密封材料分类及特点　　　　　　　　　　　　　　　　　　　　　　　　　　　　　　　　　　　　　　　表1

大类	小类	组成	类型	特点	适用范围
聚合物改性沥青类	橡胶沥青防水嵌缝油膏	以沥青为基料，加入橡胶改性材料及填料等经混合加工而成的弹塑性冷施工防水嵌缝材料	—	具有优良的防水防潮性能，粘结性好，延伸率高，能适应基层结构伸缩变形，而且耐高低温性能好，老化缓慢	可用作预制大型屋面板四周及槽形板、空心板端头缝、金属墙板的密封材料，以及各种构筑物伸缩缝、施工缝、沉降缝的嵌缝密封，还可用于混凝土屋面及地下工程防水、防渗、防漏
	热熔橡胶沥青嵌缝密封油膏	以沥青为基料，加入橡胶改性材料及填料经加工而成的单组分型黑色热施工嵌缝膏	—	对混凝土和沥青基材料具有良好的粘结力	分为A型、B型、C型三种。 A型：软质型，适合密封间距不超过12mm的混凝土铺面和蓄水库等低位移接缝。 B型：硬质型，适合密封公路、跑道和蓄水库等接缝间距靠近的低位移接缝。 C型：与B型相似，但适应气温较高的环境
	桐油沥青防水油膏	以桐油、沥青、松节油等多种油类经高温熬炼后，掺入粉状和纤维填充料配制而成，是一种黑色黏稠状的防水嵌缝材料	—	寒冬不脆裂，炎夏不流淌，粘结力强，柔软而富有弹性，耐老化性能好，在常温下冷施工，操作维修方便	可用于新、旧工业与民用建筑屋面、墙体及地下工程的嵌缝防水
	SBS改性沥青弹性密封膏	用SBS热塑性弹性体改性沥青加入软化剂、防老化剂配制而成	—	—	主要用于各种建筑的屋面、墙板接缝、水工、地下建筑、混凝土公路路面的接缝防水，也适用于建筑物裂缝的修补，并可作屋面防水层
合成高分子类	丙烯酸酯密封膏	以丙烯酸酯类聚合物为主要成分的非定型密封材料	溶剂型	1.施工后通过溶剂蒸发，在常温下固化，基材的深度可自行限制，因此体积收缩颇大；2.对各种基材有良好的粘结力；3.与一般双组分弹性密封膏相比，固化后的伸展和复原性稍差，内聚强度表现较迟；4.有20年的使用年限历史，常温下贮存稳定性达6个月；5.该类密封膏的缺点是施工时需要加热到50℃左右	适用于门、窗框与墙体的接缝密封，钢、铝、木窗与玻璃间的密封，用于刚性屋面伸缩缝，内外墙拼缝，内外墙与屋面板接缝，管道与楼层面接缝，混凝土外墙板以及屋面板构件接缝，卫生间等处的防水密封
			乳液型	1.通过水分蒸发而固化；2.无臭味，不坍塌，消粘时间段、固化时间段短；3.含少量水，体积收缩小；4.柔软性好，伸长能力、复原性、耐水性、粘附性、耐候性优良；5.贮存稳定性良好	
	硅酮密封膏	以聚硅氧烷为主要成分的单组分或双组分室温固化型的建筑密封材料。目前大多为单组分系统，它以硅氧烷聚合物为主体，加入硫化剂、硫化促进剂以及增强填料组成	F类	优异的耐热、耐寒和良好的耐候性；与各种材料都有较好的粘结性能；耐拉伸—压缩疲劳性强，耐水性好	建筑接缝用密封膏，适用于预制混凝土墙板、水泥板、大理石板的外墙接缝，混凝土和金属框架的粘结，卫生间的接缝及防水密封等
			G类	—	镶装玻璃用密封膏，主要用于镶嵌玻璃和建筑门、窗的密封
	聚氨酯密封膏	通过多异氰酸酯与多元醇、多元胺反应制得	单组分	靠湿气固化，施工方便，质量稳定，性能优良，但生产工艺要求较高，固化慢，成本高	主要用途是土木建筑业、交通运输业等。在建筑方面的具体应用有：混凝土预制件等材的连接及施工缝的填充密封，门窗的木框四周与墙的混凝土之间的密封嵌缝，阳台、游泳池、浴室等设施的防水防渗，空调及其他体系接缝处的密封，隔热双层玻璃、隔热窗框的密封等
			双组分	反应交联固化，固化快，成本低，储存时间长，性能可调节，施工复杂，性能差异大	
	聚硫密封膏	以液态聚硫橡胶为主要成分的非定型密封材料。聚硫密封膏是高档密封材料，是由聚硫橡胶和金属过氧化物等硫化剂反应，在常温下形成弹性体，可用于活动最大的接缝	单组分	1.具有良好的耐气候、耐燃油、耐高温、耐水和耐低温性能，使用温度范围为-40~96℃。2.抗撕裂性强，对钢、铝等金属及各种建筑材料有良好的粘结性。3.用于接缝活动量大的部位。4.双组分聚硫密封膏黏度低，两种组分极易混合均匀，施工性能好；单组分聚硫密封膏	适用于：现代幕墙接缝；建筑物护墙板及高层建筑接缝；窗门框周围的防水防尘密封；中空玻璃制造中组合件密封及轻质结构（如幕墙）的粘贴密封；建筑门窗玻璃装缝密封。以液态聚硫密封膏和石英砂为基料的混合物可以为粘结钢筋混凝土构件，与混凝土有很高的粘结强度，且涂覆方便。液态聚硫橡胶为主体的熔体材料挤出物可用作门窗玻璃的密封条
			双组分	施工操作简单，免除了配料、装胶等繁杂工序。5.工艺性良好，不需溶剂，无毒，使用安全、可靠。6.具有极佳的气密性和水密性，良好的低温柔性，可常温或加温固化	
	氯磺化聚乙烯密封膏	单组分氯磺化聚乙烯密封膏（又称CSPE-A型密封膏）是以耐候性优异的氯磺化聚乙烯橡胶为主体材料，加入适量的助剂、填充剂，经过配料、混炼、研磨、包装、检验等工艺，加工制成的膏状体	—	1.弹性好，能适应一般基层伸缩变形的需要。2.耐久性能优异，使用寿命在15年以上。3.耐高低温性优异，在-20~100℃情况下，长期保持柔韧性。4.粘结强度高，耐水、耐酸碱性好，并有良好的着色性	适用于混凝土、金属、木材、胶合板、天然石料、砖、砂浆、玻璃、瓦及水泥板块之间的密封防水
	丁基密封膏	以丁基橡胶为主要成分，聚丁烯等为增粘剂，碳酸钙等为填充料的单组分型密封材料	—	贮存稳定性好；耐候性、耐热性、耐寒性好；能适用于多种粘结；表面干燥快、很少附着灰尘；模量低，不易产生剥离；与其他密封材料比较，收缩量大	用途很广，可用于玻璃安装、密封、室内的二道防水

密封材料特性比较

建筑防水密封材料品种繁多，可分为不定型和定型密封材料两大类，不定型密封材料指膏糊状材料，如PVC油膏、PVC胶泥、沥青油膏、丙烯酸、氯丁、丁基密封腻子、氯磺化聚乙烯、聚硫、硅酮、聚氨酯等，定型密封材料指根据工程要求制成的带、条、垫状的密封材料，如止水带、止水条、防水垫、遇水自膨胀橡胶等。通常所说的密封材料是指不定型材料。近年来，随着化工建材的不断发展，建筑防水密封材料的品种不断增多，除传统的塑料防水油膏、橡胶沥青防水油膏、桐油沥青防水油膏外，出现了性能优异的高分子嵌缝密封材料，如丙烯酸密封膏、聚硫密封材料、聚氨酯密封材料、硅酮密封材料等。密封材料应满足下列要求：（1）应具备优异的气密性和水密性，以保证其防水作用；（2）结合部位应具备良好的粘着性，不能出现缝隙；（3）密封材料应在紫外线、酸、碱、日照等恶劣环境下保持良好的耐久性；（4）密封材料在使用过程中不应产生明显的污染，即无污染性。

各类密封材料特性比较见表1。

各种密封材料特性比较 表1

比较因素＼种类	油性嵌缝料	溶剂型密封膏	热塑性防水接缝材料	水乳型密封膏	化学反应型密封膏
密度（g/cm³）	1.5~1.69	1~1.4	1.35~1.4	1.3~1.4	1~1.5
价格	低	低—中	低	中	高
施工方式	冷施工	冷施工	热施工	冷施工	冷施工
施工气候限制	中—优	中—优	优	差	差
储存寿命	中—低	中—优	优	中—优	中—差
弹性	低	低—中	中	中	高
耐久性	低—中	低—中	中	中—高	高
填充后体积收缩	大	大	中	大	小
长期使用温度（℃）	-20~40	-20~50	-30 -20~80	-30 -40~80	-40 -50~80
允许伸缩值（mm）	±5	±10	±10	±10	±25

胶粘材料

所谓胶粘，就是通过胶粘剂将两个或两个以上同质或不同质的物体连接在一起。胶粘剂是能形成一薄膜层，并通过这层薄膜将被粘物体的表面紧密连接起来，起着传递应力的作用，而且满足一定的物理、化学性能的非金属物质。粘结是通过物理或化学的作用而实现的。虽然粘结并非十全十美，但实践证明粘结是适用而可靠的。它已经逐步取代甚至超越了传统的焊接、螺接、铆接、嵌接等机械连接方法，在建筑工程中起着重要的作用。

胶粘材料分类及特点 表2

分类	特点	主要品种	适用范围	不适用范围
结构型胶粘剂	用于结构部件的受力部位，一般要求粘结接头所能承受的应力与被粘物相当或者较为接近，在经受高、低温条件和介质浸渍时，物理机械性能没有大幅度的下降	环氧—酚醛、环氧—聚硫、环氧—聚酰胺、酚醛—丁腈、酚醛—氯丁等	1.粘结构为面际连接，应力分布均匀，耐疲劳性能好； 2.由于不用铆钉、螺钉而减轻了接头的质量；在设计结构时，由于无应力集中问题，可采用薄型结构，又极大地减轻了构件质量，而使粘结结构的强度/质量比大大提高； 3.粘结技术应用范围广，不仅可以粘结同一类材料，亦可将不同类型的材料（如各种金属、陶瓷、玻璃和某些塑料、橡胶等）彼此粘结起来。粘结也可用在不同场合，特别适用于薄型、微小型和复杂型构件的连接； 4.粘结结构的表面光滑美观，并且可以根据特定的功能和具体要求，选择相应的胶粘剂，以满足密封、防水堵漏、防腐、绝热、隔声、保温等要求； 5.粘结工艺比较简单，对操作者的熟练程度要求低，可以节省工时和材料，降低成本； 6.粘结一般在室温或中温条件下进行，工艺温度低，节省能源，而且不会影响材质的强度，可避免焊接时因高温引起的结构热变形和晶相组织的变化，或者退火状态的破坏； 7.施工过程无噪声污染	1.合成高分子聚合物胶粘剂的产量为胶粘剂总量的70%以上。合成聚合物的耐老化性能差，尤其是温度、湿度、氧气、紫外线的影响最为关键；长期处于室外环境条件的胶粘剂老化较快，影响其使用寿命。 2.粘结不像铆接、焊接、螺接的耐温范围宽，一般非结构胶的使用温度不超过60~100℃，而对结构胶粘剂而言，一般耐温范围要求-253~315℃； 3.粘结强度的分散性大，这是由于粘结强度受到多方面的影响； 4.粘结质量无损检测的方法尚不能普遍应用
非结构胶粘剂	一般不能承受较大的负荷，随着温度的升高，会引起粘结层的蠕变，粘结强度明显下降。因此，通常只用于受力较小的制件或只作定位用	热塑性树脂：聚乙酸乙烯酯、聚丙烯酸酯等 天然物：淀粉、松香、虫胶、沥青、皮骨胶等		
次结构胶粘剂	次结构型胶粘剂的物理机械性能介于结构型和非结构型之间	热塑性树脂：聚氨酯等； 热固性树脂：酚醛、不饱和聚酯等； 橡胶：聚硫橡胶等		

4
建筑材料

保温隔热材料

保温隔热材料（又称绝热材料）是指对热流具有显著阻抗性的材料或材料复合体。

1. 墙体保温材料

按外形尺寸大小，墙体保温材料可分为砖、砌块和板材三种。

常用保温墙体材料种类与性能　　　　　　　　　　表1

材料种类	性能特点	导热系数[W/(m·K)]
加气混凝土	原材料来源广泛、材质稳定、强度较高、质量较轻、加工施工方便、造价较低，同时具有良好的保温、隔热、隔声、耐火性能。但在寒冷地区存在隔汽防潮、内部冷凝受潮、面层冻融损坏等问题	0.1~0.2
烧结空心砖/多孔砖	强度高、耐久性好、保温隔热性能好，体积稳定性良好	0.25~0.30
石膏空心砌块（板材）	保温隔热性能好，自重小，防火性能高，体积稳定	0.30~0.33
轻骨料混凝土空心砌块	保温隔热性能好，原材料来源广泛	0.50~0.70

2. 外围护保温材料

外围护保温材料由有机材料和无机材料组成，用于外墙和屋面等建筑结构部位。

常见外围护保温材料种类与性能　　　　　　　　表2

材料种类	性能特点	导热系数[W/(m·K)]
聚苯乙烯泡沫塑料	表观密度小，导热系数小，吸水率低，隔声性能好、机械强度高的特点，而且加工方便，尺寸精度高，结构均匀。在外围护保温材料中所占比例很高。在实际运用中，通常制作成保温颗粒砂浆、保温板、保温砌块等多种结构形式	<0.041
硬质聚氨酯泡沫塑料	优越的隔热性能，但价格较高	0.025~0.027
岩棉	具有良好的保温、隔热、吸声、耐热、化学稳定性、不燃等特点。但保温性能低的密度低，抗拉强度也低，耐久性比较差	0.044~0.049
玻璃棉	手感好于岩棉，可改善工人的劳动条件	0.045~0.050
膨胀珍珠岩	颗粒状，质量轻，但易吸水，影响其绝热效果。膨胀珍珠岩通常与水泥、石灰、水玻璃搅拌配成抹灰砂浆，也可制成板块、管瓦等构件，绝热性能不及松散材料	0.16~0.26
硅酸盐复合绝热砂浆	保温隔热性能显著，同时施工简便（直接涂抹），解决了板材拼接处罩面层开裂问题	<0.07
胶粉聚苯颗粒保温砂浆	采用现场成型抹灰工艺，材料和易性好，易操作，施工效率高，材料成型后整体性能好，避免了块材保温、接缝易开裂的弊病，且在各种转角处无需裁板做处理，施工工艺简单	≤0.060
无机保温砂浆	无机保温砂浆有极佳的温度稳定性和化学稳定性好，施工简便，适用范围广，绿色环保，与基层粘结强度高，防火阻燃安全性好，热工性能好	≤0.070

3. 外窗材料

门窗面积只占围护结构的25%左右，但从门窗散出的热量却占整散热的50%。外窗材料主要有型材和玻璃组成。

外窗型材分类及特点　　　　　　　　　　　　　表3

分类	性能特点
塑钢型材	比重轻、热导率低、保温性能好、耐腐蚀、隔声、防振、阻燃性能优良，但刚性差，弯曲模量低，冷脆性高，不耐高温
隔热铝合金型材	较好的保温性能，弯曲模量高，刚性好，耐寒热性好，线膨胀系数较高，铝合金型材耐腐蚀性能差，适用环境范围受到限制
玻璃钢型材	同时具有铝合金型材的刚度和塑料型材较低的热传导性，线膨胀系数低，气密性能好，耐腐蚀，刚性较好，耐寒热好，比强度高，隔声性能好，可随意着色，使用寿命长
隔热钢质型材	门窗型材断面大，结构先进，型材断热，装饰效果美观大气，物理性能高，保温效果好

外窗玻璃分类及特点　　　　　　　　　　　　　表4

分类	性能特点
中空玻璃	具有较好的隔热能力
镀膜玻璃	可以与中空玻璃、真空玻璃结合起来使用，对可见光具有较高的透射率，同时对红外光具有较高的反射率，达到保温节能效果
低辐射玻璃（又称低辐射镀膜玻璃、Low-E玻璃）	对来自室内的由暖气、被阳光照射后的家具物品以及人体等物体产生的远红外线辐射，可以像红外反射镜一样将物体辐射热反射回去，从而达到节能的目的
自洁净玻璃	利用光催化剂对玻璃表面沾有的有机物进行降解，以达到玻璃自动清洁的目的
真空玻璃	玻璃之间形成真空层，导热系数比中空玻璃更小，节能效果更好。隔声性能、透光折减系数均优于中空玻璃

4. 建筑节能涂料

对外墙墙体或外保温层起装饰作用，且具有一定建筑节能作用的涂料。

常用建筑节能涂料种类及特点　　　　　　　　　表5

种类	性能特点
保温涂料	其外观为粉状，现场按比例加水搅拌成黏稠浆液，以抹涂方式涂装，能够有效地切断纵墙、柱、楼板和梁等部位产生的结构性热桥
发射隔热涂料	可通过反射和辐射传热对太阳辐射能量进行耗散，藉此降低太阳光线照射在建筑外表面的能量，降低室内温度

吸声材料

具有较强的吸收声能、减低噪声性能的材料，借自身的多孔性、薄膜作用或共振作用而对入射声能具有吸收作用。一般把吸声系数大于0.3的材料称为吸声材料。

常用吸声材料种类　　　　　　　　　　　　　　表6

材料种类		常用材料
纤维材料	有机纤维材料	毛毡、纯毛地毯、木绒吸声板
	无机纤维材料	超细玻璃棉、玻璃棉板、岩棉、矿棉吸声板、无纺布、化纤地毯、纤维喷涂料
颗粒材料		膨胀珍珠岩吸声砖、陶土吸声砖、珍珠岩吸声装饰板
泡沫材料		聚氨酯泡沫塑料、尿醛泡沫塑料、泡沫玻璃、泡沫陶瓷
金属材料		卡罗姆吸声板、发泡纤维铝板

隔声材料

隔声材料是指把空气中传播的噪声隔绝、隔断、分离的一种材料、构件或结构。

常用隔声材料隔声效果　　　　　　　　　　　　表7

隔声材料	隔声效果
混凝土墙	200mm以上厚度的现浇实心钢筋混凝土墙的隔声量与240mm黏土砖墙的隔声量接近，150~180mm厚混凝土墙的隔声量约为47~48dB，面密度200kg/m²的钢筋混凝土多孔板，隔声量在45dB以下
砌块墙	面密度与黏土砖墙相近的承重砌块墙，其隔声性能与黏土砖墙也大体接近；水泥砂浆抹灰轻质砌块填充墙，两面各抹15~20mm厚水泥砂浆后的隔声量约为43~48dB，面密度小于80kg/m²的轻质砌块墙的隔声量通常在40dB以下
条板墙	轻骨料混凝土条板、蒸压加气混凝土条板、钢丝网陶粒混凝土条板、石膏条板等隔声量通常在32~40dB之间；混凝土岩棉或聚苯芯条板、纤维水泥板轻质夹芯板等隔声量通常在35~44dB之间
薄板复合墙	单层板的隔声量在26~30dB之间，而它们和轻钢龙骨、岩棉（或玻璃棉）组成的双层中空填棉复合墙，能获得较好的隔声效果，隔声量通常在40~49dB之间，增加薄板层数，墙的隔声量可大于50dB
现场喷水泥砂浆面层的芯材板墙	这类墙体的隔声量与芯材类型及水泥砂浆面层厚度有关，它们的隔声量通常在35~42dB之间

4
建筑材料

防火涂料

防火涂料涂覆在基材表面，除具有阻燃作用以外，还具有防锈、防水、防腐、耐磨、耐热以及涂层坚韧性、着色性、粘附性、易干性和一定的光泽等性能。

1. 饰面型防火涂料

涂覆于可燃基材（如木材、纤维板、纸板及其制品）表面，能形成具有防火阻燃保护及一定装饰作用涂膜的防火涂料。

饰面型防火涂料类型及特点 表1

涂料类型		性能特点	耐燃时间	耐湿热性	应用场所
膨胀型		在火焰或高温下，涂层剧烈发泡碳化，形成一个比原涂膜厚几十倍甚至几百倍的难燃的泡沫碳化层以阻燃	≥15min	经48h试验，涂膜无气泡，无脱落，允许轻微失光和变色	应用于木材及其制品、纤维板及其制品、纸板及其制品等可燃性基材，以及燃烧性能等级设计要求为B1级的其他室内装修材料
非膨胀型	难燃型	依赖涂料自身的难燃性和不燃性来阻止火焰传播	≥15min	经48h试验，涂膜无气泡，无脱落，允许轻微失光和变色	
	不燃型	无机质涂料			

2. 电缆防火涂料

涂覆于电缆表面，具有防火阻燃保护及一定装饰作用的防火涂料，主要适用于电厂、工矿、电信和民用建筑的电线电缆的阻燃处理。

电缆防火涂料类型及性能 表2

涂料类型	耐湿热型	阻燃性
无毒型膨胀防火涂料	经过7天试验，涂层无起皱、无剥落、无气泡	碳化高度≤2.5m
乳液型膨胀防火涂料		

3. 钢结构防火涂料

施涂于建筑物及构筑物的钢结构表面，能形成耐火隔热保护层以提高钢结构耐火极限的涂料。

钢结构防火涂料类型 表3

涂料类型	代号	涂层厚度	耐火极限（h）	使用场所
室内超薄型钢结构防火涂料	NCB	涂层厚度小于或等于3mm	≥1	用于建筑物室内或隐藏工程的钢结构表面
室外超薄型钢结构防火涂料	WCB	涂层厚度小于或等于3mm	≥1	用于建筑物室外或露天工程的钢结构表面
室内薄型钢结构防火涂料	NB	涂层厚度大于3mm且小于或等于7mm	≥2	用于建筑物室内或隐藏工程的钢结构表面
室外薄型钢结构防火涂料	WB	涂层厚度大于3mm且小于或等于7mm	≥1	用于建筑物室外或露天工程的钢结构表面
室内厚型钢结构防火涂料	NH	涂层厚度大于7mm且小于或等于45mm	≥1	用于建筑物室内或隐藏工程的钢结构表面
室外厚型钢结构防火涂料	WH	涂层厚度大于7mm且小于或等于45mm	≥2	用于建筑物室外或露天工程的钢结构表面

4. 混凝土结构防火涂料

涂覆在工业与民用建筑物，以及公路、铁路隧道等混凝土表面，能形成耐火隔热保护层，以此提高其结构耐火极限的防火涂料。

混凝土结构防火涂料类型及特征 表4

涂料类型	代号	特性	耐火极限（h）	使用场所
膨胀型混凝土构件防火涂料	PH	高温时涂层膨胀发泡，形成耐火隔热保护层	≥1.5	用于建筑物内混凝土结构件的表面
非膨胀型混凝土构件防火涂料	FH	涂层密度较小，高温时耐火隔热	≥2	
隧道防火涂料	SH	涂层密度较小，高温时耐火隔热	≥2	用于公路、铁路隧道混凝土结构的表面，其特性为非膨胀性

防火封堵材料

具有防火、防烟功能，用于密封或填塞建筑物、构筑物以及各类设施中的孔洞及缝隙，被称为防火封堵材料。

防火封堵材料类型及特征 表5

防火封堵材料类型	代号	特征及应用
柔性有机堵料	DR	以有机材料为胶粘剂，使用时具有一定柔韧性或可塑性
无机堵料	DW	以无机材料为主要成分的粉末状固体，与外加剂调和使用时，具有适当的和易性
阻火包	DB	将防火材料包装制成的包状物体，适用于较大孔洞的防火封堵或电缆桥架的防火分隔
阻火模块	DM	用防火材料制成的具有一定形状和尺寸规格的固体，可以方便地切割和钻孔，适用于孔洞或电缆桥架的防火封堵
防火封堵板材	DC	用防火材料制成的板材，可方便地切割和钻孔，适用于大型孔洞的防火封堵
泡沫封堵材料	DP	注入孔洞后可以自行膨胀发泡并使孔洞密封的防火材料
防火密封胶	DJ	具有防火密封功能的液态防火材料
缝隙封堵材料	DF	置于缝隙内，用于封堵固定或移动缝隙的固体防火材料
阻火包带	DT	用防火材料制成的柔性可缠绕卷曲的带状产品，缠绕在塑料管道外表面，并用钢带包覆或其他适当方式固定，遇火后膨胀挤压软化的管道，堵塞塑料管道因燃烧或软化而留下的孔洞

防火密封材料

在火灾时遇火或高温作用能够膨胀，具有隔火、隔烟、隔热等防火密封性能的材料，常用于防火门、防火窗、防火卷帘、防火玻璃隔墙等密封防火。

防火膨胀密封材料类别 表6

类别	标记
单面保护层	FPJ-A
异型防火密封	FPJ-B

防火塑料

防火塑料主要应用于能产生高热能及高温环境，主要通过改性树脂或添加不同的材料来达到防火等级。添加材料通常有玻璃纤维、碳酸钙等。按不同的比例与树脂共同注塑成防火塑料。

防火塑料在具有防火功能的同时，保留了塑料的透光性好、机械性能好等优点。

防火门

防火门是指在一定时间内能满足耐火稳定性、完整性和隔热性要求的门。它是设在防火分区间、疏散楼梯间、垂直竖井等具有一定耐火性的防火分隔物。

防火门按材质分类 表1

类别	代号
木质防火门	MFM
钢质防火门	GFM
钢木质防火门	GMFM
其他材质防火门	XXFM

注：XX代表其他材质的具体表述大写拼音字母。

防火门按结构形式分类 表2

类别	代号
门扇上带防火玻璃的防火门	b
带亮窗防火门	l_0
带玻璃带亮窗防火门	bl_0
无玻璃防火门	—

防火门按耐火性能分类 表3

分类类别	耐火性能		代号
隔热防火门（A类）	耐火隔热性≥0.50h		A0.50（丙级）
	耐火完整性≥0.50h		
	耐火隔热性≥1.00h		A1.00（乙级）
	耐火完整性≥1.00h		
	耐火隔热性≥1.50h		A1.50（甲级）
	耐火完整性≥1.50h		
	耐火隔热性≥2.00h		A2.00
	耐火完整性≥2.00h		
	耐火隔热性≥3.00h		A3.00
	耐火完整性≥3.00h		
部分隔热防火门（B类）	耐火隔热性≥0.50h	耐火完整性≥1.00h	B1.00
		耐火完整性≥1.50h	B1.50
		耐火完整性≥2.00h	B2.00
		耐火完整性≥3.00h	B3.00
非隔热防火门（C类）	耐火完整性≥1.00h		C1.00
	耐火完整性≥1.50h		C1.50
	耐火完整性≥2.00h		C2.00
	耐火完整性≥3.00h		C3.00

防火门按门扇数量分类 表4

类别	代号
单扇防火门	1
双扇防火门	2
多扇防火门	代号为门扇实际数量

防火窗

防火窗是指用防火材质制成窗框、窗扇，再与防火玻璃一起组成，能起隔离和阻止火势蔓延的窗。

防火窗按使用功能分类 表5

按使用功能	代号
固定式防火窗	D
活动式防火窗	H

防火窗按材质分类 表6

产品名称	含义	代号
木质防火窗	窗框和窗扇框架采用木材制造的防火窗	MFC
钢质防火窗	窗框和窗扇框架采用钢材制造的防火窗	GFC
钢木复合防火窗	1.窗框采用钢材、窗扇框架采用木材制造；2.窗框采用木材，窗扇框架采用钢材制造的防火窗	GMFC

防火窗的耐火性能分类与耐火等级 表7

耐火性能分类	耐火等级代号	耐火性能
隔热防火窗（A类）	A0.50（丙级）	耐火隔热性≥0.50h，且耐火完整性≥0.50h
	A1.00（乙级）	耐火隔热性≥1.00h，且耐火完整性≥1.00h
	A1.50（甲级）	耐火隔热性≥1.50h，且耐火完整性≥1.50h
	A2.00	耐火隔热性≥2.00h，且耐火完整性≥2.00h
	A3.00	耐火隔热性≥3.00h，且耐火完整性≥3.00h
非隔热防火窗（C类）	C0.50	耐火完整性≥0.50h
	C1.00	耐火完整性≥1.00h
	C1.50	耐火完整性≥1.50h
	C2.00	耐火完整性≥2.00h
	C3.00	耐火完整性≥3.00h

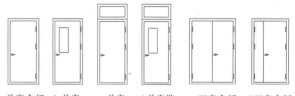

a 单扇全板　b 单扇带玻璃　c 单扇带亮窗　d 单扇带玻璃带亮窗　e 双扇全板　f 双扇全板

g 双扇带玻璃　h 双扇带玻璃　i 双扇带玻璃带亮窗　j 双扇带玻璃带亮窗

1 防火门示意图

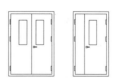

2 防火窗示意图

防火卷帘

防火卷帘是一种适用于建筑物较大洞口处的防火隔热设施，配以卷门机和控制箱所组成的符合耐火完整性要求的卷帘。

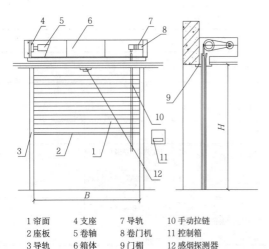

1 帘面　4 支座　7 导轨　10 手动拉链
2 座板　5 卷轴　8 卷门机　11 控制箱
3 导轨　6 箱体　9 门楣　12 感烟探测器

1 防火卷帘示意图

防火卷帘按材质分类 表1

名称	材质	代号
钢质防火卷帘	用钢质材料做帘板、导轨、座板、门楣、箱体等	GFJ
无机纤维复合防火卷帘	用无机纤维材料做帘面（内配不锈钢丝或不锈钢丝绳），用钢质材料做夹板、导轨、座板、门楣、箱体等	WFJ
特级防火卷帘	用钢质材料或无机纤维材料做帘面，用钢质材料做导轨、座板、夹板、门楣、箱体等	TFJ

防火卷帘按耐风压强度分类 表2

代号	耐风压强度（Pa）
50	490
80	784
120	1177

防火卷帘按帘面数量分类 表3

代号	帘面数量
D	1个
S	2个

防火卷帘按启闭方式分类 表4

代号	启闭方式
CZ	垂直卷
CX	侧向卷
SP	水平卷

防火卷帘按耐火极限分类 表5

名称	名称符号	代号	耐火极限（h）	帘面漏烟量[m³/(m²·min)]
钢质防火卷帘	GFJ	F2	≥2.00	—
		F3	≥3.00	
钢质防火、防烟卷帘	GFYJ	FY2	≥2.00	≤0.2
		FY3	≥3.00	
无机纤维复合防火卷帘	WFJ	F2	≥2.00	—
		F3	≥3.00	
无机纤维复合防火、防烟卷帘	WFYJ	FY2	≥2.00	≤0.2
		FY3	≥3.00	
特级防火卷帘	TFJ	TF3	≥3.00	≤0.2

防火玻璃

防火玻璃是具有防火功能的建筑外墙用幕墙或门窗玻璃，其防火的效果以耐火性能进行评价。

防火玻璃的玻璃类型 表6

防火玻璃名称	玻璃类型	代号
复合防火玻璃	两层或两层以上玻璃复合，或一层玻璃和有机材料复合	FFB
单片防火玻璃	夹丝玻璃或中空玻璃	DFB

防火玻璃的耐火性能 表7

耐火等级	耐火要求	Ⅰ级	Ⅱ级	Ⅲ级	Ⅳ级
A类耐火时间（min）	同时满足耐火完整性、耐火隔热性要求	≥90	≥60	≥45	≥30
B类耐火时间（min）	同时满足耐火完整性、热辐射强度要求	≥90	≥60	≥45	≥30
C类耐火时间（min）	满足耐火完整性要求	≥90	≥60	≥45	≥30

防火板

表面装饰用耐火建材，有丰富的表面色彩、纹路以及特殊的物理性能，广泛用于室内装饰、家具、橱柜、实验室台面、外墙等领域，也可用于钢结构的包覆防火。

常用防火板类型与特点 表8

类型	原料	优点	缺点
矿棉板	以矿棉为隔热材料	本身不燃、耐高温性能好、质轻	强度差、对烟气阻隔性能差、装饰性差
珍珠岩板	以低碱度水泥为基材，珍珠岩为加气填充料，再添加一些助剂	自重轻、强度高、韧性好、防火隔热、施工方便	—
防火石膏板	石膏	自重较轻，加工容易，施工方便，装饰性好	耐水性不好
硅酸钙纤维板	以石灰、硅酸盐及无机纤维增强材料为主要原料	质轻、强度高且隔热性、耐久性好、加工性能优良	强度偏低
氯氧镁防火板	镁质胶凝材料为主体，玻璃纤维布为增强材料，轻质保温材料为填充物	—	耐水性不好
热固性树脂浸渍纸高压层积板	原纸等经三聚氰胺与酚醛树脂的浸渍工艺、高温高压成层积板	耐磨、耐高温、耐撞击，机械强度高	耐老化性差

防火刨花板

以木材或非木材植物制成的刨花材料（如木材刨花、木屑、亚麻屑、甘蔗渣等）为原料，施加胶粘剂、阻燃剂和辅料经压制成型具有一定防火性能的板材。

防火刨花板类型与规格 表9

分类		规格尺寸（mm）		
按表面状况	按防火性能	长	宽	厚
饰面刨花板	一级防火性能（代号F1）	915 1220 1830	915 1000 1220	6、8、10、12、14、16、19、22、25、30
未饰面刨花板（未砂光刨花板）	二级防火性能（代号F2）			
未饰面刨花板（砂光刨花板）				

材料的选用目标与方式

建筑物是由建筑材料构筑而成的,建筑物的物质基础和设计依据是建筑材料。材料的组合和连接构成建筑物,建筑物提供给人类遮蔽、活动等建筑性能。因此,建筑材料选择的原则是建筑性能和材料使用方式。

建筑性能就是建筑物提供适宜人类活动的室内外环境能力。

建筑物是由建筑材料通过构筑方法(构法)结合而成的整体,建筑物的物质基础和设计依据是建筑材料,目标是宜居的建筑性能,建筑性能是由材料性能、连接加工性能(施工、加工性能)、设备调控性能共同复合构成和强化的,建筑物的质量也是由材料和部品质量、构造设计质量、装配和施工质量来共同实现的,即:

人居环境=自然环境(地域、季节)+建筑环境(材料、组合、调控)

建筑性能=环境性能(地域、聚落)+材料性能(材料)+组合性能(加工、连接)+调控性能(设备系统)

建筑质量=材料和部品质量+构造设计质量+装配和施工质量

建筑性能达成的两种方式:主动调控与被动隔绝。

1. 主动方式立足于选择和改造,有环境的主动选择(场地规划、择地选址)和采用设备改造环境(如生火取暖照明,空调设备、照明设备、给水排水系统、通信系统……)等方式;

2. 被动方式立足于防止和阻隔,即在现有环境下的优化。如冬季工作环境的保证,选择温暖地域居住(候鸟迁徙、冷血动物冬眠、冬夏休假)、采用空气调节装置(动物的热量生产、恒温装置)、阻隔或利用自然环境(自然界的树巢、山洞,建筑遮蔽物、保温、通风散热)。

满足人类宜居需求、实现建筑性能的方式可以进一步细分为环境、设备、材料、构造四种方式,建筑性能是四种性能的总和:

建筑性能=环境性能+材料性能+组合性能+调控性能

建筑性能实现的方式
表1

方式	主要手段	举例
环境方式	通过选择定居的地域和环境来满足人性化环境的需求	动物和人的迁徙,住宅坐北朝南的择地选址;根据气候节气的活动,如暑假和寒假等
设备方式	通过附加的设备器材、利用人力、电力等方式创造人性化的环境	电力、电信、照明、给水排水、供暖、通风、空调、消防等设备的利用
材料方式	通过采用具有某种物理或化学性能的材料或多种材料的复合来实现建筑的性能要求,满足人性化环境的需求。这种方式对建筑性能的提高直接有而关键,但要依赖材料科学的发展和生产技术水平的提高	在材料科学中常常采用复合技术、高分子技术、金属冶金技术等开发新材料。复合材料有木质系复合材料、水泥系复合材料、塑料系复合材料、金属系复合材料等,常用的复合方式有纤维增强(钢筋混凝土、玻璃纤维增强水泥和塑料等)、积层强化[聚氯乙烯金属积层板(钢塑板、铝塑板)、木材合成板、镀锌钢板、搪瓷钢板等]、粒子分散强化、骨架增强等
构造方式(组合方式)	通过对已有材料(包括复合材料)的选择和组合,通过材料及其连接方式的组合,综合发挥各种材料的功能,克服某些单一材料的缺陷,便于施工现场作业的误差的克服,提高对建筑性能要求的适用性	建筑外墙的幕墙系统由结构层、绝热防水层、结合层(骨架连接固定层)、外表面饰面层等组合而成。建筑平屋顶一般采用结构层、找坡层、找平层、保温隔热层、结合层、防水层、保护层、装饰层等层组合而成

建筑材料的发展历史

建筑具有大量性、地域性、生活舞台与文化载体等特点,人类对建筑材料的使用是与工具(加工工具、运输工具、测量工具)的发展和构筑方法(构法、工法)密切相联的,形成了相应的节点连接方式和工艺形态特征,通过习俗、师承、象征等方式固定化和范式化而成为传统延传下来。

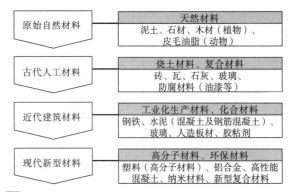

1 建筑材料的历史发展

建筑材料的历史发展
表2

历史时期	建筑材料	加工及动力	构法体系	节点细部	主要特征
古代农耕社会	自然条件依附型	人力、畜力	自然拟态型	工匠手工型	1.域性特点:当地资源性(大量存在)、经济性(加工生产运输容易)、技艺传承性(师徒口传与口诀)、地域文化象征性(手法的固化与范式化、符号化); 2.材料种类:泥土、草木,石材,皮毛织物等自然采集和简单加工的材料(烧土材料等); 3.以自然拟态为中心的类比性模仿,采用编织、堆砌、模筑、架构、包裹等方法完成古代的建筑; 4.材料加工和运输以人力和畜力为主,由于缺乏起重设备和垂直运输机械,施工方法采用小块搬运或大型材料的斜面台点施工; 5.构法体系:以自然界天然重力形态、动植物枝叶、骨骼为对象的类比认知和拟态式应用;采用口头相传和口诀记录的方式和师徒教育体系形成建构方法的继承和发展;加工机械以人力、畜力、水力为主,在两种最基本的天然材料"木"与"土"(砖石)的利用上形成的两种基本手法"建"(构)与"筑"——木构(组构、编织、包裹)和堆筑(砌筑、模筑)
近现代工业社会	煤炭石油等能源型	全球工业生产型	计算机规范化学动力	机械加工型	1.全球化特点:地球资源性(地域的匿名性、贸易性),大工业生产的经济性,大众文化媒介传播形成的消费文化的象征性,材料的研发设计导向(人工合成和复合方式); 2.材料种类:混凝土、金属材料、玻璃、合成树脂等材料科学的人工复合材料; 3.材料加工工厂化,运输机械化,广泛采用煤炭、石油等化石燃料动力或转换的电能。施工采用大型运输和吊装设备,可以实现大型预制件的现场拼装和大跨度、高层等摩天大楼; 4.以重力等各种应力的力学分析和数学计算为基础的规范型设计和专业化分工建造;采用画法几何的手段可以表现复杂的空间和构造,社会化的建筑教育体系培养大量的专业人才并传播知识;采用电力、化工燃料提供动力的工业化生产的材料和构件,进行机械化运输和建造施工。主要的构造体系有:框架结构、板墙结构、剪力墙结构、束筒结构、索膜结构、拱壳结构、空间网架结构等,施工方法分类为:现场施工、构件装配式、盒子式工业化生产
面向未来的环境和谐型社会	可持续发展型	可再生能源	性能模拟型(环境友好型)	可视型	1.可循环使用,资源和能源消耗小,环境友好型:从原材料开采、生产、运输、施工建造、使用、维护、修理、拆除、改造直到废弃、拆除和回收利用的全过程来评价材料的资源消耗、能源消耗、环境影响的"全寿命周期成本"(LCC——Life Cycle Cost)成为材料和策略使用的评价指标; 2.材料种类:与化学工业和材料工业密切相联的新型建材和节能建材,如高分子材料、复合材料、纳米材料、绿色环保材料(节能、降排、无污染、资源循环); 3.以计算机精密计算和模拟的性能化、个性化设计,信息技术、模拟技术、精密生产为基础的集成设计与建造体系; 4.以计算机的精确计算和虚拟建造、集成制造为依据,以材料工业的定制设计研发为基础,以网络和数据链为媒介,以可持续发展和环境友好为价值观的建筑性能化设计和精密建造。主要的结构发展方向有:复杂的空间网架结构、索膜结构、充气结构等

材料的物理化学性能

建筑材料的选用是从材料的力学性能、物理化学性质出发，根据材料的相关试验数据和组合特征，与人类所要求的建筑性能相匹配。在资源、加工、地域、运输等条件的限制下，利用各种材料的特性，通过材料的组合、连接、复合，最大限度地满足和提升建筑性能。即依照建筑要求恰当地选择材料，有效地利用材料，尽可能地节约材料。

1. 物理性能——质量，表观密度；亲水性、憎水性、抗渗性、吸水性、吸湿性、含水率；孔隙率、空隙率、吸声性、导热性与热容量、抗冻性；不燃、难燃、可燃、易燃性。

2. 力学性能——强度、弹性与塑性、脆性与韧性、抗压强度、抗弯强度、剪切强度、硬度、耐磨性等指标，属于物理性能的一部分；

3. 化学性能与耐久性、耐污性——稳定性与化学稳定性（风化、老化、剥落、锈蚀、防腐、耐火、耐湿、防水、干缩、变形、褪色等老化耐久性，防锈、防腐），微生物滋生（防菌），酸碱特性（防锈、防碱）；耐久性、耐污性与材料的多种物理、化学性能有关；

4. 环境友好（环保与健康）性能——气体挥发、粉尘、放射性（污染性）、资源性（经济成本、环保再生性），环境激素（防癌健康性）等；

5. 表观与加工性能——颜色、光泽、表面组织、形状与尺寸等外观特性（质感、肌理、尺度），光学特性（反射、透射、折射），加工性能，尺寸偏差（平整性、精密度）。

建筑材料化学分类   表1

分类			实例
无机材料	非金属材料	天然石材	毛石、料石、石板、碎石、卵石、砂
		烧土制品	黏土砖、黏土瓦、陶器、瓷器
		玻璃及熔融制品	玻璃、玻璃棉、矿棉、铸石
		胶凝材料	石膏、石灰、菱苦土、各种水泥
		砂浆及混凝土	砌筑砂浆、抹面砂浆、普通混凝土、轻骨料混凝土
		硅酸盐制品	灰砂砖、硅酸盐砌块
	金属材料	黑色金属	铁、非合金钢、合金钢
		有色金属	铝、铜及其合金
有机材料	植物质材料		木材、竹材
	沥青材料		石油沥青、煤沥青
	合成高分子材料		塑料、合成橡胶、胶粘剂、有机涂料
复合材料	金属－非金属材料		钢纤混凝土、钢筋混凝土
	无机非金属－有机材料		玻纤增强塑料、聚合物混凝土、沥青混凝土
	金属－有机材料		PVC涂层钢板、轻质金属类芯板

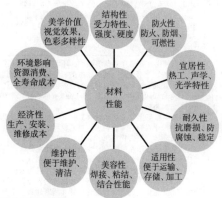

1 材料的建筑学性能

材料的建筑学性能

根据材料的特性及其在建筑中所起的主要作用，建筑材料可以分为以下几种类型：

1. 结构材料——功能：承载；性能要求：坚固性、耐久性、生产性（加工性）、资源性（大量性、地域性）等；

2. 围护材料——功能：阻绝；性能要求：阻绝性能（防水、隔热、隔声等）、耐久性、生产性（可加工性、工序可逆性）、资源性、健康性（生产和使用的安全无害）等；

3. 装饰材料——功能：维护及装饰表现；性能要求：连接坚固性、耐久性、表现性、视觉性及触觉性、文化象征性、更新性、耐污性、资源性、生产性（可加工性、工序可逆性）、健康性（生产和使用的安全无害）等；

4. 设备材料——功能：物质、能量、信息的交通运送；性能要求：耐久性、更新性、生产性（可加工性及多样性）、资源性（大量性、廉价性、地域性）、安全卫生性等；

按照材料的使用部位及耐候性，可以分为：

1. 室外材料与室内材料；

2. 永久性材料、半永久性材料与临时性材料。如在建筑外墙装饰材料中，通常把石材、面砖等在建筑物全寿命的过程中不需要更换的材料当作永久性材料，而把铸铁、防水卷材等需要在一定时间后进行更换的材料称为半永久性材料，把施工过程或其他非固定长期使用的材料称为临时性材料。

建筑材料的建筑学性能   表2

建筑性能	主要特征	主要指标	说明
基本性能（宜居功能）	满足建筑作为人与自然的中介层与缓冲层的基本功能，建筑构件实现：围护构件的防御性（建筑物作为人工环境的庇护所的围护性，对自然和人为侵害的阻隔和防御，对空间环境的舒适性、私密性的防护）、承载构件的支撑性（承载构件的支撑与牢固）、交通构件的便捷性（人、货、能量物质的流动）	适用性	防水、防潮、隔热、隔声等隔绝性能，吸声反射、软化界面等特殊调节功能，满足围护构件创造室内人居环境的基本和特殊的性能要求
		稳固性	强度与硬度（坚硬、柔软、弹性）保证围护的牢固性和耐用性，也和人的触觉、视觉感受相关
		舒适性	连接与复合的精细化，使用的便捷性，防霉防虫等卫生要求，对人体健康的无害性，感官的愉悦性与刺激性（外观和细节），私密性与安全感
支撑性能（次生要求）	满足建筑部件的基本功能时衍生出的其他的支撑性的要求：安全防灾性（自身的结构安全，防灾性——火灾、地震、风灾、疫情、人兽侵害等的防止和阻隔）、维护性（环境负荷的承受力，抗老化，防腐，耐久耐污，易于更换、清洁）、加工性（加工建造的技术经济性）、资源性（大量生产和使用的资源可能）	安全性	防灾，防盗，防侵害
		维护性	耐久性，耐候性，耐污性，易于清洁、更换
		加工性	易于加工和建造，工序的可逆性，技术的适用性与经济性，工艺的精度
		资源性	大量生产和使用的资源可能性，材料和造价的经济性与稀缺性
衍生性能（艺术功能）	由建筑物的实体（整体和细部）、构法（结构逻辑和连接装配过程）、空间（外围环境和室内）的感官性所诱发的建筑学的衍生功能：审美性（形式的美观愉悦、审美潮流的共鸣）、象征性（文化认同与传承的纪念性、设计者或社会意志的艺术表现）。这是建筑构造与建筑艺术的结合点	技艺的表现性	社会群体的集体无意识和设计者的个人意志的表现，技艺与工艺的表现与炫耀
		符号象征性	文化传播的媒介与象征
		审美的批判性	日常逻辑的颠覆与陌生化的审美，建筑学的意义

建筑材料的使用方法——层集与复合

建筑物的建设规模和体量的巨大性，决定了建筑物生产必须注重经济性和适用技术性，不能大量采用高性能和高价格的材料。因此，采用不同性能材料的组合和高低搭配，通过构造连接成为整体以综合地发挥各种材料的性能，从而最经济合理地满足建筑物的性能要求，就成为建筑物的基本构造方式。

在现代的材料科学中，两种或多种材料通过在一种母相材料中分散着不同形态的其他材料达到结合成为整体、形成性能更优异的材料的方法，称为复合方法（技术）。形成的复合材料中，作为母体的被整体结合起来的材料称为母相，分散在母相中的材料叫做分散相。

按照母相或分散相材料的材质，复合材料可以分为木质系复合材料、水泥系复合材料、塑料系复合材料、金属系复合材料等。按照复合方式则可分为纤维增强、粒子分散强化、积层强化、骨架增强等。建筑材料中常用的有纤维强化和积层强化两种方式。

建筑材料的层集使用方式　　　　　　表1

层次	功能	举例
饰面层/装饰层/完成面	室内或外部的表面层，满足美化装饰、耐久防护、密封防水等要求	饰面板、面砖、涂料等
连接层/结合层	将最外层固定并承受其自身重力，保证各部分和各层次牢固的连接层	水泥、砂浆、胶粘剂等
设备层/性能层	满足建筑性能要求的被动防护或主动调控的中间层次	保温隔热的填充层、空调管线夹层等
结构层/基层	承载或传递竖向重力、横向风力等荷载，防止建筑物过大变形和坍塌的筋骨层、受力层	木材、钢材、混凝土等材料或构件

建筑材料的复合使用方式　　　　　　表2

复合方法	定义	举例
纤维增强	晶体及细纤维状的材料具有极高的强度，将纤维状材料分散在塑料、金属、水泥等母相中，可以制造出力学性质优秀的材料，这种方法叫做纤维增强或纤维强化	在水泥或混凝土中加入钢纤维、玻璃纤维、石棉纤维、植物纤维等材料的强度和韧性，制成钢纤维增强混凝土、玻璃纤维增强水泥、石棉水泥板等（钢筋混凝土也可以看成是一种纤维增强的复合材料）。以塑料为母相，加入玻璃纤维制成的玻璃纤维增强塑料俗称"玻璃钢"，具有优异的力学性能、防水性能和加工可能性
积层强化	将不同材质或同质的材料制成薄板，进行层状重叠粘结的技术，叫做积层强化。积层强化可以根据层的位置将具有合适特性的基材进行组合：可以在表层采用耐候性好、表面硬度高的材料以提高整体的耐候性，也可以将中间层制成中空层、蜂窝状或波纹状以减轻重量，提高绝热隔声性能，也可以将各向异性的材料按层进行交叉重叠组合，以达到各向同性的目的	常用的金属系复合方法有表面电镀和积层强化、粒子强化合金等，常用的建筑材料有：1.镀锌钢板，可以制成平板和波纹板等形状，也可在表面涂料制成着色镀锌钢板，还可在两层涂层钢板内夹发泡体材料制成保温复合型彩钢板。2.聚氯乙烯金属积层板，形成钢塑板、铝塑板等材料。3.搪瓷钢板，通过将无机玻璃质材料（瓷釉）熔融结合在基体钢板上的方式，达到防腐、耐磨、绝缘、美观的目的

建筑材料的连接与表现

建筑物性能的实现，即建筑物建造的最重要的方面，就是材料与构法（构造方法），以及由此形成的节点细部和整体设计。所有连接都要受到重力的作用，根据受力和传力的不同分为构造和结构两种，建筑设计关注的是前者：

1. 承受自身重力为主，不传递、支撑外来受力的是构造；
2. 承受自身重力的同时主要传递或支撑受力的是结构。

常用建筑材料间的连接方法有：

1. 摩擦连接（木材的榫接、齿接、咬接，金属板材的卡接）；
2. 机械连接（缝合、绑接、铆接、销接、铰接、螺接，通过纤维、钉、销等插入件固定重合部分）；
3. 化学连接（粘结、焊接、熔合等）；
4. 整体化（熔铸、版筑、浇筑等）

建筑材料及其连接、复合方法（构造）是建筑设计的主要内容、建筑表达的重要载体语言、建筑学原创性的源泉。

建筑材料的表现方式主要有：

1. 材料本身的视触觉特性

材料的质感、色彩、光泽、肌理等外观特性带来的感官体验，以及由此引发的功能联想。例如，粗糙质感带来的古朴感，光滑材料带来的清洁感，贵金属色彩带来的华贵感，丰富的色彩和对比带来的绚丽感。

2. 材料排列的秩序感与韵律感

材料在建筑中大量使用而形成的排列秩序，以及重复感、阵列感和由此产生的视知觉的愉悦感。例如，砖或砌块的组合叠砌，木材的簇集与编织，钢材交接与熔合。

3. 材料组合与连接的过渡与对比

不同材料在建筑中使用和交接的材料质感、色彩、形态的组合方式，传递受力与力学的平衡感或紧张感，紧固、压叠关系等造成的材料对比和组合变化。例如，木材与金属节点的交接，砖与钢材的质感对比，玻璃幕墙的玻璃与金属连接件的咬合关系。

4. 材料的形态象征意义

基于自然环境和历史文化背景，对材料自身及其使用方式的传播与解读，形成具有鲜明的地域性、文脉性和时代性的形式联想思维范式。例如，石材的厚重与永恒性，金属材质的光泽的现代感与速度感，玻璃的透明性与开放性。

4 建筑材料

建筑设计	构件设计	性能要求	实现方式	材料选定	构法选择	连接节点与分格
·整体设计 ·空间+实体	·构造分解 ·要素模块化	·性能分解 ·指标化	·装饰围护体 ·结构支撑体 ·核心功能体	·装饰材料 ·结构材料 ·设备材料	·浇筑，熔合 ·粘结 ·插接，榫接 ·铆接，栓接 ·编织	·分格分缝 ·节点构造 ·结构复核
质保回访	竣工验收	施工安装	产品设计	选型定样	设计图纸与建造细则	
·质量保证与维修 ·使用后评估与回访	·分部分项工程验收 ·瑕疵整改 ·使用手册	·计划生产 ·物流仓储 ·施工安装	·材料与性能 ·尺寸与形态 ·连接与固定 ·加工与装配 ·成品保护	·材料选型 ·打样，调整 ·样品-样块-样墙确定	·实体空间的图纸化 ·性能指标与规格的文化化	

[1] 建筑材料的选用方法与流程

基础类型选择

基础是将结构所承受的各种作用传递到地基上的结构组成部分。应考虑地基的地质、水文、冰冻等条件，上部结构特点、材料及施工等因素，选择有足够强度和稳定性的结构，以保证建筑物或构筑物的安全和正常使用。

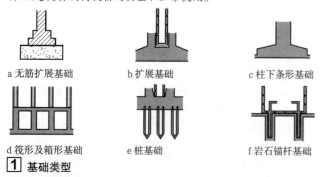

<table>
<tr><td>a 无筋扩展基础</td><td>b 扩展基础</td><td>c 柱下条形基础</td></tr>
<tr><td>d 筏形及箱形基础</td><td>e 桩基础</td><td>f 岩石锚杆基础</td></tr>
</table>

1 基础类型

无筋扩展基础

无筋扩展基础，系指由砖、毛石、混凝土或毛石混凝土、灰土和三合土等材料组成的，且不需配置钢筋的墙下条形基础或柱下独立基础。无筋扩展基础适用于多层民用建筑和轻型厂房。

无筋扩展基础类型 表1

类型	示意图	说明
墙下条形基础	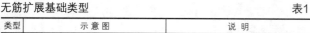	无筋扩展基础应满足下列构造要求： $H_0 \geq \dfrac{b-b_0}{2\tan\alpha}$ 式中：b—基础底面宽度； b_0—基础顶面的墙体宽度或柱脚宽度； $b_1、b_2$—基础台阶宽度； H_0—基础高度； $\tan\alpha$—基础台阶高宽比
柱下独立基础	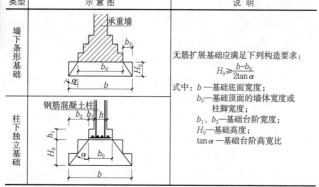	

扩展基础

扩展基础系指为扩散上部结构传来的荷载，使作用在基底的压应力满足地基承载力的设计要求，且基础内部的应力满足材料强度的设计要求，通过向侧边扩展一定底面积的基础。其混凝土强度等级不应低于C20。一般适用于上部荷载较小，地基承载能力较大的框架或剪力墙结构的工程。

扩展基础类型 表2

类型	示意图	说明
墙下条形基础	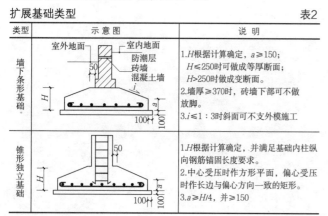	1.H根据计算确定，$a \geq 150$； H≤250时可做成等厚断面； H>250时做成变断面。 2.墙厚≥370时，砖墙下部可不做放脚。 3.$i \leq 1:3$时斜面可不支外模施工
锥形独立基础		1.H根据计算确定，并满足基础内柱纵向钢筋锚固长度要求。 2.中心受压时作方形平面，偏心受压时作长边与偏心方向一致的矩形。 3.$a \geq H/4$，并≥150

柱下条形基础

柱下条形基础分为柱下单向条形基础和双向条形基础，其混凝土的强度等级不应低于C20，柱下条形基础一般适用于上部荷载较大、地基承载能力偏小的多层框架建筑，或地基承载能力较大的小高层框架建筑。

柱下条形基础类型 表3

示意图	说明
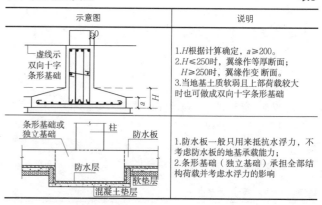	1.H根据计算确定，$a \geq 200$。 2.H≤250时，翼缘作等厚断面； H≥250时，翼缘作变断面。 3.当地基土质软弱且上部荷载较大时也可做成双向十字条形基础
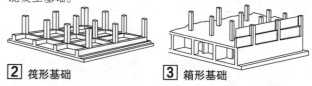	1.防水板一般只用来抵抗水浮力，不考虑防水板的地基承载能力； 2.条形基础（独立基础）承担全部结构荷载并考虑水浮力的影响

筏形及箱形基础

筏形基础分为梁板式和平板式两种类型，其选型应根据工程地质、上部结构体系、柱距、荷载大小及施工条件等确定。筏形基础具有整体性好、承载力高、结构布置灵活等优点，广泛用作高层建筑及超高层建筑基础。箱形基础是由底板、顶板、侧墙及一定数量内隔墙构成的整体刚度较好的单层或多层钢筋混凝土基础。

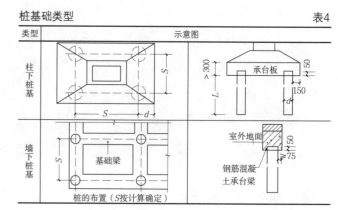

2 筏形基础　　　**3** 箱形基础

桩基础

桩基础是由设置于岩土中的桩和连接于桩顶端的承台组成的基础，具有整体性好、承载能力高和沉降量小等优点，适用于上部荷载较大或地基上部软弱层较厚的基础，尤其在高层建筑中应用更为普遍。常用的混凝土、钢筋混凝土桩基础，按桩的受力情况可分为摩擦型桩和端承型桩；按成桩方法可分为非挤土桩、部分挤土桩、挤土桩；按桩径大小可分为小直径桩、中直径桩、大直径桩。

桩基础类型 表4

类型	示意图	
柱下桩基		
墙下桩基		

桩的布置（S按计算确定）

地基处理要点

设计地基时，应尽量利用天然地基的承载能力，采用天然地基方案。当上部结构、基础和地基的共同作用不能满足设计要求时，应进行地基处理，以提高地基承载力，改善其变形性能或渗透性能。对于软弱地基（压缩层主要由淤泥、淤泥质土、填充土、杂填土或其他高压缩性土层构成的地基）、湿陷性黄土地基、膨胀性土地基和冻土地基，设计时应对建筑物的体形、建筑等级、抗震设防烈度、结构类型和地质条件等进行综合分析。若地基的承载能力和变形、稳定性不能满足设计要求时，可选用合理方法进行地基处理，以满足设计要求。在选用地基处理方案时，应因地制宜，保护环境，节约资源，结合经济条件、施工技术及机具设备条件、材料来源等情况合理选用。常用的方法见表1。

地基处理方法 表1

名称	示意图	说明	名称	示意图	说明
换填垫层法		适用于浅层软弱土层或不均匀土层的地基处理	预压地基		适用于处理淤泥质土、淤泥、冲填土等饱和黏性土地基，可采用堆载预压、真空预压、真空和堆载联合预压
压实地基		压实地基适用于处理大面积填土地基、浅层软弱地基以及局部不均匀地基	夯实地基		夯实地基分为强夯和强夯置换处理地基。强夯处理地基适用于碎石土、砂土、低饱和度的粉土与黏性土、湿陷性黄土、素填土和杂填土地基。强夯置换适用于高饱和度粉土与软塑—流塑的黏性土地基上对地基要求不严格的地基
振冲碎石桩和沉管砂石桩复合地基		适用于挤密处理松散砂土、粉土、粉质黏土、素填土等地基，以及处理可液化地基。饱和黏土地基，如对变形控制不严格，可采用砂桩置换处理	水泥土搅拌桩复合地基		适用于处理正常固结的淤泥、淤泥质土、素填土、黏性土（软塑、可塑）、粉土（稍密、中密）、粉细砂（松散、中密）、中粗砂（松散、稍密）、饱和黄土等土层
旋喷桩复合地基		适用于处理淤泥、淤泥质土、黏性土（流塑、软塑和可塑）、粉土、砂土、黄土、素填土和碎石土等地基	灰土挤密桩和土挤密桩复合地基		适用于处理地下水位以上的粉土、黏性土、素填土、杂填土和湿陷性黄土等地基，可处理的地基厚度宜为3~15m
夯实水泥土桩复合地基		适用于处理地下水位以上的粉土、黏性土、素填土和杂填土等地基，处理地基的深度不宜大于15m	水泥粉煤灰碎石桩复合地基		适用于处理黏性土、粉土、砂土和自重固结已完成的素填土地基。对淤泥质土应按地区经验或通过现场试验确定其适用性
柱锤冲扩桩复合地基		适用于处理地下水位以上的杂填土、粉土、黏性土、素填土和黄土等地基，对地下水位以下饱和土层处理，应通过现场试验确定其适用性。冲扩处理深度不宜超过10m	多桩型复合地基		适用于处理不同深度存在相对硬层的正常固结土，或浅层存在软固结土、湿陷性黄土、可液化等特殊土，以及地基承载力和变形要求较高的地基

水泥土搅拌桩复合地基

1. 水泥土搅拌桩分为深层搅拌法（湿法）和粉体喷搅法（干法）。

2. 水泥搅拌法设计主要是确定搅拌桩的置换率和桩长。湿法加固的深度不宜大于20m，干法不宜大于15m，桩径不应小于500mm。

3. 水泥土搅拌桩平面布置，采用柱状、壁状、格栅状或块状等加固形式，桩可在基础范围内布置。

4. 水泥土搅拌桩复合地基应在基础和桩之间设置褥垫层，其材料可选用中砂、粗砂、级配砂石等。

水泥粉煤灰碎石桩复合地基

1. 水泥粉煤灰碎石桩（CFG桩），宜选择承载力相对较高的土层作为桩端持力层。

2. 水泥粉煤灰碎石桩可在基础范围内布置，桩径宜取350~600mm。桩距为3~5倍桩径。

3. 桩径和基础之间应设置褥垫层，其厚度宜取150~300mm。褥垫层材料宜用中砂、粗砂、级配砂石或碎石等。

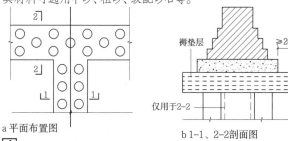

a 平面布置图　　b 1-1、2-2 剖面图

1 水泥土搅拌桩示意图

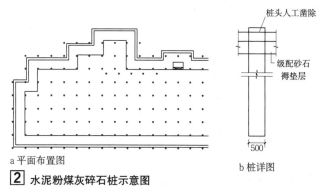

a 平面布置图　　b 桩详图

2 水泥粉煤灰碎石桩示意图

概述

地下室工程防水设计必须因地制宜、全面考虑各自然因素和使用要求，结合工程的特点和结构形式，合理确定防水等级、防水材料及施工工艺，制定正确的防水设计方案。地下室工程防水措施分别有：防水法、排水法、防排综合法等，以达到防水要求，见表1。地下室工程的防水等级，按围护结构允许渗漏水量划分为四级；地下室工程不同防水等级的适用范围，应根据其重要性和使用中对防水的要求，见表2、表3规定。

地下室工程各种防水措施的选用要求　　　　　　　　　　　　表1

	防水法	排水法（外）	排水法（内）	防排综合法
示意图	设计最高水位／防水层	原来地下水位／降低后的地下水位／降排水设施	丰水期的地下水位／常年地下水位／排水间层／集水沟	设计最高水位／灰土或黏土夯实／防水层／集水沟／架高层
说明	地下工程迎水面主体结构应采用防水混凝土，并应根据防水等级的要求采取其他防水措施（可多道防线）	无自流排水条件且防水要求较高的地下工程，可采用渗排水、盲沟排水、盲管排水、塑料排水板排水或机械抽水等排水方法	将渗入地下室的水通过永久性自流排水系统排至集水坑再排至室外管道，并考虑动力中断引起水位回升	采用多种措施以提高防水可靠性，但应分清主次，以防水为主，排水为辅，或以排水为主，防水为辅
适用范围	常用防水措施，对最高地下水位等设计要素有较好的适应性	地下水位高于地下室底板，且不宜采用防水层，地形、地质、经济、功能上有条件采用时	当水位高、水量大、难以采用外排法，或常年水位虽低于底板，但丰水期高于底板并小于500mm时	当地下室的防水要求较高时，通过设置集水沟，确保防水的可靠性

地下工程防水标准　　　　　　　　　　　　表2

防水等级	防水标准
一级	不允许渗水，结构表面无湿渍
二级	不允许漏水，结构表面可有少量湿渍。工业与民用建筑：总湿渍面积不应大于总防水面积（包括顶板、墙面、地面）1/1000；任意100m²防水面积上的湿渍不超过2处，单个湿渍最大面积不大于0.1m²；其他地下工程：总湿渍面积不应大于总防水面积的2/1000；任意100m²防水面积上的湿渍不超过3处，单个湿渍最大面积不大于0.2m²；其中，隧道工程还要求任意100m²防水面积上平均渗水量不大于0.05L/（m²·d），任意100m²防水面积上的渗水量不大于0.15L/（m²·d）
三级	有少量的漏水点，不得有线流和漏泥砂；任意100m²防水面积上的漏水或湿渍漏水点数不超过7处，单个漏水点的最大漏水量不大于0.2L/（m²·d）；单个湿渍的最大面积不大于0.3m²
四级	有漏水点，不得有线流和漏泥砂；整个工程平均漏水量不大于2L/（m²·d），任意100m²防水面积上的平均漏水量不大于4L/（m²·d）

不同防水等级的适用范围　　　　　　　　　　　　表3

防水等级	适用范围	项目举例
一级	人员长期停留的场所；因有少量湿渍会使物品变质、失效的储物场所，及严重影响设备正常运转和危及工程安全运营的部位；极重要的战备工程、地铁车站	办公用房、医院、餐厅、旅馆、影剧院、商场、娱乐场所、展览馆、体育馆、飞机或车船等交通枢纽、冷库、粮库、档案库、金库、书库、贵重物品库、通信工程、计算机房、电站控制室、配电间和发电机房等；人防指挥工程、武器弹药库、防水要求较高的人防掩蔽部、铁路旅客站台、行李房、地下铁道车站、种植顶板等
二级	人员经常活动的场所；在有少量湿渍的情况下不会使物品变质、失效的储物场所及基本不影响设备正常运转和工程安全运营的部位；重要的战备工程	一般生产空间、地下车库、城市人行地道、空调机房、防水要求不高的库房、一般人员隐蔽工程、水泵房等
三级	人员临时活动的场所；一般战备工程	战备、交通隧道和疏散通道等
四级	对渗漏水无严格要求的工程	—

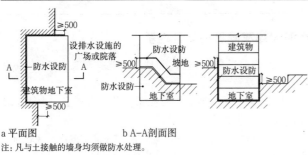

注：凡与土接触的墙身均须做防水处理。

1 建筑物地下室防水设防示意一

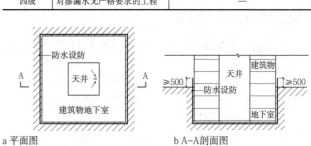

3 建筑物地下室防水设防示意三

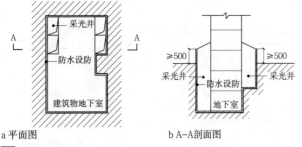

2 建筑物地下室防水设防示意二

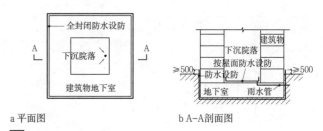

4 建筑物地下室防水设防示意四

防水做法

地下室工程迎水面主体结构及人防地下室顶板应采用防水混凝土，并应根据防水等级的要求采取其他防水措施。

目前实际工程中经常采用的其他防水措施有防水砂浆、防水卷材、防水涂料、膨润土防水材料、金属防水板等。应根据使用功能、使用年限、水文地质、结构形式、环境条件、施工方法及材料性能等因素合理进行选用，以满足地下室主体结构防水设防要求。如处于侵蚀性介质中的地下室，应采用耐侵蚀的防水混凝土、防水砂浆、防水卷材或防水涂料等防水材料。结构刚度较差或受振动作用的地下室，宜采用延伸率较大的卷材、涂料等柔性防水材料。

对于地下室的防水混凝土结构，其结构厚度不应小于250mm，并应满足相关规范的其他规定。

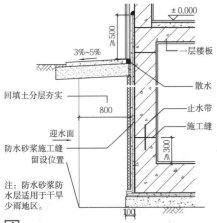

1 防水砂浆防水构造
（底板、外墙：防水砂浆外防外涂；软保护）

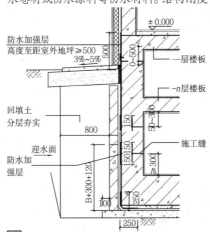

2 卷材防水构造一
（底板、外墙：卷材外防外贴，外墙下部；卷材外防内贴；砖墙保护）

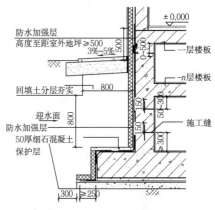

3 卷材防水构造二
（底板、外墙：卷材外防外贴；卷材软保护及地下室外墙外保温）

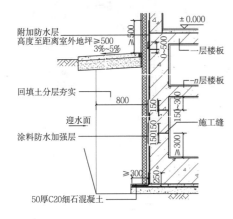

4 涂料防水构造一
（底板、外墙：防水涂料外防外涂；软保护）

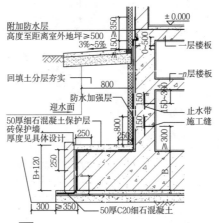

5 涂料防水构造二
（底板、外墙：防水涂料外防外涂；软保护）

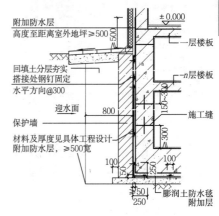

6 膨润土防水构造一
（底板：卷材外防外贴；外墙：卷材外防内贴；砖墙保护）

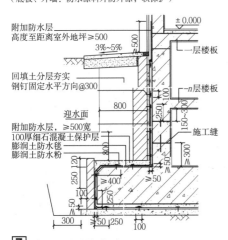

7 膨润土防水构造二
（底板：卷材外防外贴；外墙：卷材外防内贴；砖墙保护）

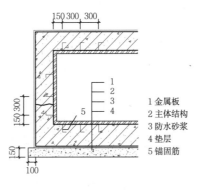

a 金属板防水层（主体结构内侧）   b 金属板防水层（主体结构外侧）

8 金属板防水构造

5
建筑构造

细部构造

　　地下室工程的变形缝（诱导缝）、施工缝、后浇带、穿墙管（盒）、预埋件等细部构造，应加强防水措施。可根据不同细部节点的构造特点，选用防水砂浆、防水涂料、防水卷材、各种类型的止水带（中埋式、外贴式、可卸式）、防水密封材料等进行加强处理。变形缝处混凝土结构的厚度不应小于300mm。

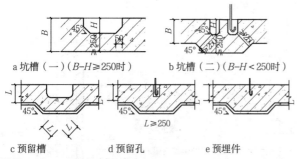

a 坑槽（一）（B-H≥250时）　　b 坑槽（二）（B-H<250时）

c 预留槽　　　　　　d 预留孔　　　　　　e 预埋件

1 预埋件或预留孔（槽）处理

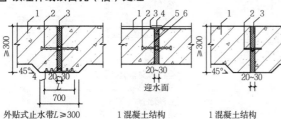

外贴式止水带L≥300
外贴防水卷材L≥400
外涂防水涂层L≥400
1 混凝土结构
2 中埋式止水带
3 填缝材料
4 外贴止水带

1 混凝土结构
2 中埋式止水带
3 防水层
4 隔离层
5 密封材料
6 填缝材料

1 混凝土结构
2 金属止水带
3 填缝材料

a 中埋式止水带变形缝一　　b 中埋式止水带变形缝二　　c 金属止水带变形缝

1 混凝土结构
2 填缝材料
3 中埋式止水带
4 预埋钢板
5 紧固件压板
6 预埋螺栓
7 螺母
8 垫圈
9 紧固件压块
10 欧米伽形止水带
11 紧固件圆钢

d 可卸式止水带变形缝

2 变形缝防水构造

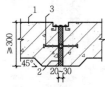
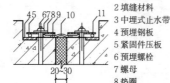

钢板止水带
L≥150
橡胶止水带
L≥200
钢边橡胶止水带L≥120
1 先浇混凝土
2 中埋止水带
3 后浇混凝土
4 结构迎水面

外贴止水带
L≥150
外涂防水涂料
L=200
外抹防水砂浆
L=200
1 先浇混凝土
2 外贴止水带
3 后浇混凝土
4 结构迎水面

1 先浇混凝土
2 遇水膨胀止水条（胶）
3 后浇混凝土
4 结构迎水面

1 先浇混凝土
2 预埋注浆管
3 后浇混凝土
4 结构迎水面
5 注浆导管

3 施工缝防水构造

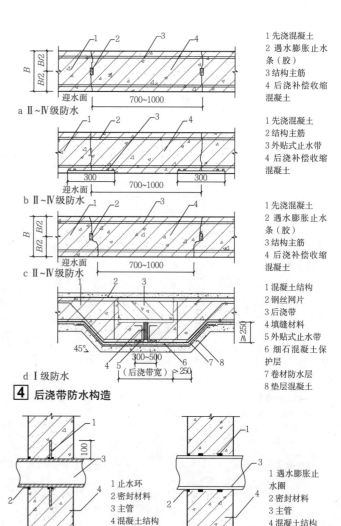

a Ⅱ~Ⅳ级防水
1 先浇混凝土
2 遇水膨胀止水条（胶）
3 结构主筋
4 后浇补偿收缩混凝土

b Ⅱ~Ⅳ级防水
1 先浇混凝土
2 结构主筋
3 外贴式止水带
4 后浇补偿收缩混凝土

c Ⅱ~Ⅳ级防水
1 先浇混凝土
2 遇水膨胀止水条（胶）
3 结构主筋
4 后浇补偿收缩混凝土

d Ⅰ级防水
1 混凝土结构
2 钢丝网片
3 后浇带
4 填缝材料
5 外贴式止水带
6 细石混凝土保护层
7 卷材防水层
8 垫层混凝土

4 后浇带防水构造

1 止水环
2 密封材料
3 主管
4 混凝土结构

1 遇水膨胀止水圈
2 密封材料
3 主管
4 混凝土结构

1 浇筑孔
2 柔性材料或细石混凝土
3 穿墙管
4 封口钢板
5 固定角钢
6 遇水膨胀止水条
7 预留孔

5 穿墙管群防水构造

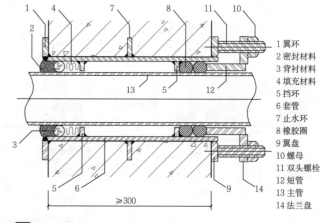

1 翼环
2 密封材料
3 背衬材料
4 填充材料
5 挡环
6 套管
7 止水环
8 橡胶圈
9 翼盘
10 螺母
11 双头螺栓
12 短管
13 主管
14 法兰盘

6 套管式穿墙管防水构造

窗井构造

窗井的底部在最高水位以上时，窗井的底板和墙应做防水处理，并宜与主体结构断开；窗井或窗井的一部分在最高地下水位以下时，窗井应与主体结构连成整体，其防水层也应连成整体，并应在窗井内设置集水井。窗井内的底板，应低于窗下缘300mm。窗井墙高出地面不得小于500mm。窗井外地面应做散水，散水与墙面间应采用密封材料嵌填。

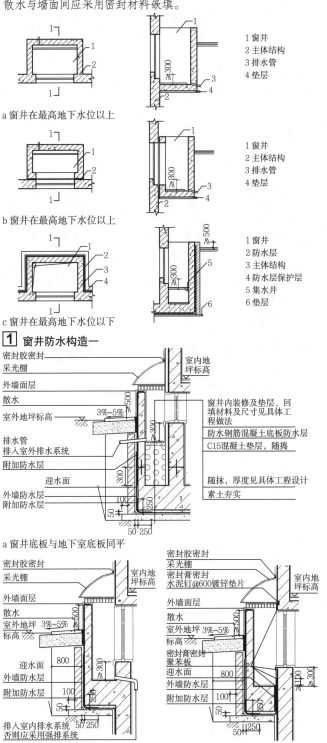

a 窗井在最高地下水位以上

1 窗井
2 主体结构
3 排水管
4 垫层

b 窗井在最高地下水位以上

1 窗井
2 主体结构
3 排水管
4 垫层

c 窗井在最高地下水位以下

1 窗井
2 防水层
3 主体结构
4 防水层保护层
5 集水井
6 垫层

1 窗井防水构造一

a 窗井底板与地下室底板同平

b 窗井底板与地下室底板不在同一标高上

c 窗井与主体结构断开

2 窗井防水构造二

排水构造

地下工程的排水是防水的辅助措施，制定地下室防水方案时，应根据工程所处的环境地质条件，适当考虑排水措施。对于有自流排水条件的地下室，应采用自流排水法。无自流排水条件的地下室，可采用渗排水、盲沟排水、盲管排水、塑料排水板排水或机械抽水等排水方法，但应防止由于排水造成水土流失，危及地面建筑物及农田水利设施。

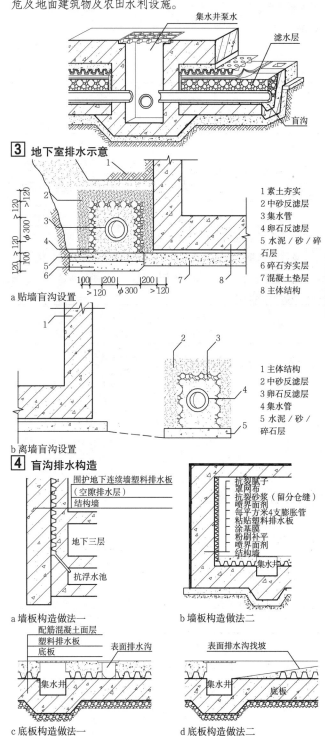

3 地下室排水示意

1 素土夯实
2 中砂反滤层
3 集水管
4 卵石反滤层
5 水泥/砂/碎石层
6 碎石夯实层
7 混凝土垫层
8 主体结构

a 贴墙盲沟设置

1 主体结构
2 中砂反滤层
3 卵石反滤层
4 集水管
5 水泥/砂/碎石层

b 离墙盲沟设置

4 盲沟排水构造

a 墙板构造做法一

b 墙板构造做法二

c 底板构造做法一

d 底板构造做法二

塑料防排水板可将少量渗漏水排出，形成"堵—排—堵"的防排水组合构造，因此可以更好、更长久地提高建筑的防水质量。塑料防排水板宜用于经常受水压、侵蚀性介质或受振动作用的地下室排水。

5 塑料防排水板构造示意

基本概念

　　墙体是建筑物的承重构件和围护构件。作为承重构件，墙体承受由屋顶和楼板层传来的荷载，并将荷载传递给基础。作为围护构件，外墙围护空间可以抵御和调节外界各种因素的影响；内墙分隔空间可以保障室内环境的舒适性。因此，墙体应具有足够的强度、稳定性以及良好的保温、隔热、隔声、防火、防水等性能。

分类

1. 按照建筑位置分类

墙体按建筑位置分类　　　　　　　　　　　　　　　　表1

建筑位置	外围护墙体	内分隔墙体	长轴方向	短轴方向	横窗洞之间	立面上窗洞口之间
名称	外墙（外横墙俗称山墙）	内墙	纵墙	横墙	窗间墙	窗下墙（窗槛墙）

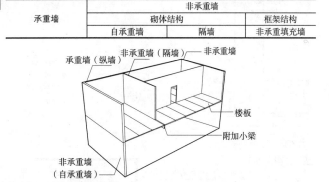

① 墙体按水平位置和方向分类　　② 墙体按垂直位置分类

2. 按照承重关系分类

墙体按承重关系分类　　　　　　　　　　　　　　　　表2

承重墙	非承重墙		
	砌体结构		框架结构
	自承重墙	隔墙	非承重填充墙

③ 墙体按承重关系分类

3. 按照施工方式分类

墙体按施工方式分类　　　　　　　　　　　　　　　　表3

施工方式	名称	示例
用砂浆等胶结材料，将砖石块材等组砌而成	块材墙	砖墙、石墙及各种砌块墙等
现场立模板，现浇而成的墙体	版筑墙	现浇混凝土墙
预先制成墙板，施工时安装而成的墙	板材墙	预制混凝土大板墙、各种轻质条板内隔墙

4. 按照构造方式分类

　　墙体可以分为实体墙、空体墙、组合墙三种④。

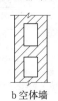

a 实体墙　　　　b 空体墙　　　　c 组合墙

④ 墙体按构造方式分类

材料

　　墙体的主要材料为各种块材和砂浆。块材的强度等级以MU表示，砂浆的强度等级以M表示。砌体结构的材料强度等级见表4、表5，砂浆的强度等级见表6。

承重结构块体的强度等级　　　　　　　　　　　　　　表4

种类	强度等级
烧结普通砖、烧结多孔砖	MU30、MU25、MU20、MU15、MU10
蒸压灰砂普通砖、蒸压粉煤灰普通砖	MU25、MU20、MU15
混凝土普通砖、混凝土多孔砖	MU30、MU25、MU20、MU15
混凝土砌块、轻集料混凝土砌块	MU20、MU15、MU10、MU7.5、MU5
石材	MU100、MU80、MU60、MU50、MU40、MU30、MU20

自承重墙块体的强度等级　　　　　　　　　　　　　　表5

种类	强度等级
空心砖	MU10、MU7.5、MU5、MU3.5
轻集料混凝土砌体	MU10、MU7.5、MU5、MU3.5

砂浆的强度等级　　　　　　　　　　　　　　　　　　表6

种类	强度等级
烧结普通砖、烧结多孔砖、蒸压灰砂普通砖、蒸压粉煤灰普通砖砌体采用的普通砂浆	M15、M10、M7.5、M5、M2.5
蒸压灰砂普通砖、蒸压粉煤灰普通砖砌体采用的专用砂浆	Ms15、Ms10、Ms7.5、Ms5
混凝土普通砖、混凝土多孔砖、单排孔混凝土砌块和煤矸石混凝土砌块砌体采用的砂浆	Mb20、Mb15、Mb10、Mb7.5、Mb5
双排孔或多排孔轻集料混凝土砌块砌体采用的砂浆	Mb10、Mb7.5、Mb5
毛料石、毛石砌体采用的砂浆	M7.5、M5、M2.5

1. 块材

常用砖种类　　　　　　　　　　　　　　　　　　　　表7

分类	名称
材料	黏土砖、灰砂砖、页岩砖、煤矸石砖、水泥砖、炉渣砖等
外观	空心砖、实心砖和多孔砖
制作工艺	烧结和蒸压成型等

注：黏土砖、页岩砖为禁用、限制使用材料。

常用砌块种类　　　　　　　　　　　　　　　　　　　表8

类别	成分	强度（MPa）	规格（mm）	质量
蒸压加气混凝土砌块	以钙质、硅质材料和发气剂为原材料，经配料、搅拌、浇筑和蒸压养护而成	2.7~4.7	长：600 宽：100、150、200、250 高：200、250、300	500~700kg/m³在无安全可靠的措施防护时，不得用于建筑物的基础及地面以下的砌体和有侵蚀介质的环境中
粉煤灰硅酸盐中型实心砌块	以粉煤灰、石灰、石膏为胶结材料，以煤渣为骨料，经加水搅拌、振动成型、蒸养而制成	10.0~15	长：800、980、1080、1180 宽：180、200、190、240 高：200、250、300	150~175kg/m³不宜用于有侵蚀介质和经常处于高温影响下的房间，不得用于建筑物基础及地面以下的砌体中
混凝土小型空心砌块	以水泥为胶结材料，砂、石为骨料，经加水搅拌、振动加压成型，蒸汽养护而成	3.5~10	长：190、290、390、90 宽：190 高：190	1400~2000kg/m³有抗震设防需求时，不宜用于9度区
混凝土中型空心砌块	以水泥为胶结材料，砂、石为骨料，经加水搅拌、振动加压成型，蒸汽养护而成	2.5~12	长：285~1185 宽：200 高：785	900~1350kg/m³有抗震设防需求时，不宜用于9度区
煤矸石空心砌块	以煤矸石无熟料水泥作为胶结材料，天然煤矸石为骨料，经平模振动成型，蒸汽养护而成	15.0~20	长：285~1170 宽：200 高：800	1350~1500kg/m³抗震设防要求小于等于6度时，房屋总高度不宜超过18m（6层）；7度宜小于15m（5层）；8度宜小于9m；9度不宜采用

2. 砂浆

　　砌筑用砂浆按其成分分为水泥砂浆和混合砂浆两种。

结构布置方案

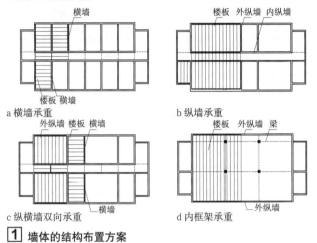

a 横墙承重　　　b 纵墙承重

c 纵横墙双向承重　　　d 内框架承重

1 墙体的结构布置方案

房屋的层数和总高度限制

房屋的层数和总高度限制（单位：m）　　　表1

房屋类别		最小抗震墙厚度（mm）	烈度和设计基本地震加速度										
			6		7				8				9	
			0.05g		0.10g		0.15g		0.20g		0.30g		0.40g	
			高度	层数	高度	层数	高度	层数	高度	层数	高度	层数	高度	层数
多层砌体房屋	普通砖	240	21	7	21	7	21	7	18	6	15	5	12	4
	多孔砖	240	21	7	21	7	18	6	18	6	15	5	9	3
	多孔砖	190	21	7	18	6	15	5	15	5	12	4	9	3
	小砌块	190	21	7	21	7	18	6	18	6	15	5	9	3
底部框架-抗震墙砌体房屋	普通砖多孔砖	240	22	7	22	7	19	6	16	5	—		—	
	多孔砖	190	22	7	19	6	16	5	13	4	—		—	
	小砌块	190	22	7	22	7	19	6	16	5	—		—	

注：1. 本表摘自《建筑抗震设计规范》GB 50011-2010。
　　2. 房屋的总高度指室外地面到主要屋面板板顶或檐口的高度，半地下室从地下室室内地面算起，全地下室和嵌固条件好的半地下室应允许从室外地面算起；对带阁楼的坡屋顶应算到山尖墙的1/2高度处。
　　3. 室内外高差大于0.6m时，房屋总高度应允许比表中的数据适当增加，但增加量应少于1.0m。
　　4. 乙类的多层砌体房屋仍按本地区设防烈度查表，其层数应减少一层且总高度应降低3m；不应采用底部框架—抗震墙砌体房屋。
　　5. 本表小砌块砌体房屋不包括配筋混凝土小型空心砌块砌体房屋。

多层砌体房屋总高度与总宽度的最大比值

房屋最大高宽比　　　表2

烈度	6	7	8	9
最大高宽比	2.5	2.5	2.0	1.5

注：1. 本表摘自《建筑抗震设计规范》GB 50011-2010。
　　2. 单面走廊房屋的总高度不包括走廊宽度。
　　3. 建筑平面接近正方形时，其高宽比宜适当减小。

砌体墙段的局部限值

房屋的局部尺寸限制（单位：m）　　　表3

部位	烈度			
	6度	7度	8度	9度
承重窗间墙最小宽度	1.0	1.0	1.2	1.5
承重外墙尽端至门窗洞边的最小距离	1.0	1.0	1.2	1.5
非承重外墙尽端至门窗洞边的最小距离	1.0	1.0	1.0	1.0
内墙阳角至门窗洞边的最小距离	1.0	1.0	1.5	2.0
无锚固女儿墙（非出入口处）的最大高度	0.5	0.5	0.5	0.0

注：1. 本表摘自《建筑抗震设计规范》GB 50011-2010。
　　2. 局部尺寸不足时，应采取局部加强措施弥补，且最小宽度不宜小于1/4层高和表列数据的80%。
　　3. 出入口处的女儿墙应有锚固。

构造柱设置要求

砖墙构造柱设置要求　　　表4

房屋层数				设置的部位	
6度	7度	8度	9度		
				楼梯、电梯间四角，楼梯斜梯段上下端对应的墙体处；外墙四角和对应转角；错层部位横墙与外墙交接处；大房间内外墙交接处；较大洞口两侧	隔12m或单元横墙与外纵墙交接处；楼梯间对应的另一侧内横墙与外纵墙交接处
4、5	3、4	2、3	—		隔开间横墙（轴线）与外墙交接处；山墙与内纵墙交接处
6	5	4	2		内墙（轴线）与外墙交接处；内墙局部较小墙垛处；内纵墙与横墙（轴线）交接处
7	≥7	≥5	≥3		

注：本表摘自《建筑抗震设计规范》GB 50011-2010。

圈梁设置要求

多层砖砌体房屋现浇钢筋混凝土圈梁设置要求　　　表5

墙类	烈度		
	6、7	8	9
外墙和内纵墙	屋盖处及每层楼盖处	屋盖处及每层楼盖处	屋盖处及每层楼盖处
内横墙	同上；屋盖处沿间距不应大于4.5m；楼盖处间距不应大于7.2m；构造柱对应部位	同上；各层所有横墙，且间距不应大于4.5m；构造柱对应部位	同上；各层所有横墙

注：本表摘自《建筑抗震设计规范》GB 50011-2010。

变形缝的设置要求

　　为防止建筑构件因温度变化、热胀冷缩、地震使房屋出现裂缝或破坏，沿建筑物长度方向相隔一定距离预留垂直变形缝。

　　在抗震设防烈度为7~9度的地区应设防震缝。

　　防震缝的宽度为B，在多层砖墙房屋中，按设计烈度的不同取50~70mm；在多层钢筋混凝土框架建筑中，建筑物高度小于等于15m时，宽度为70mm；当建筑物高度超过15m时，设计烈度7度，建筑每增高4m，缝宽在70mm基础上增加20mm；设计烈度8度，建筑每增高3m，缝宽在70mm基础上增加20mm；设计烈度9度，建筑每增高2m，缝宽在70mm基础上增加20mm。

砖石墙体温度伸缩缝的最大间距（单位：m）　　　表6

砌体类别	屋顶或楼板类别	间距
各种砌体	整体式或装配式钢筋混凝土结构	有保温层或隔热层的屋顶、楼板层	50
		无保温层或隔热层的屋顶	40
	装配式无檩体系钢筋混凝土结构	有保温层或隔热层的屋顶、楼板层	60
		无保温层或隔热层的屋顶	50
	装配式有檩体系钢筋混凝土结构	有保温层或隔热层的屋顶	75
		无保温层或隔热层的屋顶	60

注：本表摘自《砌体结构设计规范》GB 50003-2011。

钢筋混凝土伸缩缝的最大间距（单位：m）　　　表7

结构类别		施工方法	室内或土中	露天
排架结构		装配式	100	70
框架结构		装配式	75	50
		现浇式	55	35
剪力墙结构		装配式	65	40
		现浇式	45	30
挡土墙、地下室墙壁		装配式	40	30
		现浇式	30	20

注：本表摘自《混凝土结构设计规范》GB 50010-2010。

沉降缝的宽度　　　表8

基地性质	房屋高度H	缝宽B（mm）
一般基地	<5m	30
	5~10m	50
	10~15m	70
软弱基地	2~3层	50~80
	4~5层	80~120
	5层以上	>120
湿陷性黄土地基	—	≥30~70

注：本表摘自《建筑地基基础设计规范》GB 50007-2011。

5
建筑构造

居住建筑保温要求

严寒和寒冷地区建筑围护结构墙体传热系数（ K ）限值　　表1

围护结构部位		传热系数K[W/(m²·K)]		
		≤3层建筑	(4~8)层的建筑	≥9层建筑
外墙	严寒A	0.25	0.40	0.50
	严寒B	0.30	0.45	0.55
	严寒C	0.35	0.50	0.60
	寒冷A	0.45	0.60	0.70
	寒冷B	0.45	0.60	0.70

注：本表摘自《严寒和寒冷地区居住建筑节能设计标准》JGJ 26-2010。

夏热冬冷地区建筑围护结构墙体传热系数（ K ）和热惰性指标（ D ）限值　　表2

围护结构部位	传热系数K[W/(m²·K)]	
	热惰性指标D≤2.5	热惰性指标D>2.5
外墙（体型系数≤0.4）	1.0	1.5

注：本表摘自《夏热冬冷地区居住建筑节能设计标准》JGJ 134-2010。

夏热冬暖地区建筑围护结构墙体传热系数（ K ）和热惰性指标（ D ）限值　　表3

围护结构部位	传热系数K[W/(m²·K)]			
	D≥3.0	D≥2.8	D≥2.5	—
外墙	K≤2.0	1.5<K<2	0.7<K<1.5	K≤0.7

注：本表摘自《夏热冬暖地区居住建筑节能设计标准》JGJ 134-2010。

公共建筑保温要求

建筑围护结构墙体传热系数（ K ）限值　　表4

围护结构部位		传热系数K[W/(m²·K)]		乙类公建
		甲类公建		
		体形系数≤0.3	0.3<体形系数≤0.5	
外墙（包括非透光幕墙）	严寒地区A、B	≤0.38	≤0.35	≤0.45
	严寒地区C	≤0.43	≤0.38	≤0.50
	寒冷地区	≤0.50	≤0.45	≤0.60
		热惰性指标≤2.5	热惰性指标>2.5	—
	夏热冬冷地区	≤0.60	≤0.80	≤1.0
	夏热冬暖地区	≤0.80	≤1.5	≤1.5
	温和地区	≤0.80	≤1.5	—

注：本表摘自《公共建筑节能设计标准》GB 50189-2015。

隔声要求

空气声隔声标准　　表5

建筑类别	围护结构部位	空气声隔声单值评价量+频谱修正量（dB）
住宅	分户墙、楼板	>45
	外墙	≥45
学校	普通教室之间的隔墙、楼板	>45
	外墙	≥45
医院	病房与病房之间及病房、手术室与普通房间之间的隔墙、楼板	>45，≤50
	外墙	≥45
旅馆	客房之间的隔墙、楼板	>40，≤50
	客房外墙（含窗）	>30~40
办公	办公室、会议室与普通房间之间的隔墙、楼板	45~50
	外墙	≥45
商业	购物中心、餐厅、会展中心等与噪声敏感房间之间的隔墙、楼板	>45，≤50

注：本表摘自《民用建筑隔声设计规范》GB 50118-2010。

防火要求

建筑物构件的燃烧性能和耐火极限（单位：h）　　表6

名称		耐火等级			
构件		一级	二级	三级	四级
墙	防火墙	不燃性3.00	不燃性3.00	不燃性3.00	不燃性3.00
	承重墙	不燃性3.00	不燃性2.50	不燃性2.00	不燃性0.50
	非承重外墙	不燃性1.00	不燃性1.00	不燃性0.50	可燃性
	楼梯间和前室的墙、电梯井的墙、住宅单元之间的墙、住宅分户墙	不燃性2.00	不燃性2.00	不燃性1.50	难燃性0.50
	疏散走道两侧的隔墙	不燃性1.00	不燃性1.00	不燃性0.50	难燃性0.25
	房间隔墙	不燃性0.75	不燃性0.50	不燃性0.50	难燃性0.25

注：本表摘自《建筑设计防火规范》GB 50016-2014。

组砌要求

1. 基本要求

一般情况下，各种块材砌体的砌筑均应满足灰缝"横平竖直、错缝搭接、灰浆饱满、薄厚均匀"的要求。

2. 组砌方式

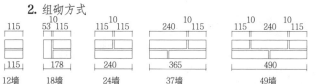

| 12墙 | 18墙 | 24墙 | 37墙 | 49墙 |

1 砖墙的厚度与组成

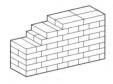

a 240砖墙一顺一丁式

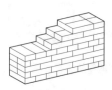

b 240砖墙多顺一丁式

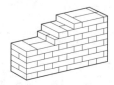

c 240砖墙十字架式

d 120砖墙

e 180砖墙

f 370砖墙

2 砖墙的不同组砌方式

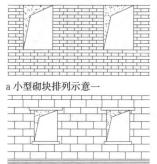

a 小型砌块排列示意一

b 小型砌块排列示意二

c 中型砌块排列示意一

d 中型砌块排列示意二

3 砌块排列示意

3. 通缝处理

如果墙体表面或内部的垂直缝处于一条线上，即形成了通缝。当砌块墙组砌时出现通缝或错缝不足90mm时，应在水平通缝处加钢筋网片，使之拉结成整体**4**。

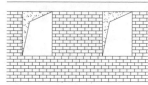

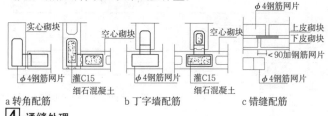

a 转角配筋　　　　b 丁字墙配筋　　　　c 错缝配筋

4 通缝处理

墙体构造

墙体构造类型 表1

名称	位置	作用	做法
墙身防潮	设置在垫层范围内低于室内地坪60mm	防止土壤中的潮气和水渗入墙体	详见①①
勒脚	设置在外墙墙角根部处	墙身防潮且考虑根部的保护与美观	详见②②
散水	设置在外墙与室外地面交界处	保护墙基不受雨水侵蚀	详见③③
明沟	同散水	同散水	详见④④

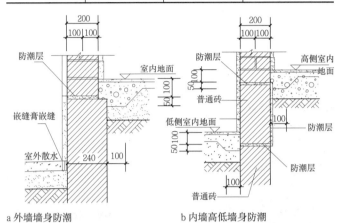

a 外墙墙身防潮   b 内墙高低墙身防潮

①① 墙身防潮构造做法

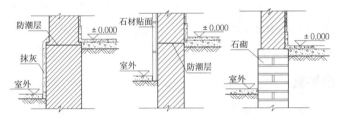

②② 勒脚构造做法

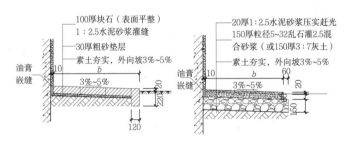

③③ 散水构造做法

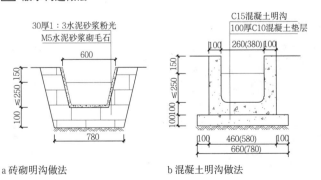

a 砖砌明沟做法   b 混凝土明沟做法

④④ 明沟构造做法

门窗洞口构造

过梁类型 表2

名称	应用范围	图例
砖砌平拱过梁	跨度不应超过1.2m，用竖砖砌筑部分的高度不应小于240mm	
钢筋砖过梁	跨度不应大于1.5m，其底面砂浆层处的钢筋直径不应小于5mm，间距不宜大于120mm，钢筋伸入支座砌体内的长度不宜小于240mm	3φ6 钢筋
钢筋混凝土过梁	可应用于有较大振动和集中荷载或产生不均匀沉降的房屋，其承载力应按混凝土受弯构件计算	

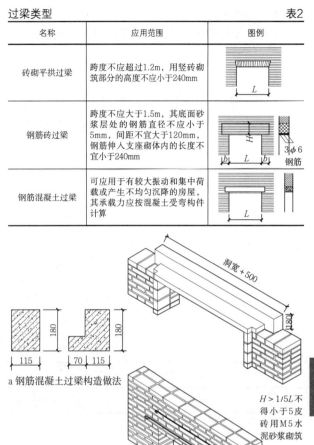

a 钢筋混凝土过梁构造做法

b 钢筋砖过梁构造做法

⑤⑤ 过梁的构造做法

窗台构造

窗台一般分为平窗台、挑窗台、凸窗窗台。

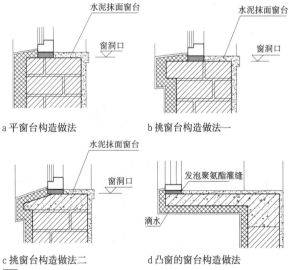

a 平窗台构造做法   b 挑窗台构造做法一

c 挑窗台构造做法二   d 凸窗的窗台构造做法

⑥⑥ 窗台的构造做法

5
建筑构造

结构加强

1. 门垛和壁柱

在墙体上开设门洞一般应设门垛，当墙体受到集中荷载作用时，应设壁柱。

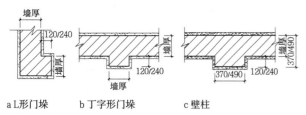

a L形门垛　　　b 丁字形门垛　　　c 壁柱

1 门垛的形式

2. 圈梁

圈梁有钢筋混凝土圈梁和钢筋砖圈梁两种。钢筋混凝土圈梁整体刚度强，圈梁宽度同墙厚，高度一般为180mm、240mm。钢筋砖圈梁用M5砂浆砌筑，高度不小于5皮砖，在圈梁中设置4φ6的通长钢筋，分别上下两层布置，其做法与钢筋砖过梁相同。

圈梁配筋　　　　　　　　　　　　　　　　　　　表1

配筋	非抗震设计	抗震设防烈度		
		6、7度	8度	9度
最小纵筋	4φ10	4φ12		4φ14
箍筋最大间距（mm）	@250	@200		@150

注：本表摘自《建筑抗震设计规范》GB 50011-2010。

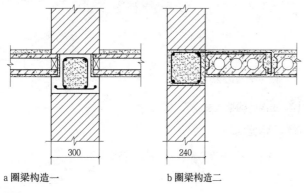

a 圈梁构造一　　　　　　b 圈梁构造二

2 圈梁的构造做法

3. 构造柱

构造柱的截面尺寸应与墙体厚度一致。砖墙构造柱最小截面尺寸为240mm×180mm，为加强与墙体的结合，可设置成马牙槎，竖向钢筋一般用4φ12，箍筋间距不大于250mm。施工时必须先砌墙，后浇筑钢筋混凝土，并应沿墙高每隔500mm设2φ6拉接钢筋，每边伸入墙内不宜小于1m。构造柱可不单独设置基础，但应伸入室外地面下500mm，或锚入浅于500mm的地圈梁内。

4. 芯柱

当采用混凝土空心砌块时，应在房屋四角、外墙转角、楼梯间四角及较大的洞口边设芯柱。芯柱用C20细石混凝土填入砌块孔中，并在孔中插入通长钢筋。

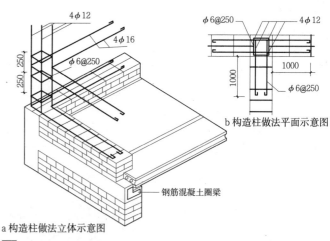

a 构造柱做法立体示意图

b 构造柱做法平面示意图

3 构造柱构造做法

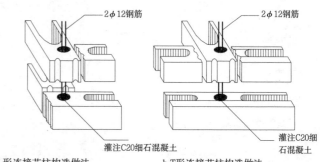

a L形连接芯柱构造做法　　　b T形连接芯柱构造做法

4 芯柱构造做法

变形缝

变形缝的设置既满足其变形需要，根据其功能还需满足防水、防火、保温、美观等要求。变形缝内需填塞止水带、阻火带和保温带，并采用镀锌铁皮、铝合金板、不锈钢板或橡胶嵌条及各种专用胶条等盖缝。

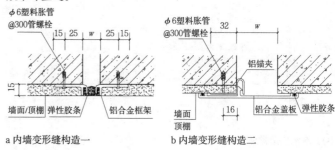

a 内墙变形缝构造一　　　　b 内墙变形缝构造二

5 内墙变形缝构造做法

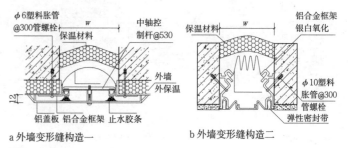

a 外墙变形缝构造一　　　　b 外墙变形缝构造二

6 外墙变形缝构造做法

隔墙

隔墙是分隔室内空间的非承重构件。隔墙按其构造方式可分为块材隔墙、轻骨架隔墙及板材隔墙。

块材隔墙

块材隔墙主要是用普通砖、空心砖、加气混凝土砌块、轻集料砌块及石膏砌块等轻质块材砌筑而成,常用的有半砖隔墙、砌块隔墙。

1. 半砖隔墙(120mm)用普通砖顺砌,在构造上应与主体墙或柱拉接,一般沿高度0.5m预埋φ6拉接钢筋两根,砌筑砂浆强度不小于M5。顶部与楼板相连处用立砖斜砌,填塞墙与楼板间的空隙。为保证其稳定性,当墙高度大于3m、长度超5m时,还应加设构造柱及圈梁等加固措施。

2. 砌块隔墙大多具有质轻、孔隙率大、隔热性能好的特点,但吸水性强,因此有防潮、防水的要求时应在墙下设置C20混凝土条形基础。砌块隔墙厚度较薄,也需要采取加强稳定性措施,其方法与半砖隔墙类似。

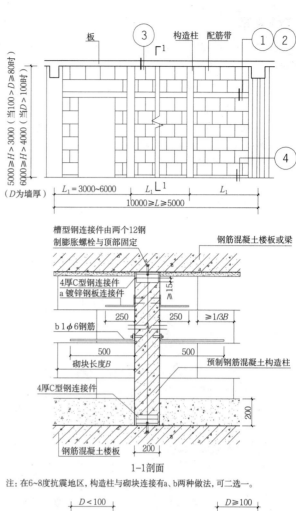

1-1剖面

注:在6~8度抗震地区,构造柱与砌块连接有a、b两种做法,可二选一。

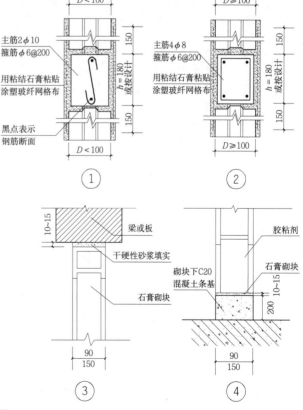

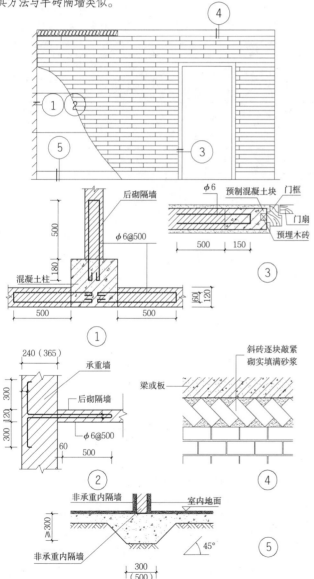

1 半砖隔墙构造

2 石膏砌块隔墙构造

轻骨架隔墙

轻骨架隔墙由骨架和面层组成。

骨架

骨架主要分为木骨架和轻钢骨架两类。

木骨架隔由上槛、下槛、立柱、斜撑或横撑等构件组成，中间每隔400~600mm设一截面尺寸为50mm×70mm或50mm×100mm的立柱。在高度方向每隔1500mm左右设一斜撑或横撑，以减小木骨架的变形。

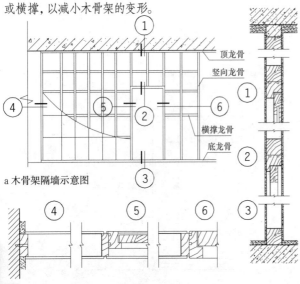

a 木骨架隔墙示意图

顶龙骨
竖向龙骨
横撑龙骨
底龙骨

1 木骨架夹板面板隔墙构造

轻钢骨架隔墙强度高、刚度大、自重轻、防火、防潮、易于加工和大批量生产，还可根据需要拆卸和组装，施工方便，速度快，应用广泛。轻型钢骨架是由各种薄壁型钢制成，常用的薄壁型钢有0.8~1mm厚槽钢和工字钢。

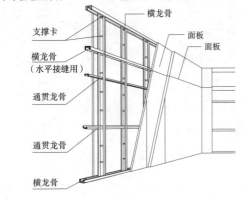

支撑卡
横龙骨
横龙骨
（水平接缝用）
通贯龙骨
通贯龙骨
横龙骨
面板
面板

a 龙骨体系示意图

顶龙骨
横撑龙骨
竖向龙骨
底龙骨
面板

b 龙骨排列示意图

2 轻钢龙骨纸面石膏板隔墙构造

面层

轻骨架隔墙的面层常用人造板材面层，可用于木骨架与轻钢骨架，常用板材及其尺寸见表1。

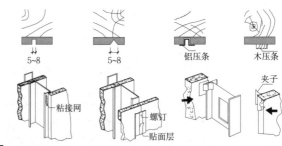

5~8   5~8   铝压条   木压条
夹子
粘接网   螺钉   贴面层

3 人造面板的连接构造

轻骨架板材隔墙常用板材的尺寸规格（不含木质板材）   表1

名称	规格（mm）		
	长度	宽度	厚度
纸面石膏板	1800、2100、2400、2700、3000、3300、3600	900、1200	9.5、12、15、18、21、25。执行国外标准的还有12.7、15.9
纤维石膏板	1200、1500、2400、3000	600、1200	12、12.5、15
木质纤维石膏板	3050	1200	8、10、12、15
纤维增强硅酸钙板（硅酸钙板）	800、2400、3000	800、900、1000、1200	5、6、8、10、15
	2440	1220	
纤维增强水泥加压板（硅酸钙板）	1000、1200、1800、2400、2800、3000	800、900、1000、1200	4、5、6、8、10、12、15、20、25
低密度埃特板	2440	1220	7、8、10、12、15
中密度埃特板	2440	1220	6、7.5、9、12
高密度埃特板	2440	1220	7.5、9

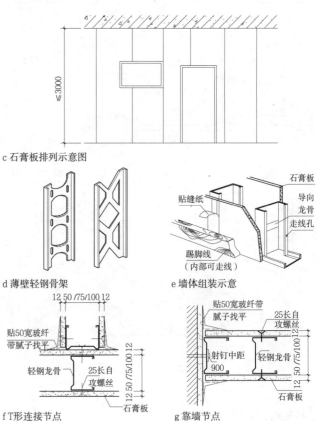

c 石膏板排列示意图

d 薄壁轻钢骨架

石膏板
贴缝纸
导向龙骨
走线孔
踢脚线
（内部可走线）

e 墙体组装示意

贴50宽玻纤带腻子找平
轻钢龙骨
25长自攻螺丝
石膏板

f T形连接节点

贴50宽玻纤带
腻子找平
25长自攻螺丝
射钉中距900
轻钢龙骨
石膏板

g 靠墙节点

条板隔墙

条板隔墙是采用具有一定刚度和厚度的条形板材,用各类胶粘剂和连接件安装固定并拼合在一起形成的隔墙。常用板材为蒸压加气混凝土板、各种轻质条板和各种复合板材等。

蒸压加气混凝土板材可用于外墙、内墙,其自重轻、可锯、可刨、可钉、施工简单、防火性能好,并能有效抵抗雨水的渗透,但不宜用于高温、高湿或有化学有害空气介质的建筑中。

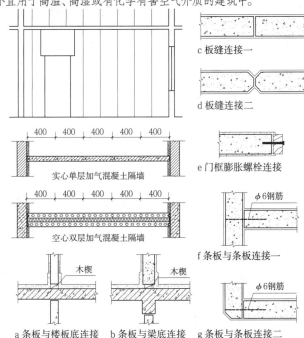

1 加气混凝土板隔墙构造

轻质条板

常用的轻质条板有玻纤增强水泥条板、钢丝增强水泥条板、增强石膏空心条板、轻骨料混凝土条板等。条板的长度通常为2200~4000mm,常用2400~3000m,宽度常用600mm,一般按100mm递增,厚度最小为60mm,一般按10mm递增。

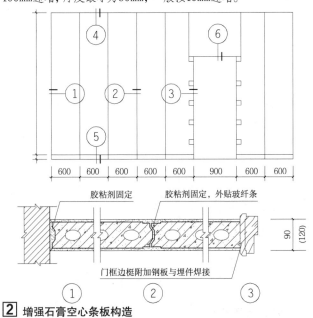

2 增强石膏空心条板构造

复合板材

由几种材料制成的多层板材为复合板材,其面层有石棉水泥板、石膏板、铝板等。复合板材充分利用材料的性能,大多具有高强度、耐火性、防水性、隔声性能好的特点,且安装、拆卸方便,有利于工业化。

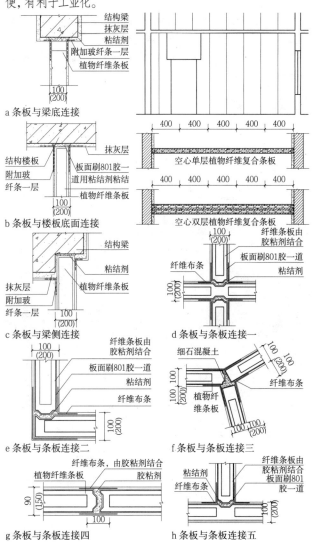

3 植物纤维复合板内隔墙构造

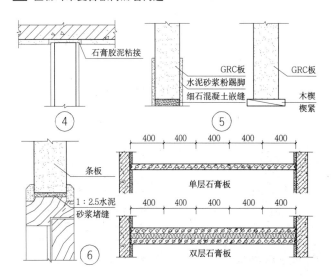

5
建筑构造

幕墙分类

1. 幕墙按其面板材料分为玻璃幕墙、金属幕墙、石材幕墙。
2. 幕墙按其施工方式分为构件式和单元式幕墙。

玻璃幕墙

常用的金属边框为铝合金型材。常用玻璃类型有钢化玻璃、中空玻璃及各类镀膜玻璃。玻璃幕墙根据其承重方式不同可以分为框支承幕墙（明框、隐框、半隐框）、点支承幕墙、全玻幕墙。考虑到玻璃幕墙的保温节能要求，还有双层通风玻璃幕墙。

框支承玻璃幕墙

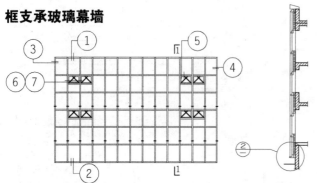

a 铝合金明框玻璃幕墙索引图　　　　b 1-1剖面图

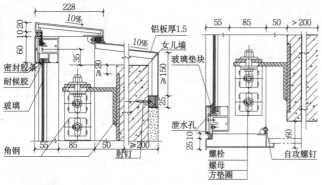

c ① 上部收口剖面节点详图　　d ② 下部收口剖面节点详图

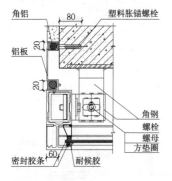

e ③ 边收口平面节点详图　　f ④ 边收口平面节点详图

g ⑤ 开启扇垂直节点详图　　h ⑥⑦ 开启扇水平节点详图

1 框支承玻璃幕墙

点支承玻璃幕墙

点支承玻璃幕墙形式　　　　　　　　　　　　　　表1

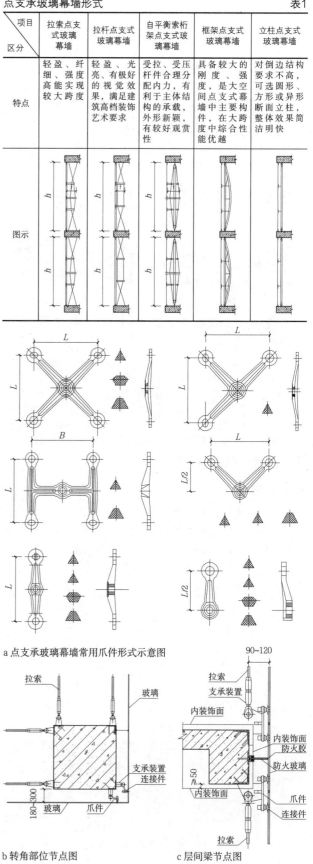

项目\区分	拉索点支式玻璃幕墙	拉杆点支式玻璃幕墙	自平衡索桁架点支式玻璃幕墙	框架点支式玻璃幕墙	立柱点支式玻璃幕墙
特点	轻盈、纤细、强度高能实现较大跨度	轻盈、光亮、有极好的视觉效果，满足建筑高档装饰艺术要求	受拉、受压杆件合理分配内力，有利于主体结构的承载，外形新颖，有较好观赏性	具备较大的刚度、强度，是大空间点支式幕墙中主要构件，在大跨度中综合性能优越	对倒边结构要求不高，可选圆形、方形或异形断面立柱，整体效果简洁明快
图示					

a 点支承玻璃幕墙常用爪件形式示意图

b 转角部位节点图　　　　c 层间梁节点图

2 点支承玻璃幕墙

5
建筑构造

双层通风玻璃幕墙

　　双层通风玻璃幕墙是双层结构的新型幕墙,通常可分为内循环和外循环双层幕墙。具有环境舒适、通风换气的功能,保温隔热和隔声效果非常明显,主要适用于温带和寒带地区。

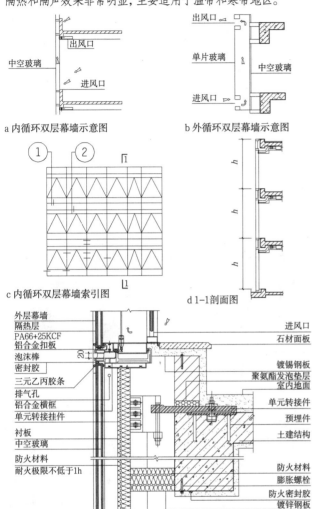

a 内循环双层幕墙示意图

b 外循环双层幕墙示意图

c 内循环双层幕墙索引图

d 1-1剖面图

e ① 进风口处竖剖节点图

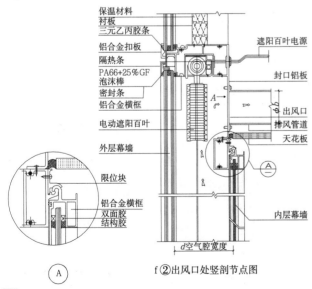

f ② 出风口处竖剖节点图

1 内循环双层幕墙示意图

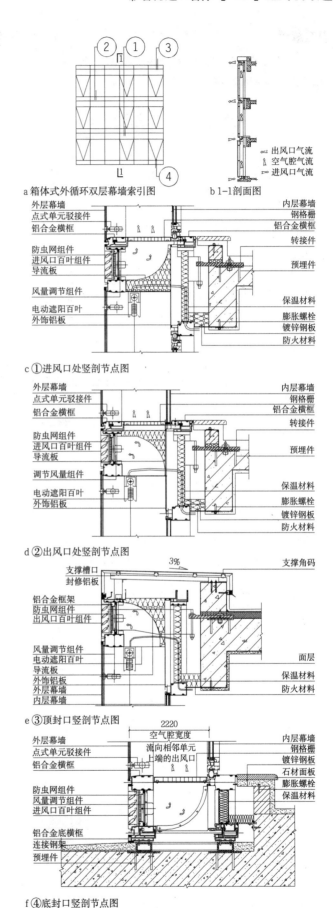

a 箱体式外循环双层幕墙索引图

b 1-1剖面图

c ① 进风口处竖剖节点图

d ② 出风口处竖剖节点图

e ③ 顶封口竖剖节点图

f ④ 底封口竖剖节点图

2 箱体式外循环双层幕墙示意图

5
建筑构造

全玻幕墙

由玻璃肋和玻璃面板组成的玻璃幕墙。按承重关系可以分为座地式和吊挂式两种。

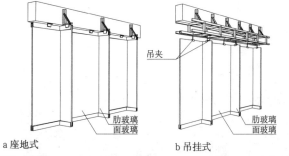

a 座地式　　　　　　　　b 吊挂式

1 全玻幕墙分类

全玻幕墙适用范围（单位：mm）　　　　　　　　　　表1

规格 项目	玻璃面板分格尺寸	玻璃肋板适用间距	玻璃肋板高度	玻璃肋板宽度
吊挂玻璃幕墙	1200×4000 ~ 1800×12000	1200~1800	4000~12000	400~1000
座地玻璃幕墙	1200×3000 ~ 1800×4000	1200~1800	3000~4000	150~500

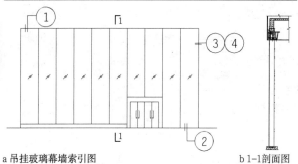

a 吊挂玻璃幕墙索引图　　　　b 1-1剖面图

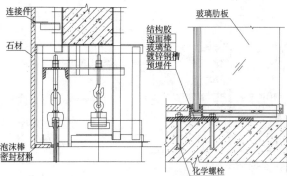

c ① 吊挂玻璃幕墙上封边节点图　　d ② 吊挂玻璃幕墙下封边节点图

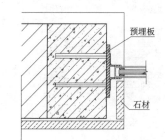

e ③ 吊挂玻璃幕墙侧封边节点图　　f ④ 吊挂玻璃幕墙侧封边节点图

2 吊挂玻璃幕墙示意图

金属幕墙

金属幕墙是面板采用金属的幕墙。常用的金属板材为铝板，有蜂窝铝板、单层铝板和铝塑复合板三种板材。

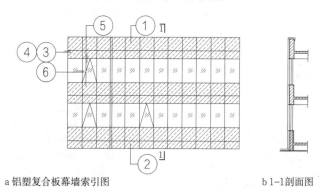

a 铝塑复合板幕墙索引图　　　　b 1-1剖面图

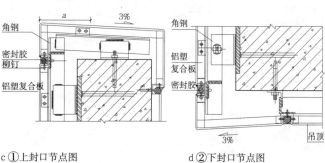

c ① 上封口节点图　　　　d ② 下封口节点图

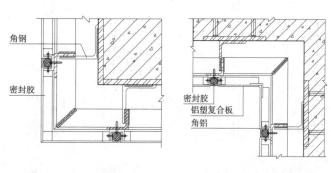

e ③ 阳角节点图（用于钢龙骨幕墙）　　f ④ 阴角节点图（用于钢龙骨幕墙）

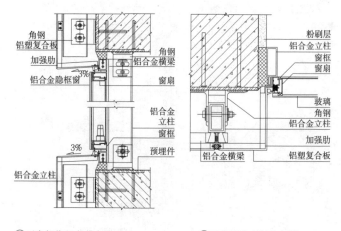

g ⑤ 开启部位竖向节点图　　　h ⑥ 开启部位水平节点图

3 铝塑复合板幕墙示意图

石材幕墙

1. 石材幕墙就是面板采用天然或者人工石材的幕墙。面板材料常用花岗石和各种人工石材。骨架主要为型钢也可采用铝合金型材。

2. 根据面板与骨架的连接方式不同可分为：钢销式、短槽式、通槽式和背栓式。

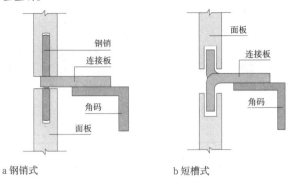

a 钢销式   b 短槽式

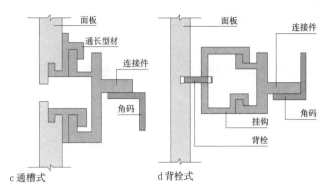

c 通槽式   d 背栓式

1 石材幕墙分类

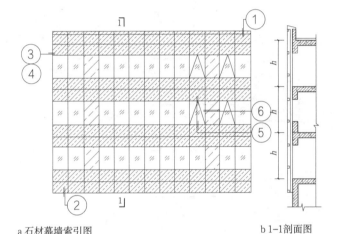

a 石材幕墙索引图   b 1-1剖面图

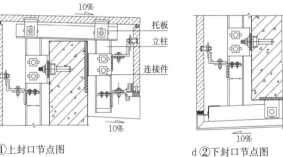

c ① 上封口节点图   d ② 下封口节点图

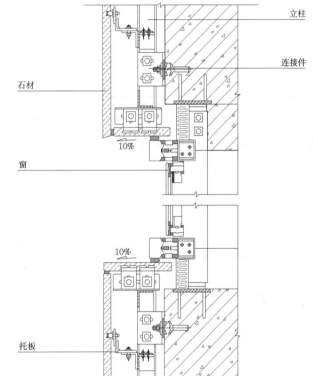

g ⑤ 开启扇竖向节点图

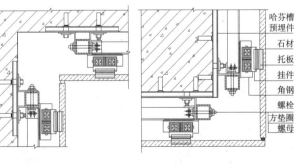

e ③ 开启扇竖向节点图   f ④ 开启扇竖向节点图

2 石材幕墙示意图

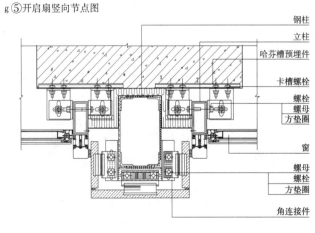

h ⑥ 开启扇横向节点图

5
建筑构造

抹灰类装修

为保证抹灰质量，做到表面平整，粘接牢固，色彩均匀，不开裂，施工时应分层操作。抹灰一般分3层，即底灰层、中灰层、面灰层。

抹灰按质量要求和主要工序划分为3种标准，见表2。

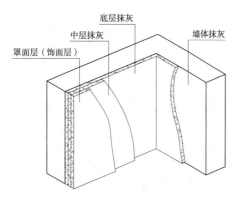

1 墙面抹灰饰面构造层次

常用抹灰做法   表1

抹灰名称	构造及材料配合比	适用范围
混合砂浆	12~15厚1:1:6水泥:石灰膏:砂，混合砂浆打底 5~10厚1:1:6水泥:石灰膏:砂，混合砂浆粉面	外墙、内墙均可
水泥砂浆	15厚1:3水泥砂浆打底； 10厚1:2~2.5水泥砂浆粉面	多用于外墙或内墙受潮侵蚀部位
水刷石	15厚1:3水泥砂浆打底； 10厚1:1.2~1.4水泥石渣抹面后水刷	用于外墙
干粘石	10~12厚1:3水泥砂浆打底； 7~8厚1:0.5:2外加5%107胶的混合砂浆粘结层； 3~5厚彩色石渣面层（用喷或甩方式进行）	用于外墙
斩假石	15厚1:3水泥砂浆打底刷水泥浆一道； 8~10厚水泥石渣粉面用剁斧斩去表面层水泥浆或石尖部分使其显出凿纹	用于外墙或局部内墙
膨胀珍珠岩	12厚1:3水泥砂浆打底； 9厚1:16膨胀珍珠岩灰浆粉面（面层分2~3次操作）	多用于室内有保温或吸声要求的房间

抹灰的三种标准   表2

标准 / 层次	底灰	中灰	面灰	总厚度（mm）
普通抹灰	1层	—	1层	≤18
中级抹灰	1层	1层	1层	≤20
高级抹灰	1层	数层	1层	≤25

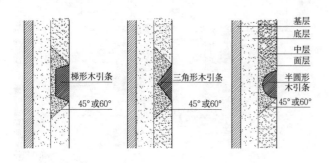

2 抹灰引条做法

涂抹类装修

常用的涂料饰面按其饰面材料性能差异可分为刷浆饰面、涂料类饰面、油漆类饰面。

刷浆饰面通常有石灰浆、大白浆等，其耐久性、耐水性、耐污性较差，主要用于室内墙面、顶棚饰面。

涂料类饰面种类按其性状可分为溶剂型涂料、水溶性涂料、乳液型涂料和粉末涂料等，按其主要成膜物质性质可分为有机系涂料、无机系涂料、有机-无机复合系涂料等；按其涂膜状态可分为薄质涂层涂料、厚质涂层涂料、砂壁状涂层涂料、彩色复层凹凸花纹外墙涂料等。

常用内外墙涂料表   表3

类型	涂料名称	外墙	内墙	档次			性质	备注
				普	中	高		
合成树脂乳液类涂料（薄型）	乙酸乙烯涂料	—	√	√	—	—	—	目前很少使用
	乙酸乙烯-乙烯涂料	—	√	—	√	—	—	VAE涂料
	苯乙烯-丙烯酸酯涂料	√	√	—	√	—	—	苯丙涂料
	乙酸乙烯-丙烯酸酯涂料	√	√	—	√	√	—	醋丙（乙丙）涂料
	有机硅-丙烯酸酯涂料	√	√	—	—	√	—	硅丙涂料
	纯丙烯酸酯涂料	√	√	—	—	√	—	纯丙涂料
	叔碳酸酯乙烯酯-乙酸乙烯酯涂料	√	√	—	√	—	—	叔酯涂料
	叔碳酸酯乙烯酯-丙烯酸酯涂料	√	√	—	—	√	—	叔丙涂料
	氟碳树脂涂料	√	√	—	—	√	—	—
合成树脂乳液类涂料（厚型）	乙酸乙烯-丙烯酸酯涂料	√	√	—	√	—	—	醋丙（乙丙）涂料
	砂壁状涂料	√	—	—	√	√	—	其中真石漆为常用品种
	复层涂料	√	√	√	√	—	—	又称浮雕涂料、凹凸花纹涂料
	多彩花纹涂料W/W（水包水型）		√		√		无毒、水溶、不燃、华丽	目前较少使用
	弹性涂料	√	√	—	√	√	—	多采用丙烯酸系列
溶剂型涂料	聚氨酯涂料	√	√	—	—	√	—	可做成仿瓷
	丙烯酸酯涂料	√	√	—	√	√	包括有机硅、丙烯酸类	—
	氟碳树脂涂料	√	√	—	—	√	—	—

贴面类装修

用于墙体贴面的材料主要有各种面砖、马赛克、文化石等。

粘贴类装修构造主要分为打底、敷设粘结层以及铺贴表层材三个层次，打底采用1:3水泥砂浆并扫毛，构造层常用1:2.5的水泥砂浆满刮于面砖背面，其厚度不小于10mm，也可以用成品的胶粘剂粘贴。

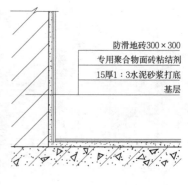

防滑地砖300×300
专用聚合物面砖粘结剂
15厚1:3水泥砂浆打底
基层

3 粘结墙地砖做法

钉挂类装修

钉挂类装修骨架的用材主要是铝合金、木材和型钢，也可以用单个的金属连接件代替条状的骨架。

常用的面板有石材、木板、金属条板、塑料条板等。钉挂类饰面的构造做法主要有：湿挂法、干挂法和钉挂法。

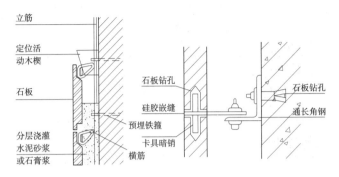

[1] 湿挂法示意图   [2] 干挂法示意图

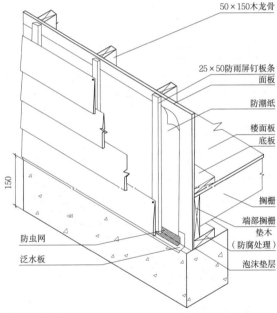

[3] 钉挂法示意图

裱糊类装修

裱糊类面层常用的材料有各类壁纸、壁布和配套的粘结材料，其中常用的壁纸类型有：PVC塑料壁纸、纺织物面壁纸、金属面壁纸、天然木纹面壁纸等。常用的壁布类型有：人造纤维装饰壁布、锦缎类壁布等。

裱糊类装修的面层施工工艺主要在抹灰的基层上进行，也可在其他基层上粘贴壁纸和壁布。

墙纸或墙布在施工前先要做润水处理，为防止基层吸水过快，可涂刷墙纸基膜，再涂刷粘结剂。裱糊前应在基层上划分垂直准线，裱糊的顺序由上而下，墙纸或墙布的长边对准垂直准线，用刮板或胶辊将其赶平压实。面材的接缝有对缝或搭缝两种方式，一般墙面采用对缝，阴、阳角处采用搭缝方式，搭缝方式面材重叠10~20mm。

特殊部位装修

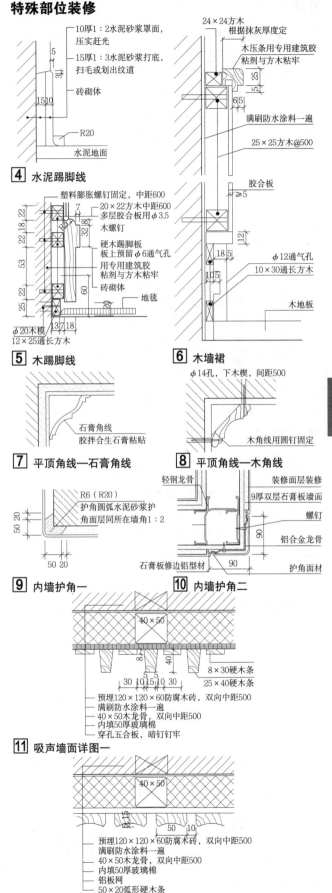

[4] 水泥踢脚线

[5] 木踢脚线

[6] 木墙裙

[7] 平顶角线—石膏角线

[8] 平顶角线—木角线

[9] 内墙护角一

[10] 内墙护角二

[11] 吸声墙面详图一

[12] 吸声墙面详图二

5
建筑构造

225

概述

底层地面的基本构造层宜为面层、垫层和地基；楼层地面的基本构造层宜为面层、垫层、结构层和楼板顶棚层。当底层地面和楼层地面的基本构造层不能满足使用或构造要求时，可增设结合层、隔离层、填充层、找平层等其他附加构造层。

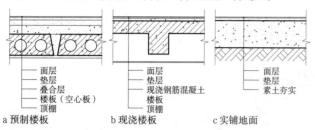

a 预制楼板
- 面层
- 垫层
- 叠合层
- 楼板（空心板）
- 顶棚

b 现浇楼板
- 面层
- 垫层
- 现浇钢筋混凝土楼板
- 顶棚

c 实铺地面
- 面层
- 垫层
- 素土夯实

1 楼地面基本构造

楼地面各构造层及作用　　　　　　　　　表1

名称	作用
面层	建筑地面直接承受各种物理和化学作用的表面层
结合层	面层与其下面构造层之间的连接层
找平层	在垫层或楼板面上进行抹平找坡的构造层
隔离层	避免上下层材料发生化学反应及其他不利作用的分隔层
防潮层	防止建筑地基或楼板下潮气透过的构造层
楼板垫层	在钢筋混凝土楼板上设置隔声、保温、找坡或暗敷管线等作用的构造层
楼板顶棚层	位于楼板层最下层，主要作用是保护楼板、安装灯具、遮挡各种水平管线，改善使用功能、装饰美化室内空间
地面垫层	在建筑地基上设置承受并传递上部荷载的构造层

楼板的种类

楼板种类及构造特点　　　　　　　　　表2

名称	构造特点
木楼板	由木梁和木地板组成，构造简单、自重较轻，但防火性能不好、不耐腐蚀
砖拱楼板	采用钢筋混凝土倒T形梁密排，其间填以普通黏土砖或特制的拱壳砖砌成拱形，虽节省钢筋和水泥，但自重大，且顶棚呈弧形，抗震性能较差
钢筋混凝土楼板	按施工方法可以分为现浇和预制两种类型
钢衬板楼板	一种以压型钢板为底模、上浇混凝土的组合楼板形式，主要适用于钢结构的大空间、高层建筑及大跨度建筑

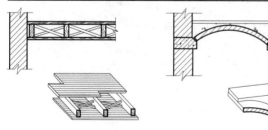

a 木楼板　　　　　　　b 砖楼板

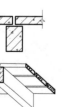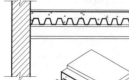

c 钢筋混凝土预制楼板　　　d 钢衬板楼板

2 楼板的类型

现浇钢筋混凝土楼板构造

根据楼板的受力情况分为板式楼板、梁板式楼板和无梁楼板等。

板式楼板

适用于墙体承重建筑中尺度较小的房间。根据受力特点和支承情况，分为单向板和双向板。

板厚估值　　　　　　　　　　　　　表3

名称	估值（mm）
单向板时（板的长边与短边之比＞2）	屋面板板厚60~80；民用建筑楼板厚70~100；工业建筑楼板厚80~180
双向板时（板的长边与短边之比≤2）	板厚为80~160

梁板式楼板

适用于大开间、大跨度建筑，可分为单向肋梁楼板和双向肋梁楼板。

单向肋梁楼板由板、次梁和主梁组成，其荷载传递路线为板→次梁→主梁→柱（或墙）。双向肋梁楼板常无主次梁之分，荷载传递路线为板→梁→柱（或墙）。

单向肋梁楼板常用估值　　　　　　　表4

名称	估值
主梁	经济跨度为5~8m，梁高为梁跨的1/14~1/8，梁宽为梁高的1/3~1/2
次梁	经济跨度为4~6m，梁高为梁跨的1/18~1/12，梁宽为梁高的1/3~1/2
板	厚度确定同板式楼板，其经济跨度为1.7~2.5m

双向肋梁楼板常用估值　　　　　　　表5

名称	估值
梁	跨度可达20~30m，梁高不小于梁跨的1/15，梁宽为梁高的1/4~1/2
板	厚度不少于120mm，跨度在3.5~6m

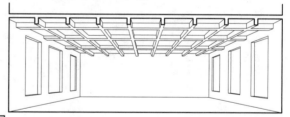

3 双向肋梁式样楼板

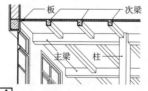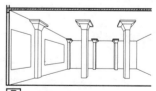

4 单向肋梁式样楼板　　　**5** 无梁楼板

无梁楼板

适用于荷载较大的商场、展览馆、车库及仓库等建筑。

无梁楼板为等厚的平板直接支承在柱上，分为有柱帽和无柱帽两种。当楼面荷载比较小时，可采用无柱帽楼板；当楼面荷载较大时，必须在柱顶加设柱帽。

无梁楼板常用估值　　　　　　　　　表6

名称	估值
板	最小厚度不小于150mm且不小于板跨的1/35~1/32
柱	柱网一般布置为正方形或矩形，间距一般不超过6m

预制钢筋混凝土楼板构造

预制钢筋混凝土楼板有预应力和非预应力两种。

预制钢筋混凝土楼板种类及构造特点　　　　　　表1

名称	构造特点	描述
实心平板	跨度一般在2.5m以内，宽度为600或900mm，板厚为板跨的1/30，即50~80mm	适用于小跨度，常用于过道和小房间、卫生间、厨房
槽形板	板宽为600~1200mm，板肋高为150~300mm，板厚约30~35mm。非预应力槽形板跨长通常为3~6m	一种肋结合的预制构件，即在实心板的两侧设有边肋，作用在板上的荷载都由边肋来承担
空心板	中型板跨度在4.5m以下，板宽500~1500mm（常用600~1200mm），板厚90~120mm。大型板跨度为4000~7200mm，板宽1200~1500mm，板厚180~240mm	一般以圆孔空心楼板为主，有中型板和大型板之分

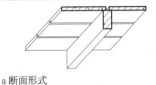
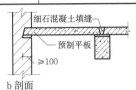

1 预制钢筋混凝土平板

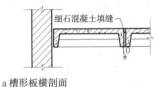
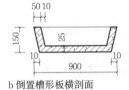

2 预制钢筋混凝土槽形板

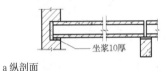
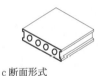

3 预制钢筋混凝土空心板

预制楼板的搁置

支承于梁上时其搁置长度应不小于80mm，支承于内墙上时其搁置长度应不小于100mm，支承于外墙上时其搁置长度应不小于120mm。

板在梁上的搁置方式一般有两种：一种是板直接搁置在梁顶上，另一种是板搁置在花篮梁或十字梁上。

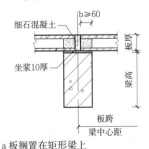
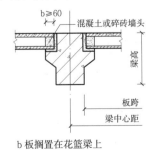

4 预制楼板在梁上的搁置

装配整体式钢筋混凝土楼板构造

楼板中的部分构件预制，现场安装，再整体浇筑其余部分。常见的有预制薄板叠合楼板和压型钢衬板叠合楼板两种类型。

预制薄板叠合楼板

预制薄板有普通钢筋混凝土薄板和预应力钢筋混凝土薄板两种。叠合楼板跨度一般为4~6m，最大可达9m，通常以5.4m以内较为经济。预应力薄板厚50~70mm，板宽1.1~1.8m。

为保证预制薄板与叠合层有较好的连接，薄板上表面需做处理，常见的有两种：一是在上表面作刻槽处理，刻槽直径50mm、深20mm、间距150mm；另一种是在薄板表面露出较规则的三角形的结合钢筋。

现浇叠合层采用C20细石混凝土，厚度一般为70~120mm。叠合楼板的总厚度一般为150~250mm。

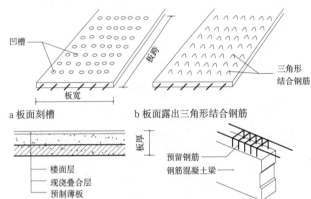

5 预制薄板叠合楼板

压型钢衬板叠合楼板构造

压型钢板组合楼板主要由楼板饰面层、楼面层、组合钢衬板和钢桁架或钢梁等构成。楼板跨度为1.5~4.0m，经济跨度一般在2.0~3.0m之间。

常见的压型钢板有单层钢衬板和双层钢衬板。钢衬板宽500~1000mm，肋或肢高35~150mm。表面镀锌，板底涂一层塑料或油漆，起防腐保护作用。

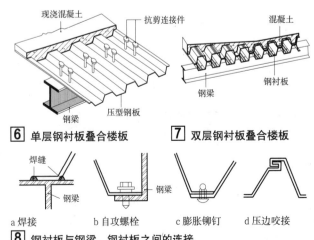

6 单层钢衬板叠合楼板　　**7** 双层钢衬板叠合楼板

8 钢衬板与钢梁、钢衬板之间的连接

地坪基本构造层次

地坪的基本组成部分有面层、垫层和地基，对有特殊要求的地坪，常在面层和垫层之间增设一些附加层。

面层

按面层所用材料和施工方式不同，常见地面做法可分为以下几类：

常见地面做法及材料　　　　　　　　　　　　　　　　表1

名称	具体材料
整体地面	水泥砂浆地面、细石混凝土地面、水泥石屑地面、水磨石地面、自流平等
块料地面	石材、砖铺地面、面砖、缸砖及陶瓷锦砖地面等
塑料地面	聚氯乙烯塑料地面、涂料地面
木地面	常采用条木地面和拼花木地面

各种面层厚度　　　　　　　　　　　　　　　　　　表2

面层名称	厚度(mm)	面层名称	厚度(mm)
混凝土（垫层兼面层）	按垫层确定	煤矸石砖、耐火砖（平铺）	53
细石混凝土	最薄≥30	煤矸石砖、耐火砖（侧铺）	115
聚合物水泥砂浆	5~10	水泥花砖	20
水泥砂浆	20~30	现浇水磨石	25~30（含结合层）
铁屑水泥	30~35（含结合层）	预制水磨石板	25
水泥石屑	20	陶瓷锦砖（马赛克）	5~8
防油渗混凝土	60~70	地面陶瓷砖	8~20
防油渗涂料	5~7	花岗石条石	80~120
耐热混凝土	≥60	大理石、花岗石	≥20
沥青混凝土	30~50	块石	100~150
沥青砂浆	20~30	铸铁板	7
菱苦土（单层）	10~15	木板（单层）/（双层）	18~22/12~18
菱苦土（双层）	20~25	薄型木地板	8~12
矿渣、碎石（兼垫层）	80~150	搁栅式通风地板	高300~400
预制混凝土板（边≤500mm）	≤100	软聚氯乙烯板	2~3
普通黏土砖（平铺）	53	塑料地板（地毡）	1~2
普通黏土砖（侧铺）	115	导静电塑料板	1~2
重晶石砂浆	30	聚氨酯自流平	3~4
地毯	5~12	树脂砂浆	5~10

注：1. 双层木地板面层厚度不包括毛地板厚，其面层用硬木制作时，板的净厚宜为12~18mm。
　　2. 铸铁板厚度系指面层厚度。
　　3. 沥青类材料均指石油沥青。

垫层

垫层材料分为刚性和柔性两大类：刚性垫层如混凝土、碎砖三合土等，多用于整体地面和小块块料地面；柔性垫层如砂、碎石、炉渣等松散材料，多用于块料地面。

垫层最小厚度　　　　　　　　　　　　　　　　　　表3

垫层名称	材料强度等级或配合比	厚度（mm）
混凝土	≥C10	60
四合土	1:1:6:12（水泥:石灰膏:砂:碎砖）	80
三合土	1:3:6（熟化石灰:砂:碎砖）	100
灰土	3:7或2:8（熟化石灰:黏性土）	100
砂、炉渣、碎（卵）石	—	60
矿渣	—	80

注：1. 一般民用建筑中的混凝土垫层最小厚度可采用50mm。
　　2. 表中熟化石灰可用粉煤灰、电石渣等代替，砂可用炉渣代替，碎砖可用碎石、矿渣、炉渣等代替。

地基

一般为原土层或填土分层夯实。基土应均匀密实，压实系数不应小于0.9。地面垫层下的填土应选用砂土、粉土、黏性土及其他有效填料，不得使用过湿土、淤泥、腐殖土、冻土、膨胀土及有机物含量大于8%的土。

压实填土每层铺土厚度和压实遍数　　　　　　　　　表4

压实机器	每层铺土厚度（mm）	每层压实遍数
平碾	200~300	6~8
羊足碾	200~350	8~16
蛙式打夯机	200~250	3~4
人工打夯	不大于200	3~4

注：1. 本表适用于选用粉土、黏性土等作为土料，对灰土、砂土类填料应按照现行国家标准《建筑地基基础设计规范》的有关规定执行。
　　2. 本表适用于填土厚度在2m以内的填土。

附加层

附加层主要为某些有特殊使用要求而设置的一些构造层次，如防水层、防潮层、保温层、隔热层、隔声层和管道敷设层等，设置在面层和垫层之间。

各种附加层及其要求　　　　　　　　　　　　　　　表5

名称	具体要求
防水层与防油层	防水材料为1.5厚单组分聚氨酯防水涂料及聚合物水泥基防水涂料等涂刷型防水层，或用其他防水卷材代替。防油层用2mm厚聚氨酯。防水层、防油层在墙、柱处翻起高度≥150mm
填充层	主要作为敷设管线用，也兼有隔声保温，材料自重不应大于9kN/m³
防冻胀层	应选用中粗砂、砂卵石、炉渣或炉渣石灰土等非冻胀材料。采用炉渣石灰土作防冻胀层时，其重量配合比宜为7:2:1（炉渣：素土：熟化石灰），压实系数不宜小于0.85，且冻前龄期应大于30d
找平层	可用较低强度的水泥砂浆和强度等级C10~C15的混凝土
找坡层	当有需要排除水或其他液体时，地面应设坡向地漏或地沟的坡度。地面可用基土找坡，坡度为1%~2%

底层架空楼板构造

为防止底层房间受潮或满足某些特殊使用要求，采用预制钢筋混凝土楼板或木楼板架空铺设（一般抬高600~900mm），分为有地垄墙和无地垄墙两种。

建筑物底层下部有管道通过的区域，不得做架空楼板，而必须做实铺地面。

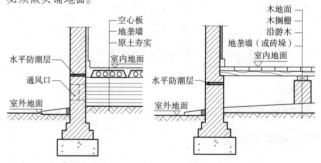

a 预制钢筋混凝土板架空地面　　　b 木板架空地面

1 有地垄墙架空地面

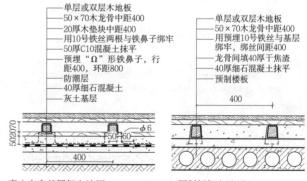

a 素土夯实基层架空地面　　　b 预制板架空地面

2 无地垄墙架空地面

5
建筑构造

地沟

地沟分为通行、半通行、不通行三种，一般地沟净宽为400~3000mm，净深为400~2400mm。地面排水沟净宽为150~400mm；

工业车间室内地面供暖过门地沟净尺寸300mm×300mm；电缆地沟净宽600~800mm；水道地沟净宽400~1500mm。

不同防水等级地沟要求

表1

	一级	二级	三级	四级
标准	不允许渗水，结构表面无湿渍	不允许漏水，结构表面可有少量湿渍	有少量漏水点，不得有线流和漏泥砂，漏水点最大漏水量<2.5L/d	有漏水点，不得有线流和漏泥砂，整个工程平均漏水量<2L/m²·d
地沟类别	极重要地沟	进风道，机械化运输道	供热地沟，电缆地沟，排风道	水道，污水道
防水耐久性年限	25年	20年	15年	10年
设防要求	三道设防：一道防水混凝土、一道柔性防水、一道其他防水	二道设防：一道防水混凝土、一道柔性防水	一道或二道设防：一道防水混凝土或一道柔性防水	一道设防：一道柔性防水或一道刚性防水
选材要求	防水混凝土一道，合成高分子卷材一层，架空层或夹壁墙等一道	防水混凝土一道，合成高分子卷材一层或高聚物改性沥青卷材一层	防水混凝土一道，高聚物改性沥青卷材一层或防水涂料一层	高聚物改性沥青卷材一层或防水涂料一层

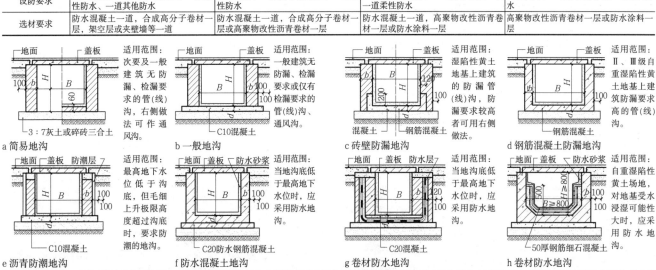

a 简易地沟　适用范围：次要及一般建筑无防漏、检漏要求的管（线）沟，右侧做法可作通风沟。

b 一般地沟　适用范围：一般建筑无防漏、检漏要求或仅有检漏要求的管（线）沟、通风沟。

c 砖壁防漏地沟　适用范围：湿陷性黄土地基上建筑的防漏管（线）沟，防漏要求较高者可用右侧做法。

d 钢筋混凝土防漏地沟　适用范围：Ⅱ、Ⅲ级自重湿陷性黄土地基上建筑防漏要求高的管（线）沟。

e 沥青防潮地沟　适用范围：最高地下水位低于沟底，但毛细上升极限高度超过沟底时，要求防潮的地沟。

f 防水混凝土地沟　适用范围：当地沟底低于最高地下水位时，应采用防水地沟。

g 卷材防水地沟　适用范围：当地沟底低于最高地下水位时，应采用防水地沟。

h 卷材防水地沟　适用范围：自重湿陷性黄土场地，对地基受水浸湿可能性大时，应采用防水地沟。

注：1.沟内壁抹1:2.5水泥砂浆或防水水泥砂浆。2.沟底基层为素土夯实。3.防潮、防水地沟构造宜和地下室的防潮、防水构造相同。4.沟壁厚（b）、底板厚（d）根据地沟类型、荷载等级及沟宽（B）和沟深（H）确定。钢筋混凝土地沟一般壁厚可为200mm，特殊情况按需定，其配筋由设计计算确定。

① 地沟类型

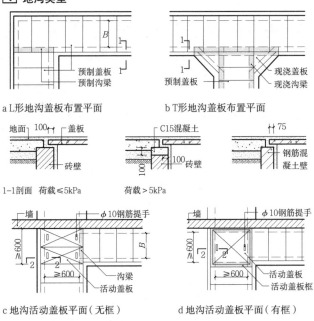

a L形地沟盖板布置平面

b T形地沟盖板布置平面

1-1剖面　荷载≤5kPa　　荷载>5kPa

c 地沟活动盖板平面（无框）

d 地沟活动盖板平面（有框）

2-2剖面　　3-3剖面　　水泥地面　　水磨石地面

注：1.盖板、沟梁、活动盖板和框用钢筋混凝土预制，特殊盖板、沟梁可现浇。2.盖板面层与周围地面同时施工。面层需防潮时，盖板上抹水泥砂浆封严。3.活动盖板应设在人流较少的角落，并避免设在地面要求高或经常冲洗处。

② 地沟盖板、活动盖板

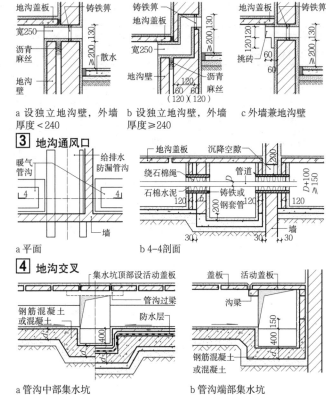

a 设独立地沟壁，外墙厚度<240

b 设独立地沟壁，外墙厚度≥240

c 外墙兼地沟壁

③ 地沟通风口

a 平面　　b 4-4剖面

④ 地沟交叉

a 管沟中部集水坑

b 管沟端部集水坑

注：1.集水坑应设置在管沟沿线的分段检漏处，用料做法同所选管沟。2.一般地沟和防漏地沟的沟底应做排水坡度≥5‰、坡向集水坑或室外检漏井。3.集水坑应设活动盖板。

⑤ 地沟集水坑

不同面层的适用范围

按面层所用材料和施工方式不同,常见楼地面做法可分为以下几类:

1. 整体面层:水泥砂浆面层、细石混凝土面层、水泥石屑面层、水磨石面层等。

2. 块材面层:砖铺面层、面砖、缸砖及陶瓷锦砖、石材面层等。

3. 塑料面层:聚氯乙烯塑料、涂料、地毯面层。

4. 木面层:常采用条木面层和拼花木面层。

常用整体面层做法   表1

名称	简图	地面做法	楼面做法	备注
水泥砂浆面层（有防水层）	地面 楼面	1.1:2.5水泥砂浆15厚; 2.C15细石混凝土35厚; 3.聚氨酯防水层1.5厚; 4.1:3水泥砂浆或C20细石混凝土找坡层最薄处20厚抹平; 5.水泥浆一道（内掺建筑胶）; 6.C10混凝土垫层60厚; 7.素土夯实	5.现浇楼板或预制楼板上之现浇叠合层	1.聚氨酯防水层表面宜撒粘适量细砂,以增加结合层与防水层的粘结力。 2.防水层在墙柱交接处翻起的高度不小于250mm。 3.建筑胶品种见工程设计,但须选用经检测、鉴定、品质优良的产品。 4.无防水需要的可不做表中图2、3、4构造层
细石混凝土面层（有防水层）	地面 楼面	1.C20细石混凝土40厚,表面撒1:1水泥砂子随打随抹光; 2.聚氨酯防水层1.5厚（两道）; 3.1:3水泥砂浆或C20细石混凝土找坡层最薄处20厚抹平; 4.水泥浆一道（内掺建筑胶）; 5.C10混凝土垫层60厚; 6.素土夯实	4.现浇楼板或预制楼板上之现浇叠合层	1.适用于湿热地区非空调建筑的底层地面,要求不发生火花的地面,但后者的骨料应为不发生火花的灰石、白云石和大理石等。 2.聚氨酯防水层、建筑胶品种要求同上。 3.无防水需要的可不做表中图2、3构造层
预制水磨石面层（有防水层）	地面 楼面	1.预制水磨石板25厚,稀水泥浆灌缝并表面磨光打蜡; 2.1:3干硬性水泥砂浆结合层20厚,表面撒水泥粉; 3.聚氨酯防水层1.5厚或聚合物水泥基防水涂料2厚; 4.1:3水泥砂浆或C20细石混凝土找坡层最薄处30厚抹平; 5.水泥浆一道（内掺建筑胶）; 6.C15混凝土垫层60厚; 7.素土夯实	6.现浇楼板或预制楼板上之现浇叠合层	1.适用于有较高清洁要求的楼地面、舞池地面,有不起尘、易清洗和抗油腻沾污要求的餐厅、酒吧、咖啡厅等地面;存放书刊、文件或档案等纸质库房和珍藏文物、艺术品和贵重物品的库房地面等。 2.水磨石板的花色规格见工程设计。 3.稀水泥浆灌缝在铺地24h后进行。 4.聚氨酯防水层、建筑胶品种要求同上。 5.无防水需要的可不做表中图3、4构造层
自流平环氧胶面层（有防水层）	地面 楼面	1.封闭面层1厚; 2.自流平环氧胶料1~2厚,强度达标后表面进行修补打磨; 3.环氧底料一道; 4.C25细石混凝土40厚,随打随光; 5.聚氨酯防水层1.5厚或聚合物水泥基防水涂料2厚; 6.1:3水泥砂浆或C20细石混凝土找坡层最薄处30厚抹平; 7.C15混凝土垫层60厚; 8.素土夯实	7.现浇楼板或预制楼板上之现浇叠合层	1.自流平是一种地面施工技术,它是多材料同水混合而成的液态物质,倒入地面后,这种物质可根据地面的高低不平趋势流动,对地面进行自动找平,并很快干燥,固化后的地面会形成光滑、平整、无缝的新基层。除找平功能之外,自流平还可以形成装饰、抗菌。 2.适用于食品加工、洁净厂房及轻型荷载生产区、实验室、医院等。 3.聚氨酯防水层、建筑胶品种要求同上。 3.无防水需要时,表中图5、6构造层换成"水泥浆一道（内掺建筑胶）"

注:表中图D—地面总厚度;d—垫层、填充层厚度;L—楼面建筑构造总厚度(结构层以上总厚度)。

常用块材面层做法   表2

名称	简图	地面做法	楼面做法	备注
水泥花砖面层（有防水层）	地面 楼面	1.水泥花砖20厚,干水泥擦缝; 2.1:3干硬性水泥砂浆结合层30厚,表面撒水泥粉; 3.聚氨酯防水层1.5厚; 4.1:3水泥砂浆或C20细石混凝土找坡层最薄处20厚抹平; 5.水泥浆一道（内掺建筑胶）; 6.C15混凝土垫层60厚; 7.素土夯实	5.现浇楼板或预制楼板上之现浇叠合层	1.以水泥、砂和颜料为主要原材料,经分层铺料、养护等工序制成的,面层带有各色图案,主要用于建筑物楼地面装饰。要求宽缝时用1:1水泥砂浆勾缝平整。 2.聚氨酯防水层表面宜撒粘适量细砂,以增加结合层与防水层的粘结力。 3.防水层在墙柱交接处翻起高度不小于250。 4.无防水需要的可不做表中图3、4构造层
陶瓷锦砖面层（有防水层）	地面 楼面	1.陶瓷锦砖（马赛克）5厚,干水泥擦缝; 2.1:3干硬性水泥砂浆结合层30厚,表面撒水泥粉; 3.聚氨酯防水层1.5厚或聚合物水泥基防水涂料2厚; 4.1:3水泥砂浆或C20细石混凝土找坡层最薄处20厚抹平; 5.水泥浆一道（内掺建筑胶）; 6.C15混凝土垫层60厚; 7.素土夯实	6.现浇楼板或预制楼板上之现浇叠合层	1.俗称马赛克又称纸皮石、纸皮砖。以优质瓷土为原料,经压制而成的片状瓷砖,表面一般不上釉,属瓷质类产品。 2.一般做成18.5mm×18.5mm×5mm、39mm×39mm×5mm的小方块,或边长为25mm的六角形等。出厂前已按各种图案反贴在牛皮纸上,每张大小约为30cm见方,称作一联,其面积约0.093m²,每40联为一箱,每箱可铺贴面积约3.7m²。 3.适用于卫生间、游泳池、浴室等有防滑要求的场所。 4.聚氨酯防水层表面宜撒粘适量细砂,以增加结合层与防水层的粘结力。 5.防水层在墙柱交接处翻起高度不小于250。 6.无防水需要的可不做表中图3、4构造层
石材面层（有防水层）	地面 楼面	1.磨光石材板20厚,水泥浆擦缝; 2.1:3干硬性水泥砂浆结合层30厚,表面撒水泥粉; 3.聚氨酯防水层1.5厚或聚合物水泥基防水涂料2厚; 4.1:3水泥砂浆或C20细石混凝土找坡层最薄处20厚抹平; 5.水泥浆一道（内掺建筑胶）; 6.C15混凝土垫层60厚; 7.素土夯实	6.现浇楼板或预制楼板上之现浇叠合层	1.石材有天然石材和人造石材两大类。 2.天然石材按照其成因可分为岩浆岩（即火成岩,例如花岗岩、正长岩、玄武岩、辉绿岩等）、变质岩（例如大理石、片麻岩、石英岩等）和沉积岩（即水成岩,例如砂岩、页岩、石灰岩、石膏等）。按其化学组成及结构致密程度,可以分为耐酸岩石和耐碱岩石两大类。 3.人造石材是一种人工合成的装饰材料,常用的有人造大理石、人造花岗石和水磨石三种。按照所用粘结剂不同,又可分为有机类人造石材和无机类人造石材两类。按其生产用料的不同,又可分为树脂型人造石材（以不饱和树脂为胶粘剂,石英砂、大理石碎粒或粉等作集料）、水泥型人造石材（水泥、砂、大理石或花岗石碎粒等为原料,如水磨石制品）、复合型人造石材（胶结料为树脂与水泥,板的基层一般用性能较稳定的水泥砂浆）、烧结型人造石材（以高岭土、石英等原料经焙烧而成）四种类型。 4.无防水需要的可不做表中图3、4构造层

注:表中图D—地面总厚度;d—垫层、填充层厚度;L—楼面建筑构造总厚度(结构层以上总厚度)。

5
建筑构造

常用塑料面层做法

表1

名称	简图	地面做法	楼面做法	备注
丙烯酸涂料（有防水层）	地面　楼面	1.1：2.5水泥砂浆20厚，表面涂丙烯酸地板涂料200μm； 2.水泥浆一道（内掺建筑胶）； 3.1：3水泥砂浆或C20细石混凝土找坡层最薄处30厚抹平； 4.聚氨酯防水层1.5厚； 5.1：3水泥砂浆找平层20厚； 6.水泥浆一道（内掺建筑胶）		1.在传统的丙烯酸树脂基础上，加入氯磺化聚乙烯橡胶、耐候颜填料、耐候添加剂等经先进工艺制备而成的单组分自干性耐候防腐涂料。 2.底漆为A型，中涂漆为B型，面漆为C型，清漆为D型，铝粉漆为E型。适用于有一定清洁要求、耐磨要求的场所。 3.聚氨酯防水层表面宜撒粘适量砂以增加结合层与防水层的粘结力。 4.防水层在墙柱交接处翻起高度不小于250。 5.建筑胶品种见工程设计，但须选用经检测、鉴定、品质优良的产品。 6.水泥砂浆面层须经打磨、刮腻子等工序后再涂涂料。 7.无防水需求的可不做表中图2、3、4、5构造层。
		7.C10混凝土垫层60厚； 8.素土夯实	7.现浇楼板或预制楼板上之现浇叠合层	
单层地毯面层	地面　楼面	1.地毯5~8厚； 2.1：2.5水泥砂浆找平层20厚； 3.水泥浆一道（内掺建筑胶）		1.地毯按原料可分为天然纤维、化学纤维、混纺和塑料四种。其中天然纤维有羊毛、真丝、棉和黄麻等；化学纤维有尼龙纤维（锦纶）、聚丙烯纤维（丙纶）、聚丙烯腈纤维（腈纶）、聚酯纤维（涤纶）、定型丝、PTT等；混纺有羊毛/尼龙、羊毛/黏胶、羊毛/腈纶、羊毛/涤纶和羊毛/黄麻等；塑料地毯是采用聚氯乙烯树脂、增塑剂等多种辅助材料，经均匀混炼、塑制而成，它可以代替纯毛地毯和化纤地毯使用。 2.因制作方法不同可分为机制地毯、手工地毯。机制地毯又包括簇绒地毯和机织威尔顿地毯、机织阿克明斯特地毯。产品多为卷材、块材和拼块。 3.常见地毯毯面质地的类别有：长毛绒地毯、天鹅绒地毯、萨克森地毯、强捻绒地毯、长绒头地毯、平圈绒地毯、高低圈绒地毯（含多层高低圈绒）、割/圈绒地毯（含平割/圈绒地毯）、平面地毯等
		4.C15混凝土垫层60厚； 5.浮铺塑料薄膜一层0.2厚； 6.素土夯实	4.现浇楼板或预制楼板上之现浇叠合层	
双层地毯面层（带衬垫）	地面　楼面	1.地毯8~10厚； 2.橡胶海绵衬垫5厚； 3.1：2.5水泥砂浆找平层20厚； 4.水泥浆一道（内掺建筑胶）		
		5.C15混凝土垫层60厚； 6.浮铺塑料薄膜一层0.2厚； 7.素土夯实	5.现浇楼板或预制楼板上之现浇叠合层	

注：表中图D-地面总厚度；d-垫层、填充层厚度；L-楼面建筑构造总厚度（结构层以上总厚度）。

常用木面层做法

表2

名称	简图	地面做法	楼面做法	备注
木马赛克面层	地面　楼面	1.打腻子，涂清漆两道； 2.硬木马赛克8~15厚，用XY401胶粘贴； 3.1：2.5水泥砂浆20厚； 4.水泥浆一道（内掺建筑胶）		一般做成23mm×23mm×2mm、90mm×90mm×2mm、23mm×73mm×2mm的小方块。每一联大小约30cm见方
		5.C15混凝土垫层60厚； 6.浮铺塑料薄膜一层0.2厚； 7.素土夯实	5.现浇楼板或预制楼板上之现浇叠合层	
架空双层硬木地板面层	地面　楼面	1.聚酯漆或聚氨酯漆200μm厚； 2.50×18硬木企口拼花（席纹）地板； 3.松木毛底板18厚45°斜铺（稀铺），上铺防潮卷材一层； 4.50×50木龙骨@400，表面刷防腐剂		1.木材需做防腐处理，底部涂氟化钠防腐剂，木板朝上的表面不刷防腐剂。有龙骨木地板的楼地面需考虑地板下通风，地板通风箅子及龙骨通风孔位置见工程设计。地板背面、松木毛底板及龙骨刷防水涂料。 2.架空单层硬木地板面层去掉表中图的2、3构造层，换成"100×25长条松木地板或100×18长条硬木企口地板（背面满刷氟化钠防腐剂）"。 3.实木地板以木材形状划分为条形木地板、拼花形木地板；以木材的质地划分为软木地板（松木或杉木）、硬木地板块（柚木、香红木、柞木、橡木）；以木材的树种划分为针叶树材（柏木、竹叶松、竹柏、油杉、黄杉、铁杉、松木）、阔叶树材（柚木、香红木、柞木、桃花心木、石樟、荔枝木、铁梨木、龙眼木、白青冈、核桃木、香樟、水曲柳、油楠、桦木、青檀、楸木、山枣木、槐木）。 4.实木地板有多种形式，最常见的有以下四种：长条企口地板、四面企口地板、指接式地板、集成横拼企口地板
		5.C15混凝土垫层60厚； 6.素土夯实	5.现浇楼板或预制楼板上之现浇叠合层	
强化复合双层木地板面层	地面　楼面	1.企口强化复合木地板8厚，板缝用胶粘剂粘铺； 2.泡沫塑料衬垫3~5厚； 3.松木毛底板15厚45°斜铺； 4.1：2.5水泥砂浆找平层20厚； 5.水泥浆一道（内掺建筑胶）		1.强化复合地板，学名为"浸渍纸层压木质地板"，以一层或多层专用纸浸渍热固性氨基树脂，铺装在刨花板、中密度纤维板、高密度纤维板等人造基材表面，背面贴平衡纸，正面贴装饰浸渍纸，经热压、开榫槽等工序制成的企口地板。 2.木材需做防腐处理，底部涂氟化钠防腐剂，木板朝上的表面可不刷防腐剂，以免影响木材与面层的粘结。 3.单层带弹性垫的去掉表中图的2、3、4构造层。单层不带弹性垫的去掉表中图的2、3、4构造层，换成"40厚C20混凝土随打随光，找平"
		6.C15混凝土垫层60厚； 7.素土夯实	6.现浇楼板或预制楼板上之现浇叠合层	
软木复合弹性木地板面层	地面　楼面	1.聚酯漆或聚氨酯漆200μm； 2.软木复合弹性地板13厚，用膏状结合剂粘铺； 3.1：2.5水泥砂浆找平层20厚； 4.水泥浆一道（内掺建筑胶）		1.取材于橡树树皮，具有良好的耐磨性、阻燃性、防虫性、防滑性、静音性、防潮性，安装时无需龙骨。适用于高级装修地面和卫生间、地下室等潮湿环境。 2.木材需做防腐处理，底部涂氟化钠防腐剂，木板朝上的表面可不刷防腐剂，以免影响木材与面层的粘结。 3.软木复合弹性地板产品规格一般为13×（300、400）×（300、400）
		5.C15混凝土垫层60厚； 6.素土夯实	5.现浇楼板或预制楼板上之现浇叠合层	

注：表中图D-地面总厚度；d-垫层、填充层厚度；L-楼面建筑构造总厚度（结构层以上总厚度）。

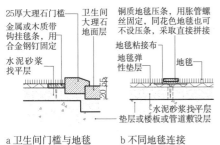

a 卫生间门槛与地毯　　b 不同地毯连接　　c 楼梯防滑条

1 地毯安装

常用硬木地板的规格与类别

表3

类别	层次	规格（mm）			常用树种	备注
		厚	长	宽		
长条地板	面	12~18	>800	30~50	硬杂木、柞木、色木、水曲柳	—
	底	25~50	>800	75~150	杉木、松木	
拼花地板	面	12~18	200~300	25~40	水曲柳、核桃木、柞木、柳安、柚木、麻栎	单层硬木拼花仅能用于实铺法
	底	25~30	>800	75~150	杉木、松木	

5
建筑构造

吊顶

悬吊式顶棚又称吊天花，简称"吊顶"，它离开屋顶或楼板的下表面有一定的距离，通过悬挂物与主体结构联结在一起。吊顶的组成包括龙骨系统和面板。吊顶分为上人和不上人吊顶两种。

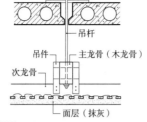

1 预制楼板木龙骨顶棚组成

吊顶组成及构造要求　　表1

种类		构造要求	
龙骨系统	吊筋	不上人	一般采用φ6钢筋、8号镀锌铅丝（适于弹簧吊件）或10号镀锌低碳钢丝
		上人	一般用φ8～φ12钢筋
			吊筋中距一般为900～1200mm，第一吊点及最后吊点距主龙骨端部距离不得超过300mm
	龙骨	主龙骨	间距一般不超过1200mm，第一根及最后一根主龙骨与墙侧向间距不超过200mm。当吊顶面积<50m²时，主龙骨按房间短向跨度的1‰～3‰起拱；当面积≥50m²时，按房间短向跨度的3‰～5‰起拱
		次龙骨	间距一般不超过600mm，在潮湿环境下间距宜为300mm
面板种类			纸面石膏板、矿棉板、胶合板、纤维板、钙塑板、塑料板、纤维水泥加压板、金属装饰板、织物、夹层玻璃等
面板与龙骨的联系方式			钉入式、搁置式和卡接式；一般用自攻螺丝固定于次龙骨下；也有面板直接搁置在T形龙骨上；金属面板还可以直接卡接于锯齿形龙骨上。卡接式只能用于不上人吊顶

注：1.一般重量不超过500g的筒灯、石英射钉，可直接安装在石膏板上。2.吸顶灯和吊灯可固定在原有或附加吊骨上。3.超过5kg的灯具、吊扇、空调器等其他设备应直接吊挂在结构顶板或梁上，不能共用吊顶吊杆，必须与吊顶分开。

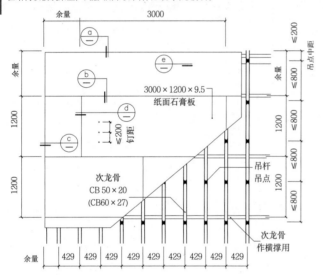

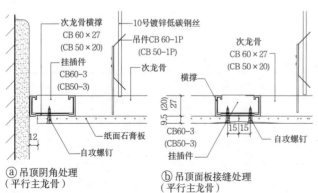

ⓐ 吊顶阴角处理（平行主龙骨）　　ⓑ 吊顶面板接缝处理（平行主龙骨）

4 U型龙骨纸面石膏板不上人吊顶

轻钢龙骨吊顶

轻钢龙骨是以冷轧钢板（带）、镀锌钢板（带）或彩色涂层钢板（带）作原料，采用冷弯工艺生产的吊顶用轻钢龙骨。上人吊顶主龙骨规格为50×15、60×27（建议使用后者）。不上人吊顶主龙骨规格为38×12，次龙骨50×20、60×27、50×19等。板材安装须用自攻螺丝，中距不得大于200mm，距石膏板边应为10～16mm。

常用石膏板产品种类及规格　　表2

产品名称	品种（代码）		板型尺寸（mm）	
			长×宽	厚
纸面石膏板	普通型	普通板P 高级板GP	2400×1200 2700×1200 3000×1200	9.5/12/15
	防潮型	普通板S 高级板GS		
	防火型	普通板H 高级板GH		
	高级耐水耐火板GSH			15
纤维石膏板	纸纤维石膏板		2400×1200 2440×1220 3000×1200	10/12.5/15
	木纤维石膏板（石膏刨花板）		3050×1200	8/10/12/15
硅酸钙板（非石棉纤维增强硅酸钙板）	NAIC板	普通板N 高级板GN	2400×1200 3000×1200	5/6/8
纤维增强水泥加压板（无石棉高密度板）	NAFC板		1800×1200 2400×1200 3000×1200	5/6/8/10/12
低密度水泥加压板	LD板		2440×1220	7/8/10
中密度水泥加压板（非石棉纤维增强中密度板）	MD板		2440×1220	6/7.5

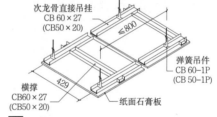

2 轴测示意图

注：1.本图为单层龙骨吊顶示例，即次龙骨和横撑在同一平面。2.当纸面石膏板吊顶面积大于100m²时，纵横方向每12～18m距离宜做伸缩缝。3.遇到建筑变形缝，吊顶应设计变形缝尺寸和构造。

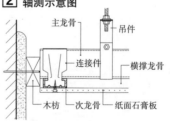
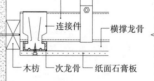
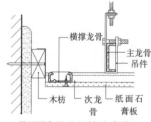

a 吊顶阴角处理（垂直主龙骨）　　b 吊顶阴角处理（平行主龙骨）

3 吊顶面板靠墙缝

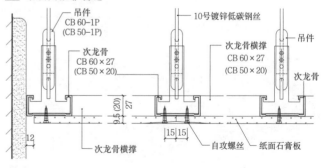

ⓒ 吊顶阴角处理（垂直主龙骨）　　ⓓ 吊顶面板接缝处理（垂直主龙骨）　　ⓔ 吊顶面板与次龙骨连接处理

矿棉装饰吸声板吊顶

矿棉板以矿棉为主要原料，加入适量的粘结剂、防潮剂和防腐剂，经加压、烘干、饰面而成的一种高级吊顶装饰材料，质轻、吸声、保温、不燃、耐高温。矿棉装饰吸声板具有良好的吸声、隔声性，能有效控制调整室内混响时间，显著改善音质，降低噪声。它还具有良好的不燃性和隔热性。

矿棉装饰吸声板吊顶一般为轻型吊顶，一般采用T形龙骨，大龙骨通常采用D38，吊杆一般采用ϕ6钢筋及相应吊件、挂件。吊顶如需上人检修，必须满足80~100kg的集中荷载，大龙骨须采用D50或D60及相应配件，吊杆采用ϕ8钢筋。矿棉装饰吸声板吊顶的安装可以分为复合粘贴、明架、暗架、跌级四种。

矿棉板名称 表1

类别	图案	备注
滚花	毛毛虫 雨冰花 向日葵 雪绒花 木兰花 满天星 方块 小方块 银方块 中心花	各生产企业命名各不相同，选用时参考厂家样本
浮雕	十字花 核桃纹 泡泡花 角花 木纹	
立体	窄条 宽条 大方块 方花 方圆 小分格	
印刷	斜方	

矿棉装饰吸声板规格尺寸 表2

类别	规格尺寸（mm）	备注
复合平贴不开槽	300×600	厚度有9、12、13、14、15、18等
复合插贴侧开槽	303×606	
明架四边平头	596×596、596×1196、396×1196、597×597	
跌级半明架	596×596、597×597、596×1196、396×1196	
明暗架	375×1800	
暗架	300×600、600×600	

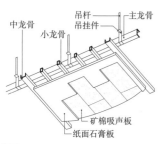

[1] 复合粘贴矿棉板吊顶

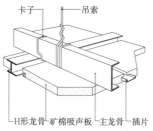

[2] 暗架矿棉板吊顶

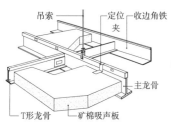

[3] 明架矿棉板吊顶

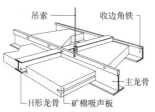

[4] 明暗架矿棉板吊顶一

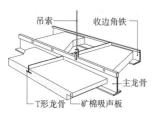

[5] 明暗架矿棉板吊顶二

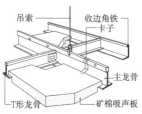

[6] 跌级半明架矿棉板吊顶

金属板吊顶

金属板吊顶是采用铝合金、镀锌钢等金属材料，经机械成型、滚涂、喷涂等工艺加工后应用于吊顶装饰工程的产品系列，按照面板形式可以分为三大类：金属方块板吊顶、金属条板吊顶、其他不同式样的金属吊顶（如挂片、筒形、格栅、吸声片等开敞式吊顶）；按照使用区域可以分为户内型和户外型；按照声学性能可以分为穿孔吸声板和光面板等。

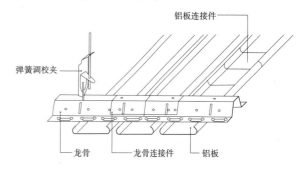

[7] 金属吊顶系统组成

为提高金属吊顶的吸声性能，常在金属面板上加工针孔或者加工成针孔吸音纸，常见针孔形式见表3。

常见金属吊顶系统面板针孔形式 表3

规格			适用产品
孔径	孔距	穿孔率	
1mm	2mm	23%	84宽R型条板、75宽C型条板、多模数B型条板（30BD、80B）
2mm	5mm	15%	84R型、多模数B型条板（130B、180B）150、225、300宽C型条板
1.5mm	3mm	23%	225、300宽C型条板
2.5mm	5.5mm	16%	方块板

注：以上标准针孔形式配合0.2厚玻璃纤维无纺布（密度为60kg/m²）应达到平均吸声系数≥0.7的要求。

金属吊顶产品型号及技术性能 表4

	产品型号	配套龙骨
块状吊顶	暗架式	暗架龙骨、十字连扣、可旋转十字连扣、吊扣、垂直吊扣等
	明架式	T型龙骨、专用吊件等
	挂钩式	Z型龙骨、L型基脚钢、Z型防风扣等
	网架式	C型网架板、吊板连接件、墙身固定件、C型网架吊板十字连扣、L型基脚钢等
条状吊顶	84R形（R弧形）条板	V系列龙骨、弧形龙骨、可变曲龙骨（配合弧形钢基架）、无钩齿龙骨（配合蝶形夹）等
	84宽C形条板	84C型龙骨、条板龙骨等
	30/80/130/180宽多模数B形条板 30BD型30宽条板	多模数B型龙骨、可变曲龙骨（配合弧形钢基架）、无钩齿龙骨（配合蝶形夹）等
	70/150/225C形条板	70/150/225C条板型龙骨
	300宽C形条板	吊架式、暗架式龙骨、吊扣、垂直吊扣等
	300宽弧形条板	暗架/吊架龙骨、暗架专用卡件、离缝卡件、防风夹、螺丝固定夹、吊扣、垂直吊扣等
	150/200条板	150/200龙骨、150/200螺丝固定夹、U型防风扣等
格栅吊顶	100垂片、200垂片	100/150/200垂片龙骨、可选择格栅吊扣
	20/50/50/15方格	主骨连接件、弹簧吊扣、滑动扣、主骨扣
	100/150型网格	专用轴套、吊扣、暗架龙骨

概述

楼地面变形缝（沉降缝、伸缩缝、抗震缝）一般结合建筑物变形缝设置。设有分仓缝的大面积混凝土垫层地面可不另设地面伸缩缝。

地面变形缝不得穿越设备的底面。

面层的变形缝宽度≥10mm，混凝土垫层≥20mm（楼板的变形缝宽度按结构设计确定）。对沥青类材料的整体面层和铺在砂、沥青玛蹄脂结合层上的板、块材面层,可只在混凝土垫层（或楼板）中设置变形缝。变形缝宽度（W）参见墙体有关页次。

楼地面变形缝按构筑特征和表现形式可分为嵌平式（双列嵌平型和单列嵌平型）、卡锁式、盖板式；按使用特点可分为防滑型、抗震型、承重型和普通型。

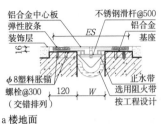

1 双列嵌平型楼地面变形缝

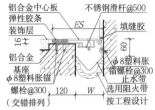

2 单列嵌平型楼地面变形缝

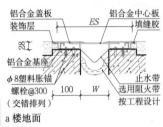

3 金属卡锁型楼地面变形缝

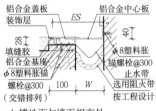

4 金属盖板型楼地面变形缝

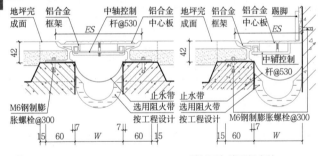

5 防滑型楼地面变形缝

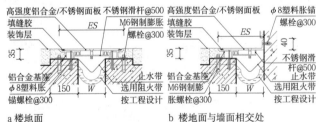

6 抗震型楼地面变形缝

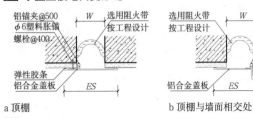

7 承重型楼地面变形缝

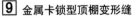

9 金属卡锁型顶棚变形缝

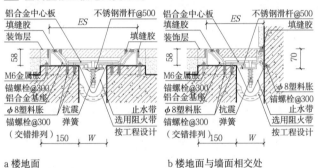

8 金属卡锁型与盖板型吊顶变形缝

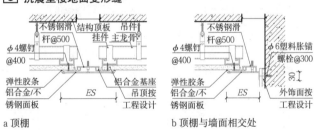

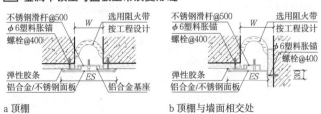

10 金属盖板型顶棚变形缝

注:1.图中ES为变形缝装置的表面投影宽度；2.变形缝宽度W按工程设计。

概述

1. 屋顶除了必须具有足够的强度、刚度以外，还需要具有一定的防水、保温、隔热等能力。

2. 屋顶主要由屋面和支承结构所组成，有些屋顶还包含有各种形式的顶棚，以及隔声、防火等其他功能所需要的各种层次的设施。

3. 影响屋顶形式的因素很多，包括建筑的使用功能、屋面防水材料、地区降水量、屋顶结构形式、施工方法、构造组合方式、建筑经济以及造型要求等。

根据外观特征来看，常见的屋顶形式有平屋顶、坡屋顶以及其他形式的屋顶(例如拱形屋顶、壳形屋顶、悬索屋顶、膜结构屋面等)。其中平屋顶是广泛采用的一种屋顶形式，较为经济合理；坡屋顶则是一种传统的屋面形式，屋面造型效果丰富，还充分体现了"排防结合"的原则。

4. 屋面构造应注意下列问题：

屋面面层应采用不燃烧体材料，包括屋面突出部分及屋顶加层，但一、二级耐火等级建筑物，其不燃烧体屋面基层上可采用可燃卷材防水层；地震设防区或有强风地区的屋面应采取固定加强措施；当无楼梯通达屋面时，应设上屋面的检修人孔或低于10m时可设外墙爬梯，并应有安全防护和防止儿童攀爬的措施；当屋面坡度较大或同一屋面落差较大时，应采取固定加强和防止屋面滑落的措施；封闭吊顶应设通风口和通向吊顶的检修人孔，并应有防火分隔。

屋面类型及适宜坡度 　　　　　　　　　　　　　　表1

屋面类别	屋面名称	适宜坡度(%)
坡屋顶	瓦屋面	20~50
	油毡瓦屋面	≥20
	金属板屋面	10~35
	波形瓦屋面	10~50
平屋面	蓄水屋面	≤0.5
	种植屋面	≤3
	倒置式屋面	≤3
	架空隔热屋面	≤5
	卷材防水、涂膜防水的平屋面	2~5
其他屋面	网架、悬索结构金属板屋面	≥4

注：1. 卷材屋面坡度大于25%应采取防止下滑措施；
　　2. 平瓦屋面坡度大于50%应采取固定加强措施；
　　3. 油毡瓦屋面坡度大于50%应采取固定加强措施。

屋面类型

单坡顶	硬山两坡顶	悬山两坡顶	四坡顶	卷棚顶	庑殿顶	歇山顶
挑檐平顶	女儿墙平顶	挑檐女儿墙平顶	盝顶平顶	圆攒尖顶	多跨双坡屋顶	多跨拱形屋顶
窑洞屋顶	砖石拱屋顶	落地拱屋顶	双曲拱屋顶	单坡刚架屋顶	两坡刚架屋顶	筒壳屋顶
扁壳屋顶	扭壳屋顶	落地扭壳屋顶	双曲壳板屋顶	伞壳屋顶	抛物面壳屋顶	球壳屋顶
V形折板屋顶	平行折板屋顶	辐射式折板屋顶	折板拱屋顶	三角形锯齿屋顶	筒壳锯齿屋顶	劈锥壳锯齿屋顶
落地拱网架顶	平板形网架屋顶	球形网壳屋顶	肋环网壳屋顶	曲面网架屋顶	单向悬索屋顶	地锚悬索屋顶
单向悬挂屋顶	伞形悬挂屋顶	活动球顶	充气屋顶	车轮形悬索屋顶	鞍形悬索屋顶	

1 屋面类型示意

屋面防水等级和设防要求

屋面防水工程应根据建筑物的性质、重要程度、使用功能要求，按不同等级进行设防。对设防有特殊要求的建筑屋面，应进行专项防水设计。

屋面防水等级和设防要求　　　　　　　　　　　　表1

项目	屋面防水等级	
	Ⅰ级	Ⅱ级
建筑物类别	重要的建筑和高层建筑	一般建筑
设防要求	两道防水设防	一道防水设防
防水做法	卷材防水层和卷材防水层、卷材防水层和涂膜防水层、复合防水层	卷材防水层、涂膜防水层、复合防水层

注：在Ⅰ级屋面防水做法中，防水层仅作单层卷材时，应符合单层防水卷材屋面技术的有关规定。

屋面防水设计原则

屋面工程防水设计应遵循保证功能、构造合理、防排结合、优选用材、美观耐用的原则。

1. 保证功能：屋面是建筑的外围护结构，主要起覆盖作用，抵御自然界环境变化对建筑的影响。屋面工程的基本功能不仅为建筑的耐久性和安全性提供保证，而且成为防水、节能、环保、生态及智能建筑技术健康发展的平台。

2. 构造合理：屋面构造层次较多，除应考虑相关构造层的匹配和相容外，还应研究构造层间的相互支持，方便施工和维修。构造合理是提高屋面工程寿命的重要措施。

3. 防排结合：防水和排水需统筹考虑，考虑防水的同时应先考虑让水顺利、迅速地排走，不使屋面积水，减轻防水压力，故需要设计简捷合理的排水线路，选择屋面、天沟、檐沟的恰当坡度，确定合适的水落管管径、数量、位置。

4. 优选用材：材料是保证屋面工程质量的基本条件，而新型建筑材料的不断涌现既提供了便利也给设计提出更高的要求。设计人员应在熟悉材料的前提下，根据不同工程部位、主体功能要求、工程环境、工程标准合理选材。

5. 美观耐用：主要指建筑除了满足人们的物质需要，体现科技水平以外，还需要满足人们的审美要求，反映时代风貌。

屋面排水方式

1. 屋面排水的两种基本方式：无组织排水、有组织排水。

无组织排水又称自由落水，即雨水直接从檐口落至室外地面。无组织排水一般适用于低层建筑、少雨地区建筑及积灰较多的工业厂房。

有组织排水是指将屋面划分成若干个排水区，雨水沿一定方向流到檐沟或天沟内，再通过雨水口、雨水斗、落水管排至地面，最后排至市政地下排水系统的排水方式。

2. 高层建筑屋面宜采用内排水；多层建筑屋面宜采用有组织排水；低层建筑及檐高小于10m的屋面，可采用无组织排水。多跨及汇水面积较大的屋面宜采用天沟排水，天沟找坡较长时，宜采用中间内排水和两端外排水。

3. 建筑屋面雨水排水系统应将屋面雨水排至室外非下沉地面或雨水管渠，当设有雨水利用系统的蓄存池（箱）时，可排到蓄存池（箱）内。

屋面排水设计

1. 平屋面排水坡度：当建筑功能允许时，宜采用结构找坡，且结构找坡不宜小于3%；采用材料找坡时，宜采用质量轻、吸水率低和有一定强度的材料，坡度宜为2%。

2. 天沟、檐沟纵向坡度不应小于1%，沟底横向坡度不应小于5%，沟底水落差不得大于200mm。矩形天沟净宽不小于200mm，天沟纵坡最高处离天沟上口的距离不小于120mm。天沟、檐沟排水不得流经变形缝。

3. 一根水落管的屋面最大汇水面积约为150～200m²（水平投影），其间距控制在30m以内。单坡排水的屋面宽度控制在12m以内。落水系统按材料分为金属和树脂两类，金属落水常用彩铝、彩钢和纯铜等材料，树脂落水常用耐候树脂和乙烯基改性PVC材料。

4. 水落口周围500mm直径范围内坡度不应小于5%。

5. 当坡度大于5%的建筑屋面采用雨水斗排水时，应设集水沟收集雨水。集水沟包括天沟、边沟和檐沟。

各种形式排水示意　　　　　　　　　　　　　　　　　　　　表2

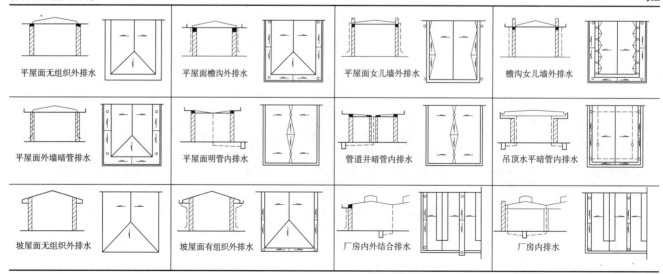

屋面汇水面积

每根水落管汇水面积　　表1

水落管径 （mm）	降雨量（mm/h）					
	50	75	100	125	150	200
50	134	78	67	54	50	33
75	409	272	204	164	153	102
100	855	570	427	342	321	214
125			840	643	604	402
150						627

注：本表摘自：王寿华.屋面工程技术规范理解与应用.北京：中国建筑工业出版社，2005.

有横向排水管时的汇水面积　　表2

水落管径 （mm）	横管坡度		
	1/100	1/50	1/25
	屋面汇水面积（m²）		
75	76	108	153
100	175	246	349
125	310	438	621
150	497	701	994
200	1067	1514	2137
250	1923	2713	3846

注：1.本表摘自：王寿华.屋面工程技术规范理解与应用.北京：中国建筑工业出版社，2005.
　　2.若多根水落管排水时，则汇水面积为单根的80%。
　　3.应满足管径不应小于75mm，最大汇水面积宜小于200m²的要求。

屋面雨水系统主要分类

建筑屋面雨水系统类型及适用场所　　表3

分类方法	排水系统	适用场所
汇水方式	檐沟外排水系统	1.屋面面积较小的单层、多层住宅或体量与之相似的一般民用建筑； 2.瓦屋面建筑或坡屋面建筑； 3.雨水管不允许进入室内的建筑
	承雨斗外排水系统	1.屋面设有女儿墙的多层住宅或7~9层住宅； 2.屋面设有女儿墙且雨水管不允许进入室内的建筑
	天沟排水系统	1.大型厂房； 2.轻质屋面； 3.大型复杂屋面； 4.绿化屋面； 5.雨篷
	阳台排水系统	敞开式阳台
设计流态	半有压排水系统	1.屋面楼板下允许设雨水管的各种建筑； 2.天沟排水； 3.无法设溢流的不规则屋面排水
	压力流排水系统	1.屋面楼板下允许设雨水管的大型复杂建筑； 2.天沟排水； 3.需要节省室内竖向空间或排水管道设置位置受限的工业和民用建筑
	重力流排水系统	1.阳台排水； 2.成品檐沟排水； 3.承雨斗排水； 4.排水高度小于3m的屋面排水

　　建筑屋面雨水系统按设计流态主要分为半有压排水系统、压力流排水系统及重力流排水系统。

　　半有压排水系统设计最大排水流量只取最大排水能力的50%左右，天沟末端或屋面宜设溢流口。

　　压力流排水系统又称为虹吸式排水系统，它的雨水立管较少，管径较小，悬吊管不需坡度。屋面应在雨水能通畅流达的位置设溢流设施。

　　重力流排水系统是目前我国普遍使用的系统。屋面每个汇水面积内，排水立管不宜少于2根。

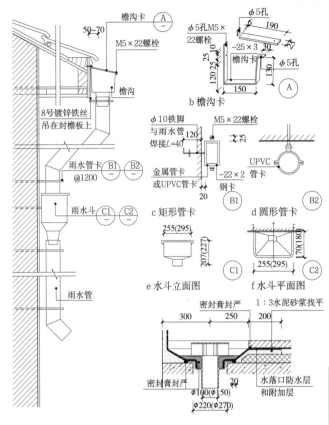

a 坡屋面排水配件　　　　g 内天沟水落口

1 重力流雨水系统排水配件

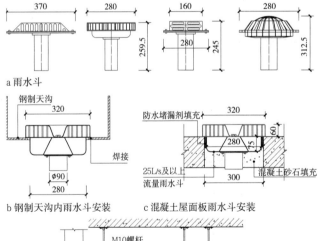

a 雨水斗

b 钢制天沟内雨水斗安装　　c 混凝土屋面板雨水斗安装

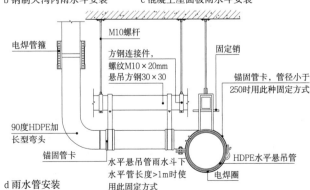

d 雨水管安装

2 压力流雨水系统排水配件

5
建筑构造

屋面构造设计

1. 卷材、涂膜防水层的基层宜设找平层，找平层厚度和技术要求应符合表1的规定；找平层应留设分格缝，缝宽宜为5~20mm，纵横缝的间距不宜大于6m，分格缝内宜嵌填密封材料。

2. 在纬度40°以北地区且室内空气湿度大于75%，或其他地区室内空气湿度常年大于80%时，如采用吸湿性保温材料做保温层，应选用气密性、水密性好的防水卷材或防水涂料做隔气层。隔气层的卷材铺贴宜采用空铺法。

隔气层应沿墙面向上铺设，并与屋面的防水层相连接，形成全封闭的整体。

3. 卷材、涂膜防水层上设置块体材料或水泥砂浆、细石混凝土时，应在二者之间设置隔离层。隔离层可采用干铺塑料膜、土工布或卷材，也可采用铺抹低强度等级的砂浆。

4. 保护层设计与防水层的性能以及屋面使用功能有关。上人屋面可采用块体材料、细石混凝土等材料，不上人屋面可采用浅色涂料、铝箔、矿物粒料、水泥砂浆等材料。采用水泥砂浆、细石混凝土做保护层时应设分格缝。

找平层厚度和技术要求　　　　　　　　表1

类别	基层种类	厚度（mm）	技术要求
水泥砂浆找平层	整体现浇混凝土	15~20	1:2.5~1:3（水泥:砂）体积比，宜掺抗裂纤维
	整体或板状材料保温层	20~25	
	装配式混凝土板	20~30	
细石混凝土找平层	板状材料保温层	30~35	混凝土强度等级C20
混凝土随浇随抹	整体现浇混凝土	—	原浆表面抹平、压光

注：夏季天然冷源降温室内温度应不大于30℃。

屋面材料及相容性

防水卷材可按合成高分子防水卷材和高聚物改性沥青防水卷材选用，防水涂料可按合成高分子防水涂料、聚合物水泥防水涂料和高聚物改性沥青防水涂料选用。外观质量和品种、规格应符合国家现行有关材料标准的规定。

屋面材料在下列情况下应具有相容性：防水材料与基层处理剂；卷材与胶粘材料；卷材与卷材或涂料复合使用；密封材料与接缝基材。

卷材基层处理剂及胶粘剂的选用　　　　表2

卷材	基层处理剂	卷材胶粘剂
高聚物改性沥青卷材	石油沥青底子油或橡胶改性沥青冷胶粘剂稀释液	橡胶改性沥青冷胶粘剂或卷材生产厂家指定产品
合成高分子卷材	卷材生产厂家随卷材配套供应产品或指定的产品	

涂膜基层处理剂的选用　　　　　　　　表3

涂料	基层处理剂
高聚物改性沥青涂料	可用石油沥青冷底子油
水乳性涂料	掺0.2%~0.3%乳化剂的水溶液或软水稀释。质量比为1:0.5~1:1，切忌用天然水或自来水
溶剂型涂料	直接用相应的溶剂稀释后涂料薄涂
聚合物水泥涂料	由聚合物乳液与水泥在施工现场随配随用

防水材料选用要求

根据屋面形式和使用功能选择防水材料，应符合表4要求。

按屋面形式和使用功能选用防水材料　　　　表4

序号	屋面种类	材料选用要求
1	不上人屋面	选用与基层粘结力强和耐紫外线、热老化保持率、耐酸雨、耐穿刺性能优良的防水材料
2	上人屋面	选用耐霉烂性能好和拉伸强度高的防水材料
3	蓄水屋面、种植屋面	选用耐腐蚀、耐霉烂、耐穿刺性能优良的防水材料
4	薄壳、装配式结构、钢结构等大跨度建筑屋面	选用自重轻和耐热性、适应变形能力优良的防水材料
5	倒置式屋面	选用适应变形能力优良、接缝密封保证率高的防水材料
6	斜坡屋面	选用与基层粘结力强、感温性小的防水材料
7	屋面接缝密封防水	选用与基层粘结力强、耐低温性能优良，并有一定适应位移能力的密封材料

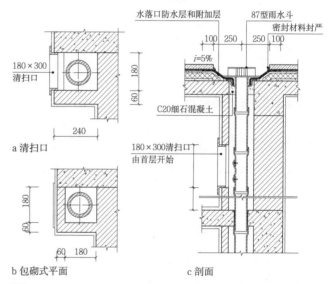

a 清扫口

b 包砌式平面　　　　　　　　c 剖面

1 雨水暗管

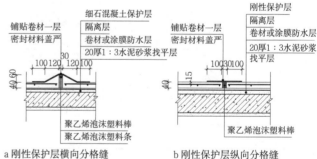

a 刚性保护层横向分格缝　　　b 刚性保护层纵向分格缝

2 屋面分格缝

a 平嵌一　　　　　　　　　　b 平嵌二

3 接缝密封做法

5
建筑构造

细部构造要点

1. 屋面设施的防水处理应符合下列规定。

（1）设施基座与结构层相连时，防水层应包裹设施基座的上部，并在地脚螺栓周围做密封处理；

（2）在防水层上放置设施时，设施下部的防水层应做卷材增强层，必要时应在其上浇筑细石混凝土，其厚度不应小于50mm；

2. 屋面保温层干燥有困难时，宜采用排气屋面，排气屋面的设计应符合下列规定：

（1）找平层设置的分格缝可兼作排气道；铺贴卷材时宜采用空铺法、点粘法、条粘法。

（2）排气道应纵横设置，间距宜为6m。屋面面积每36m²宜设置一个排气孔，排气孔应做防水处理。

（3）在保温层下也可铺设带支点的塑料板，通过空腔层排水、排气。

3. 天沟、檐沟应增铺附加层。当采用沥青防水卷材时，应增铺一层卷材；当采用高聚物改性沥青防水卷材或合成高分子防水卷材时，宜设置防水涂膜附加层。天沟、檐沟与屋面交接处的附加层宜空铺，空铺宽度不应小于200mm。天沟、檐沟卷材收头应固定密封。

4. 无组织排水檐口800mm范围内的卷材应采用满粘法，卷材收头应固定密封。檐口下端应做滴水处理。

5. 铺贴泛水处的卷材应采用满粘法。泛水宜采取隔热防晒措施，可在泛水卷材面砌砖后抹水泥砂浆或浇筑细石混凝土保护，也可采用涂刷浅色涂料或粘贴铝箔保护。

屋面构造

分层做法举例　　　　　　　　　　　　　　　　　　　表1

简图	构造层次	备注
	1 10厚陶瓷地砖，1：1水泥砂浆填缝 2 25厚1：4干硬性水泥砂浆，面撒素水泥一道 3 干铺无纺聚酯纤维布隔离层 4 1.5厚合成高分子防水卷材 5 1.5厚合成高分子防水涂料 6 基层处理剂一道 7 20厚1：2.5水泥砂浆找平层 8 20厚（最薄处）1：8水泥加气混凝土碎渣找2%坡 9 保温层 10 1.5厚聚氨酯防水涂料隔汽层 11 20厚1：2.5水泥砂浆找平层 12 钢筋混凝土屋面板	1.屋面防水等级为I级； 2.屋面为上人屋面
	1 490×490×40细石钢筋混凝土板，1：2水泥砂浆填缝 2 M5水泥砂浆砌120×120×90砌块，高200~300 3 0.05厚铝箔反射膜 4 1.5厚合成高分子防水卷材 5 1.5厚合成高分子防水涂料 6 基层处理剂一道 7 20厚1：2.5水泥砂浆找平层 8 30厚（最薄处）C15细石混凝土找2%坡 9 0.5厚塑料薄膜隔离层 10 保温层 11 钢筋混凝土屋面板	1.屋面防水等级为I级； 2.屋面为上人屋面
	1 粒径20~30卵石保护层 2 聚酯纤维无纺布隔离层 3 保温层 4 1.5厚双面自粘橡胶沥青防水卷材 5 20厚1：2.5水泥砂浆找平层 6 钢筋混凝土屋面板，结构找坡3%	屋面防水等级为II级
	1 刷浅色反光涂料或配套涂料保护层或云母片保护层 2 防水卷材防水层 3 20厚1：3水泥砂浆找平层 4 保温层（隔汽层） 5 20厚1：3水泥砂浆找平层 6 找坡层 7 现浇钢筋混凝土屋面板	屋面防水等级为II级
	1 矿物粒料保护层 2 防水卷材防水层 3 20厚1：3水泥砂浆找平层 4 保温层（隔汽层） 5 20厚1：3水泥砂浆找平层 6 找坡层 7 现浇钢筋混凝土屋面板	屋面防水等级为II级
	1 卷材防水层，热铺绿豆砂一层 2 冷底子油一层 3 20厚1：3水泥砂浆找平层 4 保温层（隔汽层） 5 20厚1：3水泥砂浆找平层 6 现浇钢筋混凝土屋面板	屋面防水等级为II级

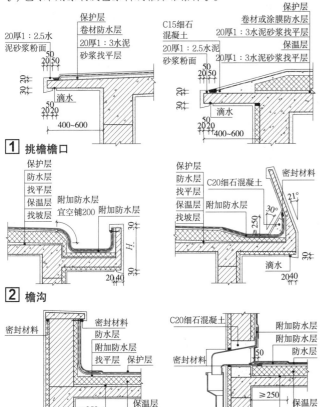

① 挑檐檐口

② 檐沟

③ 女儿墙泛水

④ 变形缝

⑤ 伸出屋面管道

概述

涂膜防水屋面是用防水涂料涂刷在屋面基层上，利用涂料干燥或固化以后的不透水性达到防水目的。涂膜防水具有防水、抗渗、粘结力强、延伸率大、弹性好、整体性好、施工方便等优点。常用的涂膜防水材料有高聚物改性沥青防水涂膜、合成高分子防水涂膜和聚合物水泥防水涂膜。

高聚物改性沥青防水涂料质量要求 表1

项目		质量要求	
		水乳型	溶剂型
固体含量（%）		≥43	≥48
耐热性（80℃，5h）		无流淌、起泡、滑动	
低温柔性（℃，2h）		-10，绕φ20mm圆棒无裂纹	-15，绕φ10mm圆棒无裂纹
不透水性	压力（MPa）	≥0.1	≥0.2
	保持时间（min）	≥30	≥30
延伸性（mm）		≥4.5	—
抗裂性（mm）		—	基层裂缝0.3mm，涂膜无裂纹

合成高分子防水涂料（反应固化型）质量要求 表2

项目		质量要求	
		Ⅰ类	Ⅱ类
拉伸强度（MPa）		≥1.9（单、多组分）	≥2.45（单、多组分）
断裂伸长率（%）		≥550（单组分） ≥450（多组分）	≥450（单、多组分）
低温柔性（℃，2h）		-40（单组分），-35（多组分），弯折无裂纹	
不透水性	压力（MPa）	≥0.3（单、多组分）	
	保持时间（min）	≥30（单、多组分）	
固体含量（%）		≥80（单组分），≥92（多组分）	

注：产品按拉伸性能分为Ⅰ、Ⅱ两类。

合成高分子防水涂料（挥发固化型）质量要求 表3

项目		质量要求
拉伸强度（MPa）		≥1.5
断裂伸长率（%）		≥300
低温柔性（℃，2h）		-20，绕φ10mm圆棒无裂纹
不透水性	压力（MPa）	≥0.3
	保持时间（min）	≥30
固体含量（%）		≥65

聚合物水泥防水涂料质量要求 表4

项目		质量要求
拉伸强度（MPa）		≥1.2
断裂伸长率（%）		≥200
低温柔性（℃，2h）		-10，绕φ10mm圆棒无裂纹
不透水性	压力（MPa）	≥0.3
	保持时间（min）	≥30
固体含量（%）		≥65

细部构造要点

1. 按屋面防水等级和设防要求选择防水涂料。对易开裂、渗水的部位，应留凹槽嵌填密封材料，并增设一层或多层带有胎体增强材料的附加层。找平层分格缝处应增设带有胎体增强材料的空铺附加层，其空铺宽度宜为100mm。

2. 防水涂膜应分遍涂布，待先涂布的涂料干燥成膜后，方可涂布后一遍涂料，且前后两遍涂料的涂布方向应相互垂直。

3. 需铺设胎体增强材料时，如屋面坡度小于15%，可平行屋脊铺设；如屋面坡度大于15%，应垂直于屋脊铺设，以防止胎体增强材料下滑，并应由屋面最低处向上进行。胎体增强材料长边搭接宽度不得小于50mm，短边搭接宽度不得小于70mm。采用二层胎体增强材料时，上下层不得垂直铺设，搭接缝应错开，其间距不应小于幅宽的1/3。

4. 涂膜防水屋面应设置保护层。采用涂料做保护层时，应与防水层粘结牢固，厚薄应均匀。采用水泥砂浆、块体材料或细石混凝土时，应在涂膜与保护层之间设置隔离层。隔离层材料的适用范围和技术要求应符合相关规范。

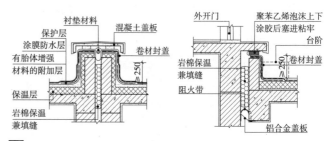

3 变形缝

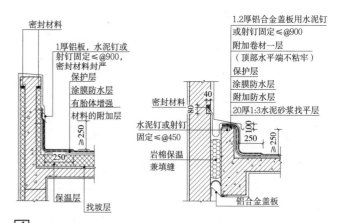

4 女儿墙泛水

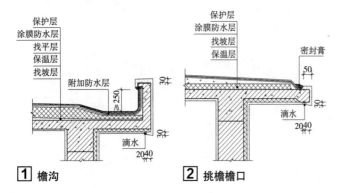

1 檐沟　　　**2** 挑檐檐口

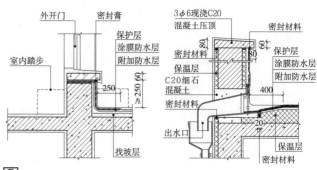

5 出入口

设计要点

1. 保温层厚度设计应根据所在地区按现行建筑节能设计标准计算确定。

2. 选用材料按设计要求, 宜优先采用憎水型保温材料或吸水率低、表观密度和导热系数小, 并有一定强度的板状保温材料。

3. 封闭式保温层的含水率, 应相当于该材料在当地自然风干状态下的平衡含水率。

4. 保温层设置在防水层上部时, 保温层的上面应做保护层; 保温层设置在防水层下部时, 保温层的上面应做找平层; 屋面坡度较大时, 保温层应采取防滑措施。

找平层厚度和技术要求　　　　　　　　　　表1

找平层分类	适用的基层	厚度(mm)	技术要求
水泥砂浆	整体现浇混凝土板	15~20	1:2.5水泥砂浆
	整体材料保温层	20~25	
细石混凝土	装配式混凝土板	30~35	C20混凝土, 宜加钢筋网片
	板状材料保温层		C20混凝土

保温层及其保温材料　　　　　　　　　　　表2

保温层	保温材料
板状材料保温层	聚苯乙烯泡沫塑料, 硬质聚氨酯泡沫塑料, 膨胀珍珠岩制品, 泡沫玻璃制品, 加气混凝土砌块, 泡沫混凝土砌块
纤维材料保温层	玻璃棉制品, 岩棉、矿渣棉制品
整体材料保温层	喷涂硬质聚氨酯, 现浇泡沫混凝土

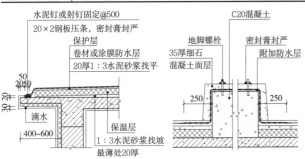

①　挑檐檐口　　　　　　②　屋面设备基座

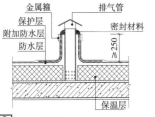 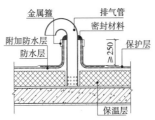

③　屋面排气口

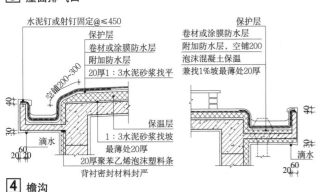

④　檐沟

倒置式屋面

倒置式屋面是将防水层设在保温层下面的屋面。防水层不直接接触大气, 避免了阳光、紫外线、臭氧的影响, 减少了温差变化带来的拉伸变形, 大大延缓了防水层的老化。同时因为有保温层的覆盖, 也避免了防水层受穿刺和外力直接损害。倒置式屋面防水层合理使用年限不得少于15年。

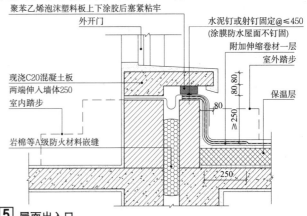

⑤　屋面出入口

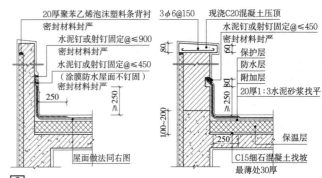

⑥　女儿墙泛水

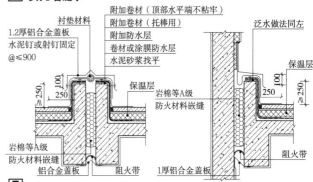

⑦　变形缝

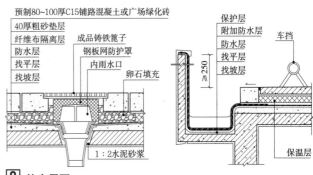

⑧　停车屋面

种植屋面

种植屋面是在屋面防水层上铺以种植介质，并种植植物，起到隔热作用的屋面。它利用植被降温，具有隔热、保温与防水性能兼好的生态环境与节能效果，并有利于空气净化和环境美化。

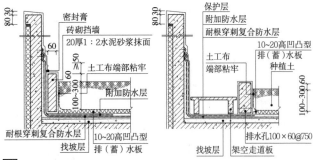

1 女儿墙泛水

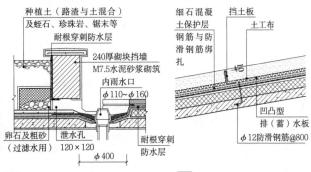

2 内雨水口及泄水孔　　**3 坡屋面防滑做法**

架空隔热屋面

架空隔热是一种自然通风降温的措施。架空隔热屋面由隔热构件、通风空气间层、支撑构件和基层（结构层、保温层、防水层）组成。

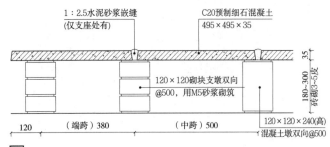

4 架空隔热层

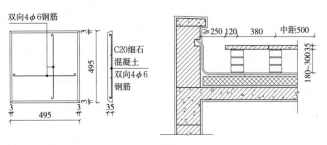

6 架空隔热板　　**7 女儿墙泛水**

蓄水屋面

蓄水屋面是在屋面防水层上蓄积一定高度的水，以起到隔热作用的屋面。它利用水的蓄热和蒸发作用，使照射到屋面上的辐射热大量消耗，从而减少室外热量通过屋面传入室内。蓄水层还可减少刚性防水层及其基层内部的温度应力导致的开裂，保护屋面防水卷材、密封嵌缝材料，避免氧化，延长防水层的使用寿命。

蓄水屋面分为深蓄水、浅蓄水、植萍蓄水和含水屋面。深蓄水屋面蓄水深宜为500mm，浅蓄水屋面蓄水深为200mm，植萍蓄水一般在水深150~200mm的浅水中种植浮萍、水浮莲、水藤菜、水葫芦或白色漂浮物，含水屋面是在屋面分仓内堆填多孔轻质材料，上面覆盖预制混凝土板块。

蓄水屋面做法　　　　　　　　　　　　　　表1

简图	屋面构造
	1 60厚钢筋混凝土水池底板 2 ≤10厚白灰砂浆隔离层 3 卷材或涂膜防水层 4 1:8水泥陶粒找坡层，最薄处30厚 5 保温隔热层 6 现浇钢筋混凝土屋面板
	1 60厚钢筋混凝土水池底板 2 ≤10厚白灰砂浆隔离层 3 卷材或涂膜防水层 4 20厚1:3水泥砂浆找平层 5 1:8水泥陶粒找坡层，最薄处30厚 6 现浇钢筋混凝土屋面板
	1 60厚钢筋混凝土水池底板 2 ≤10厚白灰砂浆隔离层 3 卷材或涂膜防水层 4 20厚1:3水泥砂浆找平层 5 1:8水泥陶粒找坡层，最薄处30厚 6 保温隔热层 7 现浇钢筋混凝土屋面板

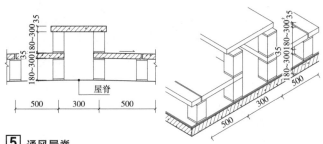

5 通风屋脊

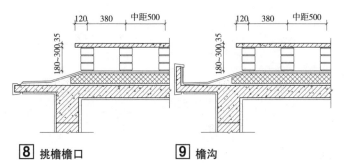

8 挑檐檐口　　**9 檐沟**

5
建筑构造

坡屋面的种类

坡屋面的种类很多，有平瓦屋面、青瓦屋面、筒瓦屋面、石板瓦屋面、石棉水泥瓦屋面、玻璃钢波形瓦屋面、油毡瓦屋面、薄钢板瓦屋面、金属压型夹心板屋面等。有些只限地区使用，有些已被新的形式所代替，其中常用的有平瓦屋面、油毡瓦屋面和金属板材屋面三种。

设计要点

1. 平瓦、油毡瓦可铺设在钢筋混凝土或木基层上，金属板材可直接铺设在檩条上。

2. 平瓦、油毡瓦屋面与山墙及突出屋面结构的交接处，均应做泛水处理。

3. 在大风或地震地区，应采取措施使瓦与屋面基层固定牢固。

4. 用于坡屋面的防水材料，除要求防水效果好外，还要求强度高、粘结力大，在面层瓦的重力作用下，在斜坡面上不会发生下滑现象，同时也不会因温度变化引起性能的太大变化。

小青瓦屋面

小青瓦在北方地区又叫阴阳瓦，在南方地区叫蝴蝶瓦、阴阳瓦，俗称布瓦，是一种弧形瓦。它的铺法有仰瓦屋面和阴阳瓦屋面两种。

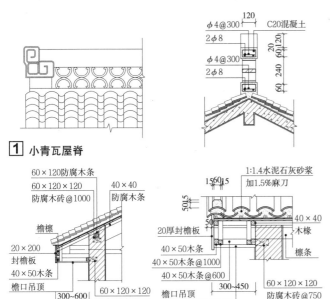

① 小青瓦屋脊

② 小青瓦檐口

③ 小青瓦屋脊端饰

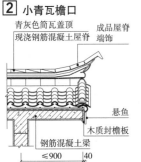

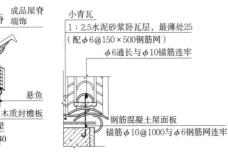

木瓦屋面

④ 木瓦屋面檐口

合成树脂瓦

合成树脂瓦主瓦基本规格　　　　　　表1

瓦型	波形瓦	平板瓦
主瓦长度（mm）	任意（一般≤12m）	450±5
主瓦宽度（mm）	720（有效宽度640）	300±5
主瓦厚度（mm）	3±0.1	5±0.5
主瓦重	3±0.1kg/m²	0.75±0.05kg/块
瓦的形状	波形	平板
颜色	醉枣红、中国红、孔府灰、海洋蓝、蔓藤绿	

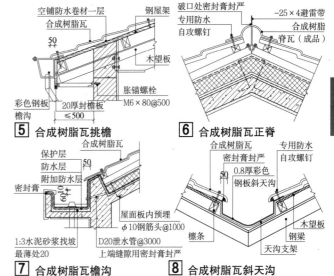

⑤ 合成树脂瓦挑檐

⑥ 合成树脂瓦正脊

⑦ 合成树脂瓦檐沟

⑧ 合成树脂瓦斜天沟

油毡瓦屋面

油毡瓦（又称沥青瓦）是以玻璃纤维毡为胎基，经浸涂石油沥青后，一面覆盖彩砂矿物粒料，另一面撒以隔离材料，并经切割所制成的瓦片状屋面防水材料。除具有较好防水效果外，还对建筑物有很好的装饰效果，且施工简便、易于操作。

油毡瓦的物理性能指标　　　　　　表2

项目	性能指标	
	合格品	优等品
可溶物含量（g/m²）	≥1450	≥1900
拉力（N）	≥300	≥340
耐热度（℃）	≥85	
柔度（℃）	10	8

⑨ 油毡瓦屋面挑檐

⑩ 管道出屋面

概述

平瓦屋面所用的瓦材是黏土、水泥等材料制成的平瓦,铺设在钢筋混凝或木基层上。它适用于坡度不小于20%的屋面。

平瓦屋面由平瓦和脊瓦组成,平瓦用于铺盖坡面,脊瓦铺盖于屋脊上。黏土平瓦及其脊瓦是以黏土压制或挤压成型、干燥、焙烧而成。水泥平瓦及脊瓦是用水泥、砂加水搅拌经机械滚压成型,常压蒸汽养护后制成。

平瓦规格尺寸

黏土平瓦的规格及主要规格尺寸(单位:mm) 表1

产品类别	规格	基本尺寸						
		厚度	瓦槽深度	边筋高度	搭接部分长度		瓦爪	
					头尾	内外槽	压制瓦	挤出瓦	后爪有效高度
平瓦	400×240 ~ 360×220	10~20	≥10	≥3	50~70	25~40	具有4个瓦爪	保证2个后爪	≥5
脊瓦	L≥300 b≥180	h 10~20		l_1 25~35			d >b/4		h_1 ≥5

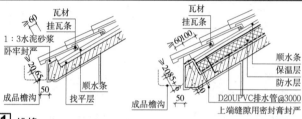

1 挑檐

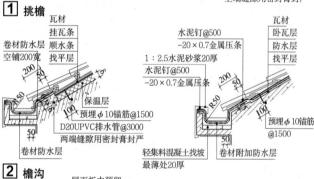

2 檐沟

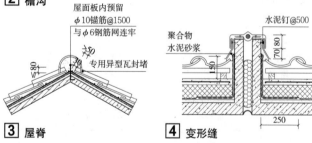

3 屋脊　**4 变形缝**

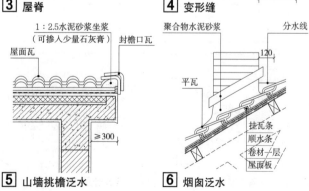

5 山墙挑檐泛水　**6 烟囱泛水**

设计要点

1. 当平瓦屋面坡度大于50%时,应采取固定加强措施。

2. 平瓦屋面应在基层上面先铺设一层卷材,其搭接宽度不宜小于100mm,并用顺水条将卷材压钉在基层上;顺水条的间距宜为500mm,再在顺水条上铺钉挂瓦条。

3. 在混凝土基层上铺设平瓦时,应在基层表面抹1:3水泥砂浆找平层,钉设挂瓦条挂瓦。当设有卷材或涂膜防水层时,防水层应铺设在找平层上;当设有保温层时,保温层应铺设在防水层上。

4. 天沟、檐沟的防水层宜采用1.2mm厚的合成高分子防水卷材、3mm厚的高聚物改性沥青防水卷材铺设,或采用1.2mm合成高分子防水涂料涂刷设防,亦可用镀锌薄钢板铺设。

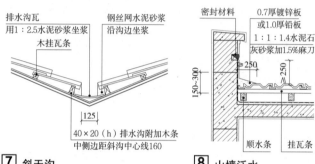

7 斜天沟　**8 山墙泛水**

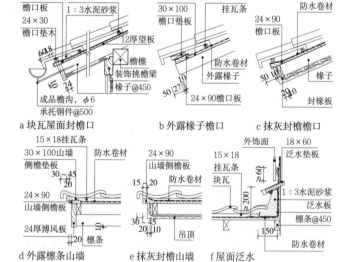

a 块瓦屋面封檐口　b 外露椽子檐口　c 抹灰封檐檐口

d 外露檩条山墙　e 抹灰封檐山墙　f 屋面泛水

9 木屋架屋面

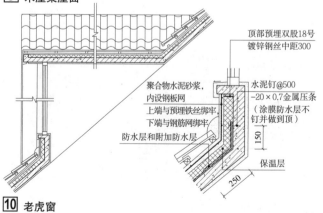

10 老虎窗

概述

金属板材屋面是一种将结构层和防水层合二为一的屋盖形式，有时根据需要也会选择单层防水卷材作为防水层。金属板材的种类很多，有锌板、镀铝锌板、铝合金板、铝镁合金板、钛合金板、铜板、不锈钢板等。厚度一般为0.4～1.5mm，板的表面一般进行涂装处理。板的制作形状多种多样，有的为单板，有的为将保温层复合在两层金属板材之间的复合板。施工时，有的板在工厂加工好后现场组装，有的根据屋面工程的需要在现场加工。所以金属板材屋面形式多样，从大型公共建筑到厂房、库房、住宅等均有使用。

金属板材规格性能 表1

项目	规格和性能					
屋面板宽度（mm）	1000					
屋面板每块长度（m）	≤12					
屋面板厚度（mm）	40		60		80	
板材厚度（mm）	0.5	0.6	0.5	0.6	0.5	0.6
适用温度范围（℃）	−50～120					
耐火极限（h）	0.6					
重量（kg/m²）	12	14	13	15	14	16
屋角板、泛水板屋脊板厚度（mm）	0.6～0.7					

金属板材连接及密封材料的材料要求 表2

材料名称	材料要求
自攻螺栓	6.3mm、45号钢镀锌、塑料帽
拉铆钉	铝质抽芯拉铆钉
压盖	不锈钢
密封垫圈	乙丙橡胶垫圈
密封材料	丙烯酸、硅酮密封膏、丁基密封胶条

不同规格金属板材随温度变化的伸缩量 表3

钢板长度（m）	伸缩长度（mm）	
	25℃	50℃
5	1.4	2.8
10	2.8	5.7
15	4.3	8.5
20	5.7	11.4
25	7.1	14.2
30	8.5	17.1
40	11.3	22.7
50	14.1	28.3

压型金属板在支承构件上的搭接长度（单位：mm） 表4

项目		搭接长度
截面高度>70		375
截面高度≤70	屋面坡度<1/10	250
	屋面坡度≥1/10	200
墙面		120

单层卷材防水节点

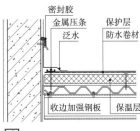

① 山墙和女儿墙

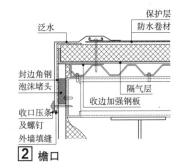

② 檐口

压型板复合保温屋面

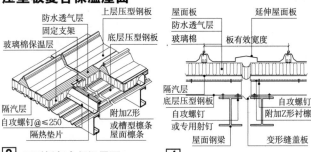

③ 压型板复合保温屋面

④ 变形缝（无檩）

⑤ 女儿墙内檐沟（无檩）

⑥ 山墙（有檩）

⑦ 外檐沟（无檩）

⑧ 屋脊（有檩）

金属夹芯板屋面

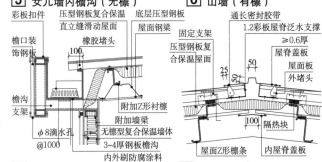

⑨ 变形缝

⑩ 天沟

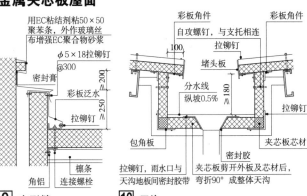

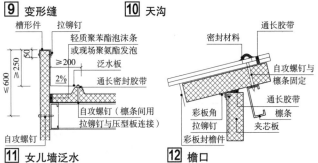

⑪ 女儿墙泛水

⑫ 檐口

概述

楼梯、爬梯、踏步和坡道是建筑中常用的垂直交通设施。楼梯作为竖向交通和人员紧急疏散的主要交通设施。楼梯的数量、位置及形式应满足使用方便和安全疏散要求，注重建筑环境空间的艺术效果。

楼梯一般由梯段、平台、栏杆扶手三部分组成，其主要构件如 ①所示。

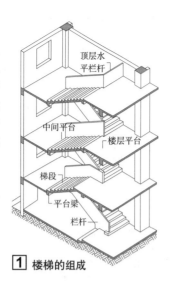

① 楼梯的组成

楼梯的尺度

1. 楼梯坡度与位置

楼梯设计要点 表1

部位	设计细则
楼梯坡度	楼梯的坡度均由踏步的高宽比决定，常用的坡度宜为30°左右，室内楼梯的适宜坡度为23°~38°
平面位置	疏散楼梯间在各层的平面位置不应改变（但在同一个楼梯间的前后左右空间内连续，这种位置改变是允许的）

注：本表内容摘自《全国民用建筑工程设计技术措施 规划·建筑·景观》（2009年版）。

2. 踏步尺度

楼梯踏步的最小宽度和最大高度（单位：mm） 表2

楼梯类别	踏步宽	踏步高	楼梯类别	踏步宽	踏步高
住宅公共楼梯	260	175	专用疏散楼梯	250	180
住宅套内楼梯	220	200	其他建筑物楼梯	260	170
电影院、体育馆、商场、医院和大中学校	280	160	专用服务楼梯	220	200
幼儿园、小学校	260	150	老年人居住建筑	300	150
宿舍（不含中小学）	270	165	老年人公共建筑	320	130

注：本表内容摘自《住宅设计规范》GB 50096-2011、《民用建筑设计通则》GB 50352-2005、《中小学校设计规范》GB 50099-2011、《老年人建筑设计规范》JGJ 122-99、《托儿所、幼儿园建筑设计规范》JGJ 39-2016。

3. 梯段尺度

梯段的宽度和长度 表3

梯段宽度	梯段长度
550+（0~150）mm/每股人流，中小学600mm/每股人流	$L=b \times (N-1)$

注：梯段宽度两人通行时为1100mm，3人通行时为1650mm，以此类推；梯段长度（L）是每一梯段的水平投影长度，b为踏面水平投影步宽，N为梯段踏步数。

4. 平台宽度与梯井宽度

梯段的宽度和长度 表4

中间平台宽度D_1	平行和折形多跑等类型楼梯，中间平台宽度D_1不应小于梯段宽度，$D_1 \geqslant 1200$mm；剪刀梯$D_1 \geqslant 1300$mm，医院建筑$D_1 \geqslant 1800$mm；对于直跑楼梯，$D_1 \geqslant 1200$mm
楼层平台宽度D_2	中小学教学楼疏散楼梯在中间层的楼层平台与梯段接口处宜设置缓冲空间，缓冲空间的宽度不宜小于梯段宽度
梯井宽度C	梯井指梯段之间形成的空当，从顶层到底层贯通。为了安全，梯井应小，C以60~200mm为宜，若大于200mm时，则应考虑安全措施

注：本表内容摘自《民用建筑设计通则》GB 50352-2005、《中小学校设计规范》GB 50099-2011。

5. 栏杆扶手尺度

梯段栏杆扶手高度指踏步前缘到扶手顶面的垂直距离。

梯段的宽度和长度 表5

扶手数量	应至少于一侧设扶手；梯段净宽达3股人流时应两侧设扶手，梯段净宽达4股人流时宜加设中间扶手［按每股人流宽度按照0.55+（0~0.15）m计算］
扶手高度	一般不应低于900mm；靠梯井一侧水平扶手超过500mm时，高度不应小于1050mm；供儿童使用的楼梯应在500~600mm高度增设扶手

注：本表内容摘自《民用建筑设计通则》GB 50352-2005。

6. 楼梯净空高度

楼梯各部位的净空高度应保证人流通行和家具搬运，平台下净高不小于2000mm，梯段范围内净空高度宜大于2200mm；踏步的前缘与顶部突出物内边缘线的水平距离应不小于300mm。

当在平行双跑楼梯底层中间平台下需设置通道时，为保证平台下净高满足通行要求，一般可采用 ④方式解决。

② 扶手高度位置

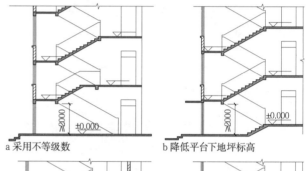

③ 楼梯净空高度

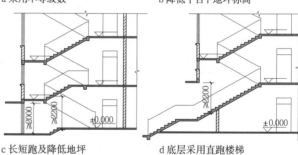

a 采用不等级数　　b 降低平台下地坪标高

c 长短跑及降低地坪　　d 底层采用直跑楼梯

④ 底层中间平台下作出入口的处理方式

7. 楼梯尺寸计算

在楼梯构造设计时，应对楼梯个部位进行详细计算，以平行双跑楼梯为例，计算方法及楼梯各层平面图如 ⑤所示。

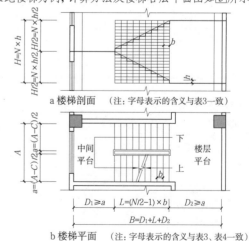

a 楼梯剖面　（注：字母表示的含义与表3一致）

b 楼梯平面　（注：字母表示的含义与表3、表4一致）

⑤ 楼梯尺寸计算示意

楼梯疏散宽度

1. 疏散楼梯梯段和平台的最小宽度应符合该类建筑设计规范的规定，且不应小于表1中的宽度。

2. 除剧场、电影院、礼堂、体育馆外的其他公共建筑中的疏散楼梯的总净宽度，应根据疏散人数按每百人的最小疏散净宽度不小于表2的规定计算确定。

（1）商店的疏散人数应按每层营业厅的建筑面积乘以表3规定的人员密度计算。

（2）当每层疏散人数不等时，疏散楼梯的总净宽度可分层计算，地上（下）建筑内下层楼梯的总宽度应按该层及以上（下）疏散人数最多一层的人数计算。

（3）地下或半地下人员密集的厅、室和歌舞娱乐放映游艺场所，应按其疏散人数每百人不小于1m计算确定。

（4）录像厅的疏散人数，应根据厅、室的建筑面积按不小于1人/m^2计算，其他歌舞娱乐放映游艺场所的疏散人数，应根据厅、室的建筑面积按不小于0.5人/m^2计算确定。

3. 剧场、电影院、礼堂、体育馆等场所疏散楼梯的净宽度，应根据疏散人数按每百人的最小疏散净宽度计算确定。

各类建筑疏散楼梯最小宽度（单位：m）　　表1

建筑类型		梯段净宽	休息平台净宽
居住建筑	套内楼梯	一边临空≥0.75 两侧有墙≥0.90	—
	剪刀梯	≥1.10	≥1.30
	6层及以下单元式住宅且一边设有栏杆的楼梯	≥1.00	≥1.20
	7层及以上的住宅	≥1.10	≥1.20
	老年住宅	≥1.20	≥1.20
公共建筑	汽车库、修车库	≥1.10	—
	老年人建筑、宿舍、一般高层公建、体育建筑、幼中及儿童建筑	≥1.20	≥1.20
	医院病房楼、医技楼、疗养院　次要楼梯	≥1.30	
	医院病房楼、医技楼、疗养院　主要楼梯、疏散楼梯	≥1.65	
	铁路旅客车站	≥1.60	≥1.60

注：本表内容摘自《建筑设计防火规范》GB 50016-2014、《老年人居住建筑设计标准》GB/T 50340-2003、《住宅设计规范》GB 50096-2011、《综合医院建筑设计规范》GB 51039-2014、《铁路旅客车站建筑设计规范》GB 50226-2007、《汽车库、修车库、停车场设计防火规范》GB 50067-2014。

疏散楼梯的最小疏散净宽度指标（单位：m/百人）　　表2

建筑层数		耐火等级		
		一、二级	三级	四级
地上楼层	1~2层	0.65	0.75	1.00
	3层	0.75	1.00	—
	≥4层	1.00	1.25	—
地下楼层	与地面出入口地面的高差≤10m	0.75	—	—
	与地面出入口地面的高差＞10m	1.00	—	—

商店营业厅内的人员密度（单位：人/m^2）　　表3

楼层位置	地下第二层	地下第一层	地上第一、二层	地上第三层	地上第四层及以上各层
人员密度	0.56	0.60	0.43~0.60	0.39~0.54	0.39~0.54

剧院、电影院、礼堂每百人所需最小疏散净宽度（m/百人）　　表4

观众厅座位数（座）	≤2500	≤1200
耐火等级	一、二级	三级
楼梯	0.75	1.00

体育馆每百人所需最小疏散净宽度（单位：m/百人）　　表5

观众厅座位数（座）	3000~5000	5001~10000	10001~20000
楼梯	0.50	0.43	0.37

注：表2、表3、表4、表5摘自《建筑设计防火规范》GB 50016-2014。

楼梯的形式与分类

楼梯按主体结构所用材料分类，可分为钢筋混凝土楼梯、钢楼梯、木楼梯、钢木楼梯等。

楼梯按结构形式分类，可分为梁式楼梯、板式楼梯、悬臂式楼梯、悬挂式楼梯、悬挑式楼梯等。

楼梯形式的选择取决于所处位置、楼梯间的平面形状与大小、楼层高低与层数、人流多少与缓急等因素。具体形式如 ① 所示。

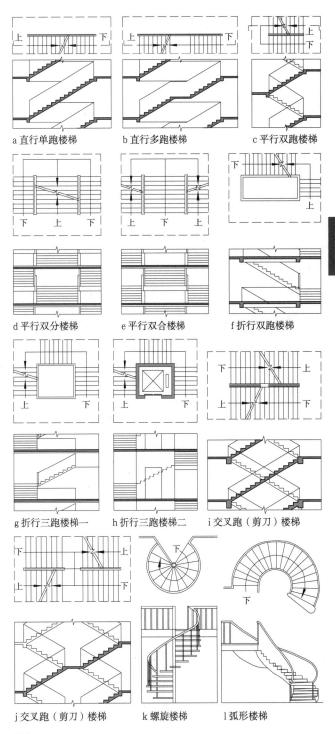

a 直行单跑楼梯　　b 直行多跑楼梯　　c 平行双跑楼梯

d 平行双分楼梯　　e 平行双合楼梯　　f 折行双跑楼梯

g 折行三跑楼梯一　　h 折行三跑楼梯二　　i 交叉跑（剪刀）楼梯

j 交叉跑（剪刀）楼梯　　k 螺旋楼梯　　l 弧形楼梯

① 楼梯的形式

5 建筑构造

现浇钢筋混凝土楼梯

现浇整体式——钢筋混凝土楼梯按结构分类，主要有梁承式、折板式、梁悬臂式等类型。

1. 梁承式——梁承式钢筋混凝土楼梯平台梁和梯段连接为一体，当梯段为梁板式时，梯斜梁可上翻或下翻形成梯帮，或做成板式梯段。

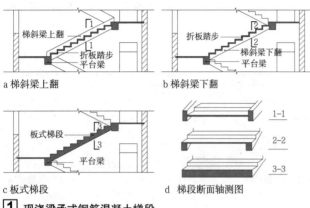

a 梯斜梁上翻　　　　　b 梯斜梁下翻

c 板式梯段　　　　　d 梯段断面轴测图

1 现浇梁承式钢筋混凝土梯段

2. 折板式——折板式钢筋混凝土楼梯底面平顺，结构占空间少，造型美观。

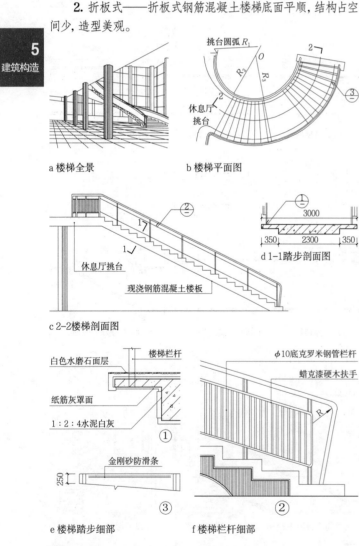

a 楼梯全景　　　　　b 楼梯平面图

d 1-1踏步剖面图

c 2-2楼梯剖面图

e 楼梯踏步细部　　　　　f 楼梯栏杆细部

2 折板式楼梯实例（杭州歌剧院）115° 钢筋混凝土弧形楼梯

3. 梁悬臂式——梁悬臂式钢筋混凝土楼梯一般为单梁或双梁悬臂支承踏步板和平台板。踏步板断面形式有平板式、折板式和三角形板式。

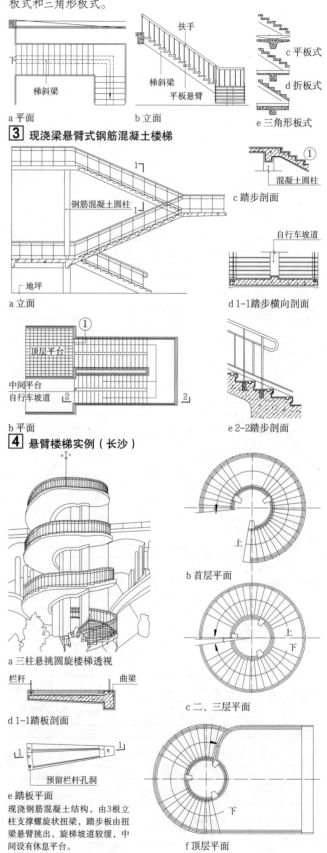

a 平面　　　　　b 立面　　　　　c 平板式　d 折板式　e 三角形板式

3 现浇梁悬臂式钢筋混凝土楼梯

a 立面　　　　　c 踏步剖面　　　d 1-1踏步横向剖面

b 平面　　　　　e 2-2踏步剖面

4 悬臂楼梯实例（长沙）

a 三柱悬挑圆旋楼梯透视　　　b 首层平面

d 1-1踏板剖面　　　c 二、三层平面

e 踏板平面　　　f 顶层平面

现浇钢筋混凝土结构，由3根立柱支撑螺旋状扭梁，踏步板由扭梁悬臂挑出，旋梯坡度较缓，中间设有休息平台。

5 悬臂楼梯实例（长沙湘江大桥）

预制装配式钢筋混凝土楼梯

预制装配式楼梯工业化施工水平较高,节约模板,简化操作程序,较大幅度地缩短工期。但预制装配式钢筋混凝土楼梯的整体性、抗震性、灵活性等不及现浇钢筋混凝土楼梯。

1. 预制墙承式钢筋混凝土楼梯

预制墙承式钢筋混凝土楼梯踏步两端由墙体支承,不需设平台梁、梯斜梁和栏杆,需要时设靠墙扶手。

2. 预制墙悬臂式钢筋混凝土楼梯

无平台梁和梯斜梁,也无中间墙,楼梯间空间轻巧,结构占空间小,但整体刚度极差,不能用于有抗震设防要求的地区。

3. 预制梁承式钢筋混凝土楼梯

指由平台梁支承的楼梯构造方式。平台梁既可支承于承重墙上,也可支承于结构梁上。预制构件可按梯段(板式或梁板式梯段)、平台梁、平台板三部分进行划分。

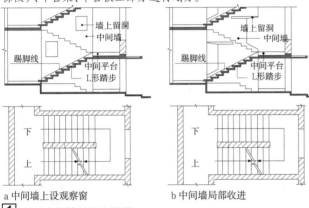

1 墙承式钢筋混凝土楼梯

a 中间墙上设观察窗   b 中间墙局部收进

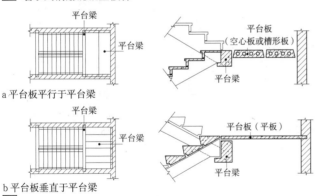

a 平台板平行于平台梁

b 平台板垂直于平台梁

2 梁承式钢筋混凝土楼梯平台板布置形式

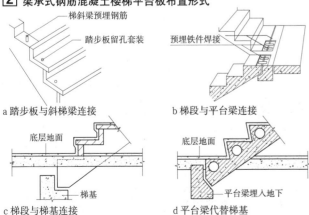

a 踏步板与斜梯梁连接   b 梯段与平台梁连接

c 梯段与梯基连接   d 平台梁代替梯基

3 梁承式钢筋混凝土楼梯构件连接

钢楼梯

钢梯钢材一般采用1级钢,钢梯与楼地面用焊接或螺栓连接。钢梯坡度可根据实际需要确定。

固定在墙上的休息平台,在平台面以上的墙壁高度应保持≥2m(开门洞时除外)。

平台板用料做法应与踏板一致,尽量采用花纹钢板,用普通钢板时应做防滑处理。

钢楼梯按结构分类,主要有梁承式、悬吊楼梯和中柱悬挑式等。钢楼梯用于屋面检修楼梯时,结构形式就多用悬挂式、梁承式。

常用钢梯梯梁、踏步用料规格　　表1

钢梯坡度		梯宽(mm)	梯梁材料	踏步材料	梯段极限高度(m)
角度	高跨比				
45°	1:1	900	16a		5.00
45°	1:1	700	16a		5.00
51°	1:0.8	900	16a		5.04
51°	1:0.8	700	16a		5.04
59°	1:0.6	700	16a		5.06
73°	1:0.3	600	12	4厚花纹钢板	4.94
45°	1:1	900	170×8		4.50
45°	1:1	700	170×8		4.50
51°	1:0.8	900	160×8		5.04
51°	1:0.8	700	160×8		5.04
59°	1:0.6	700	150×8		5.06
73°	1:0.3	600	120×8		4.94
90°	1:0	600	75×50×5	ϕ20圆钢	4.50

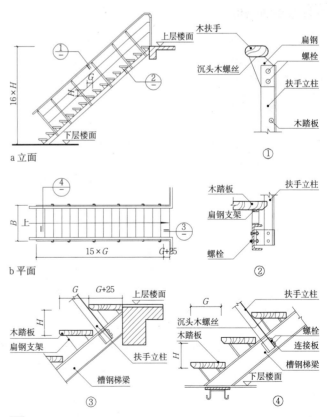

a 立面

b 平面

4 梁承式钢楼梯

249

悬吊、中柱悬挑、螺旋钢楼梯

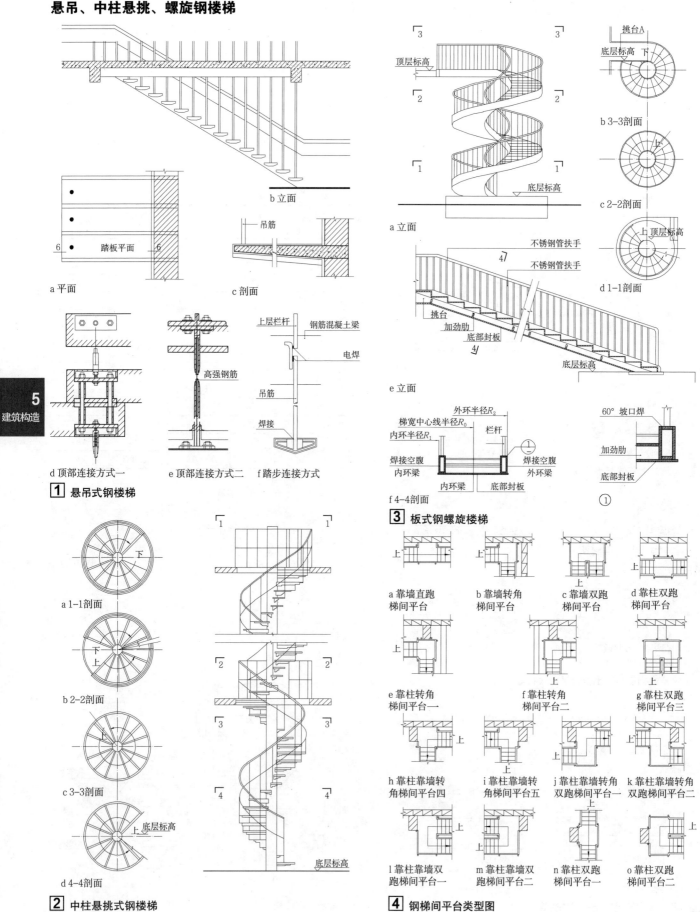

b 立面

a 平面

c 剖面

d 顶部连接方式一　　e 顶部连接方式二　　f 踏步连接方式

1 悬吊式钢楼梯

a 1-1剖面

b 2-2剖面

c 3-3剖面

d 4-4剖面

2 中柱悬挑式钢楼梯

a 立面

b 3-3剖面

c 2-2剖面

d 1-1剖面

e 立面

f 4-4剖面

3 板式钢螺旋楼梯

a 靠墙直跑梯间平台　　b 靠墙转角梯间平台　　c 靠墙双跑梯间平台　　d 靠柱双跑梯间平台

e 靠柱转角梯间平台一　　f 靠柱转角梯间平台二　　g 靠柱双跑梯间平台三

h 靠柱靠墙转角梯间平台四　　i 靠柱靠墙转角梯间平台五　　j 靠柱靠墙转角双跑梯间平台一　　k 靠柱靠墙转角双跑梯间平台二

l 靠柱靠墙双跑梯间平台一　　m 靠柱靠墙双跑梯间平台二　　n 靠柱双跑梯间平台一　　o 靠柱双跑梯间平台二

4 钢梯间平台类型图

5　建筑构造

木楼梯

木楼梯常用件包含：栏杆、立柱、柱头、连接件、贴板、扶手等。从楼梯的安装形式、楼梯的踏步板与筋板的组合方式上看，可分为开放式和封闭式，其中开放式是踏步板固定在筋板的上面，踏步板端部伸出或与筋板外边平齐。

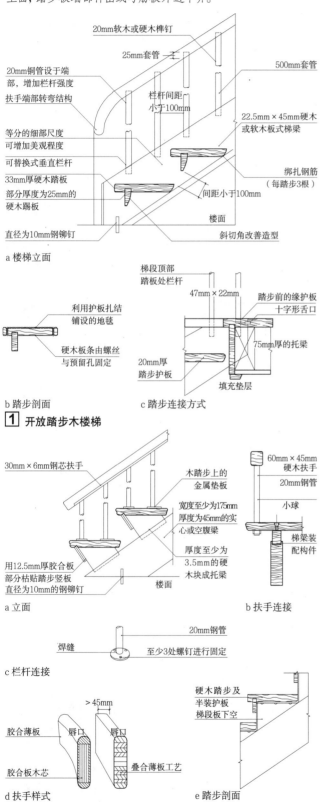

钢木楼梯

钢木楼梯采用现代钢结构与传统的木结构相结合的一种混合结构方式，楼梯的受力构件采用钢结构形式，外包采用木结构，一般作为室内楼梯使用。现在常用的钢木楼梯有中柱旋转楼梯、脊索楼梯、双梁楼梯和斜梁楼梯等。

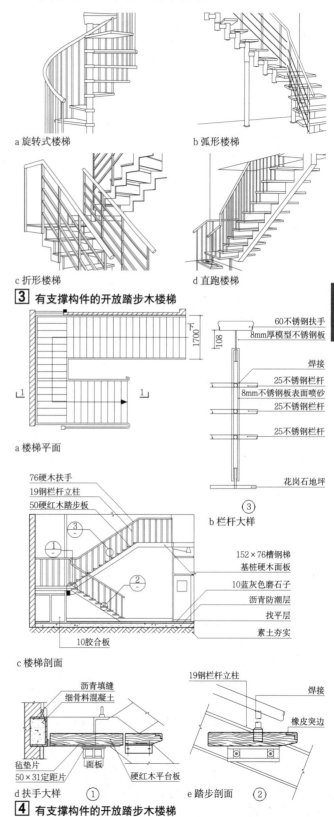

5
建筑构造

251

楼梯栏杆的基本要求

1. 栏杆应以坚固、耐久的材料制作，并能承受荷载规范规定的水平荷载。

2. 临空高度在24m以下时，栏杆高度不应低于1.05m，临空高度在24m及24m以上（包括中高层住宅）时，栏杆高度不应低于1.10m。

3. 楼梯应至少于一侧设扶手，梯段净宽达3股人流时应两侧设扶手，达4股人流时宜加设中间扶手。

4. 室内楼梯扶手高度自踏步前缘线起不宜小于0.90m。靠楼梯井一侧水平扶手长度超过0.50m时，其高度不应小于1.05m。

5. 托儿所、幼儿园、中小学及少年儿童专用活动场所的楼梯，梯井净宽大于0.20m时，必须采取防止少年儿童攀滑的措施，楼梯栏杆应采取不宜攀登的构造，当采用垂直杆件做栏杆时，其杆件净距不应大于0.11m。

6. 各类建筑的楼梯栏杆，应符合单项建筑设计规范的相关要求。

楼梯栏杆的类型

栏杆的形式可分为空花式、栏板式、混合式等，需根据材料、经济、装修标准和使用对象的不同进行合理选择和设计。

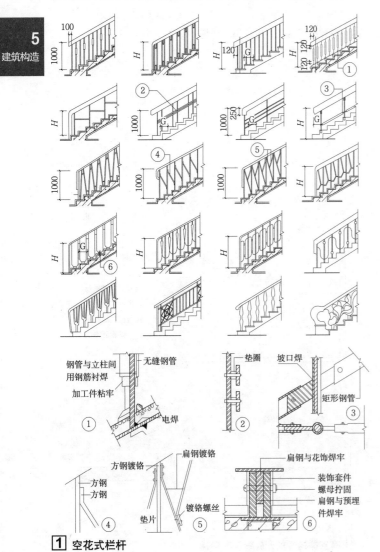

1 空花式栏杆

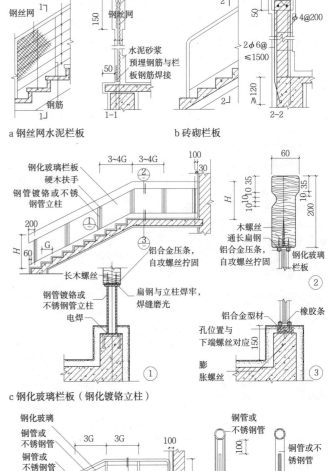

a 钢丝网水泥栏板　　b 砖砌栏板

c 钢化玻璃栏板（钢化镀铬立柱）

d 钢化玻璃栏板（铜管扶手栏杆或不锈钢管扶手栏杆）

2 栏板式栏杆

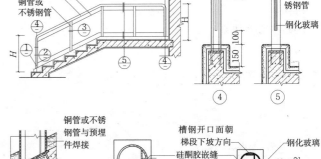

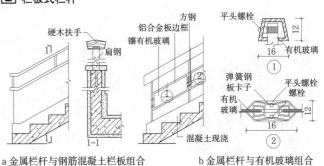

a 金属栏杆与钢筋混凝土栏板组合　　b 金属栏杆与有机玻璃组合

3 混合式栏杆

5
建筑构造

楼梯栏杆的连接构造

1. 栏杆与扶手的连接见 ①。

当栏杆采用木扶手或塑料扶手时，一般在栏杆竖杆顶部设通长扁钢与扶手底面或侧面槽口榫接。金属管材扶手与栏杆竖杆连接一般采用焊接或铆接。

2. 栏杆与梯段、平台的连接见 ②。

3. 栏杆与墙体连接见 ③。

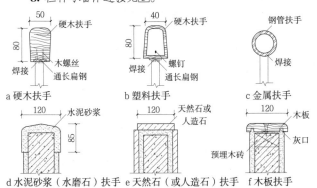

a 硬木扶手　　b 塑料扶手　　c 金属扶手

d 水泥砂浆（水磨石）扶手　e 天然石（或人造石）扶手　f 木板扶手

① 栏杆与扶手的连接

a 埋入预留孔洞　　b 与预埋钢板焊接　　c 立杆焊在底板上用膨胀螺栓锚固底板

d 立杆套丝扣与预埋套管丝扣拧固　　e 与预埋夹板焊接　　f 立杆插入套管电焊

g 侧面留凹口焊接　　h 立杆插入钢套筒内螺丝拧固　　i 立杆埋入踏板侧面预留孔内

注：栏杆须具有一定强度，应按规范要求进行结构计算，并选择恰当的与踏板的连接方式。

j 立杆插入钢套筒内螺丝拧固　　k 立杆穿过预留孔螺母拧固

② 栏杆与梯段、平台的连接

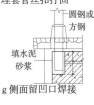

a 预留孔洞插接　　b 预埋防腐木砖木螺栓　　c 预埋铁件焊接

③ 栏杆与墙面的连接

楼梯扶手

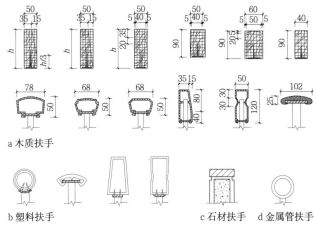

a 木质扶手

b 塑料扶手　　　　　　　c 石材扶手　　d 金属管扶手

④ 常用楼梯扶手断面形式

⑤ 扶手始端形式示例

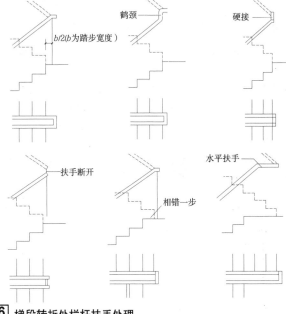

b/2（b 为踏步宽度）　　　　鹤颈　　　　硬接

扶手断开　　相错一步　　水平扶手

⑥ 梯段转折处栏杆扶手处理

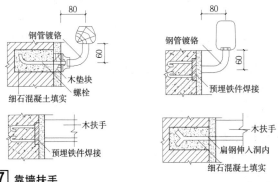

钢管镀铬　　　　　　　钢管镀铬

细石混凝土填实　　木垫块　螺栓　　　预埋铁件焊接

木扶手　　　　　　　　木扶手

预埋铁件焊接　　　　扁钢伸入洞内　　细石混凝土填实

⑦ 靠墙扶手

253

踏步构造

1. 踏步面层构造

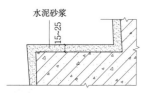

a 水泥砂浆面层

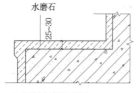

b 预制水磨石面层

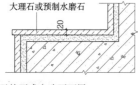

c 天然石或人造石面层

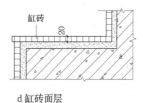

d 缸砖面层

1 踏步面层构造

2. 踏步防滑

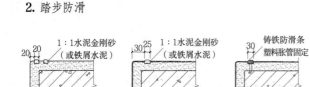

a 水泥面踏步防滑条一　　b 水泥面踏步防滑条二　　c 现制磨石踏步防滑条

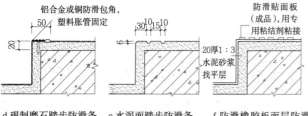

d 现制磨石踏步防滑条（铝合金或钢）　　e 水泥面踏步防滑条　现制磨石踏步防滑条　　f 防滑橡胶板面层防滑　塑料板面层

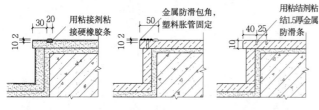

g 预制磨石踏步防滑条　　h 预制磨石踏步防滑条（铝合金或铜）　　i 大理石花岗石板（铝合金或铜或不锈钢）

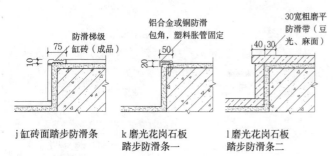

j 缸砖面踏步防滑条　　k 磨光花岗石板踏步防滑条一　　l 磨光花岗石板踏步防滑条二

2 踏步防滑

室外台阶构造

1. 台阶构造

室外踏步高(h)一般为100~150mm，踏步宽(b)为300~400mm。在台阶与建筑出入口大门之间，常设一缓冲平台，作为室内外空间的过渡。平台深度一般不应小于1500mm，平台需做一定的排水坡度，以利雨水排除。

2. 台阶面层

台阶面层材料应选择防滑和耐久的材料，如水泥石屑、斩假石(剁斧石)、天然石材、防滑地面砖等。人流量大的建筑台阶，还可以在台阶平台处设刮泥槽，需注意刮泥槽的刮齿应垂直于人流方向。

3. 台阶垫层

步数较少的台阶，其垫层做法与地面垫层做法类似，一般采用素土夯实后按台阶形状尺寸做C15混凝土垫层或砖、石垫层。标准较高的或地基土质较差及严寒地区，还可在垫层下加铺一层碎砖或碎石层。

对于步数较多或地基土质太差的台阶，可根据情况架空成钢筋混凝土台阶，以避免过多填土或产生不均匀沉降。

严寒地区的台阶还需考虑地基土冻胀因素，可用含水率低的砂石垫层换土至冰冻线以下。

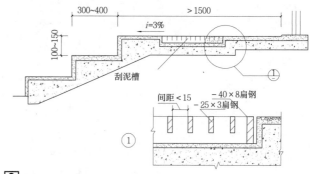

3 台阶尺度

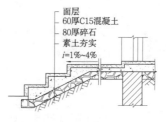

a 混凝土台阶

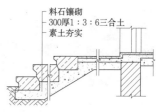

b 石砌台阶

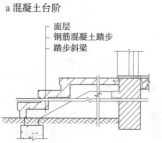

c 钢筋混凝土架空台阶

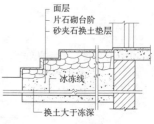

d 换土地基台阶（适用于严寒及寒冷地区）

4 台阶构造示意

概述

坡道是以连续的平面来实现高差过渡的形式,常用的坡道形式有人行坡道、自行车坡道和供机动车行驶的汽车坡道。供轮椅使用的无障碍坡道可视为人行坡道的演变,对护栏及平面尺寸、连续坡长有特殊限制要求。

不同位置坡道的坡度和宽度　　　　　表1

坡道位置		最大坡度	最小宽度(m)
建筑入口	建筑入口	1:12	≥1.20
	建筑入口	1:20	≥1.20
室内坡道		1:8	≥1.00
室外坡道		1:10	≥1.50
自行车推行坡道		1:5(1:4)	≥1.50
设备房、锅炉房、小型库房等入口坡道		1:5~1:6	根据入口大小定

坡道的坡度、坡段高度和水平长度的规定　　表2

坡度	1:20	1:16	1:12	1:10	1:8
坡段最大高度	1.20	0.90	0.75	0.60	0.30
坡段水平长度	24.00	14.40	9.00	6.00	2.40

注:表1、表2摘自《无障碍设计规范》GB 50763-2012。

无障碍坡道

无障碍坡道的坡度值应不大于1:12,且每段坡度的最大高度为750mm,最大坡度水平长度为9000mm。当长度超过时,需在坡道中部设休息平台,休息平台的深度在直行、转弯时均不应小于1500mm,在坡道的起点和终点处应留有深度不小于1500mm的轮椅缓冲区。

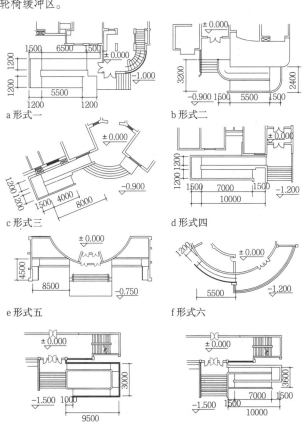

a 形式一　　　　b 形式二

c 形式三　　　　d 形式四

e 形式五　　　　f 形式六

g 形式七　　　　h 形式八

1 台阶与坡道入口示例

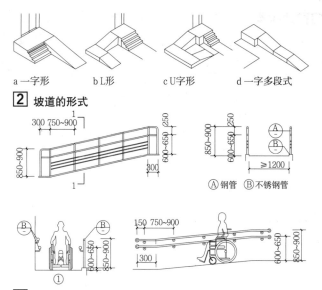

a 一字形　　b L形　　c U字形　　d 一字多段式

2 坡道的形式

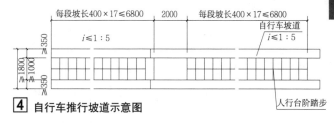

Ⓐ 钢管　Ⓑ 不锈钢管

3 坡道扶手

自行车坡道

自行车坡道坡度不宜大于1:5,坡道净宽一般不应小于1.5m,并应辅以梯步。车轮通过的坡面宽不应小于0.35m,坡面设防滑措施。当坡道长度超过6.8m或转换方向时,应设置休息平台,平台长度不应小于2.0m。

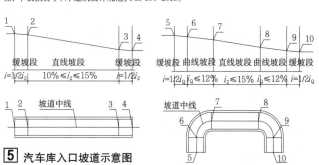

4 自行车推行坡道示意图

汽车库入口坡道

汽车库内通车道最大纵向坡度规范相应的规定见表3。

汽车库内直线坡道与曲线坡道的坡度　　表3

通道形式 车型	直线坡道		曲线坡道	
	百分比	比值 (高:长)	百分比 (%)	比值 (高:长)
微型车、小型车	15%	1:6.67	12	1:8.3
轻型车	13.3%	1:7.50	10	1:10
中型车	12%	1:8.3		
大型客车、大型货车	10%	1:10	8	1:12.5
铰接客车、铰接货车	8%	1:12.5	6	1:16.7

注:本表摘自《车库建筑设计规范》JGJ 100-2015。

5 汽车库入口坡道示意图

门窗的种类

门窗按其材料可分为：木门窗、铝合金门窗、塑料门窗、彩钢门窗等。

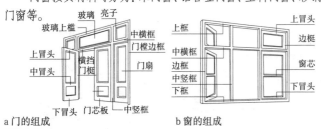

a 门的组成　　　　　b 窗的组成

1 门窗组成示意图

门窗的形式

门按其开启方式分为：平开门、弹簧门、推拉门、折叠门、转门等。窗按其开启方式分为：平开窗、固定窗、上悬窗、中悬窗、下悬窗、立转窗、推拉窗等。

常见门开启方式　　　　　　　　　　　　　表1

平开门	弹簧门	推拉门	折叠门	转门	上翻门	升降门	卷帘门
大量用于人行及一般车辆通行。洞口尺寸不宜过大。五金简单，制作简便，开关灵活	适用于有关要求的场所，门扇开关时所占空间少，门扇必须与弹簧型号相适应。加工制作简便	适用各种大洞口，开关时所占空间少，门扇开关轻便。但五金较复杂，安装要求高	适用各种大小洞口，特别是宽度很大的洞口。五金较复杂，安装要求高	可减少热量损失，使用与人流不集中出入的公共建筑。五金及安装要求高	适于不经常开关的车型门，可利用上部空间。加工制作复杂，造价高	适用于空间较高的工业建筑，一般不经常开关的洞口。须设置传动装置及导轨	适用于各种小洞口，特别是高度大、不经常开关的洞口。加工制作复杂，造价高

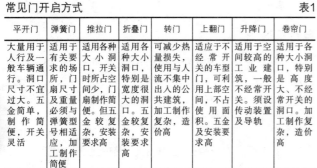

a 单扇平开门　　b 双扇平开门　　c 单扇弹簧门　　d 双扇弹簧门

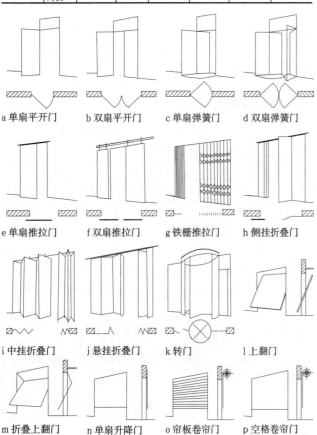

e 单扇推拉门　　f 双扇推拉门　　g 铁栅推拉门　　h 侧挂折叠门

i 中挂折叠门　　j 悬挂折叠门　　k 转门　　l 上翻门

m 折叠上翻门　　n 单扇升降门　　o 帘板卷帘门　　p 空格卷帘门

2 常见门开启方式

常见窗开启方式　　　　　　　　　　　　　表2

平开窗	悬窗	推拉窗	转窗	固定窗	百叶窗	折叠窗
构造简单，应用最为普遍，使用普通五金，便于安装纱窗	构造简单，通风好，开启角度受限，多用于特殊房间或室内高窗	不占室内空间，窗受力状态好，适宜安装较大玻璃，通风面积受限，五金及安装较复杂	引风效果好，防雨及气密性差，多用于低侧窗	构造简单，只起采光作用，气密性好	通风效果好，用于需要通风或者遮阳地区	全开启时通风效果好，视野开阔，需要特殊五金

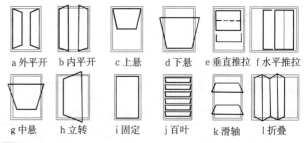

a 外平开　b 内平开　c 上悬　d 下悬　e 垂直推拉　f 水平推拉

g 中悬　h 立转　i 固定　j 百叶　k 滑轴　l 折叠

3 常见窗开启方式

常用门构造

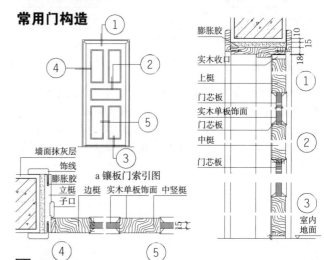

a 镶板门索引图

4 镶板门构造

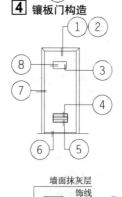

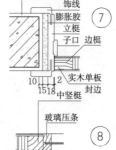

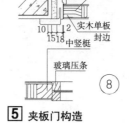

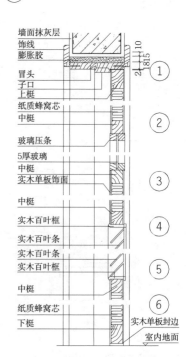

5 夹板门构造

常用门构造

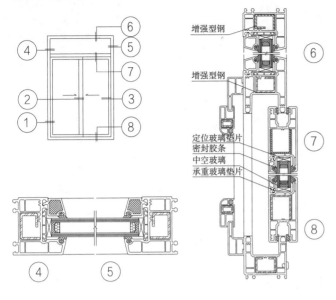

增强型钢
增强型钢
定位玻璃垫片
密封胶条
中空玻璃
承重玻璃垫片

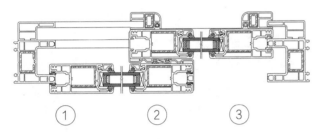

[1] 塑钢推拉门构造

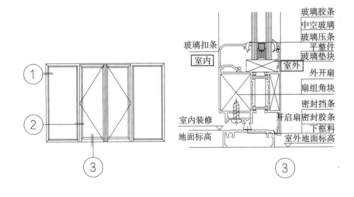

玻璃胶条
中空玻璃
玻璃压条
平整件
玻璃垫块
室内   室外
外开扇
扇组角块
密封挡条
室内装修   开启扇密封胶条
地面标高   下框料
室外   室外地面标高

玻璃扣条

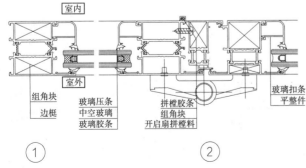

室内
室外
组角块   玻璃压条   拼樘胶条   平整件
边框   中空玻璃   组角块   玻璃扣条
玻璃胶条   开启扇拼樘料

[2] 铝合金平开门构造

常用窗构造

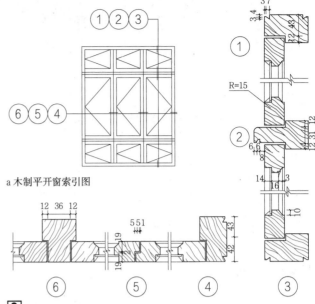

a 木制平开窗索引图

[3] 木质平开窗构造

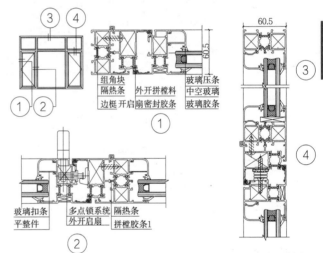

组角块   玻璃压条
隔热条   中空玻璃
边框   开启扇密封胶条   玻璃胶条
①

玻璃扣条   多点锁系统   隔热条
平整件   外开启扇   拼樘胶条1
②

[4] 铝合金平开窗构造

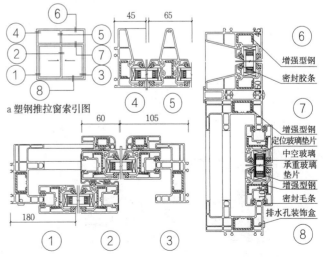

a 塑钢推拉窗索引图

增强型钢
密封胶条

增强型钢
定位玻璃垫片
中空玻璃
承重玻璃垫片
增强型钢
密封毛条
排水孔装饰盒

[5] 塑钢推拉窗构造

5
建筑构造

特殊门窗构造一

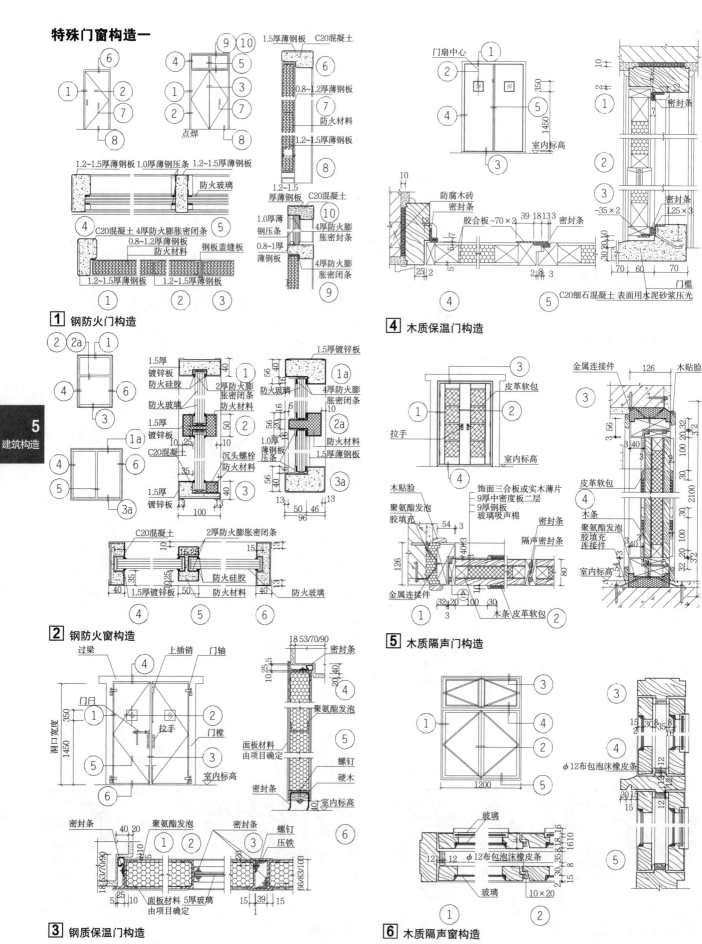

① 钢防火门构造

② 钢防火窗构造

③ 钢质保温门构造

④ 木质保温门构造

⑤ 木质隔声门构造

⑥ 木质隔声窗构造

特殊门窗构造二

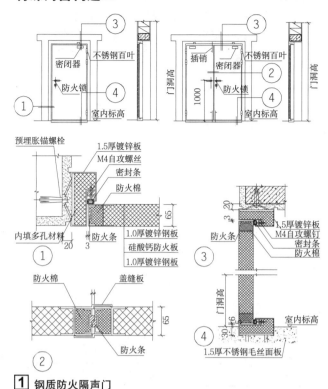

1 钢质防火隔声门

门窗性能

门窗的主要性能包括门窗的三性（气密性、水密性以及抗风压性能）、保温性能、采光性能、隔声性能等。

门窗三性

门窗的三性指的是门窗的气密性、水密性以及抗风压性能等。

1. 气密性

外门窗在正常关闭状态时，阻止空气渗透的能力。

2. 水密性

外门窗在正常关闭状态时，门窗在风雨同时作用下阻止雨水渗透的能力。

3. 抗风压性

外门窗在正常关闭状态时，在风压作用下，不发生损坏和五金件松动、开启困难等功能障碍的能力。

建筑外门窗气密性能分级表 表1

分级	1	2	3	4	5	6	7	8
单位缝长分级指标值 q_1/[m³/(m·h)]	4.0 $\geq q_1>$ 3.5	3.5 $\geq q_1>$ 3.0	3.0 $\geq q_1>$ 2.5	2.5 $\geq q_1$ > 2.0	2.0 $\geq q_1$ > 1.5	1.5 $\geq q_1>$ 1.0	1.0 $\geq q_1>$ 0.5	q_1 ≤ 0.5
单位面积分级指标值 q_2/[m³/(m²·h)]	12 $\geq q_2>$ 10.5	10.5 $\geq q_2$ > 9.0	9.0 $\geq q_2>$ 7.5	7.5 $\geq q_2$ > 6.0	6.0 $\geq q_2$ > 4.5	4.0 $\geq q_2>$ 3.0	3.0 $\geq q_2>$ 1.5	q_2 ≤ 1.5

注：本表摘自《建筑外门窗气密、水密、抗风压性能分级及检测方法》GB/T 7106-2008。

建筑外门窗水密性能分级表（单位：Pa） 表2

分级	1	2	3	4	5	6
分级指标 $\triangle P$	100≤$\triangle P$ <150	150≤$\triangle P$ <250	250≤$\triangle P$ <350	350≤$\triangle P$ <500	500≤$\triangle P$ <700	$\triangle P$≥700

注：1. 本表摘自《建筑外门窗气密、水密、抗风压性能分级及检测方法》GB/T 7106-2008。
2. 第6级应在分级后同时注明具体检测压力差值。

建筑外门窗抗风压性能分级表（单位：kPa） 表3

分级	1	2	3	4	5	6	7	8	9
分级指标 $P3$	1.0 ≤P_3 <1.5	1.5 ≤P_3 <2.0	2.0 ≤P_3 <2.5	2.5 ≤P_3 <3.0	3.0 ≤P_3 <3.5	3.5 ≤P_3 <4.0	4.0 ≤P_3 <4.5	4.5 ≤P_3 <5.0	P_3 ≥5.0

注：1. 本表摘自《建筑外门窗气密、水密、抗风压性能分级及检测方法》GB/T 7106-2008。
2. 第9级应在分级后同时注明具体检测压力差值。

门窗保温性能

门窗传热系数代表门窗保温性能的指标，表示在稳定传热条件下，外门窗两侧空气温差为1K，单位时间内，通过单位表面积的传热量。

外门、外窗传热系数分级[单位：W/(m²·K)] 表4

分级	1	2	3	4	5
分级指标值	$K\geq 5.0$	5.0>$K\geq$4.0	4.0>$K\geq$3.5	3.5>$K>$3.0	3.0>$K\geq$2.5
分级	6	7	8	9	10
分级指标值	2.5>$K\geq$2.0	2.0>$K\geq$1.6	1.6>$K\geq$1.3	1.3>$K\geq$1.1	$K<1.1$

注：本表摘自《建筑外门窗保温性能分级及检测方法》GB/T 8484-2008。

门窗采光性能

门窗采光性能是指建筑外窗在漫射光照射下透过光的能力，其分级详见表5。

建筑外窗采光性能分级 表5

分级	采光性能分级指标
1	0.20≤T_r<0.30
2	0.30≤T_r<0.40
3	0.40≤T_r<0.50
4	0.50≤T_r<0.60
5	T_r≥0.60

注：1. 本表摘自《建筑外窗采光性能分级及检测方法》GB/T 11976-2002。
2. T_r值大于0.60时，应给出具体数值。

门窗隔声性能

外门、外窗以"计权隔声量和交通噪声频谱修正量之和 (R_w+C_{tr})"作为分级指标；内门、内窗以"计权隔声量和粉红噪声频谱修正量之和 (R_w+C)"作为分级指标。

建筑门窗的隔声性能分级（单位：dB） 表6

分级	外门、外窗的分级指标值	内门、内窗的分级指标值
1	20≤R_w+C_{tr}<25	20≤R_w+C<25
2	25≤R_w+C_{tr}<30	25≤R_w+C<30
3	30≤R_w+C_{tr}<35	30≤R_w+C<35
4	35≤R_w+C_{tr}<40	35≤R_w+C<40
5	40≤R_w+C_{tr}<45	40≤R_w+C<45
6	R_w+C_{tr}≥45	R_w+C≥45

注：1. 本表摘自《建筑门窗空气声隔声性能分级及检测方法》GB/T 8485-2008。
2. 用于对建筑内机器、设备噪声源噪声的建筑内门窗，对中低频噪声宜用外门窗的指标值进行分级；对中高频噪声仍可采用内门窗的指标值进行分级。

5
建筑构造

概述

现代电梯主要由曳引机(绞车)、导轨、对重装置、安全装置(如限速器、安全钳和缓冲器等)、信号操纵系统、轿厢与厅门等组成,这些部分分别安装在建筑物的井道和机房中。电梯空间分为机房部分、井道及底坑部分、轿厢部分、层站部分。按速度可分低速电梯(4m/s以下)、快速电梯(4~12m/s)和高速电梯(12m/s以上)。

电梯的种类　　　　　　　　　　　　　　　　　表1

类别	名称	性质、特点
Ⅰ类	住宅电梯	运送乘客的电梯
Ⅱ类	一般用途电梯	主要为运送乘客,同时亦可运送货物的电梯
Ⅲ类	医用电梯	运送病床(包括病人)和医疗设备的电梯
Ⅳ类	载货电梯	运送通常有人伴随的货物而设计的电梯
Ⅴ类	杂物电梯	运送图书、资料、杂物、食品的提升装置,轿厢内不能进人
Ⅵ类	频繁使用电梯	为适应大交通流量和频繁使用而特别设计的电梯,如速度为2.5m/s以及更高速度的电梯

注:左栏分类标准摘自《电梯主要参数及轿厢、井道、机房的型式与尺寸》GB/T 7025.1-2008,该标准等效采用国际标准《电梯的安装》ISO 4190。

电梯的拖动型式　　　　　　　　　　　　　　　表2

拖动电动机类型		说明
交流电梯	单速	只有一种运行速度,用于杂物电梯
	双速	有两种运行速度,用于低速客、货、住宅及病床电梯
	调平调压调速	广泛应用于各个速度段
直流电梯		电梯运行平稳,用于高速电梯
液压电梯		分为柱塞直顶式和柱塞侧顶式,靠液压传动,机房不设在顶层
齿轮齿条电梯		导轨加工成齿条,轿厢装上与齿条咬合的齿轮,主要用于工程船舶
螺杆式电梯		利用直顶式电梯的柱塞和安装于油缸顶的大螺母,通过电机经减速机(或皮带)带动螺母旋转,从而使螺杆顶升轿厢运行电梯
直线电机电梯		动力源是直线电机,结构简单,占用空间少,节能,可靠性高

电梯的控制方式　　　　　　　　　　　　　　　表3

控制方式	功能原理
手柄操纵	操纵箱内手柄控制
按钮控制	轿厢内或厅门外按钮控制
信号控制	对厅外上下呼梯信号、轿厢内指令信号及其他信号加以综合分析,由司机操作,一般用于客梯或客货两用梯
集选控制	将各种信号加以综合分析,自动决定轿厢运行,可无司机操作
并联控制	2~3台电梯的控制线路并联进行逻辑控制,共用层站外召唤按钮,电梯本身有集选功能
群控智能	用电脑控制盒统一调度多台集中并列的电梯,主要用于高层建筑
群控智能控制	由电脑控制系统根据召唤信号、轿厢位置、轿厢负载等,自动选择最佳运行方式

电梯的数量选择　　　　　　　　　　　　　　　表4

建筑类别标准		数量				额定载重量(t)和乘客人数(人)					速度(m/s)
		经济级	常用级	舒适级	豪华级						
住宅(户/台)		90~100	60~90	30~60	小于30	0.4	0.63	1			0.63
						5	8	13			1.00 1.60 2.50
旅馆(客房/台)		120~140	100~120	70~120	小于70	0.63	0.8	1	1.25	1.6	
办公	建筑面积(m²/台)	6000	5000	4000	小于2000						0.63 1.00 1.60 2.50
	有效使用面积(m²/台)	3000	2500	2000	小于1000	8	10	13	16	21	
	按人数(人/台)	350	300	250	小于250						
医院住院部(床/台)		200	150	100	小于100	1.6	2	2.5			0.63
						21	26	33			1.00 1.60 2.50

电梯的速度选择

电梯的速度选择根据每台电梯在主楼层上的最大间隔时间,规定了60s、80s、100s三个级别(见表5)。其中消防电梯的速度按从首层到顶层的运行时间不宜超过60s来计算确定。如果只装一台电梯,电梯的额定载重量不得小于630kg,额定速度不得低于0.63m/s(《住宅电梯的配置与选择》JGT 5010-1992 4.2.2)。在每一梯群中,所有电梯的额定速度不得低于1m/s,而且至少有一台电梯的额定载重量应是1000kg(《住宅电梯的配置与选择》JGT 5010-1992 4.2.3)。

电梯的运行级别与设置　　　　　　　　　　　　表5

项目	级别		
	60	80	100
电梯在主楼层的最大间隔时间(s)	60	80	100
全行程的最大理论时间(s)	20	30	40
5min内的输送能力	居住于主楼层以上的人口的7.5%		
如果主楼层以上的服务层数多于右边给出的数值,至少应设两台电梯	6	7	8

多群组电梯的布置要求　　　　　　　　　　　　表6

集中布置、分区布置与候梯厅设置	1.一般以集中布置为好,并使易于发现候梯厅及呼梯装置。分区服务的电梯,始发站要有明显标识,明示分区情况及到达楼层
	2.多组群控电梯的布置,应避免候梯厅成为非乘梯人员的交通过道(可在群控电梯的周边设置过道)
	3.多台对列的二组群控电梯,为避免住不同楼层区域的乘客相互干扰,候梯厅的深度尺寸应按表7适当加大

电梯厅最小深度要求　　　　　　　　　　　　　表7

电梯类别	布置方式	候梯厅深度	备注
住宅电梯	单台	≥1.5m 老年居住建筑≥1.6m	B为轿厢深度,B'为最大轿厢深度;货梯候梯厅深度同单台住宅电梯;本表摘自《住宅设计规范》GB 50096-2011、《民用建筑设计通则》GB 50352-2005和《无障碍设计规范》GB 50763-2012
	多台单侧布置	≥B'	
	多台双排布置	≥相对电梯B'之和并<3.5m	
一般用途电梯	单台	≥1.5B	
	多台单侧布置	≥1.5B',当电梯群为4台时应≥2.4m	
	多台双排布置	≥相对电梯B'之和并小于4.5m	
病床电梯	单台	≥1.5B	
	多台单侧布置	≥1.5B'	
	多台双排布置	≥相对电梯B'之和	
无障碍电梯	多台或单台	≥1.5m	

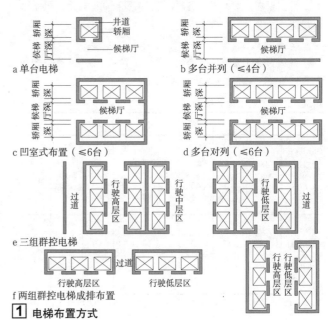

a 单台电梯

b 多台并列(≤4台)

c 凹室式布置(≤6台)

d 多台对列(≤6台)

e 三组群控电梯

f 两组群控电梯成排布置

1 电梯布置方式

电梯设计的主要技术参数

I、II、VI类电梯机房尺寸❶（单位：mm） 表1

参数	额定速度 V_n（m/s）	额定载重量（kg）			
		320~630	800~1050	1275~1600	1800~2000
		$b_4 \times d_4$	$b_4 \times d_4$	$b_4 \times d_4$	$b_4 \times d_4$
电梯机房	0.63~1.75	2500 × 3700	3200 × 4900	3200 × 4900	3000 × 5000
	2.0~3.0		2700 × 5100	3000 × 5300	3300 × 5700
	3.5~6.0		3000 × 5700	3000 × 5700	3300 × 5700
液压电梯机房（若有）	0.4~1.0	住宅电梯：井道宽度或深度 ×2000mm			

注：b_4、d_4由于电梯结构的原因允许有所变动，并应符合相关的国家标准的规定。

无机房电梯主要技术参数 表2

额定载重重量（kg）	乘客人数（人）	额定速度（m/s）	门宽（mm）	轿厢尺寸（mm）			井道尺寸（mm）	
				宽度A	深度B	高度	宽度C	深度D
450	6	1.00	800	1100	1150	2200	1800	1650
630	8	1.00	800	1100	1400	2200	1800	1700
		1.60、1.75		1100	1400	2280	1750	1850
800	10	1.00	800	1350	1400	2200	1900	1800
		1.65、1.75	800	1400	1350	2280	2000	1850
			900	1350	1400	2280	1950	1900
1000	13	1.00	900	1600	1400	2200	2150	1900
				1100	2100	2200	2000	2400
		1.65、1.75	900	1600	1400	2280	2200	1950
				1100	2100	2280	1950	2450

III类电梯设计尺寸❶（单位：mm） 表3

参数		额定载重量（kg）			
		1275	1600	2000	2500
轿厢	高h_4	2300			
轿门和层门	高h_3	2100			
底坑深度 d_3	额定速度 V_n（m/s）				
	0.63			1600	1800
	1.00			1700	1900
	1.60			1900	2100
	2.00			2100	2300
	2.50			2500	
顶层高度 h_1	0.63			4400	4600
	1.00			4400	4600
	1.60			4400	4600
	2.00			4600	4800
	2.50			5400	5600

注：底坑深度d_3、顶层高度h_1由于电梯结构的原因允许有所变动，并应符合相关的国家标准的规定。

标准液压电梯型式与参数范围 表4

序号	型式	额定载重（kg）	额定速度（m/s）	轿厢最大行程（m）
1	单缸中心直顶式	630~5000	0.1~0.4	12
2	单缸侧置直顶式	400~630	0.1~0.63	7
3	双缸侧置直顶式	2000~5000	0.1~0.4	7
4	单缸侧置倍频式	400~1000	0.2~1.0	12
5	双缸侧置倍频式	2000~5000	0.2~0.4	12

I、II、VI类电梯轿厢的设计尺寸❶（单位：mm） 表5

参数		住宅电梯				一般用途电梯				频繁使用电梯				
		额定载重量（质量）（kg）												
		320	400/450	600/630	900/1000/1050	600/630	750/800	1000/1050/1150/1275	1350	1275	1350	1600	1800	2000
轿厢高度h_4		2200				2300				2400				
轿门和层门高度h_3		2000	2100											
底坑深度a d_3	额定速度V_n（m/s）													
	0.40 b	1400				c								
	0.50													
	0.63		1400											
	0.75													
	1.00													
	1.50									c				
	1.60	c	1600											
	1.75													
	2.00	c	1750			c	1750							
	2.50	c	2200			c	2200							
	3.00									3200				
	3.50									3400				
	4.00 d				c					3800				
	5.00 d									3800				
	6.00 d									4000				
顶层高度a h_1	0.40 b	3600				c								
	0.50													
	0.63	3600				3800		4200						
	0.75													
	1.00	3700												
	1.50									c				
	1.60	c	3800			4000		4200						
	1.75													
	2.00	c	4300			c	4400							
	2.50	c	5000			c	5000	5200		5500				
	3.00									5500				
	3.50									5700				
	4.00 d				c					5700				
	5.00 d									5700				
	6.00 d									6200				

注：a顶层高度h_1和底坑深度d_3由于电梯结构原因允许有所变动，并应符合相关的国家标准的规定；b常用于液压电梯；c非标电梯，应咨询制造商；d假设使用了减行程缓冲器。

❶ 表1、表3、表5摘自《电梯主要参数及轿厢、井道、机房的型式与尺寸》GB/T 7025.1-2008；表4摘自《液压电梯》JG 5071-2000。

5
建筑构造

电梯的相关设计要求

机房设计要求 表1

机房隔声		建筑标准要求高的机房，应对机房和井道进行必要的隔声处理，以减少电梯噪声对邻近房间的影响。一般建筑标准，仅对基座或地板做隔声处理
机房吊钩设置		机房坡顶下皮应设置起吊钢筋或吊钩，以便吊曳引机和运送重物。在机房地板适当位置设置一个起吊孔，平时钢板盖保证人员安全行走
机房通风与保温		机房温度应保持+5℃~+40℃，机房须保持良好的通风以便于散热。严寒地区机房应有保温防寒措施，风沙严重地区应有避风防尘措施
下机房设置		当机房出屋面受限制时，可以将机房放在底层或中间层，称为下机房，其土建要求同上机房。下机房的受力状态与上机房相反，机座不是受压而是受拉，要能够抗倾覆。下机房电梯并不常用，属于非标准电梯，必须与生产厂家落实以后方可采用

底坑设计要求 表2

基坑紧急出口		当坑底以上无停站时（≥11m）应设紧急出口，要有足够高度，人能屈身进入。在对重下方的井道坑底应坐落在地面上
悬空基坑设置		假如底坑不落地，其下部的空间人能通过时，则在地面和底坑之间，根据负荷在对重下方设置立柱。否则对重必须采用安全钳
基坑安全梯		当底坑深度达到2.5m时，设计应对每部电梯提供与底坑高度相适配的安全梯。此安全梯位置应不影响电梯轿厢及对重的运行
基坑安全入口		当底坑深度达到2.5m时，设计应对每部电梯提供能上锁的入口代替安全梯。该入口应设外开门，此门要严密、防火
基坑防水要求		当底坑周围土壤潮湿或处于地下水位以下时，必须有防水措施，但防水做法不能影响底坑的最小尺寸，并为安装导轨、缓冲器提供条件

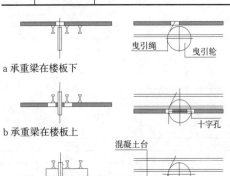

a 承重梁在楼板下

b 承重梁在楼板上

c 承重梁架空在楼板上

1 机房地面承重梁安装形式

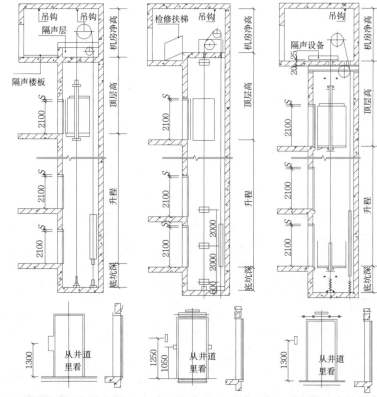

a 顶部有滑轮间的井道　　b 顶层高度小于井道冲顶高度　　c 顶层高度满足要求

2 电梯井道剖面及预留门口形式

井道门口尺寸（单位：mm） 表3

开门形式	厢门宽度（OP）	井道预留门口宽度（CW）		门滑道长（SI）
		直角门套	坡脚门套	
中分门	700	800	850	1550
	800	900	950	1750
	900	1000	1050	1950
	1000	1100	1150	2150
	1100	1200	1250	2350
	1200	1300	1350	2550
双折门	800	900	950	1410
	900	1000	1050	1560
	1000	1100	1150	1710
	1100	1200	1250	1860
	1200	1300	1350	2010

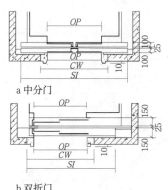

a 中分门

b 双折门

3 开门方式及门口尺寸

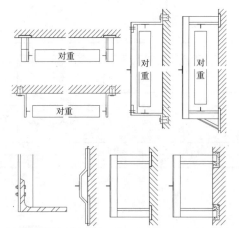

4 导轨撑架固定形式

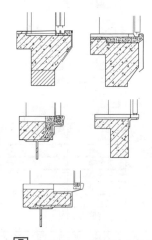

5 厅门牛腿、地坎做法形式

消防电梯设计要求

建筑高度大于33m的住宅建筑、一类高层公共建筑、建筑高度大于32m的二类高层公共建筑、设置消防电梯的建筑的地下或半地下室、埋深大于10m且总建筑面积大于3000m²的其他地下或半地下建筑(室),均应设置符合数量和技术要求的消防电梯。

消防电梯应分别设置在不同防火分区内,且每个防火分区不应少于1台。相邻两个防火分区可共用1台消防电梯。

建筑高度大于32m且设置电梯的高层厂房(仓库),每个防火分区内宜设置1台消防电梯,但符合下列条件的建筑可不设置消防电梯(《建筑设计防火规范》GB50016-2014 7.3.3):

1. 建筑高度大于32m且设置电梯,任一层工作平台上的人数不超过2人的高层塔架;

2. 局部建筑高度大于32m,且局部高出部分的每层建筑面积不大于50m²的丁、戊类厂房。

符合消防电梯要求的客梯或者货梯可兼作消防电梯。

消防电梯前室设计要求

除设置在仓库连廊、冷库穿堂或谷物筒仓工作塔内的消防电梯外,消防电梯应设置前室,并应符合《建筑设计防火规范》GB 50016-2014中7.3.5的规定:

1. 前室宜靠外墙设置,并应在首层直通室外或经过长度不大于30m的通道通向室外;

2. 前室的使用面积不应小于6.0m²;

3. 除前室的出入口、前室内设置的正压送风口外,前室内不应开设其他门、窗、洞口;

4. 前室或合用前室的门应采用乙级防火门,不应设置卷帘。

消防电梯井道、机箱、轿厢防火设计要求

消防电梯井道、机箱、轿厢防火设计应满足以下要求:

1. 消防电梯井、机房与相邻电梯井、机房之间应设置耐火极限不低于2.00h的防火隔墙,隔墙上的门应采用甲级防火门;

2. 消防电梯的境地因设置排水设施,排水井的容量不应小于2m³,排水泵的排水量不应小于10L/s,消防电梯间前室的门口宜设置挡水设施;

3. 消防电梯轿厢的载重应考虑8~10名消防队员的重量,最低不应小于800kg,其净面积不应小于1.4m²;

4. 消防电梯轿厢的进入口宽度不应小于800mm;

5. 消防电梯轿厢的内部装修应采用不燃烧材料。

消防电梯其他防火设计要求

消防电梯还应满足《建筑设计防火规范》GB 50016-2014中7.3.8的规定:

1. 应能每层停靠;

2. 电梯的载重量不应小于800kg;

3. 消防电梯从消防员入口层到顶层的运行时间不宜超过60s,运行时间从消防电梯轿门关闭时开始计算;

4. 电梯动力与控制电缆、电线、控制面板应采取防水措施;

5. 在首层消防电梯入口处设置供消防队员专用的操作按钮;

6. 电梯轿厢内部装修应采用不燃材料;

7. 电梯轿厢内部应设置专用消防对讲电话。

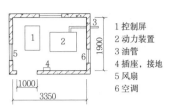

1 控制屏
2 动力装置
3 油管
4 插座,接地
5 风扇
6 空调

a 机房平面 [机房高2300(2500)]

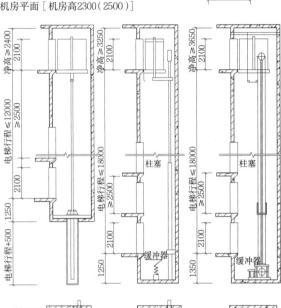

b 井道剖面及平面

1 液压电梯的机房及井道形式

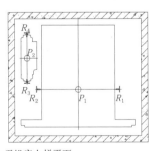

a 无机房电梯平面一

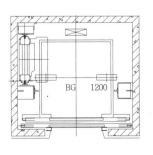

b 无机房电梯平面二

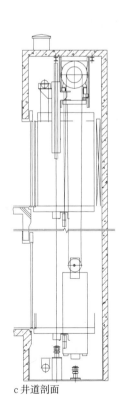

c 井道剖面

2 无机房电梯平面及井道形式

5
建筑构造

概述

自动扶梯是带有循环运行梯级,用于向上或向下倾斜输送乘客的固定电力驱动设备,具有运输能力强、乘坐舒适、节省空间、能耗低、易于安装和维修等优点,主要用于购物中心、超市、机场、火车站以及办公大楼等两个层面间连续运送乘客。

选型参数

1. 驱动方式:链条式(端部链条驱动),当驱动负荷大时需要单设机房;齿条式(中间齿条驱动),层高每增加4m需再增设一级驱动。

2. 提升高度:室内扶梯最低3.0m,一般5~7m,最高达11m左右;室外扶梯最低3.5~8m,一般25m以下,最高达65m左右。

自动扶梯主要技术参数   表1

广义梯级宽度(mm)	提升高度(m)	倾斜角(°)	额定速度(m/s)	理论运送能力(人/h)	电源
600、800	3.0~10.0	27.3 30 35	0.5、0.65、0.75	4500、6750	动力三相交流380V,50Hz,功率3.7~15kW,照明
1000、1200				9000	

注:1. 600mm宽为单人通行,800mm宽为单人携物,1000mm和1200mm为双人通行。
  2. 在乘客经常有手提物品的客流高峰场所,以选用梯级宽度1000mm为宜。
  3. 条件允许时宜优先选用倾斜角位30°及27.3°的自动扶梯。当倾斜角小于30°时,额定速度不应小于0.75m/s;当倾斜角大于30°,但小于等于35°时,额定速度为0.5m/s。
  4. 倾斜角不应大于30°,当提升高度小于等于6m,额定速度小于等于0.5m/s时,倾斜角允许增至35°,提升高度大于6m时,不应采用35°的自动扶梯。
  5. 商场自动扶梯倾角应≤30°。
  6. 扶手带距梯级前缘或踏板面的垂直距离为0.90~1.10m。

自动扶梯布置方式

自动扶梯宜上下成对布置,宜采用使上行或下行者能连续到达各层,即在各层换梯时,不宜沿梯绕行,以方便使用者,并减少人流拥挤现象。自动扶梯的集中布置形式,见表2。

自动扶梯布置方式   表2

并列排列式		楼层交通乘客流动可以连续,升降两方向交通均匀分离清楚,外观豪华,安装面积大
平行排列式		安装面积小,但楼层交通不连续
串联排列式		楼层交通乘客流动可以连续
交叉排列式	乘客流动升降两方向均连续,且搭乘场距离远,升降流不会发生混乱,安装面积小	

设计要求

1. 自动扶梯及自动人行道出入口应有充分畅通的区域,其宽度不小于扶手带中心距,长度不应小于2.5m,若该区宽度增至扶手带中心距的两倍以上,则其纵深度尺寸允许减至2m。

2. 自动扶梯和自动人行道与平行墙面间、扶手与楼板开口边缘及相邻平行梯的扶手带的水平距离不应小于0.5m。

3. 自动扶梯的梯级或自动人行道的踏板或胶带上空,垂直净高度不应小于2.3m。

4. 倾斜式自动人行道距楼板开洞处净高应大于等于2.0m,出口处扶手带转向端距前面障碍物水平距离大于等于2.5m。

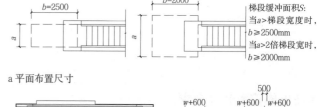

a 平面布置尺寸

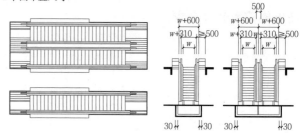

b 单台及双台并排平面   c 单台及双台并排立面

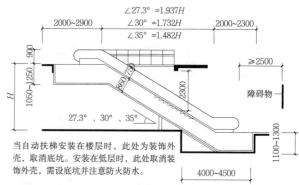

当自动扶梯安装在楼层时,此处为装饰外壳,取消底坑。安装在低层时,此处取消装饰外壳,需设底坑并注意防火防水。

d 剖面图

1 自动扶梯平面、立面及剖面示意图

防火设计要求

自动扶梯和开敞式楼梯一样,上下层应视为一个防火分区,若分属两区时应有防火卷帘等隔绝措施。设置自动扶梯的开敞空间应按防火规范要求加强防火措施。机房、楼板底和机械传动部分留设检修孔和通风口外,均应以不燃烧材料包覆。

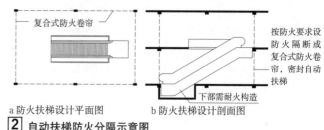

a 防火扶梯设计平面图   b 防火扶梯设计剖面图

2 自动扶梯防火分隔示意图

5 建筑构造

构配件要求

1. 扶手：特制连续耐磨胶带，有黑绿蓝红等几种颜色。

2. 栏板：一般为透明12mm厚安全玻璃，不设嵌条胶结粘牢。还有非透明的多为有支撑的层压板喷涂漆或不锈钢板。

3. 桁架侧面，底边外包层：多为钢板防锈油漆面或不锈钢板。

4. 护栏：多为不锈钢管、铜管或透明玻璃护栏。

5. 顶端护板：防止运行中在夹角处伤害乘梯人的身体。

6. 中间支承：中间要设支承点，按厂家土建要求配置。

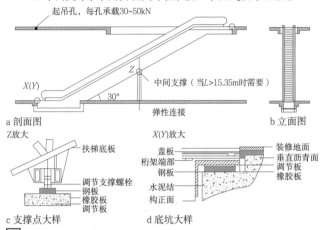

1 30°倾斜角重型自动扶梯（带中间支承）土建图

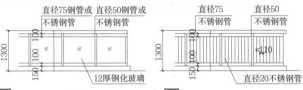

2 金属扶手玻璃栏板　　**3** 金属扶手金属栏板

弧形自动扶梯

弧形自动扶梯，梯段平面呈圆弧状，乘客随梯螺旋升降，扶梯新颖别致，曲线优美，内部构造特殊。它虽占地较多造价昂贵，但在特定环境采用时能取得较好空间效果。该扶梯输送方向由下往上看分左卷和右卷两种，可对称布置。

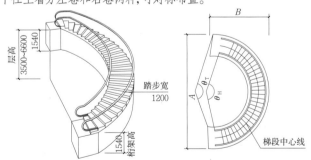

a 轴测图　　　　b 平面图（数据见表1）

4 弧形自动扶梯示意图

弧形自动扶梯参数　　　　　　　　　　　　表1

层高H	A	B	桁架弧度θ_T	扶手弧度θ_H	荷载（kg）
3500	12920	5810	118.7	102.9	27500
4200	13170	6440	133.8	118.1	29500
5000	13170	7150	151.1	135.3	32500
6000	12750	8010	172.7	156.9	35500
6600	12430	8560	185.6	169.9	37000

自动人行道

1. 定义及特点：自动人行道是带有循环运行（板式或带式）走道，用于水平或倾斜（≤12°）输送乘客的固定电力驱动设备。适用于大型交通建筑，按用途可分为商用型和公共交通型，按倾斜角度可分为水平型和倾斜型。

2. 选型参数：主要参数见表2。

自动人行道参数　　　　　　　　　　　　表2

类型	倾斜角	踏板宽度A（mm）	额定速度（m/s）	理论运输能力（人/h）	提升速度（m/s）	电源
水平型	0～4	800, 1000, 1200	0.50, 0.65	9000, 11250, 13500	2.2~6.0	动力三相交流380V, 50Hz, 功率3.7～15kW照明220V, 50Hz
倾斜型	10, 11, 12	800, 1000	0.75, 0.90	6750, 9000		

3. 设计要求

（1）自动人行道出入口畅通区的宽度至少等于扶手带中心线之间的距离，且不应小于2.5m。如该区宽度增至扶手带中心的两倍以上，则其纵深尺寸允许减少至2.0m。

（2）每一扶手装置的顶部应装有运行的扶手带，其运行方向应与梯级、踏板或胶带相同。扶手带的运行速度相对于梯级、踏板或胶带的速度允许差值为±0～+2%。

（3）地沟排水：在室内时按有无集水可能而设置；无论全露天或有雨棚遮挡的室外条件下，其地沟全长均需设置下水排放系统。

（4）在出入口，该延伸段的水平部分长度，自梳齿板齿根起至少为0.3m。对于倾斜式自动人行道，若出入口不设水平段，其扶手带延伸段的倾斜角允许与自动人行道的倾斜角相同。

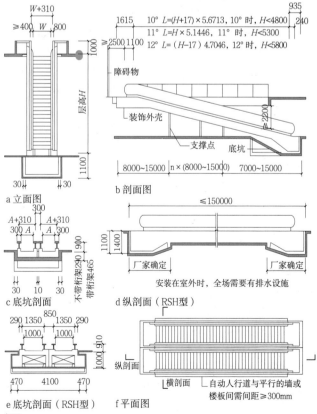

5 自动人行道平面、立面及剖面示意图

265

建筑结构与建筑空间

建筑结构是指由建筑材料做成一定空间及造型，并能够承受人为和自然界施加于建筑物的各种荷载作用，使建筑物得以安全使用的骨架。

建筑空间是人们为了满足生产或生活的需要，运用各种建筑要素及形式构成的内部空间与外部空间的统称，它包括墙、地面、屋顶、门窗等围成的建筑内部空间，以及建筑物与周围环境中的树木、山峦、水面、街道、广场等形成的建筑外部空间。

不同使用功能的建筑需要不同的建筑空间，处理好功能与空间的关系，选择合理的建筑结构形式，就形成了建筑的外形。

优秀的建筑设计是建筑空间与建筑结构的融合统一，故建筑师应将建筑方案和结构方案综合考虑、精心创造，使其相互协调。

结构分类

建筑设计中按照不同的方式将结构分为不同的类型，见表1。

结构分类　　　　　　　　　　　　　　　　　　　　表1

分类方式	结构类型
施工工艺	现场建造、预制装配、现场建造和预制装配结合
主要承重材料	生土结构、木结构、石结构、砖砌体结构、钢筋混凝土结构、钢结构、钢—钢筋混凝土结构、混合结构
承重方式	砌体结构、框架结构、框架—剪力墙结构、框支剪力墙结构、剪力墙结构、筒体结构、钢支撑—混凝土结构、悬挂结构

结构选型

结构选型是对各种建筑结构形式的结构组成、基本力学特点、适用范围以及技术经济分析、施工要求等方面的内容进行分析和研究，选取最适宜的建筑结构类型。

选择结构类型，应考虑房屋内部的空间要求和所受荷载的特点。竖向荷载要求结构有足够的抗压能力，水平荷载则要求结构有足够的抗弯、抗剪强度及刚度。所有的建筑结构都要承受竖向荷载和水平荷载，比较低矮的建筑，竖向荷载一般情况下起控制作用；高层建筑，水平荷载起主要控制作用。

建筑结构的类型和建筑材料的类型是相对独立的。每种结构类型的组成、特征、构造等是不同的，而每种结构类型有时又可由不同的材料来建造。

总之，建筑结构选型应遵循以下原则：（1）适应建筑功能的要求。（2）满足建筑造型的需要。（3）充分发挥结构自身的优势，选择能充分发挥材料性能的结构形式，以达到使结构受力更合理并节省材料的目的。（4）考虑材料和施工的条件，合理选用结构材料，充分利用结构材料的长处，避免和克服它们的短处，提倡结构形式的优选组合，采用轻质高强的结构材料。（5）尽可能降低造价。

1. 低层和多层建筑

低层和多层建筑普遍采用生土、砖、石、混凝土空心承重砌块等作为结构材料，以砌体结构最为常用。

砌体结构：由砖或砌块和砂浆砌筑而成的墙体作为建筑物竖向主要受力构件的结构。砌体结构便于就地取材，房间尺寸、空间大小和形状比较受限制，房间组合不灵活，开窗也受限制。适用于层数不多的建筑，如学校、科研楼、办公楼、医院、住宅等[1]。

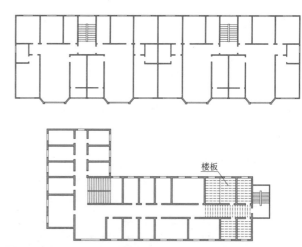

1 多层砌体房屋平面示意图

2. 高层建筑

高层建筑多采用钢筋混凝土或者钢材作为主要结构材料。在高层建筑结构初步设计阶段应综合考虑房屋的使用要求、建筑的美观性、结构合理性以及施工便利性等因素。高层建筑混凝土结构可采用框架、剪力墙、框架—剪力墙、框支剪力墙、钢支撑—混凝土结构和筒体结构、混合结构等结构体系。

框架结构特点和适用范围

框架结构是由梁和柱为主要构件组成的承受竖向和水平荷载作用的结构。特点是建筑平面的布置非常灵活，建筑立面设计受到的约束也很少。但是，它的缺点也很突出，其竖向构件的数量较少、截面积较小，导致其结构的整体抗侧刚度较差。适用于需要灵活空间的建筑，如：商场、综合楼、教学楼等[2]。

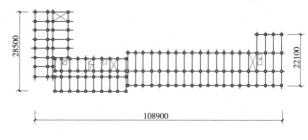

a 平面图

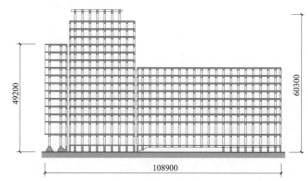

b 剖面图

2 框架结构实例平面及剖面示意图

剪力墙结构特点和适用范围

剪力墙结构是由剪力墙组成的承受竖向和水平荷载作用的结构。在水平荷载作用下，这些墙体主要工作状态是受剪和受弯，所以称为剪力墙 1 。剪力墙的侧向刚度很大，可以承受很大的水平荷载，也可以同时承受很大的竖向荷载，但是建筑的平面限制比较多，适用于较小开间的高层居住建筑、公共建筑，如旅馆客房部分、办公楼等。

a 轴剖图

b 平面图

1 剪力墙结构示意图

框架—剪力墙结构特点和适用范围

框架—剪力墙结构是由框架和剪力墙共同承受竖向和水平荷载作用的结构，即在完整的柱、梁、板形成的框架结构基础上，在框架的某些柱间布置剪力墙，并使剪力墙和框架互相取长补短、协同工作的结构类型 2 。框架—剪力墙是综合了框架和剪力墙两种结构类型的优势，承载能力较大，抗侧弯刚度易满足空间要求，而建筑布置又较为灵活的结构体系。其适用于需要灵活空间的高层建筑，如高层的教学办公楼、科研楼、商场等。

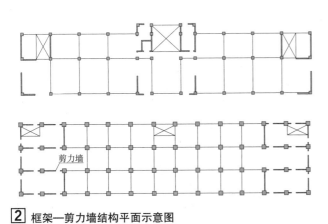

2 框架—剪力墙结构平面示意图

筒体结构特点和适用范围

筒体结构由竖向筒体为主组成的承受竖向和水平荷载作用的建筑结构。筒体结构的筒体分为由剪力墙围成的薄壁筒和由密柱框架或壁式框架围成的框筒等，具有很好的空间刚度、很高的抗侧弯能力和抗震能力 3 ~ 6 ，适用于各种不同类型的超高层建筑。

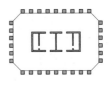

a 方形内筒外框 b 方形外筒内框 c 矩形内筒外框架

d 圆形筒中筒 e 三角形内筒外剪力墙 f 多边形筒中筒

3 筒体结构平面示意图

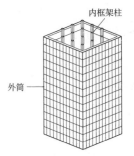

a 框架—核心筒结构示意图一 b 框架—核心筒结构示意图二

4 框架—核心筒结构与框筒结构示意图

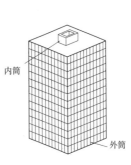
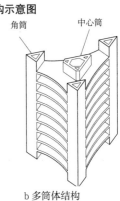

a 筒中筒结构 b 多筒体结构

5 筒中筒与多筒体结构示意图

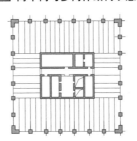
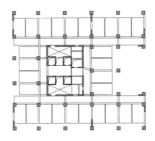

6 筒体结构平面示意图

6
建筑结构

荷载的分类

荷载的分类　　　　　　　　　　　　　　　　　　　　　表1

荷载种类	定义	举例
永久荷载	在结构使用期间，其值不随时间变化，或其变化与平均值相比可以忽略不计，或其变化是单调的并能趋于限值的荷载	结构构件、围护构件、面层及装饰、固定设备、长期储物的自重、土压力、水压力等
可变荷载	在结构使用期间，其值随时间变化，且其变化与平均值相比不可以忽略不计的荷载	楼面活荷载、屋面活荷载和积灰荷载、吊车荷载、风荷载、雪荷载、温度作用等
偶然荷载	在结构使用期间不一定出现，而一旦出现，其量值很大且持续时间很短的荷载	爆炸力、撞击力等

荷载代表值

建筑结构设计时，对不同荷载应采用不同的代表值（表2）。

对永久荷载应采用标准值作为代表值；对可变荷载应根据设计要求采用标准值、组合值、频遇值或准永久值作为代表值；对偶然荷载应按建筑结构使用的特点确定其代表值。

各类荷载代表值　　　　　　　　　　　　　　　　　　　表2

荷载种类	代表值	取值
永久荷载	标准值	按结构构件的设计尺寸与材料单位体积的自重计算确定
可变荷载	标准值	按《建筑结构荷载规范》GB 50009的规定采用
	组合值	可变荷载标准值乘以荷载组合值系数
	频遇值	可变荷载标准值乘以荷载频遇值系数
	准永久值	可变荷载标准值乘以荷载准永久值系数
偶然荷载		应按建筑结构使用的特点确定其代表值

荷载设计值

荷载设计值是荷载代表值与荷载分项系数的乘积。

荷载组合

建筑结构设计应根据使用过程中在结构上可能同时出现的荷载，按承载能力极限状态和正常使用极限状态分别进行荷载组合，并应取各自的最不利的组合进行设计。

承载能力极限状态是结构的内力超过其承载能力。

正常使用极限状态是结构的变形、裂缝，振动参数超过设计允许的限值。荷载组合方法见《建筑结构荷载规范》GB 50009的有关规定。

不上人的屋面均布活荷载，可不与雪荷载和风荷载同时组合。

积灰荷载应与雪荷载或不上人的屋面均布荷载两者中的较大值同时考虑。

楼面和屋面活荷载

屋面均布活荷载　　　　　　　　　　　　　　　　　　　表3

类别	标准值(kN/m²)	组合值系数ψ_c	频遇值系数ψ_f	准永久值系数ψ_q
不上人的屋面	0.5	0.7	0.5	0
上人的屋面	2.0	0.7	0.5	0.4
屋顶花园	3.0	0.7	0.6	0.5
屋顶运动场	3.0	0.7	0.6	0.4

注：1. 不上人的屋面，当施工或维修荷载较大时，应按实际情况采用；对不同类型的结构应按有关设计规范的规定采用，但不得低于0.3kN/m²。
2. 当上人的屋面兼作其他用途时，应按相应楼面活荷载采用。
3. 对于因屋面排水不畅、堵塞等引起的积水荷载，应采用构造措施加以防止；必要时，应按积水的可能深度确定屋面活荷载。
4. 屋顶花园活荷载不包括花圃土石等材料自重。

屋面直升机停机坪荷载　　　　　　　　　　　　　　　　表4

直升机类型	最大起飞重量(t)	局部荷载标准值(kN)	作用面积（m²）
轻型	2	20	0.20×0.20
中型	4	40	0.25×0.25
重型	6	60	0.30×0.30

注：1. 停机坪的等效均布荷载标准值不应低于5.0kN/m²。
2. 停机坪荷载的组合值系数取0.7，频遇值系数取0.6，准永久值系数取0。

民用建筑楼面均布活荷载　　　　　　　　　　　　　　　表5

项次	类别		标准值(kN/m²)	组合值系数ψ_c	频遇值系数ψ_f	准永久值系数ψ_q
1	住宅、宿舍、旅馆、办公楼、医院病房、托儿所、幼儿园		2.0	0.7	0.5	0.4
2	试验室、阅览室、会议室、医院门诊室		2.0	0.7	0.6	0.5
	教室、食堂、餐厅、一般资料档案室		2.5	0.7	0.6	0.5
3	礼堂、剧场、影院、有固定座位的看台		3.0	0.7	0.5	0.3
	公共洗衣房		3.0	0.7	0.6	0.5
4	商店、展览厅、车站、港口、机场大厅及其旅客等候室		3.5	0.7	0.6	0.5
	无固定座位的看台		3.5	0.7	0.5	0.3
5	健身房、演出舞台		4.0	0.7	0.6	0.5
	运动场、舞厅		4.0	0.7	0.6	0.3
6	书库、档案库、贮藏室		5.0	0.9	0.9	0.8
	密集柜书库		12.0	0.9	0.9	0.8
7	通风机房、电梯机房		7.0	0.9	0.9	0.8
8	汽车通道及客车停车库	单向板楼盖（板跨不小于2m）和双向板楼盖（板跨不小于3m×3m）　客车	4.0	0.7	0.7	0.6
		消防车	35.0	0.7	0.7	0
		双向板楼盖（板跨不小于6m×6m）和无梁楼盖（柱网不小于6m×6m）　客车	2.5	0.7	0.7	0.6
		消防车	20.0	0.7	0.6	0
9	厨房　餐厅		4.0	0.7	0.7	0.7
	其他		2.0	0.7	0.6	0.5
10	浴室、卫生间、盥洗室		2.5	0.7	0.6	0.5
11	走廊、门厅	宿舍、旅馆、医院病房、托儿所、幼儿园、住宅	2.0	0.7	0.5	0.4
		办公楼、餐厅、医院门诊部	2.5	0.7	0.6	0.5
		教学楼及其他可能出现人员密集的情况	3.5	0.7	0.5	0.3
12	楼梯	多层住宅	2.0	0.7	0.5	0.4
		其他	3.5	0.7	0.5	0.3
13	阳台	可能出现人员密集的情况	3.5	0.7	0.6	0.5
		其他	2.5	0.7	0.6	0.5

注：1. 本表所给各项活荷载适用于一般使用条件，当使用荷载较大、有特殊要求时，应按实际情况采用。
2. 第6项当书架高度大于2m时，书库活荷载尚应按每米书架高度不小于2.5kN/m²确定。
3. 第8项中的客车活荷载仅适用于停放载人少于9人的客车；消防车活荷载适用于满载总重为300kN的大型车辆；当不符合本表的要求时，应将车轮的局部荷载按结构效应的等效原则，换算为等效均布荷载。
4. 第8项消防车活荷载，当双向板楼盖板跨介于3m×3m和6m×6m之间时，应按跨度线性插值确定。
5. 第12项楼梯活荷载，对预制楼梯踏步平板，尚应按1.5kN集中荷载验算。
6. 本表各项荷载不包括隔墙自重和二次装修荷载。对固定隔墙的自重应按永久荷载考虑；当隔墙位置可灵活自由布置时，非固定隔墙的自重应取不小于1/3的每延米长墙重(kN/m)作为楼面活荷载的附加值(kN/m²)计入，且附加值不应小于1.0kN/m²。

工业建筑楼面活荷载　　　　　　　　　　　　　　　　　表6

位置	活荷载标准值（kN/m²）
有设备区域	可按实际情况，可按《建筑结构荷载规范》GB 50009的相关规定采用
无设备区域	2.0
车间楼梯、参观走廊	可按实际情况，但不宜小于3.5

施工和检修荷载及栏杆活荷载　　　　　　　　　　　　　表7

类别		标准值
施工或检修集中荷载（kN）	屋面板、檩条、钢筋混凝土挑檐、悬挑雨篷和预制小梁	≥1.0
栏杆活荷载（kN/m）	住宅、宿舍、办公楼、旅馆、医院、托儿所、幼儿园栏杆顶部的水平荷载	1.0
	学校、食堂、剧场、电影院、车站、礼堂、展览馆或体育场栏杆顶部的水平荷载/竖向荷载	1.0/1.2

注：1. 当计算挑檐、悬挑雨篷承载力时，应沿板宽每隔1.0m取一个集中荷载；在验算挑檐、悬挑雨篷倾覆时，应沿板宽每隔2.5~3.0m取一个集中荷载。
2. 对于轻型构件或较宽构件，应按实际情况验算，或采用加垫板、支撑等临时设施。
3. 施工荷载、检修荷载及栏杆活荷载的组合值系数取0.7，频遇值系数取0.5，准永久值系数取0。

楼面和屋面活荷载

厂房屋面积灰荷载　　表1

项次	类别	标准值(kN/m²) 屋面无挡风板	屋面有挡风板 挡风板内	挡风板外	组合值系数ψ_c	频遇值系数ψ_f	准永久值系数ψ_q
1	机械厂铸造车间（冲天炉）	0.50	0.75	0.30			
2	炼钢车间（氧气转炉）	—	0.75	0.30			
3	锰、铬铁合金车间	0.75	1.00	0.30			
4	硅、钨铁合金车间	0.30	0.50	0.30			
5	烧结室、一次混合室	0.50	1.00	0.20	0.9	0.9	0.8
6	烧结厂通廊及其他车间	0.30	—	—			
7	水泥厂有灰源车间（窑房、磨房、联合贮库、烘干房、破碎房）	1.00	—	—			
8	水泥厂无灰源车间（空气压缩机站、机修间、材料库、配电站）	0.50	—	—			

注：1. 表中的积灰均布荷载，仅应用于屋面坡度α≤25°；当α>45°时，可不考虑积灰荷载；当25°<α≤45°时，可按插入法取值。
　　2. 清灰设施的荷载另行考虑。
　　3. 对1~4项的积灰荷载，仅应用于距烟囱中心20m半径范围内的屋面；当邻近建筑在该范围内时，其积灰荷载对第1、3、4项应按车间屋面无挡风板的采用，对第2项应按车间屋面挡风板外的采用。

高炉临近建筑的屋面积灰荷载　　表2

高炉容积（m³）	标准值(kN/m²) 屋面离高炉距离(m) ≤50	100	200	组合值系数ψ_c	频遇值系数ψ_f	准永久值系数ψ_q
<255	0.50	—	—			
255~620	0.75	0.30	—	1.0	1.0	1.0
>620	1.00	0.50	0.30			

注：1. 表1中的注1和注2也适用本表。
　　2. 当邻近建筑屋面离高炉距离为表内中间值时，可按插入法取值。

常用材料和构件的自重

常用材料和构件的自重（单位：kN/m²）

对于屋面易形成灰堆处，积灰荷载标准值宜乘以下列增大系数：
　　1. 在高低跨处2倍于屋面高差但不大于6.0m的分布宽度内取2.0；
　　2. 在天沟处不大于3.0m的分布宽度内取1.4。

动力系数　　表3

类别	动力系数
搬运和装卸重物、车辆起动和刹车	1.1~1.3
屋面上，具有液压轮胎起落架的直升机	1.4

注：动力荷载只传至楼板和梁；在有充分依据时，结构动力计算可将重物或设备的自重乘以动力系数后，按静力计算方法设计。

吊车荷载

吊车的竖向和水平荷载　　表4

类别	取值
竖向荷载标准值	吊车的最大轮压或最小轮压
纵向水平荷载标准值	作用在一边轨道上所有刹车轮的最大轮压之和的10%
横向水平荷载标准值　软钩吊车	12%（额定起重量≤10t时）×10%（额定起重量16~50t时）×g，8%（额定起重量≥75t时）（横行小车重量+额定起重量）
横向水平荷载标准值　硬钩吊车	（横行小车重量+额定起重量）×20%

注：g为重力加速度。

多台吊车的荷载折减系数　　表5

参与组合的吊车台数	吊车工作级别 A1~A5	A6~A8
2	0.90	0.95
3	0.85	0.90
4	0.80	0.85

吊车荷载的组合值系数、频遇值系数及准永久值系数　　表6

吊车工作级别	组合值系数ψ_c	频遇值系数ψ_f	准永久值系数ψ_q
软钩吊车　工作级别A1~A3	0.70	0.60	0.50
软钩吊车　工作级别A4~A5	0.70	0.70	0.60
软钩吊车　工作级别A6~A7	0.70	0.70	0.70
硬钩吊车及工作级别A8的软钩吊车	0.95	0.95	0.95

常用材料和构件的自重（单位：kN/m²）　　表7

种类	名称	自重	备注	种类	名称	自重	备注
*木材	普通木板条、椽檩木料	5.0	随含水率而不同	*砌块	陶粒空心砌块	6.0	390mm×290mm×190mm
	锯末	2.0~2.5	加防腐剂时为3.0		粉煤灰轻渣空心砌块	7.0~8.0	390mm×190mm×190mm，390mm×240mm×190mm
	木丝板	4.0~5.0			蒸压粉煤灰加气混凝土砌块	5.5	
	软木板	2.5			混凝土空心小砌块	11.8	390mm×190mm×190mm
	刨花板	6.0			碎砖	12.0	堆置
胶合板材	胶合三夹板（杨木）	0.019			水泥花砖	19.8	200mm×200mm×24mm（1042块/m³）
	胶合三夹板（椴木）	0.022			瓷面砖	17.8	150mm×150mm×8mm（5556块/m³）
	胶合三夹板（水曲柳）	0.028			陶瓷马赛克	0.12kN/m²	厚5mm
	胶合五夹板（杨木）	0.030		*石灰、水泥、灰浆及混凝土	生石灰粉	12.0	堆置；φ=35°
	胶合五夹板（椴木）	0.034			熟石灰膏	13.5	
	胶合五夹板（水曲柳）	0.040			石灰砂浆、混合砂浆	17.0	
	甘蔗板（按10mm厚计）	0.030	常用厚度为13、15、19、25mm		灰土	17.5	石灰：土=3：7，夯实
	隔声板（按10mm厚计）	0.030	常用厚度为13、20mm		稻草石灰泥、纸筋石灰泥	16.0	
	木屑板（按10mm厚计）	0.120	常用厚度为6、10mm		石灰锯末	3.4	石灰：锯末=1：3
*土、砂、砂砾、岩石	腐殖土	15.0~16.0	干φ=40°，湿φ=35°，很湿φ=25°		石灰三合土	17.5	石灰、砂子、卵石
	黏土	18.0	湿，φ=35°，压实		水泥	14.5	散装，φ=30°
	砂土	14.0~17.0	干，细砂~粗砂		水泥砂浆	20.0	
	卵石	16.0~18.0	干		膨胀珍珠岩砂浆	7.0~15.0	
	砂夹卵石	18.9~19.2	湿		石膏砂浆	12.0	
	花岗石、大理石	28.0			碎砖混凝土	18.5	
	石灰石	26.4			素混凝土	22.0~24.0	振捣或不振捣
	玄武石	29.5			矿渣混凝土	20.0	
	碎石子	14.0~15.0	堆置		焦渣混凝土	16.0~17.0	承重用
	岩粉	16.0	黏土质或石灰质的		焦渣混凝土	10.0~14.0	填充用
*砖	普通砖	18.0	240mm×115mm×53mm（684块/m³）		铁屑混凝土	28.0~65.0	
	普通砖	19.0	机器制		浮石混凝土	9.0~14.0	
	缸砖	21.0~21.5	230mm×110mm×65mm（609块/m³）		沥青混凝土	20.0	
	耐火砖	19.0~22.0	230mm×110mm×65mm（609块/m³）		泡沫混凝土	4.0~6.0	
	耐酸瓷砖	23.0~25.0	230mm×113mm×65mm（590块/m³）		加气混凝土	5.5~7.5	单块
	灰砂砖	18.0	砂：白灰=92：8		石灰粉煤灰加气混凝土	6.0~6.5	
	煤渣砖	17.0~18.5			钢筋混凝土	24.0~25.0	
	矿渣砖	18.5	硬矿渣：烟灰：石灰=75：15：10		碎砖钢筋混凝土	20.0	
	焦渣空心砖	10.0	290mm×290mm×140mm（85块/m³）		钢丝网水泥	25.0	用于承重结构
	水泥空心砖	10.3	300mm×250mm×110mm（121块/m³）		水玻璃耐酸混凝土	20.0~23.5	
	蒸压粉煤灰砖	14.0~16.0	干重度		粉煤灰陶砾混凝土	19.5	

注：有*号者单位为kN/m³。

常用材料和构件的自重（单位：kN/m³）　　　　　　　　　　　　　　　　　　　　　　　　　续表

种类	名称	自重	备注
*杂项	普通玻璃	25.6	
	钢丝玻璃	26.0	
	泡沫玻璃	3.0~5.0	
	玻璃棉	0.5~1.0	作绝缘层填充料用
	岩棉	0.5~2.5	
	沥青玻璃棉	0.8~1.0	导热系数0.035~0.047[W/(m·K)]
	玻璃棉板（管套）	1.0~1.5	导热系数0.035~0.047[W/(m·K)]
	玻璃钢	14.0~22.0	
	矿渣棉	1.2~1.5	松散，导热系数0.031~0.044[W/(m·K)]
	矿渣棉制品（板、砖、管）	3.5~4.0	导热系数0.047~0.07[W/(m·K)]
	沥青矿渣棉	1.2~1.6	导热系数0.041~0.052[W/(m·K)]
	膨胀珍珠岩粉料	0.8~2.5	干，松散，导热系数0.052~0.076[W/(m·K)]
	膨胀蛭石	0.8~2.0	导热系数0.052~0.07[W/(m·K)]
	沥青蛭石制品	3.5~4.5	导热系数0.081~0.105[W/(m·K)]
	水泥蛭石制品	4.0~6.0	导热系数0.093~0.14[W/(m·K)]
	聚氯乙烯板（管）	13.6~16.0	
	聚苯乙烯泡沫塑料	0.5	导热系数不大于0.035[W/(m·K)]
	石棉板	13.0	含水率不大于3%
	乳化沥青	9.8~10.5	
	建筑碎料（建筑垃圾）	15.0	
*砌体	浆砌细方石	26.4	方岗石，方整石块
	浆砌细方石	25.6	石灰石
	浆砌细方石	22.4	砂岩
	浆砌毛方石	24.8	花岗石，上下面大致平整
	浆砌毛方石	24.0	石灰石
	浆砌毛方石	20.8	砂岩
	干砌毛石	20.8	花岗石，上下面大致平整
	干砌毛石	20.0	石灰石
	干砌毛石	17.6	砂岩
	浆砌普通块	18.0	
	浆砌机砖	19.0	
	浆砌缸砖	21.0	
	浆砌耐火砖	22.0	
	黏土砖空斗砌体	12.5	不能承重
	黏土砖空斗砌体	15.0	能承重
	粉煤灰泡沫切块砌体	8~8.5	粉煤灰：电石渣：废石膏=74：22：4
	三合土	17.0	灰：砂：土=1：1：9~1：1：4
隔墙	双面抹灰板条隔墙	0.90	每面抹灰厚16~24mm，龙骨在内
	单面抹灰板条隔墙	0.50	灰厚16~24mm，龙骨在内
	C形轻钢龙骨隔墙	0.27,0.32	两层12mm纸面石膏板，分别为无保温层，中填岩棉保温板50mm
	C形轻钢龙骨隔墙	0.38,0.43	三层12mm纸面石膏板，分别为无保温层，中填岩棉保温板50mm
	C形轻钢龙骨隔墙	0.49,0.54	四层12mm纸面石膏板，分别为无保温层，中填岩棉保温板50mm
墙面	贴瓷砖墙面	0.50	包括水泥砂浆打底，共厚25mm
	水泥粉刷墙面	0.36	20mm厚，水泥粗砂
	水磨石墙面	0.55	25mm厚，包括打底
	水刷石墙面	0.50	25mm厚，包括打底
	石灰粗砂粉刷	0.34	20mm厚
	剁假石墙面	0.50	25mm厚，包括打底
	外墙拉毛墙面	0.70	包括25mm水泥砂浆打底
屋架	木屋架	0.07+0.007l	按屋面水平投影面积计算，跨度l以m计
	钢屋架	0.12+0.011l	无天窗，包括支撑，按屋面水平投影面积计算，跨度l以m计
门窗	木框玻璃窗	0.20~0.30	
	钢框玻璃窗	0.40~0.45	
	木门	0.10~0.20	
	钢铁门	0.40~0.45	
屋顶	黏土平瓦屋面	0.55	按实际面积计算，下同
	水泥平瓦屋面	0.50~0.55	
	小青瓦屋面	0.90~1.10	
	冷摊瓦屋面		
	石板瓦屋面	0.46,0.71,0.96	厚分别为6.3mm、9.5mm、12.1mm
	石棉板瓦	0.18	仅瓦自重
	波形石棉瓦	0.20	1820mm×725mm×8mm
	镀锌薄钢板	0.05	24号
	瓦楞铁	0.05	26号
	彩色钢板波形瓦	0.12~0.13	0.6mm厚彩色钢板

种类	名称	自重	备注
屋顶	拱形彩色钢板屋面	0.30	包括保温及灯具重0.15kN/m²
	有机玻璃屋面	0.06	厚1.0mm
	玻璃屋顶	0.30	9.5mm夹丝玻璃，框架自重在内
	玻璃砖顶	0.65	框架自重在内
	油毡防水层（包括改性沥青防水卷材）	0.05	一层油毡刷油两遍
		0.25~0.30	四层做法，一毡二油上铺小石子
		0.30~0.35	六层做法，二毡三油上铺小石子
		0.35~0.40	八层做法，三毡四油上铺小石子
	屋顶天窗	0.35~0.40	9.5mm夹丝玻璃，框架自重在内
顶棚	钢丝网抹灰吊顶	0.45	
	麻刀灰板条顶棚	0.45	吊木在内，平均灰厚20mm
	苇箔抹灰顶棚	0.48	吊木龙骨在内
	松木板顶棚	0.25	吊木在内
	三夹板顶棚	0.18	吊木在内
	木丝板顶棚	0.26	厚25mm，吊木及盖缝条在内
	木丝板吊顶棚	0.29	厚30mm，吊木及盖缝条在内
	隔声板顶棚	0.17	厚10mm，吊木及盖缝条在内
	隔声纸板顶棚	0.18	厚13mm，吊木及盖缝条在内
	隔声纸板顶棚	0.20	厚20mm，吊木及盖缝条在内
	V形轻钢龙骨吊顶	0.12、0.17	一层9mm纸面石膏板，分别为无保温层，有厚50mm岩棉保温层
		0.20、0.25	二层9mm纸面石膏板，分别为无保温层，有厚50mm岩棉保温层
	V形轻钢龙骨及铝合金龙骨吊顶	0.10~0.12	一层矿棉吸声板厚15mm，无保温层
	顶棚上铺焦渣锯末绝缘层	0.20	厚50mm焦渣，锯末按1：5混合
地面	地板格栅	0.20	仅格栅自重
	硬木地板	0.20	厚25mm，剪刀撑、钉子等自重在内，不包括格栅自重
	松木地板	0.18	
	小磁砖地面	0.55	包括水泥粗砂打底
	水泥花砖地面	0.60	砖厚25mm，包括水泥粗砂打底
	水磨石地面	0.65	10mm面层，20mm水泥砂浆打底
	木块地面	0.70	加防腐油膏铺砌厚76mm
	菱苦土地面	0.28	厚20mm
	铸铁地面	4.00~5.00	60mm碎石垫层，60mm面层
	缸砖地面	1.70~2.10	60mm砂垫层，53mm面层，平铺
	缸砖地面	3.30	60mm砂垫层，115mm面层，侧铺
	黑砖地面	1.50	砂垫层，平铺
建筑用压型钢板	单波形 V-300（S-30）	0.120	波高173mm，板厚0.8mm
	双波形 W-500	0.110	波高130mm，板厚0.8mm
	三波形 V-200	0.135	波高70mm，板厚1mm
	多波形 V-125	0.065	波高35mm，板厚0.6mm
	多波形 V-115	0.079	波高35mm，板厚0.6mm
建筑墙板	彩色钢板金属幕墙板	0.11	两层，彩色钢板厚0.6mm，聚苯乙烯芯材厚25mm
	金属绝热材料（聚氨酯）复合板	0.14	板厚40mm，钢板厚0.6mm
		0.15	板厚60mm，钢板厚0.6mm
		0.16	板厚80mm，钢板厚0.6mm
	彩色钢板夹聚苯乙烯保温板	0.12~0.15	两层，彩色钢板厚0.6mm，聚苯乙烯芯材厚50~250mm
	彩色钢板岩棉夹心板	0.24	板厚100mm，两层彩色钢板，Z形龙骨岩棉芯材
		0.25	板厚120mm，两层彩色钢板，Z形龙骨岩棉芯材
	GRC增强水泥聚苯复合保温板	1.13	
	GRC空心隔墙板	0.30	长2400~2800mm，宽600，厚60mm
	GRC内隔墙板	0.35	长2400~2800mm，宽600，厚60mm
	轻质GRC保温板	0.14	3000mm×600mm×60mm
	轻质GRC空心隔墙板	0.17	3000mm×600mm×60mm
	轻质大型墙板（太空板系列）	0.70~0.90	6000mm×1500mm×120mm高强水泥发泡芯材
	轻质条形墙板（太空板系列） 厚80mm	0.40	标准规格3000mm×1000（1200、1500）mm高强水泥发泡
	厚100mm	0.45	芯材按不同檩距和荷载配有不同钢骨架及冷拔钢丝网
	厚120mm	0.50	
	GRC墙板	0.11	厚10mm
	钢丝网岩棉夹芯复合板（GY板）	0.11	岩棉芯材厚50mm，双面钢丝网水泥砂浆各厚25mm
	硅酸钙板	0.08、0.10、0.12	板厚分别为6mm、8mm、10mm
	泰柏板	0.95	板厚100mm，钢丝网片夹聚苯乙烯保温层，每面抹水泥砂浆厚20mm
	蜂窝复合板	0.14	厚75mm
	石膏珍珠岩空心条板	0.45	长2500~3000mm，宽600，厚60mm
	加强型水泥石膏聚苯保温板	0.17	3000mm×600mm×60mm
	玻璃幕墙	1.00~1.50	一般可按单位面积玻璃自重增大20%~30%采用

注：有*号者单位为kN/m³。

6
建筑结构

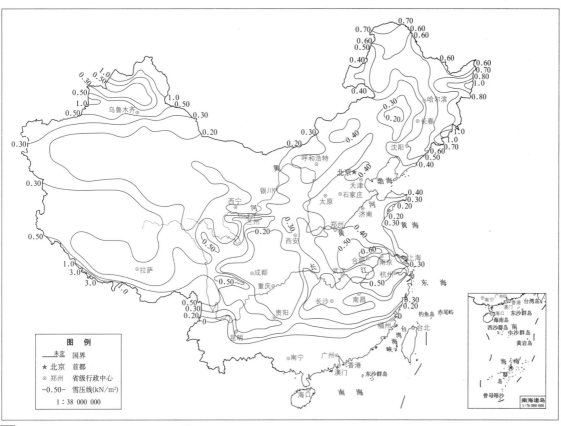

1 全国基本雪压分布图（单位：kN/m²）❶

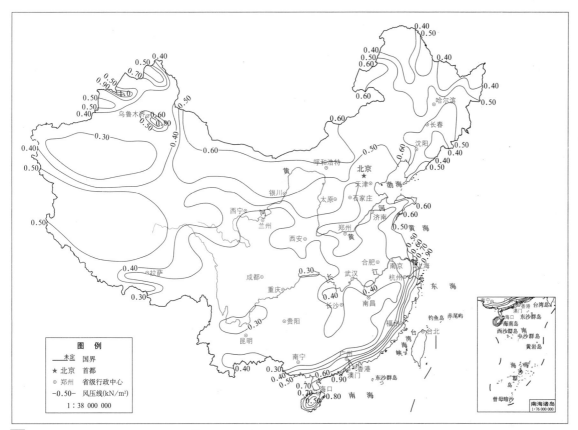

2 全国基本风压分布图（单位：kN/m²）❶

❶ 本页图摘自《建筑结构荷载规范》GB 50009-2012。底图来源：中国地图出版社编制。

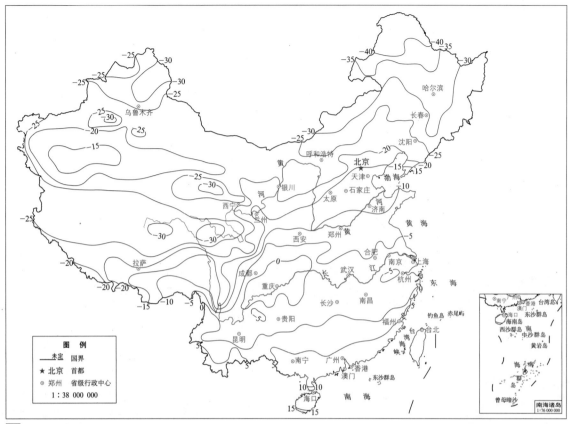

1 全国基本气温（最高气温）分布图❶

6
建筑结构

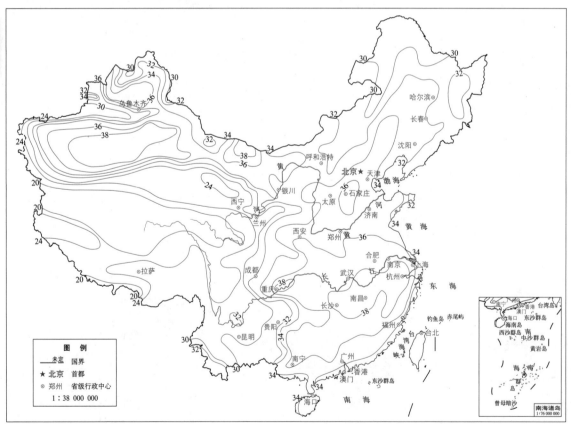

2 全国基本气温（最低气温）分布图❶

❶底图来源：中国地图出版社编制。

地基概念及分类

地基是位于建筑基础下部的土体或岩体，用于支撑基础传来的荷载，以保证建筑正常使用。地基分为人工地基和天然地基，具有足够的承载力，可直接在其上建造房屋的天然土壤称为天然地基；不能承担上部荷载，通过人工加固从而达到承载要求的土壤层称为人工地基。

人工地基处理方法（简称地基处理）

地基处理是为提高地基土的承载力，改善其变形性质而采用的人工处理地基的方法。对软弱地基、湿陷性黄土地基、膨胀性土地基和冻土地基常用的处理方法，见表1。为取得较好的经济效果，应同时考虑上部荷载、基础、地基的共同作用。

地基设计要点

1. 地基基础的设计使用年限不应低于建筑结构的设计使用年限；

2. 地基应具备足够的承载力及刚度和稳定性；

3. 地基应有均匀的变形能力，在长期荷载作用下，地基变形不至于造成承重结构的损坏，并具有足够的耐久性能；

4. 在最不利荷载作用下，地基不出现失稳现象，并能保证地基在防止整体失稳方面有足够的安全储备；

5. 地基应具有防止滑坡、倾斜的能力；

6. 地基应具有抵御地震等动力荷载的能力；

7. 同一地基内土的力学指标离散性较大，必须因地制宜优化地基设计方案。

地基处理方式及适用范围

表1

序号	名称	处理方式与适用范围		序号	名称	处理方式与适用范围	
1	换土垫层	1.挖除基础底面下一定范围内的软弱土层或不均匀土层，回填其他性能稳定、无侵蚀性、强度较高的材料，并经压实形成的垫层；2.适用于浅层软弱土层或不均匀土层地基的处理；3.垫层材料可选用：砂石、粉质黏土、灰土、粉煤灰、矿渣、工业废料、土工合成材料		6	水泥土搅拌桩复合地基	1.以水泥作为固化剂的主剂，通过特制深层搅拌机械，将固化剂和地基土强制搅拌，形成竖向增强体的复合地基；2.适用于处理正常固结的淤泥质土、淤泥质土、素填土、黏性土、粉土、粉细砂、中粗砂、饱和黄土等土层；3.不适用于含大孤石或障碍物较多且不易清除的杂填土、欠固结的淤泥质土、硬塑及坚硬的黏性土、密实的砂类土，以及地下水渗流影响成桩质量的土层	
2	振冲碎石桩	1.在振冲器水平振动和高压水的共同作用下，使松砂土层振密，或在软弱土层中成孔，然后回填碎石等粗粒料，制成密实的振冲桩，桩间土受到不同程度的挤密和振密，桩和桩间土构成复合地基；2.振冲法适用于挤密处理松散砂土、粉土、粉质黏土、素填土和杂填土等地基		7	旋喷桩复合地基	1.通过钻杆的旋转、提升，高压水泥浆由水平方向的喷嘴喷出，形成喷射流，以此切割土体并与土拌合形成水泥土竖向增强体的复合地基；2.适用于处理淤泥、淤泥质土、流塑、软塑或塑性黏性土、粉土、砂土、黄土、素填土和碎石土等地基；3.对于土中含有较多的大直径块石、大量植物根茎和高含量的有机质，以及地下水流速较大的工程，应根据现场试验的结果确定其适应性	
3	柱锤冲扩桩复合地基	1.反复将柱状重锤提高到高处使其自由落下冲击成孔，然后分层填料夯实形成扩大桩体，与桩间土组成复合地基的地基处理方法；2.适用于处理地下水位以上的杂填土、粉土、黏性土、素填土和黄土等地基；3.对地下水位以下饱和土层处理，应通过现场试验确定其适应性		8	灰土挤密桩和土挤密桩复合地基	1.利用横向挤压成孔机械成孔，使桩间土得以挤密。用灰土（素土）填入孔内分层夯实形成灰土（土）桩，并与桩间土组成的复合地基；2.灰土挤密桩、土挤密复合地基适用于处理地下水位以上的粉土、黏性土、湿陷性黄土、素填土和杂填土等地基，可处理地基的厚度宜为3~15m。当以消除地基土湿陷性为主要目的时，可选用土挤密桩；当以提高地基土承载力或增强其水平抗侧性为主要目的时，宜选用灰土挤密桩	
4	压实地基	1.压实填土地基包括压实土及下部天然土层两部分；2.压实填土可采用粉质黏土、灰土、粉煤灰土、级配良好的砂土或碎石土、性能良好的工业废料等；3.适合处理大面积填土基础		9	注浆加固	1.将水泥浆或其他化学浆液注入地基土层中，增强土颗粒间的联结，将土体强度提高、变形减少、渗透性降低的地基处理方法；2.注浆加固适用于建筑地基的局部加固处理，适用于砂土、粉土、黏性土和人工填土等地基加固；3.注浆材料可选用水泥浆液、硅化浆液和碱液等固化剂	
5	夯实地基	1.反复将夯锤提到高处使其自然落下，给地基以冲击和振动能量，将地基土密实处理或置换形成密实墩体的地基；2.夯实地基分强夯和强夯置换处理地基；3.强夯法适用于处理碎石土、砂土、低饱和度的粉土与黏性土、湿陷性黄土、素填土和杂填土等地基；4.强夯置换法适用于高饱和度的粉土与软塑～流塑的黏性土地基上对变形要求不严的工程		10	预压地基	1.在地基上进行堆载或真空预压，或联合使用堆载和真空预压，形成固结压密后的地基；2.适用于处理淤泥质土、淤泥和冲填土等饱和黏性土地基；3.真空预压适用于处理以黏性土为主的软弱地基	

概述

基础是位于建筑物下部的结构构件，并将上部结构通过墙或柱等承重构件传来的荷载传递到地基。基础按材料与受力分为无筋扩展基础和扩展基础。

地基基础设计等级

地基基础设计受地基复杂程度、建筑物规模和功能特征影响，根据地基可能造成建筑物破坏或影响正常使用的程度可分为3个设计等级，见表1。

地基基础设计等级　　　　　　　　　　　　　　　表1

设计等级	建筑和地基类型
甲级	1.重要的工业与民用建筑； 2.30层以上的高层建筑； 3.体型复杂、层数相差超过10层的高低层连成一体建筑物； 4.大面积的多层地下建筑物（如地下车库、商场、运动场等）； 5.对地基变形有特殊要求的建筑物； 6.复杂地质条件下的坡地建筑物（包括高边坡）； 7.对原有工程影响较大的新建建筑物； 8.场地和地基条件复杂的一般建筑物； 9.复杂地质条件及软土地区的二层及二层以上地下室的基坑工程； 10.开挖深度大于15m的基坑工程； 11.周边环境条件复杂、环境保护要求高的基坑工程。
乙级	1.除甲级、丙级以外的工业与民用建筑； 2.除甲级、丙级以外的基坑工程。
丙级	1.场地和地基条件简单、荷载分布均匀的7层及7层以下的民用建筑及一般工业建筑物； 2.次要的轻型建筑物； 3.非软土地区且场地地质条件简单、基坑周边环境条件简单、环境保护要求不高且开挖深度小于5.0m的基坑工程。

注：本表摘自《建筑地基基础设计规范》GB 50007—2011。

基础埋深

基础埋深是指建筑室外地面至基础底面的高度。浅基础一般埋置深度在0.5~5.0m，深基础埋深大于5.0m，基础埋深影响因素及技术措施见表2。

相邻的新旧建筑物之间的安全距离的大小主要由新建建筑物的沉降量和旧建筑物的刚度决定，新建建筑物的沉降量与地基土的压缩性、建筑物的荷载大小有关，而原有建筑物的刚度则与其结构形式、长高比以及地基土的性质有关，见表3。

基础埋深影响因素及技术措施　　　　　　　　　表2

基础埋深影响因素	技术措施
1.建筑物用途、上部荷载大小与性质	抗震设防区的高层建筑筏形基础、箱形基础埋深不宜小于建筑高度的1/15；桩箱或桩筏基础的埋深（不计桩长）不宜小于建筑高度的1/18
2.工程水文地质条件	基础宜埋置在地下水位以上；当必须埋在地下水位以下时，应采取地基土在施工时不受扰动的措施
3.相邻基础的基础埋深	相邻新建基础埋深不宜大于原有基础；当新基础埋深大于原有基础时，新旧基础应保持一定净距，其数值见表3
4.地基冻胀和融陷的影响	季节性冻胀性地区基础埋深宜大于场地冻结深度

注：本表根据《建筑地基基础设计规范》GB 50007—2011编制。

相邻建筑物基础间的净距（单位：m）　　　　　　表3

影响建筑的预估平均沉降量（mm） ＼ 被影响建筑的长高比	$2.0 \leqslant (L/H_f) < 3.0$	$3.0 \leqslant (L/H_f) < 5.0$
70~150	2~3	3~6
160~250	3~6	6~9
250~400	6~9	9~12
>400	9~12	不小于12

注：1. 表中L为建筑物长度或沉降缝分隔的单元长度(m)；H_f为自基础底面标高算起的建筑物高度(m)。
2. 当被影响建筑的长高比为1.5<(L/H_f)<2.0时，其间净距可适当缩小。
3. 本表摘自《建筑地基基础设计规范》GB 50007—2011。

无筋扩展基础

采用砖、灰土、三合土、毛石、毛石混凝土、混凝土等抗拉强度不高的材料建造，且不需配置钢筋的墙下条形基础或柱下独立基础。

1. 使用范围

适用于5层及5层以下（三合土基础不宜超过4层）砌体结构的一般民用建筑和墙承重的轻型厂房。地面以下或防潮层以下的砌体所用材料最低强度见表4。

2. 基础的高宽比设计要求

无筋扩展基础的高宽比是根据基础的抗拉和抗剪承载力确定的。一般情况下可根据规范的规定进行设计，但特殊情况下，例如基底反力过大或过小、承受偏心荷载等，可验算构件的受弯（抗拉）、受剪承载力来进行无筋扩展基础的设计。无筋扩展基础所选的材料的抗拉、抗剪强度不高，所以宽高比允许值比较小，台阶的高度应满足下式要求：

$$H \geqslant (B-b)/2\tan\alpha$$

式中：H—基础高度(m)；
B—基础底面宽度(m)；
b—基础顶面的墙体宽度或柱脚宽度(m)；
$\tan\alpha$—基础台阶宽高比$b_1:H$，其允许值可按表5选用；
b_1—基础台阶宽度(m)。

基础砌体所用材料最低强度等级　　　　　　　　表4

潮湿程度	烧结普通砖	混凝土普通砖蒸压普通砖	混凝土砌块	石材	水泥砂浆
稍潮湿的	MU10	MU7.5	MU20	MU2.5	MU2.5
很潮湿的	MU15	MU10	MU20	MU50	MU5
含水饱和的	MU20	MU25	MU15	MU40	M10

注：本表摘自《砌体结构设计规范》GB 50003—2011。

无筋扩展基础台阶宽高比（b_1/H）的允许值　　　表5

基础材料	质量要求	台阶宽高比（b_1/h）的允许值		
		$P_k \leqslant 100$	$100 < P_k \leqslant 200$	$200 < P_k \leqslant 300$
混凝土基础	C15混凝土	1：1.00	1：1.00	1：1.25
毛石混凝土基础	C15混凝土	1：1.00	1：1.25	1：1.50
砖基础	砖不低于MU10砂浆不低于M5	1：1.50	1：1.50	1：1.50
毛石基础	砂浆不低于M5	1：1.25	1：1.50	—
灰土基础	体积比为3：7或2：8灰土其最小干密度：粉土1550kg/m³，粉质土1500kg/m³，黏土1450kg/m³	1：1.25	1：1.50	—
三合土基础	体积比为1：2：4~1：3：6（石灰：砂：骨料）每层约虚铺220mm，夯实至150mm	1：1.50	1：2.00	—

注：1. P_k为作用的标准组合时基础底面处的平均压力值(kPa)。
2. 阶梯形毛石基础的每阶伸出宽度，不宜大于200mm。
3. 当基础由不同材料叠合组成时，应对接触部分作抗压验算。
4. 混凝土基础单侧扩展范围内基础底面处的平均压力值超过300kPa时，应进行抗剪验算；对基底反力集中于立柱附近的岩石地基，应进行局部受压承载力验算。

扩展基础

采用钢筋混凝土材料的基础，基础断面形式一般有锥形及阶梯形两种，锥形基础不需支模，施工简便，宜优先选用，阶梯形基础一般不宜超过3阶，每阶高度宜为300~500mm。基础下应设100mm素混凝土垫层。基础混凝土强度等级不宜低于C25，受力钢筋应优先采用HRB335及HRB400钢筋。扩展基础包括独立基础、条形基础、筏形基础、箱形基础和桩基础等。

6
建筑结构

无筋扩展基础

无筋扩展基础类型及适用范围
表1

简图	适用范围和尺寸要求	简图	适用范围和尺寸要求
钢筋混凝土基础	1. 适用于地基土质较好且地下水位在基底以下的建筑； 2. 基槽地面铺20厚的混凝土垫层； 3. 砖基础大放脚按b_1/H容许值要求，采取二皮砖挑出1/4砖与一皮砖挑出1/4砖相间砌筑	毛石基础	1. 有剧烈振动的建筑不宜采用； 2. b_1、h_1、$h_2 \geqslant 400mm$，$b_2 \geqslant 100mm$，当$B \leqslant 700mm$时，作矩形断面； 3. 毛石高度应$\geqslant 150mm$，每层台阶不宜少于两层块石或三层毛石； 4. 毛石顶面砌墙前应先铺一层水泥砂浆
独立基础（三合土）	1. 灰土体积比为3：7或2：8，干密度：轻亚黏土$\geqslant 1550kg/m^3$；亚黏土$\geqslant 1500kg/m^3$；黏土$\geqslant 1450kg/m^3$； 2. 灰土每步厚150，3层及3层以下建筑用2步，3层以上建筑用3步； 3. 灰土基础宜埋置在地下水位以上，且顶面应在冰冻线以下	混凝土基础	1. 可用于有地下水和冰冻作用的基础； 2. 混凝土基础$b_0 \geqslant 150mm$，h_1、$h_2 \geqslant 200mm$； 3. $B>2m$时，做成锥形，$h_4 \geqslant 150mm$且$\geqslant H/4$，$\tan\alpha$取b'_1/H'，$H' \geqslant (B'-b)/2\tan\alpha$； 4. 混凝土强度不低于C15
三合土基础	1. 适用于4层及4层以下建筑，基础应埋置在地下水位以上； 2. 石灰：砂：骨料(体积比)一般采用1：2：4或1：3：6； 3. 三合土每层厚150，$H \geqslant 600$； 4. B应$\geqslant 600$	毛石混凝土基础	1. 可用于有地下水和冰冻作用的基础； 2. 掺入毛石为基础体积20%~30%的未风化毛石； 3. $b_0 \geqslant 150mm$，h_1、$h_2 \geqslant 300mm$，$b_2 \leqslant 200mm$； 4. $B>2m$时，做成锥形，$h_4 \geqslant 150mm$且$\geqslant H'/4$

扩展基础

扩展基础类型及适用范围
表2

简图	适用范围和尺寸要求	简图	适用范围和尺寸要求
独立基础	1. 承重柱下方为矩形或方形的钢筋混凝土基础； 2. 当柱子为预制构件时，独立基础做成杯口形式，然后将柱子插入预留的杯口中，并用不低于C20的细石混凝土填缝； 3. 适用于框架（排架）结构的柱基础	双向条形基础	1. 当荷载较大、柱网尺寸较小，地质条件较差时，将柱下条形基础纵横连接，形成双向条形基础； 2. 梁的高度根据梁底反力的大小，可取柱距的1/8~1/4
墙下条形基础	1. 该基础沿墙身设置条形基础； 2. 适用于墙体承重结构	筏形基础	1. 当地基土质较差，承载力小，其上部荷载较大时，采用其他基础不够经济时，可用成片的钢筋混凝土板或梁板支撑整个建筑； 2. 筏板基础混凝土等级不应低于C30，梁板式筏形基础底板厚度不应小于250mm，平板式筏形基础板厚不应小于300mm
柱下条形基础	1. 当荷载较大，可将柱下基础连起来，形成柱下条形基础； 2. 混凝土等级不应低于C20	箱形基础	1. 当建筑为高层建筑，且上部荷载较大时，由钢筋混凝土顶板、底板和隔墙组成整体基础承担上部较大荷载； 2. 箱形基础刚度好，调整不均匀沉降的能力和抗震能力较强

桩基础

桩基础是深基础的一种形式，适用于建筑荷载较大或地基土上部软弱土层较厚的基础。桩基础由桩柱和承台板（承台梁）组成。

桩基础所用混凝土：现浇不低于C25，预制桩尖不低于C30，预制桩不低于C30，预应力实心桩不低于C40。

1. 桩基础分类

按桩材料分：混凝土、钢筋混凝土桩。

按施工方法分：预制桩、灌注桩。

按受力状态分：摩擦桩、摩擦端承桩和端承桩，见表2。

桩基础按形式分：柱下桩基、墙下桩基和大直径扩底桩，见表3。

建筑桩基设计等级 表1

设计等级	建筑和地基类型
甲级	重要的建筑； 30层以上或高度超过100m的高层建筑； 体型复杂且层数相差悬殊超过10层（含地下室）的高低层连体建筑； 20层以上框架—核心筒结构及其他对差异沉降有特殊要求的建筑； 场地和地基条件复杂的7层以上的一般建筑及坡地、岸边建筑； 对相邻既有工程影响较大的建筑
乙级	除甲级、丙级以外的建筑
丙级	场地和地基条件简单、荷载分布均匀的7层及7层以下建筑

注：本表摘自《建筑桩基础技术规范》JGJ 94-2008。

桩基础按受力状态分类 表2

摩擦桩	摩擦端承桩	端承桩
软土	较坚硬土层	岩层或坚硬土层
全部由桩周与土之间的摩擦力来支撑上部传来的荷载	桩周土的摩擦力和桩尖支承力共同支承上部传来的荷载	全部由桩尖支承上部传来的荷载

桩基础按形式分类 表3

柱下桩基	墙下桩基	大直径扩底桩
承台板 预制 灌注或爆扩桩	柱 基础梁 承台梁 爆扩灌筑或预制桩	柱 扩底桩

2. 人工挖孔桩

人工挖孔灌注桩是指桩孔采用人工挖掘方法进行成孔，然后安放钢筋笼，浇注混凝土而成的桩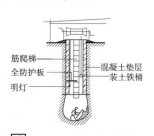。

人工挖孔桩一般直径较粗，最细的也在800mm以上，能够承载楼层较少且压力较大的结构主体，应用比较普遍。

人工挖孔桩施工方便、速度较快，不需要大型机械设备，挖孔桩要比木桩、混凝土打入桩抗震能力强，造价比机械成孔桩基础节省。

3. 载体桩

载体桩是由混凝土桩身和载体构成的桩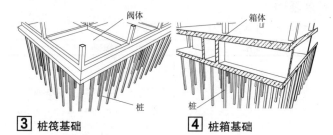。

载体是由混凝土、夯实填充料、挤密土体三部分构成。

（1）被加固的土层宜为粉土、砂土、碎石土及可塑、硬塑状态的黏性土、素土、杂填土。湿陷性黄土地区采用载体桩时，载体桩必须穿透湿陷性黄土层。

（2）桩身长度应由所选择的被加固土层和持力层的埋深及承台底标高决定。

1 人工挖孔桩示意图

2 载体桩示意图

桩筏与桩箱基础

桩筏与桩箱基础属于桩基础与筏形基础及箱形基础的组合形式，应同时满足规范对桩基础、筏形基础及箱形基础的基本要求。

桩筏基础在高层建筑中应用普遍。由于桩箱基础对墙体布置的特殊要求常影响建筑的使用功能，桩箱基础一般用于设置人防地下室的结构中。

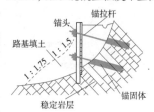
3 桩筏基础

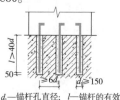
4 桩箱基础

岩石锚杆基础

岩石锚杆基础适用于直接建在基岩上的柱基，以及承受拉力或水平力较大的建筑物基础。锚杆基础应与基岩连成整体，并应符合下列要求：

1. 锚杆孔直径，宜取锚杆直径的3倍，但不应小于1倍锚杆直径加50mm。锚杆基础的构造要求见5；

2. 锚杆插入上部结构的长度，应符合钢筋的锚固长度要求；

3. 锚杆宜采用热轧带肋钢筋，水泥砂浆强度不宜低于30MPa，细石混凝土强度不宜低于C30。

5 斜拉锚杆基础示意图

6 锚杆基础示意图

d_1—锚杆孔直径；l—锚杆的有效锚固直径；d—锚杆的直径

冻土地基

1. 在严寒地区，为防止地基土冻胀力和冻切力对建筑物的破坏，须选择地势高、地下水位低、地表排水较好的场地，上部结构宜选择对冻土变形适应性较好的结构类型。

2. 选择基础的埋置深度，采用对克服冻切力较有利的基础形式（如有大放脚的带形基础、阶梯式柱基础、爆扩桩、筏式基础等）。

3. 在冻胀、强冻胀和特强冻胀地基上，建筑的外门斗、室外台阶和散水坡等部位宜与主体结构断开，散水坡分段不宜超过1.5m，坡度不宜小于3%，其下宜填入非冻胀性材料。

4. 埋入地下的基础表面应平整光滑，基础与冻土接触的四周填炉渣、砂等松散材料和炼油废渣等憎水材料。

5. 采用合理构造 [1]。

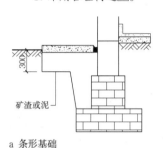 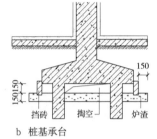

a 条形基础   b 桩基承台

[1] 冻土地基

膨胀土地基

1. 建筑物选址宜位于膨胀土层厚度均匀、地形坡度小的地段。

2. 在满足使用功能的前提下，建筑物的体型应力求简单。

3. 建筑物宜避让胀缩性相差较大的土层，应避开地裂带，不宜建在地下水位升降变化大的地段。当无法避免时，应采取设置沉降缝或提高建筑结构整体抗变形能力等措施。

4. 建筑物的下列部位，宜设置沉降缝：

（1）挖方与填方交界处或地基土显著不均匀处；

（2）建筑物平面转折部位、高度或荷载有显著差异部位；

（3）建筑结构或基础类型不同部位。

5. 屋面排水宜采用外排水，水落管不得设在沉降缝处，且其下端距散水面不应大于300mm；建筑物场地应设置有组织的排水系统。

6. 建筑物四周应设散水，散水构造及尺寸要求：

（1）散水面层宜采用C15混凝土或沥青混凝土，散水垫层宜采用2:8灰土或三合土，面层和垫层厚度宜按表1选用；

（2）散水面层的伸缩缝间距不应大于3m；

（3）散水最小宽度应按表1选用；

（4）散水与外墙的交接缝和散水之间的伸缩缝，应填嵌柔性防水材料。

散水构造尺寸   表1

地基胀缩等级	散水最小宽度L（m）	面层厚度（mm）	垫层厚度（mm）
I	1.2	≥100	≥100
II	1.5	≥100	≥150
III	2.0	≥120	≥200

注：本表摘自《膨胀土地区建筑技术规范》GB 50112-2013。

软弱地基

1. 建筑体型力求简单。当建筑体型比较复杂时，应根据其平面形状和高度差异及荷载差异，在适当部位用沉降缝将其划分成若干个单元，沉降缝宽度见表2。

2. 当高度差异（或荷载差异）较大时，可将两者隔开一定距离或用自由沉降的连接体连接，见 [2]a，或采用简支、悬挑结构见 [2]b。

3. 建筑物和构筑物的下列部位应设沉降缝：建筑平面的转折部位；高度（或荷载）差异处；过长的砖石承重结构或钢筋混凝土框架结构的适当部位；地基土的压缩性有显著差异处；建筑结构（或基础）类型不同处；分期建造房屋的交界处。

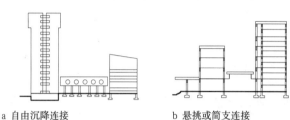

a 自由沉降连接   b 悬挑或简支连接

[2] 软弱地基

软弱土沉降缝宽度（单位：mm）   表2

房屋层数	沉降缝宽度
2~3	50~80
4~5	80~120
>5	≥120

注：1. 地震区沉降缝宽尚应满足抗震缝的要求。
2. 本表摘自《建筑地基基础设计规范》GB 5007-2011。

湿陷性黄土地基

1. 建筑物应具有排水通畅的地形条件，避开不利地段，并应与室外管道之间保持规范规定的距离，见表3。当不能满足要求时，应采取与建筑物相应的防水措施。

2. 沿建筑物外墙周围设置散水，有利于屋面水、地面水顺利地排向雨水明沟或其他排水系统，以远离建筑物，避免雨水直接从外墙基础侧面渗入地基。散水宽度见表4。

3. 经常受水浸湿或可能积水的地面，应按防水地面设计。

埋地管道等相关构件与建筑物之间的防护距离（单位：m）   表3

建筑类别	地基湿陷等级			
	I	II	III	IV
甲	—	—	8~9	11~12
乙	5	6~7	8~9	10~12
丙	4	5	6~7	8~9
丁	—	5	6	7

注：1. 本表摘自《湿陷性黄土地区建筑规范》GB 50025-2004。
2. 表中建筑类别划分见《湿陷性黄土地区建筑规范》GB 50025-2004。

湿陷性黄土场地建筑散水的宽度规定   表4

序号	散水宽度
1	屋面排水方式为有组织排水时，檐口高度在8m以内宜为1.5m；檐口高度超过8m，每增高4m宜增宽250mm，但最宽不宜大于2.50m
2	当屋面为有组织排水时，在非自重湿陷性黄土场地不得小于1m，在自重湿陷性黄土场地不得小于1.50m
3	水池的散水宽度宜为1~3m，散水外缘超出水池底边缘不应小于200mm，喷水池等的回水坡或散水的宽度宜为3~5m
4	高耸结构的散水宜超出基础底边缘1m，并不得小于5m

注：本表内容摘自《湿陷性黄土地区建筑规范》GB 50025-2004。

概述

建筑的内外墙、柱等由砖、石、砌块砌成，并用以承重的结构，统称为砌体结构。砌体结构常用于厂房、单层空旷房屋或多层房屋，其优点是耐火性、化学稳定性和大气稳定性好，易于就地取材，节约钢材、水泥和木材，隔热、隔声性能好；缺点是抗拉、弯、剪及抗震性能差，材料用量多，结构自重大，且砌筑工作繁重，施工进度慢。

砌体有实心砖砌体、空心砖砌体、混凝土砌块砌体及石砌体。砌体材料的主要指标是它的强度，以强度等级表示。

结构的平面和竖向布置

砌体房屋应优先布置为横墙或纵横墙共同承重的方案。在满足建筑功能要求的同时，应力求体型简单，受力明确，便于施工。多层房屋各层结构布置力求一致，横墙的布置和间距以及房屋总高度和层数宜满足本资料集"建筑抗震"中抗震设防的要求。砌体房屋伸缩缝的最大间距见表1。

砌体房屋伸缩缝的最大间距（单位：mm）　　　　表1

屋盖或楼盖类别		间距
整体式或装配整式钢筋混凝土结构	有保温层或隔热层的屋盖、楼盖	50
	无保温层或隔热层的屋盖	40
装配式无檩体系钢筋混凝土结构	有保温层或隔热层的屋盖、楼盖	60
	无保温层或隔热层的屋盖	50
装配式有檩体系钢筋混凝土结构	有保温层或隔热层的屋盖	75
	无保温层或隔热层的屋盖	60
瓦材屋盖、木屋盖或楼盖、轻钢屋盖		100

注：1. 对石砌体、蒸压灰砂普通砖、蒸压粉煤灰普通砖、混凝土砌块、混凝土普通砖和混凝土多孔砖房屋，取表中数值乘以0.8，当砌体有可靠外保温措施时，可取表中数值。
2. 层高大于5m的单层房屋，取表中数值乘以1.3。
3. 温差较大且变化频繁地区和严寒地区不采暖的房屋或构筑物，表中数值应予以适当减小。
4. 墙体的伸缩缝应与结构的其他变形缝相重合，并满足各种变形缝的变形要求。

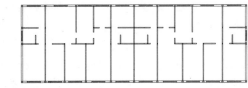

a 多层住宅楼

b 办公楼

c 双跨等高厂房

d 底层框架—抗震墙房屋

1 砌体房屋示意图

材料要求

砌体强度由块体和砂浆强度确定。常用块体见表2。使用年限50年时，最低强度等级见表3；钢筋种类选择见表4。

块体种类　　　　　　　　　　　　　　　　表2

块体种类	说　明
烧结砖	以煤矸石、页岩、粉煤灰或黏土为主要原料，经过焙烧而成的实心砖；分为烧结煤矸石砖、烧结页岩砖、烧结粉煤灰砖、烧结黏土砖等
烧结多孔砖	以煤矸石、页岩、粉煤灰或黏土为主要原料，经焙烧而成，孔洞率不大于35%，孔的尺寸小而数量多，主要用于承重部位的砖
蒸压灰砂砖	以石灰等钙质材料和砂等硅质材料为主要原料，经坯料制备、压制排气成型、高压蒸汽养护而成的实心砖
蒸压粉煤灰砖	以石灰、硝石灰（如电石渣）或水泥等钙质材料与粉煤灰等硅质材料及集料（砂等）为主要原料，掺加适量石膏，经坯料制备、压制排气成型、高压蒸汽养护而成的实心砖
混凝土小型空心砌块	由普通混凝土或轻集料混凝土制成，主规格尺寸为390mm×190mm×190mm，空心率为25%～50%的空心砌块
混凝土砖	以水泥为胶凝材料，以砂、石等为主要集料，加水搅拌、成型、养护制成的一种多孔的混凝土半盲砖或实心砖。多孔砖的主规格尺寸为240mm×115 mm×90mm、240 mm×190 mm×90mm、190 mm×190 mm×90mm等；实心砖的主规格尺寸为240 mm×115 mm×53mm、240 mm×115 mm×90mm等
石材	分为料石和毛石。料石有细料石、粗料石、毛料石； 细料石：通过细加工，外表规则，叠面凹入深度不应大于10mm，截面的宽度、高度不宜小于200mm，且不宜小于长度的1/4； 粗料石：规格尺寸同上，但叠砌面凹入深度不应大于20mm； 毛料石：外形大致方正，一般不加工或仅稍加修整，高度不应小于200mm，叠砌面凹入深度不应大于25mm； 毛石：形状不规则，中部厚度不应小于200mm

砌体和砂浆的最低强度等级　　　　　　　表3

砌体材料		强度等级			
		1类环境	2类环境		3~5类环境
			稍潮湿	很潮湿	含水饱和	
块体	承重结构	烧结普通砖	MU30、25、20、15、10	≥MU15	≥MU20	≥MU20	≥MU20
		烧结多孔砖	MU30、25、20、15、10	—	—	—	—
		蒸压灰砂普通砖、蒸压粉煤灰普通砖	MU25、20、15	≥MU20	≥MU20	≥MU25	—
		混凝土普通砖	MU30、25、20、15	≥MU20	≥MU20	≥MU25	—
		混凝土多孔砖	MU30、25、20、15	—	—	—	—
		混凝土砌块	MU20、15、10、7.5、5	≥MU7.5	≥MU10	≥MU15	≥MU15
		轻集料混凝土砌块	MU20、15、10、7.5、5	—	—	—	—
		料石、毛石	MU100、80、60、50、40、30、20	≥MU30	≥MU30	≥MU40	—
	自承重墙	空心砖	MU10、7.5、5、3.5	—	—	—	—
		轻集料混凝土砌块	MU10、7.5、5、3.5	—	—	—	—
砂浆		烧结普通砖	M15、10、7.5、5、2.5	≥M5	≥M7.5	≥M10	≥M10
		烧结多孔砖	M15、10、7.5、5、2.5	—	—	—	—
		蒸压灰砂普通砖、蒸压粉煤灰普通砖	M15、10、7.5、5、2.5	≥M5	≥M7.5	≥M10	—
		混凝土普通砖	Mb20、15、10、7.5、5	≥M7.5	≥M7.5	≥M10	≥Mb10
		混凝土多孔砖	Mb20、15、10、7.5、5	—	—	—	—
		混凝土砌块	Mb20、15、10、7.5、5	≥M7.5	≥M7.5	≥M10	≥Mb10
		轻集料混凝土砌块	Mb10、7.5、5	—	—	—	—
		料石、毛石	M7.5、5、2.5	≥M5	≥M7.5	≥M10	—

注：1. MU表示块材的强度，M表示砂浆的强度，Ms、Mb表示专用砂浆的强度。
2. 地面以下、防潮层以下的砌体、潮湿房间的墙应满足2类环境类别的强度等级要求。
3. 2类与3~5类环境类别的砌体，当采用混凝土砌块时，其孔洞应分别采用不低于Cb20和Cb30的混凝土预先灌实。

砌体中钢筋耐久性选择　　　　　　　　　表4

环境类别	钢筋种类和最低保护要求	
	位于砂浆中的钢筋	位于灌孔混凝土中的钢筋
1	普通钢筋	普通钢筋
2	重镀锌或有等效保护的钢筋	当采用混凝土灌孔时，可为普通钢筋；当采用砂浆灌孔时应为重镀锌或有等效保护的钢筋
3	不锈钢或有等效保护的钢筋	重镀锌或有等效保护的钢筋
4、5	不锈钢或有等效保护的钢筋	不锈钢或等效保护的钢筋

注：1. 对夹心墙的外叶墙，应采用重镀锌或有等效保护的钢筋。
2. 表中的钢筋即为《混凝土结构设计规范》GB 50010-2010和《冷轧带肋钢筋混凝土结构技术规程》JGJ 95-2011等标准规定的普通钢筋或非预应力钢筋。

配筋砖砌体构件

在砖砌体中配置钢筋或钢筋混凝土构成配筋砖砌体，可以提高承载力和抗剪抗裂能力。配筋砖砌体构件，包括网状配筋砖砌体构件①和组合砖砌体构件。组合砖砌体构件，包括砖砌体和钢筋混凝土面层或钢筋砂浆面层组合构件②、③、砖砌体和钢筋混凝土构造柱组合构件④。

网状配筋砌体和组合砖砌体构造要求分别见表1和表2。

网状配筋砌体构造要求　　　　　　　　　　　　表1

项目	构造要求
砌块强度等级 砌筑砂浆强度等级 钢筋直径	≥MU10 ≥Mb7.5 3≤d＜4
钢筋	钢筋网的体积配筋率为0.1%~1%
	钢筋网的间距，不大于五皮砖高，并不大于400mm
	钢筋网内钢筋的间距为30~120mm
灰缝	灰缝的厚度应保证钢筋上下不低于2mm的砂浆层

组合砖砌体构造要求　　　　　　　　　　　　表2

项目	构造要求
材料	砌筑砂浆强度等级≥Mb7.5；水泥砂浆强度等级≥M10；混凝土强度等级≥Cb20；钢筋直径≥8；其中箍筋直径为4~6mm
面层	砂浆面层厚度宜为30~45mm；当面层厚度大于45mm时，宜采用混凝土面层
	竖向钢筋宜采用HPB300，混凝土面层亦可采用HPB335
钢筋	竖向钢筋受压一侧配筋率，对砂浆面层不低于0.1%，对混凝土面层不低于0.2%；受拉一侧配筋率不小于0.1%
	钢筋间距不小于30mm；箍筋间距为120~500mm，且不大于20倍竖筋直径
	一侧竖向钢筋多于4根时，应设置附加箍筋或拉结筋
	组合墙应设置水平分布筋和穿通墙体的拉结筋，其间距均不应大于500mm
	竖向钢筋深入顶部和底部混凝土垫块的长度应满足锚固要求

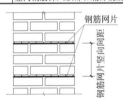

① 网状配筋砖砌体

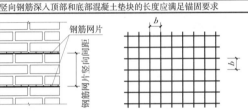

② 组合砖砌体构件截面

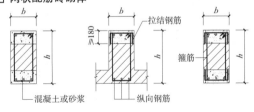

③ 混凝土或砂浆面层组合墙

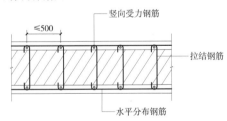

④ 砖砌体和构造柱组合墙截面

配筋砌块砌体构件

配筋砌块砌体构件的力学性能与钢筋混凝土构件非常相近，又称为"预制装配整体式"钢筋混凝土构件。

配筋砌块砌体剪力墙、连梁、柱的构造要求见表3。混凝土构造柱、连梁尚应符合《混凝土结构设计规范》GB 50010的有关规定。

配筋砌块砌体剪力墙、连梁、柱的构造要求　　　　表3

项目			构造要求
材料	砌块强度等级		≥MU10
	砌筑砂浆强度等级		≥Mb7.5
	灌孔混凝土强度等级		≥Cb20
	钢筋直径		≤25；在灰缝中应≤4，宜≤1/2灰缝厚度；在其他部位应≥10
剪力墙	厚度		应≥190mm，宜采用全部灌芯砌体
	钢筋		1.应在墙的转角、端部和孔洞的两侧配置竖向连续的钢筋，钢筋直径应≥12mm； 2.应在洞口的底部和顶部设置不小于2φ10的水平钢筋，其伸入墙内的长度不应小于40d和600mm； 3.剪力墙其他部位的竖向和水平方向的钢筋的间距不应大于墙长、墙高的1/3，也不应大于900mm； 4.剪力墙沿竖向和水平方向的构造钢筋配筋率均不应小于0.07%
	圈梁设置		应在楼（屋）盖的所有纵横墙处设置现浇钢筋混凝土圈梁，圈梁的宽度和高度应等于墙厚和块高，圈梁主筋不应少于4φ10，圈梁的混凝土强度等级不应低于同层混凝土砌块体强度等级的2倍，或该层灌孔混凝土的强度等级，也不应低于C20
	窗间墙	截面	墙宽应≥800mm，墙净高与墙宽之比宜≤5
		竖向配筋	每片墙中竖向钢筋宜≥4根，配筋率宜为0.2%~0.8%
		水平配筋	配筋率宜为0.15%
	边缘构件	配筋砌块砌体	一字墙端部≥3倍墙厚的范围内，每孔中配≥φ12通长竖筋；L、T或十字墙交接处，3或4孔中配≥φ12通长竖筋
		混凝土柱	柱截面的宽度宜≥墙厚，高度宜为1~2倍墙厚，并≥200mm；混凝土强度等级宜≥2倍同层块体强度等级，≥灌孔混凝土的强度等级，≥Cb20；纵向钢筋不小于4φ12，箍筋直径≥φ6@200
连梁	截面		截面宽度应≥190mm，高度应≥2皮砌块的高度和400mm
	钢筋混凝土梁		混凝土强度等级宜≥2倍同层砌块体强度等级，≥灌孔混凝土强度等级，且应≥C20
	配筋砌块砌体		应采用H形、凹槽砌块组砌，孔洞应全部浇灌混凝土；水平受力钢筋含钢率宜为0.2%~0.8%；箍筋直径≥φ6mm，间距宜≤1/2梁高和600mm
柱	截面		长边宜≥400mm，柱高度与截面短边之比宜≤30
	纵向钢筋		竖筋宜≥4φ12，配筋率宜≥0.2%
	箍筋		直径宜≥6mm，间距应≤16倍纵向钢筋直径、48倍箍筋直径及柱截面短边尺寸中较小者；设在灰缝或灌孔混凝土中

钢筋保护层厚度

1. 配筋砌体中钢筋的最小混凝土保护层应符合表4的规定；

2. 灰缝中钢筋外露砂浆保护层的厚度不应小于15mm；

3. 所有钢筋端部均应有与对应钢筋的环境类别条件相同的保护层厚度；

4. 对填实的夹心墙或特别的墙体构造，钢筋的最小保护层厚度，应取20mm厚砂浆或灌孔混凝土与钢筋直径较大者；采用不锈钢筋时，应取钢筋的直径。

钢筋的最小保护层厚度　　　　　　　　　　　　表4

环境类别	混凝土强度等级			
	C20	C25	C30	C35
1	20	20	20	20
2	—	25	25	25
3	—	40	40	30
4	—	—	40	40
5	—	—	—	40

注：1.材料中最大氯离子含量和最大碱含量应符合《混凝土结构设计规范》GB 50010的规定。

2.当采用防渗砌体块体和防渗砂浆时，可以考虑部分砌体（含抹灰层）的厚度作为保护层，但对环境类别1、2、3，其混凝土保护层的厚度相应不应小于10mm、15mm和20mm。

3.钢筋砂浆面层的组合砌体构件的钢筋保护层厚度宜增加5~10mm。

4.对安全等级为一级或设计使用年限为50年以上的砌体结构，钢筋保护层的厚度应至少增加10mm。

墙、柱的允许高厚比

砌体墙、柱的高厚比β是指墙、柱计算高度与墙厚或柱对应的边长的比值，是保证墙、柱稳定性的重要构造措施之一。墙、柱的允许高厚比值应按表1采用。针对有洞口墙、带壁柱墙、带构造柱墙、壁柱间墙、构造柱间墙、自承重墙的不同情况，应允许高厚比值根据《砌体结构设计规范》GB 50003的有关规定进行修正。矩形截面柱极限高度、带构造柱矩形截面墙极限高度、矩形截面墙极限高度见表2~表4。

墙、柱的允许高厚比β值 表1

砌体类型	砂浆强度等级	墙	柱
无筋砌体	M2.5	22	15
	M5.0、Mb5.0、Ms5.0	24	16
	≥M7.5、Mb7.5、Ms7.5	26	17
配筋砌块砌体	—	30	21
尚未硬化新砌体		14	11

注：1. 毛石墙、柱的允许高厚比应按表中数值降低20%。
2. 带有混凝土或砂浆面层的组合砖砌体构件的允许高厚比，可按表中数值提高20%，但不得大于28。
3. 验算施工阶段砂浆尚未硬化的新砌体构件高厚比时，对墙取14，对柱取11。
4. 本表摘自《砌体结构设计规范》GB 50003—2011。

矩形截面柱极限高度H_0（单位：m） 表2

与H_0相对应的边长（mm）		240	370	490	620	740
砂浆强度等级	≥M7.5	4.08	6.29	8.33	10.54	12.58
	M5.0	3.84	5.92	7.84	9.92	11.84
	M2.5	3.60	5.55	7.35	9.30	11.10

带构造柱矩形截面墙极限高度H_0（单位：m） 表3

b_c/l	砂浆强度等级	墙厚（mm）	b_s/s								
			0.00	0.10	0.20	0.30	0.40	0.50	0.60	0.70	0.75
0.05	≥M7.5	承重墙 240	6.71	6.44	6.17	5.90	5.63	5.87	5.10	4.83	4.70
		370	10.34	9.93	9.51	9.10	8.69	8.27	7.86	7.45	7.24
		490	13.70	13.15	12.60	12.05	11.50	10.96	10.41	9.86	9.59
		自承重墙 90	3.77	3.62	3.47	3.32	3.17	3.02	2.87	2.72	2.64
		120	4.83	4.64	4.44	4.25	4.06	3.86	3.67	3.48	3.38
		240	8.05	7.73	7.41	7.08	6.76	6.44	6.12	5.80	5.63
	M5.0	承重墙 240	6.19	5.94	5.70	5.45	5.20	4.95	4.71	4.46	4.33
		370	12.64	12.14	11.63	11.12	10.62	10.11	9.61	9.10	8.85
		490	12.64	12.14	11.63	11.12	10.62	10.11	9.61	9.10	8.85
		自承重墙 90	3.48	3.34	3.20	3.07	2.93	2.79	2.65	2.51	2.44
		120	4.46	4.28	4.10	3.92	3.74	3.57	3.39	3.21	3.12
		240	7.43	7.13	6.84	6.54	6.24	5.94	5.65	5.35	5.20
	M2.5	承重墙 240	5.68	5.45	5.22	4.99	4.77	4.54	4.31	4.09	3.97
		370	8.75	8.40	8.05	7.70	7.35	7.00	6.65	6.30	6.13
		490	11.59	11.12	10.66	10.20	9.73	9.27	8.81	8.34	8.11
		自承重墙 90	3.19	3.07	2.94	2.81	2.68	2.55	2.43	2.30	2.23
		120	4.09	3.92	3.76	3.60	3.43	3.27	3.11	2.94	2.86
		240	6.81	6.54	6.26	5.99	5.72	5.45	5.18	4.90	4.77
0.10	≥M7.5	承重墙 240	7.18	6.89	6.60	6.31	6.03	5.74	5.45	5.17	5.02
		370	11.06	10.62	10.18	9.74	9.29	8.85	8.41	7.97	7.74
		490	14.65	14.06	13.48	12.89	12.31	11.72	11.13	10.55	10.26
		自承重墙 90	4.04	3.88	3.71	3.55	3.39	3.23	3.07	2.91	2.83
		120	5.17	4.96	4.75	4.55	4.34	4.13	3.93	3.72	3.62
		240	8.61	8.27	7.92	7.58	7.23	6.89	6.54	6.20	6.03
	M5.0	承重墙 240	6.62	6.36	6.09	5.83	5.56	5.30	5.03	4.77	4.64
		370	10.21	9.80	9.40	8.99	8.58	8.17	7.76	7.35	7.15
		490	13.52	12.98	12.44	11.90	11.36	10.82	10.28	9.74	9.47
		自承重墙 90	3.73	3.58	3.43	3.28	3.13	2.98	2.83	2.68	2.61
		120	4.77	4.58	4.39	4.20	4.01	3.82	3.62	3.43	3.34
		240	7.95	7.63	7.31	6.99	6.68	6.36	6.04	5.72	5.56
	M2.5	承重墙 240	6.04	5.83	5.59	5.34	5.10	4.86	4.61	4.37	4.25
		370	9.36	8.99	8.61	8.24	7.86	7.49	7.11	6.74	6.55
		490	12.40	11.90	11.41	10.91	10.41	9.92	9.42	8.93	8.68
		自承重墙 90	3.42	3.28	3.14	3.01	2.87	2.73	2.60	2.46	2.39
		120	4.37	4.20	4.02	3.85	3.67	3.50	3.32	3.15	3.06
		240	7.29	6.99	6.70	6.41	6.12	5.83	5.54	5.25	5.10

注：s—相邻窗间墙（或壁柱）之间的距离；b_s—在宽度s范围内的门窗洞口宽度；
b_c—构造柱沿墙长度方向的宽度；l—构造柱的间距。

矩形截面墙极限高度H_0（单位：m） 表4

砂浆强度等级	墙厚（mm）	b_s/s								
		0.00	0.10	0.20	0.30	0.40	0.50	0.60	0.70	0.75
≥M7.5	承重墙 240	6.24	5.99	5.74	5.49	5.24	4.99	4.47	4.49	4.37
	370	9.62	9.24	8.85	8.47	8.08	7.70	7.31	6.93	6.73
	490	12.74	12.23	11.72	11.21	10.70	10.19	9.68	9.17	8.92
	自承重墙 90	3.51	3.37	3.23	3.09	2.95	2.81	2.67	2.53	2.46
	120	4.49	4.31	4.13	3.95	3.77	3.59	3.41	3.23	3.14
	240	7.49	7.19	6.89	6.59	6.29	5.99	5.69	5.39	5.24
M5.0	承重墙 240	5.76	5.53	5.30	5.07	4.84	4.61	4.38	4.15	4.03
	370	8.88	8.52	8.17	7.81	7.46	7.10	6.75	6.39	6.22
	490	11.76	11.29	10.82	10.35	9.88	9.41	8.94	8.47	8.23
	自承重墙 90	3.24	3.11	2.98	2.85	2.72	2.59	2.46	2.33	2.27
	120	4.15	3.98	3.82	3.65	3.48	3.32	3.15	2.99	2.90
	240	6.19	6.64	6.36	6.08	5.81	5.53	5.25	4.98	4.84
M2.5	承重墙 240	5.28	5.07	4.86	4.65	4.44	4.22	4.01	3.80	3.70
	370	8.14	7.81	7.49	7.16	6.84	6.51	6.19	5.86	5.70
	490	10.78	10.35	9.92	9.49	9.06	8.62	8.19	7.76	7.55
	自承重墙 90	2.97	2.85	2.73	2.61	2.49	2.38	2.26	2.14	2.08
	120	3.81	3.65	3.50	3.35	3.19	3.04	2.89	2.73	2.66
	240	6.34	6.08	5.83	5.58	5.32	5.07	4.82	4.56	4.44

注：1. 下列情况下，表中查得的H_0应乘以系数：毛石墙、柱0.8；组合砖砌体1.2（但$1.2×β≤28$）；上端为自由端的自承重墙可再乘提高系数1.3。
2. 表中符号说明：
s—相邻窗间墙（或壁柱）之间的距离；b_s—在宽度s范围内的门窗洞口宽度。

山墙抗风柱尺寸 表5

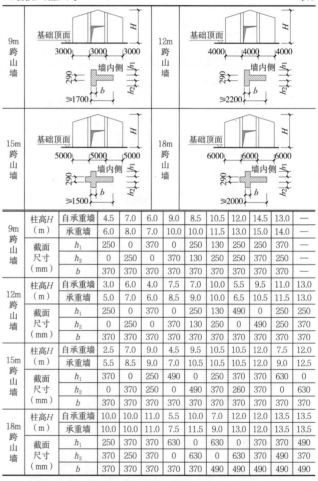

		柱高H（m）	自承重墙	4.5	7.0	6.0	9.0	8.5	10.5	12.0	14.5	13.0	—
9m跨山墙			承重墙	6.0	8.0	7.0	10.0	10.0	11.5	13.0	15.0	14.0	—
	截面尺寸（mm）	h_1		250	0	370	0	250	130	250	250	370	—
		h_2		0	250	0	370	130	250	250	370	250	—
		b		370	370	370	370	370	370	370	370	370	—
12m跨山墙	柱高H（m）		自承重墙	3.0	6.0	4.0	7.5	7.0	9.0	5.5	9.5	11.0	13.0
			承重墙	5.0	7.0	6.0	8.25	9.0	9.0	6.5	10.5	11.5	13.0
	截面尺寸（mm）	h_1		250	0	370	0	250	130	490	0	250	250
		h_2		0	250	0	370	130	250	0	490	250	370
		b		370	370	370	370	370	370	370	370	370	370
15m跨山墙	柱高H（m）		自承重墙	2.5	7.0	4.0	4.5	9.5	10.5	12.0	7.5	12.0	
			承重墙	5.5	8.5	9.0	7.0	10.5	10.5	12.0	9.0	12.5	
	截面尺寸（mm）	h_1		370	0	250	490	0	370	370	630	0	
		h_2		0	370	250	0	490	260	370	0	630	
		b		370	370	370	370	490	370	370	630	370	
18m跨山墙	柱高H（m）		自承重墙	10.0	10.0	11.0	5.5	10.0	7.0	12.0	12.0	13.5	13.5
			承重墙	10.0	10.0	11.0	7.5	11.5	9.0	13.0	12.0	13.5	13.5
	截面尺寸（mm）	h_1		250	370	370	630	0	630	0	370	370	490
		h_2		370	370	370	0	630	0	630	370	490	370
		b		370	370	370	490	490	490	490	490	490	490

注：1. 本表适用于砖强度等级为MU10、砂浆强度等级为M5的山墙抗风柱。
2. 外荷载标准值按山墙顶作用3.6kN/m计算，当外荷载小于3.6kN/m时，应按自承重墙选用。当外荷载大于3.6kN/m时（常规屋面荷载），仍按3.6kN/m取用。
3. 基本风压ω_0取0.5kN/m²；风压高度变化系数μ_z按B类地面粗糙度确定。
4. 抗风柱高H为基础顶面至柱顶面的高度，当基础埋置较深且有刚性地坪时，可取至室外地坪下500mm。
5. 墙柱计算简图按上端为不动铰、下端为固定端考虑。
6. 山墙抗风柱的尺寸，尚不宜小于排架柱。

❶ 苑振芳. 砌体结构设计手册（第四版）. 北京：中国建筑工业出版社，2013.

防止或减轻墙体开裂的主要措施

1. 房屋顶层墙体，为防止或减轻墙体开裂，宜根据具体情况采取下列措施：

（1）屋面应设置保温、隔热层；

（2）屋面保温（隔热）层或屋面刚性面层及砂浆找平层应设置分隔缝，分隔缝间距不宜大于6m，其缝宽不小于30mm，并与女儿墙隔开；

（3）采用装配式有檩体系钢筋混凝土屋盖和瓦材屋盖；

（4）顶层屋面板下设置现浇钢筋混凝土圈梁，并沿内外墙拉通，房屋两端圈梁下的墙体内宜设置水平钢筋；

（5）顶层墙体有门窗等洞口时，在过梁上的水平灰缝内设置2~3道焊接钢筋网片或2φ6钢筋，焊接钢筋网片或钢筋应伸入洞口两端墙内不小于600mm①；

（6）顶层及女儿墙砂浆强度等级不低于M7.5（Mb7.5、Ms7.5）；

（7）女儿墙应设置构造柱，构造柱间距不宜大于4m，构造柱应伸至女儿墙顶并与现浇钢筋混凝土压顶整浇在一起；

（8）对顶层墙体施加竖向预应力。

2. 房屋底层墙体，为防止或减轻墙体开裂，宜根据具体情况采取下列措施：

（1）增大基础圈梁的刚度；

（2）在底层的窗台下墙体灰缝内设置3道焊接钢筋网片或2φ6钢筋，并应伸入两边窗间墙内不小于600mm②。

3. 在每层门、窗过梁上方的水平灰缝内及窗台下第一和第二道水平灰缝内，宜设置焊接钢筋网片或2φ6钢筋，焊接钢筋网片或钢筋应伸入两边窗间墙内不小于600mm。当墙长大于5m时，宜在每层墙高度中部设置2~3道焊接钢筋网片或3φ6的通长水平钢筋，竖向间距为500mm。

4. 房屋两端和底层第一、第二开间门窗洞处，可采取下列措施：

（1）在门窗洞口两边墙体的水平灰缝中，设置长度不小于900mm、竖向间距为400mm的2φ4的焊接钢筋网片；

（2）在顶层和底层设置通长钢筋混凝土窗台梁，窗台梁高宜为块材高度的模数，梁内纵筋不少于4φ10，箍筋不小于φ6@200，混凝土强度等级不低于C20；

（3）在混凝土砌块房屋门窗洞口两侧不少于一个孔洞中设置直径不小于12mm的竖向钢筋，竖向钢筋应在楼层圈梁或基础内锚固，孔洞用不低于Cb20混凝土灌实③。

5. 填充墙砌体与梁、柱或混凝土墙体结合的界面处（包括内、外墙），宜在粉刷前设置钢丝网片，网片宽度可取400mm，并沿界面缝两侧各延伸200mm，或采取其他有效的防裂、盖缝措施。

6. 当房屋刚度较大时，可在窗台下或窗台角处墙体内、在墙体高度或厚度突然变化处设置竖向控制缝。竖向控制缝宽度不宜小于25mm，缝内填以压缩性能好的填充材料，且外部用密封材料密封，并采用不吸水的、闭孔发泡聚乙烯实心圆棒（背衬）作为密封膏的隔离物④。

7. 夹心复合墙的外叶墙宜在建筑墙体适当部位设置控制缝，其间距宜为6~8m。

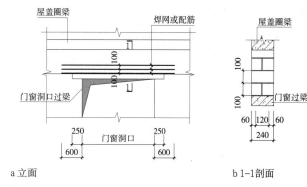

1 顶层砌体门窗洞口上部

a 立面　　b 1-1 剖面

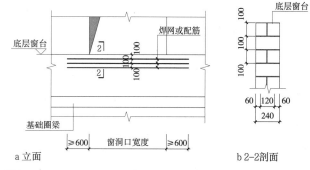

2 底层砌体窗台下部

a 立面　　b 2-2 剖面

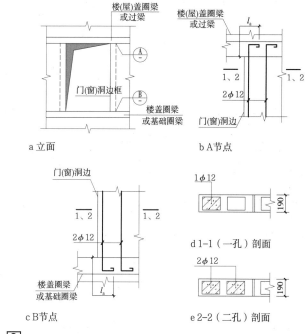

a 立面　　b A节点

c B节点　　d 1-1（一孔）剖面

e 2-2（二孔）剖面

3 门（窗）洞口设芯柱

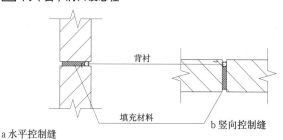

a 水平控制缝　　b 竖向控制缝

4 控制缝构造

过梁

过梁选型　　　　　　　　　　　　　　　　　　　　　　　　　　　表1

过梁类型	适用条件
钢筋混凝土过梁	有较大振动荷载或可能产生不均匀沉降的房屋，应采用
钢筋砖过梁	过梁的跨度不应超过1.5m
砖砌过梁	过梁的跨度不应超过1.2m

注：当过梁跨度较大或承受较大梁板荷载时，应按墙梁设计。

a 砖砌平拱过梁

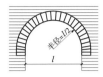
b 砖砌半圆拱过梁

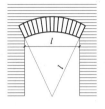
c 砖砌弧拱过梁

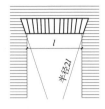
d 砖砌楔拱过梁

1 砖过梁

钢筋混凝土过梁选用表❶　　　　　　　　　　　　　　　　　　表2

过梁类型	净跨l_n(mm)	墙厚b(mm)	$l_n/3$墙体自重 h(mm)	主筋 II级	主筋 I级	分布筋或箍筋	$l_n/3$墙重加荷载12kN/m h(mm)	主筋 II级	主筋 I级	分布筋或箍筋	$l_n/3$墙重加荷载18kN/m h(mm)	主筋 II级	主筋 I级	分布筋或箍筋
I型	1.0	120	120	2φ6	2φ6	φ⁴4@200	120	3φ6	3φ8	φ⁴4@200	120	3φ8	3φ10	φ⁴4@200
		180	120	2φ6	2φ6	φ⁴4@200	120	3φ6	3φ8	φ⁴4@200	120	3φ8	3φ10	φ⁴4@200
		240	120	3φ6	3φ6	φ⁴4@200	120	3φ6	3φ8	φ⁴4@200	120	3φ8	3φ10	φ⁴4@200
		370	120	4φ6	4φ6	φ⁴4@200	120	3φ8	3φ8	φ⁴4@200	120	3φ8	3φ10	φ⁴4@200
	1.2	120	120	2φ6	2φ6	φ⁴4@200	120	3φ8	3φ10	φ⁴4@200				
		180	120	2φ6	2φ6	φ⁴4@200	120	3φ8	3φ10	φ⁴4@200				
		240	120	3φ6	2φ6	φ⁴4@200	120	3φ8	3φ10	φ⁴4@200	120	3φ10	2φ14	φ⁴4@200
		370	120	4φ6	4φ6	φ⁴4@200	120	3φ8	3φ10	φ⁴4@200	120	3φ10	3φ12	φ⁴4@200
	1.5	120	120	2φ6	2φ6	φ⁴4@200	120	2φ12	3φ12	φ⁴4@200	—	—	—	—
		180	120	2φ6	2φ6	φ⁴4@200	120	2φ12	3φ12	φ⁴4@200	—	—	—	—
		240	120	3φ6	3φ6	φ⁴4@200	120	2φ12	3φ12	φ⁴4@200	—	—	—	—
		370	120	4φ6	4φ6	φ⁴4@200	120	4φ10	4φ12	φ⁴4@200	—	—	—	—
II型	1.2	180		—				—			120	3φ10	2φ14	φ6@200
		240		—				—			120	3φ10	2φ14	φ6@200
		370		—				—			120	3φ10	3φ12	φ6@200
	1.5	180		—				—			180	2φ12	2φ14	φ6@200
		240		—				—			180	2φ12	2φ14	φ6@200
		370		—				—			180	3φ10	3φ12	φ6@200
	1.8	180	180	2φ8	2φ8	φ6@200	180	2φ12	2φ14	φ6@200	180	2φ14	2φ16	φ6@200
		240	180	2φ8	3φ8	φ6@200	180	3φ10	3φ14	φ6@200	180	2φ16	2φ18	φ6@200
		370	180	3φ8	4φ8	φ6@200	180	3φ10	3φ14	φ6@200	180	3φ12	3φ16	φ6@200
	2.1	180	180	2φ8	2φ8	φ6@200	180	2φ14	2φ16	φ6@200	180	2φ16	2φ18	φ6@200
		240	180	2φ8	2φ10	φ6@200	180	3φ12	3φ16	φ6@200	180	3φ14	3φ16	φ6@200
		370	180	3φ8	3φ8	φ6@200	180	3φ12	3φ14	φ6@200	180	3φ14	3φ16	φ6@200
	2.4	180	180	2φ8	2φ10	φ6@200	180	2φ16	2φ16	φ6@200	240	2φ16	2φ16	φ6@200
		240	180	2φ12	3φ12	φ6@200	180	2φ16	3φ16	φ6@200	240	2φ16	3φ16	φ6@200
		370	180	3φ10	3φ12	φ6@200	180	3φ14	4φ14	φ6@200	240	3φ14	3φ16	φ6@200
	3.0	180	240	2φ10	2φ12	φ6@200	240	2φ18	2φ20	φ6@200	240	2φ20	3φ20	φ6@150
		240	240	2φ12	2φ14	φ6@200	240	3φ18	3φ18	φ6@200	240	2φ18	4φ18	φ6@150
		370	240	3φ12	3φ14	φ6@200	240	3φ18	4φ18	φ6@200	240	3φ18	3φ20	φ6@150
	3.6	180	300	2φ12	2φ14	φ6@200	300	2φ20	3φ20	φ6@200	300	2φ22	3φ22	φ6@150
		240	300	2φ14	2φ16	φ6@200	300	3φ18	3φ20	φ6@200	300	3φ20	3φ22	φ6@150
		370	300	3φ12	3φ16	φ6@200	300	3φ18	4φ18	φ6@200	300	3φ20	4φ20	φ6@200

注：1. 荷载设计值栏内包括过梁自重及粉刷层自重（按双面粉刷厚40mm考虑）；砖墙按双面粉刷砖墙自重考虑。
　　2. 材料的强度等级：混凝土为C20，主筋为II级HRB335钢筋（也可采用I级HPB300钢筋），架立筋为HPB300钢筋，φ6箍筋为HPB300钢筋，φ4箍筋为乙级冷拔低碳钢丝。见 2 。

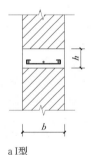
a I型　　　　　　b II型

2 钢筋混凝土过梁

钢筋砖过梁允许均布荷载设计值p❶（单位：kN/m）　　　表3

墙厚b(mm)	配筋	混合砂浆强度等级	过梁净跨l_n(m) 0.8	0.9	1.0	1.2	1.5	墙厚b(mm)	配筋	混合砂浆强度等级	过梁净跨l_n(m) 0.8	0.9	1.0	1.2	1.5
180	2φ5	M5	8.8	8.8	8.8	8.8	8.8	370	4φ5	M5	18.09	18.09	18.09	18.09	18.09
		M7.5	11.2	11.2	11.2	11.2	11.2			M7.5	23.02	23.02	23.02	23.02	23.02
	2φ6	M5	8.8	8.8	8.8	8.8	8.8		4φ6	M5	18.09	18.09	18.09	18.09	18.09
		M7.5	11.2	11.2	11.2	11.2	11.2			M7.5	23.02	23.02	23.02	23.02	23.02
240	3φ5	M5	11.73	11.73	11.73	11.73	11.73	490	5φ5	M5	23.96	23.96	23.96	23.96	23.96
		M7.5	14.93	14.93	14.93	14.93	14.93			M7.5	30.49	30.49	30.49	30.49	30.49
	3φ6	M5	11.73	11.73	11.73	11.73	11.73		5φ6	M5	23.96	23.96	23.96	23.96	23.96
		M7.5	14.93	14.93	14.93	14.93	14.93			M7.5	30.49	30.49	30.49	30.49	30.49

注：1. 本表按受弯承载力条件及剪力承载力条件求出荷载较小值采用。
　　2. 过梁计算高度按$l_n/3$采用。
　　3. 钢筋重心至下边缘距离$a_s=15$mm，采用HPB300钢筋。
　　4. 过梁计算高度$l_n/3$范围内不允许开洞，在此范围内的梁板荷载，应另行考虑。见 3 。

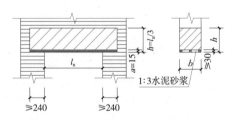
1:3水泥砂浆

钢筋砖过梁底面砂浆层处的钢筋直径不应小于5mm，间距不宜大于120mm。

3 钢筋砖过梁

砖砌平拱允许均布荷载值p❶（单位：kN/m）　　　　　　表4

墙厚(mm)	240			370			490		
混合砂浆强度等级	M5	M7.5	≥M10	M5	M7.5	≥M10	M5	M7.5	≥M10
[p]	8.18	10.31	11.73	12.61	15.90	18.09	16.70	21.05	23.96

注：1. 本表按受弯承载力条件算出。
　　2. 平拱构造高度均为240mm，计算高度为$l_n/3$。
　　3. 砖不应小于MU10，当采用纯水泥砂浆砌筑时，[p]值应乘以0.80采用。
　　4. 过梁计算高度范围内不允许开洞，如有梁板荷载，则应在计算高度以上，见 4 。

❶ 苑振芳. 砌体结构手册.（第四版）.北京：中国建筑工业出版社，2013.

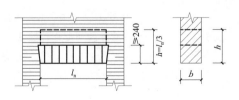

4 砖砌平拱过梁

6
建筑结构

圈梁

　　圈梁是沿砌体墙水平方向设置成封闭状的现浇钢筋混凝土梁式构件。

　　当圈梁被门窗洞口截断时，应在洞口上部增设相同截面的附加圈梁。附加圈梁与圈梁的搭接长度不应小于其中到中垂直间距的2倍，且不得小于1m。

圈梁的设置要求　　　　　　　　　　　　　　　　表1

房屋类型	圈梁设置要求
单层砖柱厂房	1.柱顶处沿外墙及承重内墙设置。 2.8度时还应沿墙高每隔3~4m增设。 3.圈梁截面高度≥180mm，配筋≥4φ12。 4.地基为软弱黏性土、液化土、新近填土或严重不均匀土层时，应设基础圈梁。 5.兼作门窗过梁或抵抗不均匀沉降时，截面及配筋根据实际受力计算确定，并满足抗震要求。 6.墙顶圈梁应与柱顶垫块现浇。
单层空旷房屋	1.舞台口大梁上承重砌体墙应设置间距不大于3m的圈梁，圈梁截面及配筋符合多层砌体房屋的要求。 2.大柱(墙)顶标高处应设置圈梁，并沿墙高每隔3m左右增设一道。 3.圈梁截面高度≥180mm，配筋≥4φ12，箍筋间距≤200mm。 4.大厅与两侧附属房间不设防震缝时，应在同一标高处设置封闭圈梁并在交接处拉通。
多层砌体房屋	圈梁设置应满足本资料集"建筑抗震"专题的有关规定

注：1.表中单层砖柱厂房是指6~8度区内的烧结普通砖（黏土砖、页岩砖）、混凝土普通砖砌筑的砖柱（墙垛）承重的下列中小型单层工业厂房：
　　（1）单跨和等高多跨且无桥式起重机。
　　（2）跨度不大于15m且柱顶标高不大于6.6m。
　　2.表中单层空旷房屋是指下列较空旷的单层大厅和附属房屋组成的公共建筑：
　　（1）6度、7度（0.10g）时的大厅；
　　（2）大厅内无挑台；
　　（3）7度（0.10g）时，大厅跨度≤12m或柱顶高度≤6m；
　　（4）6度时，大厅跨度≤15m或柱顶标高≤8m。

挑梁

　　挑梁系嵌固在砌体中的悬挑式钢筋混凝土梁，一般指房屋中的阳台挑梁、雨篷挑梁或外廊挑梁。

　　挑梁应进行抗倾覆验算，尚应符合《混凝土结构设计规范》GB 50010的有关规定。挑梁埋入砌体的长度与挑出长度之比宜>1.2，当挑梁上部无砌体时宜>2。

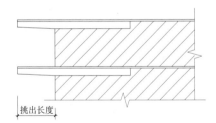

1 挑梁示意图

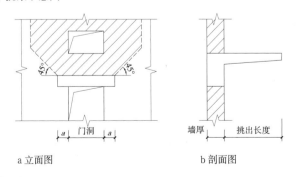

　　a 立面图　　　　　　　　b 剖面图

2 雨篷示意图

墙梁

　　墙梁是由钢筋混凝土托梁和托梁上计算高度范围内的砌体墙组成的组合构件，包括简支墙梁、连续墙梁和框支墙梁。

　　1.墙梁设计应符合下列规定。
　　（1）墙梁的一般规定见表2。

墙梁的一般规定　　　　　　　　　　　　　　　　表2

墙梁类别	墙体总高度（m）	跨度（m）	墙体高跨比 h_w/l_{0i}	托梁高跨比 h_b/l_{0i}	洞宽比 b_h/l_{0i}	洞高 h_h
承重墙梁	≤18	≤9	≥0.4	≥1/10	≤0.3	≤5h_w/6 且h_w-h_h≥0.4m
自承重墙梁	≤18	≤12	≥1/3	≥1/15	≤0.8	—

注：墙梁总高度指托梁顶面到檐口的高度，带阁楼的坡屋面应算到山尖墙1/2高度处。

　　（2）墙梁计算高度范围内每跨允许设置一个洞口，洞口高度，对窗洞取洞顶至托梁顶面的距离。对自承重墙梁，洞口至边支座中心的距离不应小于0.1l_{0i}，门窗洞上口至墙顶的距离不应小于0.5m。

　　（3）洞口边缘至支座中心的距离，距边支座不应小于0.15l_{0i}，距中支座不应小于0.07l_{0i}。托梁支座处上部墙体设置混凝土构造柱，且构造柱边缘至洞口边缘的距离不小于240mm时，洞口边至支座中心的距离可不受本规定限制。

　　（4）托梁高跨比，对无洞口墙梁不宜大于1/7，对靠近支座有洞口的墙梁不宜大于1/6。配筋砌块砌体墙梁的托梁高跨比可适当放宽，但不宜小于1/14；当墙梁结构中的墙体均为配筋砌块砌体时，墙体总高度可不受本规定限制。

　　2.墙梁的构造应符合下列规定：
　　（1）托梁和框支柱的混凝土强度等级不应低于C30。
　　（2）承重墙梁的块体强度等级不应低于MU10，计算高度范围内墙体的砂浆强度等级不应低于M10（Mb10）。
　　（3）框支墙梁的上部砌体房屋，以及设有承重的简支墙梁或连续墙梁的房屋，应满足刚性方案房屋的要求。
　　（4）墙梁的计算高度范围内的墙体厚度，对砖砌体不应小于240mm，对混凝土砌块砌体不应小于190mm。
　　（5）墙梁洞口上方应设置混凝土过梁，其支承长度不应小于240mm；洞口范围内不应施加集中荷载。
　　（6）承重墙梁的支座处应设置落地翼墙，翼墙厚度，对砖砌体不应小于240mm，对混凝土砌块砌体不应小于190mm，翼墙宽度不应小于墙梁墙体厚度的3倍，并与墙梁墙体同时砌筑。当不能设置翼墙时，应设置落地且上、下贯通的混凝土构造柱。
　　（7）当墙梁墙体在靠近支座1/3跨度范围内开洞时，支座处应设置落地且上、下贯通的混凝土构造柱，并应与每层圈梁连接。
　　（8）墙梁计算高度范围内的墙体，每天可砌筑高度不应超过1.5m，否则，应加设临时支撑。
　　（9）托梁两侧各两个开间楼盖应采用现浇混凝土楼盖，楼板厚度不应小于120mm，当楼板厚度大于150mm时，应采用双层双向钢筋网，楼板上应少开洞，洞口尺寸大于800mm时应设洞口边梁。
　　（10）承重墙梁的托梁在砌体墙、柱上的支承长度不应小于350mm。

6
建筑结构

材料要求

　　木结构是以木材为主制作的结构。木材是取材容易、加工简单、绿色环保，强重比高的结构材料。木材强度受木节、斜纹及裂纹等天然缺陷的影响很大，且需采取防腐、防虫、防火等安全措施。

常用树种木材的主要特性　　　　　　　　　　表1

树种	主要特性
落叶松	干燥较慢、易开裂，早晚材硬度及干缩差异均大，在干燥过程中容易轮裂，耐腐性强
铁杉	较易干燥，干缩小至中，耐腐性中等
云杉	易干燥，干后不易变形，干缩较大，不耐腐
马尾松、云南松、赤松、樟子松、油松等	干燥时可能翘裂，不耐腐，最易受白蚁危害，边材蓝变最常见
红松、华山松、广东松、海南五针松、新疆红松等	易干燥，不易开裂或变形，干缩小，耐腐性中等，边材蓝变最常见
栎木及槲木	干燥困难，易开裂，干缩甚大，强度高、甚重、甚硬，耐腐性强
青冈	难干燥，较易开裂，可能劈裂，干缩甚大，耐腐性强
水曲柳	难干燥，易翘裂，耐腐性较强
桦木	较易干燥，不翘裂，但不耐腐

注：摘自《木结构设计规范》GB 50005-2003。

各级木材的使用范围　　　　　　　　　　　　表2

木材	项次	主要用途		材质等级
原木方木板材	1	受拉或拉弯构件		I_a
	2	受弯或压弯构件		II_a
	3	受压构件及次要受弯构件（如吊顶小龙骨等）		III_a
胶合木板材	1	受拉或拉弯构件		I_b
	2	受压构件（不包括桁架上弦和拱）		III_b
	3	桁架上弦或拱，高度不大于500mm的胶合梁	（1）构件上、下边缘各0.1h区域，且不少于两层板；	II_b
			（2）其余部分	III_b
	4	高度大于500mm的胶合梁	（1）梁的受拉边缘0.1h区域，且不少于两层板；	I_b
			（2）距受拉边缘0.1h~0.2h区域；	II_b
			（3）受压边缘0.1h区域，且不少于两层板；	II_b
			（4）其余部分	III_b
	5	侧立腹板工字梁	（1）受拉翼缘板；	I_b
			（2）受压翼缘板；	II_b
			（3）腹板	III_b
轻型木结构规格材	1	用于对强度、刚度和外观有较高要求的构件		I_c
	2			II_c
	3	用于对强度、刚度有较高要求而对外观有一般要求的构件		III_c
	4	用于对强度、刚度有较高要求而对外观无要求的普通构件		IV_c
	5	用于墙骨柱		V_c
	6	除上述用途外的构件		VI_c
	7			VII_c

注：摘自《木结构设计规范》GB 50005-2003。

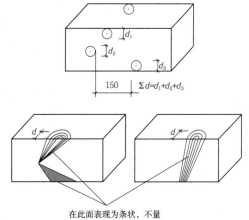

1 木节量法

　　150　Σd=d₁+d₂+d₃

在此面表现为条状，不量

承重木结构用木材材质标准　　　　　　　　　　表3

木材	项次	缺陷名称	材质等级 I_a	材质等级 II_a	材质等级 III_a	备注
承重结构方木	1	腐朽	不允许	不允许	不允许	1.对于死节（包括松软节和腐朽节），除按一般木节测量外，必要时尚应按缺孔验算；若死节有腐朽迹象，则应经局部防腐处理后使用；2.木节尺寸按垂直于构件长度方向测量，木节表现为条状时，在条状的一面不量（见附图），直径小于10mm的活节不量
	2	木节	在构件任一面任何150mm长度上所有木节尺寸的总和，不得大于所在面宽 1/3（连接部位为1/4）	2/5	1/2	
	3	斜纹	任何1m材长上平均倾斜高度，不得大于 50mm	80mm	120mm	
	4	髓心	应避开受剪面	不限	不限	
	5	裂缝	1.在连接部位的受剪面上 不允许	不允许	不允许	
			2.在连接部位的受剪面附近，其裂缝深度（有对面裂缝时两者之和）不得大于材宽 1/4	1/3	不限	
	6	虫蛀	允许有表面虫沟，不得有虫眼			
承重结构板材	1	腐朽	不允许	不允许	不允许	对于死节（包括松软节和腐朽节），除按一般木节测量外，必要时尚应按缺孔验算；若死节有腐朽迹象，则应经局部防腐处理后使用
	2	木节	在构件任一面任何150mm长度上所有木节尺寸的总和，不得大于所在面宽 1/4（连接部位为1/5）	1/3	2/5	
	3	斜纹	任何1m材长上平均倾斜高度，不得大于 50mm	80mm	120mm	
	4	髓心	不允许	不允许	不允许	
	5	裂缝	在连接部位的受剪面及其附近 不允许	不允许	不允许	
	6	虫蛀	允许有表面虫沟，不得有虫眼			
承重结构原木	1	腐朽	不允许	不允许	不允许	1.对于死节（包括松软节和腐朽节），除按一般木节测量外，必要时尚应按缺孔验算；若死节有腐朽迹象，则应经局部防腐处理后使用；2.木节尺寸按垂直于构件长度方向测量，直径小于10mm的活节不量；3.对于原木的裂缝，可通过调整其方位（使裂缝尽量垂直于构件的受剪面）予以使用
	2	木节	1.在构件任一面任何150mm长度上沿周长所有木节尺寸的总和，不得大于所测部位原木周长的 1/4	1/3	不限	
			2.每个木节的最大尺寸，不得大于所测部位原木周长的 1/10（连接部位为1/12）	1/6	1/6	
	3	扭纹	小头1m材长上倾斜高度不得大于 80mm	120mm	150mm	
	4	髓心	应避开受剪面	不限	不限	
	5	虫蛀	允许有表面虫沟，不得有虫眼			
胶合木结构用板材	1	腐朽	不允许	不允许	不允许	1.同方木注；2.按本标准选取配料时，尚应注意避免在制成的胶合构件的连接受剪面上有裂缝；3.对于有过大缺陷的木材，可裁去缺陷部分，经重新接长后按所定级别使用
	2	木节	1.在构件任一面任何200mm长度上所有木节尺寸的总和，不得大于所在面宽的 1/3	2/5	1/2	
			2.在木板指接及其两端各100mm范围内 不允许	不允许	不允许	
	3	斜纹	任何1m材长上平均倾斜高度，不得大于 50mm	80mm	150mm	
	4	髓心	不允许	不允许	不允许	
	5	裂缝	1.在木板窄面上的裂缝，其深度（有对面裂缝时两者之和）不得大于板宽的 1/4	1/3	1/2	
			2.在木板宽面上的裂缝，其深度（有对面裂缝两者之和）不得大于板厚的 不限	不限	对侧立腹板工字梁的腹板：1/3，对其他板材不限	
	6	虫蛀	允许有表面虫沟，不得有虫眼			
	7	涡纹	在木板指接及其两端各100mm范围内 不允许	不允许	不允许	

注：摘自《木结构设计规范》GB 50005-2003。

6 建筑结构

材料要求

轻型木结构用规格材材质标准 ［1］［2］   表1

项次	缺陷名称	材质等级						
		I_c	II_c	III_c	IV_c	V_c	VI_c	VII_c
1	振裂和干裂	允许个别长度不超过600mm，不贯通		贯通：长度不超过600mm；不贯通：长度不超过900mm或L/4	贯通：L/3 不贯通：全长 三面环裂：L/6	不贯通：全长 贯通和三面环裂：L/3	材面：长度不超过600mm	贯通：长度不超过600mm 不贯通：长度不超过900mm或不大于L/4
2	漏刨	构件的10%轻度漏刨［3］		5%构件含有轻度漏刨［5］，或重度漏刨［4］，600mm	10%轻度漏刨伴有重度漏刨［4］	任何面中的轻度漏刨中，宽度含10%的重度漏刨［4］	构件的10%轻度漏刨	轻度漏刨［5］占构件的5%，或重度漏刨［4］，600mm
3	劈裂	b		1.5b	b/6	2b	b	3b/2
4	斜纹：斜率不大于	1:12	1:10	1:8	1:4	1:4	1:6	1:4
5	钝棱［6］	不超过h/4和b/4，全长或等效材面；如果每边钝棱不超过h/2或b/3，L/4		不超过h/3和b/3，全长或等效材面；如果每边钝棱不超过2h/3或b/2，L/4	不超过h/2和b/2，全长或等效材面；如果每边钝棱不超过7h/8或3b/4，L/4	不超过h/3和b/4，全长或等效材面；如果每边钝棱不超过h/3或3b/4，L/4	不超过h/4和b/4，全长或等效材面；如果每边钝棱不超过h/2或3b/4，L/4	不超过h/3和b/3，全长或等效材面；如果每边钝棱不超过2h/3或b/2，L/4
6	针孔虫眼	每25mm的节孔允许48个针孔虫眼，以最差材面为准				每25mm的节孔允许48个针孔虫眼，以最差材面为准		
7	大虫眼	每25mm的节孔允许12个6mm的大虫眼，以最差材面为准				每25mm的节孔允许12个6mm的大虫眼，以最差材面为准		
8	腐朽：材心［16］a	不允许		当h＞40mm时，不允许，否则h/3或b/3	1/3截面［12］	1/3截面［14］	不允许	h/3或b/3
9	腐朽：白腐［16］b	不允许		1/3体积		无限制	不允许	1/3体积
10	腐朽：蜂窝腐［16］c	不允许		1/6材宽［12］—坚实［12］	100%坚实	100%坚实	不允许	b/6
11	腐朽：局部片状腐［16］d	不允许		1/6材宽［12］、［13］	1/3截面	1/3截面	不允许	L/6［13］
12	腐朽：不健全材	不允许		最大尺寸b/12和50mm长，或等效的多个小尺寸［12］	1/3截面，深入部分L/6长度［14］	1/3截面，深入部分L/6［14］	不允许	最大尺寸b/12和50mm长，或等效的小尺寸［12］
13	扭曲，横弯和顺弯［7］	1/2中度		轻度	中度	1/2中度	1/2中度	轻度

| 项次 | 高度(mm) | 健全，均匀分布的死节(mm) 材边 | 死节和节孔［8］(mm) 材心 | 死节和节孔 | 健全，均匀分布的死节(mm) 材边 | 死节和节孔［9］(mm) 材心 | 节孔［9］(mm) | 任何节子(mm) 材边 | 材心 | 节孔［10］(mm) | 任何节子(mm) 材边 | 材心 | 节孔［11］(mm) | 任何节子(mm) 材边 | 材心 | 节孔［11］(mm) | 健全，均匀分布的死节(mm) | 死节和节孔［9］(mm) | 任何节子(mm) | 节孔［10］(mm) |

节子和节孔［15］表：

14 高度(mm)	I_c 健全，均匀分布的死节 材边	I_c 材心	死节和节孔［8］	II_c 健全，均匀分布的死节 材边	II_c 材心	节孔［9］	III_c 任何节子 材边	III_c 材心	节孔［10］	IV_c 任何节子 材边	IV_c 材心	节孔［11］	V_c 任何节子 材边	V_c 材心	节孔［11］	VI_c 健全，均匀分布的死节	VI_c 死节和节孔［9］	VII_c 任何节子	VII_c 节孔［10］
40	10	10	10	13	13	13	16	16	16	19	19	19	19	19	19	—	—	—	—
65	13	13	13	19	19	19	22	22	22	32	32	32	32	32	32	19	16	25	19
90	19	22	19	25	38	25	32	51	32	44	64	44	44	64	38	32	19	38	25
115	25	38	22	32	48	29	41	60	35	57	76	48	57	76	44	38	25	51	32
140	29	48	25	38	57	32	48	73	48	70	95	51	70	95	51	—	—	—	—
185	38	57	32	51	70	38	64	89	51	89	114	64	89	114	64	—	—	—	—
235	48	67	32	64	93	38	83	108	64	114	140	76	114	140	76	—	—	—	—
285	57	76	32	76	95	38	95	121	76	140	165	89	140	165	89	—	—	—	—

注：1. ［1］目测分等级应考虑构件所有材面以及两端。表中，b—构件宽度，h—构件厚度，L—构件长度。
2. ［2］除本注已说明，缺陷定义详见国家标准《锯材缺陷》GB/T 4832。
3. ［3］深度不超过1.6mm的一组漏刨，漏刨之间的表面刨光。
4. ［4］重度漏刨为宽面上深度为3.2mm，长度为全长的漏刨。
5. ［5］轻度漏刨，或全部糙面。
6. ［6］离材端全部或部分占据材面的钝棱，当表面要求满足允许漏刨规定，窄面上破坏要求满足允许节孔的规定（长度不超过同一等级最大节孔直径的2倍），钝棱的长度可为300mm，每根构件允许出现一次。含有该缺陷的构件不得超过总数的5%。
7. ［7］顺弯允许值是横弯值的2倍。
8. ［8］每1.2m有一个或数个小节孔，小节孔直径之和与单个节孔直径相等。
9. ［9］每0.9m有一个或数个小节孔，小节孔直径之和与单个节孔直径相等。
10. ［10］每0.6m有一个或数个小节孔，小节孔直径之和与单个节孔直径相等。
11. ［11］每0.3m有一个或数个小节孔，小节孔直径之和与单个节孔直径相等。

12. ［12］仅允许厚度为40mm。
13. ［13］假如构件窄面均有局部片状腐，长度限制为节孔尺寸的2倍。
14. ［14］不得破坏钉入边。
15. ［15］节孔可全部或部分贯穿构件。除非特别说明，节孔的测量方法同节子。
16. ［16］a材心腐朽是指某些树种沿髓心发展的局部腐朽，用目测鉴定。心材腐朽存在于活树中的木材中，在被砍伐时不会发展。
17. ［16］b白腐是指材中白色或棕色的小壁孔或斑点，由白腐菌引起。白腐存在于活树中，在使用时不会发展。
18. ［16］c蜂窝腐与白腐相似但囊孔更大。含有蜂窝腐的构件较未含蜂窝腐的构件不易腐朽。
19. ［16］d局部片状腐是柏树中槽状或壁孔状的区域。所有引起局部片状腐的木腐菌在树砍伐后不再生长。
20. 本表摘自《木结构设计规范》GB 50005-2003。

普通木结构用木材的强度设计值和弹性模量   表2

强度等级	组别	适用树种	抗弯 f_m	顺纹抗压及承压 f_c	顺纹抗拉 f_t	顺纹抗剪 f_v	横纹承压 f_{c,90} 全表面	局部表面和齿面	拉力螺栓垫板下	弹性模量 E
TC17	A	柏木、长叶松、湿地松、粗皮落叶松	17	16	10	1.7	2.3	3.5	4.6	10000
	B	东北落叶松、欧洲赤松、欧洲落叶松		15	9.5	1.6				
TC15	A	铁杉、油杉、太平洋海岸黄柏、花旗松—落叶松、西部铁杉、南方松	15	13	9.0	1.6	2.1	2.1	4.2	10000
	B	鱼鳞云杉、西南云杉、南亚松		12	9.0	1.5				
TC13	A	油杉、新疆落叶松、云南松、马尾松、扭叶松、北美落叶松、海岸松	13	12	8.5	1.5	1.9	2.9	3.8	10000
	B	红皮云杉、丽江云杉、樟子松、红松、西加云杉、俄罗斯红松、欧洲云杉、北美山地云杉、北美短叶松		10	8.0	1.4				9000
TC11	A	西北云杉、新疆云杉、北美黄松、云杉—松—冷杉、铁—冷杉、东部铁杉、杉木	11	10	7.5	1.4	1.8	2.7	3.6	9000
	B	冷杉、速生杉木、速生马尾松、新西兰辐射松		10	7.0	1.2				
TB20	—	青冈、椆木、门格里斯木、卡普木、沉水稍、克隆木、绿心木、紫心木、李叶豆、塔特布木	20	18	12	2.8	4.2	6.3	8.4	12000
TB17	—	栎木、达荷玛木、萨佩莱木、苦油树、毛罗藤黄	17	16	11	2.4	3.8	5.7	7.6	11000
TB15	—	锥栗（栲木）、桦木、黄梅兰蒂、梅萨瓦木、水曲柳、红劳罗木	15	14	10	2.0	3.1	4.7	6.2	10000
TB13	—	深红梅兰蒂、浅红梅兰蒂、白梅兰蒂、巴西红厚壳木	13	12	9.0	1.4	2.4	3.6	4.8	8000
TB11	—	大叶椴、小叶椴	11	10	8.0	1.3	2.1	3.2	4.1	7000

注：1. 当设计使用年限非50年，在非正常温湿度环境时，表中的设计指标应按《木结构设计规范》GB 50005-2003进行修正。
2. 本表摘自《木结构设计规范》GB 50005-2003。

木结构建筑特点

　　木结构建筑是节能、环保的绿色建筑，其优点是木材为可再生资源，安全可靠，适合人居；可工厂化、标准化生产，降低劳动强度，施工周期短。木结构建筑的缺点是木材的各种天然缺陷，各向异性和材料的不可焊接性，造成木结构设计的复杂性和连接的复杂化；木材作为有机物，易受不良环境的腐蚀和虫蛀；因为木结构的可燃性，所以要采取防火安全措施。

　　国际上不少的住宅、学校、商场、办公楼等建筑，甚至一些大型体育馆、展览馆等仍以木材为主要材料来建造。

木结构连接

螺栓排列的最小间距　　表1

排列形式	两纵行齐列	两纵行错列
顺纹端距s_0	7d	7d
s'_0	7d	7d
顺纹中距s_1	7d	10d
横纹中距s_2	3.5d	2.5d
横纹边距s_3	3d	3d

螺栓连接中木构件最小厚度　　表2

连接形式	单剪连接	对称双剪连接
c	7d	5d
a	当d<18mm时：2.5d；当d≥18mm时：4d	

钉连接中木构件最小厚度　　表3

连接形式	木构件的最小厚度
对称双剪连接	c≥8d；a≥4d
单剪连接	c≥10d；a≥4d

钉排列的最小间距　　表4

间距名称	最小间距
顺纹中距s_1	$a≥10d$时：15d；$10d>a>4d$时按插值；$a=4d$时：25d
顺纹端距s_0	15d
横纹边距s_3	4d
横纹中距s_2	齐列：4d；错列或斜列：3d

注：表1~表4中：c—中部构件的厚度或单剪连接中较厚构件的厚度；a—边部构件的厚度或单剪连接中较薄构件的厚度；d—螺栓的直径。

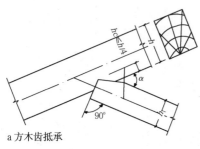

构造规定：
1. 承压面应与所连接的压杆轴线垂直。
2. 刻槽深度h_c按计算确定，但应不大于$h/4$，且不小于20mm。
3. 压杆轴线应通过承压面中心。

a 方木齿抵承

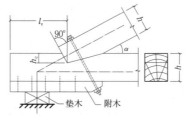

b 方木单齿和双齿连接

构造规定：
1.承压面应与所连接的压杆轴线垂直。
2.齿深h，按计算确定，但应不大于$h/3$，且不小于20mm。
3.压杆轴线应通过承压面中心。

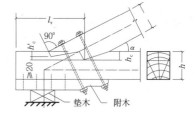

4.剪面长度l_v按计算确定，但应不小于$4.5h_c$。
5.双齿连接：$h_c-h'_c≥20mm$。

1 齿连接

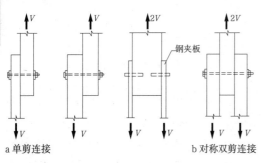

a 单剪连接　　　b 对称双剪连接

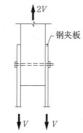

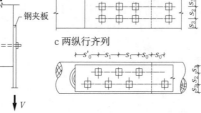

c 两纵行齐列

d 两纵行错列

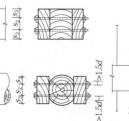

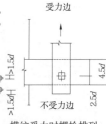

e 横纹受力时螺栓排列

2 螺栓连接

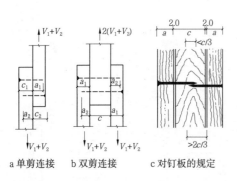

a 单剪连接　　b 双剪连接　　c 对钉板的规定

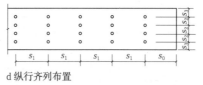

d 纵行齐列布置

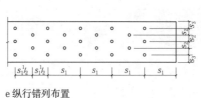

e 纵行错列布置

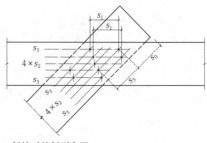

f 平接时的斜列布置

g 斜接时的斜列布置

3 钉连接

木结构体系

木屋盖、木屋架优点是易于取材，加工方便，质轻且强；缺点是木材各向异性，有木节、裂纹等天然缺陷，易腐、易蛀、易燃、易裂和翘曲。原木下弦木屋架适用于跨度不超过15m，方木下弦木屋架适用于跨度不大于12m，钢木屋架适用于跨度不超过18m。当室内空气相对湿度不超过70%、室内温度不超过50℃、吊车起重量不超过5t、悬挂吊车不超过1t时，钢木屋架采用钢下弦和钢拉杆，受力合理，安全可靠。木屋盖还可采用胶合木梁作为承重构件。

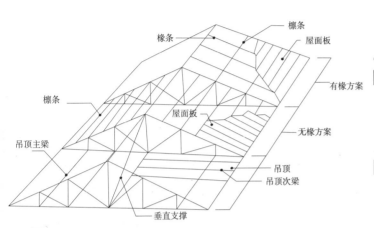

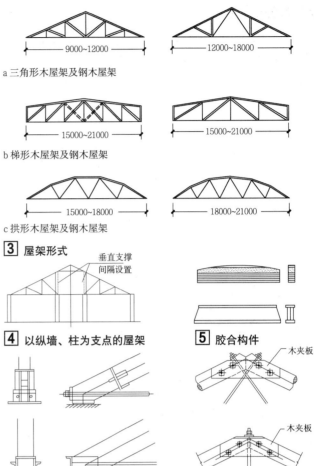

a 三角形木屋架及钢木屋架

b 梯形木屋架及钢木屋架

c 拱形木屋架及钢木屋架

3 屋架形式

4 以纵墙、柱为支点的屋架 **5** 胶合构件

1 木屋盖结构组成

木屋盖的支撑系统

木屋盖应根据结构的形式和跨度、屋面构造及荷载等情况，选用上弦横向支撑或垂直支撑，但当房屋跨度较大或有锻锤、吊车等振动影响时，除应设置上弦横向支撑外，尚应设置垂直支撑。

为了传递山墙传来的风力、吊车纵向刹车力、地震力以及其他水平力，木屋盖的上弦需设支撑。跨度小于9m的密铺屋面板屋盖、与其他刚度较大的建筑物相连的屋盖和四坡顶屋盖可不设支撑。

6 钢木屋架支座节点构造示意 **7** 屋架脊节点构造示意

木屋架的天窗

天窗包括单面天窗和双面天窗。当设置双面天窗时，天窗架的跨度不应大于屋架跨度的1/3。天窗的立柱，应与桁架上弦牢固连接。当采用通长木夹板时，夹板不宜与桁架下弦直接连接。

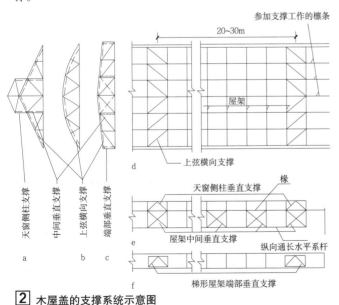

2 木屋盖的支撑系统示意图

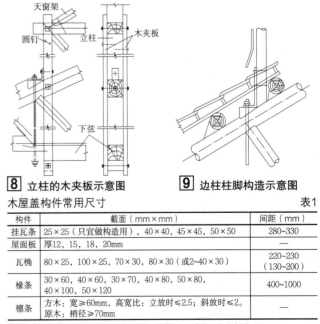

8 立柱的木夹板示意图 **9** 边柱柱脚构造示意图

木屋盖构件常用尺寸   表1

构件	截面（mm×mm）	间距（mm）
挂瓦条	25×25（只宜做构造用），40×40，45×45，50×50	280~330
屋面板	厚12，15，18，20mm	—
瓦楄	80×25，100×25，70×30，80×30（或2~40×30）	220~230（130~200）
椽条	30×60，40×60，30×70，40×80，50×80，40×100，50×120	400~1000
檩条	方木：宽≥60mm，高宽比：立放时≤2.5；斜放时≤2。原木：梢径≥70mm	—

注：本表摘自建筑设计资料集（第二版）．北京：中国建筑工业出版社，1994.

6
建筑结构

木屋盖的吊顶

吊顶是顶棚装饰构件与保温层的承重构件,可以将上部屋架结构、水暖设备管线以及保温材料等有效遮蔽。

吊顶一般设在屋架的下弦,其受力构件的布置通常有三种情况:主梁垂直于下弦,搁栅平行于下弦;主梁和搁栅都垂直于下弦布置;不设主梁,搁栅垂直于下弦。

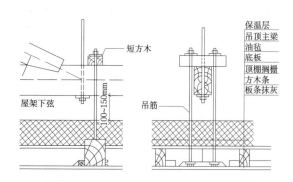

1 吊顶构造示意图

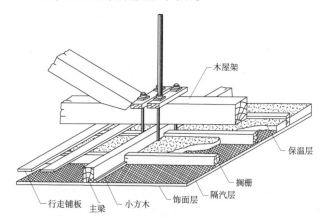

2 透视图

方木吊顶搁栅容许线荷载❶(单位: N/m) 表1

强度等级	截面 b(mm)	截面 h(mm)	跨度 L (mm)								
			1200	1300	1400	1500	1600	1700	1800	2000	2250
强度等级 TC17	30	70	940	680	490	350	230	140	—		
	40	60	880	640	460	320	200	—	—	—	—
	40	70	1630	1280	1020	830	690	550	430	250	—
	40	80	2430	1910	1530	1240	1020	850	720	520	370
	50	70	2030	1600	1280	1040	860	710	600	440	310
	50	80	3030	2390	1910	1550	1280	1070	900	660	460
	50	90	4230	3400	2720	2210	1820	1520	1280	930	660
强度等级 TC15	30	70	640	430	280	160	—				
	40	60	600	400	240	130	—	—	—	—	—
	40	70	1380	1060	820	630	480	360	260	110	—
	40	80	2280	1830	1480	1200	980	800	660	430	250
	50	70	2030	1600	1280	1040	860	710	580	380	200
	50	80	3030	2390	1910	1550	1280	1070	900	660	460
	50	90	3730	3170	2720	2210	1820	1520	1280	430	660
强度等级 TC13	30	40	350	180	—						
	40	60	310	150	—						
	40	70	980	730	530	380	260	160	—	—	—
	40	80	1770	1390	1100	880	690	550	430	250	110
	50	70	1620	1270	990	780	610	480	360	190	—
	50	80	2590	2090	1710	1400	1160(1150)	960	790	540	330
	50	90	3230	2690	2360	2050(1990)	1800(1640)	1510(1370)	1280(1150)	930(840)	640(590)
强度等级 TC11	40	70	590	390	240	130	—				
	40	80	1250	950	730	540	400	290	200	—	—
	50	70	1130	850	630	470	330	230	140	—	—
	50	80	1950	1520	1220	990	790	630	610	320	160
	50	90	2730	2320	1930	1590	1320	1100	920	650	420

注: 1. 表中吊顶搁栅的容许线荷载(已扣除自重),已考虑第一种荷载组合(恒载加活载)和第二种荷载组合(恒载和800N施工集中荷载),以及考虑恒载时,木材强度设计值和弹性模量的调整系数0.8。
2. 本表按标准荷载编制,使用本表时,取强度计算中设计荷载值除以1.2及挠度计算中计算荷载值得的最大者查表。
3. 表内强度等级TC13栏中,凡有两排数值者,无括号数值仅用于TC13A,有括号数值仅用于TC13B。
4. 表中b为截面宽度,h为截面高度,以下各表相同。
5. 吊顶构造如 ① 所示,当搁栅直接支承(或吊)于屋架下弦节间时,必须对下弦作偏心受拉的强度验算。

❶ 建筑设计资料集(第二版).北京:中国建筑工业出版社,1994.

方木吊顶主梁容许荷载❶(单位: N/m) 表2

截面 b(mm)	截面 h(mm)	跨度 L (mm)							
		2400	2700	3000	3300	3400	3600	3900	4000
50	120	1240	860	620	460	410	340	260	240
	140	1990 / 2670	1390	1000	740	610	560	430	400
	150	2460 / 3070	1710	1240	920	830	700	540	500
60	120	1490	1040	740	550	500	410	310	290
	140	2390 / 3210	1660	1200	890	810	670	520	480
	150	2950 / 3690	2050	1480	1100	1000	830	650	590
	160	4200	2500 / 3300	1810	1340	1220	1020	790	730
	180	—	4200	2600 / 3390	1940	1770	1480	1150	1070
70	120	1750	1220	880	650	590	490	380	350
	140	2790	1940	1400	1040	940	780	600	560
	150	3440 / 4300	2400	1730	1280	1170	970	750	690
	160	4900	2920 / 3850	2110	1570	1430	1190	920	850
	180	—	4890	3020 / 3940	2250	2050	1720	1330	1230
80	140	3180 / 4270	2220	1600	1180	1080	900	690	640
	150	3930 / 4910	2740	1980	1470	1330	1110	860	790
	160	—	3330 / 4440	2410	1790	1630	1360	1050	970
	180	—	—	3450 / 4500	2570	2340	1960	1520	1410
	200	—	—	3550 / 4590	3240 / 4310	2710		2110	1950

注: 1. 表中容许线荷载值(已扣除构件自重),粗折线以左:短横线以上系按挠度算得的荷载标准值,短横线以下及仅有一排数值者系第一种荷载组合算得的荷载设计值;粗折线以右:短横线以上及仅有一排数值者系按挠度算得的荷载标准值,短横线以下系按第二种荷载组合算得的荷载设计值。
2. 本表按强度等级TC15编制的,当用于其他强度等级的树种时,应将计算所得的线荷载,乘以换算系数再查表。

$$强度换算系数 = \frac{表中采用的木材强度等级}{拟采用的木材强度等级}$$

$$挠度换算系数 = \frac{表中采用的木材弹性模量}{拟采用的木材弹性模量}$$

挂瓦条、屋面板、椽条截面选用表

在表1～表3中，挂瓦条、屋面板、椽条的容许恒荷载g系按第二种荷载组合（恒载和800N集中荷载），算得由强度控制的（扣除构件自重）恒载g的最大极限值。g值是沿构件长度的水平投影线荷载值（N/m）。

在表4、表5中，容许线荷载值已扣除构件自重。粗折线以左：短横线以上系按挠度算得的荷载标准值，短横线以下及仅有一排数值者，系按强度第一种荷载组合算得的荷载设计值；粗折线以右：短横线以上及仅有一排数值者，是按挠度算得的荷载标准值，短横线以下系按强度第二种荷载组合算得的荷载设计值。

挂瓦条容许恒荷载❶（单位：N/m）　　表1

截面(mm×mm)	木材	\multicolumn{9}{c}{挂瓦条的计算跨度l（mm）}	截面(mm×mm)
		400	450	500	550	600	650	700	750	800	
40×40 (35×35)	TC17	—	(940)	—	—	—	830	380	—	—	45×45
	TC15	(980)	—	1280	620	130	—	1180	770	—	
	TC13	—	—	1040	310	—	830	430	120	—	
	TC11	—	650	—	—	890	370	—	—	—	

注：粗折线以左为截面40×40的容许恒荷载值，有括号者为截面35×35的容许恒荷载值；粗折线以右为截面45×45的容许恒荷载值。

密铺屋面板容许恒荷载❶（单位：N/m）　　表2

板厚(mm)	木材强度等级	\multicolumn{10}{c}{板的水平投影计算跨度l（mm）}
		550	600	650	700	750	800	850	900	950	1000
12/15	TC17	—	—	—	1420	240	—	—	—	—	2120
	TC15	—	2280	620	—	—	—	2040	1210	540	
	TC13	1260	—	—	—	1910	910	130			
	TC11	—	—	1620	420						

注：1. 表中容许恒荷载值系按板宽1m计算。
2. 粗折线以左为板厚12mm的容许恒荷载值，粗折线以右为板厚15mm的容许恒荷载值。

原木檩条容许线荷载❶（单位：N/m）　　表3

原木中径(mm)	\multicolumn{10}{c}{计算跨度l（mm）}
	2400	2700	3000	3300	3400	3600	3900	4000	4200	4500
80	550/180	—	—	—	—	—	—	—	—	—
85	710/410	490/220	—	—	—	—	—	—	—	—
90	890/660	620/440	440/260	—	—	—	—	—	—	—
95	1110/1200	770/650	550/440	410/300	290/260	—	—	—	—	—
100	1370/1510	950/890	680/640	500/460	360/410	300/330	220/230	—	—	—
105	1670/1860	1160/1420	830/860	620/640	440	360	280	250	210	—
110	2240	1400/1720	1010/1110	750	530	440	340	310	260	200
115	2560	2010	1210/1620	800	640	530	410	370	320	250
120	2810	2290	1440/1840	1070	770	640	490	450	380	300
125	3300	2590	2080	1260/1710	910	760	580	530	450	360
130	3170	2910	2350	1480/1920	1070	890	690	630	540	420
135	—	3220	2630	2160	1250	1040	800	740	630	500
140	—	—	2940	2440	1450	1210	930	860	730	580
145	—	—	3270	2680	1670	1400	1080	1000	850	670
150	—	—	—	2970	1920	1610	1240	1150	980	780

注：1. 本表是按木材强度等级TC11编制的，当用其他强度等级的树种，应将计算所得的荷载，乘以换算系数再查表。
2. 强度（挠度）换算系数＝$\dfrac{表中采用的木材强度等级（弹性模量）}{拟采用的木材强度等级（弹性模量）}$

椽条容许线荷载❶（单位：N/m）　　表4

截面(mm) b	h	木材强度等级	\multicolumn{9}{c}{椽条的水平投影计算长度l（mm）}	截面(mm) b	h
			800	1000	1200	1400	1600	1800	2000	2200	2400		
30	60	TC17	—	1300	590	—	—	1980	1480	1130	860	50	80
		TC15	2090	890	300	—	2210	1600	1180	880	650		
		TC13	1440	470	—	2490	1720	1220	870	620	440		
		TC11	790	—	1860	1240	840	560	370	230			
40	60	TC17	—	—	1410	800	—	—	2140	1670	1320	40	100
		TC15	—	1930	1020	520	—	2320	1760	1360	1060		
		TC13	—	1370	640	230	2510	1840	1370	1040	790		
		TC11	1980	820	—	1910	1360	990	720	520			
30	70	TC17	—	2590	1480	—	—	—	—	—	—	50	120
		TC15	—	2020	1090	—	—	—	2660	—	—		
		TC13	—	1450	690	—	—	—	2690	2170	—		
		TC11	2090	880	—	—	—	2120	1700	—			
40	80	TC17	—	—	—	1870	1360	960	700	500	—		
		TC15	—	—	2180	1490	1030	720	540	340	—		
		TC13	—	2590	1670	1100	720	470	290	—	—		
		TC11	1910	1170	710	420	230	—	—	—	—		

注：粗折线以左为左边所列截面的允许线荷载值；粗折线以右为右边所列截面的容许线荷载。

简支方木正放檩条容许荷载❶（单位：N/m）　　表5

截面(mm×mm) b	h	\multicolumn{10}{c}{计算跨度l（mm）}
		2400	2700	3000	3300	3400	3600	3900	4000	4200	4500
60	90	980	680	490	360	250	—	—	—	—	—
	100	1350	940	680	500	350	290	—	—	—	—
	120	2360/2950	1640	1190	880	630	530	400	370	320	250
	140	—	2630/3170	1900/2150	1420	1020	850	660	610	520	410
	150	—	2350/2940	1750	1260	1060	820	760	650	—	310
70	100	1580	1100	790	580	410	340	260	240	—	—
	120	2750/3440	1920	1380	1030	740	610	470	430	370	290
	140	—	2220/2980	1650	1190	1000	770	710	600	480	
	150	—	2740/3420	2040	1480	1230	960	880	750	600	
	160	—	—	2490/3210	1800	1510	1170	1080	1920	740	
80	120	—	2190	1580	1170	840	700	540	500	420	330
	140	—	—	2530/3400	1890	1360	1140	880	810	690	550
	150	—	—	2330	1690	1410	1090	1010	860	690	
	160	—	—	2840/3670	2060	1720	1340	1230	1060	840	
	180	—	—	—	2470	1930	1780	1530	1220		
90	140	—	—	2850/3830	2120	1530	1280	990	910	780	620
	150	—	—	2620	1900	1590	1230	1130	970	770	
	160	—	—	2310	1940	1500	1390	1190	950		
	180	—	—	2780	2170	2000	1720	1380			
	200	—	—	3000	2770	2380	1910				
100	150	—	—	2110	1760	1370	1260	1080	860		
	160	—	—	2570	2150	1670	1540	1320	1050		
	180	—	—	2410	2220	1910	1530				
	200	—	—	2640	2130						

注：1. 本表是按木材强度等级TC15编制的，当用其他强度等级的树种时，应将计算所得的荷载，乘以换算系数再查表。
2. 强度（挠度）换算系数＝$\dfrac{表中采用的木材强度等级（弹性模量）}{拟采用的木材强度等级（弹性模量）}$

---

❶建筑设计资料集（第二版）. 北京：中国建筑工业出版社，1994.

6
建筑结构

轻型木结构

　　轻型木结构(亦称为平台式骨架结构)是由木构架墙、木楼盖和木屋盖系统构成的结构体系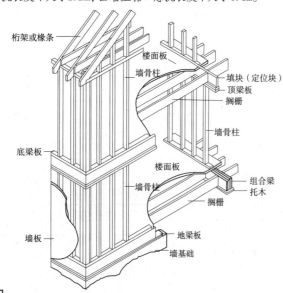，适用于3层及3层以下的民用建筑。

　　轻型木结构具有质量轻、延性好、施工方便、材料成本低等优点，主要构件采用规格材和木基结构板。构件连接以钉连接为主，钉连接应符合《木结构设计规范》GB 50005的有关规定；有抗震设防要求时，关键部位应采用螺栓连接。

　　当满足下列规定时，轻型木结构抗侧力设计可按构造要求进行。

　　1. 建筑物每层面积不超过600m²，层高不大于3.6m。

　　2. 抗震设防烈度为6度和7度(0.10g)时，建筑物的高宽比不大于1.2；抗震设防烈度为7度(0.15g)和8度(0.2g)时，建筑物的高宽比不大于1.0。建筑物高度指室外地面到建筑物坡屋顶1/2高度处。

　　3. 楼面活荷载标准值不大于2.5kN/m²；屋面活荷载标准值不大于0.5kN/m²；雪荷载按国家标准《建筑结构荷载规范》GB 50009有关规定取值。

　　4. 不同抗震设防烈度和风荷载时，剪力墙的最小长度符合表1的规定。

　　5. 剪力墙的设置符合下列规定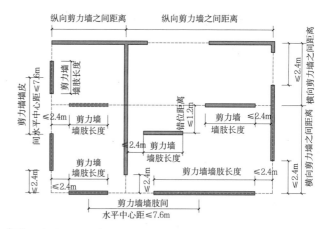：

　　(1)单个墙段的高宽比不大于2:1；

　　(2)同一轴线上墙段的水平中心距不大于7.6m；

　　(3)相邻墙之间横向间距与纵向间距的比值不大于2.5:1；

　　(4)墙端与离墙端最近的垂直方向的墙段边的垂直距离不大于2.4m；

　　(5)一道墙中各墙段轴线错开距离不大于1.2m。

　　6. 构件的净跨距不大于12.0m。

　　7. 除专门设置的梁和柱外，轻型木结构承重构件的水平中心距不大于600mm。

　　8. 建筑物屋面坡度不小于1:12，也不大于1:1，纵墙上檐口悬挑长度不大于1.2m；山墙上檐口悬挑长度不大于0.4m。

1 轻型木结构基本构造示意图

❶ 表1~表6摘自《木结构设计规范》GB 50005-2003。

2 剪力墙平面布置要求

按构造要求设计时剪力墙的最小长度❶　表1

抗震设防烈度	基本风压(kN/m²)				剪力墙最大间距(m)	最大允许层数	每道剪力墙的最小长度					
	地面粗糙度						单层二层或三层的顶层		二层的底层三层的二层		三层的底层	
	A	B	C	D			面板用木基结构板材	面板用石膏板	面板用木基结构板材	面板用石膏板	面板用木基结构板材	面板用石膏板
6度	—	—	0.3	0.4	0.5	7.6	3	0.25L	0.50L	0.40L	0.75L	0.55L	—
7度	0.10g	—	0.35	0.5	0.6	7.6	3	0.30L	0.60L*	0.45L	0.90L*	0.70L	—
	0.15g	0.35	0.45	0.6	0.7	5.3	3	0.30L	0.60L*	0.45L	0.90L*	0.70L	—
8度	0.20g	0.40	0.55	0.75	0.8	5.3	2	0.45L	0.90L	0.70L	—	—	—

注：1. 表中建筑物长度L指平行于该剪力墙方向的建筑物长度。
　2. 当墙体用石膏板作面板时，墙体两侧均应采用；当用木基结构板材作面板时，至少墙体一侧采用。
　3. 位于基础顶面和底层之间的架空层剪力墙的最小长度应与底层要求相同。
　4. *号表示当楼面有混凝土面层时，面板不允许采用石膏板。
　5. 采用木基结构板材的剪力墙之间最大间距：抗震设防烈度为6度和7度(0.10g)时，不得大于10.6m；抗震设防烈度为7度(0.15g)和8度(0.20g)时，不得大于7.6m。
　6. 所有外墙均应采用木基结构板作面板，当建筑物为3层、平面长宽比大于2.5:1时，所有横墙的面板应采用两面木基结构板；当建筑物为2层、平面长宽比大于2.5:1时，至少横向外墙的面板应采用两面木基结构板。

墙面板的最小厚度❶(单位:mm)表2

种类	墙骨柱间距为400	墙骨柱间距为600
木基结构板	9	11
石膏板	9	12

楼面板最小厚度❶(单位:mm)表3

最大搁栅间距	木基结构板的最小厚度	
	$Q_k \leq 2.5$kN/m²	2.5kN/m² $< Q_k$ < 5.0kN/m²
400	15	15
500	15	18
600	18	22

屋面板最小厚度❶(单位:mm)　表4

支承板的间距	木基结构板的最小厚度	
	$G_k \leq 0.3$kN/m² $s_k \leq 2.0$kN/m²	0.3kN/m² $< G_k \leq 1.3$kN/m² $s_k \leq 2.0$kN/m²
400	9	11
500	9	11
600	12	12

轻型木结构用规格材截面尺寸❶(单位:mm)　表5

截面尺寸宽×高	40×40	40×65	40×90	40×115	40×140	40×185	40×235	40×285
截面尺寸宽×高	65×65	65×90	65×115	65×140	65×185	65×235	65×285	
截面尺寸宽×高	90×90	90×115	90×140	90×185	90×235	90×285		

机械分级的速生树种规格材截面尺寸❶(单位:mm)　表6

截面尺寸宽×高	45×75	45×90	45×140	45×190	45×240	45×290

胶合木结构

胶合木结构是一种应用非常广泛的现代木结构，它能优化配置结构用材，合理使用木材，充分发挥木材的经济效益。胶合木和用胶合木制成的胶合木结构都是机械化生产的木制品，制作中必须执行规定的胶合生产工艺，并对产品进行严格检验。

建筑结构通常都采用层板胶合木制作。层板胶合木一般是将木板平放层叠，逐层胶合而成。

为避免对胶合质量产生重大不利影响，木板胶合时，其厚度、宽度和长度都需加以限制；木板的含水率一般不应大于15%，且同一胶缝的两个粘合面的含水率差别不应大于5%；此外，木板的温度不得低于15℃。

胶合用的胶料应对人体无害，其胶缝的抗剪强度和抗拉强度应不低于木材的顺纹抗剪强度和横纹抗拉强度，其耐水性和耐久性应与结构的使用环境和使用期限相匹配。

充分利用胶合木功能特点，做成外形美观，受力合理，经济适用的大、中、小跨度结构和构件。

胶合用木板规格

1. 木板厚度的规定

胶合时，双面刨光后的木板厚度应符合表1的规定。

2. 木板宽度的规定

两木板的木纹相平行胶合时，板宽不大于180mm①a，若构件截面宽度大于180mm，可用两块较窄的木板加以拼合而成；两木板的木纹成90°胶合时，板宽不大于100mm①b；两木板的木纹成30°~40°夹角胶合时，板宽不大于150mm①c；木板与胶合板胶合时，单块木板宽度不大于100mm①d，若单块板宽需超过100mm，则应在木板的粘合面上开出通长的缝口①e。

3. 木板的长度一般不宜短于2000m。

层板胶合木木板厚度的规定（单位：mm）　　　　表1

直线形构件	一般针叶材和软质阔叶材	不大于45
	硬松木或硬质阔叶材	不大于35
弧形构件		不大于构件曲率半径的1/300，同时不大于30
弯曲特别严重的构件		不大于25
露天结构		不宜大于30

注：本表摘自建筑结构构造资料集(第二版)．北京：中国建筑工业出版社，2007．

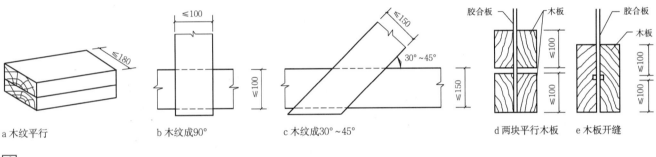

a 木纹平行　　　　b 木纹成90°　　　　c 木纹成30°~45°　　　　d 两块平行木板　　　e 木板开缝

① 胶合木板宽度

轻型胶合梁

轻型胶合梁主要用作楼盖和吊顶中的承重构件，以及屋面中的檩条。梁的跨度通常为3~7m，梁的截面形式多用工字形和矩形②。

矩形、工字形截面构件的高度h与其宽度b的比值，梁一般不宜大于6，直线形受压或压弯构件一般不宜大于5，弧形构件一般不宜大于4。

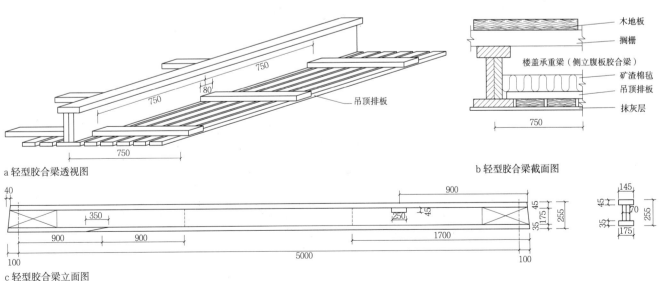

a 轻型胶合梁透视图　　　　　　　　　　　　　　　　　b 轻型胶合梁截面图

c 轻型胶合梁立面图

② 轻型胶合梁

胶合木框架

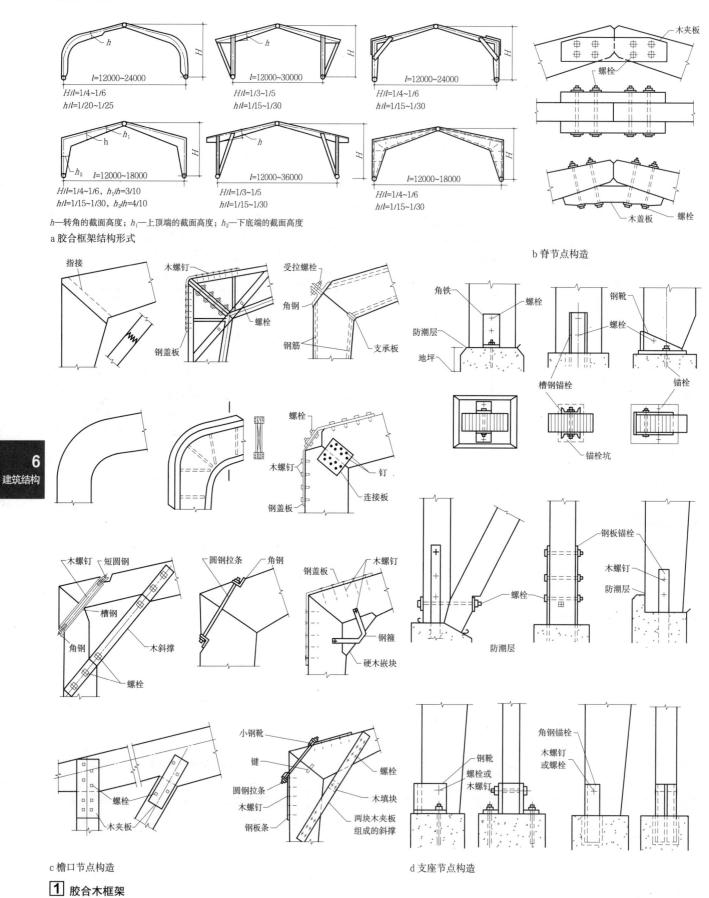

$l=12000\sim24000$
$H/l=1/4\sim1/6$
$h/l=1/20\sim1/25$

$l=12000\sim30000$
$H/l=1/3\sim1/5$
$h/l=1/15\sim1/30$

$l=12000\sim24000$
$H/l=1/4\sim1/6$
$h/l=1/15\sim1/30$

$l=12000\sim18000$
$H/l=1/4\sim1/6,\ h_1/h=3/10$
$h/l=1/15\sim1/30,\ h_2/h=4/10$

$l=12000\sim36000$
$H/l=1/3\sim1/5$
$h/l=1/15\sim1/30$

$l=12000\sim18000$
$H/l=1/4\sim1/6$
$h/l=1/15\sim1/30$

h—转角的截面高度；h_1—上顶端的截面高度；h_2—下底端的截面高度

a 胶合框架结构形式

b 脊节点构造

c 檐口节点构造

d 支座节点构造

1 胶合木框架

292

梁柱体系木结构

　　我国古代殿堂建筑与民间具有一定规模的住宅大多是梁柱体系，梁柱采用榫卯连接，梁柱间的砌体辅助抵抗水平作用。

　　现代梁柱体系木结构，分为带斜撑的铰接框架、设木质剪力墙的铰接框架以及节点为半刚性连接的框架三种。对于这类结构的特性我国现行规范尚未作出规定。日本是按建筑高度划分级别，分别采用不同的设计方法。□1为小规模梁柱木结构建筑示例，构造要求见表1。

构造要点　　　　　　　　　　　　　　　　表1

构件		间距（m）	截面（宽×高）（mm）	备注
柱	主柱	≤6.0×6.0	120×120或105×105	沿房屋通高
	支柱	0.9	105×105	层间柱，墙内设置
楼盖	地梁	视搁栅跨度定	105×105	也可采用三角形木屋架、四坡或歇山屋顶、三铰拱式、斜梁式等
	楼盖梁	同柱间距	115×105~450	
	搁栅	0.303或0.455	45×45~120	
屋盖	抬梁	≤3.0	原木 φ100~210	
	方木檩条	视屋面板跨度定	120×120~300	
斜撑式剪力墙	压杆	—	≥30×90	也可采用壁式剪力墙，类似于轻型木结构
	拉杆	—	≥15×90或φ9钢筋	
节点连接		采用榫卯连接，但榫卯对构件截面损伤大，很难避免连接松动，所以榫卯连接逐渐被各种金属连接件取代		

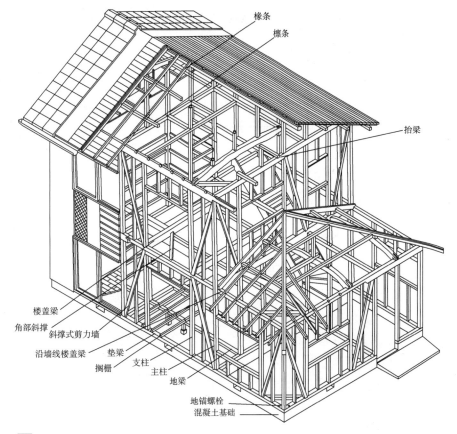

□1 小规模梁柱木结构建筑构造全貌

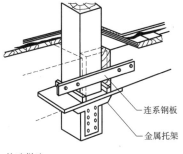

a 构造做法一

b 构造做法二

c 构造做法三

□2 连续柱与梁连接构造

井干式木结构

　　井干式木结构房屋俗称木刻楞，通常为一层平房或一层带阁楼房屋。井干式木结构是由圆木或方木叠积而成的板（壁、盒）式结构。由于其木材用量大，目前仅在林区的少数民宅或景点别墅式建筑中采用。

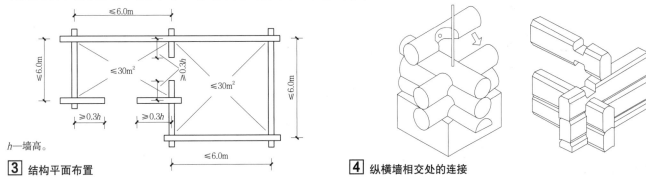

h—墙高。

□3 结构平面布置

□4 纵横墙相交处的连接

大跨木结构类型

大跨木结构建筑适宜采用刚架或拱的结构形式,更大的跨度可采用网壳或网架等空间结构形式,见 [1]~[5]。

a 双层弯曲筒拱

b 网状筒拱

c 薄壁壳体筒拱

d 两端支承薄壁壳体筒拱

e 两端支承加肋薄壁壳体筒拱

f 褶板

[1] 筒拱及褶板

a 四边支承薄壁围合拱顶　　b 四边支承加肋薄壁围合拱顶　　c 四边支承网状围合拱顶

d 六边支承薄壁围合拱顶　　e 六边支承加肋薄壁围合拱顶　　f 六边支承网状围合拱顶

g 圆形薄壁围合拱顶　　h 圆形加肋薄壁围合拱顶　　i 圆形网状围合拱顶

[2] 围合拱顶

a 十字形薄壁拱顶　　b 十字形网状拱顶

注:十字形拱顶仅适用于建筑平面为十字形及T形的各类筒拱屋盖的交接处。

[3] 十字形拱顶

端拱紧固带木板　纵向铺板　向左斜铺木板　受拉区纵向铺板　受压区纵向铺板　受拉区纵向铺板　受拉区纵向铺板　向右斜铺木板　纵向铺板　中间刚性肋　主要刚性肋　主要刚性肋之间的支撑

[4] 加肋薄壁壳体构造

方木条　两层交叉木板　加劲肋　两层交叉木板　方木条　受压区纵向铺板　两层交叉木板　螺栓　木夹板　加劲肋

[5] 褶板构造

檩子　外壳

294

宋代建筑模数

　　1. 我国古代建筑　宋以前的"前期"，与明清时的"后期"有很大差异。由北宋至元代是过渡时代。宋代于公元1103年由政府颁布的《营造法式》，正式公布了建筑的模数："凡构屋之制，皆以材为祖；材有八等，屋之大小因而用之"。所指的"材"是斗栱中栱截面的标准尺度，并非一确定尺寸。当房屋的等级、规模一经确定，"材"的具体尺寸才相应确定。

　　2. 除"材"以外，斗栱中还有一重要构造尺度"栔"❶，把"材""栔"结合，并给出"材"的基本计量单位"分°"❷，就构成宋代模数的整体概念。

　　3. 在宋代也有时用"栔"作为模数的计量单位，但"栔"与"材"有固定比例关系，故仍符合"以材为祖"的原则。

模数应用举例

宋《营造法式》中关于"材""栔"的规定❸　　　　表1

用材等级		一等		二等		三等		四等	
		宋寸	mm	宋寸	mm	宋寸	mm	宋寸	mm
材	h_1	9.00	288	8.25	264	7.50	240	7.20	230
	b_1	6.00	192	5.50	176	5.00	160	4.80	154
栔	h_2	3.60	115	3.30	106	3.00	96	2.88	92
	b_2	2.40	77	2.20	70	2.00	64	1.92	61
每分°值		0.60	19.2	0.55	17.6	0.50	16.0	0.48	15.4
适用范围		殿9~11间		殿5~7间		殿3~5间 厅堂7间		殿3间 厅堂5间	

用材等级		五等		六等		七等		八等	
		宋寸	mm	宋寸	mm	宋寸	mm	宋寸	mm
材	h_1	6.60	211	6.00	192	5.25	168	4.50	144
	b_1	4.40	141	4.00	128	3.50	112	3.00	96
栔	h_2	2.64	84	2.40	77	2.10	67	1.80	58
	b_2	2.76	56	1.60	51	1.40	45	1.20	38
每分°值		0.44	14.1	0.40	12.8	0.35	11.2	0.3	9.6
适用范围		殿小3间 厅堂大3间		亭榭及 小厅堂		小殿及亭榭		殿内藻井 小亭榭	

注：1宋尺=10宋寸≈0.32m。

斗栱部件的规格（单位：分°）❷　　　　表2

类别		栱					斗			
		华栱	泥道栱	瓜子栱	令栱	慢栱	栌斗	交互斗	齐心斗	散斗
长		72	62	62	62	92	32	18	16	16
宽		10	10	10	10	10	32	16	16	14
高	单材	15	15	15	15	15	20	10	10	10
	足材	21	—	—	21	21				

注：1.柱头部位用足材；
　　2.骑栿时用足材；
　　3.柱角部位长宽改为36×36。

椽、檩（槫）直径（D）及"椽出"尺度❸　　　　表3

建筑等级		殿阁	厅堂	余屋
椽	D	9分°	7~8分°	6~7分°
	檐出	80~85分°	75~80分°	70分°
檩D		21~30分°	18~21分°	16~17分°
《营造法式》正文中有关檩规格的表达方式		1材+1栔 （为21分°） 2材 （为30分°）	1材+3分° （为18分°） 1材+1栔 （为21分°）	1材+1分° （为16分°） 1材+2分° （为17分°）

注：1.自撩檐枋中起算；
　　2.檩长随开间。

---

❶ "栔"系指上下两层栱之间净空部分的构造层，如斗栱中的一个部件——"暗栔"即设在此构造层。

❷ "分°"是宋代模数最小计量尺度的符号。

❸ 建筑结构构造资料集（第二版）.北京：中国建筑工业出版社，2007.

月梁规格（单位：分°）❸　　　　表4

建筑等级		殿阁					厅堂				
构件类型		梁栿			平梁		梁栿			平梁	
椽架数 （进深）		4	5	6	用于 4~6椽 栿上	用于 8~10椽 栿上	4	5	6	用于4~6 椽栿上	用于 8~10椽 栿上
截面	高(h)	50	55	60	35	42	44	49	54	29	36
	宽(b)	33.3	36.7	40	23.3	28	29.3	32.7	36	19.3	24

注：月梁是经过一定艺术加工后的梁。

梁栿（直梁）规格（单位：分°）❸　　　　表5

建筑等级			殿阁			厅堂			
构件类别			梁栿		平梁	梁栿		平梁	
椽架数（进深）			4~5	6~8	2	4~5	3	2	2
截面	高(h)	明栿	42	60	30	36	30	24	30
		草栿	45	60	—	—	—	—	—
	宽(b)	明栿	28	40	20	24	20	16	20
		草栿	30	40	—	—	—	—	—

檐柱、檐高、总檐出规则（单位：分°）❸　　　　表6

建筑等级		殿堂		厅堂	
尺度范围		上限	下限	上限	下限
檐柱径（D）		45	42	36	—
檐高	柱高	375	250	300	200
	斗栱高	144	105	113	63
	总计	519	355	413	263
总檐出	出跳	150	60	90	30
	檐出	90	80	80	75
	飞檐出	54	48	48	45
	总计	294	188	218	150

注：1.檐高本应自地面至飞檐底计，但因檐出及飞檐出多变，故按较稳定的撩檐枋上皮计算。
　　2.檐出量取决于椽径及材分°值，宋代即有较大灵活性。

间广（开间）与进深参考尺度（单位：分°）❸　　　　表7

建筑等级		殿堂		厅堂	
条件		范围	浮动限度	范围	浮动限度
间广		铺作一朵	250±25	一般	200~300
		铺作二朵	375±75	心间	可达375
最大进深 （以每椽平长≤150计）		二间时	2×375=750（六椽）		
		三间时	3×375=1125（八椽）		
		四间时	4×375=1500（十椽）		

注：1.宋代建筑分殿堂（多层时为阁楼）、厅堂、余屋及亭榭四大类。殿堂等级最高、规模最大，其他依次递减，但亭榭质量可高可低。
　　2.名词以宋《营造法式》为准，单位一律为"分°"。

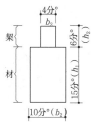

a 材、栔尺度关系　　　　b 斗栱中的材栔关系

⬜1 材、栔图

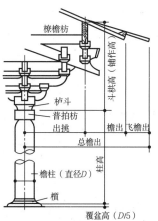

⬜2 宋代"造檐之制"的关系图

清代建筑的模数

1. 明代建筑比前代变化较大，除结构设计手法有很多改变外，出檐变浅，斗栱变小及其排列变密是一大特征。清代与明代变化不大，但斗栱进一步变小变密，斗栱的结构功能减少，装饰功能增大。

2. 清代于公元1733年颁布了清工部《工程做法则例》，将宋代的模数"材"改为"斗口"。在大式大木作中"斗口"不仅严格控制各构件尺寸，且进而控制建筑的平立面尺寸[1]。

3. 清代的模数"斗口"（又称"口份"），是指平身科[2]的坐斗[3]在垂直于面宽方向（开间方向）刻口尺寸的宽度。此宽度在不同等级、规模的建筑中也各不相同。工部《工程做法则例》规定"斗口"分为十一等，如表1所示。

4. 清代把房屋木结构分为"大式"与"小式"两种，凡含"斗栱"的木结构称"大式做法"，如官殿、皇陵、寺院重要建筑多属此类。不含"斗栱"的次要建筑，其木结构称"小式做法"。小式做法虽无"斗栱"可作模数标准，但改以"柱径"作为模数，凡木结构或构件的尺度，皆依其明间[4]的"柱径"来确定。

模数应用的举例

大式各类斗科通高（h_3）斗口值[5]　　　表2

项目	大斗	单翘	重翘	单昂	重昂	蚂蚱头	撑头木	合计（h_3）
斗口单昂	1.2	—	—	2	—	2	2	7.2
斗口重昂	1.2	—	—	2	2	2	2	9.2
单翘单昂	1.2	2	—	2	—	2	2	9.2
单翘重昂	1.2	2	—	2	2	2	2	11.2
重翘重昂	1.2	2	2	2	2	2	2	13.2

注：1. 清工部《工程做法则例》规定：大式大木作的檐柱通高（h）为70斗口，平板枋高度（h_2）为2斗口，所选用各类斗科通高（h_3）详见表2，故檐柱净高$h_1=h-(h_2+h_3)$。
2. 斗栱自挑檐桁中心起，向外（里）出跳一层栱称"一踩"，每出一踩称一拽架，每一拽架为3斗口。本例下檐出踩2拽架，上檐出踩3拽架。

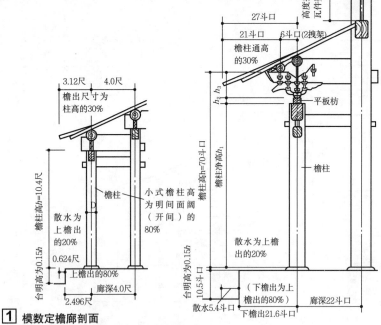

① 模数定檐廊剖面

清《工程做法则例》关于"斗口"的规定[1]　　　表1

项目	头等		二等		三等		四等		五等		六等	
	寸	mm	寸	mm	寸	mm	寸	mm	寸	mm	寸	mm
斗口 b	6.0	192	5.5	176	5.0	160	4.5	144	4.0	128	3.5	112
拱高 h_1	8.4	269	7.7	246	7.0	224	6.3	202	5.6	179	4.9	157
拱高 h_2	12.0	384	11.0	352	10.0	320	9.0	288	8.0	256	7.0	224

项目	七等		八等		九等		十等		十一等	
	寸	mm	寸	mm	寸	mm	寸	mm	寸	mm
斗口 b	3.0	96	2.5	80	2.0	64	1.5	48	1.0	32
拱高 h_1	4.2	134	3.5	112	2.8	90	2.1	67	1.4	45
拱高 h_2	6.0	192	5.0	160	4.0	128	3.0	96	2.0	64

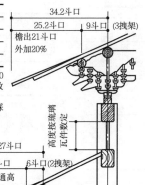

② 斗口图

椽、桁（檩）、柱规格[5]　　　表3

构件名称		大式		小式	
		长	直径（或方）	长	直径
方椽		3/10檐柱高另加拽架长	1.5斗口		3D/10
桁	挑檐桁正心桁金桁脊桁	—	3斗口 4.5斗口		1D
柱	檐柱	小于等于60斗口	6斗口	4/5面阔或11D	1D
	金柱	60斗口另加廊步五举	6.6斗口	4/5面阔另加廊步五举	1D另加1寸
	重檐金柱	—	7.2斗口		

梁截面规格[5]　　　表4

构件名称	大式		小式	
	宽	直径（或方）	宽	直径
七架梁（大柁）	7斗口或D+2~3寸	8.4斗口或1.2~1.3D	D+2寸	1.3~2.1宽度
五架梁（二柁）	5.6斗口或4/5大柁宽	7斗口或5/6大柁高	同大式	同大式
三架梁（上柁）	4.5斗口或4/5二柁宽	5/6二柁高	同大式	同大式

注：三、五、七架梁，即分别承托3、5、7根檩的荷载范围的梁。

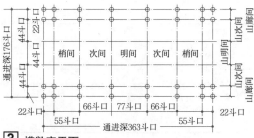

③ 模数定平面

注：各间斗口值皆含两端各半个柱头科在内的总计值。

① 清工部《工程做法则例》规定，每攒斗栱间的中距为十一斗口（称"攒当"），房屋的开间与进深须严格按"攒当"数确定，高度则以"斗口"数确定。
② "平身科"指柱间位置的斗栱。
③ "坐斗"指一攒斗栱中最下层作为基础之"斗"（又称"大斗"），相当于宋代的"栌斗"。在各斗中受压值最大。
④ 清代建筑中，由两组梁架及四根柱所围成的结构单元称为"间"。"明间"系指平面正中的一间，一般开间最大，两侧分别为较小的"次间"和"梢间"等。
⑤ 建筑结构构造资料集（第二版）. 北京：中国建筑工业出版社，2007.

6 建筑结构

通风防潮和防虫构造

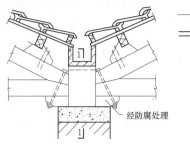

a 内排水木屋架通风防潮

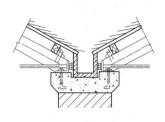

1-1

b 内排水钢木屋架通风防潮

波形石棉瓦
保温层
油毡隔汽层
底板

c 内排水有保暖层钢木屋架通风防潮

正温度的场合

1 天沟处的通风防潮构造

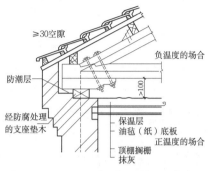

≥30空隙
负温度的场合
防潮层
>100
经防腐处理的支座垫木
保温层
油毡（纸）底板
正温度的场合
顶棚搁栅
抹灰

a 封檐处木屋架通风防潮

通气孔 经防腐处理的垫木
防潮层

b 木地面通风防潮

30空隙
经防腐处理的垫木

c 木大梁（搁栅）通风防潮

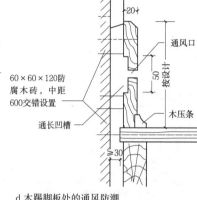

20
通风口
60×60×120防腐木砖，中距600交错设置
通长凹槽
按设计
50
木压条
≥30

d 木踢脚板处的通风防潮

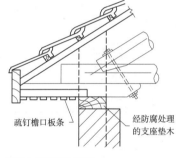

疏钉檐口板条
经防腐处理的支座垫木

e 出檐木屋架通风防潮

硬山墙
防腐药剂处理
300

f 硬山檩条端部通风防潮

半砖（一砖）长 门槛宽
门槛厚
门槛高
粉刷层
门踢脚板高
同踢脚板高
混凝土垫脚

g 木门框防潮构造

2 其他部位的通风防潮构造

水分散失路线
用砂浆紧密堵塞
防腐涂料
防腐"绷带"
多孔砖
用砂浆紧密堵塞
未干木材

3 木材埋入砖墙的措施

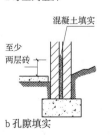

沿竖直方向的毒土处理必须延伸到基脚，砌体的所有灰缝用砂浆填实

a 毒土到基脚

混凝土填实
至少两层砖

b 孔隙填实

4 防白蚁的构造措施

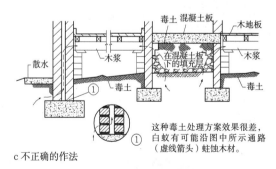

毒土 混凝土板 木地板
木浆
在混凝土板下的填充层
木浆
散水
毒土
毒土

① 这种毒土处理方案效果很差，白蚁有可能沿图中所示通路（虚线箭头）蛀蚀木材。

c 不正确的作法

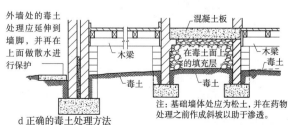

外墙处的毒土处理应延伸到墙脚，并再在上面做散水进行保护
混凝土板
木梁
在毒土面上的填充层
木梁
毒土
毒土
毒土

注：基础墙体处应为松土，并在药物处理之前作成斜坡以助于渗透。

d 正确的毒土处理方法

6
建筑结构

木结构建筑防火

木结构建筑构件的燃烧性能和耐火极限不应低于表1的规定。

各类建筑构件的燃烧性能和耐火极限可按表2确定。

木结构建筑中构件的燃烧性能和耐火极限❶ 表1

构件名称	耐火极限（h）
防火墙	不燃性3.00
承重墙、住宅建筑单元之间的墙和分户墙、楼梯的墙、电梯井墙体	难燃性1.00
非承重外墙、疏散走道两侧的隔墙	难燃性0.75
房间隔墙	难燃性0.50
承重柱	可燃性1.00
电梯井的墙	难燃体1.00
梁	可燃体1.00
楼板	难燃体1.00
屋顶承重构件	可燃体1.00
疏散楼梯	难燃体0.50
室内吊顶	难燃0.25

注：1.屋顶表层应采用不可燃材料。
2.当同一座木结构建筑由不同高度组成，较低部分的屋顶承重构件和屋面不应采用可燃性构件，采用难燃性屋顶承重构件时，耐火极限不应小于0.75h。

各类建筑构件的燃烧性能和耐火极限❶ 表2

构件名称	构件组合描述（mm）	耐火极限（h）	燃烧性能
墙体	墙骨柱间距：400~600；截面为40×90或40×140 承重内墙： 1.耐火石膏板+岩棉或玻璃棉+耐火石膏板=15+90+15； 2.耐火石膏板+岩棉或玻璃棉+耐火石膏板=15+140+15； 3.耐火石膏板+岩棉或玻璃棉+定向刨花板=15+90+15； 4.耐火石膏板+岩棉或玻璃棉+定向刨花板=15+140+15	1.00	难燃性 难燃性 难燃性 难燃性
	墙骨柱间距：400~600；截面为40×90或40×140 非承重内墙： 1.双层耐火石膏板+双排木龙骨+岩棉或玻璃棉+双层耐火石膏板=15×2+90×2+15×2； 2.双层耐火石膏板+双排140木龙骨交错布置+岩棉或玻璃棉+双层耐火石膏板=15×2+140+15×2； 3.双层耐火石膏板+岩棉或玻璃棉+双层耐火石膏板=12×2+90×2+12×2； 4.耐火石膏板+岩棉或玻璃棉+耐火石膏板=12+90+12； 5.普通石膏板+岩棉或玻璃棉+普通石膏板=15+90+15	2.00 2.00 1.00 0.75 0.50	难燃性 难燃性 难燃性 难燃性 难燃性
	墙骨柱间距：400~600；截面为40×90或40×140 非承重外墙： 1.耐火石膏板+岩棉或玻璃棉+定向刨花板=12+90+12； 2.耐火石膏板+岩棉或玻璃棉+耐火石膏板=12+90+12； 3.耐火石膏板+岩棉或玻璃棉+耐火石膏板=14+140+12； 4.耐火石膏板+岩棉或玻璃棉+耐火石膏板=15+140+15	0.75 1.25 0.75 1.25	难燃性 难燃性 难燃性 难燃性
楼板	实木搁栅40×235，间距400或600；楼面为定向刨花板或胶合板+搁栅+岩棉或玻璃棉+双层耐火；石膏板顶棚18+235+12×2	1.00	难燃性
柱	支撑屋顶和楼板的胶合木柱（四面爆火）： 1.截面不小于280×280； 2.截面不小于272×352	1.00 1.00	可燃性 可燃性
梁	支撑屋顶和楼板的胶合木梁（三面爆火）： 1.截面不小于200×400； 2.截面不小于272×436	1.00 1.00	可燃性 可燃性

其他防火措施❶ 表3

车库	设附于木结构居住建筑并仅供该居住单元使用的机动车库，可视作该居住单元的一部分，应符合下列规定： 1.居住单元之间的隔墙不宜直接开设门窗洞口，确有困难时，可开启一樘单门，但应符合下列规定： 与机动车库直接相通的房间，不应设计为卧室； 隔墙的耐火极限不应低于1.0h； 门的耐火极限不应低于0.6h； 门上应装有无定位自动闭门器； 2.总面积不宜超过60m²
采暖通风	1.木结构建筑内严禁设计使用明火采暖、明火生产作业等方面的设施； 2.用于采暖或炊事的烟道、烟囱、火坑等应采用非金属不燃材料制作，并应符合下列规定： 与木构件相邻部位的壁厚不小于240mm； 与木结构之间的净距不小于120mm，且其周围具备良好的通风环境
烹饪炉	烹饪炉的安装设计应符合下列规定： 1.放置烹饪炉的平台应为不燃烧体； 2.烹饪炉上方0.75m、周围0.45m的范围内不应有可燃装饰或可燃装置； 除此之外，燃气烹饪炉应符合《家用燃气燃烧器具安装及验收规程》CJJ 12-2013的规定
天窗	由不同高度部分组成的一座木结构建筑，较低部分屋面上开设的天窗与相接的较高部分外墙上的门、窗、洞口之间最小距离不应小于5.00m，当符合下列情况之一时，其距离可不受限制： 1.天窗安装了自动喷水灭火系统或为固定式乙级防火窗； 2.外墙面上的门为遇火自动关闭的乙级防火门，窗口、洞口为固定式乙级防火窗
密闭空间	木结构建筑中，下列存在密闭空间的部位应采取隔火措施： 1.轻型木结构层高小于或等于3m时，位于墙骨柱之间楼、屋盖的梁底部处，当层高大于3m时，位于墙骨柱间沿墙高每隔3m处及楼、屋盖的梁底部处； 2.水平构件（包括屋盖，楼盖）和竖向构件（墙体）的连接处； 3.楼梯上下第一步踏板与楼盖交接处

注：本表摘自《建筑设计防火规范》GB 50005-2003。

木结构建筑的层数、长度和面积

木结构建筑防火墙间允许长度和每层最大允许建筑面积不应超过表4的规定。

民用木结构建筑之间及其与其他民用的建筑之间的防火间距不应小于表5的规定。

木结构建筑的层数、长度和面积❶ 表4

层	防火墙间允许建筑长度（m）	防火墙间每层最大允许面积（m²）
1	100	1800
2	80	900
3	60	600

注：安装有自动喷水灭火系统的木结构建筑，防火墙间的允许长度、每层楼最大面积可按表4的规定增加一倍。对于丁、戊类地上厂房，防火墙间的每层最大允许建筑面积不限。

木结构建筑的防火间距❶（单位：m） 表5

建筑种类	一、二级建筑	三级建筑	木结构建筑	四级建筑
木结构建筑	8.00	9.00	10.00	11.00

注：1.两座木结构建筑之间或木结构建筑与其他民用建筑之间，外墙均无任何门窗洞口时，其防火间距不应小于4.00m。外墙上的门窗洞口不正对且开口面积之和不大于外墙面积的10%时，防火间距可按本表的规定减少25%。
2.当相邻建筑外墙有一面为防火墙，或建筑之间设置防火墙且墙体截断不燃性屋面或高出难燃性屋面不低于0.5分钟时，防火间距不限。

防火措施

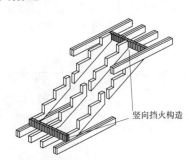

1 梯段间的竖向挡火

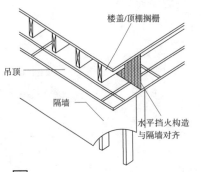

2 楼盖中的水平挡火

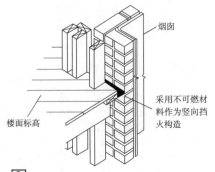

3 楼盖与烟囱之间的防火处理

❶摘自《建筑设计防火规范》GB 50016-2014。

6 建筑结构

结构体系与布置

1. 常见的钢筋混凝土多层与高层房屋的结构体系有框架结构、剪力墙结构、框架—剪力墙结构、板柱—剪力墙结构和筒体结构①~④，此外还有盒子结构、板柱结构、悬挂结构等。

2. 选择结构体系，应考虑房屋内部的空间要求和所受荷载的性质及其大小。竖向荷载要求结构有足够的受压承载力，水平荷载则要求结构有足够的受弯、受剪承载力及刚度。多、高层建筑宜采用的结构体系见表1，高层钢筋混凝土结构体系的适用高度和高宽比见表2。

3. 进行建筑平剖面设计时，应尽可能减少开间、进深的类型，尽可能统一柱网和层高，尽量减少构件的种类、规格。这些要求对于装配式结构尤为重要。

4. 建筑设计时，应特别重视高层建筑的体型，不良的体型在水平荷载作用下，会对建筑结构产生偏心扭矩，从而导致结构损坏。建筑物的平面与竖向宜简单、规则，尽量不设缝、少设缝。凡设缝，就要分得彻底，将结构划分为独立的单元，凡不设缝，就得采取构造和施工措施，将结构牢固地连成整体。

5. 高层建筑不应采用严重不规则的结构体系，并应符合下列规定：

(1) 应具有必要的承载能力、刚度和延性。

(2) 应避免因部分结构或构件的破坏，而导致整个结构丧失承受重力荷载、风荷载和地震作用的能力。

(3) 结构的竖向和水平布置宜使结构具有合理的刚度和承载力分布，避免因刚度和承载力局部突变而形成薄弱部位。

(4) 抗震设计时宜具有多道防线。

6. 结构平面布置应满足下列要求：

(1) 在建筑的一个独立结构单元内，结构平面形状宜简单、规则，质量、刚度和承载力分布宜均匀，不应采用严重不规则的平面布置。

(2) 建筑宜选用风作用效应较小的平面形状。

(3) 建筑平面不宜采用角部重叠或细腰形平面布置，结构平面布置应减少扭转的影响。

(4) 当楼板平面比较狭长，有较大的凹入或开洞时，应在设计中考虑其对结构产生的不利影响。有效楼板宽度不宜小于该层楼面宽度的50%；楼板开洞总面积不宜超过楼面面积的30%；在扣除凹入或开洞后，楼板在任一方向的最小净宽度不宜小于5m，且开洞后每一边的楼板净宽度不应小于2m。

(5) 廿字形、井字形等外伸长度较大的建筑，当中央部分楼板有较大削弱时，应加强楼板以及连接部位墙体的构造措施，必要时可在外伸段凹槽处设置连接梁或连接板。

7. 结构的竖向布置应满足下列要求：

(1) 建筑的竖向体型宜规则、均匀，避免有过大的外挑和收进。结构的侧向刚度宜下大上小，逐渐均匀变化，层间水平位移限值见表3。

(2) 楼层质量沿高度宜均匀分布，楼层质量不宜大于相邻下部楼层质量的1.5倍。

8. 抗震设计时，结构的平面和竖向布置应符合本资料集"建筑抗震"专题的有关规定。

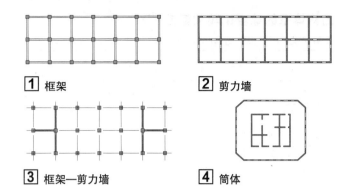

① 框架　② 剪力墙

③ 框架—剪力墙　④ 筒体

各类建筑宜采用的结构体系　　　　　　　　　　表1

建筑类型		宜采用的结构体系
住宅	$H \leq 50m$	剪力墙、框剪
	$H > 50m$	剪力墙、框剪
旅馆、公寓	$H \leq 50m$	剪力墙、框剪
	$H > 50m$	剪力墙、框剪、筒体
公共建筑	$H \leq 50m$	框剪、筒体
	$H > 50m$	框剪、筒体
综合楼	$H \leq 50m$	框剪、框支
	$H > 50m$	框剪、框支、筒体

注：1. 公共建筑包括：办公楼、科研楼、教学楼、病房楼、高级宾馆和商场等。
　　2. 综合楼一般上层为住宅、旅馆、办公楼，底层为大空间公用房屋如商店、托幼和车库等。

房屋的适用高度和高宽比

高层钢筋混凝土结构的最大适用高度应区分为A级和B级。A级高度是各结构体系比较适合的高度，见表2；B级高度高层建筑混凝土结构体系的适用高度应符合《高层建筑混凝土结构技术规程》JGJ 3-2010的相关规定。平面和竖向均不规则的高层建筑结构，其最大适用高度宜适当降低。设防烈度为9度的建筑，不应采用带错层的框架—剪力墙结构。

钢筋混凝土高层建筑结构体系的适用高度及高宽比　　表2

结构体系		适用高度（m）	高宽比
框架		≤ 60	≤ 4
板柱—剪力墙		≤ 80	≤ 5
框架—剪力墙		≤ 130	≤ 6
剪力墙	全部落地	≤ 140	≤ 6
	部分框支	≤ 120	—
筒体	框架—核心筒	≤ 150	≤ 7
	筒中筒	≤ 180	≤ 8

楼层层间最大位移与层高之比的限值　　　　　表3

结构体系	$\triangle u/h$ 限值	
	房屋高度（m）	
	≤ 150	≥ 250
框架	1/550	$\leq 1/500$
框架—剪力墙、框架—核心筒、板柱—剪力墙	1/800	
筒中筒、剪力墙	1/1000	
除框架结构外的转换层	1/1000	

注：房屋高度在150~250m之间时，$\triangle u/h$ 限值可按线性插值选取。

结构体系的综合比较和施工工艺

高层建筑结构体系的综合比较　　　　　　　　　　表1

	体系 比较内容	框架	框剪	剪力墙		筒体
				一般	底层大空间	
满足建筑功能要求		灵活	灵活	有限制	较灵活	灵活
结构性能	承载能力	较低	一般	较高	一般	较高
	变形	大	较大	较小	较大	较小
	抗震评价	较好	好	好	较好	好
技术性能	用钢量	较多	较多	较少	一般	一般
	工期	较长	较长	较短	较短	一般
	施工方法	较复杂	较复杂	方便	较方便	较复杂
	施工工艺	较复杂	较复杂	较简便	较简便	较复杂
造价		较高	较高	较低	较低	较低

注：剪力墙结构水泥用量较多。

高层建筑结构体系的施工工艺　　　　　　　　　　表2

体系	施工方法	施工机具	名称
框架	梁柱全部现浇	钢木模、滑升	现浇框架
	梁柱全部预制	工厂预制	预制框架
	现浇柱、预制梁	钢木模、工厂预制	现浇预制框架
框剪	梁、柱、墙全部现浇	钢木模、滑升	现浇框剪
	梁、柱、墙全部预制	工厂预制	预制框剪
	柱、墙现浇，梁预制	钢木模、工厂预制	现浇预制框剪
框支	底层框架、墙现浇	钢木模	现浇框支
	上层剪力墙现浇	大模板、滑升	现浇框支
剪力墙	墙体现浇	大模板	大模剪力墙
	墙体现浇	滑升	滑升剪力墙
	墙体预制	工厂预制	装配式大板
筒体	梁、柱、筒现浇	钢木模、大模板	现浇筒体
	梁、柱现浇	钢木模	现浇筒体
	筒现浇	滑升	现浇筒体

注：剪力墙结构水泥用量较多。

高层建筑地下室基础埋置深度

h/H限值　　　　　　　　　　　　　　　　　　　表3

基础类别	h/H
非桩基	≥1/15
桩基	≥1/18

注：根据水文地质情况，可做成条基、筏基或箱基。

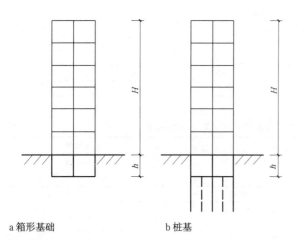

a 箱形基础　　　　　　　b 桩基

1 基础埋置深度

设缝要求

钢筋混凝土结构伸缩缝的最大间距（单位：m）　　表4

结构类型		室内或土中	露天
排架结构	装配式	100	70
框架结构	装配式	75	50
	现浇式	55	35
剪力墙结构	装配式	65	40
	现浇式	45	30
挡土墙、地下室墙壁等类结构	装配式	40	30
	现浇式	30	20

注：1. 装配整体式结构的伸缩缝间距，可根据结构的具体情况取表中装配式结构与现浇式结构之间的数值。

2. 框架—剪力墙结构或框架—核心筒结构房屋的伸缩缝间距，可根据结构的具体情况取表中框架结构与剪力墙结构之间的数值。

3. 当屋面无保温或隔热措施时，框架结构、剪力墙结构的伸缩缝间距宜按表中露天栏的数值取用。

4. 现浇挑檐、雨罩等外露结构的局部伸缩缝间距不宜大于12m。

5. 对下列情况，表中的伸缩缝最大间距宜适当减小：

（1）柱高（从基础顶面算起）低于8m的排架结构；

（2）屋面无保温、隔热措施的排架结构；

（3）位于气候干燥地区、夏季炎热且暴雨频繁地区的结构，或经常处于高温作用下的结构；

（4）采用滑模类工艺施工的各类墙体结构；

（5）混凝土材料收缩较大，施工期外露时间较长的结构；

（6）对裂缝有严格要求的混凝土结构。

6. 如有充分依据，对下列情况表中的伸缩缝最大间距可适当增大：

（1）采取减小混凝土收缩或温度变化的措施；

（2）采用专门的预加应力或增配构造钢筋的措施；

（3）采用低收缩混凝土材料，采取跳仓浇注、后浇带、控制缝等施工方法，并加强施工养护；当伸缩缝间距增大较多时，尚应考虑温度变化和混凝土收缩对结构的影响；

（4）当设置伸缩缝时，框架、排架结构的双柱基础可不断开。

7. 伸缩缝宽度一般为20~30mm。

建筑物沉降缝的作用及位置　　　　　　　　　　表5

项目	内容
沉降缝的作用	防止地基不均匀沉降时，可能造成房屋破坏所采取的一种措施
沉降缝的设置	建筑物的下列部位，宜设置沉降缝： 1.建筑平面的转折部位； 2.高度差异（或荷载差异）处； 3.长高比过大的钢筋混凝土框架结构的适当部位； 4.地基土的压缩性有显著差异处； 5.建筑结构或基础类型不同处； 6.分期建造房屋的交界处

房屋沉降缝的宽度　　　　　　　　　　　　　　表6

房屋层数	沉降缝宽度（mm）
2~3	50~80
4~5	80~120
5层以上	不小于120

注：1.在沉降缝处房屋应连同基础一起断开。缝内一般不填塞材料，当必须填塞时，应防止缝内两侧因房屋内倾而相互挤压影响沉降效果。

2.伸缩缝和沉降缝应符合防震缝的要求。

舒适度要求

1. 房屋高度不小于150m的高层混凝土建筑结构应满足风振舒适度要求。在《建筑结构荷载规范》GB 50009规定的10年一遇的风荷载标准值作用下，结构顶点的顺风向和横风向振动最大加速度计算值不应超过表7的限值。

2. 楼盖结构应具有适宜的舒适度。楼盖结构的竖向振动频率不宜小于3Hz，竖向振动加速度峰值不应超过表8的限值。

结构顶点风振加速度限值$a_{\lim}$　　　　　　　表7

使用功能	$a_{\lim}$（m/s²）
住宅、公寓	0.15
办公、旅馆	0.25

楼盖竖向振动加速度限值　　　　　　　　　　　表8

人员活动环境	峰值加速度限值（m/s²）	
	竖向自振频率不大于2Hz	竖向自振频率不小于4Hz
住宅、办公	0.07	0.05
商场及室内连廊	0.22	0.15

注：楼盖结构竖向自振频率为2~4Hz时，峰值加速度限值可按线性插值选取。

楼盖结构

1. 钢筋混凝土结构常用的楼盖结构，按结构受力有：梁板体系（大板楼盖、主次梁楼盖、井字梁楼盖）、平板体系（无梁楼盖、双向密肋楼盖）；按施工方法有：现浇楼盖（空心楼盖、实心楼盖）、预制装配式楼盖、装配式整体楼盖；按预加应力有：预应力楼盖和非预应力楼盖。各类楼板体系的适用范围见表1。

2. 有抗震设防要求的多、高层的混凝土楼、屋盖，宜优先采用现浇混凝土板。楼盖结构选型可按表2确定。

3. 现浇楼板的厚度及常用经济跨度可参考表3和表4。

4. 高层房屋的顶层、结构转换层、大底盘多塔楼结构的底盘顶层、平面复杂或开洞过大的楼层、作为上部结构嵌固部位的地下室楼层，应采用现浇楼盖结构。一般楼层现浇楼板厚度不应小于80mm，当板内预埋暗管时不应小于100mm；顶层楼板厚度不宜小于120mm，宜双层双向配筋；转换层楼板应符合《高层建筑混凝土结构技术规程》JGJ 3的有关规定；普通地下室顶板厚度不宜小于160mm；作为上部结构嵌固部位的地下室楼层的顶楼盖应采用梁板结构，楼板厚度不宜小于180mm，应采用双层双向配筋，且每层每个方向的配筋率不宜小于0.25%。

5. 梁的截面高度，一般可根据高跨比h/l估算，可参照表5、6采用。

6. 井字楼盖的跨度一般在3.5~6m之间。板的长边与短边之比不宜大于1.5，各次梁设置在墙上或梁上 ①a，也可将次梁支撑于主梁上 ①b，次梁也可按45°斜向布置，一般为正交 ①c、d。次梁的截面和配筋应按计算确定，但次梁宽度不宜小于100mm，受力钢筋不宜小于2φ10，箍筋不小于φ6@250。

各类楼板体系的适用范围 　　　　　　　　表1

项目	体系	平板	肋形楼板	密肋楼板	无梁平板
适宜跨度	非预应力	$l≤6m$	$≤9m$	$≤9m$	$l≤8m$
	预应力	$l≤12m$	$≤12m$	$≤12m$	$l≤12m$
现浇预制	$H≤50m$	现浇、预制、叠合	现浇	现浇	现浇加抗震墙
	$H>50m$	现浇	现浇	现浇	
施工技术	预应力技术	空心、大跨、叠合	一般不用	大跨	大跨
	模具	叠合板代底模其他为组合式模板	组合式钢模	组合式钢模或塑料模	组合式钢模升板
竖向结构体系的适用范围		框架、框剪、框架-剪力墙、筒体	框架、框剪、筒体	框架、框剪、剪力墙、筒体	框剪
特征		支撑在梁或墙上			支撑在柱上

注：1.H为建筑高度，l为板的跨度。
2. 建筑物高度不超过50m的框架结构楼板如采用预制板时，应增加厚度≥50mm的现浇叠层，配双向钢筋φ6@200mm，混凝土强度不低于C20。
3. 现浇密肋板的肋距一般为0.8~1.2m，肋宽为60~120mm，根据模壳的尺寸而定。
4. 无梁楼盖适用于柱网尺寸接近方形的建筑，可设计成带柱帽和不带柱帽的楼盖，不宜用于地下室顶板。

楼盖结构选型 　　　　　　　　　　　　　　表2

结构体系	房屋高度		
	≤50m		>50m
	6、7度	8、9度	
框架结构	现浇、装配整体式	现浇	现浇
剪力墙结构	现浇、装配整体式	现浇	现浇
框架—剪力墙结构	现浇、装配整体式	现浇	现浇
板柱—剪力墙结构	现浇	现浇	现浇
筒体结构	现浇	现浇	现浇

现浇钢筋混凝土板的最小厚度（单位：mm） 　　表3

板的类别		最小厚度
单向板	屋面板	60
	民用建筑楼板	60
	工业建筑楼板	70
	行车道下楼板	100
双向板		80
密肋楼盖	面板	50
	肋高	250
悬臂板（根部）	悬臂长度不大于500mm	80
	悬臂长度1200mm	100
无梁楼盖		150
现浇空心楼板	采用圆筒筒芯	200
	采用箱体筒芯	250
现浇预应力混凝土楼板		150

板的厚度与跨度的最小比值h/l_0 　　　　　表4

板的种类	梁式板		双向板		悬臂板	无梁楼板	
	简支	连续	简支	连续		有柱帽	无柱帽
非预应力	1/30	1/40	1/40	1/50	1/12	1/35	1/30
预应力	1/35	1/40	1/40	1/45	1/10	1/45	1/40

注：1.l_0为板的计算跨度，对双向板为短向计算跨度，对无梁板为区格长边计算跨度。
2. 跨度>4m的板应适当加厚。
3. 荷载较大时，板厚另行考虑。

钢筋混凝土结构梁截面高度h（m） 　　　　表5

梁的种类		梁截面高度	常用跨度（m）	适用范围	备注
现浇整体楼盖	普通主梁	$l/10~l/18$	≤9	民用建筑框架结构、框—剪结构、框—筒结构	—
	框架扁梁	$l/16~l/22$			
	次梁	$l/12~l/20$			
独立梁	简支梁	$l/8~l/12$	≤12	混合结构	—
	连续梁	$l/12~l/15$			
悬臂梁		$l/5~l/7$	≤4	—	—
井字梁		$l/15~l/20$	≤15	长宽比小于1.5的楼屋盖	梁距小于3.6m，且周边应有边梁
框支梁		$l/6~l/8$	≤9	框支剪力墙结构	—

注：l为梁的计算跨度。

预应力梁截面高度与跨度的比值h/l 　　　　表6

分类	梁截面高跨比	分类	梁截面高跨比
简支梁	$l/13~l/20$	框架梁	$l/15~l/20$
连续梁	$l/20~l/25$	简支扁梁	$l/15~l/25$
单向密肋梁	$l/20~l/25$	连续扁梁	$l/20~l/30$
井字梁	$l/20~l/25$	框架扁梁	$l/18~l/30$

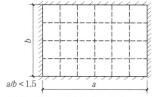
a次梁矩形布置（次梁支承在墙上）

b次梁支撑在主梁上（次梁方形布置）

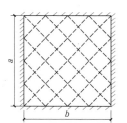
c方形斜向布置次梁（次梁支承在墙上）

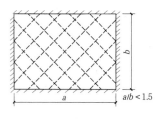
d矩形斜向布置次梁（次梁支承在墙上）

① 井式楼盖布置

框架结构布置及构造

框架结构是由梁、柱等线性构件组成的一种空间结构体系。框架结构可以建造较大的室内空间，平面及设备布置灵活，使用方便，可允许有80%的外墙面采光和观景，广泛用于多层厂房及旅馆、公寓、科研楼、办公楼、医院、商场、教学楼等多、高层建筑。

框架结构按抗震设计时，不应采用部分由砌体墙承重的混合形式。框架结构中的楼、电梯间及局部出屋顶的电梯机房、电梯间、水箱间等，应采用框架承重，不应采用砌体墙承重。

甲、乙类建筑以及高度大于24m的丙类建筑，不应采用单跨框架结构；高度不大于24m的丙类建筑，不宜采用单跨框架结构。

框架梁、柱中心线宜重合。当梁柱中心线不能重合时，在计算中应考虑偏心对梁柱节点核心区受力和构造的不利影响，以及梁荷载对柱子的偏心影响。

梁、柱中心线之间的偏心距，9度抗震设计时不应大于柱截面在该方向宽度的1/4；6~8度抗震设计时不宜大于柱截面在该方向宽度的1/4，如偏心距大于该方向柱宽的1/4时，可采取增设梁的水平加腋等措施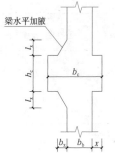。设置水平加腋后，仍须考虑梁柱偏心的不利影响。

梁的水平加腋厚度可取梁截面高度，其水平尺寸宜满足下列要求：

$$b_x/l_x \leq 1/2$$
$$b_x/b_b \leq 2/3$$
$$b_b+b_x+x \geq b_c/2$$

1 水平加腋梁

框架结构按施工方法的不同分为：全现浇式、装配式、装配整体式、半现浇式四种，其比较见表1。

几种框架结构的比较　　　　　　　表1

现浇式	装配式	装配整体式	半现浇式
整体性好，省钢材，造价低，模板工程及施工现场工作量较大，但由于施工工艺的改进与发展，这种框架结构是目前应用最广的一种结构形式	工业化及机械化程度高，工期短，施工不受季节限制；节点构造复杂，整体性差，钢材用量多，造价高；有抗震设防要求的建筑及有振动设备、有侵蚀介质的厂房不宜采用	用现浇混凝土将预制构件及其节点连成整体，提高了框架的整体性，但施工工序增多，相应延长了工期，较适合于有抗震设防要求和有振动设备上楼的建筑	采用现浇柱、预制梁、板或现浇梁、柱，简化了梁柱节点，增强了框架整体性，由于钢模板普遍使用，较普遍，适用于地震区与非地震区

常用框架柱网及层高　　　　　　　表2

建筑物类别		L(m)	L_1(m)	L_2(m)	层高(m)
工业建筑	内廊式	6	6、6.6、6.9	2.4、2.7、3	3.9~6
	等跨式	6	6、7.5、9、12	—	
民用建筑	办公、科研、教学	6.6~7.2	4.8~6.9	1.8、2.1、2.4、3	3.3~3.9
	住宅	6、6.6、6.9	4.8~6.9	—	2.7~3
	旅馆	4、7.2、7.8、8	6~8.4	2.7	3~3.6
	商场	6~8	6~8	—	4.2~6

注：1.内廊可取消一根柱，成为三柱不等跨式，可增大内廊及房间使用面积。
2.本表图示见 **2**、**3**。

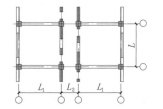

2 内廊式框架　　　　**3** 等跨式框架

横向框架承重方案一般用于平面长宽比较大的建筑物。承重框架沿房屋的横向布置，可有效提高整个建筑物的横向抵抗侧力的强度和刚度。房屋仍需布置连系梁，通过它可保证房屋具有必要的纵向刚度。承重框架沿房屋纵向布置时，对于房屋纵向开窗的限制较小，有利于室内的采光，但不利于通风管道的布置，适用于一般的工业及民用建筑。

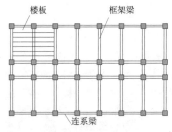

4 横向框架承重方案

对于有集中通风要求的房屋，通风管往往需要较大的净空高度，为了降低层高从而降低房屋造价，常常采用纵向框架承重方案，楼板沿房屋横向布置，在柱子处用卡口板或截面高度较小的连系梁，将纵向框架连系起来。

纵向框架承重方案，除便于通风管沿纵向通过外，房屋开间的布置也较灵活，但横向刚度差，一般用于层数不多的无抗震设防要求的房屋，民用建筑一般不采用此种结构布置方案。

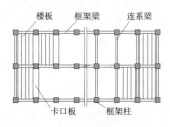

5 纵向框架承重方案

纵横向框架承重方案，是一种沿房屋纵横两个方向布置抗侧力的承重框架的结构方案，楼板亦是沿纵横两个方向交叉布置。

此种结构因两个方向均有足够的抗侧力强度和刚度，因而特别适用于有抗震设防要求、平面长宽比较小的建筑。

楼面有较沉重设备或楼面有较大开洞的多层工业房屋，也常常采用此种结构布置方案。

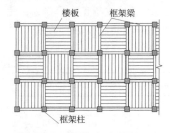

6 纵横向框架承重方案

常用框架柱截面（单位：mm）　　表3

开间尺寸		3900		6000			7200	
混凝土强度等级		C25	C30	C25	C30	C40	C30	C40
层次	8层	300	300	300	300	300	300	300
	7层	300	300	350	300	300	300	300
	6层	300	300	350	300	300	350	350
	5层	350	300	400	350	300	400	350
	4层	400	350	450	400	350	450	400
	3层	400	350	500	400	350	500	450
	2层	450	400	550	450	400	550	500
	首层	450	400	550	450	450	550	500

注：1.本表供初步设计时参考，准确尺寸应根据计算确定。
2.柱子截面为正方形，具体工程中上柱子截面变化不宜多于2种，可用混凝土强度等级及配筋量调整。
3.设计依据：楼面活荷载≤2.5kN/m²；
基本风压（10m高处）≤0.7kN/m²；
房屋进深≤3.0m，进深≤6.6m，6度设防要求。
4.预制柱截面边长不宜小于400mm。

常用框架梁高跨比　　　　　　　表4

框架梁		叠合梁		说明
全高	h	全高	h	梁宽不小于梁高的1/4，且不小于200mm；h为叠合梁预制部分高度
$l/10$~$l/18$	≥$l/18$	$l/10$~$l/18$	≥$l/18$	

6 建筑结构

框架填充墙（隔墙）的构造要求

1. 框架填充墙（隔墙）墙体除应满足稳定要求外，尚应考虑水平风荷载及地震作用的影响。

2. 填充墙（隔墙）的使用年限宜与主体结构相同，结构的安全等级可按二级考虑。

3. 填充墙（隔墙）的构造设计，应符合下列规定：

(1) 宜选用轻质块体材料，其强度等级应符合自承重墙的规定。

(2) 砌筑砂浆的强度等级不宜低于M5（Mb5、Ms5）。

(3) 墙厚不应小于90mm。

(4) 填充墙采用夹心复合墙时，两页墙之间应有拉结。

4. 填充墙（隔墙）与框架的连接，宜采用脱开的方法，并符合下列规定：

(1) 填充墙两端与框架柱，填充墙顶面与框架梁之间留出不小于20mm的间隙。

(2) 填充墙端部应设置构造柱，柱间距宜不大于20倍墙厚且不大于4m，柱宽度不小于100mm。柱内竖向钢筋不宜小于 ϕ10、箍筋不小于 ϕ^R5，竖向钢筋应与框架梁的预埋件或预留钢筋连接 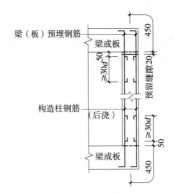。柱顶与框架梁（板）预留的缝隙用硅酮胶或其他弹性密封材料封缝。当填充墙有宽度大于2.1m的洞口时，洞口两侧应加设宽度不小于50mm的单筋混凝土柱。

(3) 填充墙两端宜卡入设在梁、板底及柱侧的卡口铁件内，墙侧卡口板的竖向间距不宜大于500mm，墙顶卡口板的水平间距不宜大于1.5m。

(4) 墙体高度超过4m时，宜在墙高中部设置与柱连通的水平系梁。水平连系梁的截面高度不小于60mm。填充墙高不宜大于6m。

(5) 填充墙与框架柱、梁的缝隙可采用聚苯乙烯泡沫塑料板条或聚氨酯发泡材料填充，并用硅酮胶或其他弹性密封材料封缝。

(6) 所有连接用钢筋、金属配件、铁件、预埋件等均应进行防腐防锈处理，并应符合耐久性的规定。嵌缝材料应能满足变形和防护要求。

5. 填充墙与框架的连接采用不脱开的方法时，应符合下列规定。

(1) 沿柱高每隔500~600mm设2 ϕ6拉结钢筋 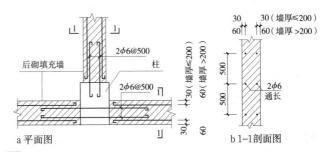，钢筋伸入填充墙的长度，6、7度时宜沿墙全长贯通，8、9度时应沿墙全长贯通。填充墙墙顶应与框架梁紧密结合 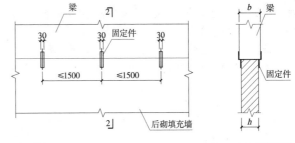。顶面与上部结构接触处宜用一皮砖或配砖斜砌楔紧 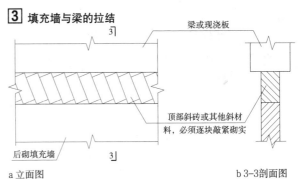、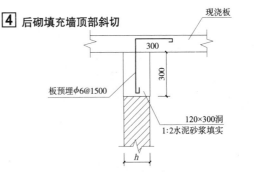。

(2) 当填充墙有洞口时，宜在窗洞口的上端或下端、门洞口的上端设置钢筋混凝土带，钢筋混凝土带应与过梁的混凝土同时浇筑，其过梁的断面及配筋由设计确定。钢筋混凝土带的混凝土强度等级不小于C20。当有洞口的填充墙尽端至门窗洞口边距离小于240mm时，宜采用钢筋混凝土门窗框。

(3) 填充墙长度超过5m或大于2倍层高时，墙顶与梁宜有拉接措施 ，墙体中部应加设构造柱；墙高度超过4m时，宜在墙高中部设置与柱连接的水平系梁，墙高超过6m时，宜沿墙高每2m设置与柱连接的水平系梁，系梁的截面高度不小于60mm。

6. 楼梯间采用砌体填充墙时，应设置间距不大于层高且不大于4m的钢筋混凝土构造柱，并应采用钢丝网砂浆面层加强。

1 构造柱与框架梁（板）连接

a 平面图   b 1—1剖面图

2 填充墙与柱的拉接构造

a 立面图   b 2—2剖面图

3 填充墙与梁的拉结

a 立面图   b 3—3剖面图

4 后砌填充墙顶部斜切

5 后砌填充墙与板底拉结

框架扁梁结构

1. 框架扁梁结构的梁宽大于柱宽。框架扁梁的截面高度 h 应满足刚度和裂缝宽度要求，钢筋混凝土扁梁可取 $(1/16\sim1/22)\,l_0$，预应力混凝土扁梁可取 $(1/20\sim1/25)\,l_0$，跨度较大时截面高度 h 宜取较大值，跨度较小时截面高度 h 宜取较小值；此处，l_0 为梁的计算跨度，可取支座中心线之间的距离。

2. 框架扁梁的截面宽高比 b/h 不宜超过3，同时扁梁的截面高度 h 不宜小于2.5倍板的厚度。

3. 扁梁结构的楼板应现浇，梁中心线宜与柱中心线重合，扁梁应双向布置，且不宜用于一级抗震等级的框架结构。

4. 对于框架扁梁结构①，当按抗震设计时，扁梁宽度应满足 $b\leq b_c+h$，且应小于 $2b_c$，扁梁高度 $h\geq16d$，d 为柱纵向钢筋直径。对于框架边梁的宽度 b_s 不宜超过柱截面高度 h_c①b。

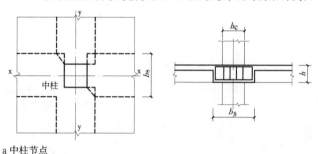

a 中柱节点

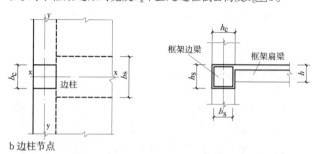

b 边柱节点

① 框架扁梁柱节点

剪力墙结构

剪力墙结构是由纵、横墙体组成的结构体系，其整体性、水平刚度和抗侧力性能都较好，适用于房间分隔较小的建筑，如高层住宅、公寓和旅馆等②。

剪力墙结构按施工方法的不同分为：全现浇式和装配式。现浇剪力墙结构施工简单，应用较多。装配式剪力墙结构一般是由预制的大型墙板经连接、拼装而成，从预制构件的设计到连接构造，其标准化要求程度高，在生产、施工、使用过程中的各种不利工况下，都需要满足结构受力的要求，必须保证结构体系的整体性。

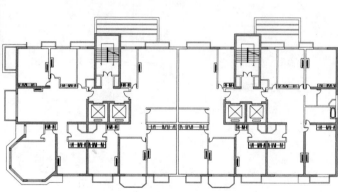

a 单元式住宅

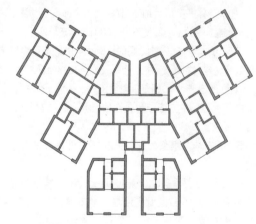

b 点式住宅

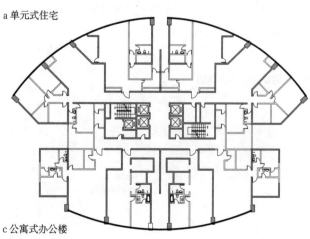

c 公寓式办公楼

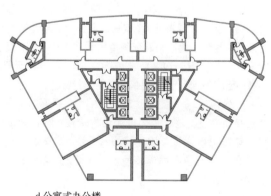

d 公寓式办公楼

② 剪力墙结构

6
建筑结构

剪力墙布置

剪力墙结构必须在相互垂直的两个方向上设置剪力墙，或者在足够的方位上设置剪力墙以抵抗各个方向的水平力。剪力墙宜自上到下连续布置，避免刚度突变。此外，墙的布置应考虑扭转效应，最好使正交抗剪中心接近建筑物表面力的作用中心或质量产生的侧向荷载的作用中心，否则就会产生扭矩。

[1]a和b所示的墙体对抵抗水平力不利。在[1]a中，墙体在x方向没有刚度，在[1]b中，抵抗中心和力作用中心不重合，且几乎没有抗扭刚度。

[1]c~f的布置是较好的。在[1]d中，x方向的荷载会产生扭转，但是在y方向的两片成对的墙可抗扭或抵抗旋转。[1]e的筒体形式能很好地抵抗任何方向来的水平力。[1]f中墙的布置不仅有利于抵抗水平力和抵抗转动，而且还有另一个优点，就是它允许建筑物角部在温度、徐变和收缩影响下有一定的变形。

[1]g所示的布置是很少有的，这种互相垂直的墙可以抵抗剪力，但不能抗扭。事实上，它和[1]b中所给的体系一样，对非对称的水平力，例如狂风引起的或地震作用下非对称质量分布引起的水平力，几乎没有抵抗能力，因此，[1]g所示的布置是不好的。由于壳的作用，曲墙（[1]h）可以提供较大的侧向刚度，特别是有楼板作为横隔板而加强壳体时。

在[1]中，成对的抵抗剪力的墙才能抗扭，因为扭矩是一个力矩，每一对剪力墙才可提供抵抗力偶。

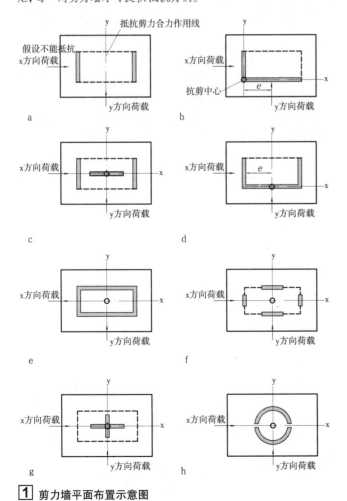

[1] 剪力墙平面布置示意图

剪力墙开洞

剪力墙一般是实体墙，必要时开一些洞。剪力墙上开门窗洞口宜上下对齐，成列布置，形成明确的墙肢和连梁[2]，避免墙肢宽度相差悬殊；抗震设计时不宜采用错洞墙和叠合错洞墙[3]~[4]。必须错洞时，错开不宜小于2m。

各墙肢的总高度和墙肢长度之比不宜小于3，墙肢截面长度不宜>8m，且不宜<5b_w（b_w为墙肢厚度）。较长的剪力墙宜设置跨高比大于6的弱连梁，将其分成较均匀的若干墙肢。墙肢截面长度≤4b_w时，宜按钢筋混凝土柱进行设计。

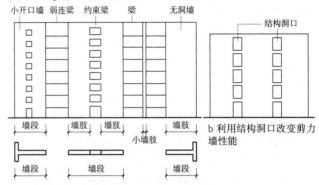

a 剪力墙的墙段及墙肢

b 利用结构洞口改变剪力墙性能

[2] 较长的剪力墙墙段划分及结构洞口的利用

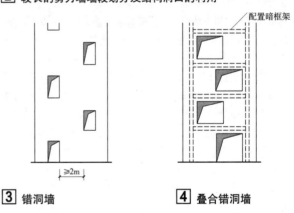

[3] 错洞墙 [4] 叠合错洞墙

剪力墙厚度

剪力墙的厚度（单位：mm）   表1

剪力墙		底部加强部位	其他部位
一、二级	有端柱和翼墙	≥200、≥1/16层高	≥160、≥1/20层高
	无端柱和翼墙	≥200、≥1/12层高	≥180、≥1/16层高（≥160、≥1/16层高）
三、四级	有端柱和翼墙	≥160、≥1/20层高	≥160、≥1/25层高（140、≥1/25层高）
	无端柱和翼墙	≥180、≥1/16层高（≥160、≥1/16层高）	≥160、≥1/20层高（≥140、≥1/20层高）
短肢剪力墙		≥200	≥180
电梯井、管道井墙肢		井筒中可适当减小，但宜≥160	

注：1.（）中数值仅适用于多层建筑。
2. 短肢剪力墙是指截面厚度不大于300、各肢截面高度与厚度之比的最大值大于4但不大于8的剪力墙。
3. 不宜采用一字形短肢剪力墙，不宜在一字形短肢剪力墙上布置平面外与之相交的单侧楼面梁。

连梁

连梁的设计与相连墙肢的刚度、连梁跨高比等多种因素有关。跨高比小于5的按连梁设计，跨高比不小于5的连梁按框架梁设计。

部分框支剪力墙结构布置

部分框支剪力墙结构,作为剪力墙结构的一种变化,是在其底层或底部数层取消部分剪力墙,以框架支撑其上部墙体,来提供较大的空间[1]。

1. 部分框支剪力墙结构的布置应符合下列规定。

(1)落地剪力墙和筒体底部墙体应加厚。

(2)框支柱周围楼板不应错层布置。

(3)落地剪力墙和筒体的洞口宜布置在墙体的中部。

(4)框支梁上一层墙体内不宜设置边门洞,也不宜在框支中柱上方设置门洞[2]。

(5)落地剪力墙的间距不宜大于3B和36m;抗震设计时,当底部框支层为1~2层时,不宜大于2B和24m;当底部框支层为3层及3层以上时,不宜大于1.5B和20m;此处,B为落地墙之间楼盖的平均宽度。

(6)框支柱与相邻落地剪力墙的距离,1~2层框支层时不宜大于12m,3层及3层以上框支层时不宜大于10m。

2. 部分框支剪力墙结构当框支梁上部的墙体开有边门洞时[3],洞边墙体宜设置翼墙、端柱或加厚;当洞口靠近梁端部且梁的受剪承载力不满足要求时,可采取框支梁加腋或增大框支墙洞口连梁刚度等措施。

3. 部分框支剪力墙结构的剪力墙底部加强部位,墙体两端宜设翼墙或端柱。剪力墙底部加强部位取房屋高度的1/10以及地下室顶板至转换层以上两层高度二者的较大值。

4. 框支梁与框支柱截面中线宜重合。

框支梁的截面高度不宜小于计算跨度的1/8,截面宽度不宜大于框支柱相应方向的截面宽度,而且不宜小于其上墙体截面厚度的2倍和400mm的较大值。

框支梁不宜开洞。若必须开洞时,洞口边离开支座柱的距离不宜小于梁截面高度。

5. 框支柱截面宽度,不应小于450mm;柱截面高度,不宜小于转换梁跨度的1/12。柱净高与柱长边之比宜大于4。

6. 转换层楼板厚度不宜小于180mm;落地剪力墙和筒体外围的楼板不宜开洞。楼板边缘和较大洞口周边应设置边梁,其宽度不宜小于板厚的2倍。与转换层相邻楼层的楼板也应适当加强。

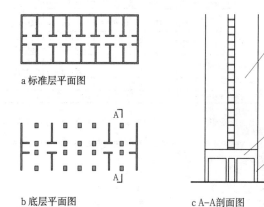

a 标准层平面图

b 底层平面图

c A-A剖面图

剪力墙

框支梁

框支柱

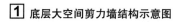

1 底层大空间剪力墙结构示意图

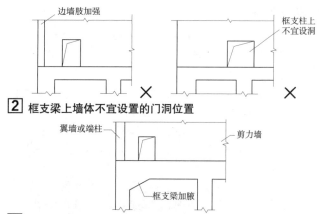

边墙肢加强

框支柱上不宜设洞

2 框支梁上墙体不宜设置的门洞位置

翼墙或端柱

剪力墙

框支梁加腋

3 框支梁上墙体有边门洞时洞边墙体的构造要求

复杂高层建筑结构设计措施

1. 复杂高层结构包括带转换层结构、带加强层结构、错层结构、连体结构、多塔楼结构、竖向体型收进、悬挑结构等。

2. 9度抗震设计时不应采用带转换层的结构、带加强层的结构、错层结构和连体结构。

3. 7度和8度抗震设计的高层建筑内不宜同时采用两种以上第1条所指的复杂结构。

4. 抗震设计的高层建筑宜避免错层结构。当结构有错层时,应采取有效的设计措施:

(1)采用防震缝将错层部位划分为独立的结构单元。

(2)错层两侧宜采用结构布置和侧向刚度相近的结构体系,尽量减少扭转效应。

5. 连体结构的设计措施:

(1)抗震设计时,连接体及与连接体相邻的结构构件的抗震要求应符合本资料集"建筑抗震"专题的相关要求。

(2)连体结构各独立部分宜有相同或接近的体型、平面和刚度。宜采用双轴对称的平面形式,以避免扭转影响。7度和8度抗震设计时,层数和刚度相差悬殊的建筑不宜采用连体结构。

(3)连体结构与主体结构宜采用刚性连接,必要时,连体结构可延伸至主体部分的内筒,并与内筒结构可靠连接。连体结构与主体结构非刚性连接时,支座滑移量应能满足在罕遇地震作用下的位移要求。

(4)连体结构应加强构造措施,连体结构的边梁截面宜加大,楼板厚度不宜小于150mm,宜采用双层双向钢筋网。

刚性连接的连接体结构可设置钢梁、钢桁架和型钢混凝土梁,型钢应伸入主体结构至少一跨并加强锚固。

当连接体包含多个楼层时,应特别加强其最下面一个楼层及顶层的设计和构造。

6. 多塔楼结构的设计措施:

(1)多塔楼建筑结构中各塔楼的层数、平面和刚度宜接近。塔楼对底盘宜对称布置,上部塔楼结构综合质心与底盘结构质心的距离,不宜大于底盘相应边长的20%。

(2)抗震设计时,转换层不宜设置在底盘屋面的上层塔楼内。

(3)底盘屋面楼板厚度不宜小于150mm,并应加强配筋构造;底盘屋面上、下层结构的楼板也应加强构造措施。当底盘屋面为结构转换层时,应按转换层楼板进行设计。

框架—剪力墙结构布置

1. 框架—剪力墙结构体系是由框架和剪力墙共同承担风荷载或地震作用，为使框架与剪力墙协同工作，剪力墙的平面布置宜均匀分布，各片墙的刚度宜接近。

2. 在设计的方案阶段，可按剪力墙截面积和框架柱截面积之和占楼面面积的3%~5%，剪力墙截面面积占楼面面积2%~3%进行估算，估算时，可根据层数、高度、材料强度、场地条件等因素取上或下限值。

3. 框架—剪力墙结构应设计成双向抗侧力体系；结构两主轴方向均应布置剪力墙，宜使结构各主轴方向的侧向刚度接近。

4. 框架—剪力墙结构中，梁与柱或柱与剪力墙的中线宜重合；框架梁、柱中心线之间有偏离时，应符合框架结构的有关规定。

5. 框架—剪力墙结构中剪力墙的布置宜符合下列规定：

(1) 剪力墙宜均匀布置在建筑物的周边附近、楼梯间、电梯间、平面形状变化及恒载较大的部位，剪力墙间距不宜过大；

(2) 平面形状凹凸较大时，宜在凸出部分的端部附近布置剪力墙；

(3) 纵、横剪力墙宜组成L形、T形和匚形等形式；

(4) 剪力墙宜贯通建筑物的全高，宜避免刚度突变；剪力墙开洞时，洞口宜上下对齐。

6. 长矩形平面或平面有一部分较长时，其剪力墙的布置宜符合下列规定：

(1) 横向剪力墙沿长方向的间距宜满足表1的要求，当这些剪力墙之间的楼盖有较大开洞时，剪力墙的间距应适当减小；

(2) 纵向剪力墙不宜集中布置在房间的两尽端。

7. 板柱—剪力墙结构的布置要求：

(1) 应同时布置筒体或两主轴方向的剪力墙以形成双向抗侧力体系，并应避免结构刚度偏心，其中剪力墙或筒体应分别符合剪力墙结构和筒体结构的有关规定；

(2) 抗震设计时，房屋的周边应设置边梁形成周边框架，房屋的顶层及地下室顶板宜采用梁板结构；

(3) 有楼、电梯间等较大开洞时，洞口周围宜设置框架梁或边梁；

(4) 无梁板可根据承载力和变形要求，采用无柱帽(柱托)板或有柱帽(柱托)板形式，8度设防时，宜采用有柱帽(柱托)板；

(5) 双向无梁板厚度与长跨之比，不宜小于表2的规定。

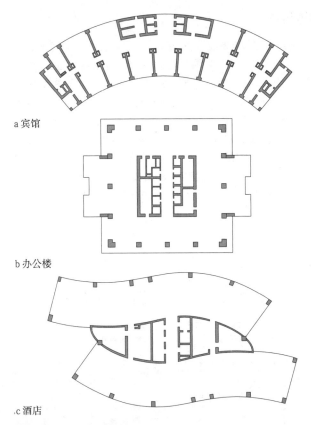

a 宾馆

b 办公楼

c 酒店

[1] 框架—剪力墙结构示意图

框架—剪力墙结构构造要求

1. 剪力墙厚度一般部位不应小于160mm，且不宜小于层高或无支长度的1/20；底部加强部位不应小于200mm，且不宜小于层高或无支长度的1/16。

2. 带边框剪力墙的边框柱截面宜与该榀框架其他柱的截面相同，且端柱宽度不小于2倍墙厚度，端柱截面高度不小于柱的宽度。剪力墙的边框梁也可设计成暗梁，暗梁高度可取1~2倍墙的厚度，并不宜小于400。

3. 框架梁、柱应满足框架结构的有关规定。

4. 板柱—剪力墙结构中，无梁楼板开洞时，在板的不同部位开单个洞的大小应符合[2]的要求。在同一部位开多个洞时，各个洞宽之和不应大于该部位单个洞的允许宽度。

剪力墙间距（单位：m）　　　　　　　　　　　　　表1

楼盖形式	抗震设防烈度		
	6度、7度 （取较小值）	8度 （取较小值）	9度 （取较小值）
现浇	4.0B，50	3.0B，40	2.0B，30
装配整体	3.0B，40	2B，30	—

注：1.表中B为剪力墙之间的楼盖宽度(m)。
　　2.现浇层厚度大于60mm的叠合楼板可作为现浇板考虑。
　　3.当房屋端部未布置剪力墙时，第一片剪力墙与房屋端部的距离，不宜大于表中剪力墙间距的1/2。

双向无梁板厚度与长跨的最小比值　　　　　　　表2

非预应力楼板		预应力楼板	
无柱托板	有柱托板	无柱托板	有柱托板
1/30	1/35	1/40	1/45

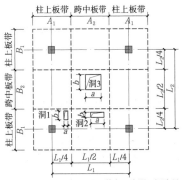

注：洞1：$a \leqslant a_c/4$且$a \leqslant t/2$，$b \leqslant b_c/4$且$b \leqslant t/2$，其中，a为洞口短边尺寸，b为洞口长边尺寸，a_c为相应于洞口短边方向的柱宽，b_c为相应于洞口长边方向的柱宽，t为板厚；
　　洞2：$a \leqslant A_2/4$且$b \leqslant B_1/4$；
　　洞3：$a \leqslant A_2/4$且$b \leqslant B_2/4$。

[2] 无梁楼板开洞要求

6
建筑结构

筒体结构

筒体结构具有造型美观、使用灵活、受力合理，以及整体性能强等优点，是一种有明显优越性的抗风、抗震结构体系，适用于较高（30层以上）的平面规整的高层建筑。目前世界最高的100幢高层建筑约有2/3采用筒体结构；国内100m以上的高层建筑约有一半采用钢筋混凝土筒体结构，所用形式大多为框架—核心筒结构和筒中筒结构。其他形式还有框筒结构、成束筒结构、多筒体结构和多重筒结构 1 。

筒中筒结构的高度不宜低于80m，高宽比不宜小于3。对高度不超过60m的框架—核心筒结构，可按框架—剪力墙结构设计。

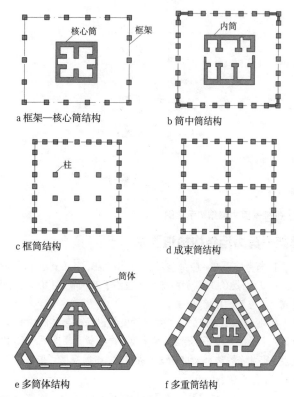

a 框架—核心筒结构 b 筒中筒结构

c 框筒结构 d 成束筒结构

e 多筒体结构 f 多重筒结构

1 筒体结构类型

筒体结构设计的一般规定

1. 筒中筒结构内筒、框架—核心筒结构核心筒与外框柱之间的间距，大于12m时，宜采取另设内柱等措施。

抗震设计宜采用筒中筒结构。外筒刚度不宜过大，以便保证内筒起到受弯、受扭的第二道抗震防线作用。

2. 筒体结构的楼盖应采用现浇混凝土结构，可采用钢筋混凝土平板、扁梁肋形板或密肋板，跨度大于10m的平板宜采用后张预应力楼盖。

3. 楼盖主梁不宜搁置在内筒或核心筒的连梁上。

4. 内筒和核心筒中墙肢宜均匀、对称布置。

5. 内筒角部附近不宜开洞，当不可避免时，筒角内壁至洞口的距离不应小于500mm和开洞墙厚度的较大值。

6. 筒体墙外墙厚度不应小于200mm，内墙厚度不应小于160mm。

筒体结构转换层的设置与设计要求

筒体结构由于外筒或外框筒采用密排柱，为了满足建筑功能上的需要，当建筑物底部需要改变为大柱距时，外框筒底部 2 可以采用拱结构、墙梁、桁架等转换构件支承上部密排柱。

外框筒或外框架经转换处理后的底部结构应满足以下要求：

1. 转换层上、下部结构质量中心宜接近重合（不包括裙房）。

2. 转换构件上、下层的侧向刚度比，应符合《高层建筑混凝土结构技术规程》JGJ 3-2010的有关规定。

3. 转换梁的高度不宜小于跨度的1/8。

4. 转换柱截面高度不宜小于转换梁跨度的1/15，抗震设计时不宜小于转换梁跨度的1/12。

5. 采用转换桁架时宜满层设置，转换桁架的斜腹杆的交点宜作为上部密柱的支点。

6. 转换层上部的竖向抗侧力构件（墙、柱）宜直接落在转换层的主要转换构件上。

7. 筒中筒结构和框架—核心筒结构的内筒及核心筒应全部落地。

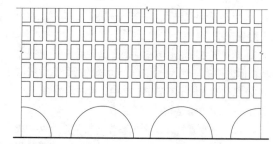

a 拱形转换结构

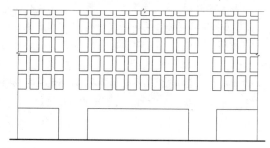

b 墙梁转换结构

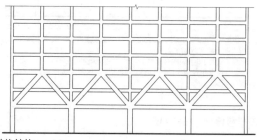

c 桁架转换结构

2 筒体结构转换层结构示意图

框架—核心筒结构

1. 体系特征

框架—核心筒结构, 由实腹核心筒与外框架组成, 实腹核心筒是体系的主要承受侧向力和抗倾覆力矩的构件, 且核心筒的翼缘又为结构提供了较大的受弯承载力。

当框架—核心筒结构侧向位移不能满足要求而核心筒又不可能加大面积增大抗侧力刚度时, 可采用设置水平加强层的结构方案, 使核心筒与外框架协同工作, 减小结构水平位移。

核心筒与外框架之间的楼盖宜采用梁板体系。

水平加强层通常采用开洞墙梁、空腹桁架、整体箱形梁等类型的结构构件, 采用墙梁时开洞不宜过大, 洞口过大或过多都将使水平加强层的刚度降低, 其作用也明显降低。

水平加强层所在楼层的外框架柱上应设置刚度较大的圈梁, 以使框架柱能充分地参与工作, 共同承受整体结构的倾覆弯矩。

2. 框架—核心筒结构设计

（1）核心筒宜贯通建筑物全高。核心筒的宽度不宜小于筒体总高的1/12, 当筒体结构设置角筒、剪力墙或增强结构整体刚度的构件时, 核心筒的宽度可适当减小。

（2）核心筒墙肢宜均匀、对称布置。

（3）筒体角部附近不宜开洞, 当不可避免时, 筒角内壁至洞口的距离不应小于500mm和开洞墙的截面厚度。

（4）筒体墙应验算墙体稳定, 且外墙厚度不应小于200mm, 内墙厚度不应小于160mm。

（5）核心筒的外墙不宜在水平方向连续开洞, 洞间墙肢的截面高度不宜小于1.2m。

（6）抗震设计时, 核心筒与框架之间的楼盖宜采用梁板体系。

（7）当内筒偏置或结构长宽比大于2时, 宜采用框架—双筒结构。

（8）框架—核心筒结构的周边柱间必须设置框架梁。

（9）框架梁和柱的截面设计和构造措施, 应满足框架结构及框架—剪力墙结构的相关要求。

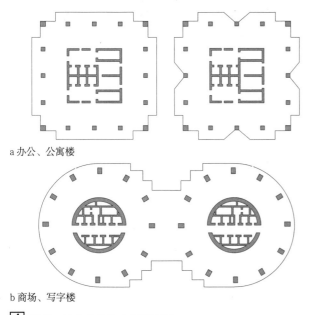

a 办公、公寓楼

b 商场、写字楼

1 框架—核心筒结构布置示意图

筒中筒结构

1. 体系特征

筒中筒结构, 由实腹内筒和外框筒组成, 能提供很大的抗侧力刚度, 适用于平面规整的高层建筑。

外框筒由密排柱和刚度很大的裙梁组成, 从而形成具有空间作用的筒体。承受侧力时垂直于侧力的翼缘框架能承受很大的倾覆力矩, 平行于侧力的腹板框架与内筒共同承受水平剪力。有许多因素能影响外框筒结构的受力性能, 如建筑平面形状、平面的长宽比、裙梁与柱的刚度比、框架柱刚域的影响、现浇楼板对裙梁刚度的影响等。结构平面越接近正方形, 边框筒结构的空间作用越显著; 侧力作用下裙梁与柱刚度比越小, 翼缘框架梁剪力传递的滞后现象越显著, 腹板框架梁的边跨与中间跨的剪力差异也越大。此外, 由于现浇楼板的整体作用, 计算裙梁刚度时还应考虑楼板的有效翼缘宽度作用。

实腹内筒具有很大的受剪承载力, 承受了结构下部的大部分水平剪力。由于现浇楼板具有很大的水平刚度, 从而使外框筒与内筒能协同工作, 形成了一个刚度更大的空间结构。

2. 结构设计

（1）筒中筒结构平面宜选用圆形、正多边形、椭圆形或矩形, 内筒宜居中设置。矩形平面的长宽比不宜大于2。

（2）内筒的宽度可为高度的1/12~1/15, 如有另外的角筒或剪力墙时, 内筒平面尺寸可适当减小。内筒宜贯通建筑物全高, 竖向刚度宜均匀变化。

（3）三角形平面宜切角, 外筒的切角长度不宜小于相应边长的1/8, 其角部可设置刚度较大的角柱或角筒; 内筒的切角长度不宜小于相应边长的1/10, 切角处的筒壁宜适当加厚。

（4）外框筒应符合以下规定: 柱距不宜大于4m, 框筒柱的截面长边应沿筒壁方向布置, 必要时可采用T形截面; 洞口面积不宜大于墙面面积的60%, 洞口高宽比宜与层高与柱距比值相近; 外框筒梁的截面高度可取净距的1/4; 角柱面积可取中柱的1~2倍; 角柱可采用十字形、方形或L形柱 **3**。

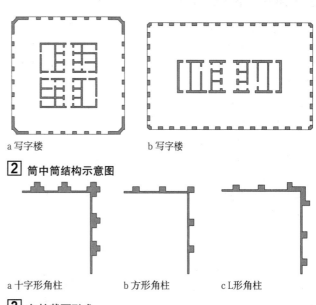

a 写字楼

b 写字楼

2 筒中筒结构示意图

a 十字形角柱

b 方形角柱

c L形角柱

3 角柱截面形式

板柱结构

板柱结构是由楼板、柱等构件组成的,承受垂直及水平荷载的空间结构体系。板柱结构除具有框架结构的优点外,还有结构高度小,顶棚平整,采光、通风及卫生条件好,模板及施工简单等优点。采用升板法施工可节约大量模板。预应力板柱结构采用预应力方法,将预制板、柱连成整体。此种结构当采用预制密肋轻型板时,可克服板柱结构板厚过大的缺点。板柱结构常用于医药、食品、冷库、商场及医院等建筑,预应力板柱体系常用于住宅建筑中。

板柱结构承受水平荷载能力较差,使用时,应在建筑物中布置适量剪力墙,也可利用楼、电梯间作为抗侧力构件。

板柱结构的柱网通常为正方形或接近正方形,其长短跨之比不宜大于1.5;柱距一般不超过6m。板厚不宜小于板跨的1/35。柱截面一般为正方形,也可以是圆形或多边形。当楼面荷载较大时,必须设柱帽,以提高楼面的抗冲切能力。板的厚度不应小于150mm。

板柱节点可采用带柱帽或托板的结构形式。板柱节点的形状、尺寸应包容45°的冲切破坏锥体,并应满足受冲切承载力的要求。

柱帽的高度不应小于板的厚度h;托板的厚度不应小于$h/4$。柱帽或托板在平面两个方向上的尺寸均不宜小于同方向上柱截面宽度b与$4h$的和,见 1 。

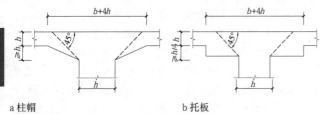

a 柱帽　　　　　　　　　　b 托板

1 带柱帽或托板的板柱结构

盒子结构（箱形结构）

盒子结构(箱形结构)也是剪力墙结构,但其工厂化程度比装配式大型墙板结构更高,一个盒子单元就是一个房间或两个房间,在加工厂一次成型,再现场整体安装。此类结构的刚度与整体性是其他结构无法比拟的,因而壁厚可以做得很薄。内壁可以做到40~50mm,顶板做到30mm,所以自重可大大减轻。一个3.2m×4.8m×2.5m的盒子单元,采用普通钢筋混凝土,仅7~8t,若用陶粒混凝土,则只有5t左右。盒子结构房屋的总刚度受连接强度的限制,单元的大小又受起重设备的限制,一般多用于4~8层房屋,国外则已用至20层左右。这种结构体系是建筑工业化的一个方向。

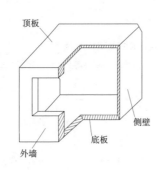

2 盒子单元

悬挂结构

一些高层办公楼和居住建筑中采用了悬挂结构体系,该结构体系以筒体、刚架、拱或桁架等为主要承重结构,全部楼板均通过钢丝束吊索悬挂在上述承重结构上,其特点是:自重轻,基础集中在一个或多个承重筒体或者拱趾处,基础面积较小;结构布置对称,抗震性能好;此类结构常采用钢筋混凝土结构与钢结构相结合的方案,以及运用预应力工艺。

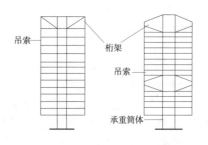

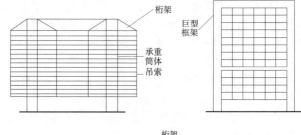

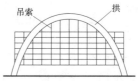

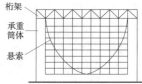

3 悬挂结构体系示意图

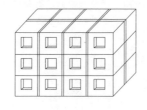

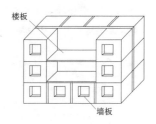

a 双间盒子组合　　　　　　b 单间与墙板、楼板混合组合

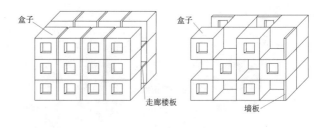

c 单间盒子与走廊楼板组合　　d 单间盒子棋盘布置

4 盒子结构房屋及其结构布置类型示意图

6
建筑结构

排架结构体系

　　排架结构由屋架（或屋面梁）、柱和基础组成，柱与屋架铰接，与基础刚接。根据生产工艺和使用要求的不同，排架结构可做成等高、不等高和锯齿形等多种形式，见①和②，后者通常用于单向采光的纺织厂。排架结构是目前单层厂房结构的基本结构形式，其跨度可超过30m，高度可达20~30m或更高，吊车吨位可达150t甚至更大。排架结构传力明确，构造简单，施工亦较方便。

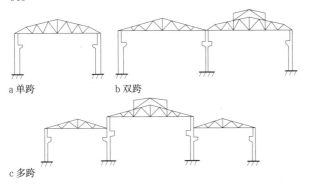

a 单跨　　　**b 双跨**

c 多跨

① 排架类型

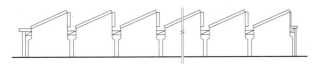

② 锯齿形厂房

单层厂房传力路线

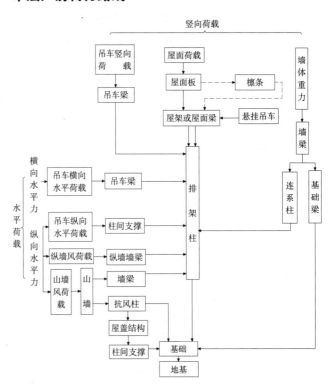

③ 单层厂房传力路线示意图

6
建筑结构

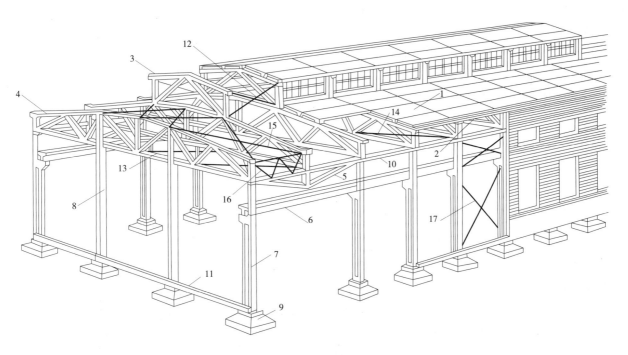

1 屋面板	2 天沟板	3 天窗架	4 屋架	5 托架	6 吊车梁	7 排架柱
8 抗风柱	9 基础	10 连系梁	11 基础梁	12 天窗架垂直支撑	13 屋架下弦横向水平支撑	14 屋架下弦纵向水平支撑
15 屋架上弦横向水平支撑	16 屋架端部垂直支撑	17 柱间支撑				

④ 单层厂房构件示意

排架结构柱网布置

厂房承重柱或承重墙的相邻纵向定位轴线间的距离，称为跨度；相邻横向定位轴线间的距离，称为柱距；纵向定位轴线与横向定位轴线在平面上构成的网格，称为柱网。

柱网布置应首先满足工艺布置的要求，还应符合《厂房建筑模数协调标准》GB/T 50006的模数要求，同时应考虑减少构件规格以及制作、运输及吊装的条件。

1. 厂房的跨度

12~18m时，应采用3m的倍数；18m以上时，应采用6m的倍数。柱间距宜相等，应采用6m或6m的倍数 ①。

2. 厂房高度

厂房的高度按工艺要求确定，并应采用扩大模数3M数列，如 ② 所示。

3. 墙、柱定位

厂房墙、柱与纵向定位轴线的定位，边柱外边缘和外纵墙内缘宜与定位轴线重合；中柱的中心线宜与纵向定位轴线重合，如 ③ 所示。

4. 厂房墙、柱与横向定位轴线的定位

除变形缝处的柱和端部柱以外，柱的中心线应与横向定位轴线相重合；横向变形缝处柱应采用双柱及两条横向定位轴线，柱的中心线均应自定位轴线向两侧各移600mm，两条横向定位轴线间所需缝的宽度b_e宜结合个体设计确定，见 ④。

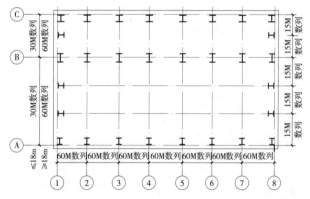

M—统一模数制基本单位，为100mm。

① 跨度和柱距示意图

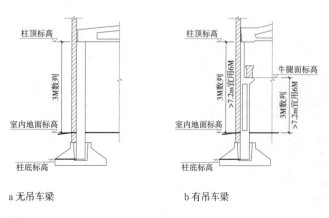

a 无吊车梁   b 有吊车梁

② 厂房高度示意图

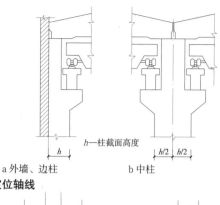

a 外墙、边柱   b 中柱

③ 纵向定位轴线

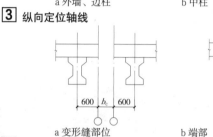

a 变形缝部位   b 端部

④ 墙、柱与横向定位轴线的定位

吊车梁

常用吊车梁有钢筋混凝土、预应力钢筋混凝土等截面或变截面的吊车梁以及组合式吊车梁，见 ⑤ 及表1。预应力混凝土等截面吊车梁的工作性能、技术经济指标比钢筋混凝土吊车梁好，应优先采用，特别是对吨位大或有重级载荷状况时。组合式吊车梁的下弦杆为钢材（竖杆也有用钢材的），一般用于不大于5t的A1~A5级吊车，且无侵蚀性气体的小型厂房。

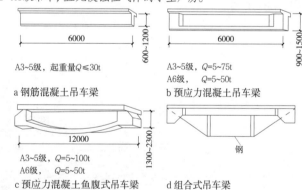

A3~5级，起重量$Q≤30$t

a 钢筋混凝土吊车梁

A3~5级，$Q=5~75$t
A6级，$Q=5~50$t

b 预应力混凝土吊车梁

A3~5级，$Q=5~100$t
A6级，$Q=5~50$t

c 预应力混凝土鱼腹式吊车梁

d 组合式吊车梁

⑤ 吊车梁

吊车梁截面形式及尺寸一般要求（单位：mm）　　　　表1

跨度	6000	12000
梁长	5950	11950
形式	T形（钢筋混凝土吊车梁） 工字形（预应力混凝土吊车梁）	
腹板厚度	≥140（钢筋混凝土吊车梁） ≥100（平卧浇灌时的先张法预应力混凝土吊车梁） ≥120（竖直浇灌时的先张法预应力混凝土吊车梁） ≥140（后张法预应力混凝土吊车梁）	
等高度预应力混凝土吊车梁的高度h	$l/7~l/4$	$l/10~l/8$（吊车为20t及其以下） $l/7~l/5$（吊车为30t及其以上）
等高度实腹式吊车梁	上翼缘宽度	400（$h<900$） 500（$900≤h≤1200$） 600（$h=1500$）	600（$h=1800$） 700（$h=2100$） 800（$h=2400$）
	上翼缘厚度	100（$h≤1200$） 120（$1200<h≤1500$） 140（$h=1500$）	120（$h≤1800$） 140（$h=2100$） 160（$h=2400$）

注：1. 对后张力法预应力混凝土吊车梁，梁的制作长度尚应考虑外露锚具的尺寸，梁长作相应减小。
    2. 吊车梁除两端加厚区段处，腹板的最大厚度宜取180mm。
    3. l为梁的计算跨度。

屋面支撑

　　屋面支撑包括屋架上、下弦水平支撑、屋架垂直支撑、天窗架上弦水平支撑、天窗架垂直支撑及纵向系杆。有檩和无檩屋盖的支撑布置宜符合表1和表2的要求。支撑节间的划分，应与屋架节间适应。水平支撑一般采用十字交叉的形式，交叉杆件的交角一般为30°～60°，如①所示。屋盖垂直支撑形式如②所示。

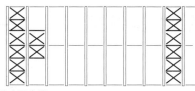

a 屋架上弦水平支撑

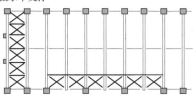

b 屋架下弦水平支撑

c 屋架垂直支撑及系杆

① 屋架支撑的布置

有檩屋盖的支撑布置 　　　　　　　　　　　　　　　表1

支撑名称		烈度		
		6、7	8	9
屋架支撑	上弦横向支撑	单元端开间各设一道	单元端开间及单元长度大于66m时的柱间支撑开间各设一道	单元端开间及单元长度大于42m时的柱间支撑开间各设一道；天窗开洞范围的两端各增设局部的支撑一道
	下弦横向支撑	同非抗震设计		天窗开洞范围的两端各增设的上弦横向支撑一道
	跨中竖向支撑	同非抗震设计		
	端部竖向支撑	屋架端部高度大于900mm时，单元端开间及柱间支撑开间各设一道		
天窗架支撑	上弦横向支撑	单元天窗端开间各设一道	单元天窗端开间及每隔30m设一道	单元天窗端开间及每隔18m各设一道
	两侧竖向支撑	单元天窗端开间及每隔36m各设一道		

无檩屋盖的支撑布置 　　　　　　　　　　　　　　　表2

支撑名称		烈度		
		6、7	8	9
屋架支撑	上弦横向支撑	屋架跨度小于18m时同非抗震设计，跨度不小于18m时在厂房单元端开间各设一道	单元端开间及柱间支撑开间各设一道，天窗开洞范围的两端各增设局部的支撑一道	
	上弦通长水平系杆	同非抗震设计	沿屋架跨度不大于15m设一道，但装配整体式屋面可仅在天窗开洞范围内设置；围护墙在屋架上弦高度有现浇圈梁时，其端部处可不另设	沿屋架跨度不大于12m设一道，但装配整体式屋面可仅在天窗开洞范围内设置；围护墙在屋架上弦高度有现浇圈梁时，其端部处可不另设
	下弦横向支撑	同非抗震设计	同上弦横向支撑	
	跨中竖向支撑			
	两端竖向支撑 屋架端部高度不大于900mm	同非抗震设计	单元端开间各设一道	单元端开间及每隔48m各设一道
	屋架端部高度大于900mm	单元端开间各设一道	单元端开间及柱间支撑开间各设一道	单元端开间、柱间支撑开间及每隔30m各设一道
天窗架支撑	天窗两侧竖向支撑	厂房单元天窗端开间及每隔30m各设一道	厂房单元天窗端开间及每隔24m各设一道	厂房单元天窗端开间及每隔18m各设一道
	上弦横向支撑	同非抗震设计	天窗跨度≥9m时，单元天窗端开间及柱间支撑开间各设一道	单元天窗端开间及柱间支撑开间各设一道

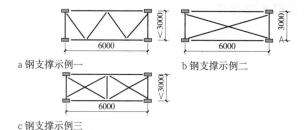

a 钢支撑示例一　　　　b 钢支撑示例二

c 钢支撑示例三

② 屋盖垂直支撑形式

柱间支撑

　　柱间支撑一般包括上段柱间支撑及下段柱间支撑。同时，屋架端部垂直支撑及在屋架上弦水平处的纵向系杆、吊车梁及辅助桁架、柱子本身也是柱间支撑的组成部分。

　　凡有下列情况之一者，均应在厂房单元中部设置上、下柱间支撑③，且下柱支撑应与上柱支撑配套设置。如：

　　(1)抗震设计的厂房；

　　(2)设有悬臂壁式吊车或3t及3t以上悬挂式吊车；

　　(3)吊车起重量在10t或10t以上的厂房；

　　(4)厂房跨度在18m或18m以上，或者柱高在8m以上；

　　(5)纵向柱的总数在7根以下；

　　(6)露天吊车栈桥的柱列。

　　柱间支撑的布置宜符合表3的要求。

　　厂房单元较长或8度Ⅲ、Ⅳ类场地和9度时，宜采用分散支撑方案③c，可在厂房单元中部1/3区段内设置两道柱间支撑，且下柱支撑应与上柱支撑配套设置，不应采用只设置一道支撑加大刚度和截面的做法。

　　柱间支撑应采用钢结构。柱顶压杆可采用钢筋混凝土压杆。

　　吊车梁以上部分的柱间支撑可设计成单片；吊车梁以下部分的柱间支撑应设计成双片。

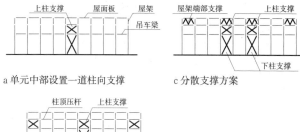

a 单元中部设置一道柱向支撑　　c 分散支撑方案

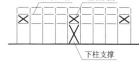

b 单元两端加设上柱支撑

③ 柱间支撑布置方案

柱间支撑 　　　　　　　　　　　　　　　表3

部位	抗震设防烈度		
	6度、7度	8度Ⅰ、Ⅱ类场地	8度Ⅲ、Ⅳ类场地和9度
柱顶水平压杆	根据受力大小考虑是否设置	厂房跨度≥18m的中部柱顶、边柱柱顶	各柱顶
上柱支撑	下柱支撑处设一道，厂房单元两端根据受力大小考虑是否设置	除下柱支撑外，在厂房单元两端增设一道	
下柱支撑	厂房单元中部设置一道	厂房单元中部设置一道或二道	

注：有起重机或8度和9度时，宜在厂房单元两端增设上柱支撑。

6
建筑结构

钢筋混凝土排架柱

排架柱按截面形式分，有矩形柱、工形柱、平腹杆双肢柱、斜腹杆双肢柱；按配筋方式分，有柔性钢筋混凝土柱和劲性钢筋混凝土柱。

矩形柱的混凝土用量多，经济指标差，但外形简单，施工方便，抗震性能好，是普遍使用的形式。

工字形截面柱，由于施工、预制和吊装的原因，在工程中已很少采用，大截面混凝土柱已逐步被钢柱、双肢柱替代。

柱距为6m的单层厂房柱的截面可按表1确定。单层厂房常用柱截面可按表2选用。

大柱网厂房的柱截面宜采用正方形或接近正方形的矩形，边长不宜小于柱全高的1/18~1/16。

单层厂房排架柱一般采用预制柱，柱的截面形式可根据截面高度h确定：当h≤800mm时，宜采用矩形截面；当800＜h≤1400mm时，宜采用工字形截面；当h＞1400mm时，宜采用双肢柱；当抗震设防烈度为8度和9度时，不得采用薄壁工字形柱、腹板开孔工字形柱、预制腹板的工字形柱和管柱。

单层厂房6m柱距实腹柱截面尺寸参考值 表1

项目	简图	分项		截面高度h	截面宽度b
无吊车厂房		单跨		≥H/18	≥H/30并≥300mm
		多跨		≥H/20	
有吊车厂房		G≤10t		≥H_l/14	≥H_l/20并≥400mm
		G=15~20t	H_l≤10m	≥H_l/11	
			10m＜H_l≤12m	≥H_l/12	
		G=30t	H_l≤10m	≥H_l/10	
			H_l≤12m	≥H_l/11	
		G=50t	H_l≤11m	≥H_l/9	
			H_l≤13m		
		G=75~100t	H_l≤12m	≥H_l/8	
			H_l≥14m	≥H_l/8.5	
露天栈桥		G≤10t		H_l/10	≥H_l/25并≥500mm；管柱r≥H_l/70 D≥400mm
		G=15~30t	H_l≤12m	H_l/9	
		G=50t	H_l≤12m	H_l/8	

注：1. 表中G为吊车起重量，H为基础顶面至柱顶的总高度，H_s为基础顶面至吊车梁顶的高度，H_l为基础顶面至吊车梁底的高度，r为管柱的单管回转半径，D为管柱的单管外径。
2. 表中有吊车厂房的柱截面高度系按吊车工作级别为A6~A8考虑的，如级别为A1~A5应乘以系数0.95。
3. 当厂房柱距为12m时，柱的截面尺寸宜乘以系数1.1。

6m柱距单层厂房排架柱截面尺寸 表2

吊车起重量 G(t)	轨顶标高(m)	边柱		中柱	
		上柱	下柱	上柱	下柱
≤5	6~7.8	400×400	400×600	400×600	400×600
10	8.4	400×400	1400×700	400×600	1400×800
	10.2	400×400	1400×800	400×600	1400×900
	12	500×400	1400×1000	500×600	1500×1000
15~20	8.4	400×400	1400×800	400×600	1400×900
	10.2	400×400	1400×1000	400×600	1400×1000
	12	500×400	1500×1000	500×600	1500×1100
30	9.6	500×500	1500×1100	500×600	1500×1100
	12	500×500	1500×1200	500×600	1500×1200
	14.4	600×600	1600×1200	600×600	双600×1400×300
50	9.6	500×600	1500×1100	500×600	双600×1400×300
	12	500×600	1500×1200	500×600	双600×1600×300
	14.4	500×600	1600×1400	600×700	双600×1600×300

注：1. 本表适用于采用大型屋面板的有吊车单层厂房排架柱。
2. 中柱二边吊车起重量不同时，宜按较大吊车选用。
3. 带1符号者为工字形柱；3个数字为双肢柱，最后一个数为肢截面高度。
4. 基本风压≥0.7kN/m²时，边跨下柱宜加大一级截面。
5. 单跨厂房，按边柱选用，但下柱宜加大一级截面。
6. 有壁行吊车的截面高度宜≥1400mm。
7. 无吊车厂房排架柱截面尺寸b×h(mm)，按不同柱高H=6~8、8~10和10~12m，分别取为350×500，400×600，400×800。

露天栈桥钢筋混凝土柱截面尺寸选用表（单位：mm） 表3

吊车起重量(t)	轨顶标高(m)	6m柱距	9m柱距	12m柱距
5	8	1400×800×150×120	1400×800×150×120	1400×1000×150×120
	9	1400×900×150×120	1400×900×150×120	1400×1000×150×120
	10	1400×1000×150×120	1400×1000×200×120	1400×1100×200×120
10	8	1400×900×150×120	1400×1000×150×120	1500×1100×150×120
	9	1400×1000×150×120	1400×1100×150×120	1500×1100×200×120
	10	1400×1000×200×120	1500×1000×200×120	1500×1100×200×120
15	8	1400×1000×150×120	1500×1000×150×120	1500×1100×150×120
	9	1500×1000×200×120	1500×1100×200×120	1500×1100×200×120
	10	1500×1100×200×120	1500×1200×200×120	1500×1200×200×120
	12	双500×1300×250	双500×1300×250	双500×1300×250
20	8	1400×1000×150×120	1500×1100×200×120	1500×1100×200×120
	9	1500×1000×200×120	1500×1100×200×120	1500×1200×200×120
	10	1500×1100×200×120	1500×1200×200×120	双500×1300×250
	12	双500×1300×250	双500×1300×250	双500×1400×250
30	8	1500×1000×200×120	1500×1100×200×120	1500×1100×200×120
	9	1500×1100×200×120	1500×1200×200×120	双500×1300×250
	10	1500×1200×200×120	双500×1300×250	双500×1400×250
	12	双500×1300×250	双500×1600×250	双500×1600×250
50	10	双500×1600×300	双500×1600×300	双600×1600×350
	12	双600×1600×300	双600×1800×300	双600×1800×350

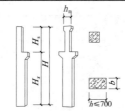

$h:b≤3:1$
中柱上柱柱帽宽度h_m≥600m
截面$b×h$≤400×700mm时采用

1 矩形柱

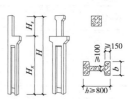

$h:b≤3:1$，b≥400mm
截面$b×h$≥400×800mm时采用
h≥1400mm，经济时也可采用

2 工字形柱

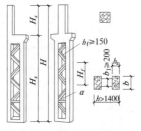

腹杆宽b_1≥200mm或b_1≥b-100mm，h_z≥250mm，h_f≥150mm，$α$≈45°，肢的中线宜与轨道中线相重合，肩梁高度由计算确定，且≥600mm和＞35倍主筋直径，$b×h$≥500×1400mm时采用

3 斜腹杆双肢柱

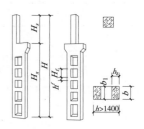

腹杆宽b_1=b，h_z≥250mm，h_f=(1.0~1.5)h_z，H_f≤10h_z，一般在1800~2500mm时为宜，用于抗震设防烈度≥8度地区，宜精确计算，$b×h$≥500×1400mm时采用

4 平腹杆双肢柱

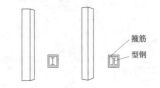

5 劲性钢筋混凝土柱

适用范围：结构自重不超过柱子支承的全部荷载的20%~25%时。楼层高度＞7m的现浇结构的多层、单层房屋且要求在施工过程中，拆模以前即需承重的柱子。
采用柔性配筋不经济。

屋架的类型

根据工艺、建筑、材料及施工等因素，选择合适的屋架类型。柱距6m，跨度15～30m时，一般应优先选用预应力混凝土折线形屋架；跨度9～12m时，可采用钢筋混凝土屋架。无条件施工预应力混凝土结构的地区，跨度为15～18m时，可选择钢筋混凝土折线形屋架；屋面积灰的厂房可采用梯形屋架；屋面材料采用石棉瓦时，可选用三角形钢筋混凝土屋架。

12m柱距时，一般可选用整体式折线形预应力混凝土屋架。

折线形屋架

柱距6m的折线形屋架尺寸及几何图形，可参照表1及 ①～③ 确定。

折线形屋架尺寸的确定   表1

屋面坡度	双坡	9、12m屋架采用1/5；15～30m屋架采用1/5（端部）、1/10（中部）
	单坡	15～30m屋架采用1/7.5
上弦节间长度		一般采用3m，个别采用1.5m及4.5m，9、12m屋架一律采用1.5m
下弦节间长度		一般采用4.5m及6m，个别采用3m。第一节间长度宜一律采用4.5m。9、12m屋架采用2～3m
高跨比		一般采用1/6～1/10
端部高度	双坡	一般采用1200～1800mm。15～30m屋架宜优先一律采用1200mm；9m、12m屋架采用600mm
	单坡	15～30m屋架宜采用1200～1800mm
跨中起拱值		钢筋混凝土屋架采用$l/600$～$l/700$；预应力混凝土屋架采用$l/900$～$l/1000$

注：1. 高跨比是指屋架跨中最大高度与跨度的比例。
   2. l为厂房跨度。

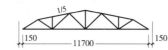

① 9m、12m双坡折线形屋架简图

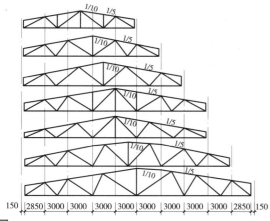

② 15～30m双坡折线形屋架简图

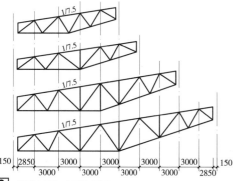

③ 单坡折线形屋架简图

梯形屋架

屋架间距6m的梯形屋架尺寸可按表2及 ④～⑤ 确定。

梯形屋架尺寸的确定   表2

屋面坡度	双坡	1/7.5, 1/10
	单坡	1/10
上弦节间长度		一般采用3m，个别采用1.5m及4.5m
下弦节间长度		一般采用4.5m及6m，个别采用3m；第一节间长度，宜一律采用4.5m
高跨比		一般采用1/6～1/10
端部高度h		1200～2400mm
跨中起拱值		对钢筋混凝土屋架采用$l/600$～$l/700$；对预应力混凝土屋架采用$l/900$～$l/1000$

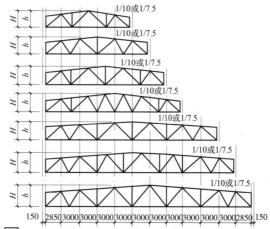

④ 双坡梯形屋架简图

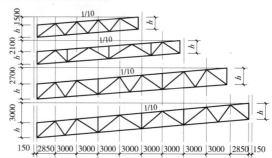

⑤ 单坡梯形屋架简图

三角形屋架

屋架间距6m的三角形屋架尺寸可按表3及 ⑥ 确定。

三角形屋架尺寸的确定   表3

屋面坡度	上弦节间长度	下弦节间长度	高跨比	端部高度h	跨中起拱值
1/2.5	2.0～2.69m	2.175m（用于9m屋架） 2m（用于12m屋架） 2.5m（用于15m屋架）	1/5	350mm	$l/600$

⑥ 三角形屋架简图

屋面梁

屋面梁的形式，根据使用要求，一般可采用单坡、双坡工字形截面的实腹式屋面梁（6m单坡屋面梁采用T形截面）。跨度6~15m时，可采用钢筋混凝土结构，12m及15m跨度的单坡屋面梁，也可采用折线形下翼缘 1。

屋面梁的构造尺寸应根据梁的跨度、屋面荷载、梁的侧向稳定性、纵向受力钢筋的排列要求和施工方便等条件确定。为减少模板类型及便于安装，6~15m单坡、双坡钢筋混凝土屋面梁的端部高度，宜一律采用900mm。对单跨或不等高多跨厂房，6m单坡、9m双坡屋面梁端部高度宜采用600mm，预应力混凝土屋面梁的端部高度，宜尽量采用900mm，见表1、表2。

钢筋混凝土屋面梁的外形及截面参考尺寸（单位：mm）　表1

跨度 (m)	屋面坡面	截面形式	端部高度 H_0	端部加厚长度	上翼缘尺寸 $b_1 \times h_1$	下翼缘尺寸 $b_1 \times h_1$	腹板厚度	翼缘与腹板交接处斜坡高度
6		T形等截面	600~900	≥400	300×120	—	160	$h_\nu^*=30$
9	单坡	工字形等截面	700~1000		300×120	180×120	≥80	
12			800~1100		400×160	220×140		
12		工字形变截面	800~1100		400×180	280×170	≥100	$h_\nu^*=30$ $h_\mu^*=50$
15			900~1200	≥1700	400×200	300×200		
9	双坡	工字形变截面	600~900		300×120	180×120		
12			700~900		300×140	200×120	≥80	
15			900~1200		400×160	200×140		

注：9~15m双坡屋面梁采用竖向浇注时，腹板厚度采用≥100mm。

预应力混凝土屋面梁的外形及截面参考尺寸（单位：mm）　表2

跨度 (m)	屋面坡面	截面形式	端部高度 H_0	上翼缘尺寸 $b_1 \times h_1$	下翼缘尺寸 $b_1 \times h_1$	腹板厚度 第一变腹	腹板厚度 第二变腹	第一变腹长度	翼缘与腹板交接处斜坡高度
9	单坡	工字形等截面	700~1000	300×100	230×120	≥100	≥60	≥1000	30~50
12			800~1100						50~70
12	双坡	工字形变截面	740~940	300×100	240×120			≥900	30~70
15			840~1040	320×100	240×150	≥120	≥80	1900	60~100
18			940~1140		240×150			~2400	

注：1. 端部实际高度为 H_0+60（H_0 为计算高度）。
　　2. 第一变腹长度系指梁端部腹板第一个变薄的区段长度。
　　3. 屋面梁采用竖向浇注时，腹板第二变腹厚度采用≥80mm。

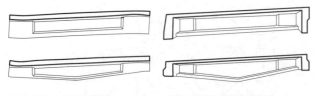

a 钢筋混凝土单坡屋面梁　　　　b 预应力混凝土单坡屋面梁

c 钢筋混凝土双坡屋面梁　　　　d 预应力混凝土双坡屋面梁

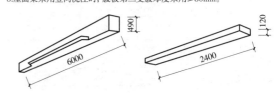

1 屋面梁

2 钢筋混凝土连系梁

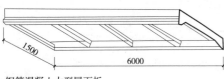

a 钢筋混凝土大型屋面板　　　b 钢筋混凝土双T板　　　c 钢筋混凝土小槽板

3 屋面板

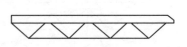

a 变截面钢筋混凝土檩条　　　b 等截面钢筋混凝土檩条　　　c 型钢—钢筋组合檩条

4 檩条

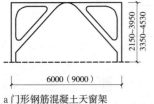

a 门形钢筋混凝土天窗架　　　b 三角形天窗架　　　c 采光通风天窗

5 天窗架

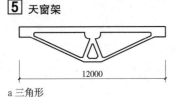
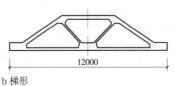

a 三角形　　　　　　　b 梯形

6 托架

7 钢筋混凝土基础梁

楼板

楼板应满足下列要求：必要的耐火性，足够的强度、刚度，隔声性能好，自重轻，省料及制作安装简便，经济美观。

当设置垫层时，一般采用水泥炉渣、混凝土等。常用面层有水泥砂浆、水磨石、大理石、木板、瓷砖、陶板、橡胶和地板革等。常用顶棚有直接抹灰、板条吊顶、钙塑板、石膏板、压型钢板和压型铝合金板等。

有抗震设防要求时，楼板的构造应符合抗震要求。

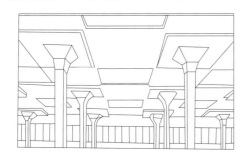

优点：1.结构高度较一般主次梁结构楼板的高度小。
　　　2.具有平滑的顶棚，采光通风及卫生条件均较好。
　　　3.当楼面活荷载在0.5kN/m²以上，跨度≤6m时，比肋形楼盖经济。
　　　4.模板简单，施工方便，较单向板节约木材，可设计成升板结构。
缺点：用于小荷载且跨度＜6m时不经济。
适用范围：各类多层的工业及民用建筑，如轻型厂房、冷库、仓库、商场等。
构造要求：柱子横截面多为正方形、圆形、正多边形，边柱一般为矩形。
　　　　　无梁楼板的允许板厚比如下：
　　　　　轻质混凝土：有柱冒1/30；无柱帽1/27；
　　　　　普通混凝土：有柱帽1/35；无柱帽1/30；
　　　　　预应力混凝土：有柱冒1/45；无柱帽1/40。

⃞1 无梁楼盖

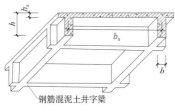

优点：1.房屋的整体好；
　　　2.底面平整，可不做吊顶；
　　　3.占用建筑空间小；
　　　4.设备布置灵活。
缺点：1.费模板；
　　　2.不利于工业化施工。
适用范围：跨度较小的工业民用建筑楼板、屋面板、阳台板、雨罩等。
构造要求：支座入墙一般为110mm。

单向板：净跨l≤3600mm
　　　　板厚h≥l/35～l/40
双向板：净跨l≤6000mm
　　　　板厚h≥l/40～l/50

⃞2 现浇实心平板

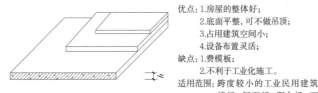

钢筋混泥土井字梁

h＞l/30～l/35
b=80～100mm
h_a≥b_a/40，但不得小于40mm
式中：b_a—密肋梁中距，按建筑和结构的要求确定，一般≤1200mm；
　　　l—梁支座间的距离。

优点：梁的高度较一般梁板结构的小。可节约建筑空间。
缺点：施工较为复杂，模板费用较高，但可采用工具式定型塑料模壳或钢筋混凝土模壳，以降低模板费用。
应用范围：1.跨度较大的房间；
　　　　　2.建筑平面接近方形的楼板（长、短跨之比≤1.5）。
构造要求：1.板伸入墙内处≥110mm；
　　　　　2.砖墙支承处需加钢筋混凝土墙梁。

⃞3 井字密肋楼板

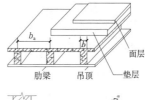

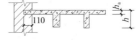

肋梁　　吊顶　　面层　　垫层

l＞7000mm，h≥l/20～l/25
h_a=40～50mm，b=80～100mm
b_a=500～700mm

优点：自重轻，用料省。
缺点：隔声差，一般需做吊顶，比现用模板多，施工期长。
应用范围：跨度大而且不宜设大梁的房间。
构造要求：1.板伸入墙内≥110mm；
　　　　　2.当跨度6000mm，须加横肋；
　　　　　3.设备穿管仅限在肋高的中间l/3h内；
　　　　　4.板在柱帽区宜做成实心板；
　　　　　5.板需要开孔，当孔洞边长大于1m或截断板肋时，应在孔的周边设置梁或型钢。

⃞4 密肋楼板

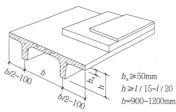

b/2-100　　b　　b/2-100

h_a≥50mm
h≥l/15～l/20
b=900～1200mm

优点：刚度较好，用钢量少，可工业化生产，模板用省。
缺点：制作要求高，需专门的张拉设备和大型超重设备。
适用范围：较大跨度的民用建筑和较大荷载的工业建筑。
构造要求：一般应支承在混凝土梁或钢梁上，支承长度≥110mm，并将板内伸出的钢筋锚入现浇部分；大跨度板，需采取专门固定措施；宜设现浇层，以利管道的敷设，并注意层间粘结；板缝为20mm。

⃞5 预应力双T板

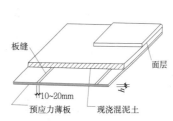

板缝　　面层

10～20mm
预应力薄板　　现浇混泥土

薄板的跨度l≤400cm，
h≥24～30mm，由此结构计算确定。

优点：节约模板，加快现场施工进度，利于工业化施工。
缺点：增加预制板的运输，增加吊装设备，叠合面处理较难。
应用范围：同现浇实心平板。
构造要求：伸入墙内≥110mm，在梁上的支承长度≥70mm。应注意保证薄板和后浇混凝土粘结成整体，预应力薄板间应有10～20mm的空隙。

⃞6 叠合式楼板

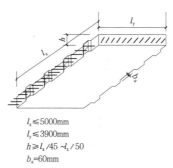

l_x≤5000mm
l_y≤3900mm
h≥l_x/45～l_x/50
b_a=60mm

优点：可工业化生产，加快施工进度，节约模板。
缺点：需要较大型的运输、吊装设备，施工要求较高。预埋电管道较困难。
应用范围：一般多层、高层住宅、公寓及办公楼等大模工程。
构造要求：混凝土强度等级≥C30。板中伸出钢筋长度≥100mm并与支承墙（梁）拉结。板上预留洞应配置足够的构造钢筋。

⃞7 双向预应力大板

楼板

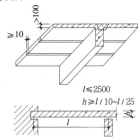

优点：1.省模板；
　　　2.施工工期较短。
缺点：1.整体性较现浇的差；
　　　2.顶棚及楼面沿板缝处容易产生裂缝；
　　　3.跨度大时，与现浇实心板相比，用料较费。
适用范围：主要用于走道板、架空板和管沟盖板等小跨度构件。
构造要求：1.板缝宽度≥10mm；
　　　2.墙上支承长度≥110mm(长向板为170mm)，梁上支承长度≥80mm。

① 预制钢筋混凝土实心板

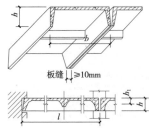

优点：自重较轻，制作不复杂。
缺点：隔声、隔热效果较差，用于民用建筑中宜加吊顶。
适用范围：工业及民用建筑的楼板、屋面板及阳台、楼梯休息平台板等。
构造要求：支承端伸入墙内一般为110mm(长向板为170mm)，伸入梁内≥80mm，板上开洞应避开主肋，板的缝隙应≥10mm。

② 正向槽形板楼板

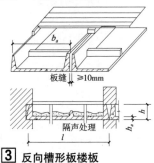

优点：自重较轻，可不做吊顶，隔热、隔声处理较为容易。
缺点：楼板的结构高度较大，对肋的质量要求较高，与正向槽形板相比，用钢较多；需另铺面层。
适用范围：屋面板、木地板基层、楼板（凹槽内可填保温材料及敷设管道）。
构造要求：基本与正向槽板一样，由于受压区面积小，使用时应注意刚度问题。

③ 反向槽形板楼板

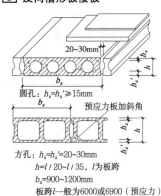

优点：隔热、隔声效果比槽形板好，不用吊顶，其刚度较好，用钢量少。
缺点：制造及施工技术要求较高并应在工厂制造；当有水平管线埋设时，应加垫层。
适用范围：广泛应用于一般工业及民用建筑中，非预应力板仅用于荷载较小的建筑中。
构造要求：板在墙上的支承长度应≥110mm(长向板为170)，并搁置在圈梁上。伸入墙内部分的板孔用砖或混凝土填实，多层建筑的山墙与板锚固，管道不穿肋。

④ 预应力、非预应力空心板

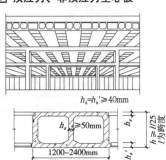

优点：刚度较好，用钢量省；可利用板内孔洞设置通风、照明措施；隔声效果好。
缺点：施工要求专门的张拉设备，运输及吊装需大型设备。
适用范围：大跨度的工业及民用建筑。
构造要求：板应支承在混凝土梁或钢梁上，支承长度≥110mm，并将伸出的钢筋与现浇部分拉牢，大跨度的板，宜采取专门的锚固措施；一般需加设面层。

⑤ 大型预应力空心板

墙板

墙板分承重墙板和围护墙板。在布置时应使墙板受力明确，以充分发挥材料的性能，减轻自重和节省费用。在选型上要考虑当地材料供应情况和施工条件，力求适用、经济、美观。

墙板的节点应满足抗风、防水和保温隔热的要求，地震区还应满足抗震设防的要求。墙板的分块应与建筑布置相协调。墙板外表面尚须按建筑要求喷涂或着色。

工业厂房的山墙转角，一般应另立小柱与山墙墙板连接，边柱为12m的厂房，一般应在两柱中间增设小柱以支承墙板。

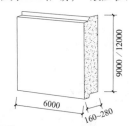

特点：有隔热、保温和隔声的性能，可根据不同地区的采暖和隔声要求确定墙厚。一般采用陶粒或焦渣作骨料。
适用范围：工业及民用建筑的承重或非承重墙板。
构造要求：板与柱子的连接为铰接，窗洞上的墙板应直接支承在柱子的牛腿上。

⑥ 轻骨料钢筋混凝土墙板

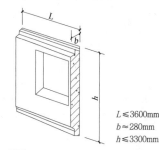

特点：受力性能好，采用现浇整体连接时，使建筑物有良好的抗水平能力；可以工厂化生产，缩短现场施工工期，省去外抹面层。
适用范围：用于多层或高层民用建筑外墙承重墙板。
构造要求：板间的纵向及横向接头一般采用现浇整体，与双向预应力大楼板配合使用，可加强建筑物的整体性。

⑦ 钢筋混凝土承重墙板

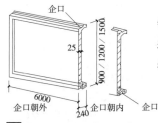

特点：自重较轻，隔热、隔声效果欠佳，宜在工厂生产。
适用范围：用于非采暖地区的工业厂房的非承重墙板。
构造要求：板与柱间的连接为铰接，避免因厂房晃动而开裂；窗洞上面墙板应直接支承在柱子的牛腿上。

⑧ 钢筋混凝土槽形墙板

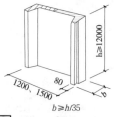

特点：纵肋竖向布置，自重较轻，隔热、隔声效果较差，需较大的运输设备和起重设备，可在工厂或现场制作。
适用范围：工业厂房的非承重墙板，一般用于非供暖地区。
构造要求：板的上下端均需设置支承梁并与板连接。板的肋高及其配筋应根据使用、吊装、运输等受力情况，由计算确定。

⑨ 钢筋混凝土槽形墙板（竖向）

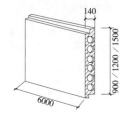

特点：有一定的隔热、隔声效果；宜在工厂生产；厂房外墙开洞处应用实心板代替；竖缝的防水处理较困难。
适用范围：工业厂房非承重墙板，可用于供暖地区。
构造要求：板与柱间的连接为铰接，窗洞上部的墙板应直接支承在柱子的牛腿上。

⑩ 钢筋混凝土空心墙板

概述

钢结构是用包括钢板、型钢、冷加工成型的薄壁型钢和钢索等钢材制成的工程结构，具有自重轻、制作速度快等优势。钢结构的特点见表1，主要应用范围见表2。

建筑钢结构设计除疲劳计算外，采用以概率论为基础的极限状态设计方法。

钢结构特点 　　　　　　　　　　　　　　　　　　　　表1

特点	项目	内容
优点	材质	钢材组织均匀，可靠性高。接近于各向同性匀质体；钢材由钢厂生产，控制严格，质量比较稳定。钢结构的实际工作性能比较符合目前采用的理论计算结果，所以钢结构可靠性较高
	强度	钢材强度较高，重量轻，弹性模量亦高，因而钢结构构件小而轻。钢材密度与强度的比值一般小于混凝土和木材，从而在同样受力情况下钢结构自重小，可以做成跨度较大的结构。由于杆件小，所占空间少，便于运输和安装
	塑性	钢结构的抗拉和抗压强度相同，塑性和韧性均好，适于承受冲击和动力荷载，有较好的抗震性能
	制作与安装	制造与安装简单，施工周期短。钢结构由型材和钢板在工厂制成，便于机械化制造，生产效率高，成品精确度较高，质量易于保证，是工程结构中工业化程度最高的一种结构。钢结构现场安装方便，可尽快地发挥投资的经济效益
	密封性	钢结构的密封性好，容易做成密不漏水和密不漏气的常压和高压容器结构和管道
	绿色环保	钢结构建筑拆除产生的建筑垃圾钢材较少，可回收再利用
缺点	耐火性	耐热性较好但耐火性差。钢材长期经受100℃辐射热时，钢材强度变化很小；但钢材表面温度达300~400℃以后，其强度和弹性模量显著下降。所以，钢结构防火是设计工作的主要内容
	耐腐蚀性	在潮湿和有腐蚀性介质的环境中，需要定期维护，增加了维护费用。防腐设计也是钢结构设计必备的内容

钢结构应用范围 　　　　　　　　　　　　　　　　　表2

方向	示例
多层和高层建筑	写字楼、住宅
大跨度建筑	体育场馆、火车站、飞机场、会展中心
桥梁	跨度较大的铁路与公路桥梁
塔桅结构	输电线路塔架、无线电广播发射桅杆
工业厂房（含门式刚架轻型房屋）	重型工业厂房、轻型厂房及仓库
可拆卸、移动的结构	装配式活动房屋、流动式展览馆
容器及大直径管道	储液罐、储气罐、屯仓
可拆卸、移动式结构	厂房的承重骨架和吊车梁、密闭容器及管道

钢结构材料选择

钢结构所用钢材的主要种类见表3。选择钢材时要做到结构安全可靠、用材经济合理；并需综合考虑结构的重要性、荷载特征、结构形式、应力状态、连接方法、工作环境等因素。重要结构、直接承受动载的结构、处于低温条件下的结构及焊接结构，应选用质量较高的钢材。

焊接结构用铸钢节点，其铸件材料应采用可焊铸钢。

钢结构所用的主要钢材 　　　　　　　　　　　　　表3

类别	碳素结构钢	低合金高强度结构钢	高性能建筑用钢	钢索
主要牌号或产品	Q235A (B、C、D)	Q345A (B、C、D、E) Q390A (B、C、D、E) Q420A- (B、C、D、E) A (B、C、D、E)	Q235GJB (C、D、E) Q345GJB (C、D、E) Q390GJB (C、D、E) Q420GJC (D、E) Q460GJC (D、E)	钢丝束、钢绞线、钢丝绳、钢拉杆

注：1. 钢材牌号中的Q是屈服强度中"屈"的汉语拼音首字母，后接的数字是以MPa为单位的屈服强度。
2. 钢材牌号中的A~E表示质量等级（由低到高）。
3. GJ表示"高性能建筑用钢"。

钢结构连接方式

钢结构的连接可分为工厂连接和工地连接两种；连接方式分为焊缝连接、高强度螺栓连接、普通螺栓连接、铆钉连接，详见表4。

其中，焊缝连接可分为电弧焊、电渣焊、气体保护焊和电阻焊等。电弧焊是最常用的焊接方法，分为手工焊、自动或半自动焊。

焊缝金属应与主题金属相适应。当不同强度的钢材连接时，可采用与低强度钢材相适应的焊接材料。

焊缝金属应与主体金属相适应。当不同强度的钢材连接时，可采用与低强度钢材相适应的焊接材料。

钢结构连接方式 　　　　　　　　　　　　　　　　表4

连接方式	优点	缺点	分类	图示
焊缝连接	构造简单，不削弱构件截面，加工方便，连接的密封性好，刚度大	存在焊接残余应力和残余应力变形	对接焊缝（焊透）	
			对接焊缝（部分焊透）	
			角焊缝	
			对接与角接组合焊缝（焊透）	
			对接与角接组合焊缝（部分焊透）	
普通螺栓连接	施工简单，拆装方便；C级螺栓用于承受拉力的连接或不重要的连接或临时固定连接	增加开孔等制造工作量，杆件截面削弱，用钢量多。A级、B级螺栓由于制造和安装较为复杂，目前在钢结构中已较少采用	C级螺栓（粗制螺栓）	
			A级、B级螺栓	
高强度螺栓连接	连接紧密，受力良好，可拆换。摩擦型变形较小、耐疲劳，应用较广；承压型承载能力较强	承压型不得用于直接承受动力荷载的结构	摩擦型连接	
			承压型连接	
铆钉连接	塑性和韧性较好，传力可靠，质量易于检查	构造复杂，施工麻烦，目前已很少采用	Ⅰ类孔	
			Ⅱ类孔	

钢结构起拱

为改善外观和使用条件，可将横向受力构件预先起拱，起拱大小应视实际需要而定，一般为恒载标准值加1/2活载标准值所产生的挠度值。当仅为改善外观条件时，构件挠度应取在恒荷载和活荷载标准值作用下的挠度计算值减去起拱度。

6
建筑结构

多高层钢结构的优越性

钢结构应用于多高层建筑中，具有以下优势：

1. 抗震性能优良；

2. 结构自重较轻，一般为高层混凝土结构自重的60%左右，这样不但减小了构件内力，而且降低基础工程造价；

3. 结构构件截面小，扩大了有效使用面积；

4. 易于管道穿越，增加楼层净高：钢梁上可开孔用于管道穿越，而混凝土梁则管道一般从梁下穿过，从而侵占了一定的空间；

5. 易于采用TMD、TLD等结构振动控制措施，提高结构的抗风抗震能力；

6. 施工周期短。

多高层钢结构的体系

多高层钢结构的结构体系主要有：框架、框架—支撑（中心支撑和偏心支撑）、框架—抗震墙板、筒体（框筒、筒中筒、桁架筒、束筒）、巨型框架。

随着房屋高度的增加，水平作用将成为控制结构的主要因素。为了适应水平作用产生的效应随高度的变大而非线性增加，需要采用对抵抗水平作用具有更强能力的结构体系。

结构体系对多高层钢结构的经济指标影响很大，进行高层钢结构设计时，有必要进行多种结构方案分析比较。

多高层钢结构主要体系的特点及简图见表1、表2。

框架及框架—支撑结构体系 表1

体系	特点	简图
框架	框架体系是沿纵、横方向由多榀框架构成，承担竖向及水平荷载的结构。梁柱通常采用刚性连接。由于不设柱间支撑，建筑平面设计有较大的灵活性，可采用较大的柱距和提供较大的使用空间。框架结构的特点是刚度分布均匀，延性较大，自振周期较长，对地震作用不敏感，但其侧向刚度小，一般在不超过20~30层时较为经济	
框架—支撑（框架—消能支撑）	由框架体系演变而来，即在框架体系中对部分框架柱之间设置竖向支撑，形成若干榀带竖向支撑的支撑框架。支撑框架起着类似于框架—剪力墙中剪力墙的作用。框架—支撑分为框架—中心支撑和框架—偏心支撑两类。中心支撑是指斜杆与横梁、柱交汇于一点，其构造相对简单，具有较大的侧向刚度。但在大震作用下，中心支撑容易产生侧向屈曲，使刚度与耗能内力急剧下降。偏心支撑则是支撑中至少有一端偏离了梁柱节点而直接连在梁上。在大震作用下，耗能梁段的率先屈服可保证支撑的稳定及结构的延性。在框架—支撑体系中设置消能器时称为框架—消能支撑体系	框架—中心支撑 框架—偏心支撑
框架—延性钢板	框架—延性钢板是框架—支撑体系的一个变种，在框架中采用嵌入式钢板作为等效支撑，主要包括钢板剪力墙、内藏钢板剪力墙、带竖缝混凝土剪力墙	钢板剪力墙

筒体结构体系 表2

体系	特点	简图
框架—核心筒	由通常作为电梯间、楼梯间的核心筒及外侧框架组成的结构体系。核心筒一般为带支撑框架	
框筒	事实上是由"密柱深梁"构成的框架结构，平面宜为方形、圆形、八角形等较规则平面。柱距在3m左右，框架梁的高度可直接取为窗台高度。框筒内部采用梁柱铰接结构	
筒中筒	"密柱深梁"构成的框架结构为外筒，内筒为带斜撑框架，内外筒通过梁板或楼板连成一个整体而共同工作。采用筒中筒结构的建筑可为方形、圆形、八角形等较规则平面，而且内筒可采用与外筒不一致的平面	
束筒	由多个筒体连接而成的组合筒体，各筒体之间共用筒壁，是一种水平刚度很大的结构体系。这些筒体可以在平面和立面上组合成各种形状，并且各个筒体可终止于不同高度，使建筑立面更为丰富	
桁架筒	也称"巨型支撑筒体结构"或"巨型支撑框筒结构"。它是将框筒中的"密柱深梁"改为"稀柱浅梁"，且在四个立面设置十字交叉巨型支撑。巨型支撑的宽度即为建筑平面的宽度，跨越楼层的高度可为10~20层	
巨型框架	由柱距较大的立体桁架柱及间距很大（一般间距10~15层）的桁架梁组成；在两层桁架梁之间设置次框架结构。巨型框架的显著特点是建筑布置灵活，可以满足建筑下部设置大空间的功能要求	
伸臂桁架（腰桁架和帽桁架）	在框架—核心筒中设置伸臂桁架，可以使外框架参与主体抗弯作用，从而提高结构的侧向刚度，减少内筒承受的倾覆弯矩。根据所处位置的不同，伸臂桁架分为腰桁架和帽桁架，一般结合避难层设置	

混合结构

混合结构也被广泛应用于高层结构中。混合结构是指钢框架、型钢混凝土或钢管混凝土形成的外围框架或框筒，与钢筋混凝土核心筒组成的结构。

6
建筑结构

概述

门式刚架轻型房屋是指以轻型焊接H型钢(等截面或变截面)、热轧H型钢或冷弯薄壁型钢等构成的实腹式门式刚架作为主要承重刚架的轻型房屋结构体系,具有质量轻、工业化程度高、柱网布置灵活、综合效益高等特点。

适用范围及形式

通常适用于跨度为9~36m、柱高4.5~9m、没有或吊车起重量较小的单层工业厂房或公共建筑。设置桥式吊车时起重量不宜大于20t,设置悬挂吊车时起重量不宜大于3t。

在我国,门式刚架轻型房屋已大量用于各类厂房、仓库、体育场、会议厅、展览中心等公共建筑以及各种活动房屋。特别适用于地震区或地基承载力差、施工场地狭小或建设周期较短的工程。

门式刚架分为单跨、双跨、多跨刚架以及带挑檐和带毗屋刚架等多种形式 1,必要时也可采用由多个双坡屋盖组成的多跨刚架形式。

门式刚架常用形式的适用范围见表1。

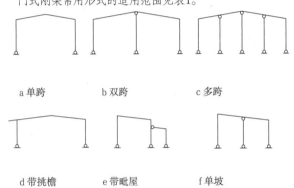

a 单跨　　　b 双跨　　　c 多跨

d 带挑檐　　　e 带毗屋　　　f 单坡

1 门式刚架的形式

常见门式刚架的适用范围　　　　　　　　　　表1

序号	结构类型	适用范围
1		柱子变截面,屋面梁变截面且中间部分接近水平,屋面坡度较小(1/12~1/20);内部不设中间柱,使用方便。适用于工业用大跨度厂房、粮食库、仓库等建筑物
2		采用等截面柱及平底梁,屋面坡度小(1/12~1/24)、墙线简练、空间紧凑,具有室内外均较美观的特点,适用于办公室、超市、食堂和礼堂等
3		内部设置内柱,使厂房体型更加庞大,内部流水线布置更为紧凑、高效,适用于仓库、办公室、展览厅和轻工业装备厂等
4		具有单斜坡及单一排水区形式,适用于建筑物的扩建、商店和简易仓库等

建筑尺寸

门式刚架的跨度宜采用9~36m,以3m为模数,当边柱宽度不等时,其外侧应对齐。门式刚架的间距宜采用6~9m。

平均高度宜采用4.5~9m,当有桥式吊车时不宜大于12m。

门式刚架轻型房屋钢结构的温度区段长度在纵向不大于300m,在横向不大于150m。

结构设计

1. 构件形式

为节省材料,门式刚架的梁、柱多采用变截面杆,柱为楔形构件,梁则由多段楔形杆组成。在结构设计时利用屈曲后强度,可使梁、柱采用很薄的腹板。

2. 支撑

屋盖横向支撑宜设在温度区间端部的第一个或第二个开间。柱间支撑的间距,当无吊车时宜取30~45m;当有吊车时宜设在温度区段中部,且间距不宜大于60m。

3. 梁柱节点

门式刚架斜梁与柱的连接,可采用端板竖放、端板横放、端板斜放 2。

4. 檩条和墙梁

檩条宜优先采用实腹式构件,跨度大于9m时宜采用格构式构件。实腹式檩条宜采用卷边槽形和斜卷边Z形冷弯薄壁型钢,也可采用直卷边的Z形冷弯薄壁型钢。墙梁宜采用卷边槽形和斜卷边Z形冷弯薄壁型钢 3。

5. 屋面板与墙板

屋面板与墙面板可选用镀层或涂层钢板、不锈钢板、铝镁锰合金板、钛锌板、铜板等金属板材或其他轻质材料板材。对房屋内部有自然采光要求时,可在金属板屋面设置点状或带状采光板。当采用带状采光板时,应采取释放温度变形的措施。

a 端板竖放

b 端板横放

c 端板斜放

d 斜梁拼接

2 门式刚架的梁柱连接

a 卷边槽形冷弯薄壁型钢

b 斜卷边Z形冷弯薄壁型钢

3 实腹式檩条

单层厂房

钢结构单层厂房一般采用单层框架结构,由屋盖(屋面板、檩条、天窗、屋架或梁)、托架、柱、吊车梁(包括制动梁或制动桁架)、墙架、各种支撑和基础组成,其中,柱与屋架或梁形成横向平面框架。

1. 柱网布置

厂房的柱网模要综合考虑工艺、结构和经济等诸多因素确定。纵向柱距的模数多采用6m,厂房的跨度模数采用3m(跨度小于24m时)或6m(跨度不小于24m时)。当采用钢筋混凝土大型屋面板时,以6m柱距最为适宜;当跨度不小于30m、高度不小于14m、吊车额定起重量不小于50t时,12m柱距较为经济;采用轻型屋面板时也以12m为宜。结构也可以采用多跨形式。3是钢结构单层厂房三维图。

2. 柱

单层厂房钢结构的柱可分为实腹式或格构式,也可分为等截面柱、阶形柱和分离柱三种。从耗钢量考虑,中、重型厂房的柱一般采用阶梯形柱,通常为格构式,上段既可采用实腹式,也可采用格构式1。

3. 屋架与梁

单层厂房的屋架一般可分为三角形、梯形、平行弦三种基本形式2,实际使用时在此三种基本形式的基础上可以有所变化。影响屋架外形及腹杆形式的主要因素有:防水材料的铺设需求、结构受力的合理性、制作与安装的方便性。

4. 屋盖支撑系统

为保证屋盖结构的刚度及整体稳定性、承担和传递水平力,应根据屋盖结构形式、厂房内吊车的设置情况、有无振动设备以及房屋的跨度和高度等因素,设置可靠的屋盖支撑系统。它包括横向支撑、纵向支撑、垂直支撑和系杆3。

5. 柱间支撑

柱间支撑的作用是保证房屋的纵向刚度、传递与承受纵向的作用并提供框架平面外的支承,其布置应满足生产净空的要求,并与屋盖横向水平支撑的布置相协调。

6. 吊车梁

吊车梁一般采用简支梁,可分为实腹式、撑杆式和桁架式4。吊车梁系统还包括制动结构、辅助桁架及支撑等。制动结构的布置如5所示。

7. 天窗架

天窗架的类型由建筑和使用要求决定,包括上承式矩形天窗、纵向三角形天窗、横向下沉式天窗及井式天窗等。

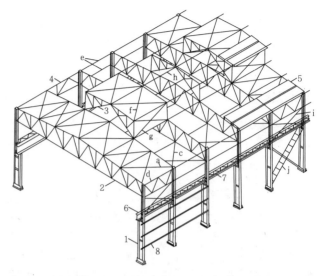

1柱 2屋架 3天窗架 4托架 5屋面板 6吊车梁 7吊车制动桁架 8墙架梁 a~e屋架支撑(上弦横向、下弦横向、下弦纵向、垂直支撑、系杆);f~h天窗架支撑(上弦横向、垂直支撑、系杆);i~j柱间支撑(上柱柱间、下柱柱间)。

注:下弦横向支撑b未示出。

3 钢结构单层厂房

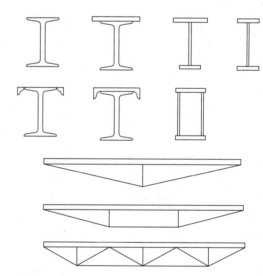

4 吊车梁形式

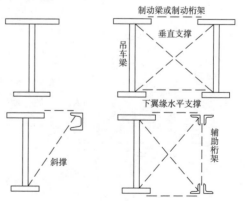

制动梁或制动桁架
垂直支撑
吊车梁
下翼缘水平支撑
辅助桁架
斜撑

5 吊车梁制动结构布置

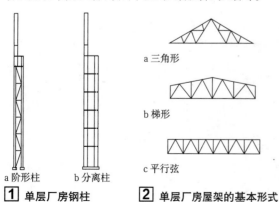

a 三角形

b 梯形

c 平行弦

a 阶形柱　b 分离柱

1 单层厂房钢柱　　**2 单层厂房屋架的基本形式**

防腐方法

1. 涂层保护

由油性漆、树脂漆形成的漆膜，隔绝、阻止空气中的腐蚀介质与钢材表面接触，进而对钢材进行防护。涂层构造包括底层、中间层与面层。涂层设计要按照涂装材料的相容性，配套使用。

2. 金属热喷涂

用高压空气、惰性气体或电弧等将熔融的耐腐蚀金属喷射到钢材表面，从而形成保护性涂层。目前主要使用的是喷铝和喷锌。金属热喷涂系统为：喷铝/喷锌+封闭+涂装。虽然寿命较长，但由于施工慢且前期投入高，金属热喷涂一般只用于处于中腐蚀以上环境的重要工程。金属热喷涂方法可采用气喷涂或电喷涂法。

3. 镀锌

在钢材表面镀一层锌以起美观、防锈等作用的表面处理技术。现在主要采用的方法是热镀锌。

除锈等级

除锈等级表示涂装前钢材表面锈层等附着物清除程度的分级，其表示方法由代表除锈方法的英文字母和代表清除程度的阿拉伯数字组合构成。不同的底层涂料对除锈等级的要求也不同。

除锈方法共三种：火焰除锈（FI）、喷射或抛射除锈（Sa）、手工或动力工具除锈（St）。

常用的除锈等级有：

1. Sa2——彻底的喷射或抛射除锈；
2. Sa2$\frac{1}{2}$——非常彻底的喷射或抛射除锈；
3. St3——非常彻底的手工或动力工具除锈。

防腐设计

防腐设计一般包括三方面的内容：确定腐蚀性等级、确定防腐蚀保护层最小厚度、选择防腐蚀性保护层配套系统。腐蚀等级的确定见表1。钢结构防腐蚀保护层最小厚度见表2。腐蚀等级为Ⅳ、Ⅴ或Ⅵ级时，柱、主梁等重要受力构件不应采用格构式构件和冷弯薄壁型钢。

常用防腐蚀保护层配套系统

根据所处环境及使用年限的要求，表4列出了常用的防腐蚀保护层配套系统，其中，涂层厚度系指干膜的厚度。另外，在选用防腐蚀保护层配套系统时，应兼顾当地对环保的要求。

大气环境对建筑钢结构长期作用下的腐蚀性等级   表1

腐蚀类型		腐蚀速率（mm/a）	腐蚀环境		
腐蚀性等级	名称		大气环境气体类型	年平均环境相对湿度（%）	大气环境
Ⅰ	无腐蚀	< 0.001	A	< 60	乡村大气
Ⅱ	弱腐蚀	0.001 ~ 0.025	A	60 ~ 75	乡村大气
			B	< 60	乡村大气
Ⅲ	轻腐蚀	0.025 ~ 0.05	A	> 75	乡村大气
			B	60 ~ 75	城市大气
			C	< 60	工业大气
Ⅳ	中腐蚀	0.05 ~ 0.2	B	> 75	城市大气
			C	60 ~ 75	工业大气
			D	< 60	海洋大气
Ⅴ	较强腐蚀	0.2 ~ 1.0	C	> 75	工业大气
			D	60 ~ 75	海洋大气
Ⅵ	强腐蚀	1.0 ~ 5.0	D	> 75	海洋大气

注：1. 本表摘自《建筑钢结构防腐蚀技术规程》JGJ/T 251-2011。
2. 在特殊场合与额外腐蚀负荷作用下，应将腐蚀类型提高等级。
3. 处于潮湿状态或不可避免结露的部位，环境相对湿度应取大于75%。
4. 大气环境气体类型可根据《建筑钢结构防腐蚀技术规程》JGJ/T 251-2011进行划分。

钢结构防腐蚀保护层最小厚度   表2

防腐蚀保护层设计使用年限（a）	钢结构防腐蚀保护层最小厚度（μm）				
	腐蚀性等级Ⅱ级	腐蚀性等级Ⅲ级	腐蚀性等级Ⅳ级	腐蚀性等级Ⅴ级	腐蚀性等级Ⅵ级
2 ≤ t < 5	120	140	160	180	200
5 ≤ t < 10	160	180	200	220	240
10 ≤ t ≤ 15	200	220	240	260	280

注：1. 本表摘自《建筑钢结构防腐蚀技术规程》JGJ/T 251-2011。
2. 防腐蚀保护层厚度包括涂料层的厚度或金属层与涂料层复合的厚度。
3. 室外工程的涂层厚度宜增加20~40μm。

维护管理

建筑钢结构的腐蚀与防腐蚀检查可分为定期检查和特殊检查。定期检查的项目、内容和周期应符合表3的规定。

钢结构防腐蚀保护层最小厚度   表3

检查项目	检查内容	检查周期（a）
防腐蚀保护层外观检查	涂层破损情况	1
防腐蚀保护层防腐蚀性能检查	鼓泡、剥落、锈蚀	5
腐蚀量检测	测定钢结构壁厚	5

常用的钢结构防腐蚀保护层系统   表4

除锈等级	涂层构造									涂层总厚度（μm）	使用年限（a）		
	底层			中间层			面层				较强腐蚀、强腐蚀	中腐蚀	轻腐蚀弱腐蚀
	涂料名称	遍数	厚度（μm）	涂料名称	遍数	厚度（μm）	涂料名称	遍数	厚度（μm）				
Sa2或St3	环氧铁红底涂料	2	60	环氧云铁	1	70	氯化橡胶、高氯化聚乙烯、氯磺化聚乙烯等面涂料	2	70	200	2 ~ 5	5 ~ 10	10 ~ 15
		2	60		1	80		3	100	240	5 ~ 10	10 ~ 11	> 15
	醇酸底涂料	2	60	—	—	—	醇酸面涂料	2	60	120	—	—	2 ~ 5
		2	60	—	—	—		3	100	160	—	2 ~ 5	5 ~ 10
Sa2或St3	环氧铁红底涂料	2	60	环氧云铁	1	80	环氧、聚氨酯、丙烯酸环氧、丙烯酸聚氨酯等面涂料	3	100	240	5 ~ 10	10 ~ 11	> 15
Sa2$\frac{1}{2}$	环氧铁红底涂料	2	60	环氧云铁	2	120	环氧、聚氨酯、丙烯酸环氧、丙烯酸聚氨酯等面涂料	3	100	280	10 ~ 15	> 15	> 15
		2	60		1	70	环氧、聚氨酯、丙烯酸环氧、丙烯酸聚氨酯等厚膜型面涂料	2	150	280	10 ~ 15	> 15	> 15
Sa2$\frac{1}{2}$	富锌底涂料	1~2	70	环氧云铁	1	70	环氧、聚氨酯、丙烯酸环氧、丙烯酸聚氨酯等面涂料	3	100	240	10 ~ 11	> 15	> 15
					2	110		3	100	280	> 15	> 15	> 15
					1	60	环氧、聚氨酯、丙烯酸环氧、丙烯酸聚氨酯等厚膜型面涂料	2	150	280	> 15	> 15	> 15

注：本表摘自《建筑钢结构防腐蚀技术规程》JGJ/T 251-2011。

钢结构防火设计

钢材的力学性能随着温度的升高而降低。在火灾时，裸露钢结构不到30分钟就会失去承载能力，因此钢结构一般都应采取防火保护措施和进行防火保护设计。

防火设计的内容包括：

1. 确定房屋的耐火等级和构件的耐火极限；
2. 确定防火保护措施、防火保护材料和保护层厚度。

钢结构构件耐火极限

各类钢构件的耐火极限不应低于表1的规定。

钢结构公共建筑和用于丙类和丙类以上生产、仓储的钢结构建筑中，宜设置自动喷水灭火系统全保护。有自动喷水灭火系统全保护时，耐火极限的要求可适当降低。

对单、多层一般公共建筑和甲、乙、丙类厂、库房的屋盖承重构件，当设有自动喷水灭火系统全保护，且屋盖承重构件离地（楼）面的高度不小于6m时，该屋盖承重构件可不采取其他防火保护措施。

钢结构构件的耐火极限（单位：h）　　　　表1

构件名称	耐火等级			
	一级	二级	三级	四级
承重墙	3.0	2.5	2.0	0.5
柱 柱间支撑	3.0	2.5	2.0	0.5
梁 桁架	2.0	1.5	1.0	0.5
楼板 楼板支撑	1.5	1.0	厂、库房 0.75 / 民用建筑 0.5	厂、库房 0.5 / 民用建筑 不要求
屋盖承重构件 屋面支撑、系杆	1.5	1.0	0.5	不要求
疏散楼梯	1.5	1.0	厂、库房 0.75 / 民用建筑 0.5	不要求

注：1. 住宅建筑构件的耐火极限和燃烧性能可按现行国家标准《住宅建筑规范》GB 50368的规定执行。
2. 无防火保护层的钢构件，其耐候极限可按0.25h确定。

钢结构防火设计方法

1. 防火临界温度验算方法

通过验算构件的临界温度进行防火设计，结果较粗略。

2. 防火承载力验算方法

通过验算构件的抗火极限承载力进行防火设计，结果较精确。

钢结构防火设计一般规定

1. 在一般情况下，可仅对结构的各种构件进行抗火计算，使其满足抗火设计要求。

2. 当进行结构某一构件的抗火验算时，可仅考虑该构件的受火升温。

3. 有条件时，可对结构整体进行抗火计算，使其满足结构抗火设计的要求，此时，应进行各构件的抗火验算。

4. 对于多功能、大跨度、大空间的建筑，可采用有科学依据的性能化设计方法，模拟实际火灾升温，分析结构的抗火性能，采取合理、有效的防火保护措施，保证结构的抗火安全。

5. 连接节点的防火保护层厚度不得小于被连接构件防火保护层厚度的较大值。

防火保护措施

1. 对钢构件外包覆不燃烧材料，如浇筑混凝土、外包钢丝网水泥、砌筑砖块等 ①。

2. 对钢构件外表面喷涂防火涂料 ②。

对于防火要求高，建筑重量、空间、造价受到限制的情况，应首先考虑选用防火涂料。

3. 采用轻质防火厚板将钢构件包覆，如石膏板、岩棉板、硅酸钙板等 ③。

4. 复合保护：紧贴钢构件用防火涂料或其他隔热防火涂料，外用防火薄板包覆 ④。

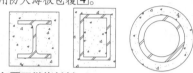

① 外包覆不燃烧材料

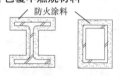

② 喷涂防火涂料

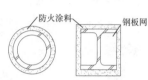

③ 包裹轻质防火厚板

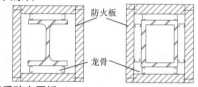

④ 复合保护

防火涂料

防火涂料分为膨胀型或非膨胀型防火涂料。膨胀型防火涂料又称"薄涂型防火涂料"，涂层厚度一般为1~7mm，有一定的装饰效果。当温度升高时，薄涂型防火涂料迅速膨胀，形成防火保护层。

非膨胀型防火涂料又称"厚涂型防火涂料"，遇火不膨胀，自身有良好的隔热性，涂层厚度为8~50mm，通过改变涂层厚度可使钢构件满足不同的耐火极限要求。高层建筑钢结构和单、多层钢结构的室内隐蔽构件，当规定的耐火极限为1.5h以上时，应选用非膨胀型防火涂料。

露天钢结构应选用适合室外用的钢结构防火涂料。

各种防火涂料的最小厚度要求见表2。

钢结构防火涂料的最小厚度要求（单位：mm）　　　表2

耐火极限要求（h）	钢柱		钢梁	
	薄涂型	厚涂型	薄涂型	厚涂型
1.0	≥5.5	≥15	≥2	≥12
1.5	≥7.0	≥20	≥3	≥15
2.0	—	≥30	—	≥18
2.5	—	≥40	—	≥22
3.0	—	≥50	—	≥25

概述

钢—混凝土组合结构是在钢结构和钢筋混凝土结构基础上发展起来的一种新型结构,充分利用钢结构和混凝土结构的各自优点。

钢—混凝土组合构件由钢构件和钢筋混凝土构件组合而成,包括钢—混凝土组合柱、钢—混凝土组合梁、钢—混凝土组合楼板和钢—混凝土组合剪力墙等。钢—混凝土组合结构可以广泛应用于多层及高层房屋、大跨结构、高耸结构、桥梁结构、地下结构、结构改造及加固等。

相对于传统的结构体系,钢—混凝土组合结构体系具有以下优点:良好的力学性能和使用性能;综合造价要优于钢结构及钢筋混凝土结构体系。

上海中心(634m)、深圳平安金融中心(666m)、天津117大厦(598m)、上海环球金融中心(396m)等超高层建筑,都全部或部分采用了组合结构。组合结构综合了钢结构和钢筋混凝土结构的优点,技术经济效益和社会效益较好。

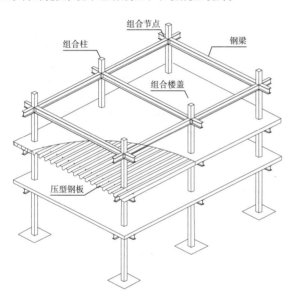

1 钢—混凝土组合结构体系

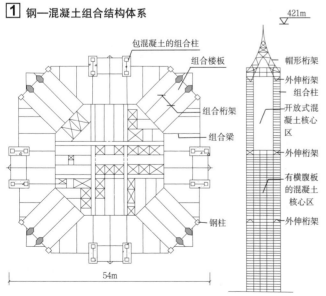

2 典型组合结构工程

钢—混凝土组合梁

组合梁主要是指由钢梁与混凝土翼缘板组合而成的横向承重组合构件。采用不同的组合方式,可以形成多种多样的组合梁,如**3**所示,其中采用叠合板混凝土作为翼板的组合梁,施工方便,多用于桥梁;压型钢板组合板与钢梁组合形成的钢—压型钢板混凝土组合梁,多用于高层建筑的楼板体系。深槽的波纹钢板与轻质混凝土板组合形成的组合梁,多用于桥梁。为进一步提高组合梁的性能,将预应力技术与组合梁相结合可形成预应力组合梁。

钢—混凝土组合梁具有截面高度小、自重轻、延性好等优点。当采用混凝土叠合板翼板或压型钢板组合板翼板时减少了施工支模工序和模板,从而可以多层立体交叉施工。

目前,钢—混凝土组合梁已广泛应用于多、高层建筑和多层工业厂房的楼盖结构、工业厂房的吊车梁、工作平台、栈桥等。在跨度比较大、荷载比较重及对结构高度要求较高等情况下,采用组合梁作为横向承重构件能够产生较好的技术经济效益。

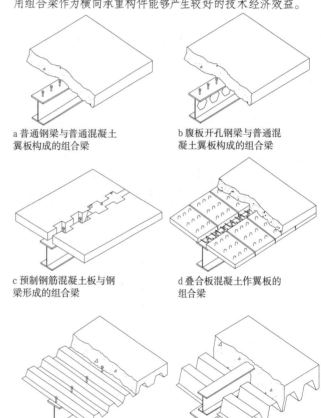

a 普通钢梁与普通混凝土翼板构成的组合梁

b 腹板开孔钢梁与普通混凝土翼板构成的组合梁

c 预制钢筋混凝土板与钢梁形成的组合梁

d 叠合板混凝土作翼板的组合梁

e 钢—压型钢板混凝土组合梁

f 波纹钢板与轻质混凝土板形成的组合梁

3 钢—混凝土组合梁

组合楼板

组合楼板一般是指由压型钢板与混凝土现浇层构成的组合构件。压型钢板在施工阶段可以代替模板,在使用阶段的功能则取决于压型钢板的形状和构造。压型钢板组合楼板通常与钢梁配合使用。使用组合楼板,可以节省大量临时性模板,省去全部或部分模板支撑,减少混凝土用量,减轻结构的永久荷载,对高层建筑与地震区有更重要的意义。

钢管混凝土柱

钢—混凝土组合柱包括钢管混凝土柱和型钢混凝土柱两类。钢管混凝土柱是在钢管中灌注混凝土形成的组合构件。钢管混凝土按截面形式不同可分为圆钢管混凝土、方钢管混凝土和多边形钢管混凝土等。目前，我国高层建筑中圆钢管混凝土、矩形截面的钢管混凝土应用均较多。与圆钢管混凝土相比，方钢管混凝土在轴压作用下的约束效果降低，但相对圆钢管混凝土的截面惯性矩更大，因此在压弯作用下具有更好的性能。同时，这种截面形式制作比较简单，尤其是节点处与梁的连接构造比较易于处理。另外有一种离心法生产的空心钢管混凝土柱，主要应用于电力、通信等行业的塔架结构中。

钢管混凝土具有承载力高、延性及抗震性能好、施工方便快捷等优点。目前，钢管混凝土与泵送混凝土、逆作法、顶管法施工技术相结合，在我国超高层建筑以及桥梁建设中已取得了相当多的成果。其是在高层、大跨、重载和抗震抗爆的建筑结构中，以及在大中城市的施工场地狭窄的建筑工程中，能更好地满足设计和施工的一系列要求。

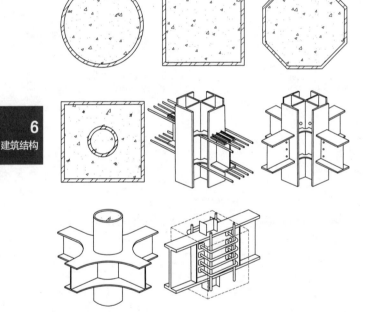

1 组合柱及节点

型钢混凝土柱

型钢混凝土结构是指在型钢周围配置钢筋，并浇筑混凝土所形成的结构，也称为钢骨混凝土或劲性钢筋混凝土。钢骨混凝土构件具有承载力高、刚度大、耐火和耐久性能较好的优点，造价较钢结构低。钢骨架本身具有一定的承载力，可以利用钢骨架承受施工阶段的荷载，并可将模板悬挂在钢骨架上，省去支撑，有利于加快施工速度，缩短施工周期。

型钢混凝土柱内部型钢宜采用实腹式。实腹式型钢可采用由焊接或轧制的工字形、口字形、十字形截面，抗震性能较好，如 **4** 所示。型钢混凝土柱中需要配置纵筋及箍筋，与梁的连接节点施工比较复杂。

组合剪力墙

组合剪力墙是由钢板、型钢与钢筋混凝土组成的剪力墙，同时发挥混凝土的刚度大、抗侧能力强，钢的延性好等优势，承载力高，抗震性能好。组合剪力墙有各种形式，常用的有带边框的组合剪力墙、型钢混凝土组合墙、钢板外包混凝土组合墙、内藏钢板混凝土组合墙等形式。

1. 带边框及型钢混凝土组合剪力墙

在混凝土剪力墙内设置型钢混凝土边框和钢管混凝土边框等，当剪力墙需要承担较大的轴力时，型钢可以分散设置在剪力墙内，也可以采用钢管混凝土作为剪力墙的边框。

2 带边框及型钢混凝土组合剪力墙

2. 钢板混凝土组合墙

（1）在钢筋混凝土墙身内设置钢板形成内嵌钢板组合剪力墙，钢板四周与型钢焊接，钢板上设置栓钉或者加劲肋墙身内同时配置钢筋及拉筋 **3** a。

（2）在两层钢板之间浇筑混凝土形成的外包钢板组合剪力墙。钢板上可以设置栓钉、加劲肋或者横隔板；墙体厚度较大时，内部混凝土里需设置钢筋；墙体厚度较小时，混凝土里可不设置栓钉 **3** b。

钢板组合剪力墙能够大幅度提高剪力墙的受剪承载力，且延性性能较好，耗能能力明显增强。组合剪力墙在国内的部分高层建筑已经应用，主要布置在建筑物的底部以及其他受力较复杂的部位。

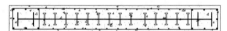

a 内嵌钢板组合剪力墙

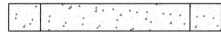

b 外包钢板组合剪力墙

3 钢板混凝土组合墙

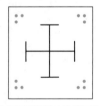 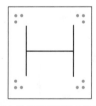

a 用于中柱的型钢混凝土柱截面形式　　b 用于中柱的型钢混凝土柱截面形式

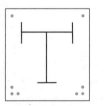 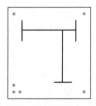

c 用于边柱的型钢混凝土柱截面形式　　d 用于角柱的型钢混凝土柱截面形式

4 型钢混凝土柱

概述

大跨度空间结构沿水平方向跨越一定的距离,又称大跨结构或空间结构。大跨度结构常采用拱、薄壳、桁架、网格结构、索膜结构、张弦结构等形式,在公共建筑、工业厂房、仓储等建筑中广泛应用。

大跨度结构常用的材料包括钢材、高强拉索、钢筋混凝土、铝合金、膜材、木材等。

大跨度结构的主要形式见表1。

大跨度结构的主要形式   表1

分类	具体形式			简述
刚性结构	拱			以受轴压力为主的结构形式,可充分发挥材料性能
	薄壳结构			主要通过曲面内的薄膜内力来承载,可充分发挥受压材料的性能
	空间网格结构	网架结构		按一定规律布置的杆件、构件,通过节点连接而构成的空间结构
		网壳结构	单层网壳	
			双层网壳	
		立体桁架		
柔性结构	膜结构	张拉膜结构		由膜材和其他构件一起组成的结构
		骨架支承膜结构		
		充气膜结构		
	索结构	单索		以拉索为主要承重构件,可充分发挥高强材料的强度性能,减轻结构自重
		单层索网		
		双层索系		
		斜拉结构		
		索穹顶		
张弦结构	预应力网格结构			在空间网格结构中引入预应力,以改善受力性能,如张弦网壳(弦支穹顶)
	张弦梁(张弦立体拱架)			由受弯又受压的上弦刚性构件、下弦预应力拉索和之间的撑杆组成自平衡体系

拱

拱的材料可以是钢材、钢筋混凝土、木材等。拱脚一般对基础产生较大的水平推力,对基础要求较高,可以通过设置水平拉杆平衡水平推力。

跨度较大或截面较大的拱可以采用格构式。拱的矢跨比(矢高与跨度之比)宜为1/8~1/2。拱需要重点验算稳定性,可设置侧向支撑或采取其他措施保证侧向稳定性。

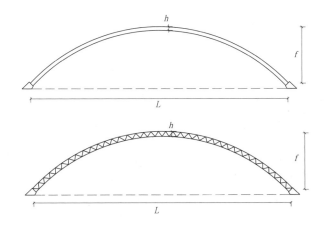

1 拱

混凝土薄壳结构

混凝土薄壳结构是一种强度高、刚度大、省材料、经济合理的结构形式,其曲面造型多变,建筑表现力较强。钢筋混凝土薄壳结构的形式应根据建筑设计要求、施工技术条件和经济合理性确定。

底面为圆形的壳体形式可采用球面壳、椭球面壳、旋转抛物面壳和膜型扁壳。底面为矩形的壳体形式可采用折板、双曲扁壳、圆柱面壳、双曲抛物面扭壳和膜形扁壳。周边支承的矩形底面双曲扁壳、双曲抛物面扭壳和膜形扁壳,其底面长度与宽度的比值宜小于2。

当抗震设防烈度为8度或8度以上时,不宜采用装配整体式薄壳结构,宜采用现浇结构。

壳板厚度不应小于50mm。壳板接近边缘和支承构件的部位宜局部增厚。壳板和边缘构件内可布置预应力配筋。

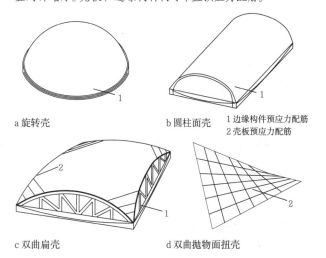

a 旋转壳   b 圆柱面壳   1 边缘构件预应力配筋
                                  2 壳板预应力配筋

c 双曲扁壳   d 双曲抛物面扭壳

2 薄壳

空间网格结构

空间网格结构是按一定规律布置的杆件、构件通过节点连接构成的结构,包括网架、网壳以及立体桁架等。

空间网格结构的选型应结合工程的平面形状、跨度大小、支承情况、荷载条件、屋面构造、建筑设计等要求综合分析确定。

网架结构可采用双层或多层形式,网壳可采用单层、双层或局部双层形式。网架、网壳常采用螺栓球节点或焊接空心球节点,也可采用相贯焊接节点、铸钢节点、嵌入式毂节点或其他节点。

立体桁架

立体桁架由上弦、下弦和腹杆组成三角形或四边形截面的桁架,节点常采用焊接形式。立体桁架外形可采用直线或曲线形式。

对立体桁架应设置平面外的稳定支撑体系。立体桁架的高度可取跨度的1/12~1/16。

当采用立体桁架形式的拱架时,拱架厚度可取跨度的1/20~1/30,矢跨比可取1/3~1/6。

6
建筑结构

概述

网架是平板形的网格结构，它的优点是：空间整体性好；刚度大，抗震性能好；重量轻，经济指标好；工厂化定型，生产效率高，质量有保证；施工简便；平面布置灵活，可适应各种类型建筑空间。网架形式如1~3所示。

a 两向正交正放网架   b 两向正交（斜交）斜放网架

c 三向网架   d 单向折线形网架

该结构形式分为两向正交正放、两向正交（斜交）斜放、三向网架、单向折线形网架等。

1 交叉桁架体系网架

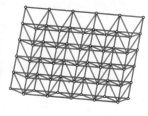

a 正放四角锥网架   b 正放抽空四角锥网架

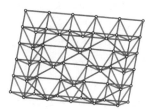

c 棋盘形四角锥网架   d 斜放四角锥网架

四角锥体系分为正放四角锥网架、正放抽空四角锥网架、棋盘形四角锥网架、斜放四角锥网架、星形四角锥网架等。对跨度不大于40m的楼盖和跨度不大于60m的屋盖，可采用钢筋混凝土板代替上弦，形成组合网架结构。组合网架结构宜选用正放四角锥、斜放四角锥、两向正交网架等形式。

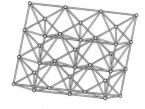

e 星形四角锥网架

2 四角锥网架

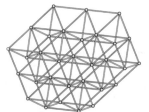

a 三角锥网架   b 抽空三角锥网架

三角锥体系分为三角锥网架、抽空三角锥网架、蜂窝形三角锥网架等。蜂窝形三角锥网架用钢量较少，建筑造型也较好，但其上弦网格是由六边形和三角形交叉组成，屋面构造复杂，整体性也比较差，建议仅在中小跨度屋盖中采用。

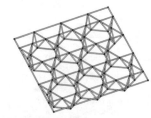

c 蜂窝形三角锥网架

3 三角锥网架

网架选型

平面形状为矩形的周边支承网架，当其边长比（即长边与短边之比）小于等于1.5时，宜选用正放四角锥网架、斜放四角锥网架、棋盘形四角锥网架、正放抽空四角锥网架、两向正交斜放网架、两向正交正放网架。当其边长比大于1.5时，宜选用两向正交正放网架、正放四角锥网架或正放抽空四角锥网架。

平面形状为圆形、正六边形及接近正六边形等周边支承的网架，可根据具体情况选用三向网架、三角锥网架或抽空三角锥网架。对中小跨度，也可选用蜂窝形三角锥网架。

网架的高度与网格尺寸应根据跨度大小、荷载条件、柱网尺寸、支承情况、网格形式以及构造要求和建筑功能等因素确定，网架的高跨比可取1/10~1/18。网架在短向跨度的网格数不宜小于5。确定网格尺寸时宜使相邻杆件间的夹角大于45°，且不宜小于30°。

网架可采用上弦或下弦支承方式，当采用下弦支承时，应在支座边形成边桁架。当采用两向正交正放网架时，应沿网架周边网格设置封闭的水平支撑。多点支承的网架有条件时宜设置柱帽。

网架屋面找坡

网架屋面排水找坡可采用的方式有：网架变高度、网架结构起坡、网架上弦设置小立柱找坡等。当采用小立柱找坡且小立柱较高时，还应采取支撑等措施以保证小立柱的稳定性。

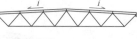

a 小立柱找坡   b 网架变高度

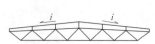

c 网架变高度和加小立柱相结合   d 整个网架起坡

4 网架找坡方式

网壳结构

网壳结构是曲面形网格结构，分为单层和双层网壳。它的优点主要有：受力合理，跨越能力大；重量轻，经济指标好；刚度大，抗震性能好；工厂化定型，生产效率高，质量有保证；造型丰富，外形布置灵活。网壳可采用球面、圆柱面、双曲抛物面、椭圆抛物面等曲面形式。

1. 单层圆柱面网壳：可采用单向斜杆正交正放网格、交叉斜杆正交正放网格、联方网格及三向网格等形式。

2. 单层球面网壳：可采用肋环型、肋环斜杆型、三向网格、扇形三向网格、葵花形三向网格、短程线型等形式。

3. 单层双曲抛物面网壳：宜采用三向网格，其中两个方向杆件沿直纹布置。也可采用两向正交网格，杆件沿主曲率方向布置，局部区域可加设斜杆。

4. 单层椭圆抛物面网壳：可采用三向网格、单向斜杆正交正放网格等形式。

5. 双层网壳：可由两向、三向交叉的桁架体系或由四角锥体系、三角锥体系等组成。

6. 网壳的选型：网壳结构可参考表1进行选型。

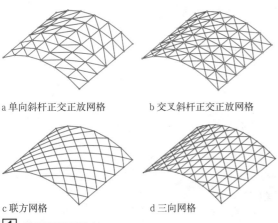

a 单向斜杆正交正放网格　　b 交叉斜杆正交正放网格

c 联方网格　　d 三向网格

1 单层圆柱面网壳

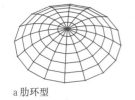

a 肋环型　　b 肋环斜杆型

c 三向网格型　　d 扇形三向网格型

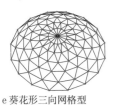

e 葵花形三向网格型　　f 短程线型

2 单层球面网壳

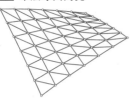

a 杆件沿直纹线布置　　b 杆件沿主曲率方向布置

3 单层双曲抛物面网壳

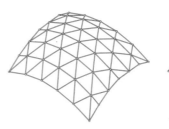

a 三向网格　　b 单向斜杆正交正放网格

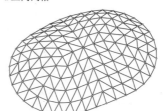

c 椭圆底面网格

4 单层椭圆抛物面网壳

单层网壳应采用刚接节点。网壳的支承构造应可靠传递竖向反力，同时应满足不同形式所必需的边缘约束条件。边缘约束构件应具有必要的刚度，并应与网壳一起进行整体计算。

网壳结构选型原则　　　　　　　　　　　　　　　　　　　　　表1

网壳形式		基本规定
球面网壳	双层	厚度可取跨度（平面直径）的1/30～1/60	网壳的矢跨比不宜小于1/7
	单层	跨度（平面直径）不大于80m	
圆柱面网壳	双层	厚度可取宽度B的1/20～1/50	沿两端边支承时，其宽度B（弦长）与跨度L（纵向边长）之比宜小于1.0，壳体的矢高可取宽度B的1/3～1/6；沿两纵向边支承或四边支承时，壳体的矢高可取跨度L（宽度B）的1/2～1/5（B、L见**5**）
	单层	两端边支承的单层圆柱面网壳，其跨度L不宜大于35m；沿两纵向边支承的单层圆柱面网壳，其宽度B不宜大于30m	
双曲抛物面网壳	双层	矢高可取跨度的1/2～1/4，厚度可取短向跨度的1/20～1/50	底面两对角线长度之比不宜大于2
	单层	跨度不宜大于60m	
椭圆抛物面网壳	双层	厚度可取短向跨度的1/20～1/50	底边两跨度之比不宜大于1.5，矢高可取短向跨度的1/6～1/9
	单层	跨度不宜大于50m	

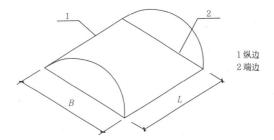

1 纵边
2 端边

5 圆柱面网壳跨度、宽度示意图

6
建筑结构

预应力网格结构

预应力网格结构包括预应力网架和预应力网壳。由拉索和撑杆与单层网壳组合的结构为张弦网壳（弦支穹顶）。

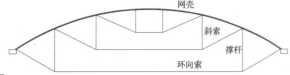

1 张弦网壳（弦支穹顶）

张弦梁（张弦立体拱架）

由承受压弯的上弦构件、受拉的下弦和其间的撑杆组成。当上弦采用桁架时也称张弦立体拱架。单向张弦立体拱架的拱架厚度 h 可取跨度的 $1/30\sim1/50$，结构矢高 f 可取跨度的 $1/7\sim1/10$，其中拱架矢高 f_1 可取跨度的 $1/14\sim1/18$，张弦的垂度 f_2 可取跨度的 $1/12\sim1/30$。

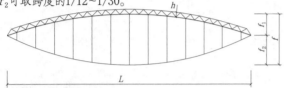

2 张弦梁（张弦立体拱架）

膜结构

膜结构建筑造型丰富、透光性好，具有自洁性、自重轻，工厂化生产、施工方便等特点。

膜结构的选型，应根据建筑造型需要和支承条件等，通过综合分析确定。可选用下列形式：整体张拉式膜结构、骨架支承式膜结构、索系支承式膜结构与空气支承膜结构，或由以上形式组合成的结构。

膜结构应进行初始形态分析、荷载态分析和裁剪分析，最终形成膜材料裁剪图。

3 整体张拉式膜结构

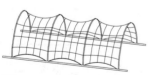

4 骨架支承式膜结构

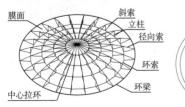

5 索系支承膜结构与空气支承膜结构

索结构

索结构由高强拉索与其他构件组成，以拉索为主要承重构件。索结构形式多样，布置灵活。索结构可采用悬索（含单索、索网及双层索系）、斜拉结构、索穹顶等形式。张弦结构也是索结构的一种。

单层索系悬索结构宜采用重型屋面。单层索网宜采用轻型屋面，平面可为矩形、多边形、圆形、椭圆形等。

双层索系和斜拉结构宜采用轻型屋面。斜拉结构的立柱或桅杆可高出屋面。

索穹顶的屋面宜采用膜材。当屋盖平面为圆形或近似椭圆形时，索穹顶的网格宜采用梯形、联方形或其他适宜的形式。索穹顶上弦可设脊索及谷索，下弦应设若干层环索，上下弦之间以斜索及撑杆连接。索穹顶的高度与跨度之比不宜小于 $1/8$；斜索与水平面相交的角度宜大于 $15°$。

a 单层索系悬索结构　　　　b 鞍形索网结构

6 单层索系结构

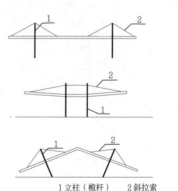

1 立柱（桅杆）　2 斜拉索　　　　A—A

7 斜拉结构

8 双层索系结构

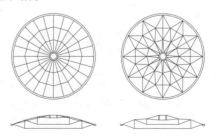

9 索穹顶结构

地震类型与成因

地震类型、成因　表1

类型	成因
构造地震	地球运动过程中的能量使地壳和地幔上部的岩层产生很大应力，日积月累，当地应力超过某处岩层极限强度时，岩层破坏，断层错动，引起地面震动
火山地震	火山爆发引起的地面振动
陷落地震	地表或地下岩层突然陷落和崩塌时，如石灰岩地区地下溶洞的塌陷，或古旧矿坑的塌陷引起地面振动

在各类地震中，占地震绝大多数，并且影响最大的是因地质构造作用产生的构造地震。

一般将地壳岩层发生突然断裂、错动的地方称为震源。震源在地面的投影称为震中。

震源深度小于70km的地震称为浅源地震，70~300km之间的称为中源地震，大于300km的称为深源地震。

我国地处世界两大地震带——环太平洋地震带和地中海南亚地震带之间，地震活动频繁，是个多地震的国家。

震级

震级表示一次地震能量的大小，国际上通用的是里氏震级。震级每差一级，地震释放的能量相差30倍。震级和地震波能量的关系如下：

$$\lg E = 11.8 + 1.5M$$

式中：M—震级；

E—地震波释放出的能量（尔格）。

震级的分类　表2

震级	<2	2~4	5~7	7~8	>8
分类	微震	有感地震	破坏性地震	强烈地震或大地震	特大地震

地震烈度

地震烈度是指某一地区地面和各类建筑物遭受地震影响的强弱程度，是衡量地震引起后果的一种标度。我国将地震烈度分为12个等级。地震烈度是根据人的感觉和器物反应、地面及房屋的破坏程度等宏观现象来评定的。

震级与烈度，两者虽然都可反映地震的强弱，但含义并不一样，震级只有一个，但烈度却因地而异，不同的地方烈度值不一样。

地震烈度　表3

烈度	感知或破坏程度
Ⅰ度	无感
Ⅱ度	室内个别静止中的人有感觉
Ⅲ度	室内少数静止中的人有感觉；门窗轻微作响；悬挂物微动
Ⅳ度	室内多数人、室外少数人有感觉，少数人梦中惊醒；门、窗作响；悬挂物明显摆动，器皿作响
Ⅴ度	室内绝大多数人、室外多数人有感觉，多数人梦中惊醒；门窗、屋顶、屋架颤动作响，灰土掉落，个别房屋墙体抹灰出现细微裂缝；个别屋顶烟囱掉砖；悬挂物大幅度晃动，不稳定器物摇动或翻倒
Ⅵ度	多数人站立不稳，少数人惊逃户外；房屋个别或少数中等破坏，少数轻微破坏，大多数基本完好；家具和物品移动；河岸和松软土出现裂缝，饱和砂层出现喷砂冒水；个别独立砖烟囱轻度裂缝
Ⅶ度	大多数人惊逃户外，骑自行车的人有感觉，行驶中的汽车驾乘人员有感觉；房屋少数毁坏或严重破坏，多数中等破坏或轻微破坏；物体从架子上掉落；河岸出现塌方；饱和砂层常见喷砂冒水，松软土地上裂缝较多；大多数独立砖烟囱中等破坏
Ⅷ度	多数人摇晃颠簸，行走困难；房屋少数毁坏，多数严重或中等破坏；干硬土上亦出现裂缝，饱和砂层绝大多数喷砂冒水；大多数独立砖烟囱严重破坏
Ⅸ度	行动的人摔倒；房屋多数严重破坏或毁坏；干硬土上多处出现裂缝，可见基岩裂缝、错动；滑坡塌方常见；独立砖烟囱多数倒塌
Ⅹ度	骑自行车的人会摔倒，处不稳状态的人会摔离原地；房屋绝大多数毁坏或严重破坏；山崩和地震断裂出现；基岩上拱桥破坏；大多数独立砖烟囱从根部破坏或倒毁
Ⅺ度	房屋绝大多数毁坏；地震断裂延续很长；大量山崩滑坡
Ⅻ度	房屋几乎全部毁坏；地面剧烈变化，山河改观

抗震设防类别

抗震设防区的所有建筑工程应确定其抗震设防类别。建筑工程分为4个抗震设防类别，各设防类别建筑的设防标准不同。

建筑工程抗震设防类别划分及设防标准　表4

类别	简称	划分规定	设防标准要求
特殊设防类	甲类	指使用上有特殊设施，涉及国家公共安全的重大建筑工程和地震时，可能发生严重次生灾害等特别重大灾害后果，需要进行特殊设防的建筑	应按高于本地区抗震设防烈度提高1度的要求加强其抗震措施；但抗震设防烈度为9度时应按比9度更高的要求采取抗震措施。同时，应按批准的地震安全性评价的结果且高于本地区抗震设防烈度的要求确定其地震作用
重点设防类	乙类	指地震时使用功能不能中断或需尽快恢复的生命线相关建筑，以及地震时可能导致大量人员伤亡等重大灾害后果，需要提高设防标准的建筑	应按高于本地区抗震设防烈度1度的要求加强其抗震措施；但抗震设防烈度为9度时应按比9度更高的要求采取抗震措施，应符合有关规定。同时，应按本地区抗震设防烈度确定其地震作用
标准设防类	丙类	指大量的除甲、乙、丁类以外按标准要求进行设防的建筑	应按本地区抗震设防烈度确定其抗震措施和地震作用，在遭遇高于当地抗震设防烈度的预估罕遇地震影响时，不致倒塌或发生危及生命安全的严重破坏
适度设防类	丁类	指使用上人员稀少且震损不致产生次生灾害，允许在一定条件下适度降低要求的建筑	允许比本地区抗震设防烈度的要求适当降低其抗震措施，但抗震设防烈度为6度时不应降低。一般情况下，仍应按本地区抗震设防烈度确定其地震作用

注：对于划为重点设防类而规模很小的工业建筑，当改用抗震性能较好的材料且符合抗震设计规范对结构体系的要求时，允许按标准设防类设防。

抗震设防烈度

指按国家规定的权限批准作为一个地区抗震设防依据的地震烈度。一般情况，取50年内超越概率10%的地震烈度。

建筑所在地区遭受的地震影响，应采用相应于抗震设防烈度的设计基本地震加速度和特征周期表征。

特征周期应根据建筑所在地的设计地震分组和场地类别确定。

抗震设防烈度和设计基本地震加速度值的对应关系　表5

抗震设防烈度	6	7	8	9
设计基本地震加速度值	0.05g	0.10(0.15)g	0.20(0.30)g	0.40g

注：g为重力加速度。

特征周期值（单位：s）　表6

设计地震分组	场地类别				
	I_0	I_1	Ⅱ	Ⅲ	Ⅳ
第一组	0.20	0.25	0.35	0.45	0.65
第二组	0.25	0.30	0.40	0.55	0.75
第三组	0.30	0.35	0.45	0.65	0.90

抗震设防目标

抗震设防的三个水准目标，即"小震不坏、中震可修、大震不倒"。第一水准烈度为50年超越概率约63%的地震烈度，也称为"众值烈度"、"多遇地震"；第二水准烈度为50年超越概率10%的地震烈度，也称为"设防地震"；第三水准烈度为50年超越概率2%~3%的地震烈度，也称为"罕遇地震"。

建筑的抗震设防目标是：当遭受低于本地区抗震设防烈度的多遇地震影响时，主体结构不受损坏或不需修理可继续使用；当遭受相当于本地区抗震设防烈度的设防地震影响时，可能发生损坏，但经一般性修理仍可继续使用；当遭受高于本地区抗震设防烈度的罕遇地震影响时，不致倒塌或发生危及生命的严重破坏。使用功能或其他方面有专门要求的建筑，当采用抗震性能化设计时，具有更具体或更高的抗震设防目标。

7
建筑抗震

331

各类建筑的抗震设防类别　　表1

各行业建筑	建筑功能、规模	抗震设防类别
公共建筑和居住建筑	体育建筑：规模分级为特大型的体育场，大型、观众席容量很多的中型体育场和体育馆（含游泳馆）	乙类
	文化娱乐建筑：大型电影院、剧场、礼堂、图书馆的视听室和报告厅，文化馆的观演厅和展览厅、娱乐中心建筑	乙类
	商业建筑：人流密集的大型的多层商场（当与其他建筑合建时应分别判断，并按区段确定抗震设防类别）	乙类
	博物馆和档案馆：大型博物馆，存放国家一级文物的博物馆，特级、甲级档案馆	乙类
	会展建筑：大型展览馆、会展中心	乙类
	教育建筑：幼儿园、小学、中学的教学用房以及学生宿舍和食堂	不低于乙类
	科学实验建筑：研究、中试生产和存放具有高放射性物品以及剧毒的生物制品、化学制品、天然和人工细菌、病毒(如鼠疫、霍乱、伤寒和新发高危险传染病等)的建筑	甲类
	电子信息中心的建筑：1.省部级编制和贮存重要信息的建筑；2.国家级信息中心建筑	乙类 大于乙类
	高层建筑：当结构单元内经常使用人数超过8000人时	宜为乙类
	居住建筑	不低于丙类
工业建筑	采煤生产建筑：矿井的提升、通风、供电、供水、通信和瓦斯排放系统	乙类
	采油和天然气生产建筑：1.大型油、气田的联合站、压缩机房、加压气站泵房、阀组间、加热炉建筑；2.大型计算机房和信息贮存库；3.油品储运系统液化气站、轻油泵房及氮气站、长输管道首末站、中间加压泵站；4.油、气田主要供电、供水建筑	乙类
	采矿生产建筑：1.大型冶金矿山的风机室，排水泵房，变电、配电室等；2.大型非金属矿山的提升、供水、排水、供电、通风等系统的建筑	乙类
	冶金、建材生产建筑：1.大中型冶金企业的动力系统建筑，油库及油泵房，全厂性生产管制中心、通信中心的主要建筑；2.大型和不允许中断生产的中型建材工业企业的动力系统建筑	乙类
	化工和石油化工生产建筑：1.特大型、大型和中型企业的主要生产建筑以及对正常运行起关键作用的建筑；2.特大型、大型和中型企业的供热、供电、供气和供水建筑；3.特大型、大型和中型企业的通信、生产指挥中心建筑	乙类
	轻工原材料生产建筑：大型浆板厂和洗涤剂原料厂等大型原材料生产企业中的主要装置及其控制系统和动力系统建筑	乙类
	冶金、化工、石油化工、建材、轻工业原料生产建筑中具有剧毒、易燃、易爆物质的厂房	乙类
	航空工业生产建筑：1.部级及部级以上的计量基准所在的建筑，记录和贮存航空主要产品（如飞机、发动机等）或关键产品的信息贮存所在的建筑；2.对航空工业发展有重要影响的整机或系统性能试验设备，关键设备所在建筑（如大型风洞及其测试间、发动机高空试车台及其动力装置及测试间、全机电磁兼容试验建筑）；3.存放国内少有或仅有的重要精密设备的建筑；4.大中型企业主要的动力系统建筑	乙类
	航天工业生产建筑：1.重要的航天工业科研楼、生产厂房和试验设施、动力系统的建筑；2.重要的演示、通信、计量、培训中心的建筑	乙类
	电子信息工业生产建筑：1.大型彩管、玻壳生产厂房及其动力系统；2.大型的集成电路、平板显示器件和其他电子类生产厂房；3.重要的科研中心、测试中心、试验中心的主要建筑	乙类
	纺织工业的化纤生产建筑：1.特大型、大型和中型企业的主要生产建筑以及对正常运行起关键作用的建筑；2.特大型、大型和中型企业的供热、供电、供气和供水建筑；3.特大型、大型和中型企业的通信、生产指挥中心建筑	乙类
	大型医药生产建筑：研究、中试生产和存放具有高放射性物品以及剧毒的生物制品、化学制品、天然和人工细菌、病毒(如鼠疫、霍乱、伤寒和新发高危险传染病等)的建筑	甲类
	加工制造工业建筑中，生产或使用具有剧毒、易燃、易爆物质且具有火灾危险性的厂房及其控制系统的建筑	乙类
	大型的机械、船舶、纺织、轻工、医药等工业企业的动力系统建筑	乙类
	机械、船舶工业的生产厂房，电子、纺织、轻工、医药等工业的其他生产厂房	宜为丙类
仓库建筑	1.储存高、中放射性物质或剧毒物品的仓库；2.储存易燃、易爆物质等具有火灾危险性的危险品仓库；3.储存物品的价值低、人员活动少、无次生灾害的单层仓库等	不低于乙类 乙类 可为丁类

各行业建筑	建筑功能、规模	抗震设防类别
基础设施建筑	给水建筑：20万人口以上城镇、抗震设防烈度为7度及以上的县及县级市的主要取水设施和输水管线、水质净化处理厂的主要水处理建(构)筑物、配水井、送水泵房、中控室、化验室等	乙类
	排水建筑：20万人口以上城镇、抗震设防烈度为7度及以上的县及县级市的污水干管(含合流)，主要污水处理厂的主要水处理建(构)筑物、进水泵房、中控室、化验室，以及城市排涝泵站、城镇主干道立交处的雨水泵站	乙类
	燃气建筑：20万人口以上城镇、县及县级市的主要燃气厂的主厂房、贮气罐、加压泵房和压缩间、调度楼及相应的超高压和高压调压间、高压和次高压输配气管道等主要设施	乙类
	热力建筑：50万人口以上城镇的主要热力厂主厂房、调度楼、中继泵站及相应的主要设施用房	乙类
	电力调度建筑：1.国家和区域的电力调度中心；2.省、自治区、直辖市的电力调度中心	甲类 宜为乙类
	火力发电厂、变电所的生产建筑：1.单机容量为300MW及以上或规划容量为800MW及以上的火力发电厂和地震时必须维持正常供电的重要电力设施的主厂房、电气综合楼、网控楼、调度通信楼、配电装置楼、烟囱、烟道、碎煤机室、输煤转运站和输煤栈桥、燃油和燃气机组厂的燃料供应设施；2.330kV及以上的变电所和220kV及以上枢纽变电所的主控通信楼、配电装置楼、就地继电器室；330kV及以上的换流站工程中的主控通信楼、阀厅和就地继电器室；3.供应20万人口以上规模的城镇集中供热的热电站的主要发配电控制室及其供电、供热设施；4.不应中断通信设施的通信调度建筑	乙类
	铁路建筑：高速铁路、客运专线（含城际铁路）、客货共线Ⅰ、Ⅱ级干线和货运专线的铁路枢纽的行车调度、运转、通信、信号、供电、供水建筑，以及特大型站和最高聚集人数很多的大型站的客运候车楼	乙类
	公路建筑：高速公路、一级公路、一级汽车客运站和位于抗震设防烈度为7度及以上地区的公路监控室，一级长途汽车客运候车楼	乙类
	水运建筑：50万人口以上城市、位于抗震设防烈度为7度及以上地区的水运通信和导航等重要设施的建筑，国家重要客运站，海难救助打捞等部门的重要建筑	乙类
	空港建筑：国际或国内主要干线机场中的航空站楼、大型机库，以及通信、供电、供热、供水、供气、供油的建筑；航管楼	乙类 不低于乙类
	城镇交通设施：1.在交通网络中处关键地位、承担交通量大的大跨度桥；2.在交通网络中处于交通枢纽的其余桥梁；3.城市轨道交通的地下隧道、枢纽建筑及其供电、通风设施	甲类 乙类
	邮电通信建筑：1.国际出入口局、国际无线电台，国家卫星通信地球站，国际海缆登陆站；2.省中心及省中心以上通信枢纽楼、长途传输一级干线枢纽站、国内卫星通信地球站、本地网通枢纽楼及通信生产楼、应急通信用房；3.大区中心和省中心的邮政枢纽	甲类 乙类 乙类
	广播电视建筑：1.国家级、省级的电视调频广播发射塔建筑，当混凝土结构塔的高度大于250m或钢结构塔的高度大于300m时；国家级卫星地球站上行站；2.国家级、省级的除上款以外的发射塔建筑；国家级、省级广播中心、电视中心和电视调频广播发射台的主体建筑，发射总功率不小于200kW的中波和短波广播发射台、广播电视卫星地球站、国家级和省级广播电视监测台与节目传送台的机房建筑和天线支承物	甲类 乙类
防灾救灾建筑	医疗建筑：1.三级医院中承担特别重要医疗任务的门诊、医技、住院用房；2.二、三级医院的门诊、医技、住院用房，具有外科手术室或急诊科的乡镇卫生院的医疗用房，县级及以上急救中心的指挥、通信、运输系统的重要建筑，县级及以上的独立采供血机构的建筑；3.工矿企业的医疗建筑	甲类 乙类 比照城市同类建筑
	消防车库及值班用房	乙类
	20万人口以上的城镇和县及县级市防灾应急指挥中心的主要建筑；工矿企业的防灾应急指挥系统建筑	不低于乙类 比照城市同类建筑
	疾病预防与控制中心建筑：1.承担研究、中试和存放剧毒的高危险传染病病毒任务的疾病预防与控制中心的建筑或其区段；2.不属于第1条的县、县级市及以上的疾病预防与控制中心的主要建筑	甲类 乙类
	作为应急避难场所的建筑	不低于乙类

注：1. 本表摘自《建筑工程抗震设防分类标准》GB 50223-2008。
　　2. 本表仅列出主要行业的抗震设防类别的建筑示例。使用功能、规模与示例类似或相近的建筑，可按该示例划分其抗震设防类别。

7
建筑抗震

我国主要城镇抗震设防烈度、设计基本地震加速度和设计地震分组　　　　　　　　　　　　　表1

地区	分组	抗震设防烈度（设计基本地震加速度值）				
		6度（0.05g）	7度（0.10g）	7度（0.15g）	8度（0.20g）	8度（0.30g）
直辖市	一组	重庆市（万州、涪陵、渝中、大渡口、江北、沙坪坝、九龙坡、南岸、北碚、綦江、大足、渝北、巴南、长寿、江津、合川、永川、南川、铜梁、璧山、潼南、梁平、城口、丰都、垫江、武隆、忠县、开县、云阳、奉节、巫山、巫溪、石柱、秀山、酉阳、彭水）	—	—	—	—
	二组	—	上海市（黄浦、徐汇、长宁、静安、普陀、闸北、虹口、杨浦、闵行、宝山、嘉定、浦东新、金山、松江、青浦、奉贤、崇明）；重庆市（黔江、荣昌）	天津市（西青、静海、蓟县）	北京市（东城、西城、朝阳、丰台、石景山、海淀、门头沟、房山、通州、顺义、昌平、大兴、怀柔、平谷、密云、延庆）；天津市（和平、河东、河西、南开、河北、红桥、东丽、津南、北辰、武清、宝坻、滨海新区、宁河）	—
河北省	一组	承德市（围场）	石家庄市（赵县）；衡水市（安平）	石家庄市（辛集）；邯郸市（永年）；邢台市（桥东、桥西、邢台、内丘、柏乡、隆尧、任县、南和、宁晋、巨鹿、新河、沙河）；沧州市（青县、肃宁、献县、任丘、河间）；廊坊市（大城）；衡水市（饶阳、深州）	—	—
	二组	张家口市（康保）；衡水市（景县）	石家庄市（长安、桥西、新华、井陉矿、裕华、栾城、藁城、鹿泉、井陉、正定、高邑、深泽、无极、平山、元氏、晋州市）；秦皇岛市（抚宁、北戴河、昌黎）；邯郸市（涉县、肥乡、鸡泽、广平、曲周）；邢台市（临城、广宗、平乡、南宫）；保定市（竞秀、莲池、徐水、高阳、容城、安新、易县、蠡县、博野、雄县）；张家口市（张北、尚义、崇礼）；沧州市（新华、运河、沧县、东光、南皮、吴桥、泊头、南宫）；廊坊市（霸州）；衡水市（桃城、武强、冀州）	唐山市（滦南、迁安）；秦皇岛市（卢龙）；邯郸市（邯山、丛台、复兴、邯郸、成安、大名、魏县、武安）；保定市（涞水、定兴、涿州市、高碑店）；张家口市（桥东、桥西、宣化、宣化、蔚县、阳原、怀安、万全）；沧州市（青县）；廊坊市（固安、永清、文安）	唐山市（路北、古冶、开平、丰润、滦县）；张家口市（下花园、怀来、涿鹿）；廊坊市（安次、广阳、香河、大厂回族、三河）	唐山市（路南、丰南）
	三组	石家庄市（行唐、赞皇、新乐）；秦皇岛市（山海关）；邢台市（威县、清河、临西）；保定市（满城、阜平、唐县、望都、曲阳、顺平、定州）；张家口市（沽源）；承德市（双桥、双滦、承德、平泉、滦平、隆化、丰宁满族、宽城）；沧州市（海兴、盐山、孟村）；衡水市（枣强、武邑、故城、阜城）	石家庄市（灵寿）；唐山市（迁西、遵化）；秦皇岛市（青龙、海港）；邯郸市（邱、馆陶）；保定市（清苑、涞源县、安国）；张家口市（赤城）；承德市（鹰手营子矿、兴隆）；沧州市（黄骅）	唐山市（曹妃甸、唐海、乐亭、玉田）	—	—
山西省	一组	—	—	—	—	—
	二组	—	阳泉市（城区、矿区、郊区、平定）；长治市（城区、郊区、长治、黎城、壶关、潞城市）；晋中市（昔阳）；运城市（垣曲）	太原市（古交）；大同市（新荣、阳高、天镇、广灵、灵丘、左云）；朔州市（朔城、平鲁、右玉）；运城市（盐湖、新绛、夏县、平陆、芮城、河津）；忻州市（繁峙）；临汾市（曲沃、翼城、蒲县、侯马）	太原市（小店、迎泽、杏花岭、尖草坪、万柏林、晋源、清徐、阳曲）；大同市（城区、矿区、南郊、大同）；朔州市（山阴、应县、怀仁）；晋中市（榆次、太谷、祁县、介休）；忻州市（忻府、定襄、五台、代县、原平）；临汾市（尧都、襄汾、古县、浮山、汾西、霍州）；吕梁市（文水、交城、孝义、汾阳）	临汾市（洪洞）
	三组	长治市（襄垣、屯留、长子）；晋中市（左权）；忻州市（岢岚、河曲、保德、偏关）；临汾市（大宁、永和）；吕梁市（兴县、临县、柳林、太楼、方山）	太原市（娄烦）；阳泉市（盂县）；长治市（平顺、武乡、沁县、沁源）；晋中市（榆社、和顺、寿阳）；忻州市（静乐、神池、五寨）；临汾市（安泽、吉县、乡宁、隰县）；吕梁市（离石、岚县、中阳、交口）	大同市（浑源）；运城市（临猗、万荣、闻喜、稷山、绛县）；忻州市（忻州）	运城市（永济）	—
内蒙古自治区	一组	赤峰市（巴林左旗、巴林右旗、林西、克什克腾旗、翁牛特旗）；通辽市（科尔沁左翼中旗、科尔沁左翼后旗、库伦旗、奈曼旗、扎鲁特旗、霍林郭勒）；鄂尔多斯市（乌审旗）；呼伦贝尔市（海拉尔、阿荣旗、莫力达瓦达斡尔族、鄂伦春、鄂温克族、陈巴尔虎旗、新巴尔虎左旗、满洲里、牙克石、额尔古纳、根河）；兴安盟（乌兰浩特、阿尔山、科尔沁右翼前旗、科尔沁右翼中旗、扎赉特旗、突泉）；锡林郭勒盟（二连浩特、锡林浩特、阿巴嘎旗、苏尼特左旗、苏尼特右旗、东乌珠穆沁旗、西乌珠穆沁旗、镶黄旗、正镶白旗、多伦）；阿拉善盟（额济纳旗）	赤峰市（松山、阿鲁科尔沁旗、敖汉旗）；通辽市（科尔沁、开鲁）；呼伦贝尔市（扎赉诺尔、陈巴尔虎右旗、扎兰屯）	赤峰市（红山、喀喇沁旗）	赤峰市（元宝山、宁城）；巴彦淖尔市（磴口、乌拉特前旗、乌拉特后旗）	—
	二组	乌兰察布市（化德、商都、察哈尔右翼后旗）；锡林郭勒盟（正蓝旗）	呼和浩特市（清水河）；巴彦淖尔市（乌拉特中旗）；乌兰察布市（集宁、卓资、兴和）	呼和浩特市（托克托、和林格尔、武川）；包头市（固阳）；巴彦淖尔市（临河、五原）；乌兰察布市（凉城、察哈尔右翼前旗、丰镇）	呼和浩特市（新城、回民、玉泉、赛罕、土默特左旗）；包头市（东河、石拐、九原、昆都仑、青山）；乌海市（海勃湾、海南、乌达）；鄂尔多斯市（达拉特旗）；巴彦淖尔市（杭锦后旗）；阿拉善盟（阿拉善左旗、阿拉善右旗）	包头市（土默特右旗）
	三组	包头市（白云鄂博、达尔罕茂明安联合旗）；鄂尔多斯市（鄂托克前旗、鄂托克旗、杭锦旗、伊金霍洛旗）；乌兰察布市（四子王旗）；锡林郭勒盟（太仆寺旗）	鄂尔多斯市（东胜、准格尔旗）；乌兰察布市（察哈尔右翼中旗）	—	—	—

注：9度（加速度0.40g）县级及县级以上城镇二组为：四川省（康定）；台湾省（台南、台中）。三组为：四川省（西昌）、云南省（东川、寻甸回族彝族、澜沧拉祜族）、西藏自治区（当雄、墨脱）、新疆维吾尔自治区（乌恰、塔什库尔干塔吉克）、台湾省（嘉义、嘉义市、云林、南投、彰化、台中市、苗栗、花莲）。

我国主要城镇抗震设防烈度、设计基本地震加速度和设计地震分组　　　　　　　　　　　　　　　　　　　表1

地区	分组	抗震设防烈度（设计基本地震加速度值）				
		6度（0.05g）	7度（0.10g）	7度（0.15g）	8度（0.20g）	8度（0.30g）
辽宁省	一组	沈阳市(康平、法库、新民);大连市(庄河);抚顺市(新宾、清原);本溪市(本溪、桓仁);丹东市(宽甸);锦州市(黑山、义县、北镇);阜新市(海州、新邱、太平、清河门、细河、阜新、彰武);铁岭市(西丰、调兵山)	沈阳市(和平、沈河、大东、皇姑、铁西、苏家屯、浑南（原东陵）、沈北、于洪、辽中);鞍山市(台安);抚顺市(新抚、东洲、望花、顺城、抚顺);本溪市(平山、溪湖、明山);辽阳市（白塔、文圣、太子河、灯塔);铁岭市（银州、清河、铁岭、昌图、开原);朝阳市（双塔、龙城、朝阳、建平、北票)	大连市(金州);丹东市(元宝、振兴、振安)	大连市(瓦房店、普兰店）;丹东市(东港)	—
	二组	大连市(长海);丹东市(凤城);锦州市(古塔、凌河、太和、凌海);朝阳市（喀喇沁左翼）;葫芦岛市（连山、龙港、南票)	大连市(中山、西岗、沙河口、甘井子、旅顺口);鞍山市(铁东、铁西、立山、千山、岫岩);本溪市(南芬);辽阳市（弓长岭、宏伟、辽阳）;盘锦市（双台子、兴隆台、大洼、盘山）;朝阳市（凌源)	营口市（站前、西市、鲅鱼圈)	鞍山市(海城);营口市（老边、盖州、大石桥)	—
	三组	葫芦岛市（绥中、建昌、兴城)	—	—	—	—
吉林省	一组	长春市(农安、榆树、德惠);吉林市(蛟河、桦甸、磐石);四平市(铁西、铁东、梨树、公主岭、双辽);通化市(东昌、二道江、通化、辉南、柳河、梅河口、集安);白山市(浑江、江源、抚松、靖宇、长白、临江);松原市(长岭、扶余);白城市(镇赉、通榆、洮南);延边朝鲜族自治州(延吉、图们、敦化、珲春、龙井、和龙、汪清)	长春市(南关、宽城、朝阳、二道、绿园区、双阳、九台);吉林市(昌邑、龙潭、船营、丰满、永吉);四平市(伊通);松原市(乾安);白城市(洮北)	白城市(大安);延边朝鲜族自治州(安图)	吉林市(舒兰);松原市(宁江、前郭尔罗斯)	—
黑龙江省	一组	哈尔滨市(平房、阿城、宾县、巴彦、木兰、双城);齐齐哈尔市(龙沙、建华、铁峰、碾子山、梅里斯、龙江、依安、甘南、富裕、克山、克东、拜泉、讷河);鸡西市(鸡冠、恒山、滴道、梨树、城子河、麻山、鸡东、虎林、密山);鹤岗市(绥滨);双鸭山市(尖山、岭东、四方台、宝山、集贤、友谊、宝清、饶河);大庆市(萨尔图、龙凤、让胡路、红岗、大同、肇州、林甸、杜尔伯特);伊春市(伊春、南岔、友好、西林、翠峦、新青、美溪、金山屯、乌马河、汤旺河、带岭、乌伊岭、红星、上甘岭、嘉荫、铁力);佳木斯市(桦南、桦川、抚远、同江、富锦);七台河市(新兴、桃山、茄子河、勃利);牡丹江市(东安、阳明、爱民、西安、东宁、林口、绥芬河、海林、宁安、穆棱);黑河市(爱辉、嫩江、逊克、孙吴、北安、五大连池);绥化市(望奎、兰西、青冈、明水、绥棱、安达、肇东、海伦);大兴安岭地区(加格达奇、呼玛、塔河、漠河)	哈尔滨市(道里、南岗、道外、松北、香坊、呼兰、尚志、五常);齐齐哈尔市(昂昂溪、富拉尔基、泰来);鹤岗市(向阳、工农、南山、兴安、东山、兴山、萝北);大庆市(肇源);佳木斯市(向阳、前进、东风、郊区、汤原);绥化市(北林、庆安)	哈尔滨市(依兰、通河、延寿)	哈尔滨市(方正)	—
江苏省	一组	南京市(高淳);泰州市(泰兴)	南京市(玄武、秦淮、建邺、鼓楼、浦口、栖霞、雨花台、江宁、溧水);无锡市(崇安、南长、北塘、锡山、滨湖、惠山、宜兴);常州市(天宁、钟楼、新北、武进、金坛、溧阳);苏州市(虎丘、吴中、相城、姑苏、吴江、常熟、昆山、太仓);镇江市(丹徒、丹阳、扬中、句容)	扬州市(邗江、仪征);镇江市(京口、润州)	—	—
	二组	无锡市(江阴);徐州市(丰县);苏州市(张家港);南通市(通州、启东、海门);泰州市(靖江)	南京市(六合);徐州市(沛县);南通市(崇川、港闸、海安、如东、如皋);淮安市(盱眙);盐城市(亭湖、射阳、东台);扬州市(高邮);泰州市(海陵、高港、姜堰、兴化)	扬州市(广陵、江都)	徐州市(睢宁、新沂、邳州);宿迁市(泗洪)	宿迁市(宿城、宿豫)
	三组	连云港市(灌南);淮安市(淮安、涟水、洪泽、金湖);盐城市(响水、滨海、阜宁、建湖);扬州市(宝应)	徐州市(鼓楼、云龙、贾汪、泉山、铜山);连云港市(连云、海州、赣榆、灌云);淮安市(清河、淮阴、清浦);盐城市(盐都);宿迁市(泗阳)	连云港市(东海);盐城市(大丰);宿迁市(沭阳)	—	—
浙江省	一组	杭州市(滨江、萧山、富阳、桐庐、淳安、建德、临安);宁波市(象山、宁海、余姚、慈溪、奉化);温州市(鹿城、龙湾、瓯海、永嘉、文成、泰顺、乐清);嘉兴市(海盐);湖州市(吴兴、南浔、德清、长兴、安吉);绍兴市(越城、柯桥、上虞、新昌、诸暨、嵊州);金华市(婺城、金东、武义、浦江、磐安、兰溪、义乌、东阳、永康);衢州市(柯城、衢江、常山、开化、龙游、江山);舟山市(嵊泗);台州市(椒江、黄岩、路桥、三门、天台、仙居、温岭、临海);丽水市(莲都、青田、缙云、遂昌、松阳、云和、景宁畲族、龙泉)	杭州市(上城、下城、江干、拱墅、西湖、余杭);宁波市(海曙、江东、江北、北仑、镇海、鄞州);嘉兴市(南湖、秀洲、嘉善、海宁、平湖、桐乡);舟山市(定海、普陀、岱山)	—	—	—
	二组	温州市(温州);台州市(玉环);丽水市(庆元)	—	—	—	—
安徽省	一组	合肥市(瑶海、庐阳、蜀山、包河、长丰、肥东、肥西、庐江、巢湖);芜湖市(镜湖、弋江、鸠江、三山、芜湖县、繁昌、南陵、无为);马鞍山市(花山、雨山、博望、当涂、含山、和县);安庆市(怀宁、潜山、太湖、宿松、望江、岳西);黄山市(屯溪、黄山、徽州、歙县、休宁、黟县、祁门);阜阳市(临泉、太和、阜南、颍上、界首);六安市(霍邱、金寨);亳州市(利辛);池州市(东至、石台、青阳);宣城市(宣州、广德、泾县、绩溪、旌德、宁国)	蚌埠市(龙子湖、蚌山、禹会、淮上、怀远);淮南市(大通、田家庵、谢家集、八公山、潘集、凤台);铜陵市(铜官山、狮子山、郊区、铜陵);安庆市(迎江、大观、宜秀、枞阳、桐城);滁州市(定远、凤阳);阜阳市(颍州、颍东、颍泉);六安市(金安、裕安、寿县、舒城);池州市(贵池);宣城市(郎溪)	六安市(霍山)	—	—
	二组	滁州市(琅琊、南谯、来安、全椒);宿州市(砀山);亳州市(蒙城)	蚌埠市(固镇);滁州市(天长、明光);宿州市(灵璧);亳州市(谯城、涡阳)	蚌埠市(五河);宿州市(泗县)	—	—
	三组	淮北市(杜集、相山、烈山、濉溪);宿州市(埇桥)	宿州市(萧县)	—	—	—

我国主要城镇抗震设防烈度、设计基本地震加速度和设计地震分组　　　　表1

地区	分组	抗震设防烈度（设计基本地震加速度值）				
		6度（0.05g）	7度（0.10g）	7度（0.15g）	8度（0.20g）	8度（0.30g）
福建省	一组	三明市（梅列、三元、明溪、清流、宁化、大田、尤溪、沙县、将乐、泰宁、建宁、永安）；南平市（延平、建阳、顺昌、浦城、光泽、松溪、邵武、武夷山、建瓯）；龙岩市（长汀、上杭、武平、连城）；宁德市（古田、屏南、寿宁）	—	—	—	—
	二组	福州市（闽侯、罗源、闽清）；南平市（政和）；龙岩市（新罗、永定、漳平）；宁德市（蕉城、霞浦、周宁、柘荣、福安、福鼎）	漳州市（平和、华安）	厦门市（海沧）；漳州市（芗城、龙文、诏安、长泰、东山、南靖、龙海）	—	—
	三组	福州市（连江、永泰）；泉州市（德化）	福州市（鼓楼、台江、仓山、马尾、晋安、平潭、福清、长乐）；厦门市（同安）；莆田市（城厢、涵江、荔城、秀屿、仙游）；泉州市（泉港、惠安、安溪、永春、南安）漳州市（云霄）	厦门市（思明、湖里、集美、翔安）；泉州市（鲤城、丰泽、洛江、石狮、晋江）；漳州市（漳浦）	—	—
江西省	一组	南昌市(东湖、西湖、青云谱、湾里、青山湖、新建、南昌、安义、进贤);景德镇市(昌江、珠山、浮梁、乐平);萍乡市(安源、湘东、莲花、上栗、芦溪);九江市(庐山、浔阳、九江、武宁、修水、永修、德安、星子、都昌、湖口、彭泽、瑞昌、共青城);新余市(渝水、分宜);鹰潭市(月湖、余江、贵溪);赣州市(章贡、南康、赣县、信丰、大余、上犹、崇义、龙南、定南、全南、宁都、于都、兴国、石城);吉安市(吉州、青原、吉安、吉水、峡江、新干、永丰、泰和、遂川、万安、安福、永新、井冈山);宜春市(袁州、奉新、万载、上高、宜丰、靖安、铜鼓、丰城、樟树、高安);抚州市(临川、南城、黎川、南丰、崇仁、乐安、宜黄、金溪、资溪、东乡、广昌);上饶市(信州、广丰、上饶、玉山、铅山、横峰、弋阳、余干、鄱阳、万年、婺源、德兴)	赣州市（安远、会昌、寻乌、瑞金）	—	—	—
山东省	一组	—	烟台市(牟平);威海市(环翠、文登、荣成)	—	—	—
	二组	济宁市(鱼台);威海市(乳山)	济南市(平阴)；青岛市(市南、市北、崂山、李沧、城阳)；淄博市(淄川、博山)；枣庄市(滕州)；烟台市(芝罘、福山、莱山)；济宁市(兖州、汶上、泗水、曲阜、邹城)；泰安市(泰山、岱岳、宁阳)；莱芜市(莱城)；德州市(德城、陵城、夏津)；聊城市(东阿)；菏泽市(曹县、单县、成武)	淄博市(临淄);枣庄市(台儿庄);烟台市(长岛、蓬莱市);潍坊市(寒亭、临朐、昌乐、青州、寿光、昌邑);临沂市(沂南、兰陵、费县);德州市(平原、禹城);聊城市(东昌府、茌平、高唐);菏泽市(牡丹、郓城、定陶)	潍坊市(潍城、坊子、奎文、安丘);日照市(莒县、五莲);临沂市(兰山、罗庄、河东、郯城、沂水、莒南、临沭);聊城市(阳谷、莘县);菏泽市(鄄城、东明)	—
	三组	济南市（历下、市中、槐荫、天桥、历城、济阳、商河、章丘）；青岛市（莱西）；东营市（利津）；烟台市（莱阳、海阳）；济宁市（任城、金乡、嘉祥）；泰安市（东平）；德州市（宁津、庆云、武城、乐陵）；滨州市（沾化、惠民、阳信、无棣）	济南市(长清);青岛市(黄岛、平度、胶州、即墨);淄博市(张店、周村、桓台、高青、沂源);枣庄市(市中、薛城、峄城);东营市(东营、河口、垦利、广饶);烟台市(莱州、招远、栖霞);潍坊市(高密);济宁市(微山、梁山);泰安市(新泰、肥城);莱芜市(钢城);临沂市(平邑、蒙阴);德州市(临邑、齐河);聊城市(冠县、临清);滨州市(滨城、博兴、邹平);菏泽市(巨野)	枣庄市(山亭);烟台市(龙口);潍坊市(诸城);日照市(五莲)	—	—
河南省	一组	洛阳市(栾川、汝阳)；平顶山市(新华、卫东、石龙、湛河、宝丰、叶县、鲁山、舞钢)；漯河市(召陵、源汇、郾城、临颍)；南阳市(南召、方城、淅川、社旗、新野、桐柏、邓州);信阳市(浉河、平桥、光山、新县、商城、固始、淮滨);周口市(川汇、西华、商水、沈丘、郸城、淮阳、鹿邑、项城);驻马店市(驿城、上蔡、平舆、正阳、确山、泌阳、汝南、遂平、新蔡)	许昌市(魏都、许昌、鄢陵、禹州、长葛);漯河市(舞阳);南阳市(宛城、卧龙、西峡、镇平、内乡、唐河);信阳市(罗山、潢川、息县);周口市(扶沟、太康);驻马店市(西平)	—	—	—
	二组	开封市(杞县);洛阳市(嵩县、伊川);平顶山市(郏县、汝州);许昌市(襄城);三门峡市(义马);商丘市(宁陵、柘城、夏邑)	郑州市(上街、中牟、巩义、荥阳、新密、新郑、登封);开封市(龙亭、顺河、鼓楼、禹王台、祥符、通许、尉氏);洛阳市(西工、瀍河、涧西、吉利、洛龙、孟津、新安、宜阳、偃师);安阳市(林州);焦作市(解放、中站、马村、山阳、博爱、温县、沁阳、孟州);商丘市(梁园、睢阳、民权、虞城);省直辖县级行政单位(济源)	郑州市(中原、二七、管城回族、金水、惠济);开封市(滑县、内黄);安阳市(汤阴);鹤壁市(鹤山、浚县);濮阳市(华龙、清丰、南乐、台前、濮阳);三门峡市(湖滨、陕州、灵宝)	安阳市(文峰、殷都、龙安、北关、安阳、汤阴);鹤壁市(山城、淇滨、淇县);新乡市(红旗、卫滨、凤泉、牧野、新乡、获嘉、原阳、延津、卫辉、封丘、长垣);焦作市(修武、武陟);濮阳市(范县)	—
	三组	洛阳市(洛宁);三门峡市(渑池、卢氏);商丘市(睢县、永城)	—	—	—	—
湖北省	一组	武汉市(江岸、江汉、硚口、汉阳、武昌、青山、洪山、东西湖、汉南、蔡甸、江夏、黄陂);黄石市(黄石港、西塞山、下陆、铁山、阳新、大冶);十堰市(茅箭、张湾、郧西、丹江口);宜昌市(西陵、伍家岗、点军、猇亭、夷陵、远安、兴山、秭归、长阳、五峰、宜都、当阳、枝江);襄阳市(襄城、樊城、襄州、南漳、谷城、保康、老河口、枣阳、宜城);鄂州市(梁子湖、华容、鄂城);荆门市(东宝、京山、沙洋、钟祥);孝感市(孝南、孝昌、大悟、云梦、应城、安陆、汉川);荆州市(沙市、荆州、公安、监利、江陵、石首、洪湖、松滋);黄冈市(黄州、红安、浠水、蕲春、黄梅、武穴);咸宁市(咸安、嘉鱼、通城、崇阳、通山、赤壁);随州市(曾都、随县、广水);恩施土家族苗族自治州(恩施、利川、建始、巴东、宣恩、咸丰、来凤、鹤峰);省直辖县级行政单位(仙桃、潜江、天门、神农架林)	武汉市(新洲);十堰市(郧阳、房县);黄冈市(团风、罗田、英山、麻城)	十堰市(竹山、竹溪)	—	—

我国主要城镇抗震设防烈度、设计基本地震加速度和设计地震分组 　　　　　　　表1

地区	分组	抗震设防烈度（设计基本地震加速度值）				
		6度（0.05g）	7度（0.10g）	7度（0.15g）	8度（0.20g）	8度（0.30g）
湖南省	一组	长沙市(芙蓉、天心、岳麓、开福、雨花、望城、宁乡、浏阳);株洲市(荷塘、芦淞、石峰、天元、株洲、攸县、茶陵、炎陵、醴陵);湘潭市(雨湖、岳塘、湘潭、湘乡、韶山);衡阳市(珠晖、雁峰、石鼓、蒸湘、南岳、衡阳、衡南、衡山、衡东、祁东、耒阳、常宁);邵阳市(双清、大祥、北塔、邵东、新邵、邵阳、隆回、洞口、绥宁、新宁、城步、武冈);岳阳市(岳云溪、君山、华容、平江、临湘);常德市(石门);张家界市(永定、武陵源、慈利、桑植);益阳市(资阳、赫山、南县、桃江、安化、沅江);郴州市(北湖、苏仙、桂阳、宜章、永兴、嘉禾、临武、汝城、桂东、安仁、资兴);永州市(零陵、冷水滩、祁阳、东安、双牌、道县、江永、宁远、蓝山、新田、江华);怀化市(鹤城、中方、沅陵、辰溪、溆浦、会同、麻阳、新晃、芷江、靖州、通道、洪江);娄底市(娄星、双峰、新化、冷水江、涟源);湘西土家族苗族自治州(吉首、泸溪、凤凰、花垣、保靖、古丈、永顺、龙山)	岳阳市(岳阳楼、岳阳);常德市(安乡、汉寿、澧县、临澧、桃源、津市)	常德市(武陵、鼎城)	—	—
	二组	—	岳阳市(湘阴、汨罗)	—	—	—
广东省	一组	广州市(花都、增城、从化);韶关市(武江、浈江、曲江、始兴、仁化、翁源、乳源、新丰、乐昌、乳雄);江门市(台山、开平、恩平);茂名市(高州、信宜);肇庆市(广宁、怀集、封开、德庆、四会);惠州市(惠城、惠阳、博罗、惠东、龙门);梅州市(五华、平远、蕉岭、兴宁);汕尾市(陆河);河源市(紫金、龙川、连平、和平);阳江市(阳春);清远市(清城、清新、佛冈、阳山、连山、连南、英德、连州);中山市(中山);揭阳市(揭西)	广州市(荔湾、越秀、海珠、天河、白云、黄埔、番禺、南沙);深圳市(罗湖、福田、南山、宝安、龙岗、盐田);珠海市(斗门);佛山市(禅城、南海、顺德、三水、高明);江门市(蓬江、江海、新会、鹤山);湛江市(赤坎、霞山、坡头、麻章、遂溪、廉江、雷州、吴川);茂名市(茂南、电白、化州);肇庆市(端州、鼎湖、高要);梅州市(梅江、梅县、丰顺);汕尾市(城区、海丰、陆丰);河源市(源城、东源);阳江市(阳东、阳西);东莞市(东莞)	阳江市(江城)	—	—
	二组	—	珠海市(香洲、金湾);梅州市(大埔);揭阳市(惠来、普宁)	汕头市(潮南);潮州市(饶平);揭阳市(榕城、揭东)	汕头市(龙湖、金平、濠江、潮阳、澄海、南澳);湛江市(徐闻);潮州市(湘桥、潮安)	—
广西壮族自治区	一组	南宁市(武鸣、马山、上林、宾阳);柳州市(城中、鱼峰、柳南、柳北、柳江、柳城、鹿寨、融安、融水、三江);桂林市(秀峰、叠彩、象山、七星、雁山、临桂、阳朔、灵川、全州、兴安、永福、灌阳、龙胜、资源、平乐、荔浦、恭城);梧州市(万秀、长洲、龙圩、苍梧、藤县、蒙山、岑溪);北海市(海城、银海、铁山港);防城港市(港口、防城、上思、东兴);贵港市(港北、港南、覃塘、平南、桂平);玉林市(容县);百色市(德保、那坡、凌云);贺州市(八步、昭平、钟山、富川);河池市(金城江、南丹、天峨、凤山、东兰、罗城、环江、巴马、都安、大化、宜州);来宾市(兴宾、忻城、象州、武宣、金秀、合山);崇左市(江州、宁明、龙州、大新、天等、凭祥);自治区直辖县级行政单位(靖西)	南宁市(兴宁、青秀、江南、西乡塘、良庆、邕宁、横县);北海市(合浦);钦州市(钦南、钦北、灵山);玉林市(玉州、福绵、陆川、博白、兴业、北流);百色市(右江、田阳、田林);崇左市(扶绥)	南宁市(隆安);钦州市(灵山);百色市(田东、平果、乐业)	—	—
海南省	一组	三亚市(海棠、吉阳、天涯、崖州);省直辖县级行政单位(五指山、万宁、东方、昌江、乐东、陵水、保亭)	三沙市(三沙)	儋州市(临高)	—	—
	二组	省直辖县级行政单位(白沙、琼中)	儋州市(儋州);儋州市(琼海、屯昌)	儋州市(澄迈)	儋州市(文昌、定安)	海口市(秀英、龙华、琼山、美兰)
四川省	一组	泸州市(江阳、纳溪、龙马潭、合江、叙永、古蔺);遂宁市(船山、安居、蓬溪、射洪、大英);内江市(市中、东兴、资中);南充市(顺庆、高坪、嘉陵、南部、营山、蓬安、仪陇、西充);宜宾市(兴文);广安市(广安、前锋、岳池、武胜、邻水、华蓥);达州市(通川、达川、宣汉、开江、大竹、渠县、万源);巴中市(巴州、恩阳、通江、平昌);资阳市(雁江、安岳、乐至)	自贡市(自流井、贡井、大安、沿滩);内江市(隆昌)	—	雅安市(宝兴);阿坝藏族羌族自治州(汶川、茂县)	—
	二组	泸州市(泸县);绵阳市(三台、盐亭、梓潼);广元市(旺苍、苍溪);内江市(威远);南充市(阆中);眉山市(仁寿);宜宾市(南溪、江安、长宁);巴中市(南江);资阳市(简阳)	自贡市(富顺);德阳市(旌阳、中江、罗江);绵阳市(涪城、游仙、安县);广元市(利州、昭化、剑阁);乐山市(市中、峨眉山);宜宾市(翠屏、宜宾、屏山);雅安市(雨城);阿坝藏族羌族自治州(马尔康);甘孜藏族自治州(乡城)	成都市(彭州);德阳市(什邡、绵竹);绵阳市(北川羌族自治县(新)、江油);广元市(朝天、青川);乐山市(沙湾、沐川、峨边、马边);雅安市(天全、芦山);甘孜藏族自治州(理县、阿坝);甘孜藏族自治州(丹巴)	成都市(都江堰);绵阳市(平武);阿坝藏族羌族自治州(松潘);甘孜藏族自治州(泸定、德格、白玉、巴塘、得荣)	甘孜藏族自治州(道孚、炉霍)
	三组	自贡市(荣县);乐山市(井研);宜宾市(珙县、筠连)	成都市(锦江、青羊、金牛、武侯、成华、龙泉驿、青白江、新都、温江、金堂、双流、郫都、大邑、蒲江、新津、邛崃、崇州);德阳市(广汉);乐山市(五通桥、犍为、夹江);眉山市(东坡、彭山、洪雅、丹棱、青神);宜宾市(高县);雅安市(名山);阿坝藏族羌族自治州(金川、小金、黑水、壤塘、若尔盖、红原);甘孜藏族自治州(石渠、色达、稻城);凉山彝族自治州(会理)	攀枝花市(东区、西区、仁和、米易、盐边);乐山市(金口河);雅安市(荥经、汉源);甘孜藏族自治州(九龙、雅江、新龙);凉山彝族自治州(木里、会东、金阳、甘洛、美姑)	雅安市(石棉);阿坝藏族羌族自治州(九寨沟);甘孜藏族自治州(理塘、甘孜);凉山彝族自治州(盐源、德昌、布拖、昭觉、喜德、越西、雷波)	甘孜藏族自治州(宁南、普格、冕宁)

我国主要城镇抗震设防烈度、设计基本地震加速度和设计地震分组　　　　　　　　　　　　　　　　　　表1

地区	分组	抗震设防烈度（设计基本地震加速度值）				
		6度（0.05g）	7度（0.10g）	7度（0.15g）	8度（0.20g）	8度（0.30g）
贵州省	一组	贵阳市（南明、云岩、花溪、乌当、白云、观山湖、开阳、息烽、修文、清镇）；六盘水市（六枝特）；遵义市（红花岗、汇川、遵义、桐梓、绥阳、正安、道真、务川、冈县、湄潭、余庆、习水、赤水、仁怀）；安顺市（西秀、平坝、普定、镇宁、关岭、紫云）；铜仁市（碧江、万山、江口、玉屏、石阡、思南、印江、德江、沿河、松桃）；毕节市（金沙、黔西、织金）；黔东南苗族侗族自治州（凯里、黄平、施秉、三穗、镇远、岑巩、天柱、锦屏、剑河、台江、黎平、榕江、从江、雷山、麻江、丹寨）；黔南布依族苗族自治州（都匀、荔波、瓮安、独山、平塘、罗甸、长顺、惠水、三都）	黔南布依族苗族自治州（福泉、贵定、龙里）	黔西南布依族苗族自治州（望谟）	—	—
	二组	六盘水市（水城）；黔西南布依族苗族自治州（兴仁、贞丰、册亨、安龙）；毕节市（七星关、大方、纳雍）	六盘水市（钟山）；黔西南布依族苗族自治州（普安、晴隆）	—	—	—
	三组	六盘水市（盘县）；黔西南布依族苗族自治州（兴义）；毕节市（赫章）	毕节市（威宁）	—	—	—
云南省	一组	文山壮族苗族自治州（西畴、麻栗坡、马关、富宁）	红河哈尼族彝族自治州（河口）	—	—	—
	二组	昭通市（镇雄、威信）；文山壮族苗族自治州（广南）	昭通市（水富）	昭通市（绥江）	怒江傈僳族自治州（福贡、贡山）；迪庆藏族自治州（香格里拉、德钦、维西）	—
	三组	红河哈尼族彝族自治州（屏边）；文山壮族苗族自治州（砚山、丘北）	曲靖市（师宗、富源、罗平、宣威）；昭通市（昭阳、盐津）；普洱市（墨江、镇沅、江城）；楚雄彝族自治州（永仁）；红河哈尼族彝族自治州（蒙自、泸西、金平、绿春）；文山壮族苗族自治州（文山）	昆明市（富民、禄劝）；曲靖市（麒麟、陆良、沾益）；玉溪市（新平、元江）；保山市（昌宁）；昭通市（大关、彝良、鲁甸）；丽江市（华坪）	昆明市（五华、盘龙、官渡、西山、呈贡、晋宁、石林、安宁）；曲靖市（马龙、会泽）；玉溪市（红塔、易门）；保山市（隆阳、施甸）；昭通市（巧家、永善）	昆明市（宜良、嵩明）
西藏自治区	一组	—	—	—	—	—
	二组	—	阿里地区（措勤）	昌都市（江达、芒康）；日喀则市（昂仁、谢通门、仲巴）；那曲地区（索县、巴青、双湖）；阿里地区（札达、改则）	日喀则市（拉孜、定结、亚东）；那曲地区（嘉黎）	—
	三组	—	昌都市（贡觉）；那曲地区（比如）；阿里地区（革吉）；林芝市（工布江达）	拉萨市（曲水、达孜、墨竹工卡）；昌都市（类乌齐、丁青、察雅、八宿、左贡）；山南地区（乃东、扎囊、贡嘎、琼结、措美、洛扎、加查、浪卡子）；日喀则市（桑珠孜、南木林、江孜、定日、萨迦、白朗、吉隆、萨嘎、岗巴）；那曲地区（聂荣、班戈）；阿里地区（噶尔、日土）；林芝市（察隅、朗县）	拉萨市（城关、林周、尼木、堆龙德庆）；昌都市（卡若、边坝、洛隆）；山南地区（桑日、曲松、隆子）；日喀则市（仁布、康马、聂拉木）；那曲地区（那曲、安多、尼玛）；阿里地区（普兰）；林芝市（巴宜）	山南地区（错那）；那曲地区（申扎）；林芝市（米林、波密）
陕西省	一组	延安市（宝塔、子长、安塞、志丹、甘泉）；汉中市（镇巴）；榆林市（榆阳、神木、横山、靖边、绥德、米脂、佳县、清涧、子洲）；安康市（镇坪）	安康市（汉滨、平利）；商洛市（商南）	—	—	—
	二组	延安市（延长、延川）；安康市（紫阳、岚皋、旬阳、白河）	汉中市（汉台、南郑、勉县、宁强）	咸阳市（三原、礼泉）；渭南市（合阳、蒲城、韩城）；汉中市（略阳）；商洛市（洛南）	西安市（新城、碑林、莲湖、灞桥、未央、雁塔、阎良、临潼、长安、高陵、蓝田、周至、户县）；宝鸡市（渭滨、金台、陈仓、扶风、眉县）；咸阳市（秦都、杨陵、渭城、泾阳、武功、兴平）；渭南市（临渭、潼关、大荔、华阴）	渭南市（华县）
	三组	铜川市（宜君）；咸阳市（彬县、长武、旬邑）；延安市（吴起、富县、洛川、宜川、黄龙、黄陵）；汉中市（城固、洋县、西乡、佛坪）；榆林市（府谷、定边、吴堡）；安康市（汉阴、石泉、宁陕）；商洛市（丹凤、山阳、镇安）	铜川市（王益、印台、耀州）；宝鸡市（麟游、太白）；咸阳市（永寿、淳化）；渭南市（白水）；汉中市（留坝）；商洛市（商州、柞水）	宝鸡市（凤县）；咸阳市（乾县）；渭南市（澄城、富平）	宝鸡市（凤翔、岐山、陇县、千阳）	—

我国主要城镇抗震设防烈度、设计基本地震加速度和设计地震分组　　　　　　　　　　　　表1

地区	分组	抗震设防烈度（设计基本地震加速度值）				
		6度（0.05g）	7度（0.10g）	7度（0.15g）	8度（0.20g）	8度（0.30g）
甘肃省	一组	—	—	—	—	—
	二组	—	—	张掖市（民乐、山丹）；酒泉市（金塔、阿克塞）；临夏回族自治州（临夏）；甘南藏族自治州（合作、夏河）	嘉峪关市（嘉峪关）；天水市（甘谷）；张掖市（肃南、高台）；酒泉市（肃北）；陇南市（武都、成县、文县、宕昌、康县、徽县）；甘南藏族自治州（玛曲）	天水市（秦州、麦积）；陇南市（西和、礼县）
	三组	庆阳市（庆城、华池、合水、正宁、宁）	武威市（民勤）；平凉市（泾川、灵台）；酒泉市（瓜州、敦煌）；庆阳市（西峰、环县、镇原）；临夏回族自治州（积石山）；甘南藏族自治州（碌曲）	兰州市（红古、皋兰、榆中）；金昌市（金川、永昌）；白银市（白银）；张掖市（甘州）；平凉市（崆峒、崇信）；酒泉市（肃州、玉门）；定西市（安定、渭源、临洮、岷县）；临夏回族自治州（临夏、康乐、广河、和政、东乡族）；甘南藏族自治州（临潭、卓尼、迭部）	兰州市（城关、七里河、西固、安宁、永登）；白银市（靖远、会宁、景泰）；天水市（清水、秦安、武山、张家川）；武威市（凉州、天祝）；张掖市（临泽）；平凉市（华亭、庄浪、静宁）；定西市（通渭、陇西、漳县）；陇南市（两当）；临夏回族自治州（永靖）；甘南藏族自治州（舟曲）	白银市（平川）；武威市（古浪）
青海省	一组	—	—	—	—	—
	二组		黄南藏族自治州（泽库）；玉树藏族自治州（杂多、囊谦）	海北藏族自治州（海晏）；黄南藏族自治州（同仁）；海南藏族自治州（贵德）；海西蒙古族藏族自治州（乌兰）	海北藏族自治州（祁连）	
	三组		西宁市（城中、城东、城西、城北、大通、湟中、湟源）；海东市（乐都、平安、民和、互助、化隆、循化）；海北藏族自治州（刚察）；黄南藏族自治州（尖扎、河南）；海南藏族自治州（共和、同德、兴海、贵南）；果洛藏族自治州（班玛、久治）；玉树藏族自治州（称多）；海西蒙古族藏族自治州（格尔木、都兰县、天峻）	海北藏族自治州（门源）；果洛藏族自治州（玛多）；玉树藏族自治州（玉树、治多）；海西蒙古族藏族自治州（德令哈）	果洛藏族自治州（甘德、达日）；玉树藏族自治州（曲麻莱）	果洛藏族自治州（玛沁）
宁夏回族自治区	一组				—	—
	二组				银川市（兴庆、西夏、金凤、永宁、贺兰）；石嘴山市（大武口、惠农、平罗）	
	三组	吴忠市（盐池）		固原市（彭阳）	银川市（灵武）；吴忠市（利通、红寺堡、同心、青铜峡）；固原市（原州、西吉、隆德县、泾源）；中卫市（沙坡头、中宁、海原）	
新疆维吾尔自治区	一组	—	克拉玛依市（乌尔禾）；塔城地区（塔城、额敏）	塔城地区（和布克赛尔蒙古）	巴里坤	—
	二组		吐鲁番市（鄯善、托克逊）；哈密地区（哈密）；昌吉回族自治州（奇台）；巴音郭楞蒙古自治州（尉犁、若羌）；和田地区（于田、民丰）；塔城地区（裕民）；阿勒泰地区（布尔津）；自治区直辖县级行政单位（北屯、阿拉尔）	吐鲁番市（高昌）；哈密地区（伊吾）；昌吉回族自治州（阜康、吉木萨尔）；阿克苏地区（新和）；和田地区（和田、墨玉、洛浦、策勒）；塔城地区（托里）；阿勒泰地区（阿勒泰、哈巴河）	乌鲁木齐市（天山、沙依巴克、新市、水磨沟、头屯河、达坂城、米东、乌鲁木齐）；哈密地区（巴里坤哈萨克）；昌吉回族自治州（木垒哈萨克）；博尔塔拉蒙古自治州（阿拉山口）；巴音郭楞蒙古自治州（库尔勒、焉耆回族、和静镇、和硕、博湖）；阿克苏地区（阿克苏、温宿、库车、拜城、乌什、柯坪）；克孜勒苏柯尔克孜自治州（阿合奇）；自治区直辖县级行政单位（铁门关）	海口市（秀英、龙华、琼山、美兰）
	三组	阿勒泰地区（福海、吉木乃）	克拉玛依市（克拉玛依、白碱滩）；巴音郭楞蒙古自治州（且末）；阿克苏地区(沙雅、阿瓦提、阿瓦勒镇)；喀什地区(莎车、麦盖提)；和田地区(皮山)	昌吉回族自治州（呼图壁）；博尔塔拉蒙古自治州（博乐、温泉）；喀什地区（泽普、叶城）；伊犁哈萨克自治州（察布查尔锡伯）；自治区直辖县级行政单位（图木舒克、五家渠、双河）	克拉玛依市（独山子）；昌吉回族自治州（昌吉、玛纳斯）；博尔塔拉蒙古自治州（精河）；克孜勒苏柯尔克孜自治州（阿克陶）；喀什地区（疏勒、岳普湖、伽师、巴楚）；伊犁哈萨克自治州（伊宁、奎屯、霍尔果斯、伊宁、霍城、巩留、新源）；塔城地区（乌苏、沙湾）；阿勒泰地区（富蕴、青河）；自治区直辖县级行政单位（石河子、可克达拉）	克孜勒苏柯尔克孜自治州（阿图什）；喀什地区（喀什、疏附、英吉沙）；伊犁哈萨克自治州（昭苏、特克斯、尼勒克）
港澳特区和台湾省	一组	—	—	—	—	—
	二组		澳门	香港	台湾省（澎湖）	
	三组	台湾省（妈祖）			台湾省（高雄市、高雄县、金门）	台湾省（台北、台北、基隆、桃园、新竹、新竹、宜兰、台东、屏东）

抗震选址

1. 建筑场地应优先选择开阔平坦地形、较薄覆盖层和均匀密实土层的地段。地震时深厚软弱土层是以长周期振动分量为主导，输入地震能量增多，对建造其上的高楼等较长周期建筑不利。

2. 当需要在条状突出的山嘴、高耸孤立的山丘、非岩石和强风化岩石的陡坡、河岸和边坡边缘等不利地段建造丙类及丙类以上建筑时，除保证其在地震作用下的稳定性外，还应估计不利地段对设计地震动参数可能产生的放大作用，其水平地震影响系数最大值应乘以增大系数，其值应根据不利地段的具体情况确定，在1.1~1.6范围内采用。

3. 土体内存在液化土夹层或润滑黏土夹层的斜坡地段，地震时其上土层可能发生大面积滑移，用作建筑场地时，应采取有效防治措施。

4. 场地内存在发震断裂时，应对断裂的工程影响进行评价，并应符合下列要求：

（1）对符合下列规定之一的情况，可忽略发震断裂错动对地面建筑的影响：

抗震设防烈度小于8度；

非全新世活动断裂；

抗震设防烈度为8度和9度时，隐伏断裂的土层覆盖厚度分别大于60m和90m。

（2）对不符合上述规定的情况，应避开主断裂带。其避让距离不宜小于表1对发震断裂最小避让距离的规定。在避让距离的范围内确有需要建造分散的、低于3层的丙、丁类建筑时，应采用整体性好的结构类型和基础，抗震措施应提高1度，且不得跨越断层线。

选择建筑场地时，应按表2划分对建筑抗震有利、一般、不利和危险地段。

抗震设防区的建筑工程宜选择有利的地段，应避开不利地段并不在危险地段建设。其中，严禁在危险地段建造住宅及甲、乙类建筑，不应建造丙类建筑。

山区建筑场地勘察应有边坡稳定性评价和防治方案建议；边坡设计应符合现行国家标准《建筑边坡工程技术规范》GB 50330的要求；边坡附近的建筑基础应进行抗震稳定性设计。建筑基础与土质、强风化岩质边坡的边缘应留有足够的距离。

发震断裂的最小避让距离（单位：m）　　　　表1

烈度	建筑抗震设防类别			
	甲	乙	丙	丁
8	专门研究	200	100	—
9	专门研究	400	200	—

建筑抗震有利、一般、不利和危险地段　　　　表2

地段类别	地质、地形、地貌
有利地段	稳定基岩，坚硬土，开阔、平坦、密实、均匀的中硬土
一般地段	不属于有利、不利和危险的地段
不利地段	软弱土、液化土，条状突出的山嘴，高耸孤立的山丘，陡坡、陡坎、河岸和边坡的边缘，平面分布上成因、岩性、状态明显不均匀的土层（含故河道、疏松的断层破碎带、暗埋的塘浜沟谷和半填半挖地基），高含水量的可塑黄土，地表存在结构性裂缝等
危险地段	地震时可能发生滑坡、崩塌、地陷、地裂、泥石流等及发震断裂带上可能发生位错的部位

建筑平面形状

建筑平面形状应简单规则，地震区房屋的建筑平面以方形、矩形、圆形为好，正六角形、椭圆形、扇形次之。

建筑平面形状不规则类型见表3。

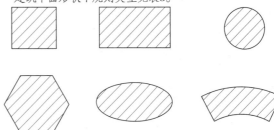

1 简单规则建筑平面

建筑平面形体不规则主要类型　　　　表3

不规则类型	定义和参考指标
扭转不规则	在规定的水平力作用下，楼层的最大弹性水平位移（或层间位移），大于该楼层两端弹性水平位移（或层间位移）平均值的1.2倍
凹凸不规则	平面凹进的尺寸，大于相应投影方向总尺寸的30%
楼板局部不连续	楼板的尺寸和平面刚度急剧变化，例如，有效楼板宽度小于该层楼板典型宽度的50%，或开洞面积大于该层楼面面积的30%，或较大的楼层错层

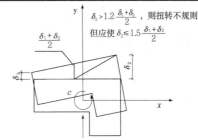

$\delta_2 > 1.2 \frac{\delta_1+\delta_2}{2}$，则扭转不规则

但应使 $\delta_2 \le 1.5 \frac{\delta_1+\delta_2}{2}$

2 平面扭转不规则

平面尺寸及突出部位尺寸的比值限值

设防烈度	L/B	l/B_{max}	l/b
6、7度	≤6.0	≤0.35	≤2.0
8、9度	≤5.0	≤0.30	≤1.5

3 平面的凹角或凸角不规则

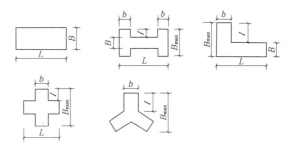

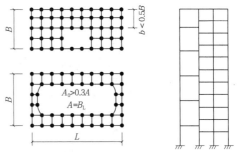

4 建筑结构平面的局部不连续（大开洞及错层）

7
建筑抗震

建筑竖向形体

建筑竖向布置应均匀规则。结构竖向布置不均匀产生刚度和强度的突变，引起竖向抗侧力构件的应力集中或变形集中，将降低结构抵抗地震的能力，地震时易发生损坏，甚至倒塌。

建筑竖向不规则的类型见表1。

竖向布置不规则的建筑在地震中震害较大，在实际设计中应尽量控制结构的竖向不规则。汶川地震中，大量底部框架、上部砖房竖向不规则的建筑破坏、倒塌。

建筑竖向不规则的主要类型　　　　　　　　　　　　表1

不规则类型	定义和参考指标
侧向刚度不规则	该层的侧向刚度小于相邻上一层的70%，或小于其上相邻3个楼层侧向刚度平均值的80%；除顶层或出屋面小建筑外，局部收进的水平向尺寸大于相邻下一层的25%
竖向抗侧力构件不连续	竖向抗侧力构件(柱、抗震墙、抗震支撑)的内力由水平转换构件(梁、桁架等)向下传递
楼层承载力突变	抗侧力结构的层间受剪承载力小于相邻上一楼层的80%

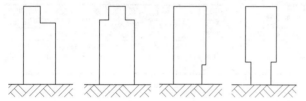

1 竖立面局部收进

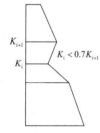

2 沿竖向的侧向刚度不规则（有软弱层）

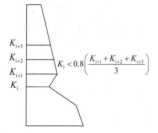

3 竖向抗侧力构件不连续

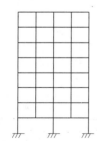

4 竖向抗侧力结构屈服抗剪强度非均匀化(有薄弱层)

多道抗震防线

多道抗震防线是建筑抗震概念设计的主要要求之一。大震下，具有多道抗震防线结构的第一道防线承受了主要的地震作用，产生塑性破坏，吸收地震能量；同时使结构内力重分布，地震作用转移到第二道抗震防线，达到防止建筑物地震倒塌，减轻地震损坏的目的。

钢筋混凝土结构中的框架—剪力墙、框架—筒体、钢支撑—混凝土框架、剪力墙—连梁(联肢墙)结构；砌体结构中的砌体墙—构造柱、圈梁；钢结构中的框架—支撑(中心、偏心、消能支撑)；空旷房屋所采用的排架—支撑(竖向、水平支撑)等，都是具有多道抗震防线的结构形式。

抗震缝

1. 对于不规则建筑，可采用防震缝分隔，形成若干较为规则的结构单元。但是，大量的建筑震害表明，防震缝的设置有利有弊。

2. 体型复杂、平立面不规则的建筑，应根据不规则程度、地基基础条件和技术经济等因素的比较分析，确定是否设置防震缝。

5 对抗震不利的建筑平面

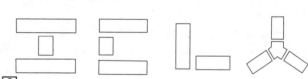

6 用抗震缝分割成独立的建筑单元

3. 防震缝宽度应符合下列最低要求：

（1）钢筋混凝土框架结构(包括设置少量抗震墙的框架结构)房屋的防震缝宽度，当高度不超过15m时不应小于100mm；高度超过15m时，6、7、8和9度分别每增加高度5m、4m、3m和2m，宜加宽20mm。

（2）钢筋混凝土框架—抗震墙结构房屋的防震缝宽度不应小于（1）中规定数值的70%，抗震墙结构房屋的防震缝宽度不应小于（1）款规定数值的50%；且均不宜小于100mm。

（3）防震缝两侧结构类型不同时，宜按需要较宽防震缝的结构类型和较低房屋高度确定缝宽。

（4）多层砌体房屋设置防震时，缝宽应根据烈度和高度，可采用70~100mm。

（5）钢结构房屋需设防震缝时，缝宽应不小于相应钢筋混凝土结构房屋的1.5倍宽度。

非结构构件

1. 附着于楼、屋面结构上的非结构构件，以及楼梯间的非承重墙体应与主体结构有可靠的连接或锚固，避免地震时倒塌伤人或砸坏重要设备。

2. 幕墙、装饰贴面与主体结构应有可靠连接，避免地震时脱落伤人。

3. 安装在建筑上的附属机械、电气设备的支座和连接，应符合地震时使用功能要求，且不应导致相关部件损坏。

抗震验算

与抗震设防"三水准"目标对应的是"两阶段"抗震验算。

第一阶段："小震"下对结构构件的强度验算与弹性变形验算；

第二阶段："大震"下的结构弹塑性变形验算。

具体验算方法如下：

第一阶段抗震验算是结构构件承载力验算，采用结构在多遇地震作用标准值下的地震作用效应（内力、变形），在可靠度分析基础上用分项系数表达式，进行结构构件抗震承载力的验算，并保证结构层间位移角满足表1的要求，然后通过与概念设计相关的内力调整放大及抗震构造措施，来满足罕遇地震下不失稳倒塌的要求。

第二阶段抗震验算是结构的弹塑性变形验算，对地震下易倒塌的结构和有特殊要求的建筑结构，要求其薄弱部位应满足在大震下不倒塌的位移限制，并采取相应的专门抗震构造措施。复杂和超限高层建筑结构宜进行第二阶段验算，需要采用考虑 $P-\Delta$ 效应的弹塑性分析方法进行计算，其弹塑性层间位移角不应超过表3的限值。

弹性层间位移角限值　　　　　　　　　　　　　表1

结构类型	层间位移角限值
钢筋混凝土框架	1/550
钢筋混凝土框架—抗震墙、板柱—抗震墙、框架—核心筒	1/800
钢筋混凝土抗震墙、筒中筒	1/1000
钢筋混凝土框支层	1/1000
多、高层钢结构	1/250

抗震计算要求

1. 一般情况下，应至少在建筑结构的两个主轴方向分别计算水平地震作用，各方向的水平地震作用应由该方向抗侧力构件承担。

2. 有斜交抗侧力构件的结构，当相交角度大于15°时，应分别计算各抗侧力构件方向的水平地震作用。

3. 质量和刚度分布明显不对称的结构，应计入双向水平地震作用下的扭转影响，其他情况应允许采用调整地震作用效应的方法计入扭转影响。

4. 抗震设防烈度为8、9度时的大跨度和长悬臂结构及9度时的高层建筑，应计算竖向地震作用。

5. 平面投影尺度很大的空间结构，应根据结构形式和支承条件，分别按单点一致、多点、多向或多向多点输入计算地震作用。按多点输入计算时，应考虑地震行波效应和局部场地效应。

6. 抗震设防烈度为8、9度时采用隔震设计的建筑结构，应按有关规定计算竖向地震作用。

抗震内力调整

由于地震破坏机理的复杂性以及结构计算模式各种假定与实际情况的差异，对抗震计算结果必须按概念设计进行各种调整。内容包括：自振周期、楼层最小地震剪力、楼层剪力沿高度分布的调整、依据抗震等级的调整等。

抗震性能化设计

抗震性能化设计立足于承载力和变形能力的综合考虑，具有很强的针对性和灵活性。针对具体工程的需要和可能，可以对整个结构，也可以对某些部位和关键构件，灵活运用各种措施达到预期的性能目标。

1. 抗震性能化设计要求

（1）选定地震动水准。对设计使用年限50年的结构，可选用多遇地震、设防地震和罕遇地震的地震作用。

（2）选定性能目标，即对应于不同地震动水准的预期损坏状态或使用功能，且不应低于基本设防目标——"小震不坏，中震可修，大震不倒"。

（3）确定性能设计指标。设计应选定分别提高结构或其关键部位的抗震承载力、变形能力，或同时提高抗震承载力和变形能力的具体指标，还应考虑不同水准地震作用取值的不确定性而留有余地。

2. 结构构件抗震性能设计方法

（1）当以提高抗震安全性为主时，结构构件对应于不同性能要求的承载力参考指标，可按表2示例选用。

（2）当需要按地震残余变形确定使用性能时，结构构件除满足提高抗震安全性的性能要求外，不同性能要求的层间位移参考指标，可按表3的示例选用。

（3）结构构件细部构造对应于不同性能要求的抗震等级有不同的要求。基本思想是"强度换延性"，即构件的抗震承载力较大时，抗震构造措施要求可适当降低。

结构构件实现抗震性能要求的承载力参考指标示例　　　表2

性能要求	多遇地震	设防烈度地震	罕遇地震
性能1	完好，按常规设计	完好，承载力按抗震等级调整地震效应的设计值复核	基本完好，承载力按不计抗震等级调整的设计地震效应复核
性能2	完好，按常规设计	基本完好，承载力按不计抗震等级调整地震效应的设计值复核	轻至中等破坏，承载力按极限值复核
性能3	完好，按常规设计	轻微损坏，承载力按标准值复核	中等破坏，承载力达到极限值后维持稳定，降低少于5%
性能4	完好，按常规设计	轻至中等破坏，承载力按极限值复核	不严重破坏，承载力达到极限值后基本维持稳定，降低少于10%

结构构件实现抗震性能要求的层间位移参考指标示例　　　表3

性能要求	多遇地震	设防烈度地震	罕遇地震
性能1	完好，变形远小于弹性位移限值	完好，变形小于弹性位移限值	基本完好，变形略大于弹性位移限值
性能2	完好，变形远小于弹性位移限值	基本完好，变形略大于弹性位移限值	有轻微塑性变形，变形小于2倍弹性位移限值
性能3	完好，变形明显小于弹性位移限值	轻微损坏，变形小于2倍弹性位移限值	有明显塑性变形，变形约为4倍弹性位移限值
性能4	完好，变形小于弹性位移限值	轻至中等破坏，变形小于3倍弹性位移限值	不严重破坏，变形不大于0.9倍塑性变形限值

抗震等级

应根据设防类别、烈度、结构类型和房屋高度，采用不同的抗震等级，其钢筋混凝土结构分为特一级、一、二、三、四级，钢结构分为一至四级。不同抗震等级体现不同的延性要求及相应的抗震措施。

7
建筑抗震

抗震构造措施

1. 抗震构造措施是根据抗震概念设计原则，一般不需计算而对结构和非结构各部分必须采取的各种细部要求。

2. 抗震构造措施包括对构件截面尺寸的要求，对构件钢筋配置数量和间距的要求，对构造柱、圈梁、支撑等关键构件的布置要求，对钢结构构件的长细比、板件宽厚比等限值要求等。

超限结构

1. 概述

"超限结构"的全称是"超限高层建筑工程"，是指超出国家现行规范、规程所规定的适用高度和适用结构类型的高层建筑工程，体型特别不规则的高层建筑工程，以及有关规范、规程规定应当进行抗震专项审查的高层建筑工程。另外，屋盖的跨度、长度或结构形式超出《建筑抗震设计规范》GB 50011-2010（2016年版）及《空间网格结构技术规程》JGJ 7-2010、《索结构技术规程》JGJ 257-2012等规程规定的大型公共建筑工程，也属于超限结构。

"超限高层建筑工程"包括高度超限工程、规则性超限工程及屋盖超限工程3类。

抗震设防专项审查的重点是结构抗震安全性和预期的性能目标。现有技术和经济条件下，当结构安全与建筑形体等方面出现矛盾时，应以安全为重；建筑方案（包括局部方案）设计应服从结构安全的需要。

超限高层建筑工程抗震设防专项审查一般在初步设计阶段进行。超限审查主要技术依据为《超限高层建筑工程抗震设防专项审查技术要点》2015版。

2. 房屋高度超限

房屋高度超过规定，包括超过《建筑抗震设计规范》GB 50011-2010（2016年版）及《高层建筑混凝土结构技术规程》JGJ 3-2010相应结构最大适用高度的高层建筑工程，如表4所示。

3. 建筑结构规则性超限

房屋高度不超过规定，但建筑结构布置属于《建筑抗震设计规范》GB 50011-2010（2016年版）、《高层建筑混凝土结构技术规程》JGJ 3-2010规定的特别不规则的高层建筑工程，如表1~表3所示。

4. 特殊类型高层建筑及屋盖超限结构

特殊类型的高层建筑以及屋盖的跨度、长度或结构形式超出《建筑抗震设计规范》GB 50011-2010（2016年版）及《空间网格结构技术规程》JGJ 7-2010、《索结构技术规程》JGJ 257-2012等空间结构规程规定的大型公共建筑工程（不含骨架支承式膜结构和空气支承膜结构），如表5所示。

具有下列某一项不规则的高层建筑工程 表1

序号	不规则类型	简要含义
1	高位转换	框支墙体的转换构件位置：7度超过5层，8度超过3层
2	厚板转换	7~9度设防的厚板转换结构
3	复杂连接	各部分层数、刚度、布置不同的错层，连体两端塔楼高度、体型或沿大底盘某主轴方向的振动周期显著不同的结构
4	多重复杂	结构同时具有转换层、加强层、错层、连体和多塔等复杂类型中的3种

注：1. 仅前后错层或左右错层属于表2中的一项不规则，多数楼层同时前后、左右错层属于本表的复杂连接。
2. 本表摘自《超限高层建筑工程抗震设防专项审查技术要点》2015版。

同时具有下列三项及三项以上不规则的高层建筑工程 表2

序号	不规则类型	简要含义
1a	扭转不规则	考虑偶然偏心的扭转位移比大于1.2
1b	偏心布置	偏心率大于0.15或相邻层质心相差大于相应边长15%
2a	凹凸不规则	平面凹凸尺寸大于相应边长30%等
2b	组合平面	细腰形或角部重叠形
3	楼板不连续	有效宽度小于50%，开洞面积大于30%，错层大于梁高
4a	刚度突变	相邻层刚度变化大于70%或连续3层变化大于80%
4b	尺寸突变	竖向构件收进位置高于结构高度20%且收进大于25%，或外挑大于10%和4m，多塔
5	构件间断	上下墙、柱、支撑不连续，含加强层、连体类
6	承载力突变	相邻层受剪承载力变化大于80%
7	局部不规则	如局部的穿层柱、斜柱、夹层、个别构件错层或转换，或个别楼层扭转位移比略大于1.2等（已计入1~6项者除外）

注：1. 深凹进平面在凹口设置连梁，当连梁刚度较小不足以协调两侧的变形时，仍视为凹凸不规则；序号a、b不重复计算不规则；局部的不规则，视其位置、数量等对整个结构影响的大小判断是否计入不规则的一项。
2. 本表摘自《超限高层建筑工程抗震设防专项审查技术要点》2015版。

具有下列二项或同时具有本表和表2中某项不规则的高层建筑工程 表3

序号	不规则类型	简要含义
1	扭转偏大	裙房以上的较多楼层考虑偶然偏心的扭转位移比大于1.4（表2第1项不重复计算）
2	抗扭刚度弱	扭转周期比大于0.9，超过A级高度的结构扭转周期比大于0.85
3	层刚度偏小	本层侧向刚度小于相邻上层的50%（表2第4a项不重复计算）
4	塔楼偏置	单塔或多塔与大底盘的质心偏心距大于底盘相应边长20%（表2第4b项不重复计算）

注：本表摘自《超限高层建筑工程抗震设防专项审查技术要点》2015版。

房屋高度超过下列规定的高层建筑工程（单位：m） 表4

	结构类型	6度	7度 0.1g	7度 0.15g	8度 0.2g	8度 0.3g	9度
混凝土结构	框架	60	50	40	35	24	
	框架—抗震墙	130	120	100	80	50	
	抗震墙	140	120	100	80	60	
	部分框支抗震墙	120	100	80	50	不应采用	
	框架—核心筒	150	130	100	90	70	
	筒中筒	180	150	120	100	80	
	板柱—抗震墙	80	70	55	40	不应采用	
	较多短肢墙	140	100	80	60	不应采用	
	错层的抗震墙	140	80	60	60	不应采用	
	错层的框架—抗震墙	130	80	60	60	不应采用	
混合结构	钢外框—钢筋混凝土筒	200	160	120	100	70	
	型钢（钢管）混凝土框架—钢筋混凝土筒	220	190	150	130	70	
	钢外筒—钢筋混凝土内筒	260	210	160	140	80	
	型钢（钢管）混凝土外筒—钢筋混凝土内筒	280	230	170	150	90	
钢结构	框架	110	110	90	70	50	
	框架—中心支撑	220	220	200	180	150	120
	框架—偏心支撑（延性墙板）	240	240	220	200	180	160
	各类筒体和巨型结构	300	300	280	260	240	180

注：1. 平面和竖向均不规则，其高度应比表内数值降低至少10%。
2. 本表摘自《超限高层建筑工程抗震设防专项审查技术要点》2015版。

其他高层建筑 表5

序号	简称	简要含义
1	特殊类型高层建筑	抗震规范、高层混凝土结构规程和高层钢结构规程暂未列入的其他高层建筑结构，特殊形式的大型公共建筑及超长悬挑结构，特大跨度的连体结构等
2	大跨屋盖结构	空间网格结构或索结构的跨度大于120m或悬挑长度大于40m，钢筋混凝土薄壳跨度大于60m，整体张拉式膜结构跨度大于60m，屋盖结构单元的长度大于300m，屋盖结构形式为常用空间结构形式的多重组合、杂类组合以及屋盖形体特别复杂的大型公共建筑

注：1. 表中大型公共建筑的范围，包括大型体育场馆、大型博物馆、大型影剧院、大型商场、大型展览馆及会展中心、大型交通枢纽等人员密集的公共服务设施，具体范围可参见《建筑工程抗震设防分类标准》GB 50223-2008。
2. 本表摘自《超限高层建筑工程抗震设防专项审查技术要点》2015版。

实例

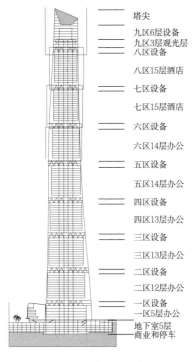

塔尖
九区6层设备
九区3层观光层
八区设备
八区15层酒店
七区设备
七区15层酒店
六区设备
六区14层办公
五区设备
五区14层办公
四区设备
四区13层办公
三区设备
三区13层办公
二区设备
二区12层办公
一区设备
一区5层办公
地下室5层商业和停车

上海中心塔楼项目位于抗震设防7度区，塔顶建筑高度632m，结构屋顶高度580m。塔楼抗侧力体系为"巨型框架—核心筒—外伸臂"结构体系。超限类别：型钢混凝土框架—钢筋混凝土核心筒体系在7度区的最大高度限值为190m，本项目结构高度超过了上述规定。

① 上海中心大厦示意图

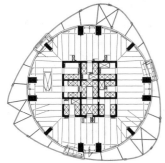

首都国际机场T3屋面在平面上呈南北轴对称的Y字形。主体Y字形的两翼端点相距约760m，Y字形南北走向的指廊的顶部距两翼的端点大约有950m。
超限类别：屋盖单向长度大于300m的大型航站楼属于超限大跨屋盖结构，本项目超限。

② 首都机场T3航站楼支撑屋顶钢柱平面布置图

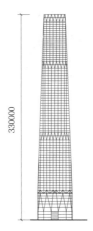

北京国贸大厦三期位于抗震设防8度区（0.2g），总高度330m。项目外形规则，采用了高含钢率的型钢混凝土柱和型钢混凝土核心筒，在外框筒设置了两层高的腰桁架与内外筒之间的伸臂桁架形成加强层。
超限类别：型钢混凝土框架—钢筋混凝土核心筒体系在8度区（0.2g）的最大高度限值为150m，本项目结构高度超过了上述规定。

③ 北京国贸大厦三期示意图

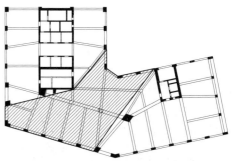

a 转换层第六层建筑平面图（图中阴影区为大门洞范围）

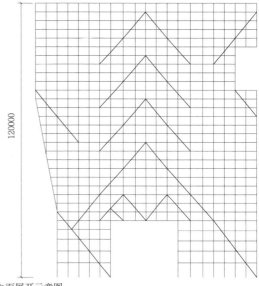

b 外立面展开示意图

成都来福士广场位于7度设防区，最大结构高度约120m。
结构在平面规则性和竖向规则性方面存在超限项目，具体见表1。

成都来福士塔楼超限情况统计

	超限项目	具体情况
平面规则性	凹凸不规则 L形平面	T1平面为L形，L肢突出尺寸l与平面总宽度B_{max}比值不满足$l/B_{max}<0.35$的要求
	扭转不规则	大于1.2<扭转位移比<1.4
竖向规则性	竖向构件间断	主入口洞口的存在使得塔楼内部2根柱、西北立面5根柱、东南立面的3根柱无法落地
	尺寸突变 立面有悬挑	1.塔楼南端上部有5层塔楼悬挑10m，悬挑尺寸大于4m；2.塔楼东端向外倾斜悬挑10m，悬挑尺寸大于4m

④ 成都来福士塔楼

场地勘察

地震的破坏作用分为两种类型：一是场地、地基的破坏作用；二是场地地震动作用所引起的结构破坏。

场地、地基的破坏作用大致有地面破裂、滑坡和坍塌、地基失效等几种类型，这种破坏作用难以抵御。为了减轻场地造成的地震灾害，对于供抗震设计使用的勘察工作的内容与深度需满足以下要求：

1. 划分对建筑有利、不利和危险的地段并提出相应的对策；

2. 提供建筑的场地类别；

3. 对岩土地震稳定性（如地裂、滑坡、崩塌、液化和地陷特性等）进行评价；

4. 对需要采用时程分析法补充计算的建筑，还应根据设计要求提供土层剖面、场地覆盖层厚度和有关的动力参数。

1 地裂　　**2** 地陷

场地类别

场地类别是建筑抗震设计的主要参数。建筑的场地类别应根据土层剪切波速和场地覆盖层厚度划分为4类：I、II、III、IV类，其中I类又分为I0、I1两个亚类。

地基与基础

1. 同一结构单元不宜部分采用天然地基、部分采用人工地基，同一结构单元的基础不宜设置在性质截然不同的地基上。无法避免时，应视工程情况采取措施，清除或减小地震期间不同地基的差异沉降量。

2. 建筑地基范围内的砂土和饱和粉土（不含黄土），应按《建筑抗震设计规范》GB 50011-2010（2016版）的规定进行液化判别和地基处理。

3. 地基主要受力层范围内存在软弱黏性土层和高含水量的可塑性黄土时，应结合具体情况综合考虑，采用桩基、地基加固处理或《建筑抗震设计规范》GB 50011-2010（2016版）第4.3.9条的各项措施；也可根据软土震陷量的估计，采取相应措施。

液化土

1. 液化

饱和的砂土和饱和粉土受震动后，结构和性状发生严重变化而发生流动变形，以致其抗剪强度和承载力严重下降，甚至完全丧失，表现为地面喷水冒砂，称之为"液化"。根据国内外实例的分析与统计，由土体液化引起的地基破坏占到80%。

2. 液化判别及液化等级

地面下存在饱和的砂土和饱和粉土时，除设防烈度不高于6度外，均应进行液化判别。判别的依据包括地质年代、上覆非液化土层厚度和地下水位深度、标准贯入试验等。根据液化指数，液化等级分为3种：轻微、中等、严重。

3. 抗液化措施

存在液化土层的地基，应根据建筑的抗震设防类别、地基的液化等级，结合具体情况采取相应的抗液化措施，见表1。

抗液化措施　　　　　　　　　　　　　　　　　　表1

建筑抗震设防类别	地基的液化等级		
	轻微	中等	严重
乙类	部分消除液化沉陷，或对基础和上部结构处理	全部消除液化沉陷或部分消除液化沉陷，而且对基础和上部结构处理	全部消除液化沉陷
丙类	基础和上部结构处理，亦可不采取措施	基础和上部结构处理，或更高要求的措施	全部消除液化沉陷或部分消除液化沉陷，而且对基础和上部结构处理
丁类	可不采取措施	可不采取措施	基础和上部结构处理，或其他经济的措施

注：1. 本表摘自《建筑抗震设计规范》GB 50011-2010（2016版）。
2. 甲类建筑的地基抗液化措施应进行专门研究，但不宜低于乙类的相应要求。

3 液化造成的危害

安评报告

"安评报告"是"地震安全性评价报告"的简称。对于房屋建筑工程，只有满足国家标准《建筑工程抗震设防分类标准》GB 50223-2008规定的特殊设防类（甲类）工程，才需开展地震安全性评价工作。

7 建筑抗震

最大高度

钢筋混凝土高层结构的最大适用高度应区分为A级和B级。A级高度钢筋混凝土乙类和丙类高层建筑的最大适用高度应符合表1的规定，B级高度钢筋混凝土乙类和丙类高层建筑的最大适用高度应符合表2的规定。混合结构高层建筑适用的最大高度应符合表3的规定。

A级钢筋混凝土高层建筑的最大适用高度（单位：m） 表1

结构类型 \ 抗震设防烈度	6度	7度	8度 (0.20g)	8度 (0.30g)	9度
框架	60	50	40	35	24
框架—抗震墙	130	120	100	80	50
全部落地抗震墙	140	120	100	80	60
部分框支抗震墙	120	100	80	50	不应采用
筒体 框架—核心筒	150	130	100	90	70
筒体 筒中筒	180	150	120	100	80
板柱—抗震墙	80	70	55	40	不应采用

注：本表摘自《高层建筑混凝土结构技术规程》JGJ 3-2010。

B级钢筋混凝土高层建筑的最大适用高度（单位：m） 表2

结构类型 \ 抗震设防烈度	6度	7度	8度 (0.20g)	8度 (0.30g)
框架—剪力墙	160	140	120	100
全部落地剪力墙	170	150	130	110
部分框支剪力墙	140	120	100	80
筒体 框架—核心筒	210	180	140	120
筒体 筒中筒	280	230	170	150

注：1.本表摘自《高层建筑混凝土结构技术规程》JGJ 3-2010。
2.房屋高度指室外地面到主要屋面板板顶的高度(不包括局部突出屋顶部分)。
3.抗震设计的B级高度的高层建筑，按有关规定应进行超限高层建筑的抗震设防专项审查复核。
4.表中的框架，不包括异形柱框架。

混合结构高层建筑适用的最大高度 表3

结构体系		抗震设防烈度	6度	7度	8度 0.2g	8度 0.30g	9度
框架—核心筒	钢框架—钢筋混凝土核心筒		200	160	120	100	70
框架—核心筒	型钢（钢管）混凝土框架—钢筋混凝土核心筒		220	190	150	130	70
筒中筒	钢外筒—钢筋混凝土核心筒		260	210	160	140	80
筒中筒	型钢（钢管）混凝土外筒—钢筋混凝土核心筒		280	230	170	150	90

注：本表摘自《建筑抗震设计规范》GB 50011-2010。

高宽比

钢筋混凝土高层建筑高宽比H/B限值 表4

结构体系 \ 抗震设防烈度	6、7度	8度	9度
框架	4	3	
板柱—剪力墙	5	4	
框架—剪力墙、剪力墙	6	5	4
框架—核心筒	7	6	4
筒中筒	8	7	5

注：本表摘自《高层建筑混凝土结构技术规程》JGJ 3-2010。

混合结构高层建筑适用的最大高宽比 表5

结构体系 \ 抗震设防烈度	6、7度	8度	9度
框架—核心筒	7	6	4
筒中筒	8	7	5

注：本表摘自《高层建筑混凝土结构技术规程》JGJ 3-2010。

结构布置

1. 在高层建筑的一个独立结构单元内，结构平面形状宜简单、规则，质量、刚度和承载力分布宜均匀，不应采用严重不规则的平面布置。高层建筑宜选用风效应较小的平面形状。

2. 结构平面布置应减少扭转的影响。当楼板平面比较狭长，有较大的凹入或开洞时，应在设计中考虑其对结构产生的不利影响。楼板开洞总面积不宜超过楼面面积的30%。

3. 高层建筑的竖向体型宜规则、均匀，避免有过大的外挑和收进。抗震设计时，结构竖向抗侧力构件宜上下连续贯通。结构的侧向刚度宜下大上小，逐渐均匀变化。

框架结构

1. 框架结构应设计成双向梁柱抗侧力体系，除主体结构处个别部位外，不应采用铰接。

2. 抗震设计的框架结构不应采用单跨框架。

剪力墙

1. 剪力墙宜均匀对称布置，各剪力墙的刚度不宜相差悬殊，要避免地震力集中于少数刚度大的剪力墙上。竖向剪力墙的宽度和厚度不宜突变，上下层的刚度相差不宜大于50%。剪力墙的门窗等洞口应力求布置均匀，上下各层对齐以形成明确的墙肢和连系梁。

2. 剪力墙开设门窗空洞时，洞口边沿至墙角内边的距离宜符合①的要求。

3. 框支梁上的剪力墙（即二层墙体）应尽量避免在边柱上方开门洞。需开边门洞时，则应加强小墙肢和门洞部位框支梁的抗剪强度，有条件时框支梁宜加腋，边墙肢应设置外墙翼缘或将外墙加厚。

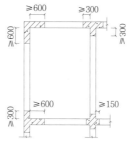

1.横墙洞口边至外墙边不小于300mm。
2.外墙角洞口边至墙内边不小于600mm。
3.内纵墙洞边至山墙边不小于600mm。
4.内纵墙与横墙交叉处，洞边至墙边不小于150mm，且应避免图中所示的洞口集中于交叉点附近。

注：当不符合上述要求时，应修改设计或经抗震验算合格后，再在构造上加强。

① 洞边与墙边的距离示意图

楼梯间布置

1. 宜采用现浇钢筋混凝土楼梯。

2. 框架结构建筑中，楼梯间的布置不应导致结构平面特别不规则；楼梯构件与主体结构整浇时，应计入楼梯构件对地震作用及其效应的影响，应进行楼梯构件的抗震承载力验算；宜采取构造措施，减少楼梯构件对主体结构刚度的影响。

3. 楼梯间两侧填充墙与柱之间应加强拉结。

7
建筑抗震

框架结构抗震构造措施

1. 梁的截面尺寸, 宜符合下列各项要求:

(1) 截面宽度不宜小于200mm;

(2) 净跨与截面高度之比不宜小于4;

(3) 截面高宽比不宜大于4。

2. 梁宽大于柱宽的扁梁应符合下列要求:

(1) 采用扁梁的楼、屋盖, 梁中线宜与柱中线重合, 扁梁应双向布置。扁梁的截面尺寸应符合下列要求:

$$b_b \leq 2b_c; \quad b_b \leq b_c + h_b; \quad h_b \geq 16d$$

式中: b_c——柱截面宽度, 圆形截面取柱直径的0.8倍;
b_b、h_b——分别为梁截面宽度和高度;
d——柱纵筋直径。

(2) 扁梁不宜用于一级框架结构。

3. 柱的截面尺寸, 宜符合下列各项要求:

(1) 截面的宽度和高度, 抗震等级为四级或不超过2层时不宜小于300mm, 一、二、三级且超过2层时, 不宜小于400mm; 圆柱的直径, 四级或不超过2层时, 不宜小于350mm, 一、二、三级且超过2层时, 不宜小于450mm;

(2) 剪跨比宜大于2;

(3) 截面长边与短边的边长比不宜大于3。

剪力墙结构抗震构造措施

剪力墙的厚度应满足以下要求:

1. 抗震等级为一、二级不应小于160mm, 且不宜小于层高的1/20, 三、四级不应小于140mm, 且不宜小于层高的1/25; 无端柱或翼墙时, 一、二级不宜小于层高的1/16, 三、四级不宜小于层高的1/20。

2. 剪力墙墙肢构造边缘构件范围可参照 ① 采用。

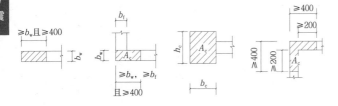

① 抗震墙墙肢的构造边缘构件范围

板柱—剪力墙结构抗震构造措施

1. 板柱—剪力墙的结构布置, 应符合下列要求:

(1) 剪力墙厚度不应小于180mm, 且不宜小于层高的1/20; 房屋高度大于12m时, 墙厚不应小于200mm。

(2) 抗震设防烈度为8度时宜采用有托板或柱帽的板柱节点, 托板或柱帽的边长不宜小于4倍板厚和柱截面对应边长之和; 房屋的地下一层顶板, 宜采用梁板结构。

2. 板柱—剪力墙结构的板柱节点构造应符合下列要求:

无柱帽平板应在柱上板带中设构造暗梁, 暗梁宽度可取柱宽及柱两侧各不大于1.5倍板厚。

框架—剪力墙结构抗震构造措施

1. 框架—剪力墙结构的剪力墙厚度和边框设置, 应符合下列要求:

(1) 剪力墙的厚度不应小于160mm且不宜小于层高的1/20, 底部加强部位的剪力墙厚度不应小于200mm且不宜小于层高的1/16。

(2) 楼面梁与剪力墙平面外连接时, 不宜支承在洞口连梁上; 沿梁轴线方向宜设置与梁连接的剪力墙; 也可在支承梁的位置设置扶壁柱或暗柱。

2. 连梁配筋构造示意图详见 ②。

3. 框支梁上的剪力墙(即二层墙体)应尽量避免在边柱上方开洞。需开边门洞时, 则应加强小墙肢和这部位框支梁的抗剪强度, 有条件时框支梁宜加腋, 边墙肢应设置外墙翼缘或将外墙加厚, 见 ③。

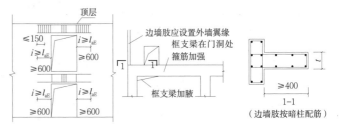

② 连梁配筋构造示意图　　③ 框支墙的二层墙体有边门洞

筒体结构抗震构造措施

1. 框架—核心筒结构符合下列要求:

(1) 核心筒与框架之间的楼盖宜采用梁板体系, 部分楼层采用平板体系时应有加强措施。

(2) 加强层设置应符合下列规定:

抗震设防烈度为9度时不应采用加强层; 加强层的大梁或桁架应与核心筒内的墙肢贯通; 与周边框架柱的连接宜采用铰接或半刚性连接; 连接构造上, 应采取措施减小结构竖向温度变形及轴向压缩对加强层的影响。

2. 框架—核心筒结构的核心筒、筒中筒结构的内筒, 应符合下列要求:

(1) 筒体底部加强部位及相邻上一层, 当侧向刚度无突变时不宜改变墙体厚度。

(2) 内筒的门洞不宜靠近转角。

3. 楼面大梁不宜支承在内筒连梁上。楼面大梁与内筒或核心筒墙体平面外连接时, 沿梁轴线方向宜设置与梁连接的剪力墙, 也可在支承梁的位置设置扶壁柱或暗柱。

4. 筒体结构的外筒设计时, 可采取提高延性的下列措施:

(1) 外筒为梁柱式框架或框筒时, 宜用非结构幕墙, 当采用钢筋混凝土裙墙时, 可在裙墙与柱连接处设置受剪控制缝。

(2) 外筒为壁式筒体时, 在裙墙与窗间墙连接处设置受剪控制缝; 三级的壁式筒体可按壁式框架设计, 但壁式框架柱除满足计算要求外, 尚需满足相应的抗震构造要求; 支承大梁的壁式筒体在大梁支座宜设置壁柱。

钢结构房屋适用的最大高度

按照《建筑抗震设计规范》GB 50011-2010（2016年版）要求，多高层钢结构房屋抗震设计，应满足表1有关适用的最大高度要求。

钢结构房屋适用的最大高度（单位：m）　　　表1

结构类型	6、7度（0.10g）	7度（0.15g）	8度		9度（0.40g）
			（0.20g）	（0.30g）	
框架	110	90	90	70	50
框架—中心支撑	220	200	180	150	120
框架—偏心支撑（延性墙板）	240	220	200	180	160
筒体（框筒，筒中筒，桁架筒，束筒）和巨型框架	300	280	260	240	180

注：1. 本表摘自《建筑抗震设计规范》GB 50011-2010（2016年版）。
　　2. 房屋高度指室外地面到主要屋面板板顶的高度（不包括局部突出屋顶部分）。
　　3. 超过表内高度的房屋，应进行专门研究和论证，采用有效的加强措施。
　　4. 表内的筒体不包括混凝土筒体。

高宽比限值

钢结构 [1] 和有混凝土剪力墙的钢结构高层建筑 [2] 的高宽比不宜大于表2的规定。钢框筒结构采用矩形平面时其长宽比不宜大于1.5：1。

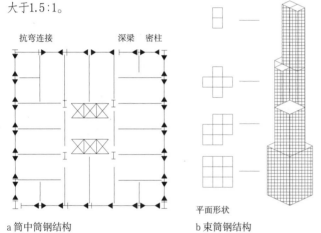

抗弯连接　　　深梁　密柱

a 筒中筒钢结构　　　b 束筒钢结构

平面形状

[1] 高层建筑钢结构

钢框架梁
型钢混凝土核心筒
型钢梁
刚框架梁柱间半刚性连接
型钢柱

a 钢框架—核心筒结构　　　b 钢梁与核心筒连接

[2] 有混凝土剪力墙的高层建筑钢结构

建筑平面宜简单规则，并使结构各层的抗侧力刚度中心与水平作用合力中心接近重合，同时各层接近在同一竖直线上建筑的开间、进深宜统一，柱截面的钢板厚度不宜大于100mm。

钢结构民用房屋适用的最大高宽比　　　表2

烈度（度）	6、7	8	9
最大高宽比	6.5	6.0	5.5

注：塔形建筑的底部有大底盘时，高宽比可按大底盘以上计算。

钢结构节点的抗震设计

在抗震设计的结构中，连接的最大承载力应高于构件的屈服承载力。大震时，结构将部分进入塑性，应具有足够的变形能力，即节点具有良好的延性。

节点抗震设计的目的是保证构件产生充分的塑性变形时节点不致破坏，为此钢框架结构中梁与柱的连接节点应验算表3中各项内容。

在框架节点中，梁柱可能出现塑性铰的区段，构件能出现延性性能和对非弹性能量的吸收，因此应控制板件的宽厚比，防止构件丧失局部稳定，保证耗能作用的发挥。

梁与柱的连接节点应验算内容　　　表3

项次	验算内容
1	节点连接的最大承载力
2	构件塑性区段的局部稳定（板件宽厚比）
3	受弯构件塑性区侧向支撑点的距离
4	梁柱节点域柱腹板的宽厚比和受剪承载力

加强节点连接

[3]～[6] 为"强节点弱杆件"连接，可使在大震作用下，塑性铰出现在梁上，消耗地震能量，实现震后不倒的目标。

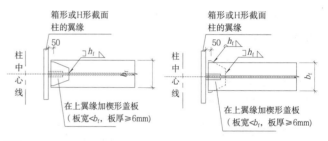

箱形或H形截面柱的翼缘

在上翼缘加楔形盖板（板宽<b_f，板厚≥6mm）

[3] 用楔形盖板加强框架梁梁端与柱的连接

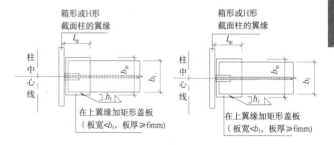

箱形或H形截面柱的翼缘

在上翼缘加矩形盖板（板宽<b_f，板厚≥6mm）

[4] 用矩形盖板加强框架梁梁端与柱的连接

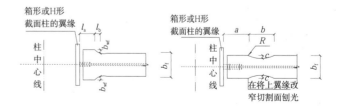

箱形或H形截面柱的翼缘

在将上翼缘改窄切割面刨光

梁腹板或节点板与柱的连接焊缝，当板厚小于16mm时可采用双面角焊缝；当板厚不小于16mm时采用K形坡口焊缝。7度（0.15g）以上应焊。

[5] 用梁端翼缘扩展加强框架梁梁端与柱的刚性连接　　　[6] 骨式连接

7
建筑抗震

震害调查

建筑物地震破坏宏观调查表明, 砌体结构抗震性能相对较差, 大地震中易遇到严重破坏。根据汶川地震灾后总结, 按抗震规范正确进行设计的砌体房屋基本经受住了设防烈度地震的考验, 但在超设防烈度地震作用下仍有10%~20%房屋出现破坏。

汶川地震砌体结构房屋破坏现象和原因　　　　　　　表1

类型	破坏现象	破坏原因
多层砌体结构	整体、局部垮塌	1.承重墙体强度不足破坏, 引起结构的整体垮塌; 2.结构刚度沿高度变化较大, 发生局部楼层垮塌; 3.平面不规则, 房屋凹进突出处与连接部位发生破坏。
	纵横墙裂缝	1.外纵墙开洞过大, 刚度削弱, 引起内纵墙受力过大破坏; 2.窗台墙、窗间墙局部尺寸不足, 导致承载力不足, 出现局部破坏, 严重的引起整体破坏。
	房屋角部、弧形墙破坏	1.受双向地震和扭转效应影响, 建筑物角部受力复杂, 容易发生破坏; 2.弧形墙面内刚度差, 受地震作用时产生分力, 发生破坏。
	楼梯间破坏严重	1.楼梯间刚度较大, 承受的地震荷载较大; 2.楼梯间平面开洞, 整体性差; 3.楼梯间墙体开洞多, 削弱了结构承载力。
底部框架—抗震墙砌体房屋	底层框架—抗震墙破坏	1.底层柱、墙承载力不足, 发生垮塌; 2.砖砌体抗震墙墙体刚度大, 承载能力差, 破坏严重; 3.底层横墙较多, 无纵墙或只有背街外纵墙, 造成刚心与质心偏移较大, 结构扭转效应增大, 导致底层柱墙破坏; 4.底部混凝土框架未能做到强柱弱梁、强剪弱弯, 柱塑性铰出现过早, 造成房屋倒塌。
	底框上部砖房破坏	底框混凝土房屋由两种承重体系和不同材料组成, 二层受力复杂, 当底层刚度较大时, 二层成为薄弱层, 震害较多。

房屋总高度限值

砌体结构房屋总高度越高, 破坏和倒塌的比例越大。基于砌体材料的脆性和震害经验, 限制其层数和高度是主要的抗震措施, 抗震规范中对此进行了严格限制。

砌体房屋的许可高度（单位: m）和层数　　　　　　表2

房屋类别		最小墙厚度(mm)	烈度和设计基本地震加速度												
			6		7				8				9	
			0.05g		0.1g		0.15g		0.20g		0.30g		0.40g	
			高度	层数	高度	层数	高度	层数	高度	层数	高度	层数	高度	层数
多层砌体房屋	普通砖	240	21	7	21	7	21	7	18	6	15	5	12	4
	多孔砖	240	21	7	21	7	18	6	18	6	15	5	9	3
	多孔砖	190	21	7	21	7	18	6	15	5	12	4	—	—
	小砌块	190	21	7	21	7	18	6	18	6	15	5	9	3
底部框架—抗震墙砌体房屋	普通砖	240	22	7	22	7	19	6	16	5	—	—	—	—
	多孔砖	190	22	7	19	6	16	5	13	4	—	—	—	—
	小砌块	190	22	7	22	7	19	6	16	5	—	—	—	—

注: 1. 房屋的总高度指室外地面到主要屋面板板顶或檐口的高度, 半地下室从地下室室内地面算起, 全地下室和嵌固条件好的半地下室允许从室内地面算起; 对带阁楼的坡屋面应算到山尖墙的1/2高度处。
2. 表中 "—" 表示该类结构不宜采用;
3. 乙类及横墙较少的多层砌体房屋, 高度限值降低3m, 层数减1层; 乙类不应采用底部框架—抗震墙砌体房屋;
4. 多层砌体承重房屋的层高不应超过3.6m, 使用功能确有需要时, 可采用约束砌体等加强措施且不应超过3.9m; 底部框架—抗震墙砌体房屋的底部层高不应超过4.5m;
5. 小砌块砌体房屋不包括配筋混凝土小型砌块砌体房屋;
6. 本表摘自《建筑抗震设计规范》GB 50011-2010 (2016年版)。

高宽比

多层砌体房屋高宽比H/B限值　　　　　　　　　　表3

烈度	6	7	8	9	备注
H/B	2.5	2.5	2.0	1.5	对于单面走廊房屋的总宽度不包括走廊宽度

注: 1. 本表摘自《建筑抗震设计规范》GB 50011-2010 (2016年版)。
2. 单层走廊房屋的总宽度不包括走廊宽度。

结构选型

1. 甲类设防建筑不宜采用砌体结构, 乙类房屋不应采用底部框架—抗震墙砌体房屋, 抗震设防的砌体结构房屋不应采用内框架砌体房屋。

2. 房屋高度和层数或高宽比超过规定时, 应降低高度或采用钢筋混凝土结构。

3. 空旷的不规则体形的多层房屋, 不宜采用砌体结构。

4. 应优先采用横墙承重或纵横墙共同承重的结构体系, 底部框架—抗震墙砌体房屋底部应沿纵横两方向均匀布置抗震墙。

防震缝

当有下列情况之一时宜设置防震缝, 缝两侧均应设置墙体, 缝宽应根据烈度和房屋高度确定, 可采用7~10cm。

1. 毗邻房屋立面高差6m以上;

2. 房屋有错层, 楼板高差大于层高1/4;

3. 房屋各部分结构刚度、质量截然不同。

抗震横墙

抗震横墙的最大间距（单位: m）　　　　　　　　　表4

房屋类别		烈度			
		6度	7度	8度	9度
多层砌体房屋	现浇或装配整体式钢筋混凝土楼、屋盖	15	15	11	7
	装配式钢筋混凝土楼、屋盖	11	11	9	4
	木屋盖	9	9	4	—
底部框架—抗震墙砌体房屋	上部各层	同多层砌体房屋			
	底层或底部两层	18	15	11	—

注: 1. 采用钢筋混凝土屋盖并采取加强措施时, 顶层横墙间距可适当放宽, 但墙间距不超过表中数值的1.4倍与18m。
2. 多孔砖抗震横墙厚度为190mm时, 最大横墙间距比表中数值减少3m。
3. 本表摘自《建筑抗震设计规范》GB 50011-2010 (2016年版)。

结构布置

1. 应优先采用横墙承重或纵横墙共同承重的结构体系, 不应采用砌体墙和混凝土墙混合承重的结构体系。

2. 砌体抗震墙沿平面内宜对齐, 沿竖向应上下连续; 采用底部框架—抗震墙砌体房屋时, 砌体墙体与底部框架梁或抗震墙应对齐。

3. 平面轮廓凹凸尺寸不应超过典型尺寸的50%, 楼板局部大洞口不宜超过楼板宽度的30%, 不应在墙体两侧同时开洞。

4. 6、7度时墙面洞口面积不宜大于墙面总面积的55%, 8、9度时不宜大于50%。

5. 房屋宽度方向中部应设置内纵墙, 其累计长度不宜小于房屋总长度的60%。

6. 楼梯间不宜设置在房屋的尽端或转角处。

7. 不应在房屋转角处设置转角窗。

8. 单面走廊式房屋一般宜采用封闭外廊或钢筋混凝土柱外廊。

房屋的局部尺寸限值（单位: m）　　　　　　　　　表5

部位	6度	7度	8度	9度
承重窗间墙最小宽度	1.0	1.0	1.2	1.5
承重外墙尽端至门窗洞边的最小距离	1.0	1.0	1.2	1.5
非承重外墙尽端至门窗洞边的最小距离	1.0	1.0	1.0	1.0
内墙阳角至门窗洞边的最小距离	1.0	1.0	1.5	2.0
无锚固女儿墙（非出入口）的最大高度	0.5	0.5	0.5	0.0

注: 1. 外墙尽端指建筑物平面凸角处的外墙端头, 以及建筑物平面凹角处未与内墙相连的外墙端头。
2. 本表摘自《建筑抗震设计规范》GB 50011-2010 (2016年版)。

构造柱的设置要求

根据历次大地震经验，钢筋混凝土构造柱可以约束砌体，能提高砌体10%~30%的变形能力与受剪承载力，有效减轻房屋震害。

1. 多层砖砌体房屋，构造柱设置要求见表1。

2. 多层小砌块房屋，芯柱设置要求见表2。

3. 底部框架—抗震墙砌体房屋上部墙体的构造柱、芯柱应根据房屋的总层数按表1、表2确定。

4. 外廊式、单面走廊式和横墙较少的多层房屋，应根据房屋增加1层的层数设置构造柱、芯柱。横墙较少的外廊式、单面走廊式房屋应根据房屋增加2层的层数设置构造柱、芯柱。

5. 各层横墙很少的房屋，应按增加2层的层数设置构造柱、芯柱。

多层砖砌体房屋构造柱设置要求　　　　　　　　表1

房屋层数				设置部位
6度	7度	8度	9度	
4、5	3、4	2、3	—	1. 楼、电梯间四角，楼梯斜梯段上下端对应的墙体处；2. 外墙四角和对应转角；3. 错层部位横墙与外纵墙交接处；4. 较大洞口两侧	1. 隔12m或单元横墙与外纵墙交接处；2. 楼梯间对应的另一侧内横墙与外纵墙交接处
6	5	4	2		1. 隔开间横墙与外墙交接处；2. 山墙与内纵墙交接处
7	≥6	≥5	≥3		1. 内墙与外墙交接处；2. 内墙的局部较小墙垛处；3. 内纵墙与横墙交接处

注：本表摘自《建筑抗震设计规范》GB 50011-2010（2016年版）。

多层小砌块房屋芯柱设置要求　　　　　　　　表2

房屋层数				设置部位	设置数量
6度	7度	8度	9度		
4、5	3、4	2、3	—	1. 外墙转角，楼、电梯间四角，楼梯斜梯段上下端对应的对应的墙体处；2. 大房间内外墙交接处；3. 错层部位横墙与外纵墙交接处；4. 隔12m或单元横墙与外纵墙交接处	1. 外墙转角，灌实3个孔；2. 内外墙交接处，灌实4个孔；3. 楼梯斜段上下端对应的墙体处，灌实2个孔
6	5	4	—	1. 同上；2. 隔开间横墙与外纵墙交接处	
7	6	5	2	1. 同上；2. 各内墙与外纵墙交接处；3. 内纵墙与横墙交接处和洞口两侧	1. 外墙转角，灌实5个孔；2. 内外墙交接处，灌实4个孔；3. 内墙交接处，灌实4~5个孔；4. 洞口两侧各灌实1个孔
—	7	≥6	≥3	1. 同上；2. 横墙内芯柱间距不大于2m	1. 外墙转角，灌实7个孔；2. 内外墙交接处，灌实5个孔；3. 内墙交接处，灌实4~5个孔；4. 洞口两侧各灌实1个孔

注：1. 外墙转角、内外墙交接处、楼电梯间四角等部位允许采用钢筋混凝土构造柱替代部分芯柱。

2. 本表摘自《建筑抗震设计规范》GB 50011-2010（2016年版）。

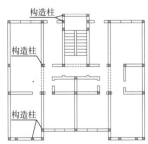

1 构造柱的设置

构造要点

1. 多层砖砌体房屋

钢筋混凝土构造柱应先砌墙后浇柱，墙与柱连接处应砌成马牙槎，柱的最小截面可采用180mm×240mm（墙厚190mm时为180mm×190mm）。

构造柱混凝土强度不宜低于C20，配筋不小于4φ12，房屋四角的构造柱应适当加大截面及配筋。

墙与柱连接处应砌成马牙槎，沿墙高每500mm设由2φ6水平钢筋和φ4分布短钢筋组成的拉结网片；构造柱应与圈梁连接；构造柱可不单独设置基础。

2. 多层小砌块房屋

小砌块房屋芯柱截面不宜小于120mm×120mm。

芯柱混凝土强度等级不应低于C20，芯柱的竖向插筋应贯通墙身且与圈梁连接，每孔插筋不应小于1φ12。

墙与柱连接处应砌成马牙槎，沿墙高每600mm设置φ4钢筋点焊而成的钢筋网片。芯柱应伸入室外地下500mm或与基础圈梁相连接。

小砌块房屋替代芯柱的构造柱做法与多层砖砌体房屋相同，截面不小于190mm×190mm，相邻小砌体墙体需形成无插筋的芯柱，8、9度时需插筋。

3. 楼屋盖的梁或屋架应与圈梁可靠连接，不得采用独立砖柱支撑。

4. 底部框架—抗震墙砌体房屋

上部墙体的构造柱、芯柱构应满足多层砖砌体房屋和多层小砌块房屋的要求。上部墙体为砖砌体时，构造柱截面不宜小于240mm×240mm（墙厚190mm时为240mm×190mm），纵向钢筋不少于4φ14。上部墙体为小砌块时，芯柱每孔插筋不小于1φ14，沿墙高每400mm设置水平通长拉结钢筋网片。

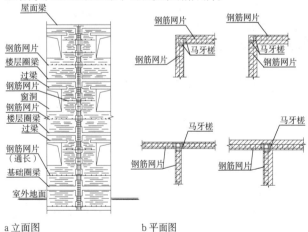

a 立面图　　　　　　　b 平面图

2 构造柱与墙钢筋拉结图

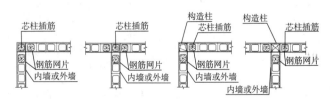

3 芯柱与墙钢筋拉结平面图　　**4 小砌块房屋构造柱节点**

7
建筑抗震

圈梁的设置要求

1. 多层砖砌体房屋、多层小砌块房屋与底部框架—抗震墙砌体房屋采用装配式钢筋混凝土楼、屋盖时，应按表1的规定设置圈梁，纵墙承重时，抗震横墙上的圈梁间距应比表内要求适当加密。

2. 现浇或装配整体式钢筋混凝土楼盖或屋盖处可不设圈梁，但楼板沿抗震墙体周边均应加强配筋，并与相应的构造柱可靠连接。

现浇混凝土圈梁设置要求　　　　　　　　　　　　　　表1

墙类	烈度		
	6、7度	8度	9度
外墙和内纵墙	屋盖及每层楼盖处	屋盖及每层楼盖处	屋盖及每层楼盖处
内横墙	1.同上； 2.屋盖处间距不应大于4.5m； 3.楼盖处间距不应大于7.2m； 4.构造柱对应部位	1.同上； 2.各层所有横墙，且间距不大于4.5m； 3.构造柱对应部位	1.同上； 2.各层所有横墙

注：本表摘自《建筑抗震设计规范》GB 50011-2010（2016年版）。

a 圈梁高差≥300　　b 圈梁高差≤300　　c 圈梁高差≥400

1 洞口处圈梁连接构造

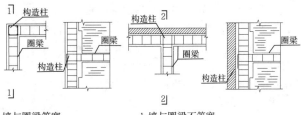

a 墙与圈梁等宽　　　　　　b 墙与圈梁不等宽

2 圈梁构造柱连接节点

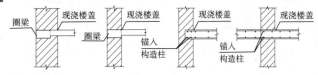

a 现浇板设圈梁　　　　　b 现浇板不设圈梁

3 现浇楼板连接节点

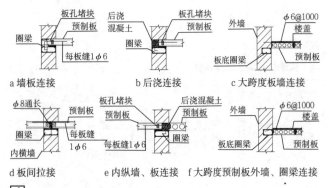

d 板间拉结　　　e 内纵墙、板连接　f 大跨度预制板外墙、圈梁连接

4 板底圈梁楼板连接节点

圈梁的构造

1. 圈梁应闭合，遇有洞口圈梁应上下搭接。圈梁宜与预制板设在同一标高处或紧靠板底。

2. 圈梁截面与配筋应满足表2的规定。

3. 装配式楼板或屋面板，圈梁与板设于不同标高时，板端伸入外墙不小于120mm，伸入内墙不小于100mm、梁上不小于80mm，或采用硬架支模连接。

4. 板跨大于4.8m时，靠外墙的预制板侧边应与梁或墙拉结。

现浇混凝土圈梁配筋要求　　　　　　　　　　　　　　表2

配筋	烈度		
	6、7度	8度	9度
最小纵筋	4φ10	4φ12	4φ14
箍筋最大间距(mm)	250	200	150

注：1.多层砖砌体房屋圈梁截面高度不小于120mm，软弱地基上基础圈梁截面高度不应小于180mm，配筋不应少于4φ12。
　　2.多层小砌块房屋圈梁宽度宜取墙宽且不小于190mm，配筋不少于4φ12，箍筋间距不大于200mm；基础圈梁宽度宜取墙宽，截面高度不小于200mm，配筋不应少于4φ14。
　　3.圈梁在表1要求的间距内无横墙时，应利用梁或板缝中配筋替代圈梁。
　　4.本表摘自《建筑抗震设计规范》GB 50011-2010（2016年版）。

墙体配筋

1. 对于多层砖砌体房屋，6、7度长度大于7.2m房间、8、9度外墙转角与内外墙交接处及顶layer楼梯间，应沿墙高每500mm配置2φ6的通长钢筋和φ4分布短钢筋组成的钢筋网片。

2. 7~9度时楼梯间墙体在休息平台或楼层半高处设置60mm厚、纵向钢筋不小于2φ10的钢筋混凝土带或配筋砖带。

3. 8、9度时不应采用装配式楼梯，不应采用墙中悬挑式踏步或踏步竖肋插入墙体的楼梯，不应采用无筋砖砌栏板。

4. 突出屋顶的楼、电梯间，构造柱应伸到顶部。

5. 门窗洞口不应采用砖过梁。

6. 后砌隔墙应沿墙高每隔500~600mm与承重墙、柱拉结。

a 转角处承重墙钢筋连接　b 内外墙交接处　c 承重墙隔墙钢筋连接

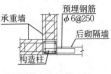

d 隔墙构造柱钢筋连接　　e 隔墙间筋连接　f 小砌块房屋钢筋连接

5 墙体配筋

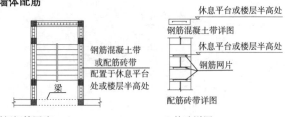

a 楼梯间钢筋网片　　　　　　b 构造详图

6 楼梯间配筋

底部框架砌体房屋抗震构造

1. 底部框架—抗震墙砌体房屋底层框架可采用一层或二层框架—抗震墙结构，其上部墙体抗震构造要求可参照多层砖砌体房屋、多层小砌块房屋。

2. 过渡层是与底部框架—抗震墙相邻的上一层砌体楼层，其墙体抗震构造要求如下：

(1) 墙内构造柱间距不大于层高，芯柱间距不大于1m。

(2) 在窗台标高处应设置沿纵横墙通长的现浇混凝土带。

(3) 砖砌体墙在相邻构造柱间的墙体，沿墙高每360mm设置水平通长钢筋网片，并锚入构造柱内；小砌块墙芯柱间沿墙高每400mm设置水平通长钢筋网片。

(4) 过渡层墙体内凡宽度不小于1.2m的门洞和2.1的窗洞，洞口两侧增设截面宽度不小于120mm×240mm（墙厚为190mm时为120mm×190mm）的构造柱或单孔芯柱。

(5) 过渡层的砌体抗震墙与底部框架梁、墙体不对齐时，应在底部框架内设置托墙转换梁，并提高整个过渡层墙体加强措施。托梁宽度不小于300mm，高不小于梁跨的1/10。

(6) 过渡层底板应采用现浇钢筋混凝土板，板厚不小于120mm，楼板洞口尺寸大于800mm时，应在洞口周边设置边梁。

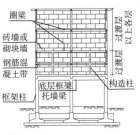 

a 底部一层　　　　　　　　b 底部二层

1 底层框架抗震墙房屋横剖面图

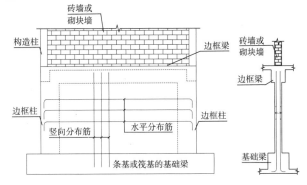

a 钢筋混凝土抗震墙

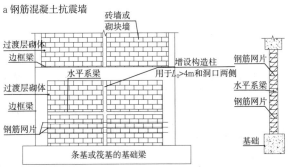

b 约束砌体抗震墙

2 抗震墙

3. 钢筋混凝土墙体构造要求如下：

(1) 墙体周边应设置梁（或暗梁）、边框柱（或框架柱）组成的边框，边框梁截面宽度不小于墙厚的1.5倍，高度不小于墙厚的2.5倍；边框柱截面高度不小于墙厚的2倍。

(2) 墙厚不小于160mm，且不小于墙净高的1/20；墙体可由洞口分成多个墙段，各墙段高宽比不小于2。

4. 当6度设防时，可采用约束砖墙或约束小砌块墙作为抗震墙。约束砖砌体墙，墙厚不小于240mm，约束小砌块砌体墙，墙厚不小于190mm，沿墙高每300mm或400mm设置通长水平钢筋网片；抗震墙应先砌墙后浇框架，并在墙体半高处设置高度不小于190mm的水平系梁，系梁与框架柱相连；墙长大于4m时，墙洞口两侧均应设置构造柱或芯柱。

5. 底部框架—抗震墙砌体房屋框架柱截面不小于400mm×400mm，圆柱直径不小于450mm。

砌体填充墙与框架梁柱连接

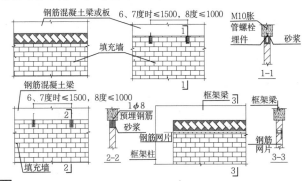

3 砌体填充墙顶部拉结

4 砌体填充墙框架柱拉结

女儿墙

1. 砌体女儿墙在人流出入口和通道处应与主体结构锚固，出入口处构造柱间距不大于半个开间，并不大于1.5m。

2. 9度区时应采用现浇钢筋混凝土女儿墙，并与圈梁可靠锚固。

3. 非出入口无锚固女儿墙高度6~8度时不宜超过0.5m。

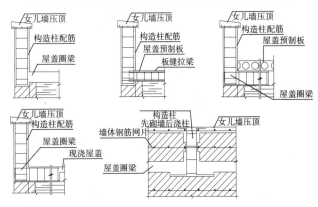

5 女儿墙

大跨屋盖建筑震害

大跨屋盖建筑一般包括拱、平面桁架、立体桁架、网架、网壳、张弦梁、张弦网壳等组合而成的钢屋盖建筑。

结合2008年汶川地震及国内外其他震害调查，网架和网壳等空间网格结构的震害形式及特征见表1。

空间网格结构具有屋盖重量轻、结构整体性好等特点，其优异的抗震性能在汶川地震中得到检验。在汶川地震中，一些体育场馆等空间网格结构（包括简易的场馆）基本没有受损，成为灾民的紧急避难场所。

空间网格结构在汶川地震中的震害　　表1

序号	现象	主要破坏特征
1	支座处杆件的拉断或压屈	构件破坏
2	杆件与节点球的连接破坏	连接破坏
3	屋面覆盖材料受损	维护系统破坏
4	极少数重屋面网格结构出现垮塌	

对于震区空间结构，应特别重视支座区域的设计 ①，合理布置杆件，同时保证支座附近杆件有足够的安全储备。应严格遵循对抗震设计相应的构造要求，同时，应重视大跨屋盖建筑的竖向地震作用计算。

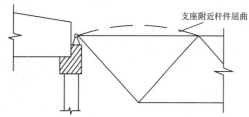

支座附近杆件屈曲

① 网架支座附近杆件屈曲

多点输入及行波效应

因为震源机制、地震波的传播特征、地形地质构造的不同，所以地震波在空间和时间上均是变化的。

通常情况下，由于结构的平面尺度较小，结构的地震反应分析是假定所有支座处的地面运动是一致的，地震激励输入方法称之为"单点一致输入"。

对于平面投影尺度很大的空间结构，这个假定与实际情况有很大的出入，必须考虑震动在传播过程中方向、幅值、相位以及频谱特征等随空间的变异性，称之为"多点输入"。当结构的平面投影尺度大于300m时，有必要进行多点输入地震反应分析。

地震传播过程的行波效应、相干效应和局部场地效应，对于大跨空间结构的地震效应有不同程度的影响，其中，以行波效应和场地效应的影响较为显著，一般情况下，可不考虑相干效应。

大跨屋盖抗震缝

当大跨屋盖分区采用不同的结构形式，或屋盖支承于不同的下部结构时，在结构交界区域设置抗震缝是必需的，但屋面系统在缝处可不断开，以满足防水要求。

建议按设防烈度下两侧独立结构在交界线上的相对位移，复核防震缝的宽度。规则结构，也可按多遇地震下的最大相对位移乘以不小于3的放大系数近似估计。缝宽不宜小于150mm。

结构布置

1. 屋盖及其下部支承结构布置宜均匀对称，具有合理的刚度和承载力分布。结构宜优先采用两个水平方向刚度均衡的空间传力体系。

2. 结构布置中不宜出现由于局部削弱或突变而形成的薄弱部位。对于可能出现的薄弱部位，应采取措施提高其抗震能力。

3. 屋盖宜采用轻型屋面系统。

4. 结构布置的要点见表2。

5. 当屋盖分区域采用不同的结构形式时，交界区域的杆件和节点应加强，也可设置防震缝。

6. 屋盖围护系统、吊顶及悬吊物等非结构构件应与结构可靠连接。

7. 大跨度屋盖可以根据实际情况决定是否采用减震与隔震措施，其性质、参数、耐久性及构造应符合相关规定。

大跨屋盖结构布置要点　　表2

传力体系	范围	要点
单向传力体系	平面拱、单向平面桁架、单向立体桁架、单向张弦梁等结构形式	1.主结构（桁架、拱、张弦梁）间应设置可靠的支撑； 2.当桁架支座采用下弦节点支承时，应在支座间设置纵向桁架或采取其他可靠措施，防止桁架在支座处发生平面外扭转
空间传力体系	网架、网壳、双向立体桁架、双向张弦梁和弦支穹顶等结构形式	1.平面形状为矩形且三边支承一边开口的结构，其开口边应加强； 2.两向正交正放网架、双向张弦梁，应沿周边支座设置封闭的水平支撑； 3.单层网壳应采用刚性节点

构造措施

1. 屋盖钢杆件的长细比，宜符合表3的规定。

2. 屋盖杆件节点的抗震构造

（1）采用节点板连接各杆件时，节点板的厚度不宜小于连接杆件最大壁厚的1.2倍。

（2）采用相贯节点时，应将内力较大方向的杆件直通。直通杆件的壁厚不应小于焊于其上各杆件的壁厚。

（3）采用焊接球节点时，球体的壁厚不应小于相连杆件最大壁厚的1.3倍。

（4）杆件宜相交于节点中心。

3. 屋盖支座

（1）节点构造形式应传力可靠、连接简单。

（2）水平滑动支座应保证在大震下的滑移不超出支承面，并应采取限位措施。

（3）设防烈度为8、9度时，多遇地震下，只承受竖向压力的支座宜采用拉压型构造。

（4）屋盖结构可根据需要采用隔震及减震支座。

大跨屋盖建筑钢杆件的长细比限值　　表3

杆件类型	受拉	受压	压弯	拉弯
一般杆件	250	180	150	250
关键杆件	200	150（120）	150（120）	200

注：1. 本表摘自《建筑抗震设计规范》GB 50011-2010（2016版）。
　　2. 括号内数值用于8、9度。
　　3. 对于空间传力体系，关键杆件指临支座杆件，即支座2个区（网）格内的弦杆、腹杆；临支座1/10跨度范围内的弦杆、腹杆，两者取较小范围。对于单向传力体系，关键杆件指与支座直接相邻节间的弦杆和腹杆。

隔震基本原理

在房屋的基础、底部或下部结构与上部结构之间设置隔震装置(或系统)等部件,组成具有整体复位功能的隔震层,以延长整个结构体系的自振周期,减少输入上部结构的地震能量,达到预期隔震要求[1]、[2]。

隔震结构适用于对抗震安全性和使用功能有较高要求或专门要求的建筑,可用于新建和既有建筑物的加固改造。

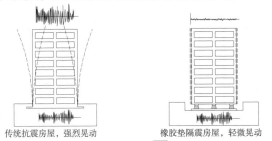

传统抗震房屋,强烈晃动   橡胶垫隔震房屋,轻微晃动

[1] 传统房屋的地震反应   [2] 隔震房屋的地震反应

隔震装置分类

根据隔震支座的不同,隔震系统主要分为橡胶支座隔震系统、摩擦滑移支座隔震系统及复合隔震系统等。

橡胶支座隔震系统应用最广泛,隔震装置可分为天然橡胶支座、高阻尼橡胶支座和铅芯橡胶支座。摩擦滑移隔震装置主要有弹性滑板支座、刚性滑板支座和摩擦摆支座[4]。

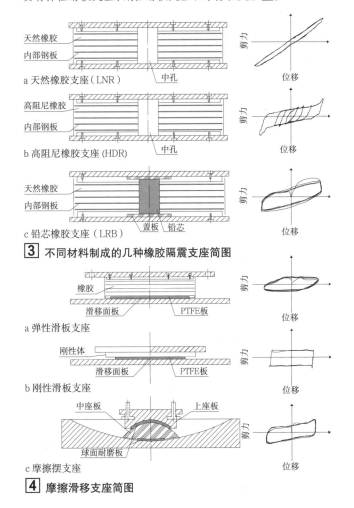

天然橡胶
内部钢板
a 天然橡胶支座(LNR)   中孔   剪力 位移

高阻尼橡胶
内部钢板
b 高阻尼橡胶支座(HDR)   中孔   剪力 位移

天然橡胶
内部钢板
c 铅芯橡胶支座(LRB)   盖板 铅芯   剪力 位移

[3] 不同材料制成的几种橡胶隔震支座简图

橡胶
滑移面板   PTFE板
a 弹性滑板支座   剪力 位移

刚性体
滑移面板   PTFE板
b 刚性滑板支座   剪力 位移

中座板   上座板
球面耐磨板
c 摩擦摆支座   剪力 位移

[4] 摩擦滑移支座简图

隔震层布置

隔震层可由隔震支座、阻尼装置、抗拉装置和抗风装置组成,具有竖向刚度大,水平刚度小,能提供较大阻尼的特点。阻尼装置和抗风装置可与隔震支座合为一体,亦可单独设置。必要时可设置限位装置。

1. 隔震层宜设置在结构的底部或下部,可根据需要把隔震层设在房屋基础或下部结构与上部结构之间。

2. 隔震支座的平面布置应力求具有良好的对称性,宜与上部结构和下部结构中竖向受力构件的平面位置相对应。

3. 隔震层刚度中心宜与上部结构的质量中心重合。偏心率控制在3%以下。

4. 隔震支座应设置在受力较大的位置,间距不宜过大,其规格、数量和分布应根据竖向承载力、侧向刚度和阻尼的要求,通过计算确定。

5. 隔震支座底面宜布置在相同标高位置上,必要时也可布置在不同的标高位置上。

6. 同一房屋选用多种规格的隔震支座时,应注意发挥每个隔震支座的承载力和水平变形能力,铅芯支座宜布置在四周。

7. 支座的设置部位应便于检查和替换。同一支承处选用多个隔震支座时,隔震支座之间的净距应大于安装和更换时所需的空间尺寸。

8. 设置在隔震层的抗风装置宜对称、分散地布置在建筑物的周边。

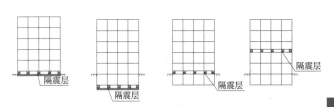

[5] 基础隔震   隔震层   [6] 层间隔震   隔震层

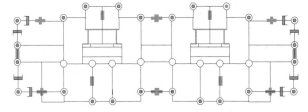

◉铅芯橡胶支座 ○天然橡胶支座 ■抗风装置 ✚抗拉装置 ▮阻尼器

[7] 隔震支座的平面布置图

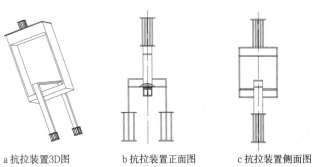

a 抗拉装置3D图   b 抗拉装置正面图   c 抗拉装置侧面图

[8] 抗拉装置

7
建筑抗震

隔震设计要求

隔震层的设计要求 表1

体型	一般结构	高宽比宜小于4，最大高度应满足抗震规范对非隔震结构要求
	复杂或高宽比较大结构	需进行详细分析，必要时通过试验确定
场地		宜为Ⅰ、Ⅱ、Ⅲ类，选用稳定性较好的基础类型
总水平力		风荷载和其他非地震作用的水平荷载标准值产生的总水平力，不宜超过结构总重力的10%
隔震层		1.隔震层应提供必要的竖向承载力、侧向刚度和阻尼； 2.穿过隔震层的设备配管、配线，应采用柔性连接或其他有效措施，以适应隔震层的罕遇地震水平位移

隔震建筑采用分部设计法，是指将整个隔震结构分为上部结构、隔震层、下部结构及基础等部分，分别进行设计。

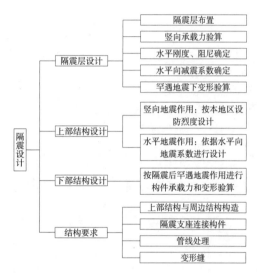

1 隔震设计分步设计法

抗震设防烈度为7、8、9度的地区，可以将隔震后上部结构的水平地震作用大致归纳为比非隔震时降低半度、一度和一度半3个档次（对于一般橡胶支座）；隔震后结构的总水平地震作用，不得低于非隔震时6度设防的总水平地震作用。

水平向减震系数与隔震后结构水平地震作用所对应烈度 表2

本地区设防烈度（设计基本地震加速度）	水平向减震系数β		
	$0.53>\beta>0.40$	$0.4>\beta>0.27$	$\beta\leq0.27$
9（0.40g）	8（0.30g）	8（0.20g）	7（0.15g）
8（0.30g）	8（0.20g）	7（0.15g）	7（0.10g）
8（0.20g）	7（0.15g）	7（0.10g）	7（0.10g）
7（0.15g）	7（0.10g）	7（0.10g）	6（0.05g）
7（0.10g）	7（0.10g）	6（0.05g）	6（0.05g）

隔震层以上结构的抗震措施，当水平向减震系数不大于0.40时（设置阻尼器时为0.38），可适当降低规范有关章节对非隔震建筑的要求，但烈度降低不得超过1度，与抵抗竖向地震作用有关的抗震构造措施不应降低。

竖向地震作用计算和抗震验算，凡未有具体明确要求者，仍采用本地区设防烈度。

隔震支座受力和变形要求 表3

建筑类别	甲类建筑	乙类建筑	丙类建筑
重力荷载代表值的竖向压应力限值（MPa）	10	12	15
罕遇地震的水平和竖向地震同时作用下拉应力限值（MPa）	1		
在罕遇地震下，最大水平位移限值（mm）	不超过支座有效直径的0.55倍和支座内部橡胶总厚度3.0倍二者中的较小值		

构造要求

隔震建筑一般由上部结构、隔震层以及基础、底部和下部结构组成。设计时应处理好各部分之间的关系，避免由于构造不当而造成的损伤。

隔震建筑各部分构造措施 表4

建筑部位		构造措施
上部结构	与下部结构	设置完全贯通的水平隔离缝，缝高可取20mm，并用柔性材料填充。当设置水平隔离缝有困难时，应设置可靠的水平滑移垫层
	与周边	1.上部结构周边应设置竖向隔离缝，缝宽不宜小于各隔震支座在罕遇地震下的最大水平位移值的1.2倍，且不小于200mm。 2.两相邻隔震结构，其缝宽取最大水平位移值之和，且不小于400mm。不得有任何固定物对上部结构的水平移动形成阻挡 2
	与室外联结的建筑	包括出入口、踏步、台阶、室外散水等建筑节点的柔性处理，原则上是不阻挡上部结构在地震时的水平摆动 3
支座的连接 4		1.与上部结构、基础结构之间的连接件，应能传递罕遇地震下支座的最大水平剪力； 2.外露的预埋件应有可靠的防锈措施。预埋件的锚固钢筋应与钢板牢固连接，锚固钢筋的锚固长度宜大于20倍锚固钢筋直径，且不应小于250mm
隔震层		1.隔震层顶部梁、板的刚度和承载力，宜大于一般楼盖梁板的刚度和承载力； 2.隔震支座附近的梁、柱应计算冲切和局部承压，应加密箍筋并根据需要配置网状钢筋
基础、底部和下部结构		1.隔震层支墩、支柱及相连构件，应根据罕遇地震下隔震支座底部的竖向力、水平力和力矩进行承载力验算； 2.隔震层以下的结构、地下室和隔震塔楼下的底盘中直接支承隔震层以上结构的相关构件，应满足嵌固的刚度比和隔震后设防地震的抗震承载力要求，并按罕遇地震进行抗剪承载力验算； 3.隔震建筑地基基础的抗震验算和地基处理，仍应按本地区抗震设防烈度进行，甲、乙类建筑的抗液化措施应按提高一个液化等级确定，直至全部消除液化沉陷
管线处理		电线、上水管、消防管、下水管、热水管、燃气管、避雷线多采用柔性连接，以适应隔震层的变形 5、6
变形缝		1.当结构温度缝只在隔震层顶板以上设置时（隔震层顶板仍为整体），缝宽应符合《建筑抗震设计规范》GB 50011，按原设防烈度的要求； 2.当结构变形缝贯穿隔震层顶板时，其上部结构缝宽为相邻结构罕遇地震隔震层最大水平位移之和的1.2倍

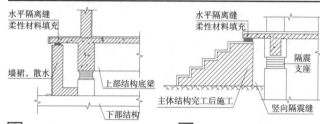

2 上部结构与周边的隔离措施　**3 室外台阶隔离措施**

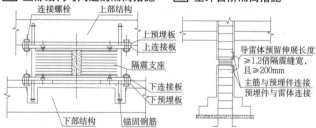

4 隔震支座上下连接方案　**5 避雷线柔性连接示意图**

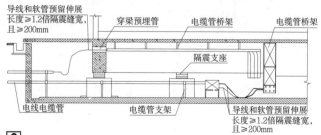

6 电线、电缆柔性连接示意图

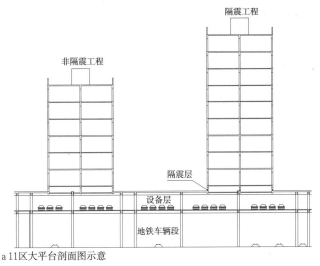

a 11区大平台剖面图示意

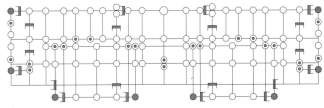

○ GZP700天然橡胶支座　◎ GZP600天然橡胶支座　● GZY700铅芯橡胶支座　━┃ 阻尼器

b 11区平台隔震支座及阻尼器布置图

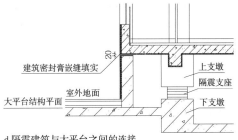

c 隔震层电梯基坑剖面图

d 隔震建筑与大平台之间的连接

e 隔震建筑室外踏步

1 北京通惠家园隔震设计

名称	设计时间	基本参数						
		结构形式	主楼层数	总高度	设防烈度	场地类别	特征周期	隔震层位置
北京通惠家园隔震设计	2001	大平台多塔楼	平台2层、塔楼9层	25.7m	8度	Ⅲ类	T_g=0.45s	大平台与塔楼之间

1.采用隔震技术后，隔震层上部结构可降一度设计，房屋最大层数可由原来的6层增高至9层。
2.小震作用下，上部塔楼和下部大平台均处于弹性状态；罕遇地震作用下，上部塔楼仍处于弹性状态，下部大平台层间位移角为1/313~1/176，满足弹塑性层间位移角限值的要求。
3.罕遇地震作用下，隔震层最大位移为350mm，满足我国《建筑抗震设计规范》GB 50011-2010（2016版）的相关要求

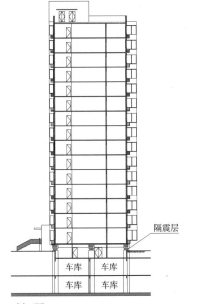

a 剖面图

b 一层结构布置图

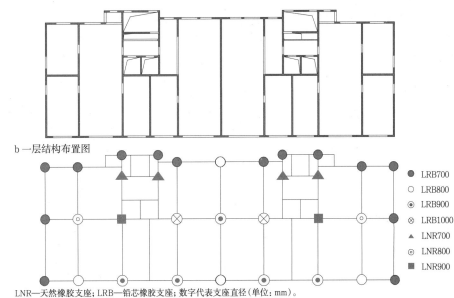

LNR—天然橡胶支座；LRB—铅芯橡胶支座；数字代表支座直径(单位：mm)。

c 隔震支座布置图

2 建安公寓隔震设计

名称	设计时间	基本参数						
		结构形式	主楼层数	总高度	设防烈度	场地类别	特征周期	隔震层位置
建安公寓隔震设计	2011	筋混凝土剪力墙	19层	59.3m	7度（0.15g）	Ⅲ类	T_g=0.45s	地下室与上部结构之间

1.采用隔震技术后，隔震层上部结构可降低半度设计。
2.罕遇地震作用下，上部结构层间位移角为1/1193，结构基本处于弹性状态。
3.罕遇地震作用下，隔震层最大位移为155mm，满足《建筑抗震设计规范》GB 50011-2010(2016版)的相关要求

7
建筑抗震

355

概述

结构消能减震体系，就是把结构物的某些非承重构件设计成消能杆件，或在结构的某部位装设消能装置。在风或小地震时，这些消能构件或消能装置处于弹性状态，结构物具有足够的侧向刚度以满足使用要求；当出现中、强地震或强风时，随着结构侧向变形的增大，消能构件或消能装置率先进入非弹性状态，产生较大阻尼，大量消耗输入结构的能量，使主体结构避免出现明显的非弹性状态，并且迅速衰减结构的动力反应，确保主体结构在强地震中的安全或在强风中的正常使用。

与传统抗震结构相比，结构消能减震体系具有以下优越性：

1. 减震效果明显高于传统抗震结构，地震响应比传统抗震结构减小30%~60%。

2. 震后修复工作比传统抗震结构少，传统抗震结构在震后常出现严重损坏，需大量的修复工作；而消能装置调整、拆换方便，震后不需修复或者修复费用很低。

3. 采用消能减震装置可减小甚至取代剪力墙，大大减小结构自重，还可节约基础造价。

4. 采用消能减震技术对已有的钢筋混凝土框架结构进行抗震加固，与一般的剪力墙加固方法相比，更环保且节省费用。

消能减震设计一般规定

1. 设防目标

消能减震设计的设防目标应根据用户要求设定，满足多遇地震下的预期减震要求和罕遇地震下的预期结构位移控制要求，且不低于建筑抗震设计规范规定的抗震结构设防目标。

2. 消能减震设计的主要内容

包括消能器和消能部件的选型，消能部件在结构中的分布和数量，消能器附加给结构的阻尼比估算，消能减震结构在罕遇地震下的位移计算等。

设计要求

合理的消能减震结构设计，能使结构更好地达到设防目标，同时也是建筑美观所必须考虑的，其基本设计要求如 ① 所示。

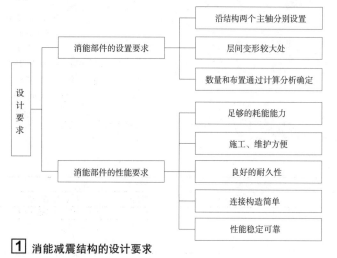

① 消能减震结构的设计要求

阻尼器的类型

消能阻尼器装置可依据不同的材料、不同的耗能机理和不同的构造措施来制造。阻尼器的种类很多，通常按与位移和速度的相关性分为：位移相关型、速度相关型以及位移与速度相关型（混合型）［2］。消能阻尼器与杆件、墙体等组合后就构成了消能部件，这些消能部件可以按不同的减震目的合理选择使用，见表1。

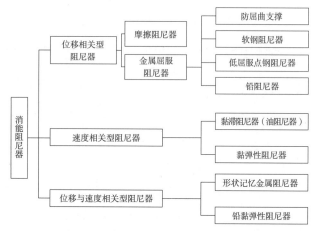

② 消能阻尼器按位移和速度相关性分类

按减震目的选用消能减震体系 表1

减震目的	可选的消能形式	可选的消能构件形式
主要减小地震反应	摩擦消能、黏滞阻尼消能、金属屈服消能	消能支撑、消能剪力墙、消能联结
主要减小风振反应	黏弹性材料变形消能、黏滞阻尼消能、质量调谐消能	消能节点、消能联结、质量调谐消能
减震抗风	黏滞阻尼消能	消能支撑、消能剪力墙、消能联结

其中每一类阻尼器又有多种形式、构造和材质。几种常用阻尼器的比较见表2。

几种常用阻尼器的比较 表2

比较项目	摩擦阻尼器	金属屈服阻尼器	黏滞阻尼器	黏弹性阻尼器
工作原理	摩擦耗能	金属屈服耗能	流体的黏滞阻尼耗能	聚合物分子链的错动耗能
特点	位移相关型，层间位移达到设计的数值后才起到耗能作用		速度相关型，速度越大耗能越多；层间位移较小就能起到耗能作用	
适用范围	大跨结构，巨型结构抗震		较适用于高层结构的抗风，提高舒适度	
减震效益	40%~60%	70%~90%	50%~60%	
对环境温度的敏感性	没有影响		高温时减震效果下降	
是否增加结构的侧向刚度	是	是	否	是
材料耐久性和稳定性	差	好	差	较差
防火性能	差	好	差，不耐高温	
维护及检测	需要定期检查，强震后需要更换	需防锈，不需定期检测，强震后需更换	要定期维护和检测，强震后必须检测，或需更换	
使用年限	取决于摩擦材料	可等同于建筑物使用年限	需定期置换（约15~25年）	
综合成本	低	最低	最高	高

7
建筑抗震

黏滞阻尼器

黏滞阻尼器在工程中应用广泛，其工作原理、分类及特点见表1，[1]为其构造示意图。黏滞阻尼器宜布置在变形较大或相对速度较大处，[2]为在结构中两种常见的布置形式。

黏滞阻尼器的基本特性　　　　　　　　　　　　　　　　　　表1

工作原理	分类	特点
通过硅油等黏滞流体产生的阻尼力来消耗地震能量	缸式黏滞阻尼器（单出杆和双出杆如[1]）、黏滞阻尼墙	减震效果明显，制造工艺成熟，施工方便

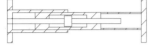

a 双出杆式油阻尼器　　　　　　b 单出杆式油阻尼器

[1] 缸式黏滞阻尼器构造示意图

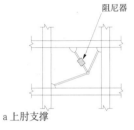

a 上肘支撑　　　　　　　b 下肘支撑

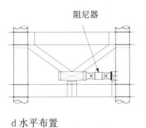

c 剪刀支撑　　　　　　　d 水平布置

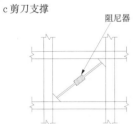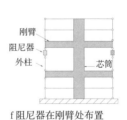

e 对角支撑　　　　　　　f 阻尼器在刚臂处布置

[2] 阻尼器在结构中常见的布置形式

黏滞阻尼墙主要由内部钢板、外部钢箱及两者之间的黏滞阻尼液体组成，内部钢板固定于上层楼面，外部钢箱固定在下层楼面。当结构振动时，内部钢板与外部钢箱之间发生相对运动，黏滞流体产生阻尼力，使振动衰减。内部钢板可以是单层的或双层的，双层时黏滞阻尼液与钢板的接触面积是单层时的两倍，消能效率大大提高。[3]和[4]为黏滞阻尼墙的示意图及其在结构中的布置形式。

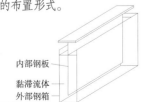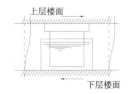

[3] 黏滞阻尼墙示意图　　　[4] 黏滞阻尼墙在结构中的布置

防屈曲支撑

防屈曲支撑能够在受压时不发生屈曲而达到屈服，支撑的芯材承受全部轴力，而外围钢管及管内灌注的混凝土（砂浆）约束芯材的屈曲变形，避免芯材受压时发生屈曲。如[5]和[6]分别为防屈曲支撑的构造示意图及其在结构上常见的安装形式。

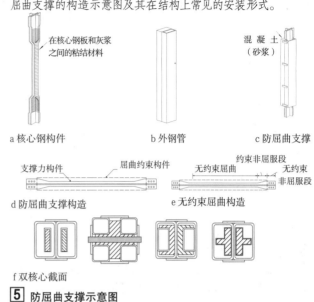

a 核心钢构件　　　　b 外钢管　　　　c 防屈曲支撑

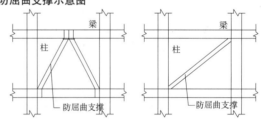

d 防屈曲支撑构造　　　　e 无约束屈曲构造

f 双核心截面

[5] 防屈曲支撑示意图

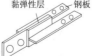

[6] 防屈曲支撑在结构中的布置立面示意

黏弹性阻尼器

黏弹性材料一般是由高分子聚合物做成，其特点见表2。

黏弹性阻尼器是由黏弹性材料和约束钢板所组成。典型的黏弹性阻尼器如[7]所示，[8]为圆筒式黏弹性阻尼器的示意图。[9]为黏弹性阻尼器几种常见布置形式，也可布置成[2]所示的形式。

黏弹性材料的特点　　　　　　　　　　　　　　　　　　　表2

特点	优点	缺点
既具有黏性又具有弹性，既可以储存能量又可以消耗能量	可以在较宽的频带范围内进行振动控制，特别适用于随机和宽带动力环境下的减振消能	随温度升高，阻尼力和刚度下降比较高，环境因素对其耐久性和稳定性影响较大

[7] 典型黏弹性阻尼器示意图　　[8] 圆筒式黏弹性阻尼器示意图

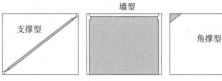

[9] 黏弹性阻尼器几种常见的设置形式

7
建筑抗震

软钢阻尼器

软钢是指屈服点低于235N/mm²的钢材，用软钢做成的消能阻尼器有多种形式，如加劲阻尼装置（ADAS）、锥形钢消能器、双环钢消能器等。其中加劲阻尼装置是由数块相互平行的X形或三角形钢板通过定位件组装而成的消能减震装置，如①和②所示。它可以安装在人字形支撑顶部或剪力墙顶部，如③所示。

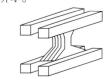

① X形加劲阻尼装置

② 加劲阻尼器（ADAS）

③ 加劲阻尼器的安装示意图

低屈服点钢属于软钢的一种特殊类型，其屈服点在100N/mm²以下，低屈服点钢阻尼器更容易实现在地震时阻尼器先于结构主要构件屈服的目标，能在小变形时也保证阻尼器屈服和消能。低屈服点钢阻尼器构造形式如④所示，其在结构中常布置为剪切变形的模式，如⑤所示，图中打黑点区域为低屈服点钢阻尼器。

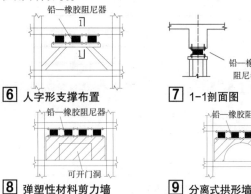

④ 带加劲肋的低屈服点钢阻尼器

⑤ 低屈服点钢阻尼器在结构中常用形式

铅—橡胶阻尼器

铅—橡胶阻尼器的外形类似于铅芯橡胶隔震垫，但内部的构造和材料性能指标不同。它能够提供一定的水平刚度和尽可能大的阻尼，由于它所受的竖向压力很小，对其竖向强度和刚度没有要求。铅—橡胶阻尼器可以装在消能支撑上布置成人字形⑥，也可以装在消能剪力墙的耗能缝中，组成各种消能构件⑧、⑨，应用十分方便。

⑥ 人字形支撑布置

⑦ 1—1剖面图

⑧ 弹塑性材料剪力墙

⑨ 分离式拱形墙

摩擦阻尼器

摩擦阻尼器主要是利用材料的摩擦把动能进行能量转化，其形式有多种，工程应用比较成熟的是Pall型摩擦阻尼器，其构造如⑩所示，⑪为Pall型摩擦阻尼器在结构中的布置形式。

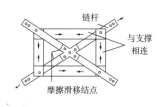

⑩ Pall型摩擦阻尼器

⑪ 摩擦阻尼器在结构中的布置

消能部件的其他形式

消能部件也可以设置成消能节点⑫或在结构（构件）之间设置消能装置⑬。

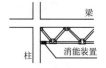

a 桁架式节点消能

b 腋角式节点消能

⑫ 消能部件的结点式布置

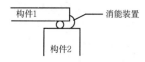

a 构件间的联结消能

b 建筑物间的联结消能

⑬ 消能部件的联结式布置

消能部件的布置

消能支撑或消能剪力墙在结构中的数量和布置要根据计算分析结果来确定，常见的立面布置形式见⑭。在结构平面上，消能支撑的布置应使结构的扭转效应减小，常布置在结构的外缘，纵、横方向都要布置，尽量组成L形、工形、口形，以增强结构的抗侧刚度⑮。

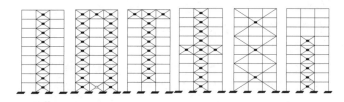

⑭ 常见的消能构件的立面布置形式

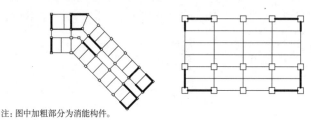

注：图中加粗部分为消能构件。

⑮ 常见的消能构件的平面布置形式

7

建筑抗震

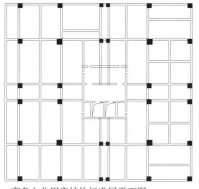

a 商务办公用房结构标准层平面图

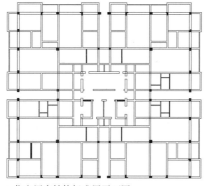

b 住宅用房结构标准层平面图

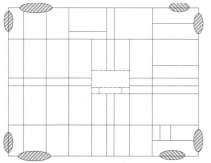

c HADAS在一~五层安装位置示意图

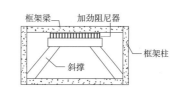

d 软钢阻尼器安装示意图

框架梁　加劲阻尼器
框架柱
斜撑

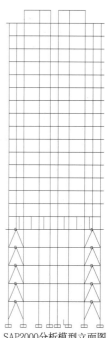

e SAP2000分析模型立面图

1 西安长乐苑招商局广场消能设计

名称	基本参数							
	场地类别	设防烈度	主楼层数	总高	结构体系	阻尼器名称	阻尼器组数	阻尼器所在楼层
西安长乐苑招商局广场消能设计	Ⅲ	8度	22层	75.2m	框架—剪力墙结构	开孔式软刚阻尼器	40组	一、二、三、四、五层

1.在加速度峰值为0.07g的地震波作用下，大楼加装耗能器后各楼层的弹性层间位移角小于1/1000。
2.在加速度峰值为0.407g的地震波作用下，层间位移角小于1/100。
3.满足《高层建筑混凝土结构技术规程》JGJ 3-2010规定的框架—剪力墙结构最大层间位移角限值

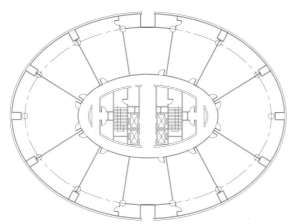

a 标准层平面图

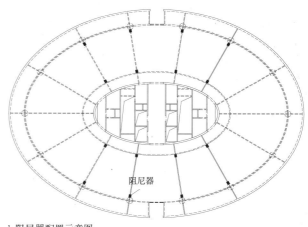

阻尼器

b 阻尼器配置示意图

2 潮汕星河大厦消能设计

名称	基本参数							
	场地类别	设防烈度	主楼层数	总高	结构体系	阻尼器名称	阻尼器组数	阻尼器所在楼层
潮汕星河大厦消能设计	Ⅲ	8度	25层	98.7m	框架—核心筒结构	复合型铅黏弹性阻尼器	28组	四、六、七、十一、十六、二十、二十四层

1.大厦加装阻尼器后，大厦结构阻尼比由5%增大至11%。
2.最大层间位移角由1/740减小至1/893。
3.满足《高层建筑混凝土结构技术规程》JGJ 3-2010规定的框架—剪力墙结构最大层间位移角限值

基本内容

声的物理量和感觉量　　　　表1

分类	名称	代号	说明	单位 名称	单位 代号
声的物理量	声速	c	声波在媒质中传播的速度	米/秒	m/s
	频率	f	周期性振动在单位时间内的周期数	赫/（周/秒）	Hz(C/s)
	波长	λ	相位相差一周的两个波阵面间的垂直距离	米	m
	声强	I	一个与指定方向相垂直的单位面积上平均每单位时间内传过的声能	瓦/平方米	W/m²
	声压	P	有声波时压力超过静压强的部分	牛顿/平方米	N/m²
	有效声压	P	声压的有效值（平方平均值的根）	牛顿/平方米	N/m²
	声能密度	E	无穷小体积中，平均每单位体积中的声能	焦耳/立方米	J/m³
	媒质密度	ρ	媒质在单位体积中的质量	千克/立方米	kg/m³
	声源功率	W	声源在一单位时间内发射出的声能值	瓦	W
	声功率级	L_w	声功率与基准声功率之比的常用对数乘以10 $L_w=10\log W/W_0$（$W_0=10^{-12}W$）	分贝	dB
	声强级	L_I	声强与基准声强之比的常用对数乘以10 $L_I=10\log I/I_0$（$I_0=10^{-12}W/m^2$）	分贝	dB
	声压级	L_p	声压与基准声压之比的常用对数乘以20 $L_p=20\log P/P_0$（$P_0=2\times10^6 N/m^2$）	分贝	dB
	噪声级	L L_X	在频谱中引入一修正值，使其更接近于人对噪声的感受，通常采用修正曲线A、B及C，记为dB-A、dB-B及dB-C	分贝	dB
	语言干扰级	L_s	频率等于600~1200Hz；1200~2400Hz；2400~4800Hz三段频带的声压级算术平均值	分贝	dB
声的感觉量	响度	L	正常听者判断一个声音比40dB的1000Hz纯音强的倍数	宋	sone
	响度级	Π	等响的1000Hz纯音的声压级	方	phon
	音调	—	音调是听觉分辨声音频率高低的一种属性，根据它可以把声源按高低排列，如音阶	美	mel
	音色	—	所有发声体，包含有一个基音和许多泛音，基音和许多泛音组成一定音色，即使基音相同，仍可以通过不同的泛音来区别不同声源。泛音愈多，声音愈丰满	—	—

声的分类　　　　表2

分类	类别	分类	类别
波形	平面波、球面波、柱面波	传播方式	直达声、反射声、折射声、衍射声、散射声、混响声
频率	低频声、中频声、高频声	实验声源	纯音、脉冲声、啭音、白噪声、粉红噪声、无规噪声

声源的频率和功率　　　　表3

声源	频率（Hz）	声功率（μW）	声源	频率（Hz）	声功率（μW）
钢琴	16~6000	4.0×10⁵	语声（男）	100~9000	2×10³
小提琴	200~16000	1.8×10⁴	语声（女）	150~10000	4×10³
大提琴	65~8000	—	女高音	220~1200	10³~2×10⁵
单簧管	150~12000	5.0×10⁴	女中音	160~780	2×10²~1.1×10³
长笛	250~10000	5.0×10⁴	男高音	120~500	80~4×10⁴
小号	150~8000	3.0×10⁵	男低音	90~440	50~5×10³
定音鼓	45~5000	—	脚步声	100~9000	—

❶ 本专题编写参考《建筑设计资料集（第一版）》、《建筑设计资料集（第二版）》。

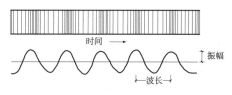

$$X=X_0\sin wt$$

式中：X—时间为t时的位移；X_0—最大位移，即振幅；
　　　w—角频率$=2\pi f$；t—时间；
　　　f—频率。

1 声波的简谐振动

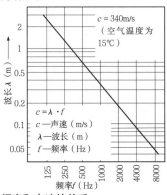

$$c=\lambda\cdot f$$
c—声速（m/s）
λ—波长（m）
f—频率（Hz）

2 波长、频率和声速的关系

声波在不同介质中传播的速度（单位：m/s）　　　　表4

介质	软木	空气	水	松木	铜	大理石	钢	铝	玻璃
声速	500	343	1450	3320	3750	3800	5000	5000	5440

a 小孔对声波的影响

b 大孔对声波的影响

c 声波的绕射

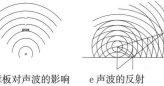
d 小障板对声波的影响

e 声波的反射

f 声波的散射

3 声波的绕射、反射与散射

常见环境的声压和声压级　　　　表5

环境	声压（N/m²）	声压级（dB）
离喷气机口3m处	200	140
疼痛阈	20	120
织布机旁	2	100
距离高速公路20m处	2×10⁻¹	80
相距1m处交谈	2×10⁻²	60
安静的室内	2×10⁻³	40
极为安静的乡村夜晚	2×10⁻⁴	20
人耳最低可闻阈	2×10⁻⁵	0

8 建筑环境

声压级的叠加

当几个不同的声源同时作用于某一点时，若不考虑干涉效应，该点的总声压是各声压的方根值，即：

$$p=(p_1^2+p_2^2+\ldots+p_n^2)^{1/2} \qquad N/m^2$$

多个声压级叠加的总声压级为：

$$L_p=10\lg(10^{L_{p1}/10}+10^{L_{p2}/10}+\ldots+10^{L_{pn}/10}) \qquad dB$$

由于对数运算的原因，若两个声压级差超过10dB，则附加值将不超过大声压级1dB，小声压级基本可以略去不计。

算例：

10个同样的声压级叠加后，其总声压级为多少？

$$L_p=10\lg(10^{L_{p1}/10}+10^{L_{p2}/10}+\ldots+10^{L_{pn}/10})=10\lg(10\times10^{L_{pn}/10})$$
$$=L_p^1+10\lg10=L_p^1+10$$

即10个同样的声压级叠加后，其总声压级为单个值再加10dB。

频带

将声音的频率范围划分成若干个区段，称为频带。每个频带有一个下界频率 f_1 和商界频率 f_2，而 $f_2\sim f_1$(Hz) 称为频带宽度，简称带宽；f_1 和 f_2 的几何平均称为频带中心频率。

频带是认为划定的，常用倍频程（也称倍频带）和1/3倍频程（也称1/3倍频带）表示。倍频程的中心频率是31.5Hz、63Hz、125Hz、250Hz、500Hz、1kHz、2kHz、4kHz、8kHz、16kHz10个频率，后一个频带的中心频率均为前一个频带的两倍，因此被称为倍频程，而且后一个频带的带宽也是前一个频率的两倍。在某些更为精细的要求下，将频率更细地划分，形成1/3倍频程，也就是把每个倍频程再划分成3个频带，中心频率是20Hz、31.5Hz、40Hz、50Hz、63Hz、80Hz、100Hz、125Hz、160Hz、200Hz、250Hz、315Hz、400Hz、500Hz、630Hz、800Hz、1kHz、1.25kHz、1.6kHz、2kHz、4kHz、8kHz、16kHz、20kHz等30个频率。后一个频带的中心频率和带宽均为前一个频带的 $2^{1/3}$ 倍。倍频程常作为一般工程使用，1/3倍频程用于较高精度的实验室测量或研究。国际标准化组织ISO和我国国家标准，在声频范围内对倍频程和1/3倍频的划分作了标准化的规定，详见表1。

倍频程和1/3倍频程的划分（单位：Hz） 表1

倍频程		1/3倍频程		倍频程		1/3倍频程	
中心频率	截止频率	中心频率	截止频率	中心频率	截止频率	中心频率	截止频率
16	11.2~22.4	12.6	11.2~14.1	500	355~700	400	355~450
		16	14.1~17.8			500	450~560
		20	17.8~22.4			630	560~710
31.5	22.4~45	25	22.4~28	1000	710~1400	800	710~900
		31.5	28~35.5			1000	900~1120
		40	35.5~45			1250	1120~4000
63	45~90	50	45~56	2000	1400~2800	1600	1400~1800
		63	56~71			2000	1800~2240
		80	71~90			2500	2240~2800
125	90~180	100	90~112	4000	2800~5600	3150	2800~3550
		125	112~140			4000	3550~4500
		160	140~180			5000	4500~5600
250	180~355	200	180~224	8000	5600~11200	6300	5600~7100
		250	224~280			8000	7100~9000
		315	280~355			10000	9000~11200

声压级大小与主观感受 表2

声压级(dB)	主观感受	实际情况或要求
0		正常的听雨，声压级的基准声压，为 $2\times10^{-3}N/m^2$
5	听不见	
15	勉强能听见	手表的嘀嗒声、平稳的呼吸声
20	极其寂静	录音棚与播音室，理想的本底噪声级
25	寂静	音乐厅、夜间的医院病房，理想的本底噪声级
30	非常安静	夜间医院病房的实际噪声
35	非常安静	夜间的最大允许声级
40	安静	教室、安静区以及其他特殊区域的起居室
45	比较安静	住宅区中的起居室，要求精力高度集中的临界范围。例如撕碎小纸的噪声
50	轻度干扰	小电冰箱噪声，保证睡眠的最大值
60	干扰	中等大小的谈话声，保证交谈清晰的最大值
70	较响	普通打字机打字声、会堂中的演讲声
80	响	盥洗室冲水的噪声，有打字机声的办公室，音量开大了的收音机音乐
90	很响	印刷厂噪声
100	很响	管弦乐队演奏的最强音、剪板机机械声
110	难以忍受	大型纺织厂、木材加工机械
120	难以忍受	痛阈、喷气式飞机起飞(100m距离左右)
130	有痛感	距空袭警报器1m处
140	有不能回复的神经损伤的危险	在小型喷气发动机试运转的试验室里

不同场所的噪声级大小与主观感受（单位：方） 表3

名称	主观感受		
	静	较静	不静
行政管理办公室	46	50	56
学校教室	46	53	60
住宅、旅馆、卧室	46	56	64
会堂、音乐厅、剧院	37	40	46
会议厅	50	56	60
工场、车间	73	83	93

等响曲线

如果某一声音与已选定的1000Hz的纯音听起来同样响，这个1000Hz纯音声压级值定义为待测声音的"响度级"。响度级的单位是方（phon）。对一系列的纯音都用标准音来做上述比较，可得到纯音等响曲线。[1]是根据对大量健康的人的试验统计结果，由国际标准化组织（ISO）于1959年确定的等响曲线。

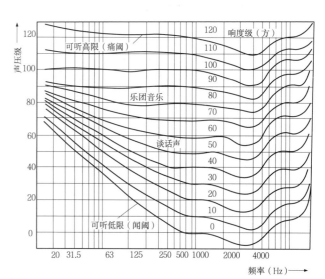

[1] 等响曲线

吸声材料及结构的主要作用

1. 缩短或调整室内混响时间、控制反射声、消除回声。

2. 降低室内噪声级。

3. 作为隔声结构内衬材料，用以提高构件隔声量，也可作为管道或消声器内衬材料，以降低通风管道噪声。

吸声材料及结构的吸声系数

入射到材料(结构)表面被吸收的声能与总的入射声能的比值。它的大小与声波入射角度有关。一般材料的吸声系数范围在0～1之间。

混响室法吸声系数：是声波无规入射的吸声系数，其测量条件非常接近实际声场，所以常作为工程设计的依据。驻波管法吸声系数测量的是声波垂直入射时的吸声系数，其数值低于混响室法吸声系数，通常用于材料吸声性能的研究分析和产品的质量控制。

吸声材料及结构类型 表1

类型	结构示意	吸声特性
多孔材料		
单个共振器		
穿孔板		
薄板共振吸声结构		
特殊吸声结构		

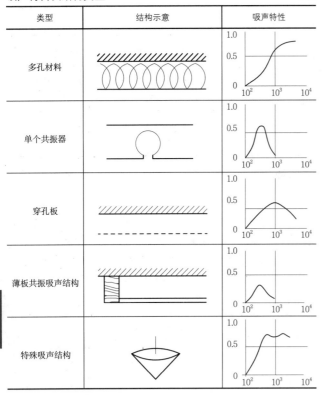

多孔吸声材料

其结构特征是材料内部具有大量互相贯通的、从表到里的微孔或间隙。当入射声波激发起微孔内的空气发生振动，由摩擦阻力和黏滞阻力使声能不断转化为热能，从而使声波衰减。增加材料的厚度或在材料背后留有空腔，可改善低、中频吸声性能，对高频则影响不大；材料的表面应尽可能不用或少用粉刷、油漆，以免降低吸声性能，但可用透声罩面板进行保护，以免碰撞损坏。需要注意，不敞开的密闭气孔或仅有凹凸表面的材料不起吸声作用。

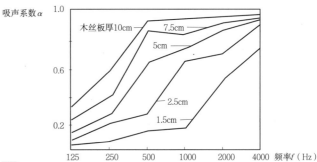

1 厚度对吸声性能的影响

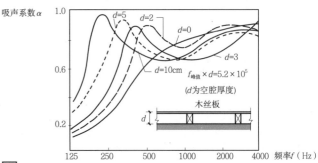

2 空腔厚度对吸声性能的影响

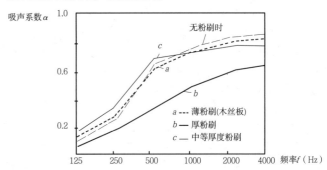

3 表面粉刷对吸声性能的影响

单个共振器和穿孔板共振吸声构造

单个共振器是一个密闭的、通过一个小的开口与外部大气相通的容器。在各种薄板上穿孔并在板后设置空气层，相当于许多单个共振器的并联组合，必要时在空腔中加衬多孔吸声材料，即组成穿孔板共振吸声构造。当入射波激发孔中空气分子振动，由于颈壁和空气分子间的摩擦消耗声能而产生吸声效果。

单个共振器的共振频率：

$$f_0 = \frac{C}{2\pi}\sqrt{\frac{S}{VL_k}} = \frac{C}{2\pi}\sqrt{\frac{\pi r^2}{V(t+0.8d)}}$$

穿孔板共振吸声构造的共振频率：

$$f_0 = \frac{C}{2\pi}\sqrt{\frac{P}{L(t+0.8d)}}$$

式中：C—声速，一般取340m/s；
S—颈口宽度，$S=\pi r^2$，r为颈口半径(m)；
V—空腔体积(m³)，$L_k=t+0.8d$，t为颈的深度，即板厚(m)；
d—圆孔直径(m)；
L—板后空气层厚度(m)；
P—穿孔率，一般小于20%。

8
建筑环境

薄板共振吸声结构

当声波入射到薄板（或膜）结构时，薄板在声波交变压力激发下振动，使板发生弯曲变形（其边缘被嵌固），出现板的内摩擦损耗，将机械能变为热能，在共振频率时，消耗声能最大，主要吸收低频声。

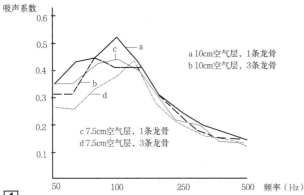

1 空腔和龙骨的影响

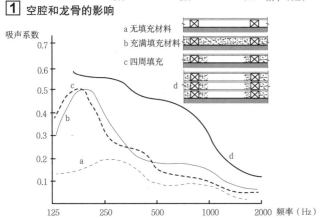

2 空腔中填充材料的影响

特殊吸声结构

特殊吸声结构包括吸声尖劈、帘幕、空间吸声体等。空间吸声体可以根据使用场合的具体条件，把吸声特性的要求与外观艺术处理结合起来考虑，设计成各种形状（如平板形、锥形、球形或不规则形状），可收到良好的声学效果和建筑效果。

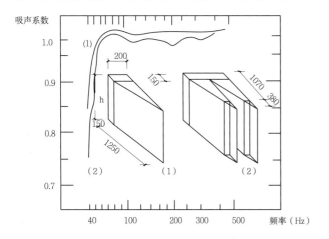

3 吸声尖劈的吸声特性

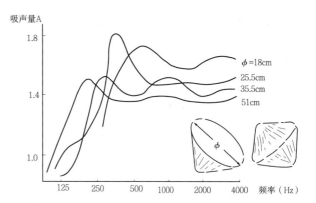

4 圆锥吸声体的吸声特性

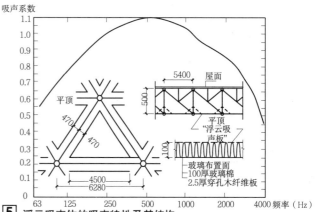

5 浮云吸声体的吸声特性及其结构

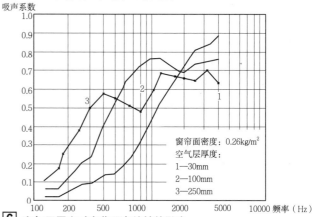

6 空气层厚度对帘幕吸声特性的影响

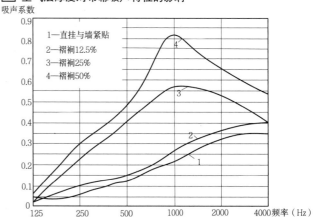

7 帘幕吸声性能与褶裥的关系

8
建筑环境

363

吸声隔声材料

常用材料及吸声结构吸声系数　　表1

序号	做法	吸声系数					
		125Hz	250Hz	500Hz	1kHz	2kHz	4kHz
1	3mm厚平板玻璃	0.18	0.06	0.04	0.03	0.02	0.02
2	混凝土(水泥抹面)	0.01	0.01	0.02	0.02	0.02	0.02
3	磨光石材、瓷砖	0.01	0.01	0.02	0.02	0.02	0.02
4	塑料地面（混凝土基层）	0.01	0.01	0.02	0.02	0.03	0.03
5	木地板（有龙骨架空）	0.15	0.12	0.10	0.08	0.08	0.08
6	石膏（9~12mm厚，后空45mm）	0.26	0.13	0.08	0.06	0.06	0.06
7	木夹板（厚6mm，后空45mm）	0.18	0.33	0.16	0.07	0.07	0.08
8	木夹板（厚6mm，后空90mm）	0.25	0.20	0.10	0.07	0.08	0.08
9	木夹板（厚9mm，后空45mm）	0.11	0.23	0.09	0.07	0.07	0.08
10	木夹板（厚9mm，后空90mm）	0.24	0.15	0.08	0.07	0.07	0.08
11	玻璃棉毡（25mm厚，24kg/m³，无后空）	0.12	0.30	0.65	0.80	0.80	0.85
12	玻璃棉毡（25mm厚，24kg/m³，后空100mm）	0.25	0.65	0.85	0.80	0.80	0.85
13	玻璃棉毡（50mm厚，24kg/m³，无后空）	0.2	0.65	0.90	0.85	0.85	0.85
14	玻璃棉毡（50mm厚，24kg/m³，后空100mm）	0.40	0.90	0.95	0.85	0.85	0.85
15	岩棉装饰吸声板（12mm厚，无后空）	0.06	0.16	0.53	0.67	0.73	0.90
16	岩棉装饰吸声板（12mm厚，后空100mm）	0.78	0.15	0.49	0.73	0.73	0.71
17	穿孔石膏板吸声结构石膏板（9.5mm厚，穿孔率8%，后贴桑皮纸空638 5cm）	0.17	0.48	0.92	0.75	0.31	0.13
18	18mm厚木质穿孔吸声板穿孔率3.8%+50mm离心玻璃棉（32kg/m³）	0.25	0.90	0.79	0.41	0.27	0.39
19	2.5mm厚冲孔铝板（穿孔率14.5%，后附双层吸声毡）+300mm空腔	0.41	0.81	0.59	0.58	0.50	0.51
20	20mm厚微穿孔铝蜂窝吸声板（面、背板均为0.8mm微穿孔板，穿孔率0.95%、穿孔直径0.8mm）+200mm空腔	0.38	0.55	0.43	0.57	0.29	0.07
21	12mm厚穿孔吸音铝蜂窝板（穿孔率16.6%，穿孔直径2.3mm，材料后附吸声纸）+50mm离心玻璃棉+150mm空腔	0.64	0.90	0.81	0.71	0.85	0.85
22	3mm厚冲孔铝板（穿孔率19.6%，后附吸声无纺布）+347mm空腔（内填50mm离心玻璃棉）	0.66	0.88	0.89	0.97	0.92	0.73
23	25mm厚玻纤布艺吸声软包墙板及顶棚（表面防火装饰布）+50mm空腔	0.19	0.55	0.87	0.83	0.88	0.97
24	25mm厚玻纤布艺吸声软包墙板及顶棚（表面防火装饰布）+100mm空腔	0.24	0.69	0.98	0.82	0.95	0.98
25	20mmGRG板+380mm空腔	0.03	0.01	0.00	0.00	0.00	0.00
26	50mm密胺海绵（面密度0.475kg/m²，容重9.5kg/m³）+50mm空腔	0.15	0.51	0.88	0.97	0.92	0.93
27	100mm密胺海绵（面密度0.95kg/m²，容重9.5kg/m³）	0.32	0.69	0.95	0.94	0.99	0.99
28	20mm木丝板+50空腔	0.03	0.13	0.34	0.61	0.37	0.55
29	20mm木丝板+100mm空腔内填50mm离心玻璃棉	0.24	0.70	0.90	0.74	0.80	0.83
30	门(人造革、泡沫塑料软包)	0.10	0.15	0.20	0.30	0.30	0.30
31	舞台声反射板(九夹板)	0.18	0.12	0.10	0.09	0.08	0.07
32	毛地毯（10mm厚）	0.10	0.10	0.20	0.25	0.30	0.35
33	吸声帷幕（0.25~0.30kg/m³，打双摺，后空50~100mm）	0.10	0.25	0.55	0.65	0.70	0.70
34	灯光口（内部反射性）	0.10	0.15	0.20	0.22	0.30	0.30
35	灯光口（内部吸声性）	0.25	0.40	0.50	0.55	0.60	0.60
36	通风口（送、回风）	0.80	0.80	0.80	0.80	0.80	0.80
37	剧场座椅	0.35	0.45	0.50	0.56	0.60	0.60
38	8mm厚穿孔吸声板（穿孔率19.6%，穿孔直径10mm）+50mm离心玻璃棉+342mm空腔	0.83	0.95	0.92	0.89	0.78	0.67
39	12mm厚穿孔吸声铝蜂窝板（穿孔率16.6%，穿孔直径2.3mm，材料后附吸声纸）+50mm离心玻璃棉+150mm空腔	0.64	0.90	0.81	0.71	0.85	0.85
40	3mm厚冲孔铝板（穿孔率19.6%，后附吸声无纺布）+347mm空腔（内填50mm离心玻璃棉）	0.66	0.88	0.89	0.97	0.92	0.73
41	25mm厚玻纤吸声顶棚及墙板（表面专用喷涂）+100mm空腔	0.34	0.81	0.98	0.84	0.98	0.93
42	25mm厚玻纤吸声顶棚及墙板（表面专用喷涂）+350mm空腔	0.65	0.98	0.77	0.86	0.91	0.91
43	4mm厚装饰砂岩吸声面层+6mm厚砂岩环保板+50mm厚离心玻璃棉（C50轻钢龙骨）	0.44	0.91	0.87	0.72	0.61	0.68
44	吊顶：预制水泥板（厚16mm）	0.12	0.10	0.08	0.05	0.05	0.05

常用空气声隔声构造及计权隔声量　　表2

20 水泥砂浆抹灰／240 砖墙／20 水泥砂浆抹灰
53~54dB

20 水泥砂浆抹灰／120 混凝土墙／20 水泥砂浆抹灰
48~50dB

20 水泥砂浆抹灰／180 混凝土墙／20 水泥砂浆抹灰
52~54dB

20 水泥砂浆抹灰／120 砖墙／20 水泥砂浆抹灰
46dB

10 水泥砂浆抹灰／75 加气混凝土砌块／10 水泥砂浆抹灰
40~42dB

5 水泥砂浆抹灰／75 加气混凝土砌块／75 空气层
48~50dB

20 水泥砂浆抹灰／190 混凝土空心砌块／20 水泥砂浆抹灰
48~50dB

60 轻质圆孔石膏板／50 空气层／60 轻质圆孔石膏板
44~46dB

13 复合隔声板／75 轻钢龙骨（内填 50 离心玻璃棉）／2×3 隔声毡／2.4 钢板
50~52dB

60 轻质圆孔石膏板／50 空气层填岩棉／60 轻质圆孔石膏板
42dB

50 TZH轻质内隔墙条板、陶粒制品／50 岩棉／50 TZH轻质内隔墙条板、陶粒制品
47dB

2×12 纸面石膏板／75 轻钢龙骨／2×12 纸面石膏板
44dB

2×12 纸面石膏板／75 轻钢龙骨／50 岩棉／2×12 纸面石膏板
48~50dB

2×12 纸面石膏板／100 轻钢龙骨／50 岩棉／2×12 纸面石膏板
51dB

2×12 纸面石膏板／2×75 轻钢龙骨／50 岩棉／2×12 纸面石膏板
57dB

2×8 纤维增强硅酸钙板／75 轻钢龙骨／60 岩棉／2×8 纤维增强硅酸钙板
48~50dB

6 纤维增强硅酸钙板／10 纤维增强硅酸钙板／75 轻钢龙骨 60 岩棉／10 纤维增强硅酸钙板／6 纤维增强硅酸钙板
50~52dB

12 纸面石膏板／75 轻钢龙骨／12 纸面石膏板
37dB

12 纸面石膏板／75 轻钢龙骨／50 岩棉／12 纸面石膏板
43dB

2×12 纸面石膏板／50 轻钢龙骨／50 岩棉／2×12 纸面石膏板
48dB

12 纸面石膏板／50 轻钢龙骨／50 岩棉／12 纸面石膏板
39dB

25 水泥砂浆／钢丝网架 50 岩棉／25 水泥砂浆
40dB

20 水泥砂浆抹灰／200 混凝粉煤灰砌块／20 水泥砂浆抹灰
41dB

150 石膏空心砌块
36dB

概述

隔声设计包括民用建筑隔声设计与工业建筑隔声设计两方面。民用建筑隔声设计主要隔外来噪声的干扰，工业建筑隔声设计主要控制自身噪声源向外辐射噪声。

常用名词 表1

名词	符号	定义	说明
声压级差	D	L_1-L_2	现场隔声效果，L_1与L_2为声源室与接收室内时空平均声压级
空气声隔声量	R	$D+10\lg S/A$	构件隔声量，对声压级差D加修正项。S为试件面积，A为接收室总吸声量
计权隔声量	R_w		按《建筑隔声评价标准》GB/T 50121求得的构件空气声的单值评价量
频谱修正量1	C	粉红噪声频谱修正量	适用噪声源种类：日常活动（谈话、音乐、电视）；儿童游戏；高速公路交通，速度＞80km/h；喷气飞机，近距离；主要辐射中高频噪声的设施
频谱修正量2	C_{tr}	交通噪声频谱修正量	城市交通噪声；轨道交通，螺旋桨飞机；喷气飞机，远距离；Disco音乐；主要辐射低中频噪声的设施
标准化声压级差	D_{nT}	$D+10\lg T/0.5$	相应接收室内基准混响时间0.5s，T为接收室实测混响时间
撞击声压级	L_i		标准打击器打击楼板时，楼下室内时空平均声压级
规范化撞击声压级	L_n	$L_i+10\lg A/A_0$	相应楼下基准等效吸声面积A_0，A为实测等效吸声面积
标准化撞击声压级	L'_{nT}	$L_i+10\lg T/0.5$	相应现场测得的L_i加修正项，T为楼下室内实测混响时间
计权标准化撞击声压级	$L'_{nT,w}$		按《建筑隔声评价标准》GB/T 50121求得撞击声隔声的单值评价量
撞击声压级改善量	ΔL_i	$L_{n,0}-L_n$	$L_{n,0}$与L_n为楼板下铺面层材料前后撞击声压级，差值为改善量

住宅建筑隔声设计标准

外窗（包括未封闭阳台的门）的空气声隔声标准[❶] 表2

构件名称	空气声隔声单值评价量+频谱修正量（dB）	
交通干线两侧卧室、起居室（厅）的窗	计权隔声量+交通噪声频谱修正量R_w+C_{tr}	≥30
其他窗	计权隔声量+交通噪声频谱修正量R_w+C_{tr}	≥25

外墙、户（套）门和户内分室墙的空气声隔声标准[❶] 表3

构件名称	空气声隔声单值评价量+频谱修正量（dB）	
外墙	计权隔声量+交通噪声频谱修正量R_w+C_{tr}	≥45
户（套）门	计权隔声量+粉红噪声频谱修正量R_w+C	≥25
户内卧室墙	计权隔声量+粉红噪声频谱修正量R_w+C	≥35
户内其他分室墙	计权隔声量+粉红噪声频谱修正量R_w+C	≥30

分户楼板撞击声隔声标准[❶] 表4

构件名称	撞击声隔声单值评价量（dB）	
卧室、起居室（厅）的分户楼板	计权规范化撞击声压级$L_{n,w}$（实验室测量）	＜75
	计权标准化撞击声压级$L'_{nT,w}$（现场测量）	≤75

注：当确有困难时，可允许住宅分户楼板的撞击声隔声单值评价量小于或等于85dB，但在楼板结构上应预留改善的可能条件。

高要求住宅分户楼板撞击声隔声标准[❶] 表5

构件名称	撞击声隔声单值评价量（dB）	
卧室、起居室（厅）的分户楼板	计权规范化撞击声压级$L_{n,w}$（实验室测量）	＜65
	计权标准化撞击声压级$L'_{nT,w}$（现场测量）	≤65

房间之间空气声隔声标准[❶] 表6

房间名称	空气声隔声单值评价量+频谱修正量（dB）	
卧室、起居室（厅）与邻户房间之间	计权标准化声压级差+粉红噪声频谱修正量$D_{nT,w}+C$	≥45
住宅和非居住用途空间分隔楼板上下的房间之间	计权标准化声压级差+交通噪声频谱修正量$D_{nT,w}+C_{tr}$	≥51

分户构件空气声隔声标准[❶] 表7

构件名称	空气声隔声单值评价量+频谱修正量（dB）	
分户墙、分户楼板	计权隔声量+粉红噪声频谱修正量R_w+C	＞45
分隔住宅和非居住用途空间的楼板	计权隔声量+交通噪声频谱修正量R_w+C_{tr}	＞51

高要求住宅分户构件空气声隔声标准[❶] 表8

构件名称	空气声隔声单值评价量+频谱修正量（dB）	
分户墙、分户楼板	计权隔声量+粉红噪声频谱修正量R_w+C	＞50

高要求住宅房间之间空气声隔声标准[❶] 表9

房间名称	空气声隔声单值评价量+频谱修正量（dB）	
卧室、起居室（厅）与邻户房间之间	计权标准化声压级差+粉红噪声频谱修正量$D_{nT,w}+C$	≥50
相邻两户的卫生间之间	计权标准化声压级差+粉红噪声频谱修正量$D_{nT,w}+C$	≥45

医院建筑隔声设计标准

各类房间隔墙、楼板的空气声隔声标准[❶] 表10

构件名称	空气声隔声单值评价量+频谱修正量	高要求标准（dB）	低限标准（dB）
病房与产生噪声的房间之间的隔墙、楼板	计权隔声量+交通噪声频谱修正量R_w+C_{tr}	＞55	＞50
手术室与产生噪声的房间之间的隔墙、楼板	计权隔声量+交通噪声频谱修正量R_w+C_{tr}	＞50	＞45
病房之间及病房、手术室与普通房间之间的隔墙、楼板	计权隔声量+粉红噪声频谱修正量R_w+C	＞50	＞45
诊室之间的隔墙、楼板	计权隔声量+粉红噪声频谱修正量R_w+C	＞45	＞40
听力测听室的隔墙、楼板	计权隔声量+粉红噪声频谱修正量R_w+C	—	＞50
体外震波碎石室、核磁共振室的隔墙、楼板	计权隔声量+交通噪声频谱修正量R_w+C_{tr}	—	＞50

相邻房间之间的空气声隔声标准[❶] 表11

房间名称	空气声隔声单值评价量+频谱修正量	高要求标准（dB）	低限标准（dB）
病房与产生噪声的房间之间	计权标准化声压级差+交通噪声频谱修正量$D_{nT,w}+C_{tr}$	≥55	≥50
手术室与产生噪声的房间之间	计权标准化声压级差+交通噪声频谱修正量$D_{nT,w}+C_{tr}$	≥50	≥45
病房之间及手术室、病房与普通房间之间	计权标准化声压级差+粉红噪声频谱修正量$D_{nT,w}+C$	≥50	≥45
诊室之间	计权标准化声压级差+粉红噪声频谱修正量$D_{nT,w}+C$	≥45	≥40
听力测听室与毗邻房间之间	计权标准化声压级差+粉红噪声频谱修正量$D_{nT,w}+C$	—	≥50
体外震波碎石室、核磁共振室与毗邻房间之间	计权标准化声压级差+交通噪声频谱修正量$D_{nT,w}+C_{tr}$	—	≥50

外墙、外窗和门的空气声隔声标准[❶] 表12

构件名称	空气声隔声单值评价量+频谱修正量（dB）	
外墙	计权隔声量+交通噪声频谱修正量R_w+C_{tr}	≥45
外窗	计权隔声量+交通噪声频谱修正量R_w+C_{tr}	≥30（临街一侧病房）
		≥25（其他）
门	计权隔声量+粉红噪声频谱修正量R_w+C	≥30（听力测听室）
		≥20（其他）

各类房间与上层房间之间楼板的撞击声隔声标准[❶] 表13

构件名称	撞击声隔声单值评价量	高要求标准（dB）	低限标准（dB）
病房、手术室与上层房间之间的楼板	计权规范化撞击声压级$L_{n,w}$（实验室测量）	＜65	＜75
	计权标准化撞击声压级$L'_{nT,w}$（现场测量）	≤65	≤75
听力测听室与上层房间之间的楼板	计权标准化撞击声压级$L'_{nT,w}$	—	≤60

注：当确有困难时，可允许上层为普通房间的病房、手术室顶部楼板的撞击声隔声单值评价量小于或等于85dB，但在楼板结构上应预留改善的可能条件。

❶ 摘自《民用建筑隔声设计规范》GB 50118-2010。

8
建筑环境

学校建筑隔声设计标准

教学用房隔墙、楼板的空气声隔声标准❶　　　　表1

构件名称	空气声隔声单值评价量+频谱修正量（dB）
语言教室、阅览室的隔墙与楼板	计权隔声量+粉红噪声频谱修正量R_W+C	>50
普通教室与各种产生噪声的房间之间的隔墙、楼板	计权隔声量+粉红噪声频谱修正量R_W+C	>50
普通教室之间的隔墙与楼板	计权隔声量+粉红噪声频谱修正量R_W+C	>45
音乐教室、琴房之间的隔墙与楼板	计权隔声量+粉红噪声频谱修正量R_W+C	>45

教学用房与相邻房间之间的空气声隔声标准❶　　表2

房间名称	空气声隔声单值评价量+频谱修正量（dB）
语言教室、阅览室与相邻房间之间	计权标准化声压级差+粉红噪声频谱修正量$D_{nT,w}+C$	≥50
普通教室与各种产生噪声的房间之间	计权标准化声压级差+粉红噪声频谱修正量$D_{nT,w}+C$	≥50
普通教室之间	计权标准化声压级差+粉红噪声频谱修正量$D_{nT,w}+C$	≥45
音乐教室、琴房之间	计权标准化声压级差+粉红噪声频谱修正量$D_{nT,w}+C$	≥45

外墙、外窗和门的空气声隔声标准❶　　　　　表3

构件名称	空气声隔声单值评价量+频谱修正量（dB）
外墙	计权隔声量+交通噪声频谱修正量R_W+C_{tr}	≥45
临交通干线的外窗	计权隔声量+交通噪声频谱修正量R_W+C_{tr}	≥30
其他外窗	计权隔声量+交通噪声频谱修正量R_W+C_{tr}	≥25
产生噪声房间的门	计权隔声量+粉红噪声频谱修正量R_W+C	≥25
其他门	计权隔声量+粉红噪声频谱修正量R_W+C	≥20

旅馆建筑隔声设计标准

客房墙、楼板的空气声隔声标准❶　　　　　　表4

构件名称	空气声隔声单值评价量+频谱修正量	特级（dB）	一级（dB）	二级（dB）
客房之间的隔墙、楼板	计权隔声量+粉红噪声频谱修正量R_W+C	>50	>45	>40
客房与走廊之间的隔墙	计权隔声量+粉红噪声频谱修正量R_W+C	>45	>45	>40
客房外墙（含窗）	计权隔声量+交通噪声频谱修正量R_W+C_{tr}	>40	>35	>30

客房之间、走廊与客房之间以及室外与客房之间的空气声隔声标准❶　　　　表5

构件名称	空气声隔声单值评价量+频谱修正量	特级（dB）	一级（dB）	二级（dB）
客房之间	计权标准化声压级差+粉红噪声频谱修正量$D_{nT,w}+C$	≥50	≥45	≥40
走廊与客房之间	计权标准化声压级差+粉红噪声频谱修正量$D_{nT,w}+C$	≥40	≥40	≥35
室外与客房	计权标准化声压级差+交通噪声频谱修正量$D_{nT,w}+C_{tr}$	≥40	≥35	≥30

客房外窗与客房门的空气声隔声标准❶　　　　表6

构件名称	空气声隔声单值评价量+频谱修正量	特级（dB）	一级（dB）	二级（dB）
客房外窗	计权隔声量+交通噪声频谱修正量R_W+C_{tr}	≥35	≥30	≥25
客房门	计权隔声量+粉红噪声频谱修正量R_W+C	≥30	≥25	≥20

客房楼板撞击声隔声标准❶　　　　　　　　　表7

楼板部位	撞击声隔声单值评价量	特级（dB）	一级（dB）	二级（dB）
客房与上层房间之间的楼板	计权规范化撞击声压级$L_{n,w}$（实验室测量）	<55	<65	<75
	计权标准化撞击声压级$L'_{nT,w}$（现场测量）	≤55	≤65	≤75

声学指标等级与旅馆建筑等级的对应关系❶　　表8

声学指标的等级	旅馆建筑的等级
特级	五星级以上旅游饭店及同档次旅馆建筑
一级	三、四星级旅游饭店及同档次旅馆建筑
二级	其他档次的旅馆建筑

办公建筑隔声设计标准

办公室、会议室隔墙、楼板的空气声隔声标准❶　表9

构件名称	空气声隔声单值评价量+频谱修正量	高要求标准（dB）	低限标准（dB）
办公室、会议室与产生噪声的房间之间的隔墙、楼板	计权隔声量+交通噪声频谱修正量R_W+C_{tr}	>50	>45
办公室、会议室与普通房间之间的隔墙、楼板	计权隔声量+粉红噪声频谱修正量R_W+C	>50	>45

办公室、会议室与相邻房间之间的空气声隔声标准❶　　表10

房间名称	空气声隔声单值评价量+频谱修正量	高要求标准（dB）	低限标准（dB）
办公室、会议室与产生噪声的房间之间	计权标准化声压级差+交通噪声频谱修正量$D_{nT,w}+C_{tr}$	≥50	≥45
办公室、会议室与普通房间之间	计权标准化声压级差+粉红噪声频谱修正量$D_{nT,w}+C$	≥50	≥45

办公室、会议室的外墙、外窗和门的空气声隔声标准❶　　表11

构件名称	空气声隔声单值评价量+频谱修正量（dB）
外墙	计权隔声量+交通噪声频谱修正量R_W+C_{tr}	≥45
临交通干线的办公室、会议室外窗	计权隔声量+交通噪声频谱修正量R_W+C_{tr}	≥30
其他外窗	计权隔声量+交通噪声频谱修正量R_W+C_{tr}	≥25
门	计权隔声量+粉红噪声频谱修正量R_W+C	≥20

商业建筑隔声设计标准

噪声敏感房间与产生噪声间之间的隔墙、楼板的空气声隔声标准❶　　　表12

围护结构部位	计权隔声量+交通噪声频谱修正量R_W+C_{tr}（dB）	
	高要求标准	低限标准
健身中心、娱乐场所等与噪声敏感房间之间的隔墙、楼板	>60	>55
购物中心、餐厅、会展中心等与噪声敏感房间之间的隔墙、楼板	>50	>45

噪声敏感房间与产生噪声房间之间的空气声隔声标准❶　　表13

房间名称	计权隔声量+交通噪声频谱修正量R_W+C_{tr}（dB）	
	高要求标准	低限标准
健身中心、娱乐场所等与噪声敏感房间之间	≥60	≥55
购物中心、餐厅、会展中心等与噪声敏感房间之间	≥50	≥45

噪声敏感房间顶部楼板的撞击声隔声标准❶　　表14

楼板部位	撞击声隔声单值评价量（dB）			
	高要求标准		低限标准	
	计权规范化撞击声压级$L_{n,w}$（实验室测量）	计权标准化撞击声压级$L'_{nT,w}$（现场测量）	计权规范化撞击声压级$L_{n,w}$（实验室测量）	计权标准化撞击声压级$L'_{nT,w}$（现场测量）
健身中心、娱乐场所等与噪声敏感房间之间的楼板	<45	≤45	<50	≤50

❶ 摘自《民用建筑隔声设计规范》GB 50118-2010。

8
建筑环境

设计要求的总规定

按工业生产、环境保护与建筑设计三方面要求进行的噪声预评价，应满足厂区内各处的噪声标准以及厂界噪声限制值两个方面。

设计步骤

1. 声源特性和受声点声学环境的分析
2. 受声点各倍频带声压级的估算,详见公式(1)

$$L_{pi} = L_{wi} + 10 \lg \left(\frac{Q}{4\pi r^2} + \frac{4}{R_r} \right) \qquad (1)$$

式中：L_{pi}—受声点需预测的各倍频带声压级(dB)；

L_{wi}—声源各倍频带声功率级(dB)；

Q—声源指向性因数,当声源位于室内中央,Q=1；当声源位于室内地面中央或某一墙面中心时,Q=2；当声源位于室内某一边线中点时,Q=4；当声源位于室内某一角落时,Q=8；

r—声源距受声点距离(m)；

R_r—声学环境的房间常数(m²),$R_r = s\bar{a}/(1-\bar{a}) = A/(1-\bar{a})$,其中：$s$为房间内总表面积(m²),$\bar{a}$为房间内平均吸声系数,$A$为房间内总吸声量(m²)。

对于多声源情况,可分别求出各声源在各受声点产生的声压级,然后按声压级合成法则计算受声点各倍频带的声压级。

3. 估算值与受声点允许声压级的比较
4. 倍频带需要隔声量的计算,详见公式(2)

$$R = L_p - L_{pa} + 5 \qquad (2)$$

式中：R—各倍频带需要隔声量(dB)；

L_p—受声点各倍频带声压级(dB)；

L_{pa}—受声点各倍频带允许声压级(dB)。

隔声结构与隔声构件应能满足各倍频带需要隔声量的要求。

5. 隔声构造的选择 [2]

(1)对声源进行隔声设计,可采用隔声罩的结构形式；对接收者进行隔声设计,可采用隔声间(室)的结构形式；对噪声传播途径进行隔声设计,可采用隔声墙与隔声屏的结构形式。必要时也可同时采用上述几种结构形式。

(2)隔声罩的设计,应遵守下列规定：隔声罩宜采用带有阻尼的、厚度为0.5~2mm的钢板或铝板制作,阻尼层厚度≥金属板厚的1~3倍；隔声罩内壁面与机械设备间应留有较大的空间,通常应留设备所占空间的1/3以上,各内壁面与设备的空间距离≥100mm；罩内侧面必须敷设吸声层,吸声材料应有较好的护面层；罩内焊缝及接缝,应避免漏声,罩与地面接触部分,应注意密封及固体声隔离；设备控制、计量开关宜引到罩外,并设观察窗。通风、排烟及工艺开口均应设消声器,消声量应与罩隔声量相当。

(3)有大量自动化与各种仪表的中心控制室,及其他监督、观察、休息用隔声间(室)等,应有消声通风措施,其设计降噪量,可在20~50dB的范围内选取。

(4)隔声屏设置应靠近声源或接收者。室内设隔声罩时,应在接收者附近做有效的吸声处理。隔声室内应敷吸声材料。

隔声罩的降噪量（单位：dB） 表1

隔声罩结构形式	A声级降噪量
固定密封型	30~40
活动密封型	15~30
局部开敞型	10~20
带有通风散热消声器的隔声罩	15~25

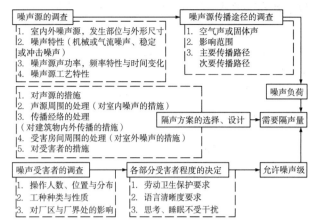

注：按上述程序对厂内主要噪声源编号制成资料卡片,并按所在位置标明在厂平面图上,就能反映出全厂噪声分布状况与相互关系。公共建筑若有比较复杂的情况,也应按照这一程序准备资料。

1 噪声情况调查与分析图

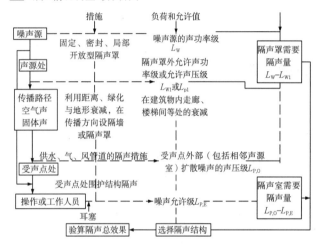

根据测定的计算分析,确定其用何种隔声措施(如声源、接收者、传播途径或几种措施同时采用),必要时需作方案比较。

2 隔声方案的选择与比较图

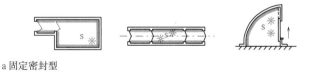

a 固定密封型

b 活动密封型

c 开敞型

━━━ 隔声罩壁　━━━ 吸声材料　✳ 声源

3 隔声罩与半隔声罩的常用形式

单层墙的空气隔声计算

1. 质量定律

部件的每单位面积质量（m）或噪声的频率（f）增加一倍时，隔声量增加6dB。由于吻合效应❶及其他影响，实际情况见③。

2. 按简化公式计算隔声量

$$\overline{R}=23\lg m-9dB(m>200kg/m^2)$$
$$\overline{R}=13.5\lg m+13dB(m<200kg/m^2)$$

3. 平台作图法求隔声量

一般单层墙的隔声性能如④中折线所示。折线上A左的线段由③决定，A、B间的平线和高由表2决定，B右的线段决定于墙的大小、边缘及内部阻尼。

双层墙的隔声

1. 共振频率

双层墙只有在共振频率f_p以上范围时，隔声量才显著增加，f_p常控制在等于或小于100Hz以内。

$$f_p=500\sqrt{E/(m_1+m_2)\delta}\ (Hz)$$

式中：δ—空气层厚度（cm）；
p—墙的总厚度；
E—空气的弹性模量（kg/m²）；
m_1，m_2—墙的面密度（kg/m²）。

2. 隔声量计算（ΔR值参见⑤）

$$\overline{R}=13.5\lg(m_1+m_2)+13+\Delta R(dB)\ (1)$$
$$\overline{R}=18\lg(m_1+m_2)+8+\Delta R(dB)\ (2)$$

$(m_1+m_2)<200kg/m^2$时用（1）；
$(m_1+m_2)>200kg/m^2$时用（2）。

3. 双层墙的设计，应符合下列要求：

（1）隔声构造的共振频率宜设计在50Hz以下，空气层厚度不小于50mm。

（2）吻合效应不宜出现在中频段。双层构造各层厚度不应相同，也可采用不同刚度或增加阻层等办法处理。

（2）双层之间的连接，应避免出现声桥，双层构造层之间，双层构造与基础之间宜彼此完全脱开。

（4）双层构造之间宜填充多孔吸声材料，其平均隔声量按加5dB计。

❶ 吻合效应是墙壁由于声波作用所产生的受迫弯曲波波长，若与入射声声波长正好吻合（见②）将激发墙的共振，使隔声下降。应使f_c低于或高于日常噪声频率范围，即$f_c<50Hz$或$f_c>3200Hz$，见表1。

常用建筑材料的吻合频率范围　　表1

材料	厚度(mm)	吻合临界频率f_c(Hz)
砖墙	600～700	>50
木板、石膏板、玻璃等	一般厚度	50<f_c<4000
木纤维板	建筑用板12	>3000
	硬板3.5	>10000
铝、铁、铅等薄板	一般厚度	>10000

注：当板厚度或劲度增加，f_c下移；板厚度或劲度减少，则f_c上移。常用此法使f_c移出日常听闻频率范围。

常用建筑材料隔声作图数据　　表2

材料	面密度(kg/m²)	平线高度h(dB)	平线宽度f_b/f_a
混凝土	24	38	4.5
砖	18	37	4.5
玻璃	25	27	10
杉木胶合板	6	19	6.5
焦渣砌块	14	30	6.5

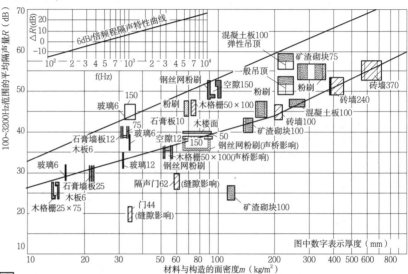

① 材料和构造的隔声量

注：发生吻合效应的频率为吻合临界频率。

② 声波斜入射与吻合效应

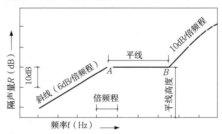

③ 墙壁的质量、声频和隔声量的关系

作图法说明：
1.按砖墙面密度的任一频率求出$f·m$值，并由③确定隔声量R值，过该频率R值点作6dB/倍频程的斜线。
2.由表2查得砖的平台高度为37dB，按此高度作平线与上述斜线交于A点，A点对应的频率为f_a值。
3.由表2查得砖的平线宽度$f_b/f_a=4.5$，并由此求得f_b值，后可决定B点位置。
4.过B点作10dB/倍频程的斜线，并逐渐平坦如④中表示的虚曲线。

④ 均质墙隔声计算图

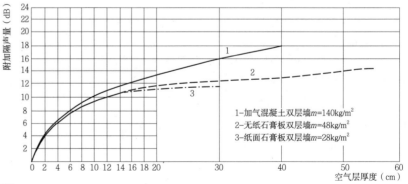

1—加气混凝土双层墙$m=140kg/m^2$
2—无纸石膏板双层墙$m=48kg/m^2$
3—纸面石膏板双层墙$m=28kg/m^2$

⑤ 隔声量计算曲线

楼板撞击声隔声

弹性垫层楼板撞击声改善值计算公式：

$$\Delta L=40\lg(f/f_0), \quad f_0=\frac{1}{2\pi}\sqrt{\frac{2E}{md}}$$

式中：ΔL—撞击声改善值(dB)；
$\quad f$—噪声频率(Hz)；
$\quad d$—垫层材料厚度(cm)；
$\quad f_0$—面层与垫层构成的弹性系统共振频率(Hz)；
$\quad E$—垫层材料的弹性模量(kg/cm^2)，查表3；
$\quad m$—面层材料的面密度(kg/m^2)。

常用建筑材料的声衰减量（单位：dB/m）表1

材料名称	铁	砖石结构	混凝土	木材
衰减量	0.01~0.03	0.02~0.13	0.03~0.20	0.05~0.33

几种垫层材料容重M和弹性模量E　表2

材料名称	M（kg/m^2）	E（N/m^2）
加气混凝土	600	1.5×10^9
杉木	400	5.0×10^9
软质纤维板	500	7.0×10^8
水泥木丝板	600	2.0×10^8
弹性橡胶	950	$1.5\sim5.0\times10^6$
氯乙烯泡沫	77	1.7×10^7
乙烯基纤维	43	1.7×10^7
苯乙烯泡沫	15	2.5×10^6

门和窗的隔声

建筑外窗隔声性能分级　　表3

等级	R_w值的范围	相应的窗型
I	$R_w\geq45$	双层固定窗，分立双层墙上的平开窗
II	$45>R_w\geq40$	双层平开铝、塑窗，固定—平开双层窗
III	$40>R_w\geq35$	叠合玻璃固定窗，双层平开铝窗
IV	$35>R_w\geq30$	平开铝窗，中空玻璃窗，固定窗
V	$30>R_w\geq25$	平开铝、塑窗，部分密缝钢窗

注：本表摘自《建筑门窗空气声隔声性能分级及检测方法》GB/T 8485—2008。

a
40mm厚配筋混凝土板
6mm厚CHN-SAILI隔声减振垫层
100mm厚楼板
$L_{n,w}$: 61dB　　$\Delta L_{n,w}$: 17dB

b
50mm厚配筋混凝土板
6mm厚GOMA-GS减振垫层
100mm厚楼板
$L_{n,w}$: 59dB　　$\Delta L_{n,w}$: 19dB

c
40mm厚配筋混凝土板
5mm厚Zosibo减振隔声垫板
100mm厚楼板
$L_{n,w}$: 59dB　　$\Delta L_{n,w}$: 19dB

d
40mm厚配筋混凝土板
5mm厚Horeq-01减振隔声板
100mm厚楼板
$L_{n,w}$: 59dB　　$\Delta L_{n,w}$: 19dB

e
40mm厚配筋混凝土板
5mm厚Horeq减振隔声板
100mm厚楼板
$L_{n,w}$: 59dB　　$\Delta L_{n,w}$: 19dB

f
40mm厚配筋混凝土板
5mm厚3E聚乙烯减振隔声板
100mm厚楼板
$L_{n,w}$: 61dB　　$\Delta L_{n,w}$: 17dB

g
40mm厚混凝土板
5mm厚楼板隔声减振垫
100mm厚楼板
$L_{n,w}$: 64dB　　$\Delta L_{n,w}$: 14dB

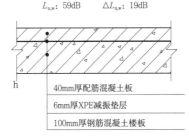

h
40mm厚配筋混凝土板
6mm厚XPE减振垫层
100mm厚钢筋混凝土楼板
$L_{n,w}$: 65dB　　$\Delta L_{n,w}$: 13dB

i
40mm厚配筋混凝土板
50mm厚Horeq-D1减振垫
100mm厚楼板
$L_{n,w}$: 47dB　　$\Delta L_{n,w}$: 31dB

j
40mm厚配筋混凝土板
9mm厚新静界减振垫
100mm厚楼板
$L_{n,w}$: 60dB　　$\Delta L_{n,w}$: 18dB

k
40mm厚配筋混凝土板
7mm厚静音宝隔声板隔声垫
100mm厚钢筋混凝土楼板
$L_{n,w}$: 62dB　　$\Delta L_{n,w}$: 16dB

l
40mm厚配筋混凝土板
11mm厚新静界减振垫
100mm厚楼板
$L_{n,w}$: 55dB　　$\Delta L_{n,w}$: 23dB

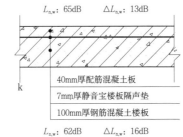

m
50mm厚HT泡沫混凝土
100mm厚钢筋混凝土楼板
$L_{n,w}$: 73dB　　$\Delta L_{n,w}$: 5dB

n
100mm厚PR吸声降噪毡
100mm厚楼板
$L_{n,w}$: 52dB　　$\Delta L_{n,w}$: 26dB

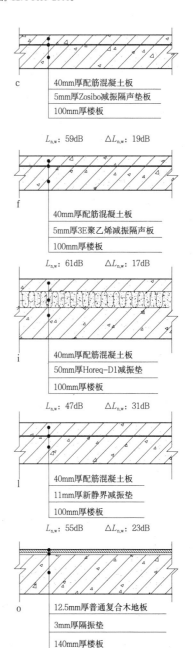

o
12.5mm厚普通复合木地板
3mm厚隔振垫
140mm厚楼板
$L_{n,w}$: 57dB　　$\Delta L_{n,w}$: 21dB

$L_{n,w}$—计权规范化撞击声压级(dB)；$\Delta L_{n,w}$—撞击声压级改善量(dB)。

1 隔声楼板类型及效果

8
建筑环境

声环境功能区分类

按区域的使用功能特点和环境质量要求，声环境功能区分为以下5种类型：

0类声环境功能区：指康复疗养区等特别需要安静的区域。

1类声环境功能区：指以居民住宅、医疗卫生、文化教育、科研设计、行政办公为主要功能，需要保持安静的区域。

2类声环境功能区：指以商业金融、集市贸易为主要功能，或者居住、商业、工业混杂，需要维护住宅安静的区域。

3类声环境功能区：指以工业生产、仓储物流为主要功能，需要防止工业噪声对周围环境产生严重影响的区域。

4类声环境功能区：指交通干线两侧一定距离之内，需要防止交通噪声对周围环境产生严重影响的区域，包括4a类和4b类两种类型。4a类为高速公路、一级公路、二级公路、城市快速路、城市主干路、城市次干路、城市轨道交通（地面段）、内河航道两侧区域；4b类为铁路干线两侧区域。

工业企业厂区内各类地点的噪声A声级，按照地点类别的不同，不得超过表2所列的噪声限制值。

当固定设备排放的噪声通过建筑物结构传播至噪声敏感建筑物室内时，噪声敏感建筑物室内等效声级不得超过表3和表4规定的限值。

环境噪声限值（单位：dB）　　　　　　　　　表1

声环境功能区类别		昼间	夜间
0类		50	40
1类		55	45
2类		60	50
3类		65	55
4类	4a类	70	55
	4b类	70	60

注：1. 夜间突发的噪声，其最大值不准超过标准值15dB。
　　2. 各类声环境适用区域由当地人民政府划定。
　　3. 昼间、夜间的时间由当地人民政府按当地习惯和季节变化划定（北京地区为白天6：00~22：00，夜晚22：00~6：00）。
　　4. 标准规定，城市区域环境噪声的测量位置在居住窗外或厂界外1m处。一般地，室外环境噪声通过打开的窗户传入室内大致比室内低10dB。
　　5. 本表摘自《声环境质量标准》GB 3096-2008。

工业企业厂区内各类地点噪声标准　　　　　　表2

序号	地点类别		噪声限值[dB（A）]
1	生产车间		90
2	高噪声车间设置的值班室、观察室、休息室（室内背景噪声级）	无电话通信要求时	75
		有电话通信要求时	70
3	正常工作状态下精密装配线、精密加工车间计算机房		70
4	车间所属办公室、实验室、设计室内背景噪声级		70
5	主控制室、集中控制室、通信室、电话总机室、消防值班室、一般办公室、会议室、设计室、实验室内背景噪声级		60
6	厂部所属办公室、会议室、设计室、中心实验室（包括试验、化验、计量室）室内背景噪声级		60
7	医务室、教室、值班宿舍室内背景噪声级		55

注：1. 本表所列的噪声级，均应按现行的国家标准测量确定。
　　2. 对于工人每天接触噪声不足8h的场合，可根据实际接触噪声的时间，按接触时间减半噪声限制值增加3dB的原则，确定其噪声限制值。
　　3. 室内背景噪声级是指在无噪声源发声的条件下，从外部经由墙、门、窗（门窗启闭状况为常规状况）传入室内的室内平均噪声级。
　　4. 本表摘自《工业企业噪声控制设计规范》GB/T 50087-2013。

结构传播固定设备室内噪声排放限值（等效声级）　　表3

噪声敏感建筑物所处声环境功能区类别	A类房间		B类房间	
	昼间（dB）	夜间（dB）	昼间（dB）	夜间（dB）
0	40	30	40	30
1	40	30	45	35
2、3、4	45	35	45	35

注：1. A类房间是指以睡眠为主要目的，需要保证夜间安静的房间，包括住宅卧室、医院病房、宾馆客房等。
　　2. B类房间是指主要在昼间使用，需要保证思考与精神集中、正常讲话不被干扰的房间，包括学校教室、办公室、会议室、住宅中卧室以外的其他房间等。
　　3. 本表摘自《工业企业厂界环境噪声排放标准》GB 12348-2008。

结构传播固定设备室内噪声排放限值（倍频带声压级）　　表4

噪声敏感建筑物所处声环境功能区类别	时段	房间类型	室内噪声倍频带声压级限值（dB）				
			31.5Hz	63Hz	125Hz	250Hz	500Hz
0	昼间	A、B类房间	76	59	48	39	34
	夜间	A、B类房间	69	51	39	30	24
1	昼间	A类房间	76	59	48	39	34
		B类房间	79	63	52	44	38
	夜间	A类房间	69	51	39	30	24
		B类房间	72	55	43	35	29
2、3、4	昼间	A类房间	79	63	52	44	38
		B类房间	82	67	56	49	43
	夜间	A类房间	72	55	43	35	29
		B类房间	76	59	48	39	34

注：本表摘自《工业企业厂界环境噪声排放标准》GB 12348-2008。

住宅及公共建筑容许噪声标准　　　　　　　　表5

建筑类别	房间名称	时间	高要求标准[dB（A）]	低限标准[dB（A）]
住宅	卧室	昼间	≤40	≤45
		夜间	≤30	≤37
	起居室（厅）	—	≤40	≤45
学校	语言教室、阅览室	—	≤40	
	普通教室、实验室、计算机房	—	≤45	
	音乐教室、琴房	—	≤45	
	教师办公室、休息室、会议室	—	≤45	
	舞蹈教室、健身房	—	≤50	
	教学楼中封闭的走廊、楼梯间	—	≤50	
医院	病房、医护人员休息室	昼间	≤40	≤45
		夜间	≤35	≤45
	各类重症监护室	昼间	≤40	≤45
		夜间	≤35	≤40
	诊室	—	≤40	≤45
	手术室、分娩室	—	≤40	≤45
	洁净手术室	—	—	≤50
	人工生殖中心净化区	—	—	≤40
	听力测听室	—	—	≤25
	化验室、分析实验室	—	—	≤40
	入口大厅、候诊厅	—	≤50	≤55
办公建筑	单人办公室	—	≤35	≤40
	多人办公室	—	≤40	≤45
	电视电话会议室	—	≤35	≤40
	普通会议室	—	≤40	≤45
商业建筑	商场、商店、购物中心、会展中心	—	≤50	≤55
	餐厅	—	≤45	≤55
	员工休息室	—	≤40	≤45
	走廊	—	≤50	≤60

注：本表摘自《民用建筑隔声设计规范》GB 50118-2010。

旅馆容许噪声标准　　　　　　　　　　　　　表6

建筑类别	房间名称	时间	特级	一级	二级
旅馆	客房	昼间	≤35	≤40	≤45
		夜间	≤30	≤35	≤40
	办公室、会议室		≤40	≤45	≤45
	多用途厅		≤40	≤45	≤50
	餐厅、宴会厅		≤45	≤50	≤55

注：1. 特级指五星级以上旅游饭店及同档次旅馆建筑；一级指三、四星级旅游饭店及同档次旅馆建筑；二级指其他档次的旅馆建筑。
　　2. 本表摘自《民用建筑隔声设计规范》GB 50118-2010。

隔声楼板构造

楼板撞击声声压级计权声级 $L_{n,w}$
表1

类别	序号	说明	撞击声声压级（dB）						$L_{n,w}$	类别	序号	说明	撞击声声压级（dB）						$L_{n,w}$
			125	250	500	1k	2k	4k					125	250	500	1k	2k	4k	
减振块	1	内填离心玻璃棉隔振块	47.9	52.0	52.5	48.7	39.0	26.3	49	地砖	14	3厚热塑性聚氨酯地砖	67.8	66.5	62.1	47.5	28.1	20.5	61
	2	anoicon-r减振块	53.1	47.1	43.3	36.3	25.3	24.1	43		15	9厚地砖	66.2	63.7	64.6	57.5	54.7	52.2	62
	3	浮筑地板阻尼减振块	50.9	53.6	41.3	30.7	19.0	20.3	46		16	11厚地砖（面密度24kg/m²）	60.9	65.4	67.5	63.3	55.3	44.3	64
	4	内填岩棉减振垫（间距400）	53.0	51.0	45.5	44.7	37.9	35.8	48		17	11厚地砖（面密度13.3kg/m²）	58.8	66.3	67.6	63.5	58.1	49.5	65
5mm+40mm 混凝土	5	40厚混凝土层+5厚减振隔声垫	64.1	63.1	55.0	51.6	44.8	40.7	58		18	10厚陶瓷地砖	68.8	68.7	70.6	64.6	55.6	47.8	66
	6	40厚混凝土层+5厚Zosibo-01	65.2	69.7	61.9	57.4	49.6	42.8	62	弹簧	19	浮筑底板弹簧减振器	47.5	51.0	38.2	28.3	26.4	23.2	43
	7	40厚混凝土层+5厚anoicon-01	62.1	69.2	60.3	52.4	45.6	40.4	59		20	螺旋钢弹簧隔振器	48.0	52.0	43.0	41.0	42.0	44.5	49
	8	50厚混凝土层+5厚Zosibo-01	66.4	67.1	59.7	49.9	36.8	23.3	60	石材	21	大理石+隔声垫	58.6	67.6	60.1	55.6	48.6	44.8	60
木地板	9	木地板+橡胶减振垫	56.0	64.2	56.8	43.9	33.2	20.6	56	特殊结构	22	8厚减振隔声垫	67.4	66.9	56.7	46.2	33.9	25.1	60
	10	木地板+Enkasonic隔振垫	60.5	54.5	49.0	32.5	18.0	14.0	50		23	300高地板支架	38.9	39.2	45.0	46.6	25.9	13.0	43
	11	木地板+Zosibo-02	60.0	64.3	53.9	37.6	20.7	17.3	56		24	Flocell SD型三维复合隔振垫	69.2	59.1	49.5	31.4	17.9	17.9	57
	12	木地板+雷帝QT橡胶隔振垫	51.8	51.4	44.7	37.0	27.1	14.8	45		25	10厚尼龙地毯	44.6	41.7	46.7	54.9	60.6	60.1	52
	13	木地板+Flocell EF专业隔声垫	69.3	65.7	61.9	52.8	34.6	31.9	60		26	5厚减振隔声垫	66.8	67.0	59.9	44.9	32.9	25.5	60

注：表中序号与下图序号对应。

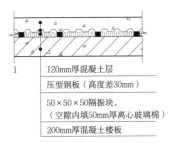

1　120mm厚混凝土层
　　压型钢板（高度差30mm）
　　50×50×50隔振块，
　　（空隙内填50mm厚离心玻璃棉）
　　200mm厚混凝土楼板

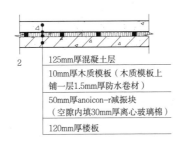

2　125mm厚混凝土层
　　10mm厚木质模板（木质模板上铺一层1.5mm厚防水卷材）
　　50mm厚anoicon-r减振块（空隙内填30mm厚离心玻璃棉）
　　120mm厚楼板

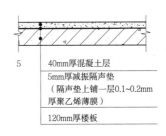

5　40mm厚混凝土层
　　5mm厚减振隔声垫（隔声垫上铺一层0.1~0.2mm厚聚乙烯薄膜）
　　120mm厚楼板

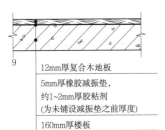

9　12mm厚复合木地板
　　5mm厚橡胶减振垫，约1~2mm厚胶粘剂（为未铺设减振垫之前厚度）
　　160mm厚楼板

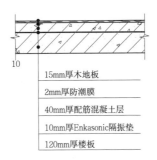

10　15mm厚木地板
　　2mm厚防潮膜
　　40mm厚配筋混凝土层
　　10mm厚Enkasonic隔振垫
　　120mm厚楼板

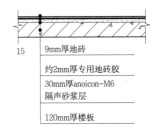

15　9mm厚地砖
　　约2mm厚专用地砖胶
　　30mm厚anoicon-M6隔声砂浆层
　　120mm厚楼板

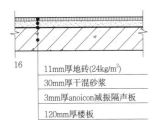

16　11mm厚地砖（24kg/m²）
　　30mm厚干混砂浆
　　3mm厚anoicon减振隔声板
　　120mm厚楼板

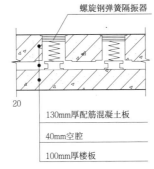

螺旋钢弹簧隔振器

20　130mm厚配筋混凝土板
　　40mm空腔
　　100mm厚楼板

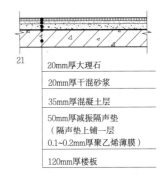

21　20mm厚大理石
　　20mm厚干混砂浆
　　35mm厚混凝土层
　　50mm厚减振隔声垫（隔声垫上铺一层0.1~0.2mm厚聚乙烯薄膜）
　　120mm厚楼板

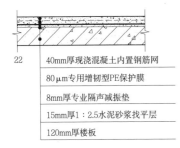

22　40mm厚现浇混凝土内置钢筋网
　　80μm专用增韧型PE保护膜
　　8mm厚专业隔声减振垫
　　15mm厚1:2.5水泥砂浆找平层
　　120mm厚楼板

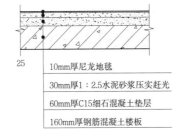

25　10mm厚尼龙地毯
　　30mm厚1:2.5水泥砂浆压实赶光
　　60mm厚C15细石混凝土垫层
　　160mm厚钢筋混凝土楼板

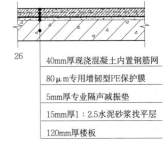

26　40mm厚现浇混凝土内置钢筋网
　　80μm专用增韧型PE保护膜
　　5mm厚专业隔声减振垫
　　15mm厚1:2.5水泥砂浆找平层
　　120mm厚楼板

1 常见隔声楼板构造

8 建筑环境

隔声门窗构造

门和窗的空气声隔声量和计权隔声量R_W　　　　　　　　　　　　　　　　表1

类别	序号	说明	空气声隔声量（dB）						R_W	类别	序号	说明	空气声隔声量（dB）						R_W
			125	250	500	1k	2k	4k					125	250	500	1k	2k	4k	
单层玻璃	1	3mm玻璃	15.7	20.5	25.8	31.1	35.4	35.6	30	隔声窗	19	双层木窗	27.7	33.6	42.8	50.6	57.0	59.5	47
	2	4mm玻璃	13.5	23.0	27.4	33.5	35.9	28.7	31		20	铝框固定窗	40.6	39.8	57.7	65.8	74.5	69.2	53
	3	5mm玻璃	19.1	24.6	28.6	34.6	32.4	31.3	32		21	铝框固定窗	42.4	49.2	59.8	64.8	73.1	72.2	61
	4	6mm玻璃	19.6	24.0	30.9	35.1	28.4	34.4	32		22	双层玻璃木窗	30.1	36.4	46.7	57.2	57.4	53.0	49
中空玻璃	5	5/6/5	24.5	21.1	27.4	34.1	36.1	34.6	32		23	三层玻璃窗	44.0	53.0	55.0	68.0	60.0	71.0	60
	6	5/9/5	27.3	19.8	30.3	35.1	35.2	33.8	32		24	有机玻璃窗	45.0	52.0	59.0	69.0	75.0	75.0	63
	7	5/13/5	26.9	22.4	31.4	35.8	38.4	35.8	33		25	双层固定木窗	26.1	37.3	40.6	46.8	47.9	51.1	45
	8	6/6/6	32.2	20.9	27.2	36.4	31.1	38.9	32		26	双层固定塑料窗	27.8	35.2	43.7	49.7	54.3	54.2	45
	9	5/6/5/6/5	35.3	28.8	31.7	37.7	35.5	36.6	36	隔声门	27	空腹钢门	11.4	22.3	22.6	24.7	23.4	20.2	23
各类成品窗	10	铝推拉窗	19.4	21.1	19.6	20.7	18.7	20.5	20		28	金属隔声门	31.4	41.6	45.2	48.0	48.9	52.0	47
	11	一般钢窗	12.7	15.1	22.2	23.9	20.1	23.5	22		29	磁条密封隔声门	23.9	35.9	34.7	39.0	43.4	48.2	39
	12	密封钢窗	17.5	16.6	25.8	28.7	31.5	32.4	28		30	充气隔声门	37.0	40.0	53.0	64.0	68.0	84.0	56
	13	塑料平开窗	20.7	26.5	27.4	30.7	33.8	32.3	31		31	隔声防火门	26.3	39.6	41.1	42.2	48.4	49.9	43
	14	铝平开窗	25.3	22.9	27.7	35.2	34.4	33.0	31		32	消声门缝钢门	26.8	25.8	26.3	41.1	44.3	36.2	35
成品门	15	木质	14.6	14.5	24.1	27.4	26.6	22.6	24		33	消声门缝铝门	22.8	24.2	23.5	34.3	40.2	33.6	30
	16	塑料	16.9	20.4	20.7	20.9	19.4	21.3	21		34	多层复合板门	28.6	23.4	26.7	33.7	40.4	40.7	33
声闸	17	单开门	44.0	51.0	60.0	62.0	57.0	57.0	58		35	J649标准门	36.1	39.6	39.8	50.2	50.4	53.7	44
	18	双开门	45.0	44.0	52.0	48.0	50.0	55.0	50		36	双道推拉充气门	48.0	49.0	46.5	56.0	56.0	58.0	53

注：表中序号与下图序号对应。

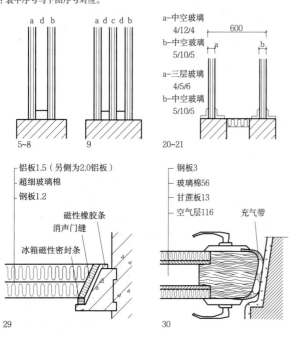

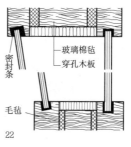

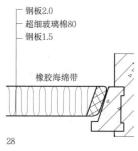

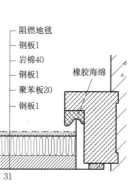

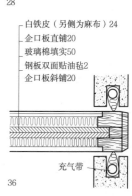

1 常见隔声门窗构造

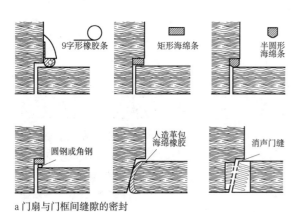

2 隔声门门缝常用密封方法

噪声控制

噪声控制方法及措施　　　　　　　　　　　表1

部位	方法	措施
声源	1.降低声源的发声强度； 2.改变声源的频率特性，呈现特性或方向性； 3.避免声源与其相邻传递媒质的耦合	改善设备等； 改善声源本身的设计及安装方位等； 机座的减振设备等
传递过程	1.增加传递途径； 2.吸收或限制传递途径上的声能； 3.利用不连续媒质表面的反射和阻挡	尽量远离噪声源； 采用吸声处理及利用温度、风向、湿度、气压、绿化的影响等； 采用隔声处理
接收	1.控制暴露时间； 2.采用防护器具； 3.降低到达听者耳朵附近的声强	适当调换工作时间或轮流工作等； 90dB以上时，可用耳塞等方法； 用电子控制技术，抵消噪声

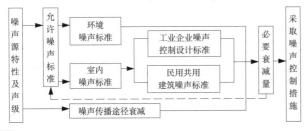

1 噪声控制设计程序图

铁路机车运转时的一些典型噪声　　　　　　表2

声源	测距	声级 [dB(A)]
汽笛	10	128~132
风笛	10	90~100
电力机车	司机室内	82~87
	机器间	98~101
内燃机车	司机室内	99~108
	机器间	116~120
蒸汽机车	司机室内	100
列车（60km/h）	5	106
蒸汽机车安全阀排气	5	120~130
蒸汽机车烟囱排气	5	118
车厢挂钩碰撞	5	105

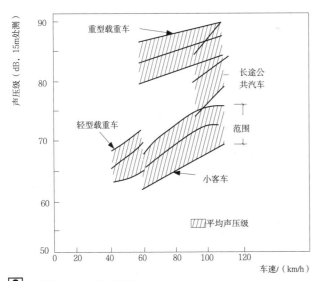

2 不同车速下各种车噪声

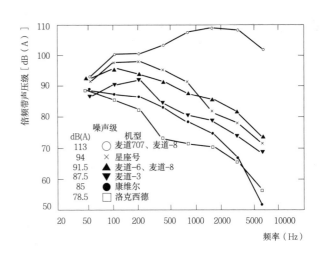

3 不同机型的噪声值

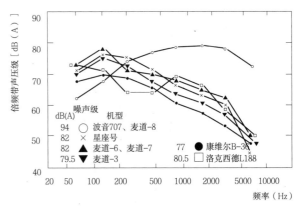

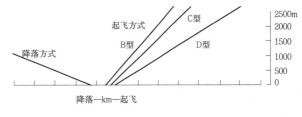

a B型起飞航道dB（A）范围

b C型起飞航道dB（A）范围

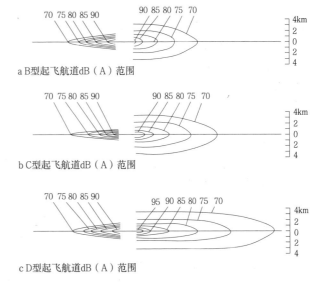

c D型起飞航道dB（A）范围

4 某型号飞机起飞时对跑道周围的等噪声级dB(A)曲线

8
建筑环境

生活、工业、交通噪声特点

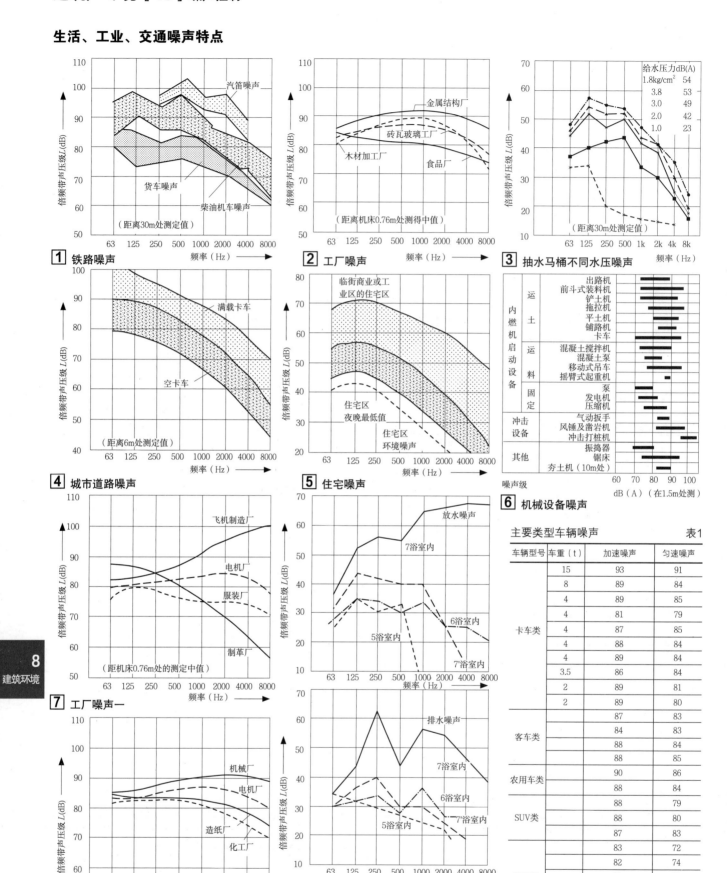

1 铁路噪声

2 工厂噪声

3 抽水马桶不同水压噪声

4 城市道路噪声

5 住宅噪声

6 机械设备噪声

7 工厂噪声一

8 工厂噪声二

9 住宅浴缸噪声特点

7浴室与7'浴室为同在七层相邻浴室，6浴室与5浴室为与7浴室平面位置相同的六层、五层浴室。

主要类型车辆噪声　　　　　　　　　　表1

车辆型号	车重（t）	加速噪声	匀速噪声
卡车类	15	93	91
	8	89	84
	4	89	85
	4	81	79
	4	87	85
	4	88	84
	4	89	84
	3.5	86	84
	2	89	81
	2	89	80
客车类		87	83
		84	83
		88	84
		88	85
农用车类		90	86
		88	84
SUV类		88	79
		88	80
		87	83
轿车类		83	72
		82	74
		81	73
		82	74
		82	72

注：以上所测数据距离车辆7.5m处，噪声单位为dB（A）。

8　建筑环境

消声器的种类

消声器是一种可使气流通过而能降低噪声的装置。对于消声器有三方面的基本要求；一是有较好的消声频率特性；二是空气阻力损失小；三是结构简单，施工方便，使用寿命长，体积小，造价低。

消声器的原理、形式、规格、材料、性能以及用途等各不相同，按照消声特性可分为阻性消声器、抗性消声器、复合式消声器、有源消声器等。

消声器类型表　　　　　　　　　　　　　　　　表1

类别	形式	消声性能	主要用途
阻性消声器	管式、片式、蜂窝式（列管式）、折板式、声流式、弯头式（消声弯头）、小室式、百叶式	中高频	通风空调系统管道、机房进出风口等
抗性消声器	扩张式（或膨胀式）、共振式、微穿孔板式、干涉式	中低频	柴油机等以中低频噪声为主的设备噪声
复合式消声器	阻抗复合式、阻性及共振复合式、抗性及微穿孔复合式	宽频带	宽频带噪声
有源消声器	前馈式、反馈式	低频	低频噪声的通风管道

a 矩形管式　　b 圆形管式　　c 片式　　　d 蜂窝式

e 列管式　　　f 折板式　　　　g 声流式

h 弯头式　　　i 多室式　　　j 圆盘式　　k 百叶式

1 常用阻性消声器形式示意图

隔声间

隔声间的形式应根据需要而定，常用的有封闭式、三边式或迷宫式。迷宫式隔声间的特点是入口曲折，能吸收更大的噪声，由于它可以不设门扇，工作人员出入比较方便。

不影响工作的最小宽度

隔声间后部工作人员座位

门的面积尽量小

a 封闭式隔声间　　　　b 迷宫式隔声间

c 封闭式隔声间剖面图　　d 迷宫式隔声间平面图

2 隔声间构造

隔声罩

隔声罩用来隔绝机器设备向外辐射噪声，是在声源处控制噪声的有效措施。隔声罩通常是兼有隔声、吸声、阻尼、隔振和通风、消声等功能的综合体。

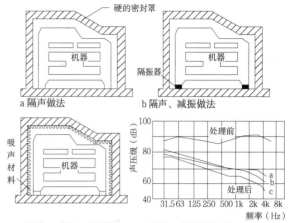

硬的密封罩

机器

机器

隔振器

吸声材料

机器

a 隔声做法　　　　　　b 隔声、减振做法

c 隔声、减振、吸声做法　　d 隔声、减振效果对比

3 机器不同减振做法

降噪效果评价曲线

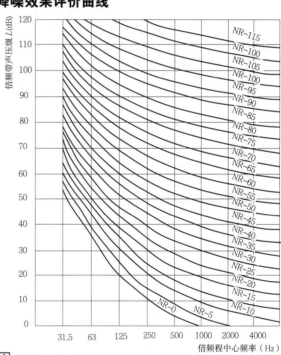

4 NR噪声曲线

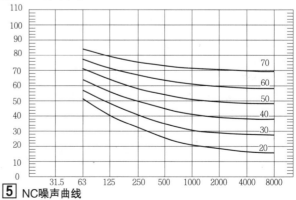

5 NC噪声曲线

噪声衰减计算

声波在大气中传播时的衰减系数（单位: dB/100m）　　　表1

温度	相对湿度	频率(Hz)					
		125	250	500	1000	2000	4000
30℃(86°F)	30%	0.04	0.15	0.38	0.68	1.2	3.2
	50%	0.03	0.10	0.33	0.75	1.3	2.5
	70%	0.02	0.08	0.27	0.74	1.4	2.5
20℃(68°F)	30%	0.05	0.14	0.27	0.51	1.3	4.4
	50%	0.04	0.12	0.28	0.50	1.0	2.8
	70%	0.03	0.10	0.27	0.54	0.96	2.3
10℃(50°F)	30%	0.05	0.11	0.22	0.61	2.1	7.0
	50%	0.04	0.11	0.20	0.41	1.2	4.2
	70%	0.04	0.10	0.20	0.38	0.92	3.0
0℃(32°F)	30%	0.04	0.10	0.31	1.08	3.3	7.4
	50%	0.04	0.08	0.19	0.60	2.1	6.7
	70%	0.04	0.08	0.16	0.42	1.4	5.1

注: 温度和相对湿度中间值的大气衰减系数可用内插法求得。

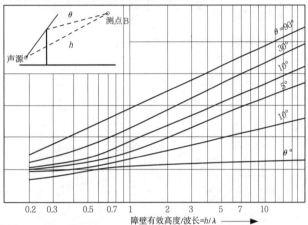

① 障壁的衰减作用

室外噪声的衰减计算举例

　　试计算以建筑物为障壁对噪声的减弱作用。

　　1. 确定噪声声级，采用公路噪声的上限值，列于表2第2列中。

　　2. 将声级C网格数据修正为A网格数据，列于表2第4列中。

　　3. 确定因距离增加而衰减的声级，按⑥，采用平均行车距离$S=100$m曲线，声压降低值为15dB。求得距声源55m处声级，列于下表第5列中。

　　4. 根据①作计算示意图②。

　　5. 确定500Hz的声压级衰减值

　　波长: $\lambda_{500}=c/f_{500}=340/500=0.68$m;

　　第一层: $h_1/\lambda_{500}=6.2/0.68=9$, $\theta_1=34°$;

　　第五层: $h_2/\lambda_{500}=2.9/0.68=4.3$, $\theta_5=16°$。

　　按①查得: $d_1=22$dB;

　　　　　　 $d_5=22$dB。

　　6. 确定其他频率（63Hz、125Hz、250Hz及1000Hz）的声压级衰减值，并将数据列于表2第6列中。

　　7. 距声源55m处各频率的最后计算声级在表2第7列中叠加，所得总声级为: $L_{n1}=46$dB(A)。

　　8. 依同样方法，可求得第五层处的总声级为$L_{n5}=51$dB(A)。

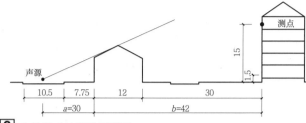

② 室外衰减计算举例附图一（单位: m）

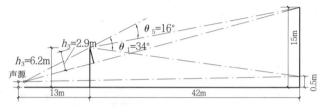

③ 室外衰减计算举例附图二

噪声衰减计算表　　　表2

栏目	计算频率(Hz)	距声源6m处的计算声级		距声源55m处的声级[dB(A)]	障壁的附加衰减值△L(dB)	距声源55m处的最后计算声级[dB(A)]
		dB(C)	dB(A)			
1	63	86.6	60.0	45.0	12.5	32.5
2	125	84.5	68.5	53.5	15.0	38.5
3	250	82.5	73.5	58.5	18.0	40.5
4	500	80.5	77.5	62.5	22.0	40.5
5	1000	77.0	77.0	62.0	24.5	37.5
6	总声压级L_{n1}					46

$$W=\frac{hb}{a}-k\sqrt{\frac{2a\cos\alpha}{\lambda b(a+b)}}$$

式中: λ—相对于各频率的声波波长（m）;

　　　 a—声源与障壁距离;

　　　 b—障壁与测点位置;

　　　 h—障壁高度。

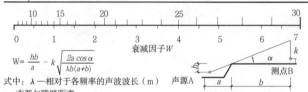

④ 深堑（凹地）的衰减作用

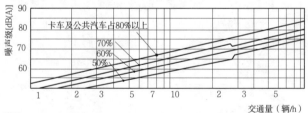

⑤ 交通量与总噪声级的关系

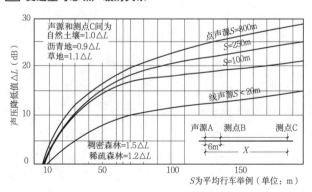

⑥ 交通噪声的传播衰减

功能分区降噪

a 面临干道的建筑物适当后退，使其远离噪声源。并利用树木、绿篱和围墙等减弱噪声干扰

b 尽量不用封闭式庭院及周边式街坊的平面布置。以避免噪声干扰，对减噪不利

c 将对噪声敏感的建筑远离干道布置，而将对噪声不敏感的建筑布置在周围，使其形成隔声屏障

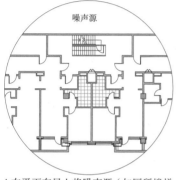

d 在平面布局上将噪声源（如厕所楼梯等）集中布置，以减少噪声点，便于隔声处理

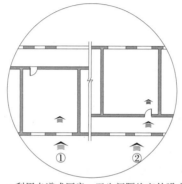

e 利用走道或厨房、卫生间隔绝室外噪声，例如图中②比①对降低噪声有利

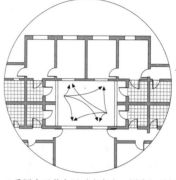

f 采用内天井布置时应考虑四周房间的性质，避免干扰，否则对隔声不利

g 利用壁橱和过道等增加隔声性能

h 利用门斗或套间并在其内部布置吸声材料使其形成隔声声闸

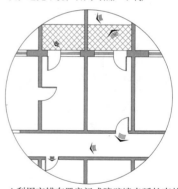

i 利用交错布置房间门或障壁墙来延长声的传播过程，降低噪声

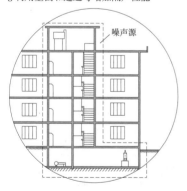

j 剖面上也可以将噪声源（水箱、厕所、厨房、水泵房、锅炉房楼梯间等）集中布置，便于隔声处理

① 功能分区降噪示意图

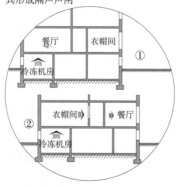

k 避免不合理的房间布置，如图所示，仅将图①中的房间稍加调整就可以降低餐厅的噪声，见图②

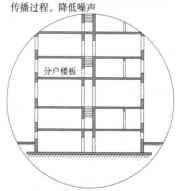

l 跃层式住宅可减少分户楼板，对减少楼板撞击声有利

8
建筑环境

隔振设计

振动不仅对人、建筑物以及仪器设备等带来直接的干扰与危害，而且往往伴随着振动噪声的辐射和固体声沿建筑结构传播。

1. 描绘振动特征的基本量

（1）振动频率，以每秒次数计，符号 f，单位赫兹（Hz）；

（2）振动位移幅值，符号 x，单位米或微米（m或 μm）；

（3）振动速度幅值，符号 v，单位米/秒（m/s）；振动速度级，符号 L_v，其定义为 $L_v=20\lg v/v_0$，单位分贝（dB）。其中 $v_0=10^{-9}$m/s

振动加速度幅值，符号 L_a，单位米/秒 ^{2}（m/s ^{2}）；

（4）振动加速度级，符号 a，其定义为 $L_a=20\lg a/a_0$，单位分贝（dB），其中 $a_0=10^{-6}$m/s ^{2}；

（5）各量之间关系：$x=a/(2\pi f^2)$，$v=a(2\pi f)$。

2. 隔振：隔绝振动的传播

（1）积极隔振：减少振源振动向周围环境的传播。例如对电机、冲床等设备基础采取的隔振。

（2）消极隔振：减少环境振动向建筑物或仪器设备的传播。例如精密仪器设备基础所采取的隔振。

3. 隔振效果的评价量

（1）振动传递率，符号 T，它是传递至底座的振动大小与振源振动大小之比（积极隔振），或底座传至物体的振动大小与底座振动大小之比（消极隔振）。振动大小可用振动力或位移或速度或加速度幅值来表示。

对单自由度隔振系统，振动传递率为：

$$T=\sqrt{\frac{\left(1+2D\times f/f_0\right)^2}{\left[1-\left(f/f_0\right)^2\right]^2+\left(2D\times f/f_0\right)^2}}$$

式中：$D=C/C_c$—阻尼比（阻尼系数/临界阻尼系数）；

f/f_0—频率比（振源的扰动频率/系统的固有频率）。

（2）隔振效率，符号 η，$\eta=(1-T)\times100\%$。

（3）振动衰减率，符号 ΔL_N，$\Delta L_N=20\lg1/T$，单位分贝（dB）。

4. 单质量——弹簧隔振系统固有频率 f_0（Hz）

$$f_0=1/2\pi\times\sqrt{\frac{K}{M}}=5\sqrt{\frac{d}{\delta_{cm}}}=15.8\sqrt{\frac{d}{\delta_{mm}}}\quad(Hz)$$

式中：K—动刚度；M—系统质量；d—隔振元件的动态系数（动刚度与静刚度之比）；δ—隔振元件静态压缩量；S_{cm}—采用厘米为单位；δ_{mm}—采用毫米为单位

常用机械设备所需 T、η、f/f_0 的选用参考值　　　　表1

设备类型		位于地下室、工厂			位于两层以上建筑的楼层		
		T	η	f/f_0	T	η	f/f_0
风机		0.30	70%	2.2	0.10	90%	3.5
冷却塔		0.30	70%	2.2	0.15~0.20	80~85%	2.5~3.0
泵	≤3kW	0.30	70%	2.2	0.10	90%	3.5
	>3kW	0.20	80%	2.8	0.05	95%	5.5
往复式冷冻机	<10kW	0.30	70%	2.2	0.15	85%	3.0
	10~40kW	0.25	75%	2.5	0.10	90%	3.5
	40~110kW	0.20	80%	2.8	0.05	95%	5.5
离心式冷冻机		0.15	85%	3.0	0.05	95%	5.5
密闭式冷冻设备		0.20	80%	2.8	0.10	90%	3.5
引擎、发电机		0.20	80%	2.8	0.10	90%	3.5
换气装置		0.30	70%	2.2	0.20	80%	2.8
管路系统		0.30	70%	2.2	0.05~0.10	90%~95%	3.5~5.5

城市各类区域铅垂向Z振级标准值标准值（单位：dB）　　表2

适用地带范围	昼间	夜间	说明
特殊住宅区	65	65	1. Z振动：按ISO2631/1-1985所规定的全身振动Z计权因子修正后得到的振动加速度级。
居民文教区	70	67	2.测点位于建筑物室外0.5m以内振动敏感处。必要时也可置于室内地面中央，标准值相同。
混合区、商业中心区	75	72	3.标准值适用于连续发生的稳态振动、冲击振动和无规振动。对每日发生几次的冲击振动，其最大值昼间不得超过标准值10dB，夜间不超过3dB。
工业集中区	75	72	
交通干线道路两侧	75	72	
铁路干线两侧	80	80	4.测量方法见GB 10071-1988

注：本表摘自《城市区域环境振动标准》GB 10070-88。

1 减振类型

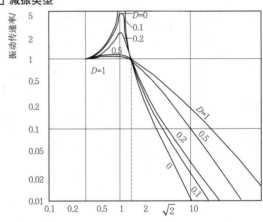

2 单自由度隔振系统振动传递率曲线

常用机械设备的主要扰动频率 f　　　　表3

设备类型	主要扰动频率（Hz）
通风机、泵	轴转数；轴转数×叶片数
电动机	轴转数；轴转数×极数
气体压缩机、冷冻机	轴转数及二次以上的振动频率
四冲程柴油机	轴转数；轴转数的倍数
	轴转数×1/2汽缸数
二冲程柴油机	轴转数；轴转数的倍数
	轴转数×汽缸数
齿轮传动设备	轴转数×齿数；齿的弹性振动（频率极高）
滚动轴承	轴转数×1/2滚珠数
变压器	交流周波数×2

ISO关于建筑物内振动限值的建议表　　　　表4

场所	时间	振动级/dB（a_0-10^{-6}m/s ^{2}）					
		连续和间歇震动和重复性冲击			每日发生数次的冲击		
		$x(y)$轴	z轴	混合轴	$x(y)$轴	z轴	混合轴
要求高的场所如手术室等	全天	71	74	71	71	74	71
住宅	昼间	77~78	80~86	77~83	107~110	110~113	107~110
	夜间	74	77	74	74~97	77~100	74~97
办公室	全天	83	86	83	113	116	113
车间	全天	89	92	89	113	116	113

8
建筑环境

隔振设计原则

1. 一般步骤

1 隔振设计步骤图

2. 调查振源（设备与环境）的振动及其噪声特性。选择振动小的设备与远离振动大的环境。

3. 根据建筑物的类型与结构、环境以及设备等情况，确定振动及其噪声的要求（或标准）。

4. 振源的扰动频率按最低驱动频率或能量最大的频率来计算。单位为赫兹（Hz）。

5. 选择适当的频率比(f/f_0)值，确定隔振的预期目标f/f_0值必须大于$\sqrt{2}$，一般宜取$2.5\sim4.0$。

6. 选择隔振器件（材料）的类型。宜选定型的隔振专用产品，并按其技术资料计算各项参数。对非定型产品，应通过相应的试验与测试，确定其各项参数。

7. 宜采用等荷载（应力）与对称方式的支承原则，确定支承点的位置与分布。对质量不均匀系统，可采用附加质量块的方法来调整。支承点一般不少于4个。

8. 设计与施工、安装时，应注意防止出现"振动短路"的现象。

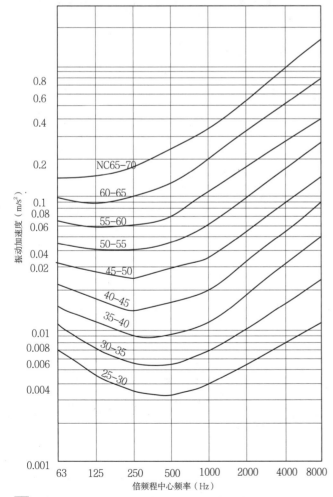

2 楼板稳态振动加速度级和楼下室内噪声值估算图

常用隔振材料（器件）性能简介　　　　　　　　　　表1

名称	性能简介
金属弹簧	以圆柱形螺旋式承压型钢弹簧为主。力学性能稳定，承载能力高，耐久性好，计算可靠。振动固有频率低，低频隔振效果好。阻尼比小（约在0.01以下），自由衰减周期长，自身容易传播高频振动，水平晃动较大。一般与橡胶垫等材料串联使用。必要时另配置阻尼器
承压型橡胶	有天然、丁腈、氯丁橡胶等定型或非定型隔振制品，橡胶硬度对其强度、压力、阻尼、弹性模量等参数影响较大。对非定型产品，其隔振参数应通过测试来确定。一般隔振器的硬度范围在40～90度
剪切型橡胶	使用时呈剪切受力状态。具有较高的承载能力，较低的刚度和较大的阻尼。固有振动频率比承压橡胶低。动态系数d：$2.2\sim2.9$。其隔振参数可根据产品说明书进行计算与选用
橡胶隔振垫	有圆突式、波浪式、肋式等多种形式。厚度$18\sim30$mm。硬度范围$40\sim90$度（邵式）。应力范围$1\sim10$kg/m²。表面可涂防水涂料。其隔振参数可根据产品说明书进行选用与计算
软木隔振垫	软木因含有大量微孔而具有一定的弹性。专用软木隔振垫的应力范围$0.5\sim2.0$kg/cm²。表面可涂防水涂料。其隔振参数可根据产品说明书进行选用与计算
纤维制品	有玻璃纤维、岩棉等。呈散状或毡状或块状（专用隔振块）。其隔振参数应通过测试或产品说明书来确定。使用时应先预压
空气弹簧	在密闭气囊中充入一定压力的气体。刚度由空气内能决定。振动固有频率可低至1Hz左右。阻尼可调
软接管	有金属、橡胶等种类。用于管路系统隔振。根据管内压力、温度、工作介质以及管路尺寸等按说明书选用
隔振吊钩	以钢弹簧、橡胶等为主，一般呈承压型。用于管道、吊顶等设施的隔振

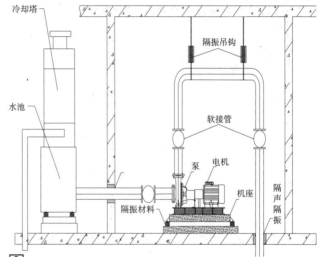

3 给水系统隔振示意图

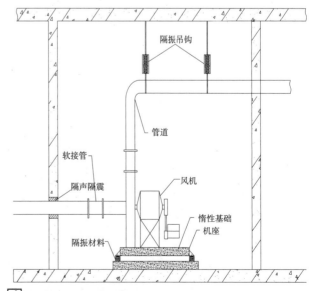

4 主通风系统隔振示意图

8
建筑环境

建筑声环境 ［21］厅堂音质设计

音质设计要点

1. 音质设计的目的是使有听音（拾音）要求的建筑物内具有良好的声学条件。这些建筑一般指音乐厅、剧场、会堂、礼堂、电影院、体育馆、多功能厅堂等类型公共建筑，以及录音室、播音室、演播室、试验室等具有声学要求的专业用房。

2. 声学设计应保证这些场所没有音质缺陷和噪声干扰，同时应具有合适的响度、声能分布均匀、一定的清晰度和丰满度。

3. 不同类型的建筑对音质有不同的要求，设计前应根据使用要求制定出合适的声学指标。

4. 声学设计应与规划、工艺、建筑、结构、设备、电气等诸工种紧密协调合作，以便较经济地满足声学要求。

5. 同一声学问题可用多种处理方法解决，设计中应灵活运用各种手段和材料，以满足不同的建筑需求。

6. 竣工前的音质鉴定有助于发现存在的声学缺陷，应及时调整修改，达到设计指标。

设计目标

厅堂音质设计的一般要求如下：

1. 避免外界噪声干扰。
2. 具有令人满意的语言可懂度。
3. 音乐具有愉悦感和温暖感。
4. 整个房间内声音分布均匀。
5. 无回声及颤动回声等音质缺陷。
6. 为电声系统提供良好的基础条件。

各类观众厅内的噪声限制 表1

观众厅类型	自然声	采用扩声系统
歌剧、舞剧剧场	NR-25	NR-30
话剧、戏剧剧场	NR-25	NR-30
单声道普通电影院	—	NR-35
立体声电影院	—	NR-30
会展、报告厅和多用途礼堂	NR-30	NR-30

注：1. 本表摘自《剧场、电影院和多用途厅堂建筑声学技术规范》GB/T 50356-2005。
2. 关于各类观众厅内噪声限值要去，也存在其他标准与规范，建筑设计师需结合具体项目需求执行其技术要求。

设计步骤和内容

设计步骤和内容 表2

步骤		内容
噪声控制	确定厅堂内允许噪声值	根据使用功能选择恰当值（在通风、空调设备和放映设备正常运转条件下）
	确定环境背景噪声值	建筑基地实地测量环境噪声值及对发展规划分析，包括交通干线、民航航线、地铁的影响
	环境噪声处理	选择适当建筑基地，合理布置总平面，尽量使观众厅远离交通干道
		根据隔声要求选择恰当的围护结构
		利用走廊、辅助房间等加强隔声效果
	建筑内噪声源处理	尽量采用低噪声设备
		总平面合理布置，将噪声高的设备尽量远离观众厅
		采用隔声、吸声、隔振等手段降噪
	隔声量计算和隔声构造的选择	以隔声量计算结果为依据，选择相应的隔声构造
音质设计	选择合理的房间容积	根据使用要求确定，使用扩声系统时不受此限制。房间容积应满足声学和装饰要求，除需要保证适宜的混响时间要求外，应尽量选用较小的容积指标
	检查室形的合理性，避免音质缺陷	一般避免采用极端的比例（如特高、特长等），对有特殊技术要求的房间（如录音室）应进行共振频率计算
		可采用几何声学作图法，判断是否存在回声、颤动回声、声聚焦、声影区等音质缺陷，对可能产生音质缺陷的界面应作几何调整，或采用吸声、扩散等方法加以处理
	反射面及舞台反射罩的设计	利用舞台反射罩、台口附近的顶棚、侧墙、挑台栏板、包厢等反射面，向池座前区提供早期反射声
	选择合适的混响时间	根据房间的用途和容积，选择合适的混响时间及其频率特性。对有特殊要求的房间，可采取可变混响的方式
	混响时间计算	按初步设计所选材料分别计算125Hz、250Hz、500Hz、1000Hz、2000Hz和4000Hz的混响时间，检查是否符合选定值，必要时对吸声材料、构造的品种、数量进行调整，再重新计算，以上工作也可采用模型试验或有关计算机程序完成。对于音质较高空间要求增加计算63Hz和8000Hz
	吸声材料的布置	从有利声扩散和避免音质缺陷等因素综合考虑
其他	扩声设计	应与音质设计密切配合进行，良好的音质环境有助于提高扩声质量
	鉴定与调整	观众厅在正式使用前，要进行音质参数测定和主观评价，如不符合设计要求需及时调整

8
建筑环境

基本原则

厅堂的体型是影响其声学效果的最基本因素。建筑若要获得良好的音质，就应在最初规划阶段遵从声学顾问的意见进行诊察。根据房间尺寸，波动声学可用于小房间的辅助声学设计，几何声学可用于大空间。

1. 矩形房间的尺寸比例

应避免房间的三维长度出现整数比的情况，建议按黄金规则 $(\sqrt{5}-1):2:(\sqrt{5}+1)$，或大致是2:3:5的比率。通常，合适的选值为 $2^{n/3}$ 或 $5^{n/3}$，例如 $1:5^{1/3}:5^{2/3}\approx1:1.7:2.9$ 是实际中方便的比例。

2. 围护墙体的形状与声音的反射

当声音从尺寸大于声波波长的墙面反射时，服从镜面反射定律。若墙面是内凹的，反射声将聚集，反过来，若墙面是外凸的，反射声将散开，如 1 所示。因此，为了获得良好的扩散，不应使用尺寸大于波长的内凹墙面。

1 曲面墙的反射
（a 凹面　b 凸面）

3. 防止回声和颤动回声

在两个平面垂直的交角处，无论室内还是室外，声波将按入射方向的相反方向反射，由此会产生回声，如 2 。为彻底消除回声，对于入射声音，表面形状应做成扩散或者吸声的。

两个平行面之间的多次回声会产生颤动回声。避免回声的简单方法有，使两面墙不平行，或使墙面形成尺寸近似于声波波长的起伏。但是，当波长小于表面起伏尺寸时，3 可能会产生颤动回声。4 为一种优选的体型。

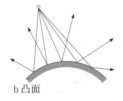

2 交角处的反射

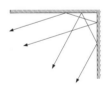

3 形成颤动回声的体型

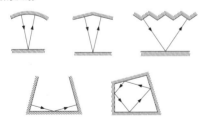

4 不会引起颤动回声的体型

剖面设计

1. 顶棚：顶棚是声线的必经之路，来自顶棚的反射声可以显著地增强直达声，这一点对后排观众尤为重要。从建筑体型角度进行分析，无论后期如何处理，内凹的穹顶顶棚使声场分布变差，如 5 a所示，外凸形的组合可克服这一问题，如 5 b。如建筑师坚持采用穹顶顶棚，那么曲率半径至少应是顶棚高度的2陪。因为 2 中顶棚和后墙直角交接仍能产生回声，故 5 a中略为倾斜墙体仍有可能出现问题，所以，建议如 5 b那样进行设计。

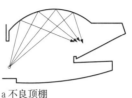

a 不良顶棚　　　　　　　b 好的顶棚

5 观众席纵剖面

a 不良后墙角　　　　　　b 好的后墙角

6 后墙角的设计

2. 挑台：挑台虽然可容纳更多观众，但是在挑台的下方，由于掠过观众的长距离传播使直达声减弱，而且缺少顶棚和墙面的有益反射声，声压级会减小，声学效果变差。同时，因每座容积变小且散射声变弱，混响时间也会变短。为了提高音质，如 7 所示的挑台深度 D 应尽可能短，并应小于挑台开口最大高度的2倍（可能的话，应与开口高度 H 相等）。在挑台下方座位布置时，应使每个座位尽可能多地看到主厅的顶棚。挑台前沿的平面和剖面设计应避免产生回声和声聚焦，同时挑台底面的材料和形状应为有效的反射面。

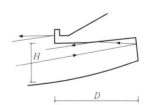

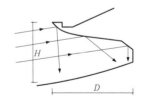

7 挑台剖面

3. 地面：地面座椅吸声量很大，直达声掠过这一吸声面时将会迅速衰减。观众和座椅可认为是多孔吸声材料，两者能够产生显著的高频吸声。另外，座椅排距之间的空间存在100~200Hz的低频共振，也会出现较为明显的衰减。克服这种问题别无他法，只有增加地面坡度，使得直达声不被前排座椅或观众所阻断。确定地面坡度的方法为视线分析法，需保证观众对舞台的视线。

平面设计

平面设计也应如同设计顶棚的剖面形状,尽量利用最靠近声源的墙面获得一次反射声,然后逐步利用装修形成扩散面或吸声面。应避免内凹墙面,椭圆或正圆的平面设计尤其容易造成严重的声学问题。如果一定要使用内凹墙面,应考虑采用2b中所示的外凸构件的方法。

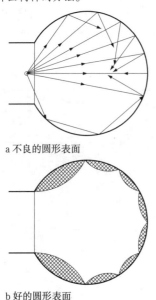

a 不良的圆形表面

b 好的圆形表面

1 圆形平面的处理方式

扇形侧墙平面较为常见,但扇形平面难以为池座中心区域提供侧向反射声。鉴于侧向反射声在主观听闻印象中极为重要,处理不好甚至将引起后墙回声。设计中应考虑丰富的扩散和吸声,如2b。通常,设计不规则或不对称平面是较难的,但从声扩散和音质效果角度而言却是理想的。

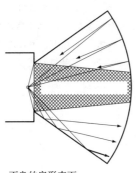

a 不良的扇形表面

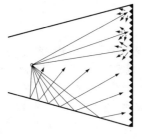

b 好的扇形表面

2 扇形平面的处理方式

声反射板设计

多用途厅堂演奏自然声音乐时,舞台周边常配装可移动的声反射墙或顶,成为音乐反射罩。舞台空间是强吸声的,使用音乐反射罩可将被舞台后吸掉的声能返送回演奏者,加强演奏效果,改善观众的听闻条件。

尽管反射板越重越好,也可将木夹板和阻尼橡胶片叠合成积层结构,不但轻便,而且反射效果好。反射面上应有直的或外凸的单元,尺寸应与声波相当3。例如,频率低于100Hz,宽度则要大于3.4m。大的厅堂中,为了减少反射声的延时,常在舞台或观众席上方吊挂大量反射板。

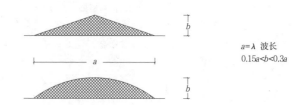

$a=\lambda$ 波长
$0.15a<b<0.3a$

3 扩散单元尺寸

扩散面与扩散单元

为了改善厅堂的声扩散,可将墙或顶棚做成曲折形。另一种方法是沿界面上安装圆柱形、球形、金字塔形的组件,或各种曲折异形的单元体。实际上,任何形体都能起作用,只要不规则体的尺寸与感兴趣的波长在同一量级。

可以采用多种类型、多种尺寸、多种材料的扩散体,在宽频范围内形成扩散。反射型的可用混凝土和瓷砖;低频吸收型的可用木夹板或其他板材;强吸声型的,或特殊吸声特性型的,可用多孔吸声材料或穿孔板。这些扩散体常用来调整混响特性。

几何绘图分析厅堂体型设计

若厅堂依据上述要素进行设计,整个房间的体型便成为一个具有声学功能的系统。可用几何方法表示声音的传播与反射行为。首先,为了使整个观众席区域均匀分布有一次反射声,并避免令人不适的回声等现象,必须调整反射面的位置和角度。之后,为了防止长延时回声和声聚焦,采用反复尝试的方法对吸声和扩散进行调整,直至反射声分布令人满意为止。4显示了声线追踪法厅堂纵剖面的分析。当然,平面上也应作同样分析。

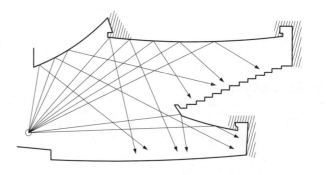

4 厅堂剖面声反射分析——声线追踪法

反射面

观众厅内一些反射面,包括舞台口顶棚、侧墙、挑台和包厢栏板,可向池座前区提供早期反射声,弥补该区域缺少反射声的缺陷。在侧墙和顶棚悬吊反射板能起到相同的作用。反射板尺寸应大于声波波长,宜采用密实、反射性能好的材料制作。

舞台反射罩

在大多数剧场中,声源发出的声能很大一部分被舞台空间吸收,在音乐演出时,利用舞台反射板将声能反射给观众和演员,可提高响度,改善音质效果。舞台反射板一般采用GRG、GRC、硅酸钙板、钢化玻璃等材料制作,固定式反射罩也可用钢丝网抹灰,采用端室式时,反射板不宜轻于7kg/m²。反射板表面应作良好的扩散处理。

舞台活动反射罩的推荐尺寸 表1

演出内容	乐队规模（乐师人数）	音乐反射罩参考尺寸（m）					
		深度A（离台口中）	深度B		高度		
			底宽B_1	开口B_2	底高H_1	太高H_2	开口H_3
管弦乐	50~70	6.0	8.0~9.0	12.0~14.0	5.5	0.6~0.8	6.0
	105~125	8.5~11.0	10.0~12.0	14.0~18.0	6.0	0.8~1.0	8.0
室内乐合唱音乐	20~30	3.5	10.0	11.0~12.0	6.0	0.6	6.0
	30~50	5.5	9.0	14.0~16.0	6.0	0.6~0.8	6.5
独奏（唱）重奏（唱）	1~6	3.5	10.0	11.0~12.0	6.0	0	6.0
	当设有防火幕时,可将防火幕降下,在升降乐池上演奏,而不用音乐反射罩						

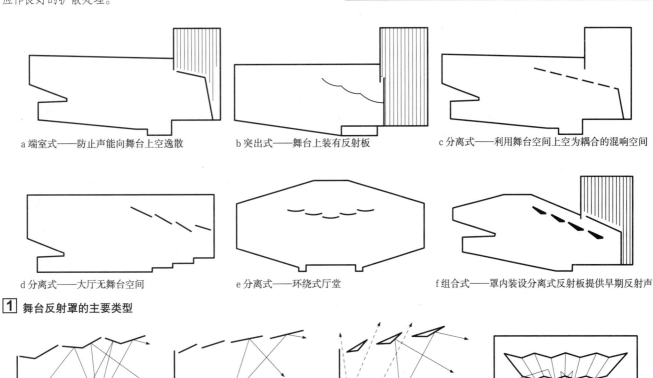

a端室式——防止声能向舞台上空逸散　　b突出式——舞台上装有反射板　　c分离式——利用舞台空间上空为耦合的混响空间

d分离式——大厅无舞台空间　　e分离式——环绕式厅堂　　f组合式——罩内装设分离式反射板提供早期反射声

1 舞台反射罩的主要类型

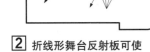

2 折线形舞台反射板可使演员和听众都得到反射声

3 顶板向观众厅延伸以加强提琴声部

4 顶板开孔释放部分声能

5 舞台反射板的横向扩散处理可提供更多的侧向反射声

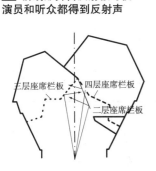

三层座席栏板　四层座席栏板　二层座席栏板

6 利用挡板作反射面提供侧向反射声

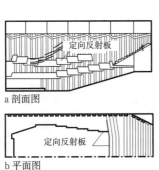

定向反射板

a 剖面图

定向反射板

b 平面图

7 观众厅内的定向反射板

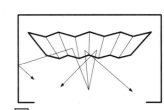

a 音乐罩剖面图

升降乐池

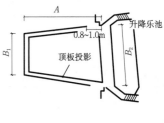

升降乐池

0.8~1.0m

顶板投影

b 音乐罩俯视图

8 可移动的舞台反射罩

8 建筑环境

混响时间的设计

声源停止发声之后,声压级衰减60dB所需的时间称为混响时间T_{60}。混响时间的设计步骤为:

1. 选择合适的混响时间。②列出了不同用途的空间,500~1000Hz满场时合适的混响时间。根据空间的用途确定混响时间。

2. 计算各频率的混响时间。将500~1000Hz的值乘以各频率的比值,见表2,即得到各频率的混响时间。

对于一般的厅堂,混响时间计算频率通常取125Hz、250Hz、500Hz、1000Hz、2000Hz、4000Hz。

3. 计算厅堂混响时间

$$T_{60} = \frac{KV}{-S\ln(1-\bar{\alpha}) + 4mV}$$

式中:K—房间形状的参变量,一般取0.161;
V—房间容积(m^3)(剧场不包括舞台,音乐厅包括乐池);
S—室内总表面积(m^2);
$\bar{\alpha}$—室内平均吸声系数。

$$\bar{\alpha} = \frac{\sum S_i\alpha_i + N_1a_1 + N_2a_2}{S}$$

式中:S_i—室内各部分的表面积(m^2),一般包括顶棚、墙面、门窗、台口及地面的面积(指观众及乐队席以外的面积);
α_i—与S_i相对应的表面吸声系数;
N_1—乐队演奏座椅的数量;
N_2—观众席座椅的数量;
a_1—乐队演奏座椅单个吸声量(m^2);
a_2—观众席座椅的单个吸声量(m^2);
m—空气吸收衰减系数。

室内有耦合空间(如挑台下方空间)时:
当$b/h \leq 2$时,可合并计算;
当$b/h \geq 2$时,应分别计算。

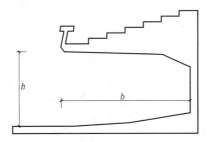

① 室内有耦合空间时,h与b的意义

4. 选择的合适混响时间与计算混响时间的允许误差为±10%,否则应调整。由混响时间计算公式得知:增大房间容积,可以延长混响时间,而增加室内总表面积会使混响时间缩短。

5. 舞台的混响时间,在大幕下落时不应超过观众厅空场混响时间。

空气吸收系数4m的值(室内温度20℃)　　　　　　表1

频率（Hz） \ 室内相对湿度	30%	40%	50%	60%
2000	0.012	0.010	0.010	0.009
4000	0.038	0.029	0.024	0.022

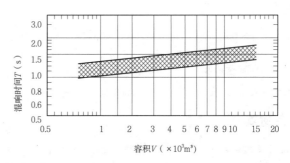

a 歌剧、舞剧场对不同容积的观众厅,在500~1000Hz满场的合适混响时间的范围

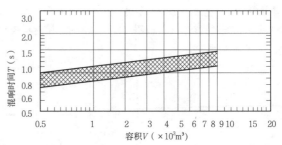

b 话剧戏曲剧场对不同容积的观众厅,在500~1000Hz满场的合适混响时间的范围

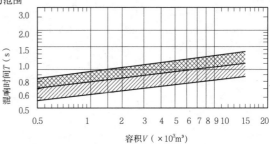

c 电影院对不同容积的观众厅,在500~1000Hz满场的合适混响时间的范围

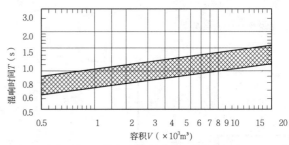

d 会堂、报告厅和多用途礼堂对不同容积的观众厅,在500~1000Hz满场的合适混响时间的范围

② 不同用途空间对不同容积的观众厅在500~1000Hz满场的合适混响时间的范围

混响时间频率特性比值　　　　　　　　　　表2

频率（Hz）	歌剧院	戏曲、话剧院	电影院	会场、礼堂、多用途厅堂
125	1.00~1.30	1.00~1.10	1.10~1.20	1.00~1.20
250	1.00~1.15	1.00~1.10	1.10~1.20	1.00~1.10
2000	0.90~1.00	0.90~1.00	0.90~1.00	0.90~1.00
4000	0.80~0.90	0.80~0.90	0.80~0.90	0.80~1.00

声学材料布置

选择吸声材料和构造的注意事项：

1. 有代表性频率的吸声系数值；
2. 外观（尺寸、周边情况、接头、色彩、质感）；
3. 材料的防火性能；
4. 造价；
5. 耐久性（抗撞击、机械损坏、耐磨损及老化）；
6. 施工条件（安装吸声材料时的温湿度，以及基层的准备程度）；

7. 房间使用后的防潮、抗结露，以及是否易发霉、生虫；
8. 是否易清扫、更换、维护（重新装饰对吸声效果的影响，以及维护费用）；
9. 厚度与重量；
10. 反光性能与隔热性能；
11. 要求有适当的隔声性能（作悬挂吊顶和围护结构时）。

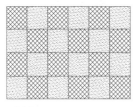

a 实例一 　　　　　　　　b 实例二

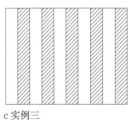

c 实例三 　　　　　　　　d 实例四

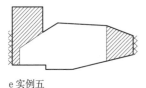

e 实例五

- ▨ 高吸声材料
- ▧ 中吸声材料
- ▨ 低吸声材料
- □ 反射材料

1 室内声学材料布置实例

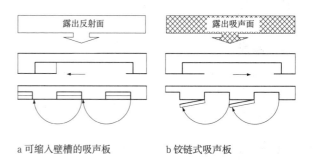

a 可缩入壁槽的吸声板 　　　b 铰链式吸声板

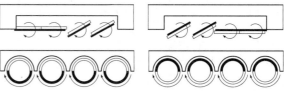

c 旋转式吸声板 　　　　　　d 旋转式圆柱吸声体

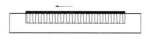

e 滑移式穿孔吸声板

2 可变吸声构造举例

厅堂混响时间计算实例（观众厅容积10000m³，厅内总表面积3147m²）　　　　　　　　　　表1

项目	序号	装饰位置与选用材料	表面积（m²）	125Hz a	125Hz Sa	250Hz a	250Hz Sa	500Hz a	500Hz Sa	1000Hz a	1000Hz Sa	2000Hz a	2000Hz Sa	4000Hz a	4000Hz Sa
室内基本吸声量	1	顶棚 台口1.6m宽，混凝土板五夹板贴面	32	0.14	4.48	0.21	6.8	0.11	3.5	0.05	1.6	0.11	3.5	0.11	3.5
		台口前顶棚，水泥船、挑台顶棚	1210	0.08	96.8	0.06	72.6	0.05	60.5	0.04	48.4	0.04	48.4	0.04	48.4
	2	舞台口侧墙（砖墙抹灰）	282	0.04	11.3	0.04	11.3	0.07	19.7	0.02	5.6	0.09	25.4	0.05	14
	3	大厅后墙（夹板穿孔）	30	0.85	25.5	0.20	6	0.14	4	0.07	2.1	0.06	1.8	0.15	4.5
	4	木门	48.5	0.14	6.8	0.21	10.2	0.11	5.3	0.05	2.4	0.11	5.3	0.11	5.3
	5	走道（水泥砂浆面）	200	0.01	2	0.01	2	0.02	4	0.02	4	0.02	4	0.04	8
	6	乐池（木地板）	70	0.15	10.5	0.11	7.7	0.10	7	0.09	6.3	0.06	4.2	0.04	2.8
	7	耳光槽、面光槽，风洞开口	45	0.16	7.2	0.20	9	0.30	13.5	0.35	15.8	0.29	13	0.21	9.5
	8	舞台开口	150	0.30	45	0.35	53	0.40	60	0.45	67.5	0.50	75	0.50	75
	9	侧墙、木条子	294	0.05	14.7	0.05	14.7	0.07	20.6	0.07	20.6	0.06	17.6	0.08	23.5
	10	室内基本吸声量	—	—	224.3	—	193.3	—	198.1	—	174.3	—	198.2	—	194.5
空场混响时间	11	人造革座椅	2000只	0.21	420	0.18	360	0.30	600	0.28	560	0.15	300	0.1	200
	12	∑Sa	—	—	644.3	—	553.3	—	798.1	—	734.3	—	498.2	—	394.5
	13	4mv	—	—	—	—	—	—	—	—	37	—	75	—	226
	14	$T_{60}=\dfrac{0.16V}{-S\ln(1-\bar{\alpha})+4mv}$	—	—	2.20	—	2.40	—	1.70	—	1.90	—	2.60	—	2.50
满场混响时间	15	观众坐在人造革座椅	2000座	0.23	460	0.34	680	0.37	740	0.33	660	0.34	680	0.31	620
	16	∑Sa	—	—	684.3	—	873.3	—	938.1	—	834.3	—	878.2	—	814.8
	17	4mv	—	—	—	—	—	—	—	—	37	—	75	—	226
	18	$T_{60}=\dfrac{0.16V}{-S\ln(1-\bar{\alpha})+4mv}$	—	—	2.10	—	1.60	—	1.40	—	1.60	—	1.40	—	1.30

注：a—吸声系数；S—表面积（单位：m²）；Sa=表面积×吸声系数，是该表面的吸声量（单位：m²）。

8
建筑环境

音质鉴定

1. 在音质设计过程中，可以通过缩尺模型（1/10或1/20）试验，对设计方案进行评价，以及对建筑物建成后的音质效果作初步估计。

2. 在厅堂建造过程中，往往安排一次中期测试，若音质参数有异，可采取补救措施。

3. 在厅堂竣工前，需要进行音质鉴定，其中包括对音质参数的测定和主观评价。

4. 声学测量应按有关标准进行。

语言清晰度

影响语言清晰度的主要因素如下：

1. 响度。

2. 混响时间。

3. 反射声。

4. 背景噪声。

5. 明晰度，即直达声后50ms以内到达的反射声能与总的声能之比。

厅堂音质测量内容　　　　　　　　　　　　　表1

测量项目	测量目的
模型试验	在模型中测量各音质参数，弥补设计计算的不足，发现问题，及时修改设计
混响时间	检验计算误差
稳态声场分布	检查声场分布的均匀程度
稳态声场扩散	研究扩散与主观评价的关系，探讨扩散与其他音质参数的联系
脉冲响应	检验设计中安排的反射面产生的效果，检查是否存在音质缺陷
背景噪声	检验隔声与减噪措施的效果
语言清晰度	检查收听语言信号清晰的程度
主观评价	统计听众对厅堂音质的意见，总结经验，鉴定厅堂音质设计

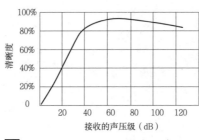

1 语言清晰度与接收声压级的关系

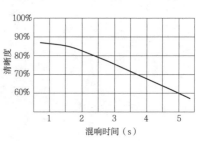

2 语言清晰度与混响时间的关系

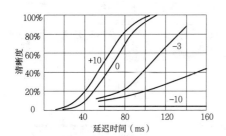

3 语言清晰度与反射声的关系

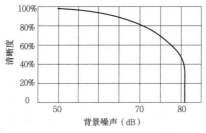

4 语言清晰度与背景噪声的关系

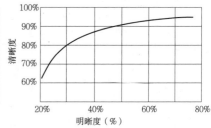

5 语言清晰度与明晰度的关系

我国已建成的一些观演厅堂、体育馆、多功能厅混响时间测定资料　　　　　　　　　　　　　　　　　　　　　　　　　　表2

编号	项目名称	用途	观众厅容积（m³）	容纳人数	每座容积率（m³）	混响时间（s）						备注
						125Hz	250Hz	500Hz	1000Hz	2000Hz	4000Hz	
1	国家大剧院歌剧院	歌剧	18900	2400	7.8	2.1	1.7	1.5	1.2	1.1	0.8	空场
2	国家大剧院戏剧院	戏剧	7200	1100	6.5	1.8	1.5	1.3	1.2	1.1	0.8	空场
3	国家大剧院音乐厅	交响乐	20000	2000	10.0	2.6	2.4	2.3	2.4	2.2	1.9	空场
4	山西大剧院	多功能	12826	1628	7.8	1.6	1.4	1.4	1.2	1.2	0.8	空场
5	洛阳歌剧院	多功能	12760	1420	8.9	2.2	2.2	1.6	1.6	1.6	1.5	空场
6	大庆大剧院	多功能	14000	1480	9.5	2.1	1.7	1.6	1.5	1.4	1.3	空场
7	福建大剧院剧场	歌剧	12200	1427	8.6	2.1	1.5	1.5	1.5	1.4	1.3	空场
8	洛阳歌剧院（人民会堂）剧院	多功能	12760	1420	9.0	2.2	2.3	1.6	1.6	1.6	1.5	空场
9	福州贵安国际大剧院	杂技	179000	4000	44.7	1.9	1.8	1.9	2.0	1.9	1.7	空场，座席区
10	新国家话剧院剧场	话剧戏曲	5400	914	5.9	1.4	1.2	1.1	1.1	1.1	1.0	满场
11	中央音乐学院厦门鼓浪屿钢琴音乐厅	钢琴音乐演出	11200	799	14.0	2.6	2.5	2.4	2.3	2.4	2.2	空场
12	鄂尔多斯东胜开会屋面体育馆	多功能	1600000	50183	32.0	—	—	—	4.5	4.3	—	空场
13	2008北京奥运老山自行车馆	单项体育比赛	235000	9000	26.1	2.6	2.2	2.5	2.4	2.2	1.6	满场
14	某大学体育馆	多功能	45500	1360	33.5	2.0	1.5	1.5	1.7	1.6	1.2	空场
15	四川雅安体育馆	篮球	64055	2908	22.0	2.5	2.0	1.7	1.8	1.7	1.4	空场
16	某大学报告厅	多功能	4100	468	8.8	1.1	1.0	0.9	0.8	0.7	0.6	空场
17	北京市昌平区人民法院多功能厅	多功能	6380	300	21.3	1.5	1.2	1.1	1.1	1.1	1.0	空场
18	安徽芜湖方特主体公园球幕影院	主题演艺	15672	1500	10.5	2.0	1.9	1.4	1.3	1.2	1.1	空场，座席区
19	福州某国际影城ZMAX巨幕厅	电影	5500	430	12.7	0.8	0.7	0.7	0.7	0.7	0.6	空场
20	锦州某国际影城1号巨幕厅	电影	5000	439	11.4	0.9	0.8	0.8	0.8	0.7	0.6	空场

扩声系统的组成

扩声系统包含传声器、放大器和扬声器,通常它们位于同一声场环境中。传声器接收语言和音乐信号,扬声器将放大的声音辐射出去。

当声源信号的声压级过小或背景噪声过高造成信噪比太低时,该系统可通过增大响度以获得更高的清晰度和可懂度。扩声指高声级强力辐射,尤其用于现代音乐。公共广播系统指语言扩声,但两者之间并不存在严格界限。

扩声系统最常见的问题是啸叫。这是一种声学现象,由于反馈引起了自激振荡,及发生在扬声器辐射的声音又被传声器拾取的时候,造成震耳欲聋之声。如何控制啸叫,使声音放大到所需声级而无自激振荡,这是声学设计,也是室内声学设计最重要的问题。

扩声系统的用途

1. 向观众席扩声;
2. 会议时,为主席台上就座者扩声;
3. 为表演区内的演员送返听声音;
4. 根据表演需要,制造声学效果;
5. 向工作间及所需场所传播演出实时声音。

扩声系统的声学要求

1. 能提供合适响度的声音;视听尽量一致。
2. 系统频响较宽,且频响曲线无过大起伏;
3. 声场分布均匀;
4. 系统噪声低,失真小;
5. 语言清晰度较高,避免产生回声干扰。

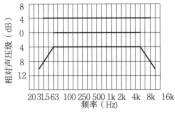

a 文艺演出类一级传输频率特性范围

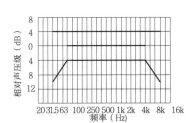

b 文艺演出类二级传输频率特性范围

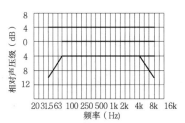

c 多用途类一级传输频率特性范围

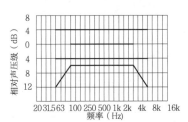

d 多用途类二级传输频率特性范围

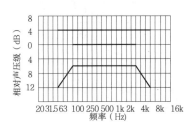

e 会议类一级传输频率特性范围

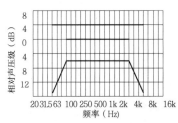

f 会议演出类二级传输频率特性范围

1 各类用途空间扩声系统传输频率特性范围

厅堂扩声系统声学特性指标[①]   表1

用途	声学特性等级	最大声压级(空场稳态准峰值声压级, dB)	传输频率特性[②]	传声增益(dB)	稳态声场不均匀度(dB)	总噪声级
文艺演出扩声系统	一级	额定通带内≥106dB	以80～8000Hz的平均声压级为0dB, 在此频带内允许范围-4dB～+4dB; 40～80Hz和8000～16000Hz的允许范围见1a[③]	100～8000Hz的平均值≥-8dB	100Hz≤10dB; 1000Hz≤6dB; 8000Hz≤+8dB	≤NR20
	二级	额定通带内≥103dB	以100～6300Hz的平均声压级为0dB, 在此频带内允许范围-4dB～+4dB; 50～100Hz和6300～12500Hz的允许范围见1b	125～6300Hz的平均值≥-8dB	1000Hz、4000Hz; ≤+8dB	≤NR20
多用途扩声系统	一级	额定通带内≥103dB	以100～6300Hz的平均声压级为0dB, 在此频带内允许范围-4dB～+4dB; 50～100Hz和6300～12500Hz的允许范围见1c	125～6300Hz的平均值≥-8dB	1000Hz≤6dB; 4000Hz≤+8dB	≤NR20
	二级	额定通带内≥98dB	以125～4000Hz的平均声压级为0dB, 在此频带内允许范围-6dB～+4dB; 63～125Hz, 4000～8000Hz的允许范围见1d	125～4000Hz的平均值≥-12dB	1000Hz、4000Hz; ≤+8dB	≤NR25
会议扩声系统	一级	额定通带内≥98dB	以125～4000Hz的平均声压级为0dB, 在此频带内允许范围-6dB～+4dB; 63～125Hz, 4000~8000Hz的允许范围见1e	125～4000Hz的平均值≥-10dB	1000Hz、4000Hz; ≤+8dB	≤NR20
	二级	额定通带内≥95dB	以125～4000Hz的平均声压级为0dB, 在此频带内允许范围-6dB～+4dB; 见1f	125～4000Hz的平均值≥-12dB	1000Hz、4000Hz; ≤10dB	≤NR25

注: 1.①本表摘自《厅堂扩声系统设计规范》GB 50371-2006。
　　2.②传输频率特性中相邻两个1/3倍频程的声压级起伏不应引起音质上的缺陷。
　　3.③考核本项指标的前提是:关闭扩声系统的设备,在其他产生噪声的设备如通风、调光等全部开启的情况下,不仅仅在听众席,且在传声器处的背景噪声级必须低于上述总噪声级所规定的各项相应值。

光的特性

光不可见，且具有波粒二象性，对其特性的了解是对光进行分配和控制的基础。电磁波谱中与照明设计密切相关的包括紫外光、可见光、红外光三个区域。紫外光的范围是100~400nm，可见光的范围是380~780nm，红外光的范围是760~10^6nm。

人类可感知的可见光颜色为红、橙、黄、绿、青、蓝、紫，组合后可成为白光。

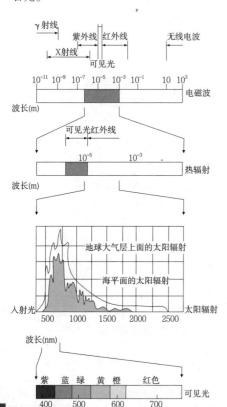

⑧ 建筑环境

1 光谱的组成

国际照明委员会（CIE）对紫外区域进行的分类如下：

UV A　315~400nm
UV B　280~315nm
UV C　100~280nm

紫外光虽不可见，但部分波段对人体组织构成威胁，对于书画、家具中的有机成分造成破坏。红外光可被感知为热辐射。通过灯具、光源设计，可有针对性地控制紫外光、可见光、红外光输出。

光、光色度量的基本单位　　表1

分类	名称	代号	说明	单位	
				名称	代号
光的度量	光效	—	光通量除以总辐射通量，即为一个光源的发光效率	流明每瓦	lm/W
	发光强度	I	点光源在给定方向的发光强度，是光源在这一方向上立体角元内发射的光通量与该立体角元之商	坎德拉	cd
	光通量	ϕ	光通量是按照国际约定的人眼视觉特性评价的辐射能通量（辐射功率）	流明	lm
	照度	E	照度是受照表面上接受的光通量的密度	勒克斯	l_x
	亮度	L	一单元表面在某一方向上的光强密度。等于该方向上的发光强度与此面元在这个方向上的投影面积之商	坎德拉每平方米	cd/m^2
光色的度量	色温	T_c	以电光源的开氏温标表示的色温，表达光的"温暖"或"凉爽"的直观感受	开尔文	K
	显色指数	CRI	显色指数用来衡量光源表达颜色的好坏程度	—	—

反射

材料反射比　　表2

材料		反射比	材料		反射比
金属	铝（拉毛）	55~58	黏土/石材	砂岩	20~40
	铝（蚀刻）	70~58		赤陶土	65~80
	铝（抛光）	60~70	玻璃	彩色或透明	5~10
	不锈钢	50~60	地面覆盖物	沥青	5~10
	锡	62~72		混凝土	40
黏土/石材	砖（深褐）	35~40		草地/植被	5~30
	砖（浅黄）	40~45		雪	6~75
	砖（红）	10~20	木料	轻桦木	35~50
	水泥（灰）	20~30		桃花心木	6~12
	花岗石	20~35		橡木（深）	10~15
	石灰石	35~60		橡木（浅）	25~35
	大理石	30~70		胡桃木	5~10
	石膏（白）	90~92			

工作区域反射比　　表3

	教室	办公室
顶棚	70~90	>80
墙壁	40~60	50~70
隔断（如半高的墙板）	—	40~70
地板	30~50	20~40
家具与机器	—	25~45
桌面与椅面	35~50	35~50

注：1. 开窗墙壁的室内表面建议提高反射比，以降低窗户和室内暗区（特别是窗间墙）的亮度对比。
2. 在视觉任务非常重要的房间中（如厨房、浴室），建议使用反射比>25%的表面材料。浅色的地板有助于储藏架、书柜等低层隔板的照明。

隔墙 40%~70%
家具 25%~45%
墙 50%~70%

2 工作区域反射比

透射

允许光通过的材料是透光材料。材料的透射比r等于总的透射光所占总入射光的百分比。某种漫射透光材料的亮度L等于入射照度乘以透射比。

材料的透射比　　表4

	材料	透射比
直接透射	透明玻璃或塑料	80~94
	透明彩色玻璃或塑料（蓝色）	3~5
	透明彩色玻璃或塑料（红色）	8~17
	透明彩色玻璃或塑料（绿色）	10~17
	透明彩色玻璃或塑料（琥珀色）	30~50
	夹层玻璃（聚乙烯醇缩丁醛（PVB）胶片）	≥85
	透明中空玻璃	81
	高透型Low-E中空玻璃	74
	遮阳型Low-E中空玻璃	39~52
	热反射镀膜中空玻璃	37
	ETFE膜	50~95
	PTFE膜	10~50
	聚酯类面层PVC膜	10~15
漫透射	雪花石膏	20~50
	玻璃块	40~75
	大理石	5~40
	塑料（丙烯酸乙烯基玻璃纤维强化塑料）	30~65

色温与照明水平

3 被称作照明的舒适曲线。低色温的暖光在低照明水平下更易为人接受。高色温的冷光在高照明水平下较受欢迎。

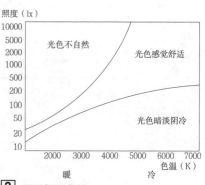

照度（lx）

光色不自然
光色感觉舒适
光色暗淡阴冷

暖　　　　　冷　色温（K）

3 照明舒适曲线

建筑中的天然光

为有效利用天然光,首先应评估其可用性。建筑物内可获得的用于照明的天然光的数量和质量取决于地域光气候条件。三种基本的天然光源是:

1. 天空光——通过云层或局部多云的天空漫射的光;

2. 日光——晴朗或局部多云的天空下直射的太阳光束;

3. 反射光——通过自然或人造表面反射的光。

全阴天产生的漫射光线,在天空的顶点处是最亮的,在地平线处亮度减少至其最大值的1/3左右。

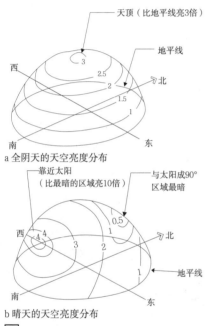

a 全阴天的天空亮度分布

b 晴天的天空亮度分布

1 天空光的分布

太阳亮度随着光线所穿越大气层的厚度而变化,也依次受纬度、太阳高度角和大气条件的影响。太阳光的色温也会变化,从太阳升起时的1000~1800K,到正午时分的约5000K。蓝色晴朗天空的大气会过滤并漫射光线,只能提供较低的照度。靠近太阳的天空是明亮的,但大多数的蓝天却只能提供2000~100001x的照度,远低于多数的全阴天空。

天然光和色温　　　　　　　　表1

光源	色温（K）
太阳	1000~5500
天空（晴朗蓝天）	10000~100000
天空（全阴天）	4500~7000
晴朗天空与日光	5000~7000

注:色温随着太阳高度角的增加而提高。

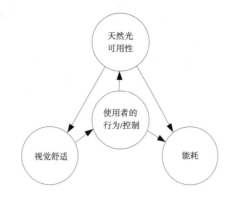

2 天然光可用性、视觉舒适、能耗与使用者的行为/控制之间的关系

天然光环境的度量参数　　　　表2

内容	参数
天然光可用性	采光系数
	天光自治
	有效天光照度
视觉舒适	直射日光
	眩光几率
	外向视野
能耗	年负荷
	碳排当量
	遮阳
	太阳能获取
	造价

天然光的照度

3 介绍了多云天空情况下的平均照度。真实的照度水平可能会随着天气情况的变化而发生相当大的改变。

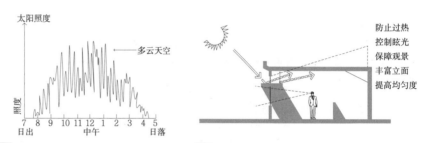

3 太阳照度的变化

4 日光照明策略

全国各城市年平均散射照度（单位:klx）　　　　表3

地名	散射照度	地名	散射照度	地名	散射照度	地名	散射照度
北京	11.7	沈阳	9.9	福州	11.1	成都	12.7
天津	11.7	哈尔滨	9.3	济南	12.3	重庆	12.3
石家庄	12.0	上海	11.7	武汉	13.0	兰州	11.7
太原	11.5	南京	12.3	长沙	12.4	西宁	11.8
呼和浩特	9.4	合肥	12.3	南宁	13.1	昆明	11.8
承德	11.0	大同	10.6	张家口	11.0	海拉尔	8.3
通辽	9.6	赤峰	9.4	郑州	12.5	潍坊	11.9
长春	9.3	杭州	11.9	拉萨	11.8	贵阳	11.2

8
建筑环境

窗地比

在建筑方案设计时,对Ⅲ类光气候区的采光,窗地面积比和采光有效进深可按表4进行估算,其他光气候区的窗地面积比应乘以相应的光气候系数K。

窗地面积比和采光有效进深　　　　　　　　表4

采光等级	侧面采光		顶部采光
	窗地面积比（A_c/A_d）	采光有效进深（b/h_s）	窗地面积比（A_c/A_d）
Ⅰ	1/3	1.8	1/6
Ⅱ	14	2.0	1/8
Ⅲ	1/5	2.5	1/10
Ⅳ	1/6	3.0	1/13
Ⅴ	1/10	4.0	1/23

注:1.窗地面积比计算条件:窗的总透射比τ取0.6。
2.室内各表面材料反射比的加权平均值:Ⅰ-Ⅲ级取ρ_j=0.5;Ⅳ级取ρ_j=0.4;Ⅴ级取ρ_j=0.3。
3.顶部采光指平天窗采光,锯齿形天窗和矩形天窗可分别按平天窗的1.5倍和2倍窗地面积比进行估算。

天然采光策略

三种采光方式的性能比较　　　　　　　　　　　　　　　　　　表1

类型	图例	外向视野	眩光风险	采光进深	高度限制
侧面采光		好	高	受房间高度与开窗高度的限制	无
顶部采光		受限	低	宜于获得均匀分布	单层（顶层）
中庭采光		受限	低	宜于获得均匀分布（取决于中庭形态）	无

侧窗采光空间的天然光设计步骤如下

1. 确定基本情况和设计目标。确定设计中需要天然采光的房间的实际情况，特别是拟需要达到的平均采光系数值ADF和天空遮挡角θ（室外无遮挡时θ值为90）。

2. 天然光可行性验证。天然光可行性验证：确定窗玻璃的透射比τ，并根据下列公式确定满足采光系数条件下的最小窗地比WWR。如果根据该公式确定出的WWR大于80%则需要重新考虑所拟定的采光系数值，或更改设计中的相关几何尺寸：

$$WWR > \frac{0.088 \cdot ADF}{\tau} \cdot \frac{90°}{\theta}$$

3. 设定房间比例和表面反射比。确定室内表面平均反射系数ρ、面宽w和窗上沿高度h，根据下列公式确定房间天光自治区域：

$$天光自治有效进深D < \min \begin{pmatrix} \frac{2}{1-\rho} / \frac{1}{w} + \frac{1}{h} \\ (h-工作面高度) \cdot \tan(\theta) \\ 2h 如果有遮阳设施 \\ 2.5h 如果没有遮阳设施 \end{pmatrix}$$

4. 基于Lynes采光系数公式精确评估开窗区域。计算开窗面积，根据天光自治有效进深D计算包括窗户在内的室内总表面面积A_t，带入下式计算窗户净表面面积：

$$A_g = \frac{DF \cdot 2A_t(1-\rho)}{\tau \theta}$$

顶部采光的采光系数平均值可按下式计算：

$$C_{av} = \tau \cdot CU \cdot A_c / A_d$$

式中：C_{av}—采光系数平均值（%）；
　　　τ—窗的总透射比；
　　　CU—利用系数；
　　　A_c/A_d—窗地面积比。

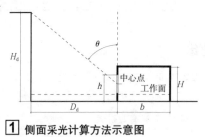

1 侧面采光计算方法示意图

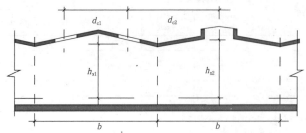

2 顶部采光示意图

侧面采光策略

1. 设计顶棚的形状。

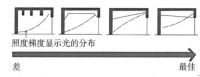

照度梯度显示光的分布　　差　→　最佳

2. 增加视觉作业与顶棚之间的距离。

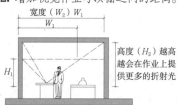

高度（H_2）越高越会在作业上提供更多的折射光

3. 增加光源和顶棚之间的距离。

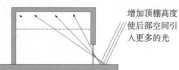

增加顶棚高度使后部空间引入更多的光

4. 利用低置的窗户以及地面反射光。

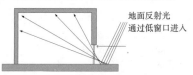

地面反射光通过低窗口进入

5. 使用高反射比的各种表面。

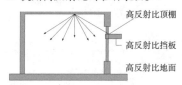

高反射比顶棚
高反射比挡板
高反射比地面

天然光导光系统

天然光导光系统是指通过采用各种光学技术实现改变天然光传输方向，进而引导天然光对建筑空间进行照明的系统。其包括：

1. 在传统开窗的玻璃上加设具有特定反射能力或折射能力的组件或材料，使其能够改变太阳光的传输方向和透过光谱，包括在窗户之外设置的反光板、反光镜等；

2. 管式天然光导光系统，包括室外集光器、用于传输光线的管式装置、室内照明器。

3 管式天然光导光系统示意

8
建筑环境

避免直射日光与利用反射

利用遮阳板及反射面以避免室内直射日光,提高室内照度及均匀度。

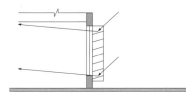

a 利用遮阳格片的角度改变光线方向,避免直射阳光

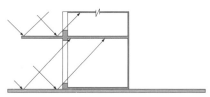

b 利用雨罩、阳台或地面的反射光增加室内照度

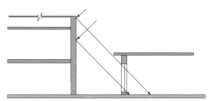

c 利用对面及邻近建筑的反射光

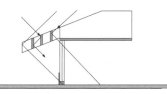

d1 利用反射板增加室内照度

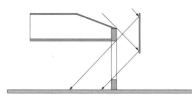

d2 利用遮阳板或反射板增加室内照度

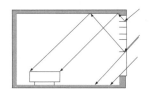

e 利用遮阳格片或玻璃砖的折射以调整室内均匀度

1 避免直射日光与利用反射示例

天然光的控制与调整

为了提高室内的光照,在采光口设各种反光、折光及调光装置以控制与调整光线。

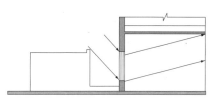

a1 利用玻璃改变光线方向,调整室内照度

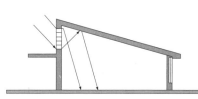

a2 利用玻璃改变光的方向,调整室内照度

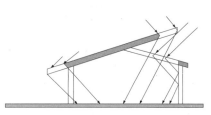

b 用遮阳板以及反光格片调整室内照度

c 利用反光格片调整室内照度

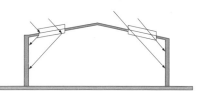

d1 用调光板(转动或固定)的不同角度调整室内照度

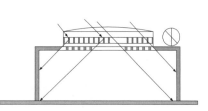

d2 用调光板(转动或固定)的不同角度调整室内照度

2 天然采光的控制与调整示例

不同采光口的室内照度分布

采光口设置不同的透光材料及不同角度的格片,可使室内产生不同的照度效果。

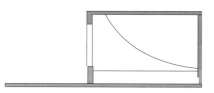

a 透明玻璃,照度分布不均匀

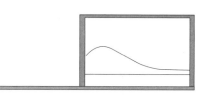

b 扩散性玻璃,照度分散均匀

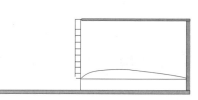

c 用遮阳板以及反光格片调整室内照度

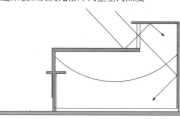

d 利用光隔板和内墙反射提高室内深处照明

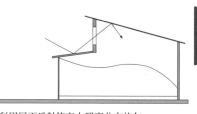

e 利用屋面反射使室内照度分布均匀

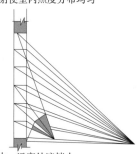

f 近窗处遮挡大,远窗处遮挡小

3 遮阳格片采光口的分析

顶部采光实例

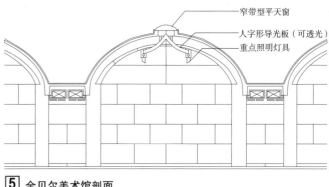

窄带型平天窗
人字形导光板（可透光）
重点照明灯具

5 金贝尔美术馆剖面

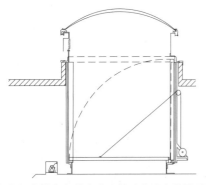

1 查尔斯顿市塔布尔艺术中心的动态遮光装置设计

2 可调节高度角和方位角的跟踪反射镜

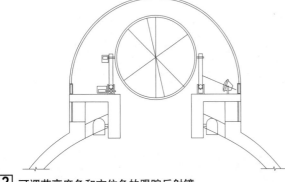

冬季　　夏季

隔热玻璃
可调节的
热控遮光器
二次反射镜面

3 密尔沃基市联合卫理公会教堂的天然光采光装置

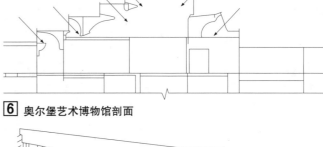

6 奥尔堡艺术博物馆剖面

7 塞伊奈约基市图书馆剖面

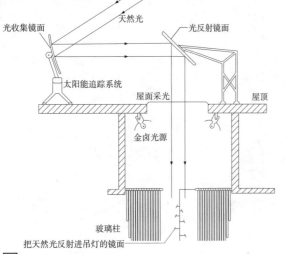

光收集镜面
天然光
光反射镜面
太阳能追踪系统
屋面采光　　　屋顶
金卤光源
玻璃柱
把天然光反射进吊灯的镜面

4 曼彻斯特机场的管式天然光导光系统

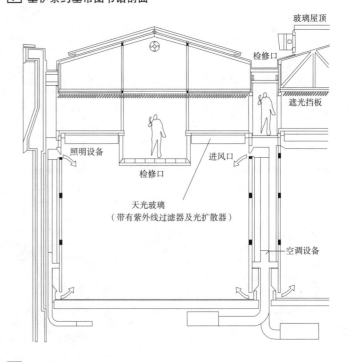

玻璃屋顶
检修口
遮光挡板
照明设备
进风口
检修口
天光玻璃
（带有紫外线过滤器及光扩散器）
空调设备

8 伦敦国家美术馆剖面

电气照明

与设计相关的电光源属性包括尺寸、配光、光色、强度、光效、安装条件等，其主要发光方式为热辐射发光、气体放电发光和场致发光。

一个完整照明装置的主要元件如①所示。光源是产生光的元件。灯具是指能透光、分配和改变光源光分布的器具，包括除光源外所有用于固定和保护光源所需的全部零部件，以及与电源连接所必需的线路附件。电源通过各种形式的照明控制进行切换，且可通过变压器进行电压转换。电光源可以被开启或关闭，部分类型可以改变强度和色温。灯具的性能主要体现为将恰当类型、数量的光适时照射到恰当位置。

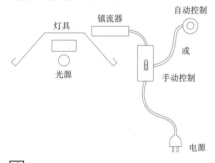

① 照明装置

电气照明的费用包括材料和制作的初始费用，电气和维护的运行费用，由发电、废旧光源处置引起的环境污染的处置费用。

光源的分类

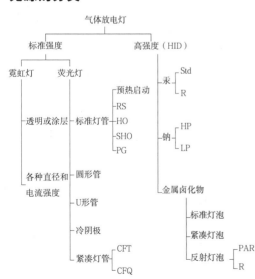

② 光源类型

光源具有多种光分布选择，从均匀漫射到指向性的窄光束，其光学特性取决于外形、泡壳、透镜、反射器等。

自身无控光的光源可由灯具实现控光。灯具开口直径和嵌入深度根据光源特性进行设定，外形相近的灯具可具有完全不同的光分布。

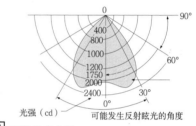

灯类型（F指荧光灯，FB或FU指U型灯，FT指双管灯T5灯）
功率或长度（预热或快速启动式灯标称功率。细灯管灯或高输出灯指灯管长度的英寸数）
1/8英寸的倍数表示的直径

F 40 T12 / ES / RE7 35

ES指节能灯，HO指高输出灯，VHO指非常高输出灯
显色指数（选项）RE7指稀土荧光粉，显色指数CR170最低
色温（选项）35指色温为3500K

③ 光源标识

光源的光分布

光强分布曲线，也称配光曲线，是指光源（或灯具）在空间各个方向的光强分布。⑥所示为极坐标配光曲线，光源所在的水平面为90°，光源在距最低点30°的光强为1750cd。

光源和镇流器系统效能

光效是以流明每瓦（lm/W）表示的光通输出与电功率输入的比值。为分析效能，所有气体放电灯的镇流器功率应计算在内。目前，低压钠灯、LED灯光效最高，白炽灯光效最低。

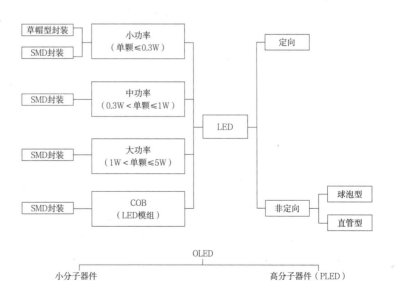

④ 灯具构成

⑤ 不同光源的光分布

⑥ 光强分布曲线

灯具

灯具将光源定位,改变光源光分布,遮蔽光源以降低眩光,也可作为装饰元素。

应权衡灯具高效与视觉舒适。高效灯具常缺乏眩光控制,如敞口直接型灯具的利用系数可达0.85;遮蔽良好的间接型灯具不存在直接眩光,但利用系数低于0.45。

灯具支持多种安装方式,如嵌入式、表面安装、轨道、悬挂、壁装、建筑化、家具集成、杆装、可移动式、便携式等。

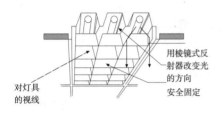

用棱镜式反射器改变光的方向

安全固定

对灯具的视线

1 灯具示例

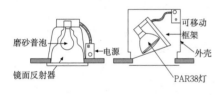

磨砂普泡

镜面反射器

电源

可移动框架

外壳

PAR38灯

紧凑型荧光灯

反射器

反射器

折射器

CFL（两个灯）

荧光灯（T5或T8）

抛物面反射器

棱镜透镜

荧光灯（T5或T8）

金属卤化物灯或高压钠灯

镇流器盒

有凹槽的锥形开孔

2 灯具结构

灯具安装

1. 顶棚安装

安装于顶棚,提供下射光。表面安装突出顶棚,不需要吊顶;嵌入式安装需利用吊顶后的空间。

2. 导轨

适用于要求照明灵活可变的空间,如博物馆。导轨可采取嵌入式、悬挂式、表面式安装。

3. 悬挂

灯具悬挂于空中,可提供下射、上射、漫射及组合等多种光分布选择,可实现高光效或强装饰性。

4. 壁装

多用于提供环境光。壁灯多采用点光源,窗帘灯、暗藏灯槽采用线光源。

a 表面安装   b 嵌入式安装

3 顶棚安装灯具   **4** 导轨式灯具

5 悬挂式灯具   **6** 壁装式灯具

一般照明

为照亮整个场地而设置的照明,不考虑特殊部位的需要。适用于室内、室外及特殊场所(如隧道)照明,是常用的照明方式。

重点照明

为引人注意而强调视觉焦点,定向照射某一特殊物体或区域的照明方式。多用于照射空间中的特定部件或陈设,如建筑元素、衣橱、装饰、艺术品、文物等。

局部照明

为相对较小区域提供高照度,应与环境照明配合以避免视觉不适。与一般照明同时使用的局部照明称为辅助照明。

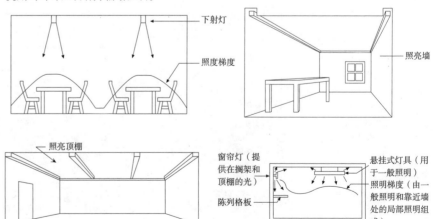

下射灯

照度梯度

照亮墙

照亮顶棚

窗帘灯(提供在搁架和顶棚的光)

陈列格板

悬挂式灯具(用于一般照明)

照度梯度(由一般照明和靠近墙处的局部照明组成)

7 重点照明   **8** 局部照明

8
建筑环境

作业环境照明

作业照明为工作区域的视觉任务提供高照度,为其提供补充的环境照明,多以间接光为主。

照度梯度

暗槽灯(以照亮桌上方的顶棚)

可移动式灯具(提供桌面上的直接光)

① 作业环境照明

控制策略				表1
应用	手动开关	时钟控制	停留传感	光电控制
间歇使用/无法预计使用人员的空间	√		√	
能够预计使用人员的空间有不使用的时候	√	√		
光照水平波动大的空间(天然采光的空间)	√			√

照明控制策略

通常最有效的控制策略是在不需要的时候关灯。为适时提供恰当的照明数量和质量,照明控制可响应:①人的静止和移动;②多功能的使用模式;③天气条件变化;④光源和灯具的老化。

手动控制

手动控制以开关和调光为主,一般安装于距地100~130cm之间,靠近空间入口或床头。

时钟控制

在设定时间开灯,在不需要时关灯(或调至低照度模式)。常用于景观照明和安全照明。时间计划可基于小时、星期、月、季度、年,可设定补偿采光小时数的季节性变化。

② 时钟控制

办公室照明

1. 作业

应针对视觉任务的不同设定差异化的作业照明。环境照明宜均匀,限定空间并缓解疲劳。

2. 避免眩光

镜面性表面加剧反射眩光,可将光源置于作业后方或侧方,并利用间接照明削弱反射眩光。

3. VDTs(视频显示终端)

为削弱反射眩光,应限定灯具与顶棚亮度,将环境照明保持较低水平。

4. 天然光

在有效照度范围内最大限度利用天然光,人工光提供补充,并利用高反射比顶棚提高均匀度。

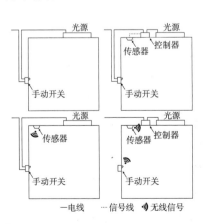

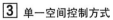

③ 单一空间控制方式

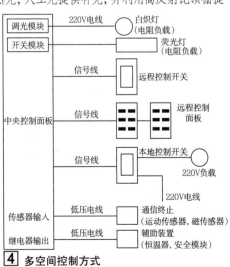

④ 多空间控制方式

占空传感器

占空传感器,也称运动传感器,可探测人员移动情况,并执行灯具控制。常用被动式红外传感器(PIR)和超声传感器。

被动式红外传感器(PIR)可探测人体发出的红外热辐射,必须"看见"热源,不能探测角落或隔断背后。

超声传感器发出高频信号并探测反射声波的频率。可执行连续覆盖,没有缺口间隙或盲点。

传感器可提供"手动开/自动关"模式,适用于间歇使用的空间。可调整传感器最后探测动作与关灯之间的延迟时间(通常为30秒~30分钟)。

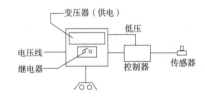

⑤ 传感器控制连线图

占空传感器适用于间歇适用的空间,如教室、走廊、储藏室、会议室、休息室。应配合在循环开关情况下不宜损坏的光源。一般可节省电费35%~45%。

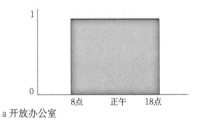

a 开放办公室

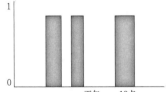

b 私人办公室

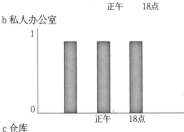

c 仓库

⑥ 占空传感器控制

8
建筑环境

建筑光环境 ［9］电气照明

绿色照明

绿色照明的基本宗旨是节约能源、保护环境、促进健康。

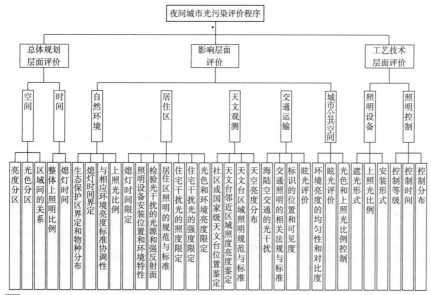

1 夜间城市光污染评价程序

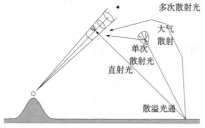

2 天空溢散光因提高天空亮度而干扰星空观测

照明场所的统一眩光值（UGR）计算公式：

$$UGR=8\lg\frac{0.25}{L_b}\sum\frac{L_a^2\cdot\omega}{p^2}$$

式中：L_b—背景亮度（cd/m²）；

L_a—观察者方向每个灯具的亮度（cd/m²）；

ω—每个灯具发光部分对观察者眼睛；
所形成的立体角（sr）；

P—每个单独灯具的位置指数。

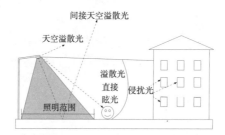

3 户外人工照明对于星空观测和周边居民的睡眠造成影响

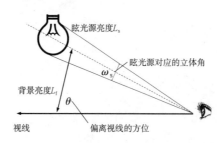

4 影响眩光的因素

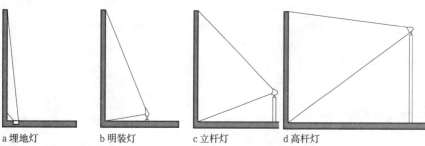

9 立面泛光照明方式

a 埋地灯　　b 明装灯　　c 立杆灯　　d 高杆灯　　e 悬臂灯　　f 立面灯

户外照明要点

既包括功能型的依靠严格计算的场地、交通照明，也包括非功能型的依靠艺术设计的建筑、景观照明。灯具包括路灯、庭院灯、草坪灯、隧道灯、泛光灯、水下灯、洗墙灯、地埋灯、装饰灯等。

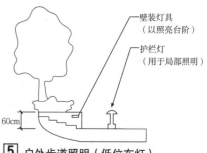

5 户外步道照明（低位布灯）

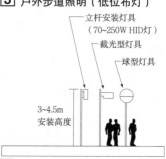

6 户外步道照明（高位布灯）

7 停车场与场地照明

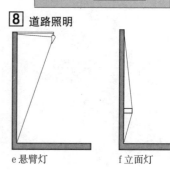

8 道路照明

建筑热工设计内容及要求

表1

建筑热工设计内容		建筑热工设计要求
冬季保温设计	围护结构保温设计	保证内表面不结露和基本的卫生要求，并符合节能和经济的原则
	围护结构防潮设计	保证在正常使用条件下内部不出现冷凝水积聚
	围护结构防空气渗透设计	保证围护结构和门窗的空气渗透性能符合相关标准规定要求
夏季防热设计	建筑防热设计	利用地形、水面等自然环境以及绿化措施，达到改善室外热环境的目的
	围护结构隔热设计	保证围护结构隔热性能符合相关标准规定要求
	建筑遮阳设计	使遮阳形式和构造设计与地区气候条件、房间使用要求和窗户相适应
	建筑自然通风设计	使建筑群和单体布置，以及门窗开口位置、面积和开启方式有利于自然通风

基本概念

表2

名词	符号	单位	解释	名词	符号	单位	解释
建筑热工	—	—	研究建筑室外气候通过建筑围护结构对室内热环境的影响、室内外湿作用对围护结构的影响，通过建筑设计改善室内热环境方法的学科	绝对湿度	f	g/m^3	$1m^3$空气中所含水蒸气的重量
围护结构	—	—	分隔建筑室内与室外，以及建筑内部使用空间的建筑部件	辐射温差比	IRT	—	累年1月南向垂直面太阳平均辐射照度与1月室内外温差的比值
围护结构单元	—	—	围护结构的典型组成部分，由围护结构平壁及其周边梁、柱等节点共同组成	建筑遮阳	—	—	在建筑门窗洞口室外侧与门窗洞口一体化设计的遮挡太阳辐射的构件
体形系数	S	—	建筑物外表面积F_0与其所包围的体积V_0的比值，即$S=F_0/V_0$	水平遮阳	—	—	位于建筑门窗洞口上部，水平伸出的板状建筑遮阳构件
导热系数	λ	$W/(m\cdot K)$	在稳态条件和单位温差作用下，通过单位厚度、单位面积均质材料的热流量	垂直遮阳	—	—	位于建筑门窗洞口两侧，垂直伸出的板状建筑遮阳构件
比热容	c	$kJ/(kg\cdot K)$	单位质量的物质，温度升高或降低1K所吸收或放出的热量	组合遮阳	—	—	在门窗洞口的上部设水平遮阳、两侧设垂直遮阳的组合式建筑遮阳构件
导温系数	a	m^2/s	材料的导热系数与其比热和密度乘积的比值，表征物体在加热或冷却时，各部分温度趋于一致的能力，也称热扩散系数	挡板遮阳	—	—	在门窗洞口前方设置的与门窗洞口面平行的板状建筑遮阳构件
表面换热系数	α	$W/(m^2\cdot K)$	围护结构表面和与之接触的空气之间通过对流和辐射换热过程，在单位温差作用下，单位时间内通过单位面积的热量	百叶遮阳	—	—	在门窗洞口前方设置的与门窗洞口面平行的百叶遮阳构件
热阻	R	$(m^2\cdot K)/W$	表征围护结构本身或其中某层材料阻抗传热能力的物理量	建筑遮阳系数	SC_s	—	在照射时间内，透过透光围护结构部件（窗户）直接进入室内的太阳辐射量与透光围护结构外表面接收到的太阳辐射量的比值
内表面换热阻	Ri	$(m^2\cdot K)/W$	物体内表面层在对流换热和辐射换热过程中的热阻，是内表面换热系数的倒数	透光围护结构遮阳系数	SC_w	—	在照射时间内，同一窗口（透光围护结构部件外表面）在有建筑外遮阳和没有建筑外遮阳的两种情况下，接收到的两个不同太阳辐射量的比值
外表面换热阻	Re	$(m^2\cdot K)/W$	物体外表面层在对流换热和辐射换热过程中的热阻，是外表面换热系数的倒数	透光围护结构太阳得热系数	$SHGC$	—	在照射时间内，通过透光围护结构部件（窗户）的太阳辐射室内得热量与透光围护结构外表面接收到的太阳辐射量的比值
传热系数	K	$W/(m^2\cdot K)$	在稳态条件下，围护结构两侧空气为单位温差时，单位时间内通过单位面积传递的热量	内遮阳系数	SC_c	—	在照射时间内，透过内遮阳的太阳辐射量和内遮阳接收到的太阳辐射量的比值
传热系数的修正系数	ε_i	—	有效传热系数与传热系数的比值，即$\varepsilon_i=K_{eff}/K$，实质上是围护结构因受太阳辐射和天空辐射影响而使传热量改变的修正系数	综合遮阳系数	SC_T	—	建筑遮阳系数和透光围护结构遮阳系数的乘积
线传热系数	ψ	$(m^2\cdot K)/W$	当围护结构两侧空气温度为单位温差时，通过单位长度热桥部位的附加传热量	室外综合温度	t_{sa}	℃	室外空气温度t_e与太阳辐射当量温度$\rho I/\alpha_e$之和，即$t_{sa}=t_e+\rho I/\alpha_e$
传热阻	R_0	$(m^2\cdot K)/W$	表征围护结构（包括两侧表面空气边界层）阻抗传热能力的物理量	太阳辐射照度	I	W/m^2	在某一水平、垂直或倾斜面上，1s内，$1m^2$面积所接受的太阳辐射能量
蓄热系数	S	$W/(m^2\cdot K)$	当某一足够厚度的匀质材料层一侧受到谐波热作用时，通过表面的热流波幅与表面温度波幅的比值	太阳辐射吸收系数	ρ	—	表面吸收的太阳辐射热与投射到其表面的太阳辐射热之比
热惰性指标	D	—	表征围护结构抵御温度波动和热流波动能力的无量纲指标，其值等于各构造层材料热阻与蓄热系数的乘积之和。D值越大，温度波在其中衰减越快，围护结构的热稳定性越好	衰减倍数	ν	—	围护结构内侧空气温度稳定，外侧受室外综合温度或室外空气温度周期性变化的作用，室外综合温度波幅At_{sa}与室内表面温度波幅$A\theta_i$的比值
水蒸气分压力	P	Pa	在一定温度下，湿空气中水蒸气部分所产生的压力	延迟时间	ξ	h	围护结构在呈谐性波动的室外综合温度波作用下，内表面最高温度出现的时间ϕ_2与室外综合温度最高值出现的时间ϕ_1之间的差值
饱和水蒸气压力	P_s	Pa	空气中水蒸气达到饱和时水蒸气部分产生的压力	温度波幅	θ	℃	当温度呈现周期性波动时，最高值与平均值之差
空气露点温度	t_d	℃	在大气压力一定、含湿量不变的条件下，未饱和空气因冷却而达到饱和时的温度	热桥	—	—	围护结构中热流强度显著增大的部分
结露	—	—	围护结构表面温度低于附近空气露点温度时，空气中水蒸气在围护结构表面析出冷凝水的现象	计算供暖期天数	Z	d	累年日平均温度低于或等于5℃的天数。这一供暖期仅供建筑热工和节能设计计算采用
冷凝	—	—	围护结构内部存在空气或空气渗透过围护结构，当围护结构内部的温度达到或低于空气的露点温度时，空气中的水蒸气析出形成凝结水的现象	供暖度日数	$HDD18$	℃·d	一年中，当某天室外日平均温度低于18℃时，将该日平均温度与18℃的差值乘以1d，并将此乘积累加，得到一年的供暖度日数
蒸汽渗透系数	μ	$g/(m\cdot h\cdot Pa)$	单位厚度的物体，在两侧单位水蒸气分压力差作用下，单位时间内通过单位面积渗透的水蒸气量	空调度日数	$CDD26$	℃·d	一年中当某天室外日平均温度高于26℃时，将高于26℃的度数乘以1天，再将此乘积累加，得到一年的空调度日数
蒸汽渗透阻	H	$m^2\cdot h\cdot Pa/g$	一定厚度的物体，在两侧单位水蒸气分压力差作用下，通过单位面积渗透单位质量水蒸气所需要的时间	窗墙面积比	S	—	某一朝向的外窗（包括透明幕墙）总面积，与同朝向墙面总面积（包括窗面积在内）之比

建筑热工设计分区

建筑热工设计分区二级区划指标及设计要求

表1

分区名称	分区指标		设计要求
	主要指标	辅助指标	
严寒地区（1）	$t_{min·m}\leq-10℃$	$145\leq d_{\leq5}$	必须充分满足冬季保温要求，一般可不考虑夏季防热
寒冷地区（2）	$-10℃<t_{min·m}\leq0℃$	$90\leq d_{\leq5}<145$	应满足冬季保温要求，部分地区兼顾夏季防热
夏热冬冷地区（3）	$0℃<t_{min·m}\leq10℃$ $25℃<t_{max·m}\leq30℃$	$0\leq d_{\leq5}<90$ $40\leq d_{\geq25}<110$	必须满足夏季防热要求，适当兼顾冬季保温
夏热冬暖地区（4）	$10℃<t_{min·m}$ $25℃<t_{max·m}\leq29℃$	$100\leq d_{\geq25}<200$	必须充分满足夏季防热要求，一般可不考虑冬季保温
温和地区（5）	$0℃<t_{min·m}\leq13℃$ $18℃<t_{max·m}\leq25℃$	$0\leq d_{\leq5}<90$	部分地区考虑冬季保温，一般可不考虑夏季防热

注：$t_{min·m}$表示最冷月平均温度；$t_{max·m}$表示最热月平均温度；$d_{\leq5}$表示日平均温度小于等于5℃的天数；$d_{\geq25}$表示日平均温度大于等于25℃的天数。

建筑热工设计分区二级区划指标及设计要求

表2

二级分区名称	区划指标		设计要求
严寒A区（1A）	$6000\leq HDD18$		冬季保温要求极高，必须满足保温设计要求，不考虑防热设计
严寒B区（1B）	$5000\leq HDD18<6000$		冬季保温要求非常高，必须满足保温设计要求，不考虑防热设计
严寒C区（1C）	$3800\leq HDD18<5000$		必须满足保温设计要求，可不考虑防热设计
寒冷A区（2A）	$2000\leq HDD18<3800$	$CDD26\leq90$	应满足保温设计要求，可不考虑防热设计
寒冷B区（2B）		$CDD26>90$	应满足保温设计要求，宜满足隔热设计要求，兼顾自然通风、遮阳设计
夏热冬冷A区（3A）	$1200\leq HDD18<2000$		应满足保温、隔热设计要求，重视自然通风、遮阳设计
夏热冬冷B区（3B）	$700\leq HDD18<1200$		应满足隔热、保温设计要求，强调自然通风、遮阳设计
夏热冬暖A区（4A）	$500\leq HDD18<700$		应满足隔热设计要求，宜满足保温设计要求，强调自然通风、遮阳设计
夏热冬暖B区（4B）	$HDD18<500$		应满足隔热设计要求，可不考虑保温设计，强调自然通风、遮阳设计
温和A区（5A）	$CDD26\leq10$	$700\leq HDD18<2000$	应满足冬季保温设计要求，可不考虑防热设计
温和B区（5B）		$HDD18<700$	宜满足冬季保温设计要求，可不考虑防热设计

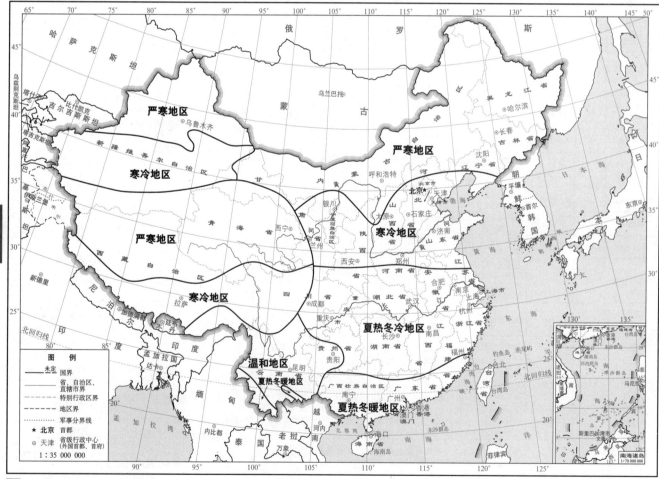

1 全国建筑热工设计分区图❶

❶ 本图引自《民用建筑热工设计规范》GB 50176-2016，底图来源：中国地图出版社编制。

8
建筑环境

室外计算参数

1. 冬季室外计算参数的确定应符合下列规定:

(1)最冷月平均温度为累年1月平均温度的平均值;

(2)供暖度日数为历年供暖度日数的平均值;

(3)供暖室外计算温度应为累年年平均不保证5天的日平均温度;

(4)累年最低日平均温度应为历年最低日平均温度中的最小值。

冬季室外计算温度应按围护结构的热惰性指标D值的不同,依据表1的规定取值。

2. 夏季室外计算参数的确定应符合下列规定:

(1)最热月平均温度为累年7月平均温度的平均值;

(2)空调度日数为历年空调度日数的平均值;

(3)夏季室外计算温度逐时值应为历年最高日平均温度中的最大值所在日的室外温度逐时值;

(4)夏季室外太阳辐射逐时值应为与温度逐时值同一天的太阳辐射的逐时值。

冬季室外计算温度 表1

围护结构热稳定性	计算温度(℃)
$6.0 \leq D$	$t_e = t_w$
$4.1 \leq D < 6.0$	$t_e = 0.6 t_w + 0.4 t_{e \cdot min}$
$1.6 \leq D < 4.1$	$t_e = 0.3 t_w + 0.7 t_{e \cdot min}$
$D < 1.6$	$t_e = t_{e \cdot min}$

室内计算参数

1. 冬季室内计算参数应按以下规定取值:

(1)温度:供暖房间取18℃,非供暖房间取12℃;

(2)相对湿度:一般房间取30%~60%。

2. 夏季室内计算参数应按以下规定取值:

(1)非空调房间:空气温度平均值取室外空气温度平均值+1.5℃、温度波幅取室外空气温度波幅-1.5℃,并将其逐时化;

(2)空调房间:空气温度取26℃;

(3)相对湿度取60%。

全国部分城市建筑热工设计用室外气象参数 表2

城市	气候区属	气象站 东经(°)	气象站 北纬(°)	气象站 海拔(m)	最冷月平均温度 $t_{min \cdot m}$(℃)	最热月平均温度 $t_{max \cdot m}$(℃)	供暖度日数 HDD18(℃·d)	空调度日数 CDD26(℃·d)	供暖室外计算温度 t_w(℃)	累年最低日平均温度 $t_{e \cdot min}$(℃)	计算供暖室外平均温度 t_e(℃)	计算供暖室外平均相对湿度(%)
北京	2B	116.28	39.93	55	-2.9	27.1	2699	94	-7.0	-11.8	0.1	43
天津	2B	117.17	39.10	5	-3.5	27.0	2743	92	-7.0	-12.1	-0.2	59
上海	3A	121.43	31.17	3	4.9	28.5	1540	199	0.5	-3.0	4.4	73
重庆	3B	106.47	29.58	259	8.1	28.4	1089	217	5.5	2.9	—	—
哈尔滨	1B	126.77	45.75	143	-16.9	23.8	5032	14	-22.4	-30.9	-8.5	62
长春	1C	125.22	43.90	238	-14.4	23.7	4642	12	-20.8	-30.1	-6.7	57
沈阳	1C	123.43	41.77	43	-11.2	25.0	3929	25	-18.1	-26.8	-4.5	55
呼和浩特	1C	111.68	40.82	1065	-10.8	23.4	4186	11	-15.6	-22.7	-4.4	49
济南	2B	117.05	36.60	169	-0.1	27.6	2211	160	-5.2	-10.5	1.8	51
石家庄	2B	114.42	38.03	81	-1.1	27.6	2388	147	-5.3	-9.6	0.9	53
郑州	2B	113.65	34.72	111	0.9	27.2	2106	125	-3.5	-6.0	2.5	57
太原	2A	112.55	37.78	779	-4.6	24.1	3160	11	-9.0	-16.4	-1.1	47
西安	2B	108.93	34.30	398	0.9	27.8	2178	153	-2.4	-8.4	2.1	62
兰州	2A	103.88	36.05	1518	-4.0	23.3	3094	16	-6.6	-12.9	-0.6	46
西宁	1C	101.77	36.62	2296	-7.9	17.2	4478	0	-11.5	-17.8	-3.0	49
乌鲁木齐	1C	87.65	43.80	947	-12.2	23.7	4329	36	-17.8	-25.4	-6.5	73
拉萨	2A	91.13	29.67	3650	-0.4	15.7	3425	0	-3.7	-7.7	16	27
合肥	3A	117.30	31.78	27	3.4	28.8	1725	210	-0.6	-6.4	3.8	73
南京	3A	118.80	32.00	7	3.1	28.3	1775	176	-0.7	-4.5	3.6	72
杭州	3A	120.17	30.23	42	5.1	28.8	1509	211	1.0	-2.6	4.5	73
武汉	3A	114.13	30.62	23	4.7	29.6	1501	283	1.1	-2.5	4.4	76
长沙	3A	112.92	28.22	68	5.3	29.0	1466	230	0.9	-2.2	4.8	83
南昌	3A	115.92	28.60	47	6.1	29.3	1326	250	1.9	-1.6	4.9	76
成都	3A	104.02	30.67	506	6.3	26.1	1344	56	3.8	0.7	—	—
贵阳	5A	106.73	26.58	1224	4.8	23.3	1703	3	0.1	-5.4	4.0	81
昆明	5A	102.65	25.00	1887	9.4	20.3	1103	0	5.2	-0.6	—	—
福州	4A	119.28	26.08	84	11.6	29.2	681	267	7.4	3.3	—	—
广州	4B	113.33	23.17	41	14.3	28.8	373	313	8.3	-0.5	—	—
南宁	4B	108.22	22.63	122	13.4	28.2	473	259	8.3	4.5	—	—
海口	4B	110.25	20.00	64	18.6	29.1	75	427	13.7	8.5	—	—

注:本表摘自《民用建筑热工设计规范》GB 50176-2016。

8 建筑环境

围护结构保温设计要点

1. 供暖建筑的外墙、屋顶、接触室外空气的楼板、不供暖地下室上部的楼板和不供暖楼梯间的隔墙等围护结构热桥部位应进行内表面结露验算，其传热阻不应小于所在地区要求的最小传热阻。

2. 当有散热器、管道、壁龛等嵌入外墙时，该处外墙的传热阻不应小于所在地区要求的最小传热阻。

3. 外墙和屋顶中的接缝、混凝土或金属嵌入体构成的热桥部位应进行内表面结露验算，并作适当的保温处理。

4. 窗墙面积比、窗户保温性和气密性应符合相关标准规定的要求。

5. 严寒地区供暖建筑底层地面，在建筑外墙内侧0.5~1.0m范围内应铺设保温层，其热阻不应小于外墙的热阻。

6. 供暖建筑的墙体、楼、屋面和地下室外墙内表面温度和室内空气温度温差应符合表1的要求。

内表面温度与室内空气温度温差的限值　　　表1

围护结构	房间设计要求	防结露	基本热舒适
墙体	允许温差（℃）$\Delta t_w=t_i-\theta_w$	$\leq t_i-t_d$	≤ 3
楼、屋面	允许温差（℃）$\Delta t_w=t_i-\theta_{ri}$	$\leq t_i-t_d$	≤ 4
地下室	允许温差（℃）$\Delta t_w=t_i-\theta_{ri}$	$\leq t_i-t_d$	≤ 4

墙体保温

墙体的内表面温度与室内空气温度的温差应符合表1的要求。墙体热阻限值的计算如下：

未考虑密度和温差修正的墙体内表面温度可按照式（1）计算，室内外计算温度应按照"建筑热环境[3]"室内外计算参数选用，墙体内外表面换热阻按"建筑热环境[5]"表1、表2选用：

$$\theta_{wi}=t_i-\frac{R_i}{R_{w0}}(t_i-t_e) \tag{1}$$

式中：θ_{wi}—墙体内表面温度（K）；
　　　R_{w0}—墙体传热阻（m²·K/W）。

不同地区，符合规范要求的墙体热阻的限值可按照式（2）计算；其中，满足Δt_w要求的墙体热阻最小值，应按式（3）计算：

$$R_{w\cdot min}=\frac{t_i-t_e}{\Delta t_w}R_i-(R_i-R_e) \tag{2}$$

式中：$R_{w\cdot min}$—满足Δt_w要求的墙体热阻最小值（m²·K/W）。

不同材料和建筑不同部位的墙体热阻最小值应按照式（3）进行密度和温差修正：

$$R_w=\varepsilon_{w1}\varepsilon_{w2}R_{w\cdot min} \tag{3}$$

式中：R_w—墙体热阻限值（m²·K/W）；
　　　ε_{w1}—墙体热阻最小值的密度修正系数，可按表2选用；
　　　ε_{w2}—墙体热阻最小值的温差修正系数，按表3选用。

墙体、屋顶热阻最小值的密度修正系数ε_{w1}　　表2

密度	$\rho_w\geq 1200$	$1200>\rho_w\geq 800$	$800>\rho_w\geq 500$	$500>\rho_w$
修正系数ε_{w1}	1.0	1.2	1.3	1.4

墙体热阻最小值的温差修正系数ε_{w2}　　表3

部位	修正系数ε_{w2}
与室外空气直接接触的墙体	1.0
与有外窗的不供暖房间相邻的隔墙	0.8
与无外窗的不供暖房间相邻的隔墙	0.5

楼层及屋顶保温

楼层及屋顶的内表面温度与室内空气温度的温差应符合表1的要求。楼层及屋顶热阻限值的计算如下：

未考虑密度、温度修正的楼层及屋顶内表面温度可按式（4）计算，室内外计算温度应按照"建筑热环境[3]"室内外计算参数选用，内外表面换热阻按"建筑热环境[5]"表1、表2选用：

$$\theta_{ri}=t_i-\frac{R_i}{R_{r0}}(t_i-t_e) \tag{4}$$

式中：θ_{ri}—屋顶内表面温度（K）；
　　　R_{r0}—屋顶传热阻（m²·K/W）。

不同地区，符合要求的屋顶热阻的限值可按照式（5）计算：

$$R_{r\cdot min}=\frac{(t_i-t_e)}{\Delta t_f}R_i-(R_i+R_e) \tag{5}$$

式中：$R_{r\cdot min}$—满足Δt_f要求的屋顶热阻最小值（m²·K/W）。

不同材料楼层及屋顶的热阻最小值应按照式（6）进行密度、温差修正：

$$R_r=\varepsilon_1\varepsilon_2 R_{r\cdot min} \tag{6}$$

式中：R_r—屋顶热阻限值（m²·K/W）；
　　　ε_1—热阻最小值的密度修正系数，按表2选用；
　　　ε_2—热阻最小值的温差修正系数，按表3选用。

门窗、幕墙、采光顶

各个气候区建筑室内有热环境要求的房间，其外门窗、玻璃幕墙、采光顶的传热系数应满足表4的要求，并应按表4的要求进行冬季的抗结露验算：

门窗、玻璃幕墙的传热系数应按照《民用建筑热工设计规范》GB 50176的C.5的规定进行计算；门窗、玻璃幕墙的结露验算应按照C.6的规定进行计算。

各个热工气候区传热系数K和抗结露验算要求　　表4

序号	气候区	K[W/(m²·K)]	抗结露验算要求
1	严寒A区	≤ 2.0	必须验算
2	严寒B区	≤ 2.2	必须验算
3	严寒C区	≤ 2.5	必须验算
4	寒冷A区	≤ 2.8	必须验算
5	寒冷B区	≤ 3.0	必须验算
6	夏热冬冷A区	≤ 3.5	宜验算
7	夏热冬冷B区	≤ 4.0	可不验算
8	夏热冬暖A区、B区	—	不验算
9	温和A区	≤ 3.5	宜验算
10	温和B区	—	可不验算

地下室保温

距地面小于0.5m的地下室外墙保温设计要求同外墙；距地面超过0.5m、与土体接触的地下室外墙内表面温度与室内空气温度的温差应符合表1的要求。地下室外墙热阻限值的计算如下：

地下室外墙内表面温度可按式（7）计算，室内计算温度应按照"建筑热环境[3]"室内计算参数选用，地下室外墙与土体接触面的温度取最冷月平均温度，墙体内表面换热阻按"建筑热环境[5]"表1选用：

$$\theta_{bi}=\frac{t_i\cdot R_{b0}+\theta_e\cdot R_f}{R_{b0}+R_i} \tag{7}$$

式中：θ_{bi}—地下室外墙内表面温度（K）；
　　　θ_e—地下室外墙与土体接触面的温度（m²·K/W）；
　　　R_{b0}—地下室外墙热阻（m²·K/W）。

不同地区，符合要求的地下室外墙热阻最小值$R_{b,min}$可按照式（8）计算：

$$R_{b\cdot min}=\frac{(\theta_i-\theta_e)}{\Delta t_b}R_i \tag{8}$$

式中：$R_{b,min}$—满足Δt_b满足要求的地下室外墙热阻最小值（m²·K/W）。

围护结构传热系数计算

围护结构的传热系数 K 应按下式计算：

$$K = \frac{1}{R_0}$$

式中：R_0——各材料层的热阻 $[(m^2 \cdot K/W)]$。

围护结构单元的平均传热系数 K_m 应考虑热桥的影响，通过二维传热计算得到。

传热阻、热阻

1. 围护结构传热阻：

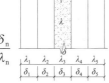

$$R_0 = R_i + R + R_e = \frac{1}{\alpha_i} + R + \frac{1}{\alpha_e}$$

式中：R_i、α_i——内表面换热阻及内表面换热系数应按表1采用；
R_e、α_e——外表面换热阻及外表面换热系数应按表2采用；
R——围护结构的热阻。

2. 单层围护结构热阻：$R = \dfrac{\delta}{\lambda}$

3. 多层围护结构热阻：

$$R = R_1 + R_2 + ... + R_n = \frac{\delta_1}{\lambda_1} + \frac{\delta_2}{\lambda_2} + ... + \frac{\delta_n}{\lambda_n}$$

式中：δ——材料层的厚度；
λ——材料的导热系数；
R——材料层的热阻。

4. 空气间层热阻：不同形式及辐射率的封闭空气间层的热阻，应按表3采用；通风良好的空气间层，其热阻可不予考虑。

围护结构的热惰性指标

单层结构：$D = R \cdot S$

多层结构：$D = D_1 + D_2 + ... + D_n = R_1 S_1 + R_2 S_2 + ... + R_n S_n$

式中：R_1、$R_2 \cdots R_n$——各层材料的热阻；
S_1、$S_2 \cdots S_n$——各层材料的蓄热系数，空气间层取 $S=0$。

某层由两种以上材料构成时，先按下式求该层平均导热系数：

$$\overline{\lambda} = \frac{\lambda_1 F_1 + \lambda_2 F_2 + ... + \lambda_n F_n}{F_1 + F_2 + ... + F_n}$$

该层平均热阻：

$$R = \frac{\delta}{\lambda} \quad (式中：\delta 为该层厚度。)$$

该层平均传热系数：

$$S = \frac{S_1 F_1 + S_2 F_2 + ... + S_n F_n}{F_1 + F_2 + ... + F_n}$$

种植屋面的热阻和热惰性指标计算：

$$R = \frac{1}{s} \sum_i \sum_i R_{green,i} S_i + \sum_j R_{soil,j} + \sum_k R_{roof,k}$$

$$D = \sum_j R_{soil,j} + \sum_k D_{roof,k}$$

式中：R——种植屋面热阻（$m^2 \cdot K/W$）；
D——种植屋面热惰性指标；
S——种植屋面的面积（m^2）；
$R_{green,i}$——种植屋面各种植被层的附加热阻（$m^2 \cdot K/W$），应按表4取值；
S_i——种植屋面各种植被层在屋面上的覆盖面积（m^2）；
$R_{soil,j}$——绿化构造各层热阻（$m^2 \cdot K/W$）；其中，种植材料层的热阻值应按表5取值算，排（蓄）水层的热阻应按表6取值；
$D_{soil,j}$——绿化构造各层热惰性指标；
$R_{roof,k}$——屋面构造各层热阻（$m^2 \cdot K/W$）；
$D_{roof,k}$——屋面构造各层热惰性指标。

内表面和内部温度计算

1. 围护结构内表面温度：

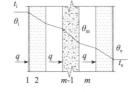

$$\theta_i = t_i - (t_i - t_e) \frac{R_i}{R_0}$$

2. 围护结构内部温度：

$$\theta_m = t_i - (t_i - t_e) \frac{R_i + R_{1\sim m}}{R_0}$$

式中：t_i、t_e——室内、室外计算温度（℃）；
R_0、R_i——围护结构传热阻和内表面换热阻；
$R_{1\sim m}$——第1~m层的热阻之和。

热桥部位内表面温度计算

围护结构热桥部位的内表面温度不应低于室内空气露点温度，热桥部位的内表面温度应通过二维或三维传热计算得到。当热桥内表面温度低于室内空气露点温度时，应在热桥部位采取保温措施，并确保处理后的热桥部位内表面温度不应低于室内空气露点温度。

内表面换热系数 α_i 及内表面换热阻 R_i 值　　表1

表面特征	$\alpha_i[W/(m^2 \cdot K)]$	$R_i[(m^2 \cdot K)/W]$
墙、地面、表面平整或有肋状突出物的顶棚，$h/s \leqslant 0.3$	8.7	0.11
有肋状突出物顶棚，$h/s > 0.3$	7.6	0.13

注：h——肋高，s——肋间净距。

外表面换热系数 α_e 及换热阻 R_e 值　　表2

季节	表面状况	$\alpha_e[W/(m^2 \cdot K)]$	$R_e[(m^2 \cdot K)/W]$
冬季	外墙、屋顶以及与室外空气接触的表面	23	0.04
	与室外空气相通的不供暖地下室上部楼板	17	0.06
	屋顶和外墙有窗的不供暖地下室上部楼板	12	0.08
	外墙无窗的不供暖地下室上部楼板	6	0.17
夏季	外墙和屋顶	19	0.05

空气间层热阻值（单位：$m^2 \cdot K/W$）　　表3

空气间层（mm）位置	热流方向	厚度	辐射率 ε											
			0.03				0.20				0.82			
			平均温度℃（温差5.6K）											
			32.2	10.0	−17.8	−45.6	32.2	10.0	−17.8	−45.6	32.2	10.0	−17.8	−45.6
水平	向上	13	0.37	0.37	0.37	0.36	0.27	0.28	0.30	0.31	0.13	0.15	0.18	0.20
		20	0.41	0.40	0.39	0.38	0.28	0.30	0.31	0.32	0.13	0.15	0.18	0.21
		40	0.45	0.44	0.43	0.42	0.30	0.32	0.33	0.35	0.14	0.16	0.19	0.22
		90	0.50	0.49	0.48	0.47	0.32	0.34	0.36	0.38	0.14	0.16	0.20	0.23
45°倾斜	向上	13	0.43	0.45	0.46	0.46	0.29	0.33	0.36	0.38	0.14	0.16	0.19	0.23
		20	0.52	0.51	0.48	0.45	0.33	0.35	0.37	0.37	0.14	0.17	0.20	0.23
		40	0.51	0.50	0.49	0.48	0.33	0.35	0.39	0.14	0.17	0.20	0.24
		90	0.56	0.52	0.52	0.51	0.35	0.37	0.39	0.41	0.14	0.17	0.20	0.24
垂直	水平	13	0.43	0.47	0.52	0.56	0.29	0.35	0.39	0.45	0.14	0.16	0.20	0.26
		40	0.70	0.67	0.62	0.58	0.40	0.42	0.44	0.46	0.15	0.18	0.22	0.27
		90	0.65	0.64	0.61	0.60	0.39	0.41	0.44	0.47	0.15	0.18	0.22	0.29
45°倾斜	向下	13	0.44	0.47	0.52	0.58	0.29	0.33	0.39	0.45	0.14	0.16	0.20	0.26
		20	0.62	0.67	0.73	0.77	0.39	0.42	0.49	0.57	0.15	0.18	0.23	0.29
		40	0.89	0.90	0.87	0.82	0.45	0.50	0.56	0.60	0.16	0.20	0.24	0.30
		90	0.85	0.84	0.81	0.79	0.44	0.48	0.53	0.58	0.16	0.20	0.24	0.30
水平	向下	13	0.44	0.47	0.52	0.58	0.29	0.33	0.39	0.46	0.14	0.16	0.20	0.26
		20	0.62	0.68	0.75	0.83	0.37	0.42	0.50	0.60	0.15	0.18	0.23	0.30
		40	1.07	1.16	1.29	1.42	0.49	0.58	0.70	0.86	0.17	0.22	0.27	0.35
		90	1.77	1.96	2.11	2.28	0.60	0.72	0.89	1.12	0.18	0.22	0.29	0.39

植被层附加热阻　　表4

季节	植物特征	$R_{green,i}[(m^2 \cdot K/W)]$
夏季	叶面积指数不小于4的草本、地被植物，如佛甲草等	0.4
	一般草本、地被植物	0.3
	灌木茂密，被其覆盖的屋面无光亮面	0.5
	灌木较茂密，被其覆盖的屋面光斑低于30%	0.4
	灌木较茂疏，被其覆盖的屋面光斑大于50%	0.3
	乔木树冠茂密，爬藤棚架茂密	0.4
冬季	覆土种植上所有植被层	0.1

种植材料热工参数　　表5

类别	湿密度 ρ（kg/m^3）	导热系数 λ[W/(m·K)] 夏季	冬季	蓄热系数 S[(W/m^2·K)]
改良土	750~1300	0.51	0.61	7.28
无机复合种植土（基质）	450~650	0.2	0.30	4.42

排（蓄）水层热工参数　　表6

类别	湿密度 ρ（kg/m^3）	导热系数 λ[W/(m·K)]	蓄热系数 S[(W/m^2·K)]	热阻 R（m^2·K/W）
凹凸型排（蓄）水板	—	—	0	0.1
陶粒	500~700	0.32	5.78	—

8
建筑环境

围护结构防潮设计要点

1. 在满足使用或工艺要求的前提下,尽量降低室内湿度。散湿量较大的房间,应有良好的通风换气设施。

2. 围护结构构造设计应遵循水蒸气"进难出易"的原则。采用多层围护结构时,应将蒸汽渗透阻较大的密实材料布置在内侧,将蒸汽渗透阻较小的材料布置在外侧。

3. 外侧有密实保护层或防水层的多层围护结构经内部冷凝受潮验算而必须设置隔汽层时,应严格控制保温层的施工湿度,或采用预制板状或块状保温材料,避免湿法施工和雨天施工,并保证隔汽层的施工质量。

4. 卷材防水屋面,应设置与室外空气相通的排湿装置。

5. 在温湿度正常的房间中,内外表面有抹灰的单一墙体,保温层外侧无密实结构层或保护层的多层墙体,以及保温层外有通风间层的墙体和屋顶,一般不需设置隔汽层。

6. 外侧有卷材或其他密闭防水层,内侧为钢筋混凝土屋面板的平屋顶结构,如经内部冷凝受潮验算不需设隔汽层,则应确保屋面板及其接缝的密实性,达到所需的蒸汽渗透阻。

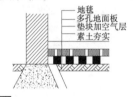

1 空气层防结露地板构造

地毯
多孔地面板
垫块加空气层
素土夯实

7. 防止潮霉季节湿空气在地面冷凝泛潮,居室、托幼园所等场所的地面下部宜采取保温措施、架空或空气层防结露的做法**1**,地面面层宜采用微孔吸湿材料。

围护结构内部冷凝判别计算

1. 内部冷凝条件:内部某处的水蒸气分压力P_m大于该处的饱和水蒸气分压力P_s。

2. 判别方法:

(1) 求各界面的温度θ_m。

(2) 求各界面温度相应的饱和水蒸气分压力P_s,并作分布线。

(3) 求各界面上实际的水蒸气分压力P_m,并作分布线。

$$P_m = P_i - \frac{P_i - P_e}{H_0}(H_1 + H_2 + \cdots + H_{m-1})$$

式中:P_i—室内空气水蒸气分压力(Pa);
P_e—室外空气水蒸气分压力(Pa);
$H_1, H_2 \cdots H_{m-1}$—各层的水蒸气渗透阻[(m²·h·Pa)/g];
H_0—结构的总水蒸气渗透阻[(m²·h·Pa)/g]。

材料层的水蒸气渗透阻:

$$H = \frac{\delta}{\mu}$$

多层结构的水蒸气渗透阻:

$$H_0 = \frac{\delta_1}{\mu_1} + \frac{\delta_2}{\mu_2} + \cdots \frac{\delta_n}{\mu_n}$$

式中:δ—材料层厚度(m);
μ—材料的蒸汽渗透系数。

(4) 若P_m线与P_s线不相交,则内部不会出现冷凝,如**2**a;若两线相交,则内部可能出现冷凝,如**2**b。

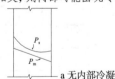

P_s P_m

a 无内部冷凝

P_m P_s

b 有内部冷凝

2 内部冷凝的判断

内部冷凝量计算

若经判别内部可能出现冷凝,则每平方米小时冷凝量应按下式计算:

$$W = \frac{P_i - P_{s \cdot c}}{H_{0 \cdot i}} - \frac{P_{s \cdot c} - P_e}{H_{0 \cdot e}}$$

式中:P_i—室内空气水蒸气分压力(Pa);
P_e—室外空气水蒸气分压力(Pa);
$P_{s \cdot c}$—冷凝界面温度下的饱和水蒸气分压力(Pa);
$H_{0 \cdot i}$—冷凝计算界面内侧所需的蒸汽渗透阻[(m²·h·Pa)/g];
$H_{0 \cdot e}$—冷凝计算界面围护结构外表面之间的蒸汽渗透阻[(m²·h·Pa)/g]。

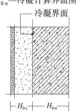

冷凝界面

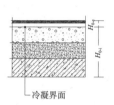

冷凝界面

3 冷凝界面

冷凝界面内侧所需水蒸气渗透阻计算

根据供暖期间围护结构中保温材料重量湿度的允许增量,冷凝计算界面内侧所需的蒸汽渗透阻应按下式计算:

$$H_{0 \cdot i} = \frac{P_i - P_{s \cdot c}}{\dfrac{10 \rho_0 \delta_i [\Delta \omega]}{24Z} + \dfrac{P_{s \cdot c} - P_e}{H_{0 \cdot e}}}$$

式中:P_i—室内空气水蒸气分压力(Pa),根据室内计算温度和相对湿度确定;
P_e—室外空气水蒸气分压力(Pa),参考《民用建筑热工设计规范》GB 50176中供暖期室外平均温度和平均相对湿度确定;
$P_{s \cdot c}$—冷凝计算界面处与界面温度θ对应的饱和水蒸气分压力(Pa);
Z—供暖期天数,参考《民用建筑热工设计规范》GB 50176中规定取值;
$[\Delta \omega]$—供暖期间保温材料重量湿度的允许增量(%),应按表1采用;
ρ_0—保温材料的干密度(kg/m³);
δ_i—保温材料层厚度(m);
10—单位折算系数,因为$\Delta \omega$是以百分数表示,ρ_i是以kg/m³表示的。

若内侧部分实有的水蒸气渗透阻小于上式确定的最小值时,应设置隔汽层或提高已有隔汽层的隔气能力。某些常用隔气材料的水蒸气渗透阻列于表2。

供暖期间保温材料重量湿度的允许增量$[\Delta \omega]$ 表1

保温材料名称	重量湿度允许增量$[\Delta \omega]$
聚苯乙烯泡沫塑料	15%
沥青膨胀珍珠岩和沥青膨胀蛭石等,$\rho_0 = 300 \sim 400\text{kg/m}^3$	7%
水泥膨胀珍珠岩和水泥膨胀蛭石等,$\rho_0 = 300 \sim 500\text{kg/m}^3$	6%
水泥纤维板	5%
多孔混凝土(泡沫混凝土、加气混凝土等),$\rho_0 = 500 \sim 700\text{kg/m}^3$	4%
矿棉、岩棉、玻璃棉及其制品(板或毡)	5 (3)%
挤塑聚苯乙烯泡沫塑料(XPS)	10%
硬质聚氨酯泡沫塑料(PUR)	10%
酚醛泡沫塑料(PF)	10%
玻化微珠保温浆料(自然干燥后)	5%
胶份聚苯颗粒保温浆料(自然干燥后)	5%
复合硅酸盐保温板	5%
矿渣和炉渣填料	2%

常用隔汽材料的水蒸气渗透阻 表2

隔气材料	d(mm)	H[(m²·h·Pa)/g]
乳化沥青二道	—	520
偏氯乙烯二道	—	1240
环氧煤焦油二道	—	3733
油漆二道(先做油灰嵌缝、上底漆)	—	640
聚氯乙烯涂层二道	—	3866
氯丁橡胶涂层二道	—	3466
石油沥青油毡	1.5	1107
聚乙烯薄膜	0.16	733

防空气渗透设计要点

1. 砖、砌块等墙体的灰缝应严密处理，或在外侧做抹灰层、饰面层；加气混凝土等多孔材料墙体应在外侧做抹灰层或饰面层，以保证墙体满足最小空气渗透阻的要求。

2. 装配式建筑外墙和屋顶中的接缝应作密封处理。

3. 门窗框与洞口侧壁连接处应采取密封措施 [1]、[2]。

4. 幕墙、窗户和阳台门的气密性应符合规定要求。

5. 空调建筑物外部窗户的部分窗扇应能开启，当有频繁开启的外门时，应设置门斗或空气幕等防渗透措施。

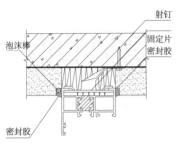

1 木窗窗缝密封处理

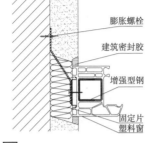

2 塑钢窗窗缝密封处理

幕墙气密性能

幕墙整体（含开启部分）气密性能分级指标 q_A 应符合表1的要求。

建筑幕墙整体气密性能分级　　　　　　　　　　表1

分级代号	1	2	3	4
分级指标 $q_A[m^3/(m^2 \cdot h)]$	$4.0 \geq q_A > 2.0$	$2.0 \geq q_A > 1.2$	$1.2 \geq q_A > 0.5$	$q_A \leq 0.5$

幕墙空气渗透量计算

幕墙缝隙空气渗透量计算：

$$q_o = a\Delta p^n$$

$$q = q_o l$$

式中：q_o—单位缝长的空气渗透量（m^2/h）；
a—缝隙空气渗透系数，应按表2采用；
l—缝隙长度（m）；
Δp—缝隙两侧作用压差（Pa）；
n—指数值，取值与缝隙几何形状、缝隙两侧压差大小和缝隙中气流流态等多方面有关，可按表2采用。

缝隙断截面形状对 a 值及 n 的影响　　　　　　表2

缝隙几何形状	尺寸	a值	n值
正方形	10.0×10.0	0.28	0.49
宽缝	5.0×20.0	0.24	0.49
中宽缝	3.0×33.3	0.20	0.55
中缝	1.5×66.7	0.12	0.69
窄缝	1.0×100.0	0.06	0.89
细缝	0.5×200.0	0.02	1.02

门窗气密性能

采用在标准状态下，压力差为10Pa时的单位开启缝长空气渗透量 q_1 和单位面积空气渗透量 q_2 作为分级指标。分级指标绝对值 q_1 和 q_2 的分级见表3。

门窗气密性分级指标　　　　　　　　　　　　表3

分级	$q_1[m^3/(m \cdot h)]$	$q_2[m^2/(m \cdot h)]$
1	$4.0 \geq q_1 > 3.5$	$12 \geq q_2 > 10.5$
2	$3.5 \geq q_1 > 3.0$	$10.5 \geq q_2 > 9.0$
3	$3.0 \geq q_1 > 2.5$	$9.0 \geq q_2 > 7.5$
4	$2.5 \geq q_1 > 2.0$	$7.5 \geq q_2 > 6.0$
5	$2.0 \geq q_1 > 1.5$	$6.0 \geq q_2 > 4.5$
6	$1.5 \geq q_1 > 1.0$	$4.5 \geq q_2 > 3.0$
7	$1.0 \geq q_1 > 0.5$	$3.0 \geq q_2 > 1.5$
8	$q_1 \leq 0.5$	$q_2 \leq 1.5$

门窗缝隙空气渗透量计算

门窗缝隙空气渗透量采用缝隙法计算，公式如下：

$$V = \sum(lLn)$$

式中：V—空气渗透量（m^3/h）；
l—某朝向门窗可开启缝隙长度（m）；
L—通过每米缝隙长度的空气渗透量，应按表4采用[$m^3/(m \cdot h)$]；
n—空气渗透朝向修正系数，应按表5采用。

门窗缝隙空气渗透量 L 值[单位：$m^3/(m \cdot h)$]　　表4

门窗类型	冬季室外平均风速 V（m/s）					
	1	2	3	4	5	6
单层木窗	1.0	2.0	3.1	4.3	5.5	6.7
双层木窗	0.7	1.4	2.2	3.0	3.9	4.7
气密钢窗	0.4	1.0	1.7	2.5	3.3	4.2
推拉铝窗	0.2	0.5	1.0	1.6	2.3	2.9
平开铝窗	0.0	0.1	0.3	0.4	0.6	0.8

空气渗透的朝向修正系数 n 值　　　　　　　　表5

地名	朝向							
	北	东北	东	东南	南	西南	西	西北
北京	1.00	0.50	0.15	0.10	0.15	0.15	0.40	1.00
天津	1.00	0.40	0.20	0.10	0.25	0.20	0.40	1.00
石家庄	1.00	0.70	0.50	0.65	0.50	0.55	0.85	0.90
太原	0.90	0.40	0.15	0.20	0.30	0.20	0.70	1.00
呼和浩特	0.70	0.25	0.10	0.15	0.20	0.15	0.70	1.00
沈阳	1.00	0.70	0.30	0.30	0.40	0.35	0.30	0.70
大连	1.00	0.70	0.15	0.15	0.15	0.15	0.25	0.70
长春	0.35	0.35	0.15	0.25	0.70	1.00	0.90	0.40
西安	0.70	1.00	0.70	0.40	0.25	0.50	0.35	0.25
兰州	1.00	1.00	1.00	0.50	0.70	0.20	0.15	0.50
西宁	0.10	0.10	0.10	0.70	1.00	0.10	0.10	0.10
银川	1.00	1.00	0.40	0.25	0.30	0.25	0.65	0.95
乌鲁木齐	0.35	0.35	0.55	1.00	0.75	0.20	0.20	0.35
哈尔滨	0.30	0.15	0.20	0.70	1.00	0.85	0.70	0.60
上海	0.70	0.50	0.35	0.20	0.10	0.30	0.80	1.00
徐州	0.55	1.00	0.40	0.15	0.15	0.15	0.20	0.20
南京	0.80	1.00	0.70	0.40	0.20	0.20	0.40	0.55
杭州	1.00	0.65	0.20	0.10	0.20	0.20	0.40	1.00
合肥	0.85	0.90	0.85	0.35	0.35	0.20	0.70	1.00
南昌	1.00	0.70	0.25	0.10	0.10	0.10	0.10	0.70
济南	0.45	1.00	1.00	0.4	0.55	0.55	0.25	0.15
烟台	1.00	0.70	0.15	0.35	0.60	0.60	0.70	1.00
郑州	0.65	0.90	0.40	0.25	0.20	0.40	1.00	0.50
武汉	1.00	1.00	0.45	0.10	0.10	0.10	0.10	0.45
长沙	0.85	0.85	0.10	0.10	0.10	0.10	0.70	1.00
广州	1.00	0.70	0.10	0.10	0.10	0.15	0.15	0.70
成都	1.00	1.00	0.45	0.10	0.10	0.10	0.40	1.00
重庆	1.00	0.60	0.55	0.20	0.10	0.10	0.40	1.00
贵阳	0.70	1.00	0.70	0.25	0.20	0.10	0.10	0.25
昆明	0.10	0.10	0.10	0.70	0.10	0.70	0.70	0.20
拉萨	0.15	0.45	1.00	0.40	1.00	0.40	0.40	0.25

403

建筑防热设计要点及措施

1. 建筑物的总体布置，单体的平、剖面设计和门窗的设置，应有利于自然通风，尽量避免主要房间受东、西向的日晒。建筑物的向阳面，特别是东、西向窗户应采取遮阳措施，可结合外廊、阳台、挑檐以及环境绿化等处理方法达到遮阳目的▢1。

2. 屋顶和东、西向外墙的内表面温度，应满足隔热设计标准的要求。

3. 透光围护结构（外窗、透光幕墙、采光顶）隔热设计应符合隔热设计标准的要求。

4. 房间天窗和采光顶应设置建筑遮阳，并宜采取通风和淋水降温措施。

5. 设置通风间层，如通风屋顶▢2、通风墙等。通风屋顶的风道长度不宜大于10m。间层高度宜大于30cm。屋面板上面应有适当厚度的隔热层。夏季多风地区檐口处宜采用兜风构造，通风口与屋面女儿墙的距离不应小于0.5m。

6. 建筑外墙外表面做浅色饰面。

7. 墙体材料采用多排孔混凝土或轻骨料混凝土空心砌块墙体时，复合墙体内侧宜采用厚度为10cm左右的砖或混凝土等重质材料。设置带铝箔的空气间层，当为单面贴铝箔时，铝箔宜贴在温度较高的一侧▢3。

8. 采用蓄水屋顶、蒸发屋面▢4、有土或无土植被屋顶，以及墙面垂直绿化等措施。

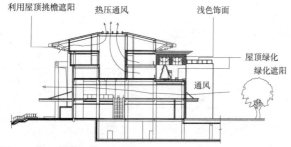

▢1 建筑综合防热措施

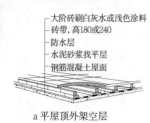

a1-石膏板；2-矿棉板；3-石膏板；
4-空气间层；5-石棉水泥板；
b1-钢筋混凝土；2-轻质矿物工业废料；
3-钢筋混凝土；
c1-内粉刷层；2-轻质混凝土；
3-砖墙；4-外墙面层

a 平屋顶外架空层

b 坡屋顶山墙通风

c 坡屋顶檐口与屋脊通风

d 坡屋顶老虎窗通风

▢2 常见通风屋顶构造

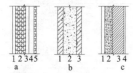

▢3 复合墙板构造

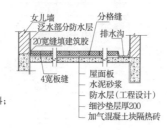

▢4 蒸发屋面构造

不同热气候区建筑防热设计原则 表1

		湿热气候	干热气候
气候特点		气温30℃以上，温度日振幅7℃以上，相对湿度大于75%，雨量大，吹和风	气温38℃以上且振幅7℃以上，湿度小，干燥，常吹热风并带沙
防热设计原则	规划布局	选择自然通风好的朝向，间距稍大些，布局自由，房屋防西晒，环境有绿化、水域、道路、广场要有透水能力	布局较密形成小巷道，间距较密集，便于相互遮挡；防止热风，注意绿化
	建筑平面	外部开敞，设内天井，注意庭院布置。设置阳台，平面形式多条形或竹筒形，多设外廊或底层架空	外封闭，内开敞，多设内天井，平面形式有方块式、内庭式，进深较深；防热风、开小窗；防晒隔热
	建筑措施	遮阳、隔热、防潮、防雨、防虫、利用自然通风	防热要求较高，防热风和风沙，宜设置地下室或半地下室以避暑
	建筑形式	开敞通透	严重厚重，外闭内敞
	材料选择	现代轻质隔热材料、铝箔、铝板及其复合材料、白色外表面	热容量大、外隔热、白色外表面、混凝土、砖、石、土

围护结构隔热设计标准

1. 外墙在给定两侧空气温度及变化规律的情况下，内表面最高温度应满足下式要求：

自然通风房间：$\theta_{i \cdot max} \leq t_{e \cdot max}$

空调房间：

（1）重质围护结构（热惰性指标$D \geq 2.5$）：

$$\theta_{i \cdot max} \leq t_i + 2$$

式中：$\theta_{i \cdot max}$—围护结构内表面最高温度（℃），计算方法参考《民用建筑热工设计规范》GB 50176。

t_i—内表面侧空气温度，取为26℃。

（2）轻质围护结构（热惰性指标$D < 2.5$）：

$$\theta_{i \cdot max} \leq t_i + 3$$

外墙内表面最高温度$\theta_{i \cdot max}$应按《民用建筑热工设计规范》GB 50176附录C.3的规定取值。

2. 屋顶在给定两侧空气温度及变化规律的情况下，内表面最高温度应满足下式要求：

自然通风房间：$\theta_{i \cdot max} \leq t_{e \cdot max}$

空调房间：

（1）重质围护结构（热惰性指标$2.5 \leq D$）：

$$\theta_{i \cdot max} \leq t_i + 2.5$$

（2）轻质围护结构（热惰性指标$D < 2.5$）：

$$\theta_{i \cdot max} \leq t_i + 3.5$$

屋顶内表面最高温度$\theta_{i \cdot max}$应按《民用建筑热工设计规范》GB 50176附录C.3的规定取值。

3. 透光围护结构太阳得热系数与建筑遮阳系数的乘积应小于表2规定的限值。

透光围护结构的太阳得热系数应按《民用建筑热工设计规范》GB 50176附录C.7的规定计算；建筑遮阳系数应按"建筑热环境[12]"遮阳系数的计算公式进行计算。

透光围护结构隔热性能限值 表2

气候区	朝向			
	南	北	东、西	水平
寒冷B区	—	—	0.55	0.45
夏热冬冷A区	0.55	—	0.50	0.40
夏热冬冷B区	0.50	—	0.45	0.35
夏热冬暖A区	0.50	—	0.40	0.30
夏热冬暖B区	0.45	0.55	0.40	0.30

底层地面保温设计要点

1. 严寒地区周边地面当建筑物周边无供暖管沟时，在外墙内侧0.5~1.0m范围内应铺设保温层，其热阻不应小于外墙的热阻。寒冷地区周边地面也应增设保温层。

2. 地下室或半地下室的外墙，应采取良好的保温措施，使冬季地下室的温度不至于过低，同时也减少通过地下室顶板的传热。

3. 严寒和寒冷地区，应将外墙外侧的保温延伸到地坪以下，减小周边地面及地面以上几十厘米高的周边外墙（特别是墙角）的热损失，以提高内表面温度，避免结露。

4. 严寒和寒冷地区，地下室的外墙应采取保温措施，减小地面房间和地下室之间的传热，提高一层楼面与墙角交接部位的内表面温度，避免墙角结露。内表面温度与室内空气温度的温差Δt_g应符合表1，建筑地面的内表面温度按下式计算：

$$\theta_{gi} = \frac{t_i R_{go} + \theta_e R_i}{R_{go} + R_i}$$

式中：θ_{gi}——地面内表面温度（K）；
θ_e——地面层与土体接触面的温度（K）；
R_{go}——地面热阻（m²·K/W）；
t_i——冬季室内计算温度（℃）；
R_i——内表面换热阻，$R_i=0.11[(m²·K/W)]$。

地面内表面温度与室内空气温度温差的限值　　表1

房间类型	无人员长期停留的房间	人员长期停留的一般房间	人员长期停留的高级房间
允许温差Δt_g（℃）	5	2	1

楼板保温设计要点

1. 进行楼板面层设计时，应该选用吸热指数小的面层材料。采用低温地板辐射供暖时，为了提高地板辐射供暖的热效率，不宜将热管铺设在有木龙骨的空气间层中，地板面层不宜采用有龙骨的木地板。合理有效的构造做法是将热管埋设在导热系数较大的密实材料中，面层材料宜直接铺设在埋有热管的基层上，且宜采用导温系数较大的材料作面层。

2. 层间楼板可采用保温层直接设置在楼板的上表面或楼面地面，也可采用铺设木龙骨（空铺）或无木龙骨的实材或强度符合地面要求的保温砂浆等材料。

3. 在楼板底面设置保温层时，宜采用防火性能较高的保温材料，如：无机喷涂材料或岩棉板等。

4. 当采用木龙骨的空铺木地板时，宜在木龙骨间嵌填板状保温材料，使楼板层的保温与隔声性能更理想。

5. 对于底面接触室外空气的架空或外挑楼板，应采用外保温系统，且保温层的厚度应满足相关节能设计标准要求。

地面热工性能分类　　表2

类别	吸热指数	适用的建筑类型	代表性地面材料
Ⅰ	<17	高级居住建筑，托幼、医疗建筑等	木地面、塑料
Ⅱ	17~23	一般居住建筑，办公、学校建筑等	水泥砂浆
Ⅲ	>23	临时逗留以及室温高于23℃的供暖建筑	水磨石

楼板热工性能指标

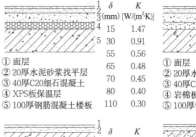

	δ(mm)	K[W/(m²·K)]
	15	1.47
	30	0.91
	55	0.56
	65	0.48
	70	0.45
	80	0.40
	110	0.30

①面层
②20厚水泥砂浆找平层
③40厚C20细石混凝土
④XPS板保温层
⑤100厚钢筋混凝土楼板

	δ(mm)	K[W/(m²·K)]
	25	1.37
	40	0.99
	80	0.57
	95	0.49
	110	0.43
	140	0.35

①面层
②20厚水泥砂浆找平层
③40厚C20细石混凝土
④岩棉板保温层
⑤100厚钢筋混凝土楼板

	δ(mm)	K[W/(m²·K)]
	20	1.42
	35	0.97
	65	0.59
	80	0.49
	100	0.40
	120	0.34
	140	0.30

①面层
②20厚水泥砂浆找平层
③100厚钢筋混凝土楼板
④岩棉板保温层
⑤9吊顶板

	δ(mm)	K[W/(m²·K)]
	25	1.42
	35	0.97
	60	0.59
	85	0.40
	95	0.34
	110	0.30
	130	0.30

①面层
②20厚水泥砂浆找平层
③100厚钢筋混凝土楼板
④彩色钢板复合夹芯板保温层

	δ(mm)	K[W/(m²·K)]
	20	1.22
	35	0.93

①20厚水泥砂浆找平层
②100厚钢筋混凝土楼板
③XPS板保温层
④5厚抗裂砂浆（网格布）

	δ(mm)	K[W/(m²·K)]
	20	1.39
	35	0.93

①20厚水泥砂浆找平层
②100厚钢筋混凝土楼板
③EPS板保温层
④5厚抗裂砂浆（网格布）

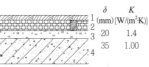

	δ(mm)	K[W/(m²·K)]
	20	1.4
	35	1.00

①18厚实木地板
②30×40杉木龙骨
③20厚水泥砂浆找平层
④100厚钢筋混凝土楼板

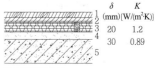

	δ(mm)	K[W/(m²·K)]
	20	1.2
	30	0.89

①12厚实木地板
②15厚细木工板
③30×40杉木龙骨
④20厚水泥砂浆找平层
⑤100厚钢筋混凝土楼板

1 架空或外挑楼板

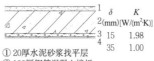

	δ(mm)	K[W/(m²·K)]
	15	1.98
	35	1.00

①20厚水泥砂浆找平层
②100厚钢筋混凝土楼板
③EPS板保温层（15厚）
④5厚抗裂砂浆

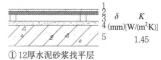

	δ(mm)	K[W/(m²·K)]
		1.45

①12厚水泥砂浆找平层
②15厚细木工板
③30×30杉木龙骨
④20厚水泥砂浆找平层
⑤100厚钢筋混凝土楼板

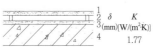

	δ(mm)	K[W/(m²·K)]
		1.77

①18厚水泥砂浆找平层
②30×30杉木龙骨
③20厚水泥砂浆找平层
④100厚钢筋混凝土楼板

	δ(mm)	K[W/(m²·K)]
	20	1.12

①20厚水泥砂浆找平层
②XPS板保温层
③20厚水泥砂浆找平层及粘结层
④120厚钢筋混凝土楼板

2 层间楼板

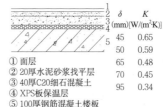

	δ(mm)	K[W/(m²·K)]
	45	0.65
	50	0.59
	65	0.48
	70	0.45
	95	0.34

①面层
②20厚水泥砂浆找平层
③40厚C20细石混凝土
④XPS板保温层
⑤100厚钢筋混凝土楼板

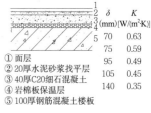

	δ(mm)	K[W/(m²·K)]
	70	0.63
	75	0.59
	95	0.49
	105	0.45
	140	0.35

①面层
②20厚水泥砂浆找平层
③40厚C20细石混凝土
④岩棉板保温层
⑤100厚钢筋混凝土楼板

3 非供暖地下室顶板

注：δ为保温层厚度，K为传热系数。

8
建筑环境

405

屋顶保温设计要点

1. 屋顶按其保温层所在位置可分为：外保温屋顶、夹芯保温屋顶和内保温屋顶。设计为间歇供暖或供冷的建筑，可采用内保温屋顶，但需要对热桥进行消除处理，并需要做好墙体内部结露验算，其他建筑不应采用内保温屋顶。

2. 被动式太阳能供暖建筑，屋顶的热惰性指标不宜低于4.0。

3. 屋顶保温材料应选择密度小、导热系数小的材料，防止屋顶自重过大；须严格控制其吸水率，防止因保温材料吸水造成保温效果下降。

4. 屋顶的热工参数需满足国家相关标准的要求。

屋顶隔热设计要点

1. 采用浅色外饰面。

2. 采用通风隔热屋顶。

3. 采用有热反射材料层的空气间层隔热屋面，单面设置热反射材料的空气间层，热反射材料宜设在温度较高的一侧。

4. 可采用蓄水屋顶、种植屋面。

5. 可采用淋水被动蒸发屋面。

6. 宜采用带老虎窗的通气阁楼坡屋面。

7. 宜采用带通风空气层的金属夹芯隔热屋面时，空气层厚度不小于0.1m。

屋顶热工性能指标

屋顶热工性能指标　　　　　　　　　　　　　　　　　　　　　　　　　　　表1

1 涂料粒料保护层 2 防水层 3 20厚1:3水泥砂浆找平层 4 最薄30厚轻集料混凝土2%找坡层 5 保温层，XPS板 6 100厚钢筋混凝土屋面板					1 涂料粒料保护层 2 防水层 3 20厚1:3水泥砂浆找平层 4 最薄30厚轻集料混凝土2%找坡层 5 保温层，憎水膨胀珍珠岩板 6 100厚钢筋混凝土屋面板					1 涂料粒料保护层 2 防水层 3 20厚1:3水泥砂浆找平层 4 最薄30厚轻集料混凝土2%找坡层 5 保温层1:100厚加气混凝土砌块 6 保温2：PU板 7 100厚钢筋混凝土屋面板				
保温层厚度（mm）	屋面总厚度（mm）	D值	R [(m²·K)/W]	K [W/(m²·K)]	保温层厚度（mm）	屋面总厚度（mm）	D值	R [(m²·K)/W]	K [W/(m²·K)]	保温层厚度（mm）	屋面总厚度（mm）	D值	R [(m²·K)/W]	K [W/(m²·K)]
25	175	2.83	0.95	0.91	70	270	3.86	0.88	0.97	20	320	4.44	1.39	0.65
30	180	2.88	1.09	0.81	100	300	4.41	1.14	0.77	25	325	4.49	1.57	0.58
50	200	3.09	1.65	0.56	120	320	4.78	1.32	0.68	30	330	4.55	1.75	0.53
65	215	3.25	2.06	0.45	180	380	5.88	1.85	0.50	50	360	4.76	2.46	0.38
80	230	3.41	2.48	0.38	210	410	6.43	2.12	0.43	60	360	4.87	2.82	0.34
90	240	3.52	2.76	0.34	240	440	6.98	2.38	0.40	70	370	4.98	3.18	0.30
110	260	3.73	3.31	0.29	280	480	7.72	2.74	0.35	75	375	5.03	3.36	0.29
130	280	3.94	3.87	0.25	420	620	10.30	3.97	0.24	90	390	5.19	3.89	0.25
170	320	4.36	4.98	0.20	550	750	12.69	5.12	0.19	120	420	5.51	4.96	0.20

1 40厚C20刚性防水混凝土 2 10厚低标号砂浆隔离层 3 防水层 4 20厚1:3水泥砂浆找平层 5 最薄30厚轻集料混凝土2%找坡层 6 保温层蒸汽加压混凝土砌块 7 100厚钢筋混凝土屋面板					1 40厚C20刚性防水混凝土面层 2 防水层+10低标号砂浆隔离层 3 20厚1:3水泥砂浆找平层 4 最薄30厚轻集料混凝土2%找坡层 5 保温层1:10厚加气混凝土砌块 6 保温2：XPS板 7 100厚钢筋混凝土屋面板					1 平瓦 2 1:3水泥砂浆卧瓦层，最薄处≥20（内配φ6@500×500钢丝网） 3 涂膜防水层 4 35厚C20细石混凝土找平层 5 保温层δ厚 6 100厚钢筋混凝土屋面板				
保温层厚度（mm）	屋面总厚度（mm）	D值	R [(m²·K)/W]	K [W/(m²·K)]	保温层厚度（mm）	屋面总厚度（mm）	D值	R [(m²·K)/W]	K [W/(m²·K)]	保温层厚度（mm）		D值	R [(m²·K)/W]	K [W/(m²·K)]
40	240	3.43	0.89	0.96	20	370	4.95	1.24	0.72	35		1.93	1.07	0.82
50	300	3.52	1.29	0.69	30	380	5.05	1.50	0.61	45		2.03	1.35	0.67
80	330	3.78	1.89	0.49	35	385	5.10	1.63	0.56	60		2.19	1.76	0.52
90	340	3.86	2.09	0.45	45	395	5.20	1.89	0.49	75		2.12	2.16	0.43
110	360	4.04	2.49	0.38	55	405	5.26	2.16	0.43	85		2.46	2.46	0.38
130	380	4.21	2.89	0.33	60	410	5.35	2.29	0.41	95		2.33	2.72	0.35
150	400	4.38	3.29	0.25	95	445	5.70	3.21	0.30	115		2.77	3.29	0.29
180	430	4.64	3.89	0.25	120	470	5.95	3.87	0.25	135		2.75	3.83	0.25
240	490	5.15	5.09	0.15	160	510	6.35	4.92	0.20	170		3.12	4.80	0.20

1 自粘式防水卷材 2 金属板 3 EPS板 4 隔汽层 5 压型钢板 6 檩条					1 种植基层，200厚 2 土工布过滤池 3 20厚塑料排水层，凸点向上 4 40厚C20刚性防水混凝土 5 10厚低标号砂浆隔离层 6 防水层 7 20厚1:3水泥砂浆找平层 8 30厚轻集料混凝土2%找坡层 9 保温层，XPS板 10 100厚钢筋混凝土屋面板					水面 150厚防水钢筋混凝土水池底板 2 防水层 3 20厚1:3水泥砂浆找平层 4 最薄30厚轻集料混凝土2%找坡层 5 保温层，XPS板 6 100厚钢筋混凝土屋面板					

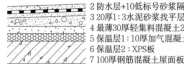

保温层厚度（mm）	D值	R [(m²·K)/W]	K [W/(m²·K)]	保温层厚度（mm）	屋面总厚度（mm）	D值	R [(m²·K)/W]	K [W/(m²·K)]	类型	保温层厚度（mm）	屋面总厚度（mm）	D值	R [(m²·K)/W]	K [W/(m²·K)]
40	0.34	0.95	0.91	40	510	5.87	1.35	0.67	EPS	20	280	2.76	1.02	0.85
50	0.43	1.19	0.75	50	520	5.95	1.55	0.59		35	295	2.89	1.32	0.68
60	0.51	1.43	0.63	60	530	6.04	1.75	0.53	XPS	20	280	2.80	1.17	0.75
70	0.60	1.67	0.53	60	535	6.13	1.85	0.50		25	285	2.85	1.31	0.68
80	0.69	1.01	0.49	90	540	6.30	2.35	0.40	PU	20	280	1.33	0.67	
90	0.77	2.14	0.44	110	580	6.47	2.75	0.35		30	290	2.86	1.51	0.60
100	0.86	2.39	0.40	130	600	6.64	3.15	0.30	蒸压加气混凝土块	100	360	4.22	1.03	0.84
110	0.94	2.62	0.36	170	640	6.99	3.95	0.24		150	410	5.04	1.24	0.71
120	1.03	2.86	0.33	210	680	7.33	4.75	0.20		200	460	5.86	1.45	0.62

注：δ为保温层厚度，单位mm；D为热惰性指标；R为总热阻；K为传热系数。

建筑门窗、玻璃幕墙的选用要点

1. 为提高建筑门窗、玻璃幕墙的保温性能，宜采用中空玻璃。当需进一步提高保温性能时，可采用Low-E中空玻璃、充惰性气体的Low-E中空玻璃、两层或多层中空玻璃等。严寒地区可采用双层外窗、双层玻璃幕墙进一步提高保温性能。表1为常用整窗热工性能参数。

2. 采用中空玻璃时，窗用中空玻璃气体间层的厚度不宜小于9mm，幕墙用中空玻璃气体间层的厚度不应小于9mm，宜采用12mm或以上的气体间层，但不宜超过20mm。

3. 为提高门窗的保温性能，门窗型材可采用木与金属复合型材、塑料型材、隔热铝合金型材、隔热钢型材、玻璃钢型材等。表1为常用门窗热工性能参数。

4. 为提高玻璃幕墙的保温性能，可通过采用隔热型材、隔热链接紧固件、隐框结构等措施避免形成热桥。

5. 为提高建筑门窗、玻璃幕墙的隔热性能，降低遮阳系数，可采用吸热玻璃、镀膜玻璃（包括热反射镀膜、Low-E镀膜等），进一步降低遮阳系数可采用吸热中空玻璃、镀膜（包括热反射镀膜、Low-E镀膜等）中空玻璃。

常用整窗热工性能参数 表1

玻璃品种		玻璃中部传热系数K_g [W/(m²·K)]	传热系数K [W/(m²·K)]		
			不隔热金属型材 $K_f=10.8$ 框面积：15%	隔热金属型材 $K_f=5.8$ 框面积：20%	塑料型材 $K_f=2.7$ 框面积：25%
透明玻璃	3mm透明玻璃	5.8	6.6	5.8	5.0
	6mm透明玻璃	5.7	6.5	5.7	4.9
	12mm透明玻璃	5.5	6.3	5.6	4.8
吸热玻璃	5mm绿色吸热玻璃	5.7	6.5	5.7	4.9
	6mm蓝色吸热玻璃	5.7	6.5	5.7	4.9
	5mm茶色吸热玻璃	5.7	6.5	5.7	4.9
	5mm灰色吸热玻璃	5.7	6.5	5.7	4.9
热反射玻璃	6mm高透光热反射玻璃	5.7	6.5	5.7	4.9
	6mm中等透光热反射玻璃	5.4	6.2	5.5	4.7
	6mm低透光热反射玻璃	4.6	5.5	4.8	4.1
	6mm特低透光热反射玻璃	4.6	5.5	4.8	4.1
单片Low-E	6mm高透光Low-E玻璃	3.6	4.7	4.0	3.4
	6mm中等透光Low-E玻璃	3.5	4.6	4.0	3.3
中空玻璃	6透明+12空气+6透明	2.8	4.0	3.4	2.8
	6绿色吸热+12空气+6透明	2.8	4.0	3.4	2.8
	6灰色吸热+12空气+6透明	2.8	4.0	3.4	2.8
	6低透光热反射+12空气+6透明	2.3	3.6	3.1	2.4
	6高透光Low-E+12空气+6透明	1.9	3.2	2.7	2.1
	6中透光Low-E+12氩气+6透明	1.8	3.2	2.6	2.0

建筑门窗、玻璃幕墙的选用要点

1. 建筑幕墙的非透明部分和窗坎部分，应采用高效、耐久的保温材料来进行保温。严寒、寒冷地区，幕墙非透明部分面板的背后保温材料所在空间应充分隔气密封，防止结露，隔气密封空间的上下密封应严密，空间靠近室内的一侧可采用防水材料或金属作为隔汽层，隔汽层可附着在实体墙的外侧。幕墙与主体结构间（除结构连接部位外）不应形成热桥[1]。

2. 严寒、寒冷、夏热冬冷地区的门窗、玻璃幕墙周边与墙体或其他围护结构连接处应为弹性构造，采用防潮型材料堵塞，缝隙应采用密封胶密封。

3. 严寒、寒冷、夏热冬冷地区的门窗、玻璃幕墙已进行结露验算，在设计计算条件下，其内表面温度不宜低于室内的露点温度。

4. 通常窗、门都安装在墙上洞口的中间位置，室外部分的洞口四周应进行保温处理，在严寒地区尤其要注意。

5. 当建筑采用双层幕墙时，严寒、寒冷地区宜采用内循环双层幕墙形式；夏热冬暖地区宜采用外循环双层幕墙形式；夏热冬冷地区和温和地区应综合考虑建筑外观、功能和经济性，采用不同的形式。空调建筑的双层幕墙，其夹层内应设置可以调节的活动遮阳装置（表2）。

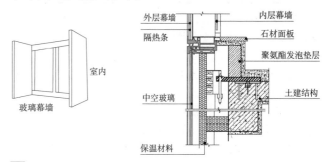

[1] 幕墙保温处理节点详图

遮阳系数 表2

示意图	双层幕墙类型	性能参数	性能特点
中空玻璃/单片玻璃（出风口、进风口）	内循环双层幕墙	构造：外层中空+内层单玻；空气间距：130~1200mm；保温性能：$K<1.5W/(m²·K)$；气密性：$q≤0.05m³/(m·h)$；夏季：遮阳系数低于0.5；冬季：太阳得热系数大于0.5	隔热、防冷凝水、美观实用；空气通风可与顶部和建筑侧边协作通风，也可同新风或空调系统协作通风，外层幕墙隔热
中空玻璃/单片玻璃（出风口、进风口）	外循环双层幕墙	构造：外层单玻或夹胶+内层中空（Low-E）；空气间距：600~1200mm；保温性能：$K<1.5W/(m²·K)$；气密性：$q≤0.1m³/(m·h)$；夏季：遮阳系数低于0.5；冬季：太阳得热系数大于0.5	隔热、防冷凝水、美观实用；遮阳效果好。外层幕墙自然通风、遮阳，内层幕墙隔热
单片玻璃/缝隙通风（出风口、进风口、内层窗）	开放式双层幕墙	构造：外层单玻或夹胶+内层中空（Low-E）；空气间距：600~1200mm；保温性能：$K<1.5W/(m²·K)$；气密性：$q≤0.1m³/(m·h)$；夏季：遮阳系数低于0.5；冬季：太阳得热系数大于0.5	隔热、防冷凝水、美观实用；遮阳效果好。外层幕墙有装饰、自然通风以及遮阳作用，外层玻璃与室外相连，不封闭，内层幕墙隔热

图中标注：外层幕墙、内层幕墙、石材面板、隔热条、聚氨酯发泡垫层、中空玻璃、土建结构、保温材料、室内、玻璃幕墙

建筑遮阳设计要点

1. 遮阳形式的选择：应从地区气候特点、地理纬度和朝向来考虑。夏热冬冷和冬季较长的地区，宜采用竹帘、软百叶、布篷等临时性轻便遮阳设施。夏热冬冷和冬、夏时间长短相近的地区，宜采用可拆除的活动式遮阳设施。对夏热冬暖地区，一般以采用固定的遮阳设施为宜，尤以活动式较优越。活动式遮阳宜采用轻质、耐腐蚀、表面光滑和太阳辐射、反射性能好的材料，对于多层民用建筑(特别是夏热冬冷地区)，以及终年需要遮阳的特殊房间，就需要专门设置各种类型的遮阳设施。根据窗口不同朝向来选择适宜的遮阳形式。

遮阳形式　　　　　　　　　　　　　　　　　　表1

遮阳形式名称	水平式	垂直式	综合式	挡板式
遮阳形式简图				
适用朝向	接近南向的窗口，或北回归线以南低纬度地区北向附近的窗口	东北、北和西北向附近的窗口	东北、北和西北向附近的窗口	东、西向附近的窗口

2. 遮阳的构造设计：遮阳的效果与遮阳形式、构造处理、安装位置、材料与颜色等因素有很大关系。

(1)遮阳板在满足阻挡直射阳光的前提下，设计者可以考虑不同的板面组合，而选择对通风、采光、视野、构造和立面处理等要求更为有利的形式。

(2)遮阳板的安装位置对防热和通风的影响很大，因此应减少遮阳构件的挡风作用，最好还能起导风入室的作用。

(3)为了减轻自重，遮阳构件宜采用轻质材料，活动式遮阳要轻便灵活，以便调节或拆除，材料的外表面对太阳辐射的吸收系数以及内表面辐射系数都要小。遮阳构件的颜色对隔热效果也有影响。遮阳板向阳面应涂以浅色发光涂层，而背光面应涂以较暗的无光泽油漆，避免眩光。

(4)活动遮阳的材料，现在用铝合金、塑料制品、玻璃钢和吸热玻璃等。活动遮阳可采用手动或机械控制等方式。

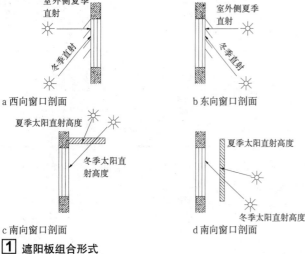

a 西向窗口剖面　　　　　b 东向窗口剖面

c 南向窗口剖面　　　　　d 南向窗口剖面

1 遮阳板组合形式

遮阳系数计算

水平遮阳和垂直遮阳的遮阳系数应按下式计算：
$$SC=(I_D X_D+0.5I_d X_d)/I_o \qquad I_o=I_D+0.5I_d$$

式中：I_o—门窗洞口朝向的太阳总辐射(W/m²)；
　　　I_D—门窗洞口朝向的太阳直接辐射(W/m²)；
　　　I_d—水平面的太阳散射辐射(W/m²)；
　　　X_D—遮阳构件的直射辐射透光比；
　　　X_d—遮阳构件的散射辐射透光比。

综合遮阳的遮阳系数为同时刻的水平遮阳系数与垂直遮阳系数的乘积。

挡板遮阳的遮阳系数应按下式计算：
$$SC=1-(1-\eta)(1-\eta^*)$$

式中：η—挡板的轮廓透光比，为门窗洞口面积扣除挡板轮廓在门窗洞口上阴影面积后的剩余面积与门窗洞口面积的比值；
　　　η^*—挡板材料的透光比，参考《民用建筑热工设计规范》GB 50176中规定取值。

百叶遮阳的遮阳系数按下式计算：
$$SC=E_t/I_o$$

式中：E_t—通过百叶系统后的太阳辐射(W/m²)。

活动外遮阳的遮阳系数冬季应取1.0，夏季应取0.1；内遮阳的遮阳系数应取1.0。

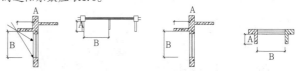

a 水平外遮阳　　b 垂直外遮阳　　c 综合遮阳类型一　d 综合遮阳类型二

2 遮阳形式

遮阳系数　　　　　　　　　　　　　　　　　　表2

建筑类别	气候区遮阳形式	构造尺寸 A	B	遮阳系数SC 东	南	西	北
公共建筑	寒冷地区水平遮阳	300		0.81~0.91	0.81~0.91	0.81~0.91	0.81~0.91
		450		0.80~0.87	0.76~0.84	0.80~0.87	0.86~0.91
		600		0.75~0.83	0.70~0.79	0.74~0.83	0.83~0.88
		900		0.67~0.76	0.63~0.72	0.66~0.76	0.78~0.84
	寒冷地区垂直遮阳	300		0.89~0.93	0.86~0.91	0.89~0.93	0.86~0.91
		450		0.84~0.89	0.80~0.87	0.84~0.90	0.80~0.85
		600		0.80~0.86	0.76~0.83	0.81~0.87	0.72~0.81
		900		0.74~0.81	0.69~0.77	0.75~0.81	0.64~0.73
	夏热冬冷水平外遮阳	300		0.86~0.91	0.86~0.91	0.86~0.91	0.90~0.93
		450		0.81~0.87	0.81~0.87	0.81~0.87	0.85~0.90
		600		0.76~0.83	0.73~0.84	0.75~0.83	0.82~0.87
		900		0.68~0.77	0.70~0.77	0.67~0.77	0.76~0.82
	夏热冬冷垂直外遮阳	300		0.88~0.92	0.86~0.91	0.88~0.92	0.86~0.91
		450	1500~2400	0.83~0.89	0.80~0.86	0.83~0.89	0.80~0.86
		600		0.79~0.86	0.75~0.83	0.79~0.86	0.75~0.83
		900		0.73~0.80	0.67~0.76	0.72~0.80	0.67~0.76
	夏热冬暖水平遮阳	300		0.87~0.91	0.87~0.92	0.87~0.92	0.90~0.93
		450		0.81~0.88	0.82~0.86	0.82~0.88	0.83~0.90
		600		0.76~0.84	0.78~0.85	0.77~0.84	0.81~0.87
		900		0.69~0.78	0.72~0.79	0.70~0.78	0.75~0.82
	夏热冬暖垂直遮阳	300		0.88~0.92	0.87~0.92	0.87~0.92	0.88~0.93
		450		0.83~0.89	0.82~0.86	0.82~0.87	0.88~0.92
		600		0.80~0.86	0.78~0.85	0.77~0.84	0.81~0.87
		900		0.71~0.79	0.72~0.79	0.70~0.78	0.75~0.82
居住建筑	夏热冬暖水平遮阳	300		0.88~0.92	0.93~0.95	0.86~0.91	0.92~0.95
		450		0.84~0.89	0.90~0.93	0.80~0.87	0.88~0.92
		600		0.80~0.86	0.87~0.91	0.75~0.83	0.85~0.90
		900		0.74~0.81	0.71~0.81	0.75~0.83	0.82~0.89
	夏热冬暖垂直遮阳	300		0.89~0.93	0.89~0.93	0.86~0.91	0.85~0.88
		450		0.84~0.90	0.85~0.90	0.80~0.87	0.84~0.90
		600		0.80~0.87	0.81~0.87	0.75~0.83	0.80~0.87
		900		0.73~0.81	0.81~0.87	0.73~0.81	0.93~0.95
	夏热冬暖综合遮阳	300		0.79~0.86	0.83~0.89	0.74~0.83	0.82~0.89
		450		0.70~0.80	0.76~0.84	0.64~0.76	0.74~0.83
		600		0.64~0.74	0.70~0.79	0.56~0.69	0.68~0.78
		900		0.54~0.65	0.62~0.72	0.43~0.58	0.59~0.70

8 建筑环境

墙体热工性能指标

墙体热工性能指标　　　　　　　　　　　　　　　　　　　　　　　　　　　　　　　　　　表1

7 200 10δ5

δ	D	R	K
0	2.12	0.13	3.58
30	2.38	0.84	1.01
35	2.42	0.96	0.90
45	2.51	1.20	0.74
50	2.55	1.32	0.68
55	2.59	1.44	0.63
60	2.64	1.56	0.59
65	2.68	1.68	0.55
70	2.72	1.80	0.51
80	2.81	2.03	0.46
85	2.85	2.15	0.43
95	2.94	2.39	0.39
110	3.06	2.75	0.35
130	2.24	3.22	0.30

1 抗裂砂浆复合耐碱玻纤网格布一层5厚
2 EPS板δ厚
3 粘结层
4 钢筋混凝土墙200厚
5 粉刷石膏砂浆7厚

14 190 10δ6

δ	D	R	K
0	0.19	0.23	2.63
30	2.05	0.94	0.92
35	2.1	1.06	0.83
45	2.14	1.17	0.76
50	2.18	1.29	0.69
55	2.23	1.41	0.64
60	2.27	1.53	0.59
65	2.35	1.77	0.52
70	2.4	1.89	0.49
75	2.44	2.01	0.46
80	2.48	2.13	0.44
90	2.57	2.36	0.40
105	2.7	2.72	0.35
125	2.87	3.2	0.30

1 抗裂砂浆复合耐碱玻纤网格布一层5厚
2 EPS板δ厚
3 粘结层
4 混凝土空心砌块190厚
5 粉刷石膏砂浆14厚

14 240 10δ5

δ	D	R	K
0	3.33	0.88	0.97
30	3.58	1.59	0.57
35	3.63	1.71	0.54
40	3.67	1.83	0.50
45	3.71	1.95	0.48
50	3.76	2.07	0.45
55	3.71	2.19	0.43
60	3.80	2.31	0.41
65	3.84	2.43	0.39
70	3.88	2.54	0.37
75	3.93	2.66	0.36
95	4.14	3.14	0.30
115	4.13	3.62	0.27
150	4.16	4.45	0.22

1 抗裂砂浆复合耐碱玻纤网格布一层5厚
2 EPS板δ厚
3 粘结层
4 多孔砖240厚
5 水泥砂浆14厚

16 200 10δ5

δ	D	R	K
0	3.5	0.44	1.69
30	3.76	1.15	0.77
35	3.81	1.27	0.71
40	3.85	1.39	0.65
475	3.89	1.51	0.60
50	3.94	1.62	0.56
55	3.98	1.74	0.53
60	4.02	1.86	0.50
65	4.06	1.98	0.47
70	4.11	2.10	0.44
75	4.15	2.22	0.42
85	4.24	2.46	0.38
105	4.41	2.93	0.32
130	4.62	2.53	0.27

1 抗裂砂浆复合耐碱玻纤网格布一层5厚
2 EPS板δ厚
3 粘结层
4 加气混凝土砌块200厚
5 水泥砂浆10厚

160 δ

δ	D	R	K
0	1.68	0.15	3.28
10	2.59	1.20	0.74
15	3.05	1.72	0.54
20	3.50	2.24	0.42
25	3.96	2.76	0.34

1 涂料饰面
2 3~5厚DBI干拌砂浆中间压入一层耐碱玻纤网格布
3 STP超薄绝热板δ厚
4 钢筋混凝土墙160厚

160 δ

δ	D	R	K
0	1.78	0.22	2.73
10	2.96	1.26	0.71
15	3.15	1.78	0.52
20	3.60	2.30	0.41
25	4.06	2.82	0.34

1 DTA粘贴面砖
2 抹第二遍5~6厚DBI砂浆压入耐碱玻纤网格布
3 抹第一遍3~4厚DBI砂浆
4 STP超薄绝热板δ厚
5 钢筋混凝土墙160厚

240 δ

δ	D	R	K
0	3.37	0.48	1.60
10	4.29	1.52	0.60
15	4.74	2.04	0.46
20	5.20	2.56	0.37
25	5.66	3.08	0.31

1 涂料饰面
2 3~5厚DBI干拌砂浆中间压入一层耐碱玻纤网格布
3 STP超薄绝热板δ厚
4 多孔砖墙240厚

190 δ

δ	D	R	K
0	1.62	0.32	2.15
20	2.53	1.36	0.66
25	2.99	1.88	0.49
30	3.45	2.40	0.39
35	3.90	2.92	0.33

1 涂料饰面
2 3~5厚DBI干拌砂浆中间压入一层耐碱玻纤网格布
3 STP超薄绝热板δ厚
4 轻集料混凝土砌块填充墙190厚

7 200 10δ5

δ	D	R	K
0	2.12	0.13	3.58
20	2.34	0.84	1.01
25	2.39	1.02	0.85
30	2.44	1.20	0.74
35	2.50	1.38	0.65
40	2.55	1.56	0.59
45	2.60	1.74	0.53
50	2.66	1.91	0.48
55	2.71	2.09	0.45
60	2.76	2.27	0.41
65	2.82	2.45	0.38
75	2.93	2.81	0.34
95	3.14	3.52	0.27
115	3.35	4.24	0.23

1 抗裂砂浆复合耐碱玻纤网格布一层5厚
2 PU板δ厚
3 粘结层
4 钢筋混凝土墙200厚
5 粉刷石膏砂浆7厚

14 190 10δ5

δ	D	R	K
0	1.79	0.23	2.63
20	2.01	0.94	0.92
25	2.06	1.11	0.79
30	2.12	1.29	0.69
35	2.17	1.47	0.62
40	2.23	1.65	0.56
45	2.28	1.83	0.51
50	2.33	2.01	0.46
55	2.39	2.19	0.43
60	2.44	2.36	0.40
65	2.49	2.54	0.37
75	2.60	2.90	0.33
90	2.76	3.44	0.28

1 抗裂砂浆复合耐碱玻纤网格布一层5厚
2 PU板δ厚
3 粘结层
4 混凝土空心砌块190厚
5 粉刷石膏砂浆14厚

14 240 10δ5

δ	D	R	K
0	3.5	0.44	1.69
20	3.72	1.15	0.77
25	3.77	1.32	0.68
30	3.83	1.51	0.60
35	3.88	1.68	0.55
40	3.94	1.88	0.50
45	3.99	2.04	0.46
50	4.04	2.22	0.42
55	4.10	2.40	0.39
60	4.15	2.58	0.37
65	4.20	2.76	0.34
75	4.31	3.11	0.31
90	4.47	3.65	0.26
120	4.79	3.72	0.21

1 抗裂砂浆复合耐碱玻纤网格布一层5厚
2 PU板δ厚
3 粘结层
4 多孔砖240厚
5 水泥砂浆14厚

16 200 10δ5

δ	D	R	K
0	3.33	0.88	0.97
20	3.54	1.59	0.57
25	3.59	1.77	0.52
30	3.65	1.95	0.48
35	3.70	2.13	0.44
40	3.76	2.31	0.44
45	3.81	2.49	0.41
50	3.86	2.66	0.38
55	3.92	2.84	0.36
60	3.97	3.02	0.33
65	4.02	3.20	0.32
80	4.18	3.74	0.30
105	4.45	4.63	0.26
140	4.83	5.88	0.17

1 抗裂砂浆复合耐碱玻纤网格布一层5厚
2 PU板δ厚
3 粘结层
4 加气混凝土砌块200厚
5 粉刷石膏10厚

7 200 25δ5

δ	D	R	K
0	2.12	0.13	3.58
30	2.78	1.14	0.77
35	2.82	1.26	0.71
40	2.86	1.38	0.65
45	2.91	1.50	0.61
50	2.95	1.62	0.57
55	2.99	1.74	0.53
60	3.04	1.86	0.50
65	3.08	1.98	0.47
70	3.12	2.10	0.45
80	3.21	2.33	0.40
95	3.34	2.69	0.35
115	3.51	3.17	0.30
150	3.81	4.00	0.24

1 抗裂砂浆复合耐碱玻纤网格布一层5厚
2 EPS板δ厚
3 胶粉EPS颗粒,10厚找平层+15厚粘接层
4 钢筋混凝土墙200厚
5 粉刷石膏砂浆7厚

14 190 25δ5

δ	D	R	K
0	1.79	0.23	2.63
30	3.05	1.24	0.72
35	3.19	1.36	0.66
40	3.36	1.47	0.60
45	3.47	1.59	0.57
50	3.61	1.71	0.54
55	3.79	1.83	0.50
60	3.90	1.95	0.48
65	4.04	2.07	0.45
70	4.18	2.19	0.43
75	4.32	2.31	0.41
80	4.46	2.43	0.39
90	4.75	2.66	0.36
110	5.31	3.14	0.30

1 抗裂砂浆复合耐碱玻纤网格布一层5厚
2 EPS板δ厚
3 胶粉EPS颗粒,10厚找平层+15厚粘接层
4 混凝土空心砌块190厚
5 石灰膏砂浆14厚

14 190 25δ5

δ	D	R	K
0	2.81	0.36	2.00
30	4.07	1.36	0.66
35	4.21	1.48	0.61
40	4.35	1.60	0.57
45	4.49	1.72	0.53
50	4.63	1.84	0.50
55	4.78	1.96	0.47
60	4.92	2.08	0.44
65	5.06	2.20	0.43
70	5.20	2.31	0.41
75	5.34	2.43	0.39
80	5.48	2.55	0.37
100	6.05	3.03	0.31
125	6.76	3.62	0.24

1 抗裂砂浆复合耐碱玻纤网格布一层5厚
2 EPS板δ厚
3 胶粉EPS颗粒,10厚找平层+15厚粘接层
4 多孔砖190厚
5 水泥砂浆14厚

7 200 25δ5

δ	D	R	K
0	2.12	0.13	3.58
30	2.78	1.14	0.77
35	2.82	1.26	0.71
40	2.86	1.38	0.65
45	2.91	1.50	0.61
50	2.95	1.62	0.57
55	2.99	1.74	0.53
60	3.04	1.86	0.50
65	3.08	1.98	0.47
70	3.12	2.10	0.45
80	3.21	2.33	0.40
95	3.34	2.69	0.35
115	3.51	3.17	0.30
150	3.81	4.00	0.24

1 抗裂砂浆复合耐碱玻纤网格布一层5厚
2 EPS板δ厚
3 胶粉EPS颗粒,10厚找平层+15厚粘接层
4 加气混凝土砌块200厚
5 粉刷石膏砂浆7厚

注：δ为保温层厚度，单位mm；D为热惰性指标；R为总热阻，单位(m²·K)/W；K为传热系数，单位W/(m²·K)。

8
建筑环境

基本概念

通风换气的方法有自然通风和机械通风两种。当压差存在时，空气会从压力高的区域流向压力低的区域，从而形成通风或渗透。自然通风主要依靠室内外压力的不同使空气流动，使室内外空气进行交换，达到调节室内环境的目的。建筑中应尽可能采用自然通风，以减少能耗、节约投资；如在建筑总平面布置、体形、朝向、开口、空间布局等方面进行合理设计，设计中利用地形、绿化、水体以及太阳辐射等环境要素，组织好自然通风，则可获得良好的通风效果。自然通风不能满足室内卫生要求的情况下应设置机械通风设施。

建筑表面风压与建筑形状、相对于建筑的风速、风向、周围其他建筑物的位置、地形以及风向的地形粗糙度有关。

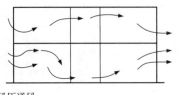

气流吹向建筑物时，因受到建筑物的阻挡，在迎风面形成正压区，在侧面和背面形成负压区。气流由正压区开口流入，由负压区开口排出，形成风压作用的自然通风。

a 风压通风

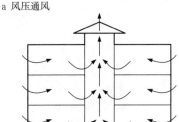

建筑开口处的浮升力或热压是由开口两端的温差引起的空气密度差造成的，位于不同高度的开口，压差是由垂直密度梯度引起的。

b 热压通风

1 自然通风原理

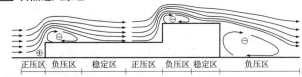

正压区　负压区　稳定区　正压区　负压区　稳定区　负压区

2 建筑物周边的气流分布情况

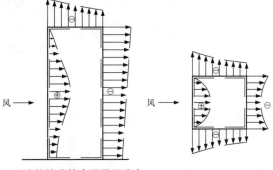

风→　　　　　　　风→

3 平顶建筑的建筑表面风压分布

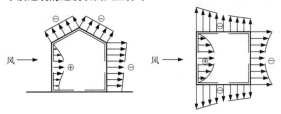

风→　　　　　　　风→

4 斜屋顶建筑的建筑表面风压分布

热舒适

"热舒适"是指人感到不冷不热的"中性"状态。影响人体舒适感的气象因素为室内空气温度、平均辐射温度、相对湿度及空气流速。一般以有效温度作为人体舒适感的指标。人体的舒适温度冬夏季不同，另外气候条件不同以及人的个体差异也会导致热舒适性的差异。在实际应用中，可先计算出某个月份的室外空气平均温度，再根据**6**查出室内有效温度的可接受范围。

风速非稳定的自然风或机械风吹到人的身体上，此时人的热感觉与在稳定环境下的感觉是不同的。在自然通风条件下，人体可接受的温度上限有所提高，舒适区扩展到更宽的温度范围。气流速度越大，可接受的温度上限越高。

在偏离热舒适区的环境温度下从事体力劳动，小事故和缺勤的几率增加，产量下降。当环境有效温度超过27℃时，需要运用神经操作、警戒性和决断技能的工作效率会明显下降。低温对人的工作效率影响最敏感的是手指的精细操作。当手部皮肤温度降到15.5℃以下时，手部的操作灵活性会急剧下降。

体温降低对简单的脑力劳动影响比较轻微，但在有冷风的情况下会涣散人对工作的注意力。如果身体过冷，会影响需要持续集中注意力和短暂记忆的脑力劳动的工作效率。一般认为比热中性环境略冷的热环境是脑力劳动效率最高的热环境。

风速对人体作业的影响　　　　　　　　　　　　　　表1

风速（m/s）	对人体作业的影响
0~0.25	不易察觉
0.25~0.5	愉快，不影响工作
0.5~1.0	一般愉快，但需要提防纸张被吹散
1.0~1.5	稍微有风以及令人讨厌的吹袭感，桌面上的纸张会被吹散
>1.5	风感明显，如若维持良好的工作效率及健康条件，需改善通风量和控制通风路径

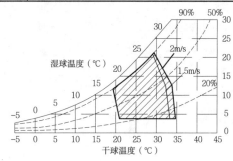

5 自然通风条件下的热舒适区

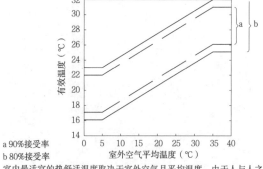

a 90%接受率
b 80%接受率

室内最适宜的热舒适温度取决于室外空气月平均温度。由于人与人之间存在个体差异，在生理和心理上的满意度有着很大的变化，因此图示舒适区仅作参考。

6 自然通风条件下的热舒适标准

室内空气品质

室内环境中，人们不仅对空气中的温度和湿度敏感，对空气的成分和各成分的浓度也非常敏感。空气的成分及其浓度决定着空气的品质。室内空气品质不仅影响人体的舒适和健康，而且影响室内人员的工作效率。

我国《室内空气质量标准》GB/T 18883-2002中规定了室内空气中与人体健康有关的化学、生物和放射性参数指标，见表1。

室内空气质量标准　　　　　　　　　　　　　　　　　　表1

参数类别	参数	单位	标准值	备注
化学性	二氧化硫（SO_2）	mg/m^3	0.50	1h均值
	二氧化氮（NO_2）	mg/m^3	0.24	1h均值
	一氧化碳（CO）	mg/m^3	10	1h均值
	二氧化碳（CO_2）	%	0.10	1h均值
	氨（NH_3）	mg/m^3	0.20	1h均值
	臭氧（O_3）	mg/m^3	0.16	1h均值
	甲醛（HCHO）	mg/m^3	0.10	1h均值
	苯（C_6H_6）	mg/m^3	0.11	1h均值
	甲苯（C_7H_8）	mg/m^3	0.20	1h均值
	二甲苯（C_8H_{10}）	mg/m^3	0.20	1h均值
	苯并[a]芘B(a)P	ng/m^3	1.0	1h均值
	可吸入颗粒物（PM10）	mg/m^3	0.15	1h均值
	总发挥性有机物（TVOC）	mg/m^3	0.60	8h均值
生物性	菌落总数	cfu/m^3	2500	依据仪器定
放射性	氡222（Rn）	Bq/m^3	400	年平均值（行动水平）

注：本表摘自《室内空气质量标准》GB/T 18883-2002。

室内污染

室内空气污染可分为以下3类：

1. 化学污染：主要为有害无机物、有机挥发性化合物（VOCS）和半有机挥发性化合物（SVOCs）引起的污染。有害无机物主要为氨气（NH_3），以及燃烧产物CO、CO_2、NO_x和SO_x等；有机挥发性化合物包含醛类、苯类、烯类等300余种有机化合物，这类污染物主要来自建筑装修装饰材料、复合木建材及其制品（如家具）。

2. 物理污染：主要为颗粒物、重金属和放射性氡（Rn）、纤维尘和烟尘等引起的污染。颗粒物是指空气污染物中的固相物，具有较强的吸附性是其主要特点。颗粒物的成分较多，含130多种有害物质，室内经常可检测出来的有50多种。

3. 生物污染：主要为细菌、真菌和病毒引起的污染。

各种被测量的VOCs被总称为TVOC（Total VOC的简称）。即使室内空气中单个VOC含量都低于其限制浓度，但由于多种VOCs的混合及其相互作用，对人体健康的危害强度可能相当严重，TVOC浓度与人体反应的关系见表8。

［1］影响室内空气品质的室内空气污染途径

❶ 朱颖心.建筑环境学（第三版）.北京：中国建筑工业出版社，2010.

按照粒径划分的颗粒物类型❶　　　　　　　　　　　表2

名称	粒径d（μm）	单位	特点
降尘	$d>100$	$t/(月·km^2)$	靠自身重量沉降
总悬浮颗粒物	$10<d<100$	mg/m^3	
飘尘，可吸入颗粒物PM10	$d<10$	mg/m^3 $\mu g/m^3$	长期漂浮于大气中，主要由有机物、硫酸盐、硝酸盐及地壳元素组成
细微粒，PM2.5	$d<2.5$	mg/m^3 $\mu g/m^3$	室内主要污染物，对人体危害很大
超细颗粒	$d<0.1$	个/m^3	室内重点污染物之一，对人体危害很大，系近年来的研究热点

不同HCN浓度对人体的影响❶　　　　　　　　　　表3

HCN浓度(%)	人体反应
0.001	允许的暴露浓度
0.001~0.005	头痛、头晕、眩晕
0.005~0.01	感到反胃、恶心
0.01~0.02	暴露在此环境里30~60min即引起死亡

不同CO浓度对人体的影响❶　　　　　　　　　　表4

CO浓度(%)	人体反应
0.005	允许的暴露浓度，可暴露8h
0.02	2~3h内可能会导致轻微的前额头痛
0.04	1~2h后前额头痛并呕吐，2.2~3.5h后眩晕
0.08	45min内头痛、头晕、呕吐。2h内昏迷，可能死亡
0.16	20min内头痛、头晕、呕吐。1h内昏迷并死亡
0.32	5~10min内头痛、头晕。30min无知觉，有死亡危险
0.64	1~2min内头痛、头晕。10~15min无知觉，有死亡危险
1.28	马上无知觉。1~3min有死亡危险

不同CO_2浓度对人体的影响❶　　　　　　　　　表5

CO_2浓度(%)	人体反应
0.035~0.045	同一般室外环境
0.035~0.1	呼吸顺畅
0.1~0.2	空气混浊，开始觉得昏昏欲睡
0.2~0.5	头痛、嗜睡、呆滞、注意力无法集中、心跳加速、轻度恶心
>0.5	可能导致严重缺氧，造成永久性脑损伤、昏迷、甚至死亡

不同SO_2浓度对人体的影响❶　　　　　　　　　表6

SO_2浓度(ppm)	人体反应
0.3~1	可察觉的最初的浓度
2	允许的暴露浓度（ACGIH）
3	非常容易察觉到气味
6~12	对鼻子和喉部有刺激
20	对眼睛有刺激
50~100	30min内最大的暴露浓度
400~500	引起肺积水和声门刺激，有死亡危险

不同NOx浓度对人体的影响❶　　　　　　　　　表7

NO_x浓度(mg/m^3)	人体反应
0.2	接触人群呼吸系统患病率增加
0.3~0.6	短期暴露使敏感人群肺功能改变
0.4	影响嗅觉
0.6	对肺部的生化功能产生不良影响
0.8~1	呼吸道上皮受损，产生生理学病变
0.94	对机体产生损伤作用
1.0	肺对有害因子抵抗力下降
2~4	短期暴露使人肺功能改变

不同TVOC浓度对人体的影响❶　　　　　　　　表8

TVOC浓度(mg/m^3)	人体反应
<0.2	无刺激、无不适
0.2~3.0	与其他因素联合作用时可能出现刺激和不适
3.0~25	刺激、不适；与其他因素联合作用时可能出现头痛
>25	除头痛外，可能出现其他的神经毒性作用

8
建筑环境

自然通风的计算方法

自然通风主要依靠室内外压力的不同来进行室内外空气交换。如果建筑物外墙上的窗孔两侧存在压力差 ΔP，就会有空气流过该窗孔，空气流过窗孔时的阻力就等于 ΔP。只要已知窗孔两侧的压力差 ΔP 和窗孔的有效通风面积 A 就可以求得通过该窗孔的空气量。

几种常见进、排风窗孔的局部阻力系数和流量系数见表1。

对于普通窗口，其阻力特性接近于薄壁孔口，在缺少详细信息的情况下，其流量系数建议取为0.65，对于门或门洞，其阻力特性接近于厚壁孔口，孔口流量系数建议取为0.8。

$$\Delta P = 0.5\zeta\rho v^2 \tag{1}$$

$$Q = vA = A(2\Delta P/\zeta\rho)^{0.5} = \mu A(2\Delta P/\rho)^{0.5} \tag{2}$$

式中：ΔP——窗孔两侧的压力差（Pa）；
　　　ζ——窗孔的局部阻力系数；
　　　ρ——空气的密度（kg/m³）；
　　　v——空气流过窗孔时的流速（m/s）；
　　　Q——空气的体积流量（m³/s）；
　　　A——窗孔的有效通风面积（m²）；
　　　μ——窗孔的流量系数，μ 值的大小与窗孔的构造有关，一般小于1。

进、排风窗孔的局部阻力系数和流量系数 表1

窗户结构形式	开启角度α (°)	H:L=1:1		H:L=1:2	
		ζ	μ	ζ	μ
单层窗上悬（进风窗）	15	16.0	0.25	20.6	0.22
	30	5.65	0.42	6.90	0.38
	45	3.68	0.52	4.00	0.50
	60	3.07	0.57	3.18	0.56
单层窗上悬（排风窗）	15	11.3	0.30	17.3	0.24
	30	4.90	0.45	6.90	0.38
	45	3.18	0.56	4.00	0.50
	60	2.51	0.63	3.07	0.57
单层窗中悬（进风窗）	15	45.3	0.15		
	30	11.1	0.30		
	45	5.15	0.45	—	—
	60	3.18	0.56		
	90	2.43	0.64		
双层窗上悬	15	14.8	0.26	30.8	0.18
	30	4.90	0.45	9.75	0.32
	45	3.83	0.51	5.15	0.44
	60	2.96	0.58	3.54	0.53
竖轴板式窗	90	$\zeta=2.37$　$\mu=0.65$			

注：1. H 代表窗扇的高度，L 代表窗扇的长度。
　　2. 本表摘自王汉青. 通风工程. 北京: 机械工业出版社, 2007.

风压通风

当自由风受到建筑表面阻挡时，它均匀、自由的流动状态将受到破坏，流线将发生变化，其部分动压是会转变为静压，成为室内风压通风的动力。

定义 P_s 为建筑表面空气压力与同水平面上大气压力的差值，P_s 与自由风的动压 P_v 有一定的比例关系。

$$P_s = C_p \cdot P_v \tag{3}$$

$$P_v = 0.5\rho_0 \cdot V^2 \tag{4}$$

式中：ρ_0——自由来流的密度（kg/m³）；
　　　C_p——建筑表面的风压系数；
　　　P_v——为当地自由风的动压值（Pa）；
　　　V——基准面风速，通常在建筑物或开口的高度处（m/s）。

热压通风

热压是由建筑内外的空气温差、密度差引起的，随温度变化的空气密度差引起了在建筑内外的压力梯度。开口处的浮升力或热压是由开口两端的温差引起的密度差造成的，位于不同高度的开口，压差是由垂直密度梯度引起的，它可以通过式(5)求得。

对于已知的每个开口或区域内温度呈线性变化的情况，可根据式(5)计算出任意开口两端的压差。

多区域建筑，相邻两垂直区域之间相连通，建筑与外部环境间将存在空气流动，如果建筑内部两相邻区域之间存在温度差，区域间将存在空气流动。①展示了这种情形，空气从下层区域（区域1）流入，通过两个区域之间的开口，最后从上层区域（区域2）的开口流出。

通常区域1与区域2的温度是不相等的，$T_2 > T_1$，将导致如图中所示的每个区域内不同的压力梯度。各开口的热压或浮升力一般相对于最低的开口来计算。高度分别为 h_1 和 h_2 的两个开口之间的压差，可以用式(6)计算。

然后采用公式(2)计算3个开口（两个外部开口和一个区域之间的连通开口）的通风量，其中 ΔP 项用 P_s 替换。

$$P_s = -\rho_0 gh(1 - T_0/T_i) \tag{5}$$

$$P_s = -\rho_0 g[(z_1 - h_1)(1 - T_0/T_1) + (h_2 - z_1)(1 - T_0/T_2)] \tag{6}$$

式中：ρ_0——参考温度 T_0 下的空气密度（kg/m³）；
　　　g——重力加速度（m/s²）；
　　　h——两开口的高度差（m）；
　　　T_0——参考气温或室外气温（K）；
　　　T_i——室内气温（K）；
　　　T_1——区域1的温度（K）；
　　　T_2——区域2的温度（K）；
　　　z_1——第一层的高度（m）。

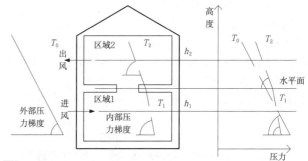

① 具有相互连通的垂直区域的建筑内部热压分布

风压与热压联合作用

当风压和热压共同作用于建筑物时，它们将联合起来决定通过建筑物开口的空气流动。如果两种压力的正负一致，它们将增加空气流量，但是如果正负压力相反，将减少空气流量，并且在一定的条件下，这两种压力会相互抵消，从而使得没有气流流过开口。

通常风压和热压对建筑内压的影响程度是不同的，内压是单独的风压和热压叠加的结果，但不是线性叠加，其计算需同时考虑热压和风压的作用，能够对热环境参数和流体特性参数的相互作用进行计算。

利用CFD模拟工具、多区域网络模型与建筑热环境模型联立耦合计算（如CFD与DeST-VentPlus耦合计算），可以定量分析多种涉及自然通风和渗透的问题。

CFD模拟技术

Computational Fluid Dynamics,即计算流体力学,简称CFD。CFD是近代流体力学、数值数学和计算机科学结合的产物,它以电子计算机为工具,应用各种离散化的数学方法,对流体力学的各类问题进行数值实验、计算机模拟和分析研究,并将结果用计算机图形学技术形象直观地表示出来。

相比传统的模型实验和经验公式预测液体的流动和传热而言,CFD技术具有成本低、速度快、资料完备等优点。随着计算机技术和数值模拟技术的发展,CFD已被广泛应用于解决工程中的实际问题。CFD方法可应用于对室内空气分布情况进行模拟和预测,从而得到房间内速度、温度、湿度以及有害物浓度等物理量的详细分布情况。

CFD在建筑通风领域主要用于模拟预测的问题:①建筑周边的空气流动及温度分布;②建筑表面的风压系数;③建筑内部空间或设备内部的空气或其他工质流体的流动及温度分布。

目前常用的CFD软件有CFdesign、CFX、Fluent、Phoenics、Star-CD等。

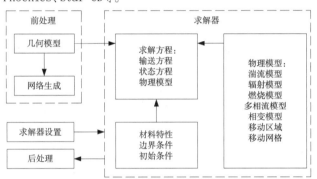

1 CFD模拟流程与结构

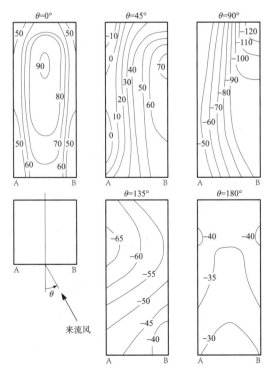

2 高层矩形建筑风压系数($C_p \times 100$)分布图

网络法模拟建筑自然通风

1. 原理:多区域网络模型是将建筑内部的各个空间(或者一个空间内的各个区域)视为不同节点,在同一空间(或区域)内部,假设空气充分混合,其空气参数一致;同时将门、窗等开口视为通风支路单元,从而由支路和节点组成流体网络,如**3**所示。多区域网络模型从宏观上反映建筑内空气流动特征,计算各个区域之间的通风量,其基本方程为质量守恒方程和伯努利方程。

2. 物理模型:将建筑内的各个部分与室外大气之间简化成一个网络,与电网、水网类似,由节点和支路组成,应用基尔霍夫电流、电压定律和伯努力方程计算各个时刻各支路中的空气流量。

3. 节点:一个房间当成一个内节点建筑外部开口处为外节点。

4. 支路:外门、外窗当成一条支路房间与房间之间的开口当成支路。

5. 走廊及楼梯间:可以当成一个节点或支路。

6. 网络法计算通风遵循的相关定律:

(1)任何房间的进出风量总和为零;

(2)任何闭合回路的空气压降代数和为零。

7. 特点:适合计算多房间多开口空气流场的计算。

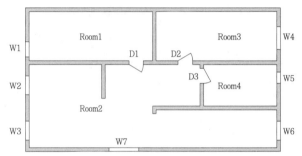

a 建筑结构平面图

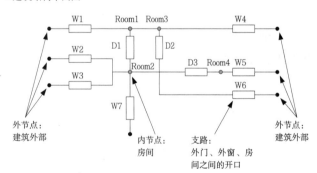

b 网络法

3 基于多区域网络模型的通风与热模型的耦合模拟流程

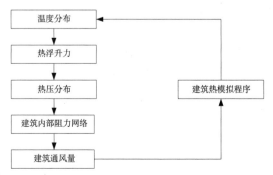

4 网络法模拟建筑自然通风的建筑物理模型转化

设计内容与程序

　　适应气候的建筑设计过程首先应确定建筑所在区位的气候资料,包含温度、湿度、降雨量、日照及风速风向条件。气候适应性策略以人的舒适性标准为前提,在分析过程中,结合相应的舒适性标准,根据建筑节能及资源有效利用的原则,有针对性地确定相应的建筑设计策略。

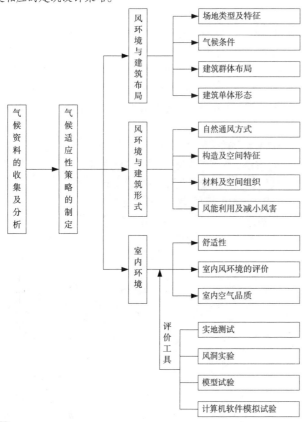

① 设计内容与程序

风环境与建筑布局

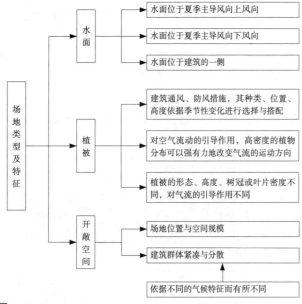

② 建筑场地类型及特征

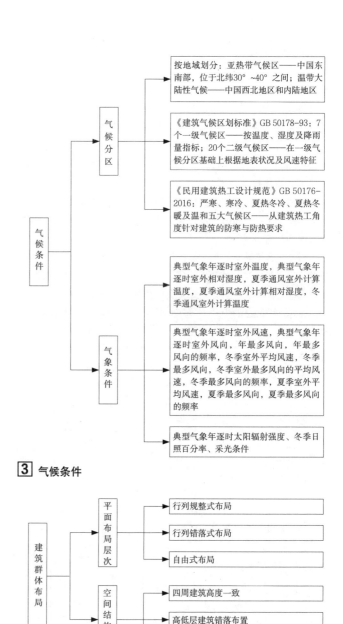

③ 气候条件

④ 建筑群体布局

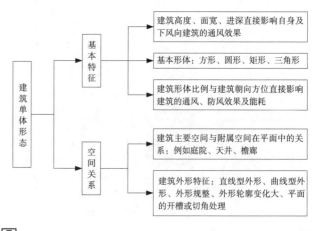

⑤ 建筑单体形态

8
建筑环境

414

风环境与建筑形式

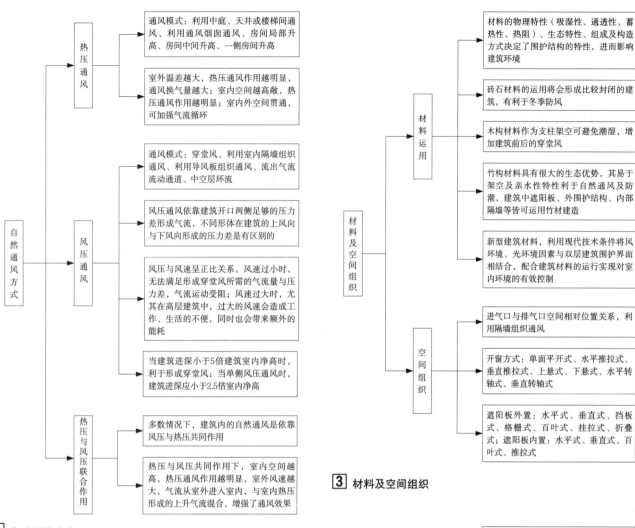

通风模式：利用中庭、天井或楼梯间通风、利用通风烟囱通风、房间局部升高、房间中间升高、一侧房间升高

室外温差越大，热压通风作用越明显，通风换气量越大；室内空间越高敞，热压通风作用越明显；室内外空间贯通，可加强气流循环

通风模式：穿堂风、利用室内隔墙组织通风、利用导风板组织通风、流出气流流动通道、中空层环流

风压通风依靠建筑开口两侧足够的压力差形成气流，不同形体在建筑的上风向与下风向形成的压力差是有区别的

风压与风速呈正比关系。风速过小时，无法满足形成穿堂风所需的气流量与压力差，气流运动受阻；风速过大时，尤其在高层建筑中，过大的风速会造成工作、生活的不便，同时也会带来额外的能耗

当建筑进深小于5倍建筑室内净高时，利于形成穿堂风；当单侧风压通风时，建筑进深应小于2.5倍室内净高

多数情况下，建筑内的自然通风是依靠风压与热压共同作用

热压与风压共同作用下，室内空间越高，热压通风作用越明显，室外风速越大，气流从室外进入室内，与室内热压形成的上升气流混合，增强了通风效果

1 自然通风方式

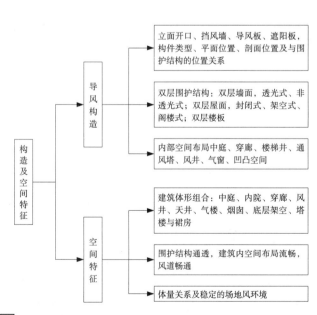

立面开口、挡风墙、导风板、遮阳板，构件类型、平面位置、剖面位置及与围护结构的位置关系

双层围护结构：双层墙面，透光式、非透光式；双层屋面，封闭式、架空式、阁楼式；双层楼板

内部空间布局中庭、穿廊、楼梯井、通风塔、风井、气窗、凹凸空间

建筑体形组合：中庭、内院、穿廊、风井、天井、气楼、烟囱、底层架空、塔楼与裙房

围护结构通透，建筑内空间布局流畅，风道畅通

体量关系及稳定的场地风环境

2 构造及空间特征

材料的物理特性（吸湿性、通透性、蓄热性、热阻）、生态特性、组成及构造方式决定了围护结构的特性，进而影响建筑环境

砖石材料的运用将会形成比较封闭的建筑，有利于冬季防风

木构材料作为支柱架空可避免潮湿，增加建筑前后的穿堂风

竹构材料具有很大的生态优势，其易于架空及亲水性特性利于自然通风及防潮，建筑中遮阳板、外围护结构、内部隔墙等皆可运用竹材建造

新型建筑材料，利用现代技术条件将风环境、光环境因素与双层建筑围护界面相结合，配合建筑材料的运行实现对室内环境的有效控制

进气口与排气口空间相对位置关系，利用隔墙组织通风

开窗方式：单面平开式、水平推拉式、垂直推拉式、上悬式、下悬式、水平转轴式、垂直转轴式

遮阳板外置：水平式、垂直式、挡板式、格栅式、百叶式、挂拉式、折叠式；遮阳板内置：水平式、垂直式、百叶式、推拉式

3 材料及空间组织

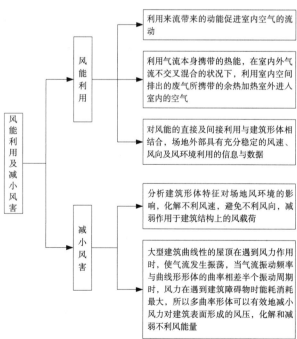

利用来流带来的动能促进室内空气的流动

利用气流本身携带的热能，在室内外气流不交叉混合的状况下，利用室内空间排出的废气所携带的余热加热室外进入室内的空气

对风能的直接及间接利用与建筑形体相结合，场地外部具有充分稳定的风速、风向及风环境利用的信息与数据

分析建筑形体特征对场地风环境的影响，化解不利风速，避免不利风向，减弱作用于建筑结构上的风载荷

大型建筑曲线性的屋顶在遇到风力作用时，使气流发生振荡，当气流振动频率与曲线形体的曲率相差半个振动周期时，风力在遇到建筑障碍物时能耗消耗最大，所以多曲率形体可以有效地减小风力对建筑表面形成的风压，化解和减弱不利风能量

4 风能利用及减小风害

8 建筑环境

415

室内环境

室内空气环境质量是决定人员健康、舒适的重要因素，人们一般对室内空气环境存在如下基本要求：

1. 满足室内人员对于新鲜空气的需要；
2. 保证室内人员的热舒适；
3. 保证室内污染物浓度不超标。

符合上述要求的室内空气环境，通常需要合理的通风组织来营造。好的通风系统不仅能够给室内提供健康、舒适的环境，而且应使初投资和运行费用都比较低。因此根据室内环境的特点和需求，采取恰当的通风系统和气流组织形式，实现优质高效运行，是室内空气环境营造的最重要内容。

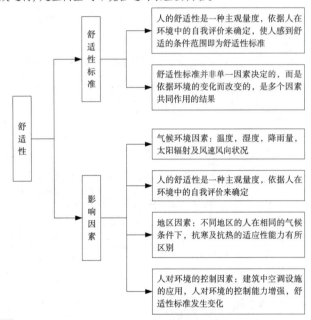

[1] 室内空气环境质量舒适性标准和影响因素

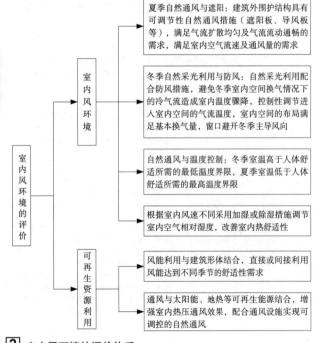

[2] 室内风环境的评价体系

❶摘自《民用建筑供暖通风与空气调节设计规范》GB 50736—2012。

设计最小新风量

为使室内空气品质达到卫生标准，需向室内送入新风进行通风换气。在计算室内所需新风量时，可以采用最小新风量法和按室内 CO_2 允许浓度为标准来确定。在以人员活动为主的建筑，即用稀释人体散发的 CO_2 来计算新风量。不同活动强度下人体的 CO_2 发生量和所需新风量见表1。

公共建筑主要房间每人所需最小新风量应符合表2中的规定。

设计新风的居住建筑和医院建筑，所需最小新风量宜按换气次数法确定，换气次数宜符合表3、表4中的规定。

高密人群建筑每人所需新风量应按人员密度确定，且应符合表5中的规定。

CO_2的发生量和必需的新风量 表1

活动强度	CO_2发生量 [m³/(h·人)]	CO_2不同允许浓度下必需的新风量 [m³/(h·人)]		
		0.10%	0.15%	0.20%
静坐	0.0144	20.6	12.0	8.5
极轻	0.0173	24.7	14.4	10.2
轻度	0.0230	32.9	19.2	13.5
中等	0.0410	58.6	34.2	24.1
重度	0.0748	106.9	62.3	44.0

注：本表摘自朱颖心.建筑环境学（第三版）.北京：中国建筑工业出版社, 2010.

公共建筑主要房间每人所需最小新风量❶ 表2

建筑房间类型	新风量[m³/(h·人)]
办公室	30
客房	30
大堂、四季厅	10

居住建筑设计最小换气次数❶ 表3

均居住面积F_p	换气次数（次/h）
$F_p \leq 10m^2$	0.70
$10 < F_p \leq 20m^2$	0.60
$20 < F_p \leq 50m^2$	0.50
$F_p > 10m^2$	0.45

医院建筑设计最小换气次数❶ 表4

房间功能	换气次数（次/h）
门诊室	2
急诊室	2
配药室	5
放射室	2
病房	2

高密度人群建筑每人所需最小新风量[单位：m³/(h·人)]❶ 表5

建筑类型	人员密度P_f（人/m³）		
	$P_f \leq 0.4$	$0.4 < P_f \leq 1.0$	$P_f > 1.0$
影剧院、音乐厅、大会堂、多功能厅、会议室	14	12	11
商场、超市	19	16	15
博物馆、展览馆	19	16	15
公共交通候车室	19	16	15
歌厅	23	20	19
酒吧、咖啡馆、宴会厅、餐厅	30	25	23
游艺厅、保龄球房	30	25	23
体育馆	19	6	15
健身房	40	38	37
教室	28	24	22
图书馆	20	17	16
幼儿园	30	25	23

8
建筑环境

建筑单体形态对气流的影响

　　当风吹向建筑物时，因受到建筑物的阻挡，气流绕过建筑物屋顶、侧面及背部，在建筑的背风面会产生气流涡流区。

　　气流涡旋区产生的位置取决于建筑物的外形和风向；涡流区大，正压亦大的部分，通风最有利；圆形建筑的涡旋区最小。

　　涡流区的长度随建筑的高度及宽度的增大而增大，随建筑深度的增大而减少。建筑高度越高，深度越小，长度越大时，背面负压区越大，对其自身的通风有利，但对其背后的建筑，通风很不利。

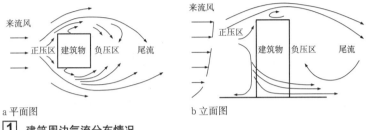

a 平面图　　　　　　　　b 立面图

1 建筑周边气流分布情况

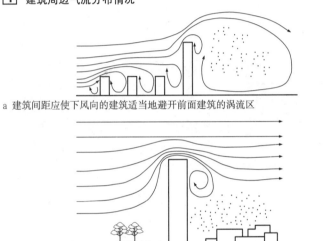

a 建筑间距应使下风向的建筑适当地避开前面建筑的涡流区

b 若建筑处于前面建筑的涡流区内，则很难利用风压组织起有效的自然通风

2 建筑周边气流涡流区

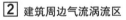

3 建筑单体形态和风向对风场的影响

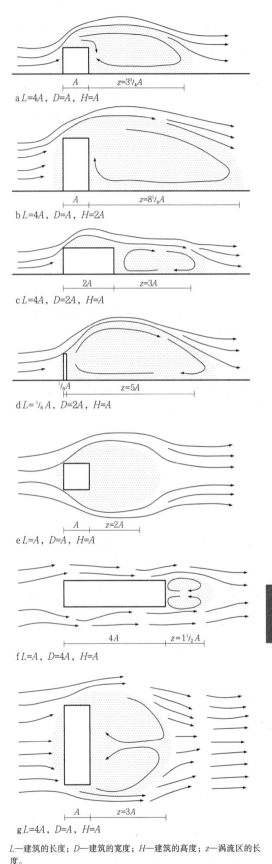

a $L=4A$，$D=A$，$H=A$

b $L=4A$，$D=A$，$H=2A$

c $L=4A$，$D=2A$，$H=A$

d $L={}^1/_8A$，$D=2A$，$H=A$

e $L=A$，$D=A$，$H=A$

f $L=A$，$D=4A$，$H=A$

g $L=4A$，$D=A$，$H=A$

L—建筑的长度；D—建筑的宽度；H—建筑的高度；z—涡流区的长度。

4 建筑单体形态对涡流区的影响

8
建筑环境

417

建筑群体布局与场地风环境

一般建筑群的平面布局有并列式、周边式、自由式3种，并列式又可分为并列式、斜列式和错列式，如①所示。周边式太封闭，不利于气流的流通。自由式多在受地形限制时使用，在某些地形中会出现斜列式。

为了促进通风，建筑群布局应尽量采取并列式和自由式，而并列式中又以斜列式和错列式最佳。

在立面布置方面，应采取"前低后高"和有规律的"高低错落"的处理方式。建筑间距越大，前后排建筑之间风速衰减较小，越有利于通风。

建筑错列布置，可间接加大建筑间距，同时，建筑群中的建筑物不宜完全朝向夏季主导风向，以利于建筑自然通风，如②所示。

建筑区内有较大绿地时，可将其布置在中间并垂直于主导风向，使建筑区分成两个或多个的小区域，加大各区间的间距，以减弱下风区空气流速的衰减。

当建筑呈一字平直排开且体形较长时（超过30m），应在前排建筑适当的位置设置过街楼、架空廊道等以加强自然通风，如③所示。

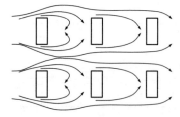

a 并列式，有利于冬季避风

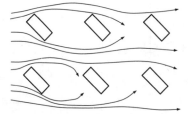

b 斜列式，有利于冬季避风与加强自然采光

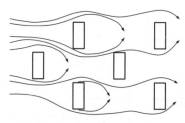

c 错列式，有利于夏季通风

① **不同建筑群体布局方式对建筑群内风场的影响**

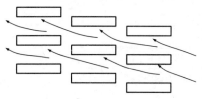

便于建筑群内空气流通，使越流的气流路线长于实际间距，对高而长的建筑群是有利的。

a 并列式布置，前后错开

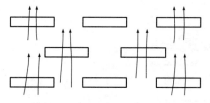

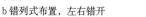

建筑群内建筑的朝向若均朝向夏季主导风向时，将其错开排列，相当于增大了建筑间距，可以减弱风速的衰减。

b 错列式布置，左右错开

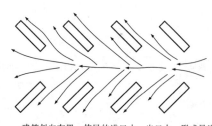

建筑斜向布置，使风的进口小、出口大，形成导流，可以加大空气流速。如建筑物的窗口再组织好导流，则有利于自然通风。

c 斜列式布置

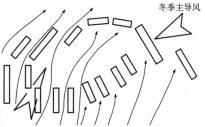

冬季比较寒冷的地区，需综合考虑冬夏两季的舒适性，既要保证夏季良好的通风，又要在冬季阻挡寒风侵入建筑群。

d 自由式布置

建筑物平行于夏季主导风向时，建筑间距排成宽窄不同且相互错开，形成进风口大，出风口小，可加大空气流速。

e 并列式布置，建筑间距宽窄不同

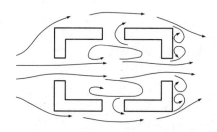

封闭式的建筑布局，风的出口小，流速减弱，院内形成较大涡流，使建筑周边形成大量的负压区，不利于自然通风。

f 围合式布置

② **不同错列式建筑群体布局对建筑群内风场的影响**

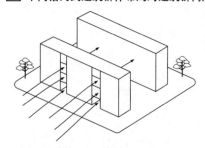

a 减小前排建筑面宽，建筑物之间设置架空走廊

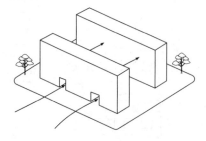

b 前排建筑设置通风廊道

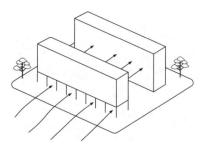

c 前排建筑底层架空

③ **建筑物设通风口以促进自然通风**

绿化与场地风环境

通过优化建筑布局和室外环境设计、利用适合当地气候条件的植被有效地配置室外绿化，是改善夏季及过渡季室外风环境、提高室外热舒适，进而改善室内自然通风的重要措施。

沿来流方向在单体建筑两侧的前、后方设置绿化屏障，使来流风受到阻挡后可以进入室内，可促进室内自然通风；利用绿化后方的负压作用，设计合理的建筑开口进行导风，亦可促进室内自然通风，如 ②所示。

规划设计中可以利用建筑周围绿化进行导风。但是对于寒冷地区的建筑，需要综合考虑夏季、过渡季与冬季通风的矛盾。

对于严寒、寒冷地区或冬季多风地区，需考虑冬季防风。

1. 利用建筑物隔阻冷风。通过适当布置建筑物，降低风速，保证后排建筑不处于前排建筑尾流风的涡流区之中，避开寒风侵袭。此外，还应利用建筑组合，将较高层建筑背向冬季寒流风向，减少寒风对中、低层建筑和庭院的影响。

2. 设置风障。可以通过设置防风墙、板、防风带之类的挡风措施来阻隔冷风。

3. 避开不利风向。在建筑规划中，建筑朝向避开寒流来向，同时合理选择封闭或半封闭周边式布局的开口方向和位置，使得建筑群的组合避风节能。

常见防风树种汇总　　　　　　　　　　　　　　　　　　表1

防风能力	树种
最强	圆柏、银杏、木瓜、柳
强	侧柏、桃叶珊瑚、黄爪龙树、棕榈、无花果、榆树、女贞、木槿、榉、合欢、竹、槐、厚皮香、杨梅、枇杷、榕树、鹅掌楸
稍强	龙柏、黑松、夹竹桃、珊瑚树、海桐、核桃、樱桃、菩提树

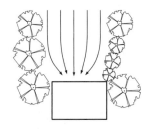
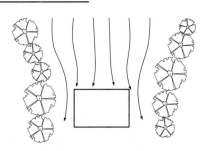
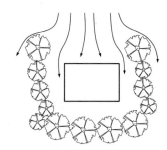

a 树木与建筑成围合关系，直接引导气流进入室内

b 气流从建筑两侧流过，对建筑及其下风向建筑通风比较有利

c 气流运动受阻，最不利于通风

① 植被对空气流动方向的调节作用

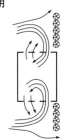

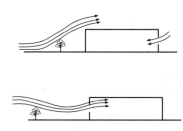

a 开敞环境建筑周边空气流场

b 绿化导风促进建筑单侧通风

c 绿化导风促进建筑贯流通风

d 利用绿化后方负压作用，合理设计建筑开口进行导风

② 室外规划中的绿化导风

a 来流方向设置绿化，利用绿化导流实现防风效果

③ 绿化防风设计

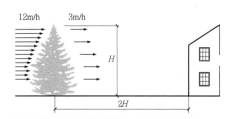

12m/h　　3m/h

b 利用绿化对风速的消减作用，改善冬季风环境

来流风　100%

100% 渗透热损失

a 未采用绿化防风

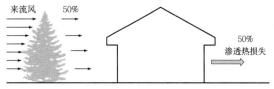

来流风　50%

50% 渗透热损失

b 采用绿化防风减少建筑物冬季热损失

④ 绿化防风对室内热损失的影响

8
建筑环境

室内气流组织

开口位置与换气效率的关系 表1

进气口在ab墙面上，偏于a，排气口在ad墙面上，当排气口由a逐渐向d移动时，换气效率变化为：11%~44%

进气口在ab墙面上，偏于a，排气口在cd墙面上，当排气口由d逐渐向c移动时，换气效率变化为：49%~65%

进气口在ab墙面上，偏于a，排气口亦在ab墙面上，当排气口由b逐渐向a移动时，换气效率变化为：92%~100%

进气口在ab墙面上，位于中间，排气口亦在ab墙面上，偏于a，换气效率变化为：0%~60%

进气口在ab墙面上，位于中间，排气口在ad墙面上，当排气口由a逐渐向d移动时，换气效率变化为：61%~70%

进气口在ab墙面上，位于中间，排气口在cd墙面上，偏于c，换气效率变化为：0%~86%

进气口在ab墙面上，位于中间，排气口亦在ab墙面上，偏于b，换气效率变化为：0%~100%

进气口在ab墙面上，偏于b，排气口亦在ab墙面上，当排气口由b逐渐向a移动时，换气效率变化为：62%~78%

进气口在ab墙面上，偏于b，排气口在ad墙面上，当排气口由中间逐渐向d移动时，换气效率变化为：78%~92%

进气口在ab墙面上，偏于b，排气口在cd墙面上，当排气口由d逐渐向c移动时，换气效率变化为：88%~99%

进气口在ab墙面上，偏于b，排气口在bc墙面上，当排气口由c逐渐向b移动时，换气效率变化为：88%~57%

开口位置与气流路线的关系 表2

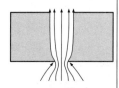

气流经入口进入室内的射流方向，由入口外侧周围的旁侧的压力大小所决定，周围压力相等时，射流方向不变，按原方向前进

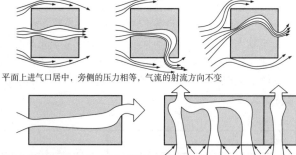

平面上进气口居中，旁侧的压力相等，气流的射流方向不变

窗口均匀布置、剖面上窗口居中，射流方向不变

进气口偏一边或偏上或偏下时，则其两旁或者上下的旁侧的压力不等，气流经入口后，射流向压力小的一边倾斜

进气口偏一侧，射流偏向这一侧；窗口疏密不均，射流方向偏向密的一侧

剖面上进气口偏下或偏上时，气流射流方向亦偏下或偏上

气流的射流方向基本决定于进气口的形式。改变排气口的位置，只决定气流流出室外以后的方向，对室内射流路线的影响不大

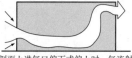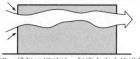

进、排气口相对时，气流在室内按进气口决定的射流方向前进；进气口在上，排气口在下，气流在室内仍向上倾斜，射流方向不变

进气口在下，排气口在上，气流在室内仍向下倾斜，射流方向不变；有两个排气口，射流方向仍不变

只有进气口，没有排气口，或者进气口和排气口位置与室外气流方向平行时，气流对室内空气扰动很小

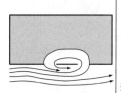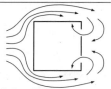

开口只在迎风面或背风面一侧，对室内空气只有一点扰动，不能换气

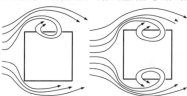

开口在侧面，两边压力相等，对室内空气只有一点扰动

为了保证室内有穿堂风，必须正确组织建筑物的正压区和负压区，使进气口位于正压区内，排气口位于负压区内

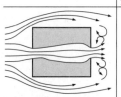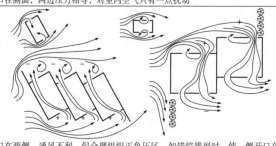

开口在两侧，通风不利。但合理组织正负压区，如错综排列时，使一侧开口在正压区，另一侧开口在负压区，则气流穿过室内

室内气流组织设计要点

1. 进气口的位置、大小与形式，决定气流的射流方向，而排气口对射流方向影响不大，但对气流速度影响较大。因此，如需调整气流的射流方向时，主要调整进气口的位置与形式，如需调整气流速度时，主要调整进、排气口的面积比例或调整排气口的位置与形式。

2. 当进气口内气流速度大时，流场分布窄，相反，则流场分布宽。因此，当调整气流速度时，应注意流场分布情况。

3. 气流经过地区的结构表面有凹凸或显著不光滑，而阻碍气流前进时，阻力愈大，气流速度衰减愈大，在排气口处排气不通畅时，或间接排出室外时，也使气流速度减弱。

4. 风向与建筑外围护界面存在一定夹角时，将更有利于室内空间中气流的均匀扩散，室内家具及空间分割将阻碍气流的均匀扩散，并在室内空间中存在通风死角。

5. 建筑进风口与出风口在平面中位置的连线与原气流方向不一致，将有利于室内风速在空间内的均匀分布，形成比较稳定的室内风场。

6. 进气口处有障碍物时，若想调整气流的射流方向：

（1）用调整旁侧压力的办法，在进气口外设置挡板，可使一侧的压力不起作用或减小；

（2）进气口外已有障碍物，若由它所决定的射流方向与设计不符时，可改变障碍物的形式，亦可在障碍物决定的气流方向以后另设置导流板引导气流转向，使气流按设计的要求调整方向；

（3）当进、排气口的位置不能很好地导流时，可在开口外用绿化、导流板或建筑物的凹凸部分等组织开口处的正、负压，加强自然通风效果。

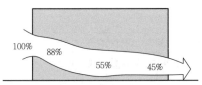

a 当排气口正对进口气流方向时，气流通畅，流速较大

1 排气口的位置对气流速度的影响

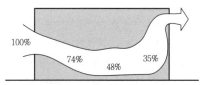

b 当排气口的位置使气流排出时经过转折，则流速减弱

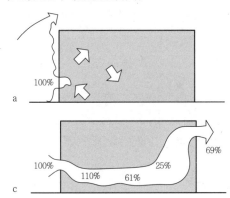

a 无排气口时，室内空气只有一点扰动

2 排气口的大小与室内气流速度的关系

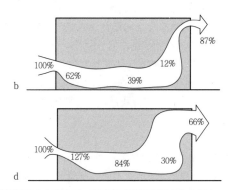

b~d 当排气口由小变大时，室内气流速度亦随之由小变大

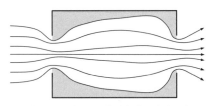

a 进口的气流速度越小，则进口空气流场范围越大。如不要求气流速度增大，而希望流场增大时，可增大进气口的面积，或减小排气口的面积

3 气流速度与流场分布的关系空间组织

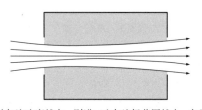

b 进口的气流速度越大，则进口空气流场范围越小。如要求气流速度增大，而流场可以较小时，可增大排气口的面积，或减小进气口的面积

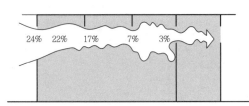

a 结构表面有阻碍时，气流速度衰减大

4 气流经过地区有阻碍时对气流速度的影响

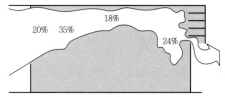

b 排气口处的阻碍大时，气流速度降低

8
建筑环境

421

设计原则

工业建筑有害物的防治首先应改革工艺设备和工艺操作方法，从根本上杜绝和减少有害物的产生。如仍有有害物散入室内，应采取局部通风或全面通风措施，使室内空气中的有害物浓度符合《工业企业设计卫生标准》GBZ 1-2010 的要求，通风系统的设计应符合《民用建筑供暖通风与空气调节设计规范》GB 50736-2012 的要求，同时通风排气中的有害物浓度需达到排放标准，亦可按照国家现行的各相关行业标准执行。

通风系统形式

按照通风系统的作用范围可分为局部通风和全面通风。局部通风又可分为局部送风和局部排风。

1. 局部送风：向局部工作地点送风，创造局部区域良好的空气环境。局部送风方式可分为系统式和单体式两种。系统式是利用通风机和风管，直接将室外新鲜空气或者经过处理后满足一定要求的空气送到工作地点。单体式局部送风，一般借助轴流风扇或喷雾风扇，直接将室内空气（再循环）以射流送风方式吹向工作地点。但是散发粉尘或有害气体的车间内不宜采用。

2. 局部排风：在局部产生污染物的地点，设置有害物质捕捉装置，将有害物就地排走，以控制有害物向室内扩散。局部排风是防毒、排尘最为有效的方法。局部排风系统可以是机械方式也可以是自然通风方式。

3. 全面通风：是对整个房间进行通风换气，其目的在于用洁净的空气稀释室内有害物浓度，同时不断地把污染空气排至室外，消除余热、余湿，使室内空气环境达到卫生标准或要求。全面通风可以利用自然通风方式来实现，也可以用机械通风方式来实现，有时需要联合使用才能获得好的通风效果。

设计要点

1. 局部排风是防止工业有害物污染室内空气最有效的方法，即在有害物产生的地点直接把有害物收集起来，经过净化处理后排至室外。局部排风系统需要的风量小、效果好，是防止工业有害物污染室内空气和改善作业环境最有效的通风方法，设计时应优先考虑。

2. 如果由于生产条件限制、有害物源不固定等原因不能采用局部排风，或者采用局部排风后室内有害物浓度仍超过卫生标准，则可采用全面通风，即采用新鲜空气把整个车间的有害物浓度稀释到最高容许浓度以下。全面通风所需要的风量大大超过局部排风。要使全面通风的效果良好，不仅需要足够的新风量，而且需要合理的通风气流组织。设计气流组织时，考虑的主要方面有：有害源的分布、送回风口的位置及其形式等。

3. 高温车间采取了工艺改革、隔热、全面通风等措施后，如在工人长期停留的工作地点空气温度仍达不到卫生标准的要求，应设置局部送风，增加局部工作地点的风速或同时降低局部工作地点的空气温度。对于操作人员少、面积大的车间，采用局部送风比较合理和经济。例如炼钢、铸造等高温车间经常采用局部送风方式对个别的局部工作点送风，在局部工作点营造良好的空气环境。

❶ 孙一坚. 工业通风. 北京：中国建筑工业出版社，1994：18.

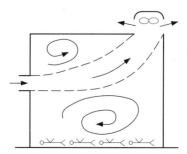

a 工人和工件处于涡流区内，工人可能中毒昏倒。

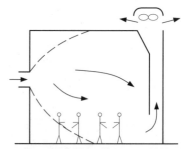

b 室外空气流经工作区，再由排风口排出，通风效果可大为改善。

1 车间全面通风系统的气流组织实例❶

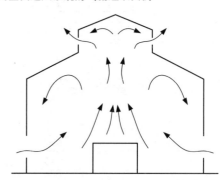

2 热车间的气流组织：下送上排通风方式❶

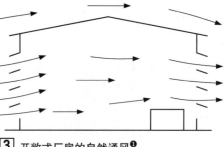

如果迎风面和背风面的外墙开孔面积占外墙总面积25%以上，而且车间内部阻挡较少时，室外气流在车间内的速度衰减比较小，能横贯整个车间，形成穿堂风。应用穿堂风时应将主要热源布置在夏季主导风向的下风侧。刮倒风时，热车间的迎风效果会急剧恶化。

3 开敞式厂房的自然通风❶

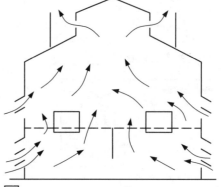

为了提高自然通风的降温效果，应尽量降低进风侧窗离地面的高度，一般不宜超过1.2m，南方炎热地区可取0.6~0.8m。近风窗最好采用阻力小的立式中轴窗和对开窗，把气流直接导入工作区。集中供暖地区，冬季自然通风的进风窗应设在4m以上，以便室外气流到达工作区前能和室内空气充分混合。

4 双层厂房的自然通风❶

基本造型

1. 平面上多以"间"为单位,数间联合成为一座建筑。面阔方向的间数均为奇数,最少三间,最多十一间。

2. 平面多为长方形,亦有方形、八角形、工字形、圆形。在园林建筑及小品建筑中亦有三角形、扇形、十字形、卍字形及套方、套环等形式。

3. 建筑基本造型由屋顶、柱身及台基三段组成。多层建筑立面往往将柱身与屋顶重复运用,构成多层屋檐的建筑形式。

4. 屋顶的基本形式有庑殿、歇山、攒尖、悬山、硬山五种,根据建筑的等级分别选用,其中庑殿等级最高。每种屋顶又有单檐与重檐,起脊与卷棚的区别。个别建筑也有采用盝顶、盆顶、十字脊歇山顶及穹窿顶的。南方民居的硬山屋顶多采用封檐山墙。

5. 回族的礼拜殿平面多为纵长的矩形,屋顶由数个坡屋顶勾连在一起构成,具有中国传统建筑风格。维吾尔族的礼拜殿平面多为横条形,屋顶多为平屋顶和穹窿顶,具有阿拉伯风格。藏族建筑多为多层的平顶碉房。

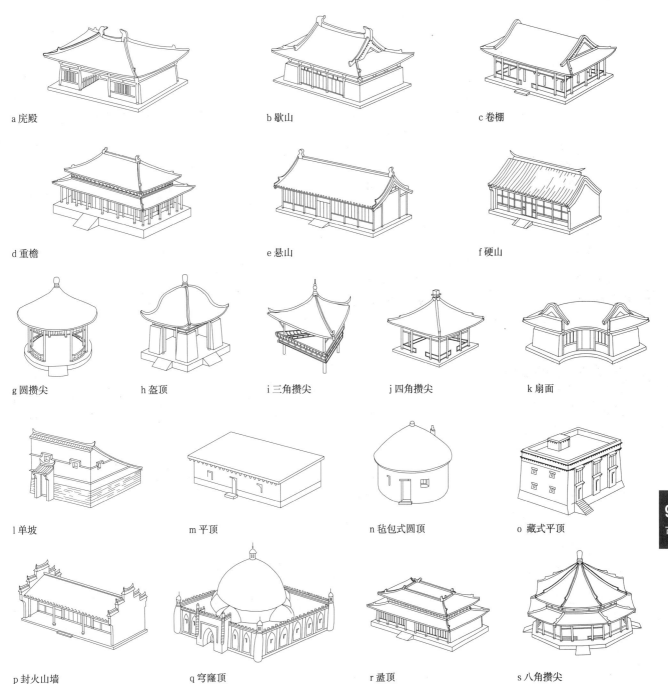

a 庑殿　　　　　　　　b 歇山　　　　　　　　c 卷棚

d 重檐　　　　　　　　e 悬山　　　　　　　　f 硬山

g 圆攒尖　　　h 盆顶　　　i 三角攒尖　　　j 四角攒尖　　　k 扇面

l 单坡　　　　　m 平顶　　　　　n 毡包式圆顶　　　　o 藏式平顶

p 封火山墙　　　　q 穹窿顶　　　　r 盝顶　　　　s 八角攒尖

1 古建筑屋顶的基本造型

9
古建筑

形体组合

1. 在庑殿、歇山、攒尖、悬山、硬山五种基本屋顶形式的基础上，采用高低叠落、互相插接、勾连搭接等手法组成多种屋顶形式。

2. 利用披檐、挑檐、龟头殿、抱厦及部分平顶建筑，进一步丰富屋顶组合。

3. 利用楼层的变化、基台的高低、平坐出挑、回廊环绕以及藏式平顶碉房手法等造型手段来丰富建筑形体，同时配合屋顶组合形式，构成多样单体建筑造型。

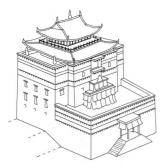

多层碉房加歇山顶

1 西藏日喀则扎什伦布寺佛殿

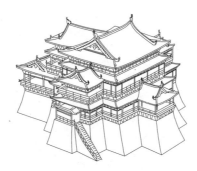

四出抱厦重檐歇山顶

2 宋画滕王阁

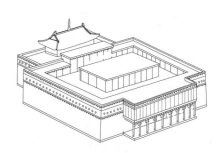

平顶碉房

3 甘肃夏河拉卜楞寺经堂

四方转八方四檐攒尖楼阁

4 泉州奎星楼

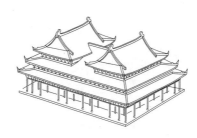

前后三重檐歇山顶

5 四川成都清真寺

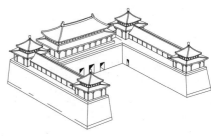

五凤楼

6 北京故宫午门

多檐、五顶攒聚式楼阁

7 河北承德普宁寺大乘阁

三卷勾连搭卷棚顶

8 北京圆明园天地一家春

悬山楼屋加披檐

9 浙江民居

歇山顶丁接

10 河北正定关帝庙

前后殿并接

11 宋画龙舟图中宝津楼

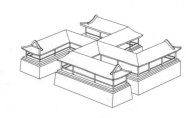

特殊平面

12 北京圆明园万方安和

院落组合

　　大都采用均衡对称的布局方式，沿着纵轴线（前后轴）与横轴线进行布置。多数建筑以纵轴为主。大型建筑可采用多轴线布局。园林建筑及藏族建筑仅维持局部轴线，大部分为自由式布局。

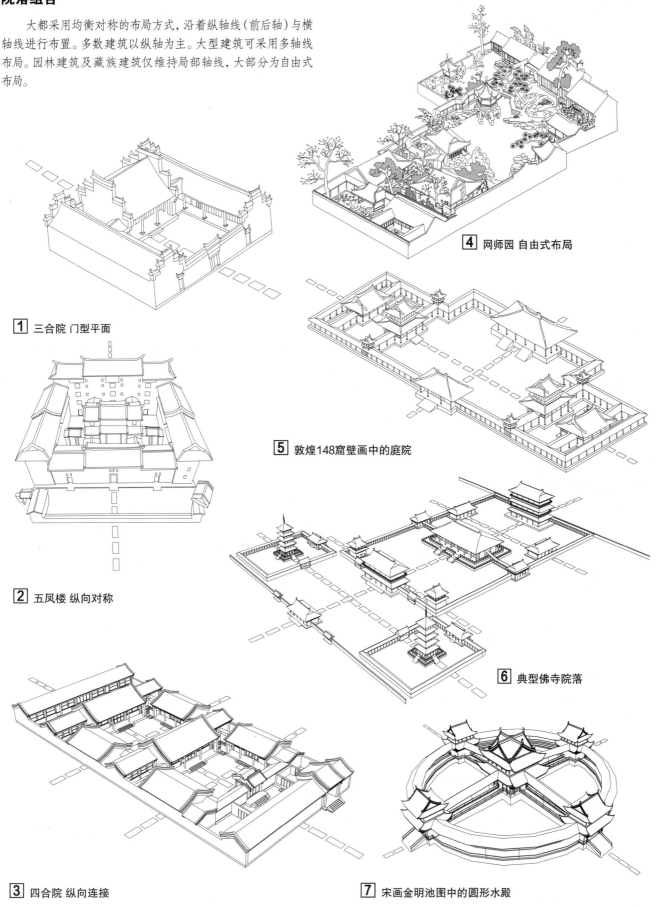

1 三合院 门型平面

2 五凤楼 纵向对称

3 四合院 纵向连接

4 网师园 自由式布局

5 敦煌148窟壁画中的庭院

6 典型佛寺院落

7 宋画金明池图中的圆形水殿

9
古建筑

宋式构架

　　宋代是中国古代木构技术发展的高峰，这一时期内传统木构建筑形成了成熟稳定的建造技术，同时也产生了比较完备的官方建筑制度。

　　所谓的宋式构架，是以《营造法式》中记载的宋代构架形式为主要依据建立的标准样式，包含殿阁造与厅堂造两种基本类型。《营造法式》除规定构架做法的基本制度外，对于间架设计的尺度权衡、主要构件的加工样式等均有所涉及。以《营造法式》为代表的构架做法，对后世产生了极其深远的影响。

宋式构架通常先定开间，后分朵当。开间值通常简洁，且各开间之间常呈现一定的比例关系，朵当多为间内匀分，不同开间内的朵当值通常不等。

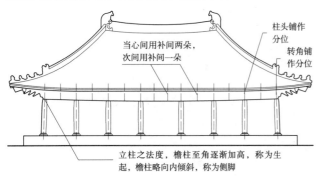

a 补间与朵当分布

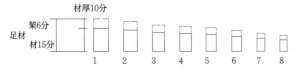

建筑构件大小、屋宇高深皆以"材"为基本单位，材分八等，按照建筑等级、规模分而用之。材断面规格以10分为厚，15分为高，呈2：3之矩形，若材上再加6分栔高，则为足材。

b 材份制度

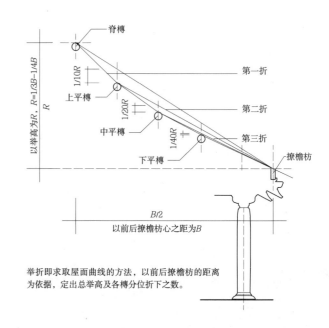

举折即求取屋面曲线的方法，以前后撩檐枋的距离为依据，定出总举高及各槫分位折下之数。

c 举折之法

1 宋式构架的尺度权衡

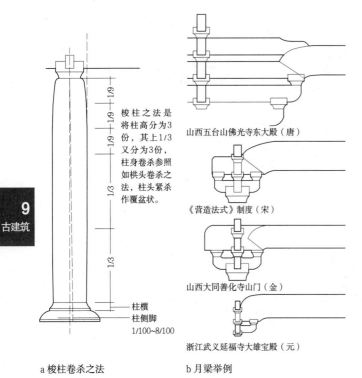

梭柱之法是将柱高分为3份，其上1/3又分为3份，柱身卷杀参照如栱头卷杀之法，柱头紧杀作覆盆状。

柱櫍
柱侧脚
1/100~8/100

a 梭柱卷杀之法

山西五台山佛光寺东大殿（唐）
《营造法式》制度（宋）
山西大同善化寺山门（金）
浙江武义延福寺大雄宝殿（元）

b 月梁举例

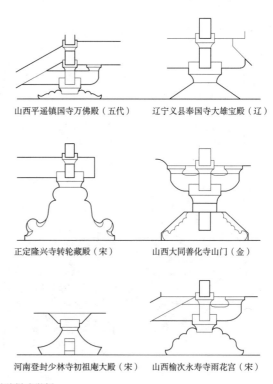

山西平遥镇国寺万佛殿（五代）　　辽宁义县奉国寺大雄宝殿（辽）

正定隆兴寺转轮藏殿（宋）　　山西大同善化寺山门（金）

河南登封少林寺初祖庵大殿（宋）　　山西榆次永寿寺雨花宫（宋）

c 驼峰样式举例

2 宋式柱梁构件的典型样式

宋式构架

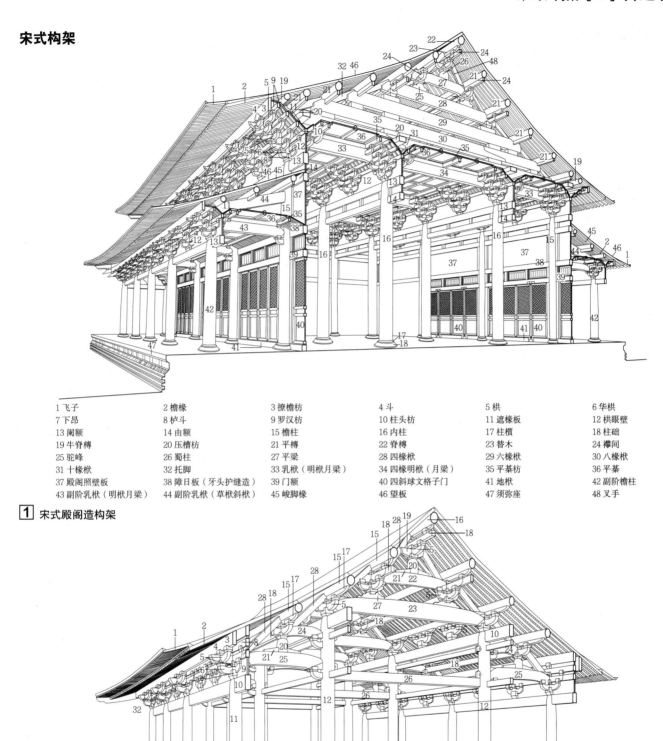

1 飞子	2 檐椽	3 撩檐枋	4 斗	5 栱	6 华栱
7 下昂	8 栌斗	9 罗汉枋	10 柱头枋	11 遮椽板	12 栱眼壁
13 阑额	14 由额	15 檐柱	16 内柱	17 柱櫍	18 柱础
19 牛脊槫	20 压槽枋	21 平槫	22 脊槫	23 替木	24 襻间
25 驼峰	26 蜀柱	27 平梁	28 四椽栿	29 六椽栿	30 八椽栿
31 十椽栿	32 托脚	33 乳栿（明栿月梁）	34 四椽明栿（月梁）	35 平棊枋	36 平棊
37 殿阁照壁板	38 障日板（牙头护缝造）	39 门额	40 四斜球文格子门	41 地栿	42 副阶檐柱
43 副阶乳栿（明栿月梁）	44 副阶乳栿（草栿斜栿）	45 峻脚椽	46 望板	47 须弥座	48 叉手

1 宋式殿阁造构架

1 飞子	2 檐椽	3 撩檐枋	4 斗	5 栱	6 华栱	7 栌斗	8 柱头枋
9 栱眼壁版	10 阑额	11 檐柱	12 内柱	13 柱櫍	14 柱础	15 平槫	16 脊槫
17 替木	18 襻间	19 丁华抹颏栱	20 蜀柱	21 合踏	22 平梁	23 四椽栿	24 劄牵
25 乳栿	26 顺栿串	27 驼峰	28 叉手、托脚	29 副子	30 踏	31 象眼	32 生头木

2 宋式厅堂造构架

9
古建筑

清代大木作制度

　　抬梁式构架是最常用的构架形式，其构造
特点为柱上架梁，梁上立瓜柱，瓜柱上架较短的
梁，如此重叠数层，最上层梁上立脊瓜柱，各层
梁端架设檩条，钉铺望板，构成坡屋面。在角部可
加用顺梁、扒梁、抹角梁、角梁等构件组成歇山、
庑殿、攒尖及其他复杂形式屋顶。大型建筑的柱
顶应用斗栱，作为柱梁与檩枋间的联系构件。宋
代与清代的抬梁式构架的构件名称各不相同，各
地区亦有地方俗称。

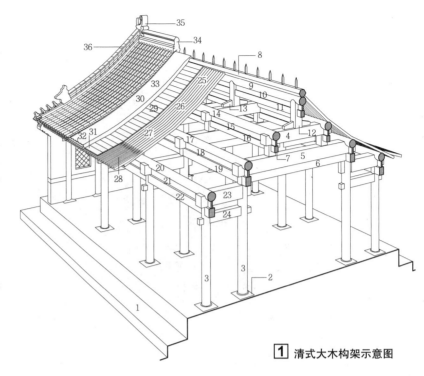

1 台基	2 柱础	3 柱	4 三架梁
5 五架梁	6 随梁枋	7 瓜柱	8 扶脊木
9 脊檩	10 脊垫板	11 脊枋	12 脊瓜柱
13 角背	14 上金檩	15 上金垫板	16 上金枋
17 老檐檩	18 老檐垫板	19 老檐枋	20 檐檩
21 檐垫板	22 檐枋	23 抱头梁	24 穿插枋
25 脑椽	26 花架椽	27 檐椽	28 飞椽
29 望板	30 苫背	31 连檐	32 瓦口
33 筒板瓦	34 正脊	35 吻兽	36 垂脊

1 清式大木构架示意图

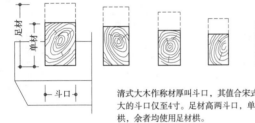

清式大木作称材厚叫斗口，其值合宋式十分。斗口1寸至6寸共分为十一等，但实物中所见最大的斗口仅至4寸。足材高两斗口，单材高为1.4斗口，与宋式制度有异。单材仅用于跳头横栱，余者均使用足材栱。

a 斗口

一组斗栱称为攒，攒距为11斗口，开间面阔以攒数定。

b 攒当

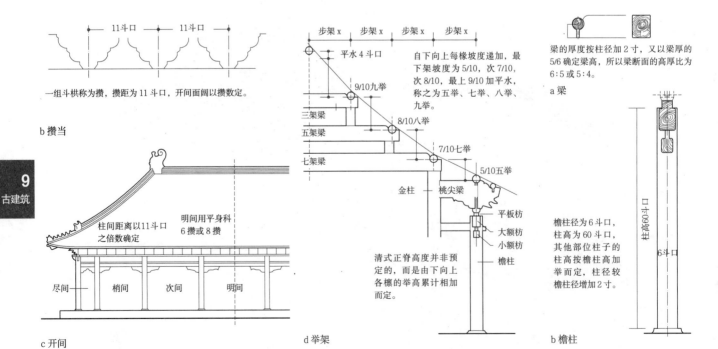

c 开间

自下向上每椽坡度递加，最下架坡度为5/10，次7/10，次8/10，最上9/10加平水，称之为五举、七举、八举、九举。

清式正脊高度并非预定的，而是由下向上各檩的举高累计相加而定。

d 举架

梁的厚度按柱径加2寸，又以梁厚的5/6确定梁高，所以梁断面的高厚比为6:5或5:4。

a 梁

檐柱径为6斗口，柱高为60斗口，其他部位柱子的柱高按檐柱高加举而定，柱径较檐柱径增加2寸。

b 檐柱

2 清式构件比例权衡　　　**3** 清式构件做法

清代构架

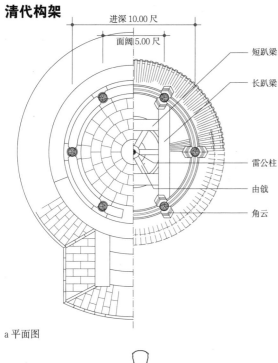

a 平面图

a 平面图

进深 10.00 尺
面阔 5.00 尺

短趴梁
长趴梁
雷公柱
由戗
角云

角云
雷公柱
抹角梁
金檩
由戗

同椽 12 支
翼角椽 12 支

面阔 10.00 尺
台出 1.92 尺

b 立面图

b 立面图

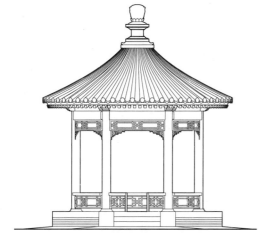

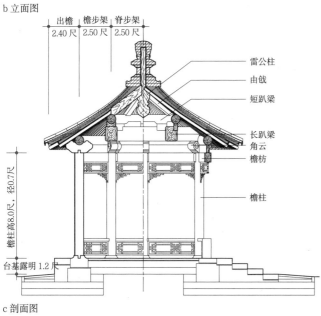

c 剖面图

出檐 2.40 尺 | 檐步架 2.50 尺 | 脊步架 2.50 尺

雷公柱
由戗
短趴梁
长趴梁
角云
檐枋
檐柱

檐柱高 8.0 尺，径 0.7 尺
台基露明 1.2 尺

c 剖面图

脊步架 2.50 尺 | 檐步架 2.50 尺 | 出檐 2.40 尺

雷公柱
由戗
抹角梁
角云
檐枋
檐柱

檐柱高 8.0 尺，径 0.7 尺
台高 1.2 尺

1 清式六柱圆亭

2 清式四角攒尖方亭

9
古建筑

429

苏式构架

　　苏式构架主要是指以苏州香山帮工匠的技术传统为核心的江南地方建筑构架做法。

　　苏式构架，一方面继承了南宋以来的官式建筑做法，与宋《营造法式》中载录的技术做法存有一定的渊源；同时又广泛吸收了江浙地区丰富的民间建筑样式，形成了更加鲜明的自身特色。前者可以扁作月梁厅堂构架为例，而后者则可以圆作厅堂为例。这一技术传统在清代被总结为《营造法原》一书传世。

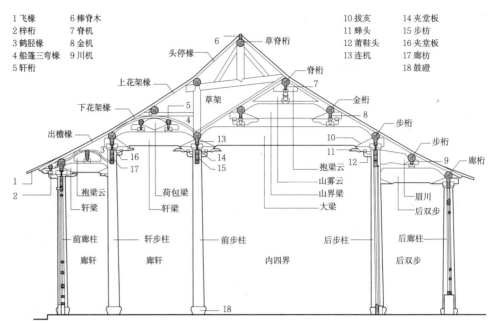

1 飞椽　　6 棒脊木　　　　　　　10 拔亥　　14 夹堂板
2 梓桁　　7 脊机　　　　　　　　11 蜂头　　15 步枋
3 鹤胫椽　8 金机　　　　　　　　12 莙鞋头　16 夹堂板
4 船篷三弯椽　9 川机　　　　　　13 连机　　17 廊枋
5 轩桁　　　　　　　　　　　　　　　　　　　　　18 鼓磴

① 扁作厅堂抬头轩正贴式

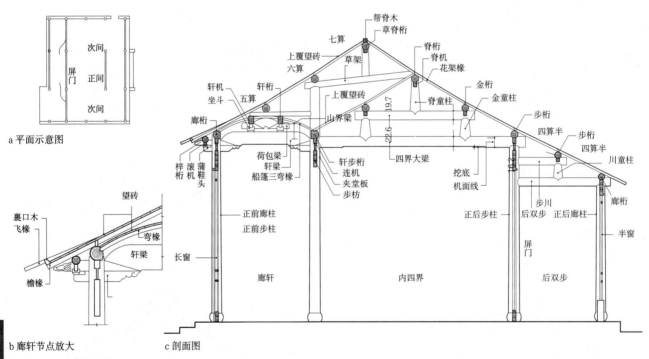

a 平面示意图

b 廊轩节点放大

c 剖面图

② 圆作厅堂船篷轩正贴式

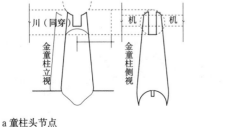

a 童柱头节点

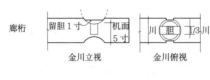

b 川桁节点

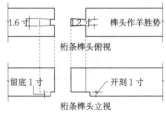

c 桁条端部交接节点

③ 边贴各部榫头做法详图

苏式构架

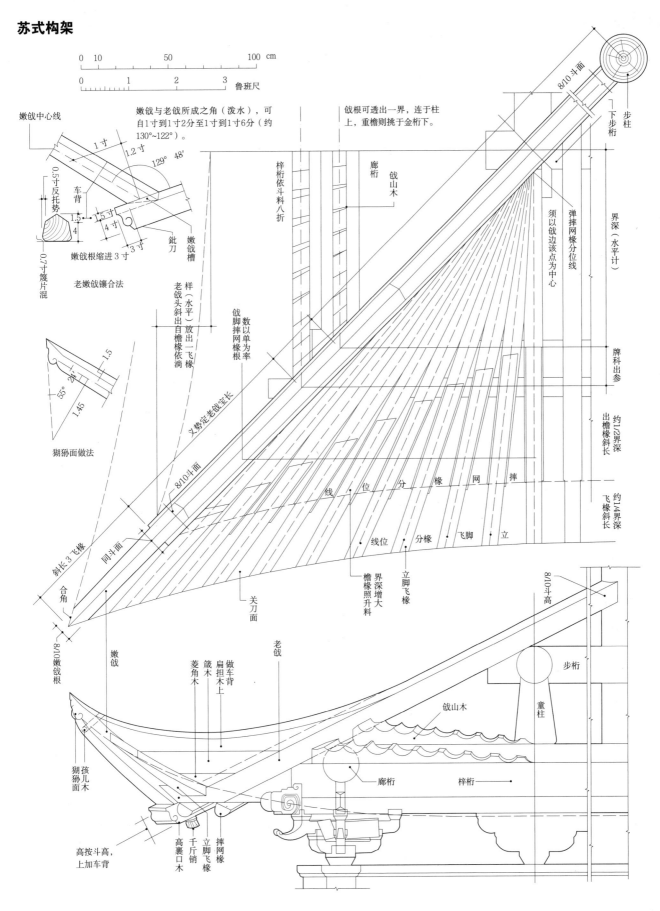

嫩戗中心线

嫩戗与老戗所成之角（泼水），可自1寸到1寸2分至1寸到1寸6分（约130°~122°）。

戗根可透出一界，连于柱上，重檐则挑于金桁下。

梓桁依斗料料八折

廊桁

戗山木

8/10斗面

下步桁

步柱

界深（水平计）

弹掉网椽分位线

须以戗该点为中心

牌科出参

约1/2界深

出檐椽斜长

约1/4界深

飞椽斜长

1寸

1.2寸

129° 48′

车背

0.5寸反托势

钮刀

嫩戗槽

嫩戗根缩进3寸

1.5寸

4寸

3寸

0.7寸篾片混

老嫩戗镶合法

样（水平）

老戗头斜出自檐椽依淌

放出一飞椽

义势定老戗宝长

戗脚掉网椽根

数以单为率

55°

1.45

1.5

猢狲面做法

斜长3飞椽

合角

8/10嫩戗根

8/10斗面

同斗面

线 位 分 椽 网 掉

线位 分椽 飞脚 立

界深增大 檐椽照升料

立脚飞椽

关刀面

嫩戗

做车背 篇木 菱角木 扁担木上

老戗

8/10斗高

步桁

童柱

戗山木

廊桁

梓桁

猢狲面

孩儿木

高按斗高，上加车背

立脚飞椽

掉网椽

高裹口木

千斤销

1 戗角木骨构造图

穿斗式构架

由柱、穿枋、斗枋、纤子、檩子五种构件组成，延房屋进深方向立柱，一檩一柱，柱柱落地，或隔一檩有一柱落地。柱间以穿枋相互串联，组成屋架。各屋架之间以斗枋和纤子相互拉结形成空间构架。檩子直接架设在柱头上。

穿斗构架用料较小，屋面荷载较轻，是南方民居建筑普遍应用的构架形式。

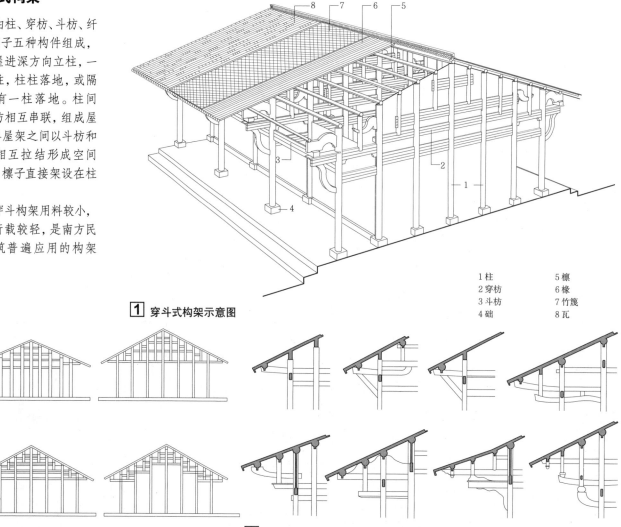

1 柱	5 檩
2 穿枋	6 椽
3 斗枋	7 竹篾
4 础	8 瓦

1 穿斗式构架示意图

2 穿斗架类型示意图

3 四川地区民间穿斗架挑檐构造举例

干阑式构架

气候潮湿地区往往将房屋建于下部空敞的干阑架上，称为干阑式建筑。其上部构架可以是穿斗架，也可以是井干式构架。

井干式构架

用天然圆木，方形、矩形或六角形断面的木料，层层叠累，构成房屋的壁体，其上架设坡屋顶。因其构造方式类似于古代井口上的井干。这种形式构架常见于森林地区。

4 贵州榕江侗族干阑式住宅

5 云南南华马鞍山井干式住宅

斗栱

a 广州出土明器

b 四川渠县冯焕阙　c 四川渠县沈府君阙

g 四川渠县无名阙

d 山东平邑汉阙　e 河南三门峡出土明器　f 河北望都出土明器

1 汉代斗栱

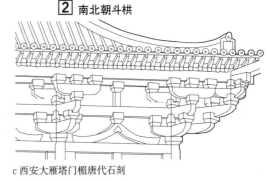
a 山西大同云冈石窟第21窟

b 甘肃敦煌莫高窟　c 山西大同云冈石窟第6窟

2 南北朝斗栱

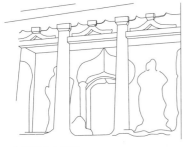
a 太原天龙山石窟

b 甘肃敦煌石窟172窟盛唐壁画

c 西安大雁塔门楣唐代石刻

3 隋唐斗栱

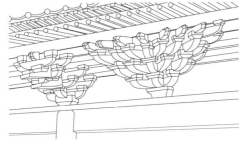
a 山西大同善化寺山门

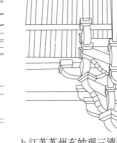
b 江苏苏州玄妙观三清殿

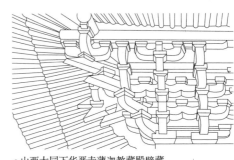
c 山西大同下华严寺薄迦教藏殿壁藏

4 宋辽金斗栱

扶壁栱

　　常见的扶壁栱样式包含以下三种：单栱素枋式、重栱素枋式以及栱枋交叠式。扶壁栱样式的变化既包含时代性特征，又包含一定地域性因素。但就北方地区而论，单栱素枋的出现时间要早于重栱素枋。而栱枋交叠式扶壁栱原本常见于唐代，但唐代以后在北方几乎绝迹，反而成为了江南地方样式。

5 扶壁栱演化示意

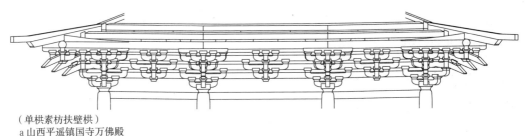
（单栱素枋扶壁栱）
a 山西平遥镇国寺万佛殿

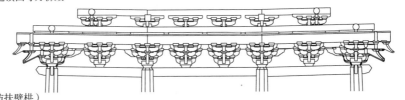
（重栱素枋扶壁栱）
b 河南登封少林寺初祖庵大殿

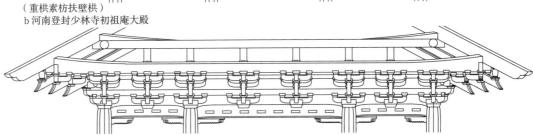
（单栱素枋交叠扶壁栱）
c 浙江宁波保国寺

9
古建筑

宋式斗栱

　　宋式斗栱根据铺作数命名，出一跳谓之四铺作，之后每增加一跳则对应增加一铺作。同时可以根据铺作出跳或是出昂的数量，将其称为几杪几下昂斗栱，如单杪双下昂六铺作斗栱，双杪单下昂六铺作斗栱等。

　　根据斗栱所在位置不同，可以分为柱头铺作、补间铺作、转角铺作与平坐铺作斗栱。按照斗栱逐跳安栱情况不同，又可以将斗栱分为计心造斗栱（即逐跳安横栱的斗栱）及偷心造斗栱（即出跳或出昂不安横栱的斗栱）。

　　根据《营造法式》记载，宋式斗栱采用了材分制度。即以标准材广为15分°，厚为10分°作为建筑的基础模数。其上有广6分°、厚4分°的栔，二者加起来称为一"足材"。

　　斗栱的各个构件都使用材分作为衡量单位。而标准材的具体尺寸则被划分为八等，分别对应不同的建筑等级，可以在设计中调整。

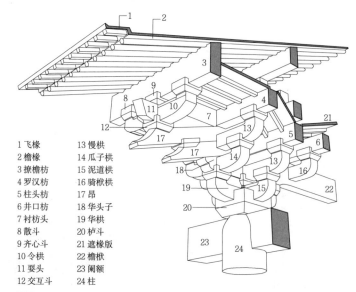

1 飞椽	13 慢栱
2 檐椽	14 瓜子栱
3 撩檐枋	15 泥道栱
4 罗汉枋	16 骑栿栱
5 柱头枋	17 昂
6 井口枋	18 华头子
7 衬枋头	19 华栱
8 散斗	20 栌斗
9 齐心斗	21 遮椽版
10 令栱	22 檐栿
11 耍头	23 阑额
12 交互斗	24 柱

1 宋式斗栱分件名称

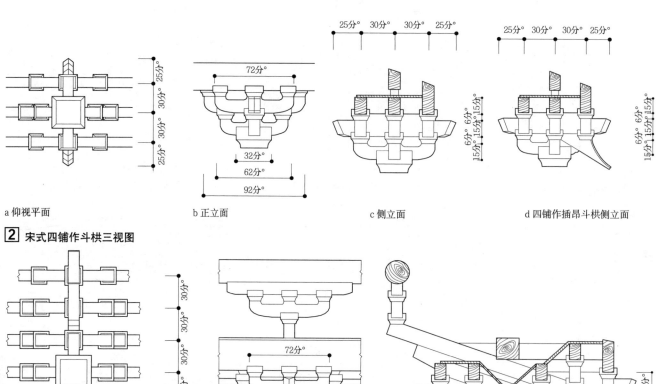

a 仰视平面　　　　b 正立面　　　　c 侧立面　　　　d 四铺作插昂斗栱侧立面

2 宋式四铺作斗栱三视图

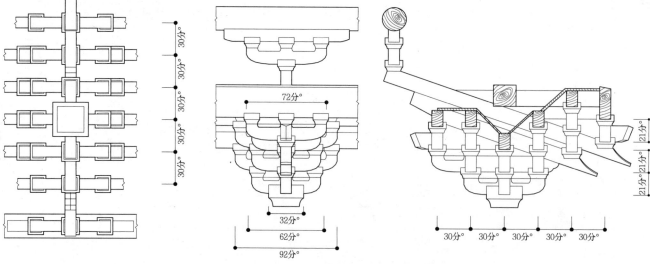

a 仰视平面　　　　b 正立面　　　　c 侧立面

3 宋式六铺作斗栱三视图

9
古建筑

434

清式斗栱

清式斗栱可分为外檐斗栱与内檐斗栱两大类。外檐斗栱又分为平身科、柱头科、角科斗栱，溜金斗栱，平坐斗栱；内檐斗栱还有品字科斗栱、隔架斗栱等。

清式斗栱构件尺寸以斗口为基本模数，足材高2斗口，单材高宽比为1.4，材按建筑等级可为十一等。斗栱挑出三斗口为一拽架，各向内外挑出一拽架称为三踩，各向内外挑出二拽架称为五踩，依此类推，最多可挑出五拽架。

按照是否向外出挑，清式斗栱又可分为出踩斗栱与不出踩斗栱两类。其中，不出踩斗栱有一斗三升、一斗二升交麻叶，单栱单翘交麻叶，重栱单翘交麻叶以及各种隔架科斗栱，出踩斗栱有三踩、五踩、七踩、九踩、十一踩、品字科、溜金斗栱等。

1 檐柱
2 额枋
3 平板枋
4 雀替
5 坐斗
6 翘
7 昂
8 桃尖梁头
9 蚂蚱头
10 正心瓜栱
11 正心万栱
12 外拽瓜栱
13 外拽万栱
14 里拽瓜栱
15 里拽万栱
16 外拽厢栱
17 正心桁
18 挑檐桁
19 盖斗板
20 檐椽
21 飞椽
22 连檐
23 瓦口
24 望板
25 垫拱板

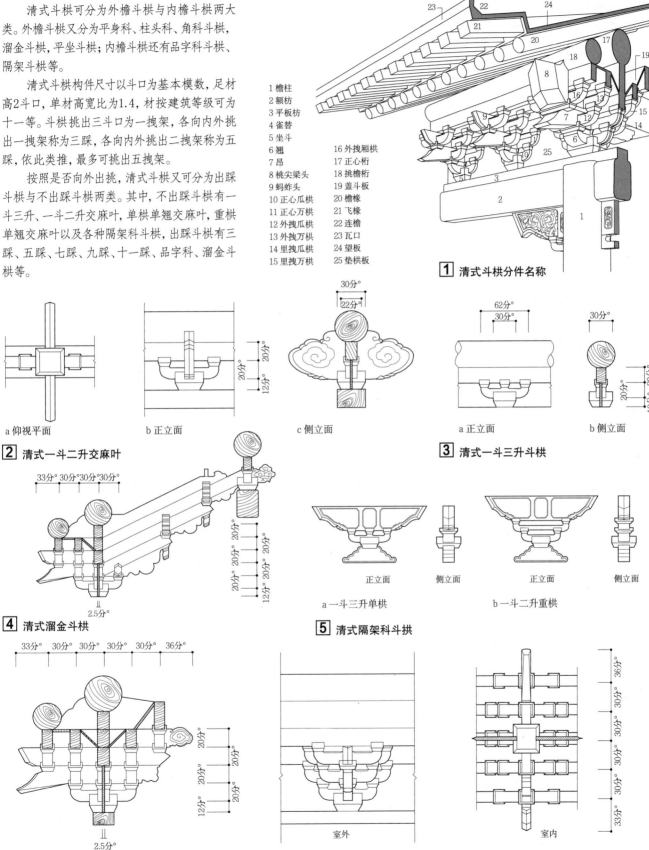

1 清式斗栱分件名称

a 仰视平面　　　b 正立面　　　c 侧立面

2 清式一斗二升交麻叶

a 正立面　　　b 侧立面

3 清式一斗三升斗栱

4 清式溜金斗栱

a 一斗三升单栱　　正立面　侧立面　　b 一斗二升重栱　正立面　侧立面

5 清式隔架科斗拱

a 侧立面

6 清式单翘单昂五踩平身科斗栱

b 正立面　室外　　c 仰视平面　室内

9
古建筑

古建筑［14］藻井

藻井

1. 古称天井、绮井、圜泉、方井、斗四、斗八，宋代称藻井，清代宫殿建筑称龙井。一般用在重要建筑室内天花的中心部位。

2. 一般具有上圆下方的形制特征，早期藻井也有上部做成八角井、十六角井者。

3. 各层井口之上多以小型斗栱承托。清代有的建筑将全井做成如意斗栱形制或垂柱加斗栱形式。

4. 藻井中心部分称明镜，早期为素平或绘以彩画。明清多刻以云气蟠龙或蟠龙衔珠。

5. 宋金以后，亦有将楼阁建筑形制置于藻井斗栱之上的，称为天宫楼阁，象征天庭世界。

按宋营造法式卷八小木作制度斗八藻井示例

方井：于算埋枋上安设重栱下昂六铺作斗栱，四角斜置，每面用补间铺作五朵。

八角井：于方井铺作之上安设随瓣枋，抹做八角，八角外部分称为角蝉，八角内安设重栱下昂六铺作斗栱，八角斜置，每面用补间铺作一朵。

斗八：于八角井铺作之上安设随瓣枋，枋上安设斗八阳马，汇交于中央明镜，阳马之间安设背板，版上贴络花纹。

1 汉代沂南画像石墓

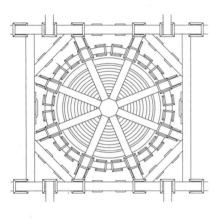

a 平面图　　　　b 剖面图　　　　c 透视图

2 宋代宁波保国寺大殿藻井

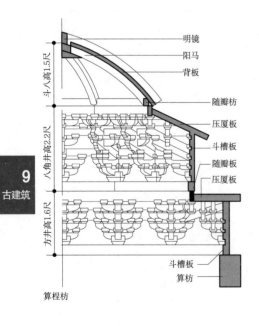

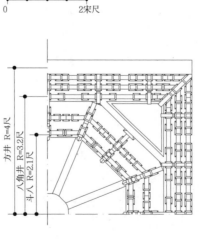

a 剖面图　　　　b 平面图

3 宋代斗八藻井做法

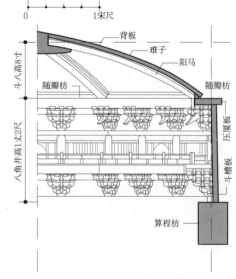

4 宋代小斗八藻井做法剖面图

藻井

0 0.5 1 2m

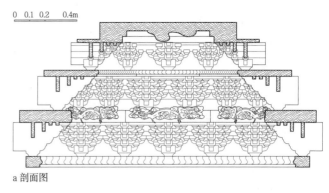

0 0.1 0.2 0.4m

a 剖面图

a 剖面图

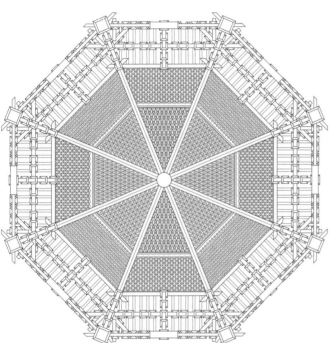

b 仰视平面图

1 应县佛宫寺释迦塔首层辽代藻井

b 仰视平面图

3 五台山龙泉寺地藏殿清代藻井

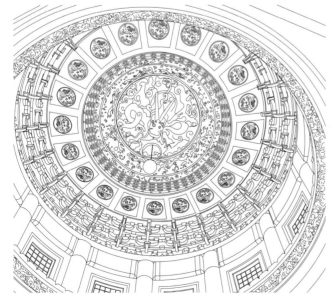

2 北京紫禁城万春亭圆龙井

4 北京紫禁城养性殿清代藻井

9
古建筑

轩

　　轩是南方建筑所特有的天花类型，多用于园林、民居中，寺庙的厅堂中也有使用。轩的构造形式是在屋顶梁架之下设置一重假屋面，由轩梁、轩桁、轩椽和望砖组成。根据轩桁数量和轩椽形状的差异，可以将轩分为若干不同类型，常见者如弓形轩、茶壶档轩、一枝香轩、船篷轩、鹤颈轩、菱角轩等；根据构造方式的不同，又可以分为磕头轩、半磕头轩等。轩的作用，一是对较大的室内空间进行细致划分，二是轩梁、轩椽等构件往往富于造型变化，具有一定装饰性，为建筑室内空间增添了趣味。

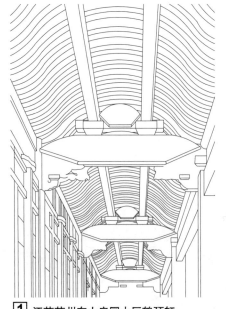

1 江苏苏州东山启园大厅鹤颈轩

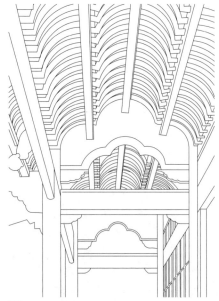

2 浙江普陀山某佛寺菱角轩

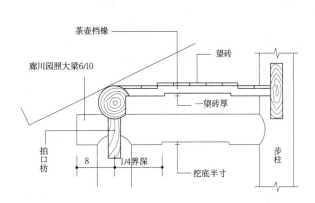

3 茶壶档轩 3.5~4.5尺

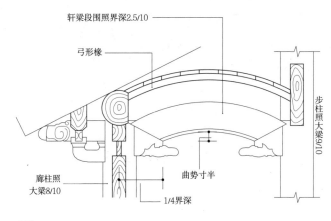

4 弓形轩 4~5尺

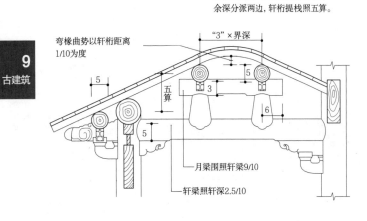

5 圆料船篷轩

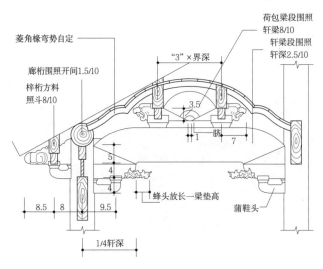

6 菱角轩 6~8尺

概述

天花即平顶棚，用于室内屋顶下，是以木条相交做成方形木格，上覆木板（称为天花板），以隔绝尘土，古代又称之为承尘。天花板上可做彩画或雕刻等装饰。

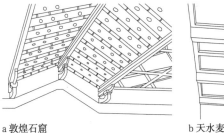
a 敦煌石窟

b 天水麦积山石窟

1 南北朝天花

宋式天花

宋式天花分为平闇和平棊两种类型，平闇的方椽格眼较小，且不用装饰，是比较朴素的做法。平棊是等级较高的做法，常有华丽装饰。

宋式天花做法　　　　　　　　　　　　　　　　　　　　　　表1

平闇	以方椽相交做成细密的小方格状，上盖木板。四周与斗栱相交。有斜坡式平闇，称为峻脚。小方格间距离为一椽两空，平闇不施彩画
平棊	以间广及步架为准，四周做一程枋，程枋上钉背版，背版面上用贴及难子划做成正方形或长方形的分格，形如棋盘，分格内可画彩及彩络华子

a 盘毬

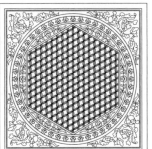
b 簇六毬文

2 宋式平棊上贴络的华文图案

护缝　　　楅　　平棊枋
背版

难子　贴　　　　　　　　程

b 详部　　　　　　明栿

背版　厚0.06尺，每段以长14尺，宽5.5尺为准。

平棊枋　宽厚随材而定，长随间广，每架下平棊枋一道。

楅　　宽0.35尺，0.25尺。

0　　　　1尺

程　宽0.4尺
　　厚0.2尺
贴　厚0.06尺
难子　厚0.06尺
护缝　宽0.25尺
　　　厚0.06尺

背版宽一步架

背版长随间广

0　　　　5尺

a 平面图

3 平棊做法

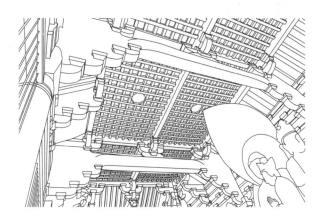

4 平闇做法（佛光寺东大殿平闇）

清式天花

清式天花分为井口天花、海墁天花、软天花和纸糊顶棚四种做法。

清式天花做法　　　　　　　　　　　　　　　　　　　　　　表2

井口天花	形制类似平闇，但井口较大，一般以斗栱攒距定井口宽广；井口周围支条吊于帽儿梁上；背版多绘以圆光四岔式彩画，亦有以素色楠木雕刻的天花板
海墁天花	全部天花以木板钉上，不露支条
软天花	顶部先吊制白樘箅子木骨架；将天花彩绘图样绘于纸上，裱糊在天棚骨架上
纸糊顶棚	以木条、竹、苇或秫秸制成顶架，上边裱糊白纸或银花纸。一般多用于住宅建筑中

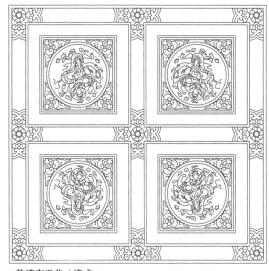
a 乾清宫天花（清式）

单支条
连二支条
贴梁

金柱
穿梁枋

每梁用挺钩8根
每天花二井提销1根

帽儿梁

b 按清工部工程做法卷七及卷五十一示例

0　　　　1尺

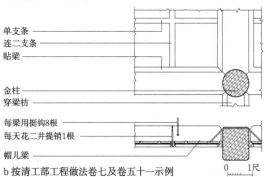

5 清式天花做法

9
古建筑

外檐装修

被用于区分室内外空间。通过不同类型的门、窗、槛墙，乃至窗棂、门格的变化组合，实现室内外不同的分隔方式，以及建筑檐下的立面效果。

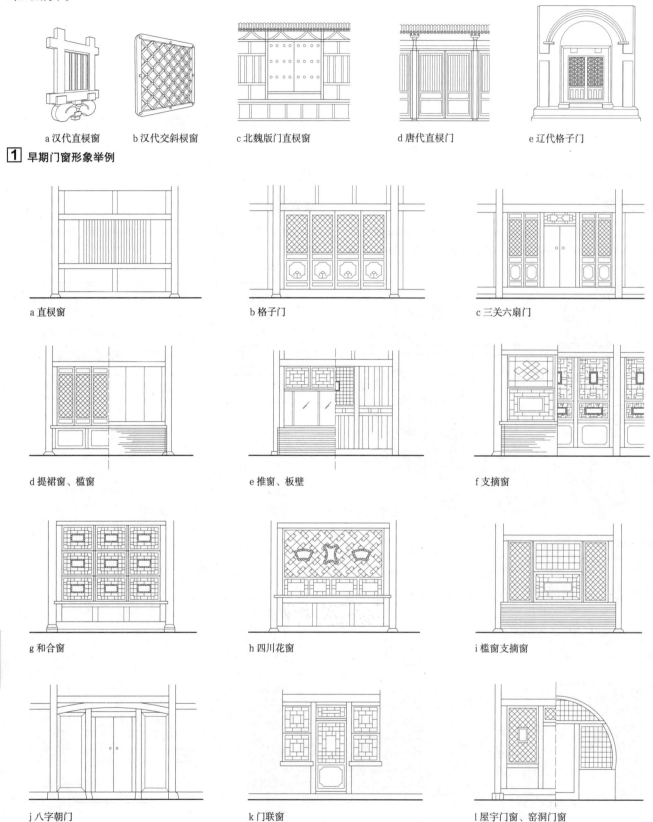

a 汉代直棂窗　　b 汉代交斜棂窗　　c 北魏版门直棂窗　　d 唐代直棂门　　e 辽代格子门

1 早期门窗形象举例

a 直棂窗　　　　　　b 格子门　　　　　　c 三关六扇门

d 提裙窗、槛窗　　　e 推窗、板壁　　　　f 支摘窗

g 和合窗　　　　　　h 四川花窗　　　　　i 槛窗支摘窗

j 八字朝门　　　　　k 门联窗　　　　　　l 屋宇门窗、窑洞门窗

2 外檐门窗的常见形式与组合

外檐装修实例

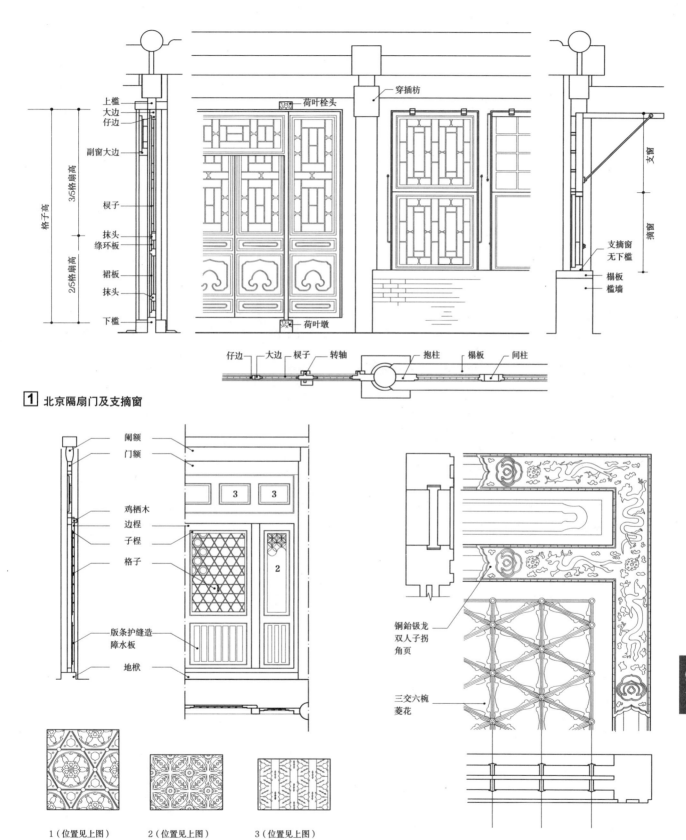

上槛
大边
仔边
副窗大边
棂子
抹头
绦环板
裙板
抹头
下槛

格子高
3/5格扇高
2/5格扇高

荷叶栓头
穿插枋
支额
滴额
支摘窗
无下槛
榻板
槛墙
荷叶墩

仔边 大边 棂子 转轴 抱柱 榻板 间柱

1 北京隔扇门及支摘窗

阑额
门额
鸡栖木
边梃
子梃
格子
版条护缝造
障水板
地栿

3 3
2

铜鈒鍍龙
双人子拐
角页
三交六椀
菱花

1（位置见上图） 2（位置见上图） 3（位置见上图）

2 山西朔州崇福寺弥陀殿金代格子门大样

3 北京故宫保和殿菱花格子

9
古建筑

室内隔断

　　室内隔断做法包括砖墙、竹木板壁、隔扇门、碧纱橱、屏门、博古架、书架、太师壁、各类罩落等，用于区分室内空间。利用不同类型的隔断，塑造室内不同空间之间的连接关系。

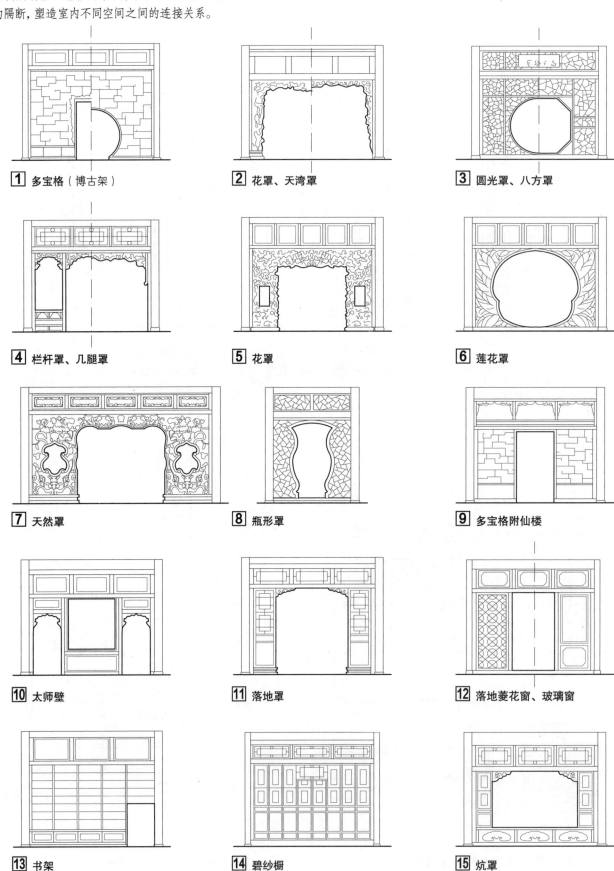

1 多宝格（博古架）　　　2 花罩、天湾罩　　　3 圆光罩、八方罩

4 栏杆罩、几腿罩　　　5 花罩　　　6 莲花罩

7 天然罩　　　8 瓶形罩　　　9 多宝格附仙楼

10 太师壁　　　11 落地罩　　　12 落地菱花窗、玻璃窗

13 书架　　　14 碧纱橱　　　15 炕罩

宋式彩画

[1] 五彩遍装之梁栱[1]

[2] 碾玉装之梁栱[1]

[3] 五彩遍装之额柱[1]

[4] 碾玉装之额柱[1]

9
古建筑

[1] 选自李路珂.营造法式彩画研究.南京：东南大学出版社，2011.

明式彩画

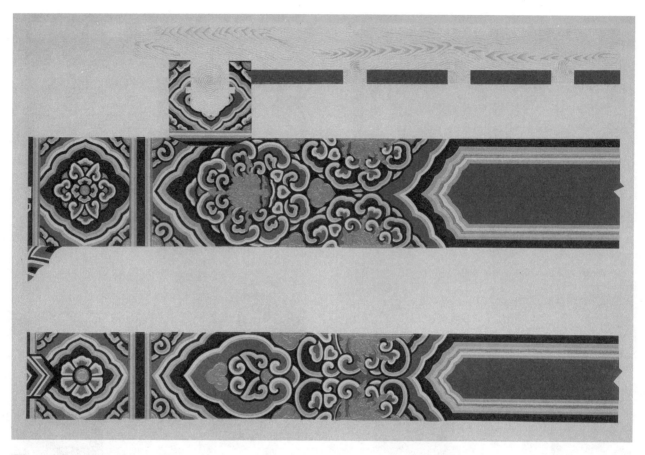

1 北京智化寺明代金线旋子彩画●

2 北京磨石口法海寺山门脊步明代雅伍墨彩画●

● 选自何俊寿，王仲杰.中国建筑彩画图集.天津：天津大学出版社，2006.

清式彩画

1 龙凤和玺彩画[1]

花瓣上蓝绿色皆退晕
一切线路轮廓皆用金线

a 金琢墨石碾玉

蓝绿退晕花心菱地点金
花瓣轮廓用墨线

b 烟琢墨石碾玉

线路花心菱地点金
墨线大点金与此同，惟线路用墨

c 金线大点金

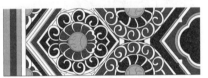

线路用墨花心金点
金线小点金与此同，惟线路用金

d 墨线小点金

不用金

e 雅伍墨

2 金琢墨石碾玉旋子彩画[1]

4 旋子彩画类型比较[1]

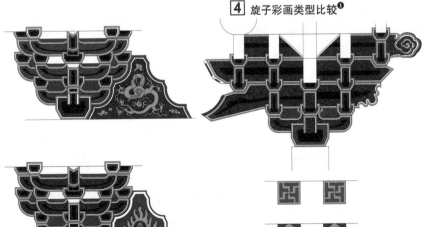

3 金琢墨苏式彩画[1]

5 斗栱与椽头彩画[1]

[1] 选自何俊寿，王仲杰. 中国建筑彩画图集. 天津：天津大学出版社，2006.

和玺彩画

　　和玺彩画是在明代晚期官式旋子彩画日趋完善的基础上,为适应皇权需要而产生的新的彩画类型,在清代是最高等级的彩画。画面中象征皇权的龙凤纹样占据主导地位,构图严谨,图案复杂,大面积使用沥粉贴金,视觉效果华丽繁复。

　　和玺彩画根据建筑的规模、等级与使用功能的需要,分为金龙和玺、金凤和玺、龙凤和玺、龙草和玺和苏画和玺五个类型。和玺彩画在用色上有诸多规范,例如明间配色若用上蓝下绿,明间两旁的次间、梢间则上下互换分配,次间上绿下蓝,梢间又上蓝下绿。由额垫板都用红色,平板枋用蓝色,枋上画"跑龙",用绿色时则画"工王云"。

旋子彩画

　　旋子彩画主要特点是在藻头内使用了带卷涡纹的花瓣,即所谓旋子,俗称"学子"、"蜈蚣圈"。旋子彩画一般用于衙署、庙宇的主要建筑物中,其等级仅次于和玺彩画。旋子按藻头的长短呈规律性排列。其用色首要是蓝绿两色,因颜色的比例,每种可分若干品级。旋子彩画按沥粉贴金的多少,退晕的有无,分为金琢墨石碾玉、烟琢墨石碾玉、金线大点金、墨线大点金、金线小点金、墨线小点金、雅伍墨、雄黄玉等八种。

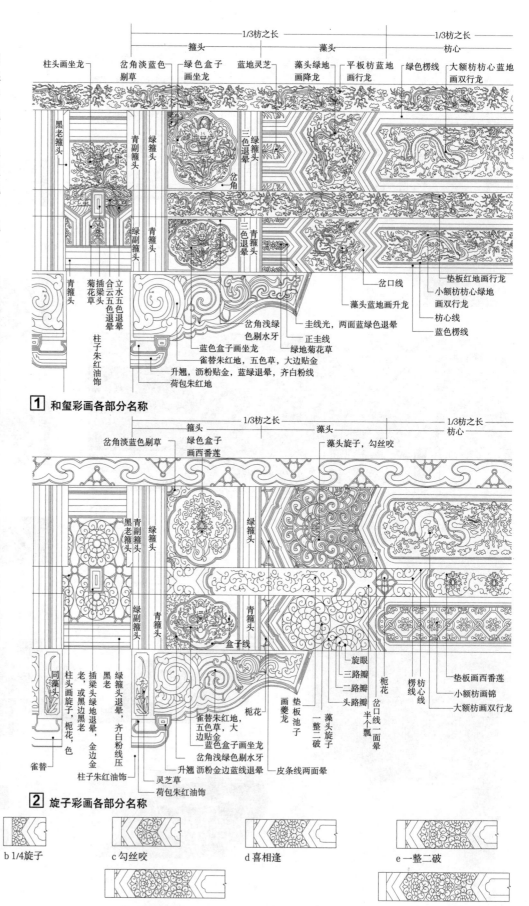

1 和玺彩画各部分名称

2 旋子彩画各部分名称

a 栀花　　b 1/4旋子　　c 勾丝咬　　d 喜相逢　　e 一整二破

f 一整二破加金道冠　　g 一整二破加两路　　h 一整二破加勾丝咬

3 旋子彩画藻头各部分名称

苏式彩画

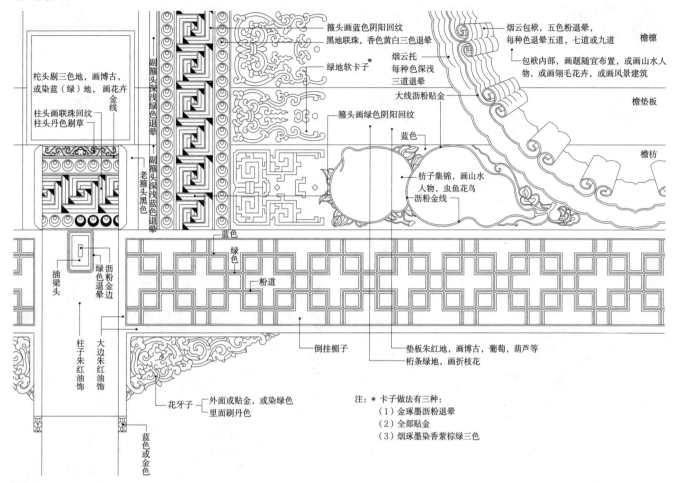

椁头剔三色地，画博古，或染蓝（绿）地，画花卉金线

柱头画联珠回纹
柱头丹色剔草

副箍头深浅绿色退晕

老箍头黑色

副箍头深浅蓝色退晕

箍头画蓝色阴阳回纹
黑地联珠，香色黄白三色退晕

绿地软卡子*

烟云托每种色深浅三道退晕

箍头画绿色阴阳回纹

大线沥粉贴金

蓝色

枋子集锦，画山水人物，虫鱼花鸟沥粉金线

烟云包袱，五色粉退晕，每种色退晕五道，七道或九道

檐檩

包袱内部，画题随宜布置，或画山水人物，或画翎毛花卉，或画风景建筑

檐垫板

檐枋

插梁头

沥粉金边
绿色退晕

柱子朱红油饰

大边朱红油饰

蓝色或金色

花牙子 — 外面或贴金，或绿色
里面刷丹色

蓝色

绿色

粉道

倒挂楣子

垫板朱红地，画博古，葡萄，葫芦等

桁条绿地，画折枝花

注：* 卡子做法有三种：
（1）金琢墨沥粉退晕
（2）全部贴金
（3）烟琢墨染香紫棕绿三色

[1] 苏式彩画各部分名称

苏式彩画题材及类型

　　苏式彩画属于清式彩画，用于园林和住宅。特点是将檩子、垫板、额枋联合起来组成统一构图，在中间绘成半圆形的包袱，包袱外缘绘出多层退晕，内层称烟云，外层称托子。包袱内画山水、人物、花鸟、建筑等。檩端画箍头。箍头与包袱之间绘卡子及聚锦等装饰。苏式彩画在固定的格式下，可对个别部位的图案做法作适当的调整，根据建筑规模、等级与功能之分，并依工艺、用金量、退晕层次等不同，分为金琢墨苏画、金线苏画、黄线或墨线苏画、海墁苏画、掐箍头搭包袱、掐箍头等六种。金琢墨苏式彩画是其中最精致、华丽的一种。

天花彩画题材及用色规律

　　天花彩画按内容等级可分殿式与苏式两类，按做法则有软式（即天花彩画在纸、绢上画好再裱到天花板上）与硬式（即天花彩画直接画在做好地仗的天花板上）之分。殿式天花彩画内容比较固定，苏式天花彩画内容相对丰富，圆鼓子的内容安排较灵活，有升降龙、团龙、团凤、团鹤、梵字等不同的圆光图案。圆光的四角画岔角云、岔角夔蝠等。设色多为五彩，按做法亦分烟琢墨、金琢墨、沥粉贴金等不同类别。天花支条的交点处画轱辘钱及退晕燕尾。

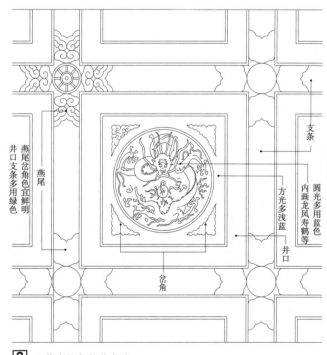

井口支条岔角色多用绿色

燕尾

燕尾岔角色宜鲜明

岔角

井口

方光多浅蓝

支条

圆光多用蓝色内画龙凤寿鹤等

[2] 天花彩画各部分名称

9 古建筑

藻井与天花彩画

1 明清藻井实例❶

2 天坛祈年殿藻井❶

a 局部

b 整体

3 清式夔龙岔角六字真言天花彩画实例❶

a 局部

b 整体

4 清式片金升降龙天花彩画实例❶

❶选自何俊寿，王仲杰. 中国建筑彩画图集. 天津：天津大学出版社，2006.

概述

中国古建筑屋面主要有如下种类：草顶、草泥或灰泥屋面、青瓦屋面、琉璃瓦屋面。少数地区也有使用石板瓦屋面、木板瓦屋面及铜瓦屋面。其中以青瓦屋面应用最为普遍。

青瓦屋面

一般由底瓦（板瓦、即1/4圆弧状的瓦）及盖瓦（筒瓦、即1/2圆弧状的瓦）组成。但有些建筑的底瓦、盖瓦皆用板瓦。北方地区建筑屋面做法多做苫背灰，以增加保温性能，苫背上用灰泥窝瓦；而南方温暖地区的屋瓦多干摆在椽子（或桷子上），又称冷摊瓦。瓦屋面的转折及交接处和檐头部分需作特殊处理，因此产生了屋脊、脊饰兽件及檐头滴水瓦和勾头瓦，为屋面的艺术造型增添了元素。各地区的脊式不尽相同，因而采用各种富有特色的屋脊名称。

常用青瓦尺寸表　　　　　表1

名称	长	宽
1号筒瓦	352	144
2号筒瓦	304	122
3号筒瓦	240	102
10号筒瓦	144	80
1号板瓦	288	256
2号板瓦	256	224
3号板瓦	224	192
10号板瓦	138	122

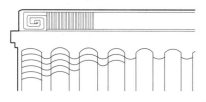

a 甘蔗脊

b 纹头脊

3 苏州地区屋脊形式

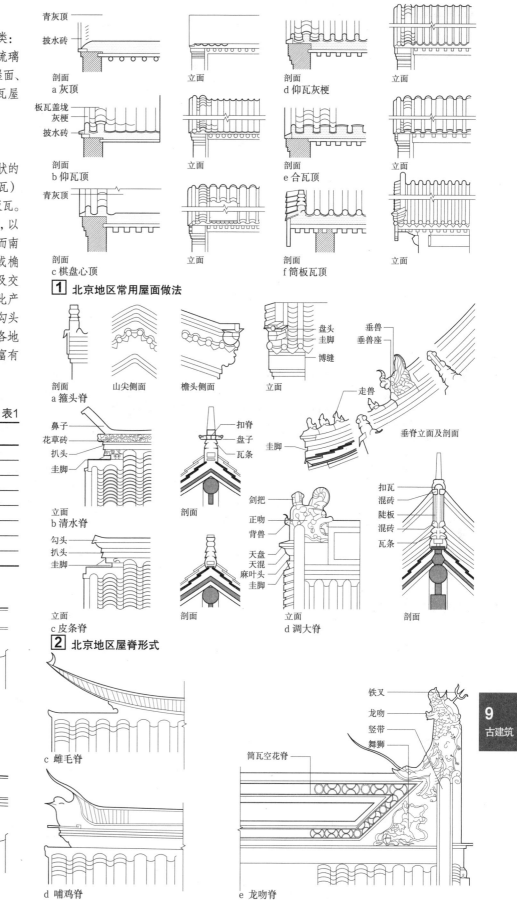

剖面　　立面　　　　剖面　　立面
a 灰顶　　　　　　　　d 仰瓦灰梗

剖面　　立面　　　　剖面　　立面
b 仰瓦顶　　　　　　　e 合瓦顶

剖面　　立面　　　　剖面　　立面
c 棋盘心顶　　　　　　f 筒板瓦顶

1 北京地区常用屋面做法

剖面　山尖侧面　檐头侧面　立面
a 箍头脊

立面
b 清水脊　　剖面

立面
c 皮条脊

剖面

垂脊立面及剖面

立面
d 调大脊　　剖面

2 北京地区屋脊形式

c 雌毛脊

d 哺鸡脊

e 龙吻脊

9
古建筑

琉璃瓦屋面

　　琉璃瓦最早出现在北魏时期，发展到明清时代已经有黄、绿、蓝、黑、紫、白、翠等颜色，但是以黄、绿为主色。各色瓦件可单色使用，亦可杂色相配。

　　清代琉璃瓦的尺寸规格分为十种，成为十样。在实际使用中不使用第一样和第十样，其余二至九样分别使用在不同规格的建筑物上。琉璃瓦屋面脊式及兽件皆有定式，需按照规定配套使用。

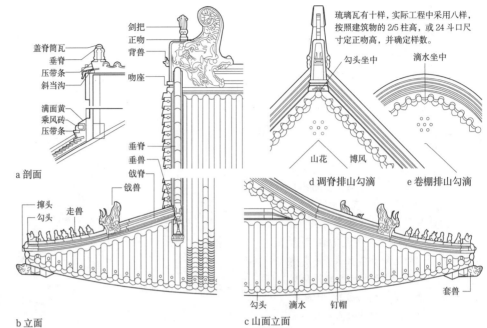

剑把
盖脊筒瓦
垂脊
压带条
斜当沟
满面黄
乘风砖
压带条
正吻
背兽
吻座
垂脊
垂兽
戗脊
戗兽
撺头
勾头
走兽

a 剖面

b 立面

琉璃瓦有十样，实际工程中采用八样，按照建筑物的2/5柱高，或24斗口尺寸定正吻高，并确定样数。

勾头坐中　滴水坐中

山花　博风

d 调脊排山勾滴　　e 卷棚排山勾滴

勾头　滴水　钉帽　　　　套兽

c 山面立面

1 歇山琉璃瓦作

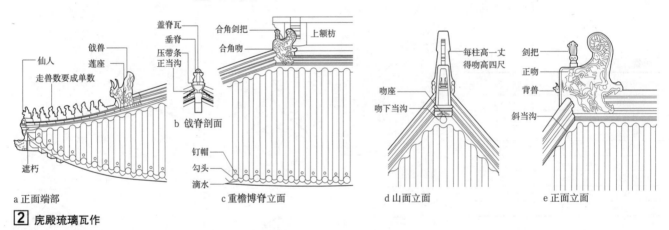

仙人
走兽数要成单数
戗兽
莲座
盖脊瓦
垂脊
压带条
正当沟
遮朽

a 正面端部

合角剑把
合角吻
上额枋

b 戗脊剖面

钉帽
勾头
滴水

c 重檐博脊立面

每柱高一丈
得吻高四尺
吻座
吻下当沟

d 山面立面

剑把
正吻
背兽
斜当沟

e 正面立面

2 庑殿琉璃瓦作

历代屋脊及吻兽形式

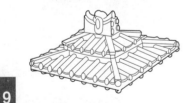

3 汉代雅安高颐阙

4 汉武梁祠石刻

5 隋开皇二年石刻

6 南北朝大同云冈石窟

7 宋泰宁甘露庵

8 宋高阁焚香图

9 辽蓟县独乐寺

10 元曲阳北岳庙

11 明北京智化寺

12 清正吻

卧棍栏杆

卧棍栏杆始于汉代，由短柱及横卧的棍条组成。

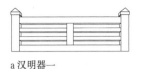

a 汉明器一

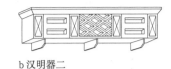

b 汉明器二

c 汉代两城山石刻

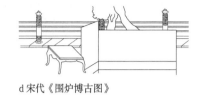

d 宋代《围炉博古图》

1 卧棍栏杆示例

寻杖栏杆示例

寻杖栏杆是应用时间最长的木栏形式，由望柱、寻杖、云栱（或斗子蜀柱）、盆唇、华板、地栿等构件组成。其中华板部位的装饰性极强，可设计成多种图案。

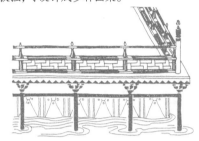

a 唐代敦煌壁画

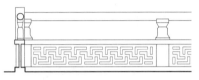

b 辽代蓟县独乐寺观音阁

c 辽代大同下华严寺薄伽教藏殿壁藏

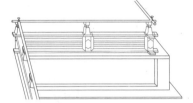

d 宋画晋文公复国图

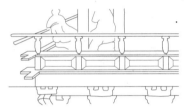

e 宋画滕王阁图

f 宋画折槛图

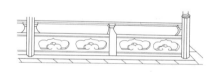

g 宋画擣衣图

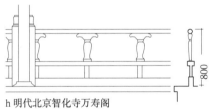

h 明代北京智化寺万寿阁

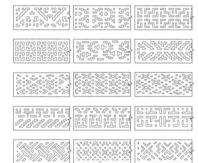

i 壁藏栏板图案

2 寻仗栏杆示例

座凳·靠背栏杆

座凳·靠背栏杆多用于园林中亭、廊、榭建筑中。

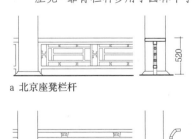

a 北京座凳栏杆

b 座凳栏杆图案一

c 座凳栏杆图案二

d 靠背栏杆（成都朱宅花园临水阁）

e 宋画西园集雅图的靠背栏杆

f 靠背图案示例

3 座凳及靠背栏杆示例

9
古建筑

直棂栏杆·花栏杆

1. 直棂栏杆——多用于大殿柱间,高达1.5~2m,以防外人随意闯入,全部为竖直棂条,宋代的拒马叉子亦属此类。

a 韶州南华寺　　　b 宋营造法式卷三十二叉子图样

1 直棂栏杆示例

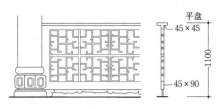

2 花栏杆示例（四川广汉张宅正厅）

2. 花栏杆多用于南方古建筑中,整块栏杆芯子做成花样棂格,图案千变万化,常用的有笔管式、灯笼框、拐子纹、冰裂纹、葵式、乱纹等。

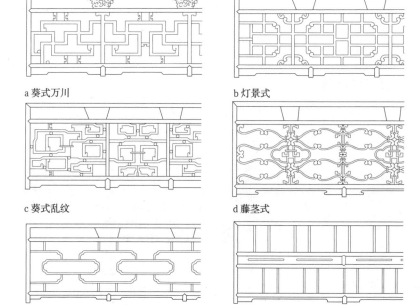

a 葵式万川　　　　　　　　b 灯景式

c 葵式乱纹　　　　　　　　d 藤茎式

e 灯景式　　　　　　　　　f 二仙传桃式

3 花栏图式

石栏杆

其形制多源于木栏杆。最常见形式为寻杖式栏杆,宋代称之为钩栏。此外尚有栏板式栏杆、橇子式栏杆、罗汉式栏杆、石坐凳栏杆、木石栏杆等式样。

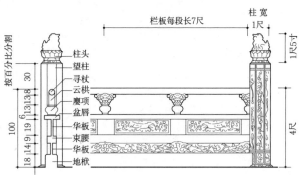

a 重台钩栏

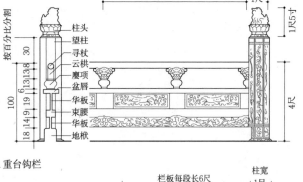

b 单钩栏

按宋营造法式卷三石作制度示例

3 宋代石栏

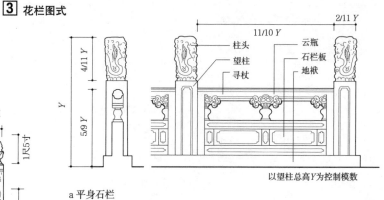

a 平身石栏

以望柱总高Y为控制模数

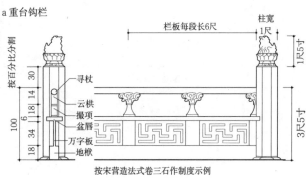

b 垂带石栏

以望柱总高Y为控制模数

4 清代石栏

台基

建筑台基是伴随着木结构的发展而形成的,早在殷商时代即已出现。台基经历了土、砖、石等不同阶段。各历史时期皆有不同的台基形式,成为建筑造型的重要因素。

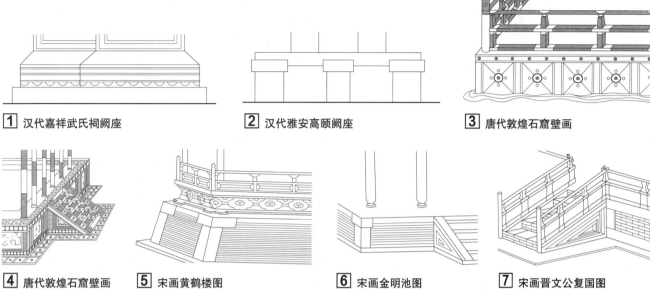

1 汉代嘉祥武氏祠阙座

2 汉代雅安高颐阙座

3 唐代敦煌石窟壁画

4 唐代敦煌石窟壁画

5 宋画黄鹤楼图

6 宋画金明池图

7 宋画晋文公复国图

须弥座

由多种砖石结构叠涩而成,是吸收了佛像台座造型而形成的一种特殊台基形式,一般多用在宫殿、庙宇等重要建筑物上。早期须弥座为多层叠涩砖构成,至宋代其形制已定型化,束腰部分明显增高,束腰以间柱分隔,柱间雕饰壶(kǔn)门及伎乐天女,菩萨等图样,成为台座的重点。至清代须弥座各层分割近似,装饰平均。

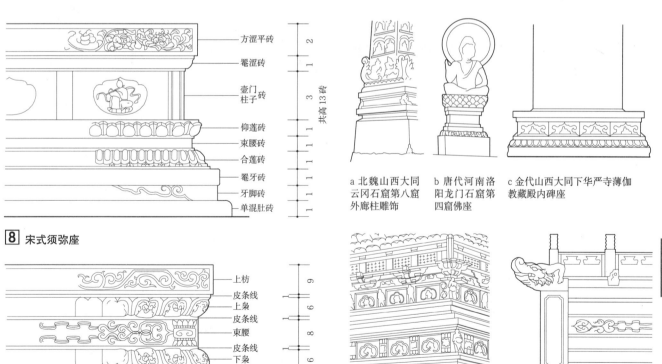

8 宋式须弥座

方涩平砖
黾涩砖
壶门柱子砖
仰莲砖
束腰砖
合莲砖
黾牙砖
牙脚砖
单混肚砖

共高13砖

9 清式须弥座

上枋
皮条线
上枭
皮条线
束腰
皮条线
下枭
皮条线
下枋
圭角

a 北魏山西大同云冈石窟第八窟外廊柱雕饰

b 唐代河南洛阳龙门石窟第四窟佛座

c 金代山西大同下华严寺薄伽教藏殿内碑座

d 辽代北京天宁寺塔塔座

e 明代北京故宫太和殿基座

10 历代须弥座形式比较

9
古建筑

古建筑［32］塔

塔

　　塔是佛教传入中国之后产生的建筑类型，最早用以供奉舍利与经卷，逐渐发展出各种不同功能的类型，并不限于佛教建筑，但实际遗存仍以佛塔居多。

　　我国的佛塔，早期受印度和犍陀罗的影响较大，后来与传统建筑结合，逐渐发展出本土的独特形式。常见的佛塔类型包括楼阁式塔、密檐塔、单层塔、喇嘛塔、金刚宝座塔和宝箧印经塔等。

　　1. 楼阁式塔：是仿传统多层木构建筑的佛塔建筑形式，出现较早，历代沿用数量最多，是我国佛塔的主流。南北朝至唐、宋，是楼阁式塔的盛期。塔的平面，唐以前都是方形，五代起八角形渐多。建塔材料包括木、砖石和砖木混合做法。

　　2. 密檐塔：底层较高，上施密檐5~15层（单数），而以7~13层为常见。辽、金是其盛期，元以后极少见。其平面形式，除嵩岳寺塔为十二边形外，隋唐多为正方形，辽金多为八角形。建塔材料一般为砖石。

　　3. 宝箧印经塔：又名阿育王塔，盛行于隋唐的南方地区，因造型类似箱箧，内藏《一切如来心秘密全身舍利宝箧印陀罗尼经》而得名。其形制仿效古印度阿育王塔，塔基为单层或多层须弥座，塔身方形，四角各有山花蕉叶，正中立相轮，须弥座、塔身或蕉叶上有各种浮雕。

　　4. 单层塔：大多为墓塔，或在其中供奉佛像。塔的平面有方、圆、六角、八角等多种形式。

　　5. 喇嘛塔：主要分布在西藏、内蒙古一带，元代始见于内地。明代起塔身变高瘦，清代则增添了"焰光门"。

　　6. 金刚宝座塔：是较特殊的一种类型，在高台上建塔五座，中央一座较高大，四隅各一较低小。仅见于明、清时代，为数很少。台上塔的式样或为密檐塔、或为喇嘛塔。

a 敦煌壁画宝塔　　　　　b 敦煌第120窟壁画塔　　c 云冈第7窟浮雕

1 图像中所见早期佛塔

山西应县佛宫寺释迦塔

年代	辽清宁二年（1056年）
材料	木
平面	两层台基分别为方形和八角形，塔身平面八角形，底径30m
立面	全高9层（外观5层，暗层4层），67.31m

a 山西应县佛宫寺释迦塔平面图　　b 山西应县佛宫寺释迦塔立面图

福建泉州开元寺仁寿塔

年代	唐末五代
材料	原为木构，南宋时改为砖石结构
平面	八角形平面
立面	共5层，全高44m

c 福建泉州开元寺仁寿塔平面图　　d 福建泉州开元寺仁寿塔立面图

2 楼阁式塔示例

陕西西安荐福寺小雁塔

年代	唐中宗景龙元年（707年）
材料	砖、木
平面	正方形平面，每边宽11.25m
立面	原有密檐15层，明嘉靖三十四年地震，顶部两层坍塌，现余13层，残高约50m

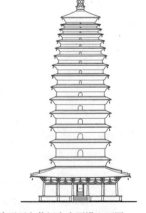

陕西西安荐福寺小雁塔立面图

此图为想象复原图，现存的小雁塔底层部分缺失，顶部缺失两层。

3 密檐塔示例

塔

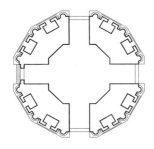

a 河南开封嵩岳寺塔平面图

河南开封嵩岳寺塔

年代	北魏正光四年（523年）
材料	砖
平面	十二边形平面，为我国古塔中孤例
立面	密檐15层，全高40m

b 河南开封嵩岳寺塔立面图

1 密檐塔示例

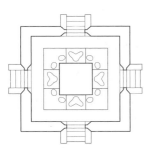

a 山东历城神通寺四门塔平面图

b 山东历城神通寺四门塔立面图

山东历城神通寺四门塔

年代	材料	平面	立面
隋大业七年（611年）	石	方形平面，每边宽7.38m	塔檐挑出叠涩5层后上收成四角攒尖顶，全高约13m

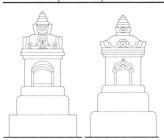

c 河南安阳宝山寺双石塔

河南安阳宝山寺双石塔

塔名	西塔	东塔
年代	北齐	北齐
材料	石	石
平面	方形平面，置于方形台基上	方形平面，置于方形台基上
立面	全高2.22m	全高2.14m

d 福建泉州开元寺阿育王塔

福建泉州开元寺阿育王塔

年代	南宋高宗绍兴十五年（1145年）
材料	石
平面	方形平面
立面	分为须弥座和塔身两部分，全高5.1m

2 单层塔示例

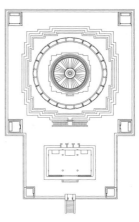

a 北京妙应寺白塔平面图

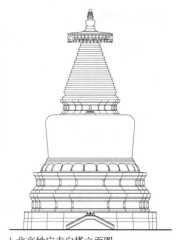

b 北京妙应寺白塔立面图

北京妙应寺白塔

年代	材料	平面	立面
元至元八年（1271年）	砖	凸字形台基，上设亚字形须弥座2层	全高约53m

3 喇嘛塔示例

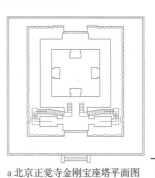

a 北京正觉寺金刚宝座塔平面图　b 北京正觉寺金刚宝座塔立面图

北京正觉寺金刚宝座塔

年代	材料	平面	立面
明成化九年（1473年）	石	长方形平面	宝座高7.7m，座上列密檐石塔五座，中央大塔高8m

4 金刚宝座塔示例

经幢

经幢是在八角形石柱上镌刻经文，用以宣扬佛法的纪念性建筑。始见于唐，至宋、辽时颇为发展，元以后又少见。一般由基座、幢身、幢顶三部分组成。

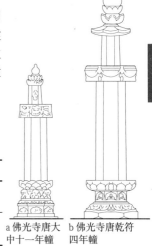

山西五台山佛光寺经幢

年代	材料	立面
唐大中十一年（857年）	石	全高3.24m
唐乾符四年（877年）	石	全高4.9m

a 佛光寺唐大中十一年幢　　b 佛光寺唐乾符四年幢

5 经幢示例

9
古建筑

规划设计概念

城乡规划以可持续发展思想为理念,通过空间规划、政策制定、社会治理、市场引导、实施管理等途径,促进城乡社会公正和经济发展。规划设计(Planning and Design)作为城乡规划和城市设计的组成部分,以城乡物质空间为核心,在区域层面、城市层面、街区层面以及村镇层面等不同的空间层次上,通过整合自然生态、历史文化、经济活动、社会生活、基础设施等不同要素,对城乡资源进行合理的空间配置,对城乡空间进行美好的形态创造,进而塑造和谐的人居环境。

规划设计的空间层次与基本要素

规划设计的空间层次与基本要素 表1

层次	空间尺度	规划设计要素			
		自然生态要素	历史文化要素	基础设施要素	城市功能区要素
区域空间层次	km²	水系及其流域、山系与山脉、自然斑块(森林、沙漠、草原、沼泽等)、农业空间	文化区、历史文化廊道、历史文化名城及其他文化地理要素	高速铁路、高速公路、公路、机场、港口、重大市政公用工程	中心城市、城镇群类型及规模、层级结构与布局
城市空间层次	km²	河道与水域、山地景观、绿地、湿地	历史城区、历史文化街区、各级文物保护单位、近现代优秀建筑、工业建筑遗产	铁路及铁路站场、环城高速公路、城市道路、港口、市政公用工程设施	居住、公共管理与公共服务设施、商业服务设施、工业与物流仓储、公用设施、道路交通、绿化及广场用地
街区空间层次	hm²	河道与水面、地形、绿地及开敞空间	历史文化街区、各级文物保护单位、近现代优秀建筑、工业建筑遗产	公共交通站点、城市道路、市政公用工程设施	居住建筑、商业建筑、办公建筑、公共服务建筑、工业建筑与物流仓储设施
村镇空间层次	km²/hm²	河流与湖泊、山体与山地、农业空间	历史文化名镇名村、各级文物保护单位、近现代优秀建筑	铁路及铁路站场、公路、乡村道路、水路及码头、市政公用工程设施	乡镇生活居住用地、产业用地、道路交通、农业生产用地

各级规划层次的主要内容 表2

层次	规划设计的主要内容	现有中国城乡规划体系的主要内容	
区域空间	区域自然生态环境的保护与空间设计,区域历史文化遗产的保护与空间整合,创造区域自然生态要素、历史文化要素与基础设施的良好空间关系,构建中心城市与城镇群的形态结构及其标志性空间	区域规划	合理配置工业和城镇居民点,统一安排为工农业、城镇服务的区域性交通运输、能源供应、水利建设、建筑基地和环境保护等设施以及城郊农业基地等
城市空间	构建绿化空间网络,建立历史文化遗产保护空间体系,整合基础设施作为城市空间组成部分,谋划城市功能布局,确定城市空间格局、肌理、形态及标志性建筑位置	城镇规划	明确城市、镇的发展布局,确定功能分区、用地布局、综合交通体系,划定禁止、限制、适宜建设的地域范围,制定各类专项规划
街区空间	顺应场地自然特征,保护利用历史建筑并强化场所精神,谋划街区功能的空间布局,确定街区及其建筑群空间模式,塑造街道和广场的空间尺度、风貌与品质,建立空间设计导则	详细规划	规划各类用地,规定建筑物高度、密度、容积率的控制指标,确定道路红线位置、断面形式、控制点坐标和标高,并确定工程管线走向、管径和工程设施的用地界线,制定相应的土地使用与建筑管理细则
村镇空间	强化村镇与农业空间之间的生态平衡,建立村镇聚落空间的传承与发展模式,优化乡镇功能用地的空间布局与形态结构	乡村规划	确定规划区范围、农村生产、生活服务设施、公益事业等各项建设的用地布局,明确建设要求,以及对耕地等自然资源和历史文化遗产保护、防灾减灾等的具体安排

区域空间层次

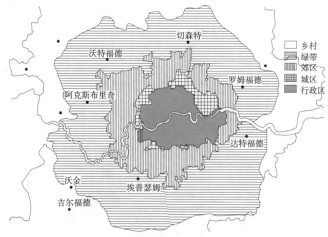

1942年艾伯克龙比主持编制大伦敦规划。在半径约48km的范围内,由内向外划分为4层地域圈:内圈、近郊圈、绿带圈、外圈。绿带圈在保护自然环境的同时限定城市建成区的蔓延。

1 大伦敦规划

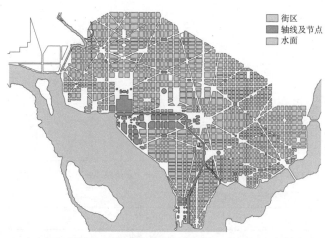

1791年由法国工程师朗方主持的美国首都华盛顿规划方案,体现了城市层面诸多空间要素的组织。方案设计了通向波托马克河滨的主轴线,以及放射形和方格形相结合的道路空间系统。

2 华盛顿城市轴线空间

村镇空间层次

意大利小镇奥维托(Orviedo)是世界范围内的第一个"慢城",强调对地方传统特色的保护与慢生活的延续。奥维托体现了村镇层面传统空间格局的保护与传承。

3 意大利"慢城"奥维托

区域层面规划设计

区域层面的规划设计在保护自然生态要素、历史文化要素的基础上建构生态绿化空间网络及历史文化空间网络，合理安排基础设施与城市功能区，规划区域内人口、产业的空间布局，确立中心城市及城镇体系的结构形态及标志性空间。

1. 自然生态环境保护与空间设计

荷兰的兰斯塔特地区是一个多中心的城市地区，由铁路和公路基础设施将一连串的城市和中等规模的城镇联系在一起，形成环绕"绿心"的区域性环形城市布局。

1 荷兰兰斯塔特"绿心"

2. 基础设施与周边的空间关系

京杭大运河贯穿南北，联系众多的历史文化地区与风景名胜保护区。成为联合国世界文化遗产后，沿线地区的环境景观规划与建筑设计更加注重对历史文化的保护及自然生态的回应。

2 京杭大运河历史文化廊道空间

3. 区域空间结构

京津冀地区城乡空间发展结构主要包括京津发展轴、滨海新兴发展带、山前传统发展带以及燕山—太行山山区生态文化带。"发展轴"和"发展带"要以绿色开放空间加以分隔，采取"葡萄串"式空间布局，避免连绵发展。

3 京津冀区域空间规划设计

4. 区域空间形态

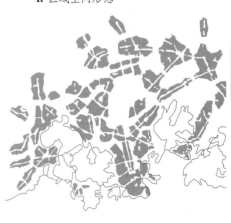

伊利尔·沙里宁（Eliel Saarinen）在1918年大赫尔辛基规划方案中，为缓解城市机能过于集中的弊端，提出城市要逐步离散，建立一些半独立的城镇，把人口和工作岗位分散到其中。大赫尔辛基规划体现了沙里宁的"有机疏散"理论。

4 大赫尔辛基规划方案

中国港珠澳大桥是国家高速公路网规划中珠江三角洲地区环线的重要组成部分和跨越伶仃洋海域、连接珠江东西岸的关键性工程。港珠澳大桥全长近50km，主体工程长度约35km，包含离岸人工岛及海底隧道，建成后将会是世界上最长的6车道海底隧道，及世界上跨海距离最长的桥隧组合公路。港珠澳大桥的修建使得深圳、香港、澳门、珠海等重要城市便捷地联系起来。

5 港珠澳大桥及珠三角城市空间结构

10
规划设计

457

城市层面规划设计

城市层面的规划设计注重城市绿化空间网络的建设，建立历史文化遗产保护的空间体系，整合城市基础设施作为城市整体空间的有机组成部分，对城市未来发展的功能布局和形态结构进行谋划，确定城市空间肌理的格局形态，并明确城市整体高度格局及标志性建筑的位置。

1. 城市绿化空间网络

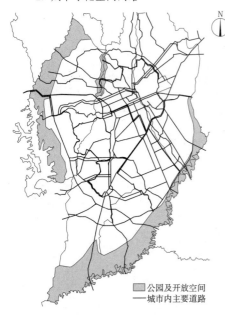

库里蒂巴（Curitiba）是人与自然和谐共生的典范城市，1990年被联合国首批命名为"最适合人类居住的城市"。城市共有各类公园26座，绿地8100m²，人均52m²，是世界卫生组织建议的3倍。城市外侧是大片线性公园绿地，城市内部绿地与街区相互交织融合，形成优美宜人的城市绿化空间网络。

1 巴西库里蒂巴

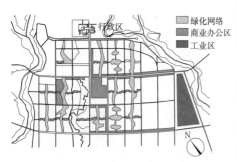

昌迪加尔由法国建筑师勒·柯布西耶1951年规划设计。整个城市划分为30个长方格形，城区中的绿化网络与周边田野相联系，形成城市良好的绿化体系。

2 印度昌迪加尔城市开放空间设计

2. 历史文化遗产保护空间体系

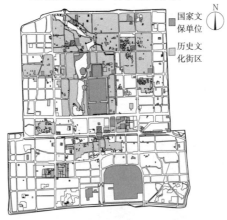

通过划定位于北京的31片旧城历史文化保护区保护和控制范围，并结合落实旧城文物保护单位规划，形成北京以传统中轴线为骨架的旧城历史文化精华地段保护的整体格局。

3 北京旧城历史文化保护区

威尼斯对现有建筑采取只维护不扩建的策略，使得整体城市最大限度地保持了原有空间格局。错落有致的建筑、蜿蜒的河道以及众多的桥梁、广场形成威尼斯的整体特色。

4 意大利威尼斯水城

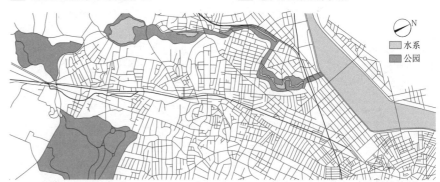

奥姆斯特德在19世纪80年代设计的波士顿翡翠项链（Boston's Emerald Necklace）是用绿化廊道联系起分散的公园、步道等，包括查尔斯河岸（Charles Bank）、巴克贝沼泽（Back Bay Fens）、河道公园（Riverway）、莱弗里特公园(Leverett Park)、牙买加池塘（Jamaica Pond）、阿诺德植物园、富兰克林公园以及海军公园和相连的公园绿道。

5 美国波士顿公园体系

3. 基础设施——城市空间组成部分

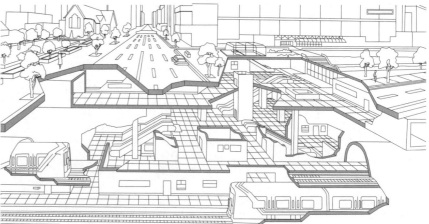

布拉尔德车站是温哥华轻轨线路ALRT（Automated Light Rapid Transit）的重要站点，轨道交通的地下人流集散空间与周边的大型商业设施、写字楼设施直接相连，使地面空间成为城市步行场所。

6 加拿大温哥华轨道交通

城市层面规划设计

1. 城市发展空间布局

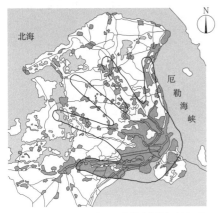

哥本哈根"指状规划"创造了控制城市轴向发展、与乡村自然环境相协调的空间格局。城区以市中心为出发点，沿指状延伸展开。

1 哥本哈根1947年"指状规划"

毕尔巴鄂城市延续了原有的方格网路网、放射轴线以及河道自然形态特征。

2 西班牙毕尔巴鄂城市空间肌理

2. 城市整体空间格局及标志性建筑

格里芬的堪培拉规划方案密切地结合地形，由多角的几何形和放射线路网把城市的园林和建筑物组成相互协调的有机整体，使堪培拉既有首都所需要的庄严气概，又有花园城市的优美风貌。

3 澳大利亚堪培拉城市轴线框架与标志性城市空间

3. 城市空间肌理的格局及形态

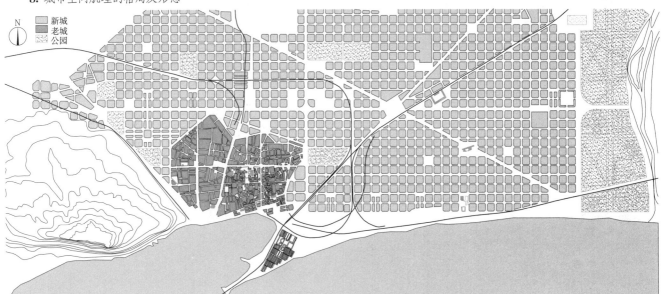

塞尔达的巴塞罗那规划采用了无差别的城市格网体系，联系旧城和周边地区，建筑限高5层，为城市提供良好的交通、公共空间以及阳光通风，并且为城市后续发展确立了基本的城市空间秩序。巴塞罗那规划是方格网街区城市肌理规划的范例。

4 西班牙巴塞罗那城市空间肌理的格局与形态（1859年塞尔达规划）

街区层面规划设计

街区层面的规划设计应顺应场地的自然和历史特征，积极保护利用历史建筑并强化其场所精神，确定街区及其建筑群的空间模式，塑造街道和广场的空间尺度、风貌与品质，建立开发控制、建筑风格与建筑色彩的设计导则。

1. 场地自然特征

旧金山城市建设充分利用现有地形，因山就势的建筑群落布局营造了丰富独特的城市景观。

1 美国旧金山

2. 历史建筑保护与场所精神

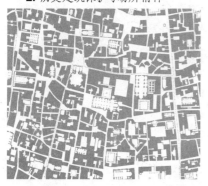

罗马城市中划定了一些历史建筑较为密集的"历史中心区"，区域内的街道格局、街区环境、空间结构都不得随意改变。

2 诺利地图罗马万神庙周边

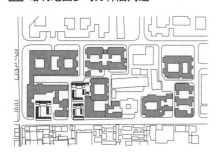

基于"有机更新"理论，北京菊儿胡同住宅更新项目探索了一种新的四合院住宅模式，保留修缮了原有四合院，并改建新的合院体系。

3 北京菊儿胡同

3. 街区和建筑群空间模式

曼哈顿中城是纽约中央商务区之一，在方格网道路基础上，形成了以洛克菲勒中心、时报广场等为代表的商业办公密集的高层区。

4 纽约曼哈顿中城（Midtown Manhattan）

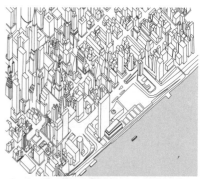

位于纽约曼哈顿的联合国总部临近东河，横跨6个街区。疏朗的空间组织与周边曼哈顿中城高密度的街区形成鲜明对比。

5 纽约联合国总部及其周边街道空间

马斯达尔是阿拉伯联合酋长国在首都阿布扎比郊区兴建的一座环保城市，是世界上首个强调零碳排放、垃圾全回收、城市用水循环利用的城市。马斯达尔占地6km²，由两个方形街区构成，城市广泛利用太阳能，由电动轻轨提供公共交通服务，利用风能设施将凉风引入城内。

6 阿联酋阿布扎比马斯达尔城（Masdar City）

村镇层面规划设计

村镇层面的规划设计注重建成环境与农业空间、自然空间之间的和谐共生，强调对传统村镇空间格局的保护和延续，积极利用现有自然生态要素，优化村镇空间格局，营造良好宜人的生产生活环境。

1. 空间传承与发展模式

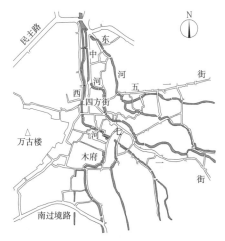

云南丽江古城始于南宋，居于丽江坝中心，四面青山环绕，形似一方巨砚，因此也称为大研（砚）厢。古城以四方街为中心，四条大道通往城外，每条主道都有巷弄相随。古城保存了原有的街巷空间和大量纳西族民居，延续着自身的空间特色。

[1] 云南丽江

2. 村镇功能用地空间布局

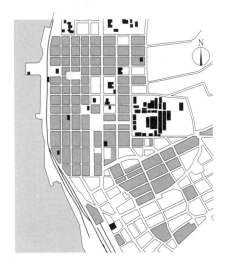

厄斯特松德（Ostersund）位于瑞典中部的斯图尔湖滨（Storsjön），2010年被授予联合国创意城市联盟的美食之都。小镇的主要公共功能区集中于交通便捷的滨水地带，沿湖岸展开，与对岸机场及不同功能区通过桥梁及道路良好联系。

[3] 瑞典厄斯特松德

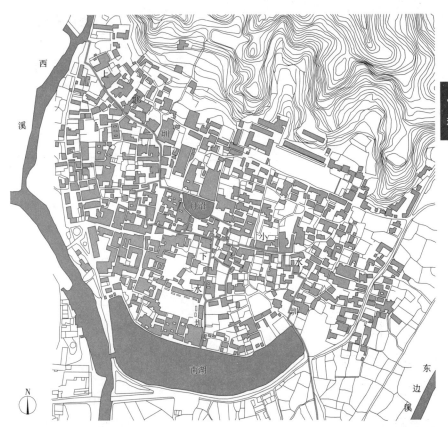

宏村位于安徽省黄山西南麓，其人工水系是村落规划设计中最重要的特色之一。引清泉入村，经月塘后沿各个街巷流向村外的南湖，这种别出心裁的村落水系设计，不仅为村民解决了日常生活和消防用水，而且调节了气温，成为世界文化遗产、历史文化名村风貌的重要组成部分。

[2] 安徽西递宏村

3. 村镇与自然环境

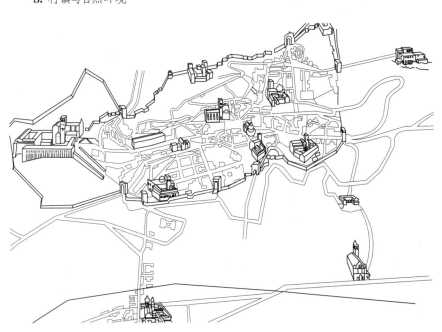

意大利小镇阿西西（Assisi），位于意大利中部，是著名的天主教朝圣地。2000年位于小镇的圣殿（Basilica di San Francesco d'Assisi）与修道院（Ordine Francescano）被列为联合国世界文化遗产。小镇依山就势，体现出有机和谐的空间格局。

[4] 意大利阿西西

周礼·考工记

《周礼·考工记》中记载："匠人营国，方九里，旁三门，国中九经九纬，经涂九轨，左祖右社，前朝后市，市朝一夫。"其城制形态所反映出的礼制思想对我国古代城市建设影响深远。

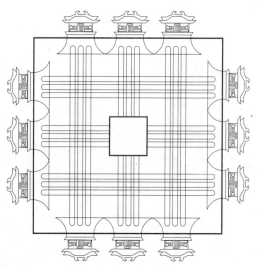

1 《三礼图》中的周王城图

清北京

北京城平面呈凸字形，官城居中，中轴对称且贯穿南北。北起钟鼓楼，过景山，穿神武门直达紫禁城的中心三大殿。然后出午门、天安门、正阳门，直至永定门，中轴线全长约8km。

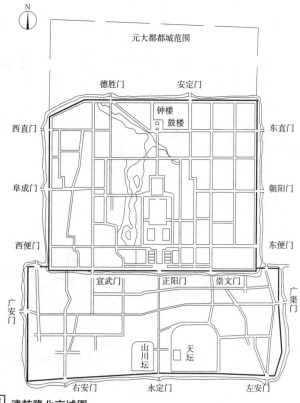

3 清乾隆北京城图

唐长安城

唐长安城是我国严整布局都城的典范。长安城平面方正，每面开三门，官城在城市中部偏北，太庙和社稷坛分列左右，符合《周礼》城制。方格状路网在九经九纬的基础上有所发展，市坊等沿中轴线对称布局。

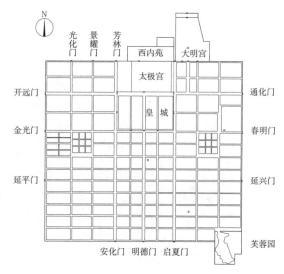

2 唐长安复原图

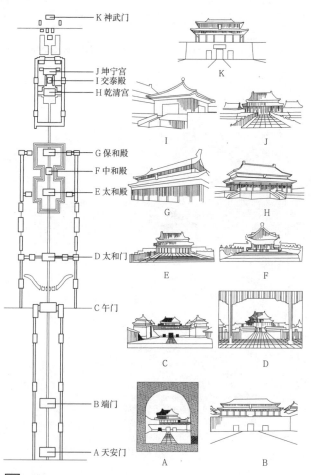

4 故宫中轴线建筑空间序列组织图

古埃及城市

古埃及的城市建设注重用地选择，城市均建于尼罗河畔的天然或人工高台上，解决了水源、水患与交通运输问题。古埃及城市最早运用了功能分区的原则，最早应用了棋盘式路网。在建筑群与城市景观设计上也有出色的成就。

卡洪城路网方正，有明显的功能分区，城西为奴隶居住区，城东部北面为贵族区，南面为商人、手工业者和小官吏居住区。

①　卡洪城①

古希腊城市

古希腊人建立的国家叫作城邦，以一个城市为中心，周围是村庄。古希腊信奉多神教，在崇拜神的同时，承认人的伟大与崇高，所以在希腊城市中既有神圣的庙宇，也有世俗活动的场所，如竞技场、会堂、市场等。古希腊由希波丹姆将城市规划的实践上升到了理论的高度。

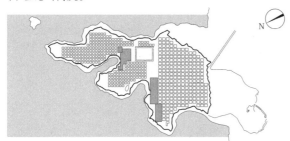

按照希波丹姆规划形式进行建设，以棋盘式路网为骨架，形成街坊。以城市中心为界分为南北两个部分。

②　米利都城①

卫城因循了民间圣地建筑群自由灵活的布局方式，建筑物顺应地势沿周边布置，既考虑到置身其中的美，又考虑到从城下四周仰望时的美。

③　雅典卫城①

古罗马城市

古罗马人依仗大量的财富和奴隶，创造出了灿烂的城市文明。其城市建设的成就主要表现在两个方面，一是军事与运输需要的道路、桥梁、城墙等，二是满足统治者日常享乐和歌功颂德的宫殿、剧场、浴室、府邸以及广场、凯旋门、纪功柱等。

a 罗马城平面

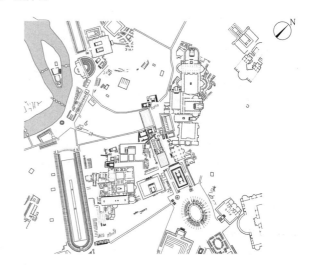

b 罗马市中心
古罗马城是在较长时间里自发形成的，布局比较紊乱，但市中心的建设有着光辉的成就。

④　古罗马城①

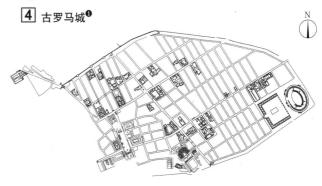

该城位于维苏威火山脚下，主要街道走向、主要公共建筑物和大府邸的轴线基本上都对着维苏威火山，体现出以火山为中心的构图思想。

⑤　庞贝城①

① 改绘自：L. Benevolo. The History of the City. Cambridge, Mass：MIT Press Ltd，1980.

古西亚城市

古代西亚两河流域信奉多神教，但君主制将国王神化，崇拜国王和崇拜天体结合起来，故宫殿常与山岳台临近。而山岳台往往又与庙宇、仓库、市场等在一起，形成城市的宗教、商业和社会活动的中心。

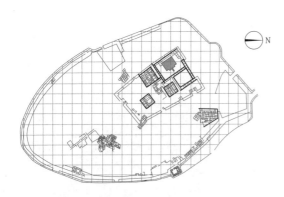

城市平面为卵形，有城墙和城壕。城内西北高地厚墙围抱的是城市的公共中心，墙外是普通平民和奴隶的居住地，分化明显，防卫森严。
a 乌尔城平面

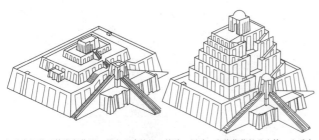

山岳台起着天体崇拜作用，是夯土建筑的，外贴一层砖，砌着薄薄的凸出体。山岳台层层向上收缩，共计7层，总高约21m。顶上有一间不大的象征神之住所的神堂。
b 山岳台

1 乌尔城●

古代南美城市

古代美洲城市是宗教和政治中心，与居民区相分离。选址上主要考虑距肥沃土地的远近，就地取材是否方便，水源情况等。常利用山坡进行建设，有利于防卫。

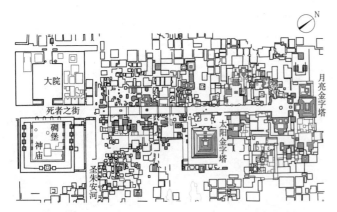

城市中心主要建筑是一组举行宗教仪式的纪念建筑物，分布于长达2km的大道两侧，形成强烈的轴线，轴线串联起重要的宗教建筑。

3 特奥蒂瓦坎城❷

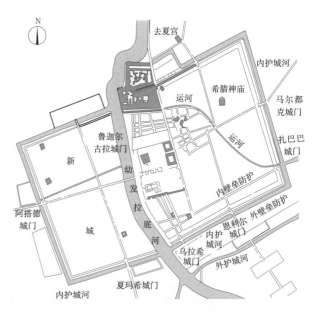

a 新巴比伦城平面

b 被称为"空中花园"的城堡
新巴比伦城是西亚贸易和文化的中心。城市跨越幼发拉底河两岸，总平面大体呈矩形。由于防御需要，筑有两重城墙，城东还加筑了一道外城。城市主轴线为北偏西，沿主要大道及河岸布置宫殿、山岳台与神庙，成一排一列的布局。

2 新巴比伦城●

古印度城市

古代印度的城市讲究方位与朝向，城内土地分块按某种规格进行。每一城镇有东西向长街叫做街道，南北向街道叫做宽街。城内顺城墙根有一环形街，供宗教游行用。

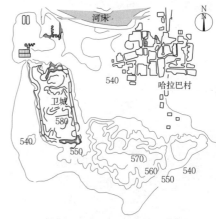

哈拉巴城分为两部分，西部高地为卫城，设置行政中心。北部有仓库和劳动人民居住地。道路系统、排水系统及居住区布局完善，显示出周密的计划性。

4 古印度哈拉巴城❷

❶ 改绘自：L. Benevolo. The History of the City. Cambridge, Mass : MIT Press Ltd，1980.
❷ 改绘自：沈玉麟. 外国建设史. 北京：中国建筑工业出版社，1989.

10
规划设计

中世纪城市

中世纪西欧的城市是自发成长的，有着美好的视觉景观、宜人的尺度。受强大教权的影响，教堂常占据城市的中心位置，教堂庞大的体积和高耸的高度，控制着城市的整体布局。此外，市政厅和市政广场达到了很高的建设成就，对后世城市广场建设产生了重要影响。

 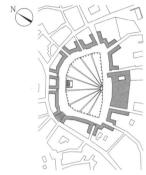

a 锡耶纳平面　　　　　　　b 坎波广场平面

狭窄的街道呈向心状向坎波广场汇集，坎波广场是城市的中心。市政厅和高塔位于广场的中心位置，成为城市的视觉中心。

1 锡耶纳[1]

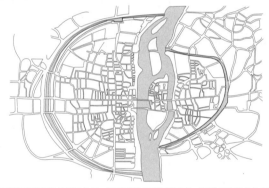

城墙严格地沿着岛的周边伸展，道路系统呈不规则状态，街道和建筑非常密集，城市开始突破城墙向外发展。

2 巴黎[1]

文艺复兴时期的城市

文艺复兴主张以世俗的"人"为中心，通常称为"人本主义"，讲究科学理性，这种思潮强有力地影响了城市规划的结构。广场、轴线构图极大地丰富了城市景观。此时期有一些关于理想城市的探讨。

100　400m
200

轴线、对称手法的运用丰富了城市构图，教堂的穹顶、市政厅的高塔成为城市的视觉焦点。

3 佛罗伦萨[1]

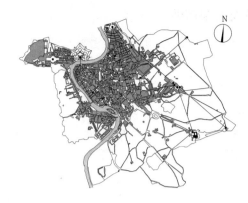

17世纪封丹纳的罗马改建规划强调轴线构图，以波波罗广场为中心向外延伸了3条轴线，使凌乱的罗马城变得整体而有秩序感，圣彼得大教堂的大穹顶丰富了城市的轮廓。

4 罗马[1]

绝对君权时期的城市

17世纪后半叶，古典主义成为绝对君权制度的产物，追求抽象的对称和协调，寻求艺术作品的纯粹几何结构和数学关系，强调轴线和主从关系，以体现有秩序、有组织、永恒的王权至上的要求。

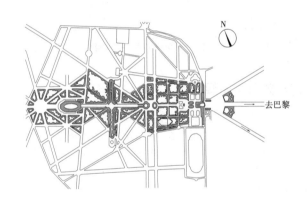

→去巴黎

以放射形的道路为骨架，强烈的轴线、对称的平面、十字形水渠及用行道树装饰的道路塑造了无限深远的透视感。

5 巴黎凡尔赛宫[2]

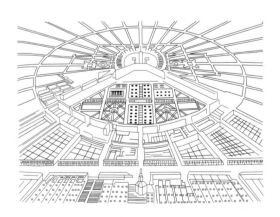

城市以同心圆组成，中心为王宫。32条以王宫为中心的放射形道路向外发散，体现了王权的绝对支配力量。

6 卡尔斯鲁厄[2]

❶ 改绘自：L. Benevolo. The History of the City. Cambridge, Mass：MIT Press Ltd，1980.
❷ 改绘自：沈玉麟. 外国建设史. 北京：中国建筑工业出版社，1989.

沙里宁与有机疏散

针对大城市过分膨胀所带来的各种弊病，伊利尔·沙里宁在1934年发表的《城市：它的发展、衰败与未来》一书中提出了有机疏散理论。该理论的核心思想是：城市是一个有机体，城市发展应该按照有机体的功能要求，把人口和就业岗位分散到可供合理发展的远离中心的地域。其基本原则包括：

1. 对个人日常生活和工作区域作集中布置；

2. 对不经常的"偶然活动"（如观看比赛和演出）场所作分散布置。

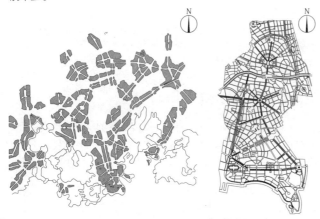

a 大赫尔辛基总体规划　　　　　　　b 芒克斯纳斯·哈咖规划

1 伊利尔·沙里宁为大赫尔辛基和芒克斯纳斯·哈咖所做的城市规划

柯布西耶与光辉城市

"光辉城市"由勒·柯布西耶在20世纪30年代提出，其中的许多现代城市规划理念被写入后来的《雅典宪章》中，在世界范围内影响巨大。柯布西耶的规划方案要求对城市进行清空式改造，正如柯布西耶自己所说："我们必须在空地上建设"。光辉城市的主要理念包括：

1. 功能分区明确；

2. 建设高效的城市交通网络，实行人车分流；

3. 城市形态为高层低密，底层架空，引入大片绿地；

4. 均质分配单位地块的密度。

2 勒·柯布西耶为昌迪加尔所做的城市规划

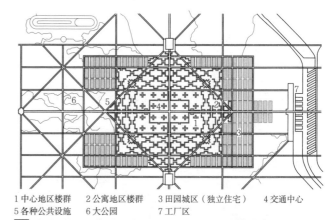

1 中心地区楼群　2 公寓地区楼群　3 田园城区（独立住宅）　4 交通中心
5 各种公共设施　6 大公园　　　7 工厂区

3 勒·柯布西耶的300万人口现代城市的城区设想草图

盖迪斯与社会生态学

帕特里克·盖迪斯从社会生态学的角度思考城市规划，其观点主要集中于《城市发展》与《进化中的城市》这两本著作中，包括：

1. 提出以获得充分信息为基础的"调查—分析—规划"的城市规划程序，认为规划要立足于对整个社会与生态环境的分析与评价基础之上；

2. 将"区域"的概念引入建筑与城市研究中，并首次使用"城市群"（conurbation）这个词。

4 盖迪斯所做的以色列特拉维夫市总体规划

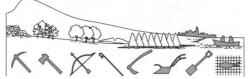

盖迪斯著名的山谷断面图，传达了盖迪斯的区域计划的本质：人口—劳动—空间（场地、位置）处于完美的和谐状态，而城市则是这些事物的核心。

5 山谷断面图

田园城市

针对英国快速城市化所出现的交通拥挤、环境恶化等问题，1895年英国规划师霍华德提出了一种兼具城市和乡村优点的理想城市，被称为"田园城市"。它是一种平衡城市和农业用地的理念。

1 田园城市模型

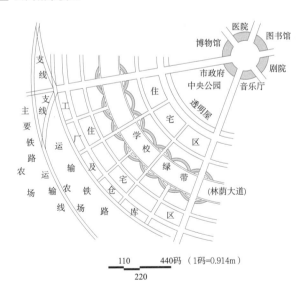

2 田园城市内部布置

广亩城市

赖特于20世纪30年代提出广亩城市的规划理念。他对自然环境有着特别的感情，并认为随着城市的发展，已经没有必要把一切活动集中于城市，分散将成为未来城市规划的原则。

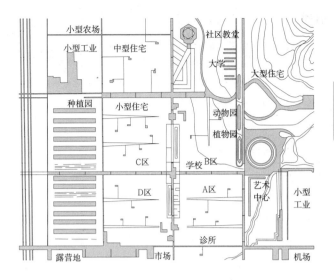

赖特提出应该把集中的城市重新分布在一个地区性农业的方格网络上，每一户周围都有1英亩的土地来生产供自己食用的食物和蔬菜。居住区之间以高速路相连接，提供方便的汽车交通。沿着这些公路，建设公共设施、加油站等。

3 广亩城市概念图

人类聚居学

针对城市和乡村在内的所有人类聚居出现的危机，1954年希腊建筑师道萨迪亚斯提出了人类聚居学说，强调把包括乡村、城镇和城市等在内的所有人类住区作为一个整体，吸收建筑学、地理学、社会学、人类学等学科成果，从人类住区的元素（自然、人、社会、房屋、网络）进行广义系统的研究。一方面旨在建立一套科学的体系和方法，了解掌握人类聚居的发展规律，另一方面解决人类聚居中存在的具体问题，创造出良好的人类生活环境。

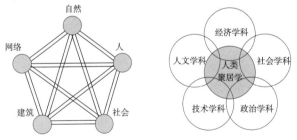

4 人与环境关系的最优化原则

5 人类聚居学及其相关学科

5个元素和5个学科，25个节点共有33554431种组合形式。

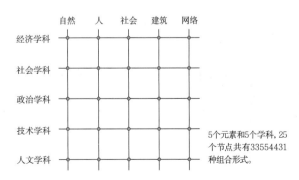

6 人类聚居研究中的元素与学科架

概述

1840~1949年是中国近代城市发展与城市规划实践时期,工业和对外交通设施布局主导了城市结构,市政设施和公共服务设施的建成改善了城市环境,新的建筑类型和建筑风格塑造了城市风貌。近代城市规划理论在规划设计中得到较系统的运用,并在部分城市引导了城市建设。

中国近代城市与城市规划实践　　　　　　　　　　表1

城市类型	城市建设主要内容	典型城市
租界城市	1843年"南京条约"签订,上海等城市设立租界。租界快速扩张,对城市功能布局、空间结构、公共服务设施和市政设施建设产生主导影响	上海、天津、武汉
帝国主义独占城市	在一个帝国主义国家独占下进行建设的城市。城市建设先规划后实施,注重军事据点和铁路港口建设,城市风貌具有鲜明的殖民地特征	青岛、大连、哈尔滨、长春、沈阳
新兴工商业城市	在资源集聚和交通便利的地区,中国民族资本和民族工商业推动一些沿江、沿海城市兴起	唐山、南通、无锡、焦作
新兴铁路城市	1888年后东清、沪宁、津浦、京奉、广九、京汉、东北等铁路沿线的一些城市开始兴起。城市沿铁路扩展,城市职能以商贸和货物集散转运为主	郑州、石家庄、齐齐哈尔、鞍山、蚌埠、徐州
政治中心城市	封建政治中心北京、国民党政府政治中心南京和抗战时期政治中心重庆	北京、南京、重庆

上海

商业
工业
居住
铁路站场
港埠

1949年上海都市计划运用了"卫星城镇"、"邻里单位"、"有机疏散"、"快速干道"等理论。

① 上海都市计划三稿（1949年）

南京

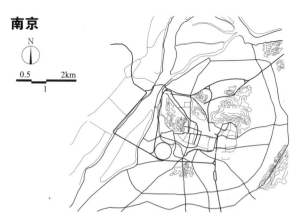

1929年首都计划将城市划分为各功能区,规划林荫道系统和方格网加放射状城市骨架,新区避开古城建设。它是中国近代城市规划和建设重要成果。

② 1929年南京首都计划

无锡

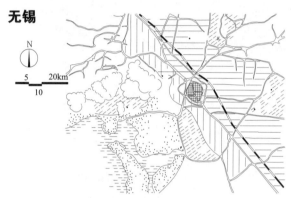

1929年无锡都市计划运用了"分区方法"和"田园城市"理论。

③ 1929年无锡分区计划

青岛

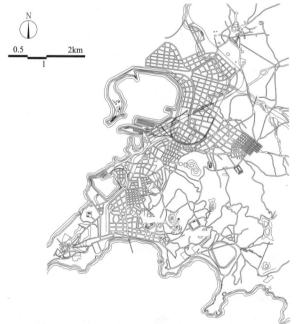

1910年青岛城乡扩张规划,利用地形和景观资源布置用地,道路采取不规则格网,城市轮廓变化丰富。它是中国近代城市景观环境规划的典范。

④ 1910年青岛市区扩张规划

新城市主义

"新城市主义"理论与方法针对西方城市大规模郊区化趋势中浪费土地、破坏自然生态环境和地域景观、投资大而效率低等问题，倡导紧凑集中发展、用地混合使用及低速出行等理念，强调空间回归人文价值和人的尺度。典型设计方法有安德雷斯·杜安伊(Andres Duanv)和伊丽莎白·普雷特兹伯格(Elizabeth Plater-Zvberk)提出的邻里社区(TND)和彼得·卡尔索普(Peter Calthorpe)提出的公共交通(TOD)模式。

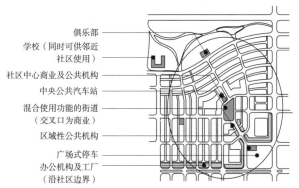

俱乐部
学校（同时可供邻近社区使用）
社区中心商业及公共机构
中央公共汽车站
混合使用功能的街道（交叉口为商业）
区域性公共机构
广场式停车
办公机构及工厂（沿社区边界）

① TND的社区结构

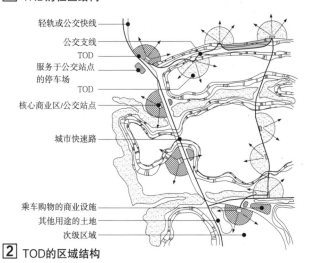

轻轨或公交快线
公交支线
TOD
服务于公交站点的停车场
TOD
核心商业区/公交站点
城市快速路
乘车购物的商业设施
其他用途的土地
次级区域

② TOD的区域结构

紧凑城市

1973年乔治·伯纳德·丹齐格(George Bernard Dantzig)和萨蒂(Thomas L.Saaty)出版《紧凑城市——适于居住的城市环境计划》，1990年欧洲社区委员会(CEC)在布鲁塞尔发表《城市环境绿皮书》，提出紧凑城市作为"一种解决居住和环境问题的途径"，是解决城市无序蔓延，实现城市可持续发展的核心理念和手段。紧凑城市的三个典型特征是：①高密度的城市开发，包括遏制城市蔓延、缩短交通距离、提高公共服务设施利用效率及减少城市基础设施建设投入，获得结构紧凑、密度适宜的城市形态和开发强度；②混合的土地利用，通过在通勤距离内提供更多工作岗位，降低交通需求减少能源消耗，形成良好社区文化，创造多样化、充满活力的城市生活；③优先发展公共交通，创建一个方便、快捷的城市公共交通系统，降低对小汽车的依赖，减少尾气排放。"紧凑伦敦"规划是欧洲紧凑城市理论的实践代表。

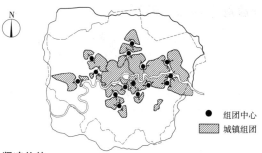

● 组团中心
▨ 城镇组团

③ 紧凑伦敦

城市更新

1950年代，西方国家以物质环境更新为主导思想开展城市更新运动，迅速改变城市中心区的物质形态、人口结构和文化脉络，获得新的城市中心区形象。1970年代，西方城市更新运动由单纯的物质环境更新转向对社区邻里环境的综合整治和社区邻里活力的恢复振兴，由物质空间形体规划调整为包含了政治、经济、社会策略的综合治理框架，从大拆大建逐步转变为小规模、分阶段谨慎渐进式的物质环境改善方式，强调城市更新是一个连续不断的过程。"巴塞罗那奥运村"是城市更新理论典型的代表之一。

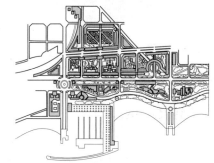

④ 巴塞罗那奥运村（1992年）

精明增长

为应对城市无序蔓延产生问题，1994年，美国规划师协会提出精明增长概念，通过规划紧凑型社区，充分发挥已有基础设施的效力，提供更多样化的交通和住房选择来控制城市蔓延。基本原则有10条：①土地的混和使用；②设计紧凑住宅；③满足各种收入水平人群的符合质量标准的住宅；④适合步行的社区；⑤具有自身特色，具有场所感和吸引力的社区；⑥保护开敞空间、农田和自然景观以及重要的环境区域；⑦强化已有社区；⑧多种选择的交通方式；⑨城市增长的可预知性、公平性和成本收益；⑩公众参与。波特兰城市发展边界控制规划是美国精明增长理论的实践代表。

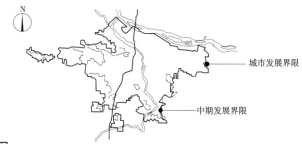

城市发展界限
中期发展界限

⑤ 波特兰地区城市发展边界控制规划（1980年）

改革开放前（1949~1977年）

新中国成立后,我国实行计划经济体制。城市规划被认为是国民经济发展计划在城市物质空间上继续和具体化,在方法上依据苏联的标准规范和准则。前期的规划编制考虑了工业生产的要求,还综合考虑了历史文化保护、城市环境改善和居民生活便利等问题。后期"大跃进"和"文革"使城市规划失序和停滞。

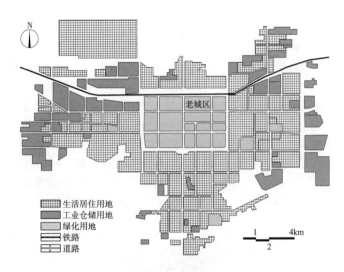

1 20世纪50年代的西安城市总体规划

恢复探索期（1978~1992年）

十一届三中全会确定了中国走"改革开放"的道路,城市发展机制中"生产"和"消费"的双重功能重新得到了承认,城市规划在国家层面再次受到重视。全国普遍开展了城市总体规划和修建性详细规划的编制工作,区域城镇体系规划有了进一步发展,但城市规划方法仍较为陈旧和单一,缺少区域规划、远景规划和近期建设规划等。

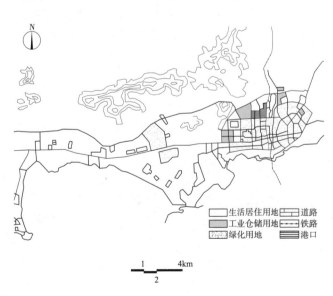

2 20世纪80年代的深圳城市总体规划

加速壮大期（1992~2000年）

1992年以后,随着我国对外开放的深入以及经济快速发展,带来城镇化进程的加速发展。城市规划进入了一个蓬勃发展的时代。规划编制重视土地开发强度的合理性和开发时序性的需要,关注协调更大区域中城市的相互关系及其对周边小城镇的带动作用。

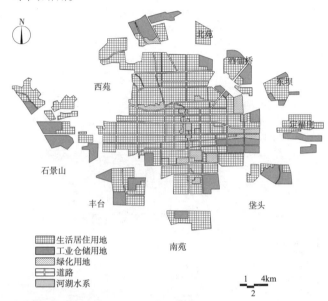

3 20世纪90年代的北京城市总体规划

更新转型期（2001年以来）

2001年以来,城市规划成为一项调控城市空间资源分配、指导城乡建设与发展、维护社会公平、保障公共安全和公共利益的重要公共政策。城市发展战略规划,突破行政界限的都市圈规划、城乡一体化规划、省域海岸带规划等各种新型规划相继出现。

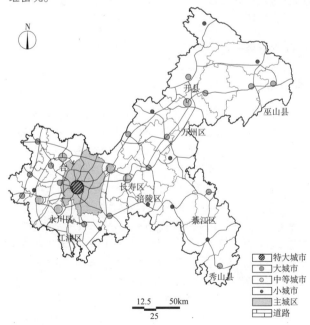

4 21世纪初的重庆城乡总体规划

规划类型

根据《中华人民共和国城乡规划法》，城乡规划包括城镇体系规划、城市规划、镇规划、乡规划和村庄规划。城市规划、镇规划分为总体规划和详细规划。详细规划分为控制性详细规划和修建性详细规划。此外，由建设主管部门主管的法定规划还有历史文化名城保护规划、历史文化名镇保护规划、历史文化名村保护规划、历史文化街区保护规划和风景名胜区规划。

主要的法定规划类型   表1

类型	层次		主要内容	
城镇体系规划	全国城镇体系规划		落实国家区域发展战略，促进城镇空间布局与人口、资源环境相协调	
	省域城镇体系规划		省域城乡统筹、资源利用和环境保护、城乡空间和规模控制。详见《省域城镇体系规划编制审批办法》（住房和城乡建设部令第3号，2010年7月1日）	
城市规划	总体规划	市域城镇体系规划	城镇化、城乡统筹、重点城镇发展定位、城镇规模、职能分工与空间布局、综合交通、基础设施、社会服务设施、空间管制、划定城市规划区等	1.详见《城市规划编制办法》（建设部令第146号，2006年4月1日起施行）；2.非城关镇及乡规划参照《镇规划标准》GB 50188-2007《村镇规划编制办法》（建村[2000]36号）；3.村庄规划参照《村镇规划编制办法》（建村[2000]36号）
		中心城区规划	城市性质与职能、发展目标、城市规模、城市发展方向及建设用地空间布局、规划结构、土地使用、综合交通、基础设施等	
	近期建设规划		近期建设内容	
	分区规划		空间布局、功能结构、土地使用、分区规模、公共设施配置、道路系统、基础设施等	
	详细规划	控制性详细规划	用地定界、用地性质与兼容性、各类控制指标及控制要素、公共设施与公共绿地配置、道路交通、市政工程、城市设计引导等	
		修建性详细规划	建筑、道路和绿地等的空间布置和景观规划设计、布置总平面、日照分析、交通组织方案及市政工程规划、管线综合、竖向规划设计等	
镇规划	总体规划		参照《城市规划编制办法》总体规划层面：城关镇结合执行《县域村镇体系规划编制暂行办法》（建规[2006]183号），非城关镇结合执行《镇规划标准》GB 50188-2007	
	详细规划			
乡规划	总体规划		发展定位与性质、发展方向、发展规模、职能分工、居民点与生产基地布局、公共设施与基础设施布局等	
	建设规划		用地布局、基础设施及工程管线规划设计、重要地段建筑与公共空间规划设计、竖向设计等	
村庄规划	总体规划		参照乡总体规划及建设规划	
	建设规划			

城市设计

城市设计是城市规划工作的重要内容，贯穿于城市规划建设管理的全过程。通过城市设计，从整体平面和立体空间上统筹城市建筑布局，协调城市景观风貌，体现城市的地域特征、民族特色和时代风貌。开展城市设计，应尊重城市发展规律，以人为本，保护自然环境，传承历史文化，塑造城市特色，优化城市形态，创造宜居的公共空间。

城市设计的阶段与工作内容   表2

阶段	工作内容
总体规划阶段	总体规划专门章节：对城市风貌特色、城市形态格局、公共空间体系、城市景观框架等提出原则性要求，划定城市设计的重点地区； 重点地区包括：历史城区、历史文化街区、重要的更新改造地区、城市中心地区、交通枢纽地区、重要街道和滨水地区等能够集中体现和塑造城市文化、风貌特色，具有特殊价值、特定意图的地区； 有条件的城市可编制总体城市设计，主要内容包括确定城市风貌特色，优化城市形态格局，明确公共空间体系，建立城市景观框架
重点地区	塑造景观特色，明确空间结构，组织公共空间，协调市政工程，提出建筑高度、体量、风格、色彩等控制要求，并作为该地区控制性详细规划的基本依据； 历史文化街区建设控制地带需要整体安排空间格局，统筹塑造风貌特色，明确新建建筑和改扩建建筑的控制要求； 重要街道和街区需要统筹交通组织，合理布置交通设施、市政设施、街道家具，积极拓展步行活动和绿化空间，提升街道活力和特色
其他地区	在编制控制性详细规划时，因地制宜明确景观风貌、公共空间和建筑布局等方面的要求

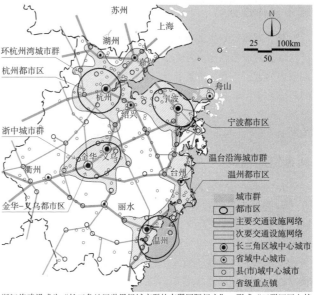

浙江将建设成为"长三角地区世界级城市群的南翼国际门户"，形成"三群四区七核五级"格局：杭州湾、温台沿海、浙中3个城市群；杭州、宁波、温州、"金华—义乌"4个都市区；嘉兴、湖州、绍兴、衢州、舟山、台州、丽水7个核心城市；浙江省域城镇体系分为长三角区域中心城市、省域中心城市、县（市）域中心城市、中心镇和一般镇5个等级。

1 浙江省城镇体系规划结构图（2010—2020年）

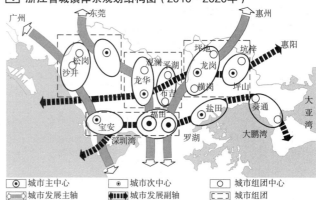

规划结构是城市总体规划的主要内容之一。深圳市城市总体规划形成以中心城区为核心，以西、中、东三条发展轴和南、北两条发展带为基本骨架的"三轴两带多中心"的轴带组团结构。城市中心体系结合组团配置分为3级，包括城市主中心、城市次中心、城市组团中心。

2 深圳市城市总体规划结构图（2007—2020年）

大寨村地形北高南低，从北至南依据地形条件及现状发展的基础，大寨村村域空间划分为村庄建设区、经济林业区、农作物种植区、生态林业区。

3 昔阳县大寨新农村规划结构图（2007—2020年）

城市总体规划

　　城市总体规划是城市人民政府根据国家社会经济可持续发展需要和当地自然、经济、社会条件，对一定期限内的城市性质、发展目标、城镇发展边界、土地利用、空间布局以及各项建设作出的综合部署和实施措施。其中，城市空间结构是城市总体规划中分析城市的发展方向、空间形态和功能布局的重要内容。

城市空间结构

　　1. 集中式城市空间结构

　　特征在于用地相对紧凑，不同的功能区联系密切，各项生活服务设施可以高效率地使用。该空间结构是最为常见的空间结构形态，有利于通过土地的集聚式发展提高城市运行效率。集中式的城市空间结构根据城市道路网的基本格局，可分为网格状和环形放射状两种基本结构模式。

　　2. 分散式城市空间结构

　　由于受到河流、山川等自然地形、矿藏资源或交通干道的影响，或者由于城市规划的控制，形成了布局相对分散的城市空间布局结构。在分散式的城市空间结构中，根据城市的空间结构形态，一般可划分为指状、带状、组团状三种结构模式。

城市空间结构模式示例　　　　　　　　　　　表1

类型		空间结构模式	特点
集中式空间结构	网格状		由相对垂直的城市道路网构成，适用于平原地区，往往由城市规划管控而形成。典型城市有苏州古城区、纽约曼哈顿、巴塞罗那等
	环形放射状		由放射形和主干环形道路网组成，城市整体交通达达性较好，具有较强的向心发展趋势，往往由城市规划管控而形成。典型城市有北京、巴黎等
分散式空间结构	指状		沿交通走廊形成多方向带状向外扩张的城市空间结构形态，城市建设用地沿各发展廊道布置，各发展廊之间保持大量未开发的建设用地。典型城市有哥本哈根、西宁等
	带状		因受地形条件的限制而形成，城市被限定在狭长的地域空间中发展，城市的不同片区或组团呈单向连续排列布局，并由交通轴线所串联。典型城市有兰州、三亚等
	组团状		因自然地形地貌、生态保护区、农田保护区、采矿区、交通廊道等分割或城市规划控制，呈现为若干个组团在空间上相对独立、在功能和交通上相互联系的空间结构。典型城市有重庆、深圳、台州等

北京以紫禁城为中心，以环路及放射路为骨架向外扩展，是典型的集中式、环形放射布局。

1 北京市城市总体规划（2004—2020年）——中心城区环形放射结构

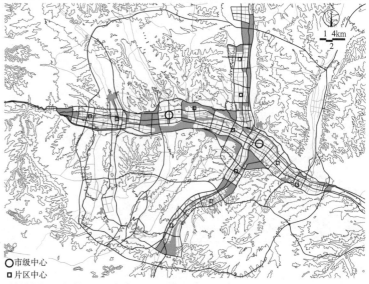

○ 市级中心
□ 片区中心

西宁受自然地形限制，以老城区为核心，向东川、西川、南川、北川4条河谷延伸，形成4条指状发展轴线，交汇处的大十字是西宁市最古老的商业中心。

2 西宁都市区2030战略规划（2012—2030年）——都市区指状结构

○ 市级中心
□ 片区中心

保护自然山水格局，建构"一核四廊四组团"的城区空间结构，形成宜居城市环境。

3 台州市城市总体规划（2004—2020年）——城区组团结构

城市建设用地的概念和分类

　　根据国家标准《城市用地分类与规划建设用地标准》GB 50137-2011，城乡用地包括建设用地与非建设用地。其中城市建设用地指城市和县人民政府所在地镇内的居住用地、公共管理与公共服务用地、商业服务业设施用地、工业用地物流仓储用地、交通设施用地、公用设施用地、绿地，共划分为8大类、35中类、42小类。

居住用地（R）　　　　　　　道路与交通设施用地（S）
公共管理与公共服务设施用地（A）、商业服务业设施用地（B）
商住混合用地（BR）　　　　公用设施用地（U）
工业用地（M）、物流仓储用地（W）　绿地（G）

1 都江堰市中心城区用地规划图（2008—2020年）

二类居住用地（R2）　　体育用地（A4）　　公园绿地（G1）
行政办公用地（A1）　　商业用地（B1）　　防护绿地（G2）
文化设施用地（A2）　　商住混合用地（BR）　广场用地（G3）
教育科研用地（A3）　　供应设施用地（U1）　城市道路

2 都江堰市中心城区用地规划图（局部）（2008—2020年）

城市建设用地分类表　　　　　　　　　　　　　表1

类别代码（大类）	类别代码（中类）	类别名称	范围
R		居住用地	住宅和相应服务设施的用地
	R1	一类居住用地	设施齐全、环境良好，以低层住宅为主的用地
	R2	二类居住用地	设施较齐全、环境良好，以多、中、高层住宅为主的用地
	R3	三类居住用地	设施较缺乏、环境较差，以需要加以改造的简陋住宅为主的用地，包括危房、棚户区、临时住宅等用地
A		公共管理与公共服务用地	行政、文化、教育、体育、卫生等机构和设施的用地，不包括居住用地中的服务设施用地
	A1	行政办公用地	党政机关、社会团体、事业单位等机构及其相关设施用地
	A2	文化设施用地	图书、展览等公共文化活动设施用地
	A3	教育科研用地	高等院校、中等专业学校、中学、小学、科研事业单位等用地，包括为学校配建的独立地段的学生生活用地
	A4	体育用地	体育场馆和体育训练基地等用地，不包括学校等机构专用的体育设施用地
	A5	医疗卫生用地	医疗、保健、卫生、防疫、康复和急救设施等用地
	A6	社会福利设施用地	为社会提供福利和慈善服务的设施及其附属设施用地，包括福利院、养老院、孤儿院等用地
	A7	文物古迹用地	具有保护价值的古遗址、古墓葬、古建筑、石窟寺、近代代表性建筑、革命纪念建筑等用地。不包括已作其他用途的文物古迹用地
	A8	外事用地	外国驻华使馆、领事馆、国际机构及其生活设施等用地
	A9	宗教设施用地	宗教活动场所用地
B		商业服务业设施用地	商业、商务、娱乐、康体等设施用地，不包括居住用地中的服务设施用地
	B1	商业用地	商业及餐饮、旅馆等业务用地
	B2	商务用地	金融保险、艺术传媒、技术服务等综合性办公用地
	B3	娱乐康体用地	娱乐、康体等设施用地
	B4	公用设施营业网点用地	零售加油、加气、电信、邮政等公用设施营业网点用地
	B9	其他服务设施用地	业余学校、民营培训机构、私人诊所、殡葬、宠物医院、汽车维修站等其他服务设施用地
M		工业用地	工矿企业的生产车间、库房及其附属设施等用地，包括专用的铁路、码头和附属道路、停车场等用地，不包括露天矿用地
	M1	一类工业用地	对居住和公共环境基本无干扰、污染和安全隐患的工业用地
	M2	二类工业用地	对居住和公共环境有一定干扰、污染和安全隐患的工业用地
	M3	三类工业用地	对居住和公共环境有严重干扰、污染和安全隐患的工业用地
W		物流仓储用地	物资储备、中转、配送等的用地，包括附属道路、停车场以及货运公司车队的站场等用地
	W1	一类物流仓储用地	对居住和公共环境基本无干扰、污染和安全隐患的物流仓储用地
	W2	二类物流仓储用地	对居住和公共环境有一定干扰、污染和安全隐患的物流仓储用地
	W3	三类物流仓储用地	存放易燃、易爆和剧毒等危险品的专物流仓储用地
S		道路与交通设施用地	城市道路、交通设施等用地，不包括居住用地、工业用地等内部的道路、停车场用地
	S1	城市道路用地	快速路、主干路、次干路和支路用地，包括其交叉路口用地
	S2	城市轨道交通用地	独立地段的城市轨道交通地面以上部分的线路、站点用地
	S3	交通枢纽用地	铁路客货运站、公路长途客货运站、港口客运码头、公交枢纽及其附属用地
	S4	交通场站用地	交通设施用地，不包括交通指挥中心、交通队用地
	S9	其他交通设施用地	除以上之外的交通设施用地，包括教练场等用地
U		公用设施用地	供应、环境、安全等设施用地
	U1	供应设施用地	供水、供电、供燃气和供热等设施用地
	U2	环境设施用地	雨水、污水、固体废物处理等环境保护设施及其附属设施用地
	U3	安全设施用地	消防、防洪等保卫城市安全的公用设施及其附属设施用地
	U9	其他公用设施用地	除以上之外的公用设施用地，包括施工、养护、维修设施等用地
G		绿地	公园绿地、防护绿地广场等公共开放空间用地
	G1	公园绿地	向公众开放，以游憩为主要功能，兼具生态、美化、防灾等作用的绿地
	G2	防护绿地	具有卫生、隔离和安全防护功能的绿地
	G3	广场用地	以游憩、纪念、集会、避险等功能为主的城市公共活动场地

道路与交通规划的编制内容

城市总体规划中的道路与交通规划编制内容   表1

所含分项	编制内容
城市对外交通设施规划	1.铁路站、线、场用地范围； 2.江、海、河港口码头、货场及疏港交通用地范围； 3.航空港用地范围及交通联结； 4.市际公路、快速路与城市交通的联系，长途客运枢纽站用地范围
城市客运和货运系统规划	1.公共客运交通和公交线路、站场分布； 2.对外交通； 3.地铁、轻轨线路可行性研究和建设安排； 4.客运换乘枢纽； 5.货运网络和货源点布局、货运站场和枢纽用地范围
城市道路系统规划	1.交通流预测数据的分析、评价； 2.主次干路网的布局，重要桥梁、立体交叉、快速干路、主要广场、停车场位置； 3.自行车、行人专用道路系统

城市客运系统规划

1. 城市轨道交通线路和网络规划

轨道交通线路规划应与城市空间布局土地使用规划相协调，规划控制范围应符合：沿轨道地下线线路中心线向两侧各15m，沿轨道高架线线路中心线向两侧各35m线路走向符合主导客流方向，并与集约型公共交通及行人、自行车交通衔接顺畅，便于换乘。

2. 城市常规公共交通线路和站场布局规划

城市常规公交场的用地面积宜根据城市公共汽车拥有量和公交场站的单位用地面积确定。其中，城市公共汽车的万人拥有量应符合表2的规定，旅游城市和其他流动人口较多的城市可适当提高。公交站场的综合用地面积不应小于每辆标准车150m²，当建有加油、加气设施时，应另行核算后加入公交场站用地面积中。单个公交首末站的用地面积不宜低于2000m²。

城市公共汽车万人拥有量   表2

规划城市人口（万人）	≥100	50~100	≤50
公共汽车万人拥有量（标台/万人）	12	10	8

3. 客运换乘枢纽

主要承担城市内部的轨道交通、快速公交、常规公交、出租车、私人小汽车、公共自行车等各种交通方式的客流集散和换乘功能。换乘枢纽布局应与城市各级功能中心相结合，宜与公共交通场站合并布置，并按需求配置自行车停车场、出租车和社会车辆的上、落客区、社会车辆停车场等交通设施。客运换乘枢纽的用地规模宜满足：在城市中心区达到2000~5000m²，在城市集中建设区边缘达到2000~10000m²。

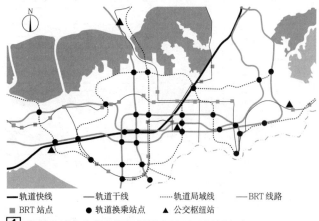

轨道快线 **轨道干线** **轨道局域线** **BRT线路**
■ BRT站点 ● 轨道换乘站点 ▲ 公交枢纽站

1 深圳市城市公共交通规划图（2010—2020年）

城市对外交通设施规划

1. 机场

民用机场可分为国际枢纽机场、区域枢纽机场、干线机场和支线机场，规划用地规模应符合：枢纽机场700~3000hm²，干线机场200~700hm²，支线机场100~200hm²。干线以上机场与城市之间宜采用轨道交通联系，并应规划机场专用道路，其中枢纽机场应有2条及以上对外运输通道。

2. 铁路

按运输功能分为普速铁路、高速铁路和城际铁路。根据《铁路安全管理条例》（国务院令第639号，2013年），线路两侧应设立安全保护区，范围从线路路堤坡脚、路堑坡顶或者铁路桥梁外侧起向外的距离应符合表3的规定。

铁路设施的用地规模和长度应符合表4的规定。

铁路线路安全保护区范围（单位：m）   表3

	城市市区	城市郊区	村镇居住区	其他地区
高速铁路	10	12	15	20
其他铁路	8	10	12	15

铁路设施规划用地   表4

项目	类型	用地规模（hm²）	用地长度要求（m）
客运站	特大型	>50	1500~2500
	大型	30~50	1500~2500
	中小型	8~30	1200~1800
货运站场	大型	25~50	500~1000
	中小型	6~25	300~500
集装箱中心站	—	50~100	1500~2000
编组站	大型	150~350	5000~7000
	中小型	50~150	2000~4000
动车段	—	50~150	2500~5000
动车所	—	10~50	1800~2500

注：本表摘自《城市对外交通规划规范》GB 50925-2013。

3. 港口

客运港宜布局在中心城区，与城市交通紧密衔接，其用地规模应按高峰小时旅客聚集量确定。货运码头的陆域规划用地应根据码头功能布局、装卸作业要求、货物种类、货物吞吐量、货物储存期和建设用地条件合理确定。港区集疏运通道应与高速公路、一级公路、二级公路、城市快速路或主干路便捷联系，并与铁路和水运顺畅衔接。

4. 公路

特大城市和大城市主要对外联系方向上应有2条二级及以上等级的公路。高速公路应与城市快速路或主干路衔接，一级、二级公路应与城市主干路或次干路衔接。

高速公路 **国道** **铁路** **主要对外通道**
⊛ 火车站 工 港口 ✈ 机场 ⊗ 公路客运站

2 厦门市城市对外交通设施规划图（2012—2020年）

城市道路系统规划

1. 城市路网平面布局

常见的布局形态可归纳为方格网状、环形放射式、自由式、链式四种类型，而这些类型自由组合则可形成组合式。

城市路网布局形态 表1

类型	形态	特征和性能
方格网状		按一定间距平行和垂直排列主干路，在主干路之间再排列次干路，适用于地形平坦的城市
环形放射式		以径向放射性道路和围绕中心的环路组成环形放射式路网，环路形成中心城区交通保护圈，避免过境交通穿越市中心
自由式		道路网布局根据地形变化，自由延展、蜿蜒多变，避免对原有地形进行大规模改造
链式		以一条干线为轴线，其余道路分散在两侧，与轴线相交。链式路网过境交通集中在干线上，其他用地内部没有过境交通

2. 城市路网密度

路网密度应符合表2中的规定，并结合用地功能和开发强度综合确定。其中，城市干线道路系统的密度还应符合：规划城市人口100万及以上的城市按1.2~1.7km/km²控制；50万~100万的城市按1.1~1.6km/km²控制；20万~50万的城市按1~1.4km/km²控制；5万~20万的城市按0.8~1.2km/km²控制。

不同用地功能区的街区尺寸和路网密度参考值 表2

城市功能分区		街区尺度		路网密度（km/km²）
		长	宽	
居住功能区		200~300	100~300	7~15
商业功能与就业集中中心区		100~200	100~200	10~20
工业区		200~600	150~400	4~12
物流园区	物流街区	200~600	4~12	4~12
	服务街区	200~400	7~15	7~15

注：1. 石油加工、精品钢、化工等单位占地较大的工业街区应根据实际用地需求确定。
2. 历史街区的街区尺度按照历史文化保护规划相关要求控制。

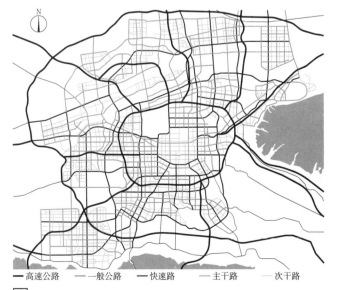

—— 高速公路 —— 一般公路 —— 快速路 —— 主干路 —— 次干路

1 西安市城市道路系统规划图（2011—2030年）

3. 城市道路等级

依据在道路网中的地位交通功能及对沿线的服务功能等，城市道路可分为快速路、主干路、次干路、支路四个等级。

其中，城市快速路与主干路及其等级以上的道路相交应采用立体交叉形式，用地面积宜为3万~12万m²。

4. 城市道路横断面形式

城市道路横断面布置形式可分为表3中的5种。

城市道路横断面形式 表3

横断面形式	特点及适用范围
单幅路	路幅较窄，占地少，投资少。适用于交通量不大的次干路与支路等
两幅路	在车道中央用绿化带或隔离设施分隔。适用于车速快、机动车多、非机动车少的干路，或附近有辅路可供非机动车行驶的快速路和郊区道路，以及横向高差大或地形特殊的路段
三幅路	用绿化带或隔离设施将机动车道和非机动车道分隔。适用于红线较宽、非机动车多、机动车交通量较大、车速较快的主干路或次干路
四幅路	用绿化带或隔离设施将车行道分隔为4个部分。适用于机动车流量大且车速快、非机动车多、有景观需要的快速路或主干路
特殊形式	路幅不对称或不同于上述横断面形式

各等级道路的规划参考指标 表4

道路等级	设计速度（km/h）	功能	基本红线宽度（m）	双向车道数（条）
快速路	100、80、60	为城市中、长距离机动车出行提供快速交通服务	30~60	主路4~8
主干路	60、50、40	连接城市各主要分区，或服务分区内部的主要交通联系	30~60	4~8
次干路	30、40	集散交通为主，为分区内地方性交通服务	25~40	2~4
支路	20、30	服务局部地区的地方性交通组织	7~20	2或混合

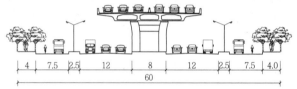

a 四幅路（高架快速路，地面Ⅰ级主干路）

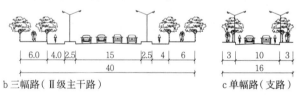

b 三幅路（Ⅱ级主干路）

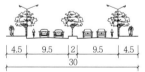

d 两幅路（Ⅲ级主干路）

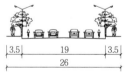

c 单幅路（支路）

e 单幅路（次干路）

2 城市道路横断面参考形式（单位：m）

城市道路横断面宜由机动车道、非机动车道、人行道、分车带、设施带、绿化带等组成。为推进"海绵城市"建设，道路范围内可设计以调蓄和截污为主的低影响开发设施，结合道路绿化带设计下沉式绿地。

一条机动车车道、非机动车车道最小宽度（单位：m） 表5

车辆及行驶状态	大型车或混行车道		小客车专用车道		非机动车道	
设计速度（km/h）	>60	≤60	>60	≤60	自行车	三轮车
宽度（m）	3.75	3.5	3.5	3.25	1.0	2.0

注：本表摘自《城市道路工程设计规范》CJJ 37-2012。

人行道最小宽度（单位：m） 表6

适用范围	各级道路	商业或公共场所集中路段	火车站、码头附近路段	长途汽车站
一般值	3.0	5.0	5.0	4.0
最小值	2.0	4.0	4.0	3.0

注：本表摘自《城市道路工程设计规范》CJJ 37-2012。

绿地系统

城市绿地系统是指城市建成区或规划区范围内，具有一定数量和质量的各类绿地通过有机联系形成的生态环境系统。

城市绿地系统的职能包括：改善城市生态环境、满足居民休闲娱乐需求、组织城市景观、美化环境和防灾避灾等。

指标体系

我国城市绿地规划指标体系包括：人均公园绿地面积、城市绿地率和城市绿化覆盖率。

城市绿地控制指标 表1

指标体系	计算公式	指标控制
人均公园绿地面积（m²/人）	城市公园绿地面积（m²）/城市人口数量（人）	《城市用地分类与规划建设用地标准》GB 50137-2011中规定人均公园绿地面积不应小于8.0m²；《城市园林绿化评价标准》GB/T 50563-2010中确定城市园林绿化I级人均公园绿地在9.5~11.0m²以上，城市园林绿化II级7.5~9.0m²以上，城市园林绿化III级和VI级6.5~7.5m²以上
城市绿地率（%）	城市建成区内绿地面积之和（m²）/城市的用地面积（m²）×100%	《城市园林绿化评价标准》GB/T 50563-2010中确定城市园林绿化I级、II级标准取值为35%和31%，城市园林绿化III级和VI级标准取值为29%
城市绿化覆盖率（%）	城市内全部绿化种植垂直投影面积（m²）/城市的用地面积（m²）×100%	《城市园林绿化评价标准》GB/T 50563-2010中确定城市园林绿化I级、II级标准取值为40%和36%，城市园林绿化III级和VI级标准取值为34%

公园绿地

城市公园绿地按服务半径分等级设置，一般包括市级综合公园、区级综合公园、居住区级公园和小区游园，为居民提供便利性、共享性和可达性的服务。

城市公园绿地分级 表2

公园等级	面积规模（hm²）	规划服务半径（m）	居民步行来园所耗时间（min）
市级综合公园	≥20	2000~3000	25~35
区级综合公园	≥10	1000~2000	15~20
居住区级公园	≥4	500~800	8~12
小区游园	≥0.5	300~500	5~8

形态

城市绿地系统空间形态 表3

模式	块状	环状	带状	楔状
特征	若干封闭的、大小不等的独立绿地，分散布置在城区内	城市内部或外线的环状绿带用以连接沿线公园，或以宽阔的绿环限制城市蔓延和扩散	绿带与城市水系、道路、城墙等结合呈线状，形成纵横向绿带	绿地从郊区由宽到窄伸入市区
示意				
案例	苏州古城	成都	重庆	莫斯科

分类

《城市绿地分类标准》CJJ/T 85-2002和《城市用地分类与规划建设用地标准》GB 50137-2011中对绿地进行了不同类别的划分。

绿地分类一 表4

类别代码	类别名称	内容
G1	公园绿地	向公众开放，以游憩为主要功能，兼具生态、美化、防灾作用的绿地
G2	防护绿地	具有卫生、隔离和安全防护功能的绿地
G3	广场用地	以游憩、纪念、集会和避险等功能为主的城市公共活动场地

注：本表摘自《城市用地分类与规划建设用地标准》GB 50137-2011。

绿地分类二 表5

类别代码	类别名称	内容
G1	公园绿地	包括综合公园、社区公园、专类公园、带状公园及街旁绿地
G2	生产绿地	为城市绿化提供苗木、花草、种子的苗圃、花圃、草圃等圃地
G3	防护绿地	包括城市卫生隔离带、道路防护绿地、城市高压走廊绿带、防风林、城市组团隔离带等
G4	附属绿地	城市建设用地（除G1、G2、G3外）中绿地之外各类用地中的附属绿化用地
G5	其他绿地	对城市生态环境质量、居民休闲生活、城市景观和生物多样性保护有直接影响的绿地。包括风景名胜区、水源保护区、郊野公园、森林公园、自然保护区、风景林地、野生动植物园、湿地、垃圾填埋场恢复绿地等

注：本表摘自《城市绿地分类标准》CJJ/T 85-2002。

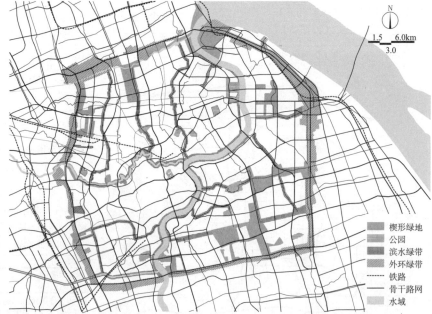

图例	
	楔形绿地
	公园
	滨水绿带
	外环绿带
-----	铁路
──	骨干路网
	水域

上海市城市总体规划（2016—2040年）提出织密绿地网络，延续原有的近郊绿环，持续推进楔形绿地建设，打造由国家公园、郊野公园（区域公园）、城市公园、地区公园、社区公园等各层次公园组成的城乡公园体系，建设完善5~10min步行可达的绿地系统。规划至2020年，人均公园绿地面积达到8.5m²；至2040年，中心城新增公园绿地30km²以上，森林覆盖率达到50%以上。

1 上海市中心城区绿地系统规划图（2016—2040年）

控制性详细规划

控制性详细规划是以城市总体规划或分区规划为依据，确定建设地区的土地使用性质和使用强度的控制指标、道路和工程管线控制性位置以及空间与环境控制的规划要求。

控制性内容

控制性内容分为强制性指标和引导性要求两大类。

强制性指标是在规划实施和管理时必须遵守的规划要求，包括各地块的用地性质、容积率、建筑密度、建筑高度、绿地率、基础设施和公共服务设施配套等。

引导性要求是在规划实施和管理时需要参照执行的内容，如人口容量、城市空间、建筑体量、建筑形式、建筑色彩等。

城市"五线"控制是城市紫线、城市黄线、城市绿线、城市蓝线、城市红线控制。城市紫线指国家历史文化名城内的历史文化街区和省、自治区、直辖市人民政府公布的历史文化街区的保护范围界线，以及历史文化街区外经县级以上人民政府公布保护的历史建筑保护范围界线。城市黄线指对城市发展全局有影响的、城市规划中确定的、必须控制的城市基础设施用地的控制界线。城市绿线指城市各类绿地范围的控制线。城市蓝线指城市规划确定的江、河、湖、水库、渠和湿地等城市地表水体保护和控制的地域界线。城市红线指城市道路用地控制线。

控制性详细规划编制主要内容一览表　　表1

规划层面	作用	主要内容
控制单元	控制单元是总体规划、分区规划与控制性详细规划之间的衔接层次，是总体规划及分区规划各项内容的细化落实	包括控制单元的主导功能、城市红线、城市蓝线、城市紫线、城市黄线、城市绿线、主要的公益性服务设施和市政基础设施、规划用地性质、人口规模、城市设计引导、地下空间开发等
地块	控制性详细规划需要明确规划范围内所有地块的各项控制指标及规划要求	包括用地性质、地块用地面积、容积率、建筑密度、建筑高度、绿地率、停车泊位、市政与公共服务配套设施、城市设计引导、交通出入口控制、地下空间开发等

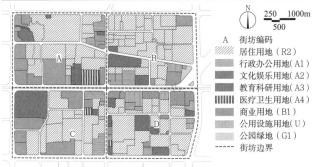

A	街坊编码
	居住用地（R2）
	行政办公用地（A1）
	文化娱乐用地（A2）
	教育科研用地（A3）
	医疗卫生用地（A4）
	商业用地（B1）
	公用设施用地（U）
	公园绿地（G1）
	街坊边界

控制单元内容一览表

控制单元范围		规划总面积约187.73hm²
主导功能		生活居住功能
人口规模		规划容纳居住人口2.4万人
总体管控要求		住宅以二类居住为主，对现有的少量二类住宅综合整治，完善公共配套服务设施，提升社区居住环境质量
设施配套	公益性服务设施	小学2处，中学2处，医院2处
	市政基础设施	社会停车场2处，加油站1处，公交停车场1处，垃圾中转站3处
开发强度	建筑高度	居住建筑以多层、小高层为主，公共设施建筑高度可适当放宽，原则上不超过70m
	容积率	居住用地以1.4~1.8为主，公共设施用地以2.0~2.5为主，重点地块可达3.5
	建筑密度	30%~40%
城市设计引导		优化主干路两侧的建筑界面，保证主干路街景的连续性；因地制宜保留支路和街坊道路，保持城市的原有肌理；结合城市旧区改造增加公共空间和街坊绿地

1 控制性详细规划控制单元规划示例

控制性详细规划的强制性指标一览表　　表2

强制性指标	定义	计算方法及图示
用地面积	指城市规划行政部门确定的规划地块边界线所围合的平面投影面积，单位为hm²	
用地性质	指土地的主要用途。按照国家现行标准《城市用地分类与规划建设用地标准》GB 50137-2011将规划用地分类至小类，无小类的分至中类	
容积率	指地块内总建筑面积与地块用地面积的比值（一般控制上限）	住宅地块：$容积率 = \dfrac{住宅总建筑面积}{住宅用地面积}$　学校地块：$容积率 = \dfrac{学校总建筑面积}{学校用地面积}$
建筑密度	指地块内所有建筑物的基底总面积占地块用地面积的比例（控制上限）	住宅地块：$建筑密度 = \dfrac{住宅建筑基底面积}{住宅用地面积} \times 100\%$　学校地块：$建筑密度 = \dfrac{学校建筑基底面积}{学校用地面积} \times 100\%$
绿地率	指地块内各类绿化用地总面积占该地块总面积的比例（控制下限）	$绿地率 = \dfrac{宅旁绿地 + 组团绿地 + 公共绿地}{用地面积} \times 100\%$
建筑高度	指地块内建筑物室外地面到其女儿墙（平屋顶）或屋脊（坡屋顶）的高度限制，也称建筑限高（控制上限）	一般平屋面建筑高度计算：$H = (H_2 \times n) + H_1 + H_3$；$H$—建筑高度 n 总楼层数；H_1—室外地面台阶高度；H_2—标准层层高；H_3—女儿墙高度
停车泊位	指地块内规定需要配置的停车位数量	
建筑后退	指地块内建筑物相对于地块边界和各种规划控制线的后退距离，通常按照后退距离的下限进行控制	
交通出入口方位	指地块内允许设置车行和人行出入口的方向和位置	

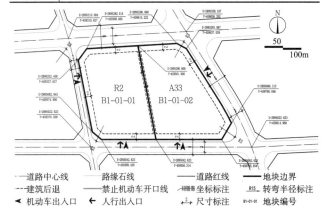

道路中心线	路缘石线
建筑后退	禁止机动车开口线
机动车出入口	人行出入口
道路红线	地块边界
坐标标注	R15 转弯半径标注
尺寸标注	B1-01-01 地块编号

地块控制指标一览表

序号	地块编码	用地代码	用地性质	用地面积(hm²)	容积率	建筑密度	建筑高度(m)	绿地率	交通出入口方位	停车泊位(个)
1	B1-01-01	R2	二类居住用地	4.11	1.8	25%	54	35%	W/S	610
2	B1-01-02	A33	高中用地	4.51	0.6	18%	20	40%	E/S	100

2 控制性详细规划地块控制规划示例

保护规划概述

保护规划包含历史文化名城保护规划、历史文化名镇保护规划、历史文化名村保护规划、传统村落保护与发展规划、历史文化街区保护规划、文物保护单位保护规划的法定规划类型。

保护范围的分级与划定　　　　　　　　　　　　　　表1

对象	保护范围	划定方式
文物保护单位	文物保护范围和建设控制地带、地下文物埋藏区的界线	以各级人民政府公布的保护范围、建设控制地带为准
历史建筑	保护范围和建设控制地带	历史建筑本身和必要的建设控制区
历史文化街区、历史文化名镇、历史文化名村	核心保护范围	传统格局和历史风貌较为完整、历史建筑和传统风貌建筑集中成片的地区
	建设控制地带	核心保护范围之外允许建设的区域，应严格控制建（构）筑物的性质、体量、高度、色彩及形式
	环境协调区	建设控制地带之外，以保护自然地形地貌等整体历史环境为主要内容的区域，根据需要划定
传统村落	参照历史文化名村	

保护原则

保护规划强调保护遗产的真实性和完整性，保护历史遗存的真实载体及其环境。保护城镇（村落）的空间格局、历史建筑与传统建筑、街巷尺度、空间肌理、古树名木和文物古迹，保护包括人文环境和自然环境在内的遗产地整体空间环境和风貌特色，新建和改建活动不应对遗产的价值产生负面影响。应在有效保护历史文化遗产的基础上，改善人居环境，适应现代生活的物质和精神需求，推动遗产地的复兴，促进经济、社会的可持续发展。

保护规划内容

保护规划主要包括辨别保护对象、划定保护范围、制定保护目标、提出保护原则并确定相应的保护方式，以及为保护文化遗产而制定的建筑高度控制、景观与环境整治、住房与基础设施改善、交通组织、防灾、社区与旅游发展等内容。

保护方式

建（构）筑物保护与整治方式　　　　　　　　　　　表2

建（构）筑物分类	文物保护单位	历史建筑	一般建（构）筑物	
			与历史风貌无冲突的建（构）筑物	与历史风貌有冲突的建（构）筑物
分类依据	经县以上人民政府核定公布应予重点保护的文物古迹	有一定历史、科学、艺术价值的，反映城市历史风貌和地方特色的建（构）筑物	与城市历史风貌和地方特色无明显不协调的建（构）筑物	危棚、简屋、违章建筑、通过改建的方式无法与历史风貌相协调的建（构）筑物
保护与整治方式	修缮：日常保养、防护加固、现状修整、重点修复等	维修改善：不改变外观特征的加固和保护性复原活动，调整、完善内部布局及设施	保留：保留现状体量、高度和形式，不得改建、扩建	整修改造、拆除：改变建筑色彩、减层、屋顶形式、局部拆除、全部拆除

保护范围

保护范围是指根据保护对象的类型、特征、环境等与遗产价值相关的因素，从保护要求出发确定的需要予以保护的区域。在保护范围内，应对各类保护对象提出保护要求，确定保护与整治的具体内容，制定规划实施的相关管理措施。

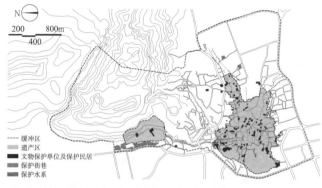

缓冲区
遗产区
文物保护单位及保护民居
保护街巷
保护水系

丽江大研古城根据世界文化遗产地保护管理要求，确定遗产区、缓冲区、环境协调区三层保护范围：遗产区包括古城及民居建筑群；缓冲区在遗产区周边划定，保持其原有的历史风貌与环境；环境协调区着重对自然环境保护与修复、遗产片区之间的联系通道、遗产片区与自然环境之间的视线通道以及山、水、城、田、村的大格局予以保护。

1 世界文化遗产地丽江大研古城保护范围规划（2013年）

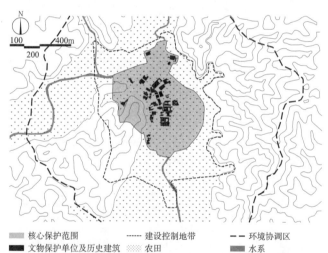

核心保护范围　　　　　　　　建设控制地带　　　　　　环境协调区
文物保护单位及历史建筑　　　农田　　　　　　　　　　水系

传统村落的保护范围强调将村落及与其有重要自然、文化关联的区域整体划为保护区。福建省连城县培田村划定了包括核心保护范围、建设控制地带、环境协调区在内的保护区。

2 福建省连城县培田村保护范围规划（2013年）

保护建筑　　　　　　　保留历史建筑　　　　　　其他建筑
一般历史建筑　　　　　拆除建筑　　　　　　　　风貌保护道路

3 上海外滩历史文化风貌区保护规划（局部，2005年）

市政公用设施

市政公用设施是指城乡中为生活及生产服务的各项工程性基础设施，通常包括给水、排水、电力、燃气、供热、通信、环境卫生等工程设施。

市政公用设施构成表 表1

分项	定义	主要设施
给水工程	为城乡提供生产、生活等用水而兴建的各项工程设施	取水设施、输水管网、净水厂、配水管网、泵站及储水设施等
排水工程	为收集、输送、处理和排放城乡污水和雨水而兴建的各种工程设施	收集设施、排水管网、泵站、污水处理厂、雨水排放口、尾水排出口等
电力工程	为城乡提供生产、生活等用电而建设的各项工程设施	发电厂、变配电站、高压输电线路及其廊道、中低压配电网等
燃气工程	满足居民生活、商业、工业企业生产、采暖通风、空调等用气而兴建的各项工程设施	气源厂、长输管线、分输站、门站、调压站、配气管网等
供热工程	为向热能用户供应生产或生活用热能而兴建的各项工程设施	热电厂、锅炉房、中继站、热力站、热力管网等
通信工程	为城市范围内、城市之间、城乡之间各种信息的传输和交换而兴建的各项工程设施	邮政局所、电信局楼、广播电视局站、通信管网等
环境卫生	为从整体上改善城乡环境卫生、限制或消除废弃物危害而兴建的工程设施	收集点、转运站、处理处置场、水上设施、车辆清洗站及停车场、公共厕所、废物箱、洒水（冲洗）车供水器等

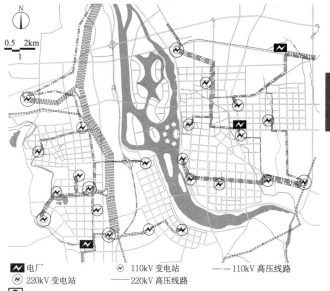

- ⚡ 电厂
- ⊗ 220kV 变电站
- ⊗ 110kV 变电站
- —— 110kV 高压线路
- ····· 220kV 高压线路

3 某城市电力工程规划图

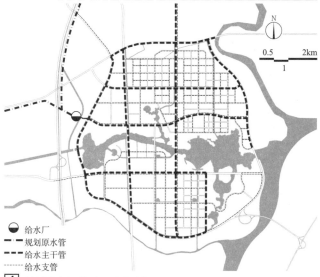

- ⬱ 给水厂
- – – 规划原水管
- ━━ 给水主干管
- ····· 给水支管

1 某城市新区给水工程规划图

- ⊡ Rz 天然气门站
- ⊗ Rs 次高压 / 中压调压站
- ━━ 高压燃气管
- —·— 次高压燃气管
- ····· 中压（A）燃气管

4 某城市燃气工程规划图

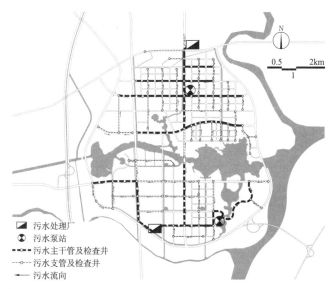

- ◪ 污水处理厂
- ⊗ 污水泵站
- –○– 污水主干管及检查井
- –○– 污水支管及检查井
- → 污水流向

2 某城市新区污水工程规划图

- ▽ 广电中心
- ▣ 通信核心机房
- ▣ 通信汇聚机房
- – – 通信主干管
- ····· 通信支管

5 某城市通信工程规划图（局部）

城市防灾

城市防灾是为抵御和减轻各种自然灾害和人为灾害及各类次生灾害对城市居民生命财产和各项工程设施造成危害和损失，所采取的各种预防措施。

城市防灾工程构成   表1

分项	定义	主要设施
防洪排涝	为抵御和减轻洪水和涝水对城市造成灾害而采取的各种工程和非工程预防措施的总称	防洪堤、节制闸、排涝泵站等
城市消防	为预防和减轻因火灾对城市造成损失而采取的各种预防措施和建立的减灾系统的总称	消防指挥工程、消防站、消防供水、消防通信、消防车道等
人民防空	为防御和减轻城市因遭受常规武器、核武器、化学武器和细菌武器等空袭而造成危害和损失，所采取的各种防御和减灾措施的总称	人防指挥工程、医疗救护、防空专业队、人员掩蔽、配套工程等
地震与地质灾害防治	为抵御和减轻地震和地质灾害及由此而引起的次生灾害，而采取的各种预防措施的总称	抗震指挥工程、避震疏散场所、防灾据点、应急物资储备、避震疏散通道等
避难疏散	为避免各种自然灾害、突发事件等造成的损失而建设的人员紧急疏散、临时生活安全场所及相应的通道	应急避难场所、基本设施、一般设施、综合设施、疏散通道、救灾通道等

环境保护

在城市范围内，为合理利用自然资源，防治环境污染，保持城市生态平衡，保障城市居民的生活及经济、社会发展具有适宜的环境而采取的措施。

环境保护构成   表2

分项	主要内容
生态功能区划	根据城市生态环境要素、生态环境敏感性与生态服务功能空间分异规律，将区域划分成不同生态功能区
环境功能区划	根据城市不同单元环境承载力及环境质量，提出不同功能的环境单元的环境目标和环境管理对策
水污染防治	对水体因某种物质感染、破坏，从而影响水的有效利用，危害人体健康或者破坏生态环境，造成水质恶化的现象的预防和治理
大气污染防治	阻止大气环境质量变差的措施与方法
声环境污染防治	确定声环境质量控制目标，提出声环境质量控制措施
固体废弃物处理处置	确定固体废弃物处理处置目标，提出生活垃圾、工业固体废物、危险废物、建筑垃圾和余泥土方、城市粪渣等污染控制措施
核辐射与电磁辐射污染防治	划定核动力厂周围非居住区和规划限制区，制订核电厂场内外应急计划，明确放射性废物的贮存和运输方案，提出核辐射与电磁辐射污染防治措施

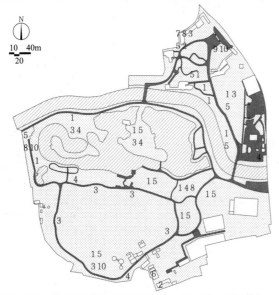

1 应急安置区　2 应急医疗救护　3 应急灭火器　4 应急厕所　5 应急供水
6 应急供电　7 应急指挥　8 应急物资供应　9 应急停机坪　10 应急监控
1 某城市避难疏散场所平面布局图

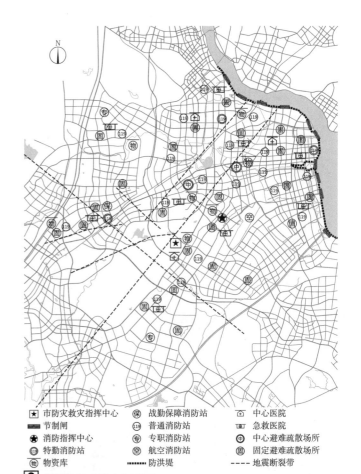

★ 市防灾救灾指挥中心　🅆 战勤保障消防站　⬡ 中心医院
■ 节制闸　⑪⑨ 普通消防站　🄴 急救医院
★ 消防指挥中心　专 专职消防站　🅐 中心避难疏散场所
🄵 特勤消防站　🅰 航空消防站　🄲 固定避难疏散场所
物 物资库　∙∙∙∙∙∙ 防洪堤　----- 地震断裂带
2 某城市综合防灾规划图

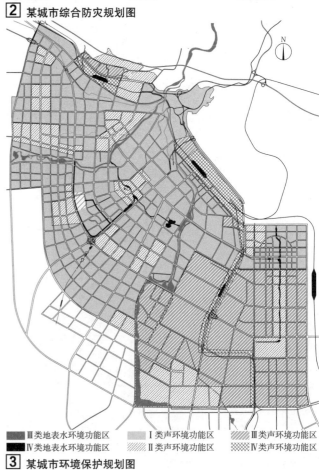

▨ Ⅲ类地表水环境功能区	▨ Ⅰ类声环境功能区	▨ Ⅲ类声环境功能区
■ Ⅳ类地表水环境功能区	▨ Ⅱ类声环境功能区	▨ Ⅳ类声环境功能区

3 某城市环境保护规划图

风景园林与景观设计的内容

景观设计是风景园林学学科的核心领域之一。风景园林学是保护、规划、设计、建设和管理户外自然与人工域的学科，核心工作是基于户外空间营造，在人居环境发展中协调自然与人类之间的关系，目标是保护创造人类理想的生存环境。风景园林学与建筑学、城乡规划学三位一体、相辅相成，成为人居环境学科群核心支柱性学科，景观设计广居其中，与三学科联系紧密，发挥着重要的桥梁纽带和汇合凝聚的作用。本资料集以风景园林学科为基础背景，以"景观设计"为媒，力求涵盖当今风景园林规划设计的12类主要领域——古代园林、近代园林、建筑庭院、屋顶花园、城市公园、城市公共空间、住区景观、道路景观、滨水景观、城市绿地系统、绿色基础设施、棕地，以及与风景园林规划设计应对的材料及其营造技术：石材、木材与构造、砖瓦、混凝土、金属、塑料、玻璃、土工织物等各类人造材料与铺装，掇山、地形塑造、护坡、挡土墙、驳岸等营造，园林绿化、垂直绿化、屋顶绿化与栽培种植。

风景园林规划设计的总目标与基本要求

1. 风景园林规划设计的总目标

设计人们户外活动所需的理想优美的环境场所，保护、恢复、营造、管理自然与人文环境，追求人与自然的和谐共生。

2. 风景园林规划设计的基本要求

（1）翔实的基地现状调查与分析。综合考虑基地周边环境、景观环境物理小气候适应、自然与人文因素、景观视觉、市政交通等设计因素。

（2）依据并符合相应的多专业各类各级的上位规划与技术规范。

（3）平面布局与空间组织合理，满足使用功能需求；场地地形处理、地表排水组织得当，满足生态环境保护需求；景观空间视觉组织符合人类感受反应习惯，满足人的美景观赏需求。

（4）规划设计要具有丰富的文化内涵、鲜明的地方地域特色、高度的美学艺术价值等，且营造及后期养护符合低碳、环保、低成本的时代发展需要。

相关学科、元素、要素和技术工艺

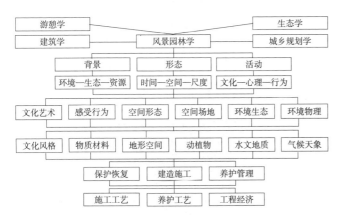

1 风景园林规划设计包含的相关学科、元素、要素和技术工艺图

风景园林规划设计流程

1. 准备阶段

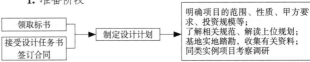

2 风景园林规划设计准备阶段示意图

2. 规划阶段

风景园林规划的工作阶段一般包括规划大纲、总体规划和详细规划三个阶段，各阶段又划分为概念规划和规划两种深度。内容通常包括项目的范围、性质、规划目标、规划结构与空间布局以及各专项规划等图纸文字工作。

3. 方案设计阶段

（1）目录

（2）设计说明书：包括设计总说明（设计依据、设计指导思想、设计原则、设计范围、项目概况和特征、设计构思）、各专业设计说明（可单列专业篇，如绿化、给水排水、园建和电气专业等）

（3）设计图纸：包括综合现状分析图、总平面图、场地剖立面图、透视图、整体鸟瞰图、功能分区图、空间序列分析图、交通组织分析图、竖向设计图、给水排水设计图、种植设计图、电气设计图、分区设计图、园建及设施小品设计图或意向图等

（4）工程概算

3 风景园林规划设计方案设计阶段示意图

4. 扩初设计阶段

风景园林扩初设计包含下列各阶段与相应图纸文字：

（1）总平面详图（分区平面范围、主要剖面位置、主要景点名称、功能区、设施名称）、说明；

（2）地形图（等高线、地形排水、道路坡度、标高、小品标高等）、说明；

（3）道路、广场的铺装用材和图案、说明；

（4）植物配置图、树木品种与数量统计表、说明；

（5）管线布置图（给水排水、灯光照明等）、说明；

（6）主要建构筑物（景观建筑、亭架廊、水景、花坛、景墙、花台、喷水池等）的平、立、剖面图、特殊做法、说明。

5. 施工图设计阶段

风景园林施工设计阶段与图纸包括：

（1）景观总平面图、详图索引图、定位尺寸图；

（2）竖向设计平面图、给水排水施工图；

（3）各分区的放线详图（节点的坐标、道路的弧形半径和标注等）；

（4）各分区的地形图、户外标高图（土方平衡表）；

（5）植物种植放线图、苗木表、植物技术指标；

（6）各种园林建筑小品定位图、平立剖面图、结构图、节点大样图；

（7）园路、广场的放线图、铺装大样图、结构图、铺装材料的名称型号颜色；

（8）水体的平立剖面图、放线图及施工大样图；

（9）各种室外家具、电器、照明布置图、施工大样图、型号选择；

（10）材料明细表、施工说明。

11
景观设计

风景园林规划设计中景观空间单元及其基本形态

风景园林规划设计中的景观空间单元指由风景园林要素围合而成的景观空间。任一风景园林的景观空间通常由若干基本的景观空间单元组合而成。景观空间单元基本形态分为几何形和自由形两大类：几何形包括圆形、方形、矩形、三角形、多边形、流线曲线形等较为规则的几何形；自由形受自然界因素影响，更多的是自由曲线和不规则的形状。不论是几何形还是自由形，人们更为偏爱的景观空间单元应符合"瞭望—庇护"理论的"前面可以眺望、背后具有围合防护"的同时，兼具眺望和庇护功能的空间形态。

风景园林规划设计的三类景观空间感受单元

1. 亲密类：0~25m见方的空间范围，此类景观感受单元其空间相对较为紧凑围合，具有良好的人类户外自然视觉、听觉等五官综合感受的交流，人与自然、人与人之间关系感觉较为亲密，属于小尺度景观感受单元。

2. 开敞类：25~110m见方的空间范围，此类景观感受单元其空间感受较为开敞，适用于广场、公园绿地等公共性集散场所，属于宜人的中等尺度景观感受单元。

3. 宏大类：110~390m见方的空间范围，接近自然空间尺度，此类景观感受单元其空间感受更为开敞，多见于近自然空间环境，适用于大型公共性集散、仪式等活动的广场、公园等公共空间，属于大型尺度的景观空间感受单元。此外，390m以上见方的空间范围，更接近自然山水空间尺度，尤以视觉感受为导向，可以给人以开阔壮观的景观空间感受，多见于自然山水景观和城市视觉景观廊道等空间规划设计。

风景园林规划设计中基于视觉的景观空间组织

基于视觉的景观空间组织所要考虑的因素包括：景观点、景观轴线、景观区域。景观点因对视线的吸引力较大而形成，多为视线汇聚之地，具有内敛、外散、吸引、扩张等的两两双重属性；景观轴线多以带状活动空间、交通廊道、生态廊道、视觉景观廊道为载体而呈现，具有线性、秩序性、方向性、动态性等多种属性；景观区域由活动场地、片林、水面等面状景观组成。景观点、景观轴线、景观区域构成景观空间的点、线、面，基于视觉的景观空间组织正是点、线、面的组织。景观空间组织的方法之一就是以景观轴线为骨架，景观轴线交叉的节点为景观点，诸景观轴线交织而成的"网"所覆盖的区域为景观区域。

风景园林规划设计中的建构筑物布局

风景园林中的建构筑物通常是一处风景园林的点睛之笔，简称"构筑"。在总平面设计中，构筑一般都是景点所在，或可以一览周围美景，或可以为四面八方所观看，地位突出；构筑通常又与景观轴线关系密切，既可以作为轴线的起点、中点、结点，可以成为轴线转折之点，又可以作为若干条轴线联系之汇集点；在景观区域中，构筑同样发挥着统领全局、画龙点睛的作用，通常做法是将若干构筑布置在区域的构图"核心"、"中心"或"重心"之处，形成"疏可走马"、"密不透风"的格局。总之，作为风景园林中的精品、重点，在结合使用功能的前提下，景观构筑一方面需根据景观点、景观轴线、景观区域来布局，另一方面，也要结合超出基地红线的更大范围背景，综合考虑与自然山水、人工城市等多因素的相互协调。至于构筑本身，其形式则可以千变万化，中国古典园林中的亭台楼阁就非常典型。

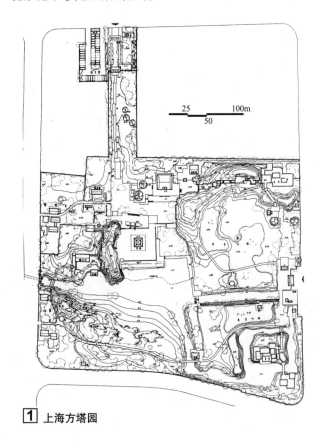

1 上海方塔园

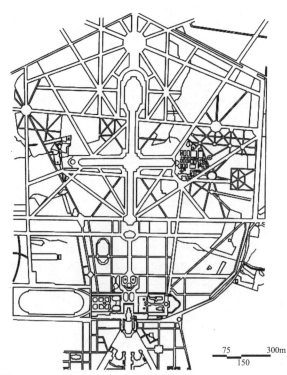

2 法国凡尔赛宫苑

概念与类型

古典园林是对古代园林及具有典型古代园林风格的园林作品的统称。以清代园林为代表，中国古典园林的类型大致可分为：皇家园林、私家园林、寺观园林和风景名胜等。

中国古典园林类型　　　　　　　　　　　　表1

园林类型	类型细分	典型实例
皇家园林	大内御苑、离宫御苑、行宫御苑、坛庙园林、陵寝园林	圆明园、避暑山庄
私家园林	豪华楼阁式园林、富贵堂院式园林、清幽斋馆式园林、质朴田舍式园林	苏州拙政园、留园、网师园
寺观园林	佛寺、道教宫观、清真寺、祠堂	北京潭柘寺
风景名胜	城市水系、名胜古迹、村落	杭州西湖、济南大明湖、安徽歙县谭干园

皇家园林

皇家园林规模宏大，皇家气派突出。园内建筑比重大，建筑个体形象和建筑群体组合丰富，着重以建筑来点染自然山水环境的成景效果。赏心悦目的园林景观揉进了驳杂而严肃的象征性主题。

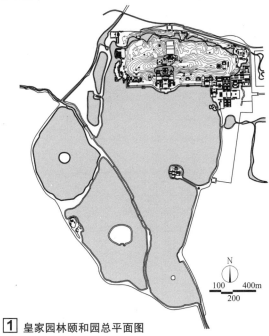

1 皇家园林颐和园总平面图

寺观园林

寺观园林指佛寺、道观、历史名人纪念性祠庙的园林。按照所传教派不同，可以分为：佛寺、道教宫观、清真寺和祠堂等。

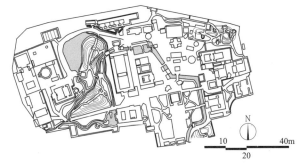

2 寺观园林晋祠平面图

私家园林

私家园林以宅园为主，假山置石是塑造空间结构的主要手法。空间营造突出水景，空间序列旷奥间替，小中见大，抑扬转合丰富空间体验突出核心景观。园林建筑以组景为主，以观景为目的。植物配置围绕组景立意，重视四季变化。楹联匾额为建筑景物点题，诗化园区。

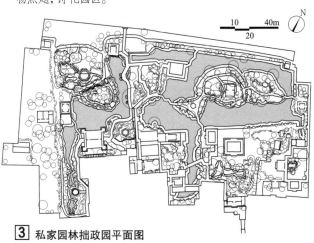

3 私家园林拙政园平面图

风景名胜

风景名胜依托自然山水地貌，将水利、交通等基础设施，以及城市区域与自然环境关系相协调。

4 风景名胜西湖景区平面图

11
景观设计

外国古代园林

　　外国古代园林由于民族差异以及时代的不同，形成了不同历史时期的不同风格，从时间、地域跨度上分为：旧约时代园林、古埃及园林、古希腊园林、中世纪园林、伊斯兰园林、意大利文艺复兴园林、法国古典主义园林以及英国自然风景园林。

外国古典园林时间划分　　　　　　　　　　　　　　　　　　　　　　　　　　　　　　　　　　　　　　表1

名称	时间划分	特点及代表作品
旧约时代园林	公元1000年左右	《旧约圣经》记载的伊甸园及《新约圣经》记载的所罗门王的庭院是有据可查最早的名园
古代园林	4世纪之前	这时期的园林包括埃及园林、美索不达米亚园林、希腊园林和罗马园林。其中较为著名的包括：古埃及时期的巴哈利神庙、古罗马时期的哈德良山庄等
中世纪园林	5~15世纪	这时期的主要包括西欧园林、伊斯兰园林。前者主要包括了修道院庭院、城堡庭院；后者主要包括了波斯的伊斯兰园林以及西班牙伊斯兰园林，西班牙的阿尔罕布拉宫是这个时期的代表作品
意大利文艺复兴园林	15~17世纪	15世纪的文艺复兴运动使得西方园林进入了一个空前繁荣发展的阶段，这时期的园林继承了古罗马园林的特征，在视野较好的山坡上依山而造成为台地花园。这期间的代表作品有兰特花园、埃斯特庄园和凡尔赛斯花园
法国古典主义园林	17~18世纪	17世纪西方园林史上出现了一位开创法国古典主义的杰出人物:勒诺特尔，他的造园手法保留了文艺复兴时期的一些园林元素，又以一种新的更开阔宏伟的方式展现出来。凡尔赛宫苑以及维康府邸园为最杰出的代表
英国自然风景园林	17世纪中期~19世纪初期	相对于之前的造园体系，英国自然风景园展现出开阔自然的草坪以及自然曲折的湖岸，构成了一种独特的园林形式，同时涌现出肯特、布朗等一批优秀的风景园林师，著名的园林有布鲁海姆园、斯托海德园等

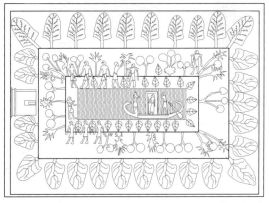

1 埃及法老宅园

位置	建成时间
古埃及	4世纪之前

古埃及宅园中有水池、各种植物和凉亭、棚架等园林建筑；种植方式多样，如庭阴树、行道树、藤本植物、水生植物等；形成了一种凉爽、湿润、舒适的环境

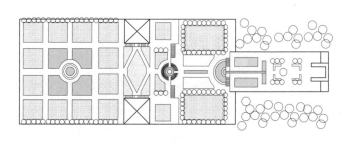

2 兰特庄园

位置	面积	建成时间
意大利巴尼亚亚	1.9hm²	16世纪80年代

全园高差近5m，设有4个台层。兰特庄园以水景序列构成中轴线上的焦点，将山泉汇聚成河、流入大海的过程加以提炼，艺术性地再现于园中

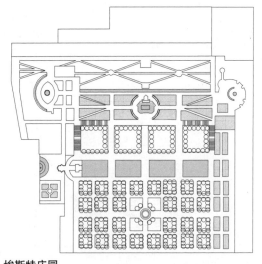

3 埃斯特庄园

位置	面积	建成时间
意大利蒂沃利镇	4.5hm²	16世纪中期

全园形状近似方形，分为6层台地，上下高差近50m。入口设在底层。两边的4块是阔叶树林丛，中央4块布置为绿丛植坛，中央设有圆形喷泉

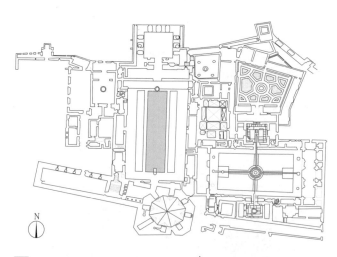

4 阿尔罕布拉宫

位置	面积	建成时间
西班牙格拉纳达	14hm²	13世纪中期

全园高差近5m，阿尔罕布拉宫中有4座伊斯兰庭院，其中狮子宫与桃金娘宫是最为著名的两座，两座庭院通过一个较窄的走廊连接

1 意大利法尔奈斯庄园

位置	面积	建成时间
意大利Viterbo省	2.3hm²	16世纪40年代

建筑前有两块花坛,为中世纪样式,周围有高墙。花坛与建筑之间有壕沟,上架两座小桥,花园主轴线的尽头还布置有岩洞

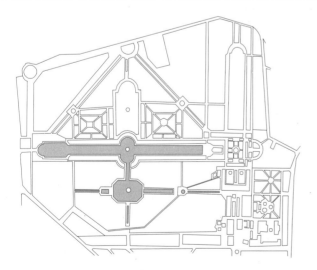

2 法国索园

位置	面积	建成时间
法国巴黎	400hm²	17世纪初

索园呈现出几条正交的轴线系统,轴线间有高差的变化,水面、林园处在不同的水平面上,使园内的空间变化丰富

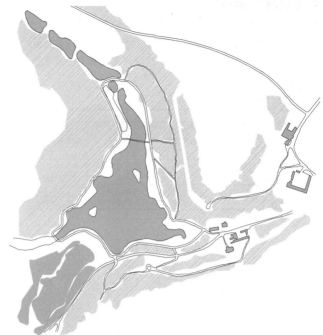

3 英国斯托海德风景园

位置	面积	建成时间
英国威尔特郡	146hm²	1745

斯托海德是英国风景式园林的杰出代表,它没有笔直的林荫道、绿色雕刻,图案式植坛、平台,和修筑得整整齐齐的池子,园林追求自然的种植与水面

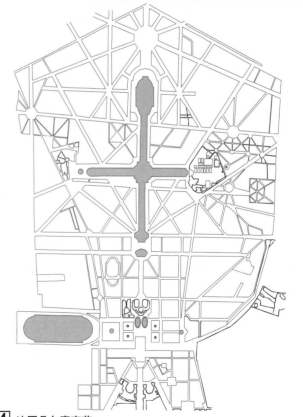

4 法国凡尔赛宫苑

位置	面积	建成时间
法国巴黎凡尔赛镇	110hm²	1710

凡尔赛宫苑由勒诺特尔设计,纵轴长3km。园内道路、树木、水池、亭台、花圃、喷泉等均呈几何图形,有统一的主轴、次轴、对景

外国近现代园林

18世纪欧洲爆发的工业革命使得城市快速扩张，与此同时也带来了包括环境在内的诸多问题，这使得园林必须承担新的功能，艺术领域产生的"现代主义"运动对西方近现代园林产生了很大的影响。

19世纪欧美国家陆续兴建了大量的城市公园，其风格延续了英国自然风景园的特点。20世纪在不同流派和风格的影响下，西方园林发展呈现出多样化的特点，并逐步呈现一些与传统园林明显不同的特征，以下进行详细阐述。

外国近现代园林风格特点划分表　　　　　　　　　　　　　表1

风格流派	特点	代表作品及人物
工艺美术运动	注重自然植物材料的应用，简洁、高雅	印度莫卧尔花园
新艺术运动	风格多样，强调装饰效果。追求曲线或者直线	西班牙居尔公园
现代主义	注重空间，体现形式和功能的统一，运用新材料	光与影的花园
后现代主义	历史主义、直接的复古主义，强调地方风格	法国雪铁龙公园
大地艺术	运用土地、岩石、水和其他自然力等来雕塑已有的景观空间	詹克斯私人花园
极简主义	以较少的形体和材料控制空间，形成简洁有序的景观	伯特纳公园
生态主义	合理利用基地的自然条件，注重生态系统的保护与生物多样性的建立	西雅图煤气厂公园

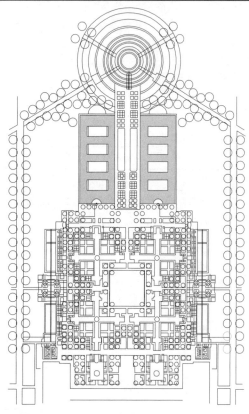

① 莫卧尔花园

位置	风格流派	建成时间
印度新德里	工艺美术运动	1931
花园由4个水渠组成，延续了伊斯兰园林的秩序感同时加入了现代的元素		

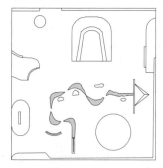

著名雕塑家野口勇在加利福尼亚州的作品，极简主义代表。　　布雷·马克斯在巴西的代表作品之一。

② 加州剧本　　　③ 奥斯·芒特洛花园

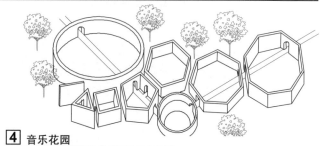

④ 音乐花园

位置	风格流派	建成时间
丹麦	现代主义	1948
花园包括草坪、游泳池、餐饮处以及活动平台，形式语言以平直和自由的曲线构成		

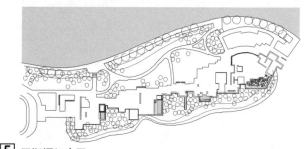

⑤ 罗斯福纪念园

位置	风格流派	建成时间
美国华盛顿特区	现代主义	1997
开创垂直性纪念物转换为水平性纪念空间的新纪元，由石墙、瀑布、密树和花灌木组成低矮景观		

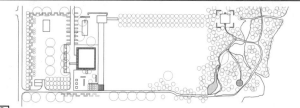

⑥ 米勒庄园

位置	风格流派	建成时间
美国哥伦布斯	现代主义	1955
庄园分为花园，草坪和树林三部分，将古典主义元素与现代主义的简洁有机结合		

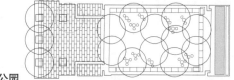

⑦ 佩雷公园

位置	风格流派	建成时间
美国纽约	现代主义	1967
首个袖珍公园，由跌水、树阵广场空间、轻巧的园林小品和简单的空间组成		

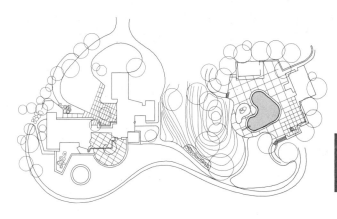

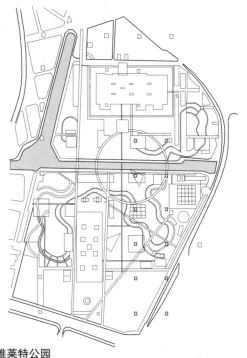

④ 唐纳花园

位置	风格流派	建成时间
美国加利福尼亚州	现代主义	1948
花园包括入口院子、游泳池、餐饮处以及活动平台，形式语言以自由的曲线构成		

① 拉维莱特公园

位置	风格流派	建成时间
法国巴黎	解构主义	1982
公园由点、线、面三个基本要素构成，各自组成完整系统并以新的方式叠加起来		

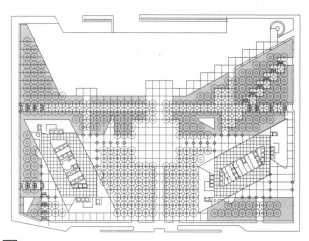

② 詹克斯的私家花园

位置	风格流派	建成时间
英国苏格兰	大地艺术	1990
花园设计源自科学和数学的灵感，建造者充分利用地形来表现黑洞、分形等主题		

⑤ 达拉斯喷泉广场

位置	风格流派	建成时间
美国达拉斯	现代主义	1986
广场由两个重叠的5m×5m网格重叠而成，网格交点分别布置树池和加气喷泉		

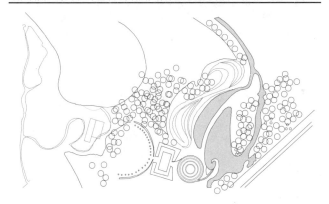

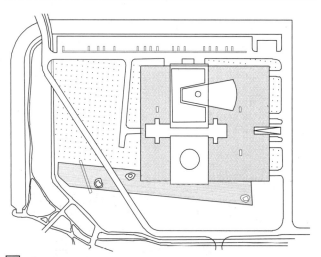

③ 伯纳特公园

位置	风格流派	建成时间
美国福特沃斯市	极简主义	1983
公园包括草坪层、道路层和长方形环状水渠三个水平层		

⑥ VSB公司前广场

位置	风格流派	建成时间
荷兰乌得勒支市	现代主义	1995
庭院由桦树林、绿篱花园、巨石组及步行钢桥组成，体现了景观过程主义思想		

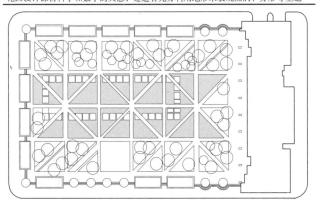

基本概念

建筑物前后左右或被建筑物包围的场所通称为庭或庭院。设计要求有效配合建筑、结合环境，表达建筑物整体布局的功能及文化意义。

根据庭院空间与建筑物的位置关系，可分为室外庭院、室内庭院两种。室外庭院包括前庭、后庭、侧庭三种形式。室内庭院是建筑室内空间的庭院化处理，有侧庭、局部小庭院、大型中庭、下沉式庭院、屋顶花园等多种处理形式。

室外庭院

室外庭院是室内空间的调谐和补充，是室内空间的延伸和扩展，是整个建筑空间的一个有机组成部分。在建筑空间和自然空间之中，室外庭院又是建筑的中介性和过渡性空间。

1. 基本类型

建筑庭院基本类型　　　　　　　　　　　　　　　表1

分类依据	基本类型	
依据庭院空间形态	自然式	
	规则式	包括对称式、不对称式两种
	混合式	其一为规则的构成元素呈自然式布局；其二为自然式构成元素呈规则式布局；其三为规则的硬质构造物与自然的软质元素自然连接
依据文化特征	中式	北方的四合院庭院、江南的写意山水庭院、岭南庭院
	日式	寝殿造庭院、书院造庭院、枯山水式庭院、露地（茶庭）
	西亚	
	欧式	
依据使用者和使用活动的不同	居住建筑庭院	
	公共建筑庭院	
	公共游憩建筑庭院	
依据建筑与庭院的空间围合关系	局部围合式	
	全部围合式	建筑墙面四面围合，顶面开敞

2. 设计要点

(1) 确立明确的主题与风格；

(2) 应使庭院空间与建筑整体空间组织相统一；

(3) 综合考虑人在庭院中的活动范围和空间划分；

(4) 精心组织庭院的视觉中心；

(5) 融入文化内涵，体现场地文脉。

a 某规则式住宅庭院

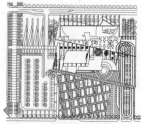

b 慕尼黑凯宾斯基酒店庭院

c 某酒店庭院

1 规则式庭院

a 香山饭店庭院

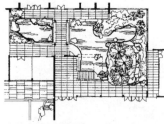

b 广州白云宾馆庭院

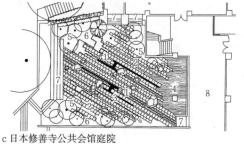

1 庭院石景
2 庭院铺地
3 线喷泉
4 小水池
5 鸡爪槭
6 地被植物
7 入园台阶
8 门厅

c 日本修善寺公共会馆庭院

2 自然式庭院

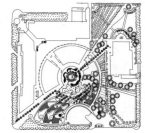

亚利桑那中心庭院

3 混合式庭院

4 日式庭院

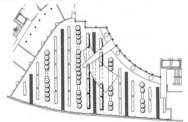

蒙泰那大街50号庭院

5 全部围合式

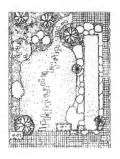

佩雷庭院

6 局部围合式

11
景观设计

室内庭院

室内庭院是建筑室内空间的庭院化处理，有侧庭、局部小庭院、大型中庭等多种处理形式。

1. 基本类型

（1）依据室内庭院与主体建筑的相对位置分为：侧庭、局部小庭院、中庭（根据中庭空间在建筑中的平面位置，可以大致将其分为单向中庭、双向中庭、三向中庭、四向中庭）。

（2）依据建筑类型的不同分为：居住建筑室内庭院、商业建筑室内庭院、公共建筑室内庭院。

2. 设计要点

（1）应能组织良好的交通，有效集散人流；

（2）营造功能合理、尺度适宜、空间完整的交往空间；

（3）综合运用植物、水、山石、小品等素材，点、线、面、形状、质感、色彩等造型要素以及形式美法则构成美的秩序；

（4）应营造适宜的主题与风格；

（5）考虑植物在室内的生长习性。

a 广州白天鹅宾馆中庭

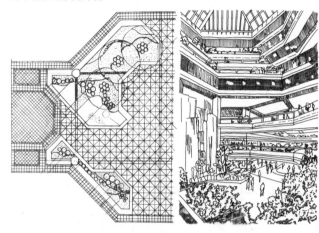

b 美国波士顿Copley Place酒店中庭

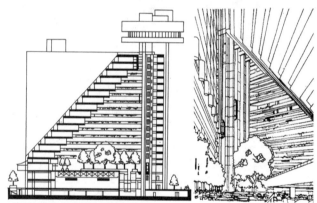

c 美国旧金山海特摄政饭店中庭

a 广东顺德中旅社庭院

b 日本幕张的IBM大楼庭院　　c 上海龙柏饭店内庭

1 局部小庭院

a 哈佛商学院Class of 1959 Chapel庭院　　b 美国矿山安全电器公司侧庭

2 侧庭

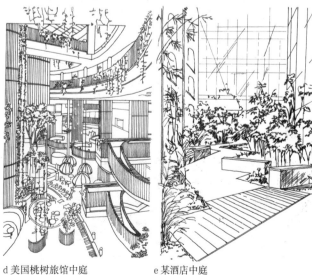

d 美国桃树旅馆中庭　　　　　　e 某酒店中庭

3 中庭

489

基本概念

　　屋顶花园是指在一切建筑物和构筑物的顶部、桥梁、露台或大型人工假山山体等之上所进行的绿化装饰及造园活动。

　　屋顶花园不仅能美化环境、净化空气、改善局部小气候，还能丰富城市的俯仰景观，补偿建筑物占用的绿化地面，是一种值得大力推广的屋面景观设计方式。

基本要素　　　　　　　　　　　　　　　　　　　　　　表1

要素	概述
植物	屋顶花园一般应选用比较低矮、根系较浅的植物
基质	屋顶绿化所用的基质与其他绿化的基质有很大的区别，要求肥效充足且轻质。为了充分减轻荷载，土层厚度应控制在最低限度
置石	屋顶花园置石仅作独立性或附属性的造景布置，只能观，不能游
水体	各种水体工程是屋顶花园重要组成部分，形体各异的水池、叠水、喷泉以及观赏鱼池和水生种植池等为屋顶有限空间提供了多彩的景物
园路	园路应在不破坏原屋顶防水、排水体系的前提下，结合屋顶花园的特殊要求进行铺装面层的设计和施工
雕塑	屋顶花园中设计少量人物、动物、植物、山石以及抽象几何形象的雕塑，可以陶冶游人的情操，美化人们的心灵
小品	主要是用于点景、休息、遮荫或攀援植物，美化和丰富屋顶花园景观

屋顶花园分类　　　　　　　　　　　　　　　　　　　表2

分类依据	类型	概述
性质	营业型	这类花园多以个体专业户为主，种植经济价值较高的植物
	家庭型	一般可种植马铃薯、速生蔬菜、中药材及一些好阳耐旱的花木
	观赏型	在学校、医院、机关的楼上，种植一些供观赏的花木，有利于身心健康
	工厂环保型	城市工厂的生态环境污染比较突出，利用楼顶栽种花木，有益于净化、美化厂区环境，增进员工身心健康
	科研、科普型	在教学楼、实验楼顶上种植多种花木及蔬菜，可培养青少年对生物的兴趣
使用功能	公共游憩型	除具有绿化效益外，还是一种集活动、游乐为一体的公共场所，在设计上应考虑到它的公共性
	家庭式（居住区）	这类小花园面积较小，以植物配置为主，一般不设置小品，但可以充分利用空间作垂直绿化
	科研、生产型	以科研、生产为目的，可以设置小型温室，用于培育珍奇花卉品种、引种观赏植物和盆栽瓜果，既有绿化效益，又有较好的经济收入
建筑结构与屋顶形式	坡屋面	建筑的屋顶分为人字形坡屋面和单斜坡屋面，可采用适应性强、栽培管理粗放的藤本植物
	平屋面	平屋面在现代建筑中较为普遍，也是发展屋顶花园最为多见的空间
植物的养护管理	精细型	是真正意义的屋顶花园，包括可供选择的植被和需要环境美化的整个范围。在培植方法的选样上基本没有限制，乔木、灌木、花草等均可选择
	粗放型	介于开敞型屋顶绿化和密集型屋顶绿化之间，用于平屋顶及坡屋顶，种植植物以景天属植物、苔藓和草本植物为土
	简易精细型	介于精细绿化和粗放绿化之间，种植植物包括开花和草本植物，矮乔木和灌木

实例

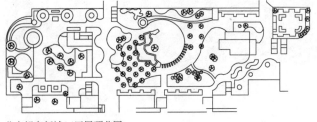

北京望京新城A4区屋顶花园

1 居住区屋顶花园

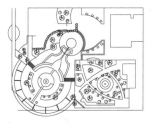

a 北京王府井世纪停车屋顶花园

b 贵阳金阳会议中心屋顶花园

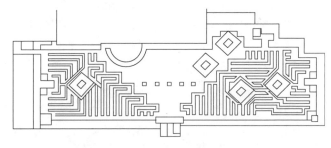

c 美国马萨诸塞州剑桥市剑桥中心屋顶花园

2 专用绿地屋顶花园

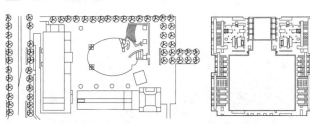

a 日本筑波科学城中心广场　　　b 恩巴卡德罗花园

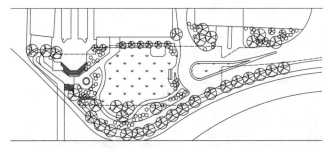

c 德国伊斯林特根门塔公园

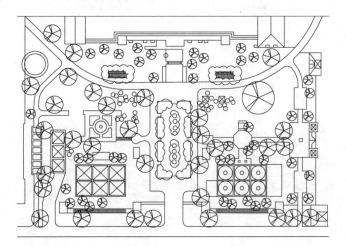

d 华盛顿伊尼德·A·豪普特花园

3 公共绿地屋顶花园

概述

城市公园是城市公共绿地的重要组成部分,供公众游览、观赏、休憩、开展科学文化及锻炼身体的生活领域,同时兼具健全生态、美化环境、防灾避灾等综合作用的城市基础设施。

分类

依据我国目前实行的《公园设计规范》GB 51192-2016以及我国国情,并参考国际城市公园发展趋势,将城市公园类型进行如下划分。

城市公园主要类型 表1

一级分类	二级分类	内容与特点
综合公园	—	内容丰富设施完备,适合于公众开展各类户外活动的较大的公园绿地
社区公园	—	主要为一定范围内的居民服务,具有一定活动内容和设施的集中绿地
游园	—	沿城市道路、河流等布置,形态功能灵活,有一定休憩设施的绿地
专类公园	植物园	进行植物科研,供观赏游憩、科普活动的绿地
	动物园	人工饲养条件下保护野生动物供观赏、科普、研究和动物繁衍,具有良好设施的绿地
	博览园	为专类博览会而建造的大型园林,集中展示不同地域、文化的成就
	体育公园	结合体育中心建造,集运动、休闲、娱乐、购物于一体的开放性绿地
	纪念公园	基于历史事件、人物建造,强调场所性的塑造与情感对话的开放性绿地
	历史公园	结合历史名园及历史遗迹维护、整修、复建等工作修建的绿地
	儿童公园	单独设置的具有完善的安全设施,并供少年儿童游戏、体育以及进行科普教育、文化活动的专类公园
	主题公园	根据某特定主题进行规划,具诸多娱乐活动、休闲要素和服务接待设施的现代游览绿地
	雕塑公园	以雕塑艺术展示为主要功能,强调观赏性和参与性的大型现代游览绿地
	后工业公园	在工业废弃地的基础上,通过对场地中自然要素、工业建筑和工业设施进行改造与再利用,为人们提供户外休息、运动、观赏等需要的公共空间和绿地

城市公园绿地率 表2

陆地面积 (hm²) 公园类型	陆地面积 (hm²)					
	<2	2~5	5~10	10~20	20~50	≥50
综合性公园	—	—	>65%	>70%	>70%	>75%
社区公园	>65%	>65%	>70%	>70%	—	—
游园	>65%	>65%	>70%	—	—	—
儿童公园	>65%	>65%	>70%	—	—	—
动物园	—	>65%	>65%	>65%	>65%	>70%
植物园	>65%	>70%	>70%	>75%	>75%	>80%
其他专类公园	>65%	>65%	>65%	>70%	>70%	>75%

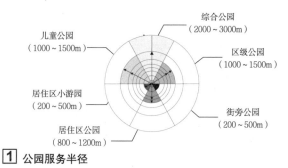

1 公园服务半径

城市公园设计主要内容

1. 公园设计主要分为总体设计、地形设计、园路及铺装、场地设计、种植设计、建筑物及构筑物设计、给水排水设计及电气设计。

2. 城市公园内设施主要包括道路与广场、游憩设施、运动设施、服务设施、公共设施、管理设施等。

城市公园设施分类 表3

道路与广场	游憩设施	运动设施	服务设施	公共设施	管理设施
广场	亭	足球场	厕所	停车场	办公室
园路	廊	篮球场	园灯	小卖部	治安机构
消防路	榭	健身器材	公用电话	寄存处	垃圾站
	码头	儿童游具	果皮箱	茶室	变配电室
	园椅		饮水站	咖啡厅	泵房
	园桌		导游牌	餐厅	生产温室
	野营地		公告栏	摄影部	广播室
	活动馆		医疗救助	售票室	应急避险设施
	展馆			阅读室	雨水控制利用设施

3. 功能区应根据公园性质、规模和功能需要划分,并确定各功能区的规模和布局。

2 城市公园功能分区模式示意图

典型功能分区名称示例表 表4

综合公园	社区公园	专类公园		
		儿童公园	植物园	体育公园
观赏游览区	康体活动区	学龄前儿童区	科普科研区	室内运动场馆区
文化娱乐区	儿童游戏区	学龄儿童区	植物展示区	室外运动场区
安静休息区	安静休息区	体育活动区	(经济植物、抗性植物、水生植物、岩生植物、专类示范温室等)	儿童活动区
儿童活动区	观赏游览区	少年科普区		安静休息区
老人活动区			苗圃	观赏游览区
体育活动区			实验区	

注:各类公园共通的分区为入口区、管理区与服务区。

4. 应根据公园的规模、各分区的活动内容、游人容量和管理需要,确定园路的分级分类。园路的路网密度宜为150~380m/hm²。

主要园路应具有引导游览和方便游人集散的功能;通行养护管理机械或消防车的园路宽度应与机具、车辆相适应;供消防车取水的天然水源和消防水池周边应设置消防车道;生产管理专用路宜与主要游览路分别设置。

园路宽度(单位:m) 表5

园路级别 陆地面积 (hm²)	A≤2	2≤A≤10	10≤A≤50	A≥50
主路	2.0~4.0	2.5~4.5	4.0~5.0	4.0~7.0
次路	—	—	3.0~4.0	3.0~4.0
支路	1.2~2.0	2.0~2.5	2.0~3.0	2.0~3.0
小路	0.9~1.2	0.9~2.0	1.2~2.0	1.2~2.0

地形

地形是构成城市公园景观实体的基底和依托，是丰富景观空间层次的重要环境因素。对地形的深刻理解与有效利用直接影响户外环境的美学特征、空间感和功能结构。

中部大水面与缓坡地形结合，形成自然风景园中的草毯景观，地形是形成平远景深的重要因素。

结合山体地势，塑造了能适用于户外剧场设施的地形，具有一定的雕塑感。

① 中国上海方塔园　② 法国泰拉松的想象之园

景观建筑

景观建筑是指在城市绿地中供人们游憩或观赏用的建筑物。主要起到造景以及为游览者提供观景的视点和场所，休憩及活动的空间，并且具有一定的使用功能。

构筑物形成的独特的未完成感、粗糙的雕刻、斑斓的彩画划分的空间，给使用者在停留期间带来丰富的变化。

以简洁有力的竖向构筑物重新诠释法国理性主义古典园林中的壁龛要素，与作为诠释运河要素的长水渠交相辉映。

③ 西班牙蒙利特公园　④ 法国巴黎雪铁龙公园

水系

水系是城市公园环境和景观的重要组成部分。应在保护自然水系和水体的基础上，针对防洪、水生态和水景观建设的需要进行必要的水系调整和水利工程布设，发挥水景的综合功能。

园中主要以西湖引水工程的一条明渠作为公园主线，形成溪、池、瀑、湾、洞等，跨水筑桥、环溪成洲、豁然瀑布、积水成潭，形成了疏密有序的空间和景色怡人的风致。

⑤ 中国杭州太子湾公园

植物

植物是景观工程建设中最重要的材料。植物配置不仅要遵循科学性，而且要讲究艺术性，力求科学合理，创造出优美的景观效果，从而使生态、经济、社会三者效益并举。

公园植物景观形态集分形几何式构图和精心选择的材料于一体。不同高度、不同颜色、不同季相的乔灌木配合在一起，创造出丰富的景观环境。

各区植物主调各不相同，多以自然式种植为主。植物的配置，采用大乔木、小乔木、灌木、宿根花卉4层组成，树木栽植疏密有致。

⑥ 西班牙巴塞罗那植物园　⑦ 中国杭州花港观鱼

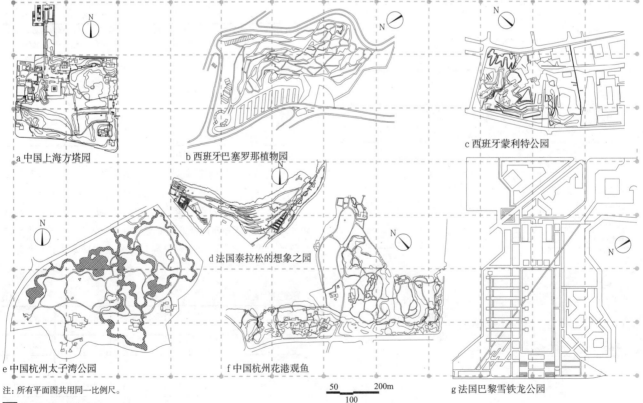

a 中国上海方塔园　　b 西班牙巴塞罗那植物园　　c 西班牙蒙利特公园

d 法国泰拉松的想象之园

e 中国杭州太子湾公园　　f 中国杭州花港观鱼　　g 法国巴黎雪铁龙公园

注：所有平面图共用同一比例尺。

⑧ 等比例公园实例比较

综合公园

设计要点：内容应包括多种文娱设施，避免设置大型或猛兽类动物展区。功能分区一般包括入口广场区、文化娱乐区、儿童活动区、老人活动区、体育活动区、安静休憩区、办公管理区。全园面积不宜小于10hm²。

实例：越秀公园（广州）、陶然亭公园（北京）、明石海峡公园（日本淡路）、海德公园（英国伦敦）、中央公园（美国纽约）。

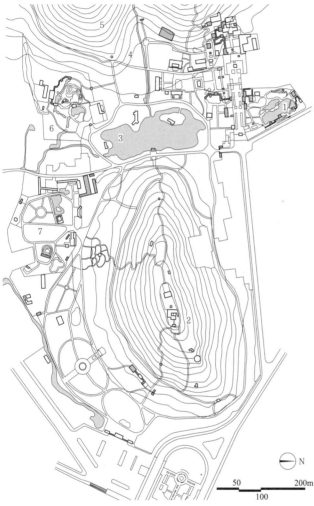

1 寄畅园 2 锡山 3 映山湖 4 春申涧 5 惠山 6 杜鹃园 7 动物园

1 **锡惠公园（局部）**

位置	面积	建成时间
中国无锡	约90hm²	1959
由惠山古迹区、锡山休闲文化区、愚公谷园林区三部构成。三区功能多样、特色鲜明，又将二山合为一园，展现古韵新意		

社区公园

设计要点：社区公园需设置儿童游戏设施，同时照顾老人的游憩需要。功能分区一般包括：休息散步游览区、游乐区、运动健身区、儿童游戏区、附属区。全园面积随服务圈内人口而定，宜在5~10hm²。

实例：巴隆巴格纳（瑞典）、贝取绿色山庄（日本东京）、斯泰尔斯霍普住区（德国汉堡）。

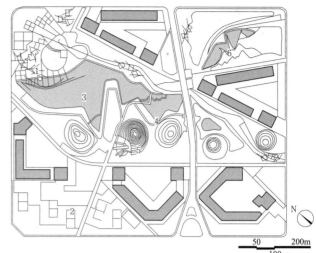

1 入口广场 2 体育活动区 3 跌水与喷泉 4 人行桥 5 儿童活动区 6 水面

2 **达尔哥诺·玛公园（局部）**

位置	面积	建成时间
西班牙巴塞罗那	约14hm²	2002
设计利用延伸到不同地方的树状道路系统把整片场地组织起来，结合水元素、植物及管状结构，组织成一系列层次分明的休闲步道和大型儿童游乐区		

游园

设计要点：此类公园规模有限，但与人们的日常生活紧密结合，利用率较高，公共性强，对城市整体景观风貌有较大影响，是城市绿地系统中重要的绿色廊道和绿色小节点。设计时需要考虑满足人们日常游憩的需求，并可根据公园的立地条件和在公园周边生活工作的人群特点，有针对性地调整公园的布局形式和服务机能。另需注重临街界面景观效果，以及不同区段绿地的延续性。

实例：佩雷公园（美国纽约）、高速公路公园（美国西雅图）、CBD现代艺术中心公园（北京）。

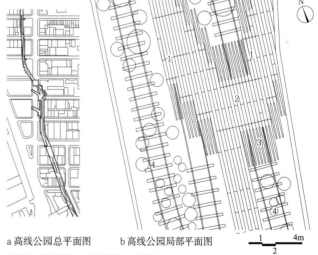

a 高线公园总平面图 b 高线公园局部平面图

1 座椅 2 方形铺地 3 锥形铺地 4 铁轨

3 **高线公园**

位置	面积	建成时间
美国纽约	2.87hm²	2011
将一条铁路货运专线改造为城市空中走廊，将有机栽培与建筑材料按不断变化的比例关系结合起来，创造出多样的空间体验		

专类公园·纪念公园

设计要点：纪念公园主题明确，设计中强调叙事性、仪式性的空间与纪念轴线，一般包括入口服务区、纪念广场区、纪念场馆区、自然游憩区和后勤服务区。

实例：罗斯福纪念园（美国华盛顿）、雨花台烈士陵园（南京）、风之丘墓园（日本）。

1 自由之塔 2 表演艺术中心 3 瀑布纪念水景 4 游客服务与教育中心 5 自由公园
6 圣尼古拉斯教堂

1 "911事件" 纪念公园

位置	面积	建成时间
美国纽约	3.24hm²	2011
为纪念"911恐怖袭击"的遇难者而建，以方形坑洞代表被炸毁的世贸大厦双子塔，以规则式橡树阵和雷鸣般跌瀑声激发场所的凝重感和神圣感，表达"反省缺失"的设计概念		

专类公园·后工业公园

设计要点：后工业公园运用景观设计手法实现工业废弃地的功能转变。在改造设计中，尽量尊重场地本体特征，将工业文脉展示性、参与性的表达，同时就地取材增设特色游憩设施，并对场地进行安全性的生态修复。

实例：杜伊斯堡风景园（德国杜伊斯堡）、宝山后工业生态景观公园（上海）、清泉公园（美国纽约）。

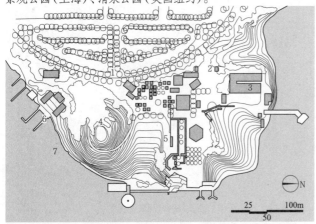

1 入口 2 制气厂旧设备 3 游戏区 4 日晷广场 5 制气塔 6 码头 7 联合湖

2 西雅图煤气厂公园

位置	面积	建成时间
美国西雅图	约8hm²	1970
设计尊重场地现状，将经艺术提炼的工业设备作为纪念性雕塑和工业史迹进行展示，对其做公共休闲服务等方面的功能改造，为工业废弃地改造提出新的价值观		

专类公园·体育公园

设计要点：此类公园多因大型赛事的举办而建，规划设计要综合处理功能分区、场馆设置、交通组织等，并考虑非赛时场地的利用问题。

实例：悉尼奥林匹克公园（澳大利亚悉尼）、代代木体育公园（日本东京）、胜利公园（俄罗斯圣彼得堡）。

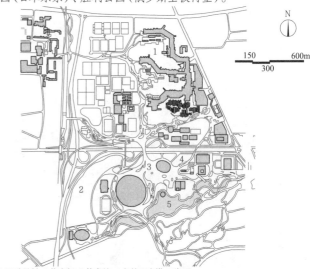

1 运动员村 2 停车场 3 体育馆 4 奥林匹克塔 5 湖面

3 慕尼黑奥林匹克公园

位置	面积	建成时间
德国慕尼黑	约300hm²	1972
公园是第20届夏季奥运会举办的场地，包含一组高度集中的特大型体育建筑群，最终形成类似当地河谷地貌的公园整体地貌		

专类公园·雕塑公园

设计要点：雕塑公园一般具有鲜明主题性，或以自然环境为展场，结合地貌设置雕塑，或直接以大地、植物为素材进行艺术塑造。功能分区一般包括：出入口区、室外主题雕塑展示区、展览馆区、休闲游览区、后勤管理区。

实例：风暴之王雕塑公园（美国纽约）、雕刻之森（日本箱根）、奥林匹克雕塑公园（美国西雅图）。

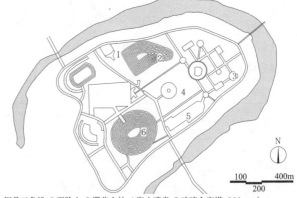

1 钢骨三角锥 2 石阶山 3 樱花之林 4 海之喷泉 5 玻璃金字塔 6 Moere山

4 Moere沼公园

位置	面积	建成时间
日本札幌	约189hm²	2005
雕塑家野口勇以大地为材料进行雕刻，将雕塑艺术融入景观设计，使原垃圾填埋场成为具有城市雨水排水调节功能的大地艺术公园		

基本概念

商业街景观是指由场地、绿化、设施等元素组成的购物街休闲环境。

功能

1. 步行交通功能；
2. 休憩服务功能；
3. 生态功能；
4. 视觉审美功能；
5. 文化审美功能。

商业街景观规划设计的元素

1. 场地：包含交通集散性场地、交通通过性场地、观演集会性场地和休闲停留性场地等。为便于多样化的场地活动展开及场地活动的良好使用感，以硬质场地为主，软质场地为辅。

2. 绿化：包含集中绿地、带状绿地、可移动绿化和立体绿化等。商业街绿化以无毒、高分枝及无刺植物为主。

3. 设施：包含休憩设施、服务设施、景观和文化设施、公用设施等。商业街设施须符合人体力学原理，不拘于设计形式。

设施分类表　　　　　　　　　　表1

基本类型	设施
休憩设施	遮荫棚架、座椅等
服务设施	信息咨询亭、售卖亭等
景观和文化设施	雕塑、小品、文化信息物、夜景灯光等
公用设施	公用电话、饮水处、无障碍设施、路灯、标识标牌、垃圾筒、广告物、配电箱等

设计要点

1. 通过硬地图案和材质的变化，满足不同场地的使用需求；

2. 配置类型齐备、服务半径合理的各类设施；

3. 用多元手法增加绿化容量，比如下部可通行的高分枝点乔木绿化和立体绿化等；

4. 用丰富的形态、色彩等营造热闹而愉悦的商业氛围；

5. 延续并孕育地域文脉，形成特色商业文化内涵。

1 交通集散性场地　　　2 交通通过性场地和带状绿地
3 观演集会性场地和集中绿地　4 休闲停留性场地
a 上海市南京东路步行商业街平面示意图

1 路灯　2 服务亭　3 座椅　4 商业建筑
5 景观绿化 6 通过性场地 7 休闲停留性场地
b 上海市南京东路步行商业街剖面示意图

c 交通集散性场地及硬质铺装

d 交通通过性场地及绿化

e 观演集会性场地和集中绿地

f 休闲停留性场地及设施带

1 南京路商业步行街

2 杭州南宋御街

3 北京前门大街

4 北京王府井商业街

5 哈尔滨中央大街

6 法国巴黎香榭丽舍大街

7 日本东京新宿大街

景观设计 [16] 广场景观

基本概念

广场景观是指以硬地为主，供人们聚集开展休闲活动的开敞空间。

功能

1. 集会等仪式性活动功能；
2. 休闲游憩功能；
3. 应急避灾功能；
4. 生态功能；
5. 视觉审美功能；
6. 文化审美功能。

11
景观设计

广场景观规划设计的元素

1. 场地：是指广场内采用硬质面材，可供人使用的活动空间。广场景观的场地元素包含观演集会性场地、休闲停留性场地和交通性场地等。

2. 绿化：是指广场内栽种植物的生态空间。广场景观的绿化元素包含地面绿化、可移动绿化和立体绿化等。广场绿化以无毒、高分枝及无刺植物为主。

3. 设施：是指广场内满足人的各类需求的建构筑物和设备。广场景观的设施元素包含休憩设施、服务设施、景观和文化设施、公用设施等。

设施分类表　　　　　　　　　　表1

基本类型	设施
休憩设施	座椅、遮雨遮荫设施等
服务设施	售卖亭、阅报栏等
景观和文化设施	雕塑、小品、水景、文化信息物、夜景灯光等
公用设施	公用电话、饮水处、无障碍设施、路灯、标识标牌、垃圾筒、广告物、配电箱等

设计要点

1. 通过开阔空间铺装图案和材质的变化，满足不同使用功能对场地的需求。

2. 配置类型齐全的各类设施，满足日常和避灾的需要。

3. 合理增加绿化容量，比如下部可开展活动的高分枝点乔木绿化和可移动种植槽等。

4. 营造整体开敞、局部适度庇护的空间，创造视觉焦点。

5. 延续并孕育地域文脉，彰显特色的广场文化内涵。

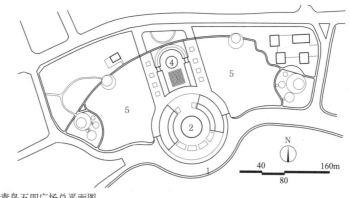

1 海滨步道
2 五月风雕塑
3 旱喷泉
4 观演剧场
5 疏林草坪

a 青岛五四广场总平面图

b 场地和绿化组织　　　　　　c 疏林草坪及设施

1 青岛五四广场

2 杭州吴山广场

3 意大利博洛尼亚海神广场

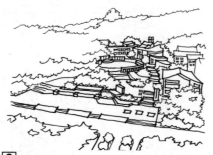

4 成都天府广场

5 荷兰鹿特丹伯格广场

6 长春文化广场

7 美国芝加哥千禧广场

设计基本原则

住区景观设计应坚持社会性、经济性、地域性、历史性和生态原则。景观设计不仅需要处理好与外部城市环境之间的关系，还需综合考虑采光、通风、声音、温度、湿度、嗅觉、视觉、人文、建筑环境条件等因素。

住区环境景观结构分类与布置　　　　　　　　　　　　表1

住区分类	空间密度	景观平面布局	地形及竖向空间处理
高层住区	高	采用立体景观和集中景观布局形式。景观总体布局可适当图案化，既满足居民近处观赏的审美要求，又考虑居民从居室向下俯瞰时的高视点景观效果	通过多层次的地形塑造来增强绿视率
多层住区	中	采用相对集中、多层次的景观布局形式。保证集中景观空间的合理服务半径，尽可能满足不同年龄结构、不同心理取向的居民的群体景观需求，具体布局手法根据住区规模及现状条件而异，以营造有自身特色的景观空间	因地制宜，结合住区规模及现状条件适度地形处理
低层住区	低	采用较为分散、灵活、自由的景观布局形式，使住区景观尽可能接近每户居民，景观的散点布局可借鉴传统园林的组织手法	地形塑造的规模不宜过大，以不影响低层住户的景观视野又可满足其私密度要求为宜
综合住区	不确定	宜根据住区总体规划及建筑形式选用合理的布局形式	结合住区规模及现状条件适度地形处理

1 公共景观空间
2 宅间景观空间
3 道路与停车景观空间
4 住宅附属庭园

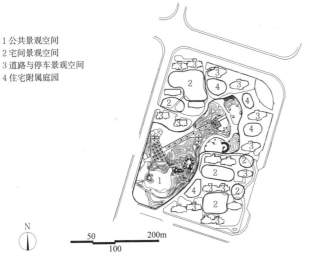

N

50　　100　　200m

1 住区景观空间分类

2 以大面积水体和绿化构成的住区公共景观空间（见**1**中1）

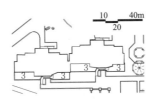

3 居住单元底层住宅附设的庭园空间（见**1**中3）

4 以步行通道构成的住区带状景观空间，联系住区主入口和中心绿地

设计分类

1. 根据规划组织结构分类

住区公共绿地设置根据住区不同的规划组织结构类型，设置相应的中心公共绿地，包括住区公园（居住区级）、小区游园（居住小区级）和组团绿地（居住组团级），以及儿童游戏场和其他块状、带状公共绿地等，并应符合表2规定。

住区各级中心公共绿地设置规定　　　　　　　　　　表2

中心绿地名称	设置内容	要求	最小规格（hm²）	最大服务半径（m）	人均指标（m²/人）
住区公园	花木、草坪、花坛、水面、凉亭、雕塑、小卖店、茶座、老幼设施、停车场地和铺装地面等	园内布局应有明确的功能划分	1.0	800~1000	≥1.5
小区游园	花木、草坪、花坛、水面、雕塑、儿童设施和铺装地面等	园内布局应有一定的功能划分	0.4	400~500	≥1
组团绿地	花木、草坪、桌椅和简易儿童设施等	可灵活布局	0.04	—	≥0.5

住区绿地率指标　　　　　　　　　　　　　　　　　表3

	新区	旧区
绿地率	≥30%	≥25%

2. 根据景观空间在住区内的位置及作用分类

根据位置及作用对住区景观空间的分类　　　　　　表4

分类	特征	内容	设计要点
公共景观空间	居民公共活动相对集中、使用频率较高	人口开放空间，步行主通道，住区广场，中心绿地	1.面积和服务半径满足表2要求； 2.采光条件良好，满足不少于1/3的绿地面积在标准阴影范围之外，夏季炎热地区需考虑荫蔽空间的预留； 3.结合场地条件进行地形塑造和组织山（石）、水、植物及硬质景观； 4.相对开放，有适量硬质场地，便于居民群体交流活动； 5.考虑老人、儿童等特殊群体需求，设置健身、儿童游戏区等场所； 6.提供适宜的休憩、照明、清洁等公共景观设施
宅间景观空间	住宅与住宅之间的区域，采光条件相对较差	入户通道，宅间停车空间，宅间绿地	1.采光不足区域选种耐荫植物； 2.选择环境适宜区域，特别是间距较大的宅间空间（高层、小高层住宅）配置适量活动场地，方便居民就近使用； 3.加强宅间景观空间与公共景观空间的联系； 4.结合底层架空住宅整体设计，拓展景观空间； 5.避免对底层住户起居产生视线干扰
道路与停车景观空间	通行空间，居民活动密度低	机动车道，非机动车道，人行道，消防通道，多层停车库，地面停车场，（半）地下停车库	1.结合道路线型配置景观绿带，满足导向、遮荫等要求； 2.当消防车道与人行道、入户行车道等合并使用时，宜设计为隐蔽式车道； 3.室外停车场的地面铺装材料宜选取具有透水功能的实心砌块或植草砖，种植耐碾压草种； 4.多层停车库的设计，与屋顶或平台绿化结合； 5.地下或半地下停车库的设计，与地面或停车库外的景观空间结合； 6.注重景观设计的隔声作用
住宅附属庭园	与住宅建筑联系密切，相对独立于住区景观空间	地面庭园，屋顶花园，露台，阳台	1.在个性化设计的同时，协调与建筑及外围景观之间的关系，避免对相邻住户的不良影响； 2.分析特殊的小气候条件对庭园设计的正面和负面影响

住区植物配置的基本原则

1. 植物品种的选择应配合景观空间主体的表达，其植株及花、果应无毒、无害、无刺激性气味。

2. 植物种植的位置应综合考虑遮阳、挡风、障景等因素，既要为大型树木生长预留足够空间，还应避免树木的生长影响住宅室内的采光、通风和其他设施的管理维护。

a 停车场屋顶绿化　　b 宅间空间的林地景观　　c 架空层绿化

1 住区植物配置及应用场景

住区常用场所及其景观设计要点　　　　表1

常用场所	基本要求	景观设施
入口空间	标识明显，具有可识别性； 空间相对开敞； 与内外环境协调； 无障碍设计	住区入口：入口广场、门房 单元入口：门头、门廊、连廊、无障碍坡道
健身运动场	场地位置应方便居民使用且不扰民； 日照通风良好； 地面平整、防滑，选用易清洗、耐磨、耐腐蚀的铺装材料； 设置休息区	运动设施、健身器材、休息设施、直饮水装置
休闲广场	设于住区的人流集散地； 设置荫蔽和休息设施； 无障碍设计	遮荫树木或庇护设施、休息座椅、硬质铺地
儿童游戏场	选址：日照通风良好条件，方便使用且不扰民； 可通视性：便于成人监护； 相对隔离：防止婴幼儿擅自离开，防止家养宠物进入； 形式和色彩：符合儿童心理，且能承受成人使用强度； 相关道路：光滑、直通，便于婴儿车使用和儿童光脚行走	为看护者提供座椅、栏杆或绿篱、饮用水和游戏水装置、沙池、滑梯、秋千、攀登架、跷跷板、游戏墙、滑板场、迷宫

住区照明景观设计

1. 住区室外景观照明的目的：增强对物体的辨别性，提高夜间出行的安全度，保证居民晚间活动正常开展，营造适宜的环境氛围。

2. 照明作为景观素材进行设计，既要符合夜间使用功能，又要考虑白天的造景效果。运动场和游戏场的照明器具设置应考虑免遭球类破坏。

住区照明分类及要求　　　　表2

照明分类	适用场所	参考照度（lx）	安装高度（m）	注意事项
功能照明	住区主次道路	10~30	4.0~6.0	选用带遮光罩的下照明式灯具； 避免强光直射住户室内； 光线投射在路面上要均衡
	自行车道路	10~30	2.5~4.0	
	停车场	10~30	4.0~6.0	
	交通出入口	20~30	2.5~6.0	
	步行台阶	10~20	0.6~1.2	避免眩光，采用较低处照明； 光线宜柔和
	园路	5~10	0.3~1.2	
	运动场	10~20	4.0~6.0	多采用向下照明方式
	休闲广场	5~15	2.5~4.0	选择有艺术性的灯具
装饰照明	水下照明	视装饰需要而定	视装饰需要而定	水下照明应防水、防漏电，戏水池和泳池使用12V安全电压； 禁用或少用霓虹灯和广告灯箱； 可用侧光、投光和泛光等形式； 泛光不应直射住户室内，灯光色彩不宜太多
	树木绿化			
	花坛、围墙			
	雕塑、小品			
	建筑立面			
特写照明	浮雕	100~200	—	采用侧光、投光和泛光等多种形式； 灯光色彩不宜太多； 泛光不应直接射入室内
	雕塑、小品	150~500	—	
	建筑立面	150~200	—	

住区水景景观设计

住区水景设计应结合场地气候、地形及水源条件。南方干热地区尽可能为居民提供亲水环境，北方地区在水景设计时还考虑非结冰期和结冰期的景观效果。

住区常见水景设计分类及设计要点　　　　表3

常用水景类型	基本特点及设计要点
瀑布跌水	分为滑落式、阶梯式、幕布式、丝带式等多种； 为避免影响居民休息，居住区内人工瀑布的落差宜≤1m
溪流	可涉入式溪流的水底应做防滑处理，水深应<0.3m，以防儿童溺水； 可供儿童戏水的溪流，应安装水循环和过滤装置； 不可涉入式溪流宜种植适应本土气候条件的水生动植物，增强住区景观的观赏性和趣味性
涉水池	分为水面下涉水和水面上涉水两种； 水面下涉水池用于住区儿童戏水，深度≤0.3m，池底防滑，不能种植苔藓类植物； 水面上涉水用于跨越水面，踏步平台和踏步石的面积应≥0.4×0.4m； 涉水池应设水质过滤装置，保持水质清洁，并防止儿童误饮
游泳池	泳池平面不同于正规比赛池，岸线设计相对自由、多变； 成人泳池深度为1.2~2m，儿童泳池深度为0.6~0.9m，儿童池和成人池可统一设计； 池岸必须作圆角处理，铺设软质渗水地面或防滑地砖； 泳池周边宜提供休憩、遮阳、更衣或餐饮设施
生态水池	饲养观赏鱼虫和习水性植物（如鱼草、芦苇、荷花等），营造动物和植物互生互养的生态环境； 水池深度一般在0.3~1.5m，为防止住区内猫、狗等陆上动物侵扰，池岸与水面需有0.15m的高差
装饰水景	通过人工对水流控制达到艺术效果，借助音乐和灯光产生视觉冲击，如喷泉、壁泉、涌泉、跳泉、喷雾等

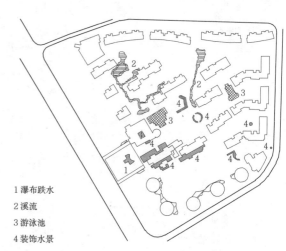

1 瀑布跌水
2 溪流
3 游泳池
4 装饰水景

2 多种水景形式在住宅景观中的运用

a 游泳池　　　　　　　　　b 跌水

c 装饰水景　　　　　　　　d 溪流

3 多种水景形式在住区景观中的运用

概述

街旁绿地主要指紧靠城市街道，但同时位于城市车行道之外相对独立成片的绿地。从功能上分，包括小广场、小游园、健身园、游憩园、休闲绿地、沿街商铺景观绿地等多种形式。街旁绿地在空间和铺装上可以结合人行道的设计，但是不能侵占城市道路的用地，避免影响相应的交通功能。街旁绿地由于缓解了城市步行压力，丰富和方便了市民生活，作为城市的开放空间广受欢迎。

按照区位分，街旁绿地包括街头、街边、道间三种形式。

街头绿地

街头绿地应根据地块周边的需求，有目的地创造不同的功能与空间，合理组织种植、园路、场地及设施等内容。

街边绿地

街边绿地应注重道路沿线周边的具体环境要素，通过合理的设计，将节点式景观资源纳入道路整体景观营造体系中。

建筑 ▬
绿地 ▭

③ 常见的街边绿地与建筑界面的组合关系

道间绿地

道间绿地的规模大小各异，可以作为普通的隔离绿带，也可作为带状公园设计。

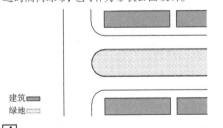

建筑 ▬
绿地 ▭

④ 常见的道间绿地与建筑、道路的组合关系

 a 转角式　 b 转角轴对称式　 c 入口式　 d 步行街入口式　 e 渗透式

建筑 ▬
绿地 ▭

① 常见的街头绿地与建筑界面的组合关系

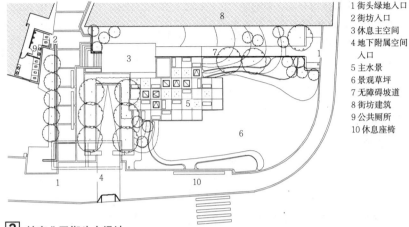

1 街头绿地入口
2 街坊入口
3 休息主空间
4 地下附属空间入口
5 主水景
6 景观草坪
7 无障碍坡道
8 街坊建筑
9 公共厕所
10 休息座椅

② 某商业区街头小绿地

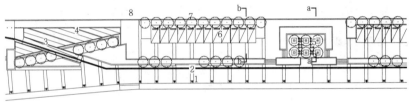

a 平面图

1 骑楼（商业界面）　2 商业步行道　3 无障碍通道　4 小型广场
5 树阵广场　6 停车场　7 行道树　8 机动车道

b a—a 剖面图　　　　　c b—b 剖面图

⑤ 某街边绿地

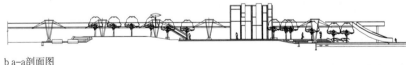

b a—a 剖面图

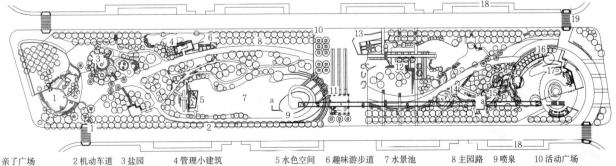

1 亲子广场　2 机动车道　3 盐园　4 管理小建筑　5 水色空间　6 趣味游步道　7 水景池　8 主园路　9 喷泉　10 活动广场
11 布主题文化构架　12 瓷园　13 艺术折坡　14 笃行桥（人行景观桥）　15 亲水溪流　16 景观跌水　17 文化主题建筑　18 停车场　19 斑马线人行通道

a 平面图

⑥ 某道间绿地

11
景观设计

道路景观和林荫道以道路交通为主体,通过优化和整合道路环境,整体设计道路铺装、盲道、行道树、城市家具等多种道路景观元素来组织交通和美化环境。同时通过种植设计来遮挡日晒、挡风防晒、减少噪声和眩光、改善小气候。

道路断面的形式

种植乔木的分车绿带宽度不得小于1.5m;主干路上的分车绿带宽度不宜小于2.5m;行道树绿带宽度不得小于1.5m;主次干路中间分车绿带和交通岛绿地不得布置成开放式绿地。

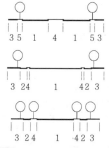

1 机动车道　5 行道树
2 非机动车道　6 微坡绿化
3 人行道　　　7 林荫道
4 分车绿化

1 道路断面形式示意图

景观元素

道路的景观元素主要有行道树树池、道路侧石、盲道、雨水收集、道路绿化、港湾式车站、人行道铺装等。

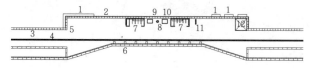

1 座凳　2 侧石　3 人行道　4 盲道　5 排水沟　6 平石　7 候车亭
8 垃圾桶　9 自动售货机　10 电话亭　11 站牌　12 报亭

2 港湾式车站

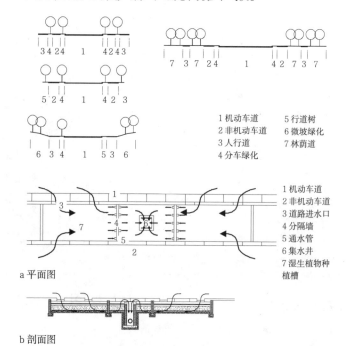

1 机动车道
2 非机动车道
3 道路进水口
4 分隔墙
5 通水管
6 集水井
7 湿生植物种植槽

a 平面图

b 剖面图

3 雨水收集系统及渗透(海绵城市)

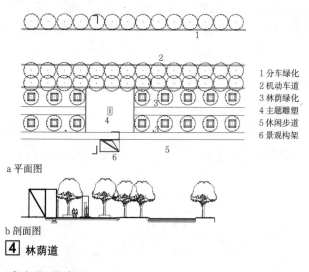

1 分车绿化
2 机动车道
3 林荫绿化
4 主题雕塑
5 休闲步道
6 景观构架

a 平面图

b 剖面图

4 林荫道

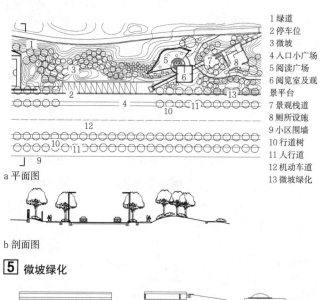

1 绿道
2 停车位
3 微坡
4 入口小广场
5 阅读广场
6 阅览室及观景平台
7 景观栈道
8 厕所设施
9 小区围墙
10 行道树
11 人行道
12 机动车道
13 微坡绿化

a 平面图

b 剖面图

5 微坡绿化

城市街道家具

城市街道家具主要指在街道上设置的邮箱、垃圾箱、电话亭、车挡、自行车停放、休闲座椅、候车亭、书报亭、交通指示标识、广告牌、照明设施、花坛、宣传旗帜等设施。

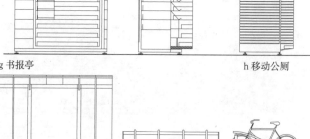

g 书报亭　　　　　　　　h 移动公厕

a 车挡
b 垃圾桶　　c 灯柱　　d 电话亭　e 路牌　　f 候车亭　　i 自行车停放点

6 城市街道家具示例

基本概念

绿道是沿着诸如河滨、溪谷、山脊线等自然走廊，或是沿着诸如用作游憩活动的废弃铁路线、沟渠、风景道路等人工走廊所建立的线性开敞空间，包括所有可供行人和骑车者进入的自然景观线路和人工景观线路。它是连接公园、自然保护地、名胜区、历史古迹等与高密度聚居区之间的开敞空间纽带。

基本功能 表1

功能	内容
生态功能	防洪固土、清洁水源、净化空气等； 保护生物栖息地，保护动物迁徙的通道； 保护生态环境，缓解热岛效应
游憩功能	出行的清洁通道，亲近自然的空间； 开展慢跑、散步、骑车、垂钓、泛舟等户外运动的场地
景观功能	连接湿地、公园、风景区等景区（点）； 连接破碎景观空间，维系和增强美学价值； 改善城乡总体风貌，构建优良景观空间结构
社会与文化功能	保护和利用文化遗产； 连接城市社区与历史建筑、古村落和文化遗迹； 为居民提供交流的空间场所，促进人际交往及社会和睦
经济功能	促进旅游业及相关产业发展； 为周边居民提供多样化的就业机会； 提升周边土地价值

基本类型 表2

绿道类型	含义
城镇型	城镇规划建设用地范围内，主要依托和串联城镇功能组团、公园绿地、广场、防护绿地等，供市民休闲、游憩、健身、出行的绿道
郊野型	城镇规划建设用地范围外，连接风景名胜区、旅游度假区、农业观光区、历史文化名镇名村、特色乡村等，供市民休闲、游憩、健身和生物迁徙等的绿道

注：本表参考住房和城乡建设部《绿道规划设计导则》（2016年9月）。

绿道分级 表3

层级	内容
区域级	连接两个及以上城市，串联区域重要自然、人文及休闲资源，对区域生态环境、野生生物栖息地的保护、文化资源保护利用、风景游憩网络构建具有重要影响的绿道
城市级	连接城市内主要功能组团，串联城市重要的公园、广场、水岸等开敞空间和公共设施，承担城市组团间游览联系、绿化隔离等功能的绿道
社区级	城镇社区范围内，连接城乡居民点与其周边绿色开敞空间，方便社区居民就近使用的绿道

绿道组成 表4

系统名称		要素
绿道游径系统		步行道、自行车道、步行骑行综合道、交通接驳点
绿道绿化		路侧绿带、滨水绿带、山林草地
绿道设施	服务设施	管理服务设施、配套商业设施、游憩健身设施、科普教育设施、安全保障设施、环境卫生设施
	市政设施	环境照明设施、电力电信设施、给排水设施、其他
	标识设施	指示标识、解说标识、警示标识

a 区域级绿道示意图

b 城市级绿道示意图   c 社区级绿道示意图

① 绿道分级示意图

机动车道 非机动车道 步行道
紧密结合现状，优先设置亲水步行道，并完善与坡面的垂直交通联系。可采用栈道等多种形式，设置必要的安全防护设施。自行车道宜设置于坡顶。

a 亲水道

机动车道 自行车道 步行道
滨水岸线坡度较陡或其他条件限制无法设置亲水步行道时，自行车道、步行道均设置于坡顶。自行车与步行道之间宜采用绿化隔离，步行道可采用局部悬挑的栈道形式。

b 坡顶道
② 城镇型绿道（依托水系）

机动车道 非机动车道 步行道
步行道与自行车道应分离设置，步行道可与道路外绿地游道结合设计。

与开放式绿地一体设计
③ 城镇型绿道（依托绿地）

机动车道 自行车道 步行道
将自行车道和步行道分离设置于路侧带内，提供舒适的骑行和步行环境，自行车道与机动车道之间的隔离绿带宽度宜大于3m。

a 依托路侧绿带

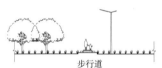
步行道
鼓励对废弃铁路、公路等交通廊道进行改造利用，建设绿道。

b 废弃道路改造利用
④ 城镇型绿道（依托道路）

综合道
在山林坡度较缓时，结合现状地形设置步行骑行综合道，可采用栈道等形式，设置必要的安全防护设施。

a 步行骑行综合道

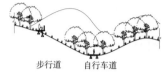
步行道 自行车道
在山林坡度较缓时，应分别设置步行道与自行车道。步行道布局随势就势，可采用栈道、台阶等多种形式，有较大的竖向变化，设置必要的安全防护设施。自行车道宜在山脚相对平缓的区域设置，坡度不宜过陡。

b 自行车道与步行道分别设置
⑤ 郊野型绿道（依托山地）

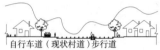
自行车道（现状村道）步行道
可以局部借道现有村道，也可将废弃铁路、景区游道、机耕道、田间小径等以游憩和耕作功能为主的交通线路改造为绿道。

典型剖面
⑥ 郊野型绿道（依托道路）

综合道
滨水岸线坡度较缓且坡顶无现状道路时，宜临近水边设置步行骑行综合道，配置必要的安全防护设施。

a 亲水步行骑行综合道

综合道
滨水岸线坡度较陡或其他条件限制时，宜在坡顶设置步行骑行综合道，设置必要的安全防护设施。

b 坡顶步行骑行综合道

自行车道 步行道
坡顶已有道路且满足自行车通行时，在保证使用安全的前提下，自行车道可借道现状道路。在水边设置亲水步行道，可以采用栈道形式，配置必要的安全防护设施。

c 自行车道与步行道分别设置
⑦ 郊野型绿道（依托水系）

基本概念

城市滨水区是城市中陆域与水域相连的一定区域的总称，一般由水域、水际线、陆域三个部分组成，按其濒临水体性质不同，可分为滨河、滨江、滨湖和滨海等。

城市滨水区与城市生活最为密切，分为水陆两大自然生态系统，并且这两大生态系统又互相交叉影响，复合成一个水路交汇的生态系统，往往是城市中最具有生命力与变化的景观形态，是城市中理想的生境走廊和高质量的城市绿线。强烈地表现人工与自然的交汇融合，是城市滨水区与其他城市空间的主要区别。

构成

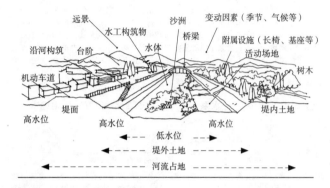

界面

a 滨海界面　　　　b 滨江、河界面　　　　c 滨湖界面

1 景观界面

水利水文功能

城市滨水空间最重要的就是应对不同的水位变化，抵抗洪水，补给地下水，泥沙排泄。

注重滨水的水利功能、航运等。

城市滨水空间同时担任着维持水质条件、提供生态净化的功能。

迎水面是城市滨水区的主要处理界面，需形成应对洪水位、常水位、枯水位不同标高的景观意向。

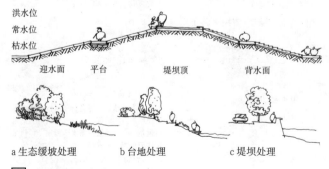

a 生态缓坡处理　　　b 台地处理　　　c 堤坝处理

2 堤坝处理手法

滨水水工建构筑物景观

自然驳岸：各种形式，其中以生态护岸为重点。

人工驳岸：有硬质驳岸、生态驳岸两种。

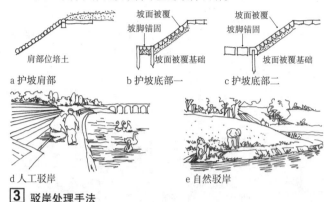

a 护坡肩部　　　b 护坡底部一　　　c 护坡底部二

d 人工驳岸　　　　　　　　　e 自然驳岸

3 驳岸处理手法

滨水小品设施

滨水小品设施是体现滨水景观特色的重要承载体，主要可分为景观桥梁、汀步、栈道、台阶、坡道、栏杆、平台等。

a 亲水平台　　　　　　　　　b 景观桥

c 台阶　　　　d 亲水步道　　　　e 汀步

4 小品设施

滨水植物种植

滨水种植需要遵循因地制宜的原则，植物从沉水—浮水—挺水—灌木—乔木的形式过渡，注重植物的耐淹性与地方性。

a 植物浮床　　　　　　b 水生植物、灌木、乔木

5 滨水植物种植

基础服务设施

滨水基础服务设施承担着保障滨水景观安全、为使用者提供方便的功能，具体有救生圈、路灯、座凳、垃圾桶、护栏等。

a 景观护栏　　　　　　　　　b 路灯、围栏

6 基础服务设施

11
景观设计

a 东岸辖区透视图

1 加拿大多伦多核心滨水区东部湖湾区

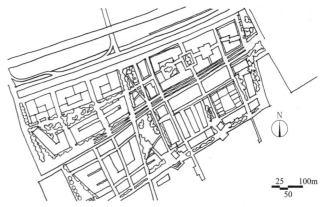

b 东岸辖区总平面图

25　100m
50

名称	主要技术指标	设计时间	设计单位	规划建立了一个连续的、壮观的滨水公园网络；形成一个清新的绿色环境，创造充满生机各具特色的新型社区；沿水岸和码头新建公共亲水步道；明确主要街道的尺度，以作为内港码头区的特别用地
加拿大多伦多核心滨水区东部湖湾区	占地面积22.3hm²	2005	KOETTER KIM Associates	

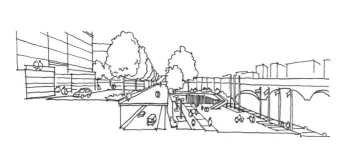

a 滨河断面图

2 法国巴黎13区塞纳河左岸地区规划

b 总平面图

75　300m
150

名称	主要技术指标	设计时间	设计单位	最大特征是充分利用工厂企业搬迁之后留下的闲置用地，特别是废弃的铁路用地，进行有步骤的整体改造，建设形成一处文化、教育、办公、居住等多功能融合的富有吸引力和活力的综合片区
法国巴黎13区塞纳河左岸地区规划	占地面积130hm²	1990	巴黎城市规划院（L'APUR）	

总平面图

125　500m
250

3 苏州金鸡湖滨水区

名称	主要技术指标	设计时间	设计单位
苏州金鸡湖滨水区	占地面积1138hm²	2003	易道设计（EDAW）

金鸡湖滨水区设计通过将沿岸开放空间与周边功能相结合，发挥滨水景观对周边用地发展的带动能力，实现当代城市气质的新型滨水休闲区

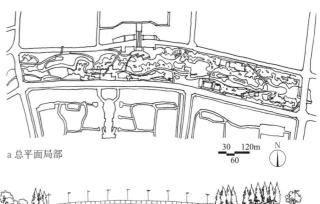

a 总平面局部

30　120m
60

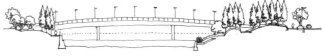

b 河道剖面图

4 青岛李村河上游景观治理

名称	主要技术指标	设计时间	设计单位
青岛李村河上游景观治理	占地面积70hm²	2008	兰斯凯普景观设计（LDG）

设计打破了标准河道断面等模式，结合季节性河流特征，将非蓄水段河床修复为游憩公园；生态驳岸用标高分级处理的方式，将步道、广场、设施等设于洪水位标高以上，部分亲水路径、平台允许被洪水淹没

基本概念

城市绿地系统是指城市建成区或规划区范围内,由各种类型和规模的绿地组成的系统,以人工的、半自然的以及自然的植被为主要存在形态,具有改善城市生态环境、满足居民休闲娱乐要求、组织城市景观、美化环境和防灾避险等多种功能。

城市绿化指标   表1

城市人均建设用地面积（m²）	人均公共绿地面积（m²）	城市绿化覆盖率	城市绿地率
<75	>6	>35%	>30%
75~105	>7	>35%	>30%
>105	>8	>35%	>30%
>150	>8	>35%	>30%

注:本表依据《城市绿化规划建设指标的规定》(建城字第784号文),指标数据是到2010年各指标应达到的低限。

城市绿地系统布局

城市绿地系统布局呈现出由集中到分散、由分散到联系,逐步走向网络连接、城郊融合的发展趋势;受不同阶段绿地理论影响,大致可以归纳为5种类型。

城市绿地系统布局类型[1]   表3

布局类型	示意图	特征分析
块状（点状）绿地系统		相对均匀分布、多呈孤立状存在于城市中的绿地。上海、天津、武汉、大连以及大量其他城市在未经系统规划前的绿地均属于这种类型。有利于市民就近利用,局部环境改善,但不利于维系整个生态系统和其中的生物多样性。应结合城市改造等手段将其逐步改成网状绿地系统
环状绿地系统		为了限制城市用地的无序扩展,或者避免城市用地连续扩展形成"摊大饼"状况,往往会在城市外围或组团间布置环状绿地系统。1945年发表的大伦敦规划中所采用的"绿带"可以看作是这种类型的代表。单纯依靠环状绿地对改善城市内部环境往往起不到实质性作用,必须与城市其他绿地相配合。例如,环状绿地与放射形、楔形绿地配合形成网状绿地系统
楔形绿地系统		利用城市郊区的林地、农田、河流等,由宽渐窄地嵌入到城市中的绿地系统称为楔形绿地系统。合肥市早期规划采用了这一系统。充分利用城市郊区的自然资源,有利于改善城市气候,但除受河流、地形起伏等条件制约的情况外,靠近城市中心的部分将受到城市开发的巨大压力,必须依靠严格的强有力的规划控制手段
网状绿地系统		利用沿河湖水系、城墙绿化、林荫道以及其他带状绿地,将城市中以及城市外围的其他绿地联系成一个整体。南京、哈尔滨、西安等城市属于这一类型。在改善环境、提高城市景观质量方面可取得理想效果
复合绿地系统		在一些城市尤其是大城市中,同时存在两种以上的绿地系统形式,可将其归纳为复合绿地系统。北京是这一类型典型代表。在"三环"以内的地区,城市基本呈点块状,而在四、五环之间则规划了环状的组团间绿地,此外沿放射形的河流、城市干路、高速公路又布置了带状绿地,由此形成了一个内部为点块状,外部呈环状,两者之间呈楔形或带状绿地的复合绿地系统

[1] 谭纵波.城市规划.北京:清华大学出版社,2005.

11
景观设计

城市绿地分类   表2

类别代码	类别名称	类别代码	类别名称	类别代码	类别名称
G1	公园绿地	G133	植物园	G41	居住绿地
G11	综合公园	G134	历史名园	G42	公共设施绿地
G111	全市性公园	G135	风景名胜公园	G43	工业绿地
G112	区域性公园	G136	游乐公园	G44	仓储绿地
G12	社区公园	G137	其他专类公园	G45	对外交通绿地
G121	居住区公园	G14	带状公园	G46	道路绿地
G122	小区游园	G15	街旁绿地	G47	市政设施绿地
G13	专类公园	G2	生产绿地	G48	特殊绿地
G131	儿童公园	G3	防护绿地	G5	其他绿地
G132	动物园	G4	附属绿地		

注:本表依据《城市绿地分类标准》CJJ/T 85-2002绘制。另一类分类标准《城市用地分类与规划建设用地标准》GB 50137-2011将绿地与广场合并设立大类"绿地与广场用地",细分为公园绿地、防护用地和广场。

实例

1870~1980年代,奥姆斯特德（F·L·Olmsted）等人采用200~1500英尺（60~500m）宽的带状绿化,将波士顿数个公园连成一体,形成波士顿公园体系,被誉为"翡翠项链",对城市绿地系统的理论和实践产生了深远的影响。

1 波士顿公园体系图

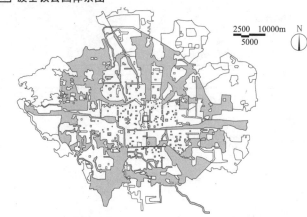

北京中心城绿地系统结构为"两轴、三环、十楔、多园"。到2020年,中心城规划区的绿地率达到48%,绿化覆盖50%,人均绿地50m²,人均公园绿地16m²。中心城建设区的绿地率达到36%,绿化覆盖率40%,人均绿地37m²,人均公园绿地7m²。

2 北京中心城区绿地系统规划图

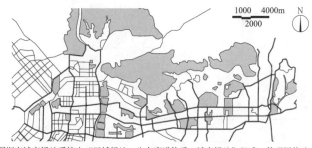

深圳市城市绿地系统由"区域绿地—生态廊道体系—城市绿地"组成,体现网络连接、城郊融合的发展趋势。到2020年,规划人均公园绿地18m²,城市建成区绿地率40%,市域森林覆盖率55%。

3 深圳市绿地系统规划图

概述

防灾避险绿地是具备防灾避险功能的城市绿地；作为城市开敞空间，在地震、火灾等重大灾害及其次生灾害发生时，能够作为居民紧急避险、疏散转移或临时安置的重要场所，是城市防灾减灾体系的重要组成部分。

城市绿地系统防灾避险规划既是城市绿地系统规划的重要组成部分，也是城市防灾减灾体系的深入落实。编制规划应依据城市防灾减灾总体要求，确定相应的规划建设指标。城市绿地系统防灾避险规划主要内容应作为城市控制性详细规划的强制性内容进行实施。它与城市抗震防灾等相关规划关联密切。

防灾避险绿地类型　　　　　　　　　　　　　　　　　表1

类型	含义
防灾公园	灾害发生后，为居民提供较长时间（作为Ⅰ类地震应急避难场所可安置受助人员30天以上）的避灾生活场所、救灾指挥中心和救援、恢复建设等的活动基地。对应城市抗震防灾规划避震疏散场所中的中心避震疏散场所
临时避险绿地	灾害发生后，为居民提供数天至数周（作为Ⅱ类地震应急避难场所可安置受助人员10～30天）的避灾生活和救援等活动的绿地。对应城市抗震防灾规划避震疏散场所中的固定避震疏散场所
紧急避险绿地	灾害发生后，居民可以在极短时间内（3~5min，300~500m内）到达紧急避险绿地（作为Ⅲ类地震应急避难场所可10天内安置受助人员）。居民集合并转移到如防灾公园等过渡性场所。对应城市抗震防灾规划避震疏散场所中的紧急避震疏散场所
绿色疏散通道	灾害发生时具有疏散和救援功能的通道。通道利用城市道路将防灾公园、临时避险绿地和紧急避险绿地有机连接，构建网络，连接城市主要对外交通，形成疏散体系
隔离缓冲带	位于生活区、商业区与油库、加油站、有害物资仓储等区域及不良地质地貌区域之间，具有阻挡、隔离、缓冲灾害扩散，防止次生灾害发生的功能绿地

注：1. Ⅰ类地震应急避难场所：具备综合设施配置，可安置受助人员30天以上。
　　2. Ⅱ类地震应急避难场所：具备一般设施配置，可安置受助人员10～30天。
　　3. Ⅲ类地震应急避难场所：具备基本设施配置，可安置受助人员10天以内。

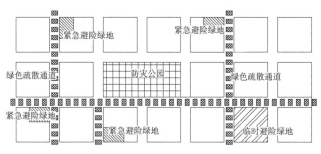

1 防灾避险绿地规划空间布局模式图

防灾避险绿地规划原则

1. 综合防灾、统筹规划：防灾避险绿地规划应考虑对城市多种灾害综合防范，并结合其他避险场所进行统筹规划，与城市总体规划体系衔接。

2. 因地制宜、以人为本：注意场地区位环境、地质情况。一切以居民生命安全和利益为准绳，充分考虑安全问题。

3. 合理布局、可达可操作：规划力求建好连接防灾避险绿地的疏散通道，保证通达性，居民可及时疏散，易于使用。

4. 平灾结合、功能兼顾：兼顾生态、游憩、观赏、科普和防灾避险功能的要求，按照相关标准、规范，配备必要的防灾避险设施。

防灾避险绿地规划要点与指标

各类型防灾避险绿地规划要点　　　　　　　　　　　表2

类型	规划要点
防灾公园	应结合城市绿地系统规划合理布局，靠近居住区或人口稠密的商业区、办公区
临时避险绿地	
紧急避险绿地	
绿色疏散通道	规划应与绿地、道路、河川等周边自然隔离缓冲带相结合，应当形成相互贯通的网络状主干、次干系统，划分明确，方便分流，快速便捷；通道不应过多交叉，以免影响其通畅性
隔离缓冲带	在易发火源或加油站、化工厂等危险设施、避险绿地以及绿色疏散通道的周边，应规划隔离缓冲绿带

主要类型防灾避险绿地规划指标　　　　　　　　　　表3

类型	数量规模	服务半径（m）	人均有效面积（m²）
防灾公园	1座/20万~25万人，不小于5hm²	≤5000	1~2
临时避险绿地	不小于2hm²	≤1500	1~2
紧急避险绿地	不小于1000m²	300~500	≥1

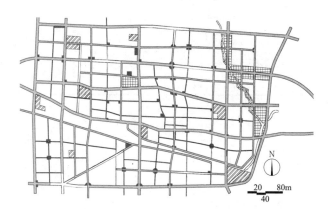

2 河北省玉田县中心城区防灾避险绿地规划图

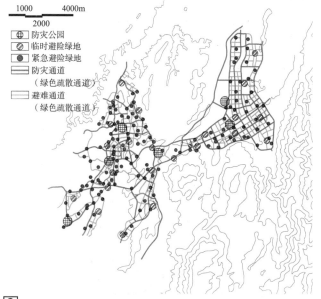

3 湖南省郴州市中心城区防灾避险绿地规划图

总图设计

防灾避险绿地总图设计时要突出平灾结合特征。防灾避险绿地通常具有避震疏散场所功能的出入口、环境、道路以及必要的防灾避险设施等。有效避险面积不宜小于绿地总面积的60%。

主要类型防灾避险绿地灾时功能分区　　　　　　表1

类型	灾害时功能分区
防灾公园	救灾指挥区、物资存储与装卸区、震灾与灾后重建生活营地、临时医疗区、对外交通区（停车场与直升机停机坪）
临时避险绿地	管理与指挥区、物资存储与装卸区、临时避险空间（含临时医疗点）、对外交通区（停车场）
紧急避险绿地	管理区、紧急避险空间

各类型防灾避险绿地设计要求　　　　　　　　　表2

类型	设计要点
防灾公园	功能区之间应设置隔离缓冲带。公园内中心避难场地周围有易燃建筑物群，应当加宽防火树林带。与两条及以上绿色疏散通道相连，不少于两个双向快速交通出入口，并设应急备用出入口。至少设置一个无障碍通道
临时避险绿地	绿地周边不小于15m隔离缓冲带。不少于两个双向交通出入口，与两条及以上绿色疏散通道相连，并连接集散场地。至少设置一个无障碍通道
紧急避险绿地	绿地周边设置宽度应宽于10m隔离缓冲带。与一条以上绿色疏散通道相连，至少一个双向交通出入口，并设置无障碍通道
绿色疏散通道	根据周围建筑的高度确定通道与建筑的距离，通道两侧应配置具备防火和阻隔建筑倒塌物等功能的植物，并可种植诱导植被和地标植被。引导人流疏散一级道路有效宽度不低于15m，所有通道有效宽度不低于3.5m
隔离缓冲绿带	在隔离缓冲带的规模和宽度要根据潜在危害程度合理把握。一般设置不小于30m宽的绿带。多采用防火性强和生长旺盛的常绿树种，在充分考虑通风、安全、美观等因素的基础上合理配植

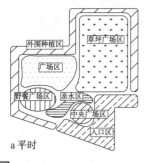 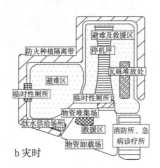

1 日本大洲公园平时与灾时分区示意图

植物配置

防灾避险绿地应以树林草地为主要配置形式，至少有一个开阔平坦的草坪，可参考日本提出的避险绿地植物配置模式。

日本避险绿地植物配置　　　　　　　　　　　表3

分区	树种选择	配置方式
F区火灾危险带	角质层厚、反射率高、水分保持力高、难于燃烧的植物	发挥遮断热辐射墙壁作用
P区防火树林带	耐火性比F区更高的树种，多用常绿阔叶树，搭配落叶树和花灌木	栽植带与街区保持一定的距离。种植方式应乔灌草三层结合，林带的厚度不少于三排（交互种植）乔木，并确保其通透性
S区避难场地	一般树木，尽量少种高大的乔木。选择耐踏压性、环境适应性强的草坪	避难场地作为避难者滞留的场所以草坪等为栽植中心，树木配植以不影响其功能为原则

2 日本避险绿地平面模式图

设施配置

防灾避险绿地设施是防灾避险绿地功能发挥的重要安全保障。应当考虑防灾减灾性能、美观与安全，既保证平时良好的景观效果，又在灾时便于使用。

主要类型防灾避险绿地设施配置　　　　　　　表4

设施类型	设施名称	防灾公园	临时避险绿地	紧急避险绿地	绿色疏散通道
基础设施	应急篷宿区设施	○	○	○	○
	医疗救护与卫生防疫设施	○	○	○	—
	应急供水设施	○	○	○	—
	应急供电设施	○	○	—	—
	应急排污系统	○	○	—	—
	应急厕所	○	○	○	—
	应急垃圾储运设施	○	○	○	—
	应急通道	○	○	○	○
	应急标识	○	○	○	○
一般设施	应急消防设施	○	○	○	—
	应急物资储备设施	○	○	—	—
	应急指挥管理设施	○	○	—	—
	应急通信	○	○	—	—
	应急广播	○	○	○	—
综合设施	应急停车场	○	○	—	—
	应急停机坪	○	—	—	—
	应急洗浴设施	○	○	—	—
	应急通风设施	○	—	—	—
	功能介绍设施	○	○	○	○

注："○"代表必需配置的设施，"—"代表非必需配置的设施。

小品、构筑物设计

防灾避险绿地小品、构筑物设计一般采用平灾结合的模式，应控制构筑物面积与层数，采用抗震性能好的结构，并结合地下空间进行设计。

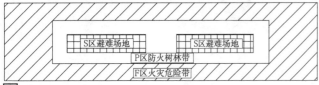

座凳（平时）　　　座椅（平时）　　　花架（平时）

座便器（灾时）　　炉灶（灾时）　　物资储存仓库（灾时）

3 防灾避险绿地座凳、座椅、花架平灾结合设计示意图

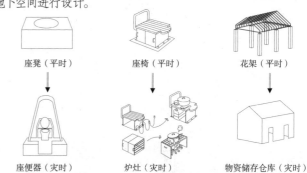
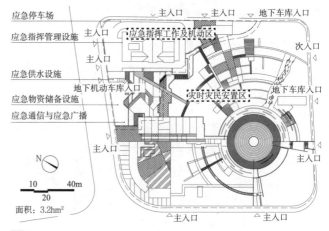

面积：3.2hm²

4 上海大连路绿地（临时避险绿地）平面图

概述

绿色基础设施，指由各类开敞空间和自然区域组成的相互联系的绿色空间网络，包括绿地、湿地、林地、农田、河流、保护区及绿道等大尺度要素，也指对现有灰色基础设施进行生态化改造的中小尺度绿色工程设施，维持生物多样性与自然水文循环，调节气候，减缓灾害，满足人类休闲游憩、文化审美等生态系统服务功能。

绿色雨水基础设施

以分散式、小型化、绿色生态的方式模拟自然水文过程，最大限度从源头截留、渗透、净化并利用雨水径流，并通过地形、植物等手法营造景观。包括绿色屋顶、高位植坛、植草沟、下凹绿地、生物滞留池（雨水花园）、渗透塘、渗井、湿塘等类型。

雨水总量设计公式：

$$W = 10\varphi_c h_y F$$

式中：W—雨水设计径流总量（m^3）；
φ_c—雨量径流系数；
h_y—设计降雨厚度（mm）；
F—汇水面积（hm^2）。

根据以上公式，可以得到雨水总量，进而推求可以用于蓄滞、净化雨水的处理设施的容量，并选择合适的雨洪处理技术和工艺。

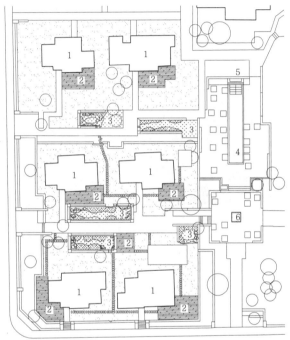

1 建筑　2 木平台　3 雨水花园　4 下渗广场　5 纪念牌　6 历史浮雕

a 总平面图

1 建筑　2 木平台　3 草坪　4 石笼驳岸　5 径流入口　6 排水浅沟
7 雨水花园　8 置石　9 汀步　10 铺装　11 截流横沟

b 雨水花园放大平面图

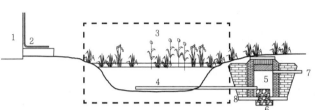

1 建筑　2 雨落管　3 雨水花园（做法详见d）　4 穿孔收集管
5 渗井　6 砾石　7 溢流大市政管道　8 出水取样口

c 雨水花园系统示意图

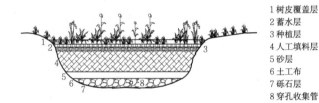

1 树皮覆盖层
2 蓄水层
3 种植层
4 人工填料层
5 砂层
6 土工布
7 砾石层
8 穿孔收集管

d 雨水花园构造示意图

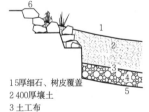

1 15厚细石、树皮覆盖
2 400厚壤土
3 土工布
4 200厚碎石垫层
5 原土平整
6 置石

e 雨水花园边缘做法

1 砾石
2 种植土（<0.3m）
3 土工布
4 素土夯实

f 植草浅沟做法

g 雨水花园局部效果图

1 清华大学胜因院雨水花园

名称	主要技术指标	设计时间	设计单位	针对这一具有历史文化价值但存在内涝问题的场地，其环境改造将历史保护、景观设计与绿色雨水基础设施营造结合在一起，实现削减径流、去除污染，以及体现场地历史、塑造场所精神、营造生态景观等多重目标
清华大学胜因院雨水花园	建筑面积12000m²	2012	清华大学建筑学院景观学系	

人工湿地净化系统

人工湿地是指通过模拟天然湿地的结构与功能，选择一定的地理位置与地形，根据人们的需要人为设计与建造的湿地。已被广泛用于处理各类受污染水体，包括生活污水、工业废水、农业废水、尾矿排出液、垃圾场渗滤液、富营养化湖水等。

人工湿地净化污水的主要组成部分　　　　　　　　　　表1

构成要素	作用	常用种类
填料	为植物的生长提供支撑载体；吸附、过滤部分有机污染物	砂砾石、矿渣、粉煤灰、钢渣、沸石、石灰石、高炉渣、活性多孔介质、页岩等
植物	消耗大量有机污染物及无机物；为湿地填料中附着生长的微生物提供氧气	芦苇、水葱、菖蒲、香蒲、美人蕉、灯芯草、再力花等
微生物	同化作用、异化作用、氨化作用、硝化与反硝化作用	包括厌氧型、好氧型、兼氧型

1. 表面流型人工湿地

人工湿地的水面位于湿地填料表面以上，水流呈推流式前进。污水从池体入口以一定速度缓慢流过湿地表面，出水由溢流堰流出。

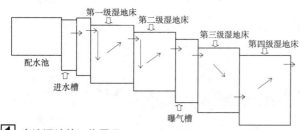

1 表流湿地的工作原理

2. 水平潜流型人工湿地

此类人工湿地的水流从进口起在根系层中沿水平方向缓慢流动，出口处设集水装置和水位调节装置。

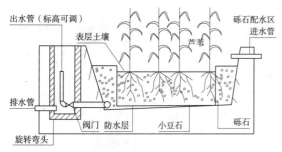

2 潜流人工湿地工作原理

3. 复合垂直流型人工湿地

此类湿地由两个底部相连的池体组成，污水从一个池体垂直向下（向上）流入另一个池体中后，垂直向上（向下）留出。

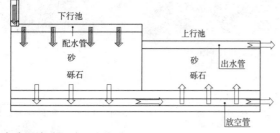

3 复合垂直流湿地工作原理

1 进水管
2 SAS温室
3 垂直流湿地
　深度：2.00m
4 水平垂直流混合湿地
　水平流深度：1.00m
　垂直流深度：2.00m
5 布水渠
6 表面叠流
　深度：0.50m
7 表面流湿地
8 植物氧化塘
　深度：1.20m
9 生态氧化塘
　深度：1.2m
10 进水管
11 垂直流湿地
12 布水管网系统
13 生态沟渠
14 混合生态功能区

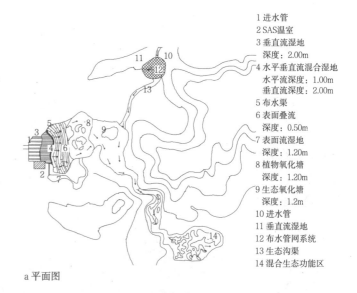

a 平面图

b 剖面图

4 北京奥林匹克森林公园人工湿地

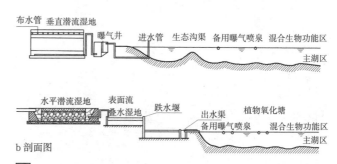

a 平面图

b 剖面图

c 局部效果图

5 上海世博会后滩公园人工湿地

基本概念

棕地（Brownfield），泛指因人类活动而存在已知或潜在污染的场地，对其再利用需要建立在基于目标用途的场地风险评估与修复基础之上。

世界各国的"棕地"定义不尽相同，但将棕地再生作为城市绿地与开放空间的重要途径之一已成为普遍共识。棕地再生实践显示出巨大的环境效益、经济效益与社会效益，可以有效减少城市建设对绿地的侵占。

中国棕地主要类型（按原用地性质划分） 表1

棕地类型	具体包括
工业企业旧厂区	钢铁厂、焦化厂、纺织厂、机械厂、制药厂、制造业和化工企业等
采矿业废弃地	煤矿、有色金属矿、黑色金属矿、采石场及受采矿活动影响造成地形塌陷的周边地区等
垃圾填埋场	卫生填埋场、简易填埋场、受控填埋场及工业垃圾堆放地等
其他	废弃的机场、铁路用地、干洗店、加油站、军事用地和墓地等

中国城市工业污染土地类型（按主要污染物划分）[1] 表2

类型	相关信息
重金属污染场地	主要来自钢铁冶炼企业、尾矿，以及化工行业固体废弃物的堆存场，代表性的污染物包括砷、铅、镉、铬等
持续性有机污染物（POPs）污染场地	主要以农药类和杀虫剂类POPs场地为主，包括滴滴涕、六氯苯、氯丹及灭蚁灵等，还有如含多氯联苯（PCBs）的电力设备的封存和拆解场地等
以有机污染为主的石油、化工、焦化等污染场地	污染物以有机溶剂类，如苯系物、卤代烃为代表。也常复合有其他污染物，如重金属等
电子废弃物污染场地等	以重金属和POPs（主要是溴代阻燃剂和二噁英类剧毒物质）为主要污染特征

设计要点

1. 棕地的景观设计与场地污染治理互为制约，只有通过协调合作，才能实现经济、有效、理想的场地再利用。

2. 棕地的场地设计人员需要具备基础的场地修复知识，并了解不同治理技术对项目在空间、时间与经费上的影响。

3. 棕地的污染治理往往是一个长期而动态的过程，其场地设计需要做出动态的分期考量。

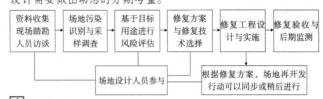

1 棕地再生程序

工业企业旧厂区再生

1. 不同的原工业用途对场地的土壤和地下水所造成污染的类型、成分、分布、深度和扩散情况均有所不同。在确定场地再开发用途前，应基于场地历史信息、现状资料和科学的采样勘测确定污染情况。

2. 工业场地的污染治理与修复方式包括全面清除或部分清除，分为原位修复或异位修复。常见的土壤污染治理与修复技术包括封盖、植物修复、空气喷射、焚化、生物修复、土壤淋洗、热解吸和可渗透反应屏障等。

3. 对场地内遗留的工业建构筑物的再利用应考虑工业遗产保护的相关要求。

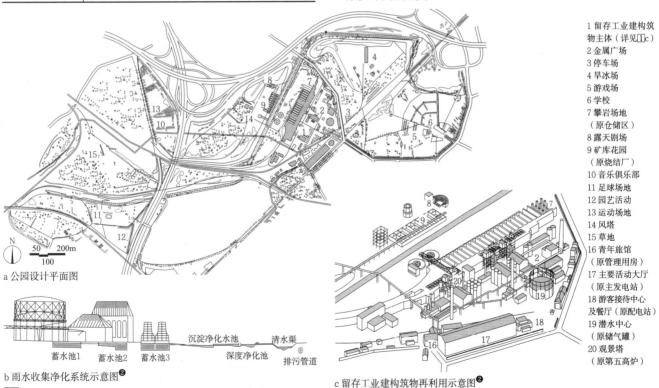

1 留存工业建构筑物主体（详见 **11**c）
2 金属广场
3 停车场
4 旱冰场
5 游戏场
6 学校
7 攀岩场地（原仓储区）
8 露天剧场
9 矿库花园（原烧结厂）
10 音乐俱乐部
11 足球场地
12 园艺活动
13 运动场地
14 风塔
15 草地
16 青年旅馆（原管理用房）
17 主要活动大厅（原主发电站）
18 游客接待中心及餐厅（原配电站）
19 潜水中心（原储气罐）
20 观景塔（原第五高炉）

a 公园设计平面图

N 50 200m
    100

b 雨水收集净化系统示意图[2]

蓄水池1 蓄水池2 蓄水池3 沉淀净化水池 清水渠 深度净化池 排污管道

c 留存工业建构筑物再利用示意图[2]

2 德国鲁尔区北杜伊斯堡景观公园（钢铁厂再利用项目）

名称	地点	项目时间	占地面积	
北杜伊斯堡景观公园	德国鲁尔区	1990~2002	230hm²	该项目周期为12年。针对公园内不同场地的污染特征，采取了不同的场地内修复方式。与此同时，设计师将场地中各要素进行分层解读，对水系、铁轨、道路和植被4个系统分别进行了深入的分析与梳理，发展了4个相对独立并叠加联系的景观系统，即水园、铁路园、道路园和植被园。

❶ 谢剑,李发生. 中国污染场地修复与再开发. 环境保护, 2012（Z1）: 15-24.
❷ 改绘自德国北杜伊斯堡公园宣传板。

采矿业废弃地再生

1. 露天矿坑和采石场空间的地形高程变化巨大，再利用过程中需要应对潜在的岩壁风化剥落风险。

2. 矿坑土壤结构性差、贫瘠，可能存在重金属污染，修复过程中宜选用根系发达的本地物种。

3. 采矿或采石活动结束后，坑底往往形成水潭，可通过循环净化在场地中营造亲水性景观。

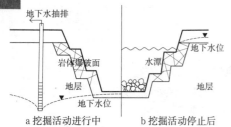

1 矿坑及采石场剖面示意图❶

垃圾填埋场再生

1. 生活垃圾填埋场的再利用需与其封场工程紧密结合，应遵照《生活垃圾卫生填埋场封场技术规范》CJJ 17的要求。

2. 垃圾填埋场再生的景观设计需要考虑协调垃圾堆体不均匀沉降、渗滤液与填埋气收集系统、雨污分流系统和污染监测系统的运行及维护。

3. 垃圾堆体上的覆土受填埋气毒性影响且持水能力低，植被宜选择浅根系的本地物种。

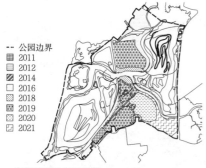

a 分期开发时序示意图

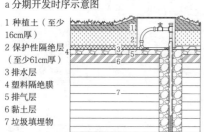

b 封场覆盖层剖面示意图❸

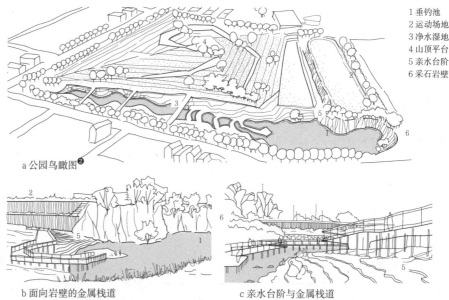

1 垂钓池
2 运动场地
3 净水湿地
4 山顶平台
5 亲水台阶
6 矿石岩壁

a 公园鸟瞰图❷

b 面向岩壁的金属栈道

c 亲水台阶与金属栈道

2 美国芝加哥市亨利帕米萨诺采石场公园

名称	地点	项目时间	占地面积	项目周期为5年，分2期进行。一期工程主要包括地形塑造、水潭及湿地底部防渗和挡土墙的建设等，二期工程为公园的建设
亨利帕米萨诺采石场公园	美国伊利诺伊州	2004~2009	11hm²	

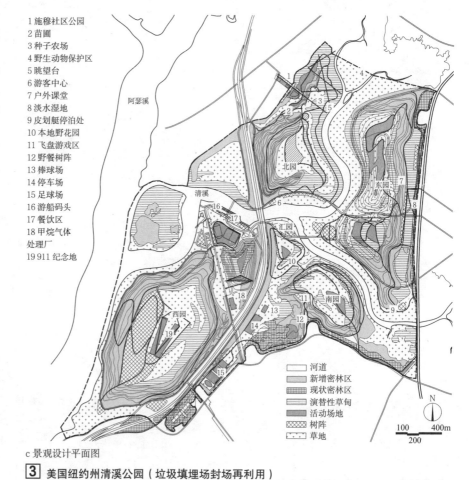

1 施穆社区公园
2 苗圃
3 种子农场
4 野生动物保护区
5 眺望台
6 游客中心
7 户外课堂
8 淡水湿地
9 皮划艇停泊处
10 本地野花园
11 飞盘游戏区
12 野餐树阵
13 棒球场
14 停车场
15 足球场
16 游船码头
17 餐饮区
18 甲烷气体处理厂
19 911 纪念地

c 景观设计平面图

3 美国纽约州清溪公园（垃圾填埋场封场再利用）

名称	地点	设计竞赛时间	占地面积	预计用30年的时间将清溪垃圾填埋场分期改造为城市公园，为市民提供运动场地、游步道、自行车道、露天剧场和游客中心等设施
清溪公园	美国纽约州	2001	约890hm²	

❶ 改绘自全球酸性岩排水指南（Global Acid Rock Drainage Guide）第四章图片4-3。
❷ 改绘自Site Design Group设计公司项目效果图。
❸ 改绘自美国清溪公园官方文献。

定义和类型[1]

　　以土塑山为筑山。筑山可形成园林地形的骨架，可作为屏障、背景和建筑基地，起到组织和分隔空间，调节空间气氛，为植物生长创造条件及防减噪声等功能。土山按其造景功能可分为主山和客山。此外，作为屏障组织空间的还有阜障、带状土山和小丘等。

a 团状土山作为庭院主山或客山（南京瞻园）

b 以带状土山分隔和组织庭园空间（圆明园安佑宫）

1 以土山作为园林地形骨架

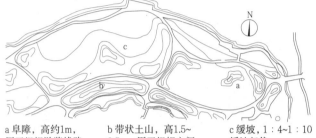

a 阜障，高约1m，用于组织游览线路　　b 带状土山，高1.5~2.5m，用于组织空间　　c 缓坡，1：4~1：10 缓坡起伏

2 以土山作为园林地形骨架

设计手法

a 未山先麓，视山高及土质定其基盘

b 山体的土压力随深浅变化，坡度也随之变化

c 左急右缓，莫为两翼

高远 自下仰视山巅

深远 自山前窥山后

平远 自近山望远山

d 位置经营，山有三远

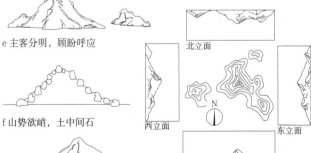

e 主客分明，顾盼呼应

f 山势欲峭，土中间石

g 山水相依，风光无限　　h 山观四面，步移景异

3 筑山设计手法

设计要点

1. 因地制宜，因高堆土，就地凿水。
2. 挖土与堆山，土方宜就地平衡。
3. 山体要稳定，坡度需合理。
4. 注意水土保持和排水通畅。
5. 筑山求其造型美，山宜错落有致，曲折多变。

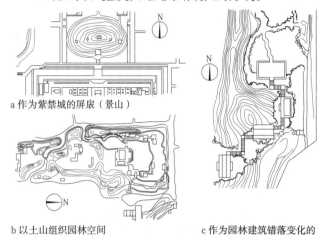

a 作为紫禁城的屏扆（景山）

b 以土山组织园林空间（圆明园廓然大公）　　c 作为园林建筑错落变化的依托地形（北海濠濮间）

d 两山对峙，一水中通，形成峡谷景观（颐和园后溪河）

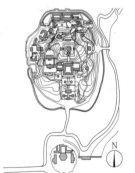

e 象征权力（北海琼华岛）

f 与园林建筑互为对景（秋霞圃）

1 主山
2 客山

h 拙政园雪香云蔚亭山（局部）

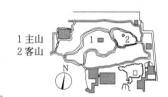

g 全园主景（拙政园雪香云蔚亭山）

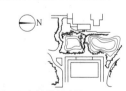

j 改善风水条件兼做障景（颐和园仁寿殿西土山）

i 土山穿插于庭院，使庭院气氛宛若自然（北海画舫斋）

k 以土山分隔空间（快雪堂）

4 筑山设计要点示例

❶ 本页改绘自《建筑设计资料集》（第二版）3.北京：中国建筑工业出版社，1994.

定义与类型[❶]

以自然山石堆叠成假山为掇山。其工艺过程包括选石、采运、相石、立基、拉底、叠中层和结顶。先构思立意、确定造山目的。再以专门手法掇合为各种山水单元，如峰、峦、顶、岭、壁、岩、洞、环、谷、沟、渠、岫、蟠、矶等。其基本理法为"有真为假、做假成真。"以清代哲匠戈裕良在苏州所掇环秀山庄太湖石假山为例，说明掇山之理。

平面设计

包括底层平面和顶层平面图。底层平面图亦称地盘图。显示掇山拉底所占的面积与位置。"掇山须知占天"，因此还要作模型设计。环秀山庄在高楼、深院的环境里构室面山，造山为主，理水为辅，独立端严，次相辅弼。峰峦矗立，以水钳山，幽谷剖腹石洞穿峭壁。悬崖栈道，绝顶飞梁。洞穴潜藏，穿岩逐水。布局精巧，章法谨严。视距一般为1:2.5。

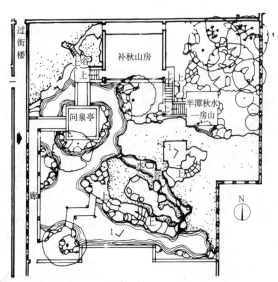

1 苏州环秀山庄假山底层平面图

2 苏州环秀山庄假山顶层平面图

❶ 本页改绘自《建筑设计资料集》（第二版）3. 北京：中国建筑工业出版社，1994.

断面设计

两山夹涧，以虚胜实。

3 苏州环秀山庄假山1-1断面图

空间设计

a 两山对峙，山实谷虚

b 跨水为桥，引蔓通津

c 远观有势，高远显赫

d 环中套环，深远独具

e 悬崖栈道，起伏上下

f 步移景异，峦顶洞观

g 驳岸高下，水岫不穷

h 陂陀散点，疏密有致

4 空间设计效果图示

置石[1]

以石材或仿石材布置成自然山石景观的造景手法称为置石。可结合护坡、种植床或器设等实用功能造景。

石材

常用石材有以下8种。

a 太湖石　　b 黄石　　c 英石　　d 石笋

e 房山石　　f 青石　　g 黄蜡石　　h 石蛋

[1] 常用石材图示

相石

a 透、漏、瘦　　b 石姿（若人所处的姿势）　　c 石情（若人所表露之情，如顾盼、呼应、俯仰、笑怒等）

[2] 审度石之尺度、体态、质感、皱纹和色彩

山石结体

a 安：置石安稳　　b 安：三安　　c 接：竖向衔接

d 斗：如券拱受力形如斗　　e 卡：二石上方合成楔口卡住上大下小之石　　f 连：水平衔接

g 垂：石侧下垂　　h 挎：侧挎小石　　i 拼：以小拼大

j 剑：竖直竖长如剑　　k 悬：上卡下悬空　　l 挑：石上挑出石，后坚平衡前悬

[3] 山石结体形态图示

类型

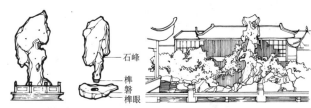

a 须弥石座特置　　b 以石磐为座的特置　　c 苏州留园冠云峰

整体或拼石为体量较大，体资奇特的石景。常用作人口障景、对景、漏窗或地穴的对景，和庭中、廊间、亭边、水际的点缀。

[4] 特置

a 苏州怡园散点山石　　b 石混凝土结合散点

散置，又称散点，"攒三聚五"的作法。因尺度大小可分为大散点和小散点，要在散点中有聚，寸石生情。

[5] 散置

a 涩浪、蹲配与抱角　　b 苏州网师园璧山

c 尺幅窗与无心画　　d 承德避暑山庄云山胜地云梯

[6] 与建筑结合的山石

a 无锡惠山听松石床

石屏、石栏、石桌、石床、石几，结合使用功能增加自然情趣。

[7] 器设

1 石桌面
2 石凳
3 支墩

b 北京中山公园水榭南青石桌与石凳

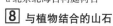

a 北京北海古柯庭树台　　b 苏州留园五峰仙馆庭院花台

[8] 与植物结合的山石

---

[1] 本页改绘自《建筑设计资料集》（第二版）3. 北京：中国建筑工业出版社，1994.

11 景观设计

概念与功能❶

理水指对水体景观的功能、立意、布局与形态等的处理，是古典园林营造的核心内容之一。

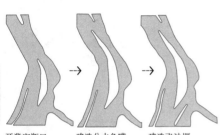

a 都江堰：结合水利基础设施建设的区域性理水与园林营造

开凿宝瓶口　建造分水鱼嘴　建造飞沙堰

1 防洪蓄水与灌溉运输

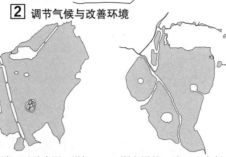

增加湿度，形成冷热对流

2 调节气候与改善环境

b 杭州西湖：疏浚水源，增加库容，防洪灌溉，园林造景

颐和园的一池三山寄托道家求仙长生之意

3 传达文化与寄托情怀

a 西湖泛舟

b 寄畅园赏景

4 游览赏景与休闲娱乐

水景类型

a 南京玄武湖

5 湖

b 北京西苑三海

a 网师园

b 留园

6 池

c 谐趣园

d 北海画舫斋

圆明园河网

7 河、渠

无锡寄畅园"八音涧"

8 溪、涧

a 匹落

b 湍濑

c 线落

9 瀑

10 泉

设计手法

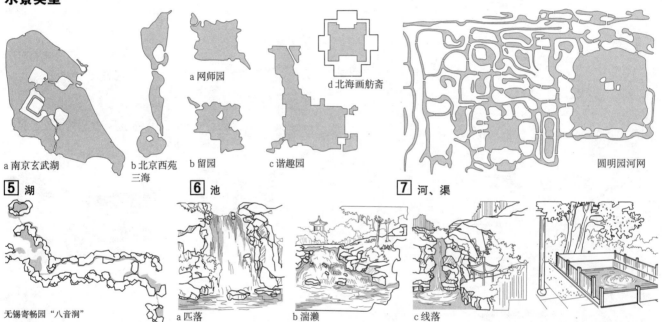

a 避暑山庄利用天然泉水及武烈河、裴家河与狮子沟营造水景

11 疏水之去由，察源之来历

b 利用天然降水做瀑布水源（苏州狮子林）

12 聚则辽阔，散则潆洄

13 疏水若为无尽，断处为桥

a 阔远：近岸广水，旷阔遥山者

b 迷远：烟雾溟漠，野水隔而仿佛不见者

c 幽远：景物至绝，而微茫缥缈者

14 水的"三远"

---

❶ 本页改绘自《建筑设计资料集》（第二版）3.北京：中国建筑工业出版社，1994.

概述

　　楼阁是两层以上的屋宇建筑,是园林中的高层建筑,不仅体量较大,而且造型丰富,变化多样,有广泛的使用功能,是园林内的重要点景建筑。园林中的楼在平面上一般呈狭长形,面阔三、五间不等,也可形体很长,曲折延伸;立面为2层或2层以上的建筑物。阁也为多层建筑,造型上高耸凌空,较楼更为完整、丰富、轻盈、集中,平面上常作方形或正多边形。

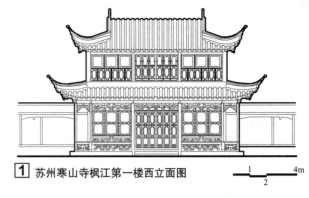

① 苏州寒山寺枫江第一楼西立面图

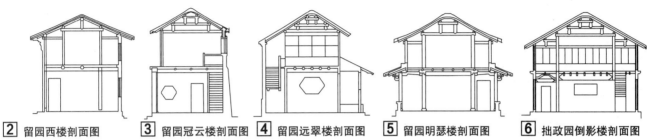

② 留园西楼剖面图　③ 留园冠云楼剖面图　④ 留园远翠楼剖面图　⑤ 留园明瑟楼剖面图　⑥ 拙政园倒影楼剖面图

分类

　　按功能分,有观景楼、藏经楼、钟楼、鼓楼、箭楼、城楼、敌楼、戏楼、茶楼、酒楼、过街楼等,其中以建筑艺术高超和观景的楼阁旅游价值高。

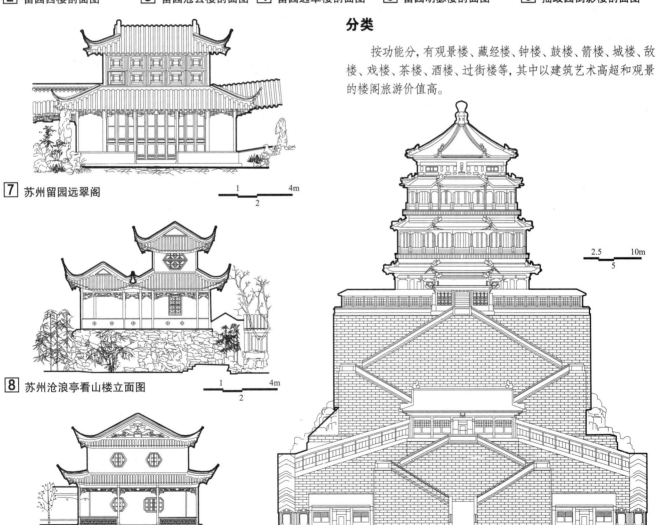

⑦ 苏州留园远翠阁

⑧ 苏州沧浪亭看山楼立面图

⑨ 苏州寒山寺枫江第一楼南立面图

⑩ 颐和园佛香阁立面图

榭

古典园林中榭和舫多属于临水建筑，在选址、平面及体量上较注重与水面和池岸的协调，从整体轮廓到门窗栏杆均以水平线条为主。除满足休息、游赏的功能外，主要起观景与点景的作用。

"榭"主要为观赏景物而设置，选取最佳观赏角度，供游人休息、品茗、饮馔；以建筑本身形体点缀景物或构成景区主景。榭者，藉也。藉景而成者也。或水边，或花畔，制亦随态。"榭"是中国古典园林建筑中依水架起的观景平台，平台一部分架在岸上，一部分伸入水中，四面敞开，平面形式比较自由，常与廊、台组合在一起。主要类型包括水榭、花榭、山榭。

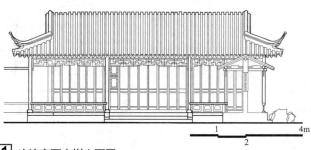

① 沧浪亭面水榭立面图

④ 怡园画舫斋立面图

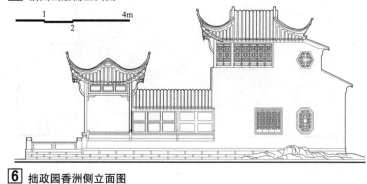

⑥ 拙政园香洲侧立面图

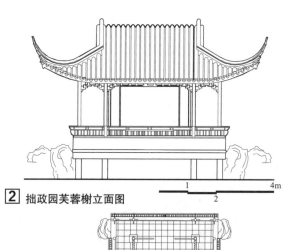

② 拙政园芙蓉榭立面图

③ 拙政园芙蓉榭平面图

舫

"舫"，又名旱船，船形建筑，多建于水边，为小酌或宴会使用。前半复三面临水，船尾一侧设有平桥与岸相连，因形状特殊，形式新颖，为水面增色。登之，有置身于行船之感，纳凉消暑，迎风赏月。舫在水中，使人更接近于水，身临其中，使人有荡漾于水中之感，是园林中供人休息、游赏、饮宴的场所。主要类型包括平舫和楼舫。

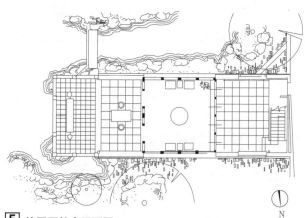

⑤ 怡园画舫斋平面图

⑦ 拙政园香洲平面图

概述

亭在传统园林中运用特别广泛，其主要功能是供人休息，可防日晒、避雨淋、消暑纳凉。其次，作为赏景之视点，在园林中具有凭眺、畅览园林景色之作用。此外，它还具有"点景"的作用。作为园林景物之一，其位置、体量、色彩等应因地制宜，表达出各种园林情趣，成为园林景观构图中心。亭的体量一般较小，其平面及屋顶形式比较多，但作为园林建筑的一种，大多结构与构造较为简单，易施工建造。

在众多类型的亭中，方亭最常见，简单大方。圆亭更为秀丽，但额枋挂落和亭顶都是圆的，施工要比方亭复杂。亭的类型中还包括半亭、独立亭、桥亭等，多与走廊相连，依壁而建。亭顶除攒尖以外，歇山顶也较为普遍。在中国古典园林中或高处筑亭，既是仰观的重要景点，又可供游人统览全景；在叠山脚前边筑亭，以衬托山势的高耸；临水处筑亭，则取得倒影成趣之效果；林木深处筑亭，半隐半露，既含蓄而又平添情趣。

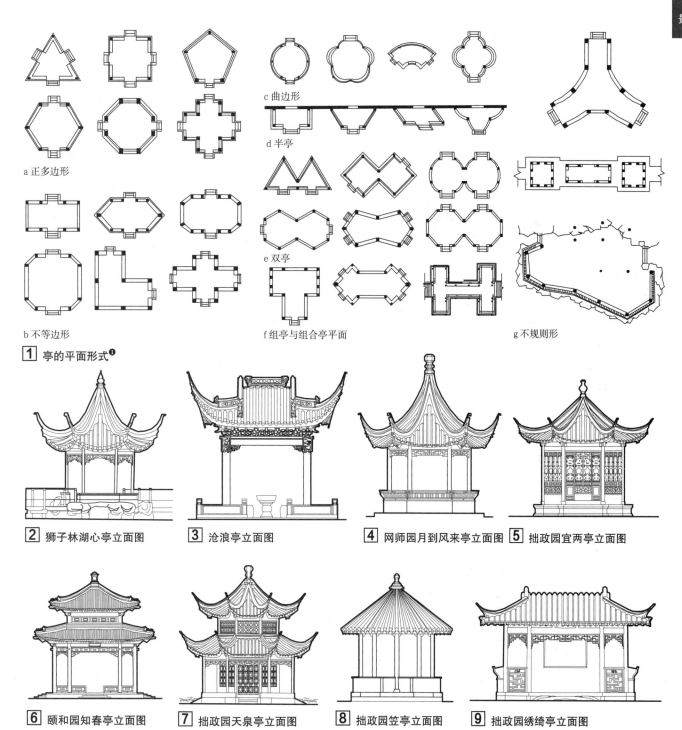

c 曲边形

d 半亭

a 正多边形

b 不等边形

e 双亭

f 组亭与组合亭平面

g 不规则形

1 亭的平面形式❶

2 狮子林湖心亭立面图 **3** 沧浪亭立面图 **4** 网师园月到风来亭立面图 **5** 拙政园宜两亭立面图

6 颐和园知春亭立面图 **7** 拙政园天泉亭立面图 **8** 拙政园笠亭立面图 **9** 拙政园绣绮亭立面图

❶ 改绘自《建筑设计资料集》（第二版）3. 北京：中国建筑工业出版社，1994.

概述

桥是架在水面上或空中以便通行的构筑物。桥可用来连接水岸两边景物,供人跨水游览。桥可组织水景,增加水景层次。对桥的位置与造型作精心的安排和设计常常能成为自然水面景色上的重要点缀。古典园林中桥的作用主要包括:联系风景点,组织游览路线;与其他景物互为借景,共同组成完整的风景画面;划分水面;位于重要景点的前部,暗示引导景观序列。

桥在中国古典园林中不乏优美之作,一些桥本身已成为园林中的著名景点。设计时注意桥中线与水流中线垂直。桥的形状与大小取决于园林境界。结合植物成景,如桥头植树等。桥的基本类型分为:平桥、拱桥、多拱桥、平梁桥、亭桥等。

1 北海静心斋圆拱桥

2 圆明园平湖秋月

3 上海城隍庙九曲桥

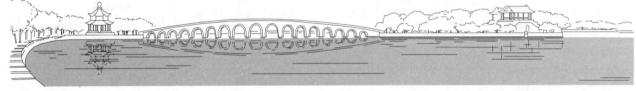

4 颐和园廊如亭、十七孔桥

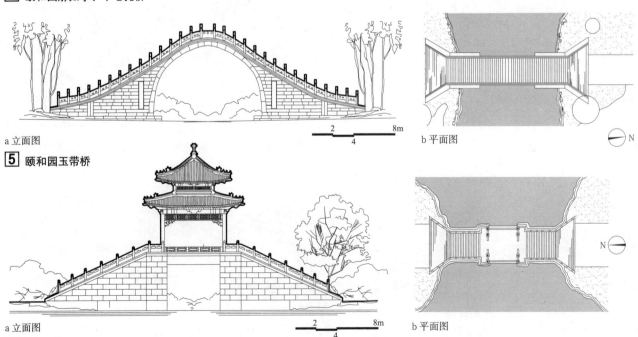

a 立面图

b 平面图

5 颐和园玉带桥

a 立面图

b 平面图

6 颐和园练桥

11
景观设计

廊

　　廊是带形建筑，是联系建筑物和景物的脉络，是景区的导游线。它不仅具有遮风避雨、交通联系上的实用功能，同时具有划分空间、联系空间、增加景深、便于观赏，实现步移景异效果的作用。因此设计廊特别注意与地形结合，最忌僵直呆板。它随形而弯，依势而曲，或蟠山腰，或穷水际，蜿蜒逶迤，富于变化。廊可分直廊、曲廊、波形廊和复廊等类型，它可将一条本来较为单调的空间，辗转于园林之中，而使游人不感乏味。

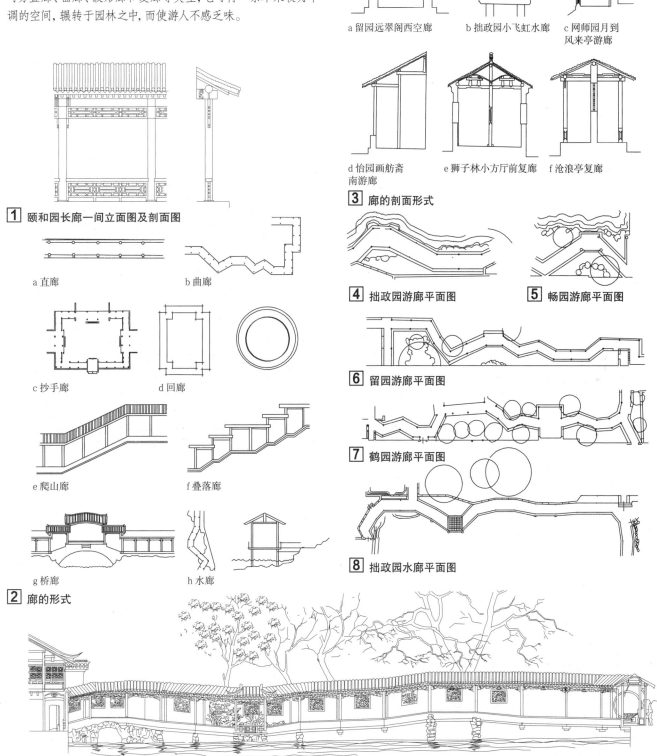

1 颐和园长廊一间立面图及剖面图

a 直廊　　　　　　　　b 曲廊

c 抄手廊　　　　d 回廊

e 爬山廊　　　　f 叠落廊

g 桥廊　　　　h 水廊

2 廊的形式

a 留园远翠阁西空廊　　b 拙政园小飞虹水廊　　c 网师园月到风来亭游廊

d 怡园画舫斋南游廊　　e 狮子林小方厅前复廊　　f 沧浪亭复廊

3 廊的剖面形式

4 拙政园游廊平面图　　　　**5** 畅园游廊平面图

6 留园游廊平面图

7 鹤园游廊平面图

8 拙政园水廊平面图

9 拙政园水廊

概述

门洞是墙上开洞，形成入口最简便的一种形式，也是中国园林中很有特色的一种入口形式。门洞在园林中巧妙布置，常成为摄取风景的画框，使游人在游赏过程中不断获得生动的画面，从一个空间转向另一个空间，引导着游人，并成为空间转换时最生动的一景。洞门的形式非常多样，富有变化。

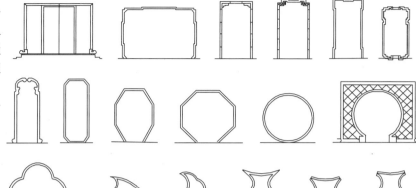

1 门洞的形式

园林门

园林门的主要功能是标识出园林的出入口、等级和特点，同时园林门还是划分风景区或园林内不同景区的重要界标。它是为控制、引导游人的出入而设置，以本身的优美造型构成景物中一景。

有些园林除大门外，还在园内的小园林中设置单独的园门。传统园林中其基本类型分为牌楼、牌坊、随墙门、墙洞、垂花门等。

2 颐和园宜芸馆大门立面图

3 颐和园澹会轩垂花门立面图

5 颐和园宜芸馆垂花门腰门背立面图

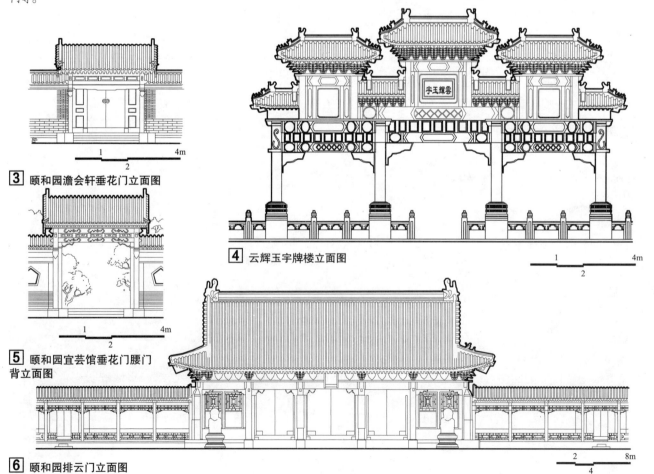

4 云辉玉宇牌楼立面图

6 颐和园排云门立面图

墙

墙形成园林范围，起防护作用。在园林内部起到划分空间的作用。按造型特征分为平直顶墙、云墙、龙墙、花格墙、花篱墙和影壁等。古典园林中的墙上往往开有形式各异不装门窗扇的孔洞。门洞不仅提示了人们前进的方向、组织游览路线，而且门洞、空窗还可沟通墙两侧的空间，宜作框景。

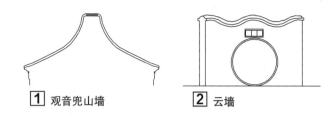

1 观音兜山墙　　2 云墙

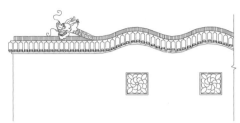
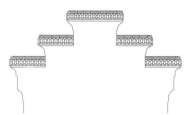

3 龙墙　　4 五山屏风墙

窗

洞窗中漏空图案填心者称为花窗。主要作用是装饰墙面。一般高度的花窗虽也隐约透景，但并无独立的框景效果。古代花窗多以望板砖、瓦片、木、灰、铁丝等作为材料，构成整体造型或自然的图形。一般将无扇的窗成为洞窗。在北方宫苑中也有洞窗设窗扇。洞窗为园林中点缀墙面的框景、造景手法。因境赋形。连续性构图而具有形体微差的成套洞窗成为"什锦窗"，可外罩玻璃面，内设灯光，成为灯窗。

5 狮子林立雪堂景窗　　6 留园还我读书处景窗

瓦花灯景式

波纹式

软景海棠式

橄榄景式

绦环式

席锦式

灯景式

套六角式

竹节式

书条式

变球门式

定胜式

确月式

秋叶式

球门式

书条式

绦环式

菱花式

夔式穿梅花

菱式

六角穿梅花

万穿海棠

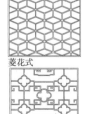
万穿海棠

夔式穿海棠

软脚万字式

冰纹式

宫式万字

九子式

鱼鳞式

海棠芝花

套钱式

葵花式

藤茎如意纹式

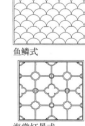
葵花式

海棠灯景式

营式万字式

7 花窗形式

概述

古典园林建筑集观、行、居、游等功能于一体，主要有厅堂、馆轩、亭台、楼、阁、榭舫、廊桥、房斋等，园林建筑主题鲜明、形式多样，融于自然。

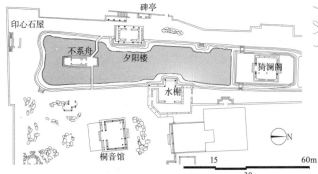

1 南京煦园

园林建筑"点景"的功能较强，其次"观景"的效果因其位置、大小、朝向、高低、虚实、开敞，决定观赏者是否取得最佳观赏效果。园林建筑"观赏路线"的穿插布置具有导景、观景及连接建筑的组织作用，如廊和桥是连接两个景点或景区的景观线，并起到分隔空间、增加景深的作用。园林建筑在空间布局上，宜散不宜聚、宜隐不宜显，不追求严整、对称、均匀，而要依山就势、因山就水、高低错落、自由随宜。

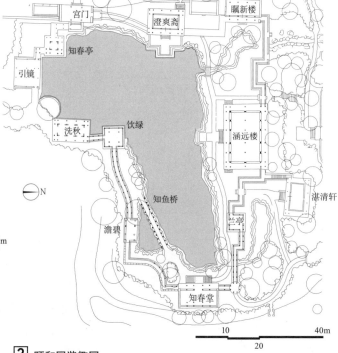

2 颐和园谐趣园

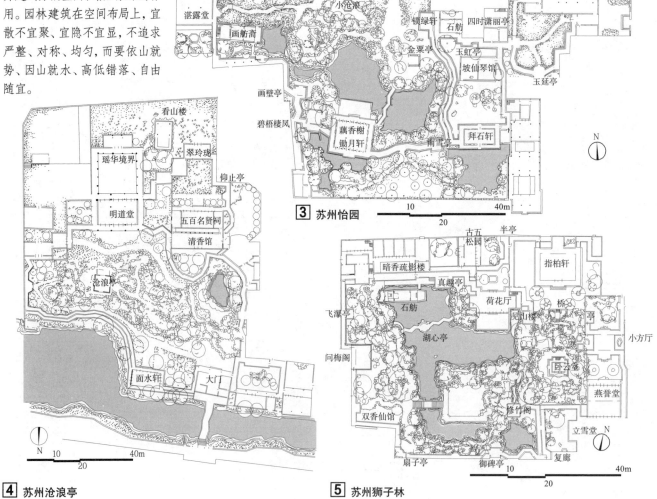

4 苏州沧浪亭

3 苏州怡园

5 苏州狮子林

设计要点

　　中国古典园林中的园路设计多顺应自然灵活布置，"莫妙于迂回曲折"；路面铺装亦多样自然，"各式方圆，随宜铺砌"。

　　园路可分为主园路、小径与登山道三种类型。主园路及室外庭院较为宽阔平坦，常以砖铺地；园内小径较为曲折，常以砖、瓦、卵石等材料相配合，组成图案精美、色彩丰富的地纹，即"花街铺地"；登山道的踏步、蹬道等则常以条石、湖石砌筑。

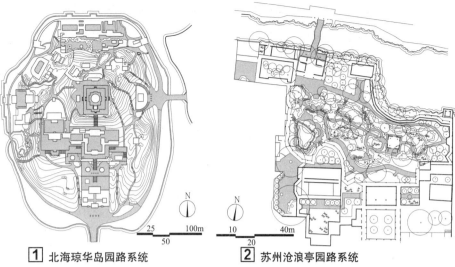

25　　　　100m
50

10　　40m
20

1 北海琼华岛园路系统　　2 苏州沧浪亭园路系统

铺装类型

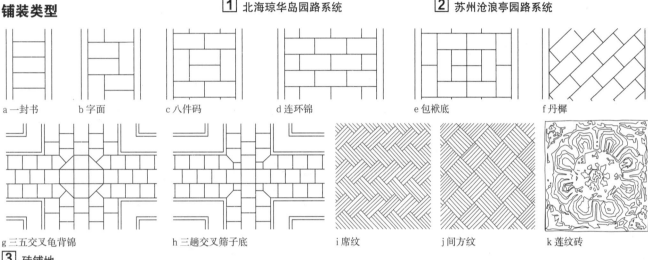

a 一封书　　b 字面　　c 八件码　　d 连环锦　　e 包袱底　　f 丹樨

g 三五交叉龟背锦　　h 三趟交叉筛子底　　i 席纹　　j 间方纹　　k 莲纹砖

3 砖铺地

 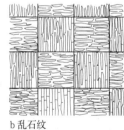

a 《战长沙》纹　　　　　　b 福寿纹　　　　　　a 冰裂纹　　b 乱石纹

4 雕砖卵石嵌花路　　　　　5 块石、碎石路

  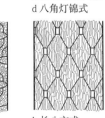   

a 海棠芝花式　　b 卍字式　　c 八角灯景式　　d 八角灯锦式　　e 软绵万字式　　f 八角式　　g 球门式

 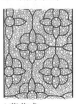 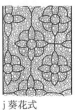

h 冰纹梅花式　　i 六角式　　j 葵花式　　k 长八方式　　l 八角橄榄式　　m 冰纹式　　n 波浪式

6 花街铺地

概述

古典园林植物配植以直接模仿自然或间接从我国传统的山水画得到启示，从艺术构成出发，既考虑"景因境异"，也考虑地形、朝向、干湿情况和各种植物的生态习性及形态特征，通过对比与统一的手法营造出多样的植物景观，把建筑、山石、水体等造园要素相互穿插、渗透、融合成不可分割的整体。

植物，可以将其按照园林审美功能和现代观赏植物学的角度，分为观花植物、观果植物、观叶植物、林荫植物、藤蔓植物、竹类植物、草本和水生植物等。❶其中，每一个类型有着众多不同的品种。这些不同的类型和品种，通过精心营造搭配，都能形成具有独特的审美价值的风景线。

观花植物

古典园林中，观花植物是重要的审美景观，其主要表现为色、香、姿三美。典型实例有：拙政园玉兰堂的玉兰和园西的山茶、颐和园排云殿原有"国花台"的牡丹、紫禁城御花园绛雪轩前的海棠等。

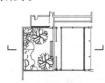

❶ 拙政园玉兰堂平面图

❷ 拙政园玉兰堂西视剖面图

观果植物

观果植物枝头硕果累累，让人驻足流连，感受到生命的充实与美好。拙政园枇杷园的枇杷和待霜亭的柑橘、北京长春园"榴香渚"的石榴等都是典型实例。

❸ 枇杷园嘉实亭平面图

❹ 枇杷园嘉实亭北视剖面图❷

观叶植物

观叶植物因叶的色、形均各具风姿，因此成为古典园林中审美的重要题材。北京香山静宜园黄栌的红叶、扬州原有"净香园"的楸叶、苏州拙政园荷风四面亭水岸的婀娜多姿的柳叶，均给人留下深刻印象。

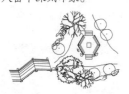

❺ 荷风四面亭平面图

❻ 荷风四面亭立面图❸

❶ 金学智. 中国园林美学. 北京：中国建筑工业出版社，2005.
❷❸❹ 刘先觉，潘谷西. 江南园林录. 南京：东南大学出版社，2007.

林荫植物

高大粗壮、冠盖群木的林荫木是山林境界和绿荫空间的基础，孤植群植均可。无锡寄畅园的大香樟即为佳例。

❼ 无锡寄畅园知鱼槛、涵碧亭附近大香樟绿荫空间透视图

藤蔓植物

藤蔓植物花叶的色泽美与枝干的姿态美引人注目。古藤枝干，更具一种抽象线条美与气势美，让人联想到张旭、怀素的草书。《园冶》记载："引蔓通津，缘飞梁而可度"，拙政园东部芙蓉榭临水台基、留园紫藤廊桥均为典型实例。

❽ 留园紫藤廊桥平面图 ❾ 留园紫藤廊桥透视图

竹类植物

竹有四美：色泽青翠碧玉，姿态挺拔摇曳，音韵萧萧飒飒，意境清远高洁。沧浪亭以竹而胜，广东顺德清晖园的竹也体现了竹与风月两相宜的真趣。

草本及水生植物

草本植物一般形体小而柔软，具有与众不同的个性。如书带草常用以遮饰点缀并增添书卷气息。水生植物则可丰富水景或独立成景。苏州拙政园"见山楼"即为佳例。

❿ 见山楼平面图

⓫ 见山楼立面图

古典园林常用植物种类

古典园林常用植物❹ 表1

乔木	常绿	油松、圆柏、白皮松、罗汉松、黑松、龙柏、柳杉、广玉兰、香樟、桂花、女贞、棕榈等
	落叶	银杏、梧桐、玉兰、榆、榔榆、榉、合欢、朴、槐、枫香、枫杨、杏、柿、枣、元宝枫、乌桕、垂柳、皂荚等
灌木	常绿	山茶、月季、杜鹃、夹竹桃、栀子、金丝桃、六月雪、云南黄馨、含笑、橘、南天竹、枸骨、珊瑚树、黄杨、珊瑚珊、八角金盘、枇杷等
	落叶	牡丹、梅、桃、李、海棠、紫薇、丁香、木槿、木芙蓉、辛荑、蜡梅、紫荆、绣球、锦带花、迎春、石榴、无花果、鸡爪槭、连翘、棣棠、贴梗海棠、垂丝海棠、木瓜、枸杞、郁李、山麻杆、紫叶李等
藤本	常绿	蔷薇、木香、薜荔、络石、常春藤、长春蔓、金银花等
	落叶	紫藤、凌霄、爬山虎、葡萄等
竹类		慈孝竹、箬竹、寿星竹、斑竹、紫竹、方竹、黄金间碧玉等
草本		芭蕉、芍药、菊、萱草、麦冬、书带草、鸢尾、玉簪、秋海棠、紫茉莉、凤仙花、鸡冠花、鸭跖草、虎耳草等
水生植物		荷花、睡莲、荇菜、芦苇、香蒲等

概述

地形在景观工程中具有构成骨架、塑造与分隔空间、造景、营造背景、提供观景机会及工程技术等方面的功能与作用。

地形作为所有景观元素和设施的载体，是构成景观的基本结构骨架。不同的地形形态和要素，构成了不同的景观空间形象，并起到了造景的作用。如大面积水体构成的水平空间界面，狭窄垂直山崖构成的垂直空间界面，不同坡度的地形构成的斜向空间界面等，均充分地发挥了地形的空间与造景功能。

各种地形要素都具有相互形成背景的可能。如山体可作为湖面、草坪、建筑等的背景，湖面可作为岛屿、滨水建筑等的背景。地形在营造背景的同时可为游人提供观景的空间，不同的地形可在水平方向上创造环视、半环视、夹视等观景序列，也可在竖向上创造俯瞰、平视、仰视等观景角度。

同时，地形可为给排水、绿化、建筑、防洪等各类景观工程创造工程条件，如合理组织排水，提供不同绿化植被的栽植条件，有效组织土方调配等。

分类与应用

地形按坡度大小可分为平地、缓坡地、中坡地、陡坡地、急坡地、悬坡地等多种类型，在景观工程设计中对不同类型的地形的利用方式也不尽相同。

常用的地形坡度取值

在景观工程中，对竖向空间的不同利用方式决定着不同的坡度取值，[1]为常用的地形坡度取值。

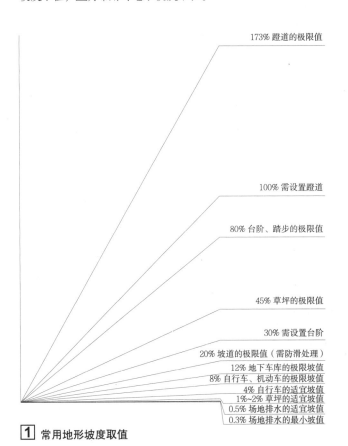

1 常用地形坡度取值

173% 蹬道的极限值
100% 需设置蹬道
80% 台阶、踏步的极限值
45% 草坪的极限值
30% 需设置台阶
20% 坡道的极限值（需防滑处理）
12% 地下车库的极限值
8% 自行车、机动车的极限值
4% 自行车的适宜坡度
1%~2% 草坪的适宜坡度
0.5% 场地排水的适宜坡度
0.3% 场地排水的最小坡度

景观地形类型、坡度分级及景观工程应用　　　　　表1

类型	坡度(%)	在景观工程中的应用
平地	3	可开辟大面积水体及作为各种场地之用； 可自由布置园路与建筑，绿化亦不受限制； 须注意排水的组织，避免积水
缓坡地	3~10	可开辟中小型水体或用作部分活动场地； 园路与建筑布置基本不受限制； 绿化上适宜布置风景林和休憩草坪
中坡地	10~25	顺等高线可布置狭长水体； 建筑群布置受一定限制，个体建筑可自由布置； 通车道路需与等高线平行或斜交； 垂直于等高线的游览道路须作梯级道路； 营造大面积草坡或景观林地无限制
陡坡地	25~50	仅可布置井、泉、小水池等小型水体； 建筑群布置受较大限制，个体建筑不限； 通车园路只能与等高线成较小的锐角布置； 梯级式游览道路仍可布置； 绿化基本无限制
急坡地	50~100	一般不能布置水体； 布置建筑需做地形改造； 车道只能沿等高线曲折盘旋而上，可设缆车道； 游览道路需做成高而陡的爬山磴道； 乔木种植受一定限制，灌木基本无限制
悬坡地	>100	属于不可建区域，但经特殊地形改造处理后可设置单个中小型建筑； 车道、缆车道布置困难，爬山磴道边必须设置攀登用的扶手栏杆或铁链

地形的表达方式

在景观工程中，地形的表达方式包括等高线法、坡级法、分布法、高程标注法及剖立面法等。

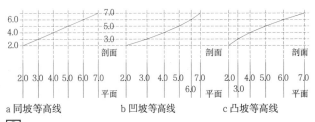

a 同坡等高线　　b 凹坡等高线　　c 凸坡等高线

2 等高线法

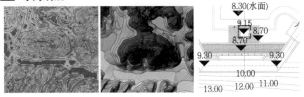

3 坡级法　　**4** 分布法　　**5** 高程标注法

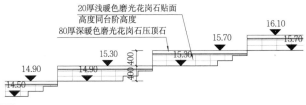

6 剖立面法

地形的塑造材料

地形的塑造材料包括土、石、土+石、土+现代轻质材料（如EPS泡沫塑料板等）、土+其他（如地下建筑、砖块等）、人造山石（如现代GRC假山）等。

11
景观设计

概述

水景是现代景观重要的造景元素之一，通常作为景观的主体或中心，具有景观营造、休闲游憩、改善生态环境、调节小气候、排洪调蓄等功能与作用。

类型

从景观营造的角度，水景主要指人工水景，形式包括：静水、流水、落水、喷水及涌水。

安全

1. 硬底人工水体的近岸2.0m范围内的水深，不得大于0.7m，达不到此要求的应设护栏。

2. 无护栏的园桥、汀步附近2.0m范围以内的水深，不得大于0.5m。

3. 戏水池最深处的水深不得超过0.35m，池壁装饰材料应平整、光滑且不易脱落，池底应有防滑措施。

喷泉水景

人工水景中一种特殊的造景手法，具有动态、层次、活力、趣味等景观效果，一般是通过水泵将压力水经喷头，形成不同姿态的动态水景。

常见水景形式　　　　　　　　　　　　　　表1

类别	特征	形态	特点
静水	水面开阔且基本不流动的水体	静止流	具有开阔而平静的水面
		紊流	具有开阔而波动的水面
流水	沿平方向流动的水	溪流	蜿蜒曲折的潺潺流水
		渠流	规整有序的流水
		漫流	四处满溢的流水
落水	突然跌落的水流	叠流	落差不大的跌落水流
		瀑布	自落差较大的悬岩上飞流而下的水流
		水幕	自高出垂落的宽阔水膜
		壁流	附着陡壁流下的水流
喷水	压力作用下自喷头中喷出的水流	射流	自直流喷头中喷出的细长透明水柱
		水雾	自成雾喷头中喷出的雾状水流
涌水	自低处向上涌出的水流	涌泉	自水下涌出水面的水流

喷水类型　　　　　　　　　　　　　　　　表2

类别	特点	适用场所
射流喷泉	采用角度可任意调节的直流喷头，水流喷得高而远，特别适合于要求水流成组变化特快的程控喷泉	公园、广场、庭院、屋顶花园
膜状喷泉	利用缝隙式喷头形成的薄膜，冷却、充氧、加湿、除尘作用特别明显，噪声低，易受风力干扰	公园、广场、庭院
气水混合喷泉	利用加气喷头形成高速水流，带动吸入大量空气泡形成负压，气泡的漫反射作用使水流呈雪白色，大大改善了照明着色效果。能以较少量的水，达到较大的外观体量。冷却、充氧、加湿、除尘作用明显，但能耗大，噪声也较大	公园、广场、庭院
水雾喷泉	利用撞击式、旋流式、缝隙式喷头，喷出雾状水流，形成局部环境云雾朦胧的意境。在灯光或阳光照射下，还可呈现彩虹景象。其冷却、充氧、加湿、除尘作用特别明显。喷嘴易堵塞，易受风影响	公园、广场、庭院、儿童戏水池或与其他水景配合应用

a 俄罗斯圣彼得堡夏宫喷泉　　b 西班牙阿尔罕布拉宫水景

1 庭院水景（在庭院中间或轴线上布置水景，增加庭院的向心性和轴线感）

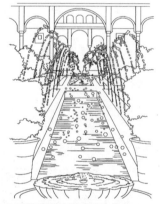

a 香港某居住区水景

瑞士日内瓦湖大喷泉　　b 国内某居住区水景

2 自然环境水景（空间开阔，具有强大的视觉震撼力）　　**3 居住区水景**（动态效果营造充满活力的居住氛围）

a 英国伦敦特拉法尔加广场喷泉　　b 美国波特兰伊拉凯勒水景广场

4 广场水景（作为广场的景观主体，具有观赏性和参与性）

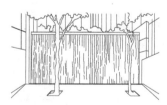

a 美国纽约佩雷公园水幕　　b 韩国汉城奥林匹克公园

5 公园水景（水景是公园景观构成的重要组成部分）

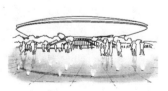

a 美国拉斯维加斯百乐宫酒店喷泉　　b 上海世博文化中心水景广场

6 公共建筑水景（以水景为衬托，突出建筑雄伟壮丽）

概述

景观建筑是以造景为目标，运用现代建筑材料、技术、语言，在山水环境中为游览者提供观景视点或开展游憩活动的各类小型建筑、组合建筑或构筑物的统称。其设计一般兼具多样化的使用功能，造型新颖别致，空间灵活自由，能满足人与自然环境精神沟通的需要，并使自然生态环境、人文环境和建筑空间达到和谐统一。

基本类型

功能分类 表1

类型	示例
休憩类	亭廊等
服务类	茶舍、酒吧、厕所、舞台剧场、入口、游客服务中心等
交通类	码头、车站等
展示类	展馆、展厅等
地标类	观光塔、观光台等

a 阿尔布施塔特经贸学院纪念亭　　b 树屋　　c 张家港暨阳湖景观亭

1 休憩类

a 某覆土景观建筑　　b 林间礼拜堂

a 某滨海游船码头

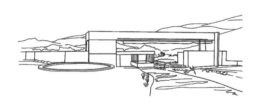

c 科利纳山谷公园入口

d 某动物园入口大门

b 意大利帕多瓦出租车候车亭

2 服务类　　　　　　　　　　　　　　　　　　　　**3 交通类**

意大利热那亚球形景观温室

4 展示类

a 张家港暨阳湖鹭鸣塔

5 地标类

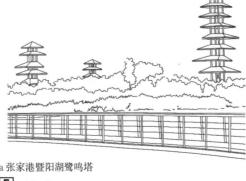

b 维也纳观景台

527

概述

作为现代景观要素的桥是指在设计中以满足交通功能为前提，高度重视功能与形式的统一，在景观环境中发挥强调、点缀或协调作用的桥梁类型。

设计原则

1. 追求桥梁设计结构、功能与形式美的有机统一；
2. 巧妙融入周边环境，实现景与桥的和谐统一；
3. 体现地域自然景观、人文景观、历史文化景观的内涵、特色，或具有一定象征意义。

功能

交通功能 ➕ 空间功能 ➕ 美学功能 ➕ 生态功能 ➕ 文化功能

1 景观桥五大功能

分类

传统上一般可将其分为平桥、拱桥、廊桥等类型，近年来伴随着桥梁结构、材料、技术、审美的不断发展，景观桥的形式已不再拘泥于传统样式，正朝着多元、特色、创新、绿色的方向发展。

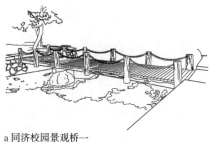

a 同济校园景观桥一   b 同济校园景观桥二

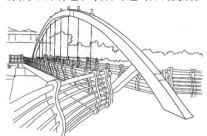

c 花莲港步行桥

2 平桥

a Olso Leonardo胶合木拱桥   b 某景观木拱桥

c 某景观桥

3 拱桥

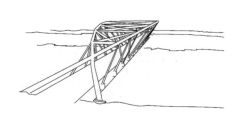

a 某景观桥

b 花莲马太鞍湿地景观桥

c 南昆山水十字度假区景观桥

4 廊桥

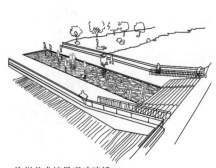

a 徐州美术馆景观玻璃桥

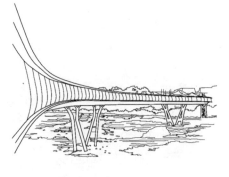

b 英国卡斯特福德景观桥

c 荷兰西布拉本特水壕Moses桥

5 其他

概述

　　隔断是用以界定和划分空间、丰富景致、增加层次、引导人流及视线，使之形成非连续且富有变化的景观界面元素。它是一种具有点、线、面多重特性的元素，因材质和形式不同而形成不同的景观效果，合理运用及组合放置能够提高整体空间的使用效率和景观品质。现代隔断除了基本功能以外，很多城市更是将其作为城市文化建设、改善市容市貌的重要方式。

　　按照使用功能可以分为围挡、单独造景和组合型3种。

　　按照表现形式可以分为墙、门、窗。

墙

　　墙用以划分内外范围、分隔内部空间，遮挡劣景、引导游览、组织内部线路，也可独立形成景观。

　　景观中作为隔断使用的墙高度多在2m以下，部分独立成景可高达4~5m。

墙的基本类型　　　　　　　　　　　　　　　　　　表1

序号	分类	内容
1	按功能分	围墙、景墙
2	按造型特征分	按虚实分（实墙、漏墙、栅栏）三种； 按形状分（平墙、云墙、篱墙、格墙、影壁）五种
3	按材料分	石墙（乱石墙、虎皮石墙、彩石墙）； 砖墙（磨砖墙、白粉墙）； 金属墙（轻钢墙、铁板墙、铁丝围篱）； 生态墙（版筑墙、竹篱笆墙、绿篱墙）； 玻璃墙； 混合墙

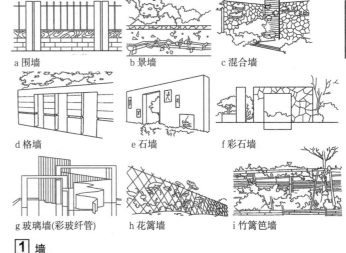

a 围墙　　　　b 景墙　　　　c 混合墙

d 格墙　　　　e 石墙　　　　f 彩石墙

g 玻璃墙(彩玻纤管)　　h 花篱墙　　i 竹篱笆墙

1 墙

门

　　用以引导游览，分割和联系空间，增加空间层次。

　　景门造型多样，通过与环境结合本身又成为景观，并能构成框景塑造引景。通过不同角度门的设置，能在明暗光线下使空间呈现多样的光影变化。

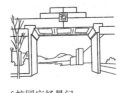

d 金属构架景门　　e 住宅小庭院景门　　f 校园广场景门

a 香港某旅舍景门　　b 游戏场景门　　c 某商业街景门

g 公园景门　　h 仿树皮景门　　i 香港某小游园景门

2 门

窗

　　设置于墙上形成虚实、明暗对比，使空间相互渗透，可产生增加景深、扩大空间的效果。园林中窗的基本类型分为漏窗、洞窗。

c 公园围墙景窗

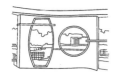

a 景门、景窗结合　　b 茶室入口景窗

3 窗

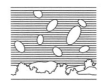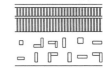

d 组合景窗

概述

园路是指园林景观中所有道路的总称。园路是园林景观构成的基本组成要素之一,构成园林景观的骨架,它具有交通联系、游览引导、空间组织、景观营造等多重功能与作用。

园路分级与分类

11
景观设计

园路分级   表1

类别	宽度 (m)	适用对象
主园路	4.0~6.0	联系全园,引导游人游赏,同时满足通行、生产、救护、消防、游览车辆等要求
次园路	2.0~4.0	对主园路起辅助作用,联系各景点与建筑
游步道	0.9~2.0	深入园林内部,供游人漫步游赏

园路按交通方式分类   表2

类别	宽度 (m)	适用交通方式
车行道	双向:5.0~6.0; 单向:3.0~4.0	以电瓶车为主,同时兼顾自行车和步行,必要时可通行少量管理用车(机动车)
自行车道	双向:2.5~3.0; 单向:1.5~2.0	以自行车为主,同时兼顾步行
步行道	一人:0.9~1.2;二人: 1.2~1.5;三人:1.8~2.0	以步行为主

园路按构造形式分类   表3

类别	特点	适用园路形式
路堑型	路面低于两侧人行道或绿地,道牙高于路面,利于道路排水	以主园路为主
路堤型	路面高于两侧绿地,道牙与路面平,利用明沟排水	以次园路、游步道为主
特殊型	如步石、汀步、蹬道、攀梯等	特殊形式的游步道

园路设计内容

1. 线形设计:(1)平曲线设计,包括确定道路的宽度、平曲线半径和曲线加宽等;(2)竖曲线设计,包括道路的纵横坡度、弯道、超高等。

2. 结构设计:(1)面层;(2)结合层;(3)基层;(4)路基;(5)附属工程。

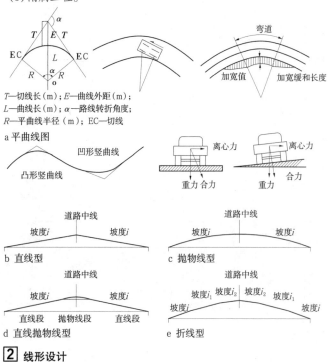

T—切线长(m);E—曲线外距(m);
L—曲线长(m);α—路线转折角度;
R—平曲线半径(m);EC—切线
a 平曲线图

b 直线型
c 抛物线型
d 直线抛物线型
e 折线型

2 线形设计

设计要点

1. 园路布局与线形设计应充分考虑场地的地形地貌、地质条件、地下水位、地表排水、地下管线、现状植被等因素。

2. 园路布局要主次分明,分级明确。

3. 园路的布局应有疏有密,合理确定园路间距和密度。

4. 根据园路使用功能,满足相应的设计要求和技术指标。

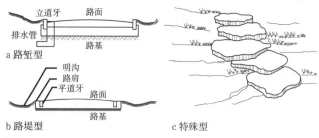

a 路堑型
b 路堤型
c 特殊型

1 园路类型

园路技术指标

1. 车行道:车行道道路纵坡小于8%,横坡小于3%,粒料路面横坡小于4%,纵、横不得同时无坡度。岭脊地段的园路纵坡应小于12%。超过12%应作防滑处理。

2. 游步道:游步道纵坡宜小于18%,超过15%的地段,路面应作防滑处理;纵坡超过18%处,可以使用台阶、梯道,台阶踏步数不得少于2级,坡度大于50%的梯道应作防滑处理,并设护栏。

园路交叉口处理

1. 2条主园路相交时,尽可能采用正交,为避免游人过于拥挤,可设置小广场;

2. 2条园路成丁字形相交时,在园路交点处可布置对景;

3. 3条园路相交一起时,3条园路的中心线应交汇于一点;

4. 山上路与山下主路交界时,一般不宜正交,在纪念性场所中,可设纪念性建构筑物;

5. 凡道路交叉所形成的角度,其转角均要圆滑;

6. 2条相反方向的曲线路相遇时,在交接处要有相当距离的直线,切忌呈"S"形;

7. 在视线所及范围内,在道路的一侧不宜出现2个或2个以上的道路交叉口,尽量避免多条道路交接在一起。如无法避免则需要在交接处设置一个广场。

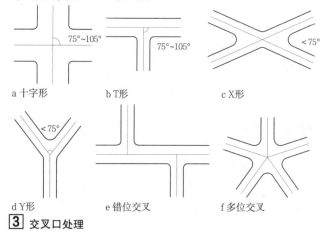

a 十字形
b T形
c X形
d Y形
e 错位交叉
f 多位交叉

3 交叉口处理

设计要点

1. 应满足游览、交通、集散、活动、休憩等使用功能，应考虑老年人、残疾人、儿童等特殊群体的使用要求。

2. 铺地要求整体应坚固、平坦、耐磨、防滑、无积水和易于日常清扫。

3. 根据场地地形条件，因地制宜进行布局，合理确定园路坡度和排水方式。

4. 在满足使用功能的前提下，应符合生态环保的要求，采用透水性好的环保材料和施工方法。

5. 铺地的材料、规格、图案、颜色应与环境相协调，成为园林造景的一部分。

类型

铺装按材料分类　　　　　　　　　　　　　　　　　　　表1

类别	材料	适用场地
整体铺装	混凝土、沥青、水泥	多用于主园路、次园路、电瓶车道、自行车道
块料铺装	天然或预制的块石、片石、预制砖	多用于人行道、游步道、广场等
碎料铺装	砾石、碎石、瓦片、卵石、砂石	多用于游步道、休憩场地、庭院等
嵌草铺装	植草砖、块石、预制砖、枕木	多用于停车场、庭院、人流较少的游步道等
木质铺装	防腐（原）木	多用于栈道（桥）、休憩平台等
混合铺装	块石、预制砖、碎石、金属、玻璃	多用于休憩场地、广场等

11
景观设计

a 彩色沥青　　　　　　　　　　　　b 混凝土压膜

① 整体铺装

a 预制砖

b 花砖　　　　　　　　　　　　　　　　　　　　c 块石

② 块料铺装

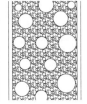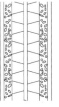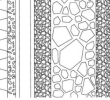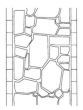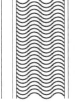

③ 碎料铺装

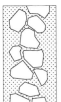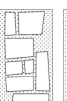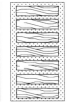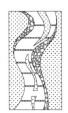

④ 嵌草铺装　　　　　　　　　　　　　　　　　**⑤ 木质铺装**

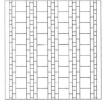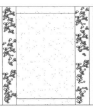

a 砖+石　　　　b 石+卵石　　　　c 预制混凝土砖+卵石　　　d 石+金属　　　e 石+玻璃　　　f 石+金属+玻璃

⑥ 混合铺装

概述

室外楼梯、台阶用来解决室外高差，经常组合使用，可统一称为阶梯。室外平台主要在阶梯之间进行连接，形成开敞驻足空间。

室外楼梯和台阶

1. 常见位置

按所处位置不同一般分为户外广场中的阶梯，出入口处的阶梯，以及公园、景区内的阶梯。

2. 建造材料

按组成阶梯面层的材料一般分为料石阶梯、卵石砌台阶梯、圆木桩阶梯、混凝土阶梯、花砖阶梯、石板阶梯、砌块砖阶梯等。

3. 设计要点

（1）踏步宽度不宜小于300mm，踏步高度不宜大于150mm，并不宜小于100mm，踏面应设1%的排水坡度。踏步应考虑雨雪天气时的通行安全，设置防滑条。寒冷地区不宜设金属面层踏步，宜采用有一定摩擦阻力的面层，也可采取适当的防冻措施。

（2）当人流密集场所的台阶高度超过700mm时，应有护栏设施。

（3）台阶高差一般以3000~4000mm为宜（最高4000~6000mm），以避免道路坡道过长，交通组织困难并增加挡土墙支撑结构工程量。

（4）台阶宜采用当地材料来建造，不仅可以降低施工成本，在视觉上更容易和周围环境相协调。

（5）台阶的划分与场地的功能分区、交通运输组织、管线布置等有着紧密的联系。在满足使用功能的前提条件下，将场地的平面与竖向布置统一考虑，结合场地条件合理进行台阶划分，保证场地布置和经济合理性。

室外平台

1. 平台宜在室外台阶升高1220mm后设置，当有栏杆、扶手或护墙时，高度可增大到1830mm。

2. 平台的宽度不应窄于台阶的宽度，既要容纳一部分人休息，又要能保证人流的通过。

a 户外广场中的阶梯

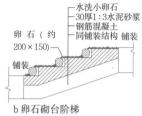
b 出入口处的阶梯

c 公园、景区内的阶梯

1 室外楼梯·台阶常见位置

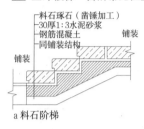
a 料石阶梯

料石琢石（凿锤加工）
30厚1:3水泥砂浆
钢筋混凝土
同铺装结构
铺装
铺装

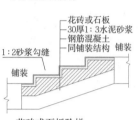
b 卵石砌台阶梯

水洗小卵石
30厚1:3水泥砂浆
钢筋混凝土
同铺装结构 铺装
卵石（约200×150）
铺装

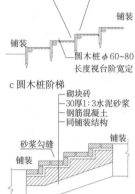
c 圆木桩阶梯

自然土加碎石夯实 圆木φ60~80
铺装
铺装
圆木桩φ60~80
长度视台阶宽定

d 混凝土阶梯

钢筋混凝土
同铺装结构 铺装
部分下
部构造
削角15×15
铺装
同铺装部分下部构造

e 花砖或石板阶梯

花砖或石板
30厚1:3水泥砂浆
钢筋混凝土
同铺装结构 铺装
1:2砂浆勾缝
铺装

f 砌块砖阶梯

砌块砖
30厚1:3水泥砂浆
钢筋混凝土
同铺装结构
砂浆勾缝
铺装
铺装

2 室外楼梯·台阶建造材料

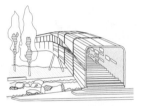
a 上海世博会公园观弧桥

b 北京CBD现代艺术中心

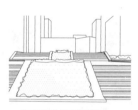
c 北京石景山万达广场

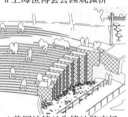
d 美国波特兰先锋法院广场

e 美国加州海尔布鲁叠水台阶

f 东京阳光大厦入口台阶

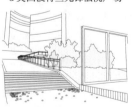
g 某公园内台阶

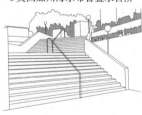
h 某公园内台阶

i 某居住区内台阶

3 室外楼梯·台阶实例

a 美国波特兰洛维角广场

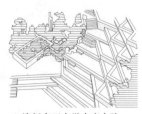
b 澳门东亚大学中庭台阶

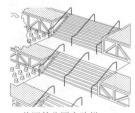
c 美国某公园内楼梯

4 室外平台实例

概述

　　栏杆在室外环境中除了具有必要的围护功能外，也是景观组景中大量出现的一种重要小品构件和装饰。室外扶手则是栏杆的一个组成部件，可与栏杆进行统一设计，其设计与室内扶手设计基本一致。

建造材料

　　按建造材料可分为竹制栏杆、金属栏杆、锁链栏杆、钢丝网栏杆、钢板栏杆、木质栏杆等。

功能类型

　　按设计功能类型可分为围护栏杆、座凳栏杆、靠背栏杆、镶边栏杆四种。

设计要点

　　1. 栏杆要有合理、宜人的尺度，具体尺寸见表1。

栏杆尺寸表　　　　　　　　　　表1

栏杆类型	尺寸
围护栏杆	600~900
座凳栏杆	400~450
靠背栏杆	900左右（其中座椅面高420~450）
镶边栏杆	200~400（用于草坪、花坛、树池周边）

　　2. 栏杆长度设计分为单组栏杆长度设计和栏杆总体长度设计。栏杆的总体长度和高度要求保持一定的比例关系，一般如果总体长度较长且高度在1000mm以上时，每组栏杆的长度可在2500~3000mm；而高度较低的栏杆每组长度要短些，可以在1500~2000mm。

　　3. 室外少年儿童专用活动场所的栏杆必须采用防止少年儿童攀登的构造，当采用垂直杆件做栏杆时，其杆件净距不应大于110mm。

　　4. 栏杆的立柱要保证有足够的深埋基础，坚实的地基。

　　5. 栏杆的花格纹样宜新颖、有民族特色，色彩一般宜轻松明快。

　　6. 栏杆材料选择宜就地取材，体现地域特色，以美观经济坚固为主要原则。

　　7. 扶手要安装坚固，在任何的一个支点都要能承受100kg荷载。

a 竹制栏杆　　　　b 金属栏杆　　　　c 锁链栏杆

d 钢丝网栏杆　　　e 钢板栏杆　　　　f 木质栏杆

1 室外栏杆建造材料

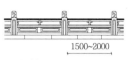
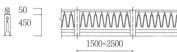

a 围护栏杆

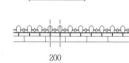

b 座凳栏杆

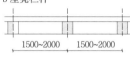
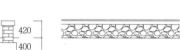

c 靠背栏杆

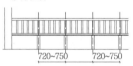
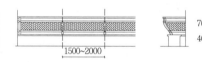

d 镶边栏杆

2 室外栏杆功能类型

a 围护栏杆

b 座凳栏杆

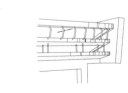

c 靠背栏杆

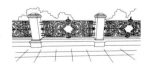

d 镶边栏杆

3 室外栏杆扶手实例

11
景观设计

设施

在景观建设中，为满足游人观赏或者休憩等需要而设立的建构筑物、设备等统称为设施。其特点可概括为：(1)艺术性与功能性结合，在满足城市基本使用需求的前提下，追求理念与形式上的创新，以增强其艺术感染力。(2)设计形式与环境协调，设施作为城市景观设计重要构成要素之一，不应脱离环境独立而存，应考虑其在尺度、风格、材料等方面与环境相协调。(3)表现城市地域特色，在社会发展越来越重视文化建设的大背景下，有着城市家具之称的设施也被赋予更多的城市地域属性，从而增强城市可识别性、展现城市文化内涵。

设施类型　　　　　　　　　　　　　　　　　　表1

类型	设施
服务设施类	自动售货机、医疗救助站等
交通设施类	交通指示牌、盲道、停车场、自行车存放架、阻车柱、人行道护栏等
照明设施类	路灯、广场灯、指示灯、庭院灯等
信息设施类	邮筒、电话亭、路标、景区导示牌等
卫生设施类	垃圾桶、生态公厕等
休闲设施类	运动器械、休息亭、休息座椅等

① 休息座凳

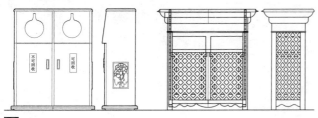

② 垃圾桶

雕塑

为美化城市或用于纪念意义而雕刻塑造、具有一定寓意、象征或象形的观赏物和纪念物。

一个完整的雕塑作品由基座和雕塑主体构成。基座分为碑式、座式、台式和平式。雕塑主体的形式可以多样化，在表达雕塑本身主题思想的前提下，要与雕塑所处的环境协调，提升环境景观的美感和寓意。同时，作为景观设计构成要素之一，雕塑还应具备大众性、耐久性、固定性、时代感与地域性等特征，从而有助于营造艺术氛围。

雕塑类型　　　　　　　　　　　　　　　　　　表2

分类	雕塑类型
按其基本功能	纪念性雕塑、主题性雕塑、装饰性雕塑等
按其基本形式	圆雕、浮雕、透雕等
按其材料	泥雕、石雕、根雕、玻璃钢雕塑、陶瓷雕塑等

雕塑功能类型　　　　　　　　　　　　　　　　表3

类型	特征
纪念性雕塑	指以雕塑的形式来纪念人或事，重要特点是它在环境景观中处于中心或主导位置，起到控制和统领整体环境的作用
主题性雕塑	指为了突出或者表述某种主题而构建的雕塑，这种雕塑能融于环境当中，具有点睛的作用
装饰性雕塑	指以装饰作用为主要功能，用以协调环境的整体风貌的雕塑，可结合一定的使用功能

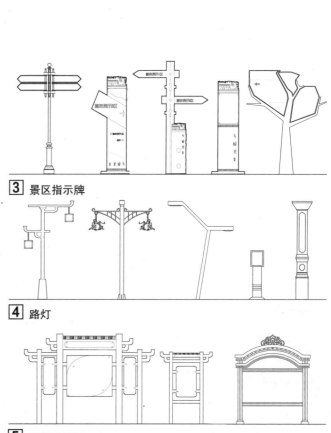

③ 景区指示牌

④ 路灯

⑤ 景区导示牌

⑥ 景观亭　　　⑦ 售货亭

⑧ 纪念性雕塑

⑨ 主题性雕塑

⑩ 装饰性雕塑

植物生长

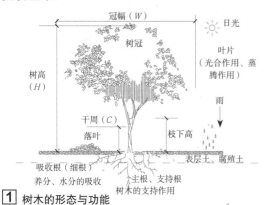

1 树木的形态与功能

2 树木生长预测[1]

植物规格及种植条件

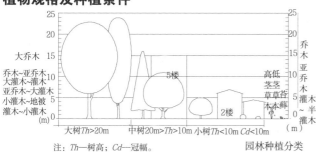

注：Th—树高；Cd—冠幅。

园林种植分类

3 植株体量

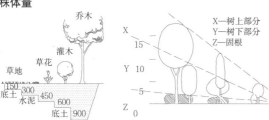

4 植物必需表土最小厚度 **5** 植物配植的上下关系（单位：m）

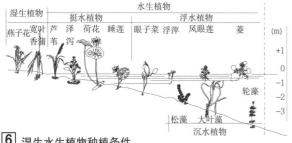

6 湿生水生植物种植条件

[1]（日）中岛宏. 园林植物景观营造手册. 李树华译. 北京：中国建筑工业出版社，2012.

植物配植原则

1. 符合园林绿地的性质和功能要求。

2. 符合自然规律，满足植物生态要求，处理好种间关系，因地制宜，适地适树。

3. 符合园林设计的审美要求，能满足园林设计的立意要求，突出地域特点，全面体现植物的观赏特性。

4. 多样性原则，营造物种多样性和造景形式多样性的生态园林。

5. 经济原则。

植物配植形式

自然式植物配植反映自然界植物群落自然之美，以自然地树丛、树群、树带来划分和组织园林空间，花卉布置以花丛、花群为主。

a 孤植　　b 对植　　　　c 随地形起伏种植

a—孤植宜选用冠大荫浓，观赏价值高，寿命长的树种，植于草坪、庭院、岛上或岸边等地；b—对植，不对称地配置在强调主体的两侧，保持构图上的均衡；c—树丛突出草坪的地形起伏。

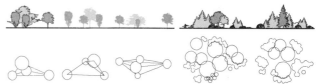

以观赏树木的群体美为主，可由同种或不同种树种组成有变化的景观，种植点连接成不等边三角形。

d 树丛与树群

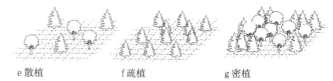

e 散植　　　　f 疏植　　　　g 密植

7 自然式植物配植

规则式种植注重装饰性景观效果，对景观的组织强调动态与秩序的变化，使植物配植形成规则的布局方式。平面构图中的对称点为点对称或轴对称，多采用对植、列植、网格式种植、曲线式种植、图案式种植等形式。

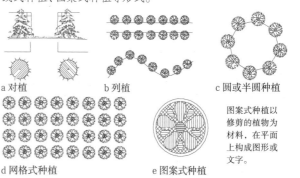

a 对植　　　b 列植　　　　c 圆或半圆种植

图案式种植以修剪的植物为材料，在平面上构成图形或文字。

d 网格式种植　　　e 图案式种植

8 规则式植物配植[1]

1 各区域常用风景园林植物分区示意图❶

各区域常用风景园林植物　　　　表1

东北、西北、华北地区	
常绿乔木	巴山冷杉、辽东冷杉、西伯利亚冷杉、云杉、红皮云杉、白杆、雪岭云杉、青杆、雪松、华山松、白皮松、红松、樟子松、油松、侧柏、圆柏、杜松、东北红豆杉
落叶乔木	银杏、兴安落叶松、日本落叶松、华北落叶松、水杉、胡桃、枫杨、银白杨、新疆杨、加杨、胡杨、箭杆杨、钻天杨、小叶杨、毛白杨、垂柳、旱柳、白桦、天山桦、垂枝桦、千金榆、板栗、麻栎、槲栎、蒙古栎、栓皮栎、小叶朴、青檀、圆冠榆、欧洲白榆、榆树、垂枝榆、杜仲、构树、桑、玉兰、木姜子、悬铃木、山楂、苹果、新疆野苹果、海棠果、新疆梨、秋子梨、杜梨、花楸、天山花楸、桃、山桃花、日本樱花、西府海棠、稠李、李、山杏、杏、合欢、山合欢、山皂荚、皂荚、刺槐、国槐、紫花槐、黄檗、臭椿、香椿、阿月浑子、火炬树、五角枫、复叶槭、元宝枫、栾树、七叶树、北枳椇、枣树、心叶椴、紫椴、梧桐、楸树、灯台树、毛梾、柿树、君迁子、白蜡、水曲柳、洋白蜡、暴马丁香、流苏树、毛泡桐、楸叶泡桐、楸树、梓树、黄金树
常绿灌木	铺地柏、沙地柏、西伯利亚刺柏、黄杨、雀舌黄杨、大叶黄杨、照白杜鹃
落叶灌木	紫玉兰、蜡梅、细叶小檗、小檗、牡丹、小花溲疏、大花溲疏、山梅花、太平花、大花圆锥绣球、黑果茶藨子、香茶藨子、华北绣线菊、金丝桃叶绣线菊、珍珠绣线菊、土庄绣线菊、三裂绣线菊、珍珠梅、白鹃梅、水枸子、黄山栏楂、银露梅、月季、玫瑰、刺玫蔷薇、黄刺玫、棣棠、紫荆、毛刺槐、紫穗槐、柠条锦鸡儿、红花锦鸡儿、树锦鸡儿、胡枝子、龙爪槐、黄栌、文冠果、卫矛、鼠李、新疆鼠李、沙枣、沙棘、紫薇、石榴、红瑞木、偃伏株木、兴安杜鹃、迎红杜鹃、大字杜鹃、连翘、裂叶丁香、紫丁香、白丁香、北京丁香、欧洲丁香、火棘、迎春、紫珠、宁夏枸杞、锦带花、猬实、六道木、葱皮忍冬、金银忍冬、华北忍冬、陇塞忍冬、香荚蒾、接骨木、天目琼花、陕西荚蒾
木质藤本	五味子、穗状铁线莲、大瓣铁线莲、三叶木通、木通马兜铃、狗枣猕猴桃、葛枣猕猴桃、山楂叶悬钩子、葛藤、紫藤、多花紫藤、南蛇藤、爬山虎、五叶地锦、葡萄、五味子、金银花
竹类	斑竹、苦竹、早园竹、黄槽竹、筠竹、紫竹、阔叶箬竹
草本花卉	紫茉莉、松叶牡丹、石竹、香石竹、肥皂草、大花剪秋罗、高雪轮、彩叶草、雁来红、鸡冠花、千日红、缕丝菜、大花飞燕草、芍药、虞美人、荷包牡丹、花菱草、醉蝶花、桂竹香、香雪球、紫罗兰、白车轴草、凤仙花、三色堇、千屈菜、长春花、福禄考、丛生福禄考、曼陀萝、美女樱、彩叶草、穿鱼、夏堇、山梗菜、黑心菊、银叶菊、万寿菊、百日草、小百日草、藿香蓟、荷兰菊、雏菊、金盏菊、翠菊、矢车菊、黄晶菊、金鸡菊、蛇目菊、波斯菊、硫华菊、大丽花、天人菊、麦秆菊、天门冬、铃兰、宿根福禄考、孔雀草、花毛茛、费菜、一叶兰、蓍草、石碱花、月见草、大花萱草、玉簪、郁金香、射干、德国鸢尾

华东、华中地区	
常绿乔木	黑松、湿地松、马尾松、日本五针松、雪松、柳杉、扁柏、花柏、圆柏、龙柏、福建柏、罗汉松、竹柏、南方红豆杉、广玉兰、乐昌含笑、阔瓣含笑、醉香含笑、木莲、樟树、楠木、木荷、蚊母树、石楠、椤木石楠、荷木、厚皮香、杜英、山矾、冬青、女贞、柚、红翅槭、棕榈、长叶刺葵、老人葵、布迪椰子
落叶乔木	金钱松、水杉、池杉、落羽杉、银杏、玉兰、二乔玉兰、凹叶厚朴、鹅掌楸、檫木、枫杨、槲栎、栓皮栎、悬铃木、梧桐、欧美杨、垂柳、旱柳、柿树、西府海棠、桃、日本樱花、樱花、冬樱花、合欢、澳洲合欢、黄枝槐、刺槐、翅荚木、蓝果树、灯台树、四照花、重阳木、乌桕、野鸦椿、栾树、复羽叶栾树、无患子、天师栗、三角枫、乌桕、白榴、泡桐、紫花泡桐、楸树、梓树
常绿灌木	千头柏、沙地柏、含笑、紫花含笑、十大功劳、阔叶十大功劳、南天竹、山茶、茶梅、红花檵木、海桐、红叶石楠、枇杷、火棘、胡颓子、洒金东瀛珊瑚、大叶黄杨、岳麓连蕊茶、龟甲冬青、黄杨、雀舌黄杨、夹竹桃、云南黄馨、金叶黄杨、栀子、雀舌栀子、六月雪、杜鹃、鹿角杜鹃、八角金盘、马缨丹、熊掌木、鹅掌柴、鹅掌藤、轮叶赤楠、红千层、枸骨、瑞香、扶桑、马缨丹、距萼凤兰、凤尾竹、棕竹

各区域常用风景园林植物	续表
落叶灌木	紫玉兰、蜡梅、小檗、金丝桃、扁担杆、木槿、木芙蓉、山麻杆、牡丹、八仙花、溲疏、中华绣线菊、粉花绣线菊、现代月季、棣棠、贴梗海棠、榆叶梅、郁李、紫荆、龙爪槐、垂丝海棠、沙梨、木瓜、紫叶李、梅、紫叶桃、锦鸡儿、胡枝子、紫薇、结香、石榴、卫矛、假连翘、紫珠、金钟花、小蜡、紫丁香、木绣球、琼花、蜡瓣花、映山红、黄杜鹃
木质藤本	薜荔、猕猴桃、常春油麻藤、紫藤、香花崖豆藤、葛藤、扶芳藤、金樱子、多花蔷薇、爬山虎、常春藤、络石、凌霄、美国凌霄、金银花、长春蔓、叶子花、龙须藤、木香
竹类	毛竹、紫竹、佛肚竹、黄金间碧玉、孝顺竹、青皮竹、阔叶箬竹、凤尾竹
草本花卉	一串红、彩叶草、美女樱、矮牵牛、五色椒、石竹、翠菊、万寿菊、百日草、波斯菊、雏菊、金盏菊、三色堇、松叶牡丹、凤仙花、鸡冠花、雁来红、五色苋、千日红、芦荟、羽衣甘蓝、二月兰、蜀葵、红蓼菜、地肤、紫茉莉、醉蝶花、金鱼草、菊花、大花金鸡菊、黑心菊、大丽花、芍药、冷水花、白车轴草、过路黄、四季秋海棠、长春花、虎耳草、随意草、佛甲草、桔梗、红花酢浆草、鸢尾、射干、萱草、玉簪、阔叶麦冬、沿阶草、吉祥草、一叶兰、百子莲、石蒜、朱顶红、葱兰、韭兰、水鬼蕉、紫鸭跖草、吊竹梅、淡竹叶、芭蕉、大花美人蕉

华南地区	
常绿乔木	南洋杉、马尾松、湿地松、侧柏、圆柏、罗汉松、竹柏、长叶竹柏、木麻黄、广玉兰、白兰花、黄缅桂、乐昌含笑、垂枝暗罗、荫香、樟树、兰屿肉桂、阳桃、八宝树、土沉香、银桦、大花第伦桃、红木、荷木、肖蒲桃、水翁、柠檬桉、隆缘桉、白千层、大叶桉、蒲桃、津蒲桃、马拉巴栗、石栗、秋枫、大叶相思、台湾相思、马占相思、红花羊蹄甲、羊蹄甲、铁刀木、仪花、海南红豆、壳菜果、杨梅、菠萝蜜、高山榕、垂叶榕、印度橡胶榕、大琴叶榕、榕树、铁冬青、塞楝、龙眼、人面子、桂花、荔枝、芒果、海芒果、油茶、黄花夹竹桃、团花、吊瓜树、火焰木、柚木、槟榔、三药槟榔、霸王棕、短穗鱼尾葵、椰子、油棕、蒲葵、三角椰子、加拿利海枣、银海枣、国王椰子、菜王椰子、大王椰子、金山葵、棕榈、狐尾椰
落叶乔木	落羽杉、二乔玉兰、大花紫薇、阿江榄仁、小叶榄仁、木棉、瓜哇木棉、重阳木、海红豆、南洋楹、宫粉羊蹄甲、腊肠树、铁刀木、凤凰木、双翼豆、鸡冠刺桐、刺桐、枫香、垂柳、朴树、菩提树、笔管榕、麻楝、台湾栾树、人面子、幌伞枫、红缨蛋花、猫尾木、蓝花楹、黄花风铃木、白花泡桐、南酸枣
常绿灌木	苏铁、含笑、南天竹、十大功劳、细叶萼距花、海桐、茶梅、串钱柳、黄金串钱柳、番石榴、银毛野牡丹、朱槿、黄槿、悬铃花、红桑、变叶木、红背桂、琴叶珊瑚、石斑木、月季、美蕊花、翅荚决明、双英决明、檵木、千头木麻黄、亚果栲、枸骨、金橘、费菜、西洋杜鹃、锦绣杜鹃、映山红、朱砂根、山指甲、黄蝉、夹竹桃、狗牙花、栀子、希茉莉、龙船花、福建茶、鸳鸯茉莉、小驳骨、赪桐、假连翘、马缨丹、蔓马缨丹、冬红、朱蕉、酒瓶兰、凤尾丝兰、散尾葵、美丽针葵、棕竹、矮棕竹
落叶灌木	紫薇、红果仔、木芙蓉、吊灯花、八仙花
木质藤本	珊瑚藤、光叶子花、使君子、首冠藤、禾雀花、紫藤、地果、异叶爬山虎、常春藤、软枝黄蝉、金银花、炮仗花、红萼龙吐珠、龙吐珠
竹类	大琴丝竹、观音竹、小琴丝竹、小佛肚竹、大佛肚竹
草本花卉	醉蝶花、羽衣甘蓝、三色堇、松叶牡丹、大叶红草、鸡冠花、千日红、天竺葵、非洲凤仙花、长春花、大丽花、南美蟛蜞菊、万寿菊、矮牵牛、夏堇、紫罗兰、虾衣花、彩叶草、彩叶草、一串红、费菜、千年蕉、蓍草、石碱花、月见草、吊竹梅、紫鸭跖草、芭蕉、旅人蕉、鹤望兰、花叶艳山姜、美人蕉、天门冬、一叶兰、银纹沿阶草、沿阶草、吉祥草、白蝴蝶、朱顶红、葱兰、韭兰、文殊兰、龙舌兰

西南地区	
常绿乔木	南洋杉、云南油杉、圆柏、竹柏、西藏云杉、南方红豆杉、银杉、华山松、柳杉、杉木、侧柏、翠柏、柏木、刺柏、木莲、山玉兰、黄缅桂、多花含笑、滇润楠、枇杷、球花石楠、黑荆树、头状四照花、马蹄荷、壳菜果、毛杨梅、青冈栎、短穗海桐、山杜英、秋枫、厚皮香、红千层、大叶冬青、柚、乔木茵芋、龙眼、清香木、金沙槭、女贞、猫尾木、桂花、董棕、棕榈、广玉兰、小叶榕
落叶乔木	银杏、金钱松、池杉、水杉、玉兰、鹅掌楸、檫木、冬樱花、桃、云南皂荚、红花羊蹄甲、合欢、银合欢、白辛树、灯台树、喜树、珙桐、枫香、二球悬铃木、黄葛树、杜仲、伊桐、梧桐、木棉、乌桕、铜钱树、君迁子、川楝、红椿、川滇无患子、黄连木、复羽叶栾树、云南七叶树、滇楸、梓树
常绿灌木	苏铁、含笑、云南含笑、香叶树、小叶栒子、火棘、鹅掌柴、珊瑚树、檵木、雀舌黄杨、野扇花、瑞香、海桐、黄槿、变叶木、红背桂、西南红山茶、茶梅、马缨丹、锦鸡儿、枸骨、毛冬青、九里香、牛角瓜、六月雪、马缨丹、南天竹、江边刺葵、多毛棕竹
落叶灌木	马桑、展毛野牡丹、尖子木、棣棠、刺梨、白鹃梅、蜡瓣花、滇榛、黄牡丹、卫矛、垂丝海棠、西域青荚叶、金钟花、迎春、小叶女贞、枳、鸡爪槭、鸡骨常山、树番茄、枸杞、石榴
木质藤本	买麻藤、滇三味子、小木通、多花蔷薇、常春油麻藤、紫藤、香花崖豆藤、常春藤、猕猴桃、昆明山海棠、密花胡颓子、金银花、扁担藤、叶子花、西番莲、多花素馨、长春蔓、软枝黄蝉、络石、纽子花、玉叶金花、凌霄、厚萼凌霄、绿萝
竹类	孝顺竹、小佛肚竹、黄金间碧玉、大佛肚竹、小琴丝竹、慈竹、毛竹、紫竹、人面竹、筇竹、巨龙竹、麻竹
草本花卉	野棉花、虞美人、三色堇、鸡冠花、天竺葵、旱金莲、凤仙花、紫茉莉、四季秋海棠、猩猩草、长春花、万寿菊、大丽花、铁线报春、矮牵牛、金鱼草、毛地黄、三对节、一串红、地涌金莲、瓮玫瑰、萱草、玉簪、朱顶红、百子莲、箭根薯

❶底图来源：中国地图出版社编制。

| a 直立 | b 并立 | c 丛生 | d 攀援 | e 匍匐 | f 悬崖 |

| a 向上 | b 平展 | c 下垂 |

1 树干姿态

2 枝条姿态

常绿乔木

表1

序号	种名	株高(m)	习性	花色、花期	庭荫树	行道树	园景树	风景林	造林绿化	防潮林	绿篱	序号	种名	株高(m)	习性	花色、花期	庭荫树	行道树	园景树	风景林	造林绿化	防潮林	绿篱
1	扁柏	40	中性，喜凉爽湿润气候，浅根系	4月			○	○			○	46	蓝桉	35	阳性，喜温暖，不耐寒，生长快	9~10月		○	○				
2	侧柏	15~20	阳性，耐寒，耐干旱瘠薄	3~4月	○	○	○	○	○		○	47	乐昌含笑	30	阳性，能耐地下水位高环境	黄白色，3~4月			○				
3	垂叶榕	20	喜高温高湿，耐干旱贫瘠，抗风	8~11月		○	○				○	48	辽东冷杉	25	阴性，喜冷凉湿润气候，耐寒	4~5月				○	○		
4	东北红豆杉	20	耐荫，抗寒，浅根系	5~6月			○	○			○	49	柳杉	20~30	中性，喜温湿气候及酸性土	4月			○				
5	冬青	15	喜光，稍耐荫，抗二氧化硫	淡紫色，5月			○				○	50	龙眼	10	喜温暖湿润气候	黄白色，3~6月	○		○				
6	杜松	6~10	阳性，耐寒，耐干瘠，抗海潮风	5月			○				○	51	罗汉松	10~20	半阴性，喜温暖湿润气候	4~5月			○				
7	黑松	20~30	强阳性，抗海潮风，宜生长海滨	4~5月	○	○		○		○	○	52	马尾松	30	强阳性，喜温湿气候，宜酸性土	4~5月				○	○		
8	厚皮香	3~8	喜光，稍耐荫，抗有毒气体	5~7月			○				○	53	芒果	9~27	喜光，不耐寒，不耐干，抗风	淡黄、白	○	○					
9	龙柏	5~8	阳性，耐寒性不强，抗病气	3~4月			○				○	54	毛杨梅	15	喜温湿润，耐干旱贫瘠	黄绿色，9~10月	○	○					
10	女贞	6~12	弱阳性，喜温湿，抗污染	白色，6月			○				○	55	木莲	20	中性，不耐干热，水渍，抗风	白色，5月			○				
11	石楠	6	喜光，耐干旱瘠薄	白色，4~5月			○				○	56	木麻黄	20	阳性，喜温暖，耐干旱瘠及盐碱	4~5月		○	○		○	○	○
12	圆柏	15~20	中性，耐寒，稍耐湿，耐修剪	4月下旬			○				○	57	南方红豆杉	16	耐荫，喜阴湿环境	3~6月			○				
13	紫杉	10~20	阴性，喜冷凉湿润气候，耐寒	5~6月			○				○	58	南洋杉	30	阳性，喜暖热气候，不耐寒	10月~11月			○				
14	八宝树	34	阳性，喜温暖，忌隐蔽，不耐寒	白色，3~8月	○							59	苹婆	20	喜光，喜酸性、中性及碱性土壤	红色，4~5月			○				
15	霸王棕	30	喜光，耐旱，耐寒	3~6月			○					60	蒲葵	8~15	阳性，喜温热气候，抗有毒气体	黄色，4~6月	○	○					
16	白兰花	8~15	阳性，喜高温高湿，忌积水	白色，5~9月	○	○						61	蒲桃	10	喜光，耐水湿，不耐干旱	白色，3~4月			○				
17	白皮松	15~25	阳性，适宜干冷气候，抗污染	4~5月		○	○					62	乔松	15~70	喜光，稍耐荫，喜酸性土壤	4~5月			○				
18	白千层	20~30	阳性，喜温暖，耐干旱和水湿	白色，一年多次		○	○					63	青冈栎	15	中性，喜温暖气候	4~5月			○				
19	白杆	15~25	耐荫，喜冷凉湿润气候，生长慢	4月			○	○				64	青杆	15~50	阳性，喜酸性土	4月			○	○			
20	北美乔松	20	喜光，耐寒，耐旱	4~5月			○					65	清香木	8	阳性，萌芽力强，寿命长	紫红色			○				
21	扁桃	10~19	喜光，抗风，抗大气污染	黄绿色	○	○						66	秋枫	40	阳性，耐水湿，速生	4~5月	○	○					
22	菠萝蜜	15~20	喜光，畏寒，喜微酸性土	绿色，2~7月	○	○						67	日本扁柏	30	中性，喜凉爽湿润气候，不耐寒	4月			○				
23	赤松	20~31	强阳性，耐寒，要求海岸气候	4月			○	○	○			68	日本冷杉	30	阴性，喜冷凉湿润气候及耐寒	4~5月			○	○			
24	刺柏	12	中性，喜温暖多雨气候及钙质土	2~3月			○					69	日本柳杉	40~60	阳性，稍耐寒，忌干旱	4~5月			○				
25	翠柏	30	喜光，喜温暖气候，不耐寒	黄色，3~4月			○		○			70	日本五针松	5~15	中性，较耐荫，不耐寒，生长慢	5月			○				
26	大叶桉	25	阳性，喜温暖气候，生长快	4~9月	○	○		○	○			71	榕树	20~25	阳性，喜温热多雨气候及酸性土	5~6月	○	○					
27	大叶冬青	20	喜温暖湿润气候	黄绿色，4月		○	○					72	肉桂	12~17	阳性，喜温暖湿润气候	黄绿色，6~8月			○				
28	大叶相思	30	喜温暖，耐干瘠，耐酸性土	绿色，开2次花					○			73	杉木	25	中性，喜温湿气候及酸性土	4月				○	○		
29	董棕	25	阳性，耐寒	黄白色，6~10月			○					74	蜀柏	10	阳性，耐寒，耐贫瘠	5~6月				○	○		
30	杜英	15	喜光，稍耐荫，抗二氧化硫	4~5月		○	○	○				75	天竺桂	10~16	中性，喜微酸性土壤	黄绿色，4~5月			○	○	○		
31	短穗鱼尾葵	5~8	阳性，喜温暖	4~6月			○					76	王棕	15~20	阳性，喜湿热气候，不耐寒	3~5、10~11月	○	○					
32	高山榕	15	喜光，耐贫瘠干旱	3~12月	○	○						77	蚊母树	5~15	阳性，喜温暖气候，抗毒气	紫红色，4月			○				
33	广玉兰	15~25	阳性，喜温暖湿润气候，抗污染	白色，5~7月	○	○						78	香榧	25~30	中性，喜温暖湿润气候，喜酸土	4月				○	○		
34	桂花	10~12	阳性，喜温暖气候	黄、白色，9月			○					79	蚬木	15~25	弱阳性，耐寒性不强	10~11月			○				
35	黑荆树	18	喜温暖气候，耐干旱贫瘠，速生	蛋黄色，6月					○			80	羊蹄甲	10	阳性，喜温暖气候，不耐寒	玫瑰红色，10月		○					
36	红花羊蹄甲	6~10	阳性，耐寒，耐干旱贫瘠，抗风	粉红，11~4月	○	○						81	阳桃	8~12	喜隐蔽，喜高温多湿环境	白、淡紫，7~8月	○						
37	红楠	10~20	喜光，喜阴湿环境，耐水湿	黄绿色，3~4月	○	○	○					82	杨梅	15	中性，不耐强烈日晒，抗毒气	紫红色，4月			○				
38	红皮云杉	15~30	耐荫，耐寒，生长较快	5~6月			○					83	洋紫荆	6~8	阳性，喜温暖气候，不耐寒	粉红色，春末		○					
39	红松	23~30	弱阳性，喜冷凉湿润及酸性土	6月	○	○		○	○			84	椰子	15~30	喜光，根系发达，抗风	7~9月		○					
40	狐尾棕	12~15	喜温暖湿润阳光充足，抗风	5~7月			○					85	油松	25	强阳性，耐寒、耐干旱贫瘠	4~5月				○	○		
41	华山松	20~25	弱阳性，喜温凉湿润气候	5~7月	○	○	○	○	○			86	云杉	40	喜光，喜酸性土，忌碱性土	4~5月			○	○			
42	皇后葵	8~15	阳性，喜温热气候，不耐寒	6~8月	○	○						87	樟树	10~20	弱阳性，喜温暖湿润，较耐水湿	4~5月	○	○					
43	黄花夹竹桃	2~5	喜光，耐高温多湿，耐半荫	黄色，6~10月			○					88	樟子松	25~30	阳性，耐寒，耐贫瘠	5~6月			○	○	○		
44	假槟榔	10~15	阳性，喜温热气候，不耐寒	4月			○					89	竹柏	10~20	阴性，喜温暖湿润气候，抗污染	黄绿色，3~4月	○	○					
45	苦槠	15	中性，喜温暖气候，不耐寒	5月			○	○	○			90	棕榈	5~10	中性，喜温湿气候，抗有毒气体	黄色，4~5月	○	○					

注：○ 该植物可作此项用途。

30 m — 20 m — 10 m — 0 m

油松（青年）　油松（老年）　马尾松　白皮松（单干）　白皮松（多干）　平头赤松　冷杉　云杉　铁杉　雪松

落叶乔木 表1

序号	种名	株高(m)	习性	花色、花期	庭荫树	行道树	园景树	风景林	造林绿化	防潮林	绿篱
1	凹叶厚朴	15	喜光，耐侧方庇荫，抗有毒气体	白色，4月			○	○			
2	白桦	15~20	阳性，耐严寒，喜酸性土，速生	5~6月	○						
3	白蜡树	10~15	弱阳性，耐寒，耐低湿，抗烟尘	3~5月	○	○			○		
4	薄壳山核桃	20~25	阳性，喜温湿气候，较耐水湿	4~5月	○	○					
5	暴马丁香	5~8	阳性，耐寒，喜湿润土壤	白色，6月	○	○	○				
6	笔管榕	5~9	喜温暖湿润气候	黄、红，2~9月	○	○					
7	茶条槭	9	弱阳性，耐寒，抗烟尘	淡绿色，5~6月	○	○		○			
8	柽柳	2~3	弱阳性，喜温暖气候，较耐寒	粉红色，5~8月	○	○					
9	池杉	15~25	阳性，喜温暖，不耐寒，极耐湿	3~4月						○	
10	稠李	15	稍耐荫，耐寒，不耐干旱贫瘠	白色，4~5月	○	○					
11	臭椿	20~25	阳性，耐干瘠、盐碱，抗污染	淡绿色，4~5月	○	○					
12	垂柳	18	阳性，喜温暖及水湿，耐寒	3~4月	○	○					
13	刺槐	15~25	阳性，适应性强，浅根性，生长快	白色，5月	○	○					
14	刺桐	20	喜光，耐旱，耐湿，不耐寒	红色，3月	○	○					
15	杜梨	10	喜光，稍耐荫，耐寒，耐干旱	白色，4月	○	○					
16	杜仲	15~20	阳性，喜温暖湿润气候，较耐寒	4~5月	○	○					
17	鹅掌楸	20~25	阳性，喜温暖湿润气候	黄绿色，4~5月	○	○					
18	二乔玉兰	3~6	阳性，喜温暖气候，较耐寒	白带紫色，3~4月	○	○					
19	二球悬铃木	15~25	阳性，喜温暖湿润气候，抗污染	5月	○	○					
20	枫香	30	阳性，喜温暖湿润气候，耐干瘠	3~4月	○	○	○	○			
21	枫杨	20~30	阳性，适应性强，耐水湿，速生	黄绿色，4~5月	○	○			○		
22	凤凰木	15~20	阳性，喜温暖热气候，不耐寒	红色，5~8月	○	○					
23	复叶槭	15	阳性，喜冷凉气候，抗烟尘	3~4月	○	○					
24	复羽叶栾树	20	喜光，耐干旱，耐水湿	黄色，7~9月	○	○					
25	珙桐	20~25	喜阴湿环境，忌中性或微酸性土	白色，4~5月	○	○					
26	构树	15	阳性，适应性强，抗污，耐干瘠	4~5月	○						
27	海棠花	4~6	阳性，耐寒，耐干旱，忌水湿	粉红色，4~5月	○	○					
28	合欢	10~15	阳性，耐寒，耐干旱贫瘠	粉红色，6~7月	○						
29	核桃楸	20	阳性，耐寒性强	黄绿色，4~5月	○						
30	红鸡蛋花	5	喜高温湿润环境，耐干旱	黄、白，3~9月	○		○				
31	胡桃	15~25	阳性，喜干冷气候，不耐湿热	4~5月	○	○					
32	槲栎	20	喜光，耐干旱贫瘠	4~5月			○	○			
33	华北落叶松	20~31	阳性，耐寒，速生	4~5月					○		
34	化香树	20	阳性，喜温暖湿润气候，耐贫瘠	5~6月				○			
35	槐	15~20	阳性，耐寒，抗性强，耐修剪	白色，7~8月	○	○					
36	黄檗	10~20	阳性，耐寒，耐寒	5~6月	○						
37	黄葛树	15~25	阳性，喜温暖热气候，耐热	4~6月	○						
38	黄金树	30	喜光，耐寒性较差，不耐积水	白色，6~7月	○	○					
39	黄连木	15~20	弱阳性，耐干旱瘠薄，抗污染	淡紫红色，3~4月	○	○	○				○
40	火炬树	4~6	阳性，适应性强，抗旱，耐盐碱	红色，6~7月			○				
41	鸡冠刺桐	2~4	喜光，耐干旱，较耐寒	红色，4~7月		○	○				
42	加杨	25~30	阳性，喜温凉气候，耐盐碱	4月		○	○				
43	榉树	15	弱阳性，喜温暖，耐烟尘，抗风	4月	○	○					
44	君迁子	14	耐寒，耐旱，耐干旱贫瘠	淡黄色，5月	○	○					
45	糠椴	15	弱阳性，喜冷冻湿润气候，耐寒	黄色，6~7月	○	○					
46	腊肠树	22	喜光，不耐寒，不耐干，忌荫蔽	黄色，6~8月	○	○					
47	蓝果树	30	喜光，耐干旱贫瘠，抗二氧化硫	绿白色，4月	○		○				
48	蓝花楹	10~15	阳性，喜暖热气候，不耐寒	蓝色，5月	○	○					
49	李	9~12	喜光，稍耐荫，怕水涝	白色，4~5月	○	○					
50	楝树	10~15	阳性，喜温暖，抗污染，生长快	紫色，4~5月	○	○					
51	流苏树	6~15	阳性，耐寒，也喜温暖	白色，5月	○	○					
52	龙爪柳	10	阳性，耐寒，生长势较弱	黄绿色，3月	○						
53	栾树	10~12	阳性，较耐寒，耐干旱，抗烟尘	金黄色，6~7月	○	○					
54	落羽杉	20~30	阳性，喜温暖，不耐寒，耐水湿	3月						○	
55	麻栎	25	阳性，适应性强，耐干旱瘠薄	3~4月	○						
56	馒头柳	10~15	阳性，耐寒、耐湿、耐旱	黄绿色，3月	○	○					
57	毛梾	30	较喜光，较耐干旱贫瘠	白色，5月			○				
58	美国鹅掌楸	20~26	阳性，喜温暖湿润气候	黄绿色，4~6月	○	○					
59	蒙椴	5~10	中性，喜冷冻湿润气候，耐寒	淡黄色，7月	○						
60	蒙古栎	30	喜光，耐寒，耐干旱瘠薄	4~5月	○						
61	木棉	25~35	阳性，喜暖热气候，耐干旱	红色，2~3月	○	○					
62	泡桐	15~20	阳性，喜温暖气候，不耐寒	白色，4月	○	○			○		
63	苹果	15	喜光，不耐湿热	白色，5月	○						
64	菩提树	25~35	喜光，抗风，抗污染，速生	紫色，3~4月	○	○	○				
65	朴树	15~20	弱阳性，喜温暖，抗烟尘及毒气	3~4月	○	○					
66	七叶树	20	弱阳性，喜温暖湿润，不耐严寒	白色，5~6月	○	○					
67	青檀	20	喜光，不耐严寒，根系发达	4~5月				○	○		
68	楸树	10~20	弱阳性，喜温暖和气候，抗污染	白底紫斑，5月	○	○					
69	日本落叶松	30	喜光，喜凉爽气候，速生	4~5月					○		
70	日本樱花	15	喜光，耐寒	白或淡粉，3月	○	○					
71	三角枫	10~15	弱阳性，喜温暖湿润气候，较耐水湿	淡黄色，4月	○	○					○
72	三球悬铃木	15~27	喜光，耐干旱		○	○					
73	桑	15	阳性，适应性强，抗污，耐水湿	黄绿色，4~5月	○	○					
74	山杏	5~8	喜光，耐寒，不耐水涝	白粉色，3~4月	○						
75	山樱花	3~8	喜光，浅根系，不抗烟尘及毒气	白色，4~5月	○	○					
76	山楂	3~5	弱阳性，耐寒，耐干旱瘠薄土壤	白色，5~6月	○						
77	柿树	10~15	阳性，喜温暖，耐寒，耐干旱	淡绿色，5~6月	○	○					
78	栓皮栎	25	阳性，适应性强，耐干旱瘠薄	3~4月	○			○	○		
79	水曲柳	10~20	弱阳性，耐寒，喜肥沃湿润土壤	4月	○	○			○		
80	水杉	20~30	阳性，喜温暖，较耐寒，耐盐碱	2~3月	○	○			○		
81	水松	8~10	阳性，喜温热多雨气候，耐水湿	1~2月						○	
82	丝绵木	6	中性，耐寒，耐水湿，抗污染	黄绿色，5~6月	○	○					
83	桃	8	喜光，不耐荫，耐干旱，耐碱	粉红色，3~4月	○	○					
84	乌桕	10~15	阳性，喜温暖气候，耐水湿	黄绿色，6~7月	○	○					
85	无患子	15~20	弱阳性，喜温暖，不耐寒	淡绿色，6~7月	○	○					
86	梧桐	10~15	阳性，喜温暖湿润，抗污染	6~7月	○	○					
87	五角枫	20	稍耐荫，耐酸性土和碱性土	黄绿色，5~6月	○	○					
88	西府海棠	3~7	喜光，耐干旱，耐盐碱和水涝	粉红色，4~5月	○	○					
89	香椿	25	喜光，不耐严寒，深根性	白色，6月	○						
90	新疆杨	20~25	阳性，耐大气干旱及盐渍土	4月	○	○					
91	杏	10	喜光，耐寒，耐旱，不耐水涝	白色，4~5月	○	○					
92	盐肤木	30	阳性，耐干旱贫瘠，耐盐碱	8~9月					○		
93	洋白蜡	10~15	阳性，耐寒，耐低湿	4月	○	○					
94	一球悬铃木	15~26	喜光，耐干旱	5月	○	○					
95	银白杨	15~25	阳性，适应寒冷干燥气候	4~5月	○	○					
96	银合欢	6	阳性，耐干旱贫瘠，深根性	白色，4~7月					○		
97	银杏	20~30	阳性，耐寒，抗多种有毒气体	3~4月	○	○					
98	榆树	20	阳性适应性强，耐旱，耐盐碱土	紫褐色，3~4月	○	○					
99	玉兰	4~8	阳性，稍耐荫，颇耐寒，怕积水	白色，3~4月	○	○					
100	元宝枫	10	中性，喜温凉气候，抗风	黄色，5月	○	○					
101	云南皂荚	18	喜光，稍耐荫，耐盐碱，深根性	黄绿色，5~6月	○						
102	寒梅	10	喜光，耐干旱贫瘠，耐涝	黄绿色，6月	○						
103	皂荚	20	阳性，耐寒，耐干旱	黄白色，4~5月	○	○					
104	枳椇	10~20	阳性，喜温暖气候	黄绿色，6月，	○				○		
105	重阳木	10~15	阳性，喜温暖气候，耐水湿	淡绿色，5月	○	○					
106	梓树	10~15	弱阳性，适生于温带，抗污染	黄绿色，5~6月	○	○					
107	紫椴	15~20	中性，耐寒性强，抗污染	淡黄色，6~7月	○	○					
108	钻天杨	30	阳性，喜温凉气候，耐盐碱	4月	○	○					

注：○ 该植物可作此项用途。

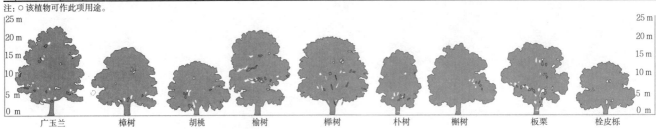

广玉兰　　樟树　　胡桃　　榆树　　榉树　　朴树　　槲树　　板栗　　栓皮栎

常绿灌木　　　　　　　　　　　　　　　　　　　　表1

序号	种名	科名	株高(m)	习性	花色、花期
1	矮紫杉		1.5~2	阴性，耐寒，耐修剪	5~6月
2	矮棕竹	棕榈科	1.5~3	阴性，喜湿润的酸性土，不耐寒	黄色，7~8月
3	八角金盘	五加科	4~5	喜荫，不耐干旱	白色，10月
4	变叶木	大戟科	1.1~2	喜高温，不耐寒，喜湿怕干	淡黄、白色，9~10月
5	茶梅	山茶科	3~6	弱阳性，喜温暖气候及酸性土壤	白、粉、红，11~1月
6	大叶黄杨	卫矛科	2~5	中性，喜温湿气候，抗有毒气体	绿白色，春末开花
7	鹅掌柴	五加科	0.5~1	喜半荫温暖湿润环境	白色，冬春
8	番石榴	桃金娘科	4~6	喜光，不耐寒	白色
9	凤尾兰	百合科	1.5~3	阳性，喜亚热带气候，不耐严寒	乳白色，夏秋
10	枸骨	冬青科	1.5~3	弱阳性，抗有毒气体，生长慢	黄绿色，4~5月
11	龟甲冬青	冬青科	1~2	喜光，耐修剪	
12	海桐	海桐科	2~4	中性，喜温湿，不耐寒，抗海潮风	白色芳香，5月
13	含笑	木兰科	2~3	耐半荫，喜微酸土壤，抗氯气	淡紫色，4~5月
14	红花檵木	金缕梅科	10	喜光，喜酸性土壤，耐修剪	淡紫红色，4~5月
15	红千层	桃金娘科	2~3	中性，喜温湿气候及酸性土，速生	红色，夏秋
16	红叶石楠	蔷薇科	4~6	喜光，耐修剪	白色，4~5月
17	胡颓子	胡颓子科	2~3	弱阳性，喜温暖，耐干旱，水湿	白色，10~11月
18	黄蝉	夹竹桃科	2	喜高温，多湿	黄色，5~8月
19	黄槿	锦葵科	3~4	喜光，耐旱，耐贫瘠，抗风	黄色，6~8月
20	黄杨	黄杨科	2~3	中性，抗污染，耐修剪，生长慢	黄绿色，4~5月
21	火棘	蔷薇科	3	喜光，耐干旱贫瘠	白色，4~5月
22	夹竹桃	夹竹桃科	2~4	阳性，喜温暖湿润气候，抗污染	粉红、白，5~10月
23	金橘	芸香科	3	喜光，不耐寒	白色，5~8月
24	金叶女贞	木犀科	2~3	喜光，萌芽力强，滞尘抗烟	白色，6月
25	锦绣杜鹃	杜鹃花科	0.5~1.8	喜侧方庇荫，喜酸性土壤	深红、粉、浅紫，3~4月
26	九里香	芸香科	8	喜光，抗大气污染	黄色，5~12月
27	阔叶十大功劳	小檗科	4	耐荫，喜温暖湿润气候	黄色，3~4月
28	六月雪	茜草科	0.3~1	喜阴湿，耐修剪	白色，5~6月
29	龙船花	茜草科	0.8~2	喜光，喜高温多湿	红色，3~12月
30	鹿角柏	柏科	0.5~1	阳性，耐寒	5~8月
31	鹿角杜鹃	杜鹃花科	3~5	喜侧方庇荫，喜酸性土壤	浅紫，4月
32	马缨丹	马鞭草科	0.5~1	喜光，适应性强	黄至深红，7~9月
33	美蕊花	豆科	1~2	喜光，忌积水	红色，4~10月
34	南天竹	小檗科	1~2	中性，耐荫，喜温暖湿润气候	白色，5~7月
35	枇杷	蔷薇科	4~6	弱阳性，喜温暖湿润，不耐寒	白色，初冬开花，芳香
36	铺地柏	柏科	0.3~0.5	阳性，耐寒，耐干旱	5~7月
37	雀舌黄杨	黄杨科	0.5~1	中性，喜温暖，不耐寒，生长慢	白色，5月
38	雀舌栀子	茜草科	0.3~0.5	喜光，喜酸性土壤，耐修剪	白色，5月
39	瑞香	瑞香科	1.5~2	喜荫，喜酸性土壤	白色，3~4月
40	洒金珊瑚	山茱萸科	2~3	阴性，喜温暖湿润，不耐寒	紫褐色，3~4月
41	散尾葵	棕榈科	3~8	不耐寒，忌曝晒	黄色，3~4月
42	沙地柏	柏科	0.5~1	阳性，耐寒，耐干旱性强	4~5月
43	山茶	山茶科	2~5	中性，喜温湿气候及酸性土壤	白、粉、红，2~4月
44	珊瑚树	忍冬科	3~5	中性，喜温暖，耐烟尘，耐修剪	白色，6月
45	十大功劳	小檗科	1~1.5	中性，喜温暖湿润气候，不耐寒	黄色，7~8月
46	石斑木	蔷薇科	4	喜半荫，耐干旱贫瘠	白色，4月
47	石楠	蔷薇科	3~5	弱阳性，喜温暖，耐干旱瘠薄	白色，4~5月
48	丝兰	百合科	0.5~2	阳性，喜亚热带气候，不耐严寒	乳白色，6~7月
49	苏铁	苏铁科	2	中性，喜温暖湿润气候及酸性土	黄色，7~8月
50	小叶枸子	蔷薇科	1	喜光，耐寒，耐旱	白色，5~6月
51	映山红	杜鹃花科	0.5~2	喜疏荫，忌曝晒，喜酸性土壤	红色，2~4月
52	月季	蔷薇科	0.5~2	喜光，对土壤要求不严	多色，3~11月
53	云南黄馨	木犀科	1.5~3	中性，喜温暖，不耐寒	黄色，4月
54	栀子	茜草科	1~1.6	中性，喜温暖湿润气候及酸性土壤	白色，6~8月，浓香
55	棕竹	棕榈科	2~3	阴性，喜湿润的酸性土，不耐寒	黄色，4~5月

落叶灌木　　　　　　　　　　　　　　　　　　　　表2

序号	种名	科名	株高(m)	习性	花色、花期
1	八仙花	虎耳草科	3~4	喜荫，喜酸性土壤，抗有毒气体	粉红、蓝、白，4~6月
2	白丁香	木犀科	2~4	喜光，耐寒，耐旱	白色，4~5月
3	白花杜鹃	杜鹃花科	0.5~1	中性，喜温暖气候，不耐寒	白色，4~5月
4	白鹃梅	蔷薇科	2~3	弱阳性，喜温暖气候，较耐寒	白色，4月
5	白梨	蔷薇科	4~6	阳性，喜干冷气候，耐寒	白色，4月
6	碧桃	蔷薇科	3~5	阳性，耐干旱，不耐水湿	粉红，3~4月
7	扁担杆	椴树科	1~3	喜光，耐荫，较耐贫瘠	淡黄色，5~6月
8	垂丝海棠	蔷薇科	3~5	阳性，喜温暖暖湿润，耐寒性不强	玫瑰红色，4~5月
9	刺蔷薇	蔷薇科	1~3	喜光，耐荫，耐低温	粉红色，6~7月
10	大花溲疏	虎耳草科	1~2	喜光，耐寒，耐修剪	白色，4~6月
11	大字杜鹃	杜鹃花科	1~2	喜光，耐寒，耐旱，喜酸性土壤	白色，4~5月
12	棣棠	蔷薇科	1~2	中性，喜温暖湿润气候，较耐寒	黄色，4~5月
13	吊灯花	锦葵科	5	喜光，极不耐寒，耐干旱	红色，全年开花
14	杜鹃	杜鹃花科	1~2	中性，喜温暖湿气候及酸性土	深红色，4~5月
15	粉花绣线菊	蔷薇科	1~2	阳性，喜温暖气候	粉红色，6~7月
16	枸桔	芸香科	3~5	阳性，耐寒，耐干旱与盐碱土	白色，4月
17	海棠果	蔷薇科	4~6	阳性，耐寒性强，耐旱，耐碱土	白色，4~5月
18	海仙花	忍冬科	2~3	弱阳性，喜温暖，颇耐寒	黄白变红色，5~6月
19	海州常山	马鞭草科	2~4	中性，喜温暖气候，耐干旱水湿	白色，7~8月
20	红枫	槭树科	1.5~2	中性，喜温暖气候，不耐寒	紫色，4~5月
21	红花锦鸡儿	豆科	1~2	喜光，耐寒，耐干旱，耐贫瘠	橙黄带红色，5~6月
22	红瑞木	山茱萸科	1.5~3	中性，耐寒，耐湿，耐旱	白色，6~7月
23	红羽毛枫	槭树科	1.5~2	中性，喜温暖气候，不耐水湿	紫色，4~5月
24	胡枝子	豆科	1~2	中性，耐干旱瘠薄	紫红，8月
25	蝴蝶树	忍冬科	2~3	中性，耐寒，耐干旱	白色，4~5月
26	花椒	芸香科	3~5	阳性，喜温暖气候，较耐寒	白色，4~5月
27	华北绣线菊	蔷薇科	1~2	喜光，稍耐寒，耐旱	白色，6月
28	黄刺玫	蔷薇科	1.5~2	阳性，耐寒，耐干旱	黄色，4~5月
29	黄杜鹃	杜鹃花科	1.5	喜半荫，有毒	黄色，3~5月
30	黄果山楂	蔷薇科	3~6	喜光，耐寒	白色，5~6月
31	黄栌	漆树科	3~5	中性，喜温暖气候，不耐寒	粉色，4~5月
32	火棘	蔷薇科	2~3	阳性，喜温暖气候，不耐寒	白色，4~5月
33	鸡骨常山	夹竹桃科	1~3	耐荫，耐寒	粉色，3~6月
34	鸡麻	蔷薇科	1~2	中性，喜温暖气候，较耐寒	白色，4~5月
35	鸡爪槭	槭树科	2~5	中性，喜温暖气候，不耐寒	紫色，4月
36	接骨木	忍冬科	2~4	弱阳性，喜温暖，抗有毒气体	白色，4~5月
37	结香	瑞香科	3~4	阳性，抗旱、涝、盐碱及沙荒	黄色，3~4月，芳香
38	金露梅	蔷薇科	1~1.5	喜光，耐寒，耐旱	黄色，6~8月
39	金丝桃	藤黄科	2~5	阳性，喜温暖气候，较耐干旱	金黄色，6~7月
40	金银忍冬	忍冬科	3~4	阳性，耐寒，耐干旱，萌蘖性强	白、黄色，5~7月
41	金钟花	木犀科	1.5~3	阳性，喜温暖气候，较耐寒	黄色，3~4月
42	锦带花	忍冬科	1~2	阳性，耐寒，耐干旱，怕涝	玫瑰红色，4~5月
43	锦鸡儿	豆科	1~1.5	阳性，耐干旱瘠薄	橙黄，4月
44	蜡瓣花	金缕梅科	5	喜光，耐荫，萌蘖力强	黄色，3~4月
45	蜡梅	蜡梅科	1.5~2	阳性，喜温暖，耐干旱忌水湿	黄色，1~2月，浓香
46	连翘	木犀科	1~3	阳性，喜温暖，耐干旱忌水湿	黄色，3~4月
47	裂叶丁香	木犀科	2~2.5	喜光，耐旱，不耐水湿	淡紫色，4~5月
48	六道木	忍冬科	3	耐寒，耐荫	白、淡黄，4~5月
49	龙爪槐	豆科	5	喜光，抗风，抗有毒气体	白色，6~8月
50	麦李	蔷薇科	1~1.5	阳性，较耐寒，适应性强	粉、白，4月
51	毛刺槐	豆科	2	阳性，耐寒，喜排水良好土壤	紫红色，6~7月
52	玫瑰	蔷薇科	1~2	阳性，耐寒，耐干旱，不耐积水	紫红色，5月
53	梅	蔷薇科	3~6	阳性，喜温暖气候，怕涝	红、粉、白，2~3月
54	牡丹	毛茛科	1~2	中性，耐寒，要求排水良好土壤	多色，4~5月
55	木本绣球	忍冬科	2~3	弱阳性，喜温暖，不耐寒	白色，5~6月

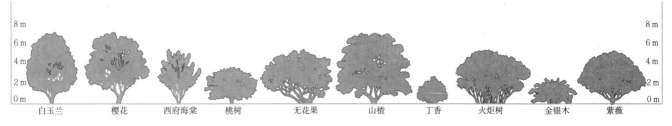

白玉兰　　樱花　　西府海棠　　桃树　　无花果　　山楂　　丁香　　火炬树　　金银木　　紫薇

落叶灌木　　　　　　　　　　　　　　　　续表

序号	种名	科名	株高(m)	习性	花色花期
56	木芙蓉	锦葵科	1~2	中性偏阴，喜温湿气候及酸性土	粉红色，9~10月
57	木瓜	蔷薇科	3~5	喜温暖，不耐低湿和盐碱土	粉红，4~5月
58	木槿	锦葵科		阳性，喜温暖气候，不耐寒	白、粉红，7~9月
59	宁夏枸杞	茄科	2	喜光，喜水肥，耐寒，耐盐碱	紫红，5~10月
60	糯米条	忍冬科	1~2	中性，喜温暖，耐干旱，耐修剪	白带粉色，8~9月
61	欧洲丁香	木犀科	5	喜光，耐寒，不耐热	紫色，5月
62	平枝栒子	蔷薇科	0.5	阳性，耐寒，适应性强	粉红色，5月
63	琼花	忍冬科	2~3	喜光，稍耐荫	白色，4~5月
64	秋胡颓子	胡颓子科	3~5	阳性，喜温暖气候，不耐严寒	黄白色，5~6月
65	三裂绣线菊	蔷薇科	1~2	喜光，稍耐荫，耐寒，耐旱	白色，5~6月
66	沙棘	胡颓子科	1~5	喜光，抗风沙，耐干旱，耐盐碱	黄色，4~5月
67	沙梨	蔷薇科	5~8	阳性，喜温暖湿润气候	白色，3~4月
68	山麻杆	大戟科	1~2	喜光，稍耐荫，萌蘖性强	红色，3~5月
69	山梅花	虎耳草科	2~3	弱阳性，较耐寒，耐旱，忌水湿	白色，5~6月
70	山桃	蔷薇科	4~6	阳性，耐寒，耐干旱，耐碱土	粉、白，3~4月
71	石榴	石榴科	2~3	中性，耐寒，适应性强	红色，5~6月
72	树锦鸡儿	豆科	2~5	喜光，耐寒，耐干旱，耐贫瘠	黄色，5~6月
73	水蜡	木犀科	3	喜光，喜湿润，耐寒，耐修剪	白色，6月
74	水栒子	蔷薇科	4	喜光，耐荫，耐寒，耐修剪	白色，5~6月
75	四照花	山茱萸科	3~5	中性，喜温暖气候，耐寒性不强	黄白色，5~6月
76	溲疏	虎耳草科	1~2	弱阳性，喜温暖，耐寒性不强	白色，5~6月
77	太平花	虎耳草科	1~2	弱阳性，耐寒，怕涝	白色，5~6月
78	天目琼花	忍冬科	2~3	中性，较耐寒	白色，5~6月
79	贴梗海棠	蔷薇科	1~2	阳性，喜温暖气候，较耐寒	粉、红，4月
80	土庄绣线菊	蔷薇科	1~2	喜光，耐寒，耐旱	白色，5~6月
81	卫矛	卫矛科	2~3	喜光，耐荫，耐修剪	黄绿色，5~6月
82	猬实	忍冬科	2~3	阳性，颇耐寒，耐干旱瘠薄	粉红，5月
83	文冠果	无患子科	3~5	中性，耐寒	白色，4~5月
84	无花果	桑科	10	中性，喜温暖气候，不耐寒	4~5月
85	现代月季	蔷薇科	1~1.5	阳性，喜温暖气候，较耐寒	花色丰富，5~10月
86	香茶藨子	茶藨子科	1~2	中性，稍耐荫，耐寒，萌蘖力强	黄色，4~5月
87	香荚蒾	忍冬科	2~3	中性，耐寒，耐干旱	白色，4月，芳香
88	小檗	小檗科	1~2	中性，耐寒，耐修剪	淡黄色，5月
89	小花溲疏	虎耳草科	1~2	喜光，稍耐荫，耐寒，耐旱	白色，6月
90	小蜡	木犀科	1~2	中性，喜温暖，较耐寒，耐修剪	白色，5~6月
91	小叶女贞	木犀科	1~2	中性，喜温暖，较耐寒	白色，5~7月
92	小紫珠	马鞭草科		喜光，耐寒	5~6月
93	笑靥花	蔷薇科	1.5~2	阳性，喜温暖湿润气候	白色，4月
94	兴安杜鹃	杜鹃花科	1~2	喜光，耐半荫，极耐寒，喜酸性土	粉红，4~5月
95	银露梅	蔷薇科	0.3~2	喜光，耐寒	白色，6~11月
96	迎春花	木犀科	1~2	喜光，稍耐荫，耐寒	黄色，2~4月
97	榆叶梅	蔷薇科	1.5~3	弱阳性，耐寒，耐干旱	粉、红、紫，4月
98	郁李	蔷薇科	1~1.5	阳性，耐寒，耐干旱	粉、白，4月
99	月季	蔷薇科	1~1.5	阳性，喜温暖气候，较耐寒	红、紫，5~10月
100	珍珠花	蔷薇科	1.5~2	阳性，喜温暖气候，较耐寒	白色，4月
101	珍珠梅	蔷薇科	1.5~2	耐荫，耐寒，对土壤要求不严	白色，6~8月
102	珍珠绣菊	蔷薇科	1.5	喜光，不耐庇荫，耐寒，耐修剪	白色，4~5月
103	紫丁香	木犀科	2~3	弱阳性，耐寒，耐旱，忌低湿	紫色，4~5月
104	紫荆	豆科	2~3	阳性，耐干旱瘠薄，不耐涝	紫红色，3~4月
105	紫穗槐	豆科	1~2	阳性，耐水湿，干瘠和轻盐碱土	暗紫色，5~6月
106	紫薇	千屈菜科	2~4	阳性，喜温暖气候，不耐严寒	紫、红，7~9月
107	紫叶李	蔷薇科	3~5	弱阳性，喜温暖湿润气候，较耐寒	淡粉色，3~4月
108	紫叶小檗	小檗科	1~2	中性，耐寒，要求阳光充足	淡黄色，5月
109	紫玉兰	木兰科	2~4	阳性，喜温暖，不耐严寒	紫色，3~4月
110	紫珠	马鞭草科	1~2	中性，喜温暖气候，较耐寒	淡紫色，8月

木质藤本　　　　　　　　　　　　　　　　表1

序号	种名	科名	株高(m)	习性	花色花期
1	薜荔	桑科	2~3	耐荫，喜温暖暖气候，不耐寒，常绿	4~5月
2	扁担藤	葡萄科	5~6	耐荫，耐贫瘠，常绿	4~6月
3	常春藤	五加科	0.	阴性，喜温暖气候，不耐寒	白、黄绿，5~8月
4	常春油麻藤	蝶形花科	30	喜光，抗旱性强，耐寒，常绿	紫色，4~5月
5	大瓣铁线莲	毛茛科	2	喜光，耐寒，落叶	紫色，5~6月
6	地果	桑科	10	喜阴湿环境，常绿	5~6月
7	滇五味子	五味子科	1.2~2.5	耐荫，喜半阴环境，落叶	黄色，5~7月
8	短穗铁线莲	毛茛科	2	稍耐寒，落叶	白色，6~7月
9	多花蔷薇	蔷薇科	2~3	喜光，耐寒，耐干旱，不耐积水，落叶	淡红，4~5月
10	多花素馨	木犀科	10	喜温暖向阳环境，常绿	白色，2~8月
11	多花紫藤	豆科	4~8	阳性，喜温暖气候，落叶	紫色，4月
12	扶芳藤	卫矛科	0.3~0.5	耐荫，喜温暖气候，不耐寒，常绿	6月
13	杠柳	萝藦科	1	喜光，耐寒，耐旱，耐高温水湿，落叶	紫色，6~7月
14	葛藤	豆科	0.1	喜光，耐寒，耐干旱，耐贫瘠，落叶	紫红色，8~9月
15	葛枣猕猴桃	猕猴桃科	5~8	耐荫，耐寒，落叶	白色，6~7月
16	狗枣猕猴桃	猕猴桃科	5~8	耐荫，喜湿润土壤，落叶	白、粉，6~7月
17	光叶子花	紫茉莉科	5	喜光，不耐寒，耐盐碱，忌积水，常绿	白、黄、粉，6~12月
18	禾雀花	豆科	0.8~1.2	喜光，耐寒，耐半荫，常绿	白色，3~4月
19	红萼龙吐珠	马鞭草科	2~5	喜温暖暖湿润环境，喜微酸性土壤，常绿	红色，花期长
20	厚萼凌霄	紫葳科	1	喜温暖湿润环境，落叶	橙红，10月
21	金银花	忍冬科	1.8~2.2	喜光，耐荫，耐寒，半常绿	黄、白，5~7月
22	金樱子	蔷薇科	5	喜光，适应性强，落叶	白色，4月
23	昆明山海棠	卫矛科	3~5	喜温暖湿润排水良好环境	绿色，6~7月
24	凌霄	紫葳科	9	中性，喜温暖，稍耐寒，落叶	橘红、红色，7~8月
25	龙吐珠	马鞭草科	2~5	喜光，不耐寒，耐荫，不耐水湿，常绿	白色，春夏
26	龙须藤	豆科	3~10	喜光，耐阴湿，常绿	白色，
27	络石	夹竹桃科	0.3~0.4	耐荫，喜温暖，不耐寒，常绿	白色，5月，芳香
28	绿萝	天南星科	0.15	喜温暖潮湿环境，常绿	5~6月
29	买麻藤	买麻藤科	10	喜湿热环境，常绿	绿色，6~7月
30	美国凌霄	紫葳科	10	中性，喜温暖，耐寒，落叶	橘红色，7~8月
31	猕猴梨	猕猴桃科	25~30	中性，耐寒，落叶	乳白色，6月
32	猕猴桃	猕猴桃科	10	中性，喜温暖，耐寒性不强，落叶	黄白色，6月
33	木通马兜铃	马兜铃科	10	喜荫，喜深厚肥沃土壤，落叶	绿色，6~7月
34	木香	蔷薇科	6	阳性，喜温暖，较耐寒，半常绿	白，4~5月，芳香
35	南蛇藤	卫矛科	9~15	中性，耐寒，性强健，落叶	黄绿色，5~6月
36	纽子花	夹竹桃科	1	喜湿度大土壤肥沃环境，落叶	黄，3~7月
37	爬山虎	葡萄科	18	耐荫，耐寒，适应性强	6月
38	炮仗花	紫葳科	7~8	喜温暖，不耐寒，常绿	橙红色，夏季
39	葡萄	葡萄科	1~2	阳性，耐干旱，怕涝，落叶	3月
40	软枝黄蝉	夹竹桃科	2	喜向阳温暖湿润环境，常绿	黄色，春夏
41	三叶木通	木通科	8	中性，喜温暖，较耐寒，落叶	暗紫色，5月
42	山楂叶悬钩子	蔷薇科	1~2	喜光，耐寒，不耐水湿，不耐荫，落叶	白色，5~6月
43	珊瑚藤	蓼科	10	喜排水日照良好环境，半落叶性藤本	粉红、白，3~12月
44	使君子	使君子科	2~8	喜温半荫，不耐干旱，落叶	白、红
45	五味子	五味子科	8	中性，耐寒性强，落叶	5~7月
46	五叶地锦	葡萄科	3.5~5	耐荫，耐寒，喜温暖气候，落叶	6~7月
47	西番莲	西番莲科	3~10	喜温暖湿润气候，不耐寒，常绿	紫红色，5~7月
48	香花崖豆藤	豆科	2~5	喜光，耐贫瘠干旱	紫红色，5~9月
49	小木通	毛茛科	6	忌积水，抗寒性强，常绿	白色，3~4月
50	叶子花	紫茉莉科	2	阳性，喜温暖气候，不耐寒，常绿	红、紫色，6~12月
51	异叶爬山虎	葡萄科	20	喜光，落叶	5~7月
52	玉叶金花	夹竹桃科	1.5~2.5	喜半荫环境，不耐寒，萌蘖力强	黄色，6~7月
53	长春蔓	夹竹桃科	0.3~0.4	喜半阴湿润环境，常绿	紫色，3~5月
54	重瓣黄木香	蔷薇科	6	阳性，喜温暖，较耐寒，半常绿	黄，4~6月，芳香
55	紫藤	豆科	15~20	阳性，耐寒，适应性强，落叶	紫色，4月

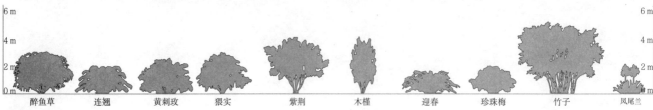

醉鱼草　　连翘　　黄刺玫　　猬实　　紫荆　　木槿　　迎春　　珍珠梅　　竹子　　凤尾兰

草本花卉 表1

序号	种名	株高(m)	习性	花色、花期	花坛	花境	花丛	岩石园	盆栽	切花	干花
1	矮牵牛	0.2~0.6	阳性，稍耐半荫，不耐寒	花色多，7~10月	○	○		○			
2	芭蕉	3~4	喜光，耐半荫，不耐寒	黄色			○				
3	白车轴草	0.3~0.6	喜温湿，耐半荫，耐旱、酸土	白色，6月	○			○			
4	百日草	0.3~0.9	阳性，喜肥沃，排水好	花色多，6~7月	○	○	○			○	
5	波斯菊	1~2	阳性，耐干燥瘠薄，忌肥	花色多，6~10月	○	○	○				
6	彩叶草	0.5~0.8	喜光，忌强光直射	淡紫、蓝，夏秋	○	○			○		
7	雏菊	0.07~0.15	阳性，较耐寒，宜冷凉气候	白、紫，4~6月	○						
8	葱兰	0.15~0.2	阳性，耐半荫，宜肥沃排水好	白色，夏秋	○	○					
9	丛生福禄考	0.1~0.15	喜光，耐寒，忌积水	紫红色，开2次花	○			○			
10	翠菊	0.2~0.8	阳性，喜肥沃湿润，忌连作	花色多，6~10月	○	○				○	
11	翠雀	0.6~0.9	阳性，喜凉爽通风，排水好	蓝色，6~9月	○	○				○	
12	大花飞燕草	0.3~1.2	阳性，喜干燥凉爽，忌涝	花色多，5~6月	○	○				○	
13	大花剪秋罗	0.8	喜光，耐寒	红色，6~8月		○					
14	大花金鸡菊	0.3~0.6	喜光，耐寒，不择土壤	黄色，6~8月	○	○				○	
15	大花美人蕉	0.8~1.5	喜光，稍耐水湿	花多色，7~10月	○	○					
16	大花萱草	0.7~0.8	喜光，耐半荫，耐寒	黄、橙，5~7月	○	○				○	
17	大丽花	0.3~1.2	阳性，畏寒惧热，宜干燥凉爽	花色多，夏秋	○	○	○			○	
18	大叶红草	0.3~0.6	耐热，耐旱，耐修剪	白色	○		○				
19	德国鸢尾	0.6~0.9	阳性，耐寒，喜湿润而排水好	花色多，5~6月	○	○				○	
20	地肤	1~1.5	阳性，耐干热瘠薄，不耐寒	9~10月	○		○				
21	地涌金莲	0.6	喜光，忌寒冻	黄色，花期全年	○	○					
22	吊竹梅	0.1~0.3	忌强光，耐水湿	紫红色，7~8月		○			○		
23	二月兰	0.1~0.5	喜光，耐荫，自播繁衍	蓝紫色，2~5月	○	○	○				
24	非洲凤仙花	0.2~0.25	喜半荫，不耐寒，不耐热	花色多，四季	○				○		
25	肥皂草	0.9	喜光，耐寒	白、粉，6~8月		○				○	
26	费菜	0.2~0.4	阳性，多浆类，耐寒，忌水湿	橙黄色，6~7月		○		○			
27	佛甲草	0.1~0.2	喜光，耐荫，耐盐碱	黄色，5~6月				○			
28	福禄考	0.15~0.4	阳性，喜凉爽，耐寒力弱	花色多，5~7月	○	○					
29	过路黄	0.1~0.3	喜光，耐荫	黄色，3~7月		○					
30	旱金莲	0.3~0.7	喜光，不耐热	花色多，6~10月					○	○	
31	荷包牡丹	0.3~0.6	喜侧荫，湿润，耐寒惧热	粉红、白，春夏		○	○				
32	荷兰菊	0.5~1.5	阳性，喜湿润肥沃，通风良好	紫、白色，8~9月	○	○		○			
33	鹤望兰	1~2	喜光，不耐寒，忌霜雪	黄色		○				○	
34	黑心菊	0.8~1	阳性，耐干旱，喜肥沃	金黄，5~9月		○	○				
35	红花酢浆草	0.1~0.3	喜阴湿环境，能抑制杂草生长	淡红色，5~9月	○	○					
36	虎耳草	0.2~0.4	喜阴湿环境	白色，5~8月			○	○			
37	花毛茛	0.2~0.4	喜凉爽，忌曝晒，宜肥沃湿润	花色多，5~6月		○	○				
38	黄晶菊	0.1	喜光，忌高温多湿	黄色，4~9月	○	○					
39	藿香蓟	0.3~0.6	喜光，耐半荫，喜温热环境	粉、紫，6~8月	○	○	○				
40	鸡冠花	0.2~1.5	喜高温全光，耐旱	花多色，6~10月	○	○					○
41	吉祥草	0.1~0.5	喜阴湿环境，不耐劳	粉红色，9~10月		○					
42	金鸡菊	0.3~0.6	喜光，忌高温，耐寒	黄色，6~9月	○	○					
43	金脉爵床	0.5~0.8	喜半荫，不耐寒	黄色，7~8月		○			○		
44	金鱼草	0.2~0.9	喜光，宜凉爽环境	花多色，5~7月	○	○	○			○	
45	金盏菊	0.3~0.6	阳性，较耐寒，宜凉爽	橙色，4~6月	○	○					
46	韭兰	0.15~0.3	阳性，耐半荫，宜肥沃	粉色，夏秋		○					
47	桔梗	0.3~1	阳性，喜凉爽湿润	蓝、白色，6~9月		○				○	
48	菊花	0.6~1.5	阳性，多短日性，喜肥沃湿润	花色多，10~11月	○	○			○	○	
49	孔雀草	0.15~0.4	阳性，喜温暖，抗旱耐热	黄带褐斑，7~9月	○	○					
50	阔叶麦冬	0.3	喜阴湿温暖，常绿性	紫色，6~9月		○					
51	铃兰	0.3	喜半荫环境，耐寒	白色，5~6月		○		○	○	○	
52	硫华菊	0.6~0.9	喜光，不耐寒，耐干旱	黄、桔红，6~8月	○	○	○				
53	柳穿鱼	0.2~0.3	喜光，喜温暖，不耐寒	花色多，6~9月		○				○	
54	龙舌兰	1~2	喜光，喜温暖环境，耐旱	黄绿色			○			○	
55	耧斗菜	0.6~0.9	炎夏宜半荫，耐寒	花色多，初夏		○	○				

序号	种名	株高(m)	习性	花色、花期	花坛	花境	花丛	篱垣	岩石园	盆栽	切花	干花
56	旅人蕉	5~6	喜光，要求土壤疏松	白色	○							
57	麦杆菊	0.8~1	喜光，怕酷热	花色多，7~9月	○							○
58	曼陀罗	0.3~1.5	喜光，不耐寒	白色，7~9月	○	○						
59	毛地黄	1	耐寒，耐旱，耐半荫	白、粉，5~6月	○	○		○	○			
60	美女樱	0.3~0.5	阳性，喜湿润肥沃，耐寒	花色多，6~9月	○	○						
61	美人蕉	0.8~0.2	阳性，土壤肥沃而排水好	花色多，夏秋	○	○						
62	莴苣	4~5	喜光，宜土壤肥沃	红、白，6~10月						○		
63	千日红	0.4~0.6	阳性，喜干热，不耐寒	花色多，6~10月	○							○
64	千叶蓍	0.3~0.6	阳性，耐半荫，耐寒	白色，6~8月			○	○			○	
65	三对节	3	喜光，耐半荫，忌水湿	粉色，6~12月			○					
66	三色堇	0.15~0.3	阳性，稍耐半荫，耐寒	花色多，4~6月	○	○						
67	山梗菜	0.12~0.3	喜半荫，半耐寒，忌高温	花色多，4~7月		○						
68	芍菊	1~1.4	阳性，耐寒，喜肥沃砂土	蓝色，5月		○						
69	蛇目菊	0.6~0.8	阳性，耐寒，喜冷凉	黄、红，7~10月	○	○						
70	射干	0.5~1	喜光，耐干旱	红色，7~9月		○					○	
71	蓍草	0.5~1.5	阳性，耐半荫，耐寒	白色，夏秋		○					○	
72	石蒜	0.3~0.6	喜阴湿，耐干旱	红、黄，8~10月		○					○	
73	石竹	0.15~0.75	喜光，耐干旱，偏碱性土	花色多，5~9月	○	○			○	○		
74	矢车菊	0.2~0.8	阳性，喜冷凉，忌炎热	花色多，5~6月	○	○					○	
75	蜀葵	2~3	阳性，耐寒，宜肥沃	花色多，6~8月		○	○					
76	水鬼蕉	0.5~0.8	喜光，喜温暖湿润环境	白色，5~7月		○						
77	四季秋海棠	0.15~0.45	喜半荫，不耐干燥	红、粉红，四季	○	○				○		
78	松叶牡丹	0.15~0.2	喜暖畏寒，耐干旱瘠薄	花色多，6~9月	○		○		○			
79	随意草	0.6~1.2	阳性，耐寒，喜疏松肥沃	白、紫，7~9月		○					○	
80	天门冬	0.5~1	喜温润环境，耐寒	花色多，5~6月		○				○		
81	天人菊	0.7~0.9	阳性，要求排水良好	黄色，6~10月	○	○						
82	天竺葵	0.3~0.6	喜光，不耐寒，不耐湿	花多色，5~7月	○	○				○		
83	万寿菊	0.2~0.9	阳性，喜温暖，抗风霜	黄、橙色，7~9月	○	○				○		
84	文殊兰	0.8~1	耐旱、耐湿、耐荫	紫色，夏季		○	○					
85	五色椒	0.3~0.6	喜光，不耐寒	白色，6~7月	○					○		
86	五色苋	0.4~0.5	阳性，喜暖畏寒，宜干燥		○	○						
87	虾衣花	1~2	喜光，忌曝晒	黄色，四季开花		○				○		
88	夏堇	0.2~0.3	喜光，耐半荫，耐热	花多色，4~9月	○	○				○		
89	香石竹	0.2~1	喜温暖，忌高温	花多色		○				○		
90	香雪球	0.15~0.3	阳性，喜凉忌热	白、紫，6~10月	○	○			○			
91	小百日草	0.15~0.6	喜半荫，较耐干旱	花色多，6~8月	○	○						
92	宿根福禄考	0.6~1.2	阳性，宜温和气候	花色多，6~8月	○	○					○	
93	萱草	0.8~1.2	阳性，耐半荫，耐寒	黄色，6~8月	○	○						
94	沿阶草	0.3	喜阴湿温暖，常绿性	白、淡紫，5~8月		○						
95	一串红	0.2~0.5	阳性，稍耐半荫，不耐寒	红色，7~10月	○	○						
96	银边翠	0.5~0.8	阳性，喜温暖，耐旱	6~9月		○					○	
97	银纹沿阶草	0.05~0.3	喜半荫环境，极耐寒	淡蓝色，7~8月		○						
98	银叶菊	0.15~0.6	喜光，不耐寒，喜排水好	黄色，6~9月	○	○						
99	虞美人	0.3~0.6	阳性，喜干燥，忌热湿	花色多，6月	○	○						
100	羽衣甘蓝	0.3~0.4	阳性，耐寒，喜肥沃	4~5月	○	○				○		
101	玉簪	0.75	喜荫耐寒，宜湿润	白色，6~8月		○						
102	郁金香	0.2~0.4	阳性，宜凉爽湿润，疏松	花色多，春花	○	○					○	
103	鸢尾	0.3~0.6	阳性，耐寒，宜湿润	蓝色，3~5月		○					○	
104	月见草	1~1.5	喜光照充足，地势干燥	黄色，6~9月		○						
105	长春花	0.3~0.5	喜光，耐半荫，忌水涝	白、紫，5~10月	○	○				○		
106	朱顶红	0.3~0.6	喜光，忌水涝	粉、白，6~8月		○					○	
107	紫罗兰	0.2~0.8	阳性，喜冷凉肥沃	花色多，5月	○	○					○	
108	紫茉莉	0.8~1.2	喜温暖向阳，不耐寒	花色多，夏秋		○	○					
109	紫鸭跖草	0.2~0.4	喜光，稍耐荫	淡紫色，6~9月		○					○	
110	醉蝶花	1	喜肥沃向阳，耐半荫	粉、白，6~9月		○	○					

注：○该植物具有此项特征。

荷包牡丹　　马蹄莲　　玉竹　　文殊兰　　萱草　　德国鸢尾　　虞美人　　旱金莲　　玉簪

水生湿生植物　　表1

序号	种名	科名	习性	花期、花色	用途 挺水	用途 浮水
1	白睡莲	睡莲科	阳性，静水	白、黄、粉，6~8月		○
2	菖蒲	天南星科	沼泽溪谷或浅水中	6~9月	○	
3	慈姑	泽泻科	阳性，浅水	白，7~10月	○	
4	大漂	天南星科	阳性，静水	淡绿色，5~10月		○
5	凤眼莲	雨久花科	阳性，静水	紫，7~9月		○
6	龟背竹	天南星科	河边，沼泽地	白、黄，8~9月	○	
7	旱伞草	莎草科	水池，溪岸边	8~11月	○	
8	荷花	睡莲科	阳性，静水	花色多，6~9月	○	
9	花叶芦竹	禾本科	河旁，湖边，池沼	10月	○	
10	槐叶萍	槐叶苹科	静水	白色		○
11	黄菖蒲	鸢尾科	浅水，沼泽地	黄，5~6月	○	
12	荻草	禾本科	浅水，沼泽地	紫色，秋季	○	
13	宽叶香蒲	香蒲科	阳性，水旁或低洼地	5~6月	○	
14	芦苇	禾本科	浅水，湿地	白，夏秋	○	
15	马蹄莲	天南星科	河流，沼泽地	白，11至翌年6月	○	
16	萍蓬草	睡莲科	阳性，静水或流动浅水	黄，4~5月		○
17	千屈菜	千屈菜科	阳性，浅水或地植	玫红，7~9月	○	
18	三白草	三白草科	阳性，池塘、沼泽地	白，4~9月	○	
19	石菖蒲	天南星科	喜阴湿，浅水	淡黄绿色，2~5月	○	
20	水葱	莎草科	阳性，水边	淡黄褐色，6~8月	○	
21	水鬼蕉	石蒜科	沼泽地	白，8~9月	○	
22	水芋	天南星科	阳性，浅水	白，6~7月	○	
23	睡莲	睡莲科	阳性，静水	白色，6~8月		○
24	梭鱼草	雨久花科	阳性，水边、湿地	蓝紫色，5~10月	○	
25	王莲	睡莲科	阳性，静水	白，8~9月		○
26	香蒲	香蒲科	水池，湖岸	6~7月	○	
27	狭叶香蒲	香蒲科	水边	6月	○	
28	荇菜	龙胆科	阳性，静止浅水	黄，6~10月		○
29	野慈姑	泽泻科	阳性，池塘、沼泽地	白，7~10月	○	
30	雨久花	雨久花科	阳性，浅水	紫，8~9	○	
31	再力花	竹芋科	各类水景	紫，7~11月	○	
32	泽泻	泽泻科	幼苗喜荫，成株喜阳	白，6~8月	○	
33	纸莎草	莎草科	阳性，各类水景	淡紫色，6~7月	○	
34	燕子花	鸢尾科	阳性，耐寒	4~5月，紫色	○	
35	美人蕉	美人蕉科	阳性，喜温暖，不耐寒	6~11月，红色	○	

注：○该植物具有此项特征。

蕨类植物　　表2

序号	种名	科名	株高（m）	习性	园林应用
1	半边旗	凤尾蕨科	0.3~1	喜温湿半荫环境	树荫下灌木层，水边
2	刺齿贯众	鳞毛蕨科	0.4~0.7	喜凉爽湿润，稍耐旱	地被，山石水溪搭配
3	翠云草	卷柏科	0.5~1	喜温湿半荫环境	林下或庭院荫处，盆栽
4	顶芽狗脊	乌毛蕨科	0.6~0.9	喜阴湿环境	林下地被
5	盾蕨	水龙骨科	0.2~0.4	喜半阴湿润环境	林荫林缘地被，花坛
6	凤尾蕨	凤尾蕨科	0.4~0.7	喜温暖湿润半荫环境	耐荫地被
7	海金沙	海金沙科	1~5	喜阳光充足、温暖湿润环境	攀援藤本，绿篱
8	河口观音座莲	莲座蕨科	1	喜温暖阴湿环境	丛植片植林下作地被
9	荚果蕨	球子蕨科	1	喜冷湿	阴湿地地被，盆栽
10	金粉蕨	中国蕨科	0.14~0.65	喜光且极耐旱，喜钙质土	假山石、山石岩景
11	金鸡脚假瘤蕨	水龙骨科	0.08~0.35	喜阴湿环境，酸性土指示种	水边，林下阴湿处
12	金毛狗	蚌壳蕨科	1~3	喜酸性土，酸性土壤指示种	林荫处配置，大型盆栽
13	金毛裸蕨	裸子蕨科	0.2~0.5	喜光，极耐干旱，耐寒	片植于荒地地被
14	蕨	蕨科	1	喜光，较耐旱	地被，盆栽
15	阔叶鳞盖蕨	碗蕨科	2	喜温暖湿润，忌强光直射	片植地被
16	鹿角蕨	鹿角蕨科		喜温暖湿润润气候，适应性强	山石、室内盆栽
17	芒萁	里白科	0.45~1.2	极耐干旱，酸性土指示种	建筑周围地被
18	膜叶星蕨	水龙骨科	0.5~0.8	喜半荫潮湿，忌阳光直射	林缘、水边
19	木贼	木贼科	0.3~1	喜潮湿，耐荫	半荫沟边或湿地作地被
20	鸟巢蕨	铁线蕨科	1~1.2	喜温暖湿润气候，不耐寒	附生林下，岩石上
21	披针新月蕨	金星蕨科	1~2	喜阴湿环境，夏天需遮阴	林缘溪边片植
22	扇蕨	水龙骨科	0.65	喜温湿半荫环境，忌强光	林荫下，花坛中
23	肾蕨	肾蕨科	0.3~0.8	喜温湿半荫中性或酸性土	林下地被，盆栽
24	铁线蕨	铁线蕨科	0.15~0.5	喜温湿润，钙质土指示种	盆栽，林下地被
25	瓦韦	水龙骨科	0.06~0.2	附生于树干岩石上	假山石、小型盆栽
26	乌蕨	鳞始蕨科	0.3~0.8	喜散射光环境，喜酸性土	林缘、墙脚、岩石旁
27	蜈蚣草	凤尾蕨科	0.3~1.5	喜温湿，较耐干旱贫瘠	地被，山石盆景
28	西南石韦	水龙骨科	0.1~0.2	喜温湿环境	点缀假山石，片植作地被
29	狭叶巢蕨	铁角蕨科	0.5~1	喜温暖潮湿，不耐寒	林下或石柱上
30	崖姜	槲蕨科	0.8~1.2	耐荫，忌阳光直射	吊挂观赏
31	友水龙骨	水龙骨科	0.3~0.7	喜温湿环境，土壤透水	假山石，室内悬挂
32	长叶肾蕨	肾蕨科	0.1~0.6	喜高温湿润气候，耐荫	石壁，假山点缀
33	长叶铁角蕨	铁线蕨科	0.2~0.4	喜温湿环境，土壤疏松	地被，盆栽
34	中华双扇蕨	双扇蕨科	1.3	喜荫蔽湿润环境	林缘路边地被，盆栽
35	中华桫椤	桫椤科	1~5	喜高温，荫蔽	庭院观赏树，园景树

竹类　　表3

序号	种名	科名	株高（m）	习性
1	斑竹	禾本科	10	阳性，喜温暖湿润气候，稍耐寒
2	慈竹	禾本科	5~8	阳性，喜温暖气候及肥沃疏松土壤
3	大佛肚竹	禾本科	2~5	不耐寒
4	大琴丝竹	禾本科	5~15	中性，不耐寒
5	凤尾竹	禾本科	1	中性，喜温暖湿润气候，不耐寒
6	佛肚竹	禾本科	2.5~5	阳性，不耐旱
7	观音竹	禾本科	1~5	不耐寒，忌渍水
8	黄槽竹	禾本科	3~5	阳性，喜温暖湿润气候，较耐寒
9	黄金间碧玉	禾本科	8~10	阳性，耐干旱贫瘠
10	阔叶箬竹	禾本科	1~1.5	阳性，耐寒，耐旱
11	麻竹	禾本科	20~25	喜温暖湿润气候，不耐寒
12	毛竹	禾本科	10~20	阳性，喜温暖湿润气候，不耐寒
13	青皮竹	禾本科	6~10	阳性，喜温暖湿润气候，不耐寒
14	筇竹	禾本科	2.5~6	喜温凉潮湿的气候，耐寒
15	人面竹	禾本科	7~8	喜湿润的气候，耐寒，不耐盐碱
16	粉单竹	禾本科	10~18	喜温暖湿润气候，不耐寒
17	金竹	禾本科	5~10	喜温暖湿润气候，不耐寒
18	桂竹	禾本科	10~15	阳性，喜温暖湿润气候，稍耐寒
19	苦竹	禾本科	3~7	阳性，喜温暖湿润气候，较耐寒
20	菲白竹	禾本科	0.5~1	中性，喜温暖湿润气候，不耐寒
21	刚竹	禾本科	8~12	阳性，喜温暖湿润气候，稍耐寒
22	淡竹	禾本科	7~15	阳性，喜温暖湿润气候，稍耐寒
23	孝顺竹	禾本科	2~3	中性，喜温暖湿润气候，不耐寒
24	早园竹	禾本科	5~8	阳性，喜温暖湿润气候，较耐寒
25	紫竹	禾本科	3~5	阳性，喜温暖湿润气候，稍耐寒

草坪　　表4

序号	种名	科名	株高（m）	习性
1	草地早熟禾	禾本科	0.5~0.8	喜光亦耐荫，宜温湿，忌干旱，耐寒
2	地毯草	禾本科	0.15~0.5	阳性，喜温暖湿润，侵占力强
3	狗牙根	禾本科	0.1~0.4	阳性，喜湿耐热，不耐荫，蔓延快
4	结缕草	禾本科	0.15	阳性，耐热、寒、旱、践踏
5	连钱草	唇形科	0.1~0.2	喜阴湿，阳处亦可，耐寒忌涝
6	蔓花生	豆科	0.1~0.15	耐荫，有一定的耐寒耐热性，宿根草本
7	匍匐翦股颖	禾本科	0.3~0.6	稍耐荫，耐寒，湿润肥沃，忌旱碱
8	细叶结缕草	禾本科	0.1~0.15	阳性，耐旱，不耐寒，耐践踏
9	多年生黑麦草	禾本科	0.8~1	喜温凉湿润气候，不耐荫，耐湿
10	多花黑麦草	禾本科	0.5~0.7	喜温暖湿润气候，不耐寒，不耐高温
11	细弱剪股颖	禾本科	0.3~0.6	不耐旱不耐热，耐寒耐荫，寿命长
12	绒毛剪股颖	禾本科	0.3~0.6	耐寒，耐寒，耐荫
13	小糠草	禾本科	0.4~1.3	耐寒耐热，耐旱，不耐荫，耐践踏
14	羊胡子草	莎草科	0.05~0.4	稍耐荫，耐寒、旱、瘠薄，耐践踏
15	高羊茅	禾本科	0.4~0.7	适应性强，抗旱，耐涝，耐酸，耐贫瘠
16	紫羊茅	禾本科	0.4~0.6	耐寒，不耐炎热
17	硬羊茅	禾本科	0.3~0.6	耐荫、耐寒和抗旱、耐瘠薄
18	羊茅	禾本科	0.3~0.6	耐低温，抗霜害，分蘖力强
19	野牛草	禾本科	0.05~0.25	阳性，耐寒，耐瘠薄干旱，不耐湿
20	中华结缕草	禾本科	0.13~0.3	阳性，耐湿、耐旱、耐盐碱
21	日本结缕草	禾本科	0.3	喜光，抗旱，耐高温，耐贫瘠
22	细叶结缕草	禾本科	0.05~0.07	喜光，不耐荫，对土壤要求不严
23	沟叶结缕草	禾本科	0.1~0.15	喜光不耐荫，抗性强
24	加拿大早熟禾	禾本科	0.15~0.5	耐寒性强，耐荫，耐践踏
25	粗茎早熟禾	禾本科	0.3~0.6	不耐热，不耐践踏，耐荫，不耐践踏

11
景观设计

概述

自然界的岩石依加工差异分为自然山石和加工石材。自然山石在景观中侧重对其自然形态、纹理和颜色的应用；加工石材根据其物理性质和功能需要被加工成特定形状和尺寸，按用途分为砌筑石材和饰面石材。

加工石材类型

加工石材是指从天然岩体中开采出来，并经加工成块状或板状材料的总称。加工石材具有很高的抗压强度，良好的耐磨性和耐久性，经加工后表面美观富装饰性，便于就地取材，具有结构和装饰的功能。按材质主要分为花岗石、大理石、石灰石、砂岩、板石，按照种类依次编号为G、M、L、Q、S。

自然山石类型

景观常用自然山石[1]
表1

名称	产地	常见色系	特点	适用范围
泰山石	泰山山脉周边的溪流山谷	黛青、灰、黄褐	自然块体，古朴墩厚，多见不规则卵形，深色石面呈现白色的纹理	置石，常用作独立置石
房山石	北京房山区	土红、土黄、灰黑	自然块体，坚固、耐风化，雄浑、厚重、敦实	掇山、置石、驳岸
太湖石	太湖一带	灰	自然块状或条状，表面褶皱深密，呈现"透漏瘦皱"的形态	掇山、置石、宜布置公园、草坪、校园、庭院
英石	广东英德	黑、青灰	自然块体，石表褶皱深密，石质坚而脆，扣之有较响的共鸣声	假山、盆景、案头置石
青石	北京西郊	青灰	形体多呈片状，层状表面纹理交叉互织	掇山、驳岸
黄石	常熟虞山、苏州、镇江	橙黄	自然块体，平正大方，块钝而棱锐	掇山、置石
黄蜡石	云南	黄色	自然块体，表层蜡状质感，色调明快	掇山、置石、驳岸
石笋石	浙江、江西	青灰、豆青、淡紫	自然条柱状，观赏石中硬石类，形似竹笋	置石、盆景，尤以置于建筑、粉墙形成的小空间最为适宜
宜石	安徽宁国市	白色	自然块体，颜色洁白与雪花相近，山石迎光发亮，具有雪的质感，背光皑皑露白似蒙残雪	掇山、置石，特别适合用于营造冬景雪山
卵石	洛阳、兰州、山东、辽宁、南京、贵州、重庆、广西等	黑、白、黄、红色	无棱角的天然颗粒，分为天然卵石和机制卵石	置石、池底、驳岸，铺装、墙面装饰。也作为石笼填充物形成墙体、坐凳

景观常用加工石材
表2

名称	类型	密度（g/cm³)	库式硬度	干燥压缩强度（MPa）	吸水性（%）	常见色系	特性	适用范围
花岗石	大理岩	2.7	3~5	70~120	0.15~0.5	粉色系、黄色系、蓝绿系、纯白系、麻花系、黑色系	岩浆岩和各种硅酸盐类变质岩石材。抗压强度高，耐磨，耐腐，是最坚固、最稳定的石材	天然建筑石材和装饰石材。用于室外地面、墙面、柱面、勒脚、基座、台阶、台面；墓石、碑石、路缘石
	花岗岩	2.63~2.79	5.5~7	10~30（弯曲强度）	0.15~0.46			
	玄武岩	2.8~3.3	6~6.54	15.5~33.8（弯曲强度）	0.185			
大理石	石灰岩	2.7	3.5~5	65~100	0.09~0.7	白色系、黄色系、灰色系、红色系、绿色系、黑色系、褐色系	结晶的碳酸盐类岩石和质地较软的其他变质岩类石材。纹理美观，抗压，不耐腐蚀和风化	天然装饰石材，主要用于室内，较少用于建筑功能和结构。块材用于室外铺装需做防滑处理，板材通常用作室内墙面、地面、柱面
	白云岩	2.88	3.5~4	65~100	0.04~1.4			
板岩	板岩千枚岩	2.47~2.79	4~5	151.8~192.6	0.15~1.19	黑板石系、灰板石系、青板石系	易沿纸片状理产生的劈理面裂开成薄片的一类变质岩类石材	天然装饰石材，用于建筑物墙裙、地坪铺贴以及庭院栏杆（板）、台阶
砂岩	石英砂岩、长石砂岩、石英粉砂岩					黄砂岩系、紫砂岩系、红砂岩系、绿砂岩系、棕色系	成分以石英和长石为主，含岩屑和其他副矿物机械沉积砂岩类石材。无辐射，无反光、吸热，防滑	天然装饰石材，构筑物表面雕刻用材，产地丰富地区也用于室外铺装和雕塑
文化石	包括贴面蘑菇石、平板仿形砖、板岩网贴、片状层叠石、盖瓦							

注：本表根据《环境景观——室外工程细部构造》15J 012-1 编制。

自然山石应用

自然山石在园林中常见的应用形式为：掇山、置石和驳岸。自然山石用于掇山，根据山脉叠法不同下层基础不同。水法山脉、山法山脉基础如①、②。

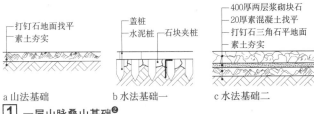

- 打钉石地面找平
- 素土夯实

a 山法基础

- 盖桩
- 水泥桩 石块夹桩

b 水法基础一

- 400厚两层浆砌块石
- 20厚素混凝土找平
- 打钉石三角平地面
- 素土夯实

c 水法基础二

① 一层山脉叠山基础[2]

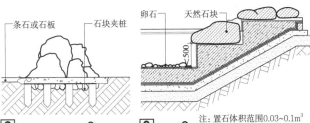

- 条石或石板
- 石块夹桩

② 掇山置石桩基[2]

- 卵石
- 天然石块
- 500

③ 驳岸[3]

注：置石体积范围0.03~0.1m³

① 孟兆祯. 风景园林工程.北京：中国林业出版社，2013.
② 改绘自韩良顺.山石韩掇山技艺.北京：中国建筑工业出版社，2010.
③ 改绘自《环境景观——室外工程细部构造》15J 012-1。

加工石材在景观应用中需结合其物理性质确定具体的尺寸规格，根据不同需求采用不同的加工工艺。

加工石材常见表面加工工艺
表3

工艺种类	加工方法与特性	应用场地
自然面	将石材自然分裂开，状如自然界石头。表面粗糙度极其凹凸不平	小方块材、路缘石等
火烧面	表面粗糙，高温加热后快速冷却而形成粗糙纹理面，加工成本高	室内地板、公共建筑外饰面
荔枝面	表面粗糙，用錾子在表面凿出密密麻麻的小洞，形如荔枝皮的锤在石材表面敲击，表面形成如荔枝皮的粗糙表面	雕刻作品、广场石表面
剁斧面	也叫龙眼面，合金片做成工具，人工或机器有规律打击表面剁跳成条纹，或用斧剁敲石材表面，形成密集条状纹理，有防滑效果	室外墙面、地面、花池、树池表面
机切面	直接由圆盘锯砂锯或桥切机等设备切割成型，表面较粗糙，有明显的机切刀路	室外墙面、地面
抛光面	磨光面、镜面，表面非常光滑，高度磨光，高光泽，有镜面效果	装饰墙面、地面石材表面
哑光面	表面粗磨光后平而不滑或用金刚石锯锯切下，没有光亮度的板材，一般粗磨到120目	雕塑、雕刻、装饰墙表面
菠萝面	合金刀做成工具，人工或机器击打材表面跳动，表面凹凸不平如同菠萝表面	室外墙面、地面、柱面、异形石等
拉丝面	在石材表面开一定的深度和宽度的沟槽	室外景墙、地面铺装表面的装饰

注：本表根据《环境景观——室外工程细部构造》15J 012-1 编制。

加工石材的景观应用

　　加工石材按用途分为砌筑石材和饰面石材。砌筑石材主要作建筑基础、墙体砌体使用，饰面石材主要用于景墙表面、花池、地面、柱面等面层装饰。

　　砌筑石材按加工外形分为料石、平毛石和乱毛石。料石是加工成较规则六面体及有准确规定尺寸、形状的天然石材。根据加工精细程度分为：(1)细料石，经过细加工，外形规则，表面凹凸深度小于2mm；(2)半细料石，外形规则，表面凸凹深度小于10mm；(3)粗料石，规则的六面体，表面不加工或稍加修整。平毛石是形状不规则，但大致有两个平行面的石材。乱毛石是形状不规则，没有平行面的石材。

　　墙面饰面石材结构的连接方式有粘贴、挂贴、干挂。景墙粘贴饰面(天然花岗石板、页岩板、青石板)仅限于墙体高度3m以下的景观墙装饰，且避免仰贴或悬空贴。粘结安装之前，对石材表面进行防护处理，避免出现"泛碱"现象。景墙干挂石材及其他板材做法，仅限墙体高度低于6m以下的景观墙装饰，超出范围另行设计。石材饰面外墙面应采用反打一次成型工艺制作，石材的厚度应不小于25mm，石材背面应采用不锈钢卡件与混凝土实现机械锚固，石材的质量及连接件固定数量应满足设计要求。

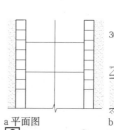

a 平面图　　b 车行道、停车场剖面图　c 步行道、甬路剖面图
面层缝宽8，干石灰粗砂扫缝，洒水封缝。

6 花岗石路面[2]

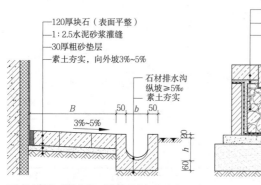

B为散水宽度；排水沟宽b、深h均不应大于400mm，
具体尺寸根据雨水量确定，沟内纵坡≥5%。

1 块石散水与明沟[1]　　**2** 石砌饰面直立驳岸[2]

a 平面图　　　　b 剖面图
a为人行最小宽度，大于750mm；b为步宽，600~700mm为宜；c为单块石板宽度，大于300mm。

7 汀步[2]

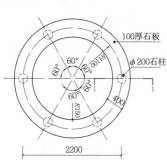

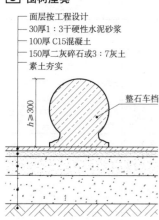

a 平面
座凳为石材凳面，凳腿为同色天然石材柱。

3 围树座凳[2]

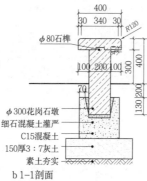

b 1-1剖面

1. 1:1水泥砂浆(细沙)勾缝
2. 贴10~16厚薄型石材，石材背面涂5厚胶粘剂
3. 6厚1:2.5水泥砂浆结合层，内掺水重5%建筑胶，表面扫毛或划出纹道
4. 聚合物水泥砂浆一道
5. (非黏土多孔墙)10厚(大规模混凝土墙、混凝土砌块墙、混凝土空心、砌块墙5厚)1:3水泥砂浆扫毛或划出纹道
6. (非黏土多孔砖墙)聚合物水泥砂浆修补平整(大规模混凝土墙、混凝土砌块墙、混凝土空心、砌块墙)混凝土界面处理剂一道

1. 稀水泥接缝
2. 20~30厚石材板，由板背面预留穿孔(或沟槽)穿18号铁丝(或φ4不锈钢挂钩)与双向钢筋网固定，石材板与砖墙之间空隙层内用1:2.5水泥砂浆灌实
3. φ6双向钢筋网(中距按板材尺寸)与墙内预埋钢筋(伸出墙面50)电焊(或18号低碳镀锌钢丝绑扎)
4. (非黏土多孔砖墙)墙内预埋φ8钢筋，伸出50，横向中距700或按板材尺寸，竖向中距每10皮砖(混凝土墙)内φ8钢筋，伸出50，或预埋50×50×4钢板，双向中距700(混凝土砌块墙体)需构造柱及水平加强梁，由结构专业设计
5. 9厚1:3水泥砂浆打底压实抹平(用专用胶粘结时要求平整)

示例为水泥砂浆粘贴，也可采用丁苯胶乳胶剂粘贴，具体做法参考施工图图集。

8 粘贴石材　　　　**9** 挂贴石材(配有钢筋网)

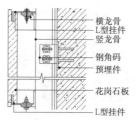

注：1.小挡墙高度H≤2m。小挡墙一侧不承受车辆荷载，建、构筑物距挡墙距离不小于挡墙高。小挡墙后填土顶面的人群荷载≤1kN/m²；2.设上下两排泄水孔位置上下错开。

4 整石车档[2]　　　　**5** 毛石挡墙[1]

❶ 改绘自《室外工程》12J 003。
❷ 改绘自《环境景观——室外工程细部构造》15J 012-1。

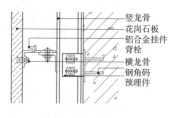

本图以缝挂式干挂石材幕墙为例，图示节点为密缝式节点。亦可做成开放式节点，竖缝做防水处理，安装防水条。

a L型缝挂式

本图以背挂式干挂石材幕墙为例，图示为密缝式节点。可做成开放式节点，即横缝完全开放，竖缝做防水处理，安装防水条。

b 背栓挂式

10 干挂天然石材墙面做法[2]

概述

木材泛指用于建筑的木制材料，具有纹理美观和加工容易等优点，是一种天然材料。园林工程中木制品长期暴露室外、埋入土壤或砌体中、浸在水中，必须进行防腐处理。园林中常用为防腐木和竹木，其中防腐木常用于道路平台的铺装、廊架、滨海木栈道、景观建筑及小品等。

防腐木类型及应用

根据木材及其制品最终使用环境、暴露条件及不同环境条件生物败坏因子对木材及其制品的危害程度，使用分类分为C1~C5五大类（见表1）。防腐木依防腐等级的不同使用上有差异，按照其是否经过处理或处理方式的不同分为天然防腐木、炭化木和人工防腐木。

木材按用途分为结构用材和装饰用材。结构用材，分为原木、锯材（方材、板材、规格材）和胶合板，园林常用原木和锯材。装饰用材主要考虑其纹理、色泽及自身物理特性。木制品应先加工再进行防腐处理；经防腐后不宜再进行锯解等加工。确需再加工时，切割面、孔眼及运输吊装中的损伤要采用喷洒法或涂刷法防腐修补。

防腐木材及其制品分类　　　　　　　　　　　　表1

防腐等级	适用条件	适用环境	主要生物破坏因子	典型用途
C1	户内	在室内干燥环境中使用，避免气候和水分影响	蛀虫、干木白蚁	建筑内部及装饰、家具
C2	户内	同上，避免气候影响	蛀虫、霉菌、变色菌、白蚁、木腐菌	建筑内部及装饰、家具、地下室、卫生间
C3	户外，且不接触土壤	在室外环境中使用，暴露在各种气候中，包括淋湿，但避免长期浸水的	蛀虫、白蚁、霉菌、变色菌、木腐菌	平台、步道、栈道的甲板、户外家具、建筑外门窗
C4.1	户外且接触土壤或浸在淡水中	在室外环境中使用，暴露在各种气候中，且与地面接触或长期浸泡在淡水中	蛀虫、软腐菌、霉菌、变色菌、白蚁、木腐菌	围栏支柱、支架、木屋基础、冷却水塔、电杆、矿柱（坑木）
C4.2	户外且接触土壤或浸在淡水中	同上，难于更换或关键结构部件	蛀虫、软腐菌、霉菌、变色菌、白蚁、木腐菌	（淡水）码头护木、桩木、矿柱（坑木）
C5	浸在海水中（咸水）中	长期浸泡在海水（咸水）中使用	蛀虫、霉菌、变色菌、白蚁、木腐菌、海生钻孔动物	海水（咸水）码头护木、桩木、木质船舶

注：本表摘自《防腐木材的使用分类和要求》GB/T 27651-2011。

景观常用防腐木　　　　　　　　　　　　　　　　　　　　　　　　　　　　　表2

种类	定义	特性	防腐等级	注意事项	常用树种	成本	特性及适用范围
天然防腐木	指芯材的天然耐腐性达到防腐等级2级以上的木材。不同树种的木材由于其芯材中抽提物的不同，天然耐腐性有很大差别	1.没有进行任何处理，因此环保和安全性能优良；2.可保持木材原有的色泽、纹理和强度等性能	C1 C2 C3 C4.1	不同防腐等级要求达到不同的天然耐腐性等级和天然抗白蚁性等级	西部红雪松	中	北美等级最高的防腐木，稳定性好，使用寿命长。常用于柱木、桩木、阳台地板、温室建造、木箱等
					非洲紫檀	中	胶合板、地板、雕刻、隔热板等
					巴劳木	高	户外地板、小桥、园林花架、木栅栏、景观小品等
					菠萝格	高	重型结构、地板、细木工、桥梁等
					柚木	中	地板、露天建筑、桥梁等
炭化木	在缺氧的环境中，经过180℃~250℃温度处理而获得的具有尺寸稳定、耐腐等性能改善的木材	1.一般颜色较深呈棕色；2.属于物理处理，在处理过程中不使用化学药剂，环保和安全性能优良；3.木材的力学强度下降	C1 C2 C3	根据炭化温度的不同分为不同等级，适用于不同用途	云杉—松木—冷杉（SPF）	中	生长缓慢，木材纤维纹理细密，木节小，易油漆和染色。细木工制品、桥梁用材
人工防腐木	经过防腐剂（又称防护剂）处理后的木材，目前一般是指经过不同类型的水基防腐剂处理或有机溶剂防腐处理后，达到一定的防腐等级的木材	1.使用含铜的水基防腐剂处理的防腐木呈绿色；2.使用化学药剂对木材进行处理，其环保和安全性能取决于防腐剂的种类和用量；3.木材的力学强度基本不受影响	C1 C2 C3 C4.1 C4.2 C5	根据防腐等级不同，选用合适的防腐剂及防腐处理工艺	北欧赤松（芬兰木）	中	可直接与水体、土壤接触，用于木地板、围栏、桥体、栈道及其他木制小品
					樟子松	低	亭台楼阁、水榭回廊、花架围篱、户外家具等室外环境、亲水环境及外结构等
					黄松（南方松）	中	可用于海水或河水中
					铁杉	低	经济型木材，抗晒黑，握钉力及粘合性能好，表面适宜多种涂料，耐磨性好，适合户外多种用途
					柳桉木	较高	单板、楼梯的扶手及踏板、挡板等

注：成本低指价格≤3000元/m³；成本中指价格约4500元/m³；成本较高指价格约6000元/m³。

❶ 改绘自《环境景观——室外工程细部构造》15J 012-1。
❷ 改绘自《木结构设计规范》GB 50005-2003。
❸ 改绘自《室外工程》12J 003。

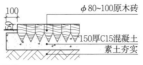

1 防腐木砖路面❶

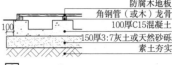

2 木地板❶

木材连接

木构件连接方式有木工接合和机械连接。景观中常用机械连接。与防腐木材接触的金属连接件应采用不锈钢或热浸镀锌材料。螺栓连接和钉连接可采用双剪连接或单剪连接。构件具体厚度要求与螺栓或钉直径有关。

3 双剪连接❷

a 木夹板对称　b 钢夹板对称

4 单剪连接❷

a 不等厚单剪　b 双销单剪　c 两侧不等厚

螺栓和螺钉连接中木构件最小厚度　　　　　　表3

连接形式	螺栓连接		钉连接
	d<18mm	d≥18mm	
对称双剪连接	$c \geq 5d$, $a \geq 2.5d$	$c \geq 5d$, $a \geq 4d$	$c \geq 8d$, $a \geq 4d$
单剪连接	$c \geq 7$, $a \geq 2.5d$	$c \geq 7d$, $a \geq 4d$	$c \geq 10d$, $a \geq 4d$

注：1. c—中部构件厚度或单剪连接中较厚构件厚度；a—边部构件厚度或单剪连接中较薄构件厚度；d—螺栓或钉直径。
2. 钉连接计算a、c时，应扣除1.5d钉尖长度。

竹木

竹子生长迅速，竹材作为原料循环使用率高，节省成本。景观中，竹木材料可作为园林中地板、长廊、棚架、栅栏、顶部覆盖件等，也可作承力件，有保温、隔热和降噪等特性，质地轻。

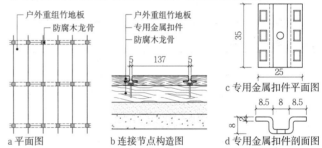

a 平面图　　b 连接节点构造图　　c 专用金属扣件平面图　　d 专用金属扣件剖面图

5 户外重组竹地板❸

11
景观设计

11
景观设计

概述

砖为建筑用的人造小型块材，分烧结砖和非烧结砖。中国在春秋战国时期陆续创制了方形和长形砖，秦汉时期制砖的技术和生产规模、质量和花式品种都有显著发展，世称"秦砖汉瓦"。砖的砌筑功能和墙体装饰功能与其在建筑领域应用一致。本节主要介绍砖在园林铺装中的应用。

常见的路面砖类型主要有烧结路面砖、混凝土路面砖、嵌草砖及透水路面砖等。

烧结路面砖

以黏土、页岩、煤矸石及其他矿物为主要原料，经烧结制成的，用于铺设人行道和车行道、广场、仓库、地面等的烧结路面砖。路面砖可具有多种尺寸、颜色和形状，路面砖的规格及造型可根据设计需求确定。

烧结路面砖分类 　　　　　　　　　　表1

	类别	用途/使用场合
强度类别	F类	用于重型车辆行驶的路面砖
	SX类	用于吸水饱和时并经受冰冻的路面砖
	MX类	用于室外不产生冰冻条件下的路面砖
	NX类	不用于室外，而允许用于吸水后免受冰冻的室内路面砖
耐磨类别	I类	用于人行道和交通车道
	II类	用于居民区内步道和车道
	III类	用于个人家庭内的地面和庭院

注：本表根据《烧结路面砖》GB/T 26001-2010编制。

混凝土路面砖

以水泥、集料和水为主要原料，经搅拌、成型、养护等工艺在工厂生产的，未配置钢筋的，主要用于地面铺装的混凝土砖。

混凝土路面砖分类 　　　　　　　　　　表2

	类别	定义
按形状分类	普形混凝土路面砖	长方形、正方形或正多边形的混凝土路面砖
	异形混凝土路面砖	除长方形、正方形或正多边形以外的混凝土路面砖
按混凝土路面砖成型材料组成分类	带面层混凝土路面砖	由面层和主体两种不同配比材料制成的混凝土路面砖
	通体混凝土路面砖	同一配比材料制成的混凝土路面砖

注：本表根据《混凝土路面砖》GB 28635-2012编制。

混凝土砖路面结构（单位：mm） 　　　　表3

名称（适用范围）	断面结构	断面结构标注
混凝土砖路面（适用于车行道、停车场）		1.80厚混凝土路面砖，缝宽5，粗砂扫缝后洒水封缝 2.30厚1：6干性水泥砂浆 3.300厚3：7灰土 4.素土夯实，压实系数≥0.93
混凝土砖路面（适用于步行道、甬路）		1.60厚混凝土路面砖，缝宽5，干灰粗砂扫缝后洒水封缝 2.30厚1：6干性水泥砂浆 3.150厚3：7灰土 4.素土夯实

注：本表摘自《环境景观——室外工程细部构造》15J 012-1。

嵌草砖

以水泥和集料为主要原材料，用于专门铺设在人行道路、停车场及护坡等，具有植草孔能够绿化路面及地面工程的砖和空心砖。植草孔形可为方孔、圆孔或其他孔形。

嵌草砖可以是有面层（料）的或无面层（料）的，有面层（料）的厚度不应小于5mm。

透水路面砖

透水路面砖是用作路面铺设的、具有透水性能的表面材料，需同时满足以下条件：厚度不小于50mm，长与厚的比值不大于4，透水系数大于规定值。适用铺设于市政人行道、园林景观小径、非承载路面广场等场合。

透水砖路面的设计应满足当地2年一遇的暴雨强度下，持续降雨60min，表面不应产生径流的透（排）水要求。合理使用年限宜为8~10年。

透水砖的接缝宽度宜采用中砂灌缝，曲线外侧透水砖的接缝宽度不应大于5mm、内侧不应小于2mm；竖曲线透水砖接缝宽度宜为2~5mm。

透水砖路面交付使用后应定期进行养护，保证其正常的透水功能；当透水砖路面的透水功能减弱后，可利用高压水流冲洗透水砖表面或利用真空吸附法清洁透水砖表面进行恢复。

透水路面砖路面结构（单位：mm） 　　　　表4

序号	断面结构	断面结构标注
1		1.透水砖厚≥60； 2.找平层（中砂、粗砂或干硬性水泥砂浆）厚20~30； 3.透水基层（级配碎石、级配砾石、级配砂砾）厚≥150； 4.路基
2		1.透水砖厚≥60； 2.找平层（中砂、粗砂或干硬性水泥砂浆）厚20~30； 3.透水基层（透水水泥稳定碎石）厚≥150； 4.透水垫层（级配碎石、级配砾石、级配砂砾）厚≥150； 5.路基
3		1.透水砖厚≥60； 2.找平层（中砂、粗砂或干硬性水泥砂浆）厚20~30； 3.透水基层（透水水泥稳定碎石）厚≥100； 4.透水垫层（级配碎石、级配砾石、级配砂砾）厚≥150 5.路基

注：1. 无机动车经过或停放区域，透水砖厚度宜60~80mm，结构断面可选择图1、2、3。
2. 有机动车经过或停放道路区域，透水砖厚度宜大于或等于80mm，结构断面可选择图2或3。
3. 当透水路面土基为黏性土时，宜设垫层；当土基为砂型土或底基层为级配碎、砾石时，可不设垫层。
4. 本表根据《城市道路——环保型道路路面》15MR 205编制。

砂基透水砖

应用较为广泛的新型透水材料之一，以硅砂为主要骨料或面层骨料，以有机粘结剂为主要粘结材料，经免烧结成型工艺后制成，具有透水功能的路面砖。

砂基透水砖分类 　　　　　　　　　　表5

名称	定义
通体型砂基透水砖	以硅砂为全部骨料的砂基透水砖
复合型砂基透水砖	以硅砂为面层骨料，以细石为底层骨料复合而成的砂基透水砖

砂基透水砖路面结构（单位：mm） 　　　　表6

示意图	铺装结构
	1.面层，由砂基透水砖、填缝砂组成。面层中，两相邻路面的砖的接缝宽度不应大于3mm。砂基透水砖面层宜优先采用错缝铺装，避免通缝铺装。 2.砂粘结找平层。 3.基层，由级配碎石、透水混凝土或其组合结构组成。级配碎石适用于土质均、承载能力较好的土基，透水混凝土适用于一般土基。 4.垫层，为防止地下毛细水上升对结构产生影响，宜设置中砂垫层，当土基为砂性土或基层为级配碎石时可不设置垫层。 5.土基，应具有一定的渗透性能

注：本表根据《砂基透水砖工程施工及验收规程》CECS 244-2008编制。

概述

混凝土作为一种可模压结构材料,是景观设计主要的工程材料之一。混凝土的施工工艺主要有现浇和预制。现浇混凝土需要工地现场制模、现场浇注和现场养护。预制混凝土指在工厂或车间集中搅拌运送到建筑工地安装的混凝土。

混凝土在景观设计中的用途分为结构和装饰。装饰混凝土主要用于铺装面层、挡土墙饰面、亭、花架、小品及其他。

混凝土路面

混凝土路面可现浇或预制,预制材料常用混凝土砖。

常见混凝土路面做法 表1

铺装种类	车行	人行
混凝土路面&艺术压印地坪	(2~4厚压印地坪) a厚C25混凝土面层 250厚天然级配砂石碾实 (或300厚3:7灰土,分两步夯实)	(2~4厚压印地坪) 60厚C25混凝土面层 150厚3:7灰土
透水混凝土路面	b厚C20无砂大孔混凝土 300厚天然级配砂石	60厚C15无砂大孔混凝土 150厚天然级配砂石
彩色透水混凝土&露骨料透水混凝土	双丙聚氨酯密封处理 30厚6mm粒径C25彩色强固(露骨料)透水混凝土 c厚10mm粒径C25透水混凝土 30厚砂滤层 d厚级配砂石	双丙聚氨酯密封处理 30厚6mm粒径C25彩色强固(露骨料)透水混凝土 50厚10mm粒径C25透水混凝土 30厚砂滤层 150厚级配砂石

注:以上各种路面路基均要求为素土夯实。

不同行车荷载对铺装厚度要求 表2

荷载	a	b	c	d
0~2t	120mm	90mm	200mm	120mm
2~5t	120mm	90mm	300mm	120mm
5~8t	180mm	150mm	300mm	180mm
8~13t	220mm	190mm	300mm	220mm

注:本表摘自《环境景观——室外工程细部构造》15J012-1。

混凝土亭

混凝土有良好的可塑性,形状变化可充分满足设计需求。

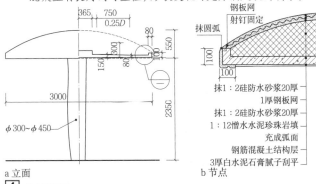

a 立面 b 节点

[1] 仿蘑菇亭
注:仿蘑菇亭采用单柱劲性钢筋混凝土结构,现场雕塑性捣制。

❶ 引自《环境景观——亭廊架之一》04J012-3.
❷ 改绘自JAVIER ARPA.《a + t》Strategy Public.2010.issue 35-36.

混凝土花架

混凝土花架的基础、柱、梁、花架条皆可按设计要求浇灌成各种形状,现场安装,灵活多样。

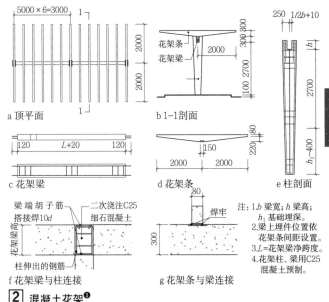

a 顶平面 b 1-1剖面
c 花架梁 d 花架条 e 柱剖面
f 花架梁与柱连接 g 花架条与梁连接

注:1.b 梁宽;h 梁高;h_1 基础埋深。
2.梁上埋件位置依花架条间距设置。
3.L=花架梁净跨度。
4.花架柱、梁用C25混凝土预制。

[2] 混凝土花架❶

预制混凝土构件

预制混凝土构件,又称PC构件,指在工厂中通过标准化、机械化方式加工生产的混凝土制品。预制混凝土构件可产业化生产,有成本低廉、形状多变、耐久性好等优点。

西班牙马尔皮卡港改建项目中,按构件与场地交结方式不同制作7种预制件,现场安装组合即可完成所有的铺装栈道。

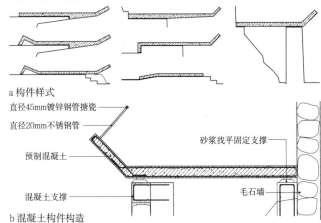

a 构件样式
b 混凝土构件构造

[3] 马尔皮卡港栈道预制混凝土构架❷

美国巴尔的摩数字化港口潮汐场的景观设计使用了混凝土路面、挡墙和预制混凝土椅,施工便利,安装自由。

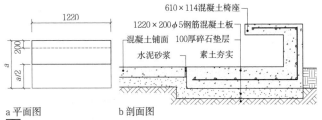

a 平面图 b 剖面图

[4] 巴尔的摩城市临海潮汐场预制混凝土椅❷

园林中常用的金属材料

金属材料延展性好、耐磨轻盈、易于维护,在园林中应用广泛。园林中常用金属材料有钢、铁、铝、铜及其合金。随着技术的进步,金属材料在结构和外装饰方面的表现力远甚于传统材料,越来越多被用来取代砖、石、木材,为现代景观设计带来形式上的创新。如Cesar Pelli办公大楼前广场的不锈钢水池以钢材代替砖石,打造薄壁水池,展现极简风格。又如不锈钢相较石材,平整度更高,用其制作长水膜吐水口,水膜出水效果更薄、更均衡。耐候钢有着独特的锈红色,用它作为上海世博澳大利亚馆的主要景观外饰材料,营造的"红土之州"主题,给人强有力的视觉冲击。铝合金通过特殊的表面处理,形成多种木纹表面,替代木材用于潮湿区域达到抗腐稳定的目的。铜可塑性强,光泽度佳,但造价高,常用于高端住宅区的雕塑小品打造。

园林中常见的金属材料 表1

材料类型		性能说明	用途
钢	碳钢	强度高、韧性好、易于加工安装,但易锈、耐火性差、维护费用高	亭廊花架柱子、桥梁、栈道、长椅的结构框架,栏杆扶手等
	不锈钢	表面有一层坚固氧化薄膜,使金属不生锈,强度高、耐磨实用	亭廊花架桥的结构外装、景墙花池外装、水口、栏杆、垃圾桶、标识牌、坐凳、排水沟、箅子和铺装等
	耐候钢(俗称考顿钢)	表面的非晶态氧化层阻挡了腐蚀,延长了材料的使用寿命,特有的锈红色兼具现代工业感和历史沧桑感	景墙、亭廊等建筑外装,雕塑、栏杆、花池、吐水口、标识牌等特色小品
铁	铸铁(俗称生铁)	可浇铸成各种形状的物体,耐压强度高,相对便宜,但拉伸强度很差	常作井盖、排水沟盖板和铺装及树池箅子
	锻铁(也叫熟铁)	生铁精炼而成,有韧性、延性,强度较低,易锻造和焊接,不能淬火	装饰性艺术栏杆、栅栏、大门、家具和铁栅格格子窗等
铝及铝合金		铝为银白色轻金属,延展性好,但强度低。加入锰、镁、铜、硅、锌等制成各种铝合金后强度和硬度大大提高。铝合金轻盈美观、高强耐久,强度指标与结构钢基本相同;维护成本低、可高度循环利用	非常适于结构设计,如景观框架梁、天棚、仿木廊架、攀援植物框架和门窗建筑框架等,常与玻璃结合使用,常用于户外家具、长条椅、栏杆、桌椅、照明塔、植物盆、树木栅栏等
铜合金	铜(又称紫铜)	延展性好,是电、热的良导体,但强度低,易生锈,形成蓝绿色铜锈	适用于雕塑
	黄铜(铜锌合金)	比铜更坚韧坚硬,抗腐蚀性强,且易于成形	常见于一些精致小品的打造
	青铜(铜锡合金)	比黄铜更坚硬,抗腐蚀性强,甚至能耐受海水。但没有强的可锻性,通常作为铸塑用料	树池、水槽、排水沟渠等的盖板、井盖、灯柱等,但价格较高,也做雕塑

金属材料的加工工艺

在实际运用中,经常会对金属材料的表面和本体进行机械、化学、电镀、涂层等方面的特殊工艺处理。这样不仅能提高金属材料抗腐、耐久和抗疲劳等方面的性能,还能创造出不同颜色、纹理、形式和反射度等一些特定的景观效果。

金属成品类型 表2

成品类型		主要适用金属	用途
表面处理	抛光(镜面)、拉丝、网纹、喷砂、蚀刻	碳钢、不锈钢、铝及合金、铜及合金	各种构筑物、花池挡墙、景墙、水池壁等装饰表皮;垃圾桶、栏杆、坐凳、标识牌等小品设施
	阳极电镀	主要用在铝上	可作为各种构筑物、小品等装饰表皮
	涂层	碳钢、不锈钢、铝及合金、铜及合金	构筑物、小品等的装饰表皮;镀锌钢材可作有抗腐要求的构筑物结构;彩色涂层钢板可作外墙、屋面等的护面板
本体处理	凹凸花纹金属板、穿孔金属板、金属丝网	碳钢、不锈钢、铝及合金、铜及合金	凹凸花纹板可作铺装;穿孔板可作构筑物立面、室外设备装饰挡板、结构立面表层、百叶窗、栏杆、特色小品;金属丝网可作构筑物立面、内部隔断和石笼

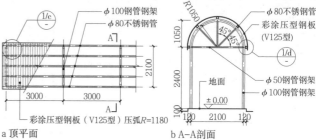

a 顶平面
b A-A剖面

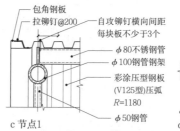

c 节点1

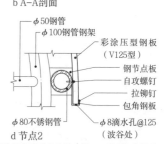

d 节点2

注:1.压型钢板横向搭接不小于一个波,搭接部位设置通长密封胶带;2.所有钢构件均需防锈处理;3.廊架颜色由设计师另定;4.彩涂压型钢板为工厂压弧。

1 彩涂压型钢板钢架廊❶

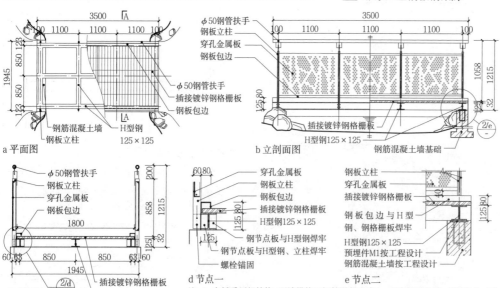

a 平面图

b 立剖面图

c A-A剖面图

d 节点一

e 节点二

注:1.本桥采用钢结构,两端搭接于钢筋混凝土墙上;所有钢质的梁、栏杆立柱、栏板、预埋件M1等钢构件尺寸以及钢混墙配筋及基础埋深按实际工程设计。2.栏杆桥体颜色、穿孔板图案由设计师另定。3.外露金属件、金属栏杆均需防锈处理。

2 钢结构景观桥

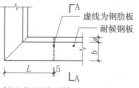

a 斜壁花池平面图

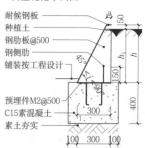

b A-A剖面图

注:1.图中a、b、h、h1、L等尺寸由设计师确定。2.预埋件M2按工程设计。

3 斜壁挡墙❷

❶ 钢架廊做法摘自《环境景观——亭廊架之一》04J 012-3。
❷ 斜壁挡墙做法摘自《环境景观——室外工程细部构造》15J 012-1。

塑料

塑胶是一种人造高分子化合物。塑料以其质轻、防水、易上色、易被塑制成不同形状，并对侵蚀和化学品具有耐受性等优点，使它和它的复合材料在园林景观中得到广泛应用。园林常见的塑料及其复合材料有玻璃钢(GFRP)、阳光板、人造草坪、有机玻璃(PMMA)、塑胶地面等等。

玻璃钢（GFRP）

玻璃钢是指玻璃纤维作增强材料、合成树脂作粘结剂的增强塑料，国外称玻璃纤维增强塑料。质轻而硬，不导电，性能稳定，机械强度高，回收利用少，耐腐蚀，可以代替钢材。基体材料为氨基甲酸酯(UP)、环氧树脂(EP)、或苯酚甲醛树脂(PF)。常用于制造坐凳、雕塑、花盆、瓦、雨棚、标识牌、照明设施、座椅、垃圾桶、儿童游乐设施、井盖等。

阳光板

阳光板是国内对于聚碳酸酯(PC)中空板的俗称，又名聚碳酸酯采光板、卡布隆板。常规厚度有4mm、6mm、8mm、10mm。在园林中，用途包括景观构筑物立面、亭廊顶棚及隔断围挡屏障。

① 阳光板

人造草坪

人造草坪是将仿草叶状的合成纤维，植入在机织的基布上，背面涂上起固定作用涂层的具有天然草运动性能的塑料制品。它四季常绿、经久耐用、维护费低，广泛用在跑道、球场等运动场地，广场学校等活动场地，以及屋顶、庭院绿色装饰。

人造草坪构造做法   表1

场地名称	断面结构及厚度（mm）	断面结构标注
田径跑道、篮球、排球等室外场地	500 / 250 / 640	1.人造草坪面层； 2.10厚合成材料吸震层； 3.40厚中粒式渗水沥青混凝土（碎石粒径≤10）； 4.40厚中粒式渗水沥青混凝土（碎石粒径≤20）喷涂乳化沥青结合层； 5.300厚灰土（2:8）碎石稳定层（设粒径为≤30级配碎石盲沟，内设盲管）； 6.250厚3:7灰土（分层夯实，每层约为100）； 7.素土夯实。
混凝土基层足球场地	615~633	1.15~33厚人工草坪专用胶粘剂粘铺； 2.150厚C25混凝土随打随抹平，分块搂制，每块横纵向不超过6m，缝宽20，沥青砂浆处理，松木条嵌缝，要求平整； 3.300厚无机料稳定层（粉煤灰：石灰：级配砂石=10：5：85）； 4.150厚3:7灰土，压实系数≥0.95； 5.素土夯实。
沥青砂基层足球场地	515~533	1.15~33厚人工草坪专用胶粘剂粘铺； 2.50厚沥青砂碾压，要求平整； 3.300厚碎石（或卵石）碾实； 4.150厚3:7灰土； 5.素土夯实
室外门球场地	320	1.人造草坪面层（绒长30，内填石英砂、环保橡胶颗粒）； 2.120厚C20混凝土或沥青混凝土随打随抹平分块搂制，每块横纵向不超过6m，缝宽20，沥青砂浆处理，松木条嵌缝，要求平整； 3.200厚2:8灰土（分层夯实，每层约为100）； 4.素土夯实。

注：1.人工草坪施工方法详见厂家产品说明；
2.场地尺寸及坡度由设计者确定；
3.场地表面距地下水位≥1m，场地排水系统另绘施工图；
4.本表人造草坪做法摘自《环境景观——室外工程细部构造》15J 012-1。

❶ ASTRID ZIMMERMANN. Constructing and landscape. Berlin：Birkhauser Verlag AG, 2009.

有机玻璃（PMMA）

有机玻璃是由甲基丙烯酸甲酯聚合而成的高分子化合物，俗称亚克力。分为无色透明、有色透明、珠光、压花四种。园林中常用于亭廊棚架的顶棚、景墙、标识牌、灯箱等。

塑胶地面

塑胶地面是一种由聚氨酯塑料与三元乙丙橡胶颗粒混合制成的弹性复合材料。它平整度好、色彩艳丽、图案丰富，具有缓冲和保护功能，非常适合作为户外运动场和儿童游戏场铺装。

塑胶地面构造做法   表2

场地名称	断面构造	厚度（mm）	断面结构标注
沥青砂基层篮球、排球、羽毛球场地		409（413）	1.9（或13）厚塑胶面层； 2.50厚沥青砂碾压； 3.200厚碎石（或卵石）碾实； 4.150厚3:7灰土； 5.土基碾压，压实系数≥0.95
沥青混凝土基层篮球、排球、羽毛球场地		309（313）	1.9（或13）厚塑胶面层； 2.30厚沥青石屑碾压； 3.40厚沥青混凝土； 4.沥青结合层一道； 5.80厚碎石（或卵石）碾压密实； 6.150厚3:7灰土； 7.土基碾压，压实系数≥0.95
沥青砂基层跑道		509（513、520、525）	1.9（13、20、25）厚塑胶面层； 2.50厚沥青砂碾压； 3.300厚碎石（或卵石）碾实； 4.150厚3:7灰土； 5.土基碾压，压实系数≥0.95
沥青混凝土基层跑道		309（313、320、325）	1.9（13、20、25）厚塑胶面层； 2.30厚沥青石屑碾压； 3.40厚沥青混凝土； 4.沥青结合层一道； 5.80厚碎石（或卵石）碾压密实； 6.150厚3:7灰土； 7.土基碾压，压实系数≥0.95

注：1.塑胶面层厚度：a.主跑道、助跑道、13厚；b.三级跳远、跳高起跳区、撑竿跳高区、标枪助跑区、100m及110m起跑区：20厚；c.3000m障碍水池落地区：25厚；d.外环沟上：9厚。
2.沥青混凝土及级配碎石需符合《城镇道路路面设计规范》CJJ 169 配合比及有关要求；场地尺寸及坡度由设计者确定，并在施工图中注明；场地表面距地下水位≥1m；场地排水系统另绘施工图。
3.本表塑胶地面做法摘自《环境景观——室外工程细部构造》15J 012-1。

塑胶地面在儿童游戏场中的应用

由于户外儿童游戏场常有坠落保护的安全要求，因而具有防滑减震特性的塑胶材料在游戏场设计中运用广泛。其丰富的色彩和图案又能激发儿童的参与欲望。如德国斯塔德特公园儿童游戏区地面和绳索攀爬区的游戏斜坡表面以橙色、蓝色和灰色的塑胶覆盖，既有强烈的视觉效果，又为儿童提供了保护。

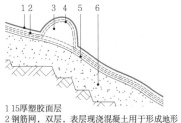

1 15厚塑胶面层
2 钢筋网，双层，表层现浇混凝土用于形成地形
3 弹性凸起，表层覆3厚PCC砂浆塑形
4 12厚C25/30水泥找平层，XF1
5 140厚C25/30现浇混凝土，XC4、XF1b多重加固
6 700厚水泥垫层，04号砂占水泥重量的3%

a 塑胶面层游戏斜坡断面构造做法   b 塑胶面层游戏斜坡

② 塑胶地面在儿童游戏场中的应用实例❶

11
景观设计

概述

玻璃是由二氧化硅和其他化学物质熔融在一起形成的。玻璃质地硬且脆，是一种无色的透明材料。可以添加各种成分制成有颜色的玻璃。

景观中常用的玻璃类型有：钢化玻璃、夹层玻璃、玻璃马赛克、玻璃砖等。多用在廊架、亭等景观构筑物的顶面，扶手的栏板处，水池、种植池、景墙等的外饰面，以及地面铺装等。

特性及应用

景观常用玻璃的材料特性及应用　　　　　　　　　　　表1

常用玻璃	特性	规格	应用
钢化玻璃	表面具有压应力的玻璃，又称强化玻璃。相比普通玻璃，有安全性高、强度高、热稳定性好等优点。缺点是钢化玻璃不能再进行切割和加工，存在自爆可能性	玻璃最大的许用面积与厚度有关。钢化玻璃和夹层玻璃的最大许用面积与公称厚度详见本资料集分册"建筑材料"的相关章节	景观构筑物顶面、栏杆栏板、铺地等
夹层玻璃	玻璃与玻璃之间用中间层分隔，并通过处理使其粘结为一体的复合材料的统称。具有极好的抗震入侵能力，而且即使破碎，碎片也会被粘在中间层薄膜上，破碎玻璃表面仍能保持整洁光滑		
玻璃马赛克	由天然矿物质和玻璃粉制成，是安全环保材料。化学稳定性好、冷热稳定性好、耐酸碱、耐腐蚀、不褪色。是一种小规格彩色饰面玻璃，组合变化可能性多	常用尺寸：20mm×20mm、30mm×30mm、40mm×40mm；厚度为4~6mm	水池、种植池、构筑物等的外饰面
空心玻璃砖	强度高、透光好、耐久性好，能经受住风的袭击，不需额外的维护结构就能保障安全性	常用尺寸：190×190×95mm、145×145×95mm	景墙等

玻璃亭

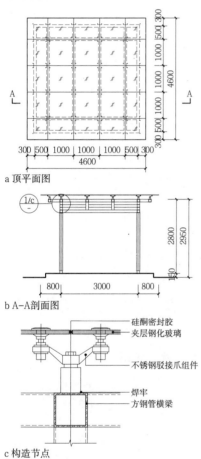

a 顶平面图

b A-A剖面图

硅酮密封胶
夹层钢化玻璃
不锈钢驳接爪组件
焊牢
方钢管横梁

c 构造节点

1 玻璃亭❶

玻璃马赛克饰面

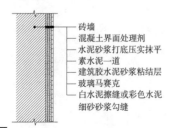

砖墙
混凝土界面处理剂
水泥砂浆打底压实抹平
素水泥一道
建筑胶水泥砂浆粘结层
玻璃马赛克
白水泥擦缝或彩色水泥
细砂砂浆勾缝

3 玻璃马赛克饰面花池❷

❶ 改绘自《环境景观——亭廊架之一》04J 012-3。
❷ 改绘自《环境景观——室外工程细部构造》15J 012-1。
❸ 改绘自《室外工程》12J 003。

玻璃平台

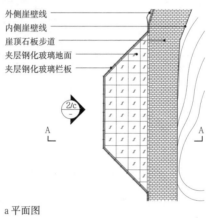

外侧崖壁线
内侧崖壁线
崖顶石板步道
夹层钢化玻璃地面
夹层钢化玻璃栏板

a 平面图

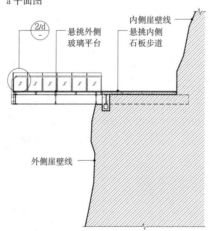

悬挑外侧玻璃平台
内侧崖壁线
悬挑内侧石板步道
外侧崖壁线

b A-A剖面图

2 悬空玻璃平台

空心玻璃砖墙

玻璃砖
混凝土空心砌块外贴石材面

a 单元立面图

4 玻璃砖墙❸

玻璃平台（续）

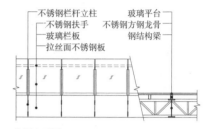

不锈钢栏杆立柱
玻璃平台
不锈钢扶手
不锈钢方钢龙骨
玻璃栏板
钢结构梁
拉丝面不锈钢板

c 外侧立面图

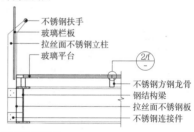

不锈钢扶手
玻璃栏板
拉丝面不锈钢立柱
玻璃平台
不锈钢方钢龙骨
钢结构梁
拉丝面不锈钢板
不锈钢连接件

d 栏杆构造节点

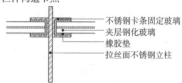

不锈钢卡条固定玻璃
夹层钢化玻璃
橡胶垫
拉丝面不锈钢立柱

e 栏杆立柱与玻璃栏板连接节点

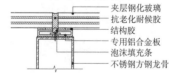

夹层钢化玻璃
抗老化耐候胶
结构胶
专用铝合金板
泡沫填充条
不锈钢方钢龙骨

f 玻璃地板连接节点

加强筋
专用砂浆
玻璃砖
耐候胶

b 玻璃砖连接节点

玻璃砖
混凝土空心砌块

c 单元平面图

概述

土工合成材料是工程建设中应用的与土、岩石或其他材料接触的聚合物材料(含天然的)的总称,包括土工织物、土工膜、土工复合材料、土工特种材料。

土工合成材料产品的原料主要有聚丙烯(PP)、聚乙烯(PE)、聚酯(PET)等。由于土工合成材料具有比重小、整体连续性强、抗拉强度高、耐腐蚀性好、抗微生物侵蚀较天然材料强等优点,在岩土工程中得到了广泛的应用。

土工合成材料在景观中常见的应用有:护坡、护岸、挡土墙、景观水体、雨水花园、屋顶花园、盐碱地排盐碱处理、道路铺装等。

土工合成材料的功能 表2

功能	描述
隔离	防止相邻两种不同介质混合的功能
防渗	阻止液体或气体的流动和扩散
排水	可使水流沿其内部从低渗透性土体排出
反滤	土工织物在让液体通过的同时保持受渗透力作用的土骨架颗粒不流失的功能
加筋	利用土工合成材料的抗拉性能,改善土的力学性能的功能
防护	利用土工合成材料防止土坡或土工结构物的面层或界面破坏或受到侵蚀的功能

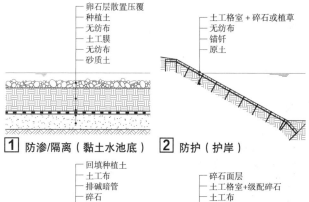

1 防渗/隔离(黏土水池底) **2** 防护(护岸)
3 排水/反滤(盲沟暗管排盐) **4** 加筋(道路铺装)

土工合成材料的分类 表1

材料	类型			
土工合成材料	土工织物	有纺(编织型)	机织	单丝
				多丝
				裂膜单丝
				裂膜多丝
			针织(含经编)	
		无纺(分长短丝)	针刺(机械)粘	
			热粘合	
			胶粘剂粘结	
	土工膜	吹塑挤出、压延或加涂料制造的PE、HDPE、PVC等膜料		
		单一膜、复合土工膜		
	土工复合材料	复合土工膜(膜与土工织物或其他材料复合)		
		复合防、排水材料(排水带、排水管、排水与防水材料等)		
	土工特种材料	土工格栅、土工带、土工网、土工格室、土工模袋、土工系统、土工合成材料膨润土防渗垫、三维植被网垫、聚苯乙烯板块、发泡土工材料等		

注:本表根据《土工合成材料应用技术规范》GB/T 50290-2014编制。

景观常用土工合成材料 表3

常用材料	图示	描述	主要功能	应用	常用材料	图示	描述	主要功能	应用
土工织物(有纺)		由纤维纱或长丝按一定方向排列机织的土工织物	排水反滤隔离加筋防护	护坡护岸景观水体盐碱地盐碱处理	土工织物(无纺)		由短纤维或长丝随机或定向排列制成的薄絮垫,经机械结合、热粘合或化学粘合而成的土工织物	排水反滤隔离加筋防护	护坡护岸景观水体雨水花园盐碱地排盐碱处理
土工膜		由聚合物(含沥青)制成而对水不透水膜,是理想的防渗材料	防渗隔离防护	景观水体屋顶花园挡墙护坡	复合土工膜	基布膜材	土工膜和土工织物(有纺或无纺)或其他高分子材料两种或两种以上的材料的复合制品。与土工织物复合时,可生产出一布一膜、两布一膜(二层织物间夹一层膜)等规格	防渗隔离防护	景观水体屋顶花园挡墙护坡
土工格栅		由抗拉条带单元结合形成的有规则形式的加筋土工合成材料,其开孔可容填筑料嵌入	加筋防护	挡墙道路铺装护坡护岸	土工格室		由土工格栅、土工织物或具有一定厚度的土工膜形式的条带,通过高强力焊接而构成的蜂窝状或网格状三维结构材料	加筋防护	护坡护岸道路铺装
土工网		二维的由条带部件在结点连接而成有规则的网状土工合成材料	防护加筋	护坡护岸道路铺装挡墙	土工网垫		由热塑性树脂制成的三维结构,亦称三维植被网。其底部为基础层,上覆泡状蓬松网包,包内填沃土和草籽,供植物生长	防护	护坡护岸
膨润土防水毯	膨润土	土工织物或土工膜间包有膨润土,以针刺、缝接或化学剂粘结而成的一种隔水材料	防渗隔离	景观水体屋顶花园护岸	土工模袋	混凝土或水泥砂浆	由双层的有纺土工织物缝制的带有格状空腔的袋状结构材料。充填混凝土或水泥砂浆凝结后形成防护板块体	防护	护坡护岸

概述

硬质铺装是指运用各种自然或人工的铺底材料,按照一定的铺设方式进行的地面铺砌装饰,主要包括园路铺装和广场铺装(含活动场地和室外建筑地坪)两大部分。

功能与作用

硬质铺装不仅具有组织交通和引导游览的功能,而且为人们提供了良好的休憩、活动场地,同时还直接创造优美的地面景观,给人美的享受,增强了园林艺术效果。

设计原则

1. 应与使用功能相结合。
2. 应与周边环境相协调。
3. 应采用生态铺地做法。

构造做法

硬质铺装一般构造做法包括面层、垫层和基层三部分。

铺装材料分类　　　　　　　　　　　　　　　　　　表1

类别	种类	适用对象
混凝土	透水混凝土	车行道、自行车道
	压模混凝土	广场、车行道、人行步道、停车场等
沥青	透水沥青	车行道、自行车道
	彩色沥青	自行车道
石材	花岗岩	广场、车行道、人行步道
	板岩	广场、人行步道
	砂岩	广场、人行步道
	小料石	广场、人行步道、停车场
砖	广场砖	广场、人行步道
	透水砖	广场、人行步道、停车场
	烧结砖	广场、人行步道
	植草砖	停车场
砾石	卵石	广场、人行步道
	水洗石	广场、人行步道
木材	生态木	木栈道、木平台
	防腐木	木栈道、木平台
	碳化木	木栈道、木平台
橡胶地垫	彩色橡胶地垫	健身场地、儿童活动场

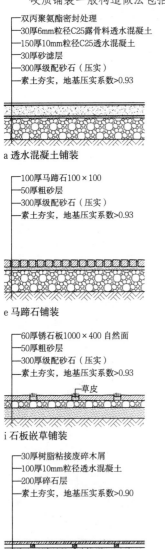

a 透水混凝土铺装

- 双丙聚氨酯密封处理
- 30厚6mm粒径C25露骨料透水混凝土
- 150厚10mm粒径C25透水混凝土
- 30厚砂滤层
- 300厚级配砂石(压实)
- 素土夯实,地基压实系数>0.93

b 压膜混凝土铺装

- 无色透明保护剂封闭
- 脱模粉(脱模,复合着色)
- 3~4厚彩色强化料
- 50厚C25(C30)细石混凝土
- 100(150)厚C20(C25)混凝土
- 150(300)厚碎石层
- 素土夯实,地基压实系数>0.93

c 透水沥青铺装

- 50厚透水沥青面层
- 100厚10mm粒径透水混凝土
- 30厚砂滤层
- 200厚级配砂石(压实)
- 素土夯实,地基压实系数>0.90

d 石材铺装

- 30(50)厚石材面层
- 30厚1:3干硬性水泥砂浆
- 100(150)厚C15素混凝土
- 150(300)厚碎石层
- 素土夯实,地基压实系数>0.95

e 马蹄石铺装

- 100厚马蹄石100×100
- 50厚粗砂层
- 300厚级配砂石(压实)
- 素土夯实,地基压实系数>0.93

f 砖铺装

- 60(80)厚铺砖面层,粗砂扫缝
- 30厚粗砂层
- 150(300)厚3:7灰土
- 素土夯实,地基压实系数>0.95

g 透水砖铺装

- 60厚透水砖
- 30厚中砂层
- 90厚10mm粒径C25透水混凝土
- 30厚砂滤层
- 200厚级配砂石(压实)
- 素土夯实,地基压实系数>0.93

h 植草砖铺装

- 80厚混凝土植草砖
- 50厚粗砂垫层
- 150厚石屑
- 300厚3:7灰土
- 素土夯实,地基压实系数>0.95

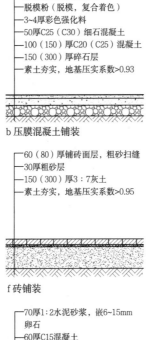

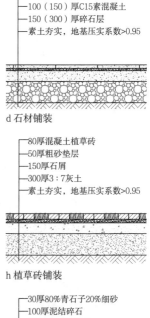

i 石板嵌草铺装

- 60厚锈石板1000×400自然面
- 50厚粗砂层
- 300厚级配砂石(压实)
- 素土夯实,地基压实系数>0.93
- 草皮

j 卵石铺装

- 70厚1:2水泥砂浆,嵌6~15mm卵石
- 60厚C15混凝土
- 100厚碎石
- 素土夯实,地基压实系数>0.90

k 水洗石铺装

- 20厚饰面,颗粒直径5~8mm或8~10mm
- 80厚C15素混凝土垫层
- 150厚3:7灰土
- 素土夯实,地基压实系数>0.95

l 泥结碎石铺装

- 30厚80%青石子20%细砂
- 100厚泥结碎石
- 150厚水泥石灰土
- 素土夯实,地基压实系数>0.95

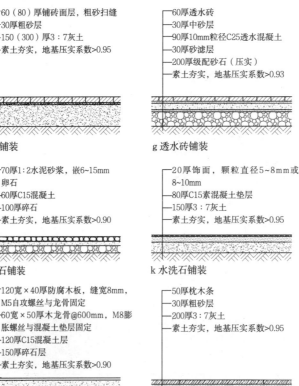

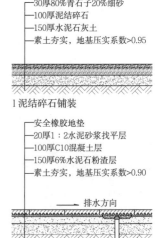

m 木屑铺装

- 30厚树脂粘接废碎木屑
- 100厚10mm粒径透水混凝土
- 200厚碎石层
- 素土夯实,地基压实系数>0.90

n 木板铺装

- 120宽×40厚防腐木板,缝宽8mm,M5自攻螺丝与龙骨固定
- 60宽×50厚木龙骨@600mm,M8膨胀螺丝与混凝土垫层固定
- 120厚C15混凝土层
- 150厚碎石层
- 素土夯实,地基压实系数>0.90

o 枕木铺装

- 50厚枕木条
- 30厚粗砂层
- 200厚3:7灰土
- 素土夯实,地基压实系数>0.95

p 安全地垫铺装

- 安全橡胶地垫
- 20厚1:2水泥砂浆找平层
- 100厚C10混凝土层
- 150厚6%水泥石粉渣层
- 素土夯实,地基压实系数>0.90
- 排水方向
- 排水管

注:括号内为车行道做法。

[1] 铺装做法

概述

地形指地表的不同结构形式，主要有山地、盆地及平地。景观中山地及盆地表现为山丘（自然式或几何式）及溪流湖泊。地形塑造材料主要为自然土壤；荷载有限时，可局部用轻质土及架空技术；特殊地形如几何地形，可用钢板、铁丝网等辅助加固。

自然土壤地形塑造

无论是自然地形还是人工土方工程，地形塑造首先要有稳定的边坡。满足土壤安息角的自然地形不需要采取加固措施，超过安息角的根据坡度分别采用植物根系、有机材料（石块、枝条等）、土工织物、钢筋、挡土墙等不同人工加固措施稳定边坡。不同土壤的安息角会随着含水量发生变化（表1）。

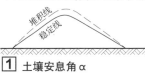

1 土壤安息角α

2 分层确定边坡坡度❶

土壤安息角 表1

土壤名称	安息角（°）			土壤颗粒（mm）
	湿	潮	干	
填土	30	40	50	
粗砂	27	32	30	0.5~1
中砂	25	35	28	0.05~0.5
腐殖土	25	35	40	
细砂	20	30	25	<0.001~0.005
黏土	15	35	45	

注：土壤含水量5%内为干土；30%以内为潮土大于30%为湿土。

体积计算公式 表2

地形	⛰	🌊
几何形状	S h 圆锥	S_1 h S_2 圆台
体积	$V=1/3\pi rh$	$V=1/3h(r_1^2+r_1r_2+r_2^2)$

注：1. V—体积，r—半径，S—底面积，h—高，$r_1、r_2$—上下底半径，$S_1、S_2$—上下底面积。
2. 复杂地形分层计算。

地形塑造施工（填方及挖方）要依土壤的容重、安息角、含水量、压缩率（表3）等条件制定施工技术要求、施工组织安排。

土壤的压缩率 表3

土壤工程类别	土壤名称	土壤的压缩率	每立方米松散土压实后积
Ⅰ～Ⅱ类土	种植土	20%	0.80m³
	一般土	10%	0.90m³
	砂土	5%	0.95m³
Ⅲ类土	天然湿度黄土	12%~17%	0.85m³
	一般	5%~10%	0.95m³
	干燥坚实黄土	5%~7%	0.94m³

注：在松土回填时，一般可按填方断面增加10%~20%计算松土的土方数量。

填土压实系数d_c要求 表4

结构类型	填土部位	压实系数d_c
砌体承重结构和框架结构	在地基主要持力层范围内	>0.96
	在地基主要持力层范围以下	0.93~0.96
简支结构和排架结构	在地基主要持力层范围内	0.94~0.97
	在地基主要持力层范围以下	0.91~0.93
一般工程	基础四周或两侧一般回填土、室内垫土、管道地沟回填土	0.90 0.90
	一般堆放物件场地回填土	0.85

注：控制含水量为最优含水量±2。

永久性土工结构物挖方的边坡坡度 表5

挖方性质	边坡坡度
在天然湿度、层理均匀、不易膨胀的黏土、砂质黏土、黏质砂土和砂类土内挖方深度≤3m	1:1.25
土质同上，挖方3~12m	1:1.5
在碎石土和泥炭岩土内挖方，深度为12m及12m以下，根据土的性质、层理特性和边坡高度确定	1:1.5~1:0.5
风化岩石内挖方，依岩石性质、风化程度、层理特性和挖方深度确定	1:1.5~1:0.2
轻微风化岩石内挖方，岩石无裂缝且无倾向挖方深度确定	1:0.1
在未风化的完整岩石内挖方	直立的

❶ 孟兆祯. 风景园林工程. 北京：中国林业出版社. 2013.
❷ 改绘自JAVIER ARPA.《a+t》:Strategy Public.2010.issue 35-36.

挖湖施工先挖排水沟，其深度深于水体挖深，水体开摺顺序依图上A，B，C，D依次进行❸。

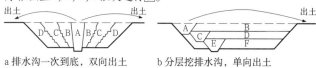

a 排水沟一次到底，双向出土　　b 分层挖排水沟，单向出土

注：图中A、C、E为排水沟。

3 挖湖施工❶

大面积填方应分层填筑，一般每层20~50cm，有条件应层层压实❷。在斜坡上填土，先把土坡挖成台阶状，再填方以保证新填土方的稳定❹。

堆山放线先确定边界，将施工图上的方格网放到地面上，在设计等高线和方格网的交点处立桩，桩木上标明桩号及施工标高，具体见❺、❻。

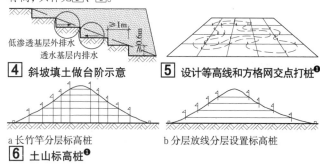

4 斜坡填土做台阶示意　　**5** 设计等高线和方格网交点打桩❶

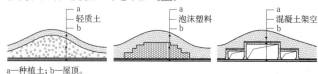

a 长竹竿分层标高桩　　b 分层放线分层设置标高桩

6 土山标高桩❶

荷载有限场地地形塑造

在屋顶、地库顶板等荷载有限的场地，可局部采用轻质土、填充泡沫塑料、架空等材料与技术进行地形塑造。用掺陶粒、浮石、粉煤灰等轻质土材料局部替代种植土，可有效减轻荷载，抬高地形❼。用填充泡沫塑料的方法适宜造型变化较大、面积小的微地形塑造❽。用钢材、木材等架空底部，表层铺种植土适用造型变化大、尺度较大的地形塑造❾。

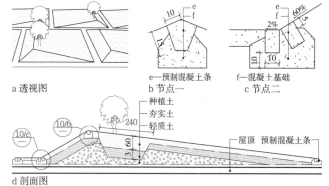

a—种植土；b—屋顶

7 轻质土堆坡　　**8** 填充泡沫塑料堆坡　　**9** 架空堆坡

特殊地形塑造

特殊地形如几何地形、坡度大于土壤自然倾斜角的地形，需采用种植、木压条、木桩围栏、加筋土、土工织物、钢板围挡、混凝土收边、挡土墙等特殊材料技术来稳定边坡。

a 透视图

e—预制混凝土条　　　b 节点一　　f—混凝土基础　　c 节点二

d 剖面图

10 德国慕尼黑机场土停机坪几何地形❷

11
景观设计

驳岸

　　驳岸位于水体边缘和陆地交界处，是一面临水的挡土墙，是支持和防止坍塌的构筑物，起到保护湖岸不被冲刷或水淹的作用，一般驳岸坡度大于45°。

　　驳岸从形式上可分为规则式、自然式和混合式等三类。根据材料及做法，驳岸可分为干砌块石驳岸、篾网驳岸、混凝土驳岸、格笼和屉式驳岸等四种类型，分别具有不同的设计特点。

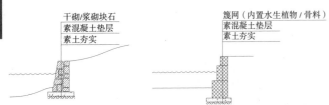

1 干砌块石驳岸　　　**2** 篾网驳岸

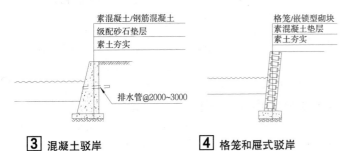

3 混凝土驳岸　　　**4** 格笼和屉式驳岸

护坡

　　护坡是指为防止边坡受冲刷，在坡面上所做的各种铺砌和栽植的统称。护坡起到保护坡面、防止雨水径流及风浪冲刷的作用，以保证岸坡的稳定性。一般护坡结构用在土壤坡度小于45°的情况下。

　　根据材料及做法的不同，护坡可分为根系、竹板、木板加固护坡，草皮、灌木护坡，乱石护坡，砌石护坡，混凝土浇筑护坡等类型。

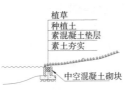

5 根系、竹板、木板加固护坡　　　**6** 草坡护坡

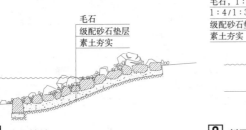

7 乱石护坡　　　**8** 料石、砖砌体护坡　　　**9** 混凝土浇筑护坡

挡土墙

　　挡土墙是指为了景观竖向工程的安全实现而必须设置的工程性墙体。

挡土墙的形式与类型　　　　　　　　　　　　　　　表1

分类方式	类型	特征
结构形式	重力式	即靠墙身自重抵抗侧压力的墙体。可采用混凝土、石块、人工砌体等，高度一般在4m以下较为经济
	半重力式	即在墙体中加入钢筋，与墙体自重共同来承受侧压力，从而缩小墙体截面的重力式挡土墙。半重力挡土墙的高度一般在4m左右较为合适
	悬臂式	即凭靠墙体立壁、基座等构件承受侧压力的墙体。根据其立壁与基座间的构筑形式，可分为倒T形、L形和倒L形等几种，是一种较为常用、经济的墙体形式
	扶臂式/扶垛式	在悬臂式墙体侧向加设扶壁即为扶壁式墙体，而在墙体侧向加设扶垛的即为扶垛式墙体，可用于高度较高，用地受限的区域。此类挡土墙的高度一般为5~6m
	特殊式	除上述种类外，还有一些特殊结构的墙体形式，如箱式、框架式等，可用于前4种墙体无法设置的区域
形态	直墙式	剖面呈直线的墙体形式
	坡面式	剖面向受力一侧倾斜的墙体形式
材料	混凝土	结构部件为混凝土，表面可做抹面、剁斧、压痕、打毛、上漆、贴面材等多种处理
	预制混凝土砌块	结构部件为预制混凝土砌块，面部处理同混凝土墙体
	砖	以普通黏土砖、人工轻质砌块砖等为结构部件，表面可通过砖的不同砌法形成图案肌理，也可同混凝土墙体一样，通过表面装饰进行处理
	石	以石块砌筑的围墙，可分为干砌式和浆砌式两类

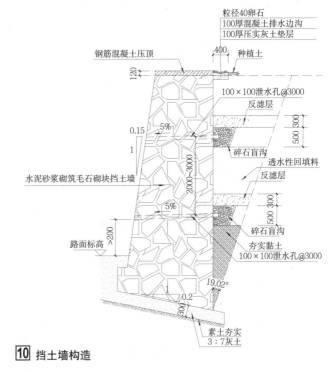

10 挡土墙构造

概述

GRC是Glass-Fiber Reinforced Cement (玻璃纤维强化混凝土)的缩写。它是以低碱度水泥、耐碱玻璃纤维、水、砂为主要原材料组成的一种具有优良物理力学性能的新型复合材料,其主要特点是高强、抗裂、耐火、韧性好、不怕冻、易成形,适宜制作各种形状复杂的薄壁制品。GRC是一种通过造型、纹理、质感与色彩表达设计师想象力的材料,在景观中,常用于假山石的塑造。用GRC制作的"山石元件",可以完美地再现天然山石的各种肌理与褶皱,是目前理想的人造山石材料。

特性

GRC山石元件特性　　　　　　　　　　　　　　　表1

特性	描述
外观	仿山石的造型、皱纹逼真,具岩石坚硬润泽的质感,模仿效果好
性能	自重轻,强度高,韧性好,抗老化且耐水湿,寿命长(50年)
设计	GRC假山造型设计范围广,可满足复杂形体的要求,可塑性大;并可利用计算机进行辅助设计,做到石块定位设计
施工工艺	施工方法简便、快捷、施工周期短、造价低,易进行工厂化生产
环保	可替代真石材,减少对天然矿产及林木的开采

GRC山石元件的这些特性,使得它能够更便捷、精确地运用到众多受到各种因素制约而不能采用天然山石进行掇山的特殊场所,如屋顶花园、地库顶面、天井花园、室内花园等。

GRC仿掇山工艺

GRC仿掇山工程施工前,一般先在加工厂内制作GRC山石元件,然后再运往现场进行拼装,按设计图纸或模型进行GRC仿掇山工程的施工。

GRC山石元件制作工艺❶　　　　　　　　　　　　表2

流程步骤	描述
软模制作	选择纹理比较有特色自然山石为母本,把石面清理干净,在表面涂上一层脱模剂,涂刷均匀,尤其是凹槽部位要涂到。涂一层0.3mm厚的模膏,其上把玻璃纤维布刷上,待干后再刷一层,共刷3层模膏3层玻璃纤维布。干后把模揭开即成软模
硬模制作	把软模按原样扣在母本石上,在软模表面涂脱模剂,稍后涂一层环氧树脂,再涂一层玻璃纤维布,共涂3层,干后即成硬模
GRC山石元件制作	将低碱水泥与一定规格的抗碱玻璃纤维以二维乱向的方式,同时均匀分散地喷射在模具中凝注成型。在喷射时应随喷随压实,并在适当的位置预埋下钢连接件以备拼接时焊接
GRC山石元件拼接	将预先塑成的石构件运到现场,按设计要求进行拼接,焊接要牢固,缝隙追求自然,修饰求真切,浑然一体,遂成佳构

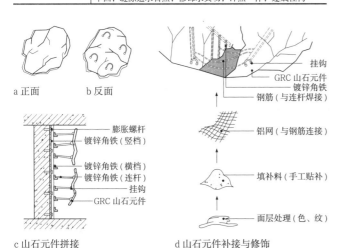

a 正面　　b 反面

c 山石元件拼接　　d 山石元件补接与修饰

1 GRC山石元件仿掇山工艺❷

GRC仿掇山施工流程　　　　　　　　　　　　　表3

流程步骤	描述
立基	铸好地锚,按设计要求定点放线,确定地锚的远近位置
布网	按照山体正投影的位置,焊接角铁方格网,间距80cm×80cm,与地锚焊牢,形成坚固基础
立架	依照山体高低起伏的变化,焊接立柱,柱与柱之间用斜撑角铁相拉焊接,与基础方格网形成完整的假山框架
拼缀	将预制的GRC山石元件按照总体的构思要求,注意山石大小节奏,精心排列组合,巧妙地按连、接、拼,逐一挂焊。需要加固的部位,挂焊牢固后,用钢板网封于背后,浇筑混凝土使之增加强度
修饰	GRC假山要想达到"石类色同纹理顺,横竖斜卧走势同"的艺术效果,组构后须进行山石接缝的修饰,这个修饰不同于传统的山石勾缝,而是对GRC假山石表面的艺术再处理,使其更加逼真,更加完整

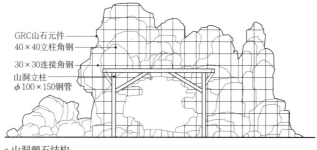

a 山洞塑石结构

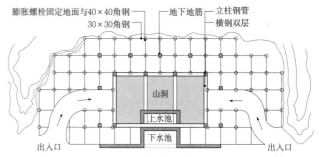

b 山洞塑石平面图

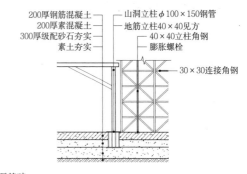

c 山洞塑石基础

d 山洞塑石立面图

2 塑山洞示意图❶

❶ 韩良顺. 山石韩叠山技艺. 北京:中国建筑工业出版社, 2010.
❷ 张锜. 人造石假山的设计与施工. 建筑施工, 2002, 24(6): 459-460.

种植技术过程的一般步骤

　　1. 种植准备阶段：组织好设计交底、图纸会审工作以及施工组织设计。

　　2. 苗木选择阶段：先看树木姿态和长势，再检查有无病虫害，规格尺寸应选用略大于设计规格尺寸，便于修剪。

　　3. 种植地整理阶段：为树木等植物提供良好的生长条件，保证根部能充分伸长。同时保证根系的伸长平衡并确保土壤的适宜硬度。

　　4. 苗木种植阶段：现场进行土壤与肥料处理、定点放线处理，接着根据栽植点合理挖掘种植穴（槽），然后进行苗木栽植，着重注意大树移植作业的技术规范。

　　5. 绿化养护控制阶段：进行后期养护管理，保证苗木绿化种植的成活率，确保种植技术的整体质量。

种植对象分类

　　1. 乔灌木栽植：裸根乔灌木栽植、带土球乔灌木栽植、带土球乔灌木栽植、风景树栽植、水生植物栽植。

　　2. 大树移植。

　　3. 草坪与草格建植。

　　4. 花坛、花境与地被建植。

土壤及地形整理

土的最优含水量和最大干密度参考表　　　　　表1

项次	土的种类	变动范围	
		最优含水量（按重量计）（%）	最大干密度（t/m³）
1	砂土	8~12	1.80~1.88
2	黏土	19~23	1.58~1.70
3	粉质黏土	12~15	1.85~1.95
4	粉土	16~22	1.61~1.80

填方每层铺土厚度和压实遍数对应表　　　　　表2

压实机具	每层铺土厚度（mm）	种植穴深度（m）
平碾	200~300	6~8
羊足碾	200~350	8~16
蛙式打夯机	200~250	3~4
振动碾	60~130	6~8
振动压路机	120~150	10
推土机	200~300	6~8
拖拉机	200~300	8~16
人工打夯	不大于200	3~4

压实填方时运土工具与每层铺土厚度对应关系表（单位：m）　表3

填土方法和运土工具	土的名称		
	砂土	粉土	粉质黏土和黏土
拖拉机拖车和其他填土方法并用机械平土	1.5	1.0	0.7
汽车和轮式铲运机	1.2	0.8	0.5
人推小车和马车运土	1.0	0.6	0.3

绿地植物生长所必须的最低限度土层厚度表（单位：cm）　表4

种类	植物生存的最小厚度	植物培育的最小厚度
草本、地被	15	30
小灌木	30	45
大灌木	45	60
浅根性乔木	60	90
深根性乔木	90	150

园林树木种植技术分类

　　园林树木种植技术主要包括植穴挖掘、土苗起球、大树移植三种技术。

种植穴挖掘

裸根乔木挖种植穴规格（单位：cm）　　　　　表5

乔木胸径	种植穴直径	种植穴深度	乔木胸径	种植穴直径	种植穴深度
3~4	60~70	40~50	6~8	90~100	70~80
4~5	70~80	50~60	8~10	100~110	80~90
5~6	80~90	60~70			

裸根花灌木类挖种植穴规格（单位：cm）　　　　表6

灌木高度	种植穴直径	种植穴深度	灌木高度	种植穴直径	种植穴深度
120~150	60	40	180~200	80	60
150~180	70	50			

花灌木类土球苗所挖种植穴规格表（单位：cm）　　表7

灌木高度	种植穴直径	种植穴深度
120~150	60	40
150~180	70	50
180~200	80	60

绿篱苗所挖种植穴规格表（单位：cm）　　　　　表8

灌木高度	种植穴直径	种植穴深度
100~120	50×30	60×40
120~150	60×40	100×40
150~180	100×40	120×50

土球起苗

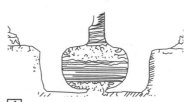

① 打好腰箍的土球　　　　　**②** 树身包扎方法

注：实线表示土球面绳，虚线表示土球底绳。3种包法的平面图示中，数字序号1、2、3……9为包扎土球时的包扎次序，根据图示中数字从小到大的顺序以及箭头方向，按照面绳（实绳）、底绳（虚绳）的次序，包扎成其相对应立面图中所示的状态。

a 井字包法　　　　　b 五角包法　　　　　c 橘子包法

③ 各类土球包装方法

针叶常绿树土球苗规格要求表（单位：cm）　　　表9

苗木高度	土球直径	土球纵向高度	备注
苗高80~120	25~30	20	主要为绿篱苗
苗高120~150	30~35	25~30	柏类绿篱苗
	40~50	—	松类
苗高150~200	40~45	40	柏类
	50~60	40	松类
苗高200~250	50~60	45	柏类
	60~70	45	松类
苗高250~300	70~80	50	夏季放大一个规格
苗高400以上	100	70	夏季放大一个规格

带土球苗的起苗规格表（单位：cm）　　　　　表10

苗木高度	土球规格	
	横径	纵径
<100	30	20
101~200	40~50	30~40
201~300	50~70	40~60
301~400	70~90	60~80
401~500	90~110	80~90

大树移植

土台规格表（单位：cm）   表1

树木胸径	木箱规格
15~18	150×60
19~24	180×70
25~27	200×70
28~30	220×80

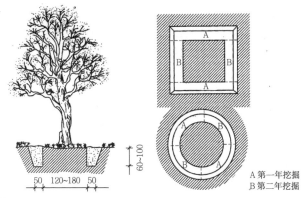

1 大树分期断根挖掘法图示

A 第一年挖掘
B 第二年挖掘

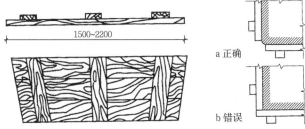

2 板箱图尺寸

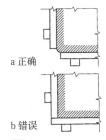

3 箱板端部安装

a 正确

b 错误

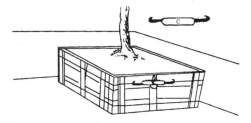

4 紧线器安装位置图示

5 掏底作业

a 正确

b 错误

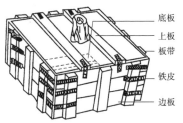

6 木箱包装图示

底板
上板
板带
铁皮
边板

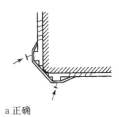

7 铁皮装钉图示

树木养护

（1）立支撑柱；（2）浇水；（3）扶正封堰；（4）其他养护。

其中关键的立支撑柱技术通常分以下4种形式：

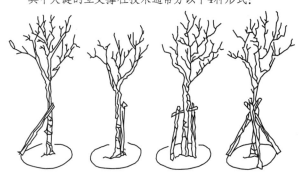

a 斜支撑形式　　b 单竖支撑形式 c 双竖支撑形式 d 锥形支撑形式

8 各类立支撑柱方法图示

草坪与草格建植技术

方法分类：（1）播种法植草；（2）营养体建植；（3）草格建植。播种繁殖又叫有性繁殖。温室内播种一般采用广口浅盆或浅木箱。播种土要疏松，有一定肥力，常用园土、腐叶土、砻糠灰各1份配制，但用前必须经过高温消毒。

用于建植草坪的营养体繁殖方法包括铺草皮、栽草块、栽枝条和匍匐茎。除铺草皮之外，以上方法仅限于在强匍匐茎和强根茎生长习性的草坪草繁殖建坪中使用。

植草格完美实现了草坪、停车场二合一，植草格耐压、耐磨、抗冲击、抗老化、耐腐蚀，提升了品质，节约了投资；独特的平插式搭接，省工、快捷，可调节伸缩缝。

主要草坪草修剪高度参考表（单位：cm）   表2

草种	修剪高度	草种	修剪高度
巴哈雀	5.0~10.2	地毯草	2.5~5.0
普通狗牙根	2.1~3.8	假俭草	2.5~5.0
杂交狗牙根	1.0~2.5	钝叶草	5.1~7.6
结缕草	1.3~5.0	多年生黑麦草	3.8~3.8
匍匐翦股颖	1.0~1.5	高羊茅	3.8~7.6
细弱翦股颖	1.3~2.5	沙生冰草	3.8~6.4
细羊茅	3.8~7.6	野牛草	1.8~7.5
草地早熟禾	3.8~7.6	格兰马草	5.0~6.4

花坛、花境与地被建植技术

类型分类：（1）花卉栽植；（2）花坛建植；（3）花境建植；（4）地被建植。

花坛是在植床内对观赏花卉规则式种植的配置方式。在一定范围的畦地上按照整形式或半整形式的图案栽植观赏植物，以表现花卉群体美的园林设施。

花境一般利用露地宿根花卉、球根花卉及一二年生花卉，栽植在树丛、绿篱、栏杆、绿地边缘、道路两旁及建筑物前，以带状自然式栽种。花境主要表现的是自然风景中花卉的生长的规律，因此，花境不但要表现植物个体生长的自然美，更重要的是还要展现出植物自然组合的群体美。

花卉的追肥施用量表（单位：kg/100m²）   表3

花卉种类	追肥施用量		
	硝酸铵	过磷酸钙	氯化钾
一二年生花卉	0.9	1.5	0.5
多年生花卉	0.5	0.8	0.3

11
景观设计

基本概念

　　垂直绿化是充分利用不同立地条件,选择攀援植物及其他植物栽植并依附或铺贴于各种构筑物及其他空间结构上的绿化方式,包括立交桥、建筑墙面、坡面、河道堤岸、屋顶、门庭、花架、棚架、阳台、廊、柱、栅栏、枯树及各种假山与建筑设施上的绿化。

墙面绿化

　　墙面绿化是用植物攀援或者铺贴式方法装饰建筑物内外墙和各种围墙的一种立体绿化形式。

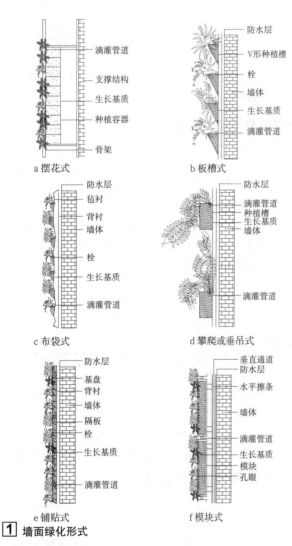

a 摆花式　　　　　　　　b 板槽式

c 布袋式　　　　　　　　d 攀爬或垂吊式

e 铺贴式　　　　　　　　f 模块式

1 墙面绿化形式

花架、棚架绿化

　　花架、棚架绿化是指各种攀援植物在一定空间范围内,借助于各种形式、各种构件在棚架、花架上生长,并组成景观的一种立体绿化形式。

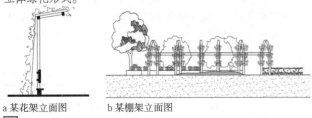

a 某花架立面图　　　　　b 某棚架立面图

2 花架、棚架绿化示意图

阳台绿化

　　阳台绿化是指利用各种植物材料,包括攀援植物,对建筑物的阳台进行绿化的方式。

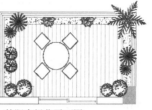

a 某阳台绿化平面图　　　　b 某阳台绿化立面效果图

3 阳台绿化实例

栅栏绿化

　　攀援植物借助于篱笆和栅栏的各种构件生长,用以划分空间地域的绿化形式。主要是起到分隔道路与庭院、创造幽静的环境,或保护建筑物和花木不受破坏。

4 栅栏绿化样式

立交桥垂直绿化

　　立交桥垂直绿化是指以立交桥为主体,围绕桥体(包括桥上、桥下、桥身),根据立交桥的性质进行的绿化设计,具有吸附有害气体、滞尘降温、消减噪声,美化景观和提高行车安全性等作用。

a 上海高架桥绿化立面图　　　b 上海某高架桥绿化平面图

5 立交桥垂直绿化示意图

坡面绿化

　　以环境保护和工程建设为目的,利用各种植物材料来保护具有一定落差的坡面绿化形式。

a 某高速公路坡面绿化图　　　b 生态边坡坡面绿化

6 坡面绿化示意图

假山与枯树绿化

在假山、山石及一些需要保护的枯树上种植攀援植物，使景观更富自然情趣。

1 某假山凉亭立面图

空中花园

在建筑物、构筑物的顶部、天台、露台之上进行的绿化和造园的一种绿化形式。

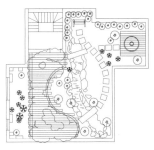

2 广州某屋顶花园平面图

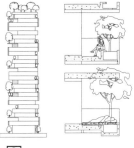

3 垂直森林

重要广域攀援植物列表   表1

序号	中文名及拉丁名	科别	攀援习性	观赏特性及园林用途	适宜地区
1	紫藤 *Wisteria sinensis*	豆科	缠绕类	落叶大藤本，花蓝紫色，可食；绿化廊架、亭、拱门	中国大部分地区
2	木通 *Akebia quinata*	木通科	缠绕类	花朵淡黄色，芳香，果紫红色；绿化篱垣、棚架、门庭	华北以南
3	中华猕猴桃 *Actinidia chinensis*	猕猴桃科	缠绕类	花初白色后变黄色，优良水果；绿化棚架、栅栏	华北南部、长江流域至华南
4	金银花 *Lonicera japonica*	忍冬科	缠绕类	花出白色后变黄色，芳香；绿化篱垣、棚架或攀附山石	辽宁以南各地
5	北五味子 *Schisandra chinensis*	五味子科	缠绕类	花乳白色或略带粉红，芳香，果球形，红色；攀援棚架或观果遮荫	东北、华北
6	铁线莲 *Clematis florida*	毛茛科	缠绕类	花色艳丽，花期长；适于点缀园墙、棚架、凉亭、门廊、假山置石	长江流域及华南
7	野葛 *Pueraria lobata*	豆科	缠绕类	花朵紫红，根入药，抗污染；适用于矿工区攀援花架、绿廊	华北、西北
8	茑萝 *Quamoclit pennata*	旋花科	缠绕类	花红色，橘红色，黄色，白色；美化围墙、小型棚架、阳台窗台	中国大部分地区
9	裂叶牵牛 *Pharbitis nil*	旋花科	缠绕类	花冠漏斗状；适于篱垣、棚架、阳台、窗台	中国大部分地区
10	南蛇藤 *Celastrus orbiculatus*	卫矛科	缠绕类	聚伞花序，花小，黄绿色，叶经霜变红；花棚、绿廊、湖畔、溪边、坡地、假山石缝处	中国大部分地区
11	葡萄 *Vitis vinifera*	葡萄科	卷须类	花黄绿色，果美可食；凉廊、棚架	东北以南
12	炮仗花 *Pyrostegia ignea*	紫葳科	卷须类	常绿，花朵鲜艳，花絮下垂，橙红色形如炮仗；花架、花棚、绿廊	华南和西南
13	西番莲 *Passiflora coerulea*	西番莲科	卷须类	常绿草质藤本，花朵硕大魅力，果实甘美；适于花架、花棚、绿廊	华南和西南
14	葫芦 *Lagenaria siceraria*	葫芦科	卷须类	花白色，清晨开放，果实奇特；绿化棚架、拱门、凉廊、阳台绿化	中国大部分地区
15	香豌豆 *Lathyrus odoratus*	豆科	卷须类	花白色，傍晚开放，清香扑鼻，黄果悬挂；适于棚架、篱垣	中国大部分地区
16	爬山虎 *Parthenocissus tricuspidata*	葡萄科	吸附类	聚伞花序，花淡黄色；用于建筑围墙、墙面、楼顶、假山置石、枯树、石壁、桥梁、驳岸、栅栏	中国大部分地区
17	五叶地锦 *Parthenocissus quinquefolia*	葡萄科	吸附类	圆锥花絮，果蓝黑色，入秋叶片变红；用于建筑围墙、墙面、高架桥、阳台绿化、楼顶	中国大部分地区
18	凌霄 *Campsis grandiflora*	紫葳科	吸附类	聚伞圆锥花序，花朵大；用于棚架凉廊、花门、石壁、墙垣	中国大部分地区
19	洋常春藤 *Hdera helix*	五加科	吸附类	花淡白绿色，叶常绿，有斑叶、金边各种品种；用于岩石、假山及建筑物墙壁	黄河流域以南
20	扶芳藤 *Euonumus fortunei*	卫矛科	吸附类	叶常绿，花绿白色；用于岩石、假山及建筑墙壁、围墙	华北南部至华南
21	络石 *Trachelospermum jasminoides*	夹竹桃科	吸附类	叶半常绿，花白色，芳香；用于枯树、岩石、桥梁、假山、墙垣、驳岸	黄河流域以南
22	野蔷薇 *Rosa multiflora*	蔷薇科	蔓生类	花白色，略带粉晕。常见品种粉团蔷薇、七姐妹、荷花蔷薇；用于花篱或棚架式、篱垣式造景或在坡地丛植	黄河流域以南
23	叶子花 *Bougainvillea spectabilis*	紫茉莉科	蔓生类	常绿，大苞片紫红色、鲜红色或者玫瑰红或白色；用于棚架、围墙、屋顶或者栅栏	长江流域以南
24	花叶蔓长春 *Vinca major 'Variegata'*	夹竹桃科	蔓生类	叶缘白色并有黄色斑块，花蓝色；适于假山石隙、石矶驳岸、花架或墙体顶部	华北以南

基本类型

屋顶绿化类型   表1

类型	概述
花园式屋顶绿化	根据屋顶具体条件，选择小型乔木、低矮灌木和草坪、地被植物进行屋顶绿化植物配置，设置园路、座椅和园林小品等，提供一定的游览和休憩活动空间的复杂绿化
简单式屋顶绿化	利用低矮灌木或草坪、地被植物进行屋顶绿化，不设置园林小品等设施，一般不允许非维修人员活动的简单绿化

基本构造

屋顶绿化种植区构造   表2

面层	概述
植被层	通过移栽、铺设植生带和播种等形式种植的各种植物，包括小型乔木、灌木、草坪、地被植物、攀援植物等
基质层	是指满足植物生长条件，具有一定的渗透性能、蓄水能力和空间稳定性的轻质材料层
隔离过滤层	一般采用既能透水又能过滤的聚酯纤维无纺布等材料，用于阻止基质进入排水层
排（蓄）水层	一般包括排（蓄）水板、陶砾（荷载允许时使用）和排水管（屋顶排水坡度较大时使用）等不同的排（蓄）水形式，用于改善基质的通气状况，迅速排出多余水分，有效缓解瞬时压力，并可蓄存少量水分
隔根层	一般有合金、橡胶、PE（聚乙烯）和HDPE（高密度聚乙烯）等材料类型，用于防止植物根系穿透防水层
分离滑动层	一般采用玻纤布或无纺布等材料，用于防止隔根层与防水层材料之间产生粘连现象
屋面防水层	屋顶绿化防水做法应达到二级建筑防水标准

1 乔木
2 地下树木支架
3 与维护墙之间留出适当间隔或维护墙防水层高度与基质上表面间距不小于15cm
4 排水口
5 基质层
6 隔离过滤层
7 渗水管
8 排（蓄）水层
9 隔根层
10 分离滑动层

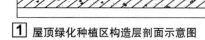

1 屋顶绿化种植区构造层剖面示意图

绿化指标

不同类型的屋顶绿化应有不同的设计内容，屋顶绿化要发挥绿化的生态效益，应有相宜的面积指标作保证。

屋顶绿化建议性指标   表3

花园式屋顶绿化	绿化屋顶面积占屋顶总面积	≥60%
	绿化种植面积占绿化屋顶面积	≥85%
	铺装园路面积占绿化屋顶面积	≤12%
	园林小品面积占绿化屋顶面积	≤3%
简单式屋顶绿化	绿化屋顶面积占屋顶总面积	≥80%
	绿化种植面积占绿化屋顶面积	≥90%

土层厚度

不同植物生长发育所需的土层厚度不同，以突出生态效益和景观效益为原则，根据不同植物对基质厚度的要求，通过适当的微地形处理或种植池栽植进行绿化。

屋顶绿化植物基质厚度要求（单位：cm）   表4

类别	草本	小灌木	大灌木	浅根性乔木	深根性乔木
植物生存种植土最小厚度	15	30	45	60	90~120
植物生育种植土最小厚度	30	45	60	90	120~150
排水层厚度	—	10	15	20	30

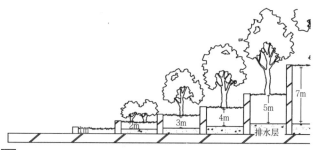

2 植株大小与必要的土层厚度

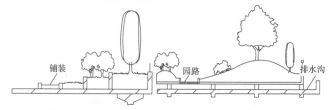

a 植物种植池处理方法   b 植物种植微地形处理方法

3 改变有效种植土层深度的方法

材料荷重

植物材料平均荷重和种植荷载参考   表5

植物类型	规格（m）	植物平均荷重（kg）	种植荷载（kg/m²）
乔木（带土球）	H=2.0~2.5	80~120	250~300
大灌木	H=1.5~2.0	60~80	150~250
小灌木	H=1.0~1.5	30~60	100~150
地被植物	H=0.2~1.0	15~30	50~100
草坪	1m²	10~15	50~100

注：选择植物应考虑植物生长产生的活荷载变化。种植荷载包括种植区构造层自然状态下的整体荷载。

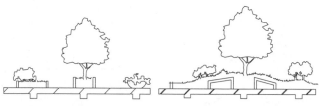

a 设置种植池或花盆   b 起伏地形配置景石大面积栽植

4 减少屋顶绿化荷重的方法

植物防风

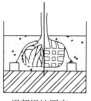 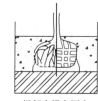

a 根部绳坨固定   b 土内加金属网   c 根部支撑盘固定

d 根部周围固定   e 土表加重物

5 屋顶绿化植物防风倒根部处理的方法

室内设计的内容

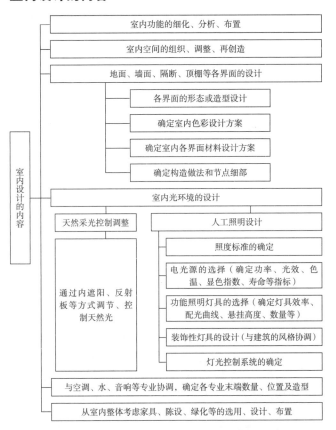

室内设计与相关学科及技术因素的关系

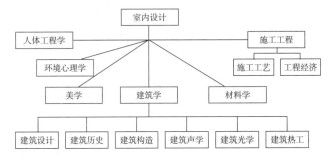

室内设计的要求

1. 空间组织和平面布局合理,满足使用功能要求。

2. 空间构成和各界面处理恰当,符合空间的性质和风格要求。

3. 选择合适的装饰材料,充分体现室内色彩设计构思和其他视觉设计要求。

4. 充分考虑室内空间及界面的细部处理。

5. 设计高质量的室内人工光环境,满足相应各项技术要求,并在需要时具有一定的艺术性表达。

6. 综合考虑室内环境设计中光色、材质及陈设的总体效果。

7. 满足室内环境声学要求,并协调与其他部分的关系。

8. 协调室内设计与结构、空调、电气、设备等专业工种的关系。

9. 采用合理的构造做法和技术措施。

10. 符合相应的技术规范:安全疏散、防火、绿色环保、节能等。

室内设计的程序与方法

在条件具备的情况下,室内设计应在建筑设计方案基本确定之后即介入建筑后续设计过程,并从室内设计的角度对建筑设计的进一步深化提出优化建议和调整方案。

1. 设计准备

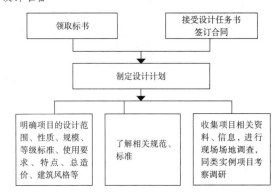

2. 方案设计

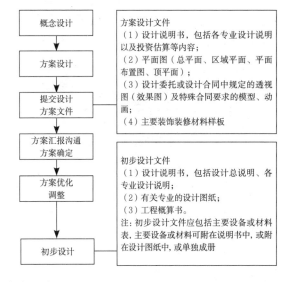

3. 初步设计

4. 施工图设计

进行施工图设计,进一步落实各设计细部、材料、构造做法,协调各设备专业相互配合,完成施工图。通常包括:施工说明、平面布置图、平面图、各立面图、顶棚平面图、各细部大样图、构造节点图;装修材料配置表、装修材料表(含装修材料封样编号)、材料做法表、灯具选型推荐表、卫生洁具及五金配件选型推荐表、家具选型推荐表、门窗表等表格可附在设计说明中,也可单独装订成册;各设备专业管线图和造价预算。

5. 设计实施

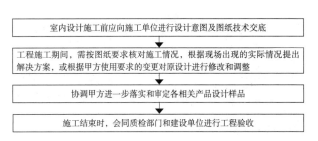

12
室内设计

中国建筑与室内

1. 中国建筑: 多为院落式布局, 廊下、檐下空间把各单体建筑间离散的室内空间串联起来, 形成有机整体。

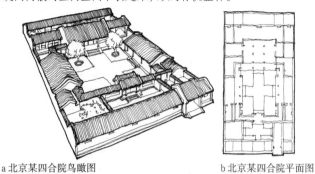

a 北京某四合院鸟瞰图　　　　b 北京某四合院平面图

1 北京四合院

2. 室内装饰与建筑结构有机结合。

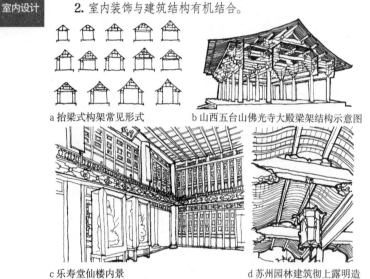

a 抬梁式构架常见形式　　　　b 山西五台山佛光寺大殿梁架结构示意图

c 乐寿堂仙楼内景　　　　d 苏州园林建筑彻上露明造

2 室内装饰与建筑结构有机结合

3. 流通的室内外空间关系, 家具灵活分割室内空间。

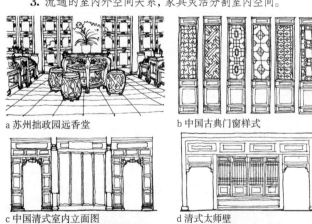

a 苏州拙政园远香堂　　　　b 中国古典门窗样式

c 中国清式室内立面图　　　　d 清式太师壁

e 故宫长春宫嫔妃卧室　　　　f 清代炕罩式架子床

3 中国建筑室内示例

外国建筑与室内

1. 西方建筑: 多为单体建筑, 集中的室内空间呈现出多样复杂的布局形式。

a 剖立面图　　　　　　　　b 平面图

4 圆厅别墅

2. 装饰结合拱券、柱式, 多用线脚几何形体与彩绘。

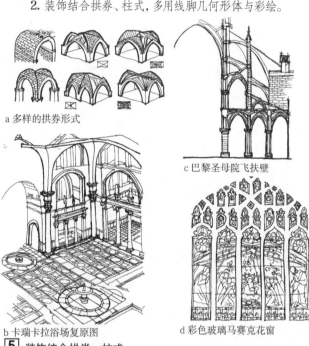

a 多样的拱券形式

c 巴黎圣母院飞扶壁

b 卡瑞卡拉浴场复原图　　　　d 彩色玻璃马赛克花窗

5 装饰结合拱券、柱式

3. 较隔绝的室内外空间关系, 室内空间较固定。

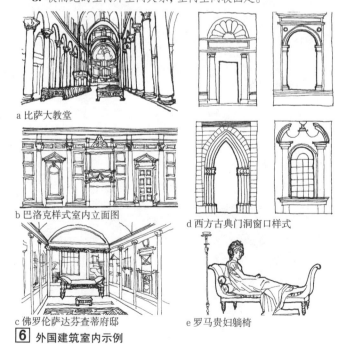

a 比萨大教堂

b 巴洛克样式室内立面图　　　　d 西方古典门洞窗口样式

c 佛罗伦萨达芬奇蒂府邸　　　　e 罗马贵妇躺椅

6 外国建筑室内示例

传统文化背景下的中国室内装饰

中国传统建筑以木构为主，建筑较开放，界面通透，室内空间与实体相统一，连续性强，注重装饰与功能的统一性，装饰多位于结构与装修部件，如斗栱、藻井、隔扇等，常见装饰手法为雕刻与彩画。

传统文化背景下的西方室内装饰

西方传统建筑以石构为主，建筑较封闭，室内空间与实体界面相对独立，装饰多位于实体界面，如墙面、地面、顶棚、柱子等，强调装饰性，常见手法有雕刻、雕塑与壁画。

1 中国传统藻井透视图

2 中国传统隔扇样式

3 中国传统落地罩样式

4 中国传统窗格样式

5 哈伍德宫立面装饰

6 西方传统柱头样式

现代文化背景下的室内设计

现代文化背景下的室内设计趋向于整体"空间"的塑造，关注空间与人行为的关系，对空间功能、形态、材料、装饰等通盘考虑，注重整体空间氛围的营造。

图根哈特别墅具有开阔的空间、自由的流线，材料处理和家具布置形成整体，是经典的现代室内设计作品。

7 玛利亚别墅室内

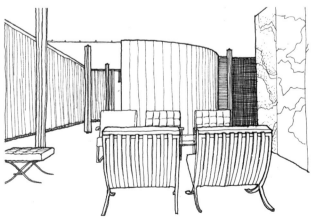

8 图根哈特别墅室内

中国室内装饰风格流派历史发展 表1

发展过程 / 发展时期	家具 形制	主要特点	主要的家具样式
产生 / 原始社会时期	初始 家具	古拙、质朴、浑厚 有最古老的家具——席（供人席地而坐）和各种原始木器——木案、木俎、木几等	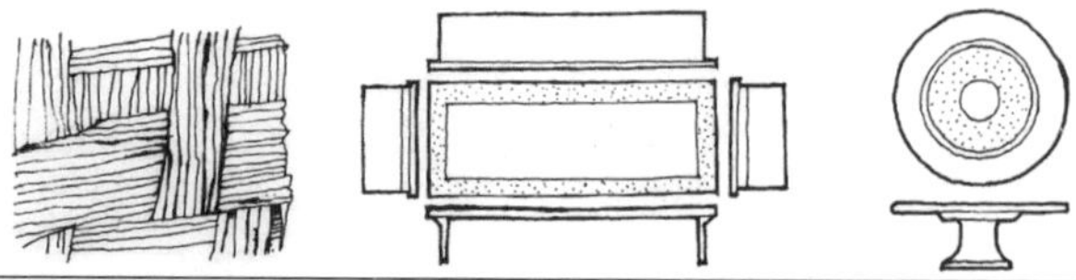
发展 / 夏商周时期	初始 家具	凝固、神秘、抽象 这一时期家具有青铜家具、石质家具和漆木镶嵌家具。漆木镶嵌蚌壳装饰，开后世漆木螺钿嵌家具之先河	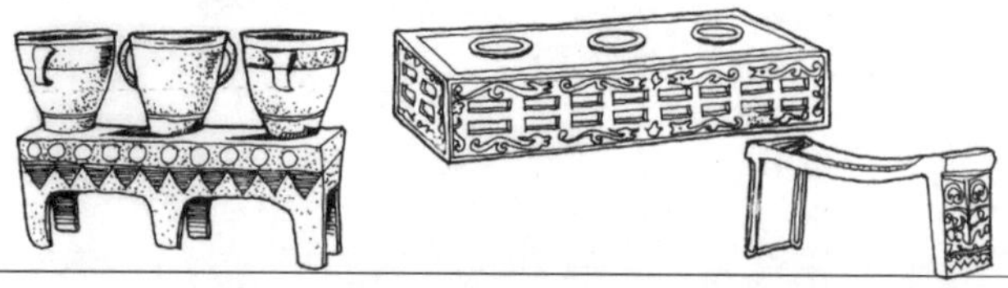
转折 / 春秋战国时期	低型 家具	绚丽、浪漫、实用 漆木家具体系的主要源头。各式的楚国俎、楚式漆案漆几、楚式小座屏、迄今为止最古老的床……以龙凤云鸟为主题，充满着浓厚的巫术观念。其简练的造型对后世家具影响深远	
高峰 / 秦汉时期	低型 家具	雄浑、宏大、华美 杰出的装饰使得汉代漆木家具精美绝伦。和各种玉制家具、竹制家具和陶质家具等，形成了供席地起居完整的组合形式家具系列	
转折 / 两晋南北朝时期	渐高 家具	秀逸、融合、多元 胡床等高型家具从少数民族地区传入，并与中原家具融合，使得部分地区出现了渐高家具：椅、凳等家具开始崭露头角，卧类家具亦渐渐变高	
高峰 / 隋唐五代时期	高低 家具	厚实、丰富、华丽 继承和吸收过去和外来的文化艺术营养，摆脱了商周、汉、六朝以来的古拙特色，家具功能区别日趋明显	
高峰 / 宋明清时期	高型 家具	精致、完善、优雅 宋代，高型家具大发展，椅和桌都已定型，并得到普及。明代，是中国古典家具成就的高峰和代表，造型优美、结构科学、精于选材、配件讲究。清代，早期继承和发展了明式家具的成就，中期吸收了西方的纹样，并将多种工艺应用于家具，晚期与国运一起走向衰落	
西风渐进 / 近代时期	多元 家具	外来、折中、殖民 深受外来文化影响、折中主义风格突出	
多元发展 / 现代时期	多元 家具	多元、包容、发展 满足不同人的不同需求，适应社会的发展状况，呈现多元发展的趋势	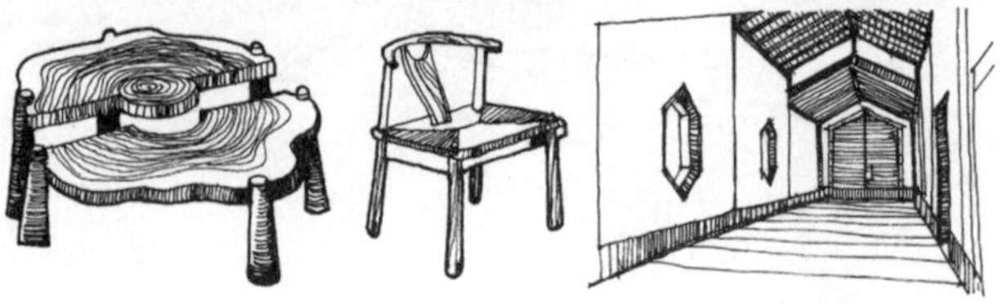

12
室内设计

中国室内装饰风格流派

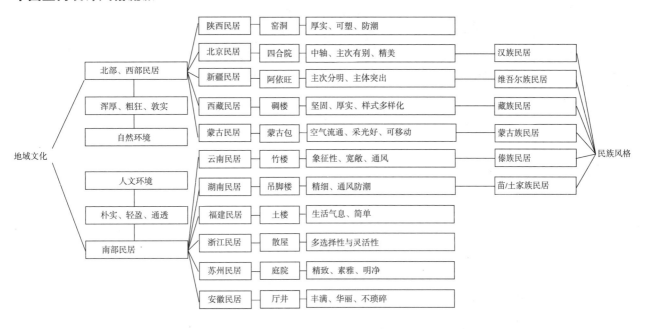

中国室内装饰——地域文化与民族风格   表1

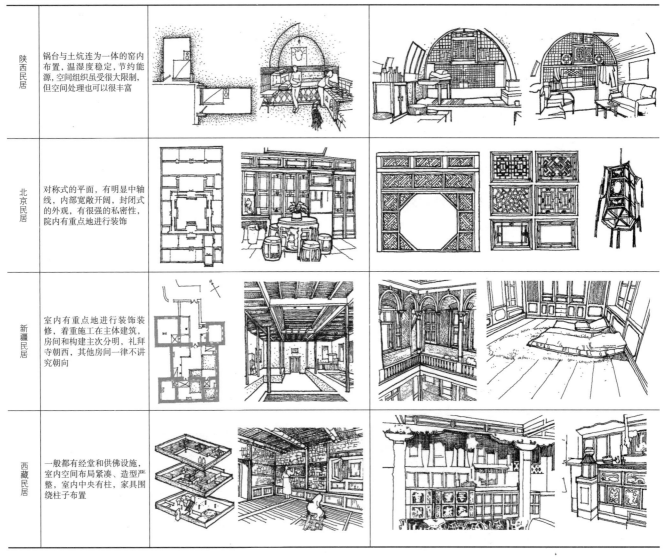

陕西民居	锅台与土炕连为一体的窑内布置,温湿度稳定,节约能源,空间组织虽受很大限制,但空间处理也可以很丰富		
北京民居	对称式的平面,有明显中轴线,内部宽敞开阔,封闭式的外观,有很强的私密性,院内有重点地进行装饰		
新疆民居	室内有重点地进行装饰装修,着重施工在主体建筑,房间和构建主次分明,礼拜寺朝西,其他房间一律不讲究朝向		
西藏民居	一般都有经堂和供佛设施,室内空间布局紧凑、造型严整,室内中央有柱,家具围绕柱子布置		

蒙古民居	毡木结构体系，便于拆装，包内空间小，木制家具有重点的装饰，门为木制，用色大胆	
云南民居	独立封闭性薄弱，居所不分室，选材讲究，大部分为木结构体系，室内大量运用竹编墙，具有很好的装饰效果	
湖南民居	具有造型均衡简洁、色调素净明雅的特点。空间高大通敞，通风驱湿，屋体的构架采用"三间四架"、"五柱八棋"的形式	
福建民居	木构件完全清水不施油漆彩绘。相同造型的重复，具有鲜明的规则性。祖堂是装饰的重点，整体装饰繁简有度	
浙江民居	运用"出挑"和山尖最大限度地扩大存储空间。平面关系紧凑合理，采光充足，通风条件好，整体性强	
苏州民居	布局紧凑，可居可游，可观可赏，室内装饰造型优美，装饰精湛，细部处理透出古朴典雅	
安徽民居	伦理结构明显，有主轴，沿轴各空间体现长幼有序，男女有别，室内装饰讲究，多运用雕刻与彩绘，精细入微	

古代文明

1. 原始的遮蔽所：原始人类或栖居于树上，或躲避在天然洞穴。洞窟壁画以动物形象居多，形式包括彩绘、线刻、浮雕等。竖穴居、蜂巢型石屋、圆形树枝棚等是人类的原始居所的雏形，室内空间只是一些空洞。

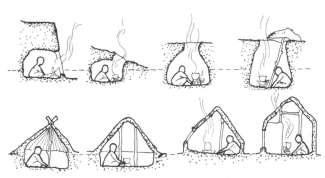

[1] 原始遮蔽所的演变过程

[2] 北美印第安人史前居住地遗迹

[3] 法国拉斯科洞窟壁画

2. 古代西亚：房屋多用黏土和芦苇制造，室内无柱子，空间窄而长，内部空间划分采用芦苇编织物做隔断。苏美尔时期的山岳台，大厅四壁、阶梯扶手、圆柱都嵌满圆形陶钉，红、白、黑三色组成缤纷纹样。公元前3世纪后，墙面多用沥青，并贴满斑斓的石片和贝壳。亚述时期以后，釉面砖和壁画成为室内装饰的主要特征。

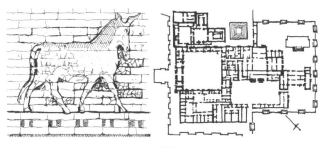

[4] 萨尔贡宫琉璃砖面

[5] 萨尔贡宫平面图

3. 古代埃及：最初居住建筑以土坯、芦苇为主要材料，建筑外形封闭，屋顶和墙壁厚重，开窗较小。古埃及劳动阶层室内简陋，没有或者很少家具，泥土制的矮长凳铺着亚麻或者草编席子用于坐卧。上层社会住宅室内功能空间划分明确，床、箱柜、椅子等极具实用功能的木制家具以及纺织品在上层社会被普遍使用。新王国时期，宫廷家具常以金箔、象牙、宝石为装饰，富丽堂皇。

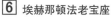

[6] 埃赫那顿法老宝座

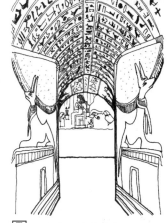

[7] 西底比斯帕谢德墓室

大多数原始民族都坐、卧在地上，口袋、篮子、陶器是当时室内最普遍的用具。石板搭建的台架，可以认为是家具的雏形。

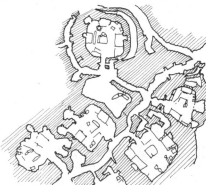

[8] 公元前2800至公元前2500年间斯卡拉布莱地区遗址平面图

4. 古代美洲：原始美洲居民多用树木枝叶建造房屋，室内空间简单，篮筐、陶器、染色的编织皮毛和毛毯是主要陈设品。玛雅人用浮雕和壁画装饰庙宇和神殿室内空间。

家具的信息可以从彩绘、浮雕上看出，座椅、凳子、地台、桌案、织物与艺术陈设品构筑了丰富生动的室内空间。

[9] 玛雅彩绘呈现出的陈设样式

[10] 墨西哥特奥蒂瓦坎古城羽蛇神宫殿

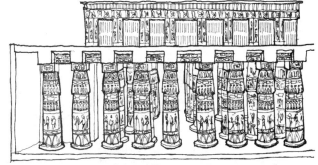

古王国和中王国时期，陵墓、神庙建筑兴起，装饰色彩强烈丰富，室内顶棚、墙壁、石柱、地面常布满精美的彩绘壁画。

[11] 卡纳克阿蒙瑞神庙剖立面图

古希腊、古罗马时期

在古希腊的石雕和彩陶瓶中，可以看到当时的家具钉床、卧榻、椅、脚凳、凳、桌子和箱子等，这反映了古希腊人生活的基本状况：在小范围内备有必要的房间和满足要求的家具，多数的生活用品大多挂在墙壁上。古希腊的家具是为多数人所使用的，较少雕琢。家具的用材主要以木材为主，兼用青铜、大理石、皮革、亚麻布等材料，木材包括榉木、枫木、乌木、水曲柳、针叶材等，另外也使用象牙、金属、龟甲等作为装饰。

1 迈锡尼帝王室内想象复原图

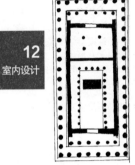
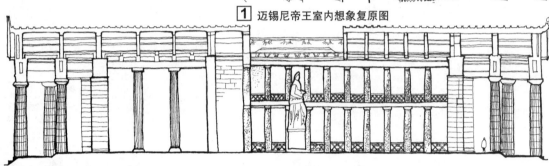

2 帕提农神庙平面图　3 雅典帕提农神庙复原图

4 雅典娜和勇士——彩陶图案

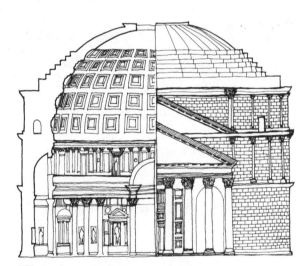

5 罗马万神庙剖立面

罗马人喜爱雄伟壮丽的场面，在建筑、室内及陈设品中均有体现。典型住宅样式为列柱式带门廊的中庭，两侧设卧室、接待室、厨房和餐厅。罗马室内家具陈设较少，基本家具有床、桌、椅、长沙发椅、箱子等，但富裕人家装饰华丽，包括丰富美观的壁画（多取自希腊神话）、精细制作的拼花地面、华丽的帘子和垫子及床铺等。

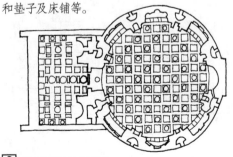

6 罗马万神庙平面图　7 罗马万神庙剖面图

罗马式、拜占庭式

中世纪经历了罗马式、拜占庭式、哥特式三个阶段。室内风格大都强调神圣与威严，教会使用的家具造型高耸，以模仿建筑造型及装饰为主。

拜占庭延续了古罗马贵族的生活方式和文化基础，融合古希腊文化的精美与波斯等东方宫廷的华丽。其室内装饰及家具设计都很奢华，家具形式笨重，以便与拜占庭帝王风格相符。拜占庭的丝绸被欧洲的教堂大量运用。

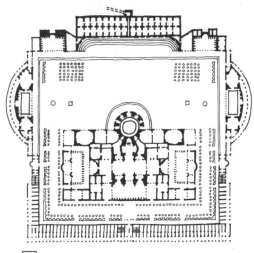

① 罗马卡拉卡拉浴场平面图

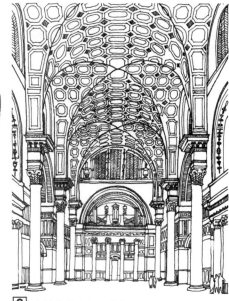

② 卡拉卡拉浴场室内复原图

罗马式教堂平面以拉丁十字形为主，半圆拱券是室内最重要的元素。其家具装饰风格较为朴素，大多以薄木雕刻为装饰手法，纹样以动植物为主。家具的部分风格模仿古代家具，如座椅等家具的腿由旋木制成，直接模仿古代家具中野兽头、足等装饰。这一时期的纺织品主要是贵族府邸与教堂中的壁毯。

③ 罗马家具

⑤ 柱头

④ 马赛克地面

⑥ 查士丁大帝马赛克镶嵌画

⑦ 比萨大教堂室内中殿（罗马式代表）

⑧ 圣索菲亚大教堂（拜占庭式代表）

12
室内设计

哥特式

哥特式建筑的室内以高耸的尖拱、竖向排列的柱子、绚丽的玫瑰窗、成群的簇柱、层次丰富的浮雕和壁画共同营造神圣庄严的氛围。哥特式家具受建筑影响，都有着微型建筑的风貌。

1 英国海丁汉姆城堡　　2 青铜镀金烛台

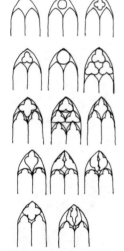

3 哥特式建筑窗式样　　4 国王学院礼拜堂

文艺复兴

文艺复兴室内风格摒弃中世纪时期哥特的风格，重新采用古希腊、古罗马时期和谐与理性的风格。除柱式等要素，人体雕塑、大型壁画和线形图案锻铁饰件也用于室内装饰。家具多不露结构部件而突出表面装饰，多用细腻描绘的手法，雕刻技艺精湛。

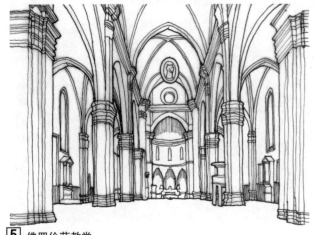

5 佛罗伦萨教堂

6 组合纹织毯

7 贝叶挂毯（1066年）

8 沙特尔教堂　　9 拱券、拱肋示意图

10 哥特时期的家具

11 达芬奇蒂府邸（佛罗伦萨）

12 折叠扶手椅　　13 珍品橱柜　　14 组合纹织物
（意大利）　　（法国）　　（意大利）

巴洛克风格

主要指从风格主义到洛可可艺术之间,流行于17世纪欧洲的一种艺术风格。起源于意大利罗马,扩散到欧洲各国。其盛期大约为1630~1680年间。

巴洛克室内将建筑、雕塑、绘画结为一体,追求动态,喜好富丽的装饰和雕刻,色彩强烈,常穿插曲面和椭圆形空间,造型上在运用直线的同时也强调线条的流动变化。以意大利教堂和法国路易十四时期的凡尔赛宫为典型代表。意大利教堂的室内空间基于建筑风格之上,地面多用各色大理石拼花。在法国,室内顶棚多使用天顶画、镶板画等装饰手法,墙面装饰多悬挂精美的法国壁毯、绘画,或者镶大面积的镜面、大理石,喜欢用线脚重叠的贵重木材镶边板。地面多采用实木地板,上铺地毯。

①梵蒂冈圣彼得大教堂穹顶

②梵蒂冈圣彼得大教堂地面大理石拼花

③梵蒂冈圣彼得大教堂华盖

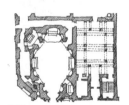

④意大利圣卡罗教堂平面图

⑤意大利圣卡罗教堂内部曲面墙壁

⑥法国凡尔赛宫镜厅透视

⑦凡尔赛宫室内立面的装饰壁毯

巴洛克时期的家具较文艺复兴时期更加精美,以织物或皮革的包衬处理代替扶手、靠背或其他局部的雕刻装饰,腿部变成兽足或用水力车床做成圆柱或球状,柜式家具多以象牙、贝壳、大理石、黄铜、锡银镶嵌,尽显奢华。

⑧橱柜

⑨路易十四的床幔

⑩路易十四洗漱台

⑪路易十四座椅

⑫金属室内摆件

洛可可风格

1730~1770年间流行于欧洲的一种艺术风格。集中体现在室内装饰领域，造型装饰多使用C形、S形、漩涡状曲线，采用非对称式构图。在界面处理上尽量弱化边界，通常将顶棚、墙面连为一体。色彩清淡柔和，装饰效果繁琐。

此风格的家具以路易十五时期的家具为代表，与室内装饰相对应，使用曲线造型，更加追求舒适的享受。椅、桌、柜等家具更加小型化、女性化。

新古典主义风格

指18世纪末至19世纪初在欧洲流行的一种崇尚庄重典雅的艺术风格。以路易十六时期为代表，室内装饰表现出理性、回归古典的特色，追求清晰、秩序、调和、均衡之美。

这一时期的家具体积较小，造型重点放在水平和垂直的结构上，家具腿部呈方形或圆形，向下渐收。造型和装饰更多采用直线、几何形式，使用包铜或镀铜浮雕的装饰手法，椅子的座面、靠背和扶手依然使用包衬处理。

① 德国宁芬堡宫沙龙厅

② 西班牙皇宫查理斯三世会议室

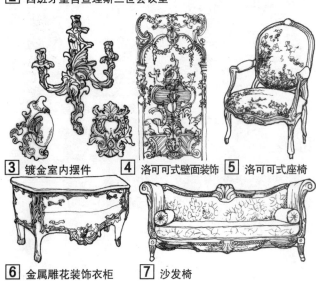

③ 镀金室内摆件　④ 洛可可式壁面装饰　⑤ 洛可可式座椅

⑥ 金属雕花装饰衣柜　⑦ 沙发椅

⑧ 路易十六的图书室

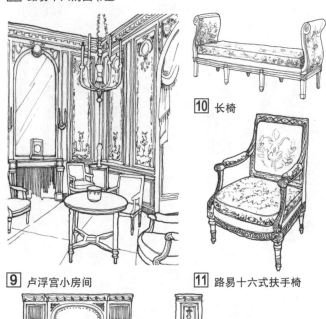

⑨ 卢浮宫小房间　⑩ 长椅　⑪ 路易十六式扶手椅

⑫ 梳妆台　⑬ 镜框装饰

印度

　　史前印度建筑以窑砖与木材为主，室内注重功能性，没有任何装饰的痕迹。宗教产生后大量纪念性建筑兴建，以石材为主，在岩石中凿出室内空间，形成雕刻精细的柱子、墙面、顶棚等，题材主要为兽类和人物形象。印度教迅速发展后，宗教建筑追求变化与动态，布满繁复豪华的细致雕刻，雕刻表面绘有色彩，部分镀金。伊斯兰教传入后，室内装饰以抽象几何纹为主，采用石材与宝石镶嵌，墙面有各色装饰。印度普遍使用坐垫，有时会有一个低矮靠背，地毯应用广泛，贵族家具多用象牙、石材与金属装饰。

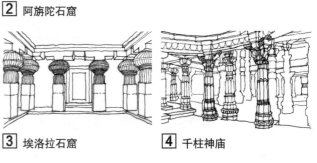

［2］阿旃陀石窟

［1］阿格拉红堡

［3］埃洛拉石窟

［4］千柱神庙

东南亚

　　东南亚地区气候湿热，干阑式建筑分布广泛，木柱在房屋中央位置作支撑，墙面通透，有宽敞露台，屋顶较大且为尖顶形状，覆草桐，屋檐较低。房屋设火塘，上方常悬挂竹篱。居民席地而坐，无座椅和床具，常铺席子或帕垫。

　　室内材料以竹木为主，竹编的竹席墙和地板应用广泛。陈设与家具制作精细，就地取材，呈现原藤、原木色调。

　　室内装饰手法常见有塑形装饰、雕刻图案等，分布在檐板、门窗、栏杆、柱子等处。装饰艳丽多彩，喜用金色、红色。题材多与宗教、神话相关。常见陈设有银器、漆器、木雕、刺绣挂件等。

［6］泰国民居

［5］泰国门窗装饰

［7］菲律宾传统民居

［8］马来西亚传统民居

日本

古代日本用跪坐式生活，火塘置于房屋中央，地面铺满谷糠稻草或木板，垫席子，后演变为榻榻米，按模数围绕火塘铺设一圈或满铺，供人盘坐。室内用推拉门分隔空间，常见有隔扇、纸拉门和板门，门窗样式丰富，墙面贴纸或丝绢。室内家具常见有屏风、置物台、置物架、几案等，家具与陈设以一定顺序布置。传统照明采用油灯和蜡烛。

梁柱为框架，梁上方设高窗，下方为门，部分门扇下部设挡板。墙面设窗，木窗格，表面敷纸。

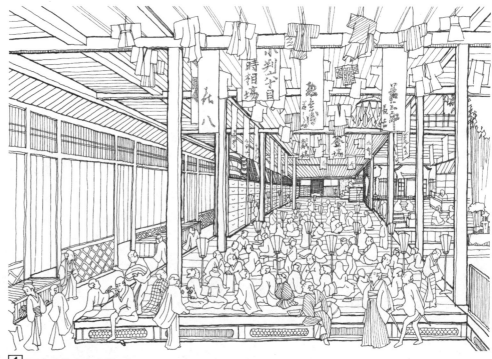

1 日本传统室内空间

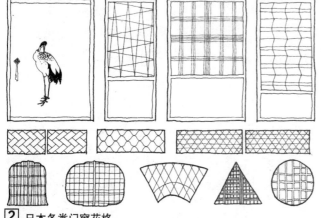

2 日本各类门窗花格

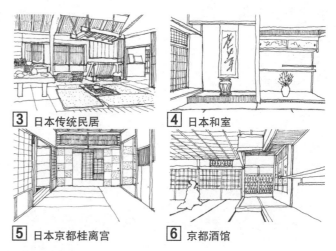

3 日本传统民居 4 日本和室

5 日本京都桂离宫 6 京都酒馆

韩国

韩国采用火炕式生活，地面铺设木材。檐廊连接内外空间，窗洞较大较低。室内墙面多采用灰墙或墙纸。家具以木质为主，底部架起留空以散热。家具顺着墙壁排列，高低有序。室内装饰手法主要有雕刻、镶嵌、涂装、金属装饰等，题材有富贵福寿文字图案、文人画、宗教图案等，在柱子、墙和室内陈设等处均有应用。

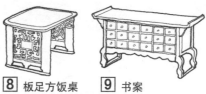

8 板足方饭桌 9 书案

为适应席地而坐的生活方式，家具较低矮，常见有软垫、炕桌、书案、屏风、各式箱柜，体积较小形状扁宽。

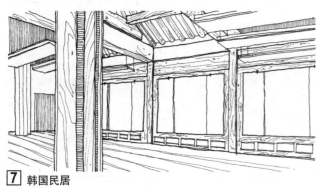

7 韩国民居

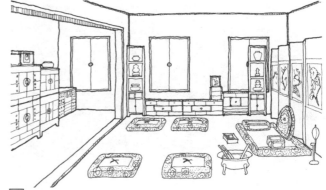

10 韩国民居室内空间

伊斯兰室内装饰风格

伊斯兰教的宗教信仰导致伊斯兰艺术向象征性和装饰化的方向发展。这种风格被称为"阿拉伯风格"。

伊斯兰装饰纹样主要有几何纹样、植物纹样和书法纹样。几何纹样其特点是以圆形、三角形、方形等为基本形，呈90°或60°相互交叉，形成结构复杂的纹样。植物纹样的代表是缠枝纹，以植物的花、叶、藤蔓相互穿插。书法纹代表性的字体有库法体和纳斯赫体，且多与植物纹样相结合，在文字的空白处多用植物纹样做穿插、填补。

伊斯兰室内陈设的主体是织毯，它是穆斯林生活和礼拜必不可少的用具。它兼垫、盖、挂等多项功用。多以纯度较高的颜色为主调，构图繁密，屑小的纹样点缀其间。织毯多用植物花卉或阿拉伯文字构成抽象图案。

伊斯兰建筑室内很少摆放家具。穆斯林习惯在地

由于拒绝偶像崇拜，故有祭台却无偶像。地面满铺织毯。

1 大马士革清真寺礼拜堂

以织毯为中心的室内陈设和席地而坐的生活习惯。

2 伊斯兰风格的室内场景

3 以正六边形为基本形的几何纹样

4 以正方形为基本形的几何纹样

毯上跪坐，或在高足椅上盘坐。卧具即高台上铺设毯子。储藏类的家具多为箱匣。

14世纪左右，埃及和叙利亚地区发展出一种彩绘玻璃的新工艺，大马士革的彩绘灯具享誉世界。这种灯具主要是为清真寺和王宫制作的，器形以奢口细颈鼓腹最为常见，肩上系绳，适于室内悬挂。

5 花瓶缠枝图案的植物纹样

6 与植物纹相穿插组合的书法纹样

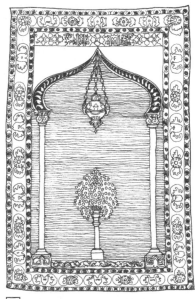

7 壁龛图案的伊斯兰织毯

8 植物纹样的伊斯兰织毯

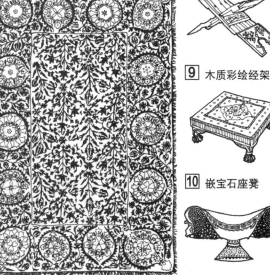

9 木质彩绘经架

10 嵌宝石座凳

11 镶嵌宝石的金杯

12 彩绘玻璃灯具

外国近现代室内装饰风格流派

表1

时期	风格流派	主要特征	经典空间	经典家具及纹样
工业化时期	工业化	技术性大于美学性，以实用主义的方式对待处理，铁作为高强度和低投入的材料存在，玻璃成为室内理想的采光材料		
	维多利亚风格	扬弃机械理性美学，以增加装饰为特征，有时是过度装饰，对所有样式的装饰元素进行组合，用色大胆		
	工艺美术运动	重视手工艺，强调简洁朴实的技巧，反对历史主义装饰风格及过分流行的设计样式		
	新艺术运动	力图创造工业时代精神的简化装饰，模仿自然界生长繁盛的草木形状和曲线		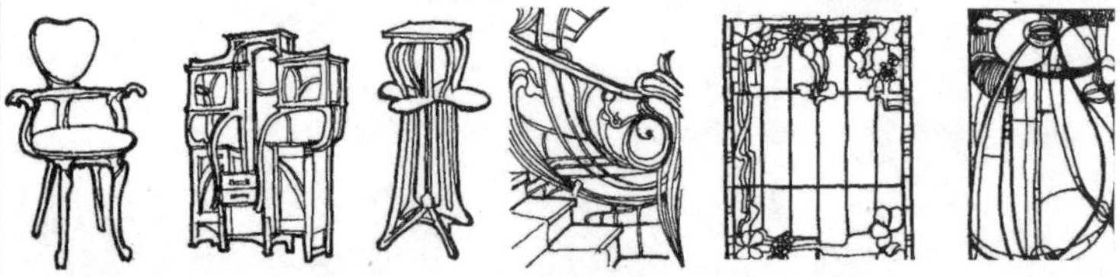
	折中主义	选择一历史先例并对其做模仿，选择在各种主义、各种方法或风格中看起来最好的东西		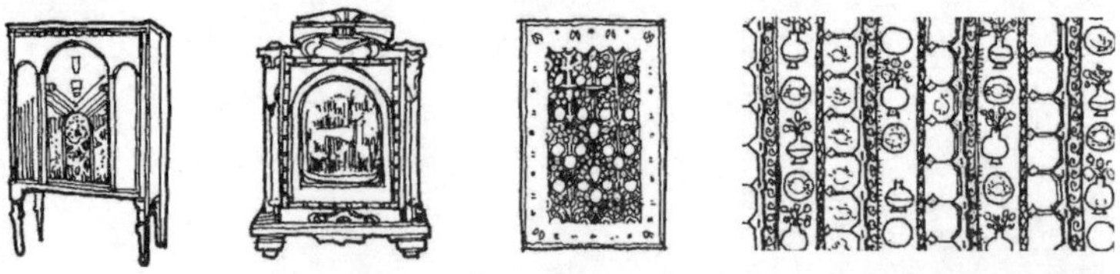
现代主义时期	风格派	经常采用几何形体以及红、黄、青三原色，或以黑、灰、白等色彩相配置。色彩及造型方面具有鲜明个性	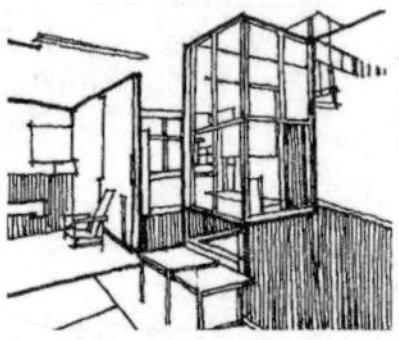	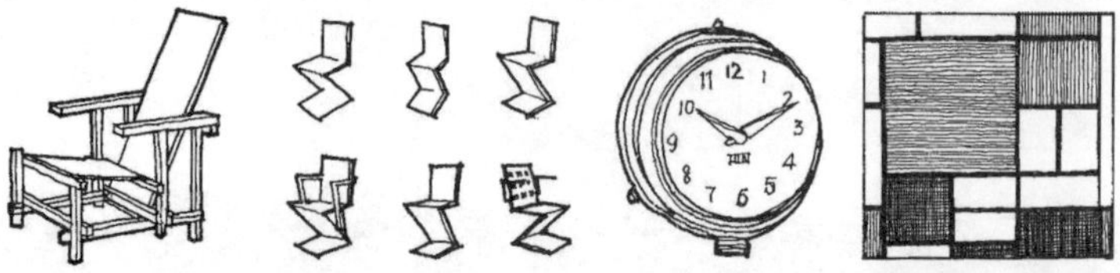
	国际式	强调形式与功能的统一，反对繁杂的装饰，并重视室内设计的合理性		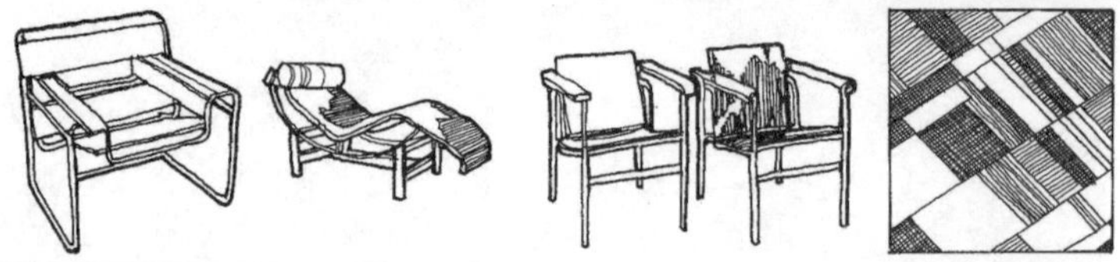
	极简主义	在简洁的室内空间，运用现代的材料、现代的加工技术和简洁抽象的形体语言传达其时代的精神趋向		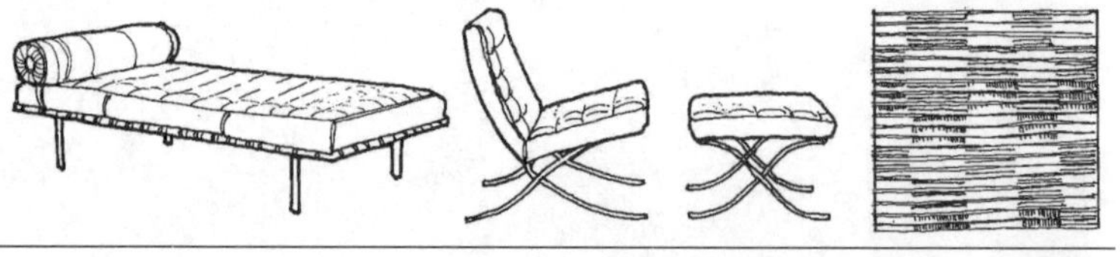
	白色派	大量用白色作为设计的基调色彩，纯净、文雅，坚持简洁性、几何形式，整体上不用装饰细部	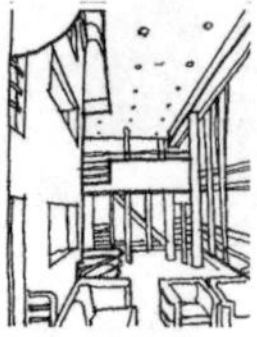	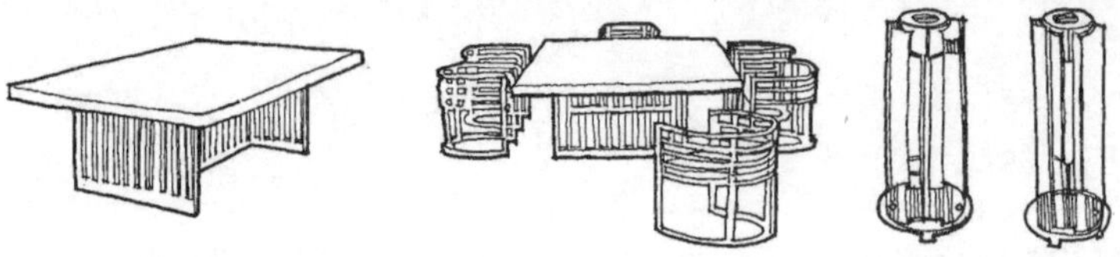

外国近现代室内装饰风格流派　　　　　　　　　　　　　　　续表

时期	风格流派	主要特征	经典空间	经典家具及纹样
后现代主义时期	装饰艺术运动	保留与过去的联系，流行的和强烈的装饰，机械美学，善于运用多层次的几何线型及图案，重复的线条		
	高技派	讲求技术精美和"粗野主义"的美学倾向，强调系统设计和参数设计，反映当代最新工业技术的"机器美"		
	解构主义	运用散乱、残缺、突变、动势、奇绝等手段创造室内空间形态，功能与形式叠加、交叉并列		
	超现实主义	空间组织异常，曲面或流动弧形线型的界面，色彩浓重，光影变幻		
	孟菲斯流派	造型丰富，大胆运用色彩与表面图案装饰，运用大量的手工制作产品		
当代	安德烈·普特曼	具有时尚性，展现独特现代的审美理念，以家庭室内设计为主线，展示细致、严谨、自由和幽默		
	菲利浦·斯塔克	设计风格个性突出、造型奇特、线条简练，表达一种享受生活的愉悦情感		
	扎哈·哈迪德	富于动感和现代气息，运用空间和几何结构，超出现实思维模式的、突破式的室内空间		
	妹岛和世	虚无、白、无边的空旷、冥想、半透明、暧昧、无性，没有明确的边缘，淡到极致，极薄		

概述

与室内设计相关的给排水系统包含给水、排水、雨水、消火栓及喷淋等系统，主要涉及室内给水、排水及消防管的敷设要求及方法。

空间布局要求

卫生间一般上下楼层对齐布置，便于排水管道上下对齐，不做转换；卫生间一般不布置在餐饮、厨房、卧室、客房和病房等居住房间上方，若必须如此，则须作降板处理，以满足卫生、噪声等各方面要求；排水管管井不可穿越居住房间。

管材敷设要点　　　　　　　　　　　　　　　　表1

敷设位置	系统明装或嵌墙敷设管道:常采用薄壁不锈钢管、薄壁铜管、钢塑复合管、给水塑料管、热镀锌钢管
	敷设在地面或找平层内:宜采用PEX管、PP-R管、PVC-C管、铝塑复合管、耐腐蚀的金属管材
立管位置	尽量置于同一个位置，便于上下对齐。最好布置于通风道附近
住宅卫生间	排水立管尽量布置在浴缸或淋浴端部，以便于住户进行装修包裹。有条件时，最好设置管道井。 采用地板辐射采暖时，给水管道可以敷设在垫层内，此时管道不设置接头，以避免漏水
公共卫生间	干管（大于DN25或D_e32）常置于吊顶内，支管嵌墙敷设

常用管材　　　　　　　　　　　　　　　　　　表2

管材	系统	连接方式
薄壁不锈钢管、钢塑复合管 薄壁铜管	生活冷水给水系统 生活热水给水系统	丝扣连接 钎焊连接
给水塑料管	生活冷水给水系统 生活热水给水系统	热熔连接
PVC-U管	污废水排水及屋面雨水系统	承插接口

室内消防栓布置与美化　　　　　　　　　　　表3

布置位置	一般布置在较为显眼处，便于消防人员取用。布置位置应保证每一防火分区有2支水枪的充实水柱同时到达任何部位，可按照20m估算。消防电梯前室须布置消火栓
美化方式	可以嵌墙布置，其外表面装饰做成与周围环境相协调；或与周围墙面采用同色装饰，但须在箱体表面贴上红色"消防箱"字样，方便消防人员寻找

室内空间中的同层排水

所谓同层排水，是指卫生间内卫生器具的排水管（包括排水横管和排水支管）不穿越本层楼板进入下层空间，而是与卫生器具同层敷设，在本层套内接入排水立管的建筑排水系统。可采用在卫生间增设垫层或卫生间降低楼板以达到目的。若采用在卫生间增设垫层，则应采用同层排水专用地漏，且大便器应采用后出水方式，排水管隐藏于矮墙夹层，以减少垫层厚度。

对于别墅等上下卫生间不对齐的情况，卫生间排水管道往往采用同层布置的方法。

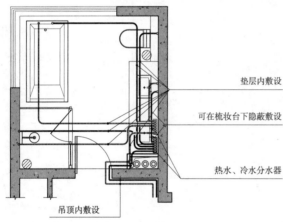

垫层内敷设
可在梳妆台下隐蔽敷设
热水、冷水分水器
吊顶内敷设

1 住宅卫生间给水管道布置图（楼地面垫层内敷设）

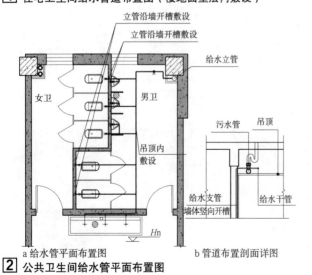

立管沿墙开槽敷设
立管沿墙开槽敷设
给水立管
女卫
男卫
污水管　吊顶
吊顶内敷设
给水支管
墙体竖向开槽
给水干管
H_n

a 给水管平面布置图　　b 管道布置剖面详图

2 公共卫生间给水管平面布置图

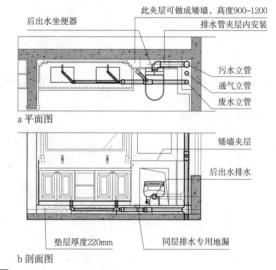

后出水坐便器
此夹层可做成矮墙，高度900~1200
排水管夹层内安装
污水立管
通气立管
废水立管

a 平面图

矮墙夹层
后出水排水

垫层厚度220mm　　同层排水专用地漏

b 剖面图

3 同层排水（卫生间楼地面加垫层）

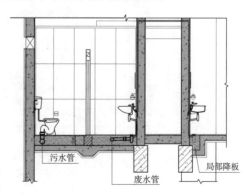

污水管　　废水管　　局部降板

4 同层排水（楼地面局部降板）

12
室内设计

概述

室内空间中电气设备系统分强电设备系统（照明、电力、防雷、接地）和弱电设备系统（综合布线系统、安全防范系统、设备监控系统等），对于形成良好的内部环境具有重要作用。电气照明系统的布置涉及一般灯具布置、应急照明灯具布置、疏散标志灯布置、开关安装、插座安装等内容，这些都与室内设计密切相关。

为了达到良好的照明效果，避免眩光的影响，保证人的活动空间及防止碰撞、触电，确保用电安全，对于室内灯具通常最低的悬挂高度为2.4m。大部分内部空间都会按均匀布灯的方式布灯，以满足照明均匀度的要求，一般在这些场所要求照度均匀度不低于0.7。

一般室内照明布置间距　　　　　　　　　　　　　　表1

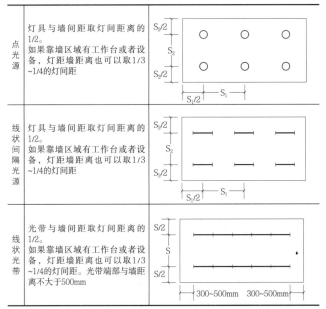

点光源	灯具与墙间距取灯间距离的1/2。如果靠墙区域有工作台或者设备，灯距墙距离也可以取1/3~1/4的灯间距	
线状间隔光源	灯具与墙间距取灯间距离的1/2。如果靠墙区域有工作台或者设备，灯距墙距离也可以取1/3~1/4的灯间距	
线状光带	光带与墙间距取灯间距离的1/2。如果靠墙区域有工作台或者设备，灯距墙距离也可以取1/3~1/4的灯间距。光带端部与墙距离不大于500mm	

室内应急照明常见布置　　　　　　　　　　　　　　表2

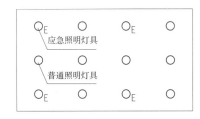

疏散用的应急照明，其地面最低照度不应低于0.5lx。
2个应急照明灯具，间隔1~2个正常照明灯具分开布置

火灾时仍需保持工作的房间，应急照明仍应保证正常照明的照度。
疏散应急照明灯具，设玻璃或其他非燃烧材料制作的保护罩，应符合现行国家标准《消防安全标志 第1部分：标志》GB 13495.1-2015和《消防应急照明和疏散指示系统》GB 17945-2010的有关规定；疏散走道地面应急照明最低水平照度不低于1.0lx，人员密集场所内的地面应急照明最低水平照度不低于3.0lx。

室内疏散标志灯和安全出口标志灯

疏散标志灯可安装在墙、柱上（距地1m以内）；或者地面上；必须装在顶棚上时，灯具应明装，且距地宜在2.0~2.5m。安全出口标志灯应设置在安全出口的顶部，底边距地不宜低于2.0m。

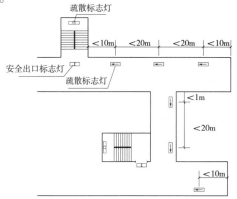

1 室内疏散标志灯平面位置

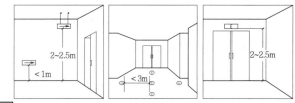

2 疏散标志灯、安全出口标志灯立面示意

一般灯具、开关、插座的安装

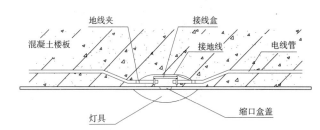

3 混凝土楼面下安装做法

4 吊顶下安装做法

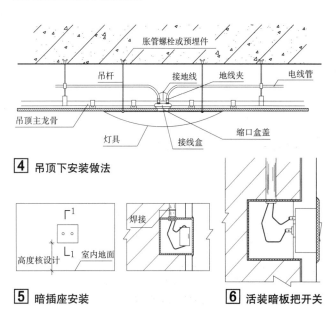

5 暗插座安装　　　　　　　**6** 活装暗板把开关

概述

通过技术手段对室内空气温度、湿度、洁净度、气流速度等进行调节与控制，并提供足够的新鲜空气。

常用室内空调系统种类 表1

空调室内系统	适用范围	空调室内系统	适用范围
风机盘管+新风	公共建筑舒适性空调场所，如办公、酒店、餐厅等	全空气空调系统	大空间且使用时间一致的建筑，如机场、车站、博物馆、剧场、大型商场等
多联式空调机组	建筑面积小且使用时间不固定，没有设备机房的建筑，如办公、别墅、售楼处、会所、KTV等场所	分体空调	一般办公室、招待所，一般餐厅等

常见的空调风口类型以及应用场所 表2

风口名称	气流类型及性能	适用范围
百叶风口	1.气流属射流；2.能调节风口送风量	适用于公共建筑舒适性空调和工艺性空调，可安装在侧墙上或顶棚上
散流器	1.气流属平送贴附流；2.能调节风口送风量	空调系统中常用的送风口，适用于公共建筑舒适性空调和工艺性空调
球形可调喷口	1.气流属圆射流；2.既能调节送风量又能调节气流方向	多用于高大空间高速风或局部供冷的场合，如候机大厅，室内体育场等场合
旋流风口	1.气流属旋转射流；2.诱导比大，风速衰减快	可用作大风量、大温差送风以减少风口数量，安装在顶棚上
座椅送风口	1.送风均匀；2.速度衰减较快	适用于工作区气流均匀、区域温差较小的房间
条形百叶风口	1.气流属射流；2.能调节风口送风量	适用于办公、会议、商场、餐厅等舒适性空调
暗藏式线形风口	1.气流属射流；2.能调节风口送风量	适用于较高档的办公室、商场、餐厅、博物馆、剧院等

常见空间的风口位置及布置方法 表3

房间类型	风口位置及布置方法
商业大空间	送风口可选用方形散流器，安装在顶棚上，风口间距一般控制在4~6m，回风口可选用百叶风口，安装在顶棚上或空调机房侧墙上
一般办公室	送风口可选用方形散流器，安装在顶棚上，风口间距一般控制在2~4m，回风口可选用百叶风口，安装在顶棚上
大空间大堂	送风口可选用喷口，安装在较低位置侧墙上，风口间距一般控制在1~3m，回风口可选用百叶风口，安装在顶棚上

常见空调风口与室内设计的配合

百叶风口：
叶片角度可在0°~90°范围调节，
可选配多叶调节阀，以控制风量。

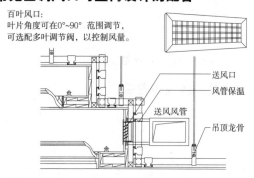

1 双层百叶送风口与跌级顶棚配合

散流器：
安装在顶棚上，气流属于贴附流，
可选配多叶调节阀，以控制风量。

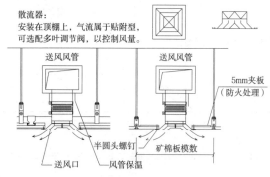

2 散流器与石膏板、矿棉板顶棚配合

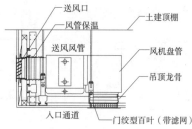

3 普通宾馆双层百叶送风口与顶棚配合

座椅送风口：
安装在影剧院、会场座椅下。

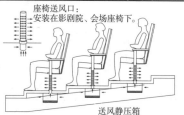

4 座椅送风口安装在剧院

旋流风口：
安装在顶棚上，气流属旋转射流。

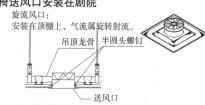

5 旋流风口与顶棚配合

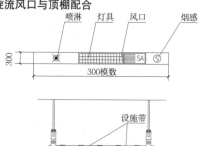

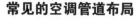

6 顶棚设施带安装

常见的空调管道布局

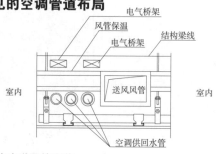

7 内走道风管安装

概述

室内设计应该主要从两个方面关注室内声学的要求：第一，在室内空间和界面设计方面避免产生各种声学缺陷；第二，在材料选择方面应该合理使用吸声材料，以便为室内空间创造舒适的声环境。

室内空间常见的潜在声学缺陷及解决方法 表1

室内空间	潜在的缺陷	图示	解决方案	室内空间	潜在的缺陷	图示	解决方案
凹弧形、圆形或椭圆形或锐角	声聚焦	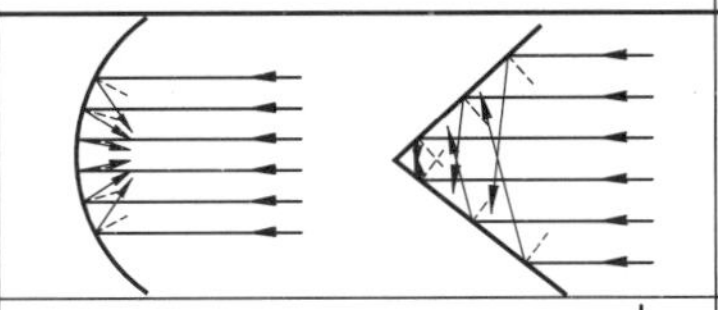	吸声或扩散处理	弧形顶或穹顶	声聚焦	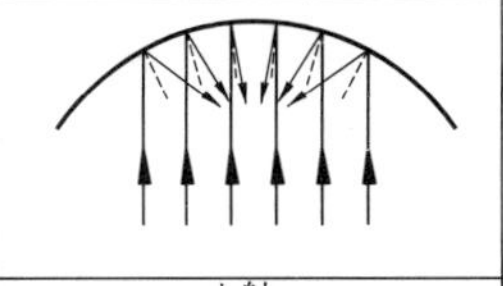	吸声或扩散处理
硬反射后墙面	回声	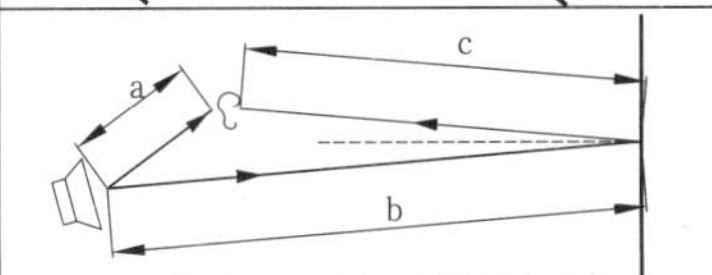 注：b+c-a>17m，则易形成回声	吸声或扩散处理	垂直平行墙面	颤动回声	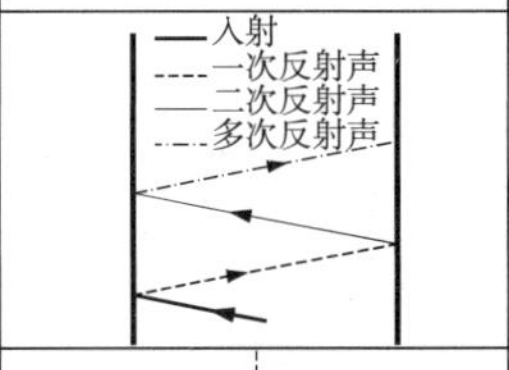	非正对硬反射面折线形墙；一面吸声墙，一面反射墙
光滑硬反射面	喧声	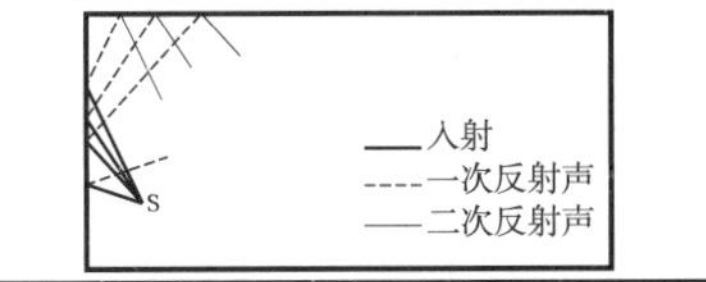	微扩散处理或不规则平面	扇形平面	反射声缺失	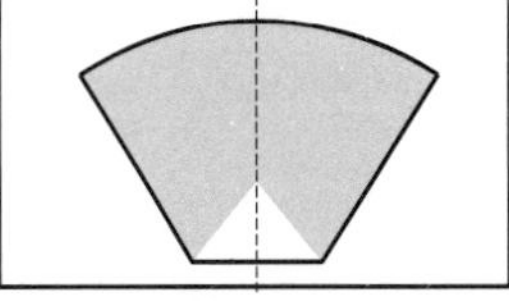	扩散处理

室内常用装饰材料的吸声性能及装修做法 表2

部位	材料类型	常用材料	常用厚度	装修做法	图示	部位	材料类型	常用材料	常用厚度	装修做法	图示
墙面	多孔性吸声构造	软包装饰吸声板	25mm、50mm	实贴或预留50mm或100mm空腔，空腔内填吸声棉安装	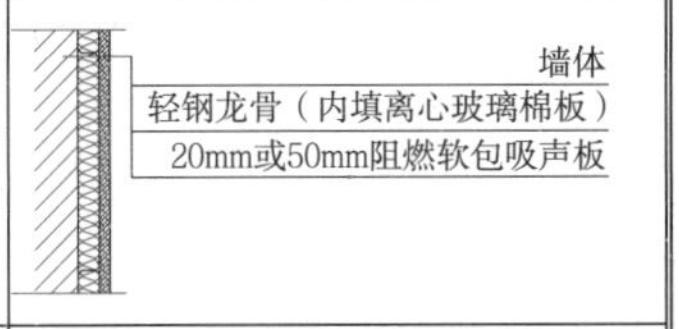 墙体 轻钢龙骨（内填离心玻璃棉板）20mm或50mm阻燃软包吸声板	顶面	共振型吸声构造	石膏板	9.5mm、12mm	预留空腔安装	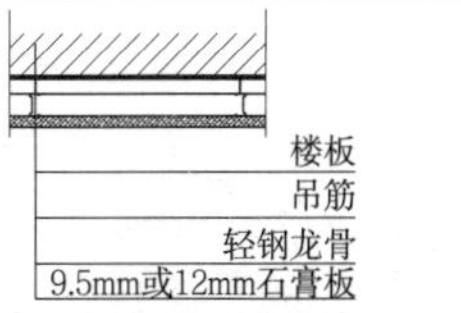 楼板 吊筋 轻钢龙骨 9.5mm或12mm石膏板
		玻璃纤维板	15mm、40mm	实贴或预留50mm或100mm空腔，空腔内填吸声棉安装	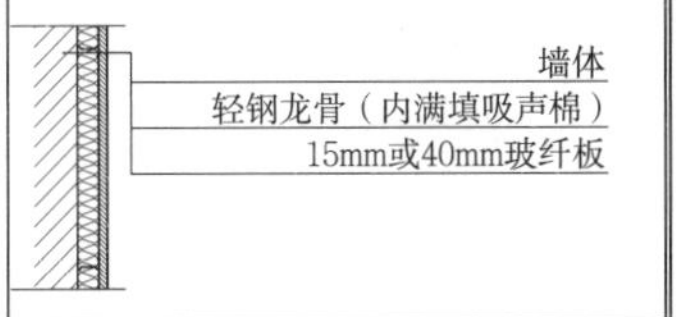 墙体 轻钢龙骨（内满填吸声棉）15mm或40mm玻纤板			金属穿孔板	1mm、1.5mm	预留空腔吊装，板后贴吸声无纺布	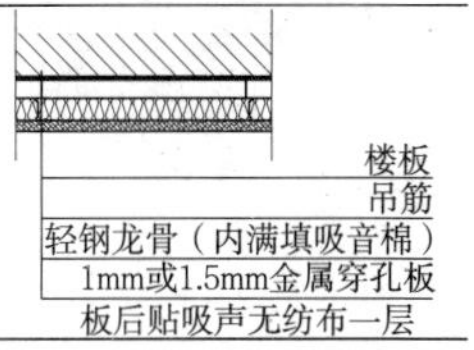 楼板 吊筋 轻钢龙骨（内满填吸音棉）1mm或1.5mm金属穿孔板 板后贴吸声无纺布一层
	共振型吸声构造	木质穿孔板	18mm、25mm	预留50mm或100mm空腔，空腔内填吸声棉安装	 墙体 轻钢龙骨（内满填吸声棉）18mm或25mm木制穿孔板		多孔性吸声构造	矿棉板	15mm、25mm	预留空腔吊装	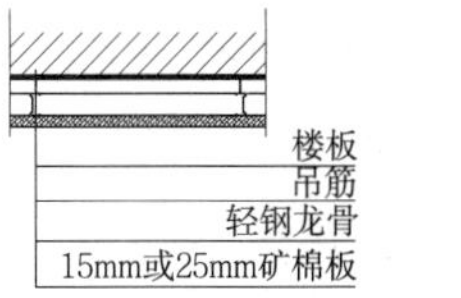 楼板 吊筋 轻钢龙骨 15mm或25mm矿棉板
		木饰面板	18mm、25mm	实贴或预留空腔安装	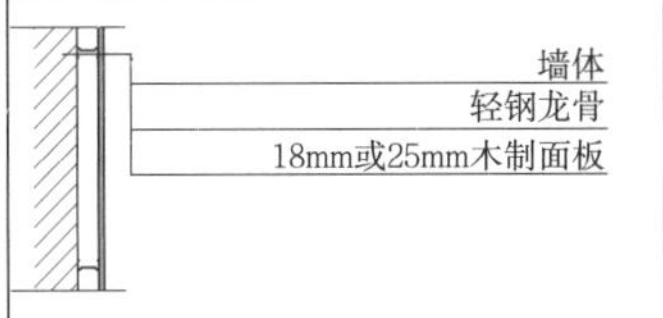 墙体 轻钢龙骨 18mm或25mm木制面板			玻璃纤维板	15mm、40mm	预留空腔吊装	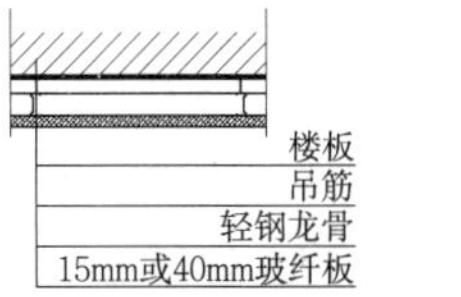 楼板 吊筋 轻钢龙骨 15mm或40mm玻纤板
		金属穿孔板	1mm、1.5mm	预留50mm或100mm空腔，空腔内填吸声棉安装	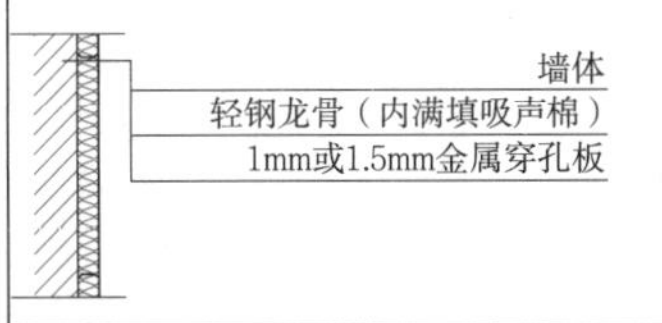 墙体 轻钢龙骨（内满填吸声棉）1mm或1.5mm金属穿孔板	楼地面	共振型吸声构造	木地板	18mm	架空或实贴	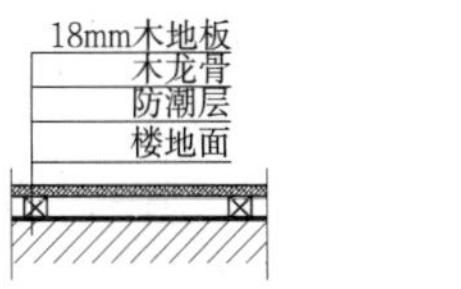 18mm木地板 木龙骨 防潮层 楼地面
		穿孔石膏板	9.5mm	预留50mm或100mm空腔，空腔内填吸声棉安装	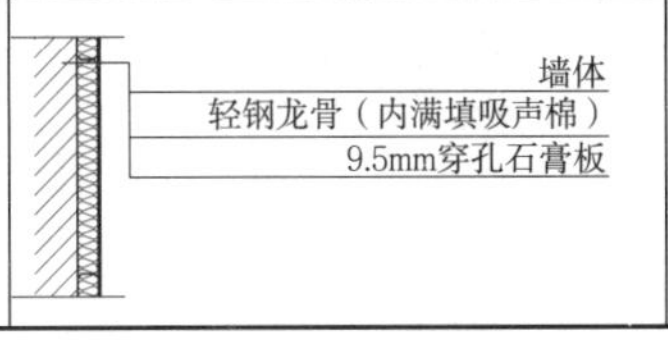 墙体 轻钢龙骨（内满填吸声棉）9.5mm穿孔石膏板		多孔性吸声构造	地毯	10mm、16mm	实铺	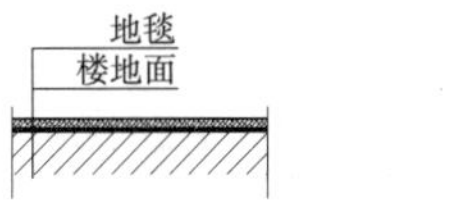 地毯 楼地面

围合

以面材或线材（如柱廊等）将特定区域加以包围，形成空间领域感。围合可用垂直界面或水平界面来实现，强度可强可弱，垂直界面的围合感通常要强于水平界面。

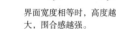 界面宽度相等时，高度越大，围合感越强。

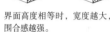 界面高度相等时，宽度越大，围合感越强。

用立柱围合出大厅空间，与外侧的通道分隔开来。

a 垂直界面围合空间

通过玻璃隔断与百叶窗帘通透度变化可调节空间分隔强度。

界面大小相等时，间距越小，围合感越强。

界面间距相等时，面积越大，围合感越强。

低矮的吊顶作为水平界面，对大厅空间形成比较强烈的围合效果。

顶棚与地面构成连续色带，界定出空间的范围。

b 水平界面围合空间

1 围合

界面差异

 根据界面材料、色彩、肌理、明暗等特性差异，以不同界面对特定区域进行限定。界面与周边环境的差异越大、对比越强，其对空间的围合感越强。

通过地毯覆盖的区域与周围地砖地面在材料上的差异，界定出起居空间的范围。

天窗与内侧吊顶的差异，形成对通道空间的限定。

2 界面差异

界面升降

将特定区域抬高或降低，凸显该区域与其他区域的不同，使该区域与周边区域得以区隔，从而形成对特定空间的限定。

 界面升起

采用地面局部升起来限定空间，具有发散和外向的特点。

a MIT克里吉斯礼拜堂

 界面下沉

大厅中通过地面局部下沉界定出休息空间，具有内敛的性格。

b 清华大学医学院

3 界面升降

界面倾斜

使特定区域的表面倾斜，与周边区域形成不同的角度，从而使该区域得以限定。同时，倾斜的地面或顶棚还可以使空间具有一定的方向感。

 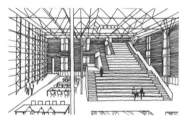

室内的大型阶梯形成倾斜的界面，由此界定出一个楼梯兼看台的特殊空间。

4 界面倾斜

多重限定

采用综合的方式，即运用上述限定方式中一种以上的方式来限定空间，形成更加丰富的空间效果。

综合运用地面差异、顶棚高低与形式变化、墙体来限定空间。

顶棚高低差异、地面色调差异、柱廊分隔等多种手段的使用，形成对大厅空间的限定。

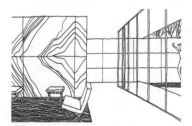 

玻璃幕墙、石材墙面等垂直界面与地面、顶棚等水平界面的多种围合实现空间界定。

水平界定、垂直界定、地面界面差异形成多重限定。

5 多重限定

12
室内设计

并联

一系列独立的空间通过与走廊等连接体直接相连，通过连接体实现空间之间的沟通和联系。

两侧的展览隔间通过走廊连接并形成并联关系。
a 金贝尔美术馆

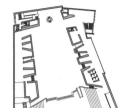

两侧小室通过走廊形成并联关系。
b 洛杉矶大教堂

1 并联空间

串联

若干个空间依次串接起来，常用于连接多个相同或类似的空间，或存在一定使用流程的空间。

展厅串联形成连续的、适合观展的行进路线。
a 艾佛逊美术馆

多个展厅空间依次串联起来。
b 伦敦国家画廊新馆

2 串联空间

中心发散

多个空间围绕交通核或公共大厅向心布置，形成中心发散式的布局，其特点是交通路线较短。

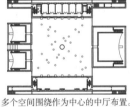

多个空间围绕作为中心的中厅布置。
a 柏林鲍姆舒伦韦格格火葬场

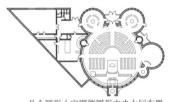

几个圆形小室围绕圆形中央大厅布置。
b 布拉迪斯拉发圣弗朗西斯教堂

3 中心发散

主从关系

根据功能或空间性质的不同，形成由主要空间和辅助空间组合而成、具有主次关系的空间。

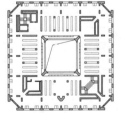

藏阅空间与楼梯等辅助空间主次分明。
a 埃克斯特图书馆

中跨高空间与两侧低空间分属主次空间。
b 维也纳邮政银行

4 主次关系

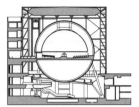

包含

一个大空间中包含着一个或多个较小的独立空间，从而组合成新的空间。

球形影厅被包含在方形展厅空间中。
a 纽约自然历史博物馆

方形会议室悬挑在中庭中，形成包含关系。
b Nykredit 哥本哈根总部办公楼

5 包含关系

减法

从相对完整的空间中减去另一个或几个空间后形成新的空间。通常外形简洁而内部空间丰富。

减去倒置方锥形空间而形成的大厅空间。
a 卢浮宫

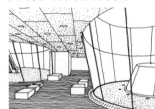

减去圆台空间后剩余部分作为使用空间。
b 胡安纽姆博物馆

6 减法空间

变形

在空间基本形态基础上进行变形处理，以基本形态为主、变形后的形态为辅，空间变化丰富。

直条形空间局部变形为半圆形空间。
a 雕塑展厅

方形空间在上升过程中渐变为圆筒形空间。
b 辛巴利斯塔犹太教堂

7 变形空间

穿插

一个空间在垂直或水平方向上穿过其他空间，通过方向、材料等对比来增强空间的表现力。

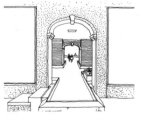

新建通道与建筑原有房间形成穿插。
a 奎瑞尼基金会

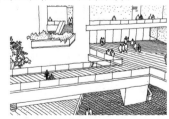

不同方向的水平楼层形成空间穿插。
b 美国国家美术馆东馆

8 穿插关系

概述

室内界面主要指围合成室内空间的底面（楼面、地面）、侧面（墙面、玻璃面等）和顶面（顶棚），界面的形式、色彩、质地对于形成室内环境气氛具有重要影响。界面装修既有功能要求，也有造型和美观要求，同时又要便于施工。

各类界面的基本功能要求 表1

	使用期限及耐久性	耐燃及防火性能	无毒及不散发有害气体	核定允许的放射剂量	易于施工或加工制作	自重轻	耐磨及耐腐蚀	防滑	易清洁	隔热保温	隔声吸声	防潮防水	光反射率
底面	●	●	●	●	●	○	●	●	●	●	●	●	—
侧面	○	●	●	●	●	○	○	—	○	●	●	○	○
顶面	○	●	●	●	●	●	○	—	—	●	●	○	●

注：●较高要求，○较低要求。

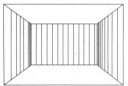

垂直划分，感觉空间紧缩、增高。
a 线性划分

水平划分，感觉空间开阔、降低。

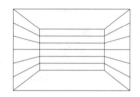

大尺度花式，感觉空间缩小。
b 花饰大小

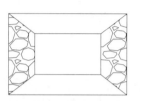

小尺度花式，感觉空间增大。

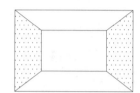

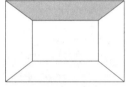

顶面深色，感觉空间降低。
c 色调深浅

顶面浅色，感觉空间增高。

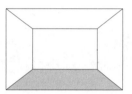

石材、面砖、玻璃，感觉挺拔冷峻。
d 材料质感

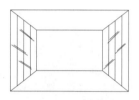

木材、织物，较有亲切感。

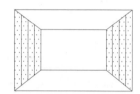

1 界面处理与视觉感受

界面处理与视觉感受

室内界面在线性划分、花饰大小、色调深浅、材料质感等方面的变化，都会造成视觉上的不同效果。

界面的色彩处理

色彩是最经济的装饰元素，室内界面的色彩运用对于装修效果具有非常重要的作用，需要仔细推敲。

界面色彩设计 表3

关系色类	单色相	选择一种色相，进行明度、彩度的变化，以及与黑、白、灰组合	可以形成明确、单纯统一的色彩效果
	类似色相	选择类似的色相，进行明度、彩度的变化，以及与黑、白、灰的组合	可以形成统一之中有变化的色彩效果
对比色类	—	选择具有对比效果的色相，进行明度、彩度的变化，以及与黑、白、灰进行组合	可以形成鲜明对比、又协调统一的效果

界面色彩对空间的调节作用 表2

色彩色相	暖色系列	有前进感，易于使空间感觉变小
	冷色系列	有后退感，易于使空间感觉变大
色彩明度	高明度	有后退感，易于使空间感觉变大
	低明度	有前进感，易于使空间感觉变小
色彩彩度	高彩度	有前进感，易于使空间感觉变小
	低彩度	有后退感，易于使空间感觉变大

室内环境的色彩构成 表4

	常见位置	色彩使用原则
背景色彩	固定的顶棚、墙面、地面等	一般采用彩度较低的沉静色彩，发挥烘托作用
主体色彩	家具和陈设部分的中等面积的色彩	是表现色彩效果的主要载体
强调色彩	易变化的陈设部分的小面积色彩	可根据环境和使用者需要配色，起到画龙点睛的作用

界面各部位的一些常见用色规律 表5

顶面	一般用白色或者接近于白色的明亮颜色	踢脚	明度一般低于墙裙
	采用单色相色彩时，其明度一般高于墙面		色彩一般与地面接近或相同，考虑耐脏的要求
侧面	一般明度较高，但往往明度低于顶面	门窗框	门、窗、门窗框一般采用相同色彩，且与墙面协调
	暖色系色彩易形成快活、温暖之感		墙面较暗时，门窗框色彩可以明亮些；反之，则可以暗些
	冷色系色彩易形成沉静、冷峻之感	家具	一般采用无刺激色相、低彩度的色彩；特殊情况下，可以采用与周围环境对比的色彩
	中性系色彩易形成明朗、舒适之感		暖色系墙面，一般采用冷色系或中性色家具；反之，可以考虑采用暖色系家具
墙裙	明度一般低于上部墙面	织物	应考虑与硬质界面色彩的协调
	着色的高度一般与窗台齐平		应考虑织物更换时的色彩效果

12
室内设计

概述

室内界面的装修构造与设计构思紧密相关，构造设计要注意以下原则：安全可靠、坚固适用；造型美观、具有特色；造价合适、便于施工；考虑工业化、装配化。

顶棚的各种造型基本都需要通过吊顶实现，吊顶一般由承力构件、龙骨骨架、饰面板及配件等组成，目前往往采用轻钢龙骨吊顶系统，饰面板常采用纸面石膏板。

根据不同的装修材料，侧面的常用装修构造有钩挂、系挂、钉嵌、贴面、罩面等方式；底面的常用装修构造有罩面、贴面、钉嵌等方式。

顶棚常见造型特点及适用范围 表1

平面式	表面平整、造型简洁、占用空间少；适用于教室和办公室等空间
折面式	表面有凹凸变化，可与照明、空调等设施结合；适用于各种空间，特别是有声学要求的空间
曲面式	形成筒顶、拱顶或穹窿顶；适用于需要有高敞感觉的空间
网格式	外观规整、大方、易与灯具结合，可利用结构梁体布置；适用于各种空间
分层式	顶棚有不同的层次，形成跌落的态势；适用于层高较高、需要重点强调的空间
悬吊式	在结构楼板（屋面板）下垂吊织物、板材、格栅或其他装饰物，形式多样；适用于各类空间

常用石膏板种类 表2

种类	特点	适用界面
普通纸面石膏板	适用范围广	顶棚、侧面
防火纸面石膏板	有防火要求的部位，钢木结构耐火护面	顶棚、侧面
石膏装饰板	可粘贴装饰面层，一次完成装修工序	顶棚、侧面
吸声板	板面有开孔率，可用于有吸声要求的场所	顶棚、侧面

注：安装在钢龙骨上的纸面石膏板，可以作为A级装修材料使用。

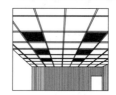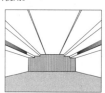

a 平面式　　b 折面式　　c 曲面式　　d 网格式　　e 分层式　　f 悬吊式

1 顶棚常见造型示意图

侧面和底面常用装修构造分类 表3

构造分类		图形		说明
		侧面	底面	
罩面	抹灰	找平层／饰面层		对于找平层，侧面可用水泥砂浆、石膏、白灰等材料，底面常用水泥砂浆； 对于饰面层，侧面可用涂料、油漆等材料，底面可用油漆、水泥砂浆、环氧树脂等
贴面	铺贴	打底层／找平层／粘结层／饰面层		对于铺贴在墙面的材料，适用于各种面砖、瓷砖等小面积陶土制品，为了增加粘结力，可以在材料背面开槽； 对于打底层，底面常用水泥砂浆，侧面可用水泥砂浆、石膏、白灰等材料； 对于铺贴在楼地面上的材料，则不受尺寸限制
	胶结	找平层／粘结层／饰面层		适用于薄片或卷状的饰面材料，如适用于墙面的壁纸、墙布、绸缎等； 适用于楼地面的地毡、地毯、PVC卷材等
钉嵌	钉嵌	防潮层／不锈钢卡子／木螺钉／企口木墙板／木龙骨／射钉		直接钉固于龙骨或者基层（或者借助压条、嵌条等固定）； 适用于墙面的竹木制品、石膏板、金属板、玻璃等；也适用于楼地面的木地板、玻璃地面、防静电地面等
包挂	系挂	φ6竖钢筋／绑扎铜丝或不锈钢丝／石材开槽孔／预埋φ6横钢筋		在饰面板材上方两侧钻小孔，用铜丝或镀锌铁丝将板材与结构层上的预埋铁件连系，板与结构之间灌砂浆固定，适用于大块的石材
	钩挂	不锈钢构件／石材开槽／石板材		在饰面材料背部留槽口，用与结构固定的铁钩在槽内搭住，常用于大块的石材饰面、空心砖等；或采用幕墙技术，在饰面板材背部开槽，直接将板材固定于龙骨上，常用于大块的石材饰面、铝合金板饰面

585

概述

门窗可分为外门窗和内门窗二大类。外门窗是围护结构的重要组成内容，涉及采光、通风、景观、私密、防火、防水、防渗、防盗、保温、隔热、隔声等多项要求，较为复杂；内门窗相对简单，主要起分隔空间的作用，一般无保温、隔热、防雨等要求。门窗使用的材料基本类似，常见的有金属、木材、竹材、塑料、玻璃等。门窗的位置既要考虑建筑设计的要求，也要考虑室内设计的要求，如：人流运动、空间的使用功能、空间的完整性、家具的布置等需要。

在室内设计中，门窗的视觉效果非常重要，应从内部空间的整体风格出发，选择合适的样式。门套、窗套、附属物、拉手等五金件对于整体效果亦有影响，需一并思考。

门还有通达性的要求，不同功能、不同场合的门具有不同的通行要求；窗的附属物比较多，常见的有：百叶、帷帘、窗帘等，这些物件对于室内环境气氛亦有较大作用，需要同时考虑。

a 开门（向前推开）　b 开门（向身边拉开）　c 拉门

开门宽度一般为500。

d 旋转门　　e 通道

当门与通道宽度相等时，为便于开启，前后空间留足1m。　通过的最小尺寸。　无障碍通过的最小尺寸。

1 门的功能尺寸

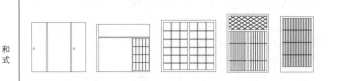

a 帷帘　　b 遮阳帘　　c 水平百叶帘　　d 垂直百叶帘　　e 窗帷

2 窗的附属物

门窗类型及样式

门窗常见类型　　　　表1

门窗	平开	推拉	旋转	卷帘	垂直轴翻转	水平轴翻转	折叠	升降
通风面积	100%	50%~100%	0%	100%	100%	100%	90%~100%	50%~100%
常见门材料	○◎●	○◎	○◎	◎	◎●	—	○◎●	◎●
常见窗材料	○◎●	○◎	—	◎	◎●	◎●	○◎●	◎●

注：○木，◎铝合金，●钢。

门窗常见样式　　　　表2

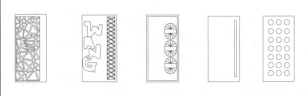

中式　中国传统建筑中的门窗以木材为主，其制作方式和装饰图案具有自身的特点。官式建筑中的门窗往往比较庄重，园林及一般民居中的门窗则往往较为雅致，不同地域的建筑门窗也各有特色。目前所谓的中式门窗往往指较多地借鉴了传统特色的门窗，常使用在具有中式风格要求的空间内

和式　日本传统建筑中的门窗往往较为简洁、朴素，具有自身的特色。当前室内设计中的和式门窗一般指较多地借鉴了日本传统特点的门窗，常使用在具有和式风格和禅意风格要求的场合。门窗往往采用水平向和垂直向的装饰线条，外观简洁、质朴，色彩以木色或褐色居多

西式　西方传统建筑历史悠久、流派纷呈，传统建筑中的门窗形式多样，各国各地都有自身的特点。当前室内设计中的西式门窗一般指较多地借鉴了西方传统特色的门窗，常使用在要求表现西式风格的空间内。设计时，应根据具体要求，采用特定的形式，或凝重或简练，或华丽或朴素，恰如其分地表达出特定的空间氛围

现代式　具有比较宽泛的含义，泛指注重功能、注重美观、体现时代精神、外观较为简洁的门窗形式，适用于各类场合。设计中，应从空间环境的整体氛围出发，综合考虑功能、美观、无障碍、防火、经济等多方面的要求，妥善处理门窗及其附属构件与空间整体效果的关系，使之成为完美的整体

12
室内设计

概述

楼梯是沟通上下空间的重要构件, 其位置需要考虑交通流线、消防疏散、上下空间呼应等关系。楼梯按梯段可以分为单跑、双跑、多跑, 按平面形状可以分为直线、折线、曲线等。

楼梯装修主要涉及踏面、栏杆 (栏板)、扶手、楼梯底部等部位的处理, 常用材料有金属、木材、石材、玻璃、塑料、环氧树脂等。不同形式和材料的楼梯可表现出不同的设计风格。

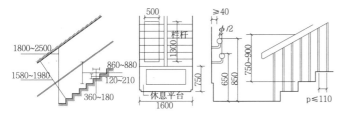

1 楼梯的功能尺寸

楼梯与室内空间关系 表1

	空间的提示与导向	楼梯 (含台阶) 具有空间引导作用, 可以引导人们在垂直方向和水平方向运动
空间中的作用	空间的分隔与限定	楼梯 (含台阶) 可以限定空间, 发挥丰富空间的作用, 但往往需要注意安全及无障碍等相关要求
	空间的联系与渗透	楼梯 (含台阶) 有助于加强不同标高空间之间的联系与渗透, 使空间充满变化
	作为空间的主体	楼梯可以成为空间的视觉中心, 此时必须反复推敲楼梯的形态、装饰风格和材料, 以突出其主体作用
	与其他功能结合	楼梯可以与储物柜、书架、绿化等结合, 使之同时具有收纳、储藏和装饰功能

踏步装修

踏步面断面形式 表2

	槽板式	单梁挑板式			悬吊式	悬臂式	
		平板式	折板式	三角式		一形踏板	L形踏板
木结构楼梯	○	●	●	●	○	○	○
钢结构楼梯	○	●	●	○	●	●	●
钢筋混凝土楼梯	●	●	●	●	○	○	○

注: ○不常用, ●常用。

踏步装饰材料 表3

	石材	木材	砖	玻璃	金属	混凝土	环氧树脂	塑胶地板	地毯
木结构楼梯	—	●	—	—	—	—	—	—	○
钢结构楼梯	●	●	○	●	●	○	○	○	○
钢筋混凝土楼梯	●	○	●	—	—	●	●	●	○

注: ○不常用, ●常用。

梯段底部处理方式 表4

	抹灰	镂空	不锈钢饰面	木材饰面	混凝土	环氧树脂	完全封闭
木结构楼梯	○	●	—	●	—	—	●
钢结构楼梯	○	●	●	—	—	—	○
钢筋混凝土楼梯	●	●	●	○	●	●	○

注: ○不常用, ●常用。

栏杆及扶手装修

楼梯扶手及材料特性 表5

扶手材料	材料特性					扶手截面类型
	起尘性	耐水性	耐磨性	光滑性	清洁性	
木扶手	小	不耐水	强	不滑	较易清洁	
压型铝和铜扶手	小	耐水	弱	光滑	易清洁	
轧钢扶手	一般	耐水	弱	较滑	较易清洁	
不锈钢扶手	小	耐水	弱	光滑	易清洁	
塑料扶手	小	耐水	强	较滑	易清洁	

楼梯栏杆及栏板 表6

无栏板 (栏杆)		栏杆材料主要有木或金属, 形式风格多样
有栏板	实栏板	栏板的材料有钢筋混凝土、木材、玻璃、金属网、塑料等
	上部空栏板	
	下部空栏板	
	半实半空栏板	

概述

室内装修材料包括天然石材、人造石材、木材、竹材、人造板（包括集成板、刨花板、密度板、胶合板、大芯板等）、金属、金属复合板、陶瓷（包括陶板、釉面砖、同质砖等）、玻璃、塑胶，以及织物、皮革等。

材料选型首先考虑室内空间的特性。通常公共性较强、人流较多的空间宜选择硬质材料和人工材料；而私密性强的生活休息空间宜选择柔软材料和天然材料。其次考虑材料的性能，如保温性能、吸声性能、隔声性能、防火性能、防水性能、观赏性能等。还需要从造价、工期、施工工艺和品质等方面进行控制。不同质感、不同色彩的材料如何合理搭配也是选型的关键之一。

环保、可持续是今后室内设计发展的主要趋势，故应尽量选用经权威机构认证的绿色材料。尤其是本地的绿色材料。

熟悉常用室内装修材料是材料选型的前提。为此，可以从多种渠道（包括同行介绍、行业活动、专业媒体、专业机构、专业市场与展示中心以及供应商与分包商等）获得并积累有用的材料信息和样品，并定期整理以备选用。

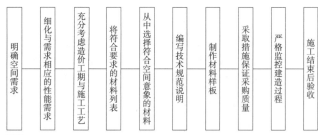

1 材料选型工作流程

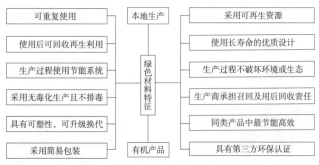

2 绿色材料特征

材料分类

石材的种类　　　　　　　　　　　　　　　　　　　表1

	石材	特性	常见用途
天然石材	大理石	光泽度高，颜色各异，有白色、黑色、灰色、粉红色、红色和绿色等色相，通常有明显的花纹，硬质，密度2.6左右	内饰面、台面、铺地、装饰件、艺术品
	蛇纹石	一般为墨绿色和褐色，蛇皮纹样，硬质，密度2.8左右	内饰面、铺地
	花岗石	有灰、桃红、茶红、黑等多种色相，耐划痕、耐腐蚀，硬质，密度2.6左右	内外饰面、铺地
	板岩	一般为蓝灰色，也有绿色、红色和黑色等色相	内饰面、铺地、台面
	砂岩	灰色或浅色，质地粗糙，即使研磨也没有光泽，软质，密度1.8~2.7	内饰面
	凝灰石	表面平滑易加工，有灰白、绿等色相，软质，密度1.8左右	内饰面、台面、艺术品
人工石材	水磨石	大理石碎片嵌入水泥基黏合剂制成	内饰面、铺地、台面
	人造石	大理石碎片嵌入树脂基黏合剂制成	内饰面、台面
	微晶石	天然无机材料经由两次高温烧结而成，质地坚硬、细腻、耐磨、耐腐	内饰面、铺地、台面

金属的种类　　　　　　　　表2

金属	常见用途
铝	隔断、隔板、移门、顶棚及饰面、室内家具与用具
黄铜	照明装置、装饰件
青铜	浇铸雕像、陈设品、家具配件、装饰件
铬	电镀水龙头、照明装置、家具与用具
铜	水管、线缆、室内用具
铁	围栏、装饰件
锡铅合金	照明装置、装饰件
钢	门窗框、涂漆或搪瓷家具
不锈钢	饰面、台面、装饰面、室内家具与用具
银	以镀层方式饰件、装饰件、陈设
锡	照明装置、装饰框、装饰件

塑料的种类　　　　　表3

塑料	常见用途
ABS树脂	管道设备、组合家具
ASA树脂	顶棚、护墙板、窗型材、卫浴用品
亚克力	顶棚、天窗、家具用具、饰面、陈设、艺术品
玻璃钢	顶棚、墙面、天窗、家具、艺术品
密胺	室内家具与用具
尼龙	室内家具与用具，特别适用于耐磨装置
聚乙烯	室内家具与用具
聚苯乙烯	室内家具与用具
聚氨酯	衬垫、外罩织物、绝缘材料
无纺布	饰面、灯罩、发光顶棚、地面涂装

木材的种类　　　　　　　　　　　　　　　　　　　表4

	树种	特性	常见用途
国产木材	楠木	黄褐色，纹理美，密度0.8，伸缩性小，易加工，且耐久稳定，产于南方地区	高档家具、饰件
	香樟木	黄褐色、红褐色，纹理美，密度0.8，质地坚韧，不易折断，不易产生裂纹，产于江南地区	家具、饰件
	榆木	浅黄色或黑紫色，弦面纹理美，密度0.82，变形率小，坚韧，硬度与强度适中，适宜雕刻，产于北方地区	家具、饰件
	水曲柳	浅褐色，纹理明确，密度0.68，耐水耐腐性好，易加工，产于东北地区	饰面、家具、地板
	柞木	浅褐色，射线纹理美，密度0.77，耐水耐腐性强，力学强度高，加工难度高，产于安徽及东北地区	家具
	榉木	明亮浅黄，纹理清晰，密度0.63，质地均匀，坚固，蒸汽下易弯曲，产于江南地区	饰面、曲木家具、地板
	枫木	色泽浅黄，纹理文雅，密度0.63，易加工，油漆涂装性能好，胶合性强，产于长江流域以南地区	饰面、家具、地板
	桦木	色泽浅黄，纹理直，密度0.63，有弹性，不耐磨，加工性能好，产于华北东北地区	家具、地板
	松木	黄白色，缺少光泽，密度0.53，纹理较清晰，有结疤，对大气湿度反应快，极难自然风干，产于东北地区	层板
	杉木	红褐色，纹理通直，密度0.38，结构均匀，材质轻韧，强度适中，抗虫耐腐，易加工，易起划痕，有结疤，产于东北地区	衬板、层板
进口木材	美衫	从红到黑变色，纹理通直，密度0.37，产于美国、加拿大的西海岸地区	屋顶材料、衬板、家具
	美桧	浅黄色，直行纹理美，光泽逐渐失去，密度0.47，产于美国西海岸地区	室内门
	红柳桉木	黄褐、红褐色，纹理交错，有光泽，密度0.53，产于菲律宾等亚热带地区	饰面、家具、地板
	胡桃木	边裁浅色，芯材深褐色，纹理美，有光泽，密度0.63，产于美国东部地区	饰面、家具、地板、饰件
	橡木	白色略带红，质重且硬，有鲜明的山形木纹，质感好，产于美国各地	饰面、家具
	桉木	深褐色、深金黄色，纹理通直，密度0.65，产于东南亚地区	高档家具、饰面、地板、饰件
	红木	浅褐、红褐色，光泽强，纹理缜密，密度0.55，产于中南美、西印度群岛、墨西哥、新几内亚	高档家具、饰面、地板
	花梨木	边裁白，芯材红黑，纹理美，密度0.82~1.01，产于泰国、印度、马来半岛、巴西	高档家具、饰面、艺术品

概述

家具可根据使用功能、使用场所、结构、材料等多种角度进行分类。按使用功能可分为坐具、卧具、承具、储藏类家具、隔断类家具等。按风格分类可大致分为中国古典家具、西方古典家具和现代家具。

家具功能

使用功能				表1

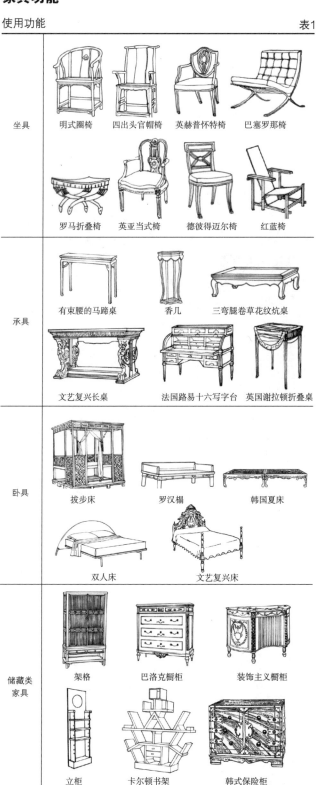

坐具：明式圈椅、四出头官帽椅、英赫普怀特椅、巴塞罗那椅、罗马折叠椅、英亚当式椅、德彼得迈尔椅、红蓝椅

承具：有束腰的马蹄桌、香几、三弯腿卷草花纹炕桌、文艺复兴长桌、法国路易十六写字台、英国谢拉顿折叠桌

卧具：拔步床、罗汉榻、韩国夏床、双人床、文艺复兴床

储藏类家具：架格、巴洛克橱柜、装饰主义橱柜、立柜、卡尔顿书架、韩式保险柜

家具使用场所

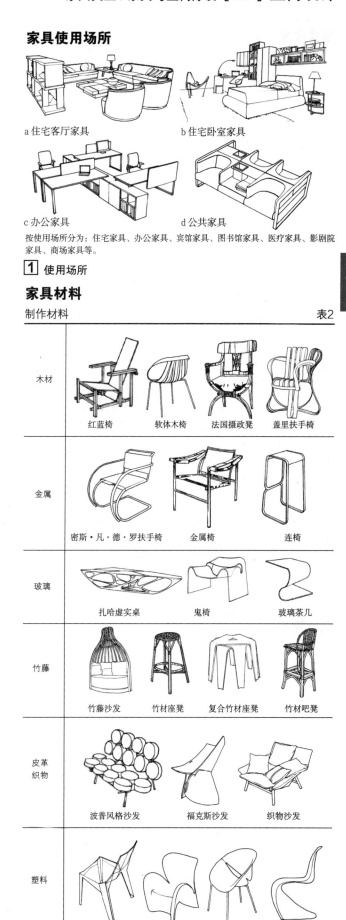

a 住宅客厅家具　　b 住宅卧室家具
c 办公家具　　d 公共家具

按使用场所分为：住宅家具、办公家具、宾馆家具、图书馆家具、医疗家具、影剧院家具、商场家具等。

1 使用场所

家具材料

制作材料				表2

木材：红蓝椅、软体木椅、法国摄政凳、盖里扶手椅

金属：密斯·凡·德·罗扶手椅、金属椅、连椅

玻璃：扎哈虚实桌、鬼椅、玻璃茶几

竹藤：竹藤沙发、竹材座凳、复合竹材座凳、竹材吧凳

皮革织物：波普风格沙发、福克斯沙发、织物沙发

塑料：波利椅、莉莉椅、沃格42号椅、维纳潘东椅

坐具尺度

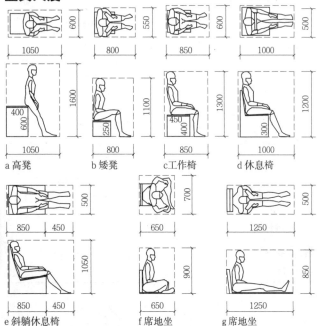

a 高凳　　b 矮凳　　c 工作椅　　d 休息椅

e 斜躺休息椅　　f 席地坐　　g 席地坐

1 人体的各种坐姿及坐具基本尺寸

舒适性坐具参考尺寸　表1

参数名称	男子	女子
坐高	340~360	320~340
坐深	450~500	450~500
坐宽	450~500	440~480
靠背高度	480~500	470~490
靠背与坐面高度	112°~120°	112°~120°

办公坐具参考尺寸　表2

参数名称	男子	女子
坐高	410~430	390~410
坐深	400~420	380~400
坐前宽	400~420	400~420
坐后宽	380~400	380~400
靠背高度	410~420	390~400
靠背宽度	400~420	400~420
靠背与坐面的角度	98°~102°	98°~102°

扶手参考尺寸　表3

参数名称	工作椅	休息椅
扶手前高	距坐面250~280	距坐面260~290
扶手后高	距坐面220~250	距坐面230~260
扶手长度	最小限度300~320	400
扶手宽度	60~80	60~100
扶手间距	440~460	460~500

承具尺度

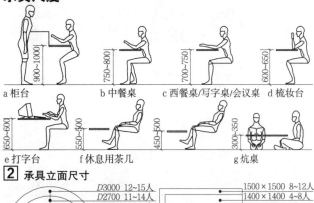

a 柜台　　b 中餐桌　　c 西餐桌/写字桌/会议桌　　d 梳妆台

e 打字台　　f 休息用茶几　　g 炕桌

2 承具立面尺寸

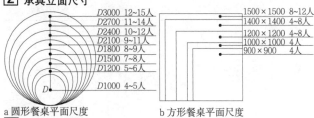

a 圆形餐桌平面尺寸　　b 方形餐桌平面尺寸

3 承具平面尺寸

卧具尺度

单人床尺寸　表4

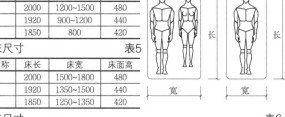

参数名称	床长	床宽	床面高
大	2000	1200~1500	480
中	1920	900~1200	440
小	1850	800	420

双人床尺寸　表5

参数名称	床长	床宽	床面高
大	2000	1500~1800	480
中	1920	1350~1500	440
小	1850	1250~1350	420

儿童床尺寸　表6

参数名称	床长	床宽	床面高	栏杆高
5~6岁	1100~1350	600~700	400~300	900~500
4~5岁	1050~1250	550~650	400~250	900~450
3~4岁	900~1200	550~600	220	400
2~3岁	900	550	600	1000

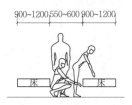

4 双床尺寸

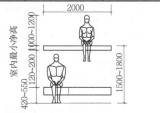

5 成人上下床尺寸

储藏类家具尺度

储藏家具进深尺寸　表7

家具名称	进深	家具名称	进深
双开门书柜	380	吊柜	300
单开门书柜	380	书柜	300
推拉门书柜	400	西服柜	600
橱柜	620	整理柜	450
物品柜	300~600	衣柜	450~600
洗物池、调理台	550~600	镜台柜	450

储藏家具搁板、抽斗、门的立面尺寸　表8

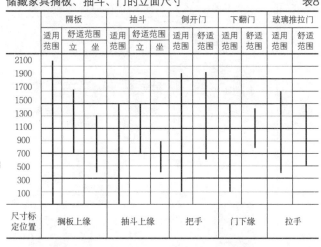

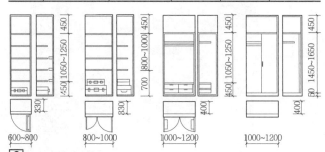

6 储藏类家具尺寸

家具布局作用

明确环境的使用功能,确认空间的性质;形成活动动线;组织和划分空间环境;提示区域之间的间隔。

a 形成活动动线　　　　　b 组织划分空间　　　　　c 提示区域之间的间隔

1 家具摆放布局

家具布局方法

家具的摆放方式可分为:周边式、岛式、单边式、对称式、非对称式、集中式、分散式等布局方式。

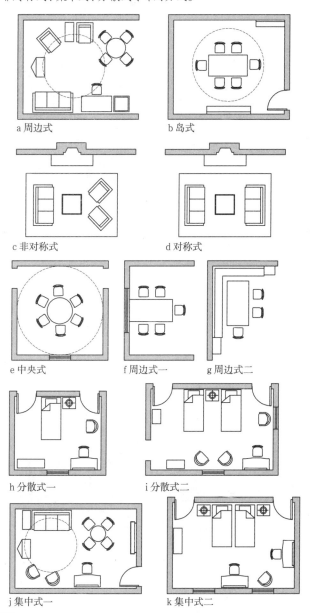

a 周边式　　　　　b 岛式

c 非对称式　　　　　d 对称式

e 中央式　　　f 周边式一　　　g 周边式二

h 分散式一　　　　　i 分散式二

j 集中式一　　　　　k 集中式二

2 家具的布局方式

家具局部间隙

家具与家具间的距离,需考虑人的活动范围。

书架　　书架　　书架　　书架　　书架
700　　1200　　900~1200　　1800

衣柜　　衣柜　　洗涤　　洗面
1200~1500　1000~1200　600 1000~1200　600 1000~1200

3 家具与家具间的距离

古代家具

现代家具

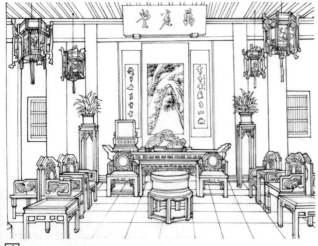

1 明代苏州网师园万卷堂室内装饰风格

4 美国流水别墅起居室室内装饰风格

2 明代苏州网师园看松读画轩室内装饰风格

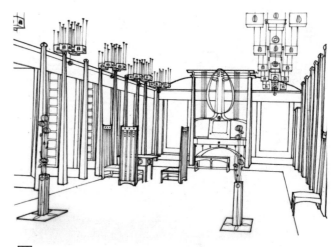

5 英国麦金托什音乐屋新艺术运动风格

3 英国乔治时期的客厅室内装饰风格

6 芬兰住宅现代装饰风格

室内装饰灯具的基本类型

　　室内常见装饰灯具有以下五种类型：吸顶灯、吊灯、壁灯、地灯和台灯。其中，吸顶灯和吊灯因安装于屋顶，其光效较高；壁灯常安装于较高的空间和不易安装顶部照明灯具的空间；台灯和地灯常作为局部照明使用。

1 吸顶灯类型示例

4 吊灯类型示例

2 壁灯类型示例

3 台灯类型示例

5 地灯类型示例

灯具配光的基本类型

直接照明：通过照明器配光，有90%~100%的光通量被有效地分配到指定区域

半直接照明：通过照明器配光，有60%~90%的光通量被有效地分配到指定区域，10%~40%的光通量分配到非指定区域

漫射照明：通过照明器配光，在空间各角度呈现较为均衡的照度值，有40%~60%的光通量被有效地分配到指定区域

半间接照明：通过照明器配光，有10%~40%的光通量被有效地分配到指定区域，60%~90%的光通量被分配到非指定区域

间接照明：通过照明器配光，有90%~100%的光通量被分配到指定区域的相反区域，并通过反射到达指定区域

1 灯具的基本类型

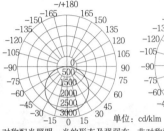 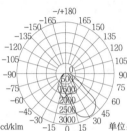 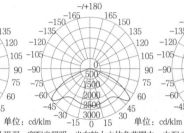 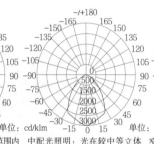 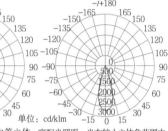

对称配光照明：光的形态及强弱在照明灯具中轴线的延长线两侧形成对称分布。

非对称配光照明：光的形态及强弱在照明灯具中轴线的延长线两侧形成不均匀分布。

宽配光照明：光在较大立体角范围内分布的照明，也称为宽光束照明。

中配光照明：光在较中等立体角范围内分布的照明。

窄配光照明：光在较小立体角范围内分布的照明，也称为窄光束照明。

2 灯具的基本配光类型

室内配光的基本类型

a 一般照明一：顶部采用均匀分布嵌入式照明，使空间获得满足基本功能需要的较为均匀的配光方式

b 一般照明二：顶部使用集中垂直吊式照明，使功能区的大面积界面获得满足基本功能需要的配光方式

c 一般照明三：通过均匀漫反射照明，使空间处于照度值相对均匀的配光方式

 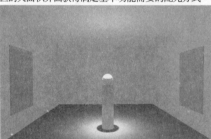 

d 局部照明一：通过线型或点型的照明手段，使墙面得到相对均匀照度值的配光方式

e 局部照明二：具有一定的方向性的配光形式，并且所表现的是一个独立的界面或功能区域

f 局部照明三：将有效的光集中配置到指定的目标或面积较小的区域上

g 混合照明一：将多种配光形式进行组合，最终形成一个完整的照明方式

h 混合照明二：将多种配光形式进行组合，最终形成一个完整的照明方式

i 混合照明三：将多种配光形式进行组合，最终形成一个完整的照明方式

3 室内配光的基本类型

12
室内设计

室内织物类型与应用

室内织物主要包括地毯、窗帘、家具蒙面织物及装饰壁毯等以纤维编结而成的,具有实用和美化作用的织物。

当代织物已渗透到室内陈设的各个方面。由于织物在室内的覆盖面积大,所以对室内的气氛、格调、意境等起很大的作用。织物具有柔软、触感舒适的特殊性,所以又能相当有效地增加舒服感。在一些公共性空间里,织物主要以家具蒙面为主,参与空间色彩的调节,功能关系的划分等,往往作为点缀性物品出现;而在私密性空间,特别是居住空间,则以织物为主,家具蒙面、地毯、壁挂、靠包、桌布等大量应用,在塑造空间风格的同时也体现空间的温暖感。

选择织物时应注意三个要素:颜色、图案和花纹质地。颜色是人们选择织物具有决定性的因素,颜色会影响人的心理健康和精神的安宁,选择时应符合整个空间的色彩调性。图案是织物的特色和个性的标签,它可以作为某一时期风格的标志,成为"时代精神"的体现。花纹质地是织物在视觉和触觉上的感受,从光滑精致到韧绝粗糙,使织物具有迷人的美感。选择时应注意面料间的协调和对比关系,因肌理质感不同可以营造视觉冲突变化。

室内织物种类及功能特点　　　　　　　　　　　　　　表1

类别	内容、功能、特点
地毯	地毯给人们提供了一个富有弹性、防寒、防潮、减少噪声的地面,同时又可利用不同的图案和色彩塑造具有风格特点的空间
窗帘	窗帘从材质分为纱帘、绸帘、呢帘三种。从开启方式分为平拉式、垂幔式、挽结式、波浪式、半悬式等多种。窗帘的功能主要是调节光线、温度、隔绝声音和视线,同时在室内起到的装饰作用甚有时超过了实际使用的功能性
家具蒙面织物	家具蒙面织物主要是附着在家具表面,起到装饰、防尘的作用的织物。包括:布、灯芯绒、织锦、呢料等。功能特点是具有一定的厚度和弹性,坚韧、耐磨、触感好,肌理变化丰富
陈设覆盖织物	陈设覆盖织物包括台布、床罩、沙发巾、茶垫等覆盖在家具或是台架表面可移动的装饰织物。它们主要功能是起着防磨损、防油污、防灰尘的作用,同时在空间中具有一定的点缀作用
靠垫	靠垫是在坐具、卧具(沙发、椅、凳、床)上附属的具有调节人体坐卧姿态和舒适性的器具,目的是为了让人体和家具的接触更为贴切。在当代室内设计中,靠垫已经成为坐具、卧具上不可缺少的装饰品
壁挂	壁挂织物主要包括壁毯、吊带或是吊挂织物。壁毯是与国画、油画、摄影作品等同类的一种壁面装饰。吊毯或是吊挂织物往往是根据空间需要,从顶棚或是壁面上悬垂下来的装饰织物,可以活跃空间气氛、丰富空间艺术性
其他织物	除上述织物外,还有天棚织物、壁面织物、织物屏风、织物灯罩、工具袋、信插等织物装饰品。在室内空间中具有一定的实用价值,同时还具有非常好的装饰效果

织物的厚薄及应用　　　　　　　　　　　　　　　　　表2

厚薄	应用
透明、轻薄的面料	一般用于床的幔帐或华盖、床帏、窗帘、透明遮阳帘、帷幔、半透明窗帘和帏帘、窗帘帘头、桌布、垂帘隔断等
轻薄面料	配饰物品和花边、门帘、窗帘、帷幔、遮光帘、帘头装饰、厨房用巾、灯罩、床罩、桌布等
中等厚度的面料	床上的寝具、枕头和配饰、浴室用巾、沙发套、有衬垫的装饰布艺、垂帘隔断和隔断屏布、窗户装饰帘、幔帘、较厚重的窗帘、遮光帘、无褶皱的帘头装饰等
厚重面料	床罩、地板装饰布(类似地毯的地面装饰布)、墙面装饰布、墙壁挂毯和帷幔、家具装饰布艺

1 织物(地毯、窗帘)对空间的影响示意

在选择室内织物时,应将室内的各色织物按照使用的面积、空间的朝向、使用的部位、面料的花色、厚薄质地及图案纹样来综合考虑。该图是利用织物样板,按照空间的类型和织物所占面积大小进行选样后的示范版。

2 织物的选择方法示意

在现代室内设计中,织物所占的面积是较大的。如图中可以看出,墙面的窗帘、沙发的蒙布、地面的地毯、沙发上的靠垫、保暖的毯子以及台灯的灯罩都是由织物制成的。因此,在室内织物的选择上应注意不同用途面料的质地和色彩、图案的选择。

3 各种类型的织物丰富空间示意

窗帘

窗帘是很好的软性窗饰。软性窗饰主要包括帷帘、窗饰、裙边挂帘、窗帷。

1 窗帘示意

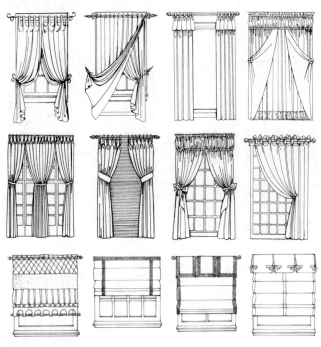

2 窗帘式样

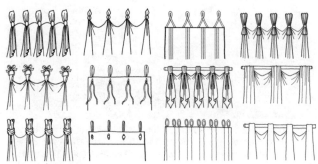

3 帘头绑窗帘带式样

地毯

地毯是一种给人们提供了富有弹性、防寒、防潮、减少噪声的地面织物，同时又可利用不同的图案和色彩塑造具有不同风格特点的空间。在选择时应考虑空间的特点：在公共区域大面积铺设时多选择二方连续或四方连续图案规整的、色彩偏中性的地毯；在核心区域宜选择图案独立完整、色彩鲜艳丰富的地毯。在私密空间由于家具和其他陈设物品较多，所以地毯的选择要考虑到色彩、纹样的协调，将地毯作为辅助的背景来考虑。

地毯式样

4 威尔顿地毯

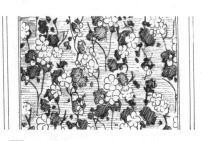

5 阿克斯明斯特地毯

6 彩印地毯

7 手工枪刺地毯

8 真丝地毯

9 编织彩线地毯

10 编织彩色牛皮地毯

11 地毯在空间中示例

12
室内设计

陈设覆盖织物

　　陈设覆盖织物包括：餐桌织物（包括：台布、餐巾、餐位餐具垫以及桌旗等）、床品织物（包括床帐、床单、枕套、枕垫、床围、床罩、毛毯、毛巾被、被子、羽绒被以及各种罩垫等）、沙发巾、桌布、茶垫等覆盖在家具或是台架表面可移动的装饰织物。它们主要功能是起着防磨损、防油污、防灰尘的作用，同时在空间中具有一定的点缀作用。

③ 织物在公共空间的应用

① 桌布的基本形式

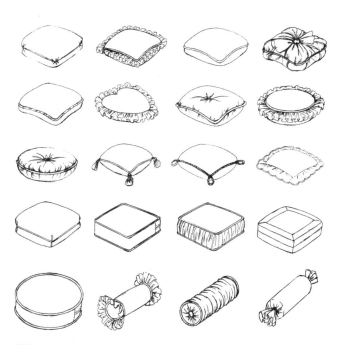

② 靠垫的基本形式

④ 织物在居住空间的应用

室内植物类型与布置方式

室内植物作为空间中的装饰性陈设，比其他的陈设品更具有亲和力和魅力。同时也因为室内植物具有其自身的生命力和作用，广泛地被应用在各类空间中。

空间植物布置的方式主要有：

1. 吊，用金属、塑料、竹木、藤制成的吊盆或吊篮栽上植物后，垂吊于窗口、墙角或墙边无人走动之处，以弥补平面墙面的不足，形成一个立体的居室花木氛围。这种方式宜栽植铁线蕨、吊兰、串线藤、常春藤、绿萝等吊挂类植物。飘曳的枝条、柔垂的叶片能使居室充满动韵。

2. 砌，还可利用墙壁、柱面等垂直处镶嵌上特制的圆形、三角形、椭圆形等各种形状的栽植器，或在墙、柱上砌成不规则的人工种植槽，填上培养土，然后将适宜的植物如肾蕨、圆盖阴石蕨等栽于槽内。

3. 摆，是最常见的一种室内装饰手法。可在墙内角、沙发旁落地放置两三盆大型盆栽观赏植物，如龟背竹、滴水观音、散尾葵等，亦可将文竹、非洲紫罗兰、冷水花等小巧玲珑的小型植物及各类瓶插花卉置于几、架、桌、台上面。摆放时应注意位置要适当，以方便、美观为宜。同时需要注意如夜来香、水仙、香水百合等花香过浓的花不宜摆放在卧室。

4. 挂，用竹筒、竹编或其他特殊容器栽上观赏植物，以壁挂形式装饰于墙壁、柱子等处，以增添野趣。植物以蕨类为宜。

5. 攀，在种植器皿内栽上扶芳藤、凌霄等，使其顺墙壁、楼梯、柱子等盘绕攀附，形成绿色帷幔，也可用绳牵引于窗前等处，让藤蔓顺绳上爬，上攀下垂，层层叠叠，满目翠绿，十分幽雅。

2 绿色植物"吊"、"摆"、"挂"的布置方式

室内植物选用表　　　　　　　　　　　　　　　　表1

类别	名称	高度(m)	叶	花	光	最低温度(℃)	湿度	用途 盆栽	用途 悬挂	用途 攀缘
树木类	巴西铁树	1~3	绿	—	中、高	10~13	中	○		
	散尾葵	1~10	绿	—	中、高	16	高	○		
	孔雀木	1~3	绿褐	—	中、高	15~18	中	○		
	印度橡胶榕	1~3	深绿	—	中、高	5~7	中	○		
	观音竹	0.5~1.5	绿	—	低、高	7	高	○		
观叶类	细斑粗肋草	0~0.5	绿	—	低-高	13~15	中	○		
	火鹤花	0~0.8	深绿	—	中、高	10~13	高	○		
	文竹	0~3	绿	—	中、高	7~10	中	○		○
	一叶花	0~0.5	深绿	—	低	5~7	低	○		
	吊兰	0~1	绿白	—	中	7~10	中	○	○	
	花叶万年	0~0.5	绿	—	低-高	15~18	中	○		
	绿萝	0~1	绿	—	低、中	16	高	○	○	○
	富贵竹	0~1	绿	—	低、中	10~13	中	○		
	龟背竹	0.5~3	绿	—	中	10~13	中	○		○
	春羽	0.5~1.5	绿	—	中	13~15	中	○		
	海芋	0.5~2	绿	—	中	10~13	中	○		
	银星海棠	0.5~1	绿	—	中	10	中	○		
观花类	珊瑚凤梨	0.5~1	浅绿	粉红	高	7~10	高	○		
	白鹤芋	0~0.5	深绿	白	低-高	8~13	高	○		
	马蹄莲	0~0.5	绿	白、红、黄	中	10	中	○		
	八仙花	0~0.5	绿	复色	中	13~15	中	○		

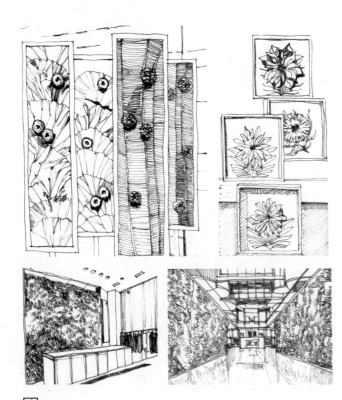

1 绿色植物"砌"、"攀"的布置方式

12
室内设计

艺术品类型

一般把艺术品分为美术作品和装饰艺术品。美术作品是艺术家独立创作的，可以是国画、油画、水粉、水彩、摄影作品等二维的作品，也可以是以金属、石材、泥、陶瓷等塑造的三维艺术作品。装饰艺术品是与建筑结构结合的壁雕、壁画等美化室内环境的装饰艺术品，其材料可以是金属、石材、玻璃等材质，最好是具有空间点睛之笔的艺术作品。

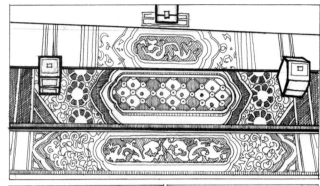

12
室内设计

1 平面美术作品

2 立体美术作品

3 装饰艺术品

艺术品展示原则

为室内选择任何一件艺术品或是装饰品时，最重要的原则是与室内空间风格、比例、色彩、形态等要素相配。艺术装饰品展示可以使用如下方法：

1. 藏，一般具有较高价值的艺术装饰品，选择使用"藏"的方法放置在展示柜中陈列展示。藏在展示柜中的艺术品可在灯光和设计精美背景的衬托下，成为空间中亮丽的风景、视觉的中心。

2. 挂，一般是以墙面为背景，将二维的艺术作品，作为空间中的视觉中心。此类陈设方式常常以一件重要的作品为核心，以对称的布局方式进行悬挂。也有使用大小不一的画幅进行组织，形成极具动感的装饰。这种方法是艺术品展示的重要表达方法。

3. 摆，有些大件的物品不易储藏，只能摆放出来，多半放置在台面以上、人的视线以下的区域。这类物品的体量感强，具有雕塑的味道。还有些人们喜爱的小件物品和随时使用的物品摆放在身边的桌面、台面上，因为数量丰富，也形成了错落有致的群组感觉。这种方法是小件艺术装饰品常用的表达方法。

1 艺术品在墙面展示形式

2 艺术品在空间中展示示例

室内标识设计的基本要素

1. 类别：标识表现形式的分类：静态型、动态型、永久性、临时性、独立型、附属型。

2. 位置：指标识的功能布局，包括平面位置布局，考虑到人的各种活动、流程因素的影响。

3. 尺度：是指人的观察位置、距离、移动速度等空间尺度因素与标识形体及细节设计尺度之间的密切关系。

4. 空间构图：标识在空间环境中的位置，考虑到人的视点、视距、视角。

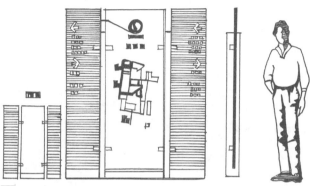

1 典型立面布局位置示意图

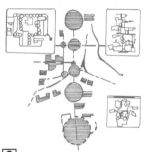

2 典型平面布局位置示意图

标识可视尺度关系表 表1

a 视距

a 视距	b 中文大小	c 英文大小
30m	120cm以上	90mm以上
20m	80cm以上	60mm以上
10m	40cm以上	30mm以上
5m	20cm以上	15mm以上
1m	9cm以上	7mm以上

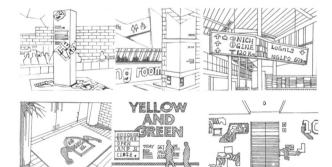

3 空间构图：典型构图位置示意图

标识的类型形制

1. 静态、动态：从信息呈现状态上可以分为静态型、动态型。

2. 永久性、临时性：从信息呈现状态上可以分为静态型、动态型。

3. 独立型、附属型：从与环境的关系可分为独立型、附属型。

a 静态标识   b 动态标识

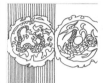

c 永久性标识   d 临时性标识

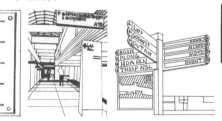

e 独立型标识

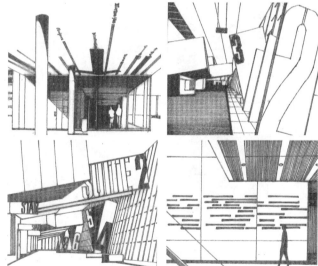

f 附属型标识

4 各类型标识

标识的功能及内容

1. 功能：标识的功能主要是为使用者提供环境相关的信息，包括地址及相关名称、环境相关说明、警示、导向、平面分布、索引。

2. 内容类型：标识最常见的内容形式是以文字、图形、符号来表现的。

5 名称说明

12
室内设计

标识设计程序

1. 流程图—布点定位—规格—内容—色彩（图表）。

2. 建筑环境交通流线和流量分析。

3. 标识基本元素设计：图形文字设计、色彩设计以及颜色与建筑环境的配合。

4. 标识的构造设计（标识的外形、结构和细部构造等）。

5. 协调设计：与公共设施如座椅、垃圾桶、公厕、电话亭、小百货协调，与周围景观协调。

6. 设计流程环境标识的设计流程一般遵循如下：布点定位—规格—内容—色彩。在设计过程中首先要考虑建筑环境交通流线和流量，并根据分析进行布位定点；在确定形态、表现类型等形制规格后，要进行标识基本元素设计：包括图形、文字、色彩设计等；在设计中还要考虑与环境的协调性，如与环境主题的协调、与公共设施系统协调、与周围景观协调；最后是标识的构造设计，包括标识的外形、结构和细部构造等。

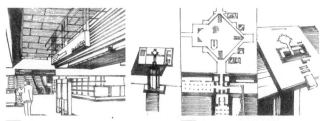

5 颜色与建筑环境的配合　　6 标识的细部设计

7 协调设计：与景观协调　　8 协调设计：在公共设施设计中的协调

设计参考依据

视点、视距、视角、人的各种活动的需求。

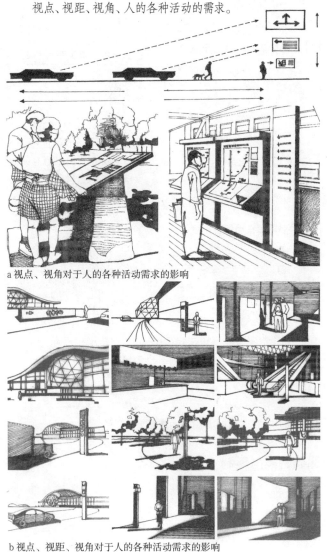

a 视点、视角对于人的各种活动需求的影响

b 视点、视距、视角对于人的各种活动需求的影响

9 视点、视距、视角对人的各种活动需求的影响

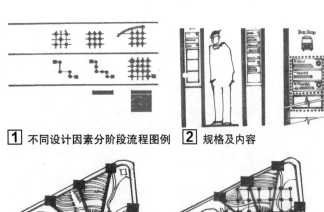

1 不同设计因素分阶段流程图例　　2 规格及内容

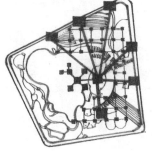

3 标识布点定位图

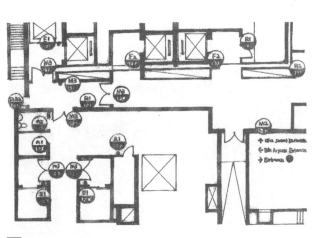

4 流量平面布置图

制图依据

建筑室内设计制图应遵循《房屋建筑制图统一标准》GB/T 50001、《建筑制图标准》GB/T 50104、《房屋建筑室内装饰装修制图标准》JGJ/T 244等制图规范，并符合国家其他相关法律法规和现行标准规范。

平面图的制图要求

平面图是在适宜高度（一般在建筑门窗洞口处）水平剖切后，俯视室内空间，并按直接正投影法绘制而成的图样。

平面图主要用于反映建筑室内平面布局、空间及功能分区、家具布置、绿化及陈设布局等内容，是确定室内空间平面尺度及形体定位的主要依据。

1. 平面图中应注写房间名称或编号。

2. 平面图中的装饰装修物件，可注写名称或用相应图例符号表示。

3. 未剖到的墙体立面的洞、龛等，在平面图上可用细虚线表示。

4. 对于较大房屋建筑室内空间的平面图，可分区绘制平面图 ①。

铺地图的制图要求

在一些大而复杂的空间中，为将地面装饰情况表达清晰，常将平面中的地面铺陈情况另外单独绘制，形成铺地图。

铺地图和其他平面图一样，为正投影图。铺地图着重表达地面装饰材料、材料交接及分割方式，需要表达出地面材质、尺寸、色彩、标高等信息。

顶面图的制图要求

顶面图是以一个水平剖切平面，沿顶棚下方适宜位置（一般为门窗洞口位置）进行剖切，移去剖切面下面部分后，对剖切面上面墙体、顶棚所作的水平镜像投影图。顶面图反映顶面形状，灯具及喷淋等设备的位置，顶面材料、尺寸标高及构造做法等内容；并在需要时，表示剖切位置中投影方向的墙体的可视内容。

顶面图中应省去平面图中门的符号，以细实线连接门洞表明位置，墙体立面中的洞、龛等在顶面图中则以细虚线连接表明其位置 ②。

平面图、铺地图、顶面图主要表达内容、常用比例及线型　　　表1

		平面图	铺地图	顶面图
主要表达内容		平面布局、功能分区、家具布置	地面装饰材料、材料交接及分割方式	顶面形状、材料、标高、顶面灯具、喷淋等设备位置
常用比例		1:200 1:150 1:100 1:50	1:150 1:100 1:50	1:200 1:150 1:100 1:50
线型与表达	粗实线	剖到的墙、柱等建筑轮廓线	剖到的墙、柱等建筑轮廓线	剖到的墙、柱等建筑轮廓线
	中实线	家具、台阶等可见构件轮廓线	材料交接线或边界线、构件轮廓线	顶面材料边界线或交接线、灯具、风口等构件轮廓线
	细实线	门窗开启线辅助线	材料分割线等辅助线	材料分割线等辅助线

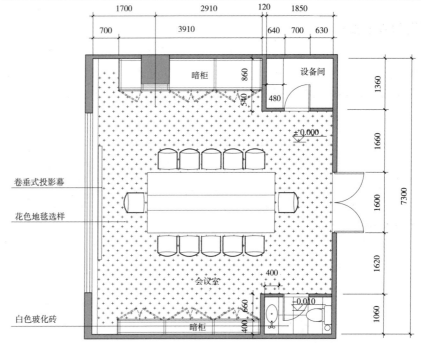

① 会议室平面图示例（1:100）

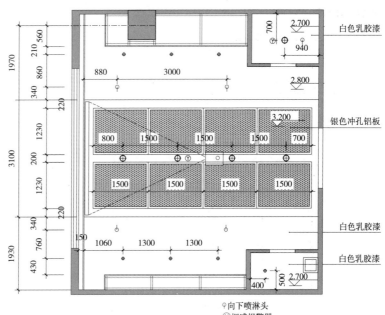

② 会议室顶面图示例（1:100）

603

立面图的制图要求

室内立面图是将室内墙面按照内视投影符号的指向，向直立投影面所作的正投影图。它用于反映室内空间垂直方向的设计形式、尺寸与做法、材料与色彩选用等内容，是室内设计中主要图样之一，是确定墙面做法的主要依据。室内立面图的名称，应根据平面布置图中内视投影符号的编号或字母确定。

室内立面图应该包括投影方向可见的室内轮廓线和装饰构造、门窗、构配件、墙面做法、固定家具、灯具等内容及必要尺寸和标高，并依需求表达非固定家具、装饰物件等情况。室内立面图的顶棚轮廓线，可根据情况只表达吊顶或同时表达吊顶及结构顶棚①。

详图的制图要求

详图是为详尽表达细部，如墙体、隔断、门窗、家具、扶手、线脚、柱式等具体构造做法、材料选用及交接、细部尺寸等内容，以正投影方式绘制的图样。

详图一般有构造详图，主要用于表现楼梯、地面、顶面、轻质隔墙等局部（特别是材料转接处）材料选用、构造做法及细部尺寸；配件和设施详图，主要用于表现门窗、家具、隔断、扶手等配件的尺寸、材料选用及构造做法；装饰详图，主要包括线脚、柱式、装饰物等做法、材料、细部尺寸及与主体的连接构造②。

立面图与详图主要表达内容、常用比例及线型　　　表1

		立面图	详图
主要表达内容		立面设计形式、尺寸与做法、材料与色彩选用	局部材料选用、构造做法及细部尺寸
常用比例		1:50, 1:40, 1:30, 1:20	1:1~1:20
线型与表达	粗实线	立面外轮廓线、剖到的建筑、装饰构造轮廓线	剖切到的建筑、装饰体、构件轮廓线
	中实线	墙面上的门窗及凸凹于墙面的造型	未剖到的但能看到的材料或造型的投影轮廓线
	细实线	图示内容、尺寸标注、引出线等辅助线	尺寸标注、引出线等辅助线

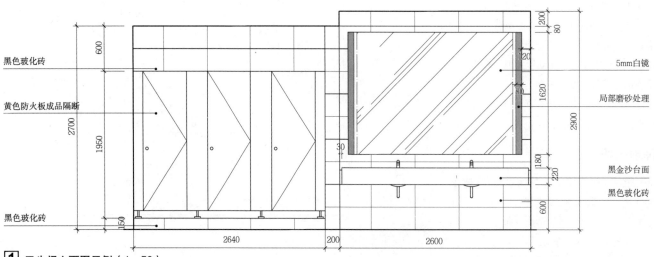

黑色玻化砖
黄色防火板成品隔断
黑色玻化砖

5mm白镜
局部磨砂处理
黑金沙台面
黑色玻化砖

① 卫生间立面图示例（1:50）

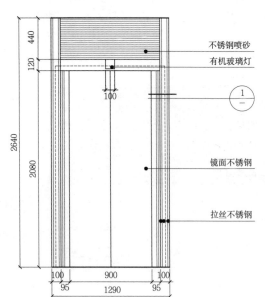

不锈钢喷砂
有机玻璃灯
镜面不锈钢
拉丝不锈钢

② 电梯厅门详图示例（1:40）

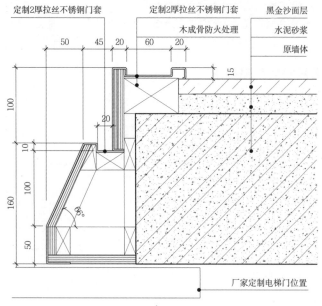

定制2厚拉丝不锈钢门套　　定制2厚拉丝不锈钢门套　　黑金沙面层
木成骨防火处理　　水泥砂浆
原墙体
厂家定制电梯门位置

①门套详图1:5

附录一 第1分册编写分工

编委会主任：朱文一、吴长福、赵万民、刘克成
　　副主任：郑曙旸、单军、章明、周铁军、李岳岩

编委会办公室主任：程晓喜、范路、蒋杨倩

项目	编写单位		编写人员
1 建筑综述	**主编单位**	清华大学建筑学院	主编：单军
	联合主编单位	重庆大学建筑城规学院、同济大学建筑与城市规划学院	副主编：卢向东
常用数据	主编单位	清华大学建筑学院	主编：卢向东
法定单位		清华大学建筑学院	卢向东、刘梦佳、王丽莉、王敬舒
度量衡			
几何形体计算			
人体尺度	主编单位	同济大学建筑与城市规划学院	主编：徐磊青
基本尺寸		同济大学建筑与城市规划学院	徐磊青、孙蕾、唐枫、刘念、黄舒晴
人体尺寸的应用			
基本动作			
动作域			
活动空间尺度			
感知与个人空间			
模数	主编单位	东南大学建筑学院	主编：淳庆
基本概念		东南大学建筑学院	淳庆、刘长春
模数数列表			
模数协调原则			
模数协调应用			
色彩	主编单位	清华大学美术学院	主编：杜异
色彩的基础知识		清华大学美术学院	杜异、刘晓希、黄艳、李飒
色彩系统与色卡			
色彩系统与色卡应用			
色彩的对比			
色彩的调和与配色			
物体色彩的表现			
色彩视觉生理与心理			
色彩的认知			
城市与建筑色彩设计			
自然色彩地理学			
人文色彩地理学			
气象	主编单位	清华大学建筑学院	主编：朱颖心
中国建筑气候区划		清华大学建筑学院	朱颖心、王者
温度·湿度			
降水·天气现象			
风			
日照	主编单位	中国建筑科学研究院	主编：罗涛、张滨

项目	编写单位		编写人员
设计要求		中国建筑科学研究院	罗涛、张滨
太阳位置			
日影曲线图			
太阳位置图绘图			
日照标准			
计算机应用			
遮阳设计			
制图图例	主编单位	重庆大学建筑城规学院	主编：覃琳
图幅·图线		重庆大学建筑城规学院、四川省建筑设计研究院	覃琳、秦硕、刘又嘉
尺寸标注法			
图用符号·定位轴线			
图样画法			
建材图例·运输图例		重庆大学建筑城规学院、四川省建筑设计研究院	覃琳、刘又嘉、秦硕
总平面图例			
道路与铁路图例·构造图例			
门窗图例			
给水排水图例		重庆大学建筑设计研究院有限公司	颜强
电气图例		重庆大学城市建设与环境工程学院	龙莉莉
结构图例		重庆大学土木工程学院	甘民
通风空调图例		重庆大学城市建设与环境工程学院	陈金华
建筑标识	主编单位	清华大学美术学院	主编：洪兴宇
概述		清华大学美术学院	洪兴宇、赵萌萌
导向系统			
通用符号			
旅游休闲符号			
客运货运符号			
运动健康符号			
购物符号			
医疗保健符号			
铁路客运符号			
建设程序	主编单位	重庆大学建筑城规学院	主编：严永红
基本建设概念及程序		重庆大学建筑城规学院	严永红、冯晨
建设程序·投资决策和建设·设计文件		重庆大学建筑城规学院	严永红、冯晨
施工图审查·竣工验收·评价·造价·定额		重庆大学建筑城规学院	严永红、冯晨、曾旭东
建筑经济·BIM		重庆大学建筑城规学院	严永红、冯晨
2 场地设计	主编单位	西安建筑科技大学建筑学院	主编：邓向明、党春红
	联合主编单位	中国建筑西北设计研究院有限公司、西安交通大学人居环境与建筑工程学院	副主编：张定青
概述	主编单位	西安建筑科技大学建筑学院	主编：邓向明
概述		西安建筑科技大学建筑学院	邓向明
设计条件	主编单位	西安建筑科技大学建筑学院	主编：邓向明

606

项目	编写单位		编写人员
地形条件		西安建筑科技大学建筑学院	邓向明
地形图图式			
气候条件			
地质及水文条件		西安建筑科技大学建筑学院	邓向明、郑晓伟
城市规划条件			
场地总体布局	主编单位	西安交通大学人居环境与建筑工程学院	主编：张定青
基本内容·场地分区		西安交通大学人居环境与建筑工程学院	张定青、王非
建筑布局结合地域及区位因素			
建筑布局结合用地因素			
建筑朝向			
建筑间距			
单体建筑布局			
群体建筑布局			
道路交通	主编单位	西安建筑科技大学建筑学院	主编：罗西
交通组织		西安交通大学人居环境与建筑工程学院、西安建筑科技大学建筑学院	张定青、邓向明
道路系统			
道路平面设计		西安建筑科技大学建筑学院	罗西
道路断面设计			
道路路基路面			
停车场		西安建筑科技大学建筑学院	姜学方
竖向设计	主编单位	中国建筑西北设计研究院有限公司	主编：党春红
概述·设计地面		中国建筑西北设计研究院有限公司	党春红、高雅清
设计地面			
防护工程			
交通联系			
设计标高			
土方量计算			
场地排雨水			
实例			
绿化设计	主编单位	西安建筑科技大学建筑学院	主编：邓向明
概述		西安建筑科技大学建筑学院	邓向明
种植设计		西安建筑科技大学建筑学院	邓向明、杨建辉
种植设计与表达			
管线综合	主编单位	中国建筑西北设计研究院有限公司	主编：杨琬成
基本内容		中国建筑西北设计研究院有限公司	杨琬成、高雅清
布置方式			
地下布置			
架空布置			
其他管线布置			
实例			
3 建筑功能、空间与形态	主编单位	同济大学建筑与城市规划学院	主编：张建龙、李岳岩、孙彤宇
	联合主编单位	西安建筑科技大学建筑学院	副主编：赵巍岩、俞泳、李建红
建筑功能	主编单位	同济大学建筑与城市规划学院	张建龙

项目	编写单位	编写人员
基本概念	同济大学建筑与城市规划学院	赵巍岩、岑伟、王珂
分类		
特性		
功能布局		
建筑空间	**主编单位** 同济大学建筑与城市规划学院	主编：孙彤宇
基本概念	同济大学建筑与城市规划学院	孙彤宇、张建龙、俞泳、李彦伯
尺度与比例		
感知与意义		
空间的分类		
空间的限定		
序列空间组织		
并列空间组织		
主从空间组织		
院落空间组织		
流动空间组织		
水平空间组织		
垂直空间组织		
建筑形态	**主编单位** 西安建筑科技大学建筑学院	主编：李岳岩
概述	西安建筑科技大学建筑学院	李岳岩、孙自然、李建红
基本要素的转换		
形的基本构成		
造型的基本方法		
建筑形态与空间		
建筑形态与技术		
统一·主从	西安建筑科技大学建筑学院	李岳岩、师晓静、袁园、田铂菁
均衡·稳定		
韵律·节奏	西安建筑科技大学建筑学院	李岳岩、袁园、师晓静、田铂菁
对比·微差		
比例	西安建筑科技大学建筑学院	李岳岩、师晓静、袁园、田铂菁
尺度·模数·视差		
4 建筑材料	**主编单位** 重庆大学建筑城规学院	主编：周铁军、姜涌
	联合主编单位 清华大学建筑学院	副主编：翁季、王冲、吴建华
木材	重庆大学建筑城规学院	翁季、武晶晶、张婷、祁乾龙
木材·竹材	重庆大学建筑城规学院	翁季、崔达维、余然、蔡坤好
石材	重庆大学建筑城规学院	翁季、王涛、张治、朱家骅
无机胶凝材料	重庆大学材料科学与工程学院	王冲、殷吉强、于超
混凝土	重庆大学材料科学与工程学院	吴建华、张钊、夏雨欣
混凝土·砂浆		
金属材料	重庆大学材料科学与工程学院	王冲、殷吉强、于超
砖	重庆大学材料科学与工程学院	吴建华、张钊、倪子
瓦		
瓦·玻璃		
玻璃		
建筑陶瓷		

项目		编写单位	编写人员
有机高分子材料		重庆大学材料科学与工程学院	王冲、殷吉强、于超
建筑涂料		重庆大学材料科学与工程学院	张育新、刘晓英
防水材料			
密封材料			
密封材料·胶粘材料			
保温隔热与吸声隔声材料		重庆大学材料科学与工程学院	王冲、殷吉强、于超
防火材料			
建筑材料的使用与表现		清华大学建筑学院	姜涌、刘明正、孙小暖
5 建筑构造	主编单位	重庆大学建筑城规学院	主编：周铁军、颜宏亮
	联合主编单位	同济大学建筑与城市规划学院	副主编：王雪松、孟刚
地基基础	主编单位	同济大学建筑与城市规划学院	主编：颜宏亮
基础类型选择		同济大学建筑与城市规划学院	胡向磊、颜宏亮
地基处理			
地下室防水	主编单位	同济大学建筑与城市规划学院	主编：颜宏亮
设计概念		同济大学建筑与城市规划学院	颜宏亮、胡向磊
防水做法			
细部构造			
窗井构造·排水构造			
墙体	主编单位	重庆大学建筑城规学院	主编：王雪松
概述		重庆大学建筑城规学院	王雪松、郭倩、赵献荣、李颖
结构要求			
墙体要求		重庆大学建筑城规学院	王雪松、赵献荣、叶兆丹、李颖
细部构造1		重庆大学建筑城规学院	王雪松、章舒、曾琳雯、李颖
细部构造2		重庆大学建筑城规学院	王雪松、章舒、叶兆丹、李颖
块材隔墙构造		重庆大学建筑城规学院	王雪松、杜萌、曾琳雯、李颖
轻骨架隔墙构造		重庆大学建筑城规学院	王雪松、杜萌、曾琳雯、陈小冬
条板隔墙构造		重庆大学建筑城规学院	王雪松、曾琳雯、王心源、陈小冬
幕墙构造1~2		重庆大学建筑城规学院	王雪松、何恭亮、张翔、陈小冬
幕墙构造3~4		重庆大学建筑城规学院	王雪松、张翔、王心源、陈小冬
墙面装修1		重庆大学建筑城规学院	王雪松、曹宇博、曾琳雯、宋斯佳
墙面装修2		重庆大学建筑城规学院	王雪松、曹宇博、赵献荣、宋斯佳
楼地面	主编单位	同济大学建筑与城市规划学院	主编：颜宏亮
楼板构造		同济大学建筑与城市规划学院	陈镌、颜宏亮
地坪构造			
地沟构造			
装修构造			
吊顶构造			
楼地面变形缝			

项目	编写单位		编写人员
屋面	主编单位	同济大学建筑与城市规划学院	主编：颜宏亮
屋面类型			
防排水设计原则			
防排水系统			
平屋面构造设计			
卷材防排水屋面构造		同济大学建筑与城市规划学院	孟刚、颜宏亮
涂膜防排水屋面构造			
平屋面保温构造			
平屋面隔热构造			
坡屋面构造			
平瓦屋面构造			
金属板材屋面构造			
楼梯与坡道	主编单位	重庆大学建筑城规学院	主编：周铁军
楼梯1~4		重庆大学建筑城规学院	周铁军、汤筱雯、董文静、姚静
楼梯5~8		重庆大学建筑城规学院	周铁军、刘恒君、董文静、姚静
踏步·台阶		重庆大学建筑城规学院	周铁军、汤筱雯、董文静、姚静
坡道		重庆大学建筑城规学院	周铁军、刘恒君、董文静、姚静
门窗	主编单位	重庆大学建筑城规学院	主编：王雪松
组成与分类		重庆大学建筑城规学院	王雪松、何恭亮、叶兆丹、宋斯佳
构造		重庆大学建筑城规学院	王雪松、何恭亮、王心源、宋斯佳
特殊门窗构造·门窗性能		重庆大学建筑城规学院	王雪松、张翔、叶兆丹、宋斯佳
电梯	主编单位	重庆大学建筑城规学院	主编：周铁军
概述·速度选择		重庆大学建筑城规学院	周铁军、祁润钊、王超
技术参数		重庆大学建筑城规学院	周铁军、祁润钊、王超
相关设计要求		重庆大学建筑城规学院	周铁军、祁润钊、王超
消防电梯设计要求		重庆大学建筑城规学院	周铁军、祁润钊、王超
自动扶梯	主编单位	重庆大学建筑城规学院	主编：周铁军
概述·布置方式·设计要求		重庆大学建筑城规学院	周铁军、董文静、魏琪琳
构配件要求·弧形自动扶梯·自动人行道		重庆大学建筑城规学院	周铁军、董文静、魏琪琳
6 建筑结构	主编单位	西安建筑科技大学建筑学院	主编：张树平 副主编：赵鹏飞、金贵实、米周林
	联合主编单位	中国建筑科学研究院	
结构选型	主编单位	西安建筑科技大学建筑学院	主编：郭华
基本概念·常用结构类型特点及适用范围		西安建筑科技大学建筑学院	郭华
常用结构类型特点及适用范围			
荷载	主编单位	西安建筑科技大学建筑学院	主编：张树平
分类·设计值·楼面和屋面活荷载		西安建筑科技大学建筑学院	张树平、周文
楼面和屋面活荷载·吊车荷载·荷载常用材料和构件自重			
荷载常用材料和构件自重		西安建筑科技大学建筑学院	张树平、王航
全国基本雪压、风压分布			
全国基本气温分布			

610

项目		编写单位	编写人员
地基与基础	主编单位	西安建筑科技大学建筑学院	主编：何梅
概述•人工地基		西安建筑科技大学建筑学院	何梅、党三涛
基础•无筋扩展基础			
无筋扩展基础•扩展基础			
桩基础•桩筏与桩箱基础•岩石锚杆基础			
冻土地基•膨胀土地基•软弱地基•湿陷性黄土地基			
砌体结构	主编单位	西安建筑科技大学建筑学院	主编：金贵实、米周林
概述•结构布置•材料要求		西安建筑科技大学建筑学院	金贵实、吴艳磊
配筋砖砌体构件•配筋砌块砌体构件			
墙柱的允许高厚比			
防止或减轻墙体开裂的主要措施		西安建筑科技大学建筑学院	金贵实、王刘兵
过梁			
圈梁•挑梁•墙梁			
木结构	主编单位	西安建筑科技大学建筑学院	主编：张树平
材料要求		西安建筑科技大学建筑学院	张树平、史玉晓
木结构建筑特点•木结构连接		西安建筑科技大学建筑学院	张树平、史玉晓、朱振南
木结构体系•木屋盖		西安建筑科技大学建筑学院	张树平、姚国林、刘晖
木屋盖		西安建筑科技大学建筑学院	张树平、姚国林、邵强
挂瓦条、屋面板、椽条截面选用表		西安建筑科技大学建筑学院	张树平、姚国林、马浩语
轻型木结构		西安建筑科技大学建筑学院	张树平、张立霄、杨定宇
胶合木结构1		西安建筑科技大学建筑学院	张树平、张立霄、王旭
胶合木结构2		西安建筑科技大学建筑学院	张树平、郭雷平、马康维
梁柱体系木结构•井干式木结构		西安建筑科技大学建筑学院	张树平、杨茹、李江玲
大跨木结构类型		西安建筑科技大学建筑学院	张树平、周健、李金潞
宋代建筑模数		西安建筑科技大学建筑学院	张树平、白磊、王心恬
清代建筑模数		西安建筑科技大学建筑学院	张树平、白磊、林美君
通风防潮和防虫构造		西安建筑科技大学建筑学院	张树平、李倩、李芸
木结构建筑防火		西安建筑科技大学建筑学院	张树平、李倩、李雪晗
钢筋混凝土结构	主编单位	西安建筑科技大学建筑学院	主编：米周林、金贵实
结构体系与布置		西安建筑科技大学建筑学院	米周林、沈瑛
结构体系比较•设缝要求•舒适度要求			
楼盖结构			
框架结构布置及构造		西安建筑科技大学建筑学院	米周林、王震
框架填充墙（隔墙）的构造要求			
框架扁梁结构•剪力墙结构			
剪力墙结构		西安建筑科技大学建筑学院	米周林、付圣刚
部分框支剪力墙结构布置•复杂高层建筑结构设计措施			
框架—剪力墙结构布置			
筒体结构		西安建筑科技大学建筑学院	米周林、魏文君
板柱结构•盒子结构•悬挂结构			

项目	编写单位		编写人员
排架结构		西安建筑科技大学建筑学院	米周林、吴鹏飞
排架结构柱网·吊车梁			
屋面支撑·柱间支撑		西安建筑科技大学建筑学院	米周林、乔萍
钢筋混凝土排架柱			
屋架类型			
钢筋混凝土构件		西安建筑科技大学建筑学院	米周林、谢玉琪
楼板			
楼板·墙板			
钢结构	主编单位	中国建筑科学研究院	主编：赵鹏飞
概述·材料选择·连接方式		中国建筑科学研究院	赵鹏飞
多高层钢结构			
门式刚架轻型房屋			
单层厂房			
钢结构防腐			
钢结构防火			
组合结构	主编单位	中国建筑科学研究院	主编：田春雨
概述·钢—混凝土组合梁·组合楼板		中国建筑科学研究院	田春雨
钢管混凝土柱·型钢混凝土柱·组合剪力墙			
大跨度结构	主编单位	中国建筑科学研究院	主编：宋涛
概述·拱·混凝土薄壳结构·空间网格结构·立体桁架		中国建筑科学研究院	宋涛
网架结构			
网壳结构			
张弦梁·膜结构·索结构			
7 建筑抗震	主编单位	中国建筑科学研究院	主编：赵鹏飞
	联合主编单位	西安建筑科技大学建筑学院、广州大学工程抗震研究中心	副主编：张树平、黄襄云
	主编单位	西安建筑科技大学建筑学院	主编：张树平
地震类型及震级·抗震设防烈度		西安建筑科技大学建筑学院	张树平、崔鎏洋
各类建筑的抗震设防类别			
我国主要城镇抗震设防烈度1			
我国主要城镇抗震设防烈度2~6		西安建筑科技大学建筑学院	赵西平
抗震设计要点	主编单位	中国建筑科学研究院	主编：刘枫、汤荣伟
选址·建筑平面形状		中国建筑科学研究院	汤荣伟
建筑竖向形体·多道抗震防线·抗震缝			
抗震验算与性能化设计			
构造措施·超限结构		中国建筑科学研究院	刘枫
超限结构实例			
场地、地基和基础		中国建筑科学研究院	主编：赵鹏飞
场地勘察·地基与基础·液化土		中国建筑科学研究院	赵鹏飞
多层和高层混凝土结构抗震		广州大学土木工程学院	主编：吴玖荣
设计要点		广州大学土木工程学院	吴玖荣
构造措施			

项目	编写单位		编写人员
多层和高层钢结构房屋抗震		广州大学土木工程学院	主编: 刘坚
设计要点·构造措施		广州大学土木工程学院	刘坚
多层砌体房屋和底部框架砌体房屋抗震		中国建筑科学研究院	主编: 马明
设计要点		中国建筑科学研究院	马明
钢筋混凝土构造柱			
圈梁·墙体配筋			
底部框架砌体房屋·填充墙			
大跨度屋盖建筑抗震		中国建筑科学研究院	主编: 赵鹏飞
大跨度屋盖建筑抗震		中国建筑科学研究院	赵鹏飞
隔震房屋		广州大学工程抗震研究中心	主编: 黄襄云
原理·隔震装置·隔震层布置		广州大学工程抗震研究中心	黄襄云
设计和构造要求			
实例			
消能减震		广州大学工程抗震研究中心	主编: 冼巧玲
概念设计·阻尼器类型		广州大学工程抗震研究中心	冼巧玲
常用阻尼器			
常用阻尼器·消能部件的布置			
实例			
8 建筑环境	主编单位	清华大学建筑学院	主编: 宋晔皓
	联合主编单位	西安建筑科技大学建筑学院	副主编: 闫增峰
建筑声环境	主编单位	清华大学建筑学院	主编: 燕翔
基本内容		清华大学建筑学院	李卉
吸声材料及结构			
吸声隔声材料		清华大学建筑学院	郭静
隔声设计标准			
隔声设计			
隔声计算			
声环境标准			
隔声楼板构造			
隔声门窗构造			
噪声控制		清华大学建筑学院	苏京
噪声控制示例			
振动与隔振			
厅堂音质设计		清华大学建筑学院	李卉
反射面与舞台反射罩			
混响时间			
音质鉴定			
扩声设计			
建筑光环境	主编单位	清华大学建筑学院	主编: 张昕
基本概念		清华大学建筑学院	张昕
天然光			
天然采光			
电气照明			
建筑热环境	主编单位	西安建筑科技大学建筑学院	主编: 闫增峰

项目		编写单位	编写人员
基本概念		西安建筑科技大学建筑学院	闫增峰、王江丽
建筑热工设计分区		西安建筑科技大学建筑学院	闫增峰、武舒韵
热工计算环境边界条件		西安建筑科技大学建筑学院	闫增峰、李哲伟
围护结构保温设计1		西安建筑科技大学建筑学院	闫增峰、徐新新
围护结构保温设计2		西安建筑科技大学建筑学院	闫增峰、王宁
围护结构防潮设计		西安建筑科技大学建筑学院	闫增峰、许江涛
围护结构防空气渗透设计		西安建筑科技大学建筑学院	闫增峰、杨学双
建筑防热设计		西安建筑科技大学建筑学院	闫增峰、毕文蓓
底层地面·楼板热工设计		西安建筑科技大学建筑学院	闫增峰、樊夏玮
屋面热工设计		西安建筑科技大学建筑学院	闫增峰、王江丽
透明围护结构热工设计		西安建筑科技大学建筑学院	闫增峰、杨学双
建筑遮阳设计		西安建筑科技大学建筑学院	闫增峰、武舒韵
墙体热工性能指标		西安建筑科技大学建筑学院	闫增峰、徐新新
建筑风环境	主编单位	清华大学建筑学院	主编：李晓锋
基本概念·热舒适			
室内空气品质·室内污染			
自然通风的计算方法			
自然通风效果的评价方法			
设计内容与程序·风环境与建筑布局			
风环境与建筑形式		清华大学建筑学院	李晓锋、李严
室内环境·设计最小新风量			
建筑单体形态对气流的影响			
建筑单体布局与场地风环境			
绿化与场地风环境			
室内气流组织			
工业通风			
9 古建筑	主编单位	清华大学建筑学院	主编：刘畅
基本造型		清华大学建筑学院	张植程、李宽、李旻华
形体组合			
院落组合		清华大学建筑学院	杨亚楠、盖若玫、李旻华
构架	宋式1	清华大学建筑学院	姜铮、孙仕轩、李旻华
	宋式2	清华大学建筑学院	孙仕轩、李旻华
	清式	清华大学建筑学院	朱玉凤、沙烨星、李旻华
	苏式	清华大学建筑学院	周翘楚、姜铮
	其他	清华大学建筑学院	朱玉凤、沙烨星、周翘楚、张乃冰
斗栱		清华大学建筑学院	姜铮、杨柳、刘仁皓、张乃冰
宋式斗栱		清华大学建筑学院	刘仁皓、杨柳、赵慧娟、张乃冰
清式斗栱		清华大学建筑学院	杨柳、刘仁皓、孙冉、张乃冰
藻井1		清华大学建筑学院	邓阳雪、李冬、张乃冰
藻井2		清华大学建筑学院	李冬、朱明夏、韩凌宇、周翘楚
轩		清华大学建筑学院	孙蕾、周翘楚
天花		清华大学建筑学院	左碧莹、刘梦佳、周翘楚
外檐装修1		清华大学建筑学院	张雅敬、周翘楚
外檐装修2		清华大学建筑学院	张雅敬、张乃冰
室内隔断		清华大学建筑学院	李冬、张雅敬、张乃冰

项目		编写单位	编写人员
彩画	宋式	清华大学建筑学院	杨绿野、周翘楚
	明式		
	清式1~2	清华大学建筑学院	金旑、杨绿野、周翘楚
	清式3	清华大学建筑学院	金旑、李旻华
	藻井与天花		
屋面		清华大学建筑学院	孙雪琪、李旻华
栏杆	木栏杆	清华大学建筑学院	王靖淞、张乃冰
	木栏杆·石栏杆		
台基·须弥座		清华大学建筑学院	丁菲、张乃冰
塔		清华大学建筑学院	姜力萍、张乃冰
塔·经幢		清华大学建筑学院	姜力萍、张乃冰
10 规划设计	主编单位	清华大学建筑学院	主编： 朱文一、赵万民、周俭
	联合主编单位	重庆大学建筑城规学院、同济大学建筑与城市规划学院	副主编： 钟舸、黄瓴、罗志刚
总论	主编单位	清华大学建筑学院	主编：朱文一、钟舸、黄鹤
概念		清华大学建筑学院	朱文一、钟舸、黄鹤、万博、孙昊德
区域层面规划设计		清华大学建筑学院	黄鹤、钟舸
城市层面规划设计			
街区层面规划设计			
村镇层面规划设计			
规划设计思想	主编单位	重庆大学建筑城规学院	主编：赵万民、黄瓴
中国古代城市规划与设计思想		重庆大学建筑城规学院	黄瓴
外国古代城市与古典规划设计思想		重庆大学建筑城规学院	赵万民、谭文勇
外国近代城市规划设计思想		重庆大学建筑城规学院	许剑峰、徐苗
中国近代城市规划与设计思想		重庆大学建筑城规学院	聂晓晴
外国现代城市规划与设计思想		重庆大学建筑城规学院	王正、黄勇
中国当代城市规划与设计思想		重庆大学建筑城规学院	王敏
城乡规划与设计	主编单位	同济大学建筑与城市规划学院	主编：周俭、张尚武
规划设计体系		同济大学建筑与城市规划学院	罗志刚、赵环
城市总体规划1~2		同济大学建筑与城市规划学院	王颖、周青、康晓娟、黄淑琳
城市总体规划3~4		同济大学建筑与城市规划学院	汤宇卿、韩勇、姚文静
城市总体规划5		同济大学建筑与城市规划学院	倪春、魏水芸
控制性详细规划		同济大学建筑与城市规划学院	王颖、赫晓峰、李翔
保护规划		同济大学建筑与城市规划学院	付朝伟、周珂
市政公用		同济大学建筑与城市规划学院	刘晓青、焦小龙
城市防灾·环境保护			
11 景观设计	主编单位	同济大学建筑与城市规划学院	主编：刘滨谊
	联合主编单位	清华大学建筑学院	副主编：朱育帆、杨锐
总论	主编单位	同济大学建筑与城市规划学院、清华大学建筑学院	主编： 刘滨谊
总论		同济大学建筑与城市规划学院	刘滨谊
类型	主编单位	清华大学建筑学院、同济大学建筑与城市规划学院	主编： 朱育帆、刘滨谊

615

项目		编写单位	编写人员
中国古典园林		清华大学建筑学院	郭湧
外国古代园林		中国传媒大学艺术学部	曹凯中
外国近现代园林			
建筑庭院		同济大学建筑与城市规划学院	张德顺、刘进华
屋顶花园		同济大学建筑与城市规划学院	张德顺、陈静、陈雪
城市公园	概述·分类·设计内容	清华大学建筑学院	张安、梁尚宇
	设计要素	清华大学建筑学院	梁尚宇、张安
	类型1	清华大学建筑学院	许愿、杨希
	类型2	清华大学建筑学院	杨希、许愿
商业街景观		同济大学建筑与城市规划学院	胡玎
广场景观			
住区景观		同济大学建筑与城市规划学院	姚雪艳
街旁绿地		同济大学建筑与城市规划学院	刘立立
道路景观·林荫道			
绿道		同济大学建筑与城市规划学院	刘颂
城市滨水景观		同济大学建筑与城市规划学院	刘悦来
城市绿地系统		清华大学建筑学院	庄优波、刘剑、许晓青
防灾避险绿地		同济大学建筑与城市规划学院	金云峰、周聪惠
绿色基础设施		清华大学建筑学院	刘海龙、杨冬冬、颉赫男、赵婷婷、周玥
棕地再生		清华大学建筑学院	郑晓笛
古典要素	主编单位	同济大学建筑与城市规划学院、清华大学建筑学院	主编:刘滨谊、朱育帆
筑山		清华大学建筑学院、北京清华同衡规划设计研究院有限公司	郭湧、吕亚飞
掇山		清华大学建筑学院、北京清华同衡规划设计研究院有限公司	郭湧、刘芳菲
置石			
理水		北京林业大学园林学院	崔庆伟
楼·阁		北京交通大学建筑与艺术学院	高杰
榭·舫			
亭			
桥			
廊			
门			
墙·窗			
要素的组合			
园路与铺装		北京林业大学园林学院	崔庆伟
植物配植		清华大学建筑学院	李树华、赵亚洲、黄秋韵
现代要素	主编单位	同济大学建筑与城市规划学院、清华大学建筑学院	主编:刘滨谊、朱育帆
地形		同济大学建筑与城市规划学院	李瑞冬
水景		同济大学建筑与城市规划学院	陈威、赵彦
景观建筑		同济大学建筑与城市规划学院	赵彦
景观桥			
隔断		同济大学建筑与城市规划学院	唐真
园路		同济大学建筑与城市规划学院	陈威、刘菲
铺装			
室外楼梯、台阶、平台		同济大学建筑与城市规划学院	金云峰、周聪惠
栏杆·扶手		同济大学建筑与城市规划学院	

616

项目	编写单位		编写人员
设施与雕塑		同济大学建筑与城市规划学院	戴睿、林可可
植物		清华大学建筑学院	李树华、赵亚洲、黄秋韵
材料与技术	主编单位	清华大学建筑学院、同济大学建筑与城市规划学院	主编：朱育帆、刘滨谊
石材		北京清华同衡规划设计研究院有限公司	胡洁、王鹏、杨洁琼
木材			
砖		北京清华同衡规划设计研究院有限公司	胡洁、陈晨、刘欣婷
混凝土		北京清华同衡规划设计研究院有限公司	胡洁、官涛、杨洁琼
金属		北京清华同衡规划设计研究院有限公司	胡洁、符晨洁
塑料及复合材料			
玻璃		北京清华同衡规划设计研究院有限公司	胡洁、陈晨、丁红霞
土工合成材料			
硬质铺装		同济大学建筑与城市规划学院	陈威、刘菲
地形塑造		北京清华同衡规划设计研究院有限公司	胡洁、官涛、杨洁琼
驳岸·护坡·挡土墙		同济大学建筑与城市规划学院	李瑞冬
GRC仿掇山		北京清华同衡规划设计研究院有限公司	胡洁、陈晨、丁红霞
种植技术		同济大学建筑与城市规划学院	张德顺、薛凯华
垂直绿化		同济大学建筑与城市规划学院	张德顺、赖晓雪
屋顶绿化		同济大学建筑与城市规划学院	张德顺、陈静、陈雪
12 室内设计	主编单位	清华大学美术学院	主编：郑曙旸、张月
	联合主编单位	清华大学建筑学院、同济大学建筑与城市规划学院	副主编：尹思谨、陈易
概述	主编单位	清华大学建筑学院	主编：尹思瑾
概述		清华大学建筑学院	尹思瑾
室内简史与风格流派	主编单位	清华大学美术学院	主编：郑曙旸
建筑与室内的历史沿革		清华大学美术学院	郑曙旸
室内装饰与设计的拓展			
中国室内装饰风格流派			
外国室内装饰风格流派			
室内环境与质量控制	主编单位	同济大学建筑与城市规划学院	主编：陈易
给水、排水系统控制		同济大学建筑设计研究院（集团）有限公司	张思恩
电气设备系统控制		同济大学建筑设计研究院（集团）有限公司	王海东
空调系统控制		同济大学建筑设计研究院（集团）有限公司	郭长昭
室内声学		上海章奎生声学工程顾问有限公司	宋拥民
空间的限定与组织	主编单位	清华大学建筑学院	主编：尹思瑾
空间的限定		清华大学建筑学院	胡戎叡
空间的组织			
室内装修与材料选型	主编单位	同济大学建筑与城市规划学院	主编：陈易
界面装修		同济大学建筑与城市规划学院	陈易
装修构造			
门窗装修		同济大学建筑与城市规划学院	黄平
楼梯装修			
材料选型		同济大学建筑与城市规划学院	尤逸南
家具与室内陈设	主编单位	清华大学美术学院	主编：刘铁军

项目	编写单位		编写人员
家具类型		清华大学美术学院	刘铁军
家具尺度			
家具布局			
家具与装饰风格			
室内灯具与照明	主编单位	清华大学美术学院	主编：杜异
室内装饰灯具		清华大学美术学院	杜异
室内照明设计			
室内织物与植物	主编单位	清华大学美术学院	主编：李沨
织物		清华大学美术学院	李沨
植物			
室内艺术品装饰	主编单位	清华大学美术学院	主编：李沨
艺术品类型		清华大学美术学院	李沨
艺术品展示原则		清华大学美术学院	李沨
室内标识系统	主编单位	清华大学美术学院	主编：张月
功能及内容·类型·基本要素		清华大学美术学院	张月
设计程序·参考依据			
室内设计制图	主编单位	同济大学建筑与城市规划学院	主编：陈易
平面图、铺地图、顶面图的制图要求		同济大学建筑与城市规划学院	颜隽
立面图、详图的制图要求			

附录二　第1分册审稿专家

（以姓氏笔画为序）

常用数据

大纲审稿专家：沈三陵
第一轮审稿专家：黎志涛

人体尺度

大纲审稿专家：沈三陵
第一轮审稿专家：张　月

模数

大纲审稿专家：沈三陵
第一、二轮审稿专家：开　彦　仲继寿　林　琳

色彩

大纲审稿专家：沈三陵
第一、二轮审稿专家：宋建民

气象

大纲审稿专家：沈三陵
第一、二轮审稿专家：刘月莉　杨建荣

日照

大纲审稿专家：沈三陵
第一、二轮审稿专家：王　诂

建筑制图

大纲审稿专家：沈三陵
第一轮审稿专家：张义雄　魏宏杨
第二轮审稿专家：张义雄　魏宏杨　王　哲

建筑标识

大纲审稿专家：沈三陵
第一轮审稿专家：饶良修

建设程序

大纲审稿专家：沈三陵
第一轮审稿专家：饶良修

场地设计

大纲审稿专家：赵晓光
第一轮审稿专家：白红卫　徐忠辉　景　泉
第二轮审稿专家：白红卫

建筑功能、空间与形态

大纲审稿专家：莫天伟
第一轮审稿专家：朱文一　黎志涛
第二轮审稿专家：崔　愷　张鹏举

建筑材料

大纲审稿专家：王余生　彭小芹
第一、二轮审稿专家：高民权　褚智勇

建筑构造

大纲审稿专家：刘建荣　李必瑜
第一、二轮审稿专家：毕晓红　娄莎莎

建筑结构

大纲审稿专家：王社良
第一轮审稿专家：王杜良　牛盾生　刘晓帆　薛慧立
第二轮审稿专家：刘晓帆　薛慧立　韩纪升　郭奕雄

建筑抗震

第一轮审稿专家：黄世敏　肖从真　马东辉
第二轮审稿专家：黄世敏

建筑声环境

第一、二轮审稿专家：王　峥　张三明

建筑光环境

第一、二轮审稿专家：郝洛西　詹庆旋

建筑热环境

第一、二轮审稿专家：冯　雅　杨仕超

建筑风环境

第一、二轮审稿专家：王智超　孟庆林

古建筑

第一轮审稿专家：孙大章
第二轮审稿专家：刘临安　侯卫东

规划设计

大纲审稿专家：黄天其
第一轮审稿专家：孙施文　吴唯佳　黄天其

景观设计

大纲审稿专家：刘　晖
第一、二轮审稿专家：王向荣　王　浩　刘　骏

室内设计

第一轮审稿专家：张　晖　饶良修

附录三 《建筑设计资料集》（第三版）实例提供核心单位[1]

（以首字笔画为序）

gad浙江绿城建筑设计有限公司
大连万达集团股份有限公司
大连市建筑设计研究院有限公司
大连理工大学建筑与艺术学院
大舍建筑设计事务所
万科地产
上海市园林设计院有限公司
上海复旦规划建筑设计研究院有限公司
上海联创建筑设计有限公司
山东同圆设计集团有限公司
山东建大建筑规划设计研究院
山东建筑大学建筑城规学院
山东省建筑设计研究院
山西省建筑设计研究院
广东省建筑设计研究院
马建国际建筑设计顾问有限公司
天津大学建筑设计规划研究总院
天津大学建筑学院
天津市天友建筑设计股份有限公司
天津市建筑设计院
天津华汇工程建筑设计有限公司
云南省设计院集团
中国中元国际工程有限公司
中国市政工程西北设计研究院有限公司
中国建筑上海设计研究院有限公司
中国建筑东北设计研究院有限公司
中国建筑西北设计研究院有限公司
中国建筑西南设计研究院有限公司
中国建筑设计院有限公司
中国建筑技术集团有限公司
中国建筑标准设计研究院有限公司
中南建筑设计院股份有限公司
中科院建筑设计研究院有限公司
中联筑境建筑设计有限公司
中衡设计集团股份有限公司
龙湖地产
东南大学建筑设计研究院有限公司
东南大学建筑学院
北京中联环建文建筑设计有限公司
北京世纪安泰建筑工程设计有限公司
北京艾迪尔建筑装饰工程股份有限公司
北京东方华太建筑设计工程有限责任公司
北京市建筑设计研究院有限公司
北京清华同衡规划设计研究院有限公司
北京墨臣建筑设计事务所

四川省建筑设计研究院
吉林建筑大学设计研究院
西安建筑科技大学建筑设计研究院
西安建筑科技大学建筑学院
同济大学建筑与城市规划学院
同济大学建筑设计研究院（集团）有限公司
华中科技大学建筑与城市规划设计研究院
华中科技大学建筑与城市规划学院
华东建筑集团股份有限公司
华东建筑集团股份有限公司上海建筑设计研究院有限公司
华东建筑集团股份有限公司华东建筑设计研究总院
华东建筑集团股份有限公司华东都市建筑设计研究总院
华南理工大学建筑设计研究院
华南理工大学建筑学院
安徽省建筑设计研究院有限责任公司
苏州设计研究院股份有限公司
苏州科大城市规划设计研究院有限公司
苏州科技大学建筑与城市规划学院
建设综合勘察研究设计院有限公司
陕西省建筑设计研究院有限责任公司
南京大学建筑与城市规划学院
南京大学建筑规划设计研究院有限公司
南京长江都市建筑设计股份有限公司
哈尔滨工业大学建筑设计研究院
哈尔滨工业大学建筑学院
香港华艺设计顾问（深圳）有限公司
重庆大学建筑设计研究院有限公司
重庆大学建筑城规学院
重庆市设计院
总装备部工程设计研究总院
铁道第三勘察设计院集团有限公司
浙江大学建筑设计研究院有限公司
浙江中设工程设计有限公司
浙江现代建筑设计研究院有限公司
悉地国际设计顾问有限公司
清华大学建筑设计研究院有限公司
清华大学建筑学院
深圳市欧博工程设计顾问有限公司
深圳市建筑设计研究总院有限公司
深圳市建筑科学研究院股份有限公司
筑博设计（集团）股份有限公司
湖南大学设计研究院有限公司
湖南大学建筑学院
湖南省建筑设计院
福建省建筑设计研究院

---

[1] 名单包括总编委会发函邀请的参加2012年8月24日《建筑设计资料集》（第三版）实例提供核心单位会议并提交资料的单位，以及总编委会定向发函征集实例的单位。

后　记

　　《建筑设计资料集》是20世纪两代建筑师创造的经典和传奇。第一版第1、2册编写于1960～1964年国民经济调整时期，原建筑工程部北京工业建筑设计院的建筑师们当时设计项目少，像做设计一样潜心于编书，以令人惊叹的手迹，为后世创造了"天书"这一经典品牌。第二版诞生于改革开放之初，在原建设部的领导下，由原建设部设计局和中国建筑工业出版社牵头，组织国内五六十家著名高校、设计院编写而成，为指引我国的设计实践作出了重要贡献。

　　第二版资料集出版发行一二十年，由于内容缺失、资料陈旧、数据过时，已经无法满足行业发展需要和广大读者的需求，急需重新组织编写。

　　重编经典，无疑是巨大的挑战。在过去的半个世纪里，"天书"伴随着几代建筑人的工作和成长，成为他们职业生涯记忆的一部分。他们对这部经典著作怀有很深的情感，并寄托了很高的期许。惟有超越经典，才是对经典最好的致敬。

　　与前两版资料相对匮乏相比，重编第三版正处于信息爆炸的年代。如何在数字化变革、资料越来越广泛的时代背景下，使新版资料集焕发出新的生命力，是第三版编写成败的关键。

　　为此，新版资料集进行了全新的定位：既是一部建筑行业大型工具书，又是一部"百科全书"；不仅编得全，还要编得好，达到大型工具书"资料全，方便查，查得到"的要求；内容不仅系统权威，还要检索方便，使读者翻开就能找到答案。

　　第三版编写工作启动于2010年，那时正处于建筑行业快速发展的阶段，各编写单位和编写专家工作任务都很繁忙，无法全身心投入编写工作。在资料集编写任务重、要求高、各单位人手紧的情况下，总编委会和各主编单位进行了最广泛的行业发动，组建了两百余家单位、三千余名专家的编写队伍。人海战术的优点是编写任务容易完成，不至于因个别单位或专家掉队而使编写任务中途夭折。即使个别单位和个人无法胜任，也能很快找到其他单位和专家接手。人海战术的缺点是由于组织能力不足，容易出现进度拖拖拉拉、水平参差不齐的情况，而多位不同单位专家同时从事一个专题的编写，体例和内容也容易出现不一致或衔接不上的情况。

　　几千人的编写组织工作，难度巨大，工作量也呈几何数增加。总编委会为此专门制定了详细的编写组织方案，明确了编写目标、组织架构和工作计划，并通过"分册主编—专题主编—章节主编"三级责任制度，使编写组织工作落实到每一页、每一个人。

　　总编委会为统一编写思想、编写体例，几乎用尽了一切办法，先后开发和建立了网络编写服务平台、短信群发平台、电话会议平台、微信交流平台，以解决编写组织工作中的信息和文件发布问题，以及同一章节里不同城市和单位的编写专家之间的交流沟通问题。

　　2012年8月，总编委会办公室编写了《建筑设计资料集（第三版）编写手册》，在书中详细介绍了新版资料集的编写方针和目标、工具书的特性和写法、大纲编写定位和编写原则、制版和绘图要求、样张实例，以指导广大参编专家编写新版资料集。2016年5月，出版了《建筑设计资料集（第三版）绘图标准及编写名单》，通过平、立、剖等不同图纸的画法和线型线宽等细致规定，以及版面中字体字号、图表关系等要求，统一了全书的绘图和版面标准，彻底解决了如何从前两版的手工制图排版向第三版的计算机制图排版转换，以及如何统一不同编写专家绘图和排版风格的问题。

总编委会还多次组织总编委会、大纲研讨会、催稿会、审稿会和结题会，通过与各主要编写专家面对面的交流，及时解决编写中的困难，督促落实书稿编写进度，统一编写思想和编写要求。

为确保书稿质量、体例形式、绘图版面都达到"天书"的标准，总编委会一方面组织几百名审稿专家对各章节的专业问题进行审查，另一方面由总编委会办公室对各章节编写体例、编写方法、文字表述、版面表达、绘图质量等进行审核，并组织各章节编写专家进行修改完善。

为使新版资料集入选实例具有典型性、广泛性和先进性，总编委会还在行业组织优秀实例征集和初审，确保了资料集入选实例的高质量和高水准。

新版资料集作为重要的行业工具书，在组织过程中得到了全行业的响应，如果没有全行业的共同奋斗，没有全国同行们的支持和奉献，如此浩大的工程根本无法完成，这部巨著也将无法面世。

感谢住房和城乡建设部、国家新闻出版广电总局对新版资料集编写工作的重视和支持。住房和城乡建设部将以新版资料集出版为研究成果的"建筑设计基础研究"列入部科学技术项目计划，国家新闻出版广电总局批准《建筑设计资料集》（第三版）为国家重点图书出版规划项目，增值服务平台"建筑设计资料库"为"新闻出版改革发展项目库"入库项目。

感谢在2010年新版资料集编写组织工作启动时，中国建筑学会时任理事长宋春华先生、秘书长周畅先生的组织发起，感谢中国建筑工业出版社时任社长王珮云先生、总编辑沈元勤先生的倡导动议；感谢中国建筑设计院有限公司等6家国内知名设计单位和清华大学建筑学院等8所知名高校时任的主要领导，投入大量人力、物力和财力，切实承担起各分册主编单位的职责。

感谢所有专题、章节主编和编写专家多年来的艰辛付出和不懈努力，他们对书稿的反复修改和一再打磨，使新版资料集最终成型；感谢所有审稿专家对大纲和内容一丝不苟的审查，他们使新版资料集避免了很多结构性的错漏和原则性的谬误。

感谢所有参编单位和实例提供单位的积极参与和大力支持，以及为新版资料集所作的贡献。

感谢衡阳市人民政府、衡阳市城乡规划局、衡阳市规划设计院为2013年10月底衡阳审稿会议所作的贡献。这次会议是整套书编写过程中非常重要的时间节点，不仅会前全部初稿收齐，而且200多名编写专家和审稿专家进行了两天封闭式审稿，为后续修改完善工作奠定了基础。

感谢北京市建筑设计研究院有限公司副总建筑师刘杰女士承接并组织绘图标准的编制任务，感谢北京市建筑设计研究院有限公司王哲、李树栋、刘晓征、方志萍、杨翊楠、任广璨、黄墨制定总绘图标准，感谢华南理工大学建筑设计研究院丘建发、刘骁制定规划总平面图绘图标准。

感谢中国建筑工业出版社王伯扬、李根华编审出版前对全套图书的最终审核和把关。

在此过程中，需要感谢的人还有很多。他们在联系编写单位、编写专家和审稿专家，或收集实例、修改图纸、制版印刷等方面，都给予了新版资料集极大的支持，在此一并表示感谢。

鉴于内容体系过于庞杂，以及编者的水平、经验有限，新版资料集难免有疏漏和错误之处，敬请读者谅解，并恳请提出宝贵意见，以便今后补充和修订。

《建筑设计资料集》（第三版）总编委会办公室

2017年5月23日